“十二五”普通高等教育本科国家级规划教材

国家精品课程“电子线路设计与测试”主教材

国家精品资源共享课“电子线路设计与测试”主教材

电子线路设计·实验·测试

（第5版）

罗　杰　谢自美　主编

张　林　杨小献　赵云娣　曾喻江　龚　军　编

電子工業出版社

Publishing House of Electronics Industry

北京·BEIJING

内容简介

本书为普通高等教育“十二五”国家级规划教材，国家精品课程和国家精品资源共享课“电子线路设计与测试”主教材。

本书第 1 版 1996 年获第三届全国工科电子类专业优秀教材一等奖；第 2 版为“九五”国家级重点教材，2002 年获全国普通高等学校优秀教材二等奖；第 3 版为普通高等教育“十五”国家级规划教材；第 4 版为普通高等教育“十一五”国家级规划教材，2011 年获国家级普通高等教育精品教材。

本书是在第 4 版的基础上修订而成的，书中提供了大量基本实验电路和大量的应用设计课题，全书分为 9 章。第 1 章为电子线路实验基础知识，内容为电子线路设计、调试、测量误差分析与数据处理技术。第 2~4 章为低频电子线路实验，内容包括用 pSpice 软件仿真电子线路、低频电路基础实验和应用电路设计，既介绍了软件仿真技术，又介绍了以定量估算和电路实验为基础的电子线路的传统设计方法与测试技术。第 5~6 章为数字电路与逻辑设计实验，介绍了传统的硬件电路基础实验与应用电路设计方法，以便学生能够较熟练地选用数字集成电路进行应用设计。第 7 章为 EDA 技术实验，介绍了 Verilog HDL 的建模方法与分层次的电路设计方法，以便学生能够用硬件描述语言设计数字逻辑电路，并用 FPGA 实现所设计的电路。第 8 章为高频电子线路实验，首先介绍了高频电路的特点、元器件的选用与安装测量技术，接着介绍了典型单元电路的设计方法，最后过渡到高频小型电子系统的设计，以逐步培养和提高学生进行高频电子线路的设计能力。第 9 章为 3 个综合设计性实验课题，以培养学生电子设计知识的综合运用能力。

本书可作为高等学校电工、电子信息类相关专业电子技术与电子线路实验课教材、课程设计教材，亦可供全国大学生电子设计竞赛的学生和从事电子设计工作的工程技术人员参考。

图书在版编目（CIP）数据

电子线路设计·实验·测试 / 罗杰，谢自美主编. —5 版. —北京：电子工业出版社，2015.1
电子信息类精品教材
ISBN 978-7-121-25084-2

Ⅰ. ①电… Ⅱ. ①罗… ②谢… Ⅲ. ①电子电路－电路设计－高等学校－教材 Ⅳ. ①TN702

中国版本图书馆 CIP 数据核字（2014）第 288426 号

责任编辑：韩同平　　特约编辑：李佩乾
印　　刷：北京盛通数码印刷有限公司
装　　订：北京盛通数码印刷有限公司
出版发行：电子工业出版社
　　　　　北京市海淀区万寿路 173 信箱　　邮编：100036
开　　本：787×1092　1/16　印张：28.5　字数：820 千字
版　　次：1994 年 3 月第 1 版
　　　　　2015 年 1 月第 5 版
印　　次：2023 年 12 月第 14 次印刷
定　　价：99.80 元

凡所购买电子工业出版社图书有缺损问题，请向购买书店调换。若书店售缺，请与本社发行部联系，联系及邮购电话：（010）88254888。

质量投诉请发邮件至 zlts@phei.com.cn，盗版侵权举报请发邮件至 dbqq@phei.com.cn。

服务热线：（010）88258888。

第5版前言

本书为“十二五”普通高等教育本科国家级规划教材，国家精品课程和国家精品资源共享课“电子线路设计与测试”（网址：http://www.icourses.cn/coursestatic/course_2553.html）主教材。

“电子线路设计·实验·测试”是电工、电子信息类相关专业的重要实践课程，为了及时反映电子技术领域的新技术、新方法和华中科技大学该课程教学改革的新成果，对第4版教材进行了修订。这次修订保持了第4版教材的编写体系，仍然按照“实验基础知识→模拟电子线路实验→数字电路与逻辑设计实验→Verilog HDL及其应用→高频电子线路设计实验→综合设计性实验”的体系结构编写，每一部分实验内容的安排都是先易后难。基本思路是：保证基础，重视实验基本技能的教学，加强设计性教学环节，从单元电路设计入手，逐步过渡到综合电路的设计。书中给出了大量的设计实例，用这些例子明确地论述设计经验和规则，其目的是让学生能够循序渐进地进行电路设计，避免出现畏难情绪，激发他们主动实践的学习兴趣，帮助学生学到更多的设计知识，从而逐步提高学生的实际动手能力、理论联系实际的能力、工程设计能力与创新设计能力。

这次的调整和修改主要有以下几点：

（1）增加了电子线路实验的流程与要求（1.1节），让学生了解实验过程以及对每一个实验过程的要求。

（2）改写了基础实验的大部分实验任务，进一步加强了实验步骤和测试方法的介绍，以便引导学生能够由浅入深地逐步掌握各种电路性能指标的测试方法，让学生快速入门。

（3）增加了二极管参数与应用电路（3.1节、4.1节）、MOS场效应管参数与应用电路（3.3节、4.3节、4.4.1节）等内容。删除了码位交织和反交织电路设计、FPGA器件结构和基于FPGA的出租车计费器设计等内容。

（4）改写了有源滤波器设计的内容，删除了以前设计滤波器使用的查表法，增加了使用软件Filter Wiz Pro 3.0设计有源滤波器（4.6节）的方法。同时，还改写了SSI组合逻辑设计、数字电压表设计等内容，并将原来第10、11章高频电子线路实验内容合并为一章。

（5）加强了Verilog HDL及其应用的内容，改写了有限状态机和分层次电路设计方法，增加了基于FPGA的数字频率计设计（7.6节）和DDS函数信号发生器设计（7.7节）等实验内容。同时，将Quartus II 9.1和ISE 14.7等EDA软件的使用方法作为附录A和附录B。

（6）为了帮助学生复习实验课的内容，了解实验课程的考核要求，我们重修编写了实验模拟测试题，包括实验笔试题和实验操作考试题（包括电路设计、安装调试与实验报告）两部分内容，参见附录F。

本书可以作为电子线路实验独立设课的教材或课程设计的教材。也可与康华光主编的《电子技术基础》（第6版）、张肃文主编的《高频电子线路》（第3版）教材配套使用。

作为电子线路实验独立设课教材时，适用于安排2个学期的教学，第1学期进行模拟电路的设计与调试，第2学期进行数字逻辑电路（包括HDL和FPGA）和高频电路的设计与调试（实验课一般略滞后于理论课，可根据学校的条件选择实验内容）。

作为课程设计教材，可选择较大的电路系统或综合性设计课题进行教学。建议采用开放式实验教学模式，每次将一学期的实验元器件和实验面包板发给学生自己保管，将必做实验内容和选做实验内容相结合，安排一定的课内学时以利于教师指导和对实验项目的验收，同时开放实验室，让学生通过网上实验预约系统预约实验时间，自主进行实验，激发学生的学习热情与兴趣。

实验课的考试方式可采用以实践为主的考试方式，即在规定的时间内，现场完成电路的设计与装调，回答问题。附录 F 是“电子线路设计与测试”课程的模拟测试题。该课程的成绩评定由两部分组成，即平时成绩（包括电路设计、安装调试与实验报告）占 40%，期末操作考试（包括电路设计、调试与实验报告）和笔试（实验基础知识、电路安装调试技术和测量技术等）各占 30%。

以上教学方法已被多所学校采用，实践表明，这种教学方法是行之有效的，对于培养与提高学生工程实践与设计能力具有明显效果。

参加第 5 版修订工作的有谢自美、罗杰、张林、杨小献、赵云娣、曾喻江、龚军。罗杰修订第 1、5 ~ 7 章和附录 A、B、D~F；杨小献修订第 2 章和附录 C；张林修订第 3 章、4.1~4.4 节和 4.6 节；谢自美和赵云娣修订第 8 章、4.5、4.7、4.8、6.4 和 9.1 节；曾喻江修订 9.2 节；龚军修订 9.3 节。罗杰和谢自美共同担任本书主编，负责全书的统稿与定稿工作。

本书第 5 版得到了华中科技大学教务处及电子信息与通信学院的关怀和大力支持。国家精品课程“电子线路设计与测试”课程组的各位老师十分关心本次修订工作，给予了热情支持并提出了许多修改意见。在本书出版之际，谨向他们致以最诚挚的谢意。

感谢读者多年来对本书的关心与支持。本书的实践性很强，我们尽量为读者提供有一定参考价值的电路图与实验参数。为此，我们做了大量实验研究工作。在使用本书时，如果因实验条件不同，出现实验参数有些偏差，这是正常现象。如果差距很大，或者发现电路图中有错误，恳请读者给予批评指正。

您可以发送邮件到作者邮箱：Luojiewh@gmail.com，我们会阅读所有的来信，并尽可能及时回复。

编　者

于华中科技大学

本书先后荣获：

2012 年，教育部“十二五”普通高等教育本科国家级规划教材

2011 年，教育部普通高等教育国家级精品教材

2006 年，教育部普通高等教育“十一五”国家级规划教材

2002 年，全国普通高等学校优秀教材二等奖

2001 年，教育部普通高等教育“十五”国家级规划教材

1997 年，教育部“九五”国家级重点教材

1996 年，第三届全国工科电子类专业优秀教材一等奖

本书中的文字符号说明

低频电路

A 运算放大器

A_F 反馈放大器的放大倍数

A_V 电压放大倍数

A_{VC} 共模电压放大倍数

A_{VD} 差模电压放大倍数

A_{VO} 开环电压放大倍数

A_{VF} 闭环电压放大倍数

BW 带宽

$\mathrm{C_B}$ 基极耦合电容

$\mathrm{C_C}$ 集电极耦合电容

$\mathrm{C_E}$ 发射极旁路电容

$\mathrm{C_j}$ 结电容

$\mathrm{C_o}$ 输出电容

$\mathrm{C_L}$ 负载电容

D 二极管

$\mathrm{D_C}$ 变容二极管

$\mathrm{D_Z}$ 稳压二极管

f_o 振荡器频率

f_R 基准频率

f_L 放大器的下限频率

f_H 放大器的上限频率

g_m 跨导

I_0 恒定电流

I_{CM} 集电极最大允许电流

I_D 漏极电流

I_{DSS} 场效应管饱和电流

I_{IO} 输入失调电流

I_{OS} 输出短路电流

I_{REF} 基准电流

$\mathrm{J_T}$ 石英晶体

K_{CMR} 共模抑制比

m 调制系数

N 线圈绕组匝数

P 功率

P_0 额定功率

P_C 耗散功率

P_{CM} 集电极最大允许功耗

P_D 静态功耗

P_o 输出功率

Q 品质因数，静态工作点

R_B, R_C, R_E 半导体三极管的基极、集电极、发射极电阻

r_{be} 半导体三极管的输入电阻

R_F 反馈电阻

R_G, R_D, R_S 场效应管的栅极、漏极、源极电阻

R_i 交流输入电阻

R_{id} 差模输入电阻

R_o 交流输出电阻

R_{od} 差模输出电阻

RP 电位器（可变电阻）

R_S 信号源内阻

S_R 转换速率

T 三极管、周期

Tr 变压器

t 时间

v 交流电压

v_{id} 差模输入电压

V 交流电压有效值

V_{CC} 正电源电压

V_{DD} 正电源电压

V_{EE} 负电源电压

V_{IO} 输入失调电压

V_m 幅度

V_p 场效应管夹断电压

V_{pp} 交流电压峰-峰值

V_T 温度的电压当量

ω_c 截止角频率

ω_0 中心角频率

$\Delta\omega$ 带通、带阻滤波器的带宽

高频电路

A 天线

A_{VO} 放大器在谐振点的电压增益

A_P 功率增益

h_{ie} 晶体管共发射极输入阻抗

I_{c0} 集电极电流直流分量

I_{cm} 集电极交流电流的振幅

V_{cm} 集电极交流电压振幅；集电极回路谐振电压振幅

$V_{\Omega m}$ 调制电压振幅

$C_{b'c}$　集电结电容

$C_{b'e}$　发射结电容

C_{ie}　晶体管共发射极电路输入电容

f_0　中心频率

f_c　载频

f_o　本振频率、谐振频率

f_P　并联谐振频率

f_S　信号源频率

f_V　压控振荡器频率

f_Ω　调制信号频率

Δf　频偏

Δf_m　最大频偏

$g_{b'e}$　发射结电导

g_{ce}　集电极输出电导

g_L　负载电导

h_{fe}　晶体管共发射极电流放大系数

I_{cm1}　集电极基波分量

i_b　基极电流瞬时值

i_c　集电极电流瞬时值

K_M　乘法器传输系数

$K_{r0.1}$　矩形系数

K_V　压控振荡器增益（灵敏度）

m_a　调幅系数

m_f　调频指数

P_A　发射功率

P_D　电源供给直流功率

P　接入系数

R_A　天线辐射电阻

S　接收机灵敏度

S_d　鉴频灵敏度

S_f　调制灵敏度

S_{IF}　中频灵敏度

S_{IM}　镜频灵敏度

v_Ω　调制电压瞬时值

y_{fe}　共发射极电路正向传输导纳

y_i　输入导纳

y_{ie}　共发射极电路输入导纳

y_o　输出导纳

y_{oe}　共发射极电路输出导纳

y_{re}　共发射极电路反向传输导纳

Z_i　输入阻抗

Z_o　输出阻抗

γ　变容二极管电容变化系数

ω_c　滤波器截止角频率；载波角载率

$\omega(t)$　瞬时角频率

Ω　调制信号角频率

数字电路

CP　时钟脉冲

EN　允许（使能）

FF　触发器

G　门

I_{IH}　高电平输入电流

I_{IL}　低电平输入电流

I_{IS}　门电路输入短路电流

N_o　扇出系数

OE　输出允许（使能）

q　占空比

R_D　复位端

R_{OFF}　器件截止时内阻

R_{ON}　器件导通时内阻

R_U　上拉电阻

S_D　置位端

t_f　下降时间

t_{pd}　平均传输延迟时间

t_{PHL}　输出由高电平变为低电平时的传输延迟时间

t_{PLH}　输出由低电平变为高电平时的传输延迟时间

t_r　上升时间

t_W　脉冲宽度

V_{IH}　输入高电平

V_{IL}　输入低电平

V_m　脉冲幅度

V_{NH}　输入高电平噪声容限

V_{NL}　输入低电平噪声容限

V_{OH}　输出高电平

V_{OL}　输出低电平

V_{TH}　门电路的阈值电压

V_{T+}　施密特触发特性的正向阈值电压

V_{T-}　施密特触发特性的负向阈值电压

目　录

第 1 章　电子线路实验基础 ··· 1
1.1　电子线路实验的流程与要求 ··· 1
1.2　电子线路设计的一般方法 ··· 4
1.3　电子线路调试技术 ··· 6
1.4　测量误差分析 ··· 8
1.4.1　测量误差的定义 ··· 8
1.4.2　测量误差的分类 ··· 9
1.4.3　误差传递公式及其应用 ··· 11
1.5　实验数据处理 ··· 14
1.5.1　实验数据的整理与曲线的绘制 ··· 14
1.5.2　实验数据的函数表示 ··· 14
1.5.3　实验数据的插值法 ··· 16
第 2 章　电子线路计算机辅助分析与设计 ··· 18
2.1　OrCAD 9.2 软件概述 ··· 18
2.1.1　OrCAD 9.2 软件简介 ··· 18
2.1.2　Capture 界面及菜单 ··· 19
2.1.3　PSpice A/D Lite Edition 界面及菜单 ··· 21
2.1.4　电路分析类型 ··· 22
2.1.5　常用库及生成的文件 ··· 23
2.2　OrCAD 9.2 电路设计仿真分析的流程 ··· 24
2.2.1　一般流程 ··· 24
2.2.2　结果输出文件 ··· 31
2.3　电子线路分析示例 ··· 32
2.3.1　模拟电路仿真分析 ··· 32
2.3.2　高频电路仿真分析 ··· 36
2.3.3　数字电路仿真分析 ··· 37
2.3.4　实验任务 ··· 38
第 3 章　模拟电子线路基础实验 ··· 41
3.1　二极管的参数与基本应用 ··· 41
3.1.1　二极管的主要参数 ··· 41
3.1.2　二极管基本应用举例 ··· 42
3.1.3　实验任务 ··· 43
3.2　双极结型三极管的参数测试与基本应用 ··· 44
3.2.1　BJT 的主要参数及其测试 ··· 44
3.2.2　选择 BJT 的原则 ··· 46
3.2.3　三极管的基本应用举例 ··· 47
3.2.4　实验任务 ··· 48
3.3　金属-氧化物-半导体场效应管的参数测试与基本应用 ··· 50

3.3.1 MOSFET 的主要参数及其测试 …… 50
3.3.2 MOSFET 基本应用举例 …… 52
3.3.3 实验任务 …… 53
3.4 结型场效应管的参数测试与基本应用 …… 56
3.4.1 JFET 的主要参数及其测试 …… 56
3.4.2 JFET 的基本应用举例 …… 58
3.4.3 实验任务 …… 59
3.5 集成运算放大器的参数测试 …… 60
3.5.1 主要性能参数与测试方法 …… 61
3.5.2 使用集成运算放大器时的注意事项 …… 65
3.5.3 实验任务 …… 67
3.6 集成运算放大器在信号运算方面的应用 …… 71
3.6.1 应用举例 …… 71
3.6.2 实验任务 …… 75
3.7 集成运算放大器在波形产生、变换与处理方面的应用 …… 79
3.7.1 应用举例 …… 79
3.7.2 实验任务 …… 81
第 4 章 模拟电子线路应用设计 …… 86
4.1 二极管桥式整流电路设计 …… 86
4.1.1 电路工作原理 …… 86
4.1.2 设计举例 …… 87
4.1.3 电路的安装与测试 …… 87
4.1.4 设计任务 …… 88
4.2 双极结型晶体管共射放大器设计 …… 88
4.2.1 电路工作原理与设计过程 …… 88
4.2.2 设计举例 …… 90
4.2.3 电路的安装与静态工作点调整 …… 91
4.2.4 性能指标测试与电路参数修改 …… 92
4.2.5 负反馈对放大器性能的影响 …… 94
4.2.6 设计任务 …… 94
4.3 金属-氧化物-半导体场效应管放大器设计 …… 95
4.3.1 双电源 MOSFET 共源放大器工作原理与设计过程 …… 95
4.3.2 设计举例 …… 98
4.3.3 电路的安装与静态工作点调整 …… 99
4.3.4 性能指标测试与电路参数修改 …… 99
4.3.5 共源-共漏放大器 …… 100
4.3.6 设计任务 …… 101
4.4 差分放大器设计 …… 102
4.4.1 MOSFET 差分放大器 …… 102
4.4.2 BJT 差分放大器 …… 106
4.4.3 设计任务 …… 111
4.5 函数发生器设计 …… 112

4.5.1 方波-三角波-正弦波函数发生器设计……112
4.5.2 单片集成电路函数发生器 ICL8038……115
4.5.3 函数发生器的性能指标……116
4.5.4 设计举例……116
4.5.5 电路安装与调试技术……117
4.5.6 设计任务……118
4.6 RC 有源滤波器的设计……119
4.6.1 滤波器的分类简介……119
4.6.2 滤波器的设计方法……120
4.6.3 设计举例……125
4.6.4 设计任务……129
4.7 音响放大器设计……129
4.7.1 音响放大器的基本组成……130
4.7.2 音调控制器……132
4.7.3 功率放大器……135
4.7.4 音响放大器主要技术指标及测试方法……138
4.7.5 设计举例……140
4.7.6 电路安装与调试技术……142
4.7.7 设计任务……143
4.8 线性直流稳压电源设计……144
4.8.1 直流稳压电源的基本组成……144
4.8.2 稳压电源的性能指标及测试方法……145
4.8.3 集成稳压电源设计……146
4.8.4 设计举例……148
4.8.5 设计任务……149
第 5 章 数字逻辑电路基础实验……150
5.1 集成逻辑门的特性测试……150
5.1.1 TTL 门电路的主要参数及使用规则……150
5.1.2 CMOS 门电路的主要参数及使用规则……152
5.1.3 输入电平值的调整……153
5.1.4 集电极开路（OC）门的特性……153
5.1.5 实验任务……155
5.2 组合逻辑电路的设计……158
5.2.1 SSI 组合逻辑电路设计……158
5.2.2 实验任务……160
5.3 集成触发器及其应用……161
5.3.1 集成触发器的触发方式与选用规则……161
5.3.2 使用触发器设计时序逻辑电路概述……162
5.3.3 触发器的基本应用……163
5.3.4 时序逻辑电路初始状态的设置……164
5.3.5 实验任务……165
5.4 集成电路定时器 555 及其应用……166

5.4.1 555的内部结构及性能特点 ······ 166
5.4.2 555组成的基本电路及应用 ······ 166
5.4.3 实验任务 ······ 170
5.4.4 注意事项 ······ 171
5.5 中规模组合逻辑电路及其应用 ······ 171
5.5.1 MSI组合逻辑电路 ······ 172
5.5.2 应用电路设计举例 ······ 178
5.5.3 设计任务 ······ 179
5.6 中规模时序逻辑电路及其应用 ······ 180
5.6.1 MSI时序逻辑电路 ······ 180
5.6.2 应用电路设计 ······ 188
5.6.3 设计任务 ······ 191
第6章 数字逻辑电路应用设计 ······ 193
6.1 篮球竞赛30s定时器设计 ······ 193
6.1.1 定时器的功能要求 ······ 193
6.1.2 定时器的组成框图 ······ 193
6.1.3 定时器的电路设计 ······ 193
6.1.4 设计任务 ······ 195
6.2 多路智力竞赛抢答器设计 ······ 196
6.2.1 抢答器的功能要求 ······ 196
6.2.2 抢答器的组成框图 ······ 197
6.2.3 电路设计 ······ 197
6.2.4 设计任务 ······ 199
6.3 汽车尾灯控制电路设计 ······ 200
6.3.1 设计要求 ······ 200
6.3.2 总体组成框图 ······ 201
6.3.3 电路设计 ······ 201
6.3.4 设计任务 ······ 202
6.4 多功能数字钟电路设计 ······ 203
6.4.1 数字钟的功能要求 ······ 203
6.4.2 总体组成框图 ······ 203
6.4.3 主体电路的设计与装调 ······ 204
6.4.4 功能扩展电路的设计 ······ 206
6.4.5 设计任务 ······ 209
6.5 数字电压表设计 ······ 210
6.5.1 数字电压表的基本组成及主要技术指标 ······ 210
6.5.2 ICL7107构成的$3\frac{1}{2}$位数字电压表设计 ······ 210
6.5.3 MC14433构成的$3\frac{1}{2}$位数字电压表设计 ······ 214
6.5.4 设计任务 ······ 217
第7章 Verilog HDL及其应用 ······ 218
7.1 Verilog HDL的基础知识 ······ 218

7.1.1 Verilog HDL 程序的基本结构 …… 218
7.1.2 Verilog HDL 基本语法规则 …… 220
7.1.3 Verilog HDL 运算符 …… 224
7.1.4 实验任务 …… 226
7.2 Verilog HDL 建模方式 …… 227
7.2.1 Verilog HDL 门级建模 …… 227
7.2.2 Verilog HDL 数据流建模 …… 229
7.2.3 Verilog HDL 行为级建模 …… 230
7.2.4 设计举例 …… 235
7.2.5 实验任务 …… 237
7.3 有限状态机建模 …… 239
7.3.1 设计举例 …… 239
7.3.2 实验任务 …… 241
7.4 数字钟的分层次设计方法 …… 242
7.4.1 分层次设计方法 …… 242
7.4.2 模块实例引用语句 …… 244
7.4.3 设计举例 …… 245
7.4.4 设计任务 …… 250
7.5 基于 FPGA 的数字频率计设计 …… 251
7.5.1 数字频率计的主要技术指标 …… 251
7.5.2 数字频率计的工作原理与组成框图 …… 252
7.5.3 逻辑设计 …… 254
7.5.4 设计任务 …… 259
7.6 DDS 函数信号发生器的设计 …… 260
7.6.1 DDS 产生波形的原理 …… 260
7.6.2 DDS 函数信号发生器的组成框图 …… 263
7.6.3 DDS 电路设计 …… 264
7.6.4 设计仿真 …… 266
7.6.5 设计实现 …… 267
7.6.6 D/A 转换电路及放大电路设计 …… 272
7.6.7 设计任务 …… 273
第 8 章 高频电子线路应用设计 …… 274
8.1 高频电路特点与实验基础 …… 274
8.2 高频小信号谐振放大器设计 …… 277
8.2.1 电路的基本原理 …… 277
8.2.2 主要性能指标及测量方法 …… 279
8.2.3 设计举例 …… 280
8.2.4 设计任务 …… 282
8.3 高频振荡器与变容二极管调频电路设计 …… 283
8.3.1 LC 正弦波振荡器与变容二极管调频电路 …… 283
8.3.2 集成振荡器 MC1648 与变容二极管调频电路 …… 284
8.3.3 主要性能参数及其测试方法 …… 285

8.3.4 设计举例 …… 287
8.3.5 振荡器与调频的装调与测试 …… 289
8.3.6 设计任务 …… 290
8.4 高频功率放大器设计 …… 291
8.4.1 电路的基本原理 …… 291
8.4.2 高频变压器的绕制 …… 295
8.4.3 主要技术指标及实验测试方法 …… 295
8.4.4 设计举例 …… 296
8.4.5 高频谐振功率放大器的调整 …… 299
8.4.6 设计任务 …… 300
8.5 小功率调频发射机设计 …… 301
8.5.1 调频发射机及其主要技术指标 …… 301
8.5.2 设计举例 …… 302
8.5.3 整机联调时常见故障分析 …… 304
8.5.4 设计任务 …… 304
8.6 调频接收机设计 …… 305
8.6.1 调频接收机的主要技术指标 …… 305
8.6.2 调频接收机设计 …… 306
8.6.3 设计举例 …… 307
8.6.4 设计任务 …… 311
8.7 集成模拟乘法器的应用 …… 312
8.7.1 模拟乘法器工作原理及静态工作点的设置 …… 312
8.7.2 集成模拟乘法器应用 …… 314
8.7.3 设计任务 …… 320
8.8 调幅发射机设计 …… 321
8.8.1 调幅发射机的工作原理及主要技术指标 …… 321
8.8.2 设计举例 …… 322
8.8.3 电路装调与测试 …… 325
8.8.4 设计任务 …… 325
8.9 调幅接收机设计 …… 326
8.9.1 调幅接收机的工作原理及主要技术指标 …… 326
8.9.2 设计举例 …… 327
8.9.3 设计任务 …… 332
第 9 章 综合性电子线路应用设计 …… 333
9.1 集成电路锁相环及其应用电路设计 …… 333
9.1.1 锁相环的基本组成 …… 333
9.1.2 锁相环的主要参数与测试方法 …… 333
9.1.3 数字锁相环 CC4046 及其应用电路设计 …… 335
9.1.4 高频模拟锁相环 NE564 及其应用电路设计 …… 338
9.1.5 低频锁相环 NE567 及其应用电路设计 …… 341
9.1.6 设计任务 …… 343
9.2 数字化语音存储与回放系统设计 …… 344

9.2.1 系统基本功能及组成框图 …… 345
9.2.2 系统电路设计 …… 345
9.2.3 系统安装与测试技术 …… 349
9.2.4 设计任务 …… 350
9.3 LCD 字符（图形）显示与应用电路设计 …… 350
9.3.1 TRULY-M12864 LCD 显示器 …… 350
9.3.2 TRULY-M12864 接口电路设计 …… 352
9.3.3 用软件提取汉字的方法 …… 353
9.3.4 显示程序的实现 …… 355
9.3.5 LCD 显示的数字温度计电路设计 …… 357
9.3.6 设计任务 …… 359
附录 A Quartus II 9.1 开发软件及实验平台 …… 361
A.1 Quartus II 9.1 软件主界面 …… 361
A.2 Quartus II 的设计流程 …… 362
A.3 设计与仿真的过程 …… 365
A.3.1 建立新的设计项目 …… 365
A.3.2 输入设计文件 …… 366
A.3.3 编译设计文件 …… 367
A.3.4 设计项目的仿真验证 …… 368
A.3.5 分析信号的延迟特性 …… 371
A.4 引脚分配与器件编程 …… 372
A.4.1 引脚分配 …… 372
A.4.2 对目标器件编程 …… 373
A.4.3 实验任务 …… 375
A.5 Altera FPGA 实验平台 …… 376
A.5.1 开发板提供的基本输入/输出资源 …… 376
A.5.2 开发板提供的时钟源与扩展槽 …… 379
附录 B ISE 14.7 开发软件及实验平台 …… 384
B.1 Xilinx ISE 14.7 仿真过程 …… 384
B.1.1 建立新的设计项目 …… 384
B.1.2 输入 Verilog HDL 设计文件 …… 385
B.1.3 输入测试平台文件 …… 386
B.1.4 编译设计项目，进行功能仿真 …… 386
B.2 Xilinx ISE 14.7 逻辑综合与实现 …… 388
B.2.1 分配引脚 …… 388
B.2.2 逻辑综合与实现 …… 390
B.2.3 对目标器件编程，实际测试电路功能 …… 390
B.2.4 实验任务 …… 392
B.3 Xilinx FPGA 实验平台 …… 393
B.3.1 开发板提供的基本资源 …… 393
B.3.2 开发板提供的 PMOD 扩展插座 …… 395
B.4 四位显示器的动态扫描控制电路设计 …… 395

B.4.1 电路工作原理 …… 395
B.4.2 逻辑设计 …… 396
B.4.3 实际测试 …… 398
B.5 TestBench 的编写 …… 399
B.5.1 TestBench 的基本结构 …… 399
B.5.2 Verilog HDL 系统任务 …… 402
B.5.3 Verilog HDL 编译器指令 …… 404
附录 C 通用电子仪器及其应用 …… 407
C.1 函数信号发生器/计数器 EE1641C/EE1643C …… 407
C.2 混合信号示波器 DS2072A …… 408
附录 D 分立元件的性能简介 …… 417
附录 E 集成电路的型号与引脚排列图 …… 420
E.1 模拟集成电路 …… 420
E.2 TTL 数字集成电路 …… 420
E.3 CMOS 集成电路 …… 423
E.4 常用逻辑符号对照表 …… 426
附录 F 设计性实验报告与复习题 …… 427
F.1 设计性实验及其范例 …… 427
F.2 实验测试复习题 …… 429
F.2.1 模拟电子线路实验测试复习题 …… 430
F.2.2 数字电路与逻辑设计实验测试复习题 …… 434
参考文献 …… 440

第 1 章　电子线路实验基础

内容提要　本章介绍了电子线路实验的流程、设计的一般方法、调试技术，同时，还介绍了测量误差的定义、分类与处理实验数据的方法。这些内容是电子线路实验技术的基础。

1.1　电子线路实验的流程与要求

学习要求　熟悉电子线路实验的流程与要求。

电子线路实验的目的是将模拟电子技术、数字电路与逻辑设计、通信电子线路与电子测量等课程的理论与实践有机地结合起来，使学生掌握电子线路相关的基本实验技能。通过课堂实验和课外开放实验相结合的方式，培养学生综合运用所学理论知识分析解决实际问题的能力，初步掌握电子线路设计的一般方法，熟悉常用元器件和各种 EDA 软件工具的使用，能够查阅相关资料，选择恰当器件实现电子线路单元模块与系统，能够对电路与系统进行仿真、分析和辅助设计，能够分析、寻找和排除实验电路中的故障，从而实现从理论知识到实践能力再到综合专业素质的全面培养。

电子线路实验的一般流程如图 1.1.1 所示。它包括实验前的准备、电路的组装、实验调试与性能指标测量、实验数据的分析与处理和撰写实验报告等过程。为了充分发挥学生主动实验的精神，促使其独立思考、独立完成实验并有所创造，我们对电子线路实验的每个过程提出下列基本要求。

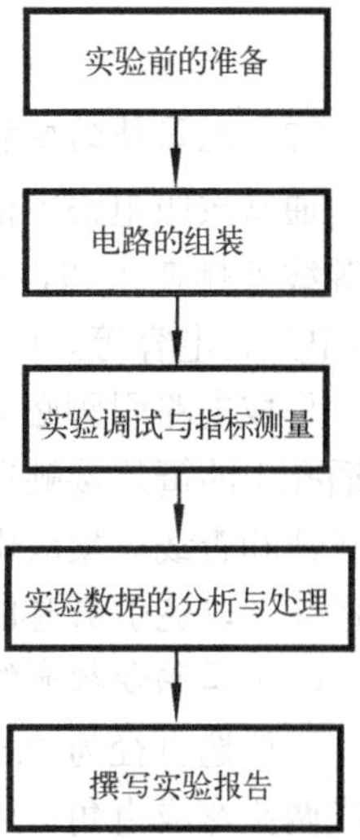

图 1.1.1　实验的基本流程

1. 实验前的准备

为了避免盲目性，使实验有条不紊地进行，每个实验者实验前应对实验内容进行预习，并做好以下几方面准备：

① 明确实验目的、任务与要求。

② 复习有关电路的基本原理，对思考题作出解答；对于设计性实验则要完成电路设计任务，设计电路的一般方法将在下一节介绍。

③ 根据实验内容，设计实验方案与实验步骤，并组装好实验电路。

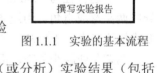

④ 对实验中应记录的原始数据应列出表格待用，并初步估算（或分析）实验结果（包括参数和波形），最后写出预习报告。

实验前，教师要检查预习情况，并对学生进行提问，预习不合格者不准进行实验。

2. 电路的组装方法

对于开放性实验，要求学生以班为单位提前一周到实验室领取所有实验的元器件和实验工具，并要求每次实验课前按实验方案组装好实验电路。对于非开放性实验，在做好预习的前提下，可以到实验室后再组装电路。

电子电路的组装通常采用在面包板上插接和在 PCB 板上焊接两种方式。对于比较简单的单元电路，在面包板上插接电路是一种简便易行的方法。而对于比较复杂的电路，通常需要设计 PCB 板，然后将元器件焊接在 PCB 上进行调试。本书仅介绍在面包板上组装电路的方法。

（1）面包板的结构

面包板是由有许多小方孔的塑料板组成的，如图 1.1.2 所示。每块插板中央有一凹槽，凹槽两边各有 65×5 个插孔。每 5 个插孔为一组（ABCDE 或 FGHIJ），5 个孔由内部的金属簧片连通。面包板的上、下各有一条 11×5 的小插孔（图中的 X 和 Y），每 5 个孔为一组，它们是相通的，但整个横排不一定都连通，测量不同插孔之间的电阻值，如果为 0 就是连通的。X、Y 这两条插孔通常用作电源线和地线的插孔。

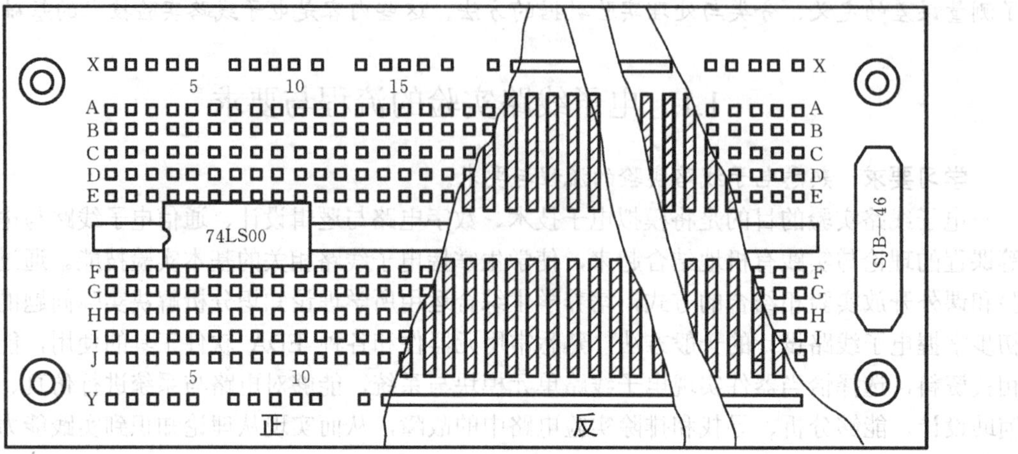

图 1.1.2　面包板结构图

（2）元器件的安装

通常按照电路中信号的流向安装元器件，将输入信号安排在左边，输出信号则放在右边，电源线安排在上边，地线安排在下边，并且元器件的布局要疏密恰当，对于引脚较长的元件（如电阻、电容等）可以将引脚剪短一些。

集成电路引脚必须插在面包板中央凹槽两边的孔中，插入时所有引脚应稍向外偏，使引脚与插孔中的簧片接触良好，所有集成电路的方向要一致，缺口朝左（如图 1.1.2 所示），便于正确布线和查线。集成电路在插入与拔出时，最好用起子或镊子插入到芯片下面的凹槽中轻轻用力撬起，以免引脚弯曲或断裂。

（3）正确合理布线

一般选直径为 0.6mm 的单股导线，长度适当。先将两头绝缘皮剥去 7mm～8mm，然后把导线两头弯成直角，用镊子夹住导线，垂直插入相应的孔中。连线时，要紧贴面包板走线，并要求横平竖直，不要从元器件上面走飞线。

为避免或减少故障，面包板上的电路布局与布线，必须合理而且美观。

① 集成块和晶体管的布局，一般按主电路信号流向的顺序在一小块面包板上直线排列。各级元器件围绕各级的集成块或晶体管布置，各元器件之间的距离应视周围元件多少而定。

② 第一级的输入线与末级的输出线、高频线与低频线要远离，以免形成空间交叉耦合。尤其在高频电路中，元器件插脚和连线应尽量短而直，以免分布参数影响电路性能。

③ 为使布线整洁和便于检查，尽可能采用不同颜色的导线，一般正电源线用红色，负电源线用蓝色，地线用黑色。布线时应注意导线不宜太长，最好贴近底板并在器件的周围布线，一个孔只准插一根线，并且不允许导线在集成块上方跨过、杂乱地在空中搭成网状。以方便检查排除故障或更换器件。

④ 合理布置地线。为避免各级电流通过地线时互相产生干扰，特别要避免末级电流通过

地线对某一级形成正反馈而产生自激，故应将各级单独接地，然后再分别接公共地线。

3. 对电路进行实验调试与性能指标的测量

进入实验室后，为了保证实验效果，要按照实验操作的规范进行实验，具体要求如下：

① 参加实验者要自觉遵守实验室规则。

② 根据实验内容合理布置实验现场，仪器设备和实验装置安放要适当。图 1.1.3 是实验电路板与仪器的布局和连接示意图。

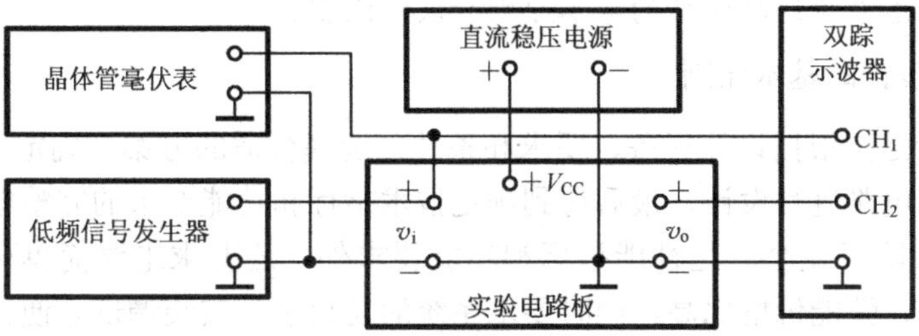

图 1.1.3　实验电路板与仪器的布局和连接示意图

③ 按照实验方案对实验电路进行测试与调整，使电路处于正常的工作状态。然后要认真记录实验条件和所得数据、波形（并分析判断所得数据、波形是否正确）。发生故障应独立思考，耐心排除，并记下排除故障过程和方法。

④ 发生事故应立即切断电源，并报告指导教师和实验室有关人员，等候处理。做好实验，保证实验质量是师生的共同愿望。这里所谓做好实验，并不是要求学生在实验过程中不发生问题，一次成功。实验过程不顺利，不一定是坏事，常常可以从分析故障中增强独立工作能力。相反，“一帆风顺”也不一定有收获。所以做好实验的意思是独立解决实验中所遇到的问题，把实验做成功。

⑤ 实验完成后，要将记录的实验结果送指导教师审阅签字，教师一般会当场抽查部分实验数据，并记录实验情况，作为平时实验操作部分成绩的评分依据。经教师验收合格后才能拆除线路，清理现场。

4. 分析实验数据，撰写实验报告

作为工程技术人员必须具有撰写实验报告这种技术文件的能力。附录 F 提供了一份设计性实验报告的写作范例，供参考。下面是实验报告写作的一般要求。

（1）实验报告的内容

① 列出实验条件，包括何日、何时与何人共同完成什么实验，当时的环境条件，使用仪器名称及编号等。

② 对于基础实验，要简述实验电路工作原理；对于设计性实验，则需要写出设计过程。

③ 根据实验内容，认真整理和处理测试数据，并列出表格或用坐标纸画出曲线。

④ 对测试结果进行理论分析，作出简明扼要结论。找出产生误差原因，提出减少实验误差的措施。记录产生故障情况，说明排除故障的过程和方法。

⑤ 对本次实验的心得体会，以及改进实验的建议。

（2）撰写实验报告的一般要求

① 文理通顺，书写简洁；符号标准，图表齐全；讨论深入，结论简明。

② 实验报告用学校统一的实验报告纸书写，每次新的实验开始时，交上一次的实验报告。实验报告将记入平时成绩。

实验与思考题

1.1.1　电子线路实验要经过哪些步骤？

1.1.2　电子线路实验前的准备工作有哪些？

1.2　电子线路设计的一般方法

学习要求　熟悉电子线路设计的基本原则和设计流程。

1．电子线路设计的基本原则

电子线路设计是指根据设计任务、要求和条件，选择合适的方案，确定电路的总体组成框图，接着对各单元电路进行设计，最后得到满足技术指标和功能要求的完整电路图的过程。

一个好的设计除了完全满足性能指标和功能要求外，还要求电路简单可靠，系统集成度高，电磁兼容性好，性能价格比高，同时要求系统的功耗小、安装调试方便。

2．电子线路设计的一般步骤

一般来说，电子线路的设计不是一个简单的、一次能完成的过程，而是一个逐步试探的过程。下面介绍电子线路设计的主要步骤。

（1）仔细审题，分析技术指标

接到设计课题后，一定要仔细分析设计课题的要求、各项性能指标的含义，以便明确系统要完成的任务。

（2）进行方案选择，画出总体组成框图，分配技术指标

弄清题意后，就可以进行总体方案设计了。这时，可以通过图书馆或网络检索相关参考资料，参考一些与设计课题相近的电路方案，查阅能够满足技术指标要求的器件。对于同一个课题，实现的方案可能有多个，应该将不同的方案进行对比，根据自己现有条件选择一种方案。

最后根据选择的方案，从全局着手，把系统要完成的任务按照功能划分为若干个相互联系的单元电路，然后将技术指标和功能分配给各个单元电路，并画出一个能表示系统基本组成和相互关系的总体组成框图。

例如，要设计一个额定输出功率不小于 1W 的音响放大电路，并要求该电路具有话筒扩音、数字混响延时、卡拉 OK 伴唱等功能。由题意可知，该系统要完成的主要功能是放大和混响延时，这是一个数模混合的电子系统，参考相关资料，可以设计出该系统的总体框图，如图 1.2.1 所示。

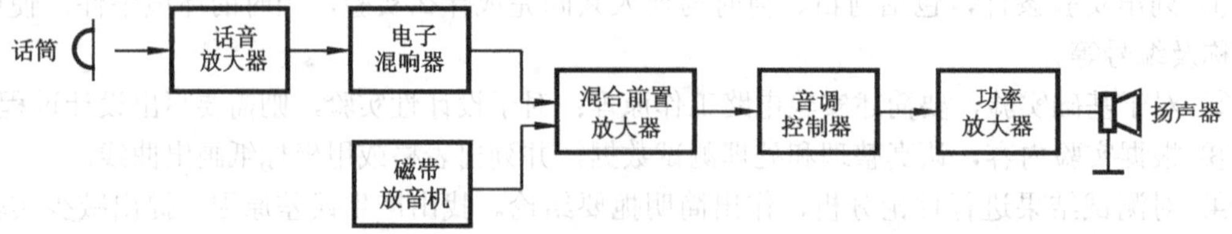

图 1.2.1　音响放大器的总体框图

然后将系统要完成的功能和各项技术指标分配给各个单元电路。由于话筒(低阻 20Ω)的输出电压有效值大约为 5mV，而输出功率大于 1W，则输出电压 $V_o = \sqrt{P_o R_L} > 2.8\text{V}$。可见系统的总电压增益 $A_{V\Sigma} = V_o/V_i > 560$ 倍(55dB)。混响延时电路可以选用专用数字混响集成电路芯片，如 M65831A，它只完成混响功能，不放大输入信号，因此该电路的电压增益主要分配给放大

器。图 1.2.2 是各单元电路电压增益分配情况（电路设计时，通常保留一定的裕量，图中取 V_o=3V）。

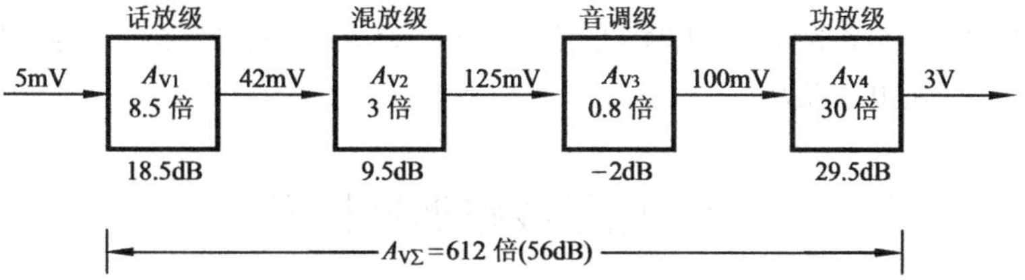

图 1.2.2　各个单元电路的电压增益分配

（3）设计单元电路，进行计算机仿真实验

单元电路的设计可以参考一些典型的实用电路，或者将几个电路巧妙地结合起来实现某个功能。通常包括电路选择、元器件选择、电路参数计算、计算机仿真和实验调试等步骤。如果元器件选择合适，则电路实现起来就比较简单。在电路形式确定后，还要根据公式计算出各元件的参数，由于电子元器件性能的离散性及标称规格分级有限且存在误差，故元器件参数的计算常称为估算，估算的参数需要经过仿真或实验调试才能确定。对单元电路进行计算机仿真实验可以提高实验效率，避免搭接硬件电路、进行重复测试的烦琐过程。

在设计单元电路时，在保证电路性能指标的前提下，要尽量减少元器件品种、规格，要尽量选用集成电路进行设计。在选择元器件时，要注意以下几点：

① 选择集成电路进行设计时，除了考虑集成电路的功能和性能指标外，还要注意芯片的供电电压、功耗、速度和价格等因素。

② 电阻和电容的种类较多，正确选择电阻和电容是很重要的，不同电路对电阻和电容性能要求是不同的，有些电路对电容的漏电要求很严，有些电路对阻容元件的精度要求很高。设计时要根据电路的要求选择性能和参数合适的阻容元件，并要注意功耗、容量、频率和耐压范围是否满足要求。由于电阻值大时，其误差和噪声会增大，因此选择电阻时，其阻值一般不应超过 10MΩ，并尽量选择阻值小于 1MΩ的电阻。对于非电解电容的选择，其数值应在常用电容器标称系列之内，并根据设计要求及电路工作具体情况选择电容种类，其电容值最好在 100pF~0.1μF。

（4）画出总体电路图

在单元电路设计完成后，应画出能反映各单元电路连接关系的完整的电路原理图。此时得到的原理图是一个初步设计的草图，在经过实验调试后，才能绘制正式的总体电路图。绘制电路图时，要注意以下几点：

① 布局合理、排列均匀、图面清晰，便于读图和理解。对于比较复杂的电路，绘图时应尽量把主体电路绘在一张图纸上，而把比较独立或次要的部分绘在其他图纸上，并在图的断口两端做好标记，标出信号从一张图到另一张图的引出点和引入点，以说明各图纸在电路连线之间的关系。

② 注意信号流向，一般从输入端或信号源画起，由左到右或由上到下按信号流向依次画出各单元电路，而反馈通路的信号流向则与此相反。

③ 图形符号要符合国标或国际通用符号。

④ 连接线一般画成水平线或垂直线，并尽量减少交叉与拐弯。相互连通的交叉线应在交叉处用实心点表示，根据需要，可以在连接线上加注信号名或其他标记，表示其功能或其去向。

实验与思考题

1.2.1　电子线路设计一般需要经过哪几个步骤？

1.2.2　以图 1.2.2 所示电路为例，如果输入信号为 20mV，功放级的输出为 5V，要求信号不失真放大，应如何分配各个单元电路的电压增益？

1.3　电子线路调试技术

学习要求　掌握电路的调试技术，了解电路调试中的一些注意事项。

1. 电路的调试方法

调试是电子线路设计中一次非常重要的工作。对于一个新设计的电路，必须通过组装、测试和调整，才能发现问题、排除电路故障或修改电路参数，使设计的电路达到规定的技术指标要求。

实验调试的常用电子仪器有：直流稳压电源、万用表、示波器、信号发生器和扫频仪等。调试的一般步骤如下：

（1）检查电路的连接

在电路的连线接完后，首先必须对照电路图认真仔细检查电路连线，如各晶体管或集成块的引脚是否插对了，是否有漏线和错线，特别要检查电源与地线是否有短路现象。

（2）分块调试

通常按照总体组成框图分块进行调试，一般按照电路中信号的流向，从“源”（包括供电电源、传感器信号源或电路中的振荡信号源）开始，分块安装与调试，在分块调试的基础上逐步扩大安装与调试的范围，最后完成整个电路的调试。具体步骤如下：

① 直接观察。在检查电路连线无误后，首先在空载（即切断该电源的所有负载）的情况下，调好所需要的电源电压，然后给电路通电。此时要观察电路有无异常现象，包括冒烟、有异常气味、用手触摸元器件发热、电源短路等，如果有，应立即关断电源，待排除故障后，才可重新通电。

② 静态测试。先去掉输入信号，并将电路的输入置零，用万用表测量电路的 V_{CC} 与地之间的电压，测量电路的静态工作点是否符合要求。

③ 动态调试。在输入端加入一个适当频率和幅值的信号，按信号流向用示波器观测电路各测试点波形（包括幅值、相位、波形形状、时序关系等）是否符合要求。

测试完毕后，要将静态和动态测试结果与设计指标加以比较，经过分析后再调整电路参数，使之达标。

（3）整机联调，测试技术指标

有时，单元电路工作正常，整机电路的工作却不正常。主要原因是没有进行逐级连接与调试。一般先将两级电路进行级联、调试，使这两级电路的技术指标达到设计要求；再将下一级与前两级进行级联、调试，使这三级的技术指标达到设计要求；如此类推，直到整机电路调试完成。

整机电路工作正常后，要测试整机的全部性能指标，并与设计要求进行对比，找出问题，然后进一步修改、调整电路的参数，直到完全符合设计要求为止。

注意　使用示波器测试电路的波形时，最好把示波器的信号输入方式置于“直流”耦合挡，这样可以同时观察到被测信号的交直流成分。

2. 检查电路故障的常用方法

在保证供电正常的情况下，查找电路故障可以采用以下方法：

（1）替代法

用已经调整好的单元电路代替有故障或有疑问的相同的单元电路，这样可以很快判断出故障原因是在单元电路本身，还是在其他的单元或连接线上。当发现某一局部电路有问题时，应先检查该部分的连线，当确认无误后再更换元器件。

（2）对比法

将有问题电路的状态、参数与相同正常电路进行逐项对比，从中找出电路中不正常情况，进而分析故障原因，判断故障点。

（3）对分法

把有故障的电路对分为两个部分，可检查出有问题的那一部分而排除另一部分无故障的电路。然后再对有故障的部分进行对分检测，直到对分找出故障点为止。

以上仅仅列举了 3 种常用的查找电路故障的方法，调试电路时，往往要综合应用各种方法，才能排除故障。

3. 调试中的注意事项

在调试电路的过程中，应注意以下几点：

① 测试前，要熟悉电路的工作原理和各项技术指标的测试方法。

② 仪器的信号线与地线的连接要正确。或许有人会说：实验中测量的是交流信号，可以不分正、负，因此测量仪器的信号线与地线也可以不分（任意接）。这种想法是错误的，这样做会导致测量结果错误，如图 1.3.1 所示。设测量仪器是示波器或者电压表，其输入阻抗是 R_i，被测电压是 v_O，其对地的电阻是 R_O。采用图 1.3.1（a）所示的连接方法，测得对地的电压是 v_O，测量仪器与被测电路的连接是正确的。如果测量仪器的信号线与地线接反，如图 1.3.1（b）所示，则被测电路的地线相对于测量仪器来说是悬浮的，此时被测电路对地会产生分布电容 C_x，仪器测得的实际电压如图 1.3.1（c）所示。由于分布电容产生的电压 v_x 对被测电压 v_O 的幅度和相位都会产生影响，从而导致测量结果错误。特别是随着信号频率的升高，测量结果的错误就会越来越严重。因此，切不可将仪器的信号线与地线接反。

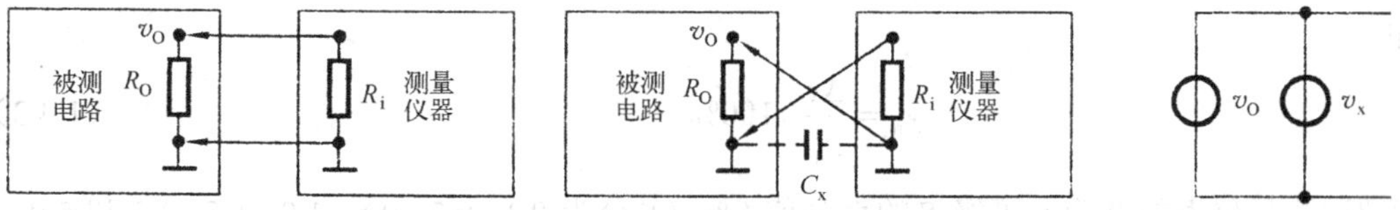

（a）正确连接　　（b）错误连接（信号线与地线接反）　　（c）错误连接（测量结果错误）

图 1.3.1　仪器的信号线与地线的连接

③ 测量电压时，所用仪器的输入阻抗必须远大于被测处的等效阻抗。因为，若测量仪器输入阻抗小，则在测量时会引起分流，给测量结果带来很大误差。

④ 测量仪器的带宽必须大于被测电路的带宽，否则，测试结果就不准确。

⑤ 测量方法要方便可行。例如，在测量 PCB 板上某支路的电流时，可以通过测取该支路上某电阻两端的电压，经过换算而得到。若用电流表测电流就很不方便。

⑥ 调试过程中，不但要认真观察和测量，还要认真做好记录。记录的内容包括实验条件、观察的现象、测量的数据、波形和相位关系等。只有有了大量的可靠的实验记录并与理论

结果加以比较，才能发现电路设计上的问题，完善设计方案。

⑦ 调试时出现故障，要认真查找故障原因，仔细分析判断。切不可一遇到故障就拆掉线路重新安装，因为重新安装的线路仍可能存在各种问题。如果是原理上的问题，即使重新安装也解决不了问题。应当把查找故障，分析故障原因，看成一次好的学习机会，通过它来不断提高自己分析问题和解决问题的能力。

实验与思考题

1.3.1 简述调试电路的一般步骤。

1.3.2 如何对一个放大电路进行静态测试和动态测试？在测试过程中会用到哪些仪器？

1.3.3 由于交流信号是不分正、负极性的，因此在用示波器测量交流信号时，示波器的信号线与地线也可以不加区分地任意接到被测信号的两端。这种说法是否正确？

1.4 测量误差分析

学习要求 熟练运用绝对误差、相对误差、满度相对误差、分贝误差等正确表示电子电路参数的测量结果；掌握计算机辅助分析系统误差、随机误差、粗大误差的方法。

1.4.1 测量误差的定义

（1）绝对误差

测量值 x 与被测量的真值 x_0 间的偏差称为绝对误差，即

$$\Delta x = x - x_0 \tag{1.4.1}$$

（2）相对误差

测量的绝对误差Δx 与真值 x_0 的比值称为相对误差。常用百分数表示，即

$$\gamma = \frac{\Delta x}{x_0} \times 100\% \tag{1.4.2}$$

（3）满度相对误差

测量的绝对误差Δx 与测量仪表的满度值 x_n 的比值称为满度相对误差。常用百分数表示，即

$$\gamma_n = \frac{\Delta x}{x_n} \times 100\% \tag{1.4.3}$$

γ_n 不能超过测量仪表的准确度等级 S 的百分值 $S\%$（S 分为 0.1, 0.2, 0.5, 1.0, 1.5, 2.5 和 5.0 七级），即

$$\gamma_n = \frac{\Delta x}{x_n} \times 100\% \leqslant S\% \tag{1.4.4}$$

如果仪表的等级为 S，被测量的真值为 x_0，选满度值为 x_n，则测量的相对误差为

$$\gamma = \frac{\Delta x}{x_0} \leqslant \frac{x_n \cdot S\%}{x_0} \tag{1.4.5}$$

上式表明，当仪表的等级 S 选定后，x_n 越接近 x_0，测量的相对误差就越小。使用这类仪表时，要尽可能使仪表的满量程接近被测量的真值。或者说，测量时仪表的指针落在满量程的 2/3 以上区间内，测量误差较小。

（4）分贝误差

电压增益或功率增益的相对误差用分贝表示时称为分贝误差，即

$$\gamma_{dB}=20\lg\left(1+\frac{\Delta A}{A_0}\right)dB \tag{1.4.6}$$

$$\gamma_{dB}=10\lg\left(1+\frac{\Delta P}{P_0}\right)dB \tag{1.4.7}$$

式中，$\Delta A/A_0$ 为电压增益的相对误差；$\Delta P/P_0$ 为功率增益的相对误差。

分贝误差与相对误差的直接关系为

$$\gamma_{dB}=8.69\frac{\Delta A}{A_0}dB \quad 或 \quad \frac{\Delta A}{A_0}\approx 0.115\gamma_{dB} \tag{1.4.8}$$

1.4.2 测量误差的分类

根据测量误差的性质、特点及产生原因，可将其分为系统误差、随机误差及粗大误差。

1. 系统误差

在相同条件下，多次测量同一量时，误差的大小和方向均保持不变，或在条件变化时按照某种确定规律变化的误差称为系统误差（简称系差）。较常见的系差有恒值系差、累进性变化系差，周期性变化系差等。

（1）累进性系差判据

将 n 次等精度测量的残差υ按测量条件θ的变化顺序（如按时间的先后顺序）排列为 v_1, v_2, …, v_i,…, v_n，然后把 n 个残差分成两部分求和，再求其差值$\varDelta$。当 n 为偶数时

$$\varDelta=\sum_{i=1}^{n/2}v_i-\sum_{i=(n/2)+1}^{n}v_i \tag{1.4.9}$$

当 n 为奇数时

$$\varDelta=\sum_{i=1}^{(n-1)/2}v_i-\sum_{i=(n+3)/2}^{n}v_i \tag{1.4.10}$$

式中，v_i 为残差，$v_i=x_i-\overline{x}$（$\overline{x}$ 为算术平均值，$\overline{x}=\frac{1}{n}\sum_{i=1}^{n}x_i$）。

若前后两部分残差和的差值$\varDelta$近似等于零，则说明测量数据中不含有累进性系差。若$\varDelta$ 值明显不为零，即$|\varDelta|\geqslant|v_i|_{max}$，则认为测量中含有累进性系差。

（2）周期性系差判据

按照一定顺序把残差两两相乘，然后取乘积项的和的绝对值，若满足关系式（1.4.11），则可认为测量中存在周期性系差。

$$\left|\sum_{i=1}^{n-1}v_i\cdot v_{i+1}\right|>\sqrt{n-1}\ \hat{\sigma}^2(x) \tag{1.4.11}$$

式中，$\hat{\sigma}^2(x)$ 为测量数据的方差的估计值。其计算式见式（1.4.13）。

引起系统误差的因素很多，常见的有测量仪器不准确、测量方法不完善、测量条件变化及测量人员不正确的操作等。系统误差是可以根据产生的原因，采取一定措施减小或消除的。如果在一列测量数据中存在着未被发现的系差，那么对测量数据按随机误差进行的一切数据处理将毫无意义。

2. 随机误差

在相同条件下，多次测量同一量时，误差的大小和方向均发生变化且无确定的变化规律，称这种误差为随机误差。

一次测量的随机误差没有规律，但是，对于大量的测量结果，从统计观点来看，随机误差的分布接近正态分布，只有少数服从均匀分布或其他分布。因此，可以采用数理统计的方法来分析随机误差；可以用有限个测量数据来估计总体的数字特征。

（1）数学期望的估计值

在实际测量中，将有限次测量数据的算术平均值 $\bar{x}$ 作为被测量真值 x_0 的估计值，或作为测量值的数学期望 $M(x)$ 的估计值 $\hat{M}(x)$，即

$$\bar{x}=\frac{1}{n}\sum_{i=1}^{n}x_i=\hat{M}(x) \tag{1.4.12}$$

（2）均方差的估计值——贝赛尔（Bessel）公式

在实际测量中，常用有限次测量数据的均方差作为测量精度的估计值或作为测量值均方差 $\sigma(x)$ 的估计值 $\hat{\sigma}(x)$，即

$$\hat{\sigma}(x)=\sqrt{\frac{\sum_{i=1}^{n}v_i^2}{n-1}} \quad 或 \quad \hat{\sigma}^2(x)=\frac{\sum_{i=1}^{n}v_i^2}{n-1} \tag{1.4.13}$$

$$\hat{\sigma}(x)=\sqrt{\frac{\sum_{i=1}^{n}x_i^2-n\bar{x}^2}{n-1}} \quad 或 \quad \hat{\sigma}^2(x)=\frac{\sum_{i=1}^{n}x_i^2-n\bar{x}^2}{n-1} \tag{1.4.14}$$

$\hat{\sigma}(x)$ 值越小，说明测量精度越高。

对于单次测量的均方差可按下式估算：

$$\hat{\sigma}(x)=\varDelta_{\min}/\sqrt{3} \tag{1.4.15}$$

式中，$\varDelta_{\min}$ 为测量仪器的最小分度。

（3）估计被测量真值所处的区间

若测量中只存在随机误差（或系统误差可忽略），则可以用有限次测量数据来估计被测量真值 x_0（x_0 满足关系式（1.4.16）），称 x_0 所处的区间为 $[\bar{x}-t_\alpha\hat{\sigma}(\bar{x}),\bar{x}+t_\alpha\hat{\sigma}(\bar{x})]$。

$$x_0=\bar{x}\pm t_\alpha\hat{\sigma}(\bar{x}) \tag{1.4.16}$$

式中，$\hat{\sigma}(\bar{x})$ 为平均值的均方差的估计值，即 $\hat{\sigma}(\bar{x})=\hat{\sigma}(x)/\sqrt{n}$；$t_\alpha$ 为有限次测量的 t 分布系数，与测量次数 n 及指定的置信概率 P 有关，其关系如表 1.4.1 所示。

表 1.4.1　有限次测量的 t 分布（t_α 值表）

K \ P	0.5	0.6	0.7	0.8	0.9	0.95	0.98	0.99	0.999
1	1.000	1.376	1.963	3.078	6.314	12.706	31.821	63.657	636.619
2	0.816	1.061	1.386	1.886	2.920	4.303	6.965	9.925	31.598
3	0.765	0.978	1.250	1.638	2.353	3.182	4.541	5.841	12.924
4	0.741	0.941	1.190	1.553	2.132	2.776	3.747	4.604	8.610
5	0.727	0.920	1.156	1.476	2.015	2.571	3.365	4.032	6.859
6	0.718	0.906	1.134	1.440	1.943	2.447	3.143	3.707	5.959
7	0.711	0.896	1.119	1.415	1.895	2.365	2.998	3.499	5.405

续表

P / K	0.5	0.6	0.7	0.8	0.9	0.95	0.98	0.99	0.999
8	0.706	0.889	1.108	1.397	1.860	2.306	2.896	3.355	5.041
9	0.703	0.883	1.100	1.383	1.833	2.262	2.821	3.250	4.781
10	0.700	0.879	1.093	1.372	1.812	2.228	2.764	3.169	4.587
15	0.691	0.866	1.074	1.341	1.753	2.131	2.602	2.947	4.073
20	0.687	0.860	1.064	1.325	1.725	2.086	2.528	2.845	3.850

注：$k=n-1$

随机误差主要是由那些对测量值影响较微小，又互不相关的多种因素共同造成的，如热骚动、电磁场的微变、各种无规律的微小干扰等。用增加测量次数、取平均值的办法可减小随机误差对测量结果的影响。

3. 粗大误差与可疑数据

粗大误差通常是由测量人员的不正确操作或疏忽等原因引起的。粗大误差明显地超过正常条件下的系统误差和随机误差。凡被确认含有粗大误差的测量数据均称为坏值，应该剔除不用。

可疑数据是指那些使误差的绝对值超过给定范围的测量值 (x_k)，即

$$|x_k-\overline{x}|>\mathrm{ch}\cdot\hat{\sigma}(x) \tag{1.4.17}$$

式中，ch 为给定的系数，与测量次数 n 有关，如表 1.4.2 所示。

表 1.4.2　肖维纳准则表

n	ch	n	ch
5	1.65	16	2.16
6	1.73	17	2.18
7	1.79	18	2.20
8	1.86	19	2.22
9	1.92	20	2.24
10	1.96	21	2.26
11	2.00	22	2.28
12	2.04	23	2.30
13	2.07	24	2.32
14	2.10	25	2.33
15	2.13	26	2.34

剔除可疑数据的步骤如下：

① 计算算术平均值 $\overline{x}$，均方差的估计值 $\hat{\sigma}(x)$ 及残差 υ_i，$i=1,2,3,\cdots,n$。

② 判断有无可疑数据。先由表 1.4.2 查出测量次数 n 对应的系数 ch，然后用式（1.4.17）判断可疑数据。若存在可疑数据，则应指出其对应的测量值 x_k 和序号 k。

③ 剔除 x_k，不改变原测量值的顺序，令 $n=n-1$（设剔除了一个可疑数据），重复步骤①、②、③直到无可疑数据为止。

注意　可疑数据是否一定要剔除不用，应慎重考虑。对那些因仪器不正常或测量人员的疏忽造成的可疑数据（又称为坏值）应剔除不用；但对那些由某种特殊原因（如电路工作不稳定）导致的可疑数据不能轻易剔除，需要进一步测量分析。

1.4.3　误差传递公式及其应用

有些物理量（如电流、功率等）不便于直接测量，通常采用间接测量方法，如通过测量电压、电阻计算出待测的电流或功率。那么，如何根据直接测量量的误差求间接测量量的误差呢？误差传递公式能较好地解决这类问题。

1. 误差传递公式

设某量 y 由两个分量 x_1、x_2 按照函数关系式 $y=f(x_1,x_2)$合成，若在 $y_0=f(x_{10},x_{20})$处附近的各阶偏导数存在，则

$$
\begin{aligned}
y &= f(x_1, x_2) \\
&= f(x_{10}, x_{20}) + \left[\frac{\partial f}{\partial x_1}(x_1 - x_{10}) + \frac{\partial f}{\partial x_2}(x_2 - x_{20})\right] + \\
&\quad \frac{1}{2!}\left[\frac{\partial^2 f}{\partial x_1^2}(x_1 - x_{10})^2 + 2\frac{\partial^2 f}{\partial x_1 \partial x_2}(x_1 - x_{10})(x_2 - x_{20}) + \frac{\partial^2 f}{\partial x_2^2}(x_2 - x_{20})^2\right] + \cdots
\end{aligned}
\tag{1.4.18}
$$

若用$\Delta x_1 = x_1 - x_{10}$及$\Delta x_2 = x_2 - x_{20}$分别表示测量值 x_1 及 x_2 的误差，由于$\Delta x_1 \ll x_1$，$\Delta x_2 \ll x_2$，则式（1.4.18）可近似为

$$\Delta y = y - y_0 = y - f(x_{10}, x_{20}) = \frac{\partial f}{\partial x_1}\Delta x_1 + \frac{\partial f}{\partial x_2}\Delta x_2 \tag{1.4.19}$$

若 y 由 m 个分量合成，则

$$\Delta y = \frac{\partial f}{\partial x_1}\Delta x_1 + \frac{\partial f}{\partial x_2}\Delta x_2 + \cdots + \frac{\partial f}{\partial x_m}\Delta x_m = \sum_{i=1}^{m}\frac{\partial f}{\partial x_i}\Delta x_i \tag{1.4.20}$$

式中，Δy 为总量的绝对误差；Δx_i 为分量的绝对误差；$\dfrac{\partial f}{\partial x_i}$ 为函数 $f(x_1, x_2, \cdots, x_m)$关于第 i 个分量 x_i 的偏导数。

若用相对误差，则式（1.4.20）可表示为

$$\gamma_y = \frac{\Delta y}{y} = \frac{1}{y}\sum_{i=1}^{m}\frac{\partial f}{\partial x_i}\Delta x_i = \sum_{i=1}^{m}\frac{\partial \ln f}{\partial x_i}\Delta x_i \tag{1.4.21}$$

式中，$\dfrac{\partial \ln f}{\partial x_i}$ 为总量取自然对数后再对各分量求偏导数。

称式（1.4.20）、式（1.4.21）为误差传递公式。当总量的表达式为和、差关系时，采用式（1.4.20）计算总量的绝对误差较方便；为积、商或乘方、开方关系时，采用式（1.4.21）计算总量的相对误差较方便。

2. 误差传递公式应用举例

例 1 已知电阻 R_1 的误差为ΔR_1，R_2 的误差为ΔR_2。求两电阻并联后的电阻 R 的绝对误差ΔR 及相对误差γ_R。

解 并联后的电阻 $R = R_1 /\!/ R_2 = \dfrac{R_1 R_2}{R_1 + R_2}$

由式（1.4.20）得绝对误差 $\Delta R = \dfrac{\partial R}{\partial R_1}\Delta R_1 + \dfrac{\partial R}{\partial R_2}\Delta R_2 = \left(\dfrac{R_2}{R_1 + R_2}\right)^2 \Delta R_1 + \left(\dfrac{R_1}{R_1 + R_2}\right)^2 \Delta R_2$

则相对误差 $\gamma_R = \dfrac{\Delta R}{R} = \dfrac{R_2}{R_1 + R_2} \cdot \dfrac{\Delta R_1}{R_1} + \dfrac{R_1}{R_1 + R_2} \cdot \dfrac{\Delta R_2}{R_2} = \dfrac{R_2}{R_1 + R_2}\gamma_{R_1} + \dfrac{R_1}{R_1 + R_2}\gamma_{R_2}$

例 2 已知某二阶 RC 有源带阻滤波器的中心角频率ω_0 的表达式为$\omega_0 = 1/(RC)$，试求电阻 R 及电容 C 的稳定性对中心角频率ω_0 的稳定性的影响。

解 电阻 R 的稳定性可用相对误差$\Delta R / R$ 表示，电容 C 的稳定性可以用$\Delta C / C$ 表示，由于 R、C 的不稳定引起了中心角频率ω_0 的不稳定，ω_0 的稳定性用$\Delta\omega_0/\omega_0$ 表示。

由式（1.4.21）得 $\dfrac{\Delta\omega_0}{\omega_0} = \dfrac{\partial \ln\omega_0}{\partial R}\Delta R + \dfrac{\partial \ln\omega_0}{\partial C}\Delta C$

因为$\ln\omega_0 = \ln 1/(RC) = -(\ln R + \ln C)$，所以

$$\frac{\Delta\omega_0}{\omega_0}=\frac{\partial[-(\ln R+\ln C)]}{\partial R}\Delta R+\frac{\partial[-(\ln R+\ln C)]}{\partial C}\Delta C=-\frac{\Delta R}{R}-\frac{\Delta C}{C}$$

例 3 用数字频率计测量信号的频率时，既可以采用测频法，其测频表达式为 $f_x=N_s/T_s$；也可以采用测周期法，其测周期表达式为 $T_x=N_cT_c$。求这两种方法的测量误差。

解 （1）用测频法测量频率的表达式为

$$f_x=N_s/T_s$$

式中，N_s 为闸门时间 T_s 内的脉冲数。由式（1.4.21）得

$$\frac{\Delta f_x}{f_x}=\frac{\Delta N_s}{N_s}-\frac{\Delta T_s}{T_s}=\pm\frac{1}{T_sf_x}-\frac{\Delta T_s}{T_s}$$

式中，$\Delta N_s/N_s$ 为量化误差；$\Delta T_s/T_s$ 为闸门时间的相对误差，它由石英晶振的频率准确度决定。通常 $\Delta T_s/T_s\ll\Delta N_s/N_s$，所以用测频法产生的测量误差为

$$\frac{\Delta f_x}{f_x}\approx\pm\frac{1}{T_sf_x}$$

可见，被测信号的频率 f_x 越高，闸门时间 T_s 越长，测频法的测频误差就越小。

用测周期法测量周期的表达式为

$$T_x=N_cT_c=N_cKT_0$$

式中，N_c 为被测信号的周期 T_x 内的脉冲数；T_c 为计数脉冲的周期，$T_c=KT_0$；K 为石英晶振的周期 T_0 的倍乘系数。

由式（1.4.21）得 $$\frac{\Delta T_x}{T_x}=\frac{\Delta N_c}{N_c}+\frac{\Delta T_c}{T_c}=\frac{\pm K}{T_xf_0}-\frac{\Delta f_0}{f_0}$$

通常石英晶振的频率准确度 $\dfrac{\Delta f_0}{f_0}\ll\dfrac{\pm K}{T_xf_0}$，所以测周期法产生的测量误差为

$$\frac{\Delta T_x}{T_x}=\pm\frac{K}{T_xf_0}$$

可见，被测信号的频率 f_x 越低，测周法的测量误差就越小。

实验与思考题

1.4.1 现有两块电压表，一块表的量程为 150V，其精度等级为 0.5 级；另一块表的量程为 15V，精度等级为 2.5 级。欲测量 10V 左右的电压，问选用哪块电压表测量更准确？为什么（通过分析计算回答）？

1.4.2 如题 1.4.2 图所示，该电路为一电阻分压电路。根据电阻分压原理 $V_{AB}=V_0/2=6V$，用一内阻 $R_I=20k\Omega$ 的直流电压表测量，结果并不等于 6V，为什么？求电压表的测量值 V_x 及测量的相对误差 γ_x。

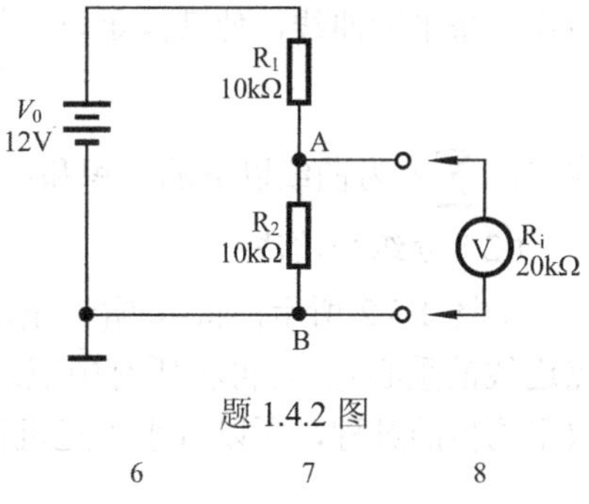

题 1.4.2 图

1.4.3 对某信号源的输出频率 f 进行 8 次测量，数据如下：

序号	1	2	3	4	5	6	7	8
f/Hz	1000.82	1000.79	1000.85	1000.84	1000.78	1000.91	1000.76	1000.82

求有限次测量的数学期望的估计值 $\hat{M}(x)$、均方差的估计值 $\hat{\sigma}(x)$。设置信概率 $P=95\%$，试估计被测频率的真值 f_0 所处的范围。

1.5 实验数据处理

学习要求 掌握实验数据的正确整理与曲线的绘制方法。了解最小二乘法、回归分析、拉格朗日插值等基本理论在实验数据处理中的应用。

1.5.1 实验数据的整理与曲线的绘制

凡测量得到的实验数据，都要先经过整理再进行处理。整理实验数据的方法通常有误差位对齐法及有效数字表示法。

1．误差位对齐法

测量误差的小数点后面有几位，则测量数据的小数点后面也取几位。

例 用一块 0.5 级的电压表测量电压，当量程为 10V 时，指针落在大于 8.5V 的附近区域。这时测量数据应取几位？

解 由式（1.4.4）得该表在 10V 量程内的最大绝对误差为

$$\Delta V_{\max} = x_{\mathrm{n}} \cdot S\% = 10 \times 0.5\% = 0.05\ \mathrm{V}$$

则测量值应为 8.53V 或 8.52V 等，即小数点后面取两位。

2．有效数字表示法

为减小测量误差的积累，通常采用近似舍入规则保留有效数字的位数。其规定为：以保留数字的末位为单位，它后面的数大于 0.5 者，末位进 1；小于 0.5 者，末位不变；恰为 0.5 者，末位为奇数时进 1，为偶数时不变。可见近似舍入规则克服了古典四舍五入规则中，保留数字末位后面的数为 0.5 时，只入不舍的缺点。

例 将数据 6.738501, 2.71829, 4.5105, 5.62350 保留 4 位有效数字。

解 6.738501→6.739 2.71829→2.718 4.5105→4.510 5.62350→5.624

3．实验曲线的绘制

实验曲线的绘制，是指将测量的离散实验数据，绘制成一条连续光滑的曲线并使其误差最小。通常采用平滑法和分组平均法。无论采用哪种方法，绘制曲线前都要将整理好的实验数据按照坐标关系列表，适当选择横坐标与纵坐标的比例关系与分度，使得曲线的变化规律比较明显。

（1）平滑法

如图 1.5.1 所示，先将实验数据(x_i, y_i)标在直角坐标上，再将各点(x_i, y_i)先用折线相连，然后作一条平滑曲线，使其满足以下等量关系：

$$\sum s_i = \sum s_i' \tag{1.5.1}$$

式中，$\sum s_i$ 为曲线以下的面积和；$\sum s_i'$ 为曲线以上的面积和。

（2）分组平均法

如图 1.5.2 所示，将数据(x_i, y_i)标在坐标上。先取相邻两个数据点连线的中点（或 3 个数据点连线的重心点），再将所有中点连成一条光滑的曲线。由于取中点（或重心点）的过程就是取平均值的过程，所以减小了随机误差的影响。

1.5.2 实验数据的函数表示

用函数关系式来描述被测量的各物理量之间的相互关系，称为实验数据的函数表示或回归分析。

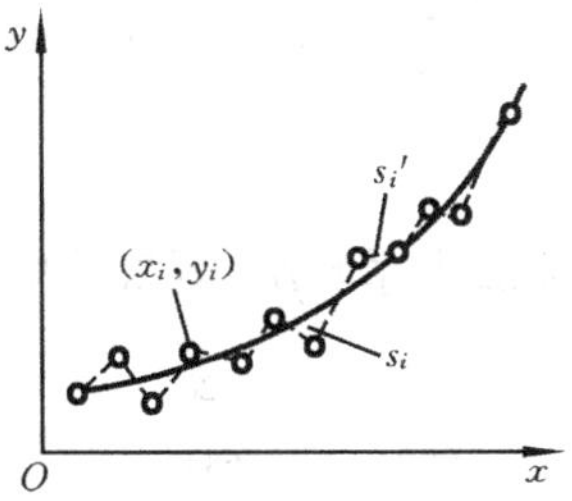

图 1.5.1　曲线平滑法

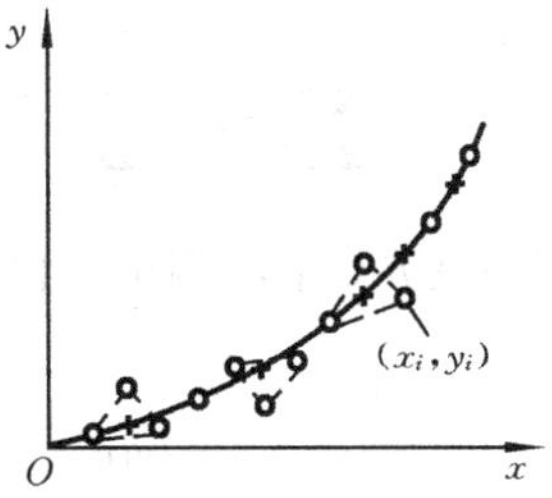

图 1.5.2　分组平均法

1．最小二乘法

设对某量 x 进行了 m 次等精度的测量，第 i 次测量的随机误差为δ_i，且δ_i服从正态分布。由最大似然估计原则，满足关系式

$$\sum_{i=1}^{m}\delta_i^2 = \min \tag{1.5.2}$$

的估计值就是最佳估计值。称式（1.5.2）为最小二乘式。

在实际测量中，常用残差υ_i来代替随机误差，则式（1.5.2）可以表示为

$$\sum_{i=1}^{m}\upsilon_i^2 = \min \tag{1.5.3}$$

式中，υ_i为第 i 次测量的残差，$\upsilon_i = x_i - \overline{x}$。

若被测量为间接测量量，则残差可以表示为

$$\upsilon_i = y - f(x_i;\alpha,\beta) \tag{1.5.4}$$

式中，α, β为函数关系式$f(x_i;\alpha,\beta)$中待估计的参数。

2．回归分析法

先将实验数据标在坐标上，根据经验观察该列实验数据的变化规律符合哪种类型的函数的变化规律，从而确定函数的类型，再通过实验数据求函数式中的常系数及常量的方法，称为回归分析法。

设有 m 组实验数据(x_i, y_i)，选定的函数式为 $y = f(x;\alpha,\beta)$，其中α和β分别为待定系数和常量。根据最小二乘原理，由式（1.5.3）求出的$\hat{\alpha}$及$\hat{\beta}$值就是α及β的最佳估计值，即

$$\sum_{i=1}^{m}[y_i - f(x_i;\alpha,\beta)]^2 = \min \tag{1.5.5}$$

若待定系数及常量$\alpha, \beta, \cdots$共有 n 个，则应建立起 n 个联立方程组：

$$\frac{\partial\sum_{i=1}^{m}[y_i - f(x_i;\alpha,\beta,\cdots)]^2}{\partial\alpha} = 0,\quad \frac{\partial\sum_{i=1}^{m}[y_i - f(x_i;\alpha,\beta,\cdots)]^2}{\partial\beta} = 0,\quad \cdots \tag{1.5.6}$$

称式（1.5.6）为回归方程组。解式（1.5.6），可以求出$\alpha, \beta, \cdots$的估计值$\hat{\alpha}, \hat{\beta}, \cdots$

如果函数$f(x_i;\alpha,\beta)$为直线方程，如 $y = ax + b$，则 a 与 b 的估计值$\hat{\alpha}$和$\hat{b}$可由下式求解

$$\frac{\partial\sum_{i=1}^{m}[y_i - (ax_i + b)]^2}{\partial a} = 0,\quad \frac{\partial\sum_{i=1}^{m}[y_i - (ax_i + b)]^2}{\partial b} = 0 \tag{1.5.7}$$

得 $$\hat{a}=\frac{m\sum_{i=1}^{m}x_iy_i-\sum_{i=1}^{m}x_i\sum_{i=1}^{m}y_i}{m\sum_{i=1}^{m}x_i^2-\left(\sum_{i=1}^{m}x_i\right)^2},\quad \hat{b}=\left(\sum_{i=1}^{m}y_i/m\right)-\left(\sum_{i=1}^{m}x_i/m\right)\hat{a}=\overline{y}-\overline{x}\hat{a} \tag{1.5.8}$$

例 在不同温度 t/℃下，测量三极管 3DG 130 的电流放大系数β，测量数据如下：

t/℃	0	30	60	90	120
β	20.0	28.0	37.5	51.0	68.0

用回归分析法求β与 t 的函数关系式。

解 将实验数据标于坐标上，如图 1.5.3 所示。由图可见，β与 t 近似于指数关系，故选指数型函数式，即

$$\beta=b\mathrm{e}^{at}$$

式中，a, b 为待定系数。将上式两边取自然对数得

$$\ln\beta=\ln b+at$$

令 $\ln\beta=y$, $\ln b=B$，从而将上式转换为直线方程

$$y=at+B$$

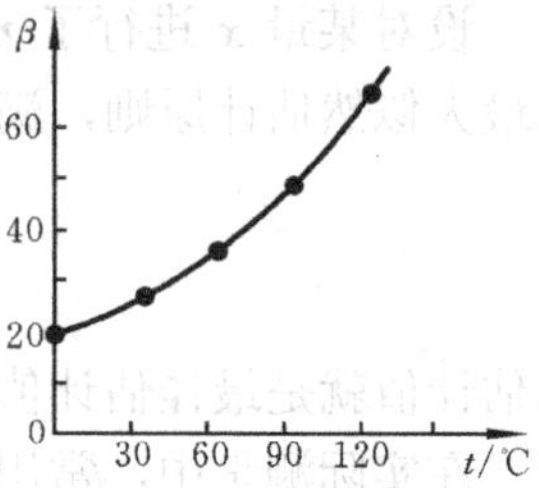

图 1.5.3　回归分析法

由式（1.5.8）可得

$$\hat{a}=\frac{m\sum_{i=1}^{m}x_iy_i-\sum_{i=1}^{m}x_i\sum_{i=1}^{m}y_i}{m\sum_{i=1}^{m}x_i^2-\left(\sum_{i=1}^{m}x_i\right)^2}=0.01,\quad \hat{B}=\overline{y}-\overline{x}\,\hat{a}=3.02$$

又因为 $\ln\hat{b}=\hat{B}$，则 $\hat{b}=20.5$，故β与 t 的近似关系式为

$$\beta=\hat{b}\mathrm{e}^{\hat{a}t}=20.5\mathrm{e}^{0.01t}$$

1.5.3　实验数据的插值法

在一列实验数据中插进一些需要的值称为实验数据插值。较常用的插值方法有拉格朗日（Lagrange）插值法。

实验中经常见到的一些函数式，均可以由测量得到的实验数据构成的一个多项式去逼近。例如，一次函数式（直线方程）$y(x)=a_0+a_1x$ 可由 2 组实验数据(x_0, y_0)与(x_1, y_1)构成的多项式逼近，即

$$y(x)=\frac{x-x_1}{x_0-x_1}y_0+\frac{x-x_0}{x_1-x_0}y_1 \tag{1.5.9}$$

二次函数式（抛物线）$y(x)=a_0+a_1x+a_2x^2$ 可以由 3 组实验数据(x_0, y_0), (x_1, y_1)与(x_2, y_2)构成的多项式逼近，即

$$y(x)=\frac{(x-x_1)(x-x_2)}{(x_0-x_1)(x_0-x_2)}y_0+\frac{(x-x_0)(x-x_2)}{(x_1-x_0)(x_1-x_2)}y_1+\frac{(x-x_0)(x-x_1)}{(x_2-x_0)(x_2-x_1)}y_2 \tag{1.5.10}$$

n 次函数式 $y(x)=a_0+a_1x+a_2x^2+\cdots+a_nx^n$ 可由（n+1）组实验数据(x_0, y_0), (x_1, y_1), …, (x_n, y_n)构成的多项式逼近，即

$$y_n(x)=\sum_{k=0}^{n}\frac{(x-x_0)(x-x_1)\cdots(x-x_{k-1})(x-x_{k+1})\cdots(x-x_n)}{(x_k-x_0)(x_k-x_1)\cdots(x_k-x_{k-1})(x_k-x_{k+1})\cdots(x_k-x_n)}y_k$$

$$=\sum_{k=0}^{n}\left(\prod_{\substack{j=0\\j\neq k}}^{n}\frac{x-x_j}{x_k-x_j}\right)y_k \tag{1.5.11}$$

式中，n 为插值多项式的次数，称为插值的阶；$x_0, x_1, \cdots, x_n$ 为插值多项式的节点（实验数据）；$y_0, y_1, \cdots, y_n$ 为节点对应的函数值（实验数据）；x 为插值点；$y_n(x)$为插值点对应的函数值。

称式（1.5.11）为拉格朗日插值公式；求 $y_n(x)$的过程称为插值。该式表明：对于给定的插值点 x，可以由（n+1）组实验数据求 n 次函数式在 x 点处的近似值 $y_n(x)$。

实验数据的插值法在实验研究中获得广泛应用。例如，因实验条件有限，不能测量出某些实验数据，或由于疏忽丢失了某些数据，而在实验分析或绘制曲线时又需要这些数据的情况下，可以采用插值法求出这些数据。

例 已知实验数据如下，求插值点 $x = 4.0$ 所对应的函数值 $y(4.0)$。

x	0.0	1.0	2.0	3.0	5.0	6.0
$y(x)$	0.01	1.11	4.21	9.31	25.51	36.61

解 将实验数据标于坐标上，如图 1.5.4 所示。观察 $y(x)$的变化规律近似于二次函数式 $y = a_0+a_1x+a_2x^2$，因此，需要 3 组实验数据求插值。对于插值点 $x = 4.0$，可以取 $x_0 = 2.0, y_0 = 4.21$；$x_1 = 3.0$，$y_1 = 9.31$ 及 $x_2 = 5.0$，$y_2 = 25.51$ 这 3 组实验数据。也可以取另外 3 组实验数据，即 $x_0 = 3.0, y_0 = 9.31$；$x_1 = 5.0, y_1 = 25.51$ 及 $x_2 = 6.0$，$y_2 = 36.61$。现取前面 3 组实验数据，由拉格朗日插值公式（1.5.11）得

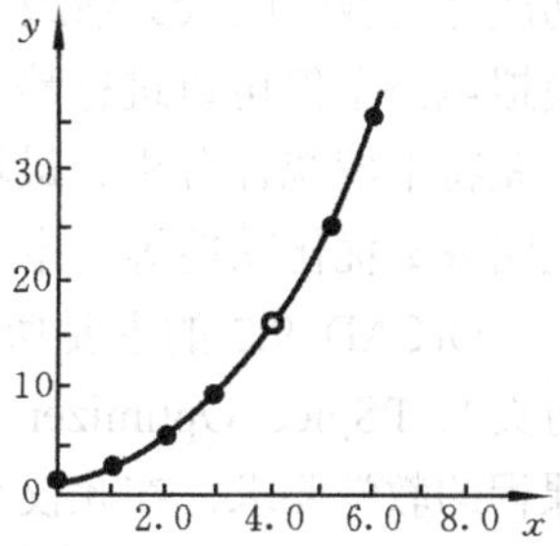

图 1.5.4　实验数据的插值

$$y_n(x)=\sum_{k=0}^{n}\left(\prod_{\substack{j=0\\j\neq k}}^{n}\frac{x-x_j}{x_k-x_j}\right)y_k$$

$$y_2=\sum_{k=0}^{2}\left(\prod_{\substack{j=0\\j\neq k}}^{n}\frac{x-x_j}{x_k-x_j}\right)y_k$$

$$=\frac{(x-x_1)(x-x_2)}{(x_0-x_1)(x_0-x_2)}y_0+\frac{(x-x_0)(x-x_2)}{(x_1-x_0)(x_1-x_2)}y_1+\frac{(x-x_0)(x-x_1)}{(x_2-x_0)(x_2-x_1)}y_2$$

将 $x = 4.0, x_0 = 2.0, y_0 = 4.21; x_1 = 3.0, y_1 = 9.31$ 及 $x_2 = 5.0, y_2 = 25.51$ 代入上式，得 $y(4.0) = 16.41$。插入的实验数据(4.0, 16.41)如图 1.5.4 中空心圆点所示。

随着函数式阶数 n 的增加，式（1.5.11）的计算将变得十分烦琐。若将式（1.5.11）编程，再用计算机进行插值计算则方便多了。

实验与思考题

1.5.1　测量晶体二极管 2AP9 的伏安特性，其测量数据如下：

V_D/V	0.0	0.1	0.2	0.3	0.4	0.5
I_D/μA	100	222	496	1100	2455	5456

求该二极管的伏安特性曲线及其函数表达式。

1.5.2　已知某四次函数式的实验数据如下所示：

x	−2.0	−0.4	0.2	1.0	4.0
y	24.000	−0.269	−0.077	0.000	480.000

求插值点 $x = -1.5, -1.0, -0.2, 0.0, 0.4, 0.8, 1.5, 2.0$ 时对应的函数值 $y(x)$，并根据插值后的实验数据绘制实验曲线。

第 2 章　电子线路计算机辅助分析与设计

内容提要　本章从应用的角度介绍了 OrCAD 9.2 版软件的操作，并列举了模拟电路、数字电路及模数混合的电路分析示例。

2.1　OrCAD 9.2 软件概述

学习要求　掌握 OrCAD 9.2 软件功能及其操作方法。

2.1.1　OrCAD 9.2 软件简介

电子线路计算机辅助分析（或仿真）与设计是指运用计算机来模拟电路设计者在实验板上搭接电路，并对电路的特性进行分析或仿真，以及模拟仪器测量电路性能指标等工作。

目前，用于电子线路计算机辅助分析的主要软件是美国 Cadence 公司推出的 OrCAD，按功能分为教学版或评估版（Evaluation Version）与工业版（Production Version）。OrCAD 软件对模拟电路不仅可以进行静态工作点分析、直流扫描分析、交流扫描分析、瞬态分析，还可以进行蒙特卡罗统计分析、最坏情况等分析；同时可以对数字电路、数模混合电路进行模拟，具备电路参数优化功能等。本书将介绍 OrCAD 9.2 的使用方法。

OrCAD 9.2 的主要功能模块包括 Capture CIS（电路原理图设计）、PSpice A/D（模数混合仿真）、PSpice Optimizer（电路优化）和 Layout Plus（PCB 设计）。根据电子线路设计与测试课程的教学要求，在此仅介绍以下几个功能模块的使用。

（1）Capture CIS 模块（原理图设计模块）

这是电路原理图设计软件，除可生成各类模拟电路、数字电路和数模混合电路的原理图外，还负责对设计项目进行统一管理。工业版中，该模块配备有元器件信息系统（CIS，Component Information System），可以对元器件的采用实施高效管理，还具有 ICA（Internet Component Assistant）功能，可在设计电路图的过程中从 Internet 的元器件数据库中查阅、调用上百万种元器件。

（2）PSpice A/D 模块（数模混合仿真模块）

这是一个通用电路模拟软件，可以对模拟电路、数字电路和数模混合电路进行仿真分析和模拟。该软件中的 Probe 模块，可以在电路仿真后显示结果信号波形，同时还可以对波形进行各种运算处理，包括提取电路特性参数、分析电路特性参数与元器件参数的关系等。

（3）Optimizer 模块（电路优化模块）

此模块对电路进行优化设计。在对电路进行了基础的数模混合仿真后，可以调用该软件设置相应的优化指标，计算电路优化参数。

OrCAD 9.2 的运行环境：Intel Pentium 或等效的其他 CPU，硬盘为 200MB 以上，内存为 32MB 以上，显示器分辨率为 800 × 600 以上，操作系统为 Windows 95、Windows 98 以上或 Windows NT 4.0 以上。

2.1.2 Capture 界面及菜单

进入 Capture 主窗口并打开一个设计项目。Capture 窗口主要由标题信息栏、主菜单栏、绘图快捷工具栏、设计项目管理窗口（Project Manager）、电路图编辑窗口（Page Editor）、对话日志窗口（Session Log）和辅助信息提示栏组成，如图 2.1.1 所示。

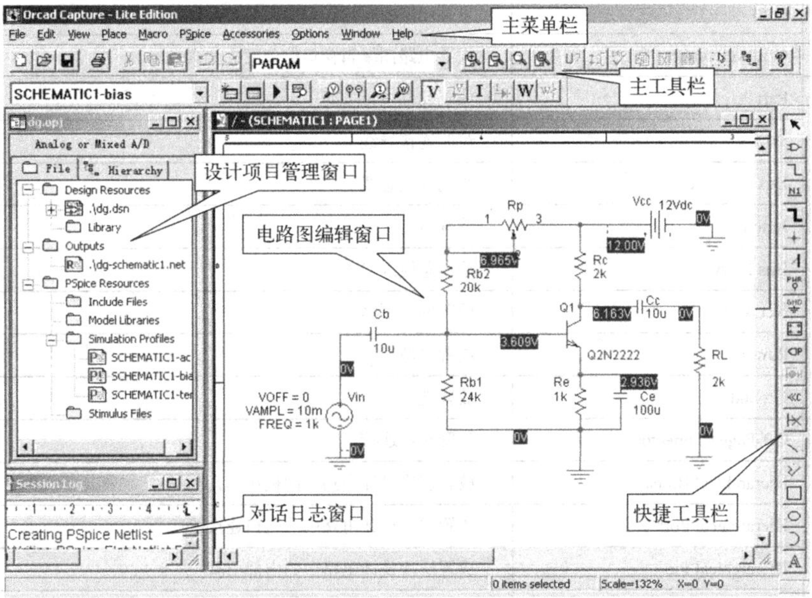

图 2.1.1　Capture 的窗口界面

左边的设计项目管理窗口，以设计项目的形式统一保存与同一个电路设计相关的所有内容，包括电路原理图、模拟仿真中采用的参数设置、设计资源、生成的各种文件及分析结果等。从图中可以看到，项目管理器中包含了电路设计文件（Design Resources）、中间结果输出文件（Outputs）和与 PSpice 运行有关的文件（PSpice Resources）等 3 类文件。右边的电路图编辑窗口进行电路图的编辑处理或绘制新的电路图。在电路图编辑窗口右侧列出了与常用绘图命令对应的工具按钮。在对话日志窗口中记录 OrCAD 软件运行过程的信息，以及运行中产生的出错信息等。

说明　为了方便使用，本章直接采用了 PSpice 应用软件中自带的图形、文字符号，这些也是目前国际上流行的图形、文字符号。

表 2.1.1 列出了电路图编辑窗口（Page Editor）打开时的 Capture 菜单命令。

表 2.1.1　Capture 的菜单命令

主　菜　单	子　菜　单	功　　能
File	Export Selection	将电路图中选中的对象转换成设计或库以供其他设计中调用（评估版不支持）
	Import Selection	将 Export Selection 的内容导入
	Export Design	将 Capture 的电路转换成 EDIF 格式和 DXF 格式的电路图
	Import Design	将 EDIF 和 PDIF 格式的电路图转换为 Capture 接受的数据格式
Edit	Properties	编辑选中元件的属性
	Part	编辑选中元件的符号
	PSpice Model	编辑选中元件的模型参数

主　菜　单	子　菜　单	功　　能
Edit	PSpice Stimulus	调用激励源编辑器编辑激励源
	Mirror	对选中元件进行镜向翻转
	Rotate	对选中元件进行逆时针 90° 旋转
View	Grid	设置电路图编辑窗口的栅格是否显示
	Grid References	设置电路图编辑窗口的分度栏是否显示
Place（电路图绘制菜单）	Part	放置元件
	Wire	绘制连接导线
	Bus	绘制连接总线
	Junction	放置节点
	Bus Entry	绘制总线入/出口
	Net Alias	放置网络别名
	Power	放置电源
	Ground	放置地
	Off-Page Connector	放置端口连接符
	Hierarchical Block	放置层次设计电路中的模块单元
	Hierarchical Port	放置层次设计电路中的端口连接符
	Hierarchical Pin	放置层次设计电路中的内部引脚
	No Connect	放置引脚悬空标志
	其他	放置一些文字、图形、标题栏等无电气特性的对象
PSpice（仿真分析菜单）	New Simulation Profile	创建一个新的仿真分析表，用于设置仿真类型和参数
	Edit Simulation Profile	编辑修改所选仿真表的设置
	Run	运行 PSpice A/D 模块，对激活的仿真表进行仿真
	View Simulation Results	进入 PSpice A/D 窗口查看仿真结果
	View Output File	查看仿真结果输出文本文件*.out
	Make Active	使选中的仿真表被激活
	Simulate Selected Profile(s)	对选中的所有仿真表进行仿真分析
	Create Netlist	创建当前电路的电气网络表文件
	View Netlist	查看当前电路的电气网络表文件
	Place Optimizer Parameters	放置优化参数符号于电路中，用于设置电路优化设计的参数
	Run Optimizer	运行电路优化设计模块
	Markers	在电路中放置电压、流入引脚电流等标记。仿真时同时仿真该标记结果，并在 Probe 中可直接选择显示该标记波形
	Bias Points	设置直流工作点分析结果是否在电路中显示，包括各点的直流电压、直流电流和直流功率
Options	Preferences	设计环境参数选择，用于设置各种显示颜色等
	Design Template	设计模板设置，用于设置工作区字体等
	Schematic Page Properties	单页原理图属性设置，用于设置工作区图纸大小等

表 2.1.2 列出了与电路图绘制菜单命令对应的工具栏按钮及其功能。

表 2.1.2　Capture 的绘图工具栏按钮及其功能

按　钮	功　能	按　钮	功　能
	Select　用于在工作区中选择对象		Place port　放置电路中的端口连接符
	Place part　放置元件		Place pin　放置元件引脚
	Place wire　绘制连接导线		Place off-page connector 放置分页连接符
N1	Place net alias　放置网络别名		Place no connect　放置引脚悬空标志
	Place bus　绘制连接总线		Place line　绘制连线（无电气特性）
	Place junction　放置节点		Place polyline 绘制任意形状（无电气特性）
	Place bus entry　绘制总线入/出口		Place rectangle　绘制方形（无电气特性）
PWR	Place power　放置电源		Place ellipse　绘制椭圆形（无电气特性）
GND	Place ground　放置地（0 节点）		Place arc　绘制圆弧（无电气特性）
	Place hierarchical block　放置层次设计电路中的模块单元	A	Place text　放置文本（无电气特性）

2.1.3　PSpice A/D Lite Edition 界面及菜单

PSpice A/D 模块不但可以显示电路中各个信号的波形曲线，而且可以对波形曲线进行各种计算和分析。该模块功能包括：①基本功能，即作为“示波器”使用，显示分析电路中节点电压和支路电流的波形曲线。②可对波形曲线进行各种计算，并显示运算处理后的结果波形。③可进行电路设计的性能分析。④可以用直方图显示电路特性参数的具体分布。⑤可将信号波形转换为数据描述的形式。

调用 PSpice A/D 软件模块有三种方式：①在 Capture 窗口中，执行 PSpice\Edit Simulation Settings 命令，在出现的对话框选择 Probe Window 标签，选中其中的 Display Probe window，则执行 PSpice\Run 命令时会自动调用 PSpice A/D 模块。②在 Capture 窗口中，执行 PSpice\View Simulation Results 命令会自动调用 PSpice A/D 模块。③从 Windows 下启动 PSpice A/D 软件模块。

PSpice A/D 的窗口界面如图 2.1.2 所示。它包括菜单栏、工具栏等典型的 Windows 窗口的组成部分。此外，PSpice A/D 窗口还包括波形显示窗口、输出窗口、状态栏、工作窗口等特有

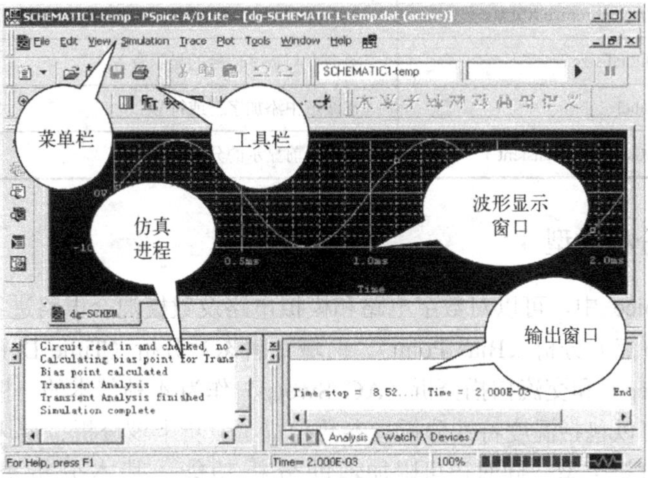

图 2.1.2　PSpice A/D Lite Edition 的窗口界面

组成部分。其中波形显示窗口是显示信号波形的窗口，标题栏列出显示窗口中波形所对应的文件名。状态栏显示仿真进程中的一些信息。工作窗口列表栏列出了当前处于工作状态的一个或多个窗口的名称。

PSpice A/D Lite Edition 的菜单命令如表 2.1.3 所示。主要列出了该软件的专有菜单。

表 2.1.3　PSpice A/D Lite Edition 的菜单命令

主 菜 单	子 菜 单	功　能
File	New\Simulation Profile	创建一个新的仿真分析表
	Append Waveform (.DAT)	添加一个.DAT 文件到当前文件中
View		设置 PSpice A/D 界面中各种窗口是否显示
Simulation	Run	运行当前活动的仿真表
	Edit Profile	编辑当前活动的仿真表
Trace	Add Trace	在波形显示窗口中添加波形曲线（可同时添加多条）
	Delete All Traces	删除所有波形显示窗口中显示的波形曲线
	Fourier	显示窗口中模拟信号波形 FFT 快速傅里叶变换结果
	Performance Analysis	对电路设计进行性能分析
	Cursor	在波形显示区中添加游标，并测量波形上特定位置的数据
	Macros	在波形显示中可以使用各种“宏命令”
	Goal Functions	对电路设计进行性能分析时提供各种特征值函数(Goal Function)
	Eval Goal Function	对指定的特征值函数进行计算分析
Plot	Axis Settings	用于设置 X、Y 坐标
	Add Y Axis	在波形显示区中添加的 Y 轴
	Delete Y Axis	删除当前选中的 Y 轴
	Add Plot to Window	添加一个新的波形显示坐标系
	Delete Plot	删除当前所选中的坐标系
	Unsynchronize X Axis	使不同波形显示区的 X 轴采用独立的标度
	Digital size	该命令与数字信号的显示有关
	Label	在波形中添加字符或符号
	AC、DC、Transient	选择当前显示的分析类型

2.1.4　电路分析类型

在 OrCAD PSpice 中，可以对数字电路和模拟电路及数模混合电路进行仿真分析。PSpice 将直流工作点（偏置点）分析（Bias Point）、时域（瞬态）分析（Time Domain（Transient））、直流扫描（DC Sweep）和交流扫描分析（AC Sweep）作为 4 种基本的分析类型。在后三种基本分析类型中，还可以包括温度特性分析、参数扫描、蒙特卡罗分析、最坏情况分析和直流工作点的存取等可选分析类型，同时还可附加辅助分析功能。基本分析类型所包含的可选分析类型和辅助分析功能如表 2.1.4 所示。

表 2.1.4　PSpice 分析类型列表

基本分析类型	可选分析类型	辅助分析类型
时域（瞬态）分析 （Time Domain （Transient））	蒙特卡罗分析/最坏情况分析（Monte Carlo/Worst Case） 参数扫描分析（Parametric Sweep） 温度特性分析（Temperature）	傅里叶分析 （Fourier Analysis）
直流扫描分析 （DC Sweep）	二级扫描（Secondary Sweep） 蒙特卡罗分析/最坏情况分析（Monte Carlo/Worst Case） 参数扫描分析（Parametric Sweep） 温度特性分析（Temperature）	
交流扫描分析 （AC Sweep/Noise）	蒙特卡罗分析/最坏情况分析（Monte Carlo/Worst Case） 参数扫描分析（Parametric Sweep） 温度特性分析（Temperature）	噪声分析 （Noise Analysis）
直流工作点分析 （Bias Point）	温度特性分析（Temperature）	灵敏度分析（Sensitivity Analysis） 小信号直流增益计算 （Calculate small-signal DC gain）

从表 2.1.4 中可看出共有 9 种不同的分析类型，它们对电路进行不同的特性分析，表 2.1.5 列出了各种分析的内容。

表 2.1.5　PSpice 各种分析类型的内容

分 析 类 型	分 析 内 容
直流工作点分析	计算电路的直流偏置情况
直流扫描分析	当电路中某一参数在特定情况下变化时，计算电路相应的直流偏置特性，仅适用于直接耦合电路
交流扫描分析	计算电路的交流小信号频率响应特性
瞬态分析	在给定输入激励信号作用下，计算电路的时域瞬态响应
噪声分析	计算输入源上的等效输入噪声
蒙特卡罗统计分析	模拟实际生产中因元器件值具有一定分散性所引起的电路特性分散性
最坏情况分析	蒙特卡罗统计分析中产生的极限情况即为最坏情况
参数扫描分析	在指定参数值的特定变化情况下，分析电路的相应特性
温度分析	分析在特定温度下电路的特性

根据评判不同电路优劣的性能指标不同，不同电路的仿真类型也不相同。同时，评判某一电路优劣的性能指标有多个，就需要对此电路进行多种类型的仿真，将几种仿真结果结合起来才能评价该电路的性能。

2.1.5　常用库及生成的文件

评估版中有 8 个元器件符号库，放置在安装路径下的/Capture/Library/PSpice 文件夹中。各库的名称及器件类型见表 2.1.6。

表 2.1.6　评估版中的 8 个库

库 名 称	包含的器件类型	库 文 件 名
ABM	数学模型符号库	Abm.olb
ANALOG	模拟电路中的各种无源元件，如电阻 R、电容 C、电感 L 等	analog.olb
ANALOG_P	同上	analog_P.olb
BREAKOUT	调用 Pspice 软件对电路设计进行蒙托卡罗和最坏情况统计分析时，要求电路中某些元器件参数按一定的规律变化(包括 R、C 等无源元件及各种半导体器件)，则应选用本库中的元器件符号	breakout.olb

续表

库 名 称	包含的器件类型	库 文 件 名
EVAL	库中绝大部分符号都是不同型号的半导体器件和集成电路（评估版的专有库，对应工业版的 bipolar 库）	eval.olb
SOURCE	各种信号源，包括各种电压源和电流源符号	source.olb
SOURCSTM	用户可编辑信号源。当用户不仅需要定义信号源的参数，而且还要定义或修改波形的形状和其他特别要求时，要选用该库中的信号源，并通过启动 Stimulus Editor 模块来定义和修改	sourcstm.olb
SPECIAL	特殊符号库	special.olb

此外，还有一个 Design cache 库，其中包含当前设计中所采用的符号，该符号库与相应的电路设计一起保存，没有专门的 olb 文件。

对电路进行模拟分析时，要求电路图中的每一个元器件均有一个与其类别有关的编号，同类元器件的编号都以同一个关键字母开头。Capture 中主要的元器件类型和关键字如表 2.1.7 所示。

表 2.1.7 Capture 中主要的元器件类型和关键字

类 型 名 称	关 键 字	元器件类型	类 型 名 称	关 键 字	元器件类型
RES	R	电阻器	DINPUT	N	数字输入器件
CAP	C	电容器	DOUTPUT	O	数字输出器件
IND	L	电感器	UIO	U	数字输入/输出模型
D	D	二极管	UGATE	U	标准门
NPN	Q	NPN BJT 三极管	UTGATE	U	三态门
PNP	Q	PNP BJT 三极管	UEFF	U	边沿触发器
PNP	Q	横向 PNP BJT 三极管	UGFF	U	门触发器
NMOS	M	N 沟道 MOSFET	PMOS	M	P 沟道 MOSFET

在对电路进行仿真分析的过程中，会生成不同的文件，它们的作用是不同的，表 2.1.8 列出了一些主要的文件类型。

表 2.1.8 生成文件类型

文 件 后 缀	文 件 类 型	文 件 后 缀	文 件 类 型
.opj	设计项目管理文件	.als	别名文件
.DSN	设计文件	.olb	符号库文件
.lib	模型库文件	.out	文本格式的输出文件
.net	常用的电路网表文件	.dat	仿真数据输出文件
.cir	Spice 网表文件	.drc	设计规则检查文件
.prb	ASCII 文本文件，存储仿真信息	.stm，.stl	激励源文件

2.2 OrCAD 9.2 电路设计仿真分析的流程

2.2.1 一般流程

OrCAD 9.2 对电路进行设计仿真分析的一般流程见图 2.2.1。本节以晶体管放大器的仿真分析为例，来说明电路仿真分析的一般流程。

1．新建设计项目

新建仿真设计项目的步骤如下：

（1）启动 OrCAD 9.2 中的 Capture 程序项，进入 Capture 界面。

（2）在 Capture 中执行菜单命令 File/New/Project，弹出创建新设计项目对话框，如图 2.2.2 所示。

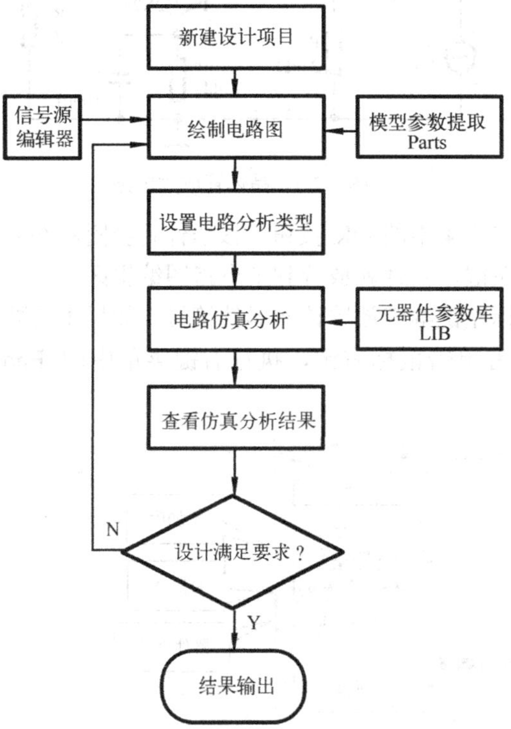

图 2.2.1　电路设计仿真分析的一般流程

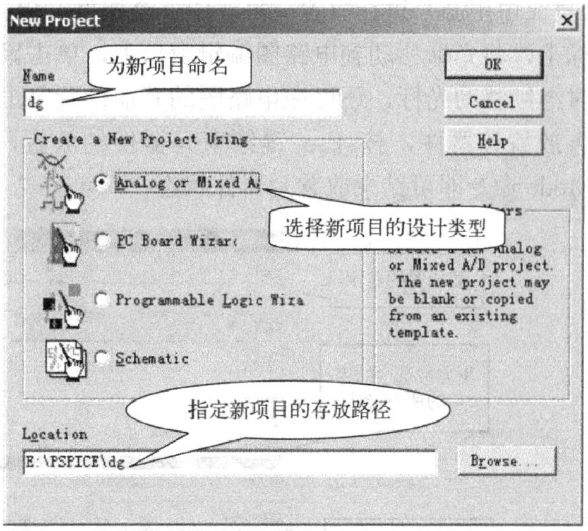

图 2.2.2　创建新设计项目对话框

对该窗口需要设置三个内容：指定新项目的存放路径、为新项目命名、选择新项目的设计类型。本例中将新项目保存到路径 E:\PSPICE\dg 中，项目名为 dg，项目设计类型选择 Analog or Mixed A/D。

其中新项目的设计类型有四种：Analog or Mixed A/D 类型为绘制电路图并对电路进行仿真分析；PC Board Wizard 类型为制作印制电路板；Programmable Logic Wizard 类型为可编程逻辑设计；Schematic 类型为仅绘制电路图。由于本例中将绘制晶体管放大器的电路图并进行仿真分析，故选择第一项。

单击 OK 按钮以后，会弹出选择项目创建方式的对话框，本例中选择该对话框的 Created a blank project 选项，用于创建一个空白的项目。Created based upon an Existing project 选项表示以选定的项目为基础创建新项目，其中选定的项目在该选项下方可进行选择。单击 OK 按钮关闭该对话框后，Capture 中显示新项目的设计界面。

2．绘制电路图

在 Capture 中选中电路图编辑窗口，就会出现电路图绘制快捷按钮（与 Place 菜单中的命令功能一致）。这里以图 2.2.3 所示的晶体管放大电路为例来介绍电路图的绘制方法。电路图的绘制步骤如下：

（1）放置元器件（Place Part）

执行 Place/Part 菜单命令，显示如图 2.2.4 所示元器件符号选择框。单击 Add Library 按钮，添加需要的几个库。此处添加了评估版中的 8 个库。

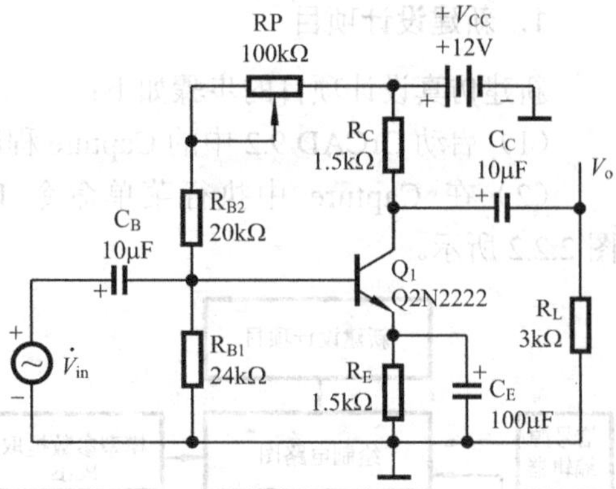

图 2.2.3　晶体管放大电路

在图 2.2.4 中 Library 处选中其中一个或多个库（按下 Ctrl 键的同时再单击其他库名称，可同时选中几个符号库），在 Part 下面的列表框内显示选中库中的所有器件。依次在 ANALOG 库中选择器件 R（电阻）和 C（电容）、在 BREAKOUT 库选 POT（电位器）、在 EVAL 库中选 Q2N2222（三极管）、在 SOURCE 库中选 Vsin（正弦电压源）和 VDC（直流电压源）进行放置。每选中一个器件，单击图 2.2.4 中的 OK 按钮，该器件就会附着在光标上，将光标移动到电路图编辑窗口上，单击鼠标左键，器件就放置到了电路图编辑区中。这时继续移动光标，还可在电路图的其他位置单击鼠标左键继续放置该元器件符号。如果不需要再放置该器件，按 Esc 键结束元器件的放置，或者单击鼠标右键，执行右键菜单中的 End Mode 命令即可结束放置元器件状态。

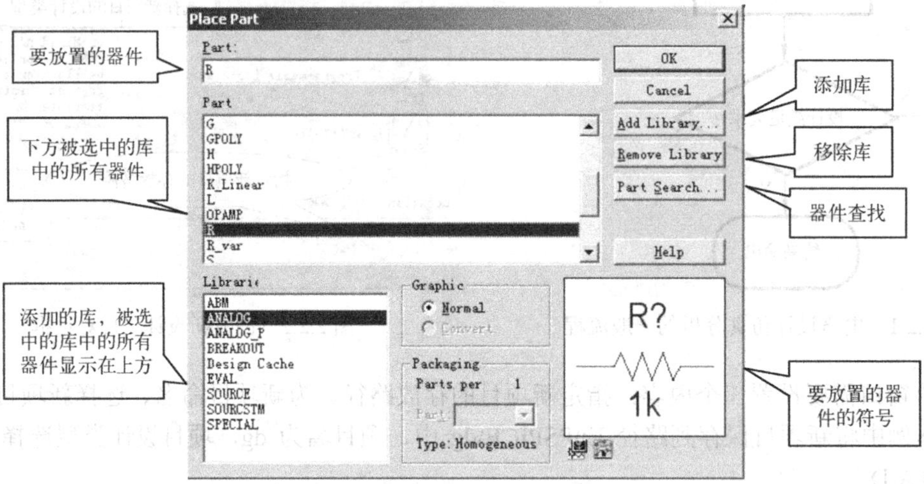

图 2.2.4　元器件符号选择框

电路中接地的节点号均为 0，只有 SOURCE 库中的地符号（符号名称为“0”）才代表电位为 0 的“地”。在电路中放置接地符号的方法为：执行 Place/Ground 菜单，弹出 Place Ground 窗口，如图 2.2.5 所示，选中 SOURCE 库中的“0”符号，单击 OK 按钮，将接地符号放置到电路图中的相应位置。

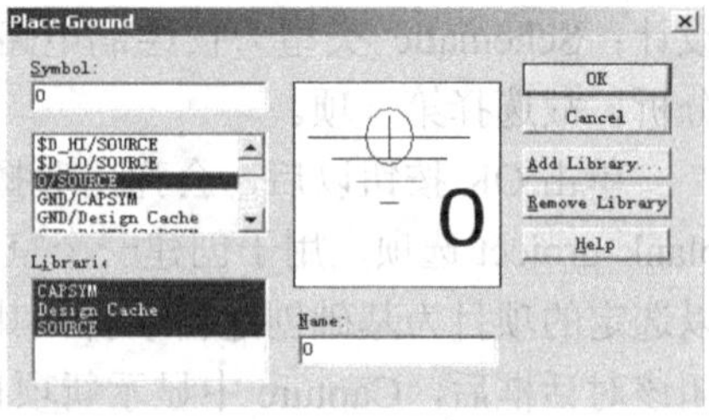

图 2.2.5　Place Ground 选择框

（2）绘制连接线（Place Wire）

执行 Place / Wire 命令，进入绘制连接线状态，这时光标形状由箭头变为十字形。将光标移至连接线的起始位置处，单击鼠标左键从该位置开始绘制一段连接线，将光标移至连接线的结束位置，再单击鼠标左键，就结束绘制该段连接线。

在绘制连接线过程中，按下 Esc 键即可结束连接线的绘制状态；从鼠标右键快捷菜单中选择执行 End Wire 子命令，也可结束连接线的绘制状态，使光标恢复为箭头形状。

按前面步骤绘制的互连线只能有 90° 转弯。如果在连接线绘制中，先按下 Shift 键，再用鼠标控制光标的移动，即可绘制任意角度走向的互连线。按照图 2.2.3 将电路各元器件连接好。

注意 绘制连接线时，只有连接线端口与元器件的引脚准确对接（两个元器件的引脚直接相连时，两引脚也要准确对接），系统才认为它们在电学上连接在一起了。在绘制连接线的过程中，两条连接线十字交叉或者丁字形相接时，只有在交点处出现圆形实心的连接节点，才表示这两条互连线在电学上是相连的。执行 Place / Junction 子命令，人为放置电连接节点。

（3）元件属性的编辑修改（Edit Properties）

绘制完一个电路图后，还要编辑修改元器件的属性参数。这里只介绍其中与 PSpice 电路模拟有关的属性参数及其编辑修改方法。

初放置的元件属性参数都是默认值，例如，电阻值均为 1kΩ，电容值均为 1nF，电感值均为 10μH 等。同时每个元件按元件类别和绘制顺序自动进行编号，例如对电阻的编号分别为 R1, R2, …。现在需要按照图 2.2.3 进行以下元件属性参数的修改：R，C，POT，Q2N2222，VDC 和 VSIN，下面逐一进行介绍。

① 电阻 R 的属性参数修改有两种方法：方法一是，用鼠标双击要编辑修改的电阻名和阻值，在弹出窗口中直接修改“Value”框的内容，单击 OK 按钮完成修改。方法二是，选中要修改属性参数的电阻，双击该电阻或执行 Edit/Edit Properties 命令，在弹出的 Property Editor 窗口中修改 Reference 和 Value 下的值，每修改一个值后按回车键或单击 Apply 按钮，修改完后关闭 Property Editor 窗口即可。采用这两种方法完成所有电阻的属性参数修改。

② 电容 C 的属性参数修改方法与电阻 R 类似。

③ 电位器 POT 的属性参数修改方法为：选中要修改属性参数的电位器，双击该电位器或执行 Edit/Edit Properties 命令，弹出 Property Editor 窗口，需要编辑其中的 Reference = Rp、Set = 0.5 和 Value = 100k 的值，见图 2.2.6。Value=100k 表示电位器最大值为 100kΩ，Set = 0.5 表示将电位器调整到 100kΩ × 0.5 = 50k 大小，Set 的值只能在 0 ~ 1 之间选取。每修改一个属性参数按回车键或单击 Apply 按钮保存，修改完后关闭 Property Editor 窗口即可。

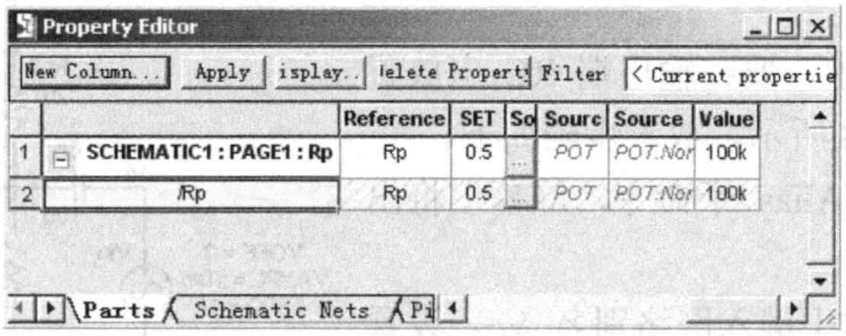

图 2.2.6　电位器 POT 属性参数修改窗口

图 2.2.6 的上部有 4 个编辑命令按钮：New 按钮用于为选中的元素新增一个用户定义参数，单击该按钮打开新增属性参数对话框。Apply 按钮在每编辑修改一个属性参数后单击，用于更新电路图中该电路元素的属性参数。Display 按钮用于设置属性参数的显示方式，选中一项属性参数后，单击 Display 按钮打开显示该属性参数设置对话框。Delete Property 按钮用于删除选中的属性参数。

④ 三极管 Q2N2222 的具体特性值由系统模型参数库提供。其 Reference 参数值 Q1 是绘图过程中自动产生的器件编号，Value 参数值 Q2N2222 是该器件的型号名。该器件能修改的只是 Reference 参数值，此处不需修改。对于有型号的半导体器件，包括有型号的模拟集成电路，一般模型名与器件型号名相同，Value 的参数设置是根据绘图过程中调用的器件名自动填入的，一般不要修改。

以设置三极管 Q2N2222 的$\beta=80$为例说明其具体特性值模型参数的修改方法。用鼠标右键单击电路图中的三极管，在右键菜单中选择 Edit PSpice Model 命令，弹出该三极管的模型参数编辑窗口，将窗口中的 Bf = 255.9 改为 Bf = 80，然后执行模型参数编辑窗口的保存命令，再关闭该窗口即可。

⑤ VDC 的属性主要包括名称和电压值，只需双击要编辑修改的名称和电压值，在弹出窗口的 Value 框中修改即可。

⑥ 正弦电压源 Vsin 的属性参数修改方式为：选中 Vsin 器件，双击该器件或执行 Edit/Edit Properties 命令，弹出 Property Editor 窗口，如图 2.2.7 所示。

正弦电压源 Vsin 属性参数修改窗口中需要编辑修改 6 个参数。每修改一个属性参数按回车键或单击 Apply 按钮保存该修改，修改完后关闭 Property Editor 窗口即可。表 2.2.1 列出了这些参数的含义、单位及默认值。

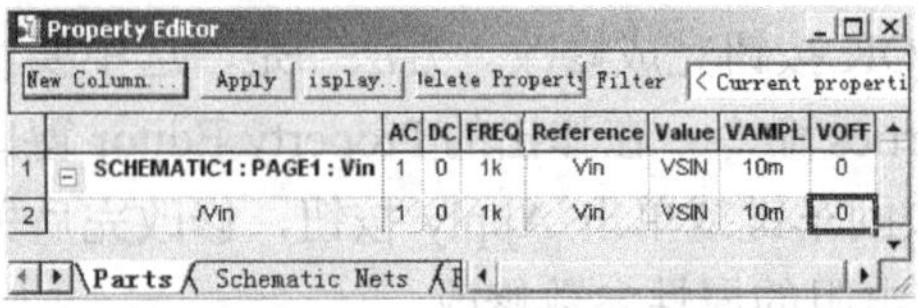

图 2.2.7 正弦电压源 Vsin 属性参数修改窗口

表 2.2.1 正弦电压源 Vsin 属性参数

参　数	含　义	单位	默认值
Reference	正弦电压源的编号	无	Vx
AC	用于设置 AC SWEEP 的峰值振幅	伏特	无
DC	用于设置 DC SWEEP 的电压值	伏特	无
VOFF	正弦电压源的直流偏置	伏特	无
FREQ	正弦电压源的频率	赫兹	1/TSTOP
VAMPL	正弦电压源的峰值振幅	伏特	无

注：表中 TSTOP 是瞬态分析中分析结束时间参数的设置值。

（4）放置网络别名（Place Net Alias）

网络别名有下述作用：电路中具有相同网络别名的不同点在电学上是相连的；PSpice 电路模拟结束后，会增加采用网络别名表示的电路特性分析的结果。

在晶体管放大电路中，要在输出端 RL 上放置网络别名 Vo，如图 2.2.8 所示。放置步骤如下。

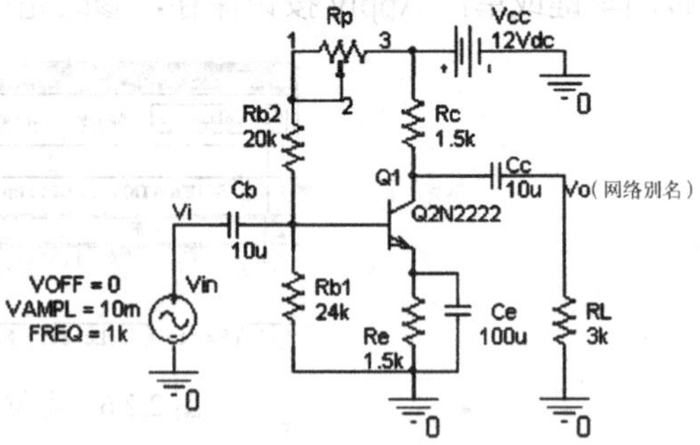

图 2.2.8 放置网络别名 Vo 的晶体管放大器电路

① 执行 Place/Net Alias 子命令，屏幕上将出现网络别名设置框。

② 在 Alias 文本框中键入网络别名 Vo。设置框中另外 3 栏分别设置网络别名采用的颜色（Color）、字体（Font）和放置方位（Rotation）。

③ 完成设置后，单击 OK 按钮，然后将附着网络别名的光标移动至欲放置的位置，单击鼠标左键即可。按 ESC 键或执行右键菜单中的 End Mode，即可结束放置网络别名。

注意 放置网络别名时，光标箭头一定要指在其对应的互连线或总线上。

3. 电路指标仿真分析

对晶体管放大电路进行仿真分析，需要测试电路的静态工作点，观测瞬态（时域）输入/输出波形，测试电路的频率特性、输入阻抗、输出阻抗等。对电路不同性能和参数的测试，需要创建设置不同的仿真分析简要表，见表 2.2.2。

下面详细说明各仿真分析类型的创建和设置。

（1）静态（直流）工作点分析

PSpice 对电路进行静态（直流）工作点分析，是将电路中的电容开路，电感短路后，对各个信号源取其直流电平值计算电路的直流偏置状态。在 Capture 窗口中执行菜单 PSpice/New Simulation Profile，弹出新建仿真简要表命名对话框，在 Name 编辑框中输入简要表名称 bias，该名称由用户自己命名。在 Inherit From 的下拉列表中列出了当前电路中已创建的简要表，可选择其中一个作为新建仿真表的基础，也可选择 none 表示完全新建。然后单击 Create 按钮，弹出 bias 仿真简要表的设置窗口，如图 2.2.9 所示。

表 2.2.2　晶体管放大器仿真分析内容

电路需要测试的性能或参数	创建的仿真分析类型
静态（直流）工作点	Bias Point
观察瞬态波形失真与否	Time Domain (Transient)
Av 及幅频特性	AC Sweep
相频特性	AC Sweep
输入阻抗及其频率特性	AC Sweep
输出阻抗及其频率特性	AC Sweep

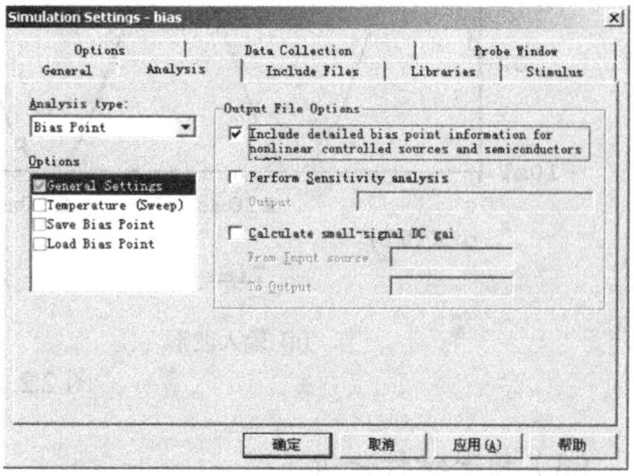

图 2.2.9　静态工作点仿真简要表设置窗口

在该设置窗口的 Analysis Type 下拉列表中列出了四种分析类型：静态（直流）工作点分析 Bias Point，瞬态分析 Time Domain(Transient)，直流扫描分析 DC Sweep，交流扫描/容差分析 AC Sweep/Noise。此处选择 Bias Point 进行静态（直流）工作点分析。在 Output File Options 栏中选中 Include detailed bias point information for nonlinear controlled sources and semiconductors，完成直流工作点分析设置，然后单击“确定”按钮即可。在 Output File Options 栏中的其他两项分别用于直流灵敏度分析和小信号直流增益计算。

设置完后，执行 PSpice/Run 进行静态工作点分析。静态（直流）工作点分析的结果可执行菜单 PSpice/View Output File 在输出文本文件.out 中查看，也可以在 Capture 窗口中单击主工具栏中的 V，I 和 W 图标，使电路中显示各支路或节点的直流电压、电流和功率等数据。由 V 按下时电路图的显示状态，可得到 $V_b=3.052V$，$V_c=9.636V$，$V_e=2.396V$，三极管工作于线性放大区。若单击 I 图标，可以看到 $I_c=1.576mA$。

（2）瞬态（时域）分析

晶体管放大器的静态工作点测试正确后，需要测试该电路的动态特性。将峰值为 10mV、频率为 1kHz 的正弦信号输入电路，观测输入/输出波形以判断电路是否正常放大，波形是否失真，即对电路进行瞬态分析。

在 PSpice 中对电路进行瞬态分析的步骤如下。

① 首先需要创建瞬态分析仿真简要表。与静态工作点分析仿真简要表的创建类似，将瞬态分析仿真简要表名称命名为 train，仿真设置如图 2.2.10 所示。在该仿真设置窗口的 Analysis Type 下拉列表中选择瞬态分析 Time Domain(Transient)，然后设置波形分析的起止时间。电路中将输入正弦源 Vsin 的频率 Frequency 设为 1kHz，则周期为 1ms。如果需要分析两个周期的波形，就将起始时间 Start saving data 设为 0，将分析

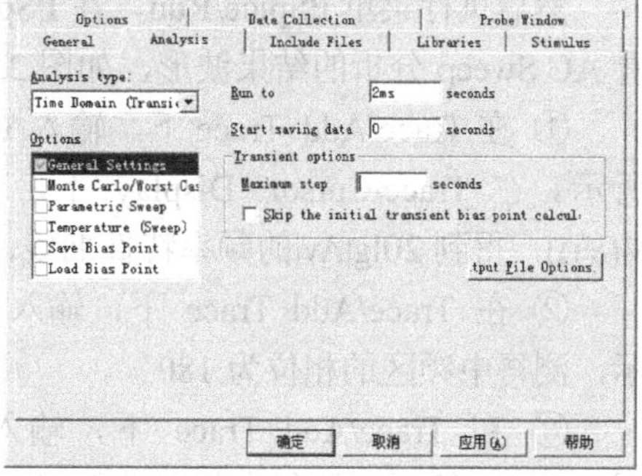

图 2.2.10　瞬态分析仿真简要表设置窗口

结束时间设为 2ms 即可，然后单击“确定”按钮完成设置。

② 执行菜单 PSpice/Run。首先进行电气规则检查和创建网络表，如果出错就停止仿真，并打开 Session Log 窗口查看错误信息以修改。如果正确则调用 PSpice A/D 对选中的仿真表进行仿真，在 PSpice A/D Lite Edition 窗口中执行菜单 Trace/Add Trace 查看各节点电压、电流和功率等的仿真波形。图 2.2.11 即为电路输入和输出的波形，可知输入与输出反相，输出波形不失真，A_V 约为 50 倍。

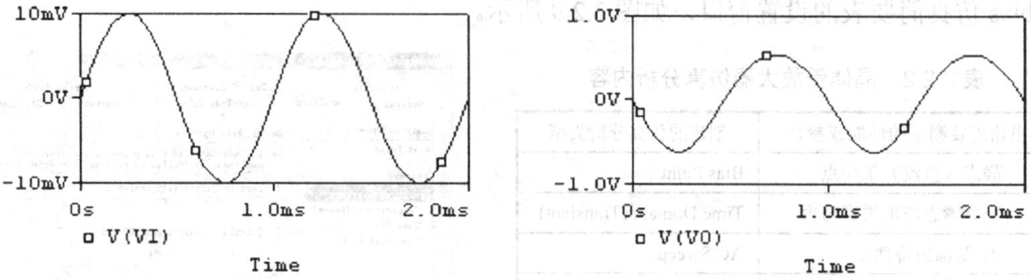

(a) 输入波形　　(b) 输出波形

图 2.2.11　瞬态分析波形

（3）频率特性分析

接着仿真分析电路的各项性能指标：A_V、R_i、R_o 和带宽，这些指标都与电路的工作频率相关，即进行 AC SWEEP 交流扫描分析。

与前面的分析类型设置类似，在命名为 AC Sweep 的仿真简要表设置窗口的 Analysis Type 下拉列表中选择交流扫描分析 AC Sweep/Noise，在 Options 中选择 General Settings，对其中的分析类型及其参数进行设置，如图 2.2.12 所示。

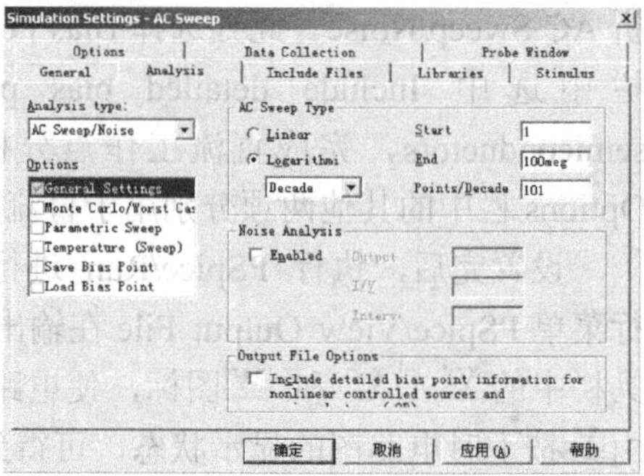

图 2.2.12　交流扫描分析类型设置

在窗口的 AC Sweep Type 栏中，有两大类扫描方式供选择：Linear（线性扫描）和 Logarithmi（对数扫描）。此处选择对数扫描方式中的 Decade（10 倍频），从 1Hz 扫描到 100MHz，因此在 Start 中填入扫描起始频率 1Hz，在 End 中填入扫描终止频率 100megHz，单位 Hz 可以省略。在 Points/Decade 中填入 101，设置每 10 倍频程分析 101 个频点数据，该值越小则分析所用时间越短，但分析结果的精确度越低。对数扫描方式中的 Octave 为二倍频扫描。

如果扫描方式选择 Linear 线性扫描，在 start 中填入扫描的起始频率，在 End 中填入扫描的终止频率，在 Total 中填入扫描的总频点数。

然后执行菜单 PSpice/Run，在 PSpice A/D Lite Edition 窗口中执行菜单 Trace/Add Trace，查看 AC Sweep 分析的结果波形，如图 2.2.13 所示。具体操作步骤如下：

① 在 Trace/Add Trace 下，输入 V(Vo)/V(Vi)，得到放大器的幅频特性曲线，如图 2.2.13(a)所示。在 Trace/Cursor/ Display 下，可测量放大器的中频增益 Av = 58 倍。输入 db(V(Vo)/V(Vi))，得到 20lg|Av|的频率特性曲线，可测得增益 Av 的 3dB 带宽为Δf = 113Hz~28MHz。

② 在 Trace/Add Trace 下，输入 Vp(Vo)，得到放大器的相频特性曲线，如图 2.2.13(b)所示，测得中频区的相位为 180°。

③ 在 Trace/Add Trace 下，输入 V(Vin:+)/I(Vin)，得到输入阻抗的频率特性曲线，如图 2.2.13(c)所示，测得中频区输入阻抗 Ri = 1.1kΩ。

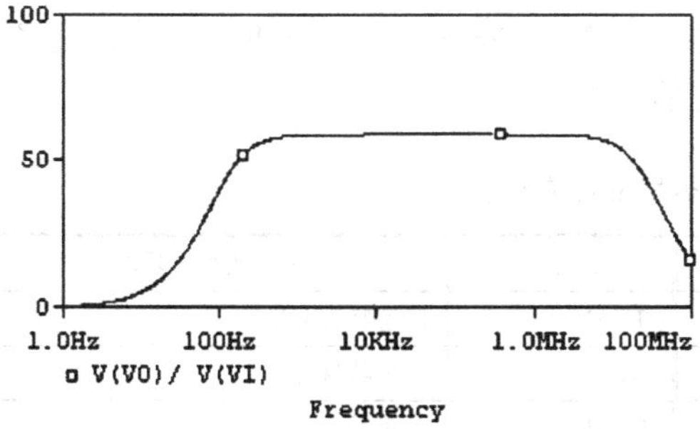

(a) 幅频特性

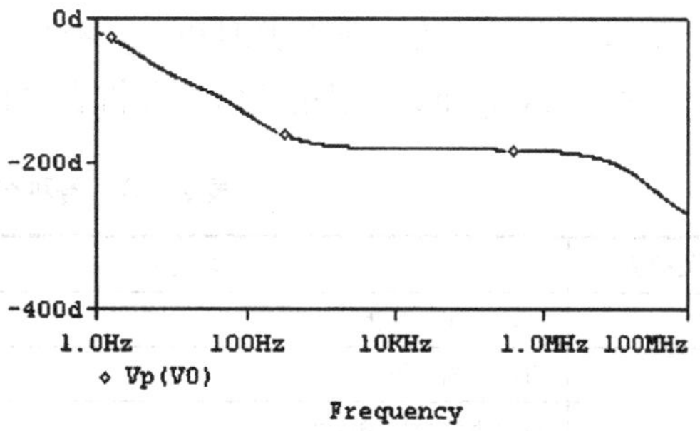

(b) 相频特性

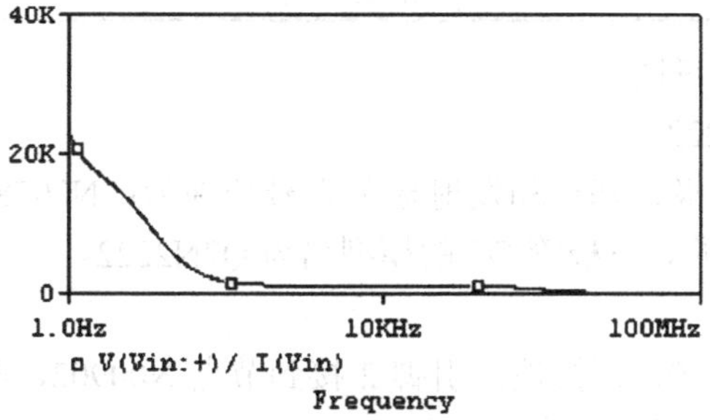

(c) 输入阻抗的频率特性

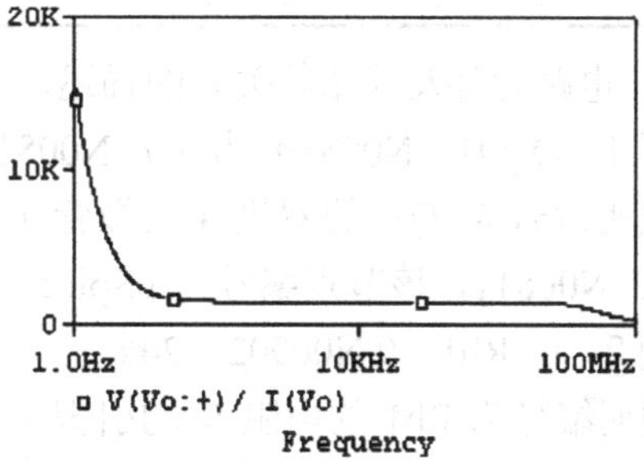

(d) 输出阻抗的频率特性

图 2.2.13　交流扫描分析的波形

④ 根据电路输出阻抗的定义，将输入电压源短路，负载电阻 R_L 开路，在输出端加一信号源 Vo（其属性与 Vin 相同）得到图 2.2.14。在 Capture 中重新绘制图 2.2.14 所示电路，按照图 2.2.12 同样的方法设置交流扫描分析，仿真后在 PSpice A/D Lite Edition 窗口中执行菜单 Trace/Add Trace，输入 V(Vo)/I(Vo)，得到输出阻抗的频率特性曲线，如图 2.2.13(d)所示，测得中频区输出阻抗 Ro＝1.4kΩ。

注意　对电路进行交流扫描分析时，必须设置信号源属性中的 AC 值。

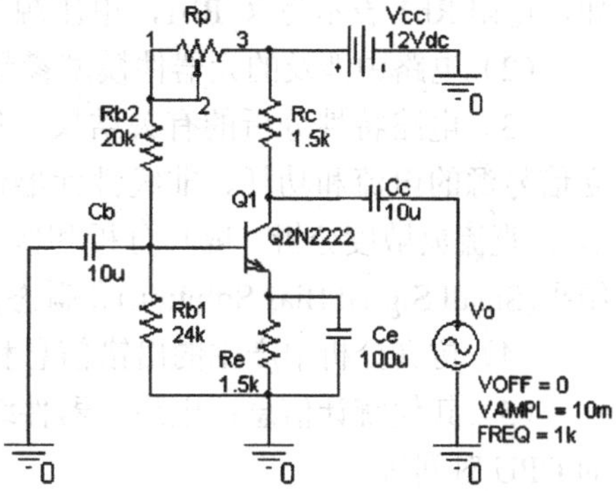

图 2.2.14　输出阻抗的分析电路

2.2.2　结果输出文件

PSpice 电路仿真分析结束后，与波形有关的计算结果以二进制形式存放在以 DAT 为扩展名的文件中，通过调用波形显示模块 Probe 来显示分析仿真结果。与数字有关的计算结果都存放在以 OUT 为扩展名的 ASCII 码文件中，该文件主名与电路设计文件名相同。某些电路特性分析，如直流灵敏度分析、TF 分析、噪声分析、MC 分析、WC 分析、傅里叶分析，它们的分析结果都存入 OUT 输出文件。如果电路仿真分析中出现问题，导致分析过程未能正常结束，有关的出错信息也存放在 OUT 文件中。

OUT 输出文件的查阅可以采用下述两种方法：① 在 Capture 窗口中，选择执行 PSpice/View Output File 命令。② 在 PSpice A/D Lite Edition 窗口中，选择执行 View/Output File 命令。

OUT 输出文件中存放下述内容：

（1）电路描述。输出文件的开始是关于电路分析的描述部分，包括的内容有：

① 电路设置的仿真分析类型和分析参数描述。表 2.2.3 列举了各种分析类型的关键字，其参数设置为在 Capture 中创建各仿真分析表时设置的参数。

表 2.2.3　各种分析类型及其关键字

关键字	分析类型（功能）	关键字	分析类型（功能）
·OP	直流工作点分析	·TRAN	瞬态特性分析
·DC	直流扫描分析	·AC	交流特性分析
·TF	直流小信号传输函数分析	·FOUR	傅里叶分析
·TEMP	温度特性分析	·PARAM	参数及表达式定义语句
·STEP	参数分析（与·PARAM 配合）	·PLOT	绘图输出控制语句

② 电路元件及其拓扑关系的描述，下面举例说明。

例 1　Q_Q1　N00580 N00902 N00811 Q2N2222

说明编号为 Q1 的双极性三极管 Q 的集电极、基极和发射极节点号分别为：N00580，N00902, N00811，该节点编号为 PSpice 自动定义的。三极管 Q1 的模型名为 Q2N2222。

例 2　R_Rb1　0 N00902　24k

说明编号为 Rb1 的电阻 R 的引脚 1 接到节点 0，即接地；引脚 2 接到节点 N00902，即与三极管 Q1 的基极相连；电阻值为 24k。（PSpice 中规定地节点号为 0）

电路图中每个元器件都有编号，每个节点有节点号（用户通过放置网络别名定义或软件自动定义）。电路拓扑关系具体给出了每个元器件的引脚在电路中的连接关系，以及元器件参数值和模型名。为了表示每个元器件的类别，在每个元器件编号名前面均加有类别名字母。例如，电阻 Rb1 表示为 R_Rb1，电压源 VIN 表示为 V_VIN。

（2）电路中涉及的元器件模型参数列表（MODEL PARAMETERS）。

（3）电路特性分析的有关结果，包括：① 直流工作点分析的结果，包括各节点电压、独立信号源的电流和功耗、非线性元器件的工作点线性化参数等。② 直流传输特性分析(TF 分析)、直流灵敏度分析、噪声分析和傅里叶分析的结果。③ 交流小信号 AC 分析的工作点计算结果(Small Signal Bias Solution)和瞬态特性分析的初始解(1nitial Transient Solution)。

（4）仿真分析中产生的出错信息和警告信息。

（5）其他统计信息：电路元器件统计清单、仿真分析采用的任选项设置值、仿真分析耗用的 CPU 时间等。

2.3　电子线路分析示例

2.3.1　模拟电路仿真分析

1. 二极管电路

指标要求：测试二极管 1N4002 的 *V-I* 特性曲线。

解 ① 进入 Capture 界面，绘制如图 2.3.1 所示的电路原理图。设置信号源 Vi 属性中的 DC=0V，用于直流扫描分析。

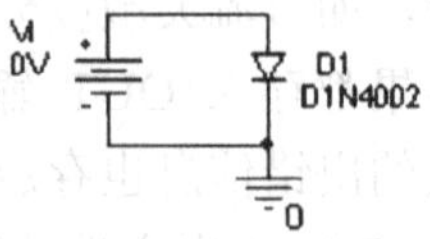

图 2.3.1　测量二极管 *V-I* 特性曲线的电路

② 执行 PSpice/New Simulation Profile 设置电路分析类型，对该电路进行直流扫描分析设置，如图 2.3.2 所示。设置主扫描变量为电压源 Vi，由−110V 开始扫描直到 10V，每隔 0.01V 记录一点。

③ 执行 PSpice/Run，对电路进行仿真分析。在 PSpice A/D 窗口中执行 Trace/Add Trace，

输入 I(D1)，得到二极管的 *V-I* 特性曲线，如图 2.3.3 所示。可知二极管 1N4002 的雪崩电压值为 100V，门坎电压约为 0.75V。

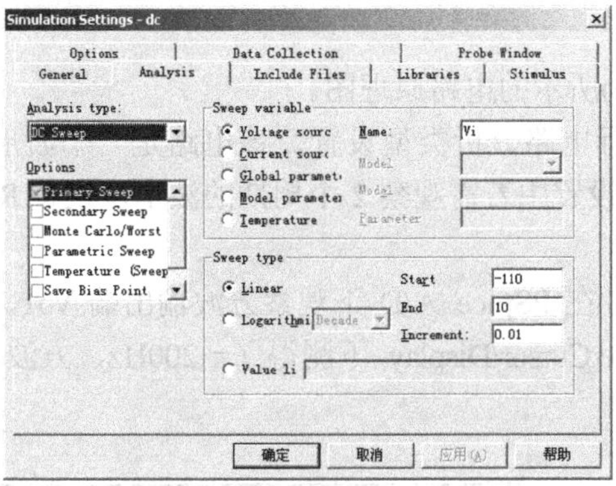

图 2.3.2　DC Sweep 设置

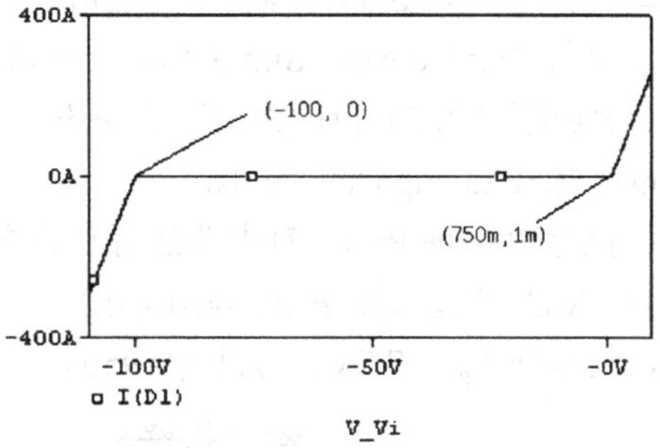

图 2.3.3　二极管 *V-I* 特性曲线

2. 差分放大器

设计一具有恒流源的单端输入-双端输出差分放大器。

已知条件：$+V_{CC}=+12V$，$-V_{EE}=-12V$，$R_L=20k\Omega$，$V_{id}=20mV$。

性能指标要求：$R_{id}>20k\Omega$，$A_{VD}\geqslant 20$，$K_{CMR}>60dB$。

解　① 进入 Capture 界面，绘制如图 4.4.7 所示的电路原理图（见第 4 章）。设置信号源 Vin 属性中的 AC=100mV，VAMPL=400mV，FREQ=100Hz。在两个输出端分别放置节点 OUT1 和 OUT2。

② 执行 PSpice/New Simulation Profile 进行电路分析类型设置。首先分析电路的传输特性曲线。选择 Time Domain（Transient）瞬态分析类型，分析 2 个周期波形，设置 Run to 为 20ms，Start Saving Data 为 0s。

③ 执行 PSpice/Run，对电路进行仿真分析。在 PSpice A/D 窗口中执行 Trace/Add Trace，输入 V(OUT1),V(OUT2)，然后执行 Plot/Axis Settings，在弹出窗口中单击 Axis Variable 按钮，选择 x 轴信号为 V(Vi:+)，得到传输特性曲线如图 2.3.4 所示，电路基本对称。

④ 执行 PSpice/New Simulation Profile 进行电路分析类型设置，选择 AC Sweep 交流扫描分析类型，进行参数设置如下：在 AC Sweep Type 中选择 Decade 扫描方式，Start 为 1Hz，End 为 1megHz，Points/Decade 为 101。

⑤ 执行 PSpice/Run，对电路进行仿真分析。在 PSpice A/D 窗口中执行 Trace/Add Trace，输入 V(OUT1), V(OUT2)，在 Trace/Cursor/Display 下测得增益 $A_v = 1.1/0.1 = 11$，截止频率 $f_H = 273kHz$。幅频特性曲线如图 2.3.5 所示。

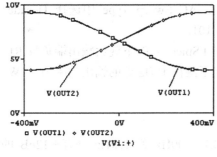

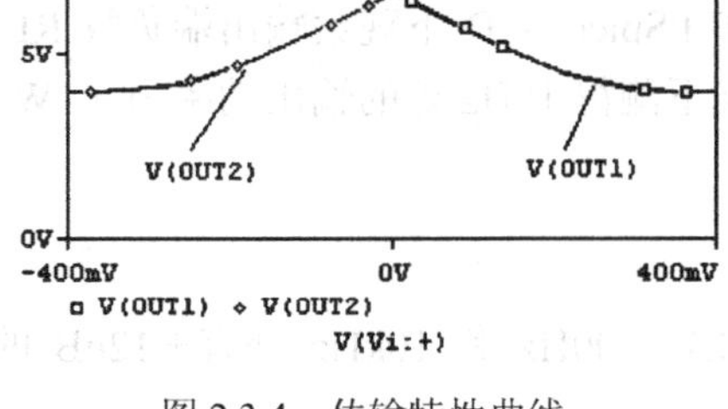

图 2.3.4　传输特性曲线

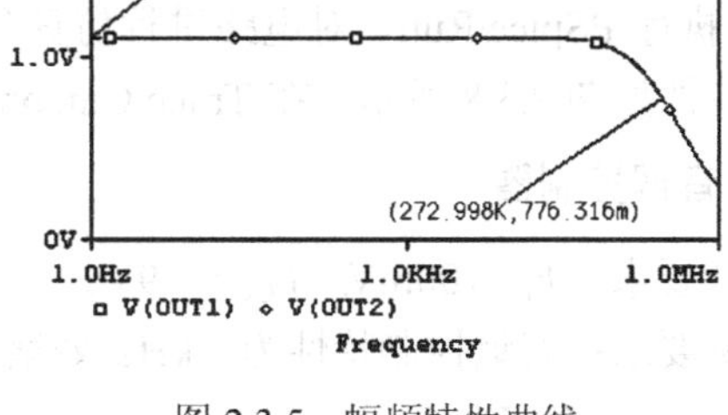

图 2.3.5　幅频特性曲线

3. 方波-三角波发生器

设计一个方波-三角波函数发生器。指标要求为：频率 200Hz；输出电压为方波 $V_{pp}<24V$，三角波 $V_{pp}=8V$；波形特性为方波 $t_r<100\mu s$。

解 ① 进入 Capture 界面，绘制如图 2.3.6(a)所示的电路原理图。

② 执行 PSpice/New Simulation Profile 进行电路分析类型设置。该电路是一个波形产生器，只需要进行瞬态分析的设置。在瞬态分析的设置中若需观察 2 个周期的波形，设置 Run to 为 10ms，Start Saving Data 为 0s。

③ 执行 PSpice/Run，对电路进行仿真分析。在 PSpice A/D 下观察方波输出端 Vo1，三角波输出端 Vo2 的波形如图 2.3.6(b)所示。在 Trace/Cursor/Display 下测得 $f=200Hz$，方波 $V_{pp}=23.2V$，三角波 $V_{pp}=7.7V$，方波 $t_r=95\mu s$。

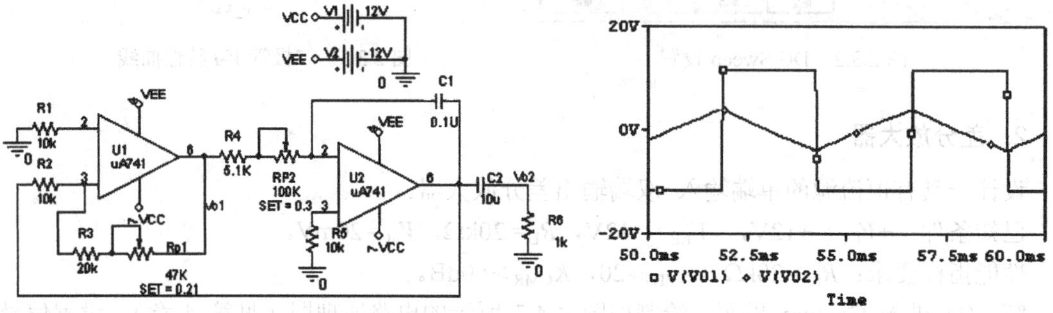

(a) 方波－三角波产生电路　　　　(b) 输出波形

图 2.3.6　方波-三角波产生电路及其输出波形

4. 功率放大器

设计要求：$R_L=8\Omega$, $V_i=200mV$, $+V_{CC}=+12V$, $-V_{EE}=-12V$。

指标要求：$P_o\geqslant 2W$, $\gamma<3\%$（1kHz 正弦波）。

解 ① 进入 Capture 界面，绘制如图 4.7.11 所示的电路原理图。设置 Vsin 的属性为 VOFF = 0，VAMPL = 200mV，FREQ = 1kHz，AC = 200mV。

② 执行 PSpice/New Simulation Profile 进行电路分析类型设置。首先进行瞬态分析的设置。在瞬态分析的设置中若需观察 2 个周期的波形，设置 Run to 为 2ms，Start Saving Data 为 0s。

③ 执行 PSpice/Run，对电路进行仿真分析。在 PSpice A/D 下观察输出端 Vo 的波形如图 2.3.7 所示。在 Trace/Cursor/Display 下测得 $Vo_{pp}=13.4V$。

④ 执行 PSpice/New Simulation Profile 进行电路分析类型设置。对该电路进行交流扫描分析的设置，观测输出的频率特性。参数设置如下：在 AC Sweep Type 中选择 Decade 扫描方式，Start 为 10Hz，End 为 20kHz，Points/Decade 为 101。

⑤ 执行 PSpice/Run，对电路进行仿真分析。在 PSpice A/D 下观察输出端负载 RL 上功率的频率特性如图 2.3.8 所示。在 Trace/Cursor/Display 下测得 1kHz 处的输出功率为 5.1W。

5. 音调控制器

设计要求：$V_i=100mV$, $+V_{CC}=+9V$。

指标要求：音调控制特性为 1kHz 处增益为 0dB，100Hz 和 10kHz 处有 ± 12dB 的调节范围，$A_{VL}=A_{VH}\geqslant 20dB$。

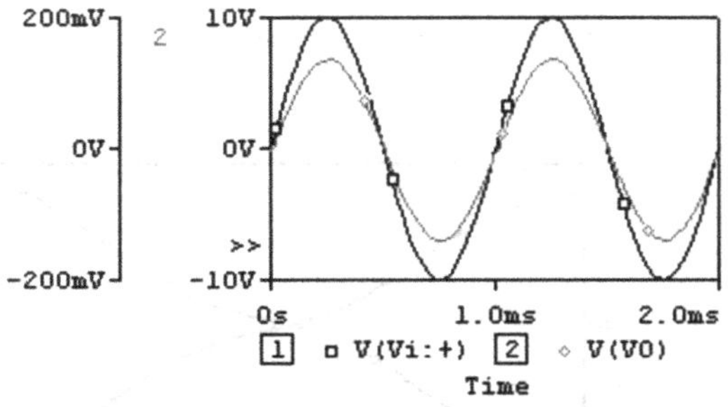

图 2.3.7　输入/输出电压波形

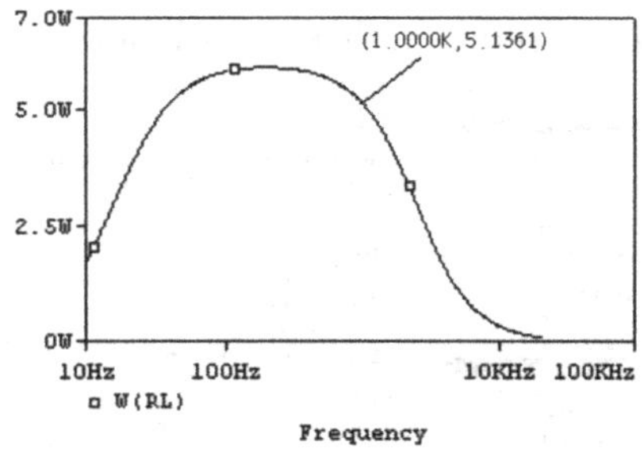

图 2.3.8　输出功率的频率特性曲线

解　① 进入 Capture 界面，绘制图 2.3.9 所示的电路原理图。

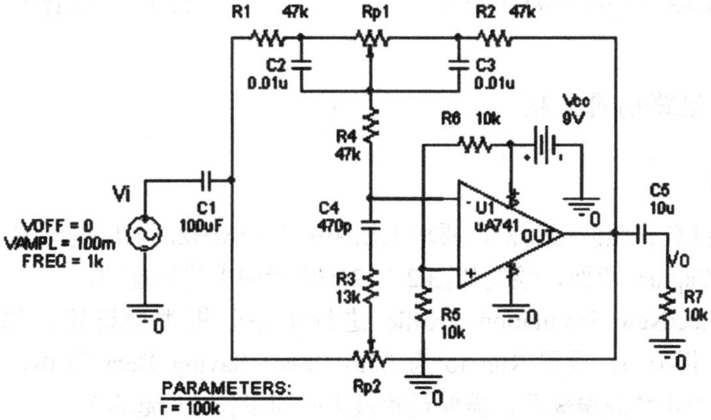

图 2.3.9　音调控制器电路原理图

设置正弦信号源 Vi 属性中的 AC = 100mV，VOFF = 0，VAMPL = 10mV，FREQ = 1kHz。将 Rp1 和 Rp2 两个电位器中 Value 的值均设为 470k，Set 的值设置为符号 {r}。在 SPECIAL 库中选元件 PARAM 放置，该元件为参数定义符号 PARAMETERS，双击该元件编辑参数。在参数编辑窗口的左上角单击 New Column 按钮，定义参数 r 的初值为 100k，这样就将 Rp1 和 Rp2 的 Set 的值 r 定义成全局变量，可在参数扫描中使用，注意 Set 的取值范围是 0 到 1 之间。

② 执行 PSpice/New Simulation Profile 进行电路分析类型设置。首先进行瞬态分析的设置。在瞬态分析的设置中若需观察 2 个周期的波形，信号源频率为 1kHz，故设置 Run to 为 2ms，Start Saving Data 为 0s。

③ 执行 PSpice/Run，对电路进行仿真分析。在 PSpice A/D 下观察输出端 Vo 和输入端 Vi 的波形，由输入/输出波形反相且幅度相等可知电路正常放大。

④ 执行 PSpice/New Simulation Profile 对电路进行交流扫描分析的设置，观测输出的频率特性。对交流扫描中的子扫描选项，选择 general settings 进行参数设置如下：在 AC Sweep Type 中选择 Decade 扫描方式，Start 为 10Hz，End 为 1MegHz，Points/Decade 为 101。选择 Parameter Sweep 设置参数扫描分析，分析 RP1 和 RP2 的滑动端从左到右滑动时电路的工作情况。在 Sweep Variable 中选择 Global Parameter，在 Parameter 中填入 r，在 Sweep Type 中选择 Linear 线性扫描，从 0 到 1 每隔 0.1 分析一次，故 Start 填 0，End 填 1，Increment 填 0.1。参数扫描设置见图 2.3.10。

⑤ 执行 PSpice/Run，对电路进行仿真分析。在 PSpice A/D 下选择 r = 0 和 r = 1 两种情况观察音调特性控制曲线如图 2.3.11 所示。在 Trace/Cursor/Display 下测得 $A_{VL} = 20.5 > 20dB$，$A_{VH} =$

21＞20dB，100Hz 处有±10.5dB 的调节范围，10kHz 处有±13dB 的调节范围。

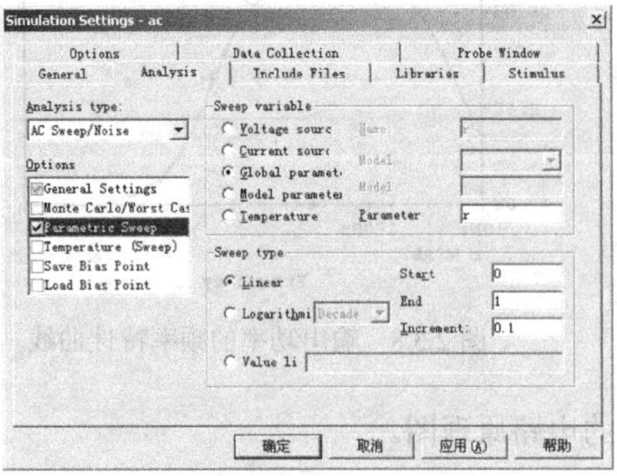

图 2.3.10　交流扫描中的参数扫描设置

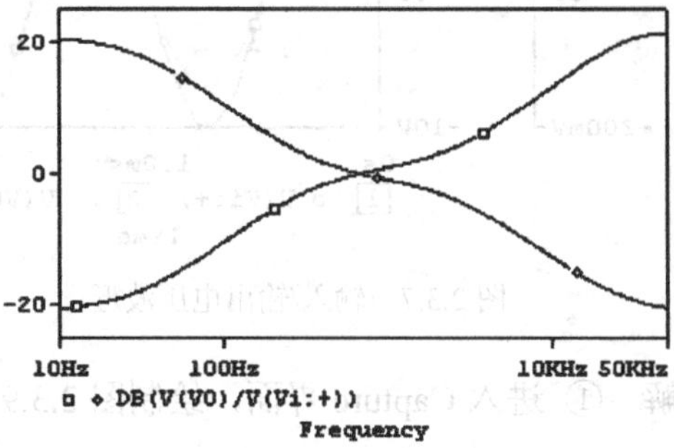

图 2.3.11　音调特性控制曲线

2.3.2　高频电路仿真分析

1．LC 振荡器

设计一个高频 LC 正弦波振荡器，要求主振频率 $f_o = 5\text{MHz}$，输出电压 V_o=1V。

解　① 进入 Capture 界面，绘制如图 2.3.12(a)所示的电路原理图。

② 执行 PSpice/New Simulation Profile 进行电路分析类型设置。选择 Time Domain（Transient）瞬态分析类型，设置 Run to 为 25μs，Start Saving Data 为 0s，Maximum Step 为 20ns（该电路是一个正弦波振荡器，需要设置最大时间步长才能起振）。

③ 执行 PSpice/Run，对电路进行仿真分析。在 PSpice A/D 窗口中执行 Trace/Add Trace，观察输出端 Vo 的波形，如图 2.3.12(b)所示。测得 $f_o = 5.37\text{MHz}$，$V_{op-p} = 4.8\text{V}$。

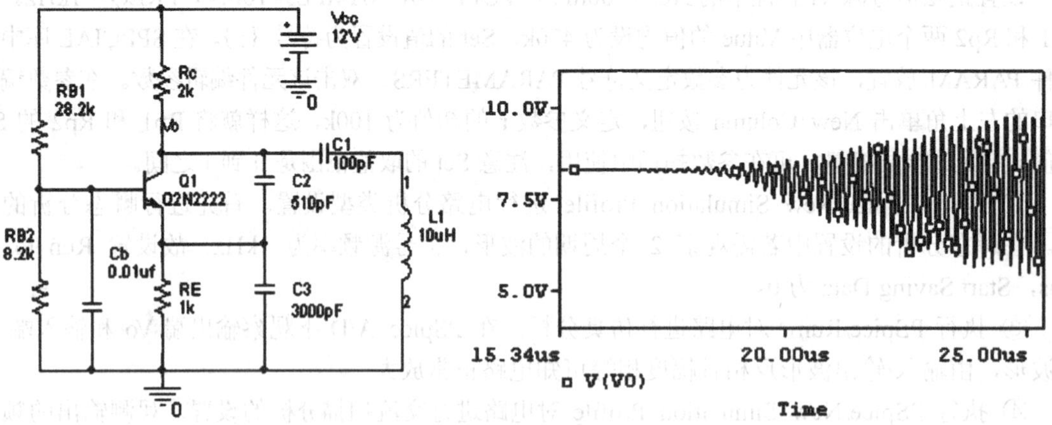

(a) LC 振荡电路　　　　(b) 输出端 Vo 的波形

图 2.3.12　LC 振荡电路及输出端的波形

2．高频小信号谐振放大器

已知条件：+VCC＝+9V，晶体管为 3DG100C，$\beta = 50$。查手册得 $r_{b'b} = 70\Omega$，$C_{b'c} = 3\text{pF}$。当 $I_E = 1\text{mA}$ 时，$C_{b'e} = 25\text{pF}$。$L \approx 4\mu\text{H}$，$N_2 = 20$ 匝，$p_1 = 0.25$，$p_2 = 0.25$（或直接用 10.7MHz 中频变压器），RL＝1kΩ。

指标要求：谐振频率 $f_o = 10.7\text{MHz}$，谐振电压放大倍数 $A_{VO} \geqslant 20\text{dB}$，通频带 BW<1MHz，

矩形系数 $K_{r0.1}<10$。

解 ① 进入 Capture 界面，绘制如图 8.2.5 所示的电路原理图。选中 Q2N2222，单击鼠标右键，选择右键菜单中的 Edit PSpice Model 编辑三极管模型参数：Bf=50，Cjc=3p，Cje=25p，Rb = 70。设置变压器 K3019PL_3C8 属性中的 COUPLING 为 0.125，L1_TURNS 为 5，L2_TURNS 为 5。设置正弦信号源 Vi 中的 AC = 10mV，VOFF = 0，VAMPL = 10mV，FREQ = 10.7MegHz。

② 执行 PSpice/New Simulation Profile 进行电路分析类型设置。对该电路首先进行静态工作点和瞬态分析的设置。在瞬态分析的设置中若需观察约 20 个周期的波形，设置 Run to 为 2μs，Start Saving Data 为 0s。

③ 执行 PSpice/Run，对电路进行仿真分析。在 PSpice A/D 下观察输出端 Vo 的波形如图 2.3.13 所示。在 Trace/Cursor/Display 下测得 Vom = 220mV。

④ 执行 PSpice/New Simulation Profile 进行电路分析类型设置。对该电路进行交流扫描分析的设置，观测输出的频率特性。参数设置如下：在 AC Sweep Type 中选择 Decade 扫描方式，Start 为 8MegHz，End 为 14MegHz ，Points/Decade 为 101。

⑤ 执行 PSpice/Run，对电路进行仿真分析。在 PSpice A/D 下观察输出端负载 RL 输出电压的频率特性如图 2.3.14 所示。执行 Trace/Cursor/Display 在 10.7MegHz 处测得最大输出，A_{vo} =30.8dB，BW 为 0.284MHz，$K_{r0.1}$ 为 3.5。

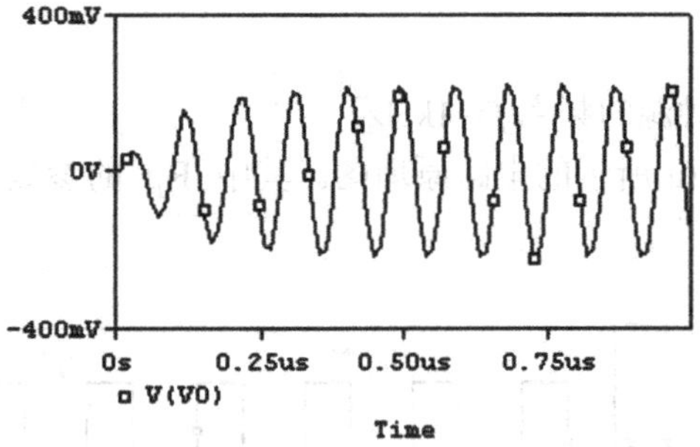

图 2.3.13 输出端 Vo 的波形

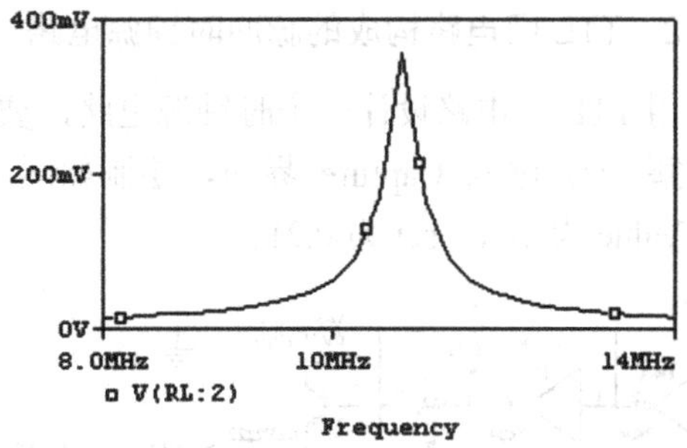

图 2.3.14 输出电压的频率特性

2.3.3 数字电路仿真分析

1. 计数、译码电路

用 74LS90 和 74LS48 设计一个十进制计数-译码电路。

解 ① 进入 Capture 界面，绘制如图 2.3.15 所示的电路原理图。其中，时钟信号 CLK 可以在 Source 库中调用 DigClock 或 DigStim 两种符号。如果调用 DigClock 符号作为 CLK，若时钟信号为 1kHz 的对称方波，只需编辑 ONTIME（高电平时间）为 0.5ms，OFFTIME（低电平时间）为 0.5ms 即可。

如果调用 DigStim1 符号作为 CLK，则选中 DigStim1 符号，单击鼠标右键，执行右键菜单中的 Edit PSpice Stimulus 命令，打开激励源编辑窗口，对其属性进行编辑，将 Frequency（频率）设置为 1kHz，Duty Cycle（高电平占空比）为 0.5，Initial Value（初始值）为 0，Time Delay（延迟时间）为 0，这时可观察到时钟信号的波形。电路中的低电平调用 source 库中的 LO 符号，高电平调用 source 库中的 HI 符号。执行 Place/Ground，添加 Source 库，从该库中可选 LO 和 HI 放置。

② 进行电路分析类型设置。对数字电路需进行瞬态分析的设置。在瞬态分析的设置中若观察 12 个周期的波形，设置 Run to 为 12ms，Start Saving Data 为 0s。在设置窗口的 Options 书签中将 Initialize all 的值设为 0 或 1，如果 Initialize all 是 X 则数字电路分析将没有确切结果。

③ 执行 PSpice/Run，对电路进行仿真分析。在 PSpice A/D 下可观察 74LS48 各输入/输出端和时钟信号的波形，如图 2.3.16 所示。

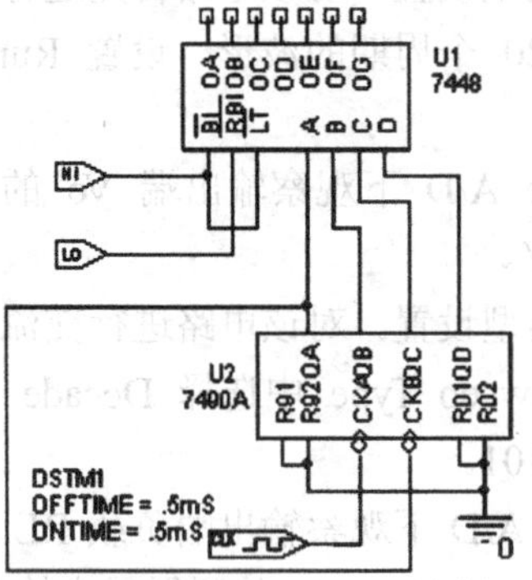

图 2.3.15　计数-译码电路

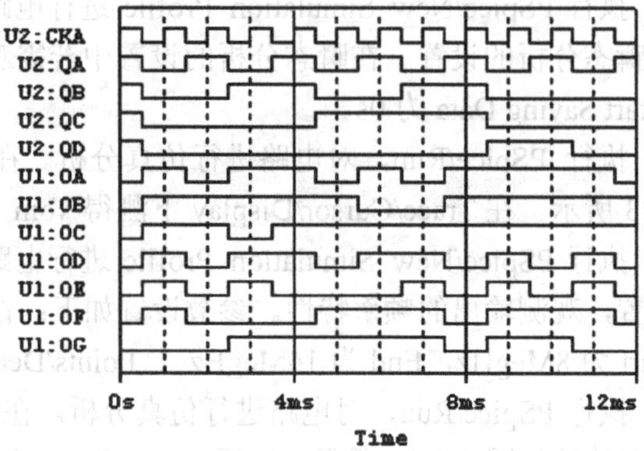

图 2.3.16　计数-译码电路的输出波形

2. TTL 门电路构成的脉冲时钟源电路

用 TTL 门电路设计一个时钟源电路，要求时钟源的频率 $f = 1\text{kHz}$。

解　① 进入 Capture 界面，绘制如图 2.3.17(a)所示的电路原理图。其中 Rp 的参数设置为：Value 为 10k，set 为 0.21。

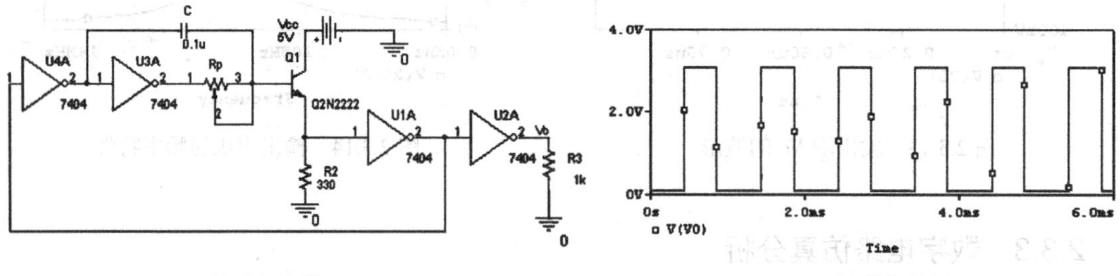

(a) 仿真电路　　　　(b) 输出波形

图 2.3.17　TTL 门电路设计的时钟源电路及时钟源仿真波形

② 执行 PSpice/New Simulation Profile 进行电路分析类型设置。对该电路进行瞬态分析的设置。在瞬态分析的设置中若观察 6 个周期的波形，设置 Run to 为 6ms，Start Saving Data 为 0s。为使电路容易起振，设置 Step Ceiling 为 20μs。

③ 运行 Analysis/Simulate，对电路进行分析。在 PSpice A/D 下观察输出端 Vo 的波形如图 2.3.17(b)所示。在分析过程中逐步调整电容 C 和电位器 Rp 的值，使频率 $f = 1\text{kHz}$。在 Trace/Cursor/Display 下测得输出脉冲的低电平 $V_L = 89\text{mV}$，高电平 $V_H = 3.07\text{V}$，频率 $f = 1\text{kHz}$。

2.3.4　实验任务

任务 1：BJT 输出特性曲线仿真

使用 OrCAD/PSpice 直流扫描分析（DC Sweep）的嵌套扫描（Nested Sweep），分析绘制

晶体三极管（Q2N2222 或 Q2N3904）的共射极输出特性曲线。

实验步骤与要求如下。

（1）建立新项目，绘出电路图。

首先建立一个新的工程项目，然后调用元器件（Q2N3904、Idc、Vdc 等）、画连线，得到如图 2.3.18 所示的电路图。其中，直流电压源 Vce 和电流源 Ib（注意电流的方向）的元件属性值默认为 0，不用修改它们。因为在分析电路的静态工作点（Bias Point Detail）时才会用到它们，而本实验将直接使用直流扫描分析（DC Sweep）的嵌套扫描（Nested Sweep）来求解 Ic-Vce 特性曲线。

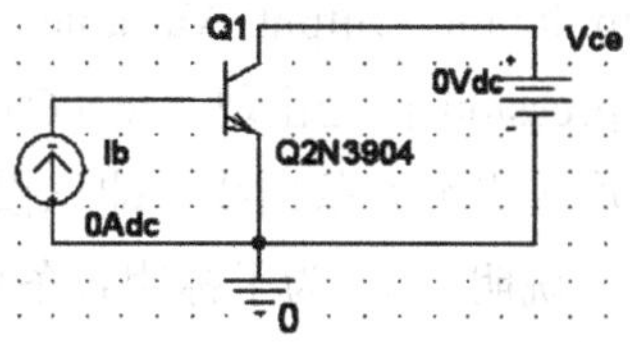

图 2.3.18　输出特性曲线的电路图

（2）设置直流扫描分析和直流嵌套扫描的参数。

由于 BJT 特性曲线 Ic-Vce 的横轴为 Vce，纵轴为 Ic，而随着 Ib 的值不同会各自有一条对应的曲线。也就是说，有两个不同的输入变量在改变，而主扫描变量为 Vce，副扫描变量为 Ib。如果想要在同一张输出波形图上同时显示这两种扫描的输出结果，就需要使用直流扫描分析（DC Sweep）的嵌套扫描（Nested Sweep）。具体操作如下：

① 选择 Pspice\New Simulation Profile，打开 New Simulation 对话框，在 Name 栏中输入本仿真文件的名称 dc，打开 Simulation Setting-dc 对话框。

② 设置 DC Sweep 仿真参数。首先设置主扫描参数。用鼠标左键单击 Options 栏内的 Primary Sweep 项前面的方框（打勾表示选中），然后在右边输入参数。输入主扫描变量名称为 Vce，由 0V 开始线性扫描直到 12V，每隔 0.01V 记录一点。其次设置副扫描参数。在 Options 栏内勾选 Secondary Sweep 选项，然后如图 2.3.19 所示输入参数。输入副扫描量名称为 Ib，选 Linear 线性扫描，Star Value 栏设为 0，End Value 栏设为 100μA，Increment 设为 20μA。这样将会在 Ib 为 0、20μA、40μA、60μA、80μA 和 100μA 时各扫描出一条曲线。副变量 Ib 也可以用数值列表的方式(Value List)设置，方法是：先在 Sweep Type 栏选 Value List 选项，然后直接在右边的空白栏内输入 0　20μA　40μA　60μA　80μA　100μA 即可。说明：软件中用 u 代替μ。

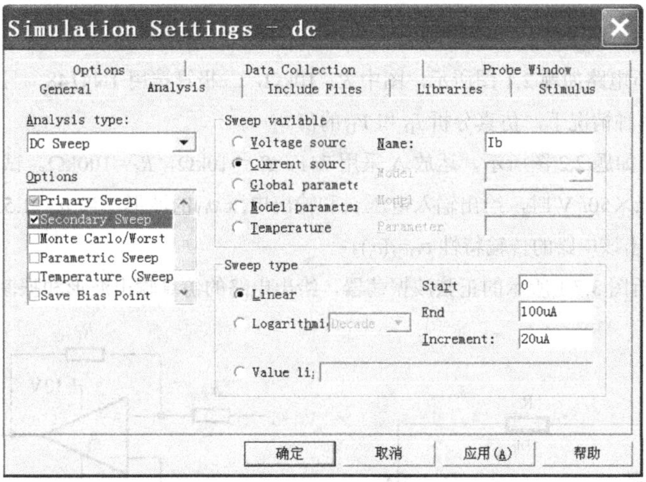

图 2.3.19　设置 DC Sweep 仿真参数

（3）存档并执行 PSpice 仿真。

① 用 File\Save 功能选项或快捷键 Ctrl+S 将文件存档一次。

② 执行 PSpice\Run 菜单命令，启动 PSpice 程序执行仿真。屏幕上自动打开 Probe 窗口。

（4）使用 Probe 观察仿真结果。

① 刚打开的 Probe 窗口为空图，除了 X 轴变量 Vce 已经在 DC Sweep 时设置设为 0 ~ 12V 之外，Y 轴变量则等待输入选择。

② 选择 Trace\Add Trace...或按键盘上的 Insert 键。打开 Add Traces 对话框，在对话框左栏 Simulation Output Variables 内的“Ic(Q1)”处单击鼠标左键，位于窗口下部的 Trace Expression 栏处出现“Ic（Q1）”字样，单击“OK”按钮退出该窗口。这时 PSpice 窗口的输出波形区出现五条曲线，即三极管的输出特性曲线。

说明：① 为了标明各条曲线属于哪个 Ib 值，可以在图上加上说明文字，并启动光标来测量坐标值。

② 根据曲线图，大致可以看出在放大区内，当 Ib 为 0.1mA 时，Ic 为 16.4mA，所以β= 16.4/0.1 = 164。

（5）根据实验内容，总结用 OrCAD/PSpice9 软件对电路进行仿真的一般步骤。打印晶体三极管输出特性曲线的仿真波形图。

任务 2：BJT 输入特性曲线仿真

使用 OrCAD/PSpice9 直流扫描分析（DC Sweep），分析绘制晶体三极管（Q2N2222 或 Q2N3904）的 i_B - v_{BE} 输入特性曲线。自拟实验步骤。

任务 3：BJT 共射极放大电路仿真

电路和参数与图 3.2.6 相同，设信号源内阻 Rs = 0。使用 OrCAD/PSpice9，分析放大电路的静态工作点和动态性能指标（A_v、R_i、R_o 和带宽）。

具体操作步骤参考 2.2 节，要求如下：

（1）分析电路的静态（直流）工作点；

（2）当正弦电压信号源 v_s 的频率为 1kHz、振幅为 10mV 时，绘制输入、输出电压波形；

（3）绘制电压增益的幅频响应和相频响应特性曲线，求电路的带宽；

（4）求电路的输入电阻 R_i 和输出电阻 R_o。

实验与思考题

2.1 用 PSpice 分析电路如题 2.1 图所示，图中 R = 10kΩ，二极管选用 1N4148，且 I_s = 10nA，n = 2。对于 V_{DD} = 10V 和 V_{DD} = 1V 两种情况下，仿真分析 I_D 和 V_D 的值。

2.2 反相放大电路如题 2.2 图所示，运放 A 采用 741，R_1＝10kΩ，R_f＝100kΩ。试用 PSpice 分析：

（1）当 v_i＝0.5sin2π×50t V 时，绘出输入电压 v_i 和输出电压 v_O 的波形；当 v_i＝1.5sin2π×50t V 时，绘出 v_i 和 v_O 的波形；（2）作出该电路的传输特性 v_O=f(v_i)。

2.3 用 PSpice 分析图 3.7.1 所示的正弦波振荡器，给出电路的仿真输出波形和振荡频率。

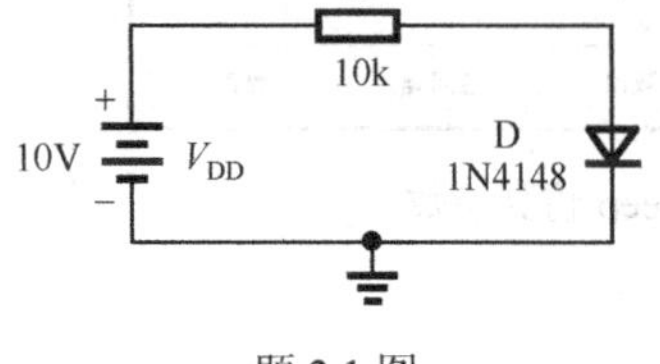

题 2.1 图

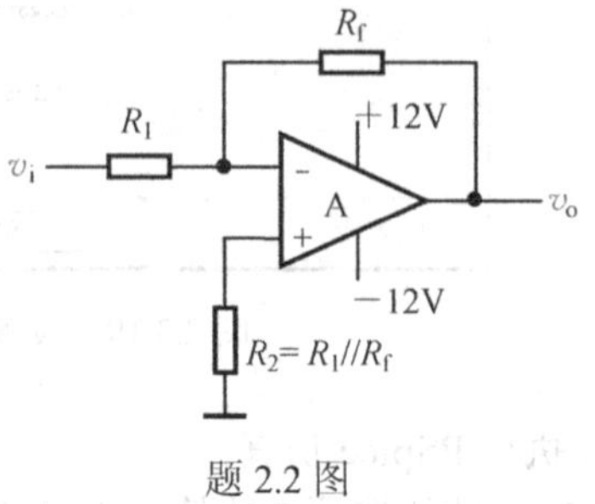

题 2.2 图

第 3 章　模拟电子线路基础实验

内容提要　本章介绍了由半导体二极管、双极结型三极管、场效应管、集成运算放大器等构成的基本电路实验，描述了实验内容，给出了相关实验步骤及数据记录表格。通过这些实验使学生巩固和加深模拟电子技术的一些重要基础理论知识，同时培养和训练学生的基本实验技能，激发学生对电子线路学习与实验的兴趣。

3.1　二极管的参数与基本应用

学习要求　掌握二极管主要参数及其基本应用电路的测试方法；学习组装实验电路的方法；学习使用各种电子测量仪器调试、测试实验电路，并进行误差分析。

3.1.1　二极管的主要参数

二极管种类繁多，不同种类二极管的参数也不尽相同，这里仅介绍普通二极管的主要参数。

（1）最大整流电流 I_F

I_F 指二极管长期运行时，允许通过的最大正向平均电流。因为电流通过 PN 结要引起管子发热，电流太大，发热量超过限度，就会烧坏 PN 结。例如 2AP1 最大整流电流为 16mA。

（2）反向击穿电压 V_{BR}

指二极管反向击穿时的电压值。击穿时，反向电流剧增，二极管的单向导电性被破坏，甚至因过热而烧坏。一般手册上给出的最高反向工作电压约为击穿电压的一半，以确保二极管安全运行。例如 2AP1 最高反向工作电压规定为 20V，而反向击穿电压实际上大于 40V。

（3）反向电流 I_R

指二极管未击穿时的反向电流，其值愈小，二极管的单向导电性愈好。由于温度增加，反向电流会明显增加，所以在使用二极管时要注意温度的影响。

（4）极间电容 C_d

极间电容是反映二极管中 PN 结电容效应的参数，它是 PN 结扩散电容和势垒电容的综合反映。在高频或开关状态运用时，必须考虑极间电容的影响。

（5）反向恢复时间 T_{RR}

二极管由正向导通到反向截止时电流的变化如图 3.1.1 所示。其中 I_F 为正向电流，I_{RM} 为最大反向恢复电流，T_{RR} 为反向恢复时间。

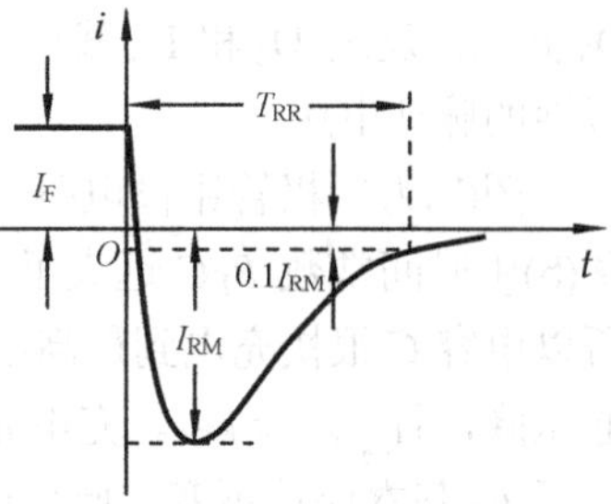

图 3.1.1　二极管由正向导通到反向截止时电流的变化

存在反向恢复时间的主要原因是由于二极管加正向电压时，PN 结两侧存在从对方区域扩散过来的载流子的积累，当二极管外加电压由正向变为反向时，积累在 PN 结两侧数量较多的载流子会形成较大的反向电流。随着时间推移，积累的载流子逐渐消散，反向电流逐渐减小到正常值。二极管由反向截止到正向导通则不存在积累载流子的消散过程，所以二极管从反向到正向的转换时间较短。

表 3.1.1 列出几种二极管参数，以供参考。

表 3.1.1　几种半导体二极管参数

（1）2AP1~7 检波二极管（PN 结面小，在电子设备中作检波和小电流整流用）

参数 / 型号	最大整流电流	最高反向工作电压（峰值）	反向击穿电压（反向电流为 400μA）	正向电流（正向电压为 1V）	反向电流（反向电压分别为 10，100V）	最高工作频率	极间电容
	mA	V	V	mA	μA	MHz	pF
2AP1	16	20	≥40	≥2.5	≤250	150	≤1
2AP7	12	100	≥150	≥5.0	≤250	150	≤1
1N4148	200	75	—	—	≤50	—	≤4

（2）2CZ52~57 系列整流二极管，用于电子设备的整流电路中

系数 / 型号	最大整流电流	最高反向工作电压（峰值）	最高反向工作电压下的反向电流（μA）		正向压降（平均值）（25℃）	最高工作频率
	A	V	（25℃）	（125）℃	V	kHz
2CZ52A~X	0.1	25,50,100,200,300,400,500,600,700,800,900,1000,1200,1400,1600,1800,2000,2200,2400,2600,2800,3000	5	100	≤1	3
2CZ54 A~X	0.5		10	500	≤1	3
2CZ57 A~X	5		20	1000	≤0.8	3

3.1.2　二极管基本应用举例

单向导电性是二极管最重要的特性，利用它可以构成很多应用电路。图 3.1.2 列出了二极管的几种应用电路。

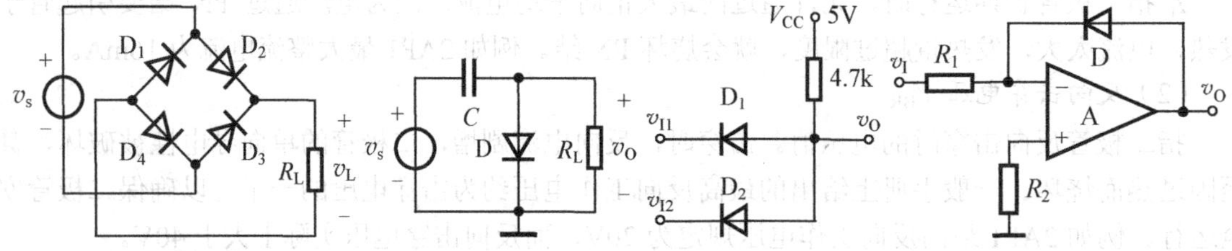

(a) 桥式整流电路　(b) 钳位电路　(c) 与逻辑运算电路　(d) 对数运算电路

图 3.1.2　二极管应用举例

图(a)为电源中常用的二极管桥式整流电路。输入正弦波为正半周时，D_2 和 D_4 导通，D_1 和 D_3 截止，反之 D_2 和 D_4 截止，D_1 和 D_3 导通，但 R_L 中的电流始终由上向下流动，所以 v_L 是单极性的脉动电压。

图(b)为二极管钳位电路，它可将周期性变化的波形的顶部保持在某一确定的直流电平上。图(b)中时间常数 R_LC 远大于 v_s 的周期。在 v_s 的正半周，D 导通，由于回路时间常数非常小，所以电容 C 很快充电到最高电压 $V_C = V_m - V_D$，其中 V_m 为正弦波振幅值，V_D 为二极管正向导通压降，且 $V_m >> V_D$。充电完毕后，由于 C 的放电时间常数 R_LC 远大于 v_s 的周期，所以 C 上电压 V_C 基本保持不变，此后电路进入稳态。这时输出电压为

$$v_O = v_s - V_C \tag{3.1.1}$$

v_O 等于在 v_s 中叠加了一个直流电压 V_C，可看作是将输入波形的顶部钳位在了直流电平 V_D 以下。同理，若颠倒二极管的方向，输出波形相当于输入波形的底部钳位在了直流电平 $-V_D$ 以上。

图(c)电路可实现数字电路中的与逻辑运算。此处二极管相当于电子开关。当 v_{I1} 和 v_{I2} 输入电压为 0 或 5V 时，在 v_{I1} 和 v_{I2} 电压的不同组合情况下，输出电压 v_O 的值如表 3.1.2 所示。

图(d)二极管与运放构成的对数运算电路。根据二极管的 I-V 特性指数方程和运放的虚短和虚断可得

$$v_O = -V_T \ln \frac{v_I}{R_1 I_S} \qquad (3.1.2)$$

需要注意的是，只有 $v_I > 0$ 时，电路才能正常工作。互换 D 与 R_1 的位置，可实现指数（反对数）运算。

表 3.1.2　与逻辑运算

v_{I1}	v_{I2}	二极管工作状态 D_1	二极管工作状态 D_2	v_O
0V	0V	导通	导通	0V
0V	5V	导通	截止	0V
5V	0V	截止	导通	0V
5V	5V	截止	截止	5V

3.1.3　实验任务

任务 1：半波整流电路测试

按照图 3.1.3 所示电路，分别测试 $v_s = 10\sin\omega t$ V 和 $v_s = 0.3\sin\omega t$ V 时 v_L 的波形。

输出电压的直流平均值为

$$V_O = V_{sm} / \pi \qquad (3.1.3)$$

其中 V_{sm} 是 v_s 的振幅值。

● 实验步骤与要求

① 按照图 3.1.3 在面包板上组装电路，二极管采用 1N4148，R_L=2kΩ。

② 由信号源产生峰-峰值为 20V、频率为 1kHz 的正弦波作为 v_s，用示波器的两个通道同时观测 v_s 和 v_L，完成表 3.1.3 的内容，并定量画出 v_s 和 v_L 波形。测试仪器连接示意图如图 3.1.4 所示。

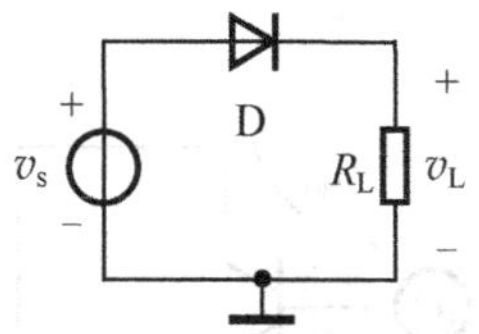

图 3.1.3　半波整流电路

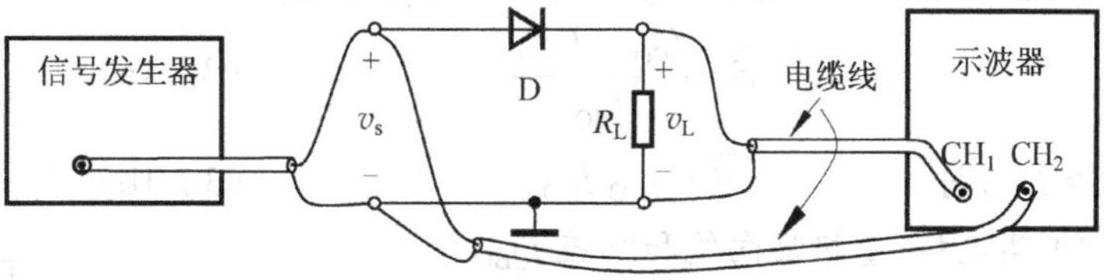

图 3.1.4　实验电路与各测试仪器的连接示意图

注意，示波器通道必须采用直流耦合方式。

③ 调节信号源使 v_s 的峰-峰值减小至 0.6V，再用示波器观测并记录 v_s 和 v_L 波形，填入表 3.1.3 中。

④ 按照 1.1 节的要求，撰写实验报告。报告中需包含测试电路及其原理简述，要对实验结果进行分析，并记录调试过程出现的问题，分析原因，说明解决方法和过程。

表 3.1.3　整流电路（v_s 频率为 1kHz）

实测值 峰-峰值 v_{spp}	实测值 峰-峰值 v_{Lpp}/V	实测值 平均值 V_L/V	理论值 平均值 V_L/V	相对误差
20V				
0.6V				

任务 2：钳位电路测试。

测试图 3.1.2(b)所示钳位电路 v_s 和 v_O 的波形。

● 实验步骤与要求

① 按照图 3.1.2(b)在面包板上组装电路，二极管采用 1N4148，C=10μF，R_L=10kΩ。

② 由信号源产生峰-峰值为 10V、频率为 1kHz 的正弦波作为 v_s，用示波器的两个通道同时观测 v_s 和 v_O，并定量画出它们的波形（波形上下对齐，画出坐标轴），确定二极管正向导通压降 V_D。测试仪器连接示意图可参考图 3.1.4。注意，示波器要采用直流耦合方式。

③ 颠倒二极管方向，重复第②步。

④ 按照 1.1 节的要求，撰写实验报告。

实验与思考题

3.1.1　实验中，信号源产生的正弦波能否包含直流分量？如何调节其直流分量？

3.1.2　为什么在桥式整流电路实验中不能用示波器的两个通道同时观测 v_s 和 v_L？

3.1.3　为什么在半波整流电路实验中可以用示波器的两个通道同时观测 v_s 和 v_O，且必须采用直流耦合方式？

3.1.4　为什么在上述 2 个实验任务中用示波器观测输入和输出电压时必须采用直流耦合方式？否则会出现什么现象？

3.2　双极结型三极管的参数测试与基本应用

学习要求　掌握双极结型三极管（BJT, Bipolar Junction Transistor）主要参数的测试方法；自行安装本节中的基本实验电路，理解其工作原理；熟练运用电子测量仪器进行电路参数的测试并进行误差分析；学会根据电路的功能要求合理选择 BJT。

3.2.1　BJT 的主要参数及其测试

BJT 的参数可用来表征管子性能的优劣和适应范围，是合理选择和正确使用 BJT 的依据。

1．直流参数

（1）共发射极直流电流放大系数 $\overline{\beta}$（h_{FE}）

它是指集电极直流电流 I_{CQ} 与基极直流电流 I_{BQ} 之比，即

$$\overline{\beta}=\frac{I_{CQ}-I_{CEO}}{I_{BQ}} \tag{3.2.1a}$$

当 $I_C >> I_{CEO}$ 时

$$\overline{\beta}\approx I_{CQ}/I_{BQ} \tag{3.2.1b}$$

（2）集电极–基极反向饱和电流 I_{CBO}

I_{CBO} 是发射极 e 开路，集电结加上一定的反偏电压时，集电区和基区的平衡少子各自向对方漂移形成的反向电流。一般 I_{CBO} 的值很小，小功率硅管的 I_{CBO} 小于 1μA，而小功率锗管的 I_{CBO} 约为 10μA。测量 I_{CBO} 的电路如图 3.2.1 所示。

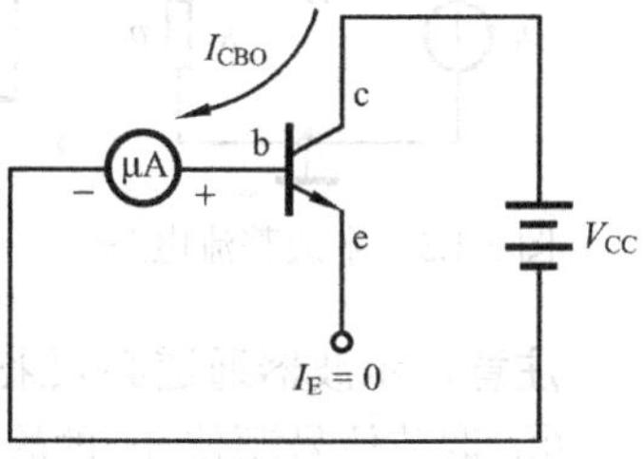

图 3.2.1　I_{CBO} 的测量

（3）穿透电流 I_{CEO}

它是指基极 b 开路，集电极 c 与发射极 e 间加反向电压时的集电极电流。小功率硅管的 I_{CEO} 在几微安以下，小功率锗管的 I_{CEO} 约在几十微安以上。

$$I_{CEO}=(1+\beta)I_{CBO} \tag{3.2.2}$$

测量 I_{CEO} 的电路如图 3.2.2 所示。

因温度对 I_{CBO} 和 I_{CEO} 有较大影响，所以选用 BJT 时，一般希望这两个电流尽可能小些。

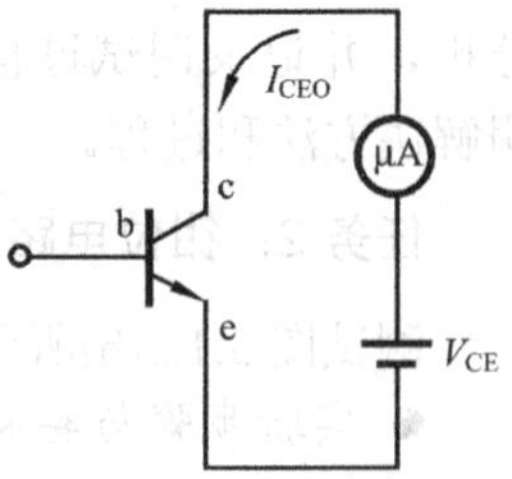

图 3.2.2　I_{CEO} 的测量

2．交流参数

（1）共发射极交流电流放大系数 β（h_{fe}）

它是指三极管在有信号输入时，集电极电流的变化量 ΔI_C 与基极电流的变化量 ΔI_B 之比，即

$$\beta=\left.\frac{\Delta I_C}{\Delta I_B}\right|_{v_{CE}=\text{常数}} \tag{3.2.3}$$

在三极管输出特性曲线比较平坦（恒流特性较好），而且各条曲线间距离相等的条件下，可认

为 $\beta \approx \bar{\beta}$，故可混用。由于制造工艺的分散性，即使是同型号的 BJT，其 β 值也有差异，通常为 20~200。

（2）共发射极特征频率 f_T

f_T 是指随着信号频率升高，BJT 的 β 下降到 1 时所对应的频率。它反映了 BJT 中 PN 结电容对 β 的影响。通常将 $f_T \leqslant 3MHz$ 的 BJT 称为低频管，将 $f_T \geqslant 30MHz$ 的 BJT 称为高频管，将 $3MHz < f_T < 30MHz$ 的 BJT 称为中频管。

3. 极限参数

（1）集电极最大允许电流 I_{CM}

它是指 β 值下降到额定值的 1/3 时所允许的最大集电极电流。当工作电流 I_C 大于 I_{CM} 时，BJT 不一定会烧坏，但 β 值变小，放大能力变差。

（2）集电极最大允许耗散功率 P_{CM}

它是指集电结上允许耗散的功率的最大值，其大小等于流过结的电流与结上电压降的乘积。这个功率将使集电结发热，结温上升。当结温超过最高工作温度（硅管为 150℃，锗管为 70℃）时，BJT 性能下降，甚至会烧坏。

P_{CM} 的大小与允许的最高结温、环境温度及管子的散热方式有关。由给定的 P_{CM} 值（对于确定型号的 BJT，P_{CM} 是一个确定值），可以在 BJT 的输出特性曲线中画出允许的最大功率损耗线，如图 3.2.3 所示，线上各点均满足 $i_C v_{CE} = P_{CM}$ 的条件。

通常将 $P_{CM} < 1W$ 的 BJT 称为小功率管，$1W \leqslant P_{CM} < 5W$ 的 BJT 称为中功率管，将 $P_{CM} \geqslant 5W$ 的 BJT 称为大功率管。

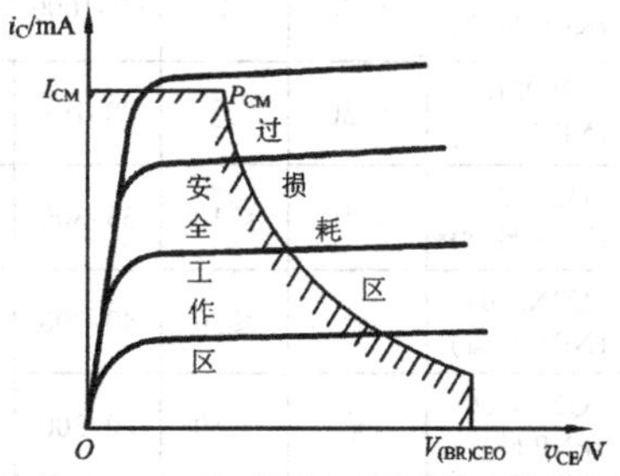

图 3.2.3　BJT 的功率极限损耗线

（3）反向击穿电压

① $V_{(BR)EBO}$ 是指集电极开路时，发射极与基极之间的反向击穿电压。小功率管的 $V_{(BR)EBO}$ 一般为几伏。对大信号放大电路，应选择 $V_{(BR)EBO}$ 较大的 BJT。

② $V_{(BR)CBO}$ 是指发射极开路时，集电极与基极之间的反向击穿电压。一般 BJT 的 $V_{(BR)CBO}$ 为几十伏，高耐压管可达几百伏甚至上千伏。

③ $V_{(BR)CEO}$ 是指基极开路时，集电极与发射极之间的反向击穿电压。这个电压的大小与 BJT 的穿透电流 I_{CEO} 直接相关，当 V_{CE} 增加使 I_{CEO} 明显增大时，导致集电结出现雪崩击穿。通常 $V_{(BR)CEO}$ 要比 $V_{(BR)CBO}$ 小些。

在实际电路中，BJT 的发射极与基极间常接有电阻 R_b，这时集电极与发射极间的反向击穿电压用 $V_{(BR)CER}$ 表示。$R_b=0$ 时的反向击穿电压用 $V_{(BR)CES}$ 表示。通常

$$V_{(BR)CEO} < V_{(BR)CER} < V_{(BR)CES} < V_{(BR)CBO}$$

图 3.2.4 是集电极反向击穿电压的测量电路及特性。

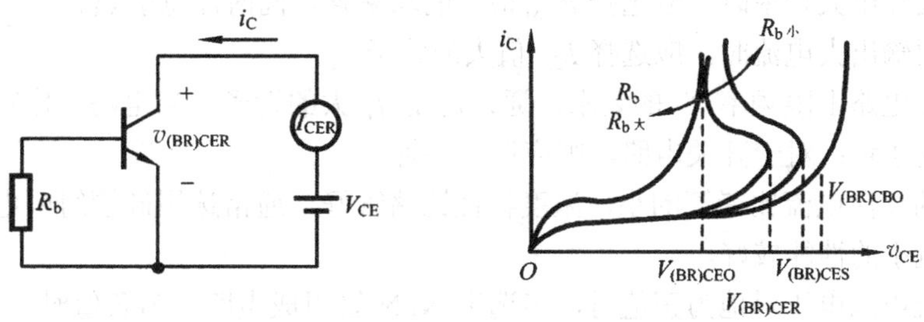

(a) 测量电路　　(b) 击穿特性

图 3.2.4　集电极击穿电压的测量及特性

BJT 的极限参数决定了它的安全工作区，如图 3.2.3 所示。$V_{(BR)CEO}$、I_{CM}、P_{CM} 等参数通常由器件手册可以查到。

常用的三极管有 90××系列，包括低频小功率硅管 9013（NPN）、9012（PNP），低噪声管 9014（NPN），高频小功率管 9018（NPN）等。在早期的电子产品中常用国产的 3DG6（低频小功率硅管）、3AX31（低频小功率锗管）等。几种常用的小功率 BJT 的典型参数如表 3.2.1 所示。

表 3.2.1　几种常用的小功率 BJT 的典型参数

型　号	直流参数			交流参数	极限参数					用　途
	I_{CBO}/nA	I_{CEO}/nA	h_{FE}	f_T/MHz	I_{CM}/mA	P_{CM}/mW	$V_{(BR)CEO}$/V	$V_{(BR)CBO}$/V	$V_{(BR)EBO}$/V	
3DG6 (NPN 硅管)	≤10	≤10	30~100	≥100	20	100	≥20	≥30	≥4	高频放大与振荡
SS9012 (PNP 硅管)	≤100	无	64~202	约 50 (I_C = 0.5A)	500	625	20	40	5	低频功率放大
SS9013 (NPN 硅管)	≤100	无	64~202	约 50 (I_C = 0.5A)	500	625	≥40	≥20	≥5	低频功率放大
SS9014 (NPN 硅管)	≤50	无	60~1000	270	100	450	≥45	≥50	≥5	前置低噪声放大
SS9018 (NPN 硅管)	≤50	无	28~198	>700 (典型值：1100)	50	400	≥15	≥30	≥5	高频放大与振荡
Q2N2222 (NPN 硅管)	≤10	≤10	35~300	> 300	1000	625	≥40	≥75	≥6.0	通用放大器
Q2N3904 (NPN 硅管)	无	≤50	40~300	> 300	200	625	≥40	≥60	≥6.0	通用放大器、电子开关
Q2N3906 (PNP 硅管)	无	≤50	60~300	> 250	200	625	≥40	≥40	≥5.0	通用放大器、电子开关
S8050 (NPN 硅管)	≤100	≤100	85~300	100	1500	1000	≥12	≥15	≥6.5	低电压大电流驱动电路
S8550 (PNP 硅管)	≤100	≤100	85~300	100	1500	1000	25	40	6	低电压大电流驱动电路

注：SS 系列三极管的参数来自于仙童公司（Fairchild Semiconductor Corporation）2002 年的数据手册。由于三极管生产厂家较多，同一型号的三极管，也会有多个厂家生产。此表仅列出几种最常用三极管的主要参数供参考，并不能代替厂家的数据手册。

3.2.2　选择 BJT 的原则

在设计放大电路时，应根据应用电路的具体要求，选择不同类型的 BJT，为整个电路和系统的可靠工作奠定基础。为保证 BJT 能安全可靠地工作在安全区，通常按下列规则选用三极管：

（1）在需要的工作电压高时，应选择 $V_{(BR)CEO}$ 大的高反压管，尤其要注意 b、e 之间的反向电压不要超过 $V_{(BR)EBO}$。

（2）在需要输出大功率时，应选择 P_{CM} 值大的功率管，同时注意散热。

（3）在需要输出大电流时，应选择 I_{CM} 值大的管子。

（4）为满足电路上限频率 f_H 的要求，通常选用 f_T 大的管子。当电路工作频率高时，必须选高频管或超高频管；对于开关电路，则应选开关管。

（5）硅管的反向电流比锗管的小，温度特性比锗管好，通常选用硅管组成电路。同型号的管子中反向电流小的性能较好。

（6）当直流电源电压对地为正值时，多选用 NPN 管组成电路；为负值时，多选用 PNP 管组成电路。

3.2.3 三极管的基本应用举例

三极管最主要的功能是电流放大和开关作用。构成放大器时，BJT 工作在放大区，以 NPN 管为例，其极间电压为 $V_{BE}>0$（正向偏置），$V_{BC}<0$（反向偏置），$I_C=\beta I_B$。构成开关电路时，工作在饱和区和截止区。在饱和区时，$I_B > I_C/\beta$，在截止区时 $V_{BE}<0$（反向偏置），$V_{BC}<0$（反向偏置）。图 3.2.5 列举了 BJT 的几种应用电路。可以看到，不同功能的电路，对 BJT 的型号及性能参数有不同要求。

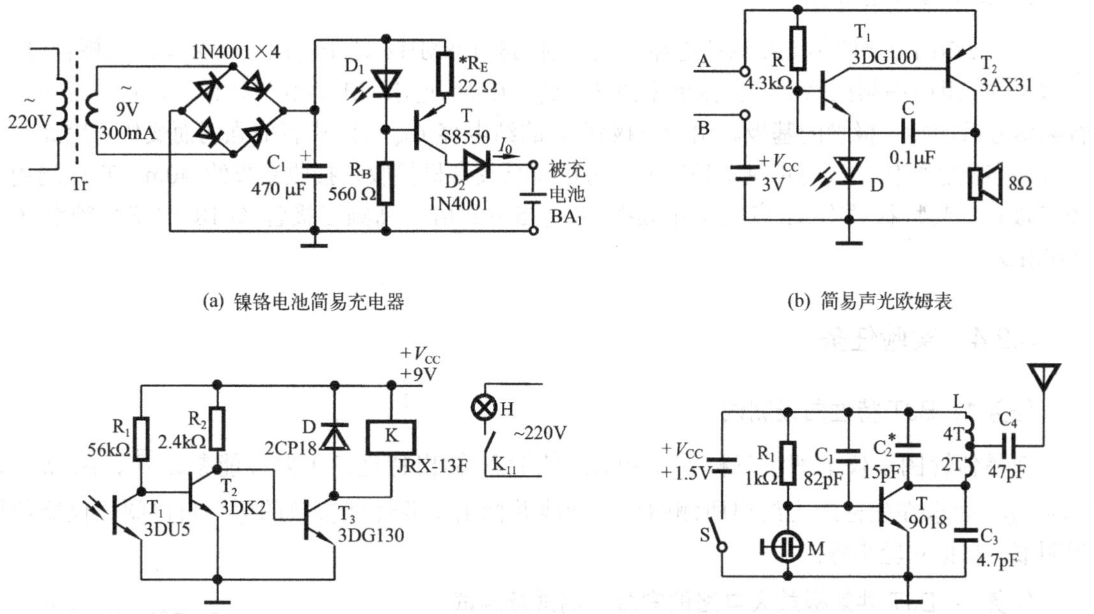

(a) 镍铬电池简易充电器　(b) 简易声光欧姆表

(c) 光控路灯　(d) 调频无线话筒

图 3.2.5　晶体三极管的应用举例

1. BJT 低频电路

BJT 构成的低频电路如图 3.2.5(a)和(b)所示。其中，图(a)为一个简易的 AA（5 号）镍铬电池恒流充电电路，220V 市电经过变压器降压，桥式整流和电容滤波后，输出的直流电压（约 11V）作为恒流源电路的直流供电电源，三极管 T 构成恒流源电路，发光二极管 D_1 作为充电指示灯，同时利用发光二极管的正向压降（为 2V 左右，发光二极管的规格不同时，压降会略有差异），使得三极管基极电位基本固定不变，于是充电时的电流为

$$I_0 \approx I_E = \frac{V_{D_1} - V_{BE}}{R_E} = \frac{2-0.7}{22} \approx 59\ \text{mA}$$

可见，I_0 主要取决于 D_1 两端电压的稳定性，而与负载无关，调整 R_E，可以改变 I_0 的大小。用该电流给电池充电时，充电时间为 10~12 小时。图中 D_2 可以防止充电电路不工作时电池通过充电电路放电。如果并接多个类似的恒流电路，则可以同时给多个电池充电。

图(b)为一简易声光欧姆表电路，可用来检测线路的通断。测试棒 A、B 分别接被测电路中的两点，如果这两点之间接通，则三极管 T_1、T_2 导通，发光二极管 D 亮，电容 C 构成的电压正反馈电路产生振荡，8Ω扬声器发声。如果这两点不通，则 T_1、T_2 不工作。发光二极管不亮，扬声器无声。

2．BJT 开关电路

图(c)为一光控路灯电路。白天受光照射时，光敏三极管 T_1 导通，输出为低阻，T_2 截止，T_3 导通，继电器 JRX-13F 吸合，其常闭触点 K_{11} 断开，路灯 H 不亮。夜间无光照射 T_1，其输出为高阻，T_2 导通，T_3 截止，继电器的 K_{11} 触点为闭合状态，路灯亮。T_1 选用 3DU5 光敏三极管。T_2 选用开关管 3DK2。T_3 导通时要提供驱动电流，因此，采用小功率三极管 3DG130。二极管 D 限制了继电器线圈因 T_3 截止而产生的感生电压，以避免击穿 T_3。

3．BJT 高频电路

图 3.2.5(d)为一调频无线话筒电路，能发射 88~108MHz 范围内的任一频率。三极管 T 和 L、C_2、C_3 组成高频振荡器，主振频率由 L、C_2、C_3 所决定。M 为驻极体话筒，将声音转换成音频信号后加到三极管的基极。由于三极管 T 的结电容 C_{bc} 会随声音的强弱而变化，因此，主振频率亦随之变化，从而实现调频发射。可用调频收音机接收，接收距离约 40m。T 应选用高频三极管，其特征频率 f_T 应比工作频率 f_0 高 5~10 倍。高频三极管 9018 的特征频率 $f_T \geqslant$ 600MHz。

3.2.4　实验任务

任务 1：BJT 特性曲线测试

在晶体管图示仪上测量三极管 SS9013 的输入/输出特性，主要性能参数 $\overline{\beta}$、β、I_{CEO}、$V_{(BR)CEO}$。要求在坐标纸上绘出所测的特性曲线并标出主要性能参数的值。自己阅读仪器使用说明书，自拟实验步骤。

任务 2：BJT 共射极放大电路的安装、调试及测试

图 3.2.6 为 BJT 共射极放大电路，其静态工作点可由式（3.2.4）估算。

$$V_{BQ} = \frac{R_{b2}}{R_{b1}+R_{b2}} \times V_{CC} \tag{3.2.4a}$$

$$I_{CQ} \approx I_{EQ} = \frac{V_{BQ}-V_{BEQ}}{R_{e1}+R_{e2}} \approx \frac{V_{BQ}-0.7\text{V}}{R_{e1}} \tag{3.2.4b}$$

$$V_{CEQ} = V_{CC} - I_{CQ}(R_c + R_{e1}) \tag{3.2.4c}$$

$$I_{BQ} = I_{CQ}/\beta \tag{3.2.4d}$$

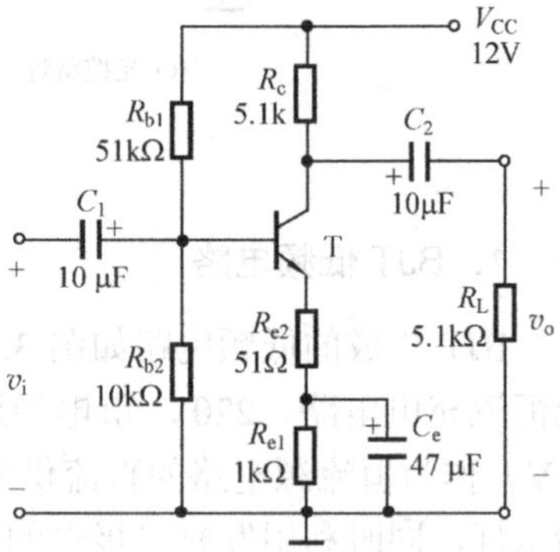

图 3.2.6　共射极放大电路

动态性能指标可由式（3.2.5）估算。

$$r_{be} = 200 + (1+\beta) \times \frac{26\text{mV}}{I_{CQ}} \tag{3.2.5a}$$

$$A_v = -\frac{\beta(R_c // R_L)}{r_{be}+(1+\beta)R_{e2}} \tag{3.2.5b}$$

$$R_i = R_{b1} // R_{b2} // [r_{be}+(1+\beta)R_{e2}] \tag{3.2.5c}$$

$$R_o = R_c \tag{3.2.5d}$$

数据手册通常会给出β 值的范围，如表 3.2.1 中的 h_{FE}，实验时可以用万用表测出β（h_{FE}）值，代入式（3.2.4）和（3.2.5）中估算理论值。

实验内容与步骤如下。

（1）测试电路的静态工作点。

按照图 3.2.6 在面包板上组装电路，V_{CC} 的 12V 取自直流稳压电源。安装电阻前先用万用表测试电阻值填入表 3.2.2 的相应栏中。检查无误后接通电源。用数字万用表的直流电压档测量电路的 V_E（射极对地电压）和 V_C（集电极对地电压），计算静态工作点的 I_{CQ}、V_{CEQ}，填入表 3.2.2。

（2）测试放大电路的输入、输出波形和通带电压增益。

参考图 3.2.7，搭建放大电路实验测试平台。调整信号源，使其输出峰-峰值为 30mV、频率为 1kHz 的正弦波，作为放大电路的 v_i。分别用示波器的两个通道同时测试 v_i 和 v_o，在实验报告上定量画出 v_i 和 v_o 的波形（时间轴上下对齐），分别测试 R_L=5.1kΩ和 R_L 开路两种情况下的 v_i 和 v_o，完成表 3.2.3。

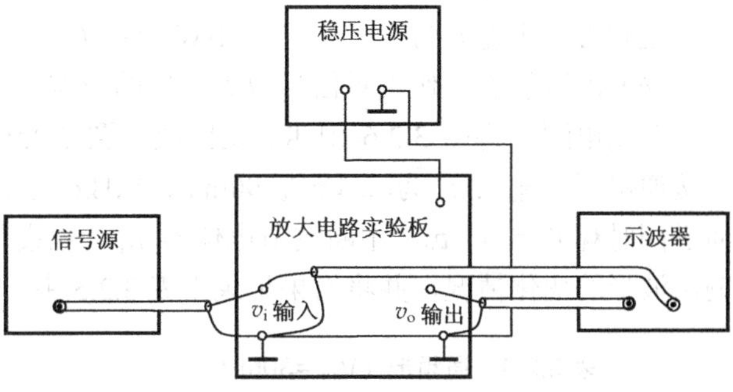

图 3.2.7　实验电路与各测试仪器的连接示意图

表 3.2.2　静态工作点

实　测　值		计　算　值		BJT 处于哪个工作区？
V_E/V	V_C/V	$I_{CQ}≈V_E/R_{e1}$/mA	$V_{CEQ}=V_C-V_E$/V	
实测电阻值	R_{b1} =　，R_{b2} =　，R_c =　，R_{e1} = R_{e2} =　，R_L =　，β=			

表 3.2.3　电压增益（f=1kHz）

负载情况	v_i 峰-峰值 V_{ipp}/mV	v_o 峰-峰值 V_{opp}/mV	$\lvert A_v\rvert = V_{opp}/V_{ipp}$	$\lvert A_v\rvert$的理论值	相对误差
R_L=5.1kΩ	30				
负载开路	30				

（3）测试放大电路的输入电阻。

采用在输入回路串入已知电阻的方法测量输入电阻，其局部连接示意图如图 3.2.8 所示。R 取值尽量与 R_i 接近（此处可取 R=2kΩ）。信号源仍旧输出峰-峰值 30mV、1kHz 正弦波，用示波器一个通道始终监视输出 v_o 波形，用另一个通道先后测量 v'_i 和 v_i，则输入电阻为

$$R_i = \frac{v_i}{v'_i - v_i} \times R \qquad (3.2.6)$$

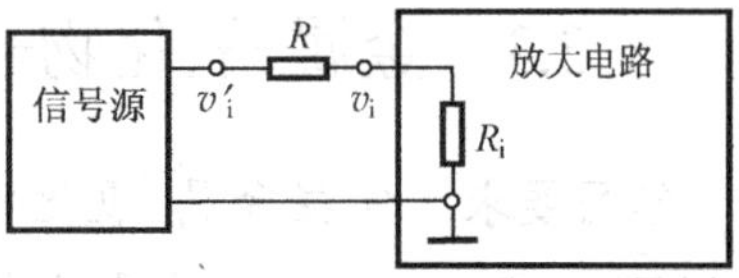

图 3.2.8　输入电阻测试局部示意图

测量过程要保证 v_o 不出现失真现象。

（4）测试放大电路的输出电阻。

采用改变负载的方法测试输出电阻。分别测试负载开路输出电压 v'_o 和接入已知负载 R_L 时的输出电压 v_o，测量过程同样要保证 v_o 不出现失真现象。实际上在表 3.2.3 中已得到 v'_o 和 v_o，则输出电阻为

$$R_o = \frac{v'_o - v_o}{v'_o} \times R_L \qquad (3.2.7)$$

R_L 越接近 R_o 误差越小。

（5）测试放大电路的通频带。

在图 3.2.6 中，输入 v_i 为峰-峰值 30mV、1kHz 的正弦波，用示波器的一个通道始终监视输入波形的峰-峰值，用另一个通道测量输出波形的峰-峰值。保持输入波形峰-峰值不变，调节信号源的频率，逐渐提高信号的频率，观测输出波形的幅值变化，并适时调节示波器水平轴的扫描速率，保证始终能清晰观测到正常的正弦波。持续提高信号频率，直到输出波形峰-峰

值降为 1kHz 时的 0.707 倍，此时信号的频率即为上限频率 f_H，记录该频率；

类似地，逐渐降低信号频率，直到输出波形峰-峰值降为 1kHz 时的 0.707 倍，此时的频率即为下限频率 f_L，记录该频率，完成表 3.2.4。

注意，测试过程必须时刻监视输入波形峰-峰值，若有变化，需调整信号源的输出幅值，保持 v_i 的峰-峰值始终为 30mV。

通频带（带宽）为 $$BW=f_H-f_L \qquad (3.2.8)$$

（6）测试静态工作点对信号放大产生的影响。

关闭电源，将图 3.2.6 中 R_{b1} 支路改为图 3.2.9 所示的支路，检查无误后接通电源，输入 v_i 为峰-峰值 90mV、1kHz 的正弦波，用示波器的两个通道同时观测 v_i 和 v_o，不断调节电位器 R_P，观察 R_P 分别调小和调大时，输出波形的变化情况，并将结果记录于表 3.2.5 中。

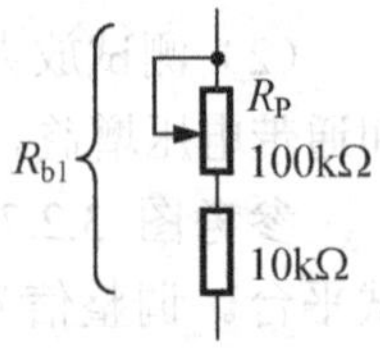

图 3.2.9 R_{b1} 支路

表 3.2.4 通频带（V_{ipp}=30mV）

信号频率 f	f_L	–	f_H
		1kHz	
输出波形峰-峰值 V_{opp}			
$\|A_V\|$			

表 3.2.5 静态工作点对信号放大的影响

	R_P 适中	R_P 调小	R_P 调大
BJT 处于哪个工作区？			
v_o 波形			

（7）按照 1.1 节的要求，撰写实验报告。报告中需包含测试电路及其原理简述，要对实验结果进行分析，并记录调试过程出现的问题，分析原因，说明解决方法和过程。

实验与思考题

3.2.1 根据图 3.2.5 所示的几种 BJT 功能电路，选择一种你感兴趣的电路进行安装与实验。调整后的实验参数与图中参数有可能不同，为什么？

3.2.2 在图 3.2.6 中，若 R_{b1} 错接为 20kΩ的电阻，电路将会出现什么问题？若 R_{b2} 错接为 2kΩ的电阻，电路又将会出现什么问题？

3.3 金属-氧化物-半导体场效应管的参数测试与基本应用

学习要求 掌握金属-氧化物-半导体场效应管（MOSFET，Metal-Oxide-Semiconductor Field Effect Transistor）的主要性能参数及其测试方法，MOSFET 共源极放大电路的安装与测试技术。

3.3.1 MOSFET 的主要参数及其测试

场效应管是一种电压控制型器件，其输入阻抗比 BJT 管高得多，可达到 10^9~10^{15}Ω，热稳定性好，特别适合用于电压信号的放大。

下面以 N 沟道增强型和耗尽型 MOS 管为例介绍它们的主要参数。

1．直流参数

（1）开启电压 V_{TN}

V_{TN} 是增强型 MOS 管的参数。当 v_{DS} 为某一固定值（例如 10V）使 i_D 等于一微小电流（例如 50μA）时，栅源间的电压为 V_{TN}。测量 V_{TN} 的电路如图 3.3.1 所示。

（2）夹断电压 V_{PN}

V_{PN} 是耗尽型 FET 的参数。通常令 v_{DS} 为某一固定值（例如 10V），使 i_D 等于一个微小的电流（例如 20μA）时，栅源之间所加的电压称为夹断电压。V_{PN} 的测量电路如图 3.3.2 所示。

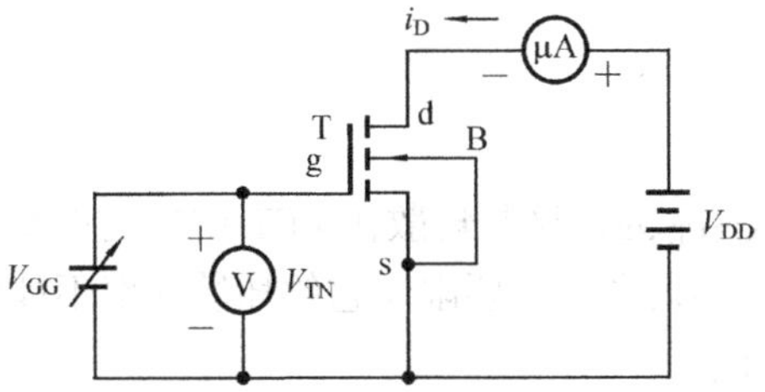

图 3.3.1 V_{TN} 的测量

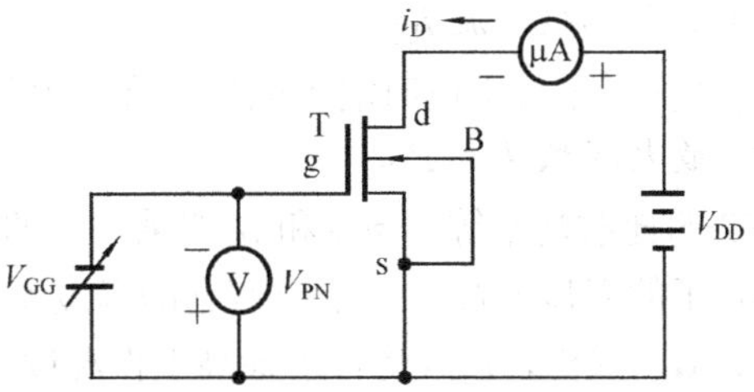

图 3.3.2 V_{PN} 的测量

（3）饱和漏极电流 I_{DSS}

I_{DSS} 也是耗尽型 FET 的参数。

在 $v_{GS}=0$ 的情况下，当 $|v_{DS}|>|V_{PN}|$ 时的漏极电流称为饱和漏极电流 I_{DSS}。通常令 $|v_{DS}|=10\text{V}$，$v_{GS}=0\text{V}$ 时测出的 i_D 就是 I_{DSS}。I_{DSS} 的测量电路如图 3.3.3 所示。

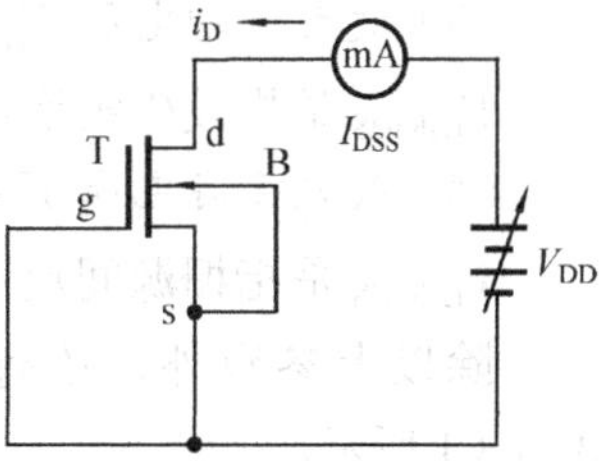

图 3.3.3 I_{DSS} 的测量

（4）直流输入电阻 R_{GS}

在漏源之间短路的条件下，栅源之间加一定电压时的栅源直流电阻就是直流输入电阻 R_{GS}。MOS 管的 R_{GS} 可达 $10^9\Omega$~$10^{15}\Omega$。

2．交流参数

（1）输出电阻 r_{ds}

$$r_{ds}=\left.\frac{\partial v_{DS}}{\partial i_D}\right|_{V_{GS}} \tag{3.3.1a}$$

输出电阻 r_{ds} 说明了 v_{DS} 对 i_D 的影响，是输出特性某一点上切线斜率的倒数。当不考虑沟道调制效应时 $(\lambda=0)$，饱和区输出特性曲线的斜率为零，$r_{ds}\to\infty$。当考虑沟道调制效应时 $(\lambda\neq 0)$，输出特性曲线倾斜，对增强型 NMOS，有

$$r_{ds}=[\lambda K_n(v_{GS}-V_T)^2]^{-1}=\frac{1}{\lambda i_D}=\frac{V_A}{i_D} \tag{3.3.1b}$$

其中，$V_A=1/\lambda$，称为厄利（Early）电压，此时 r_{ds} 是一个有限值，一般在几十千欧到几百千欧之间。

（2）低频互导（跨导）g_m

在 v_{DS} 等于常数时，漏极电流的微变量和引起这个变化的栅源电压的微变量之比称为互导，即

$$g_m=\left.\frac{\partial i_D}{\partial v_{GS}}\right|_{V_{DS}} \tag{3.3.2a}$$

互导反映了栅源电压对漏极电流的控制能力，它相当于转移特性上工作点的斜率，随工作点不同而变化。g_m 是表征 FET 放大能力的一个重要参数，单位为 mS 或μS。一般在零点几至几 mS 的范围内，特殊的可达 100mS，甚至更高。N 沟道 MOSFET 的 g_m 为

$$g_m=2\sqrt{K_n i_D} \tag{3.3.2b}$$

由于 $K_n = \frac{\mu_n C_{ox}}{2} \cdot \frac{W}{L}$，所以，沟道宽长比 W/L 越大，g_m 也越大。

3．极限参数

（1）最大漏极电流 I_{DM}

I_{DM} 是管子正常工作时漏极电流允许的上限值。

（2）最大耗散功率 P_{DM}

FET 的耗散功率等于 v_{DS} 和 i_D 的乘积，即 $P_{DM}=v_{DS}i_D$，这些耗散在 FET 中的功率将变为热能，使管子的温度升高。为了限制它的温度不要升得太高，就要限制它的耗散功率不能超过最大数值 P_{DM}。显然，P_{DM} 受管子最高工作温度的限制。

对于确定型号的 FET，P_{DM} 是一个确定值，在输出特性曲线上同样可以画出类似图 3.2.3 最大功率损耗线。

（3）最大漏源电压 $V_{(BR)DS}$

$V_{(BR)DS}$ 是指发生雪崩击穿、i_D 开始急剧上升时的 v_{DS} 值。

（4）最大栅源电压 $V_{(BR)GS}$

$V_{(BR)GS}$ 是指栅源间反向电流开始急剧增加时的 v_{GS} 值。

除以上参数外，还有极间电容、高频参数等其他参数。几种 MOSFET 的典型参数如表 3.3.1 所示。

表 3.3.1　几种 MOSFET 的典型参数

参数名称	零栅压漏极电流	夹断电压或开启电压	共源小信号低频互导	极间电容		直流输入电阻	最大漏源电压	最大栅源电压	最大耗散功率	最大漏源电流	备注
参数符号	I_{DSS}	V_P 或 V_T	g_m	C_{gs}	C_{gd}	R_{GS}	V_{DS}	V_{GS}	P_{DM}	I_{DM}	
单位	mA	V	mS	pF	pF	Ω	V	V	mW	mA	
2N7000	0.001	0.8~3	100 (I_D = 200 mA)	60	5		60	±20	350	500	N 沟道增强型
VN2222LL	0.01	0.6~2.5	100 (I_D = 500 mA)	60	5		60	±20	400	750	N 沟道增强型
BSS92	−0.0002	−0.8~−2.8	200 (I_D =−100 mA)	65	6		−240	±20	1000	−600	P 沟道增强型
3D06B		< 3				≥10^9	20	20	100		N 沟道增强型
3C01B		−2~−6				10^8~10^{11}	≥15	20	100		P 沟道增强型
3D01F	1~3.5	> −4				10^9	20	40	100		N 沟道耗尽型

3.3.2　MOSFET 基本应用举例

MOSFET 是电压控制元件，它的输入阻抗极高，特别适合用于只允许从信号源汲取少量电流的场合。此外，MOSFET 也特别适合在开关状态下应用。图 3.3.4 列出了 MOSFET 的几种应用电路。

图(a)是为大功率器件或模块散热而设计的风扇自动控制电路。热敏电阻 R_t 作为测温元件（安装在散热片上）。当温度高于设定的阈值温度（如 85°C）时，R_t 的阻值减小到使 A 点电压高于 B 点电压，比较器 C 输出高电平，T 导通，风扇工作；当温度低于设定值时，A 点电压低于 B 点电压，比较器输出低电平，T 截止，风扇停转。通过调整 R_p 可以改变所设定的阈值温度。

图(b)是一个手机电池充电的应用电路。电源由 USB 口输入，当充电管理单元通过反馈电压感知锂电池电压不足时，输出控制信号使 PMOS 管 T 导通，为锂电池充电；当电池电量已被充满时，充电管理单元输出高电平使 T 截止，停止充电。电阻 R 为充电管理单元提供一个电流反馈，充电管理单元据此控制 T 的导通程度，从而实现恒流充电。肖特基二极管 D_S 用以防止充电电路不工作时锂电池通过其放电。FS 和 D_Z 为输入电源接反时提供保护。

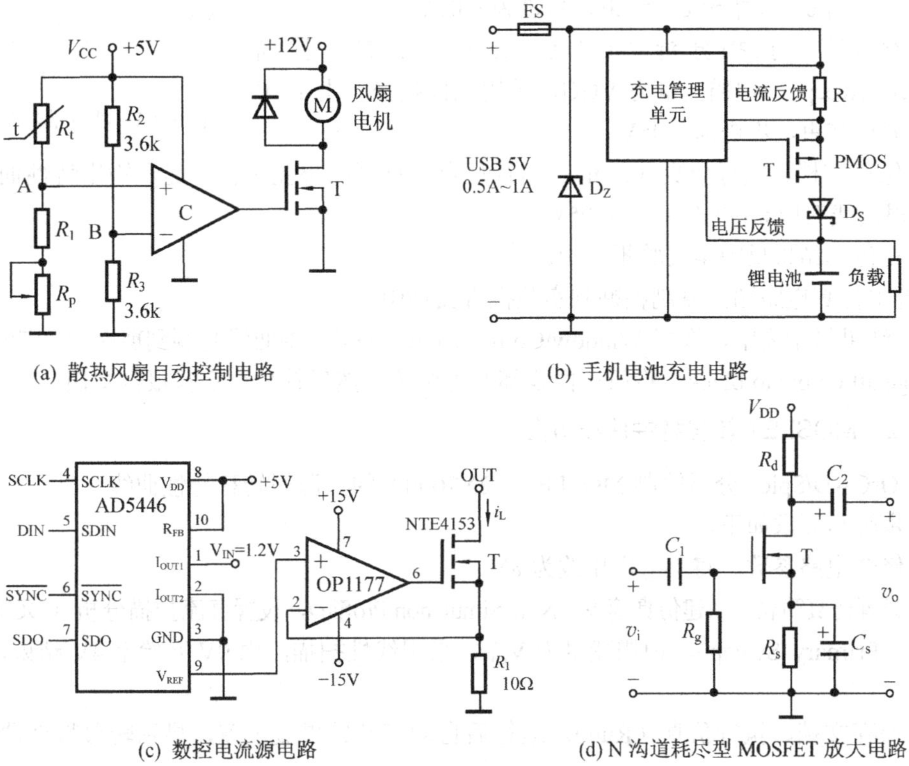

(a) 散热风扇自动控制电路

(b) 手机电池充电电路

(c) 数控电流源电路

(d) N 沟道耗尽型 MOSFET 放大电路

图 3.3.4　MOSFET 的应用举例

图(c)为数控电流源的部分电路。其中 AD5446 是串行 D/A 转换器，图中 AD5446 工作于电压输出模式下，数据由 DIN 串行输入，电压由 V_{FET} 输出，且 $V_{FET}=V_{IN}\times D/2^n$，$V_{IN}$=1.2V（$D$ 为输入的数据，n 为数据的二进制位数）。运放 OP1177 和 MOS 管 NTE4153 构成的放大电路引入了电流串联负反馈，将 AD5446 的 V_{FET} 转换为输出电流 i_L，它们的关系是

$$i_L = \frac{V_{IN} \cdot D}{R_1 \cdot 2^n}$$

输出电流 i_L 可在 0~120mA 范围内编程。

图(d)为自偏压 N 沟道耗尽型 MOSFET 共源极放大电路，可在一定频率范围内实现小信号放大。

3.3.3　实验任务

任务 1：MOSFET 输出特性曲线仿真

使用 OrCAD/Spice 分析绘制 MOSFET（2N7000）的共源极输出特性曲线。

实验步骤与要求如下。

（1）建立新项目，绘出电路图。

首先新建一个工程项目，然后放置元器件（M2N7000、Vdc、0 (GRD)等）、连线，画出如图 3.3.5 所示的电路，并在 MOSFET 的漏极放置电流测试探针。

（2）设置仿真简表。

① 新建仿真简表（New Simulation Profile），设置直流扫描分析（DC Sweep）的主扫描（Primary Sweep），扫描变量为 VDD，采用线性扫描，由 0V 开始至 8V 结束，步进为 0.01V。

② 设置直流扫描分析（DC Sweep）中的二级扫描（Secondray Sweep），扫描变量为 VGG，采用线性扫描，由 1.7V 开始至 2.05V 结束，步进为 0.05V。

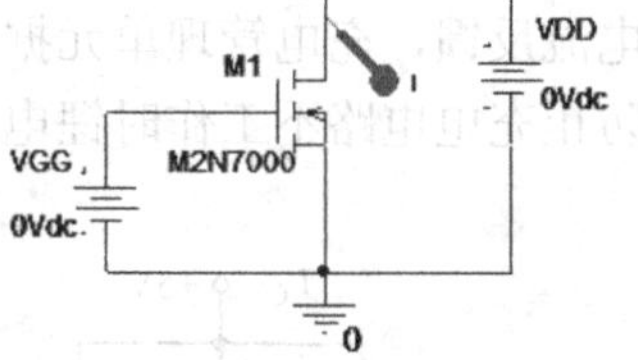

图 3.3.5　特性曲线仿真电路

（3）保存文档、执行仿真（Run）。运行后自动打开结果显示窗，显示输出特性曲线（i_D－v_{DS}）。多根曲线对应 v_{GS} 的间隔为 0.05V。

（4）将仿真结果反映至实验报告中。

① 选中仿真电路图，复制粘贴到实验报告文档中。

② 在结果显示窗中，选择 Window\Copy to Clipboard…将曲线复制到剪贴板，期间最好选择“change all colors to black”将所有曲线都变为黑色。然后粘贴至实验报告文档。

任务 2：MOSFET 转移特性曲线仿真

使用 OrCAD/Spice 分析绘制 MOSFET（2N7000）的共源极转移特性曲线。

实验步骤与要求如下。

（1）修改电路参数，将 V_{DD} 电压改为 8V。

（2）设置仿真简表。新建仿真简表（New Simulation Profile），设置直流扫描分析（DC Sweep）的主扫描（Primary Sweep），扫描变量为 V_{GG}，采用线性扫描，由 0V 开始至 4V 结束，步进为 0.01V。

（3）保存文档、执行仿真（Run）。运行后自动打开结果显示窗，显示转移特性曲线（i_D－v_{GS}）。

（4）将仿真结果复制粘贴到实验报告文档中。

任务 3：MOSFET 共源放大电路安装、调试及测试。

图 3.3.6 为 N 沟道增强型 MOSFET 共源极放大电路，其静态工作点可由式（3.3.3）估算。

$$V_{GSQ} = \frac{R_{g2}}{R_{g1}+R_{g2}} \times V_{DD} - I_{DQ}R_s \qquad (3.3.3a)$$

$$I_{DQ} = K_n(V_{GS}-V_{TN})^2 \qquad (3.3.3b)$$

$$V_{DSQ} = V_{DD} - I_{DQ}(R_d + R_s) \qquad (3.3.3c)$$

动态性能指标可由式（3.3.4）估算。

$$A_v = -g_m R_d \qquad (3.3.4a)$$

$$R_i = R_{g1} // R_{g2} \qquad (3.3.4b)$$

$$R_o = R_d \qquad (3.3.4c)$$

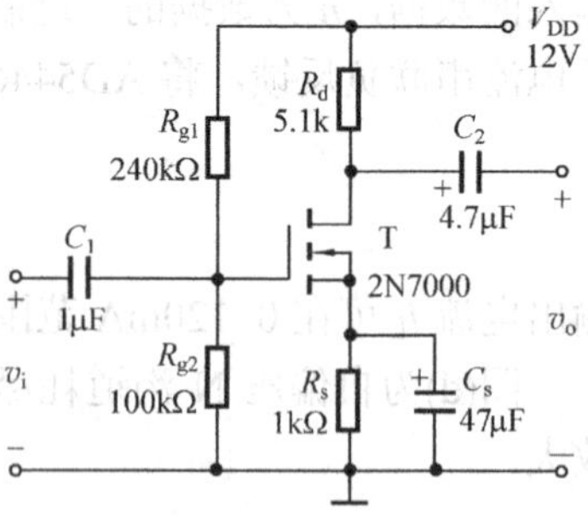

图 3.3.6　共源极放大电路

数据手册通常会给出 V_{TN} 和某工作点下的 g_m。由表 3.3.1 看出，对于 MOS 管 2N7000，当 I_D=200mA 时，g'_m=100mS，则根据式（3.3.2b）可得 $K_n=(g'_m/2)^2/I_D$=12.5mA/V^2。而式（3.3.4a）中的 g_m 是图 3.3.6 电路静态工作点下 MOS 管的互导，同样由式（3.3.2b）可得

$$g_m = g'_m\sqrt{I_{DQ}/I_D} \qquad (3.3.5)$$

即

$$g_m = 10\sqrt{I_{DQ}/2}\ \text{mS} \qquad (3.3.6)$$

由表 3.3.1 可知 V_{TN} 在 0.8~3V 之间，这里取 V_{TN}=1.75V。

实验步骤与要求如下。

（1）测试电路的静态工作点。

① 按照图 3.3.6 在面包板上组装电路，V_{DD} 的 12V 取自直流稳压电源。安装电阻前先用万用表测试电阻值，填入表 3.3.2 相应栏中。检查无误后接通电源。用数字万用表的直流电压挡测量电路的 V_G（栅极对地电压）、V_S（源极对地电压）和 V_D（漏极对地电压），计算静态工作点 Q（I_{DQ}、V_{GSQ}、V_{DSQ}）。将结果填入表 3.3.2 相应栏中。

② 关闭电源，将 R_{g1} 改为 100k，检查无误后接通电源，再次测量 V_G、V_S 和 V_D，计算静态工作点 Q（I_{DQ}、V_{GSQ}、V_{DSQ}）。将结果填入表 3.3.2 相应栏中。

③ 关闭电源，将 R_{g1} 恢复为 240k，而将 R_{g2} 改为 33k，检查无误后接通电源，测量 V_G、V_S 和 V_D，计算静态工作点 Q（I_{DQ}、V_{GSQ}、V_{DSQ}）。完成表 3.3.2 的内容。

表 3.3.2　静态工作点

	实　测　值			计　算　值			MOSFET 处于哪个工作区？
	V_G/V	V_S/V	V_D/V	$I_{DQ}=V_S/R_s$/mA	$V_{GSQ}=(V_G-V_S)$/V	$V_{DSQ}=(V_D-V_S)$/V	
R_{g1}=240k R_{g2}=100k							
R_{g1}=100k R_{g2}=100k							
R_{g1}=240k R_{g2}=33k							
实测电阻值	R_{g1} =　　　　，R_{g2} =　　　　，R_d =　　　　，R_s =						

（2）测试放大电路的输入、输出波形和通带电压增益。

参考上节的图 3.2.7，搭建放大电路实验测试平台。关闭电源，将电阻参数恢复为 R_{g1}=240k，R_{g2}=100k，检查无误后接通电源。调整信号源，使其输出峰-峰值为 30mV、频率为 1kHz 的正弦波，作为放大电路的 v_i。分别用示波器的两个通道同时测试 v_i 和 v_o，在实验报告上定量画出 v_i 和 v_o 的波形（时间轴上下对齐），分别测试负载开路和 R_L=5.1kΩ两种情况下的 v_i 和 v_o，完成表 3.3.3。

（3）测试放大电路的输入电阻。

采用在输入回路串入已知电阻的方法测量输入电阻。由于 MOSFET 放大电路的输入电阻较大，所以当测量仪器的输入电阻不够大时，采用如图 3.2.8 所示的方法可能存在较大误差，改用如图 3.3.7 所示的测量输出电压的方法更好。R 取值尽量与 R_i 接近（此处可取 R=51kΩ）。信号源仍旧输出峰-峰值 30mV、1kHz 正弦波，用示波器的一个通道始终监视 v_i 波形，用另一个通道先后测量开关 S 闭合和断开时对应的输出电压 v_{o1} 和 v_{o2}，则输入电阻为

$$R_i=\frac{v_{o2}}{v_{o1}-v_{o2}}\cdot R \tag{3.3.7}$$

测量过程要保证 v_o 不出现失真现象。

表 3.3.3　电压增益　（f=1kHz）

负载情况	v_i 峰-峰值 V_{ipp} /mV	v_o 峰-峰值 V_{opp} /mV	$\lvert A_V\rvert=V_{opp}/V_{ipp}$	$\lvert A_V\rvert$的理论值	相对误差
负载开路	30				
R_L=5.1kΩ	30				

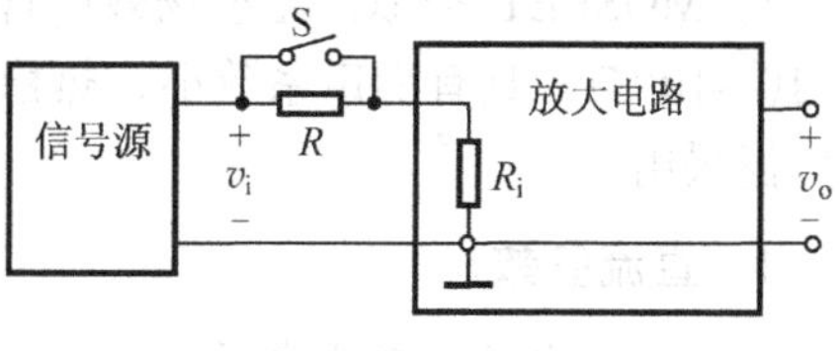

图 3.3.7　高输入电阻测试局部示意图

（4）测试放大电路的输出电阻。

采用改变负载的方法测试输出电阻。分别测试负载开路输出电压 v_o' 和接入已知负载 R_L 时的输出电压 v_o，测量过程同样要保证 v_o 不出现失真现象。实际上在表 3.3.3 中已得到 v_o' 和 v_o，则输出电阻为

$$R_o = \frac{v_o' - v_o}{v_o'} \times R_L \tag{3.3.8}$$

R_L 越接近 R_o 误差越小。

（5）测试放大电路的通频带。

在图 3.3.6 中，输入 v_i 为峰-峰值 30mV、1kHz 的正弦波，用示波器的一个通道始终监视输入波形的峰-峰值，用另一个通道测出输出波形的峰-峰值。保持输入波形峰-峰值不变，调节信号源的频率，逐渐提高信号的频率，观测输出波形的幅值变化，并相应适时调节示波器水平轴的扫描速率，保证始终能清晰观测到正常的正弦波。持续提高信号频率，直到输出波形峰-峰值降为 1kHz 时的 0.707 倍，此时信号的频率即为上限频率 f_H，记录该频率；类似地，逐渐降低信号频率，直到输出波形峰-峰值降为 1kHz 时的 0.707 倍，此时的频率即为下限频率 f_L，记录该频率，完成表 3.3.4。要特别注意，测试过程必须时刻监视输入波形峰-峰值，若有变化，需调整信号源的输出幅值，保持 v_i 的峰-峰值始终为 30mV。

表 3.3.4　通频带（V_{ipp} =30mV）

信号频率 f	f_L	-	f_H
		1kHz	
输出波形峰-峰值 V_{opp}			
$\lvert A_V \rvert$			

通频带（带宽）为

$$BW = f_H - f_L \tag{3.3.9}$$

（6）使用 OrCAD/Spice 分析图 3.3.6 共源极放大电路，完成实验内容中 5 项指标的仿真分析，并与实验结果进行比较。

（7）按照 1.1 节的要求，撰写实验报告。报告中需包含测试电路及其原理简述，要对实验结果进行分析，并记录调试过程出现的问题，分析原因，说明解决方法和过程。

实验与思考题

3.3.1　与 BJT 相比，MOSFET 有何优越性？

3.3.2　为什么场效应管共源极放大电路输入端的耦合（隔直）电容 C_1（0.02μF 左右）一般远小于 BJT 放大电路的耦合电容（见图 3.2.6）？

3.3.3　在同样静态电流条件下，为什么 FET 电压放大器的放大倍数通常小于 BJT 的电压放大倍数？

3.4　结型场效应管的参数测试与基本应用

学习要求　掌握结型场效应管（JFET，Junction Field Effect Transistor）的主要性能参数及其测试方法，场效应管共源放大电路的安装与测试技术。

3.4.1　JFET 的主要参数及其测试

与 MOSFET 类似，结型场效应管也是一种电压控制型器件，也有很高的输入阻抗，可达到 10^5~$10^{15}\Omega$，具有噪声系数小、热稳定性好等优点，因此，在一些高灵敏度的测量仪器中得到广泛采用。

1．直流参数

（1）夹断电压（截止电压）V_p

它是指耗尽型 FET 在源极接地的情况下，使漏源之间的输出电流减小到零（此时导电沟

道夹断）时，所加的栅源电压值。测量 N 沟道 JFET 的 V_P 电路如图 3.4.1 所示。通常令 $V_{DS}=10V$，改变 V_{GS} 大小，使 $I_D=20\mu A$，此时对应的 V_{GS} 值就是夹断电压 V_P 的值，即 $V_P=V_{GS}$。N 沟道 JFET 的 V_P 为负，一般 $|V_P|<9V$。有些文献中用 $V_{GS(off)}$ 表示夹断电压（截止电压）。

（2）饱和漏电流 I_{DSS}

在 $v_{GS}=0$ 的情况下，当 $|v_{DS}|>|V_P|$ 时的漏极电流称为**饱和漏极电流** I_{DSS}。通常令 $|v_{DS}|=10V$，$v_{GS}=0V$ 时测出的 i_D 就是 I_{DSS}。测量 I_{DSS} 的电路如图 3.4.2 所示。例如，场效应管 3DJ6 的 $I_{DSS}<10mA$。

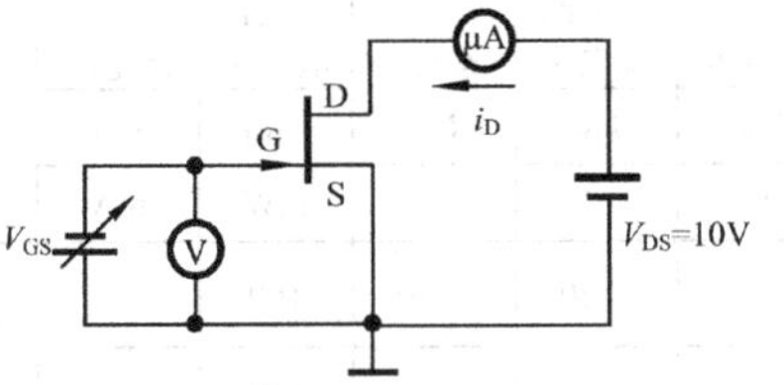

图 3.4.1　测量 V_P 电路

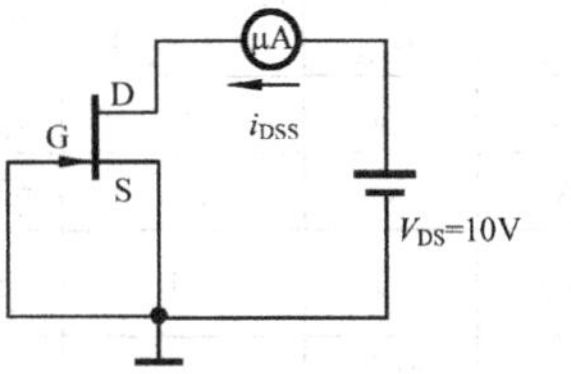

图 3.4.2　测量 I_{DSS} 电路

（3）直流输入电阻 R_{GS}

它是指栅极-沟道在反偏压作用下的电阻值，也称为栅源绝缘电阻。在漏源之间短路的条件下，栅源之间加一定反偏电压时，栅源电压和栅极电流的比值就是直流输入电阻 R_{GS}。JFET 的 R_{GS} 一般大于 $10^7\Omega$。这个参数有时也以栅极电流大小的形式给出。

2．交流参数

（1）低频跨导（互导）g_m

它是表征场效应管放大能力的一个重要参数。其定义为：在 v_{DS} 等于常数时，漏极电流的微变量和引起这个变化的栅源电压的微变量之比，即

$$g_m=\left.\frac{\Delta I_D}{\Delta V_{GS}}\right|_{V_{DS}=\text{常数}} \tag{3.4.1}$$

互导反映了栅源电压对漏极电流的控制能力，它相当于转移特性上工作点的斜率。同一只管子的工作点不同，g_m 也不同。g_m 的单位为 mS 或μS，其值一般在 0.5~10mS 范围内。

（2）输出电阻 r_{ds}

在 v_{GS} 等于常数时，漏源电压 v_{DS} 的微变量和漏极电流 i_D 的微变量之比称为**输出电阻**，即

$$r_{ds}=\left.\frac{\Delta v_{DS}}{\Delta i_D}\right|_{V_{GS}} \tag{3.4.2}$$

输出电阻 r_{ds} 说明了 v_{DS} 对 i_D 的影响，是输出特性某一点上切线斜率的倒数。r_{ds} 一般在几十千欧到几百千欧之间。

3．极限参数

（1）最大漏极电流 I_{DM}

它是指管子正常工作时，允许的最大漏极电流。

（2）最大耗散功率 P_{DM}

FET 的耗散功率等于 v_{DS} 和 i_D 的乘积，即 $P_{DM}=v_{DS}i_D$。这些耗散在管子中的功率将变为热能，使管子的温度升高。为了限制它的温度不要升得太高，就要限制它的耗散功率不能超过最大数值 P_{DM}。显然，P_{DM} 受管子最高工作温度的限制。

（3）最大漏源电压 $V_{(BR)DS}$

它是指发生雪崩击穿、i_D 开始急剧上升时的 v_{DS} 值。

（4）最大栅源电压 $V_{(BR)GS}$

它是指栅源间反向电流开始急剧增加时的 v_{GS} 值。

除以上参数外，还有极间电容、高频参数等其他参数。表 3.4.1 列出了几种小功率 JFET 管的典型参数。

表 3.4.1　几种小功率 JFET 管的典型参数

参数名称	零栅压漏极电流	夹断电压	共源小信号低频互导	极间电容		最大漏栅电压	最大漏源电压	最大栅源电压	最大耗散功率	最大漏源电流	备　注
参数符号	I_{DSS}	V_P	g_m	C_{gs}	C_{gd}	V_{DG}	V_{DS}	V_{GS}	P_{DM}	I_{DM}	
单位	mA	V	mS	pF	pF	V	V	V	mW	mA	
3DJ6F	3~6.5	–9	>1	<5	<2	—	≥20	≥30	100	6.5	N 沟道 JFET，用作输入级放大器
2SK30 ATM	0.3~6.5	–0.4~–5.0	>1.2	8.2	2.6	50	50	—	100	6.5	N 沟道 JFET，用作低噪声前置放大器
2SK246	1.2~14	–0.7~–6.0	>1.5	9.0	2.5	50	—	—	300	—	N 沟道 JFET，用作阻抗变换用，在高输入阻抗电路中用作放大
CS4393 (2N4393)	5~30	–0.3~–3	—	<14	<3.5	40	40	–40	380~1800	30	N 沟道 JFET，用作模拟开关、斩波
2N5459	4.0~16	–2.0~–8.0	2~6	<7.0	<3.0	25	25	–25	635	—	N 沟道 JFET，用作音频放大、模拟开关

3.4.2　JFET 的基本应用举例

JFET 是电压控制元件，它的输入阻抗极高。在只允许从信号源取极少量电流的情况下，应选用 JFET。JFET 的噪声系数比 BJT 要小，故常用于低噪声放大器中。图 3.4.3 列出了 JFET 的几种应用电路。

图(a)是驻极体电容式话筒的内部电路，其中，电容 C_1 由膜片经高压电场驻极后产生异性电荷。当膜片受声波振动时，电容两端的电压发生变化。由于该电压极其微弱，电容 C_1 两端的阻抗很高，所以，采用场效应管 T 与电容 C_1 配接以实现阻抗变换并放大微弱信号。将场效应管及其偏置电阻 R_1、R_2 连同电容 C_1 一起装在话筒内，使用时只需要外加 3~12V 的直流电压。驻极体话筒体积小、使用方便，被广泛用于盒式录音机、无线话筒等。

图(b)为由结型场效应管组成的高稳定石英晶体振荡器电路。石英晶体 J_T 与电容 C 组成串联谐振回路，振荡频率由 J_T 决定。J_T 的选用范围很宽，即使将栅极电阻 R 的值取得很大，也不会给晶体 J_T 增加负载。晶体的 Q 值可以保持很高，所以，振荡器的频率稳定度很高。电感 L 为场效应管的漏极负载。输出电压 v_o 的波形为正弦波。

图(c)为场效应管源极跟随器。采用电阻分压式偏置电路，再加上源极电阻 R_S 产生很深的直流负反馈，因此，电路的稳定性很好。因为场效应管的输入阻抗比 BJT 的要高，所以输入耦合电容 C_1 的值可以小得多，一般取 C_1 为 0.02 μF 左右。该电路的动态性能指标如下：

输入电阻：
$$R_i = R_G + R_1 // R_2 \tag{3.4.3}$$

输出电阻：
$$R_o = \frac{1}{g_m} // R_S = \frac{R_S}{1 + g_m R_S} \tag{3.4.4}$$

电压增益：
$$A_V = \frac{g_m R_S}{1 + g_m R_S} \tag{3.4.5}$$

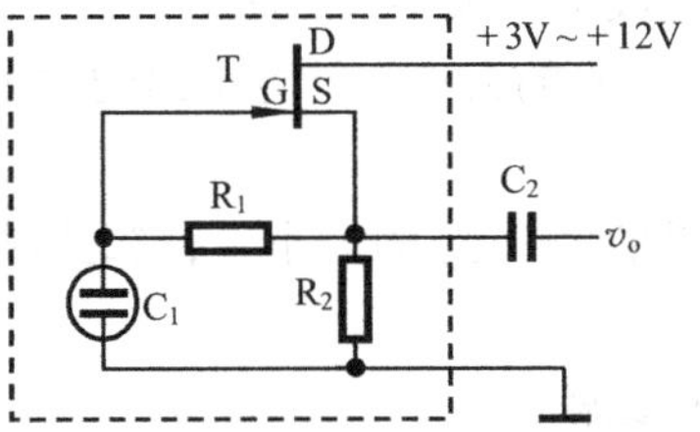

(a) 驻极体话筒电路

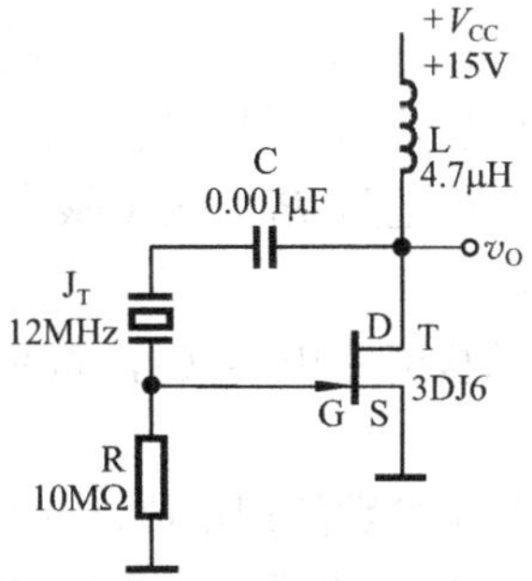

(b) 高稳定石英晶体振荡器

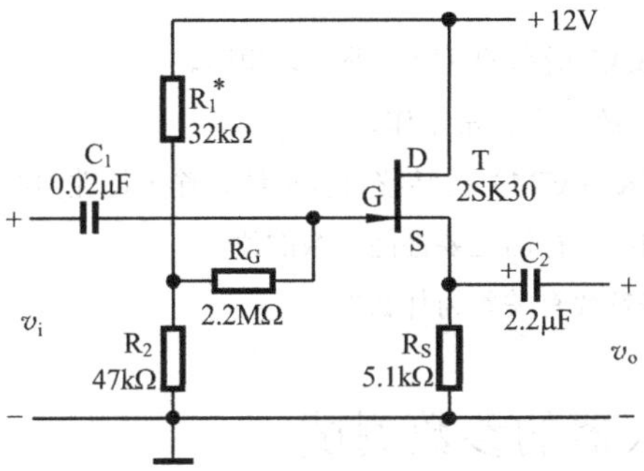

(c) 场效应管源极跟随器

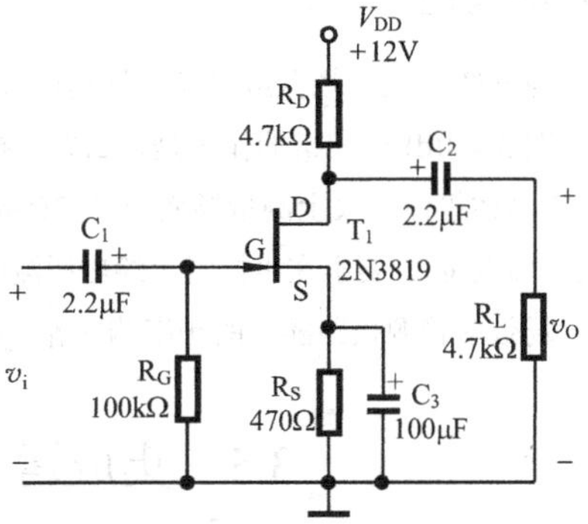

(d) 场效应管共源极放大器

图 3.4.3　场效应管的应用举例

图(d)为场效应管共源极放大器。采用自偏压电路给栅极提供偏压，电容 C_3 对 R_S 起交流旁路作用，有利于提高电路的电压增益。该电路的动态性能指标如下：

电压增益： $$A_V = -g_m(R_D // R_L) \tag{3.4.6}$$

输入电阻： $$R_i = R_G \tag{3.4.7}$$

输出电阻： $$R_o = R_D \tag{3.4.8}$$

3.4.3　实验任务

任务 1：JFET 输出特性曲线和转移特性曲线仿真

使用 OrCAD/Spice 分析绘制 JFET（2N3819）的共源极输出特性曲线和转移特性曲线。

实验步骤与要求：与 3.3.3 节的任务 1 类似。

任务 2：研究 JFET 共源极放大器的性能

组装如图 3.4.3(d)所示共源极放大电路，测试其静态工作点和动态性能指标。

实验步骤与要求：

1）测试电路的静态工作点。

用数字万用表测量电路的 V_G、V_S、V_D，计算静态工作点 Q（I_D、V_{GS}、V_{DS}）。自拟实验记录表格。

2）测试放大电路的输入、输出波形和通带电压增益。

① 在电路的输入端加入频率为 5kHz、峰-峰值为 100mV 的正弦电压信号，用示波器观察

并记录输入/输出波形，测量 v_i、v_o 的大小，计算通带电压增益 A_V。

② 逐步增加输入信号幅值，测量并记录输出波形最大不失真时 v_i、v_o 的大小。

③ 去掉负载电阻 R_L，按步骤①重新测量 v_i、v_o 的大小，计算电路的输出电阻和开路时的电压增益 A_{VO}。

④ 去掉源极旁路电容 C_3，按步骤①重新测量 v_i、v_o 的大小，计算此时电路的电压增益 A_V。

⑤ 计算各项参数的理论值，并与测量值进行比较。

3）按照 1.1 节的要求，撰写实验报告。报告中需包含测试电路及其原理简述，要对实验结果进行分析，并记录调试过程出现的问题，分析原因，说明解决方法和过程。

实验与思考题

3.4.1 与 BJT 相比，场效应管有何优越性？根据图 3.4.3 所举的几种电路加以说明。

3.4.2 图 3.4.3(d)中，R_G 的作用是什么？去掉 R_G 后电路能否正常工作？

3.4.3 在晶体管图示仪上测量场效应管 3DJ6（或 2SK30ATM）的转移特性曲线、输出特性曲线及主要性能参数 I_{DSS}、V_P 及 g_m。要求在坐标纸上绘出所测的特性曲线并标出主要性能参数的值。

3.4.4 场效应管源极跟随器的频率响应 f_L、f_H 与哪些参数有关？为什么？

3.5 集成运算放大器的参数测试

学习要求 掌握运算放大器主要参数及其测试方法；正确运用调零技术、相位补偿技术及保护电路。

集成运算放大器（简称运放）自 20 世纪 60 年代问世以来得到迅速发展，目前有种类繁多、型号各异的各种集成电路产品。按制造工艺，可分为双极型、CMOS 型和 BiFET 型；按内部电路的工作原理，运放有电压放大型、电流放大型、跨导型和互阻型四种类型；按性能指标分类，运放有通用型和专用型两大类。通用型运放的各项参数比较均衡，做到了技术性与经济性的统一；而专用型运放，通常某项技术参数特别突出，以适应一些特殊应用场合，常见的有高阻型、高速型、宽带型、高精度型、低功耗型、低噪声型等。近年来，具有轨到轨（rail-to-rail）输入输出特性、特别适合于低电压、单电源供电场合的运放也大量涌现。另外，还有一类运放是为完成某种特定功能而生产的，例如仪表放大器、隔离放大器、缓冲放大器、对数/反对数放大器等。

从本质上看，集成运放是一种高性能的多级直接耦合放大电路。尽管品种繁多，内部电路结构各不相同，但它们的组成原则基本一致，其内部结构如图 3.5.1 所示，各部分的作用如下：

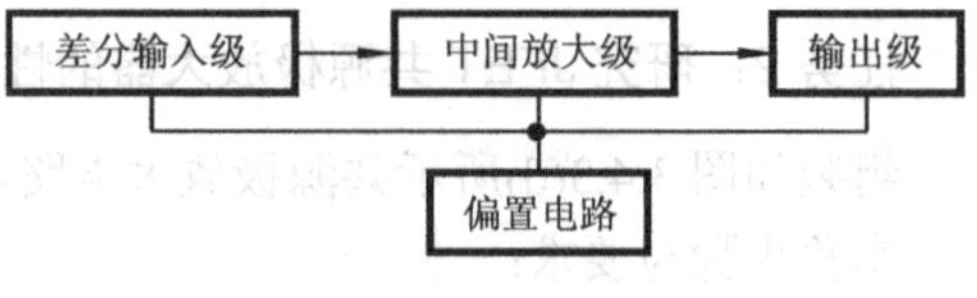

图 3.5.1 运放的组成框图

差分输入级使运放具有尽可能高的输入电阻及共模抑制比。

中间放大级由多级直接耦合放大器组成，以获得足够高的电压增益。

输出级可使运放具有一定幅度的输出电压、输出电流和尽可能小的输出电阻。在输出过载时有自动保护作用以免损坏集成块。输出级一般为互补对称推挽电路。

偏置电路为各级电路提供合适的静态工作点，一般采用恒流源电路为各级提供合适的静态工作电流。

3.5.1 主要性能参数与测试方法

评价集成运放性能的参数很多，一般可分为输入直流误差特性、差模特性、共模特性、大信号特性等。下面介绍运放的主要参数及简易测试方法。

1. 输入直流误差特性（输入失调特性）

（1）输入失调电压

一个理想的集成运放，当输入电压为零时，输出电压也应为零（不加调零装置），但实际上不为零，存在一定的输出电压。在室温（25℃）及标准电源电压下，输入电压为零时，为了使集成运放的输出电压为零，在输入端加的补偿电压叫做**输入失调电压** V_{IO}。

输入失调电压 V_{IO} 的测试电路如图 3.5.2 所示。当 R_1 和 R_2、R_F 和 R_P 严格对称，且运放两输入端到地的直流通路的等效电阻较小时（此处小于 100Ω），该电路偏置电流的影响已被消除，失调电流的影响可忽略不计，输出电压主要取决于输入失调电压，此时测得输出直流电压 V_O，然后将其折算到输入便是输入失调电压 V_{IO}。可由下式计算输入失调电压：

$$V_{IO} = \frac{R_1}{R_1 + R_F} V_o \tag{3.5.1}$$

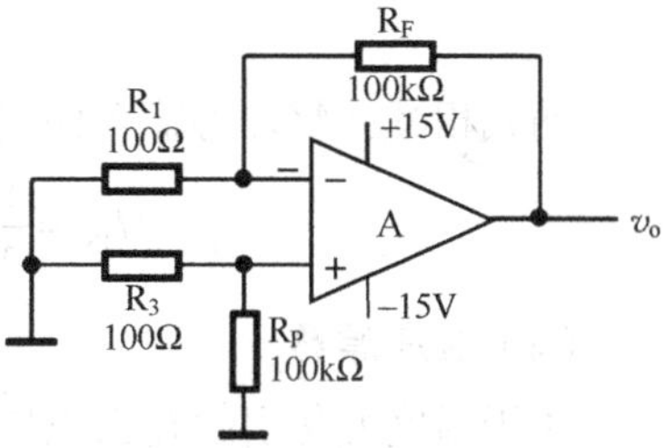

图 3.5.2 输入失调电压测试电路

输入失调电压主要是由输入级差分放大器三极管的特性不一致造成的。V_{IO} 一般为±(1~10)mV，其值越小越好。超低失调运放的 V_{IO} 为 1~20μV。采用 MOSFET 输入级的运放 V_{IO} 较大，可达 20mV。

说明 本书用 v 表示交流电压信号，用 V 表示电压的测量值或直流电压信号。

（2）输入失调电流

当运放的输出电压为零时，将两输入端偏置电流的差称为输入失调电流，即

$$I_{IO} = I_{B+} - I_{B-}$$

式中，I_{B+}为同相输入端基极电流，I_{B-}为反相输入端基极电流。输入失调电流主要是由构成差分输入级的差分放大器的两个三极管静态电流失配引起的，I_{IO} 一般为 1nA~0.1μA。由于信号源内阻的存在，I_{IO} 会引起一输入电压，使放大器输出电压不为零，所以 I_{IO} 越小越好。当运放输入端外接电阻较大时，输入失调电流及其温漂产生的误差将明显增大。

输入失调电流的测试电路如图 3.5.3 所示。电路中需保证 R_1 和 R_2、R_F 和 R_3、两个 R_B 严格对称，否则将影响测量精度。当开关 S_1 和 S_2（实验中可用导线的接通与否取代）均闭合时，电路相当于图 3.5.2 测试失调电压 V_{IO} 的电路；而当 S_1 和 S_2 均断开时，输出电压是由 V_{IO} 和失调电流 I_{IO} 共同作用的结果。因为 R_B 远大于 R_1 和 R_2，所以 I_{BN} 和 I_{BP} 在 R_1 和 R_2 上的压降可以忽略。若 S_1 和 S_2 闭合时测得的输出电压为 V_{O1}，而 S_1 和 S_2 断开时测得的输出电压为 V_{O2}，则输入失调电流 I_{IO} 可由下式计算：

$$I_{IO} = |V_{O2} - V_{O1}| \cdot \frac{R_1}{R_1 + R_F} \cdot \frac{1}{R_B} \tag{3.5.2}$$

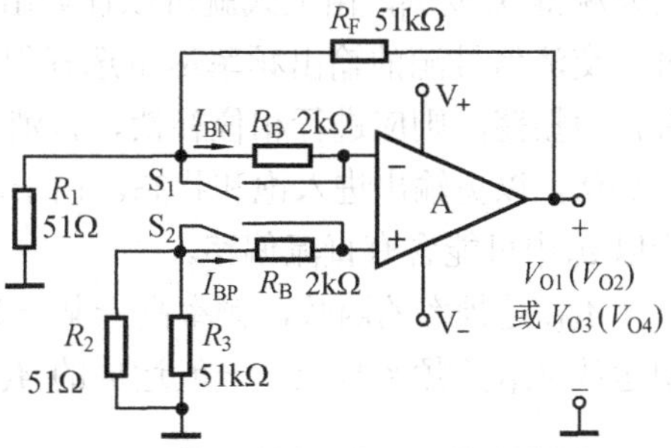

图 3.5.3 I_{IO}、I_{IB} 测试电路

同样，电路中电阻值的匹配程度将影响测量精度。

（3）输入偏置电流

输入偏置电流 I_{IB} 是指集成运放两个输入端静态

电流的平均值，即

$$I_{IB}=(I_{BP}+I_{BN})/2 \tag{3.5.3}$$

从使用的角度来看，偏置电流越小，由于信号源内阻变化引起的输出电压变化也越小，故它是重要的技术指标，以 BJT 为输入级的运放 I_{IB} 一般为 10nA~1μA；采用 MOSFET 输入级的运放 I_{IB} 在 pA 数量级。

输入偏置电流的测试同样可以采用图 3.5.3 所示的电路。这里仍旧忽略 I_{BN} 和 I_{BP} 在 R_1 和 R_2 上的压降。当 S_1 断开，S_2 闭合时，输出电压为

$$V_{O3}=\left(1+\frac{R_F}{R_1}\right)(V_{IO}+I_{BN}R_B)$$

当 S_1 闭合，S_2 断开时，输出电压为

$$V_{O4}=\left(1+\frac{R_F}{R_1}\right)(V_{IO}-I_{BP}R_B)$$

两式相减并整理得输入偏置电流

$$I_{IB}=\frac{1}{2}(I_{BN}+I_{BP})=\frac{1}{2}(V_{O3}-V_{O4})\cdot\frac{R_1}{R_1+R_F}\cdot\frac{1}{R_B} \tag{3.5.4}$$

（4）温度漂移

由于温度变化引起输出电压产生ΔV_O（或电流ΔI_O）的漂移，通常把温度升高 1℃的输出漂移电压折合到输入端的等效漂移电压$\Delta V_O/(A_V\Delta T)$(或电流$\Delta I_O/(A_I\Delta T)$)作为温漂指标。

通常用$\Delta V_{IO}/\Delta T$ 表示输入失调电压温漂，用$\Delta I_{IO}/\Delta T$ 表示输入失调电流温漂。高质量的放大器常选用低漂移的器件来组成，$\Delta V_{IO}/\Delta T$ 一般约为±（10~20）μV/℃；其值小于 2μV/℃的为低温漂运放。高质量运放的$\Delta I_{IO}/\Delta T$为每度几个 pA。

注意 $\Delta V_{IO}/\Delta T$、$\Delta I_{IO}/\Delta T$不能用外接调零装置的办法来补偿。

2．差模特性

它是指差模输入作用下的特性，有如下参数。

（1）开环差模直流电压增益 A_{VO}

A_{VO} 是指集成运放工作在线性区，在标称电源电压下，接规定的负载，开环情况下的差模直流电压增益。因开环电压增益 A_{VO} 通常很高，故要求输入电压很小（几百微伏）才能保证对输入信号线性放大。但在小信号输入条件下测试时，易引入各种干扰，所以，采用如图 3.5.4(a)所示的交、直流闭环测量方法。选择电阻$[(R_1+R_F)//R_2]=R_P$，则开环电压增益

$$A_{VO}=\frac{V_o}{V_i'}=\frac{V_o}{V_i}\cdot\frac{V_i}{V_i'}=\frac{V_o}{V_i}\cdot\frac{R_1+R_2}{R_2} \tag{3.5.5}$$

只要测得 v_o 及 v_i，由上式就可以计算出 A_{VO}。增益通常用 dB（分贝）表示，即 $20\lg A_{VO}$。测量时，交流信号源的输出频率尽量选择得低一些（小于 100Hz），并用示波器监视输出波形；若有自激振荡，则应进行相位补偿，待消除振荡后才能进行测量。v_i 的幅度不能太大，一般取几十毫伏，以免输出进入饱和状态。由于图 3.5.4(a)电路对输入失调量的增益为 $1+(R_1+R_F)/R_2$，所以 v_o 中可能含有直流偏移。

A_{VO} 是频率的函数，频率高于某一数值后，A_{VO} 的数值开始下降。图 3.5.3(b)表示μA 741[①]型运放 A_{VO} 的频率响应。一般运放的 A_{VO} 在 60~130dB。

---

① 通用型 741 由于生产厂家的不同其型号有μA741、LM741、KA741 和 CF741 等。图 3.5.4(a)中器件符号旁的数码标号为双列直插封装的引脚号，后面引脚号的标法与此图相同。

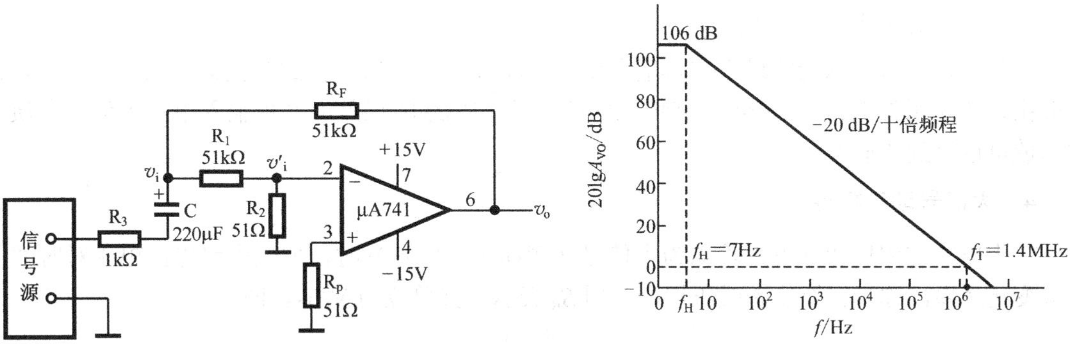

(a) 测试电路 (b) μA 741 型运放 A_{VO} 的频率响应

图 3.5.4 开环差模电压增益

（2）开环带宽 BW（f_H）

开环带宽 BW 又称为−3dB 带宽，是指开环差模电压增益下降 3dB 时对应的频率 f_H。741 型集成运放的频率响应 A_{VO}（f）如图 3.5.4(b)所示，它的 f_H 约为 7Hz。

（3）单位增益带宽 BW_G（f_T）

它对应于开环电压增益 A_{VO} 频率响应曲线上其增益下降到 $A_{VO}=1$ 时的频率，即 A_{VO} 为 0dB 时的信号频率 f_T。它是集成运放的重要参数。通常运放的增益和带宽的乘积为常数（在斜率为−20dB/十倍频范围内），增益越高，带宽越窄，即

$$A_V \cdot BW = \text{常数} \tag{3.5.6}$$

当 741 型运放的 $A_{VO}=2\times10^5$ 时，$f_T=A_{VO}\cdot f_H=2\times10^5\times7\text{Hz}=1.4\text{MHz}$。

（4）最大差模输入电压 V_{idmax}

它是指集成运放的反相和同相输入端之间所能承受的最大电压值。超过这个电压值，运放输入级某一侧的 BJT 将出现发射结的反向击穿，而使运放的性能显著恶化，甚至可以造成永久性损坏。

（5）差模输入电阻 r_{id} 和输出电阻 r_o

以 BJT 为输入级的运放，r_{id} 一般在几百千欧到数兆欧；MOSFET 为输入级的运放，$r_{id}>10^{12}\Omega$。一般运放的 $r_o<200\Omega$。

3. 共模特性

（1）共模抑制比

将运放的差模电压增益 A_{VD} 与共模电压增益 A_{VC} 之比称为共模抑制比，用 K_{CMR} 表示，单位一般为 dB。

$$K_{CMR}=20\lg\left|\frac{A_{VD}}{A_{VC}}\right| \text{ dB} \tag{3.5.7}$$

共模抑制比的测试电路如图 3.5.5 所示。该电路实际测试的是共模电压增益，其中信号源的输出电压作为放大电路的共模输入信号 v_{ic}，测得共模输出电压 v_{oc}，则共模电压增益为

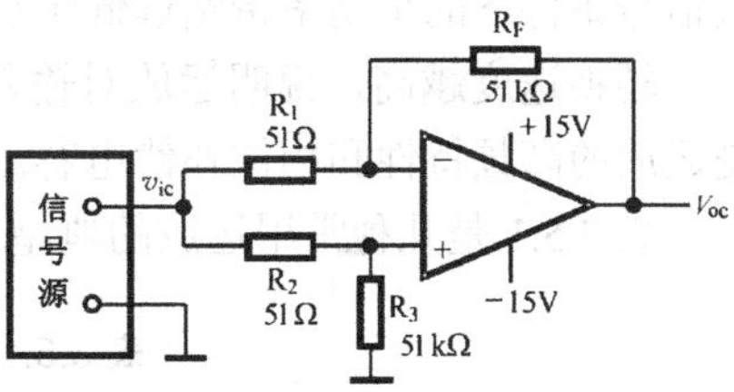

图 3.5.5 测共模抑制比

$$A_{VC}=V_{oc}/V_{ic}$$

而图 3.5.5 所示电路的差模电压增益为 $A_{VD}=-R_F/R_1$，可算出共模抑制比 K_{CMR}：

$$K_{CMR}=\left|\frac{A_{VD}}{A_{VC}}\right|=\frac{R_F}{R_1}\cdot\frac{V_{ic}}{V_{oc}} \tag{3.5.8}$$

K_{CMR} 越大，表示放大器对共模信号（温度漂移，零点漂移等）的抑制能力越强。

（2）最大共模输入电压 V_{icmax}

这是指运放所能承受的最大共模输入电压。超过 V_{icmax} 值，它的共模抑制比将显著下降。一般指运放在用作电压跟随器时，使输出电压产生 1%跟随误差的共模输入电压幅值。高质量的运放可达轨到轨输入。

4．大信号动态特性

放大电路在闭环状态下，输入为大信号（例如阶跃信号）时，放大电路输出电压对时间的最大变化速率，称为转换速率或压摆率，用 S_R 表示，其单位为 V/μs。即

$$S_R = \left.\frac{dv_o(t)}{dt}\right|_{max} \tag{3.5.9}$$

S_R 通常取正值，其测试电路如图 3.5.6(a)所示。运放与相关电阻构成反相器，其中信号源输出为 10kHz 的方波，电压 v_i 的峰-峰值为 5V。用示波器测得输入、输出波形如图 3.5.6(b)所示，则转换速率为

$$S_R = \frac{\Delta V_O}{\Delta t} \quad \text{V/μs} \tag{3.5.10}$$

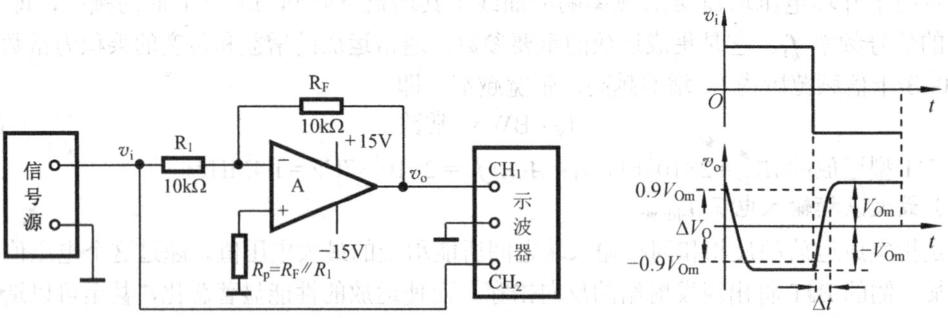

(a) S_R 测试电路　　(b) 输入、输出波形

图 3.5.6　测转换速率

若输入信号改为正弦波，则由式（3.5.9）可得

$$f = \frac{S_R}{2\pi V_O} \ \text{Hz} \tag{3.5.11}$$

当输出电压幅值达到最大值 V_{omax} 时，对应的频率 f_{max} 也称为全功率带宽，有时也以 BW_P 表示，即 $BW_P = f_{max}$。可见，运放的 S_R 限制了其在大信号工作情况下的上限频率。通常运放在大信号条件下的全功率带宽远低于小信号工作时的上限频率。

转换速度越高，说明运放对输入信号的瞬时变化响应越好。影响运放转换速率的主要因素是运放的高频特性和相位补偿电容。

表 3.5.1 是几种常用运放的典型参数。

表 3.5.1　几种集成运算放大器的典型参数

芯片型号		μA741(单[1])	OP07C	NE5532(双)	LF347(四[2])	LM324(四)
电源电压	双电源	±3V~±18V	±3V~±18V	±3V~±20V	±1.5V~±16V	±18V（或 3V~32V）
输入失调电压 V_{IO}		1.0mV	250μV	0.5mV	5mV	2mV
输入失调电流 I_{IO}		20nA	8nA	10nA	25pA	5nA
输入偏置电流 I_{IB}		80nA	±9nA	200nA	50pA	45nA

续表

芯片型号	μA741(单[1])	OP07C	NE5532(双)	LF347(四[2])	LM324(四)
开环电压增益 A_{VO}	2×10^5	4×10^5	50×10^3（R_L= 600Ω）	1×10^5	1×10^5
输入电阻 r_{id}	2.0MΩ	33MΩ	0.3MΩ	10^{12}Ω	—
单位增益带宽 BW_G	1.4MHz	0.6MHz	10 MHz（C_L=100pF，R_L= 600Ω）	4MHz	1MHz
转换速率 S_R	0.5V/μs	0.3V/μs	9V/μs	13V/μs	—
共模抑制比 K_{CMR}	90dB	120dB	100dB	100dB	85dB
功率消耗	60mW	150mW	780mW	570mW	1130mW
输入电压范围	±13V	±14V	±电源电压	±15V	–0.3V~32V
说明	通用型	低噪声	低噪声	高阻型(JFET)	通用型

注：“单”表示一个芯片内部只有一个运放，“四”表示一个芯片内部有四个运放，其余与之类似。

3.5.2 使用集成运算放大器时的注意事项

1. 集成运放的选择

通常情况下，在使用集成运放设计应用电路时，没有必要研究运放的内部电路，而是根据设计需求寻找具有相应性能指标的芯片。因此，了解运放的类型，理解运放主要性能指标的物理意义，是正确选择运放的前提。

一般根据设计需求，首选通用型运放，当通用型运放难以满足要求时，才考虑专用型运放。选择运放时，需要考虑以下几个方面的问题：

（1）电路的上限频率 f_H 与增益的关系。若电路的 f_H 较高，同时增益也较高（如单级增益为 40~60dB），这时应选用宽带运放。实际应用中，一级放大电路的最大增益通常选 100 倍（40dB），再高的增益，一方面运算误差将增大，另一方面，带宽会比较窄，除非在布板的时候就非常注意。要想获得较高的增益，用两个运放构成两级等增益放大器来实现放大比用单个运放实现要好得多。

（2）电路的运算精度。若运算精度要求较高，又采用直接耦合电路形式，则应选用 V_{IO}、I_{IO} 均较小，同时 K_{CMR} 较大的运放。若采用阻容耦合的交流放大器，输入失调参数的大小则无关紧要。

（3）考虑电路的特殊需求。一般低频放大电路对运放的要求不十分严格，但有些应用场合必须选用专用型运放，才能满足要求。例如放大微弱的电压小信号，可选用高输入阻抗的运放（JFET 型、CMOS 型等）；若要求电路的静态功耗低，可选用低功耗运放；若要求电路输出电压高，可选用高压型运放；若要求单电源供电，可直接选用单电源运放……

集成运放选定后，根据参数的定义，还要分析其可能引起的误差，从而在所设计的电路中采取相应的措施加以消除或减少。

2. 集成运放的供电方法与过载保护措施

（1）双电源供电。运放工作时，需为其提供合适的直流工作电源。图 3.5.7(a)是运放双电源工作时直流稳压电源的两组电压源与芯片的接线示意图，通常在靠近运放的两个电源引脚附近到地之间各接 1 个 0.1μF 的独石电容或瓷片电容，以滤除电源线引入的干扰信号。另外，在电源电压的入口点还应该接入 10μF 的电解电容，以滤除电源的干扰。为了防止电源的正、负极性接反导致芯片损坏，可以利用二极管的单向导电特性，采用图 3.5.7(b)所示的保护措施。

（2）单电源供电。运算放大器有两个工作电源输入端，为运放内部电路提供对“地”来说一正一负的工作电压，以使输入电压为 0V 时输出电压也为 0V。输入输出电压即便是相对于地而言的，但运放并没有接地端。运放在正负对称电源（如±15V）下的工作情况如图 3.5.8(a)所示。因为运放没有接地端，所以当将两个工作电压加在一起，如图 3.5.8(b)所示时，运放本身并不会感知这个变化，也就是说，它可以在非对称的单电源下工作。当然，此时输入电压和输出电压的基准线不再是 0V，而是向正电压方向移动了 15V。因此静态时，输出电压应设定在 15V 上。

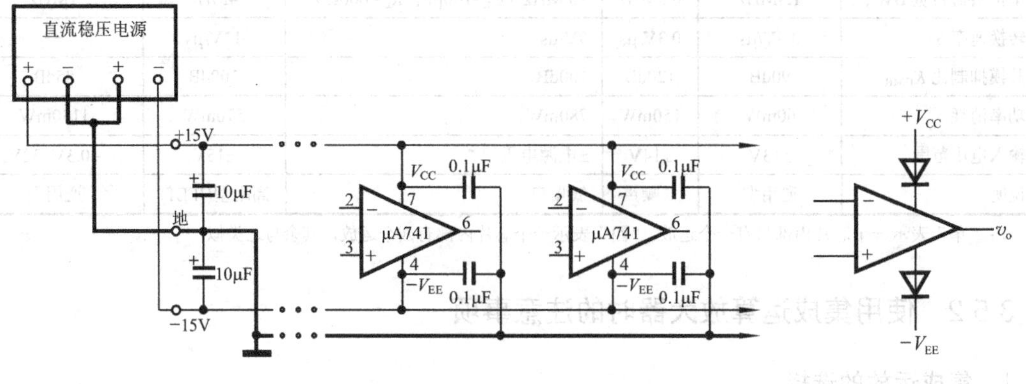

(a) 正、负直流电源的接法　　(b) 防止电源反接

图 3.5.7　运放供电示意图

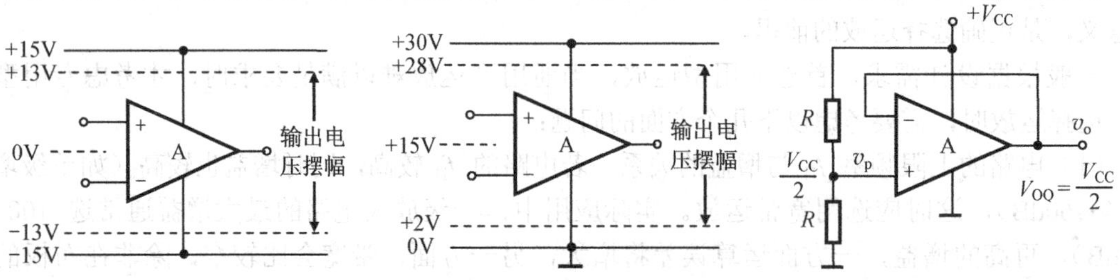

(a) 对称的双电源工作　　(b) 非对称的单电源工作　　(c) 设置输出静态电压

图 3.5.8　工作电压对输出电压摆幅的影响

运放在单电源下工作的放大电路要比对称的双电源工作方式的电路复杂些，但它更便于与数字电路联合使用。

由图 3.5.8(b)可知，运放单电源工作时，关键是将输出端的静态电压设置为电源电压的一半。而且在接入信号后，也不能影响输出的静态电压。这样，输入信号的正、负半周使输出电压在 15V 的基础上上、下波动，其波动范围（摆幅）是 2V~28V（假设运放的输出饱和压降为 2V）。图 3.5.8(c)所示为设置输出静态偏移的一种基本方法。当然，实际电路还需要考虑信号的输入输出、增益的设计等具体问题，实际应用例子参见 3.6.9 节。

（3）过载保护。为防止输入电压超过极限值损坏运算放大器，可以采取图 3.5.9 所示的保护措施。

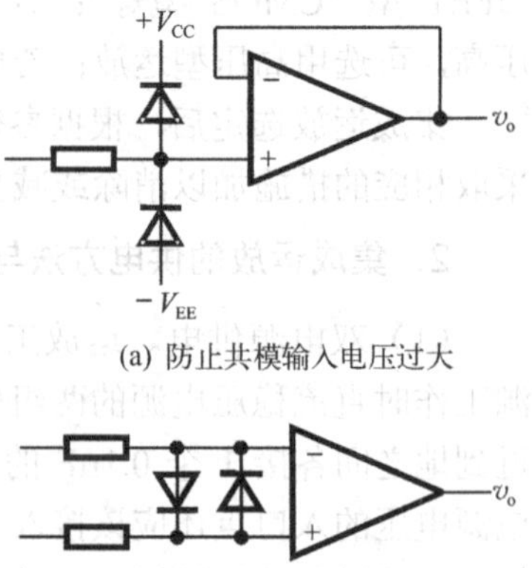

(a) 防止共模输入电压过大

(b) 防止差模输入电压过大

图 3.5.9　过载保护电路

3. 调零消除失调误差

在运放应用的众多场合，常常需要关注运放的“调零”。特别是在运放用作直流放大器时，由于输入失调电压和失调电流的影响，当运放的输入为零时，输出不为零，将影响电路的精度，严重时使运放不能正常工作。图 3.5.10 是几种常见的调零电路。

调零的原理是，在运放的输入端外加一个补偿电压，以抵消运放本身的失调电压，达到调零的目的。有些运放已经引出调零端，只需要按照器件的规定，接入调零电路进行调零，如μA741 或μA747 均有调零引出端，其调零电路如图 3.5.10(a)所示，调节电位器 RP，可使运放输出电压为零。调零时必须细心，切记不要使电位器 RP 的滑动端与地线或正电源线相碰，否则会损坏运放。对于没有调零端的运放，可以参考图 3.5.10(b)和(c)所示的调零电路。当然，如果选择了具有自动稳零特性的集成运放，多数情况下不需要调零电路也能满足精度要求。

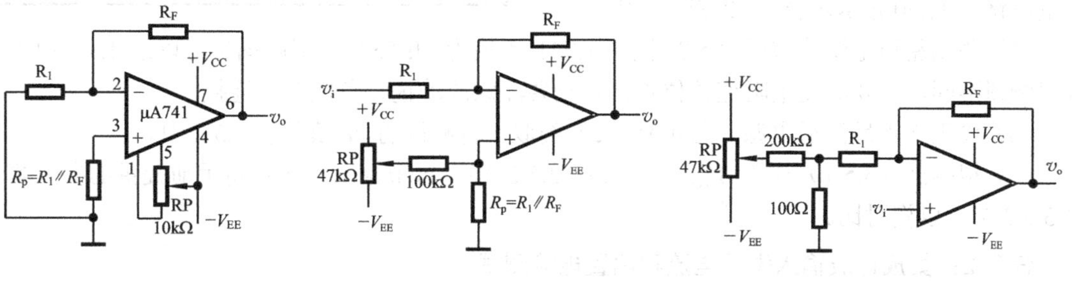

(a) μA741 或 μA747 调零电路　(b) 反相放大器调零电路　(c) 同相放大器调零电路

图 3.5.10　运放的调零电路

4. 相位补偿消除高频自激

运放是一个高增益的多级放大器组件，在应用时一般都引入负反馈，构成闭环电路。在高频区，放大器会产生附加相移，可能使负反馈变成正反馈而引起自激。进行相位补偿可以消除高频自激。相位补偿的方法是，在具有高增益的中间级，利用电容 C_B（几十至几百皮法）构成电压并联负反馈电路。有些运放已经在内部进行了补偿，如μA741。有些运放引出了补偿端，如 5G24，需要在⑧脚与⑨脚之间接入电容 C_B 进行相位补偿，如图 3.5.11 所示，C_B 的值可以根据自激振荡的频率进行调整。需要注意的是，这种补偿方法会显著降低电路的带宽，通常用在对放大电路带宽要求不高的场合。

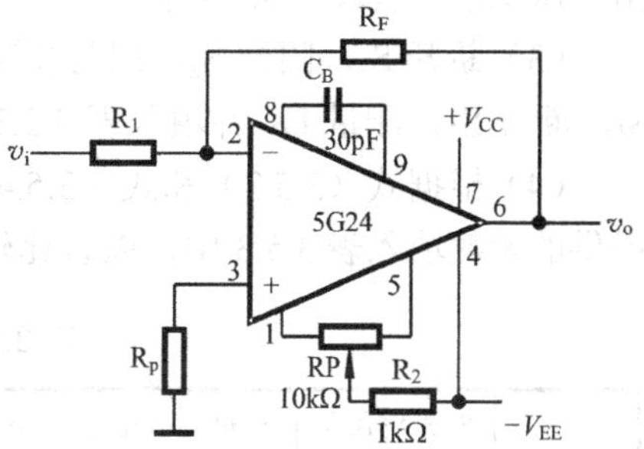

图 3.5.11　相位补偿

5. 集成运放使用中常出现的问题

在使用运放时，有时会出现集成电路本身并没有损坏但却不能正常工作的情况。比如，集成运放的输出电压始终偏向正（或者负）电源电压，既无法调零也无法工作。这有可能是连接错误或有虚焊点，使运放处于开环状态；也可能是输入信号超过额定值。如果是用作交流放大电路，还需要检查运放的两个输入端是否均含有到地的直流通路，否则运放将无法获得合适的静态工作点，导致输出电压偏向一边。

另外，运放的输出端有高频的干扰信号（实际上是产生了自激振荡），这时需要进行相位补偿以消除自激。

3.5.3　实验任务

任务 1：集成运放输入失调电压测试

按照图 3.5.2 所示电路，分别测试μA 741 和 NE5532 的输入失调电压 V_{IO}。

实验步骤与要求如下。

（1）按照图 3.5.2 在面包板上组装电路，运放μA741 的引脚图参见附录 E。安装电阻前先用万用表测量电阻值，填入表 3.5.2 相应栏中。双电源±15V 的连接可参考图 3.5.7(a)，可不接电源引脚上的电容。

（2）检查无误后接通电源。用数字万用表的直流电压挡（或用示波器的直流耦合方式）测量电路的 V_O 值并填入表 3.5.2 相应栏中。

表 3.5.2 输入失调电压

	实测 V_O/V	计算 V_{IO}/mV	手册 V_{IO}/mV
μA741			
NE5532			
实测电阻值	R_1 =　　，R_2 = R_F =　　，R_P =		

（3）关闭稳压电源，将图 3.5.2 中的μA741 更换为 NE5532（引脚图参见附录 E），由于两者引脚图不同，需要改变电阻连接位置，特别要注意改动正、负电源的连接。

（4）检查无误后接通电源。与步骤（2）类似，将测得的 V_O 填入表 3.5.2 中。

（5）根据式（3.5.1）计算 V_{IO} 并填入表 3.5.2 中，再根据表 3.5.1 将手册提供的参数填入表 3.5.2 中，以资对比。

任务 2：集成运放输入失调电流和偏置电流测试

按照图 3.5.3 所示电路，分别测试μA 741 和 NE5532 输入失调电流 I_{IO} 和输入偏置电流 I_{IB}。

实验步骤与要求如下。

（1）按照图 3.5.3 在面包板上组装电路，运放 A 采用μA741（引脚图参见附录 E）。安装电阻前先用万用表测试电阻值并填入表 3.5.3 相应栏中。双电源±15V 的连接可参考图 3.5.7(a)。

（2）检查无误后接通电源。闭合 S_1 和 S_2，用数字万用表的直流电压挡（或用示波器的直流耦合方式）测量电路的输出电压 V_{O1} 并填入表 3.5.3 相应栏中；断开 S_1 和 S_2，测量电路的输出电压 V_{O2} 并填入表 3.5.3 中。

（3）断开 S_1，闭合 S_2，用与步骤（2）类似的方法测得 V_{O3} 并填入表 3.5.3 相应栏中；闭合 S_1，断开 S_2，测量 V_{O4} 并填入表 3.5.3 中。

（4）根据式（3.5.2）和式（3.5.4）计算 I_{IO} 和 I_{IB} 并填入表 3.5.3 中，再根据表 3.5.1 将手册提供的参数填入表 3.5.3 中，以资比较。

表 3.5.3 输入失调电流和偏置电流

	S_1 和 S_2 闭合 V_{O1}/V	S_1 和 S_2 断开 V_{O2}/V	计算 I_{IO}/nA	手册 I_{IO}/nA	S_1 断开、S_2 闭合 V_{O3}/V	S_1 闭合、S_2 断开 V_{O4}/V	计算 I_{IB}/nA	手册 I_{IB}/nA
μA741								
NE5532								
实测电阻值	R_1 =　　，R_2 =　　，R_3 =　　，R_F =　　；反相端 R_B =　　，同相端 R_B =							

（5）关闭稳压电源，将图 3.5.3 中的μA741 更换为 NE5532（引脚图参见附录 E），由于两者引脚图不同，需要改变电阻连接位置，特别要注意改动正、负电源的连接。

（6）检查无误后接通电源。用与步骤（2）类似的方法分别测量 S_1 和 S_2 闭合、S_1 和 S_2 断开、S_1 断开和 S_2 闭合、S_1 闭合和 S_2 断开四种情况下的 V_{O1}、V_{O2}、V_{O3} 和 V_{O4}，并填入表 3.5.3 相应栏中。

（7）根据式（3.5.2）和式（3.5.4）计算 I_{IO} 和 I_{IB} 并填入表 3.5.3 中，再根据表 3.5.1 将手册提供的参数填入表 3.5.3 中，以资比较。

任务 3：集成运放开环差模电压增益测试

按照图 3.5.4(a)所示电路测试μA741（或 NE5532）的开环差模电压增益 A_{VO}。

实验步骤与要求如下。

（1）按照图 3.5.4(a)在面包板上组装电路（运放μA741 和 NE5532 的引脚图参见附录 E)。安装电阻前先用万用表测试电阻值并填入表 3.5.4 相应栏中。双电源±15V 的连接可参考图 3.5.7(a)。

（2）检查无误后接通电源。调整信号源，使之输出 5Hz 的正弦波，并调节信号源输出幅度，使 v_i 的峰-峰值为 30mV，分别用示波器的两个通道同时观测 v_i 和 v_o 并填入表 3.5.4 中。

注意，示波器通道需采用交流耦合输入方式。

（3）根据式（3.5.5）计算 A_{VO} 并填入表 3.5.4 中，再根据表 3.5.1 将手册提供的参数填入表 3.5.4 中，以资比较。

测量时，必须保证运放工作在线性区，且无自激振荡现象。如果输入失调量产生的输出偏移影响到运放的正常工作，需要在μA741 的第 1、5 号引脚间接入如图 3.5.10(a)所示的调零电路进行调零。

任务 4：集成运放共模抑制比测试

按照图 3.5.5 所示电路，测试μA741（或 NE5532）的共模抑制比 K_{CMR}。

实验步骤与要求如下。

（1）按照图 3.5.5 在面包板上组装电路（运放μA741 和 NE5532 的引脚图参见附录 E)。安装电阻前先用万用表测试电阻值并填入表 3.5.5 相应栏中。双电源±15V 的连接可参考图 3.5.7(a)。

（2）检查无误后接通电源。由信号源输出峰-峰值为 5V、频率为 40Hz 的正弦波，作为共模输入电压 v_{ic}，分别用示波器的两个通道同时观测 v_{ic} 和 v_{oc} 并填入表 3.5.5 中。

（3）根据式（3.5.8）计算 K_{CMR} 并填入表 3.5.5 中，再根据表 3.5.1 将手册提供的参数填入表 3.5.5 中，以资比较。

测量时，必须保证运放工作在线性区，且无自激振荡现象。

表 3.5.4　开环差模电压增益

运放型号	输入电压 V_{ipp1}/mV	输出电压 V_{opp}/V	计算 A_{VO}	计算 A_{VO}/dB	手册 A_{VO}
实测电阻值	R_1 = ，R_2 = ，R_3 = R_F = ，R_P =				

表 3.5.5　共模抑制比

运放型号	输入电压 V_{icpp1}/mV	输出电压 V_{ocpp}/V	计算 K_{CMR}	计算 K_{CMR}/dB	手册 K_{CMR}/dB
实测电阻值	R_1 = ，R_2 = ，R_3 = ，R_F =				

任务 5：集成运放增益带宽积测试。

按照图 3.5.12 所示电路测试运放的增益带宽积。其中运放 A 可采用μA741，也可用 NE5532，它们的引脚图参见附录 E。

实验步骤与要求如下。

（1）取 $R_1=R_2=1\text{k}\Omega$，$R_f=100\text{k}\Omega$，按照图 3.5.12 在面包板上组装电路。双电源±15V 的连接可参考图 3.5.7(a)。

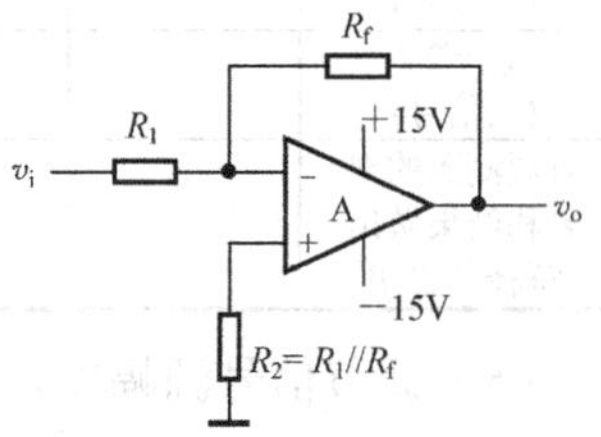

图 3.5.12　增益带宽积测试

（2）检查无误后接通电源。由信号源输出频率为 500Hz 的正弦波，作为输入电压 v_i，分别用示波器的两个通道同时观测 v_i 和 v_o 波形，调节信号源的输出幅度，使 v_o 的峰-峰值小于 500mV，将此时测得的 v_i 和 v_o 的峰-峰值填入表 3.5.6 相应栏中。

（3）保持输入电压 v_i 幅值不变，不断调高信号频率 f，观测输出电压幅值变化。当 v_o 的峰-峰值下降到 f=500Hz 时的 0.707 倍时，记录此时的频率 f_H，填入表 3.5.6 中。此过程需适当调节示波器水平轴扫描速率，保证始终能清晰观测到 v_i 和 v_o 完整的正弦波。

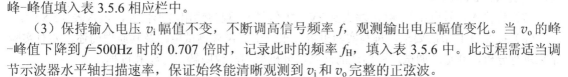

（4）关闭电源，将 R_f 改为 10kΩ，重复步骤 2）和 3），完成第 2 次测量。

（5）计算完成表 3.5.6 中的其他栏。

表 3.5.6 增益带宽积

运放型号及手册 BW_G	次 数	R_1	R_f	测 量 值			计 算 值	
				v_{ipp} (f=500Hz)	v_{opp} (f=500Hz)	BW= f_H	A_v	A_v·BW
BW_G=	第 1 次	1kΩ	100kΩ					
	第 2 次	1kΩ	10kΩ					

任务 6：集成运放转换速率及其影响测试

按照图 3.5.6 所示反相器电路测试运放的转换速率 S_R。其中运放 A 可采用μA741，也可用 NE5532，它们的引脚图参见附录 E。接着，修改图 3.5.6 所示电路中电阻参数，构成 10 倍增益的反相放大器，测试运放的 S_R 对放大正弦波的影响。

实验步骤与要求如下。

（1）按照图 3.5.6(a)在面包板上组装电路。R_P 可以取 5.1kΩ，双电源±15V 的连接可参考图 3.5.7(a)。

（2）检查无误后接通电源。由信号源输出频率为 10kHz、±5V 的方波，作为输入电压 v_i，分别用示波器的两个通道同时观测 v_i 和 v_o 波形（示波器用直流耦合方式），按照图 3.5.6(b)所示，用示波器的 Cursor 功能测出实际的ΔV_O和Δt 填入表 3.5.7 中。

（3）根据式（3.5.10）和式（3.5.11）计算 S_R 和 f_{max} 并填入表 3.5.7 中。

表 3.5.7 转换速率

运放型号	ΔV_O /V	Δt /μs	计算 S_R	振幅为 10V 正弦波时的上限频率 f_{max}	手册 S_R

（4）将图 3.5.6(a)电路中的电阻改为 R_1= 1kΩ，R_P = 1kΩ，R_f 不变，输入信号改为峰-峰值为 100mV（小信号）、频率为 f_{max} 的正弦波，观察输出波形情况，填入表 3.5.8 中。

表 3.5.8 转换速率对放大正弦波的影响

	$f=f_{max}$			$f=5f_{max}$		
	v_o 波形是否失真？	与放大 10 倍后的输出相比，v_o 幅值是否明显减小？	波形（定性画出）	v_o 波形是否失真？	与放大 10 倍后的输出相比，v_o 幅值是否明显减小？	波形（定性画出）
v_{ipp} = 100mV（小信号）						
v_{ipp} = 2V（大信号）						
对观测到的现象和结果做出解释和说明						

（5）调节信号源幅度，将输入电压峰-峰值增大到 2V（大信号），观察输出波形情况，填入表 3.5.8 中。

（6）将输入信号改为峰-峰值为 100mV（小信号）、频率为 $5f_{max}$ 的正弦波，观察输出波形情况，填入表 3.5.8 中。

（7）将输入信号电压峰-峰值增大到 2V（大信号），观察输出波形情况，填入表 3.5.8 中。

（8）按照 1.1 节的要求，撰写实验报告。报告中需包含测试电路及其原理简述，要对实验结果进行分析，并记录调试过程出现的问题，分析原因，说明解决方法和过程。

实验与思考题

3.5.1 为什么在测量运放的开环电压增益 A_{VO} 时，信号源的输出频率应尽量选低些？

3.5.2 集成运放的转换速率 S_R 受限制的原因是什么？

3.5.3 对μA741 运放如何实现调零？调零结果如何？为什么交流电压放大器不需要调零？

3.5.4 运放μA741 的单位增益带宽 $f_T = 1.4\text{MHz}$，转换速率 $S_R = 0.5\text{V}/\mu\text{s}$，运放接成反相放大器的闭环增益 $A_{VD} = -10$，确定小信号闭环带宽 BW。当输出电压最大值为±5V 时，确定全功率带宽 BW_P。

3.5.5 全功率带宽 BW_P 和小信号带宽 BW 各是怎样定义的？它们对运放的实际应用会带来什么影响？

3.6 集成运算放大器在信号运算方面的应用

学习要求 熟练安装、调试本节介绍的由运放构成的基本运算电路，这些基本电路又可以作为单元电路组成多级电子电路，因此要求掌握它们的工作原理。

3.6.1 应用举例

集成运算放大器应用极其广泛，它不仅可以用来构成基本的同相、反相放大电路，还可以用来构成加法、减法、积分和微分等运算电路，辅以其他元器件，它还可以实现乘、除、对数和反对数等运算。此外，针对不同的应用场合，电路设计需要采取相应措施，下面介绍几个应用例子。

1. 卡拉 OK 伴唱机的混合前置放大器电路

图 3.6.1 所示电路为卡拉 OK 伴唱机的混合前置放大器电路①。它可将声音信号（话音放大器输出）与卡拉 OK 磁带的音乐信号（录音机输出）进行混合放大。其中，A_1 为电压跟随器，实现阻抗变换与隔离，A_2 为基本的加法器，输出电压

$$V_o = -\left(\frac{R_F}{R_1}V_1 + \frac{R_F}{R_2}V_2\right) = -\frac{R_F}{R_1}(V_1 + V_2) = -10 \times (V_1 + V_2) \tag{3.6.1}$$

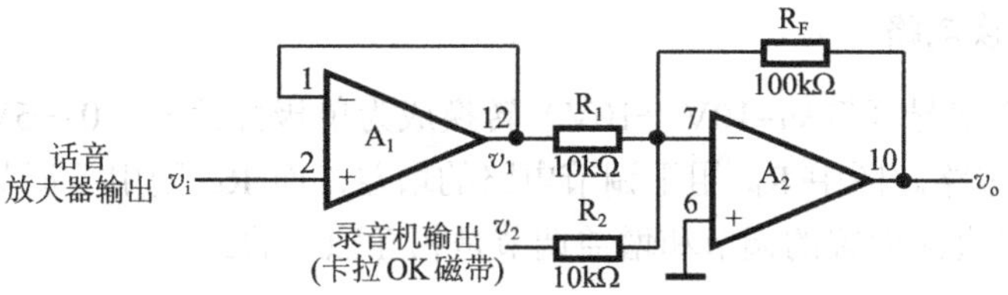

图 3.6.1 加法器应用

2. 集成仪表放大器

仪表放大器具有输入阻抗高、共模抑制比高、抗干扰能力强等优点广泛应用于仪器仪表中。目前很多厂商都有集成仪表放大器供选用，如 TI 公司的 INA128②、INA129、INA2128，ADI③公司的 AD620、AD623、AD8220、AD8221 等。

INA128 的内部电路结构如图 3.6.2 所示。其特点是失调电压低（50μVmax），共模抑制比高

---

① 为了减少电路图的杂乱，习惯上不画出运放的电源连线，但实验时，必须给芯片供电，接线方法可以参考图 3.5.7。

② INA128/129 和 INA2128 是原 Burr-Brown（B-B）公司产品，B-B 公司已于 2000 年并入得克萨斯仪器（TEXAS INSTRUMENTS，简称 TI）公司。

③ 系美国 Analog Devices Incorporated 的简称，现在公司的中文名称为：亚德诺半导体技术有限公司。

（120dBmin），输入电阻高（$10^{10}\Omega$），供电范围宽（±2.25~±18V），并具有输入脚过电压保护功能（40Vmax）。INA2128 的性能与 INA128 相同，但芯片内部有两个完全独立的仪表放大器。

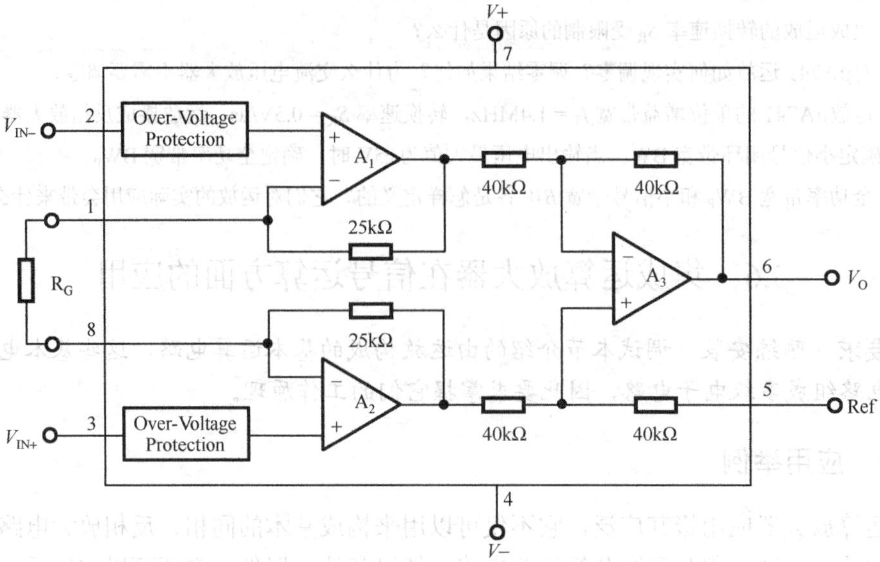

图 3.6.2　仪表放大器 INA128 内部电路结构

INA128 内部电阻的精度高，温度系数小。使用时，在每个放大器的输入端必须提供直流偏置通路，典型的偏置电流大约为±2nA。若没有对地的直流偏置电路，输入端的浮空电势将超出共模电压输入范围，使放大器饱和。放大器的增益由一个外接电阻 R_G 调节，增益调节范围为 1~10 000。在电压增益 $A_v = 100$ 时，带宽 f_H 可达到 200kHz，具有高增益带宽积。仪表放大器的电压增益 A_v（或 G）为

$$A_v = \frac{v_O}{v_{IN+} - v_{IN-}} = 1 + \frac{50k\Omega}{R_G} \tag{3.6.2}$$

3．信号极性转换电路

将输入的双极性信号（例如−10V~+10V）转换成为单极性信号（0~+5V）输出，可以采用如图 3.6.3(a)所示的电路。图中 R_{P1} 用于调节电路的增益，而 R_{P2} 则用于调节输出信号的直流偏置。该电路的特点是直流偏置的调节和增益调节是相互独立的。

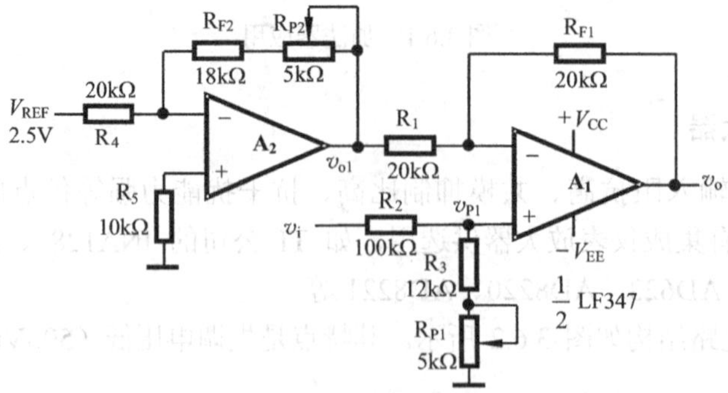

(a) 双极性输入-单极性输出

图 3.6.3　信号极性转换电路

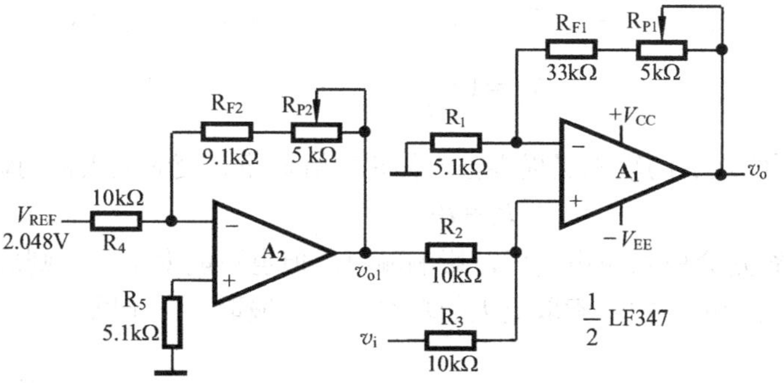

(b) 单极性输入-双极性输出

图 3.6.3　信号极性转换电路（续）

电路的输出与输入之间的关系为

$$v_o = \left(1+\frac{R_{F1}}{R_1}\right)v_{P1} + \frac{R_{F2}+R_{P2}}{R_4}V_{REF}$$
$$= \left(1+\frac{R_{F1}}{R_1}\right)\frac{R_3+R_{P1}}{R_2+R_3+R_{P1}}v_i + \frac{R_{F2}+R_{P2}}{R_4}V_{REF} \quad (3.6.3)$$

按照图中所给参数，调节电位器使 $R_{P1}=2\text{k}\Omega$，$R_{P2}=2.3\text{k}\Omega$，就可以将−10~+10V 的输入转换成 0~5V 输出。

将输入的单极性信号（例如 0~+5V）转换成为双极性信号（−10~+10V）输出，可以采用如图 3.6.3(b)所示的电路。图中 R_{P1} 用于调节电路的增益，而 R_{P2} 则用于调节输出信号的直流偏置。该电路的特点是直流偏置的调节和增益调节是相互独立的。

电路的输出与输入之间的关系为：

$$v_o = \left(1+\frac{R_{F1}+R_{P1}}{R_1}\right)\left(\frac{v_i+v_{o1}}{2}\right)$$
$$= \frac{1}{2}\left(1+\frac{R_{F1}+R_{P1}}{R_1}\right)\left(v_i - \frac{R_{F2}+R_{P2}}{R_4}V_{REF}\right) \quad (3.6.4)$$

按照图中所给参数，调节电位器使 $R_{P1}=2.7\text{k}\Omega$，$R_{P2}=3.1\text{k}\Omega$，就可以将 0~5V 的输入转换成−10~+10V 的输出。

4．电压/电流转换电路

将电压（0~5V）转换为电流（0~20mA）的电路如图 3.6.4 所示。图中 BJT 用于提高输出电流，R_6 和 C 用于消除高频干扰。由电路可推导出

$$i_O = v_I / R_P \quad (3.6.5)$$

只要输出端到地之间接入负载，负载中的电流就是 i_O，与负载的大小无关。当 R_P 调为 0.25kΩ时，电路能将 0~5V 的输入电压转换为 0~20mA 的电流输出。

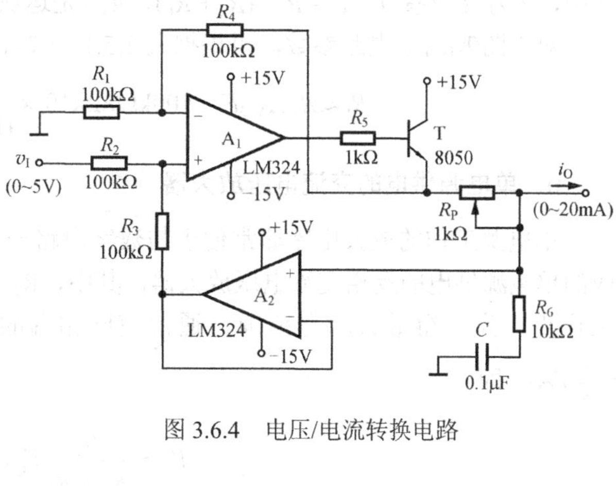

图 3.6.4　电压/电流转换电路

5．自举式交流电压放大器

若只放大交流信号，则可采用如图 3.6.5(a)所示的运放同相交流电压放大器（也可采用另

外的反相交流电压放大器）。图中，C_1、C_2 及 C_3 为隔直电容，其交流电压增益

$$A_{VF}=1+\frac{R_F}{R_2} \tag{3.6.6}$$

电阻 R_1 接地是为了给运放的输入级提供输入偏置电流通路。交流放大器的输入电阻

$$R_i=R_1 \tag{3.6.7}$$

故 R_1 不能太大，否则会引入噪声电压，影响输出。但也不能太小，否则放大器的输入阻抗太低，会增加前级信号源的负担，索取更大的功率。R_1 一般取几十千欧。

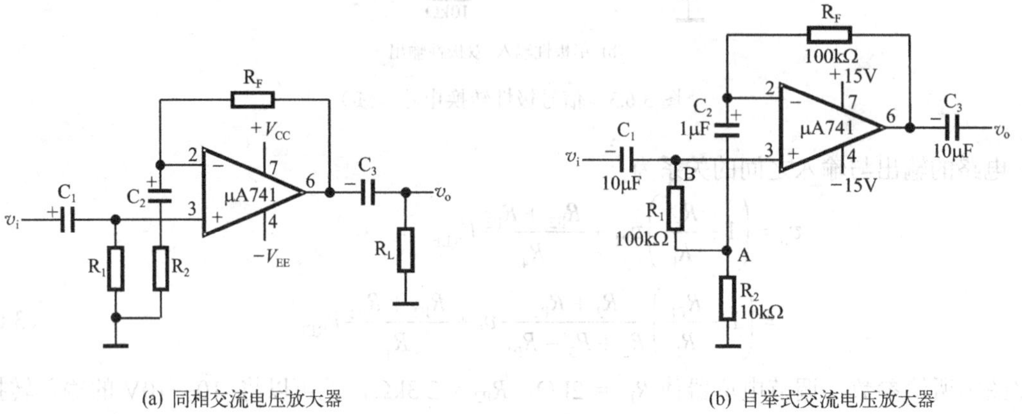

图 3.6.5 交流电压放大器

耦合电容 C_1、C_3 的大小可根据交流放大器的下限频率 f_L 来确定，一般取

$$C_1=C_3=(3\sim10)\frac{1}{2\pi R_L f_L} \tag{3.6.8}$$

反馈支路的隔直电容 C_2 的值一般取几微法。

为提高交流放大器的输入阻抗，可以采用如图 3.6.5(b)所示的自举式同相交流电压放大器。在交流时，C_2 可视为短路，同时根据虚短有 $v_B \approx v_n \approx v_A$，即 R_1 上的交流压差约为 0V，意味着 R_1 中几乎无电流流过，v_i 端口的交流电流几乎为 0，等效输入电阻大大提高。由于 A 点电压跟随 B 点变化，所以称 R_1 为自举电阻。

输入电阻

$$R_i=(R_1 // r_{id})(1+A_{VO}F)+R_2//R_F \tag{3.6.9}$$

式中，F 为反馈系数，$F=R_2/(R_2+R_F)$，A_{VO} 是运放的开环增益。

对于图(b)所示电路参数，再根据表 3.5.1 中 741 的参数，由式（3.6.9）可得输入电阻

$$R_i\approx R_1 A_{VO}F=100\text{k}\Omega\times2\times10^5\times\frac{10\text{k}\Omega}{(10+100)\text{k}\Omega}\approx1818\text{M}\Omega$$

6．单电源供电的交流电压放大器

单电源工作的放大电路非常便于与数字电路一起工作。图 3.6.6(a)所示电路为由μA741 构成的单电源供电的反相交流电压放大器，其中，R_2、R_3 称为偏置电阻，用来设置放大器的静态工作点。为获得最大动态范围，通常使同相端的静态（输入电压为零时）工作点电压 $V_+=\frac{1}{2}V_{CC}$，即

$$V_+=\frac{R_3}{R_2+R_3}V_{CC}=\frac{1}{2}V_{CC} \tag{3.6.10}$$

所以取 $R_2=R_3$。

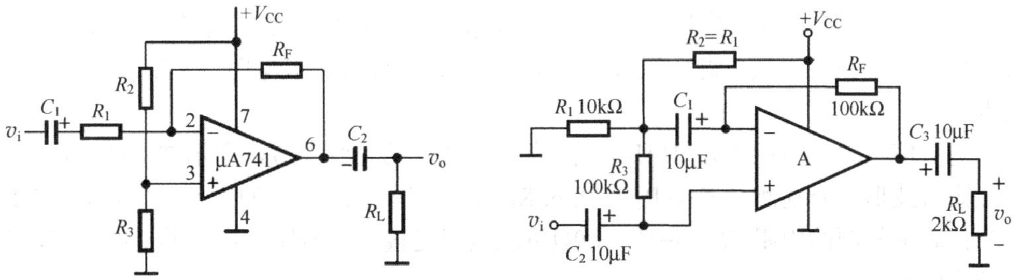

(a) 反相交流电压放大器　　(b) 自举式同相交流电压放大器

图 3.6.6　单电源供电交流电压放大器

电容 C_1、C_2 为放大器的交流耦合隔直电容，静态时，它们可视为开路，电路为一电压跟随器，输出端的电压等于同相端的直流电压，即

$$V_6 = V_+ = V_{CC}/2 \tag{3.6.11}$$

放大交流信号时，C_1、C_2 可视为短路，因此，反相交流放大器的电压增益

$$A_{VF} = -R_F / R_1 \tag{3.6.12}$$

图 3.6.6(b)为单电源供电的自举式同相交流电压放大器。该电路也能大大提高单电源供电的交流放大器的输入电阻。

运放交流电压放大器只放大交流信号，输出信号受运放本身的失调影响较小，因此，不需要调零。

除了用上述方法将双电源供电的运放改成单电源使用外，也可以直接选用单电源供电的芯片。例如 ADI 公司的运放 AD8648 就只需要单电源（2.7~5.5V）供电，内部集成了四个运放，且输出具有"rail-to-rail"（轨到轨）特性，单位增益带宽为 24MHz。另外 TI 公司的 OPA333、OPA340 和 OPA347 等也是单电源供电的集成运放。

3.6.2　实验任务

任务 1：研究电压跟随器的作用

测试图 3.6.7 所示两种电路各电压幅值，观察有、无电压跟随器的差别。

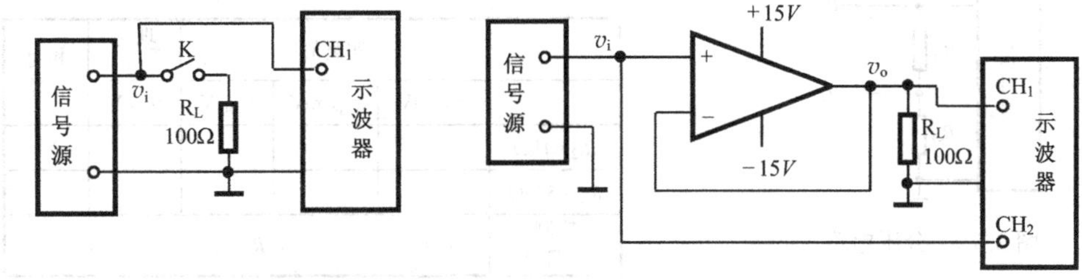

(a) 直接连接　　(b) 通过电压跟随器连接

图 3.6.7　信号源与负载连接

实验步骤与要求：

（1）按照图 3.6.7(a)在面包板上组装电路。

（2）从信号源送出频率为 1kHz、峰-峰值为 1V 的正弦信号。不接负载 R_L（K 断开）时，用示波器观测 v_i 波形并填入表 3.6.1 中；接入负载 R_L（K 闭合）时，用示波器观测 v_i 波形并填入表 3.6.1 中。

（3）按照图 3.6.7(b)连接电路，运放可采用 μA741 或 NE5532（它们的引脚图参见附录 E），要特别注意运放正、负电源的连接（双电源±15V 的连接可参考图 3.5.7(a)，可不接电源引脚上的电容）。

（4）仍从信号源送出频率为 1kHz、峰-峰值为 1V 的正弦信号，用示波器两个通道同时观察输入、输出波形，分别测量未接 R_L 和接入 R_L 两种情况下 v_i 和 v_o 的大小并填入表 3.6.1 中。

（5）计算信号源的内阻 R_s，说明 100Ω负载电阻连接到信号源上产生的负载效应，并解释观察到的实验现象。

任务 2：反相比例加法运算电路测试

测试图 3.6.8 所示反相比例加法器的输入输出电压，验证它们的运算关系。

根据运放的虚短和虚断特性，可求得其输出电压为

$$V_o = -\left(\frac{R_F}{R_1}V_1 + \frac{R_F}{R_2}V_2\right) \tag{3.6.13}$$

表 3.6.1　电压跟随器的作用

	不接 R_L		接入 R_L		计算 R_s
	v_{ipp}/V	v_{opp}/V	v_{ipp}/V	v_{opp}/V	
无电压跟随器		—		—	
有电压跟随器					—

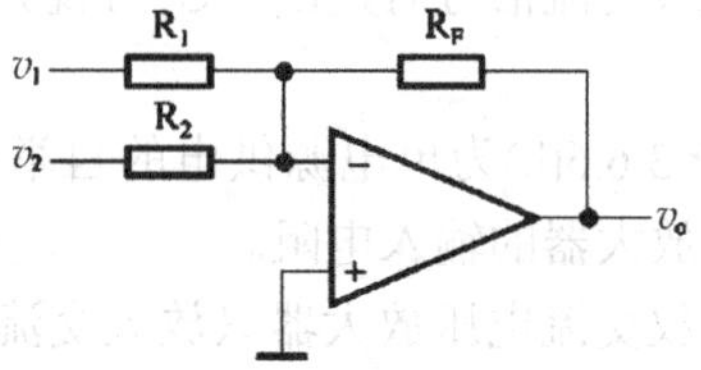

图 3.6.8　反相比例加法器

实验步骤与要求：

（1）按照图 3.6.8 在面包板上组装电路。电阻值取 $R_F = 100k\Omega$，$R_1 = 10k\Omega$，$R_2 = 5.1k\Omega$，安装电阻前先用万用表测试电阻值填入表 3.6.2 中。运放采用μA741 或 NE5532，它们的引脚图参见附录 E，要特别注意运放正、负电源的连接（双电源±15V 的连接可参考图 3.5.7(a)，电源引脚电容可不接）。

（2）按照图 3.6.9 连接分压电路，其中 $R_{s1} = R_{s2} = 1k\Omega$。将 v_1 和 v_2 连至图 3.6.8 对应输入端。

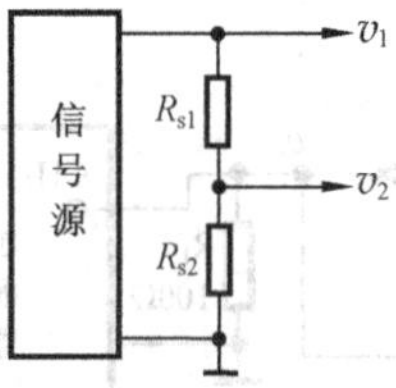

图 3.6.9　分压电路

表 3.6.2　加法器

	实测值			理论值	相对误差
	v_{1pp}/mV	v_{2pp}/mV	v_{opp}/V	v_{opp}/V	
$R_{s2} = 1k\Omega$					
$R_{s2} = 500\Omega$					
实测电阻值	$R_1 =$　　　，$R_2 =$　　　，$R_F =$				

（3）检查无误后接通电源。从信号源送出频率为 1kHz、峰-峰值为 300mV 的正弦信号。用示波器测得 v_1、v_2 和 v_o 填入表 3.6.2 中，并记录它们的波形。

（4）关闭电源，将 R_{s2} 改为 500Ω，检查无误后接通电源，再次用示波器测得 v_1、v_2 和 v_o 填入表 3.6.2 中。

任务 3：比例积分电路测试

测试图 3.6.10 所示比例积分器的输入、输出波形。

当 $R_F >> R_1$ 时，电路的输出电压可近似为

$$v_o(t) = -\frac{1}{R_1 C}\int_0^t v_i(t)\mathrm{d}t + v_o(0) \tag{3.6.14}$$

式中，R_1C 为积分时间常数，$v_o(0)$为电容器的初始电压。

实验步骤与要求：

（1）按照图 3.6.10 在面包板上组装电路。运放采用μA741 或 NE5532，它们的引脚图参见附录 E，要特别注意运放正、负电源的连接（双电源±15V 的连接可参考图 3.5.7(a)，电源引脚电容可不接）。

（2）检查无误后接通电源。从信号源送出 200Hz、1V 的正方波作为 v_i，用示波器两个通道同时观测 v_i 和 v_o，并定量画出它们的波形（需含有坐标轴，波形上下对齐）。

任务 4：研究交流仪表放大器的性能

图 3.6.11 所示为交流仪表放大电路，请自己选取电路参数，设计一个电压增益大于 500 倍的交流仪表放大器，测量电路的差模电压增益、共模抑制比和差模电压增益的幅频响应。

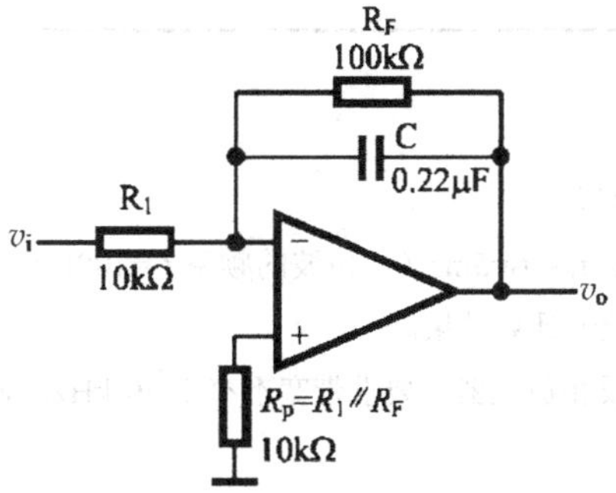

图 3.6.10　比例积分电路

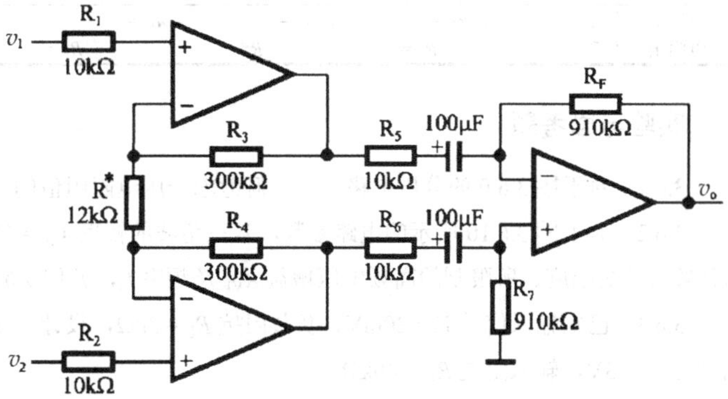

图 3.6.11　交流仪表放大器

该电路中，当选择 $R_1 = R_2$，$R_3 = R_4$，$R_5=R_6$，$R_F= R_7$时，电路的电压增益为

$$A_{VD} = \frac{V_o}{V_2 - V_1} = \left(1 + \frac{R_3 + R_4}{R}\right)\frac{R_F}{R_5} \tag{3.6.15}$$

实验步骤与要求：

（1）将设计好的电路组装在面包板上（提示：相关电阻取值方案之一是 R^*=2kΩ，$R_3=R_4$= 51kΩ，$R_5=R_6$=10kΩ，$R_F= R_7$=100kΩ。电阻 R_1、R_2 可以不接，v_1 和 v_2 直接接于运放的同相端）。安装电阻前先用万用表测试电阻值填入表 3.6.4 中。运放采用μA741 或 NE5532，它们的引脚图参见附录 E，要特别注意运放正、负电源的连接（双电源±15V 的连接可参考图 3.5.7(a)）。

（2）测量共模电压增益 A_{VC}。将图 3.6.11 电路的 v_1 和 v_2 并联，作为共模电压 v_{ic} 的输入端，检查无误后接通电源。v_{ic} 输入频率为 500Hz、峰-峰值为 10V 的正弦波，用示波器两个通道同时观测电路的共模输入电压 v_{ic} 和输出电压 v_{oc}，填入表 3.6.3 中，并计算带相位关系的共模电压增益（若反相则为负值，否则为正值）。

表 3.6.3　共模电压增益

实　测		计算（包含相位关系）
v_{icpp}/V	v_{ocpp}/V	A_{VC}

（3）测量差模电压增益 A_{VD} 并计算共模抑制比。关闭电源，分开 v_1 和 v_2，按照图 3.6.9 连接分压电路，其中 $R_{s1} = R_{s2} = 1$kΩ。检查无误后接通电源。从信号源送出频率为 500Hz、峰-峰值为 100mV 的正弦波。用示波器观测放大器的输入、输出波形（幅

值与相位关系），将 v_1、v_2 和 v_o 的大小记录于表 3.6.4 中。由于此时同时伴有共模信号输入，所以需要剔除共模增益的影响，差模增益要根据式（3.6.16）计算出（注意，要将 A_{VC} 的正负号代入）。同时计算共模抑制比 K_{CMR} 填于表 3.6.4 中。

$$A_{VD}=\left|\frac{v_{opp}}{v_{2pp}-v_{1pp}}\right|-\frac{v_{2pp}+v_{1pp}}{2(v_{2pp}-v_{1pp})}\cdot A_{VC} \tag{3.6.16}$$

4）测量 A_{VD} 的幅频响应。用示波器双通道同时监视 v_1 和 v_o，保持输入信号电压不变，调节信号源频率，不断升高信号频率，观察输出波形的幅值变化，测出其幅频响应的上限截止频率（此处不考虑共模增益的影响）。

表 3.6.4　差模电压增益及共模抑制比

实　测			计　算	理论值	相对误差	计　算	
v_{1pp}/mV	v_{2pp}/mV	v_{opp}/V	A_{VD}	A_{VD}		$K_{CMR}=\|A_{VD}/A_{VC}\|$	K_{CMR}（dB）
实测电阻值	$R_1=$　　，$R_2=$　　，$R_3=$　　，$R_4=$　　，$R_5=$　　， $R_6=$　　，$R_7=$　　，$R^*=$　　，$R_F=$						

实验与思考题

3.6.1　对于图 3.6.9 的分压电路，应如何考虑分压电阻阻值的选取？

3.6.2　对于图 3.6.10 所示的电路参数，若三角波的幅度 $V_m=1V$，$t_1=t_2=5ms$（三角波的频率 $f=100Hz$），试计算方波的幅度、所限制的高频电压增益 A_{VF} 及频率 f_o，并用实验验证计算结果。

3.6.3　已知输入信号 $V_i=20mV$，负载阻抗 $R_L=2k\Omega$，设计一个反相放大器。要求带宽不窄于 50 kHz，输出信号 $V_o\geqslant 3V$，输入阻抗 $R_i\geqslant 40k\Omega$。

（1）写出设计过程，画出原理图并标明元件参数。

（2）电源电压自行选取，并说明选取理由。

（3）安装调试电路，测试电路的性能参数。

3.6.4　有三个同频同相的正弦波信号，$f=1kHz$，$V_{i1m}=80mV$，$V_{i2m}=60mV$，$V_{i3m}=20mV$（V_{i2}、V_{i3} 由 V_{i1} 分压得到）。试设计一个运算电路，实现 $V_o=5V_{i2}-10V_{i1}-2V_{i3}$，$R_L=1K\Omega$。要求：

（1）画出原理图并标明元件参数，自己确定电源电压。

（2）安装调试电路。

（3）画出 V_{i1}、V_{i2} 和 V_o 波形及其相位关系。

3.6.5　一精密全波整流电路如题 3.6.5 图所示，它可以克服只有当二极管的正向压降大于 0.3V（锗管）或者 0.7V（硅管）时才开始导通的缺点。试分析该电路的工作原理，按照图中给出的参数进行实验，观测输入/输出电压的波形。

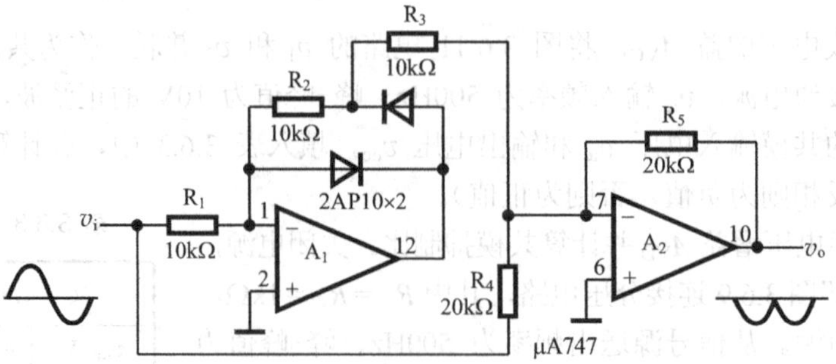

题 3.6.5 图

3.7 集成运算放大器在波形产生、变换与处理方面的应用

学习要求 熟练安装、调试信号产生、波形变换与处理实验电路，掌握它们的工作原理。

3.7.1 应用举例

集成运算放大器除了可以构成各种运算电路外，还可以实现信号产生、波形变换与处理等应用电路。以下是理论课中较少介绍的几个例子。

1．双T形正弦波振荡器

图 3.7.1 所示电路为双 T 形 RC 正弦波振荡器，其中双 T 形网络实际上是一个带阻网络，它接在负反馈回路中。当 $R_1 = R_2 = R$，$C_1 = C_2 = C$，$R_4 = R/2$，$C_4 = 2C$ 时，该网络对频率 $f_o = 1/(2\pi RC)$ 的信号呈现最弱的负反馈，因此，在由 R_F 与 R_3 组成的正反馈回路作用下，电路产生振荡，振荡频率

$$f_o = \frac{1}{2\pi RC} \tag{3.7.1}$$

改变 R 或 C 可得到不同的振荡频率。正反馈量要适当，过弱不易起振，过强将使输出波形失真。经验表明，取

$$R_F = 10R_3,\quad R_3 = 2R \tag{3.7.2}$$

时电路容易起振，且输出波形较好。按图 3.7.1 中所示参数设置，可得到 500Hz 正弦波输出。

2．50Hz 工频干扰滤除电路

50Hz 工频干扰滤除电路如图 3.7.2 所示。

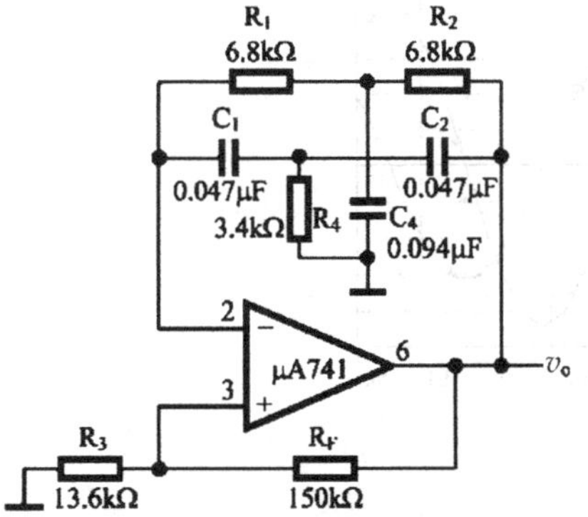

图 3.7.1 双 T 形 RC 正弦波振荡器

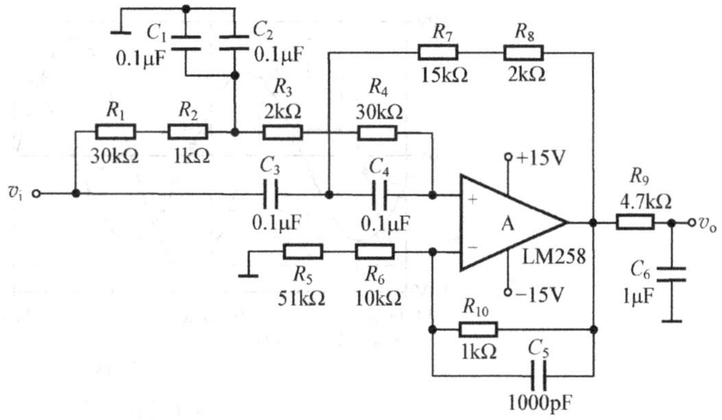

图 3.7.2 50Hz 工频干扰滤除电路

该电路实际上是一个双 T 带阻滤波器，R_1~R_4、C_1、C_2 和 C_3、C_4、R_7、R_8 构成双 T 网络，当 $R_1+R_2=R_3+R_4=2(R_7+R_8)=R$，$C_3=C_4=(C_1+C_2)/2=C$ 时，阻带的中心频率约为

$$f_o = \frac{1}{2\pi RC} \tag{3.7.3}$$

根据图 3.7.2 所示电路参数，可计算出该电路的阻带中心频率约为 50Hz。C_5 和 R_9、C_6 的接入可以抑制高频干扰。

3．正弦和余弦信号发生器

二相振荡电路如图 3.7.3(a)所示。其中，运放 A_1 组成二阶有源低通滤波器，运放 A_2 组成

积分器，将两部分电路首尾相连组成闭合环路，就可以得到二相振荡电路。其振荡原理是，当二阶低通滤波器对某频率的信号产生的相移加上积分电路产生的相移达到 360°，且环路增益正好为 1 时，电路便可振荡出该频率的波形。通常情况下，积分电路产生的相移约为 270°，意味着使二阶低通滤波器产生 90°相移所对应的频率可构成正反馈。所以电路的振荡频率主要取决于滤波器参数，而改变 R_3 可改变环路增益。增益过高时波形会出现饱和失真，增益过低时电路不起振。需要注意的是，积分电路的时间常数与滤波器的时间常数应基本相近。R_4 和 Z_1、Z_2 构成双向限幅电路，电路正常工作时不起作用。这种电路可获得同一频率但相差为 90 度的正弦（sin）和余弦（cos）波形输出。

在图 3.7.3(a)所示电路参数下，输出波形的振荡频率约为 4.2kHz。图 3.7.3(b)是它的仿真波形。

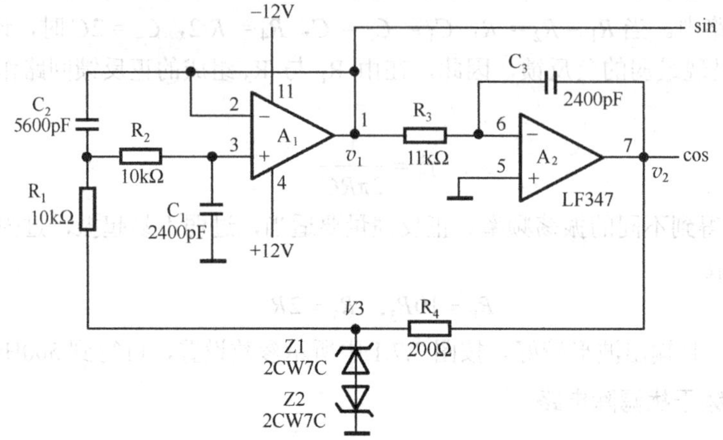

(a) 电路图

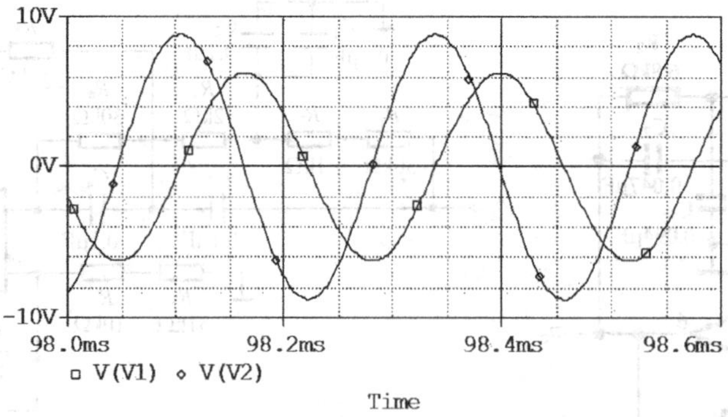

(b) 仿真波形

图 3.7.3　正弦、余弦信号发生器

4. 窗比较器

图 3.7.4 所示电路为窗比较器电路，它由同相比较器 A_1、反相比较器 A_2 及二极管 D_1、D_2 组成。该电路可以判别输入电压的值 V_i 是否介于下参考电压 V_{RL} 与上参考电压 V_{RH} 之间（所谓的窗）。如果 $V_{RL} < V_i < V_{RH}$，窗比较器输出电压的值 V_o 为零，如果输入电压 $V_i < V_{RL}$ 或 $V_i > V_{RH}$，则输出电压 V_o 将等

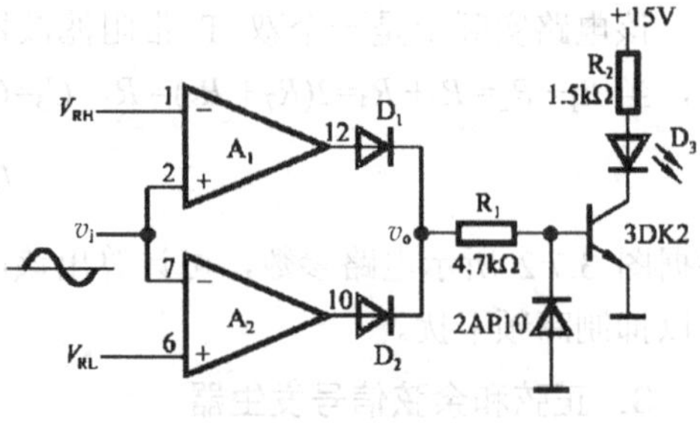

图 3.7.4　窗比较器

于运放的饱和输出电压+V_{SAT}（+V_{SAT} 比+V_{CC} 小 1.4V 左右）。可以用发光二极管判别窗比较器的输出电平。窗比较器广泛用于信号的电平监测与报警。

也可以选用专用集成电压比较器芯片构成应用电路，与集成运放相比较，集成电压比较器的开环电压增益低，失调电压较大，共模抑制比较小，但它的响应速度较快，传输延迟时间较短，而且一般不需要外加限幅电路就可以直接驱动 TTL、CMOS 和 ECL 等数字集成电路。表 3.7.1 列出了几种常用集成电压比较器的主要参数。

表 3.7.1 几种集成电压比较器的主要参数

型 号	工作电源	正电源电流/mA	负电源电流/mA	响应时间 t_r（典型值）/ns	输出方式	说 明
AD790（单）	+5V 或 ±15V	10	5	45	TTL/CMOS	通用型
TLC393（双）	±1V~±16V 或 2.0V~32V	0.8~2	0.8~2	1300	集电极开路	通用型
LM339（四）						
MAX900（四）	+5V 或 ±5V	25	20	15	TTL	高速型
AD9696（单）	+5V 或 ±5V	32	4	7	互补 TTL	高速型

注：各型号后面括号中的“单”、“双”和“四”分别表示该器件内部有一个、两个和四个电压比较器。

5. 正电源电压到负电源电压转换电路

正电源电压到负电源电压转换电路如图 3.7.5 所示。该电路可以将+24V 电压转换为−15V 电压。A_1 构成的第一部分电路是方波产生电路，产生的方波经电压跟随器 A_2 缓冲，再经三极管 T_1、T_2 组成的互补对称功率放大器进行功率放大。C_2 和 D_1 构成钳位电路（参见图 3.1.2(b)），将功率放大器输出的正方波移至负方波，再通过 D_2 整流，去除正电压部分，后经 C_3 滤波变为直流，最后由三端稳压器 7915 稳压，输出负电压。

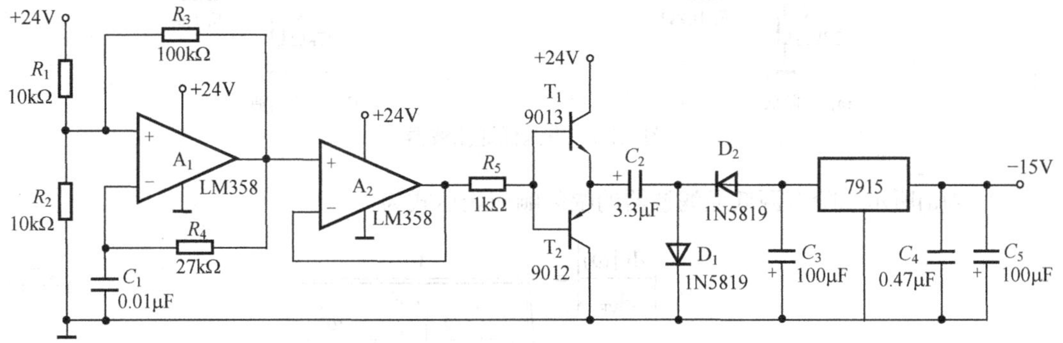

图 3.7.5 正电源电压到负电源电压转换电路

3.7.2 实验任务

任务 1：RC 文式电桥正弦波振荡器测试

测试如图 3.7.6 所示 RC 文式电桥正弦波振荡器的输出波形和振荡频率 f_o，观察 R_P 对起振及输出电压幅值的影响。

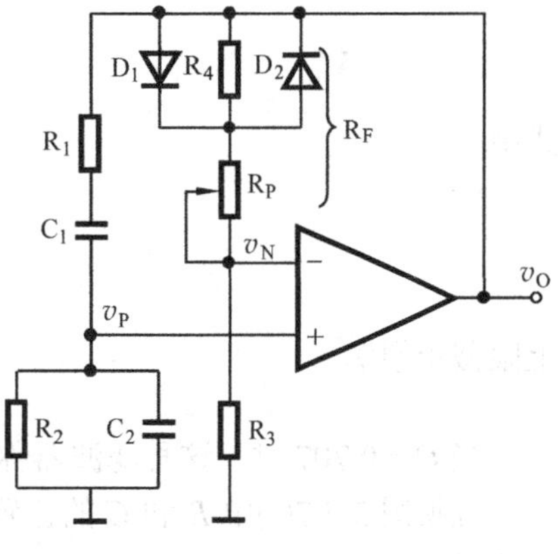

图 3.7.6 RC 文式电桥正弦波振荡器

电路若取 $R_1 = R_2 = R$，$C_1 = C_2 = C$，则振荡频率

$$f_o = \frac{1}{2\pi RC} \tag{3.7.4}$$

为满足电路起振条件，需要

$$A_{VF}=1+\frac{R_F}{R_3}=1+\frac{R_P+R_4 // r_d}{R_3}\geqslant 3 \tag{3.7.5}$$

式中，r_d 为二极管正向导通时的交流电阻，该电路利用二极管 D_1、D_2 的非线性特性实现稳幅。调节电位器 R_P 可调整输出电压的幅度。

实验步骤与要求：

（1）按照图 3.7.6 在面包板上组装电路。D_1、D_2 采用 1N4148，电容、电阻参数为 $C_1=C_2=0.01\mu F$，$R_1=R_2=5.1k\Omega$，$R_3=16k\Omega$，$R_4=10k\Omega$，$R_p=100k\Omega$。运放采用μA741 或 NE5532，它们的引脚图参见附录 E，要特别注意运放正、负电源的连接（双电源±15V 的连接可参考图 3.5.7(a)）。

（2）检查无误后接通电源。用示波器监测 v_o，调节 R_P，观察负反馈强弱（即 A_{vf} 大小）对输出波形 v_O 的影响。

（3）调节 R_P，使 v_o 波形接近最大不失真时，测出输出电压的有效值 V_o 和振荡频率 f_o，并定量画出 v_o 波形。

任务 2：有源滤波器测试。

测试如图 3.7.7 所示的二阶有源滤波器的幅频响应曲线。

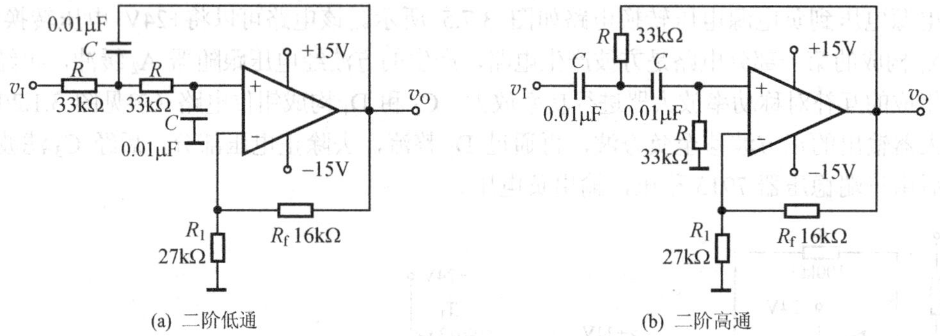

图 3.7.7　有源低通滤波器

图 3.7.6(a)所示二阶有源低通滤波器的幅频响应表达式为

$$\left|\frac{A(j\omega)}{A_{VF}}\right|=\frac{1}{\sqrt{\left[1-\left(\frac{\omega}{\omega_c}\right)^2\right]^2+\frac{\omega^2}{\omega_c^2 Q^2}}} \tag{3.7.6}$$

式中

$$\left.\begin{aligned}A_{VF}&=1+\frac{R_f}{R_1}\\ \omega_c&=\frac{1}{RC}\\ Q&=\frac{1}{3-A_{VF}}\end{aligned}\right\} \tag{3.7.7}$$

上限截止频率

$$f_H=\frac{1}{2\pi RC} \tag{3.7.8}$$

当 $Q=0.707$ 时，这种滤波器称为巴特沃斯滤波器。

互换图 3.7.7(a)中 R 和 C 的位置，则构成二阶高通滤波器，如图 3.7.7(b)所示，其幅频响应表达式为

$$\left|\frac{A(\mathrm{j}\omega)}{A_{\mathrm{VF}}}\right|=\frac{1}{\sqrt{\left[1-\left(\frac{\omega_{\mathrm{c}}}{\omega}\right)^{2}-1\right]^{2}+\left(\frac{\omega_{\mathrm{c}}}{\omega Q}\right)^{2}}} \tag{3.7.9}$$

其中ω_c、Q和A_{VF}由式（3.7.7）决定，下限截止频率为

$$f_{\mathrm{L}}=\frac{1}{2\pi RC} \tag{3.7.10}$$

将图 3.7.7(a)和(b)的电路串联，就可构成带通滤波器，但要求$f_H > f_L$。

由于集成运算放大器的带宽有限，所以有源滤波器的最高工作频率将受到运放带宽的限制。

实验步骤与要求：

（1）按照图 3.7.7(a)在面包板上组装电路。运放采用μA741 或 NE5532，它们的引脚图参见附录 E，要特别注意运放正、负电源的连接（双电源±15V 的连接可参考图 3.5.7(a)）。

（2）检查无误后接通电源。输入峰-峰值为 1V 的正弦信号，调节信号频率，从 50Hz 到 5kHz，采用逐点法，用示波器测量相应频率下 v_O 的峰-峰值填入表 3.7.2 中，计算出增益。特别注意，测量时须用示波器的一个通道始终监测 v_I 的峰-峰值，若发现其发生变化，需调节信号源幅值，使之始终保持 1V 峰-峰值。f_H 是通带增益降 3dB 对应的频率点，在该点附近可多测几个点。

（3）按照图 3.7.7(b)在面包板上组装电路。检查无误后接通电源。输入峰-峰值为 1V 的正弦信号，调节信号频率，从 500kHz 到 50Hz，采用逐点法，用示波器测量相应频率下 v_O 的峰-峰值填入表 3.7.3 中，计算出增益。测量过程同样要监测 v_I 的峰-峰值。f_L 是通带增益降 3dB 对应的频率点，在该点附近可多测几个点。

（4）关闭电源，将图 3.7.7(a)中的电阻 R 改为 10kΩ，然后将图 3.7.7(a)的输出与图 3.7.7(b)的输入端相连，构成带通滤波器。检查无误后接通电源。输入峰-峰值为 1V 的正弦信号，信号频率从中间某频率分别向两边调节，用示波器测量相应频率下 v_O 的峰-峰值填入表 3.7.4 中，计算出增益。在f_H和f_L附近可多测几个点。

（5）根据表 3.7.2~表 3.7.4 分别绘出有源低通、高通和带通滤波器的幅频响应曲线。

表 3.7.2　低通滤波器幅频响应（V_{ipp}=1V）

						f_H					
信号频率 f(Hz)	50										5k
V_{opp} (V)											
$20\lg\lvert V_o/V_i\rvert$(dB)											

表 3.7.3　高通滤波器幅频响应（V_{ipp}=1V）

						f_L						
信号频率 f(Hz)	50											500k
V_{opp} (V)												
$20\lg\lvert V_o/V_i\rvert$(dB)												

表 3.7.4　高通滤波器幅频响应（V_{ipp}=1V）

					f_L					f_H				
信号频率 f(Hz)	50													10k
V_{opp} (V)														
$20\lg\lvert V_o/V_i\rvert$(dB)														

任务 3：研究二相振荡器性能

研究如图 3.7.3(a)所示二相振荡器的性能。测试由 A_1 构成的二阶低通滤波电路的幅频和相频特性曲线；测试由 A_2 构成的积分器的幅频和相频特性曲线；测试二相振荡器的振荡频率及 v_1、v_2 和 V_3 的波形。并使用 OrCAD/Spice 仿真程序重做这些内容。

实验步骤与要求：

（1）按照图 3.7.3(a)在面包板上组装电路，注意需在电容 C_3 上并联一个 1MΩ的电阻。运放采用μA741 或 NE5532，它们的引脚图参见附录 E，要特别注意运放正、负电源的连接（双电源±15V 的连接可参考图 3.5.7(a)）。

（2）首先断开环路，即 R_4 与运放 A_2 的输出端断开，检查无误后接通电源。然后从 R_4 的断开点输入峰-峰值为 1V 的正弦信号，调节信号频率，从 100Hz 到 50kHz，采用逐点法，用示波器测量相应频率下由 A_1 构成的二阶低通滤波器输出 v_1 的峰-峰值和相对输入的时延（滞后为负）填入表 3.7.5 中，计算相应的相移，并寻找相移是−90°的频率值 f_o。

表 3.7.5　二阶低通滤波器的幅频和相频响应（输入峰-峰值为 1V）

f	二阶低通滤波器			积　分　器		
	v_{1pp}/V	Δt	计算相移 $\varphi=\Delta t\cdot f\times360°$	v_{2pp}/V	Δt	计算相移 $\varphi=\Delta t\cdot f\times360°$
100Hz						
f_o=			−90°			
50kHz						

（3）关闭电源，断开 R_3 与测试点 v_1 的连接，检查无误后接通电源。然后在 R_3 断点处输入峰-峰值为 1V 的正弦信号，调节信号频率，从 100Hz 到 50kHz，采用逐点法，用示波器测量相应频率下由 A_2 构成的积分器输出 v_2 的峰-峰值和相对输入的时延（滞后为负）填入表 3.7.5 中，计算相应的相移。特别注意观察在 $f=f_0$ 时积分器的增益和相移。

（4）关闭电源，按照图 3.7.3(a)将之前的断点全部连上，构成二相振荡器，检查无误后接通电源。用示波器观察并定量记录 v_1、v_2、V_3 等各点的波形（波形上下对齐）。若电路无振荡，则适当减小 R_3，若出现明显非线性失真，则适当增大 R_3。

（5）根据表 3.7.5 分别绘出二阶低通滤波器和积分器的幅频及相频特性曲线。

（6）使用 OrCAD/Spice 仿真程序重做以上实验内容，给出仿真波形图。

任务 4：设计一脉宽可调的矩形波发生器

设计一脉宽可调的矩形波发生器，要求矩形波的频率 $f_o=1$kHz，峰-峰值为 20V。

实验步骤与要求：

（1）自己选定放大器的电源电压和主要元器件；

（2）写出电路设计过程与计算式；

（3）画电路图并标明元器件值。

（4）安装调试电路，测量各项技术指标。自拟实验步骤及记录表格。

（5）撰写设计性实验报告。报告中需包含电路设计过程及其原理简述，要对实验结果进行分析，并记录调试过程出现的问题，分析原因，说明解决方法和过程。

实验与思考题

3.7.1 按照图 3.7.1(b)所示电路，设计振荡频率 $f_o = 1\text{kHz}$ 的双 T 形正弦波振荡器，并进行实验，说明影响电路起振、波形失真及稳定性的主要因素。若将此电路作为电子门铃电路，哪些参数应进行调整？并制作一电子门铃。

3.7.2 若使用的示波器有 FFT 运算功能，试用该功能观测任务 1 正弦波振荡器输出波形中的各次谐波分量，及其与基波分量之比。

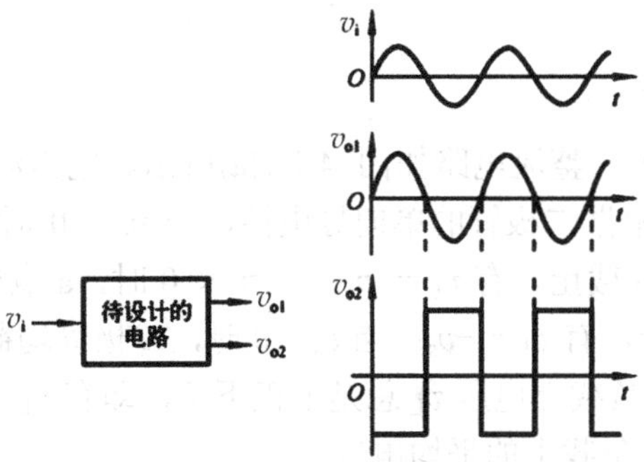

(a) 设计框图　　(b) 输入、输出波形图

题 3.7.2 图

3.7.3 题 3.7.2 图(a)所示的电路模块有一路输入（v_i），两路输出(v_{o1}、v_{o2})。当电路模块输入频率为 1kHz、峰-峰值为 100 mV 的正弦波时，其一路输出（v_{o1}）是频率为 1kHz、峰-峰值为 1V 的正弦波，另一路输出（v_{o2}）是频率为 1kHz、峰-峰值为 20V 的方波，输入、输出波形如图(b)所示。试画出实现该电路模块功能的电路图。要求如下：

（1）选定电路模块的电源电压并标 3.示在电路图上。

（2）进行电路设计与计算，写出计算过程。

（3）画出电路图并标明元器件型号和参数值。

（4）安装调试电路，并实际测量输出信号 v_{o1}、v_{o2} 的电压值，填入自拟的表格中。

第 4 章 模拟电子线路应用设计

内容提要 本章介绍了二极管桥式整流电路、双极结型晶体管放大器、金属-氧化物-半导体场效应管放大器、差分放大器、函数发生器、RC 有源滤波器、音响放大器和直流稳压电源等模拟电子线路的设计方法与性能指标的测试技术。这些课题在电路原理、电路结构及电路功能上是逐步加深与扩展的：从单级到多级电路，从晶体管器件到集成电路。通过由简单到复杂的电路设计、装调与测试训练，逐步提高学生实际动手能力与理论联系实际的能力。

4.1 二极管桥式整流电路设计

学习要求 掌握二极管桥式整流电路的设计、测试方法。

4.1.1 电路工作原理

由 4 个二极管构成的桥式整流电路如图 4.1.1(a)所示。电压源 v_s 为正弦波，其有效值为 V_s，假设二极管是理想的。根据二极管的单向导电性，当 $v_s > 0$ 时，a 点电位高于 c 点电位，此时 D_2 和 D_4 导通，D_1 和 D_3 截止，有 $v_L = v_s$；当 $v_s < 0$ 时，a 点电位低于 c 点电位，此时 D_1 和 D_3 导通，而 D_2 和 D_4 截止，有 $v_L = -v_s$；当 $v_s = 0$ 时，二极管均截止，$v_L = 0$。由此看出，无论 v_s 是正半周还是负半周，负载上电压 v_L 总是上正下负，即有 $v_L = |v_s|$，故二极管和负载上的电压波形如图 4.1.1(b)所示，负载上的平均电压为

$$V_L = \frac{1}{\pi}\int_0^{\pi}\sqrt{2}V_s \sin\omega t \cdot \mathrm{d}\omega t = \frac{2\sqrt{2}}{\pi}V_s \approx 0.9V_s \tag{4.1.1}$$

由于每个二极管只导通半个周期，所以流过二极管的整流电流为

$$I_{D_1} = I_{D_2} = I_{D_3} = I_{D_4} = \frac{1}{2}I_L = \frac{1}{2}\frac{V_L}{R_L} = \frac{1}{2}\frac{0.9V_s}{R_L} = \frac{0.45V_s}{R_L} \tag{4.1.2}$$

截止的二极管承受的最大反向电压等于输入电压的幅值，即

$$V_{DR} = \sqrt{2}V_S \tag{4.1.3}$$

若考虑二极管的正向导通压降，则当 v_s 大于导通压降时，二极管才导通，式（4.1.1）~（4.1.3）中的 V_s 需要减去二极管正向压降。

4 个二极管的整流桥也可采用图(c)的简化画法。目前，器件制造商可提供多种已封装好的、仅有 4 个引脚的整流桥产品。

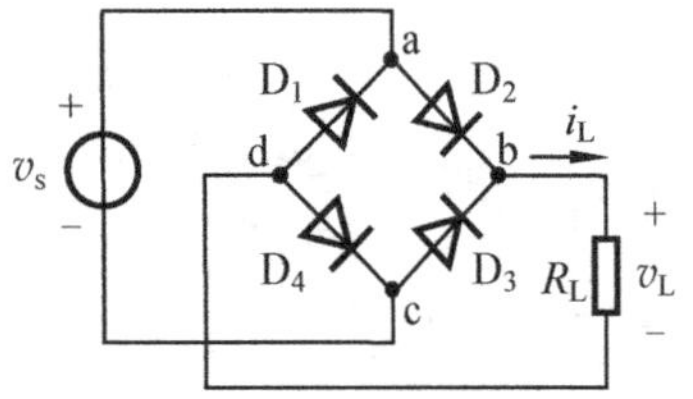

(a) 电路

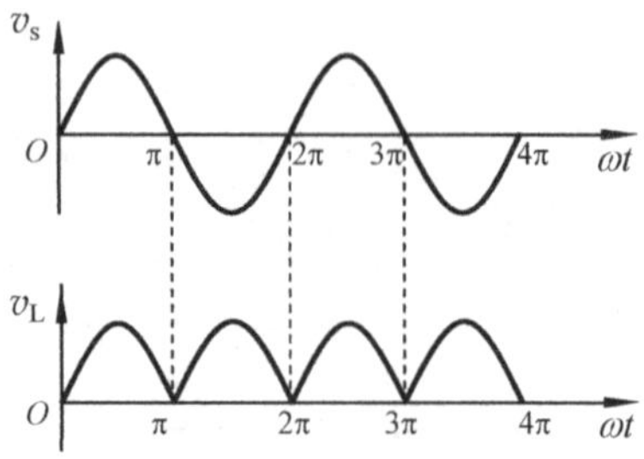

(b) 电压波形

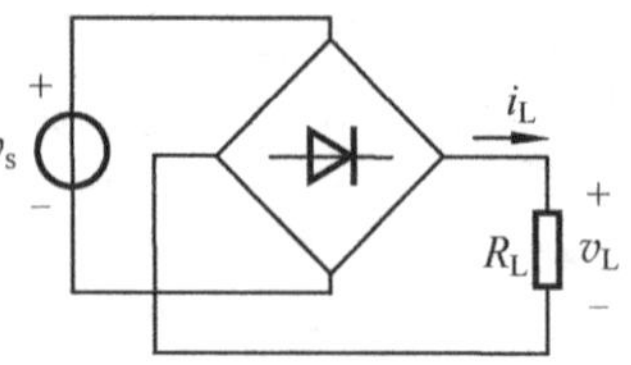

(c) 整流桥的简化画法

图 4.1.1 桥式整流

4.1.2　设计举例

例　设计如图 4.1.2 所示的电源桥式整流电路。

指标要求：负载中平均电流最大值为 100mA，负载上的平均电压为 5V。选择硅二极管整流桥。确定整流二极管的选型参数：最大整流电流和最高反向工作电压，以及变压器二次电压有效值。

解　因为 I_{Lmax} = 100mA，所以由式（4.1.2）可知，二极管的最大整流电流应满足

$$I_{Dmax} > I_L/2 = 50\text{mA}$$

由于硅二极管正向导通压降有 0.7V，所以与理想二极管模型相比，变压器二次电压需要增加 0.7V。根据式（4.1.1）有

$$V_L = 0.9\,(V_{2m}/\sqrt{2}\,) = 0.9\,(\sqrt{2}\,V_2 - 0.7\text{V}\,)/\sqrt{2}$$

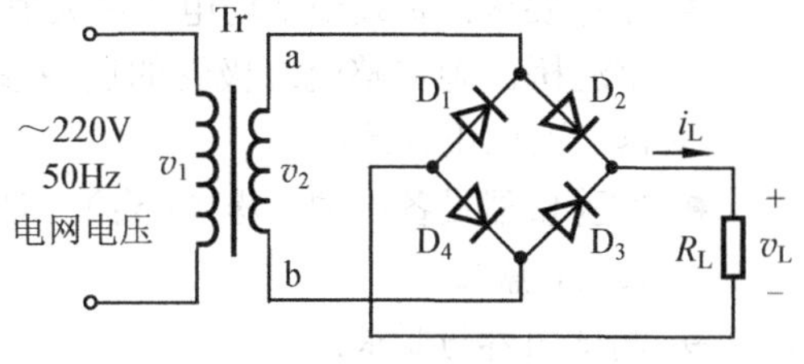

图 4.1.2　电源桥式整流电路

式中，V_{2m} 为变压器二次电压减去二极管正向压降后的振幅值，V_2 为变压器二次实际电压的有效值。将 $V_L = 5$ V 代入，得到

$$V_2 = (5\sqrt{2}/0.9 + 0.7)/\sqrt{2} \approx 6\text{V}$$

根据式（4.1.3）得二极管最大反向电压为 $\sqrt{2}\,V_2 \approx 8.5$V。

由此可知，二极管选型时，最高反向工作电压必须大于 8.5V，最大整流电流必须大于 50mA，由表 3.1.1 看出，2CZ52A 即可满足设计要求。变压器二次电压有效值为 6V。

4.1.3　电路的安装与测试

1．电路的组装与测试平台的搭建

（1）在面包板上组装设计好的电路，组装时应尽量按照电路的形式与顺序布线，先不要接入变压器。负载电阻的取值为 $R_L = V_L/I_{Lmax}$。需要特别注意，电阻的额定功率必须大于 $V_L I_{Lmax}$，否则电阻将被烧毁。

（2）变压器可用调压器替代，但调压器的输出端口不能与输入端口共地。通电前，先将调压器的输出电压调到最小，用万用表交流电压挡测试调压器的输出，逐渐将其调为设计值。

（3）断开调压器电源，将调压器输出按照图 4.1.2 接入整流电路。

2．电路指标测试

（1）检查电路无误后接通调压器电源，用示波器的一个通道首先定量测量并记录 v_2 的波形，然后再用该通道定量测量并记录 v_L 的波形以及直流平均值。注意，示波器通道应采用直流耦合方式。

（2）将测得的 v_L 的直流平均值 V_L 以及由 $I_L = V_L/R_L$ 计算得到的 I_L 与设计要求比较，看是否满足设计要求，若 V_L 偏小，则可适当增大调压器的输出电压；若 I_L 偏小，则适当减小 R_L。反之亦然。

注意事项：

（1）不能用示波器的两个通道同时测量 v_2 和 v_L，因为这两个端口是不共地的，而示波器两个通道的信号地在示波器内部已经共地，所以用两个通道同时测量时，被测端口的两个接示波器地线的端子会通过示波器短路，从而影响电路正常工作。

（2）一般不建议用信号源（信号发生器）代替变压器。因为大多数信号源的三相电源插头

的地线与仪器信号线的地是连通的，示波器也是如此，所以测试时，示波器的地与信号源的地始终是连通的，也即当用示波器测量 v_L 时，信号源的地和示波器的地会将整流桥中的 D_4 短路。

4.1.4 设计任务

设计课题：电源桥式整流电路设计

- 指标要求：负载中平均电流最大值为 200mA，负载上的平均电压为 8V。选择硅二极管整流桥。确定整流二极管的选型参数：最大整流电流和最高反向工作电压，以及变压器二次电压有效值。
- 实验仪器设备：调压器（1 台）、双踪示波器（1 台）、实验面包板（1 块）、元器件及工具（1 盒）。
- 测试内容与要求：

① 认真阅读本课题介绍的设计方法与测试技术，写出设计预习报告（参见附录 F）。

② 根据性能指标要求，确定电路参数及器件选型。

（以上两步要求在实验前完成。）

③ 在实验面包板上安装电路，测量 v_2 和 v_L 的波形，以及负载上的直流平均值 V_L。若不满足设计要求，则适当调整调压器电压或 R_L，直至满足要求，将测试结果记录于自拟表格中。

④ 按照 1.1 节的要求，撰写实验报告。

实验与思考题

4.1.1 若示波器观察到 v_L 波形与半波整流相同，可能会是什么原因？

4.1.2 当要求负载上的直流平均值为 12V，负载中的最大平均电流为 1A 时，则负载阻值最小是多少？其额定功率为多少？整流二极管的最大整流电流至少为多少？

4.2 双极结型晶体管共射放大器设计

学习要求 掌握双极结型晶体管（BJT）放大器静态工作点的设置与调整方法、放大器基本性能指标的测试方法、负反馈对放大器性能的影响及放大器的安装与调试技术。

4.2.1 电路工作原理与设计过程

1. 工作原理

BJT 放大器中广泛应用如图 4.2.1 所示的电路，称为阻容耦合共射极放大器。

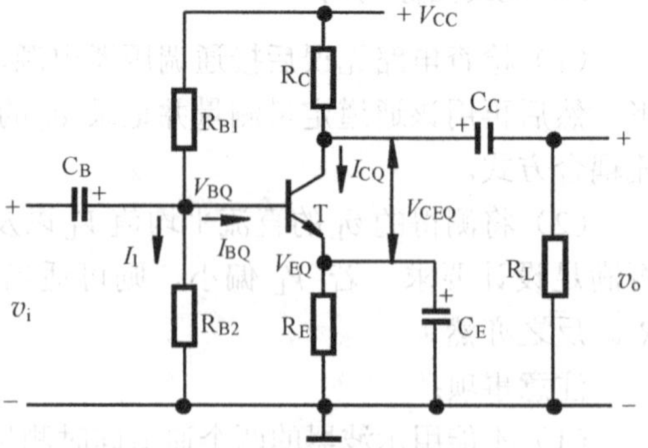

图 4.2.1 阻容耦合共射极放大器

该放大器的静态工作点 Q 主要由 R_{B1}、R_{B2}、R_E、R_C 及电源电压 $+V_{CC}$ 所决定。通常温度变化时，BJT 的 I_{CBO}、I_{CEO}、V_{BE}、β 都要发生变化，最终使集电极电流 I_{CQ} 变化，导致 Q 点变化。该电路采用分压式射极偏置电路，引入了电流负反馈来稳定电路的 Q 点。

V_{BQ} 恒定不变是工作点稳定的条件，当 $I_1 >> I_{BQ}$ 时，V_{BQ} 可以认为是由电阻 R_{B1}、R_{B2} 对 V_{CC} 分压决定的，即 V_{BQ} 基本不受 BJT 影响，稳定性很高。当温度升高时，$I_{CQ}\uparrow \rightarrow V_{EQ}\uparrow \rightarrow V_{BE}(=V_{BQ}-V_{EQ})\downarrow \rightarrow I_{BQ}\downarrow \rightarrow I_{CQ}\downarrow$，结果抑制了 I_{CQ}

的变化，从而获得稳定的工作点。通常硅管的 I_{CBO} 比锗管的 I_{CBO} 小，故硅管电路的 I_1 可取小一些，一般取

$$\begin{cases} I_1 = (5\sim10)I_{BQ} & (硅管) \\ I_1 = (10\sim20)I_{BQ} & (锗管) \end{cases} \quad (4.2.1)$$

为了增强负反馈稳定静态工作点 Q 的效果，同时兼顾其他指标，工程上一般取

$$\begin{cases} V_{BQ} = 3\sim5\text{V} & (硅管) \\ V_{BQ} = 1\sim3\text{V} & (锗管) \end{cases} \quad (4.2.2)$$

2. 电路参数的计算过程

（1）根据式（4.2.2），选定一个 V_{BQ} 的值。

（2）选择集电极电流 I_{CQ}，计算 R_E。对于小信号放大器，一般取 $I_{CQ} = 0.5\sim2\text{mA}$。

$$R_E \approx \frac{V_{BQ} - V_{BE}}{I_{CQ}} = \frac{V_{EQ}}{I_{CQ}} \quad (4.2.3)$$

（3）根据式（4.2.1）选定一个 I_1，计算：

$$R_{B2} = \frac{V_{BQ}}{I_1} = \frac{V_{BQ}}{(5\sim10)I_{CQ}}\beta \quad (4.2.4)$$

$$R_{B1} \approx \frac{V_{CC} - V_{BQ}}{V_{BQ}} R_{B2} \quad (4.2.5)$$

（4）计算 R_C。R_C 要根据电路的增益 A_V 进行计算。为了方便电路的调整，计算 R_C 时通常将 A_V 扩大 20%～50%。由于 $R_O \approx R_C$，所以 R_C 的值还要受到 R_O 的限制，一般 R_C 取得比 R_O 稍微小一些。

由于 $A_V \approx \dfrac{-\beta(R_C // R_L)}{r_{be}}$，式中的负号表示 $\dot{V}_o$ 与 $\dot{V}_i$ 反相，计算 R_C 仅考虑大小，不考虑负号，所以

$$R'_L = R_C // R_L \approx \frac{A_V r_{be}}{\beta} \quad (4.2.6)$$

室温（300K）时

$$r_{be} = r_b + (1+\beta)\frac{V_T(\text{mV})}{I_{EQ}(\text{mV})}$$

$$\approx 200\Omega + (1+\beta)\frac{26(\text{mV})}{I_{CQ}(\text{mA})} \quad (4.2.7)$$

（5）校验。电路的参数初步确定后，还要根据下式验算 V_{CEQ} 的值，以确定参数是否需要调整。

$$V_{CEQ} \approx V_{CC} - I_{CQ}(R_C + R_E) \quad (4.2.8)$$

通常要求 $V_{CEQ} < V_{CC}/2$，但大于输出信号的最大幅值，否则输出波形容易出现非线性失真。

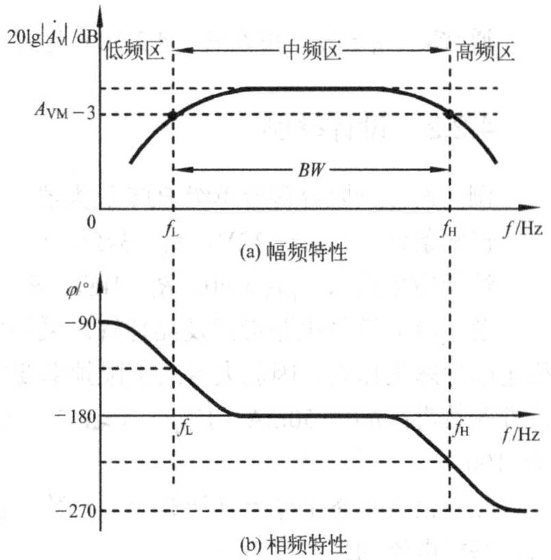

图 4.2.2　放大器的频率特性

（6）选择电容 C_B、C_C 和 C_E。C_B、C_C 和 C_E 要根据放大器的频率特性来确定。放大器的频率特性是指，在输入正弦信号的情况下，输出随输入信号频率连续变化的稳态响应。一个典型的单管共射放大电路的频率特性如图 4.2.2 所示，它包括幅频特性 $A_V(\omega)$（图(a)），它表示增益

的模与频率之间的关系；以及相频特性$\varphi(\omega)$（图 4.2 (b)），它表示放大器输出与输入正弦电压信号的相位差与角频率之间的关系。

影响放大器频率特性的主要因素是电路中存在的各种电容元件。通频带

$$BW = f_H - f_L \tag{4.2.9}$$

式中，f_H为放大器的上限频率，主要受 BJT 的结电容及电路的分布电容的限制；f_L为放大器的下限频率，主要受耦合电容C_B、C_C及射极旁路电容C_E的影响。

要严格计算电容C_B、C_C及C_E同时对放大器低频特性的影响，较为复杂。在工程设计中，为了简化计算，通常以每个电容单独作用时的转折频率为基本频率，再降低若干倍作为下限频率。电容C_B、C_C及C_E单独存在时所对应的等效回路如图 4.2.3 所示。

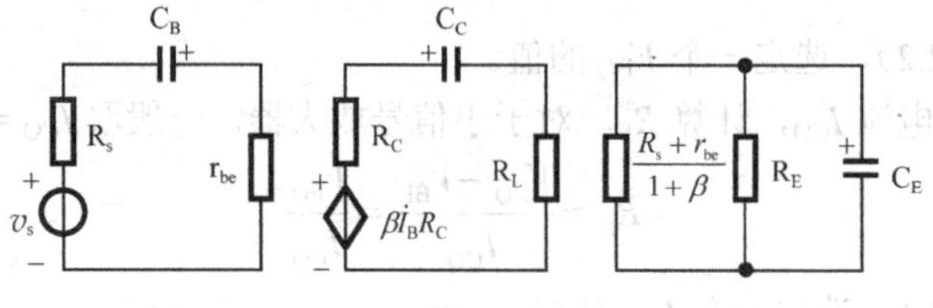

图 4.2.3　与电容C_B、C_C及C_E对应的等效回路

如果放大器的下限频率f_L已知，则可按下列表达式估算：

$$C_B \geqslant (3\sim10)\frac{1}{2\pi f_L(R_s + r_{be})} \tag{4.2.10}$$

$$C_C \geqslant (3\sim10)\frac{1}{2\pi f_L(R_C + R_L)} \tag{4.2.11}$$

$$C_E \geqslant (1\sim3)\frac{1}{2\pi f_L\left(R_E // \dfrac{R_s + r_{be}}{1+\beta}\right)} \tag{4.2.12}$$

通常取$C_B = C_C$，可在式（4.2.10）与式（4.2.11）中选电阻最小的一式求C_B或C_C。

4.2.2　设计举例

例　设计一阻容耦合单级 BJT 放大器。

已知条件：$V_{CC} = +12V$，$R_L = 3k\Omega$，$V_i = 10mV$（有效值），$R_s = 600\Omega$。

性能指标要求：$|A_V| > 40$，$R_i > 1k\Omega$，$R_o < 3k\Omega$，$f_L < 100Hz$，$f_H > 100kHz$。

解　（1）选择电路形式及晶体管。采用如图 4.2.1 所示的分压式射极偏置电路，可以获得稳定的静态工作点。因放大器的上限频率要求较高，故选用 NPN 型高频小功率管 SS9018，其特性参数为：$I_{CM} = 50mA$，$V_{(BR)CEO} \geqslant 15V$，$f_T \geqslant 700MHz$。通常要求$\beta$的值大于$A_V$的值，故选$\beta = 100$。

（2）设置静态工作点并计算元件参数。已知$V_i = 10mV$（有效值），要求$R_i > 1k\Omega$，所以输入的基极电流的最大值为

$$i_{bm} = \frac{\sqrt{2}\ V_i}{R_i} < \frac{\sqrt{2}\times10mV}{1k\Omega} = 14\mu A$$

根据i_{bm}的值，可以确定I_{BQ}。通常三极管输入特性下面部分弯曲得很厉害，为了避免工作到弯曲部分产生失真，最小的基极电流应不小于 10μA，因此

$$I_{BQ} = i_{bm} + 10\mu A < 24\mu A$$

选取 $I_{BQ}=20\mu A$，则

$$I_{CQ}=\beta I_{BQ}=100\times 20\mu A=2mA$$

若取 $V_{BQ}=4V$，由式（4.2.4）得 $R_E\approx\frac{V_{BQ}-V_{BE}}{I_{CQ}}=1.65k\Omega$，取标称值 1.6kΩ。

由式（4.2.4）得 $R_{B2}=\frac{V_{BQ}}{(5\sim10)I_{CQ}}\beta=20\sim40k\Omega$，取标称值 24kΩ。

由式（4.2.5）得 $R_{B1}\approx\frac{V_{CC}-V_{BQ}}{V_{BQ}}R_{B2}=48k\Omega$。

为使静态工作点调整方便，R_{B1} 由 24kΩ固定电阻与 100kΩ电位器相串联而成。

由式（4.2.7）得 $$r_{be}=200\Omega+(1+\beta)\frac{26\ (mV)}{I_{CQ}\ (mA)}=1513\Omega$$

为保证设计有一定裕量，将 A_V 扩大一些，取 $A_V=60$，由式（4.2.6）得

$$(R_C\,//\,R_L)\approx\frac{A_V r_{be}}{\beta}=\frac{60\times1513}{100}=907.8\Omega$$

则 $R_C=\frac{R_L' R_L}{R_L-R_L'}=1.3k\Omega$。综合考虑，取标称值 1.5kΩ。

根据式（4.2.8），校验 V_{CEQ}:

$$V_{CEQ}\approx V_{CC}-I_{CQ}(R_C+R_E)\ =12-2\times(1.5+1.6)=5.8V$$

可见，BJT 工作在线性放大区，且 V_{CEQ} 大于输出电压最大幅值 $\sqrt{2}V_i A_v=0.57\ V$。以上参数基本合适。

比较式（4.2.10）与式（4.2.11），由于 $(R_s+r_{be})<(R_C+R_L)$，故由式（4.2.10）计算 C_B，即

$$C_B\geqslant(3\sim10)\frac{1}{2\pi f_L(R_s+r_{be})}=2.2\sim7.5\mu F \qquad 取标称值 10\mu F$$

取 $C_C=C_B=10\mu F$。由式（4.2.12）得

$$C_E\geqslant(1\sim3)\frac{1}{2\pi f_L(R_E\,//\,\frac{R_s+r_{be}}{1+\beta})}=77\sim231\mu F \quad 取标称值 220\mu F$$

（3）使用 pSpice 软件对设计的电路进行仿真分析。在电路参数基本确定以后，可以使用 pSpice 软件对设计的电路进行仿真分析，进一步确定电路的各项性能指标是否满足设计要求。其仿真过程请参阅 2.2 节。仿真完成后，再进行电路的安装与调试，实际测试电路的各项性能指标。

4.2.3 电路的安装与静态工作点调整

1. 电路的组装与测试平台的搭建

在面包板上组装自己设计的电路，组装时应尽量按照电路的形式与顺序布线。直流稳压电源接入电路前先调至需要的电压值，关闭电源后再将电源线接至电路中。检查无误后接通电源。测试仪器设备的连接可参见图 1.1.3，注意，所有仪器的接地端都应与放大器的地线相连接。

2. 确定电路的线性放大状态

测量前，首先使信号发生器的频率调到放大器中频区的某个频率 f_0 上，例如使 $f_0=1kHz$，正弦电压幅值调到放大器所要求的电压值，例如 $V_i=10mV$（有效值），接到放大电路的输入端，然后用示波器的两个通道同时观测放大电路的输入和输出电压，如果出现如

图 4.2.4(a)所示的波形，即波形 v_o 的顶部被压缩，说明工作点 Q 偏低，应增大基极偏流 I_{BQ}，即减小 R_{B1}。如果出现如图 4.2.4(b)所示的波形，即波形 v_o 的底部被削波，说明静态工作点 Q 偏高，应减小 I_{BQ}，即增大 R_{B1}。

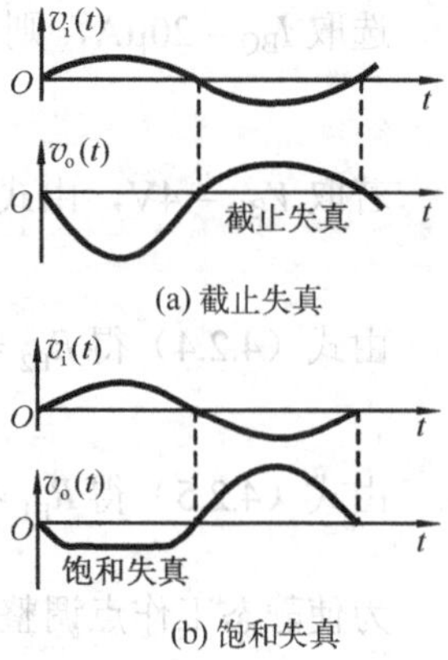

(a) 截止失真

(b) 饱和失真

图 4.2.4 波形失真

调整 R_{B1} 支路上串联的电位器，使示波器上显示的 v_o 波形不失真，表明电路处于线性放大状态。此时可以逐渐增大输入信号（如 $V_i = 50\text{mV}$），若输出波形的顶部和底部几乎同时开始畸变（此时该放大器输出信号的幅度达到极限值），说明静态工作点 Q 正好位于交流负载线中间，输入信号的正半周和负半周的信号都能得到最好的放大，此时电路的工作点称为最佳静态工作点。然后关闭信号发生器，移去输入信号，准备测试静态工作点。

3．测试电路的静态工作点

测量方法是：不加输入信号，将放大器输入端（耦合电容 C_B 左端）接地，即 $V_i = 0$。用万用表分别测量 BJT 的 B、E、C 极对地的电压 V_{BQ}、V_{EQ} 及 V_{CQ}，并计算 I_{CQ}、I_{BQ} 和 V_{CEQ}。

根据 V_{CEQ} 的值也可以大致判断三极管的工作状态。如果 $V_{CQ} \approx V_{CC}$，说明 BJT 工作在截止状态；如果 $V_{CEQ} < 0.5\text{V}$，说明 BJT 已经饱和。如果 V_{CEQ} 为正几伏，说明 BJT 工作在放大状态。

4.2.4 性能指标测试与电路参数修改

1．放大器的主要性能指标及其测试

BJT 放大器的主要性能指标有电压增益 $\dot{A}_V$、输入电阻 R_i、输出电阻 R_o 及通频带 BW。对于图 4.2.1 所示电路，各性能指标的计算式如下。

① 电压增益 A_V

$$\dot{A}_V = \frac{\dot{V}_o}{\dot{V}_i} = \frac{-\beta R'_L}{r_{be}} \tag{4.2.13}$$

式中，$R'_L = R_C // R_L$；r_{be} 为 BJT 输入电阻，根据式（4.2.8）进行计算。

② 输入电阻 R_i

$$R_i = r_{be} // R_{B1} // R_{B2} \approx r_{be} \tag{4.2.14}$$

放大器的输入电阻反映了放大器本身消耗输入信号源功率的大小。若 $R_i >> R_s$（信号源内阻），则放大器从信号源获取较大电压；若 $R_i << R_s$，则放大器从信号源吸取较大电流；若 $R_i = R_s$，则放大器从信号源获取最大功率。

③ 输出电阻 R_o

$$R_o = r_o // R_C \approx R_C \tag{4.2.15}$$

式中，r_o 为 BJT 的输出电阻。放大器输出电阻的大小反映了它带负载的能力，R_o 越小，带电压负载的能力越强。当 $R_o << R_L$ 时，放大器可等效成一个恒压源。

④ 频率特性和通频带。通常将电压增益下降到中频电压增益的 0.707 倍（−3dB）时所对应的频率称为该放大电路的上、下限载止频率，用 f_H 和 f_L 表示，则该放大电路的通频带为

$$\text{BW} = f_H - f_L \approx f_H \tag{4.2.16}$$

以上性能指标的测试可仿照 3.2.4 节任务 2 的测试过程，不再赘述。

2．电路参数的修改

对于一个低频放大器，当然希望电路的稳定性好、非线性失真小、电压增益大、输入阻抗高、输出阻抗低、低频响应 f_L 越低越好。但这些要求很难同时满足。例如，希望提高电压增益 A_V，根据式（4.2.13）可以有三种途径，即

$$A_V\uparrow\begin{cases}——R_L'\uparrow——R_o\uparrow\\——r_{be}\downarrow——R_i\downarrow\\——\beta\uparrow——r_{be}\uparrow\end{cases}$$

增大 R_L' 会使输出电阻 R_o 增加，减小 r_{be} 会使输入电阻 R_i 减小。如果 R_o 及 R_i 离指标要求还有充分余地，则可以通过实验调整 R_C 或 I_{CQ} 来提高电压增益，但改变 R_C 及 I_{CQ} 又会影响电路的静态工作点。可见只有提高 BJT 的电流放大系数β，才是提高放大器电压增益的有效措施。对于图 4.2.1 所示的分压式射极偏置电路，由于基极电位 V_{BQ} 固定，即

$$V_{BQ}=\frac{R_{B2}}{R_{B1}+R_{B2}}V_{CC} \tag{4.2.17}$$

I_{CQ} 也基本固定，即

$$I_{CQ}\approx I_{EQ}\approx\frac{V_{BQ}}{R_E}=\frac{R_{B2}}{R_E(R_{B1}+R_{B2})}V_{CC} \tag{4.2.18}$$

所以，改变β不会影响放大器的静态工作点。

再例如，希望降低放大器的下限频率 f_L，根据式（4.2.10）～式（4.2.12），也可以有三种途径，即

$$f_L\downarrow\begin{cases}——C_E\uparrow、C_B\uparrow、C_C\uparrow——\text{电路的性能价格比}\downarrow\\——r_{be}\uparrow——A_V\downarrow\\——R_C\uparrow——R_o\uparrow\end{cases}$$

不论何种途径，都会影响放大器的性能指标，只能根据具体的指标要求，综合考虑。

3．测量结果验算与误差分析

图 4.2.5 所示为满足设计举例题性能指标要求的放大器电路。由图可见，实验调整后的元件参数值与设计计算值有一定差别。

该电路静态工作点的测量值为：$V_{BQ}=3.4V$，$V_{EQ}=2.7V$，$I_{CQ}=1.8mA$，$V_{CQ}=9.3V$；性能指标的测量值为：$A_V=58$，$R_i=1.4k\Omega$，$R_o=1.5k\Omega$，$f_L=100Hz$，$f_H>999kHz$。

根据图 4.2.5 所示电路参数，理论计算值为

$$V_{BQ}=\frac{R_{B2}}{R_{B1}+R_{B2}}V_{CC}=3.4V$$

$$V_{EQ}=V_{BQ}-0.7V=2.7V$$

$$I_{CQ}\approx V_{EQ}/R_E=1.8mA$$

$$R_i\approx r_{be}=200\Omega+\beta\frac{26\,(mV)}{I_{CQ}\,(mA)}\approx1.6k\Omega$$

$$R_o\approx R_C=1.5k\Omega$$

$$A_V=-\beta R_L'/r_{be}=-62.5$$

$$f_L=\frac{10}{2\pi C_B(R_s+r_{be})}=88Hz$$

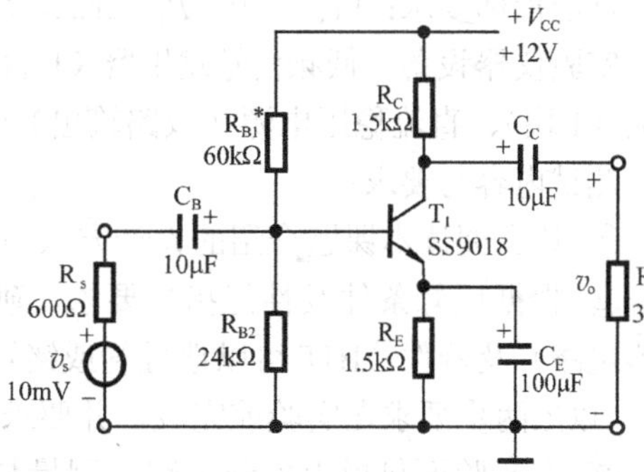

图 4.2.5　设计举例题的实验电路

从而得测量误差（理论值为上述计算值）如下：

$$\gamma_{A_V}=\frac{\Delta A_V}{A_V}\times100\%=-7\%，\quad \gamma_{R_i}=\frac{\Delta R_i}{R_i}\times100\%=-12.5\%$$

$$\gamma_{R_o}=\frac{\Delta R_o}{R_o}\times100\%=0，\quad \gamma_{f_L}=\frac{\Delta f_L}{f_L}\times100\%=14\%$$

产生测量误差的主要原因是：① 测量仪器不准确及测量人员的读数误差；② 元器件本身参数的示值误差；③ 工程近似计算式引入的理论计算误差。

4.2.5 负反馈对放大器性能的影响

在放大器中引入负反馈，虽然降低了增益，但可以提高放大器增益的稳定性，扩展放大器的通频带，改变放大器的输入电阻与输出电阻。一般并联负反馈能降低输入阻抗，串联负反馈能提高输入阻抗。电压负反馈使输出阻抗降低，电流负反馈使输出阻抗升高。

图 4.2.6 所示电路为电流串联负反馈放大器，与图 4.2.1 相比，仅增加了一只射极电阻 R_F。分析表明，电路的反馈系数

$$\dot{F}=\frac{\dot{V}_F}{\dot{V}_o}=\frac{i_e R_F}{-i_c R_L'}\approx-\frac{R_F}{R_L'} \tag{4.2.19}$$

电压增益

$$\dot{A}_{VF}=\frac{-\beta R_L'}{r_{be}+\beta R_F} \tag{4.2.20}$$

实验表明，R_F 取几十欧姆，可以明显提高放大器的输入阻抗，降低放大器的下限频率。对于单级放大器，在要求下限频率 f_L 很低，而对放大倍数要求不高时，采用图 4.2.6 所示电路较好。若采用图 4.2.1 所示电路，则电容 C_E 的值必须增大很多，才能使 f_L 明显下降。对于图 4.2.6 所示的参数，f_L 可低到 20Hz。

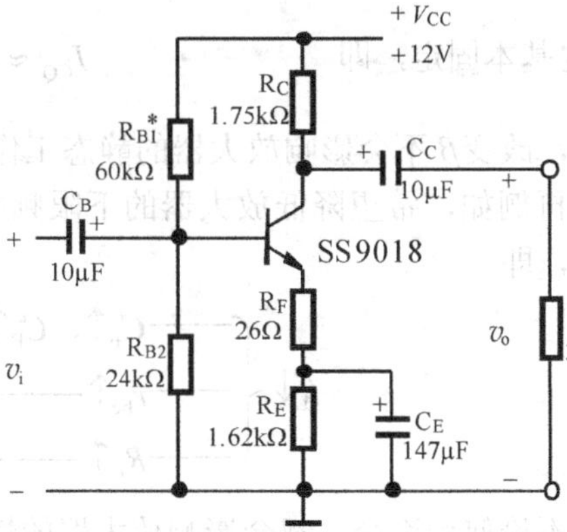

图 4.2.6 电流串联负反馈放大器

4.2.6 设计任务

设计课题：单级阻容耦合 BJT 放大器设计

已知条件：$+V_{CC}=+12V$，$R_L=2k\Omega$，$V_i=10mV$（有效值），$R_s=50\Omega$。

性能指标要求：$|A_V|>30$，$R_i>2k\Omega$，$R_o<3k\Omega$，$f_L<30Hz$，$f_H>500kHz$，电路稳定性好。

实验仪器设备：低频信号发生器（1 台）、数字万用表（1 块）、双踪示波器（1 台）、实验面包板（1 块）、直流稳压电源（双路输出）（1 台）、元器件及工具（1 盒）。

测试内容与要求：

① 认真阅读本课题介绍的设计方法与测试技术，写出设计预习报告（其要求见附录 F）。

② 根据已知条件及性能指标要求，确定电路（要求分别采用无负反馈与有负反馈两种放大器电路）及器件（BJT 可以选硅管或锗管），设置静态工作点，计算电路元件参数。

（以上两步要求在实验前完成，并要求运用 pSpice 进行仿真。）

③ 在实验面包板上安装电路，测量与调整静态工作点，使其满足设计计算值要求，并将测量数据填入表 4.2.1 中。

④ 测试动态性能指标，调整与修改元件参数值，使其满足放大器性能指标要求，将修改后的元件参数值标在设计的电路图上(先安装测试无负反馈的放大器，后安装测试有负反馈的放大器)，并将性能指标 A_V、R_i、R_o 及 f_L、f_H 的测量数据分别填入表 4.2.1 与表 4.2.2 中。

⑤ 上述各项完成后，再进行实验研究，研究内容见后面的“实验与思考题”部分。

⑥ 所有实验完成后，写出设计性实验报告（参见附录 F）。

表 4.2.1 放大器的测量数据表

静态工作点	V_{BQ}/V	V_{CQ}/V	V_{EQ}/V	β	I_{CQ}/mA	I_{BQ}/μA	V_{CEQ}/V
电压增益（f=1kHz）	V_i	V_o	$A_V=\frac{V_o}{V_i}=$				
输入电阻 R_i（测试电阻 R= ）	V_i	V_s	$R_i=\frac{V_i}{V_s-V_i}R=$				
输出电阻 R_o（负载电阻 R_L= ）	V_o	V_{oL}	$R_o=\left(\frac{V_o}{V_{oL}}-1\right)R_L=$				

表 4.2.2 通频带 f_L、f_H 的测量数据表

	f_i/Hz	…	20	30	40	100	1k	10k	100k	500k	1M	…
输入 V_{ipp}=28mV	V_{opp}											
	A_V											
	20lg A_V											
通频带	f_L=						f_H=					

实验与思考题

4.2.1 测量放大器静态工作点时，如果测得 $V_{CEQ}<0.5V$，说明三极管处于什么工作状态？如果 $V_{CQ}\approx V_{CC}$，三极管又处于什么工作状态？

4.2.2 加大输入信号 V_i 时，输出波形可能会出现哪几种失真？分别是由什么原因引起的？

4.2.3 影响放大器低频特性 f_L 的因素有哪些？采取什么措施使 f_L 降低？为什么？

4.2.4 提高电压增益 A_V 会受到哪些因素限制？采取什么措施较好？为什么？

4.2.5 一般情况下，实验调整后的放大器的电路参数与设计计算值都会有差别，为什么？

4.2.6 某同学在做有反馈的单管共射放大电路实验时，测量的静态工作点为：$V_{BQ}=5.2V$，$V_{EQ}=4.5V$，$V_{CQ}=6.0V$。试问：

（1）当输入正弦信号 v_i=10mV（有效值）、电路增益$|A_V|=30$时，电路的静态工作点是否合适？为什么？

（2）当输入信号的幅值加大时，会出现什么失真？

4.2.7 测量输入电阻 R_i 及输出电阻 R_o 时，为什么测试电阻 R 要与 R_i 或 R_o 相接近？

4.2.8 调整静态工作点时，R_{B1} 要用一固定电阻与电位器相串联，而不能直接用电位器，为什么？

4.2.9 用实验说明图 4.2.6 所示电流串联负反馈电路，改善了放大器的哪些性能？为什么？

4.3 金属-氧化物-半导体场效应管放大器设计

学习要求 掌握金属-氧化物-半导体场效应管（MOSFET）放大器静态工作点的设置与调整方法、放大器基本性能指标的设计与测试方法及其安装与调试技术。

4.3.1 双电源 MOSFET 共源放大器工作原理与设计过程

1. 工作原理

具有极高输入电阻的双电源 MOSFET 共源放大电路如图 4.3.1 所示。该电路栅极无需电阻

分压偏置电路，能充分发挥 MOSFET 栅极绝缘的特点，有极高的输入电阻。

该放大器的静态工作点 Q 主要由 R_S、R_D 及电源电压 $+V_{DD}$ 和 $-V_{SS}$ 所决定。R_S 引入了直流电流负反馈，可以稳定电路的 Q 点。电路的静态工作点由下列关系式决定：

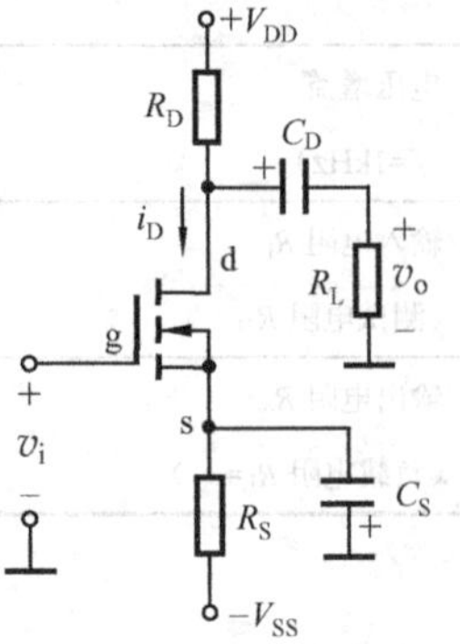

图 4.3.1　双电源 MOSFET 共源放大器

$$I_{DQ} = K_n\left(V_{GSQ} - V_{TN}\right)^2 \tag{4.3.1}$$

$$V_{GSQ} = V_{SS} - I_{DQ}R_S \tag{4.3.2}$$

$$V_{SQ} = 0 - V_{GSQ} = -V_{GSQ} \tag{4.3.3}$$

$$V_{DSQ} = V_{DQ} - V_{SQ} = V_{DD} - I_{DQ}R_D + V_{GSQ} \tag{4.3.4}$$

其中 K_n 为电导常数，V_{TN} 为 N 沟道增强型 MOSFET 的开启电压。

动态工作时，电压信号由栅极输入，漏极输出。C_D 为隔直电容，避免负载 R_L 接入影响电路的 Q 点。为提高增益，消除 R_S 对增益的影响，源极到地之间接入了交流旁路电容 C_S。电路的动态指标如下：

电压增益

$$A_v = \frac{v_o}{v_i} = -g_m(R_D//R_L) \tag{4.3.5}$$

其中互导

$$g_m = 2K_n\left(V_{GSQ} - V_{TN}\right) = 2\sqrt{K_n I_{DQ}} \tag{4.3.6}$$

输入电阻基本上等于栅源之间的绝缘电阻。但当信号频率高到一定程度时，由于栅源极间电容的影响，输入阻抗将减小。

输出电阻

$$R_o = R_D \tag{4.3.7}$$

上限截止频率

$$f_{H1} = \frac{1}{2\pi R_{si}[C_{gs} + (1 + g_m R_L')C_{gd}]} \tag{4.3.8}$$

$$f_{H2} = \frac{1}{2\pi R_L'(C_{ds} + C_{gd})} \tag{4.3.9}$$

上限截止频率主要取决于 f_{H1} 和 f_{H2} 中较小的。式中 $R_L' = R_D//R_L$，R_{si} 是信号源内阻。通常，若有 $R_{si}g_m<<1$，则 $f_{H1}>>f_{H2}$，上限截止频率 $f_H = f_{H2}$。

下限截止频率

$$f_{L1} = \frac{g_m}{2\pi C_S} \tag{4.3.10}$$

$$f_{L2} = \frac{1}{2\pi(R_D + R_L)C_D} \tag{4.3.11}$$

通常有 $f_{L1}>>f_{L2}$，所以下限截止频率主要取决于 f_{L1}。负载开路时 $f_{L2}=0$。

带宽

$$BW = f_H - f_L \tag{4.3.12}$$

2. 电路参数计算

在选定 MOSFET 后，K_n 和 V_{TN} 都已确定。电路其他参数确定如下：

（1）根据输出电阻设计要求，由式（4.3.7）确定 R_D

$$R_D = R_o \tag{4.3.13}$$

（2）根据电压增益设计要求和所带负载大小，由式（4.3.5）和式（4.3.6）确定 I_{DQ}

$$I_{DQ} = \frac{A_v^2}{4K_n(R_D//R_L)^2} \tag{4.3.14}$$

同时，为保证场效应管工作在饱和区，静态工作点必须满足

$$V_{DSQ} > V_{GSQ} - V_{TN} \tag{4.3.15}$$

结合式（4.3.4）有

$$I_{DQ} < \frac{V_{DD} + V_{TN}}{R_D} \tag{4.3.16}$$

即 I_{DQ} 必须同时满足式（4.3.14）和式（4.3.16）。若不满足，则需要增大电源电压 V_{DD}，或更换 K_n 值更大的 MOSFET。若都无法做到，则需要采用多级放大器。

（3）根据式（4.3.1）和式（4.3.2），在负电源电压值确定条件下，可计算出 R_S

$$R_S = \frac{V_{SS} - (\sqrt{I_{DQ} / K_n} + V_{TN})}{I_{DQ}} \tag{4.3.17}$$

（4）根据带宽的下限频率 f_L 的要求，由式（4.3.6）和式（4.3.10）可计算出电容 C_S

$$C_S = \frac{\sqrt{K_n I_{DQ}}}{\pi \cdot f_L} \tag{4.3.18}$$

可取 $C_D \approx C_S$，或略小于 C_S。

（5）若放大器带宽的上限频率为 f_H，由式（4.3.8）和式（4.3.9）的 $f_{H1} > f_H$ 和 $f_{H2} > f_H$ 要求，可计算出

$$C_{gs} + (1 + g_m R'_L) C_{gd} < \frac{1}{2\pi R_{si} f_H} \tag{4.3.19}$$

$$C_{ds} + C_{gd} < \frac{1}{2\pi R'_L f_H} \tag{4.3.20}$$

通常生产厂商在数据手册中提供的是漏源极断路时的输入电容 C_{iss}、共源极输出电容 C_{oss}、反向转移电容 C_{rss}。且

$$\begin{cases} C_{gd} = C_{rss} \\ C_{gs} = C_{iss} - C_{rss} \\ C_{ds} = C_{oss} - C_{rss} \end{cases} \tag{4.3.21}$$

将式（4.3.21）代入式（4.3.19）和（4.3.20）得

$$C_{iss} + g_m R'_L C_{rss} < \frac{1}{2\pi R_{si} f_H} \tag{4.3.22}$$

$$C_{oss} < \frac{1}{2\pi R'_L f_H} \tag{4.3.23}$$

由数据手册查看所选 MOSFET 的电容是否满足式（4.3.22）和式（4.3.23），工程上通常还需要小 3~10 倍，若不满足则需要另选 MOSFET。

（6）动态范围估算。由式（4.3.1）和式（4.3.4）可得

$$V_{GSQ} = \sqrt{I_{DQ} / K_n} + V_{TN} \tag{4.3.24}$$

$$V_{DQ} = V_{DD} - I_{DQ} R_D \tag{4.3.25}$$

若认为 i_D 小于 I_{OFF} 时 MOS 管进入截止区，则 v_D 向上波动范围是

$$\Delta v_D^+ = V_{DD} - I_{OFF} R_D - V_{DQ} \tag{4.3.26}$$

当 i_D 增大时，v_D 向下波动的同时，v_S 将向上波动。为使 MOSFET 工作在饱和区，必须始终满足 $v_{DS} > v_{GS} - V_{TN}$，考虑到 $i_D = K_n (v_{GS} - V_{TN})^2$，则 $v_{DS} > \sqrt{i_D / K_n}$ 。为简单起见，要求

$$v_{DS} > \sqrt{I_{DM} / K_n} \tag{4.3.27}$$

其中

$$I_{DM} \approx (V_{DD} + V_{SS}) / (R_D + R_S) \tag{4.3.28}$$

另外有 $$v_{DS}=V_{DSQ}-\Delta v_{DS}=V_{DSQ}-\Delta i_D(R_D+R_S)$$

将式（4.3.27）和式（4.3.28）代入得

$$\Delta i_D<\frac{1}{R_D+R_S}\left(V_{DSQ}-\sqrt{\frac{V_{DD}+V_{SS}}{R_D+R_S}\cdot\frac{1}{K_n}}\right) \tag{4.3.29}$$

所以 v_D 向下波动范围为

$$\Delta v_D^-=\Delta i_D R_D<\frac{R_D}{R_D+R_S}\left(V_{DSQ}-\sqrt{\frac{V_{DD}+V_{SS}}{R_D+R_S}\cdot\frac{1}{K_n}}\right) \tag{4.3.30}$$

需要指出的是，数据手册通常没有直接给出 K_n 值，给出的是在某条件下（如 V_{DS}=10V，I_D=200mA）的正向传输互导 g_m，可由式（4.3.6）算出 K_n，但与 I_D=1mA 左右时的值存在较大误差。另外，数据手册中给出的 V_{TN} 通常是一个范围而非确定值。所以上述设计值均为近似估算值，实际电路实现时还需根据情况调整参数。

4.3.2 设计举例

例 双电源 MOSFET 共源放大器。

已知条件：$+V_{DD}=+6$V，$-V_{SS}=-6$V，$R_L=\infty$，MOSFET 为 2N7000，信号源内阻 $R_{si}=600\Omega$。

性能指标要求：$|A_v|\geqslant 20$，$R_o\leqslant 10$kΩ，$f_L<20$Hz，$f_H>200$kHz，能不失真地放大峰峰值为 100mV 的正弦信号。

解 （1）元件参数计算及性能指标校验。电路结构如图 4.3.1 所示。由于负载开路，所以不需要 R_L 和 C_D。输出信号 v_O 直接由漏极引出，其包含直流成分。

由式（4.3.13）得 $R_D=R_o\leqslant 10$kΩ。取 $R_D=10$kΩ。

根据表 3.3.1 的 2N7000 参数，取 V_{TN}=1.6V，由 I_D=200 mA 时的 g_m=100 mS，可得 K_n=12.5 mA/V²，由式（4.3.14）得

$$I_{DQ}=\frac{A_v^2}{4K_nR_D^2}\geqslant 0.08\text{ mA}$$

取 $I_{DQ}=0.5$mA，该电流值满足式（4.3.16），MOSFET 可工作在饱和区。

由式（4.3.17）得 $R_S=\dfrac{V_{SS}-(\sqrt{I_{DQ}/K_n}+V_{TN})}{I_{DQ}}\approx 8.4$kΩ。

由式（4.3.18）得 $C_S=\dfrac{\sqrt{K_nI_{DQ}}}{\pi\cdot f_L}>39.8\ \mu$F，取 $C_S=47\ \mu$F。

2N7000 的三个电容 $C_{iss}=60$pF，$C_{oss}=25$pF，$C_{rss}=5$pF，而 $R_L'=R_D=10$kΩ，$R_{si}=600\Omega$，$f_H>200$kHz。将它们代入式（4.3.22）和式（4.3.23）验算满足要求。

根据已计算出的电路参数，校验指标是否满足要求。

电压增益 $|A_v|=g_mR_D=2R_D\sqrt{K_nI_{DQ}}=50>20$，满足要求。

动态范围估算。信号 $v_{ipp}=100$mV，输出 $v_{opp}=|A_v|\,v_{ipp}\geqslant 2$V，即漏极输出电压 v_D 在 V_{DQ} 基础上需要向上、向下各波动超过 1V。由式（4.3.25）得 V_{DQ}=1V，若取 $I_{OFF}=0.1$mA，则再由式（4.3.26）得向上波动范围 $\Delta v_D^+=4$V >1V。由式（4.3.24）、式（4.3.4）和式（4.3.30）得向下波动范围 $\Delta v_D^-<1.4$V，超过 1V，满足要求。

（2）使用 PSpice 软件对设计的电路进行仿真分析。在电路参数基本确定以后，可以使用 PSpice 软件对设计的电路进行仿真分析，进一步确定电路的各项性能指标是否满足设计要求。

其仿真过程请参阅 2.2 节。仿真时注意将 MOSFET 参数 V_{TN} 和 K_n 修改为理论计算使用的值。仿真完成后，再进行电路的安装与调试，测试电路的各项实际性能指标。

4.3.3 电路的安装与静态工作点调整

1. 电路的组装与测试平台的搭建

在面包板上组装自己设计的电路，组装时应尽量按照电路的形式与顺序布线。为方便调整静态工作点，将图 4.3.1 中的源极支路换成一个 5.1kΩ的固定电阻与一个 10kΩ的电位器相串联，如图 4.3.2 所示。直流稳压电源接入电路前先调至需要的电压值，关闭电源后再将电源线接至电路中。特别要注意双电源的接法，需要用到稳压源上的两组电源，且将它们的正负串接点引到面包板上作为放大电路的“地”，所有其他仪器测试线的接地端（黑线夹）都应与放大器的地相连。检查无误后接通电源。

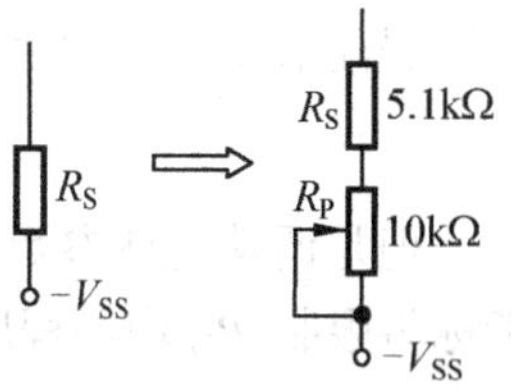

图 4.3.2　源极支路

2. 调整电路静态工作点使之处于线性放大状态

测量前，首先使信号发生器的频率调到放大器中频区的某个频率 f_0 上，例如使 f_0 = 1kHz，正弦电压幅值调到放大器所要求的电压值，例如 v_{ipp} = 100mV（峰峰值），接到放大电路的输入端，然后用示波器的两个通道同时观测放大电路的输入和输出电压。如果出现如图 4.3.3(a)所示的波形，即波形 v_o 的顶部被压缩，说明工作点 Q 偏低，应调整电位器，减小 R_P。如果出现如图 4.3.3(b)所示的波形，即波形 v_o 的底部被削波，说明静态工作点 Q 偏高，应增大 R_P。

如果无输出波形，说明电路工作不正常，不断调整 R_P，用示波器（或万用表直流电压挡）观测输出电压的平均值（示波器通道耦合方式必须为直流耦合），将其调整到 1~2V 左右。若仍无波形，说明信号传输通路上有问题，仔细排查直至故障消除。如果波形正常，且漏极输出波形的平均值 V_{DQ} 在 1~2V 左右，则表明电路处于合适的线性放大状态，并且静态工作点处于设计值上，可以进行静态和动态指标测量。

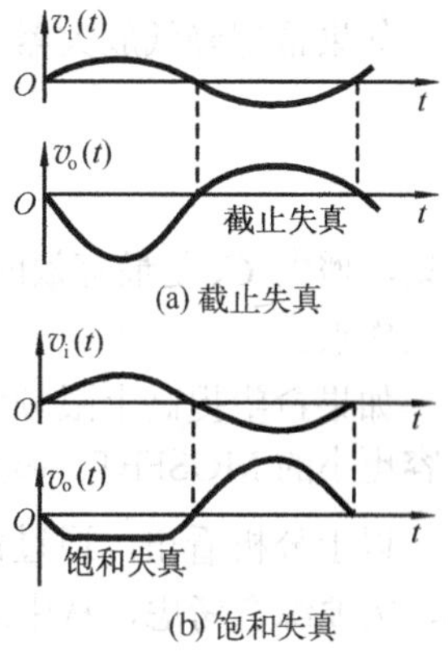

图 4.3.3　波形失真

3. 测试电路的静态工作点

测量方法是：去掉输入信号，将放大器输入端（栅极）接地，即 $v_i = 0$。用万用表直流电压挡（或用示波器直流耦合方式测平均值）分别测量 MOSFET 的 s 极和 d 极对地电压 V_{SQ} 和 V_{DQ}，并计算 I_{DQ} 和 V_{DSQ}。如果 $V_{DQ} \approx V_{DD}$，说明 MOSFET 工作在截止状态；如果 $V_{DSQ} <$ 0.5V，说明 MOSFET 已经进入可变电阻区。

4.3.4 性能指标测试与电路参数修改

1. 放大器的主要性能指标测试及误差分析

放大器的主要性能指标有电压增益、输入电阻、输出电阻及通频带。对于图 4.3.1 所示电路，各动态性能指标理论值可按式（4.3.5）～式（4.3.12）计算。由于是绝缘栅场效应管，所以输入电阻 $R_i \approx \infty$。

以上性能指标的测试可仿照 3.3.3 节任务 3 的测试过程，不再赘述。

计算实测结果与理论计算的误差，分析误差原因。通常产生误差的主要原因有：① 测量仪器不准确及测量人员的读数误差；② 元器件本身参数的示值误差；③ 工程近似计算式引入的理论计算误差。

2．电路参数的修改

如果放大器增益不满足要求，则需要调整电路参数。根据式（4.3.5）和式（4.3.6）可知

$$|A_{\rm v}|=2(R_{\rm D}//R_{\rm L})\sqrt{K_{\rm n}I_{\rm DQ}}$$

所以提高增益有多种途径：$|A_{\rm v}|\uparrow\begin{cases}\text{——}R_{\rm D}\uparrow\text{——}R_{\rm o}\uparrow\\ \text{——}I_{\rm DQ}\uparrow\\ \text{——}K_{\rm n}\uparrow\end{cases}$

但是调整这些参数还会对电路产生其他影响。增大 $R_{\rm D}$ 会使输出电阻 $R_{\rm o}$ 增加，即输出电阻指标将限制 $R_{\rm D}$ 增加程度。同时，$R_{\rm D}$ 增大将减小 $V_{\rm DSQ}$，即影响静态工作点，要求 $R_{\rm D}$ 的改变不能使 MOSFET 的 Q 点进入可变电阻区。同样，$I_{\rm DQ}$ 增大也可能导致 Q 点进入可变电阻区。可以采用提高电源电压的方法避免出现不合适的 Q 点。提高 $K_{\rm n}$ 值意味着更换 MOSFET，更换后需要重新调整静态工作点。如果上述参数调整受限无法满足增益要求，则要考虑采用多级放大器提高增益。

如果希望降低放大器的下限频率 $f_{\rm L}$，则根据式（4.3.6）和式（4.3.10）可知

$$f_{\rm L}=\frac{\sqrt{K_{\rm n}I_{\rm DQ}}}{\pi C_{\rm S}}$$

可见，增大 $C_{\rm S}$ 是最有效的方法。减小 $K_{\rm n}$ 或 $I_{\rm DQ}$ 也可以降低 $f_{\rm L}$，但会使增益下降，并且影响静态工作点。

如果希望提高上限频率 $f_{\rm H}$，则由式（4.3.8）和式（4.3.9）看出，最有效的方法是选择极间电容更小的 MOSFET。减小 $R_{\rm L}'$ 也可以提高 $f_{\rm H}$，但会降低增益。

以上分析看出，通过修改电路参数来改变放大器的某一性能指标时，常常会伴随着其他影响，需要综合考虑，从中选择较佳方案。

电路参数调整后，需要重新计算放大器性能指标的理论值，并重新测量实际值，然后分析计算误差。

4.3.5　共源-共漏放大器

如果在 4.3.2 节设计举例中，当 $R_{\rm L}$ = 5.1kΩ，其他条件不变时，要求仍有$|A_{\rm v}|\geqslant 20$（对输出电阻无要求），则图 4.3.1 电路将不能满足要求，其主要原因是放大器输出电阻达 10kΩ，带负载能力很弱，接入5.1 kΩ负载时，增益将大幅下降。

为提高带负载能力，最简单有效的方法是再增加一级共漏极放大电路。由于是双电源工作，所以栅极也不需要电阻分压偏置电路，可以将第二级 MOSFET 的栅极直接连接在第一级的漏极上，如图 4.3.4 所示。两 MOS 管均采用 2N7000。为方便调整 Q 点，也可以将 $R_{\rm S1}$ 支路换成如图 4.3.2 所示的固定电阻与电位器串联的支路。

取第二级的漏极静态电流与第一级一致，即 $I_{\rm D2Q}=I_{\rm D1Q}$ = 0.5mA，则 $V_{\rm GS2Q}=V_{\rm GS1Q}=\sqrt{I_{\rm D1Q}/K_{\rm n}}+V_{\rm TN}=1.8{\rm V}$，所以源极电阻为

$$R_{\rm S2}=\frac{V_{\rm D1Q}-V_{\rm GS2Q}-(-V_{\rm SS})}{I_{\rm DQ}}=\frac{1{\rm V}-2.05{\rm V}+6{\rm V}}{0.5{\rm mA}}=10.4{\rm k\Omega}$$

取 $R_{S2}=10\text{ k}\Omega$。另外取 $C_{S2}=C_{S1}=47\ \mu\text{F}$。

调整 R_{S1} 可以同时调整两级放大器的 Q 点。

由于第二级的输入电阻为无穷大，所以第一级的增益与 4.3.2 节设计举例中的放大器增益相同，而第二级共漏极放大器的电压增益约为 1（电压跟随器），输出电阻为 $R_{o2}=R_{S2}//(1/g_m)\approx 0.2\text{k}\Omega$，所以总增益

$$A_v = A_{v1}A_{v2} = -50\times\frac{R_L}{R_{o2}+R_L} = -50\times\frac{5.1\text{k}\Omega}{0.2\text{k}\Omega+5.1\text{k}\Omega}$$

$$\approx -48.1$$

如果增益不够，可适当增大 R_D。如果电路出现自激振荡，可在 T_2 的栅漏极之间接入一个小电容（几百~几千皮法，如图 4.3.4 中虚线所示 C_p）消振。

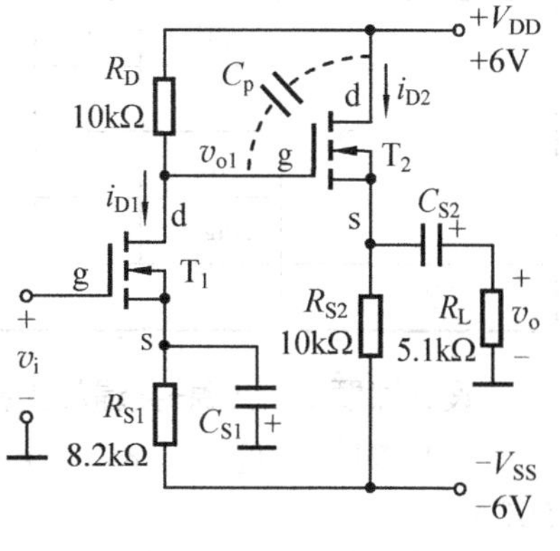

图 4.3.4　共源-共漏放大器

4.3.6　设计任务

设计课题 1：双电源 MOSFET 共源放大器设计

已知条件：$+V_{DD}=+8\text{V}$，$-V_{SS}=-8\text{V}$，$R_L=\infty$，MOSFET 为 2N7000，信号源内阻 $R_{si}=50\Omega$。

性能指标要求：$|A_v|\geqslant 25$，$R_o\leqslant 15\text{k}\Omega$，$f_L<15\text{Hz}$，$f_H>200\text{kHz}$，能不失真地放大峰峰值为 100mV 的正弦信号。

实验仪器设备：低频信号发生器（1 台）、数字万用表（1 块）、双踪示波器（1 台）、实验面包板（1 块）、直流稳压电源（双路输出）（1 台）、元器件及工具（1 盒）。

测试内容与要求：

① 认真阅读本课题介绍的设计方法与测试技术，写出设计预习报告（参见附录 F）。

② 根据已知条件及性能指标要求，设置静态工作点，计算电路元件参数。

（以上两步要求在实验前完成，并要求运用 PSpice 进行仿真。）

③ 在实验面包板上安装电路，测量与调整静态工作点，使其满足设计计算值要求，并将测量数据填入表 4.3.1 中。

④ 测试动态性能指标，调整与修改元件参数值，使其满足放大器性能指标要求，将修改后的元件参数值标在设计的电路图上，并将性能指标 A_v、R_o 及 f_L、f_H 的测量数据分别填入表 4.3.1 与表 4.3.2 中。

⑤ 上述各项完成后，再进行实验研究，研究内容见后面的“实验与思考题”部分。

⑥ 所有实验完成后，写出设计性实验报告（参见附录 F）。

表 4.3.1　放大器的测量数据表

静态工作点	V_{SQ}/V	V_{DQ}/V	V_{GSQ}/V	V_{DSQ}/V	I_{DQ}/mA
电压增益（f=1kHz）	v_{ipp}	v_{opp}	$\|A_v\|=\dfrac{v_{opp}}{v_{ipp}}=$		
输出电阻 R_o（负载电阻 R_L=　　　）	v_{opp}	v_{oLpp}	$R_o=\left(\dfrac{v_{opp}}{v_{oLpp}}-1\right)R_L=$		

表 4.3.2　通频带 f_L、f_H 的测量数据表

输入 $v_{ipp}=100mV$	f_i/Hz	…	20	30	40	100	1k	10k	100k	500k	1M	…
	v_{opp}											
	A_v											
	$20\lg A_v$											
通频带	$f_L=$						$f_H=$					

设计课题 2：共源-共漏放大器设计

已知条件：$+V_{DD}=+8V$，$-V_{SS}=-8V$，$R_L=5.1k\Omega$，MOSFET 为 2N7000，信号源内阻 $R_{si}=50\Omega$。

性能指标要求：$|A_v|\geqslant 25$，$R_o\leqslant 1k\Omega$，$f_L<15Hz$，$f_H>200kHz$，能不失真地放大峰峰值 100mV 的正弦信号。

实验仪器设备：与设计课题 1 相同。

测试内容与要求：与设计课题 1 相同。

实验与思考题

4.3.1　测量放大器静态工作点时，如果测得 $V_{DSQ}<0.5V$，说明场效应管处于什么工作状态？如果 $V_{DQ}\approx V_{DD}$，场效应管又处于什么工作状态？

4.3.2　加大输入信号 v_i 时，输出波形可能会出现哪几种失真？分别是由什么原因引起的？

4.3.3　影响放大器下限频率 f_L 的因素有哪些？采取什么措施使 f_L 降低？为什么？

4.3.4　提高电压增益 A_v 会受到哪些因素限制？采取什么措施较好？为什么？

4.3.5　一般情况下，实测电路指标与理论计算值都会有差别，为什么？

4.3.6　为什么不能用万用表测量放大器的动态性能指标？

4.3.7　测量输出电阻 R_o 时，为什么测试电阻 R 要与 R_o 相接近？

4.3.8　调整静态工作点时，R_S 要用一固定电阻与电位器相串联，而不能直接用电位器，为什么？

4.3.9　带 5.1kΩ负载时，增加一级称为电压跟随器的共漏极放大电路便可提高电压增益，为什么？

4.4　差分放大器设计

学习要求　掌握差分放大器的主要特性参数及其测试方法；学会设计具有恒流源的差分放大器及电路的调试技术。

4.4.1　MOSFET 差分放大器

1．具有恒流源的差分放大器

由于差分放大器具有很高的共模抑制比，能有效放大差模信号，抑制共模信号（含零点漂移），所以它特别适合用作多级直接耦合放大电路的输入级。集成运算放大器的输入级普遍采用差分放大电路正是基于这一特点。具有恒流源的 MOSFET 差分放大电路如图 4.4.1 所示。其中 T_1、T_2 为差分对管，它与电阻 R_{D1}、R_{D2} 共同组成差分放大器的基本电路。它们的对称性越好，共模抑制比就越高。T_3、T_4 与电阻 R、R_P 组成镜像电流源，为差分对管的公共源极提供恒定电流 I_O。调整 R_P 阻值可改变电流 I_O。差分放大器有双端输入-双端输出、双端输入-单端输

出、单端输入-双端输出和单端输入-单端输出四种工作方式。

（1）静态工作点计算

设 T_1~T_4 管的参数为

$$K'_{n1}=K'_{n2}=K'_{n3}=K'_{n4}=K'_n$$

$$(W/L)_1=(W/L)_2=(W/L)_3=(W/L)_4=W/L$$

$$\lambda_1=\lambda_2=\lambda_3=\lambda_4=\lambda\text{，}$$

$$V_{A1}=V_{A2}=V_{A3}=V_{A4}=V_A$$

$$V_{TN1}=V_{TN2}=V_{TN3}=V_{TN4}=V_{TN}$$

则

$$K_n=\frac{K'_n}{2}\cdot\frac{W}{L} \qquad (4.4.1)$$

$$I_D=K_n\left(V_{GS}-V_{TN}\right)^2 \qquad (4.4.2)$$

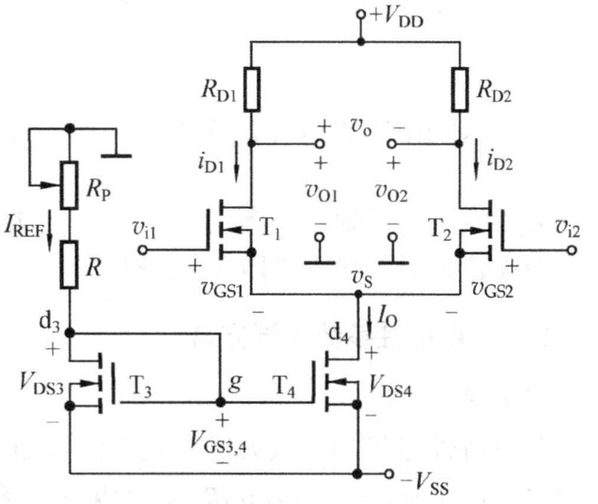

图 4.4.1 具有恒流源的差分放大器

$$I_O=I_{D4}=I_{D3}=I_{REF}=\frac{V_{SS}-V_{GS}}{R+R_P} \qquad (4.4.3)$$

$$I_{D1}=I_{D2}=\frac{1}{2}I_O \qquad (4.4.4)$$

从而

$$V_{GS1}=V_{GS2}=\sqrt{\frac{I_{D1}}{K_n}}+V_{TN} \qquad (4.4.5)$$

静态时，$v_{i1}=v_{i2}=0$，所以

$$V_{S1}=V_{S2}=0-V_{GS1}=-V_{GS1}$$

而

$$V_{D1}=V_{D2}=V_{DD}-R_{D1}I_{D1}$$

所以

$$V_{DS1}=V_{DS2}=V_{D1}-V_{S1} \qquad (4.4.6)$$

最后需要校验是否满足不等式

$$V_{DS1}>V_{GS1}-V_{TN} \qquad (4.4.7)$$

若满足，说明差分对管工作在饱和区（放大区），否则需要调整 R_P 或 R_{D1}、R_{D2}，使它们工作在饱和区。

（2）动态指标计算

互导

$$g_m=2K_n\left(V_{GS1}-V_{TN}\right)=2\sqrt{K_nI_{D1}} \qquad (4.4.8)$$

MOSFET 输出电阻

$$r_{ds1}=r_{ds2}\approx\frac{1}{\lambda I_{D1}}=\frac{V_A}{I_{D1}}\text{，}\quad r_o=r_{ds4}\approx\frac{1}{\lambda I_O}=\frac{V_A}{I_O} \qquad (4.4.9)$$

差模输入信号

$$v_{id}=v_{i1}-v_{i2} \qquad (4.4.10)$$

共模输入信号

$$v_{id}=\frac{v_{i1}+v_{i2}}{2} \qquad (4.4.11)$$

双端输出时的差模电压增益

$$A_{vd}=v_o/v_{id}=-g_m(R_{D1}//r_{ds1}) \qquad (4.4.12)$$

单端输出时的差模电压增益（v_{O1} 输出）

$$A_{vd1}=\frac{v_{O1}}{v_{id}}=\frac{1}{2}A_{vd}=-\frac{1}{2}g_m(R_{D1}//r_{ds1}) \qquad (4.4.13)$$

单端输出时的共模电压增益

$$A_{vc1}=\frac{v_{oc1}}{v_{ic}}=-\frac{g_m(R_{D1}//r_{ds1})}{1+g_m(2r_o)}=-\frac{R_{D1}//r_{ds1}}{1/g_m+2r_o} \qquad (4.4.14)$$

式中 v_{oc1} 为仅在共模输入信号 v_{ic} 作用下的单端输出电压。单端输出时的共模抑制比

$$K_{CMR}=\frac{1+2g_m r_o}{2}\approx g_m r_o \tag{4.4.15}$$

由于 MOS 管的栅极是绝缘的，所以无论是差模输入电阻还是共模输入电阻都近似为无穷大。

双端输出时的输出电阻 $R_o=R_{D1}+R_{D2}$ （4.4.16）

单端输出时的输出电阻（v_{O1} 输出） $R_o=R_{D1}$ （4.4.17）

2．主要特性参数测试方法

（1）传输特性

传输特性是指差分放大器在差模信号输入下，漏极电流 i_{D1} 和 i_{D2} 与差模输入电压 v_{id} 的变化关系。由于 $v_{O1}=V_{DD}-i_{D1}R_{D1}$，如果 V_{DD} 和 R_{D1} 确定，则 v_{O1} 与 $-i_{D1}$ 的变化规律相同，所以也常常用输出电压 v_{O1} 和 v_{O2} 随输入电压 v_{id} 的变化规律来描述差分放大器的传输特性，而且测量电压 v_{O1} 和 v_{O2} 比测量电流 i_{D1} 和 i_{D2} 要方便得多。

测量时采用单端输入方式，将输入正弦信号 v_{id} 送入示波器 CH1，并选择合适的频率和幅值，CH2 接 v_{O1}，采用 X-Y 方式，便可观测曲线 $v_{O1}=f(v_{id})$；将 CH2 换为 v_{O2}，便得到曲线 $v_{O2}=f(v_{id})$。

（2）差模特性

差模电压增益的测量。采用单端输入方式，此时 v_{id} 等于输入信号，选择适当频率和幅值的正弦波，用示波器分别观测输入电压和两输出电压的峰峰值 v_{idpp}、v_{o1pp} 和 v_{o2pp}，则单端输出时的差模电压增益大小为

$$|A_{vd1}|=v_{o1pp}/v_{idpp}=v_{o2pp}/v_{idpp} \tag{4.4.18}$$

实际上，采用单端输入时，同时伴有共模信号输入，也就是说此时 v_{o1} 和 v_{o2} 都含有共模输出，但是因为共模增益很小，所以这里忽略了共模输出的影响。

双端输出时的差模电压增益大小为

$$|A_{vd}|=\frac{v_{o1pp}+v_{o2pp}}{v_{idpp}} \tag{4.4.19}$$

如果 v_{o1pp} 和 v_{o2pp} 不相等，则说明放大器的参数不完全对称。若 v_{o1pp} 和 v_{o2pp} 相差较大，则应重新调整静态工作点，使电路性能尽可能对称。

通过示波器也可分别观测到 v_{o1} 和 v_{o2} 与 v_{id} 的相位关系。由于输入电阻趋于无穷，所以较难测准。单端输出电阻的测量可仿照 3.2.4 节任务 2 的测试过程。将两个单端输出电阻相加便是双端输出电阻。

（3）共模特性

差分放大器的共模抑制比 K_{CMR} 反映了差分放大器对共模信号的抑制能力。当测得共模增益后，再根据上述测得的差模增益便可算出 K_{CMR}。

在电路完全对称的理想情况下，双端输出的共模增益为零，但实际电路并非如此。共模电压增益的测量与差模增益测量的最大区别就是输入信号方式不同。将差分放大器两输入端并联接输入信号，此时 v_{ic} 等于输入信号，选择适当频率和幅值的正弦波（注意此时的幅值应远大于测试差模增益时的幅值），用示波器分别观测输入电压和两输出电压的峰峰值 v_{icpp}、v_{oc1pp} 和 v_{oc2pp}，则单端输出时的共模电压增益大小为

$$|A_{vc1}|=v_{oc1pp}/v_{icpp}=v_{oc2pp}/v_{icpp} \tag{4.4.20}$$

双端输出时的共模电压增益大小为

$$|A_{vc}| = \left|\frac{v_{oc1pp} - v_{oc2pp}}{v_{icpp}}\right| \tag{4.4.21}$$

则由式（4.4.18）和式（4.4.20）得单端输出的共模抑制比

$$K_{CMR} = 20\lg|A_{vd1} / A_{vc1}| \text{ dB} \tag{4.4.22}$$

由式（4.4.19）和式（4.4.21）得双端输出的共模抑制比

$$K_{CMR} = 20\lg|A_{vd} / A_{vc}| \text{ dB} \tag{4.4.23}$$

3．设计举例

例 设计如图 4.4.1 所示的单端输入-单端输出差分放大器，由 v_{O2} 输出。

已知条件：$+V_{DD} = +6\text{V}$，$-V_{SS} = -6\text{V}$，$R_L = \infty$。

性能指标要求：差模电压增益$|A_{vd}| = |v_{O2}/v_{id}| \geqslant 10$，共模抑制比 $K_{CMR} \geqslant 500$，输出动态范围至少为±0.5V。

解 （1）确定 MOSFET 型号。由于对共模抑制比的要求较高，所以要求电路的对称性要好，即差分对管要有较好的对称性，这里采用 4 只特性完全相同（相近）的 MOSFET。数据手册给出 $V_{TN} = 1\text{V}$，$K_n = 1\text{mA/V}^2$（由式（4.3.6）算出），设$\lambda_n \approx 0$。

（2）由 K_{CMR} 确定差分式放大电路静态工作点、动态参数和电阻 $R+R_P$。

由式（4.4.4）、式（4.4.8）、式（4.4.9）、式（4.4.15）和 $K_{CMR} \geqslant 500$，得

$$I_O \geqslant \left(\frac{\sqrt{2K_n}}{500\lambda}\right)^2 = 0.08\text{ mA}$$

取 $I_O = 0.08$ mA 时，则 $g_m = \sqrt{2K_n I_O} = 0.4\text{ mA/V}$

由式（4.4.5）可得 $V_{GS2} = \sqrt{I_{D2} / K_n} + V_{TN} = 1.2\text{V}$

$$V_{GS4} = V_{GS3} = \sqrt{I_O / K_n} + V_{TN} \approx 1.28\text{V}$$

$$R+R_P = [0-(-V_{SS}) - V_{GS3}] / I_O = 59\text{ k}\Omega$$

取 $R = 10\text{k}\Omega$，$R_P = 100\text{k}\Omega$。

（3）由差模电压增益确定电阻 R_{D1} 和 R_{D2}。

由 T_2 的漏极输出，参照式（4.4.13）并考虑 $r_{ds2} >> R_{D2}$，有

$$|A_{vd}| = \frac{1}{2} g_m R_{D2} \geqslant 10$$

所以

$$R_{D1} = R_{D2} \geqslant \frac{20}{g_m} = \frac{20}{0.4\text{mA/V}} = 50\text{k}\Omega$$

取标准电阻值，$R_{D1} = R_{D2} = 51\text{k}\Omega$。

（4）工作点校验。

$V_{DS2} = V_{DD} - I_{D2}R_{D2} - V_{S2} = V_{DD} - I_{D2}R_{D2} - (0-V_{GS2}) = 5.16\text{V}$，满足 $V_{DS2} > V_{GS2} - V_{TN} = 0.2\text{V}$，所以 T_1、T_2 工作在饱和区。输出电压向上波动范围为 $I_{D2}R_{D2} = 4\text{V}$，向下波动范围为 $V_{DS2} - V_{GS2} + V_{TN} = 4.96\text{V}$，满足输出波动范围要求。此时差模电压增益为

$$|A_{vd}| = \frac{1}{2} g_m R_{D2} = 10.2$$

（5）电路组装、调试与测试。

① 静态工作点的调整方法。将 T_1、T_2 的栅极接地，调整 R_P，用万用表测量 T_1、T_2 的集电极对地的电压 V_{D1Q}、V_{D2Q}，使其满足 $V_{D1Q} \approx V_{D2Q} \approx 2\text{V}$（$T_1$、$T_2$ 对称性不好时，V_{D1Q} 与 V_{D2Q}

会有一定差距）。

② 将 T_1 的栅极改接正弦波信号，信号的 f = 500Hz，v_{ipp} = 100mV。用示波器测试 v_{o2pp}，可得差模增益；再将 T_2 的栅极改接到 T_1 的栅极（输入共模信号），将信号幅值改为 v_{ipp} = 1V，测得 v_{o2pp}，则得共模增益。由以上两增益可算出共模抑制比 K_{CMR}。

③ 查看测试结果是否满足设计要求。若不满足可调整相关参数再测或更换对称性更好的 MOS 管。最后进行误差分析（请读者自行完成，可参考 4.2 节）。

4.4.2 BJT 差分放大器

1．具有恒流源的差分放大器

具有恒流源的 BJT 差分放大器如图 4.4.3 所示。其中，T_1、T_2 称为差分对管，常采用双三极管如 5G921（或 BG319、2SC1583）等，它与电阻 R_{B1}、R_{B2}、R_{C1}、R_{C2} 及电位器 RP 共同组成差分放大器的基本电路。T_3、T_4 与电阻 R_{E3}、R_{E4}、R 共同组成比例电流源电路，为差分对管的射极提供恒定电流 I_0。均压电阻 R_1、R_2 给差分放大器提供对称差模输入信号。晶体管 T_1 与 T_2、T_3 与 T_4 的特性应相同，电路参数应完全对称，改变 RP 可调整电路的对称性。由于电路的这种对称性结构特点及恒流源的作用，温度的变化或者电源的波动（称为共模信号）对 T_1、T_2 两管的影响都是一样的。因此，差分放大器能有效地抑制零点漂移。差分放大器有双端输入-双端输出、双端输入-单端输出、单端输入-双端输出和单端输入-单端输出四种工作方式。

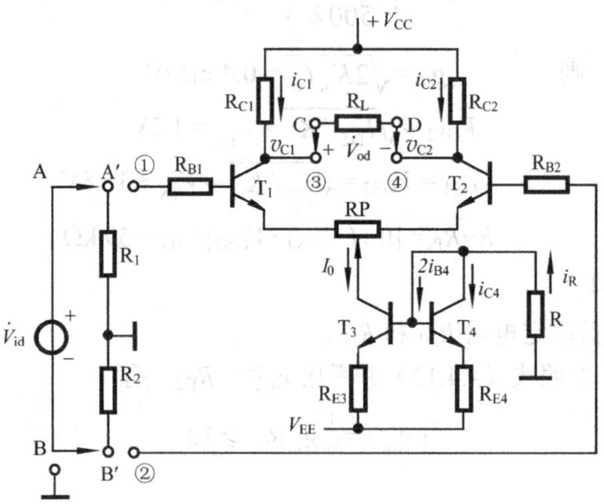

图 4.4.3　具有恒流源的差分放大器

（1）静态工作点的计算

静态时，差分放大器的输入端不加信号 $\dot{V}_{id}$。对于恒流源电路，电路的基准电流值为

$$I_R = \frac{|-V_{EE}| - 0.7V}{R + R_{E4}} \tag{4.4.24}$$

上式表明，基准电流 I_R 主要由电源电压 $-V_{EE}$ 及电阻 R、R_{E4} 决定。由于

$$I_R = 2I_{B4Q} + I_{C4Q} = \frac{2I_{C4Q}}{\beta} + I_{C4Q} \approx I_{C4Q} \approx I_{E4Q}$$

所以恒流源电路的电流值为

$$I_0 \approx I_{E3Q} = \frac{R_{E4}}{R_{E3}} I_{E4Q} = \frac{R_{E4}}{R_{E3}} I_R \tag{4.4.25}$$

上式表明，恒定电流 I_0 由 R_{E3}、R_{E4} 按一定的比例对基准电流 I_R 分流决定，故该电路被称为比例电流源电路。如果 $R_{E3}=R_{E4}$，则有 $I_O\approx I_R$。

对于差分对管 T_1、T_2 组成的对称电路，则有

$$I_{C1Q}=I_{C2Q}=I_0/2 \tag{4.4.26}$$

$$V_{C1Q}=V_{C2Q}=V_{CC}-I_{C1Q}R_{C1}=V_{CC}-\frac{I_0R_{C1}}{2} \tag{4.4.27}$$

$$V_{CE1Q}=V_{CE2Q}=V_{C1Q}-(-V_{BE})=V_{CC}-\frac{I_0R_{C1}}{2}+0.7 \tag{4.4.28}$$

可见差分放大器的静态工作点，主要由恒流源电流 I_0 的大小决定。

（2）动态指标计算

$$r_{be}=r_{be1}=200\Omega+(1+\beta)\frac{26(\text{mV})}{I_E(\text{mA})}=200\Omega+(1+\beta)\frac{26(\text{mV})}{I_0/2(\text{mA})} \tag{4.4.29}$$

BJT 输出电阻及电流源内阻

$$r_{ds3}\approx\frac{V_A}{I_{C3Q}}=\frac{V_A}{I_0} \tag{4.4.30}$$

$$r_o\approx r_{ce3}\left(1+\frac{\beta R_{E3}}{r_{be3}+R+R_{E3}}\right) \tag{4.4.31}$$

双端输出时的差模电压增益

$$A_{vd}=\frac{v_o}{v_{id}}=-\frac{\beta(R_{C1}//\frac{R_L}{2})}{R_{B1}+r_{be}+(1+\beta)\frac{RP}{2}} \tag{4.4.32}$$

单端输出时的差模电压增益（T_1 集电极输出）

$$A_{vd1}=\frac{v_{o1}}{v_{id}}=-\frac{1}{2}\cdot\frac{\beta(R_{C1}//R_L)}{R_{B1}+r_{be}+(1+\beta)\frac{RP}{2}} \tag{4.4.33}$$

单端输出时的共模电压增益

$$A_{vc1}=\frac{v_{oc1}}{v_{ic}}=-\frac{\beta(R_{C1}//R_L)}{R_{B1}+r_{be}+(1+\beta)\left(\frac{RP}{2}+2r_o\right)}\approx-\frac{R_{C1}//R_L}{2r_o} \tag{4.4.34}$$

式中，v_{oc1} 为仅在共模输入信号 v_{ic} 作用下的单端输出电压。单端输出时的共模抑制比

$$K_{CMR}=\frac{1}{2}\cdot\frac{R_{B1}+r_{be}+(1+\beta)\left(\frac{RP}{2}+2r_o\right)}{R_{B1}+r_{be}+(1+\beta)\frac{RP}{2}}\approx\frac{\beta r_o}{R_{B1}+r_{be}+(1+\beta)\frac{RP}{2}} \tag{4.4.35}$$

差模输入电阻

$$R_{id}=2\left[R_{B1}+r_{be}+(1+\beta)\frac{RP}{2}\right] \tag{4.4.36}$$

共模输入电阻

$$R_{ic}=\frac{1}{2}\left[R_{B1}+r_{be}+(1+\beta)\left(\frac{RP}{2}+2r_o\right)\right] \tag{4.4.37}$$

双端输出时的输出电阻

$$R_o=R_{C1}+R_{C2} \tag{4.4.38}$$

单端输出时的输出电阻（T_1 集电极输出）

$$R_o=R_{C1} \tag{4.4.39}$$

2．主要特性参数测试方法

（1）传输特性

传输特性是指差分放大器在差模信号输入下，集电极电流 i_C 随输入电压 v_{id} 的变化规律。

测量差模传输特性时可以测量 T_1 和 T_2 的集电极电压 v_{C1}、v_{C2} 随差模电压 v_{id} 的变化规律。因为 $v_{C1} = V_{CC} - i_{C1}R_{C1}$，如果+$V_{CC}$、$R_{C1}$ 确定，则 v_{C1} 与$-i_{C1}$ 的变化规律相同，所以也常常用输出电压 v_{C1} 和 v_{C2} 随输入电压 v_{id} 的变化规律来描述差分放大器的传输特性，而且测量电压 v_{C1} 和 v_{C2} 比测量电流 i_{C1}、i_{C2} 要方便得多。

测量时的接线方式如图 4.4.4 所示。信号采用单端输入方式，将输入正弦信号 v_{id} 送入示波器 CH1，并选择合适的频率和幅值，CH2 接 v_{C1}，采用 X-Y 方式，便可观测曲线 $v_{C1} = f(v_{id})$，将 CH2 换为 v_{C2}，便得到曲线 $v_{C2} = f(v_{id})$。示波器上将显示如图 4.4.5 所示的传输特性曲线。$V_{C(-)}$为晶体管截止时的电压，$V_{C(+)}$为晶体管饱和时的电压。静态工作点 Q 对应的电压为 V_{CQ}，当 v_{id} 增加时，v_{C1} 随 v_{id} 线性减小，v_{C2} 随 v_{id} 线性增加。此传输特性可以用来设置差分放大器的静态工作点，观测电路的对称性。

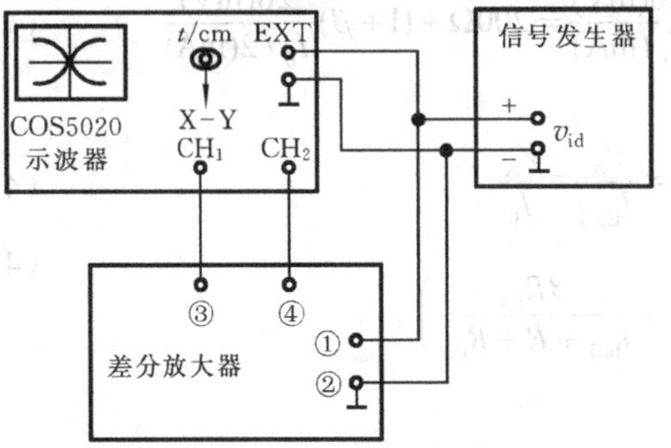

图 4.4.4　测量差模传输特性接线图

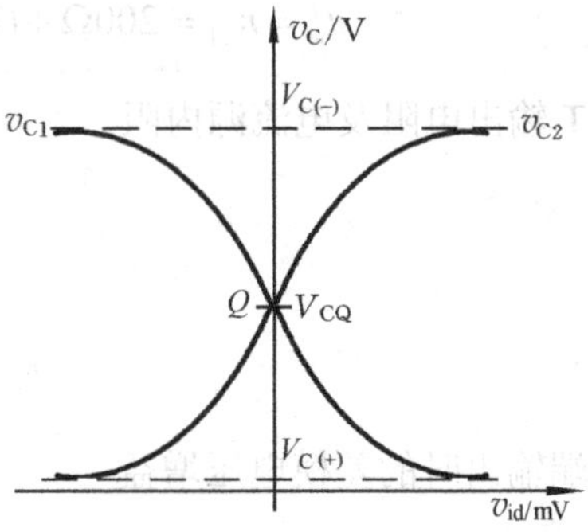

图 4.4.5　示波器上显示的差模传输特性曲线

（2）差模特性

图 4.4.3 所示电路中，当从差分放大器的两个输入端输入一对差模信号（大小相等、极性相反）时，差模电压增益、差模输入电阻和差模输出电阻的理论值如式（4.4.32）、式（4.4.33）、式（4.4.36）、式（4.4.38）和式（4.4.39）所示。

差模电压增益的测量。采用单端输入方式，此时 v_{id} 等于输入信号，选择适当频率和幅值的正弦波，用示波器分别观测输入电压和两输出电压的峰峰值 v_{idpp}、v_{o1pp} 和 v_{o2pp}，（v_{o1} 和 v_{o2} 分别为 T_1 和 T_2 集电极输出的交流电压，它们应是一对大小相等、极性相反的不失真正弦波），则单端输出时的差模电压增益大小为

$$|A_{vd1}| = v_{o1pp}/v_{idpp} = v_{o2pp}/v_{idpp} \tag{4.4.40}$$

实际上，采用单端输入时，同时伴有共模信号输入，也就是说此时 v_{o1} 和 v_{o2} 都含有共模输出，但是因为共模增益很小，所以这里忽略了共模输出的影响。

双端输出时的差模电压增益大小为

$$|A_{vd}| = \frac{v_{o1pp} + v_{o2pp}}{v_{idpp}} \tag{4.4.41}$$

如果 v_{o1pp} 和 v_{o2pp} 不相等，则说明放大器的参数不完全对称。若 v_{o1pp} 和 v_{o2pp} 相差较大，则应重新调整静态工作点，使电路性能尽可能对称。

通过示波器也可分别观测到 v_{o1} 和 v_{o2} 与 v_{id} 的相位关系。差模输入电阻 R_{id} 与单端输出电阻的测量可仿照 3.2.4 节任务 2 的测试过程。将两个单端输出电阻相加便是双端输出电阻。

（3）共模特性

差分放大器的共模抑制比 K_{CMR} 反映了差分放大器对共模信号的抑制能力。当测得共模增益后，再根据上述测得的差模增益便可算出 K_{CMR}。

在电路完全对称的理想情况下，双端输出的共模增益为零，但实际电路并非如此。共模电

压增益的测量与差模增益测量的最大区别就是输入信号方式不同。将差分放大器两输入端并联接输入信号，此时 v_{ic} 等于输入信号，选择适当频率和幅值的正弦波（注意此时的幅值应远大于测试差模增益时的幅值），用示波器分别观测输入电压和两输出电压的峰峰值 v_{icpp}、v_{oc1pp} 和 v_{oc2pp}（v_{oc1} 和 v_{oc2} 分别为 T_1 和 T_2 集电极输出的交流电压），则单端输出时的共模电压增益大小为

$$|A_{vc1}| = v_{oc1pp}/v_{icpp} = v_{oc2pp}/v_{icpp} \tag{4.4.42}$$

双端输出时的共模电压增益大小为

$$|A_{vc}| = \left|\frac{v_{oc1pp}-v_{oc2pp}}{v_{icpp}}\right| \tag{4.4.43}$$

则由式（4.4.40）和式（4.4.42）得单端输出的共模抑制比

$$K_{CMR} = 20\lg|A_{vd1}/A_{vc1}| \ \text{dB} \tag{4.4.44}$$

由式（4.4.41）和式（4.4.43）得双端输出的共模抑制比

$$K_{CMR} = 20\lg|A_{vd}/A_{vc}| \ \text{dB} \tag{4.4.45}$$

3. 设计举例

例 设计一具有恒流源的单端输入-双端输出差分放大器。

已知条件：$+V_{CC}=+12\text{V}$，$-V_{EE}=-12\text{V}$，$R_L=20\text{k}\Omega$，$V_{id}=20\text{mV}$。

性能指标要求：$R_{id}>20\text{k}\Omega$，$|A_{VD}|\geqslant 20$，$K_{CMR}>60\text{dB}$。

解 （1）确定电路连接方式及 BJT 型号。由于对共模抑制比的要求较高，即要求电路的对称性要好，所以采用集成差分对管 BG319（或对称性较好的双三极管 3DG130、2SC1583 等），其内部有 4 只特性完全相同的 BJT，引脚排列如图 4.4.6 所示。图 4.4.7 为具有恒流源的单端输入-双端输出差分放大器电路，其中 T_1、T_2、T_3、T_4 为 BG319 的 4 只 BJT，在晶体管图示仪上测量 $\beta_1=\beta_2=\beta_3=\beta_4=60$。

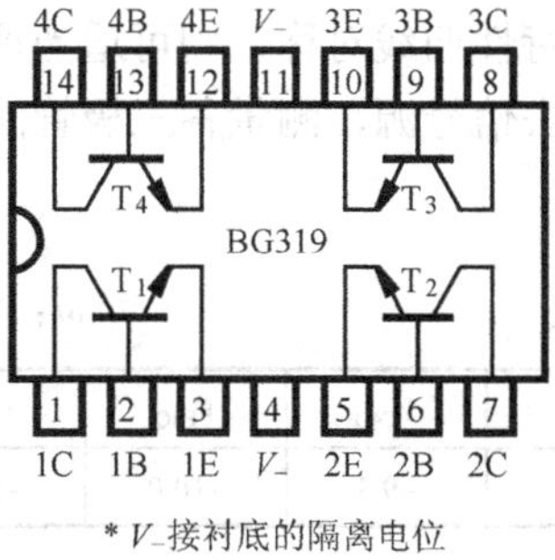

图 4.4.6 BG319 引脚图

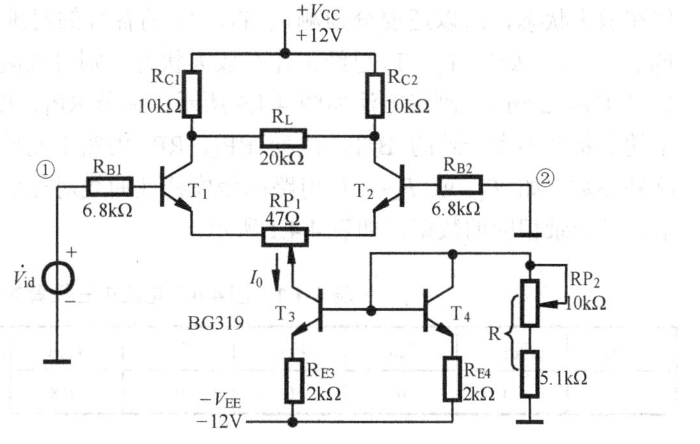

图 4.4.7 设计举例题的实验电路

（2）设置静态工作点并计算元件参数。

① 选取恒流源的电流 I_0，确定恒流源电路的参数。差分放大器的静态工作点主要由恒流源 I_0 的值决定，一般先设定 I_0。I_0 越小，恒流源越恒定，漂移越小，放大器的输入阻抗越高。但也不能太小，一般为几毫安。这里取 $I_0=1\text{mA}$，由式（4.4.24）和式（4.4.25）得

$$I_0 = I_R = \frac{|-V_{EE}|-0.7\text{V}}{R+R_{E4}} \qquad (\text{取 } R_{E3}=R_{E4})$$

则 $R+R_{E4}=11.3\text{k}\Omega$。射极电阻 R_{E4} 一般取几千欧姆，这里取 $R_{E3}=R_{E4}=2\text{k}\Omega$，则 $R=9.3\text{k}\Omega$。为

方便调整 I_0，R 用 5.1kΩ固定电阻与 10kΩ电位器 RP_2 串联。

② 根据 R_{id}，确定差分电路的参数 R_{B1}、R_{B2}。由式（4.4.26）得

$$I_{C1}=I_{C2}=I_0/2=0.5mA$$

由式（4.4.29）得
$$r_{be1}=200\Omega+(1+\beta)\frac{26(mV)}{I_0/2(mA)}=3.3\,k\Omega$$

要求 $R_{id}>20k\Omega$，当忽略 RP_1 时，由式（4.4.36）可得

$$R_{id}=2(R_{B1}+r_{be1})>20k\Omega$$

则 $R_{B1}>6.6k\Omega$，取 $R_{B1}=R_{B2}=6.8k\Omega$。

③ 根据 A_{VD}，确定差分电路的参数 R_{C1}、R_{C2}。要求$|A_{VD}|>20$，当忽略 RP_1 时，由式（4.4.32）可得$|A_{VD}|=\left|\dfrac{-\beta R'_L}{R_{B1}+r_{be}}\right|>20$，取$|A_{VD}|=30$，则 $R'_L=5.1k\Omega$。

由 $R'_L=R_C//(R_L/2)$，得 $R_C=\dfrac{R'_L\cdot(R_L/2)}{(R_L/2)-R'_L}=10.4k\Omega$，取 $R_{C1}=R_{C2}=10k\Omega$。

④ 根据选取参数，验算电路的静态工作点 Q。由式（4.4.27）得集电极电压

$$V_{C1Q}=V_{C2Q}=V_{CC}-I_{C1}R_{C1}=7V$$

则基极电压
$$V_{B1Q}=V_{B2Q}=\frac{I_{C1}}{\beta}R_{B1}=0.06V\approx 0V$$

则 $V_{E1Q}=V_{E2Q}\approx -0.7V$。

射极电阻不能太大，否则负反馈太强，放大器增益很小，一般取几十欧姆的精密电位器，以便调整电路的对称性。现取 $RP_1=47\Omega$。

（3）静态工作点的调整方法。输入端①接地，用数字电压表测量 T_1、T_2 的集电极对地的电压 V_{C1Q}、V_{C2Q}，如果 V_{C1Q} 与 V_{C2Q} 不等，则调整 RP_1 使其满足 $V_{C1Q}=V_{C2Q}$，再测量 R_{C1} 两端的电压，并调节 RP_2 使 I_0 的值满足设计要求（如 1mA）。由于 I_0 为设定值，不一定使两管均工作在放大状态，所以还要分别测量 T_1、T_2 的各级的对地电压，即 V_{C1Q}、V_{B1Q}、V_{E1Q}、V_{C2Q}、V_{B2Q}、V_{E2Q}。如果 T_1、T_2 已经工作在放大状态，则可观测差模传输特性曲线，这时的差模输入信号 $V_{id}=20mV$。测量方法如图 4.4.4 所示。调节 RP_1、RP_2 使传输特性曲线尽可能对称。如果用的是特性不太一致的 BJT，改变 RP_1、RP_2 仍然不能使传输特性曲线对称，则可适当调整电路外参数，如 R_{C1} 或 R_{C2}。待电路的差模特性曲线对称后，移去信号源，测量各三极管的电压值，并记录相应的数据，如表 4.4.1 所示。

表 4.4.1　图 4.4.7 电路中三极管的电压值　　单位：V

V_{C1Q}	V_{C2Q}	V_{B1Q}	V_{B2Q}	V_{E1Q}	V_{E2Q}	V_{C3Q}	V_{C4Q}	V_{E3Q}	V_{E4Q}
7.1	7.1	0	0	–0.8	–0.8	–0.9	–9.3	–10.0	–10.0

再计算静态工作点 I_0、V_{CE1}、V_{CE2}、V_{CE3} 的值。

实验调整后的电路参数如图 4.4.7 所示。

（4）测量结果验算与误差分析。对图 4.4.7 所示电路，其静态工作点的测量值（由表 4.4.1 得）为

$I_0=2V_{RC}/R_C\approx 1mA$，$V_{CE1}=V_{C1Q}-V_{E1Q}=7.9V$，$V_{CE2}=V_{C2Q}-V_{E2Q}=7.9V$，$V_{CE3}=V_{C3Q}-V_{E3Q}=9.1V$

技术指标的测量值为

$$A_{VD}=\frac{V_{C1}+V_{C2}}{V_{id}}=28,\quad A_{VC}=\frac{V_{C1}-V_{C2}}{V_{ic}}\approx 0,\quad K_{CMR}=20\lg\frac{A_{VD}}{A_{VC}}\approx\infty,\quad R_{id}=\frac{V_i}{V_s-V_i}R=23.3k\Omega$$

根据图 4.4.7 所示电路参数计算理论值并将其与测量结果比较，进行误差分析（请读者自行完成，可参考 4.2 节）。

4.4.3 设计任务

设计课题 1：具有恒流源的单端输入-单端输出差分放大器的设计

已知条件：$+V_{DD}=+10V$，$-V_{SS}=-10V$，$R_L=\infty$，4 只 2N7000。

性能指标要求：$|A_{vd}|>15$，$K_{CMR}>100$，输出动态范围不少于±1V，R_{id} 越大越好。

实验仪器设备：同 4.2 节。

测试内容与要求为：

① 用 PSpice 软件对设计电路的各项性能指标进行仿真分析，包括差模电压传输特性。

② 组装电路，调试电路使之正常工作。

③ 测量 A_{vd}、A_{vc} 及 K_{CMR}，记录测量数据（见表 4.4.2）。

④ 测量此时电路的静态工作点。

⑤ 对 A_{vd} 和 K_{CMR} 进行误差分析。

特别注意，当电路对称性不好时，将严重影响 K_{CMR}。

设计课题 2：具有恒流源的单端输入-单端输出差分放大器的设计

已知条件：$V_{CC}=+12V$，$V_{EE}=-12V$，$R_L=20k\Omega$，$v_{id}=20mV$，BG319 1 只或 SS9013（2N3904）4 只。

性能指标要求：$R_{id}>10k\Omega$，$|A_{vd}|>15$，$K_{CMR}>50dB$。

实验仪器设备：同 4.2 节。

测试内容与要求为：

① 用 PSpice 软件对设计电路的各项性能指标进行仿真分析，包括差模电压传输特性。

② 组装电路，测试静态工作点，记录测量数据。

③ 测量并绘制差模传输特性曲线，要求标出线性区、非线性区及限幅区所对应的 v_{C1}、v_{C2}、v_{id} 值。

④ 测量 R_{id}、A_{vd}、A_{vc} 及 K_{CMR}，记录测量数据（见表 4.4.3）。

⑤ 对 A_{vd}、R_{id} 及 K_{CMR} 进行误差分析。

表 4.4.2 差分放大器性能指标测量数据表

（$f=500Hz$）

A_{vd}	v_{idpp}	v_{o1pp}	$\lvert A_{vd}\rvert=\frac{v_{o1pp}}{v_{idpp}}=$
A_{vc}	v_{icpp}	v_{oc1pp}	$\lvert A_{vc}\rvert=\frac{v_{oc1pp}}{v_{icpp}}=$
$K_{CMR}=20\lg\left\lvert\frac{A_{vd}}{A_{vc}}\right\rvert=$			

表 4.4.3 差分放大器性能指标测量数据表

$f=500Hz$	v_{ipp}	v_{Spp}	$R_{id}=\frac{v_{ipp}}{v_{Spp}-v_{ipp}}R=$
R_{id}			
A_{vd}	v_{idpp}	v_{o1pp}	$\lvert A_{vd}\rvert=\frac{v_{o1pp}}{v_{idpp}}=$
A_{vc}	v_{icpp}	v_{oc1pp}	$\lvert A_{vc}\rvert=\frac{v_{oc1pp}}{v_{icpp}}=$
$K_{CMR}=20\lg\left\lvert\frac{A_{vd}}{A_{vc}}\right\rvert=$			

实验与思考题

4.4.1 图 4.4.1 的 MOS 管差分放大电路与图 4.4.7 的 BJT 差分放大电路相比有何特点？

4.4.2 在图 4.4.7 中使 $RP_1 = 0$，即用导线将 RP_1 短接，则传输特性曲线有何变化？为什么？如果用 100Ω 的电阻代替 RP_1 左右两侧电阻，则传输特性曲线又有何变化？为什么？

4.4.3 增加 v_{id}，观察传输特性曲线的线性区、非线性区及限幅区，并记录开始出现上述各区域时的 v_{id} 值。

4.4.4 使信号发生器的输出频率 f_i 从 100Hz 开始增加（始终维持 V_{id} = 20mV 不变），直到示波器上显示如题 4.4.4 图所示的传输特性曲线时，记下此时对应的 f_i 值。问：传输特性曲线为什么会出现这种变化？除了频率还有哪些因素也会造成这种现象？用实验证明之，并解释原因。

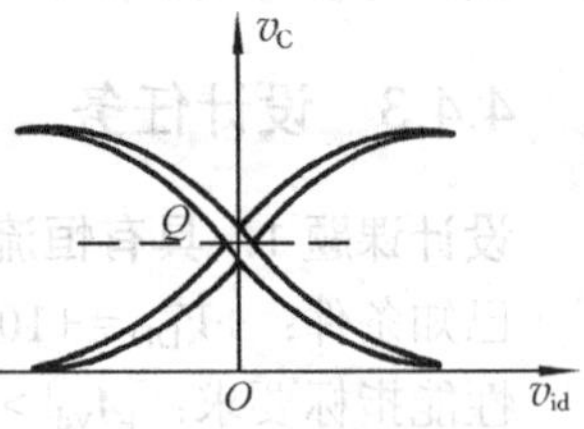

题 4.4.4 图

4.4.5 在图 4.4.7 中如果用一固定电阻 R_e(R_e = 10kΩ)代替恒流源电路，即将 R_e 接在 $-V_{EE}$ 与 RP_1 的滑动端之间，输入共模信号 V_{ic} = 500mV，观测 v_{C1} 与 v_{C2} 的波形，其大小、极性及共模抑制比 K_{CMR} 与恒流源电路相比有何区别？为什么？

4.4.6 为什么说恒流源的电流 I_0 不能太大，但也不能太小？

4.5 函数发生器设计

学习要求 掌握方波-三角波-正弦波函数发生器的设计方法与测试技术。了解单片集成函数发生器 8038 的工作原理与应用。学会安装与调试由分立器件与集成电路组成的多级电子电路小系统。

4.5.1 方波-三角波-正弦波函数发生器设计

函数发生器能自动产生正弦波、三角波、方波及锯齿波、阶梯波等电压波形。产生正弦波、方波、三角波的方案有多种，如先产生正弦波，然后通过整形电路将正弦波变换成方波，再由积分电路将方波变成三角波；也可以先产生三角波-方波，再将三角波变成正弦波或将方波变成正弦波。这里介绍先产生方波-三角波，再将三角波变换成正弦波的电路设计方法。其电路组成框图如图 4.5.1 所示。

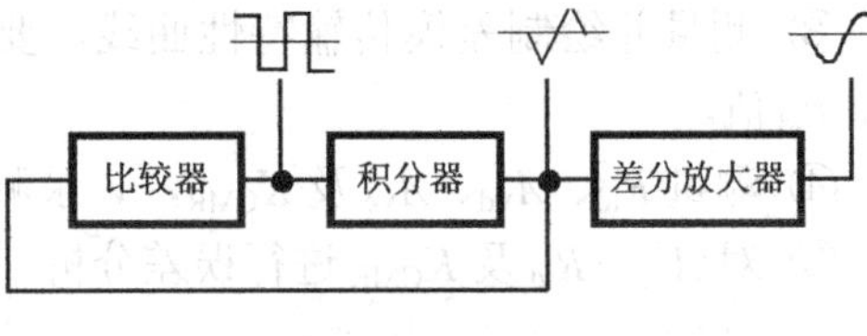

图 4.5.1 函数发生器组成框图

1. 方波-三角波产生电路

图 4.5.2 所示的电路能自动产生方波-三角波，图中虚线右边是积分器（A_2），虚线左边是同相输入的迟滞电压比较器（A_1），其中 C_1 称为加速电容，可加速比较器的翻转。电路的工作原理分析如下。

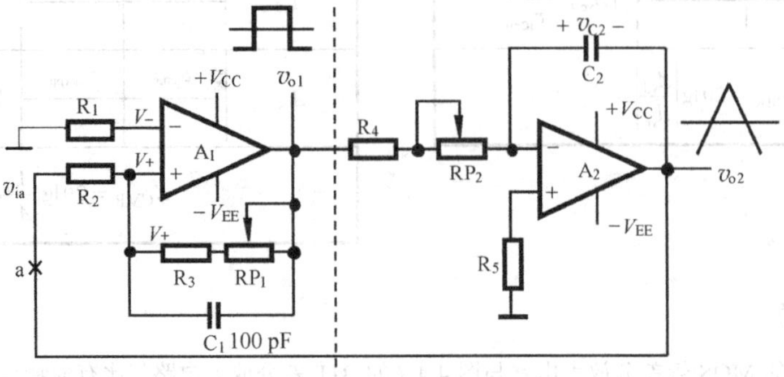

图 4.5.2 方波-三角波产生电路

若 a 点断开，比较器 A_1 的反相端接基准电压，即 $V_-=0$，同相端接输入电压 v_{ia}；比较器输出 v_{o1} 的高电平 V_{OH} 接近于正电源电压 $+V_{CC}$，低电平 V_{OL} 接近于负电源电压 $-V_{EE}$ (通常 $|+V_{CC}|=|-V_{EE}|$)。根据叠加原理，得到

$$V_+=\frac{R_2}{R_2+R_3+RP_1}V_{o1}+\frac{R_3+RP_1}{R_2+R_3+RP_1}V_{ia} \tag{4.5.1}$$

式中，RP_1 指电位器的调整值（以下同）。

通常将比较器的输出电压 v_{o1} 从一个电平跳变到另一个电平时对应的输入电压称为门限电压。将比较器翻转时对应的条件 $V_+=V_-=0$ 代入式（4.5.1），得到

$$V_{ia}=\frac{-R_2}{R_3+RP_1}V_{o1} \tag{4.5.2}$$

设 $V_{o1}=V_{OH}=+V_{CC}$，代入式（4.5.2）得到一个较小值，即比较器翻转的下门限电平

$$V_{T-}=V_{ia-}=\frac{-R_2}{R_3+RP_1}V_{OH}=\frac{-R_2}{R_3+RP_1}V_{CC} \tag{4.5.3}$$

设 $V_{o1}=V_{OL}=-V_{EE}=-V_{CC}$，代入式（4.5.2）得到一个较大值，即比较器翻转的上门限电平

$$V_{T+}=V_{ia+}=\frac{-R_2}{R_3+RP_1}V_{OL}=\frac{R_2}{R_3+RP_1}V_{CC} \tag{4.5.4}$$

比较器的门限宽度或回差电压为

$$\Delta V_T=V_{T+}-V_{T-}=2\times\frac{R_2}{R_3+RP_1}V_{CC} \tag{4.5.5}$$

比较器的电压传输特性如图 4.5.3 所示。当 v_{ia} 为往复跨越上、下门限电平的电压波形时，则 v_{o1} 不断在高、低电平之间跳变，即输出一串方波。C_1 在 v_{o1} 跳变瞬间可看作短路，使门限迅速改变，即运放 A_1 的 V_+和 V_-之差迅速增大，从而加速输出的翻转。C_1 在 v_{o1} 保持高电平或低电平期间则可看作开路。

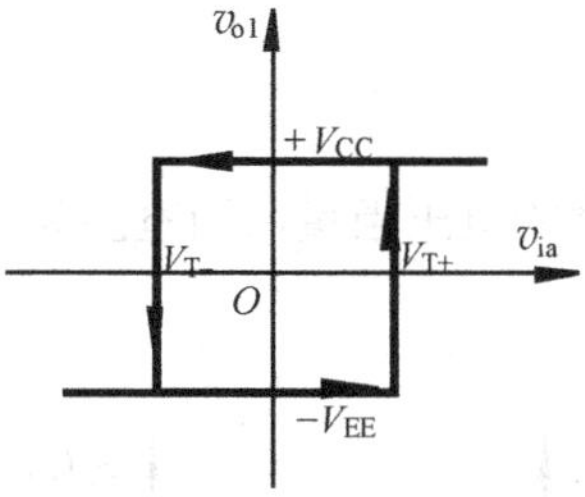

图 4.5.3　比较器电压传输特性

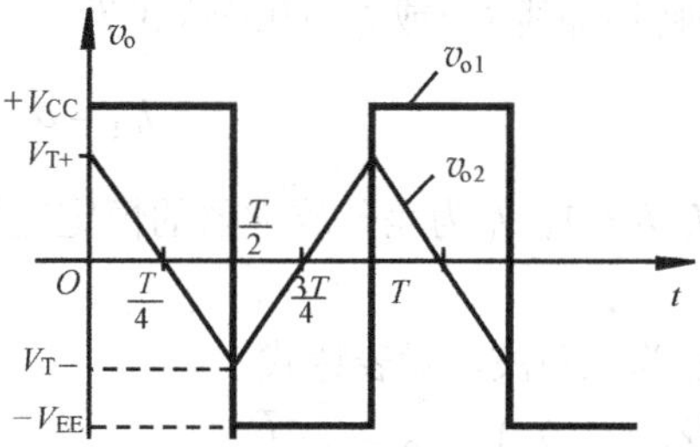

图 4.5.4　方波-三角波

a 点断开后，运放 A_2 与 R_4、RP_2、C_2 及 R_5 组成反相积分器，若积分器的输入信号 v_{o1} 为方波，则输出电压等于电容两端的电压，即

$$\begin{aligned}v_{o2}&=-v_{C2}=-\frac{1}{C_2}\int\frac{v_{o1}}{(R_4+RP_2)}dt=-\frac{1}{C_2}\int_{t_0}^{t_1}\frac{v_{o1}}{(R_4+RP_2)}dt-v_{C2}(t_0)\\&=-\frac{v_{o1}}{(R_4+RP_2)C_2}(t_1-t_0)+v_{o2}(t_0)\end{aligned} \tag{4.5.6}$$

式中，$v_{C2}(t_0)$是 t_0 时刻电容两端的初始电压值，$v_{o2}(t_0)$是 t_0 时刻电路的输出电压，且有 $v_{o2}(t_0)=-v_{C2}(t_0)$。

当 $v_{o1}=+V_{CC}$ 时，则

$$v_{o2}=-\frac{V_{CC}}{(R_4+RP_2)C_2}(t_1-t_0)+v_{o2}(t_0) \tag{4.5.7}$$

当 $v_{o1}=-V_{CC}$ 时，则
$$v_{o2}=\frac{V_{CC}}{(R_4+RP_2)C_2}(t_1-t_0)+v_{o2}(t_0) \tag{4.5.8}$$

可见，当积分器的输入为方波时，输出是一个下降速率与上升速率相等的三角波，其波形关系如图 4.5.4 所示。

a 点闭合，即比较器与积分器首尾相连，形成闭环电路，只要积分器的输出电压 v_{o2} 达到比较器的门限电平，使得比较器的输出状态发生改变，则该电路就能自动产生方波–三角波。

由图 4.5.4 所示的波形可知，输出三角波的峰–峰值就是比较器的门限宽度，即
$$V_{o2pp}=\Delta V_T=\frac{2R_2}{R_3+RP_1}V_{CC} \tag{4.5.9}$$

积分电路的输出电压 v_{o2} 从 V_{T-} 上升到 V_{T+} 所需的时间是振荡周期的一半，即在 $T/2$ 时间内 v_{o2} 的变化量等于 V_{o2pp}。根据式(4.5.8)得到电路的振荡周期为
$$T=\frac{4R_2(R_4+RP_2)C_2}{R_3+RP_1} \tag{4.5.10}$$

方波–三角波的频率为
$$f=\frac{1}{4(R_4+RP_2)C_2}\cdot\frac{R_3+RP_1}{R_2} \tag{4.5.11}$$

由式（4.5.9）及式（4.5.11）可以得出以下结论：

① 方波的输出幅度约等于电源电压 $+V_{CC}$，三角波的输出幅度与电阻 R_2 与（R_3+RP_1）的比值有关，且小于电源电压 $+V_{CC}$。电位器 RP_1 可实现三角波幅度微调，但会影响方波–三角波的频率。

② 电位器 RP_2 在调整输出信号的频率时，不会影响三角波输出电压的幅度。因此应先调整电位器 RP_1，使输出三角波的电压幅值达到所要求的值，然后再调整电位器 RP_2，使输出频率满足要求。若要求输出频率范围较宽，可取不同的 C_2 来改变频率的范围，用 RP_2 实现频率微调。

2. 三角波–正弦波变换电路

为帮助读者学习多级电路的调试技术，我们将选用差分放大器作为三角波–正弦波的变换电路。波形变换的原理是：利用 BJT 差分对管的饱和与截止特性进行变换。分析表明，差分放大器的传输特性曲线 i_{C1}(或 i_{C2})的表达式为
$$i_{C1}=\alpha i_{E1}=\frac{\alpha I_0}{1+e^{-v_{id}/V_T}} \tag{4.5.12}$$

式中，$\alpha=I_C/I_E\approx1$；I_0 为差分放大器的恒定电流；V_T 为温度的电压当量，当室温为 25℃时，$V_T\approx26mV$。

如果 v_{id} 为三角波，设表达式
$$v_{id}=\begin{cases}\dfrac{4V_m}{T}\left(t-\dfrac{T}{4}\right), & 0\leqslant t\leqslant\dfrac{T}{2}\\[2mm] \dfrac{-4V_m}{T}\left(t-\dfrac{3}{4}T\right), & \dfrac{T}{2}\leqslant t\leqslant T\end{cases} \tag{4.5.13}$$

式中，V_m 为三角波的幅度；T 为三角波的周期。

将式（4.5.13）代入式（4.5.12），则
$$i_{C1}(t)=\begin{cases}\dfrac{\alpha I_0}{1+e^{\frac{-4V_m}{V_T T}\left(t-\frac{T}{4}\right)}}, & 0\leqslant t\leqslant\dfrac{T}{2}\\[2mm] \dfrac{\alpha I_0}{1+e^{\frac{4V_m}{V_T T}\left(t-\frac{3}{4}T\right)}}, & \dfrac{T}{2}<t\leqslant T\end{cases} \tag{4.5.14}$$

用计算机对式（4.5.14）进行计算，打印输出

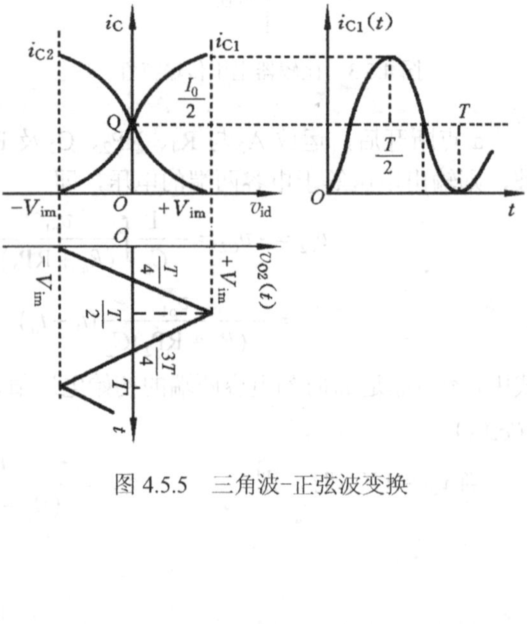

图 4.5.5　三角波–正弦波变换

的 $i_{C1}(t)$或 $i_{C2}(t)$曲线近似于正弦波，则差分放大器的输出电压 $v_{C1}(t)$、$v_{C2}(t)$也近似于正弦波，波形变换过程如图 4.5.5 所示。

为使输出波形更接近正弦波，要求：① 传输特性曲线尽可能对称，线性区尽可能窄；② 三角波的幅值 V_m 应接近 BJT 差分对管的截止电压值。

图 4.5.6 为三角波-正弦波的变换电路。其中，RP_1 调节三角波的幅度，RP_2 调整电路的对称性，并联电阻 R_{E2} 用来减小差分放大器的线性区。C_1、C_2、C_3 为隔直电容，C_4 为滤波电容，以滤除谐波分量，改善输出波形。

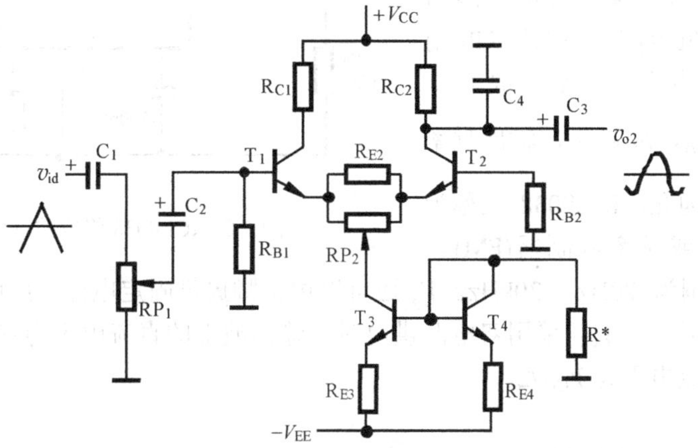

图 4.5.6 三角波-正弦波变换电路

4.5.2 单片集成电路函数发生器 ICL8038

ICL8038 的工作频率范围在几赫兹至几百千赫兹之间，它可以同时输出方波（或脉冲波）、三角波、正弦波。其内部组成框图如图 4.5.7 所示。两个比较器 A_1、A_2 的基准电压 $2V_{CC}/3$、$V_{CC}/3$ 由内部电阻分压网络提供。触发器 FF 的输出端 Q 控制外接定时电容的充、放电。充、放电流 I_A、I_B 的大小由外接电阻决定，当 $I_A = I_B$ 时，输出三角波，否则为锯齿波。ICL8038 产生三角波-方波的工作原理与图 4.5.2 所示电路的工作原理基本相同。三角波-正弦波的变换由

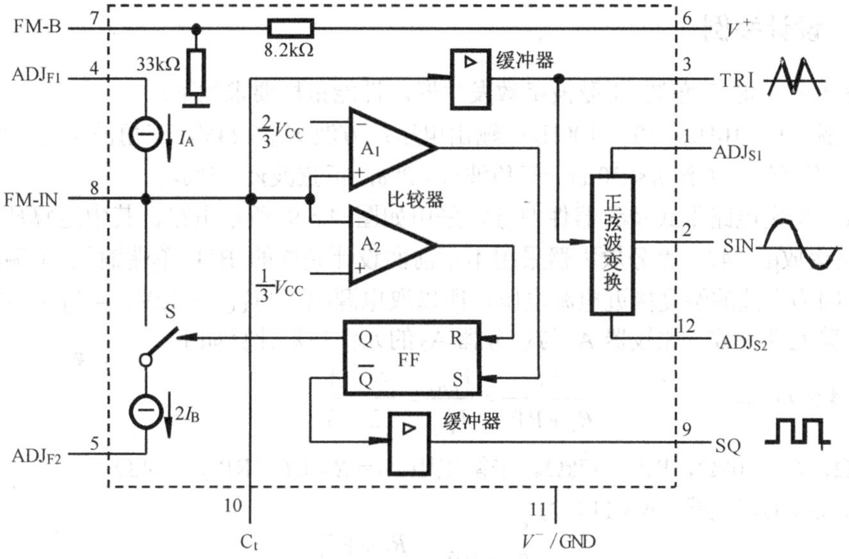

图 4.5.7 ICL8038 内部组成框图

内部三极管开关电路与分流电阻构成的五段折线近似电路完成。调整三极管的静态工作点，可以改善正弦波的波形失真，在①脚 ADJ_{S1} 端与⑥脚 V_+ 电源端间接电位器可以改善正弦波的正向失真，在⑫脚 ADJ_{S2} 端与地间接电位器可以改善正弦波的负向失真。ICL8038 可以采用单电源（+10～+30V）供电，也可以采用双电源（±5～±15V）供电。

ICL8038 组成的音频函数发生器如图 4.5.8 所示。电阻 R_1 与电位器 RP_1 用来确定⑧脚的直流电位 V_8，通常取 $V_8 \geqslant \frac{2}{3}V_{CC}$。$V_8$ 越高，I_A、I_B 越小，输出频率越低，反之亦然。因此，ICL8038 又称为压控振荡器(VCO)或频率调制器(FM)。RP_1 可调节频率范围为 20Hz～20kHz。V_8 还可以由⑦脚提供固定电位，此时输出频率 f_o 仅由 R_A、R_B 及电容 C_t 决定。V_{CC} 采用双电源供电时，输出波形的直流电平为零。采用单电源供电时，输出波形的直流电平为 $V_{CC}/2$。

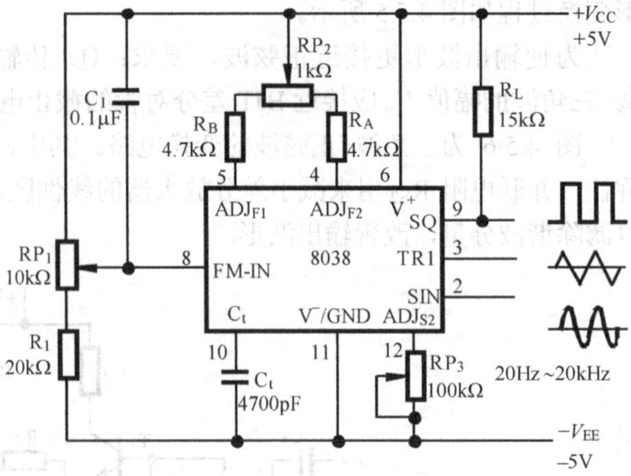

图 4.5.8　ICL8038 组成的音频函数发生器

4.5.3　函数发生器的性能指标

输出波形：正弦波、方波、三角波等。

频率范围：频率范围一般分为若干波段，如 1～10Hz，10～100Hz，100Hz～1kHz，1～10kHz，10～100kHz，100kHz～1MHz 6 个波段。

输出电压：一般指输出波形的峰-峰值，即 $V_{pp}=2V_m$。

波形特性：表征正弦波特性的参数是非线性失真 $\gamma_\sim$，一般要求 $\gamma_\sim<3\%$；表征三角波特性的参数是非线性系数 γ_Δ，一般要求 $\gamma_\Delta<2\%$；表征方波特性的参数是上升时间 t_r，一般要求 $t_r<100ns$（1kHz，最大输出时）。

4.5.4　设计举例

例　设计一方波-三角波-正弦波函数发生器。性能指标要求如下：

频率范围：1～10Hz，10～100Hz；输出电压：方波 $V_{pp}\leqslant 24V$，三角波 $V_{p\text{-}p}=8V$，正弦波 $V_{pp}>1V$；波形特性：方波 $t_r<30\mu s$，三角波 $\gamma_\Delta<2\%$，正弦波 $\gamma_\sim<5\%$。

解　（1）确定电路形式及元器件型号。采用如图 4.5.9 所示电路，其中运算放大器 A_1 与 A_2 用一只双运放μA747，差分放大器采用本章前面设计完成的 BJT 单端输入-单端输出差分放大器电路。因为方波的幅度接近电源电压，所以取电源电压 $+V_{CC}=+12V$，$-V_{EE}=-12V$。

（2）计算元件参数。比较器 A_1 与积分器 A_2 的元件参数计算如下：

由式（4.5.9）得

$$\frac{R_2}{R_3+RP_1}=\frac{V_{o2m}}{V_{CC}}=\frac{4}{12}=\frac{1}{3}$$

取 $R_2=10k\Omega$，$R_3=20k\Omega$，$RP_1=47k\Omega$。平衡电阻 $R_1=R_2//(R_3+RP_1)\approx 10k\Omega$。

由输出频率的表达式（4.5.11）得

$$R_4+RP_2=\frac{R_3+RP_1}{4R_2C_2f}$$

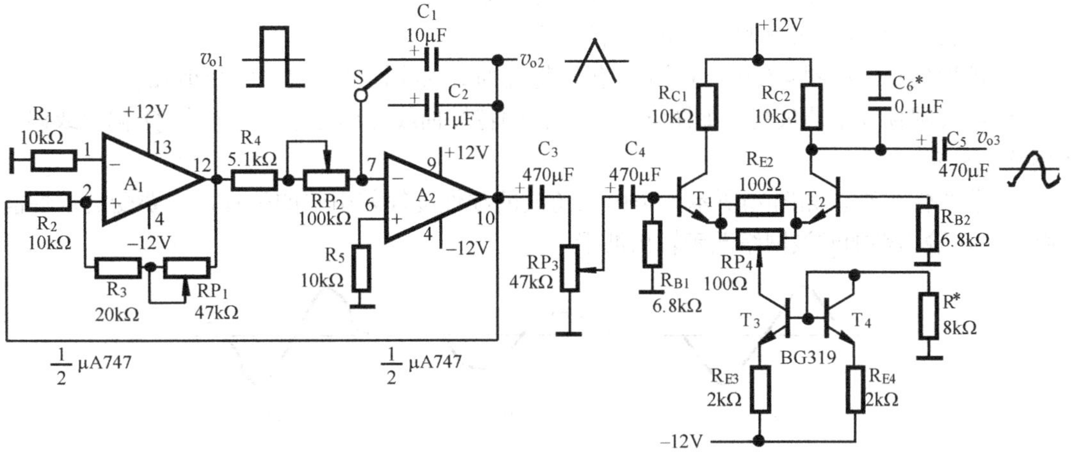

图 4.5.9　三角波-方波-正弦波函数发生器实验电路

当 1Hz≤f≤10Hz 时，取 C_2=10μF，R_4=5.1kΩ，RP_2=100kΩ。当 10Hz≤f≤100Hz 时，取 C_2=1μF 以实现频率波段的转换，R_4及 RP_2的取值不变。取平衡电阻 R_5=10kΩ。

三角波-正弦波电路的参数选择原则是：隔直电容 C_3、C_4、C_5要取得较大，因为输出频率很低，取 C_3 = C_4 = C_5 = 470μF；滤波电容 C_6的取值视输出的波形而定，若含高次谐波成分较多，则 C_6一般为几十皮法至 0.1μF。R_{E2} = 100Ω与 RP_4 = 100Ω相并联，以减小差分放大器的线性区。差分放大器的静态工作点可通过观测传输特性曲线、调整 RP_4及电阻 R^*来确定。

4.5.5　电路安装与调试技术

在装调多级电路时，通常按照单元电路的先后顺序进行分级装调与级联。图 4.5.9 所示电路的装调顺序如下。

1. 方波-三角波发生器的装调

由于比较器 A_1与积分器 A_2组成正反馈闭环电路，同时输出方波与三角波，故这两个单元电路可以同时安装。需要注意的是，在安装电位器 RP_1与 RP_2之前，要先将其调整到设计值，否则电路可能不会起振。如果电路接线正确，则在接通电源后，A_1的输出 v_{o1}为方波，A_2的输出 v_{o2}为三角波，微调 RP_1，使三角波的输出幅度满足设计指标要求，调节 RP_2，则输出频率连续可变。

2. 三角波-正弦波变换电路的装调

三角波-正弦波变换电路可利用本章前面完成的差分放大器电路来实现。电路的调试步骤如下：

（1）差分放大器传输特性曲线调试。将 C_4与 RP_3的连线断开，经电容 C_4输入差模信号电压 V_{id} = 50mV，f_i = 100Hz 的正弦波。调节 RP_4及电阻 R^*，使传输特性曲线对称。再逐渐增大 v_{id}，直到传输特性曲线形状如图 4.5.5 所示，记下此时对应的峰值 V_{idm}。移去信号源，再将 C_4左端接地，测量差分放大器的静态工作点 I_0、V_{C1Q}、V_{C2Q}、V_{C3Q}、V_{C4Q}。

（2）三角波-正弦波变换电路调试。将 RP_3与 C_4连接，调节 RP_3使三角波的输出幅度（经 RP_3后输出）等于 V_{idm}值，这时 v_{o3}的波形应接近正弦波，调整 C_6改善波形。如果 v_{o3}的波形出现如图 4.5.10 所示的几种正弦波失真，则应调整和修改电路参数。需要用专用的失真度仪才能测出三角波和正弦波的非线性失真系数γ，这里仅做定性分析。

产生失真的原因及采取的相应处理措施如下：

① 钟形失真，如图 4.5.10 (a)所示，传输特性曲线的线性区太宽，应减小 R_{E2}。

② 半波圆顶或平顶失真，如图(b)所示，传输特性曲线对称性差，工作点 Q 偏上或偏下，应调整电阻 R^*。

③ 非线性失真，如图(c)所示，是由三角波的线性度较差引起的失真，主要受运放性能的影响。可在输出端加滤波网络改善输出波形。

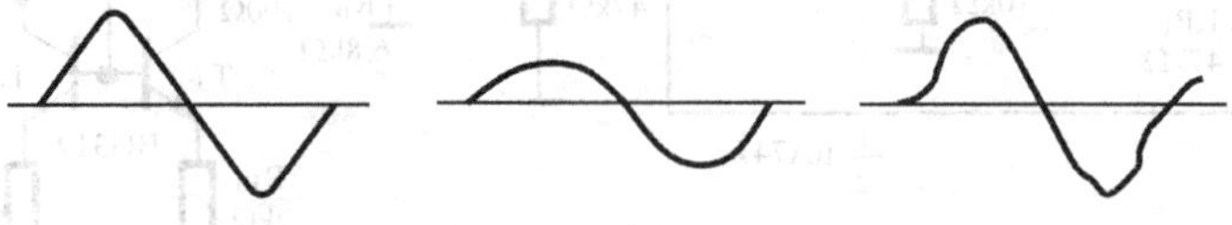

图 4.5.10 波形失真现象

3．误差分析

① 方波输出电压 $V_{pp} \leqslant 2V_{CC}$，是因为运放的输出存在饱和压降，使方波输出幅度小于电源电压值。

② 方波的上升时间 t_r，主要受运放转换速率的限制。如果输出频率较高，则可接入如图 4.5.2 中的加速电容 C_1（C_1 一般为几十皮法）。可用示波器（或脉冲示波器）测量 t_r。

4.5.6 设计任务

设计课题：方波-三角波函数发生器的设计

已知条件：1 只双运放 NE5532（或 2 只μA741）。

性能指标要求：

频率范围：100Hz～1kHz，1～10kHz；

输出电压：方波 $V_{pp} \leqslant 24V$，三角波 $V_{pp} = 6V$；

波形特性：方波 $t_r < 30\mu s$(1kHz，最大输出时)，三角波$\gamma_\triangle < 2\%$。

实验仪器设备：同 4.2 节。

测试内容与要求：

① 测量每一挡位输出频率的最小值与最大值，将选取的电容值以及测量数据填入自拟的表格中，根据实际元件值来计算理论频率值，并与实际测量结果进行对比，计算相对误差，分析误差原因；

② 在不同的频率范围挡，选取一个频率值，画出方波-三角波电压波形，并标出电压幅值和周期。

③ 用示波器测量方波输出频率为 1kHz、幅度最大时的 t_r。

实验与思考题

4.5.1 三角波的输出幅度是否可以超过方波的幅度？如果正负电源电压不等，输出波形如何？实验证明之。

4.5.2 为什么在安装 RP_1、RP_2 时，要先将其调整到设计值？

4.5.3 如何将方波-三角波发生器电路改变成矩形波-锯齿波发生器？画出设计的电路，并用实验证明，绘出波形。

4.5.4 用差分放大器实现三角波-正弦波的变换，有何优缺点？为什么？

4.5.5　在三角波-正弦波变换电路中，差分对管射极并联电阻 R_{E2} 有何作用？增大 R_{E2} 的值或用导线将 R_{E2} 短接，输出正弦波有何变化？为什么？

4.5.6　三角波的非线性系数 γ_{Δ} 与哪些因素有关？如何减小正弦波的非线性失真系数 $\gamma_{\sim}$？

4.5.7　ICL8038 的输出频率与哪些参数有关？如何减小波形失真？装调如图 4.5.8 所示电路，测试静态工作点与输出波形。

4.6　RC 有源滤波器的设计

学习要求　掌握低通、高通、带通、带阻等基本 RC 有源滤波器的设计方法与性能参数的测试技术。

4.6.1　滤波器的分类简介

滤波器是一种有“频率选择”功能的装置，它允许一定频率范围内的信号通过，抑制或急剧衰减此频率范围以外的信号。由 RC 元件与运算放大器组成的滤波器称为 RC 有源滤波器，这类滤波器的应用范围受运算放大器带宽限制。允许信号通过的频段称为通带，阻碍信号通过的频段称为阻带。依据这种功能划分，可分为低通（Low Pass Filter，LPF）、高通（High Pass Filter，HPF）、带通（Band Pass Filter，BPF）与带阻（Band Elimination Filter，BEF 或 Band Stop/Notch Filter，BSF）四种滤波器，它们的幅频特性如图 4.6.1 所示。具有理想特性的滤波器是很难实现的，所以通带与阻带之间通常都有一个称为过渡带的区域。此外还有一种允许全部频率通过的全通滤波器，它主要用于改变信号的相位。

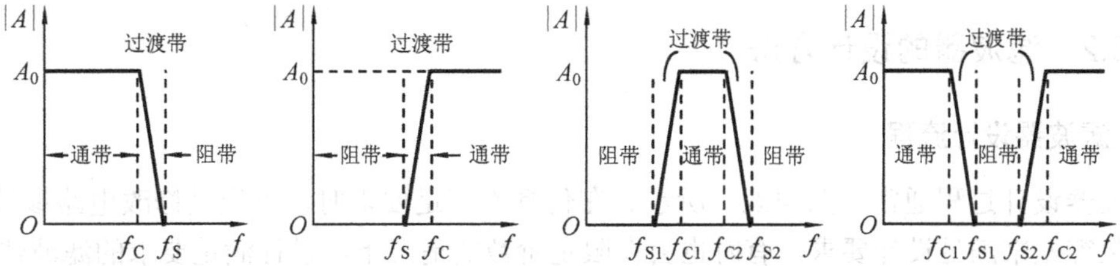

(a) 低通　(b) 高通　(c) 带通　(d) 带阻

图 4.6.1　滤波器的功能

图 4.6.1 中 A_0 为通带增益，f_C 为通带截止频率，f_S 为阻带截止频率，$BW_C = f_{C2} - f_{C1}$ 为通带带宽，$BW_S = f_{S2} - f_{S1}$ 为阻带带宽。

实际的幅频响应在通带和阻带内也不是完全水平的，所以滤波器设计除了通带增益、截止频率以外，还有其他几个常用指标，现以低通滤波器为例加以说明，图 4.6.2 示出了这些指标的关系和含义。

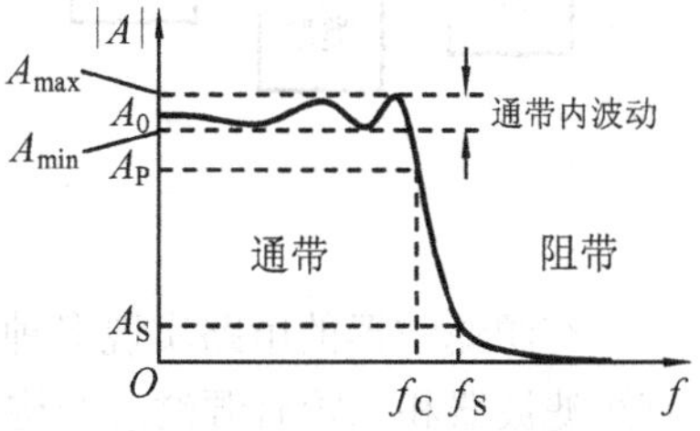

图 4.6.2　滤波器的幅频特性

其中 A_0 为 $f = 0$ 时的增益，即通带增益，A_P 为对应截止频率 f_C 的最小通带增益，常常定义为比 A_0 小 3dB，即 $A_P \approx 0.707A_0$。A_S 为对应于 f_S 的最大阻带增益。滤波器设计时也常常使用另外两个分贝数指标描述这几个增益的关系，即通带最大衰减 $A_{0P} = 20\lg A_0 - 20\lg A_P$（dB）和阻带最小衰减 $A_{0S} = 20\lg A_0 - 20\lg A_S$（dB）。通带内波动（Maximum Passband Ripple）也常常用分贝数表示：$\Delta A_{max}(=A_{PR}) = 20\lg A_{max} - 20\lg A_{min}$（dB）。

可以用不同的滤波器传递函数的实际特性去逼近理想特性。常用的滤波器函数有巴特沃斯（Butterworth）、切比雪夫（Chebyshev 或 Chebyshev 1）、反切比雪夫（Inverse Chebyshev 或 Chebyshev 2）、椭圆型（Elliptic）、贝塞尔（Bessel）和高斯型（Gaussian）等，其中的任一种都可用来实现低通、高通、带通与带阻四种不同功能的滤波器。前四种函数的归一化低通滤波器幅频响应如图 4.6.3 所示。

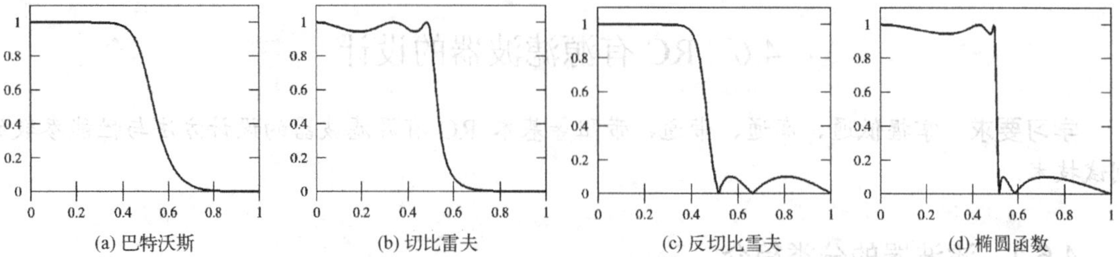

图 4.6.3　不同函数型低通滤波器的幅频响应特点

由图看出，巴特沃斯滤波器的幅频响应随频率单调变化，在通带内增益无波动。切比雪夫的幅频响应在通带内是波动的，但在同样阶数下，在通带截止频率附近衰减速度较快，而反切比雪夫的幅频响应在阻带内是波动的，在阻带截止频率附近衰减速度较快。椭圆函数在通带和阻带内均有波动，但过渡带相对更窄。在不允许带内有波动时，用巴特沃思滤波器较好。如果给定带内允许的波动，则可用切比雪夫或椭圆函数滤波器，以便在同样的过渡带要求下，减少滤波器的阶数。贝塞尔滤波器的优点在于它有近似线性的相移，群延时接近常数，相位失真小，此外还有其他线性相位（Linear Phase）类型滤波器。

4.6.2　滤波器的设计方法

1．滤波器设计流程

滤波器设计过程通常如图 4.6.4 所示。在仿真不满足要求时，可通过修改电路参数或调整元件参数容差来满足设计要求。有时也会在限定阶数的情况下，设计满足要求的滤波器。

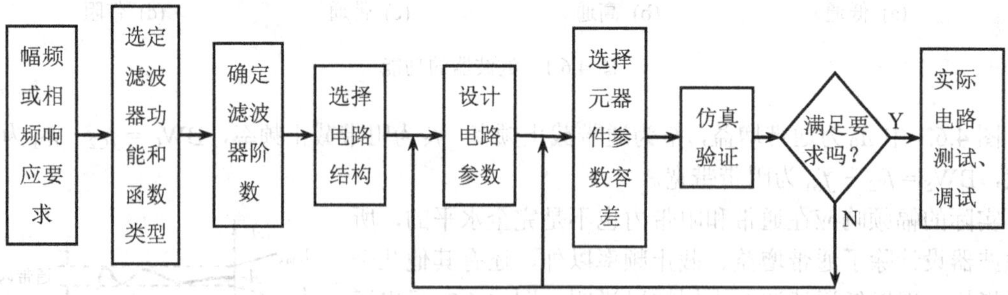

图 4.6.4　滤波器设计流程

有源滤波器的电路实现多种多样。就阶数而言，最常用的方法（不是唯一方法）是用一阶有源滤波器和二阶有源滤波器构成高阶滤波器，例如，设计一个 N 阶低通滤波器，当 N 为偶数时，只需用 $N/2$ 个二阶低通有源滤波器串接实现；当 N 为奇数时，可用 1 个一阶低通有源滤波器和 $(N-1)/2$ 个二阶低通有源滤波器级联实现，所以一阶和二阶有源滤波器是关键，这里仅简单介绍二阶有源滤波器。

2. 二阶有源滤波器

抛开具体电路形式，从双口网络的角度看，二阶滤波器的一种通用传递函数如表 4.6.1 所示。

传递函数中各性能指标影响着滤波器特性。以低通滤波器为例，特征角频率ω_C和品质因数 Q 对幅频响应的影响如图 4.6.5 所示（图中的坐标轴均做了归一化处理）。可见 Q 值越大，幅值过冲越大，当 Q=0.707 时，ω_C 正好是 3dB 截止角频率。其他几种功能的滤波器也有类似的关系，只是在带通和带阻滤波器中，Q 值越大，通带或阻带越尖锐，反之越平坦。在有源滤波器中，通常 Q 值越大，电路的稳定性也越差，所以实际使用的有源滤波器多数是低 Q 值的。

表 4.6.1　二阶滤波器的传递函数

功能（类型）	传输函数	性能参数
低　通	$A(s)=\dfrac{A_0\omega_C^2}{s^2+\dfrac{\omega_C}{Q}s+\omega_C^2}$	A_0——电压增益 ω_C——低、高通滤波器的特征角频率 ω_0——带通、带阻滤波器的中心角频率 Q——品质因数 $Q\approx\dfrac{\omega_0}{BW}$ 或 $\dfrac{f_0}{BW}$ (当 BW$\ll\omega_0$ 时) BW——带通、带阻滤波器的带宽
高　通	$A(s)=\dfrac{A_0 s^2}{s^2+\dfrac{\omega_C}{Q}s+\omega_C^2}$	
带　通	$A(s)=\dfrac{A_0\dfrac{\omega_0}{Q}s}{s^2+\dfrac{\omega_0}{Q}s+\omega_0^2}$	
带　阻	$A(s)=\dfrac{A_0(s^2+\omega_0^2)}{s^2+\dfrac{\omega_0}{Q}s+\omega_0^2}$	

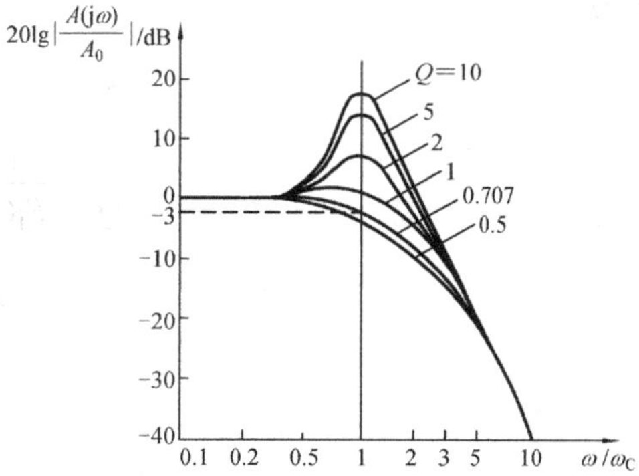

图 4.6.5　二阶低通滤波器的归一化幅频响应

3. 二阶有源滤波器常用电路

用放大器和 RC 元件实现二阶（及更高阶）有源滤波器电路，最常用的有两种，一种是电压控制电压源（Voltage-Controlled Voltage Source，VCVS）电路（也称为 Sallen-Key 电路），如图 4.6.6(a)所示；另一种是无限增益多路反馈（Multiple-Feedback，MFB）电路，如图 4.6.6(b)所示。

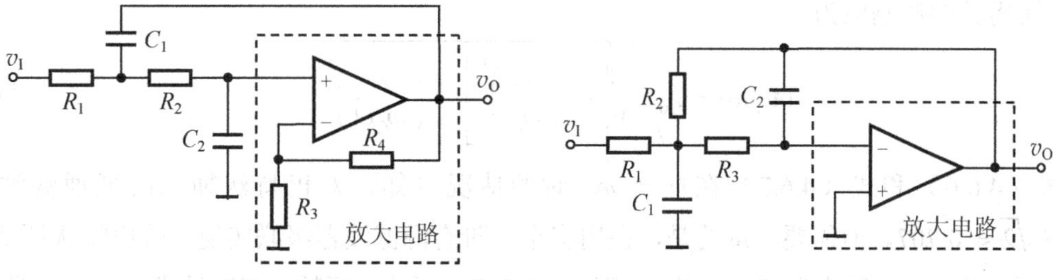

(a) Sallen-Key 电路　　(b) MFB 电路

图 4.6.6　二阶 RC 有源低通滤波器

Sallen-Key 电路虚线框中就是一个增益为 1+ R_4/R_3 的同相放大电路，其输入阻抗很高，输出阻抗很低，相当于一个电压源，故称电压控制电压源电路。它的优点是电路性能稳定、增益容易调节。图 4.6.6(b)所示电路中放大电路部分只有一个运算放大器，其增益相当于运放的开环增益，理想情况下为无穷大，而信号由反相端输入，输出端通过

C_2、R_2 形成两条反馈通路，故称其为无限增益多路反馈电路。它的优点是电路有倒相作用，使用元件较少，但增益调节对滤波器特性有影响。该电路通常要求运放的单位增益带宽至少为其所实现的滤波器带宽上限的 100 倍。类似地，对于图 4.6.6 (a) Sallen-Key 电路中的运放，则要求其在工作通带内的开环增益至少比滤波器增益大 50 倍以上，以减少运放实际参数带来的误差。

分析表明，图 4.6.6(a)所示电路的传递函数的表达式为

$$A(s)=\frac{A_0\dfrac{1}{R_1R_2C_1C_2}}{s^2+\left[\dfrac{1}{R_1C_1}+\dfrac{1}{R_2C_1}+(1-A_0)\dfrac{1}{R_2C_2}\right]s+\dfrac{1}{R_1R_2C_1C_2}} \tag{4.6.1}$$

与表 4.6.1 中低通滤波器传递函数的通用表达式相比较，可得滤波器性能指标与电路参数的关系为

$$\omega_C^2=\frac{1}{R_1R_2C_1C_2} \tag{4.6.2}$$

$$\frac{\omega_C}{Q}=\frac{1}{R_1C_1}+\frac{1}{R_2C_1}+(1-A_0)\frac{1}{R_2C_2} \tag{4.6.3}$$

$$A_0=1+\frac{R_4}{R_3} \tag{4.6.4}$$

$$f_C=\frac{\omega_C}{2\pi} \tag{4.6.5}$$

当 $R_2=R_1=R$、$C_2=C_1=C$ 时，有 $\omega_C=1/(RC)$，$Q=1/(3-A_0)$。注意，这里始终要求式（4.6.3）大于零。

实际上，前述不同的滤波器函数（如巴特沃斯、切比雪夫、……）均具有各自的特点，它们可以对通用表达式中的某些性能指标做出限制。例如巴特沃斯低通滤波器的幅频响应需满足：

$$|A(\mathrm{j}\omega)|=\frac{A_0}{\sqrt{1+(\omega/\omega_C)^{2N}}}\quad (N=1, 2, 3, \cdots) \tag{4.6.6}$$

其中 N 为滤波器阶数。由式（4.6.6）看出，无论 N 为多少，巴特沃斯低通滤波器在 $\omega=\omega_C$ 时的幅频响应始终有 $A(\omega=\omega_C)=A_0/\sqrt{2}\approx 0.707A_0$。由表 4.6.1 中二阶低通滤波器通用传递函数表达式可得其幅频响应为

$$|A(\mathrm{j}\omega)|=A_0\Bigg/\sqrt{\left[1-\left(\frac{\omega}{\omega_C}\right)^2\right]^2+\left(\frac{\omega}{\omega_C Q}\right)^2} \tag{4.6.7}$$

对比式（4.6.6）和式（4.6.7）在 $\omega=\omega_C$ 时的情况可知，对巴特沃斯二阶低通滤波器有 $Q=1/\sqrt{2}\approx 0.707$。但需要注意的是，在用多个二阶有源滤波器级联实现高阶巴特沃斯滤波器时，并不需要每级二阶有源滤波器的 Q 都等于 0.707，而是总幅频响应满足式（4.6.6）即可。

其他滤波器函数与通用表达式也存在某种关系，只是它们的关系不像巴特沃斯那样简单。

为方便设计，现将四种功能的二阶有源滤波器的 Sallen-Key 电路和 MFB 电路列于表 4.6.2 中，可看出，由于要求 $\omega_C/Q>0$，所以 Sallen-Key 电路的 A_0 受到限制，不能过大，否则滤波器将无法稳定工作。另外仔细观察 MFB 带阻滤波器的电路会发现，第一个运放构成的是一个 MFB 带通滤波器，第二个运放构成一个求和电路，由于 MFB 带通滤波器有倒相作用，所以求和电路完成了输入信号减去带通滤波器输出信号的运算，从而实现带阻功能。

4．有源滤波器设计过程

在设计滤波器时，如果仅根据ω_C、A_0及 Q 这三个指标，求出电路中所有 R、C 元件的值是相当困难的（或过于随意有太多的选择）。在实际设计中，常常会给出其他一些更加具体的要求，如图 4.6.2 中的通带最大衰减 A_{0P}、阻带截止频率 f_S、阻带最小衰减 A_{0S} 和通带内波动ΔA_{max}等约束条件，从而限制元件参数的自由度，使设计更容易。

在计算机大量普及之前，为方便设计，确定元件参数的过程被制成各种表格，设计者根据滤波器指标及相关要求，先设定某些元件的值，再通过查表确定其他元件的参数值。但是，现在基本上都是采用滤波器设计软件来设计滤波器了。目前众多的设计软件都能完成图 4.6.4 中除最后一步的所有过程。也有一些网上在线的滤波器设计工具可用，如 TI 公司的 WEBENCH Designer 和 ADI 公司的 Filter Wizard，用户只要登录到它们的网站，就可以在线使用这些工具设计所需要的滤波器。这里我们采用滤波器设计软件 Filter Wiz Pro 3.0 设计有源滤波器，虽然其他设计软件都有各自不同的操作方式，但都是围绕滤波器相关特性进行设计的。

Filter Wiz Pro 设计步骤如下：

（1）选择滤波器功能：低通（Lowpass）、高通（Highpass）、带通（Bandpass）、带阻（Bandstop）或用户定义（User defined）。

（2）输入（确定）滤波器的滤波特性要求。如设计低通滤波器时的通带最大衰减（Passband Attenuation）、阻带最小衰减（Stopband Attenuation）、通带截止频率（Passband Frequency）、阻带截止频率（Stopband Frequency）、总增益（Overall Filter Gain）等，可以选择是否设定阶数（Force Filter Order），当限定阶数后，则阻带频率和阻带衰减不可用。

（3）根据滤波特性要求，进行计算，获得各种滤波器函数（Butterwoth、Chebyshev、…）下所需的阶数（Order）、电路级数（stages）、通带内增益波动（Passband ripple）、极点数（Pole）、零点数（Zero）和最大 Q 值等。它们在不同滤波器下的数值可能会有较大差别，是选择滤波器类型的重要参考依据。

（4）查看设计要求下各种滤波器函数的幅频（Gain）、相频（Phase）、群延时（Grp. Delay）、阶跃（Step）和脉冲（Impulse）等响应曲线，以及零极点（Pole-Zero）分布情况，并结合第 3 步结果选择一种想要的滤波器。

（5）选择确定各级的电路结构，如 Sallen-Key、MFB 或其他电路结构。

（6）计算各级电路元件参数值，并调整电路参数。例如，选择确定元件容差（包括运放的相关参数），确定元件是否取标称值，修改元件参数等。

（7）按修改后的参数计算滤波器的响应特性，观察不同元件值（精确值、标称值、用户指定值等）下幅频、相频、群延时等响应曲线的差异，从而确定最终的元器件参数值。如果发现不能满足要求，可以重复第 6 步。

最后在电路板上组装调试所设计的滤波器。

表 4.6.2　两种二阶有源滤波器电路

		Sallen-Key 电路	MFB 电路
低通	电路形式	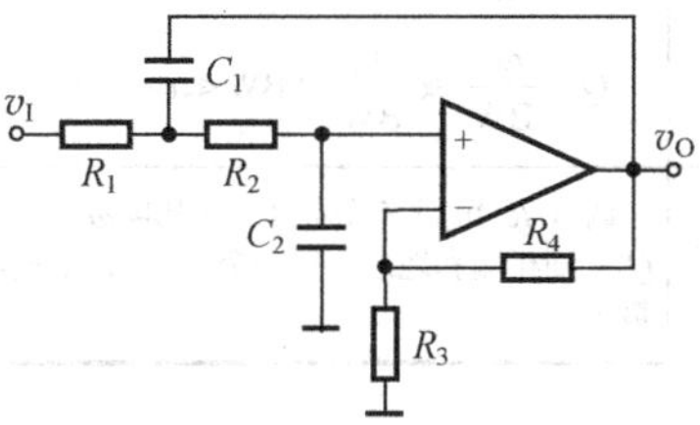	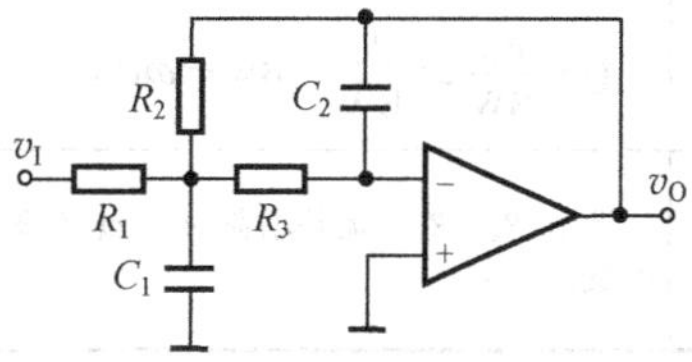

<table>
<tr><th></th><th></th><th>Sallen-Key 电路</th><th>MFB 电路</th></tr>
<tr><td rowspan="2">低通</td><td>性能参数</td><td>$\omega_C^2=\dfrac{1}{R_1R_2C_1C_2}$
$\dfrac{\omega_C}{Q}=\dfrac{1}{R_1C_1}+\dfrac{1}{R_2C_1}+(1-A_0)\dfrac{1}{R_2C_2}$ （$\dfrac{\omega_C}{Q}>0$）
$A_0=1+\dfrac{R_4}{R_3}$</td><td>$\omega_C^2=\dfrac{1}{R_2R_3C_1C_2}$
$\dfrac{\omega_C}{Q}=\dfrac{1}{C_1}\left(\dfrac{1}{R_1}+\dfrac{1}{R_2}+\dfrac{1}{R_3}\right)$
$A_0=-\dfrac{R_2}{R_1}$</td></tr>
<tr><td>说明</td><td>增益容易调整，输入阻抗高、输出阻抗低。
运放的 $R_i>10(R_1+R_2)$，输入端到地要有一直流通路。
在ω_C处，运放的开环增益至少应是滤波器增益的 50 倍。</td><td>有倒相作用，输出阻抗低。
运放的 $R_i>10(R_3+R_1//R_2)$，输入端到地的直流通路已由 R_2 和 R_3 完成。
同相端可接电阻 R_p，减小失调。</td></tr>
<tr><td rowspan="3">高通</td><td>电路形式</td><td>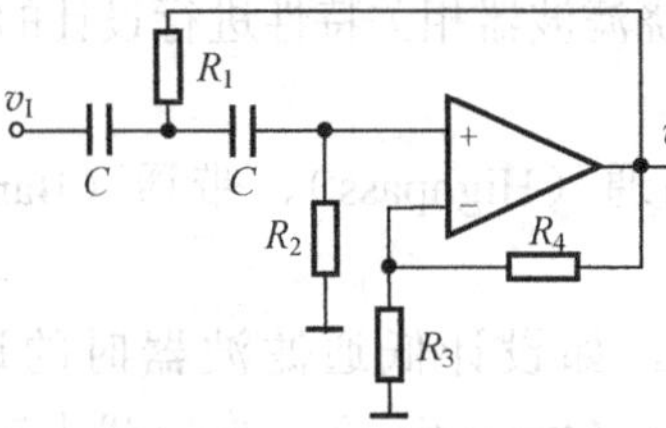
</td><td>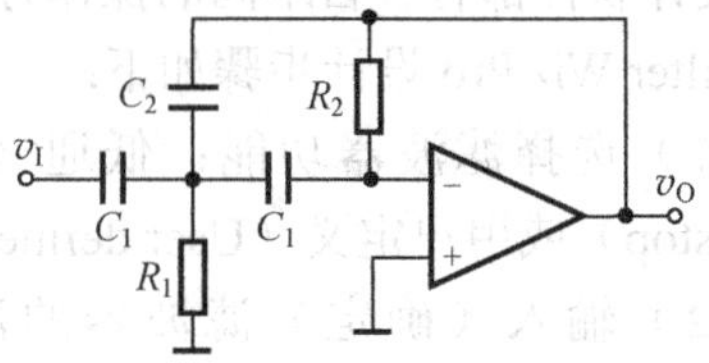
</td></tr>
<tr><td>性能参数</td><td>$\omega_C^2=\dfrac{1}{R_1R_2C^2}$
$\dfrac{\omega_C}{Q}=\dfrac{2}{R_2C}+(1-A_0)\dfrac{1}{R_1C}$ （$\dfrac{\omega_C}{Q}>0$）
$A_0=1+\dfrac{R_4}{R_3}$</td><td>$\omega_C^2=\dfrac{1}{R_1R_2CC_1}$
$\dfrac{\omega_C}{Q}=\dfrac{2C_1+C_2}{R_2C_1C_2}$
$A_0=-\dfrac{C_1}{C_2}$</td></tr>
<tr><td>说明</td><td>要求运放的 R_i 大于 $10R_2$，R_3、R_4 的选取要考虑对失调的影响，在ω_C处，运放的开环增益 A_0 至少是滤波器增益的 50 倍。</td><td>同相端接等于 R_2 的电阻可减小失调，微调 C_1 或 C_2 对 A_0 实现调整。</td></tr>
<tr><td rowspan="3">带通</td><td>电路形式</td><td>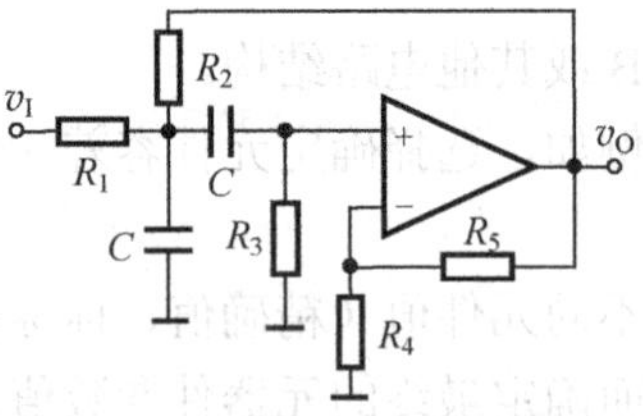

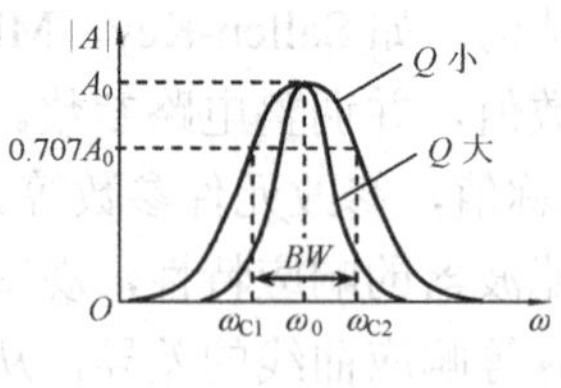
</td><td>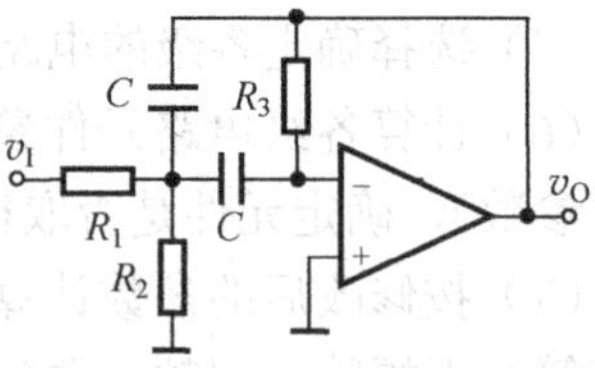
</td></tr>
<tr><td>性能参数</td><td>$\omega_0^2=\dfrac{1}{R_3C^2}\left(\dfrac{1}{R_1}+\dfrac{1}{R_2}\right)$
$\dfrac{\omega_0}{Q}=\dfrac{1}{C}\left(\dfrac{1}{R_1}+\dfrac{2}{R_3}+(1-A_0)\dfrac{1}{R_2}\right)$ （$\dfrac{\omega_0}{Q}>0$）
$A_0=1+\dfrac{R_5}{R_4}$
$Q=\dfrac{\omega_0}{BW}$ 或 $\dfrac{f_0}{BW}$ （$BW\ll\omega_0$ 时）</td><td>$\omega_0^2=\dfrac{1}{R_3C^2}\left(\dfrac{1}{R_1}+\dfrac{1}{R_2}\right)$
$\dfrac{\omega_0}{Q}=\dfrac{2}{R_3C}$
$A_0=\dfrac{-R_3}{2R_1}$
$Q=\dfrac{\omega_0}{BW}$ 或 $\dfrac{f_0}{BW}$ （$BW\ll\omega_0$ 时）</td></tr>
<tr><td>说明</td><td>调节 R_4、R_5 可调整增益 A_0，ω_0 不变，带宽 BW(或 Q)会改变。</td><td>调节 R_1 可调整增益 A_0，但影响ω_0，调节 R_3 将影响 BW(或 Q)。同相端和地之间接一个等于 R_3 的电阻，使直流失调减到最小。</td></tr>
</table>

续表

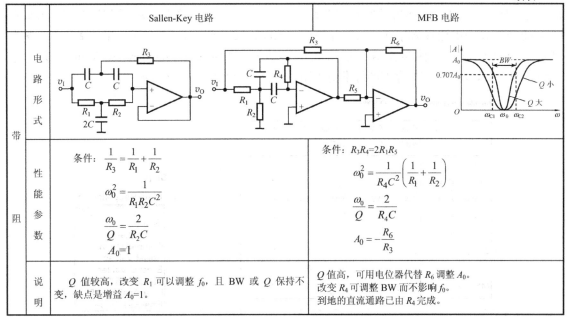

		Sallen-Key 电路	MFB 电路
带阻	电路形式	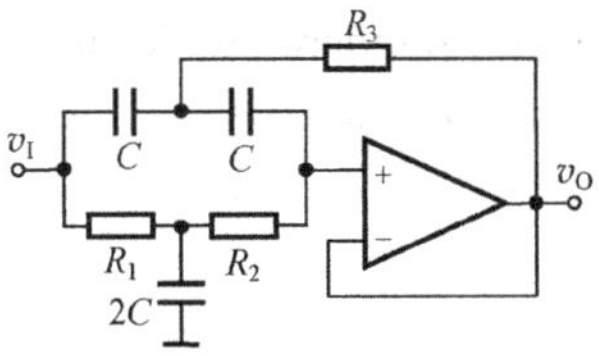	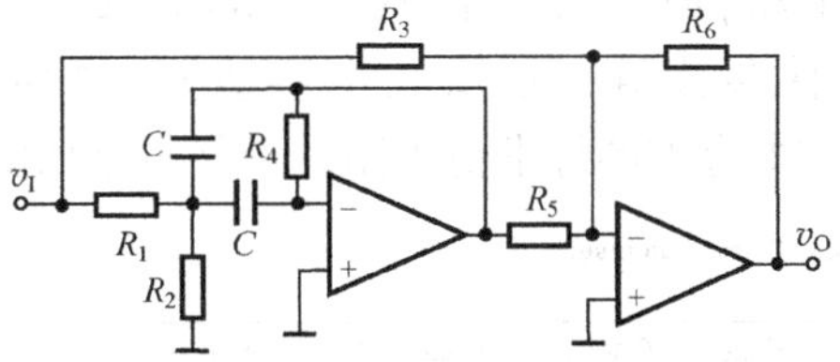 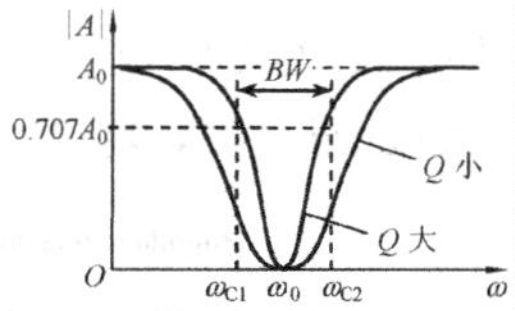
	性能参数	条件：$\frac{1}{R_3}=\frac{1}{R_1}+\frac{1}{R_2}$ $\omega_0^2=\frac{1}{R_1R_2C^2}$ $\frac{\omega_0}{Q}=\frac{2}{R_2C}$ $A_0=1$	条件：$R_3R_4=2R_1R_5$ $\omega_0^2=\frac{1}{R_4C^2}\left(\frac{1}{R_1}+\frac{1}{R_2}\right)$ $\frac{\omega_0}{Q}=\frac{2}{R_4C}$ $A_0=-\frac{R_6}{R_3}$
	说明	Q 值较高，改变 R_1 可以调整 f_0，且 BW 或 Q 保持不变，缺点是增益 $A_0=1$。	Q 值高，可用电位器代替 R_6 调整 A_0。 改变 R_4 可调整 BW 而不影响 f_0。 到地的直流通路已由 R_4 完成。

需要特别注意的是，通常元件标称值与滤波器元件设计值会有差别，而元件实际值与其标称值也存在一个容许的误差（元件精度），实际电路元件参数值与设计值之间的误差会明显影响滤波器的滤波特性。在实际测试滤波器特性时要特别注意元件的实际值。

4.6.3 设计举例

1. 二阶低通滤波器设计

例 1 设计一个低通滤波器，要求通带增益 $A_0=10$，3dB 截止频率 $f_C=5\text{kHz}$，在阻带频率 $f_S=20\text{kHz}$ 处，增益衰减大于 40dB，通带内无波动。

解 （1）电路设计（此处采用 Filter Wiz Pro 设计该滤波器）

① 启动 Filter Wiz Pro，选择低通（LP）滤波器。

② 输入滤波器的滤波特性要求。通带衰减（Apb）：3dBb，阻带衰减（Asb）：40dB，通带截止频率（fpb）：5 kHz、阻带截止频率（fsb）：20kHz、总增益（Overall Filter Gain）：10 倍（或 20dB），不限阶数（不勾选 Force Filter Order）。

③ 单击 Calculate，计算各种滤波器函数下所需的阶数、电路级数、通带内增益波动、极点数、零点数和最大 Q 值等如图 4.6.7 所示。

④ 单击 Next，查看满足设计要求下各种滤波器函数的幅频、相频、群延时、阶跃和脉冲等响应曲线，以及零极点分布情况。并且结合第③步结果（图 4.6.7 所示），根据通带内无波动要求，可以选择巴特沃斯型或反切比雪夫型滤波器，此处我们选择巴特沃斯滤波器（单击选择 Butterworth）。由图 4.6.7 看出，该滤波器需要四阶，由两级电路实现。

⑤ 单击 Next，分别选择第一、二级电路结构，这里均选择 MFB 电路（注意，由于增益为 10 倍，选择 Sallen-Key 电路将无法满足增益要求）。

⑥ 单击 Next，运行计算各级电路元器件参数值。单击右上角的下拉窗口如图 4.6.8，可分八个步骤查看和调整相关特性和元器件参数值。例如，选择 Componets，并单击下方的按钮“Componets”，可打开如图 4.6.9 所示的元器件参数设置窗口，可修改所选用运放的相关参数，

电阻、电容的误差范围（容差）和温度系数，以及环境温度变化范围等，主要用于灵敏度分析。这里将两级的电阻、电容的容差均设置为 5%。设置完后，单击 OK 关闭该窗口；又如在图 4.6.8 下拉窗口中选择 Adjust Values 并勾选“All Capacitors”时，单击下方的“▲”或“▼”可增大或减小电容元件参数值（这增大电容值）；再如选择 Standard R Value，并勾选“Standard 5%”，将选用 5%容差的标准值电阻。最终电路如图 4.6.10 所示。

Magnitude response　Calculation results

Approximation:	Butter-worth	Cheby-shev	Inverse Cheby.	Elliptic	Bessel
Order	4	3	3	3	6
Circuit stages	2	2	2	2	3
Passband ripple	0 dB	3.0 dB	0 dB	3.0 dB	0 dB
Pole pairs	2	1	1	1	3
Single poles	0	1	1	1	0
Zero pairs	0	0	1	1	0
Single zeros	0	0	0	0	0
Max. pole Qp	1.3	3.1	1.0	3.1	1.0

图 4.6.7　各种滤波器函数下相关参数

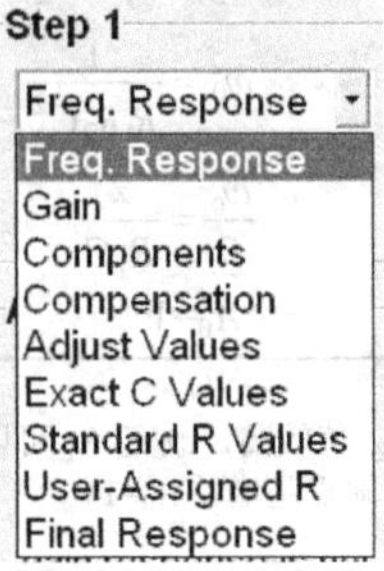

图 4.6.8　步骤窗

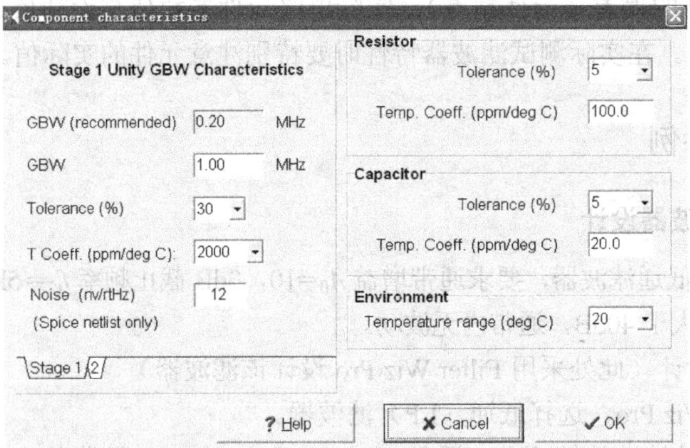

图 4.6.9　元器件参数设置窗口

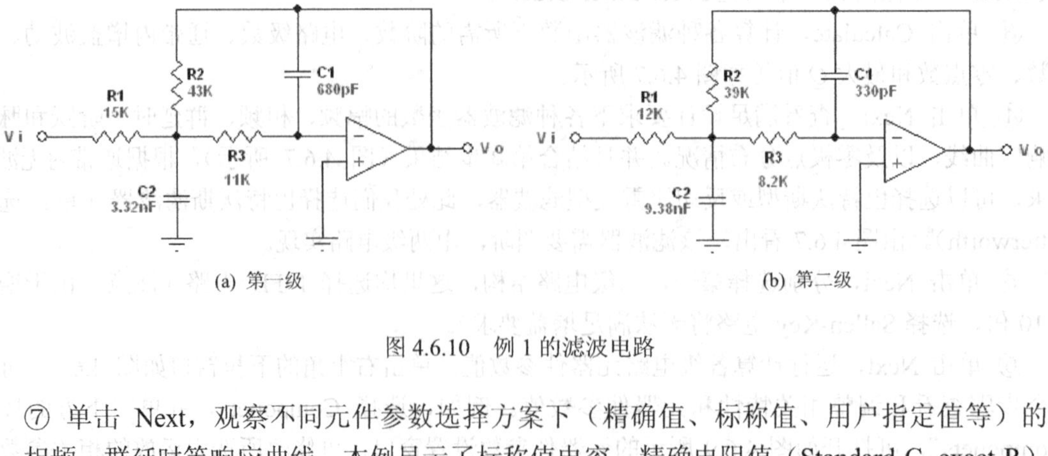

(a) 第一级　　(b) 第二级

图 4.6.10　例 1 的滤波电路

⑦ 单击 Next，观察不同元件参数选择方案下（精确值、标称值、用户指定值等）的幅频、相频、群延时等响应曲线。本例显示了标称值电容、精确电阻值（Standard C, exact R）和

用标称电阻值取代精确电阻值（Standard R substitution）后的两条曲线，其中幅频响应如图 4.6.11 所示，可以看出幅频响应满足设计要求。如果发现不能满足要求，可以重复第⑤或第⑥步。

（2）实际电路测试及参数调整

在实验板上组装图 4.6.10(a)和(b)电路，并将两级串接。运放采用 NE5532，电源电压为 ±12V。需要注意的是图中两电路的 C2 为精确值，这里只能以 10%误差的标称值 3.3nF（3300pF）和 10nF（0.01uF）取代。输入 v_{ipp} = 1V 的正弦波信号，逐渐改变信号频率，测得其通带电压增益 A_0=9.3 倍（f<< f_C 时），截止频率 f_C= 4.6 kHz。f_S= 20kHz 时，增益为 0.04 倍，比通带增益衰减 47dB，基本满足设计指标的要求。

测试时需要注意，当信号频率高于 10kHz 后，需要将输入信号峰峰值增大到 5V，再观测输出电压幅值，否则输出信号幅值太小，只能看到噪声波形。用逐点法测得的滤波器幅频响应曲线如图 4.6.12 所示。

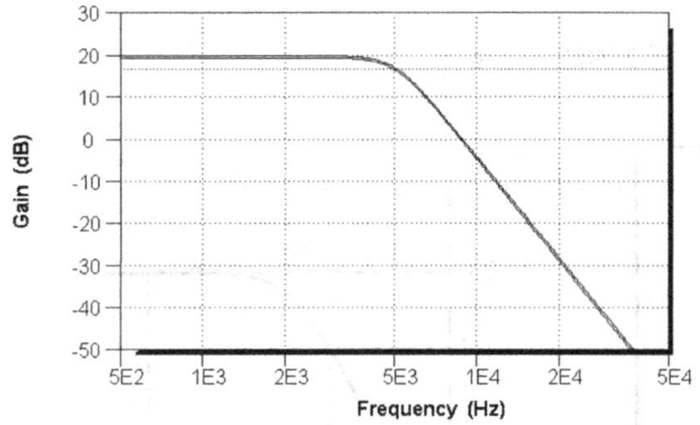

图 4.6.11　幅频响应

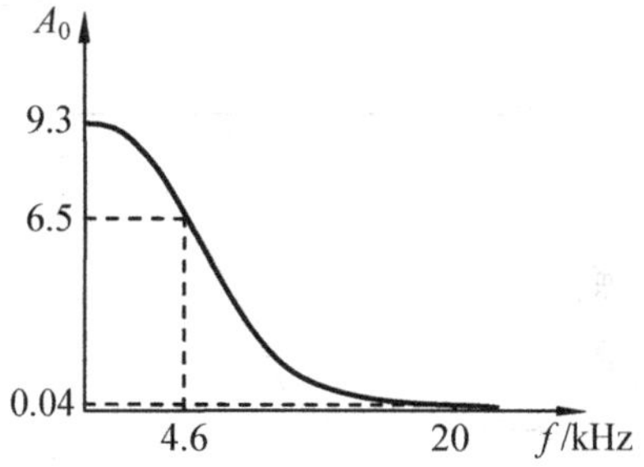

图 4.6.12　例 1 实际电路的幅频响应曲线

由于电阻和电容误差对频响特性有较大影响，所以实测频率响应可能会有较大误差，此时需要调整实际元件参数，通常调整电阻比较方便。

2．二阶高通滤波器设计

例 2　设计一个三阶 Sallen-Key 高通滤波器，要求截止频率 f_C=100Hz，增益 A_0=2。

解　（1）电路设计

① 启动 Filter Wiz Pro，选择高通（HP）滤波器。

② 勾选 Force Filter Order，并输入阶数。输入通带衰减（Apb）：3dBb，通带截止频率（fpb）：100 Hz，总增益（Overall Filter Gain）：2V/V。

③ 单击 Calculate，计算各种滤波器函数下所需的阶数、电路级数、通带内增益波动、极点数、零点数和最大 Q 值等。

④ 单击 Next，查看满足设计要求下各种滤波器函数的响应特性，结合第③步结果，选择 Butterworth 滤波器。

⑤ 单击 Next，第一、二级均选择 Sallen-Key 电路。

⑥ 单击 Next，在右上角的下拉窗中选择 Variations，并勾选“C1=C2; R1=R2”，加入约束条件；选择 Adjust Values，并勾选“All Capacitors”，单击下方的“▼”减小电容元件参数值；再在下拉窗中选择 Standard R Value，并勾选“Standard 5%”，将两级电路的电阻、电容的容差均设置为 5%。最终电路如图 4.6.13 所示。

⑦ 单击 Next，精确电阻值和标称电阻值两种情况下的幅频响应曲线如图 4.6.14 所示。

（2）实际电路测试及参数调整

在实验板上组装图 4.6.13(a)和(b)电路，并将两级串接。运放采用 NE5532，电源电压为

±12V。输入 $v_{ipp}=1V$ 的正弦波信号，逐渐改变信号频率，测得其通带电压增益 $A_0\approx 2$（$f>>f_C$ 时），截止频率 $f_C\approx 92$ Hz，基本满足设计指标的要求。用逐点法测得的幅频响应曲线如图 4.6.15 所示。

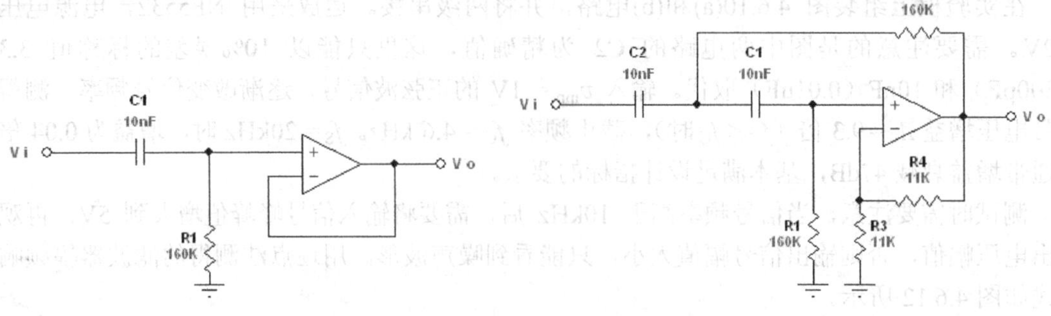

(a) 第一级　　(b) 第二级

图 4.6.13　例 2 的滤波电路

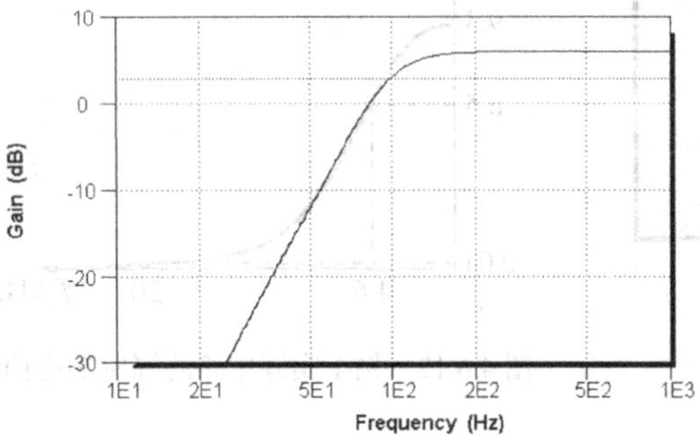

图 4.6.14　幅频响应

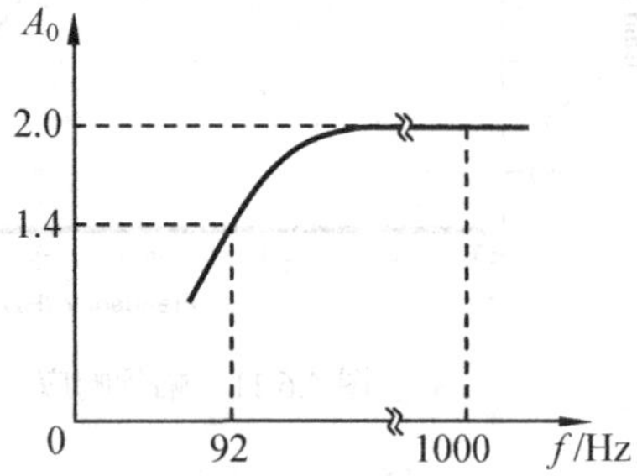

图 4.6.15　例 2 实际电路的幅频响应

测高频端电压增益时也可能出现增益下降的现象，这主要是集成运放的带宽限制所至。

3. 二阶带通滤波器设计

例 3　设计一个二阶带通滤波器，要求中心频率 $f_0=1$kHz，增益 $A_0=2$，品质因数 $Q=10$。

解　（1）电路设计

① 启动 Filter Wiz Pro，选择带通（BP）滤波器。

② 由于 $Q=f_0/\text{BW}$，所以 $BW=f_0/Q=100$ Hz，这里输入通带衰减（Apb）：3dBb，带宽（Bpb）：100Hz，中心频率（f0）：1kHz，总增益（Overall Filter Gain）：2V/V。由于对阻带无特别要求，所以可以将阻带宽度（Bsb）设置为大于中心频率，如 2kHz，阻带衰减设置小些，如 20dB。

③ 单击 Calculate，计算各种滤波器函数下所需的阶数、电路级数、通带内增益波动、极点数、零点数和最大 Q 值等。

④ 单击 Next，查看满足设计要求下各种滤波器函数的响应特性，结合第③步结果，这里选择 Butterworth 滤波器，只需一级二阶电路。

⑤ 单击 Next，选择 MFB 电路（也可以选择其他电路结构）。

⑥ 单击 Next，在右上角的下拉窗中选择 Adjust Values，并勾选“All Capacitors”，单击下方的“▼”减小电容元件参数值；再选择 Standard R Value，并勾选“Standard 5%”，设置 5% 精度的标称值元件参数，电路如图 4.6.16 所示。

⑦ 单击 Next，精确电阻值和标称电阻值两种情况下的幅频响应曲线如图 4.6.17 所示。

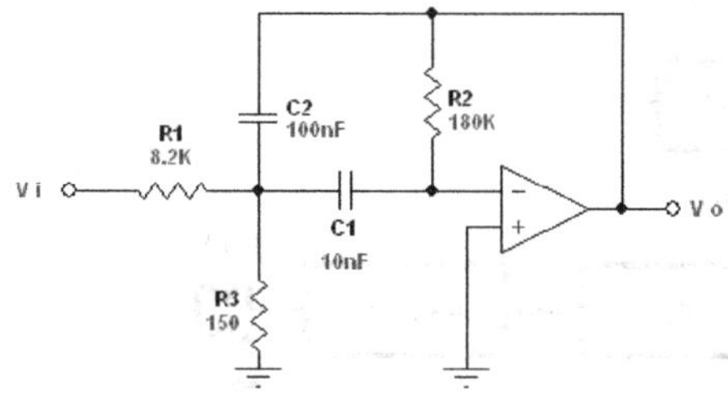

图 4.6.16　例 3 的滤波电路

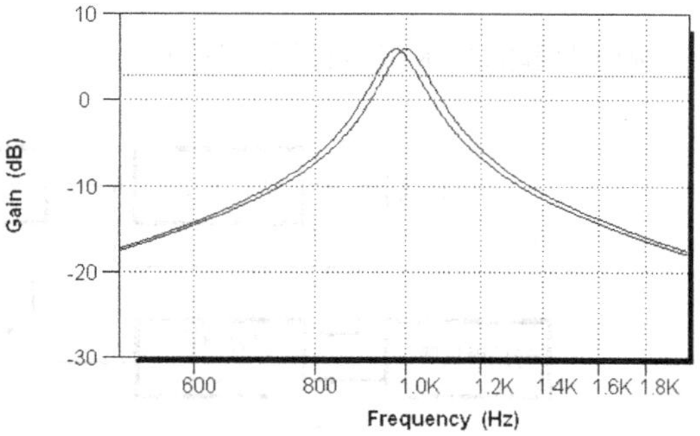

图 4.6.17　幅频响应

（2）实际电路测试及参数调整

在实验板上组装图 4.6.16 电路，运放采用 NE5532，电源电压为±12V。输入 $v_{ipp}=1V$ 的正弦波信号，逐渐改变信号频率，测得其中心频率 $f_0\approx 900Hz$，电压增益 $A_0\approx 1.5$，$BW=f_{C2}-f_{C1}\approx 133Hz$，$Q\approx 6.8$。其误差主要由元件参数误差引起，可以进一步调整修改元件参数，使性能指标达到设计要求。用逐点法测试的幅频响应曲线如图 4.6.18 所示。

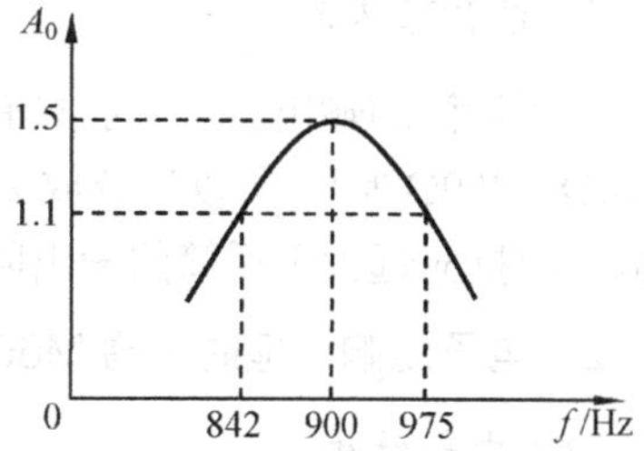

图 4.6.18　例 3 实际电路的幅频响应曲线

4.6.4　设计任务

设计课题：语音滤波器的设计

性能指标要求：截止频率 $f_H=3000Hz$，$f_L=300Hz$，$A_0=2$，当频率降为 30Hz 或升高到 30kHz 时，增益至少衰减 30dB（**提示**：由一个低通和一个高通级联实现，可分别单独设计低通和高通滤波器）。

测量内容与要求：

① 用 pSPICE 软件仿真滤波器的幅频特性，然后实际测量滤波器的幅频特性，在半对数坐标纸上画出幅频特性曲线；

② 测量滤波器的上、下限截止频率；

③ 测量滤波器的通带电压增益和过度带的衰减速率。

实验与思考题

4.6.1　在低通滤波器的调试过程中，为什么要接调零电位器？用实验说明接入调零电位器后可改善滤波器的哪些性能。

4.6.2　高通滤波器的上限频率受哪些因素影响？可采取什么措施减小这些影响？

4.6.3　用实验比较压控电压源电路(VCVS，也称 Sallen-Key 电路)与无限增益多路反馈电路(MFB)在电路的稳定性、性能参数的互相牵制、电路调整等方面的优缺点。

4.7　音响放大器设计

学习要求　了解集成功率放大器内部电路工作原理，掌握其外围电路的设计与主要性能参数的测试方法；掌握音响放大器的设计方法与电子线路系统的装调技术。

4.7.1　音响放大器的基本组成

音响放大器的基本组成框图如图 4.7.1 所示。各部分电路的作用如下。

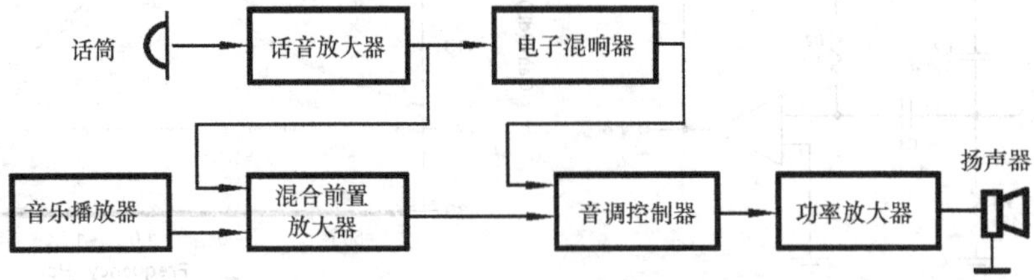

图 4.7.1　音响放大器组成框图

1．话音放大器

由于话筒的输出信号一般只有 5mV 左右，而输出阻抗达到 20kΩ（也有低输出阻抗的话筒如 20Ω，200Ω等），所以话音放大器的作用是不失真地放大声音信号（最高频率达到 10kHz）。其输入阻抗应远大于话筒的输出阻抗。

2．电子混响（延时）器 M65831

（1）内部结构

电子混响器是用电路模拟声音的多次反射，产生混响效果，使声音听起来具有一定的深度感和空间立体感。在“卡拉 OK”伴唱机中，都带有电子混响（延时）器。

集成电路 M65831 是一个+5V 电源供电、封装为 24 个引脚的数字混响延时电路，其内部结构如图 4.7.2 所示。其中，主控制器（MAIN CONTROL）由数字逻辑电路组成，是产生延时的核心电路。它将比较器（COMP）输出的信号存储到 48K 位的存储器（SRAM）中，再经过 A/D 和 D/A 转换、延时、低通滤波后输出延时信号。M65831 的引脚功能如表 4.7.1 所示。延时时间可以通过外部对引脚④、⑤、⑥、⑦的电平进行设置来获得，如表 4.7.2 所示。

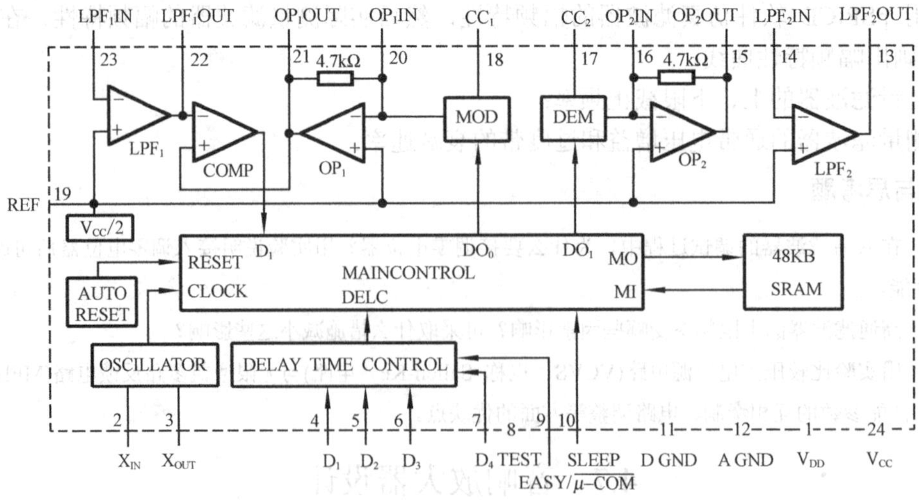

图 4.7.2　M65831 的内部结构

表 4.7.1　M65831 的引脚功能

序号	符　　号	名　　称	功　　能
1	V_{DD}	Digital V_{DD}	数字电源电压，+5V
2	X_{IN}	Oscillator input	时钟振荡器输入
3	X_{OUT}	Oscillator output	时钟振荡器输出（2MHz 晶振）
4	D_1	Delay 1	延时输入数据 D_1
5	D_2	Delay 2	延时输入数据 D_2
6	D_3	Delay 3	延时输入数据 D_3
7	D_4	Delay 4	延时输入数据 D_4
8	TEST	Test	测试端
9	$\overline{\text{EASY/}}$ μ-COM	$\overline{\text{Easy/}}$ μ-COM	普通模式/微机模式
10	SLEEP	Sleep	睡眠模式
11	D GND	Digital GND	数字地
12	A GND	Analog GND	模拟地
13	LPF_2 OUT	Low pass filter2 output	经外部 R、C 形成低通滤波器
14	LPF_2 IN	Low pass filter2 input	
15	OP_2 OUT	OP-AMP2 output	经外部 R、C 形成积分器
16	OP_2 IN	OP-AMP2 input	
17	CC_2	Current control 2	电流控制端 2
18	CC_3	Current control 1	电流控制端 1
19	REF	Reference	参考电压，等于 $V_{CC}/2$
20	OP_1 IN	OP-AMP1 input	经外部 R、C 形成积分器
21	OP_1 OUT	OP-AMP1 output	
22	LPF_1 OUT	Low pass filter1 output	经外部 R、C 形成低通滤波器
23	LPF_1 IN	Low pass filter1 input	
24	V_{CC}	Analog V_{CC}	模拟电源电压 V_{CC}

表 4.7.2　延时时间设置

D_4	D_3	D_2	D_1	采样频率/kHz	延时时间/ms
L	L	L	L	500	12.3
			H		24.6
		H	L		36.9
			H		49.2
	H	L	L		61.4
			H		73.7
		H	L		86.0
			H		98.3
H	L	L	L	250	110.6
			H		122.9
		H	L		135.2
			H		147.5
	H	L	L		159.7
			H		172.0
		H	L		184.3
			H		196.6

（2）应用举例

由 M65831 构成的电子混响器实验电路如图 4.7.3 所示。电路工作原理是：输入信号通过㉒脚与㉓脚组成的低通滤波器进行滤波，控制器发出取样信号通过⑳脚与㉑脚组成的运放和内部比较器，对输入信号进行采样、存储、A/D 和 D/A 转换、延时、低通滤波后，经⑬脚输出延时信号。当⑨脚为高电平时，延时时间由开关控制；当⑨脚为低电平时，延时时间可由微机控制。⑩脚为低电平时，M65831 芯片处于工作模式；为高电平时，芯片处于睡眠模式，仅消耗 14mA 的电流。

由于 M65831 只能用+5V 供电，一般模拟信号系统的电源电压均大于+5V，所以 M65831 接入模拟系统时，一定要将模拟系统的电源电压转换为+5V 后才能给 M65831 供电。

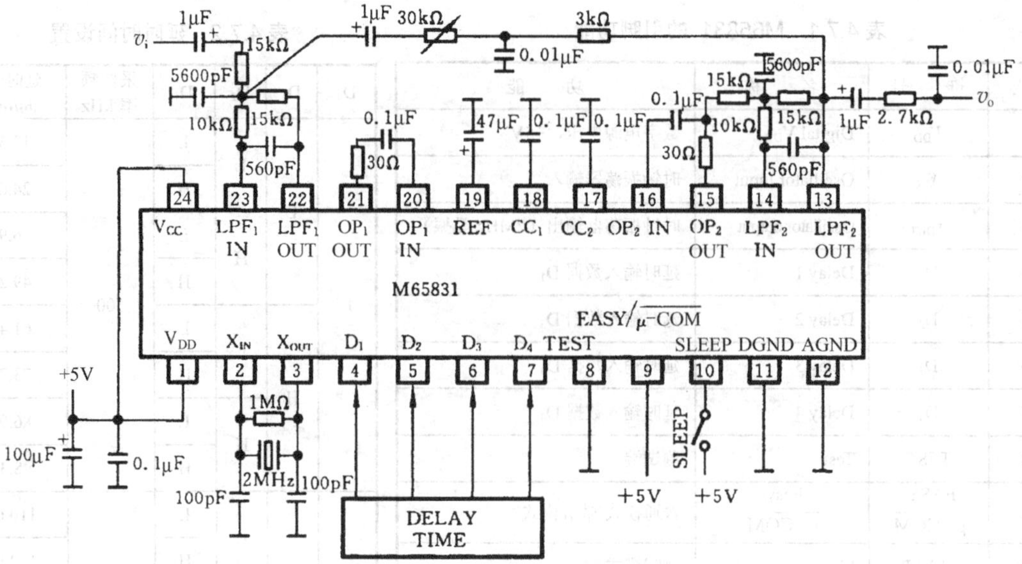

图 4.7.3　电子混响器实验电路

3．混合前置放大器

混合前置放大器的作用是将音乐播放器（如 MP3、手机音乐播放器等）输出的音乐信号与话音放大器输出的声音信号混合放大，其电路如图 4.7.4 所示。这是一个反相加法器电路，输出与输入电压间的关系为

$$V_o = -\left(\frac{R_F}{R_1}V_1 + \frac{R_F}{R_2}V_2\right) \qquad (4.7.1)$$

式中，V_1 为话音放大器输出电压；V_2 为放音机输出电压。

音响放大器的性能主要由音调控制器与功率放大器决定，下面详细介绍这两级电路的工作原理及其设计方法。

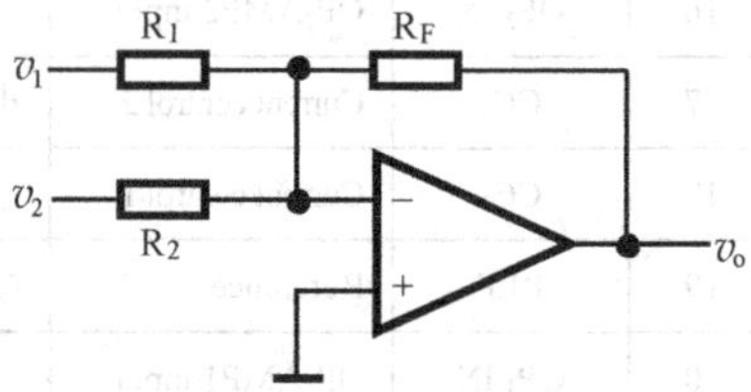

图 4.7.4　混合前置放大器

4.7.2　音调控制器

音调控制器主要是控制、调节音响放大器的幅频特性，理想的控制曲线如图 4.7.5 中折线所示。图中，f_0（等于 1kHz）表示中音频率，f_{L2} 和 f_{H1} 之间为中音频率区域，f_{L1} 和 f_{L2} 之间为低音频率区域，f_{H1} 和 f_{H2} 之间为高音频率区域。f_{L1} 一般为几十赫兹，且 $f_{L2}=10f_{L1}$。f_{H2} 一般为几十千赫兹，且 $f_{H2}=10f_{H1}$。要求增益 $A_{V0}=0\text{dB}$。

由图可见，音调控制器只对低音区域和高音区域的增益进行提升或衰减，中音区域的增益基本保持 0dB 不变。因此，音调控制器的电路可由低通滤波器与高通滤波器构成。由运算放大器构成的音调控制器，如图 4.7.6 所示。这种电路调节方便，元器件较少，在一般收录机、音响放大器中应用较多。下面分析该电路的工作原理。

设电容 $C_1=C_2 \gg C_3$，在中、低音频区，C_3 可视为开路，在中、高音频区，C_1、C_2 可视为短路。

① 当 $f<f_0$ 时，C_3 相当于开路，信号无法通过 RP_2 支路送入放大器，且通过它传至输出的信号也很小，所以该支路可等效为开路，此时音调控制器的低频等效电路如图 4.7.7 所示。其中，图(a)为 RP_1 的滑臂在最左端（将 C_1 短路）时的等效电路。此时反馈通路的阻抗最大，

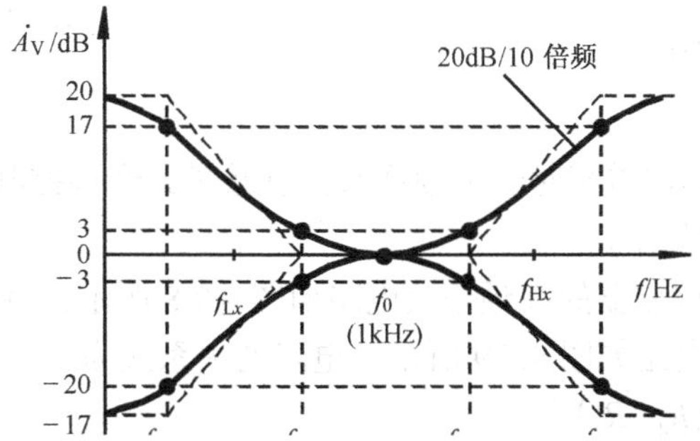

图 4.7.5　音调控制曲线

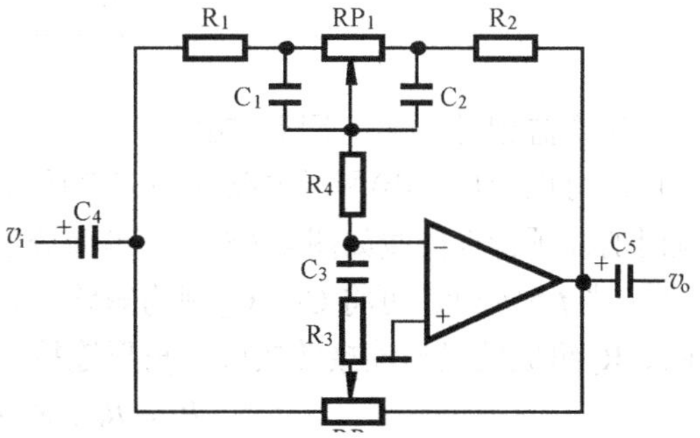

图 4.7.6　音调控制电路

而输入阻抗最小，负反馈最弱，所以对应于低频增益提升最大的情况，即对应图 4.7.5 中左上部分曲线的位置；图(b)为 RP_1 滑臂在最右端（将 C_2 短路）时的等效电路。此时反馈通路的阻抗最小，而输入阻抗最大，负反馈最强，所以对应于低频增益衰减最大的情况，即对应图 4.7.5 中左下部分曲线的位置。调节图 4.7.6 中 RP_1 时，图 4.7.5 中左半部分幅频响应曲线会在上述两个位置之间上下移动。分析表明，图(a)所示电路是一个一阶有源低通滤波器，其增益函数的表达式为

$$\dot{A}(\mathrm{j}\omega)=\frac{\dot{V}_o}{\dot{V}_i}=-\frac{\mathrm{RP}_1+R_2}{R_1}\cdot\frac{1+(\mathrm{j}\omega)/\omega_2}{1+(\mathrm{j}\omega)/\omega_1} \tag{4.7.2}$$

式中

$$\omega_1=1/(\mathrm{RP}_1C_2)\quad 或\quad f_{L1}=1/(2\pi\mathrm{RP}_1C_2) \tag{4.7.3}$$

$$\omega_2=(\mathrm{RP}_1+R_2)/(\mathrm{RP}_1R_2C_2)\quad 或\quad f_{L2}=(\mathrm{RP}_1+R_2)/(2\pi\mathrm{RP}_1R_2C_2) \tag{4.7.4}$$

当 $f<f_{L1}$ 时，C_2 可视为开路，运算放大器的反向输入端视为虚地，由虚断知可，R_4 中无电流流过，它的影响可以忽略，此时电压增益为

$$A_{VL}=(\mathrm{RP}_1+R_2)/R_1 \tag{4.7.5}$$

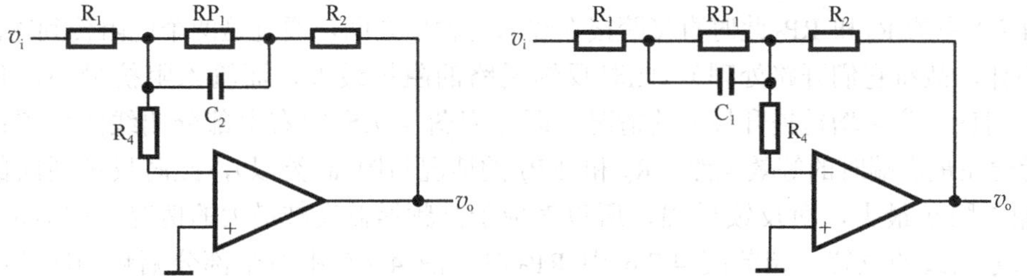

(a) 低频提升　　(b) 低频衰减

图 4.7.7　音调控制器的低频等效电路

当 $f=f_{L1}$ 时，因为 $f_{L2}=10f_{L1}$，故可由式（4.7.2）得

$$\dot{A}_{V1}=-\frac{\mathrm{RP}_1+R_2}{R_1}\cdot\frac{1+0.1\mathrm{j}}{1+\mathrm{j}}$$

模

$$A_{V1}=(\mathrm{RP}_1+R_2)/(\sqrt{2}R_1) \tag{4.7.6}$$

此时电压增益 A_{V1} 相对于 A_{VL} 下降 3dB。

当 $f=f_{L2}$ 时，由式（4.7.2）得

$$\dot{A}_{V2}=-\frac{\mathrm{RP}_1+R_2}{R_1}\cdot\frac{1+\mathrm{j}}{1+10\mathrm{j}}$$

模

$$A_{V2}=-\frac{RP_1+R_2}{R_1}\times\frac{\sqrt{2}}{10}=0.14A_{VL} \tag{4.7.7}$$

此时电压增益相对于 A_{VL} 下降 17dB。

同理可以得出图(b)所示电路的相应表达式，其增益相对于中频增益为衰减量。音调控制器低频时的幅频特性曲线如图 4.7.5 中左半部分的实线所示。

② 当 $f>f_0$ 时，可将 C_1、C_2 视为短路，音调控制器的高频等效电路如图 4.7.8 所示。将 R_4 与 R_1、R_2 组成的星形连接转换成三角形连接后的电路如图 4.7.9 所示，电阻的关系式为

$$\left.\begin{aligned}R_a&=R_1+R_4+(R_1R_4/R_2)\\R_b&=R_4+R_2+(R_4R_2/R)\\R_c&=R_1+R_2+(R_2R_1/R_4)\end{aligned}\right\} \tag{4.7.8}$$

若取 $R_1=R_2=R_4$，则式（4.7.8）为

$$R_a=R_b=R_c=3R_1=3R_2=3R_4 \tag{4.7.9}$$

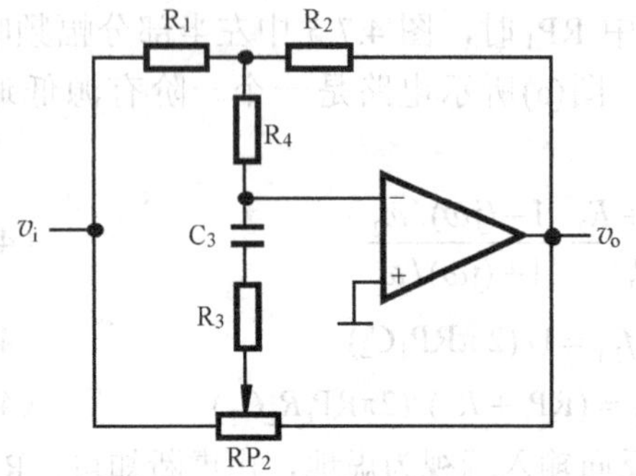

图 4.7.8　音调控制器的高频等效电路

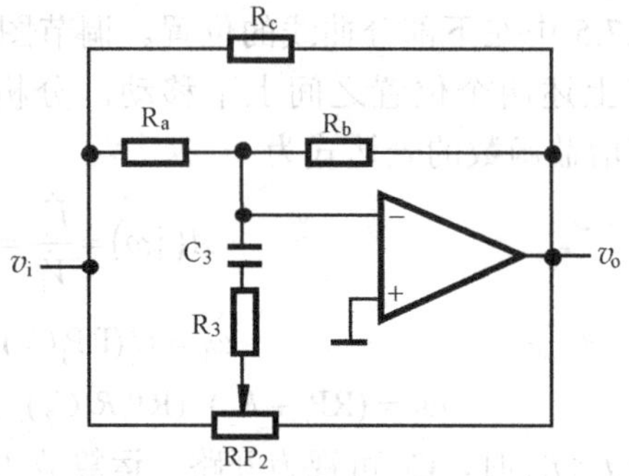

图 4.7.9　图 4.7.8 的等效电路

图 4.7.9 的高频等效电路如图 4.7.10 所示。其中，图(a)为 RP_2 的滑臂在最左端时的等效电路（图 4.7.9 中的 R_c 和 RP_2 此时直接跨接在输入与输出之间，通过这两个电阻传到输出的信号可忽略不计，故将它们开路处理），此时反馈通路的阻抗最大，而输入阻抗最小，负反馈最弱，所以对应于高频增益提升最大的情况，即对应图 4.7.5 中右上部分曲线的位置；图(b)为 RP_2 的滑臂在最右端时的等效电路（R_c 和 RP_2 的情况与图 a 类似），此时反馈通路的阻抗最小，而输入阻抗最大，负反馈最强，所以对应于高频增益衰减最大的情况，即对应图 4.7.5 中右下部分曲线的位置。调节图 4.7.6 中 RP_2 时，图 4.7.5 中右半部分幅频响应曲线会在上述两个位置之间上下移动。分析表明，图(a)所示电路为一阶有源高通滤波器，其增益函数的表达式为

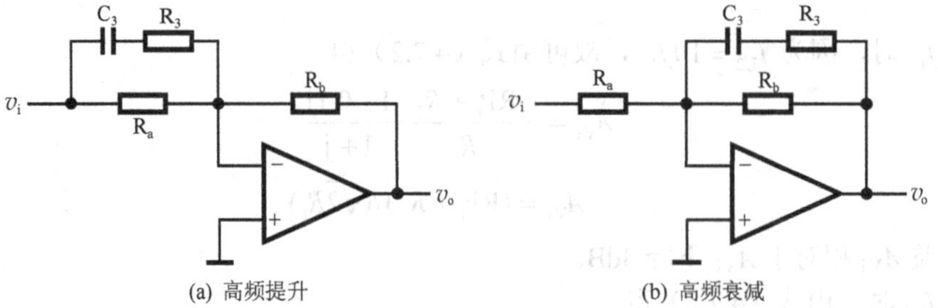

(a) 高频提升　　(b) 高频衰减

图 4.7.10　图 4.7.9 的高频等效电路

$$\dot{A}(\mathrm{j}\omega)=\frac{\dot{V}_{\mathrm{o}}}{\dot{V}_{\mathrm{i}}}=-\frac{R_{\mathrm{b}}}{R_{\mathrm{a}}}\cdot\frac{1+\mathrm{j}\omega/\omega_3}{1+\mathrm{j}\omega/\omega_4} \tag{4.7.10}$$

式中

$$\omega_3=1/\left[\left(R_{\mathrm{a}}+R_3\right)C_3\right] \quad 或 \quad f_{\mathrm{H1}}=1/\left[2\pi\left(R_{\mathrm{a}}+R_3\right)C_3\right] \tag{4.7.11}$$

$$\omega_4=1/\left(R_3C_3\right) \quad 或 \quad f_{\mathrm{H2}}=1/\left(2\pi R_3C_3\right) \tag{4.7.12}$$

与分析低频等效电路的方法相同（从略），得到下列关系式。

- 当 $f<f_{\mathrm{H1}}$ 时，C_3 视为开路，此时电压增益 $A_{\mathrm{V0}}=1(0\mathrm{dB})$。在 $f=f_{\mathrm{H1}}$ 时，有

$$A_{\mathrm{V3}}=\sqrt{2}A_{\mathrm{V0}} \tag{4.7.13}$$

此时电压增益 A_{V3} 相对于 A_{V0} 提升了 3dB。在 $f=f_{\mathrm{H2}}$ 时，有

$$A_{\mathrm{V4}}=\frac{10}{\sqrt{2}}A_{\mathrm{V0}} \tag{4.7.14}$$

此时电压增益 A_{V4} 相对于 A_{V0} 提升了 17dB。

- 当 $f>f_{\mathrm{H2}}$ 时，C_3 视为短路，此时电压增益为

$$A_{\mathrm{VH}}=(R_{\mathrm{a}}+R_3)/R_3 \tag{4.7.15}$$

同理可以得出图(b)所示电路的相应表达式，其增益相对于中频增益为衰减量。音调控制器高频时的幅频特性曲线如图 4.7.5 中右半部分实线所示。

实际应用中，通常先提出对低频区 $f_{\mathrm{L}x}$ 处和高频区 $f_{\mathrm{H}x}$ 处的提升量或衰减量 x(dB)，再根据下式求转折频率 f_{L2}(或 f_{L1})和 f_{H1}(或 f_{H2})，即

$$f_{\mathrm{L2}}=f_{\mathrm{L}x}\cdot 2^{x/6} \tag{4.7.16}$$

$$f_{\mathrm{H1}}=f_{\mathrm{H}x}/2^{x/6} \tag{4.7.17}$$

4.7.3 功率放大器

功率放大器（简称功放）的作用是给音响放大器的负载 R_L（扬声器）提供一定的输出功率。当负载一定时，希望输出的功率尽可能大，输出信号的非线性失真尽可能小，效率尽可能高。功率放大器的常见电路形式有 OTL（Output Transformerless）电路和 OCL（Output Capacitorless）电路。有用集成运算放大器（简称运放）和三极管组成的功率放大器，也有专用的集成电路功率放大器。

1. 集成运放与三极管组成的功率放大器

由集成运放与 BJT 组成的 OCL 功率放大电路如图 4.7.11 所示。其中，运放为驱动级，T_1 ～ T_4 组成复合式 BJT 互补对称电路。

（1）电路工作原理

三极管 T_1、T_2 为相同类型的 NPN 管，所组成的复合管仍为 NPN 型。T_3、T_4 为不同类型的 BJT，其复合管型由第一只管决定，即为 PNP 型。R_4、R_5、RP_2 及二极管 D_1、D_2 所组成的支路为两对复合管提供静态偏置以克服交越失真，静态时支路电流 I_0 可由下式计算：

$$I_0=\frac{2V_{\mathrm{CC}}-2V_{\mathrm{D}}}{R_4+R_5+\mathrm{RP}_2} \tag{4.7.18}$$

式中，V_{D} 为二极管的正向压降。

为减小静态功耗和克服交越失真，静态时 T_1、T_3 应工作在微导通状态，即满足关系：

$$V_{\mathrm{AB}}\approx V_{\mathrm{D1}}+V_{\mathrm{D2}}\approx V_{\mathrm{BE1}}+V_{\mathrm{BE3}} \tag{4.7.19}$$

称此状态为甲乙类状态。二极管 D_1、D_2 与三极管 T_1、T_3 应为相同类型的半导体材料，如 D_1、D_2 为硅二极管 2CP10，则 T_1、T_3 也应为硅三极管。RP_2 用于调整复合管的微导通状态，其调节

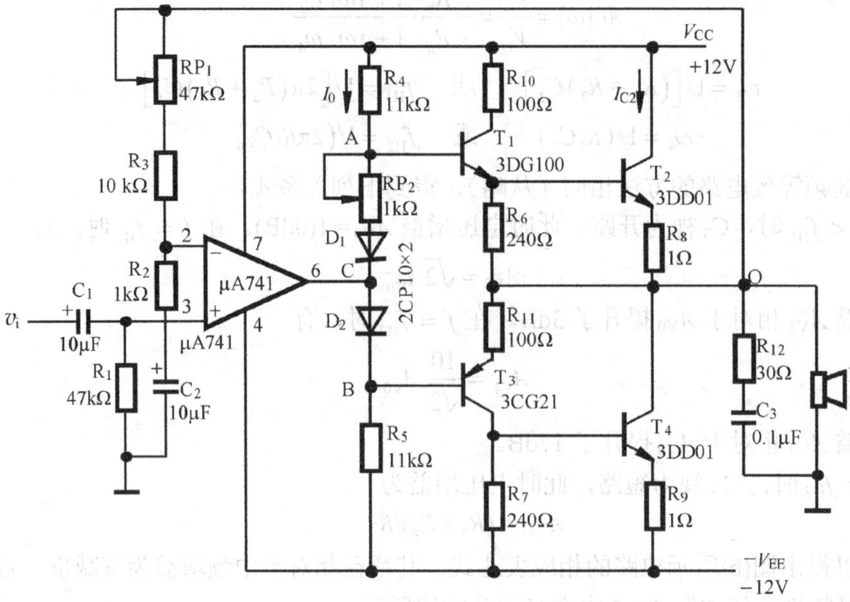

图 4.7.11　集成运放与 BJT 组成的功率放大器

范围不能太大，一般采用几百欧姆或 1kΩ的电位器（最好采用精密可调电位器）。安装电路时首先应使 RP_2 的阻值为零，在调整输出级静态工作电流或输出波形的交越失真时再逐渐增大阻值。否则会因 RP_2 的阻值较大而使复合管损坏（请思考，为什么？）。

R_6、R_7 用于减小复合管的穿透电流，提高电路的稳定性，一般为几十欧姆至几百欧姆。R_8、R_9 为负反馈电阻，可以改善功率放大器的性能，一般为几欧姆。R_{10}、R_{11} 称为平衡电阻，使 T_1、T_3 的输出对称，一般为几十欧姆至几百欧姆。R_{12}、C_3 称为消振网络，可改善负载为扬声器时的高频特性。因扬声器呈感性，易引起高频自激，也容易产生瞬时过压，有可能损坏三极管 T_2、T_4。此容性网络并入可使等效负载呈阻性。R_{12}、C_3 的取值视扬声器的频率响应而定，以效果最佳为好。一般 R_{12} 为几十欧姆，C_3 为几千皮法至 0.1μF。

功放在交流信号输入时的工作过程如下：当音频信号 v_i 为正半周时，运放的输出电压 v_C 上升，v_B 也上升，结果 T_3、T_4 截止，T_1、T_2 导通，负载 R_L 中只有正向电流 i_L，且随 v_i 增加而增加。反之，当 v_i 为负半周时，负载 R_L 中只有负向电流 i_L 且随 v_i 的负向增加而增加。只有当 v_i 变化一周时负载 R_L 才可获得一个完整的交流信号。

（2）静态工作点设置

设电路参数完全对称。静态时功放的输出端 O 点对地的电位应为零，即 $V_o = 0$，常称 O 点为“交流零点”。电阻 R_1 接地，一方面决定了同相放大器的输入电阻，另一方面保证了静态时同相端电位为零，即 $V_+ = 0$。由于运放的反相端经 R_3、RP_1 接电路最终输出端 O，构成级间深度负反馈，所以静态时 $V_- = V_+ = 0$。而由运放的“虚断”可知，连接反相端的 R_3、RP_1 支路中无静态电流，所以输出端 O 点的静态电压 $V_o = V_- = 0$，且电路上下对称情况下有 $V_C = 0$。调节 RP_1 电位器可改变功放的负反馈深度。三极管电路的静态工作点高低主要由 I_0 决定，I_0 过小会使 T_2、T_4 工作在乙类状态，输出信号会出现交越失真；I_0 过大会增加静态功耗使功放的效率降低。综合考虑，对于数瓦的功放，一般取 $I_0 = 1 \sim 3\text{mA}$，以使 T_2、T_4 工作在甲乙类状态。

（3）设计举例

例　设计一功率放大器。

已知条件：$R_L = 8$，$V_i = 200\text{mV}$，$+V_{CC} = +12\text{V}$，$_{-}V_{EE} = -12\text{V}$。

性能指标要求：$P_o \geqslant 2W$，$\gamma < 3\%$(1kHz 正弦波)。

解 采用如图 4.7.11 所示电路，集成运放用μA741，其他器件如图中所示。功放的电压增益为

$$\dot{A}_V = \frac{\dot{V}_o}{\dot{V}_i} = \frac{\sqrt{P_o R_L}}{V_i} = 1 + \frac{R_3 + RP_1}{R_2} \tag{4.7.20}$$

若取 $R_2 = 1k\Omega$，则 $R_3 + RP_1 = 19k\Omega$。现取 $R_3 = 10k\Omega$，$RP_1 = 47k\Omega$。

如果功放级前级是音量控制电位器（设 4.7kΩ），则取 $R_1 = 47k\Omega$，以保证功放级的输入阻抗远大于前级的输出阻抗。

若取静态电流 $I_0 = 1mA$，因静态时 $V_C = 0$，由式（4.7.18）可得

$$I_0 \approx \frac{V_{CC} - V_D}{R_4 + RP_2} = \frac{12V - 0.7V}{R_4} \qquad (设\ RP_2 \approx 0)$$

则 $R_4 = 11.3k\Omega$，取标称值 11kΩ。其他元件参数的取值如图 4.7.11 所示。

2. 集成功率放大器 LM386

（1）内部结构

LM386 是单电源供电的音频集成功放，外部封装为 8 个引脚，其内部电路如图 4.7.12 所示。它是由复合管差分输入级、共射放大电路和甲乙类互补输出级构成的，电阻 R_7 从输出端连接到 T_2 的发射极，形成反馈通路，并与 R_5、R_6 构成反馈网络，从而引入了深度电压串联负反馈，使整个电路具有稳定的电压增益。

通过改变引脚 ① 和 ⑧ 之间的外部连接电阻 R 和电容 C（其容量通常为 10 ~ 100μF，目的是只改变电路的交流反馈通路），就可以改变放大器的增益。在深度负反馈条件下，整个电路的电压增益为

$$A_{VF} \approx \frac{2R_7}{R_5 + R_6 // R} \tag{4.7.21}$$

表 4.7.3 列出了 LM386 的主要性能参数。

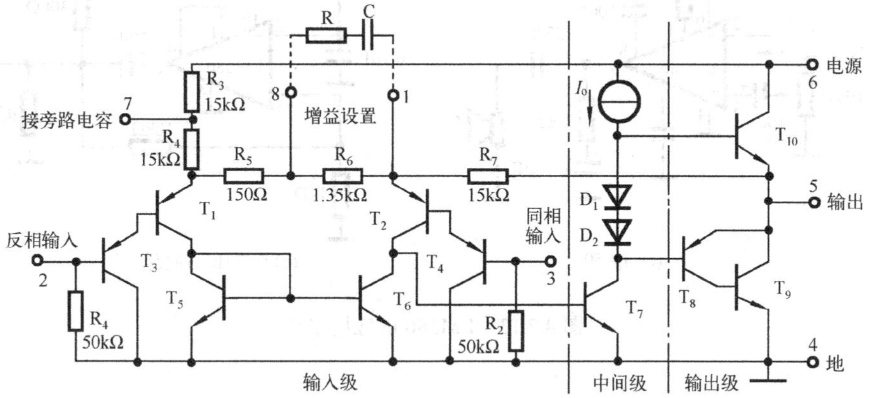

图 4.7.12 LM386 的内部电路

表 4.7.3 LM386 的主要性能参数

参 数	测 试 条 件	典 型 值
电源电压 V_{CC}		4～12V（LM386N3） 5～18V（LM386N4）
静态电流 I_0	$V_{CC}=6V$，$V_i=0$	4mA
输出功率 P_o	$V_{CC}=9V$，$R_L=8$ $V_{CC}=12V$，$R_L=32$	700mW（LM386N3） 1000 mW（LM386N4）

参　数	测 试 条 件	典 型 值
电压增益 A_v	$V_{CC}=6V$, $f=1kHz$	20(26 dB)（①和⑧间开路） 200(46 dB)（①和⑧间接 10μF 电容）
宽带 BW	$V_{CC}=6V$, ①和⑧开路	300kHz
输入电阻 R_i		50kΩ

需要注意的是，由于 LM386 是单电源工作，所以输入信号 v_i 接入时，通常需要加入隔直电容（见图 4.7.13(a)、(b)和(c)中 3 号引脚的 10μF 电容），否则会影响 LM386 的静态工作点，可能导致其无法正常工作。

（2）典型应用

由于 LM386 的外部连接元器件较少，因此它在 AM-FM 收音机、视频系统、功率变换等场合获得广泛应用。图 4.7.13(a)所示为电压增益 $A_V=20$ 时的功放电路，图 4.7.13 (b)所示为电压增益 $A_V=200$ 时的功放，图 4.7.13(c)所示为电压增益 $A_V\approx 50$ 时的功放。应用中如果出现高频自激，可以在电源端与地之间接 100μF 和 0.001μF 并联电容。图 4.7.13(d)所示为频率等于 1kHz 的方波发生器。

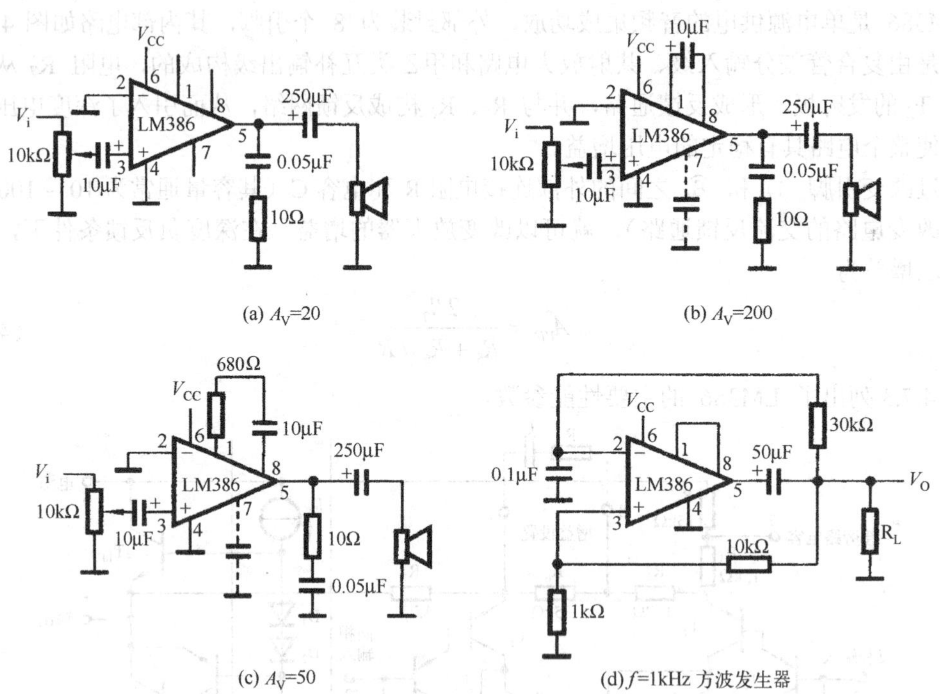

图 4.7.13　LM386 的应用电路

4.7.4　音响放大器主要技术指标及测试方法

（1）额定功率

音响放大器输出失真度小于某一数值（如 $\gamma<5\%$）时的最大功率称为额定功率。其表达式为

$$P_o = V_o^2 / R_L \qquad (4.7.22)$$

式中，R_L 为额定负载阻抗；V_o（有效值）为 R_L 两端的最大不失真电压。V_o 常用来作为选定电源电压 V_{CC} 的依据($V_{CC}\geqslant 2\sqrt{2}V_o$)。

测量 P_o 的条件如下：信号发生器的输出信号（音响放大器的输入信号）的频率 $f_i = 1kHz$，电压 $V_i = 5mV$，音调控制器的两个电位器 RP_1、RP_2（见图 4.7.6）置于中间位置，音量控制电位器置于最大值（见图 4.7.13 中的 10kΩ电位器），用双踪示波器观测 v_i 及 v_o 的波形，用失真度测量仪监测 v_o 的波形失真。

测量 P_o 的步骤是：功率放大器的输出端接额定负载电阻 R_L（代替扬声器），逐渐增大输入电压 v_i，直到 v_o 的波形刚好不出现削波失真(或 γ <3%)，此时对应的输出电压为最大输出电压，由式（4.7.22）即可算出额定功率 P_o。

注意 在最大输出电压测量完成后应迅速减小 V_i，否则会损坏功率放大器。

（2）音调控制特性

输入信号 v_i (100mV)从音调控制级输入端的耦合电容加入，输出信号 v_o 从输出端的耦合电容引出。分别测低音频提升-高音频衰减和低音频衰减-高音频提升这两条曲线。

测量方法如下：将 RP_1 的滑臂置于最左端（低音频提升，与图 4.7.7(a)对应），RP_2 的滑臂置于最右端（高音频衰减，与图 4.7.10(b)对应），当频率从 20Hz 至 50kHz 变化时记下对应的电压增益，将测量数据填入表 4.7.4 中。

再将 RP_1 的滑臂置于最右端（低音频衰减，与图 4.7.7(b)对应），RP_2 的滑臂置于最左端（高音频提升，与图 4.7.10(a)对应），当频率从 20Hz 至 50kHz 变化时，记下对应的电压增益，将测量数据填入表 4.7.4 中。最后绘制音调控制特性曲线，并标注与 f_{L1}、f_{Lx}、f_{L2}、f_0 (1kHz)、f_{H1}、f_{Hx}、f_{H2} 等频率对应的电压增益。

表 4.7.4 音调控制特性曲线测量数据

测量频率点		$<f_{L1}$	f_{L1}	f_{Lx}	f_{L2}	f_o	f_{H1}	f_{Hx}	f_{H2}	$>f_{H2}$
$V_i = 100mV$		20Hz				1kHz				50kHz
低音频提升 高音频衰减	V_o/V									
	A_V/dB									
低音频衰减 高音频提升	V_o/V									
	A_V/dB									

（3）频率响应

整机放大电路的电压增益相对于中音频 f_0(1kHz)的电压增益下降 3dB 时对应低音频截止频率 f_L 和高音频截止频率 f_H，称 $f_L \sim f_H$ 为整机电路的频带。测量条件同上，调节 RP_3（见图 4.7.13 中的 10kΩ电位器）使输出电压约为最大输出电压的 50%。测量步骤是：音响放大器的输入端接 v_i（等于 5mV），RP_1 和 RP_2（见图 4.7.6）置于中间位置，调整信号发生器的输出频率 f_i 从 20Hz 至 50kHz 变化（保持 $V_i = 5mV$ 不变），测出负载电阻 R_L 上对应的输出电压 V_o，用半对数坐标纸绘出频率响应曲线，并在曲线上标注 f_L 与 f_H 的值。

（4）输入阻抗

将从音响放大器输入端（话音放大器输入端）看进去的阻抗称为输入阻抗 R_i。如果接高阻话筒，则 R_i 应远大于 20kΩ。R_i 的测量方法参考高输入电阻测试图 3.3.7。

（5）输入灵敏度

使音响放大器输出额定功率时所需的输入电压（有效值）称为输入灵敏度 V_s。测量条件与额定功率的测量相同。测量方法是，先使 V_i 从零开始逐渐增大，直到电路输出达到额定功率值（对应于输出电压值 $V_{o(额定)}$），此时对应的 V_i 值即为输入灵敏度。

（6）噪声电压

音响放大器的输入为零时，输出负载 R_L 上的电压称为噪声电压 V_N。测量条件同上。测量方法是，使输入端对地短路，音量电位器为最大值，用示波器观测负载 R_L 两端输出电压波形的有效值。

（7）整机效率

其表达式为
$$\eta = P_o / P_C \times 100\% \tag{4.7.23}$$

式中，P_o 为输出的额定功率；P_C 为输出额定功率时所消耗的电源功率，可通过电源电压与电流的乘积获得。

4.7.5 设计举例

例 设计一音响放大器，要求具有电子混响延时、音调输出控制、卡拉 OK 伴唱，对话筒与音乐播放器的输出信号进行扩音。

已知条件：$+V_{CC} = 9V$，话筒（低阻 20Ω）的输出电压为 5mV，音乐播放器的输出信号电压为 100mV。电子混响延时模块 1 个，集成功放 LM386 1 只，8Ω/2W 负载电阻 R_L 1 只，8Ω/4W 扬声器 1 只，集成运放 LM324 1 只（或μA741 3 只、或 NE5532 2 只）。

主要技术指标：额定功率 $P_o \geqslant 0.7W(\gamma < 3\%)$；负载阻抗 $R_L = 8\Omega$；截止频率 $f_L = 40Hz$，$f_H = 10kHz$；音调控制特性为，1kHz 处增益为 0dB，100Hz 和 10kHz 处有±12dB 的调节范围，$A_{VL} = A_{VH} \geqslant 20dB$；话音放大级输入灵敏度为 5mV；输入阻抗 $R_i \gg 20\Omega$。

解 本题的设计过程为：首先确定整机电路的级数，再根据各级的功能及技术指标要求分配电压增益，然后分别计算各级电路参数，通常从功放级开始向前级逐级计算。本题已经给定了电子混响器电路模块，需要设计话音放大器、混合前置放大器、音调控制器及功率放大器。根据技术指标要求，音响放大器的输入为 5mV 时，输出功率大于 0.7W，则输出电压 $V_o = \sqrt{P_o R_L} > 2.4V$。可见系统的总电压增益 $A_{V\Sigma} = V_o/V_i > 480$ 倍(54dB)。实际电路中会有损耗，因此要留有充分余地。设各级电压增益分配如图 4.7.14 所示。A_{V4} 由集成功放级决定，此级增益不宜太大，一般为几十倍。音调控制级在 $f_o = 1kHz$ 时增益为 1 倍(0dB)，实际上会产生衰减，故取 $A_{V3} = 0.8$ 倍(−2dB)。受到运算放大器增益带宽积限制，话放级与混合放大级若采用μA741，其增益也不宜太大。

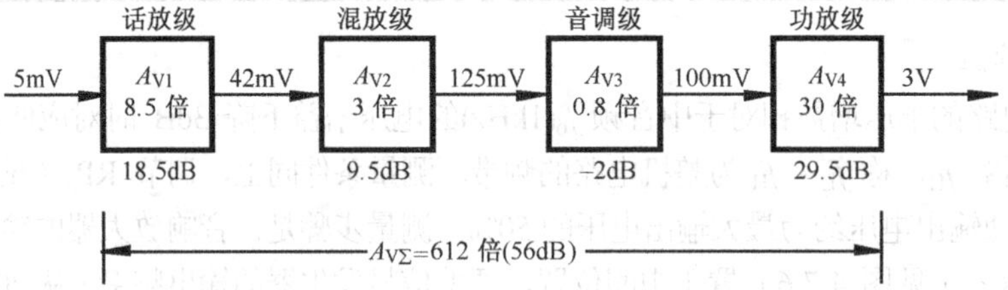

图 4.7.14 各级电压增益分配

（1）功率放大器设计

集成功率放大器的电路如图 4.7.15 所示。由式（4.7.21）得功放级的电压增益

$$A_{V4} \approx \frac{2R_7}{R_5 + R_6 // R} = 31.2$$

（2）音调控制器（含音量控制）设计

音调控制器的电路如图 4.7.16 所示。其中，RP_{33} 称为音量控制电位器，其滑臂在最上端时，音响放大器输出最大功率。

已知 $f_{Lx} = 100Hz$，$f_{Hx} = 10kHz$，$x = 12dB$。由式（4.7.16）、式（4.7.17）得到转折频率 f_{L2} 及 f_{H1}；$f_{L2} = f_{Lx} \times 2^{x/6} = 400Hz$，则 $f_{L1} = f_{L2}/10 = 40Hz$；$f_{H1} = f_{Hx}/2^{x/6} = 2.5kHz$，则 $f_{H2} = 10 f_{H1} = 25kHz$。

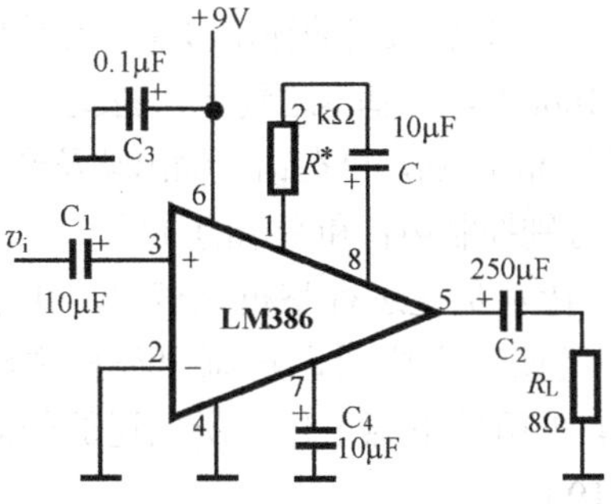

图 4.7.15　功率放大器

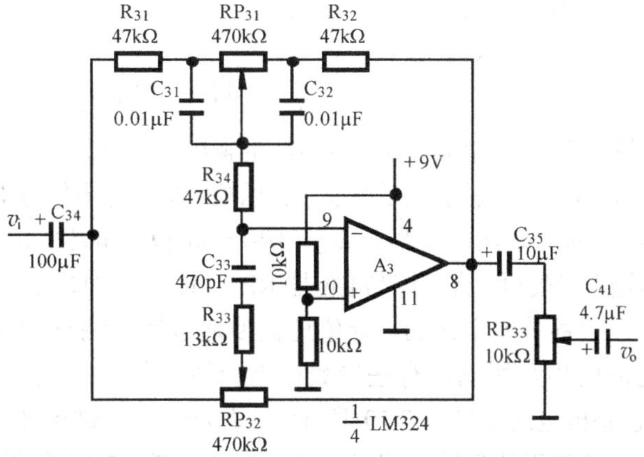

图 4.7.16　音调控制器

由式（4.7.5）得 $A_{VL}=(RP_{31}+R_{32})/R_{31}\geqslant 20dB$。其中，$R_{31}$、$R_{32}$、$RP_{31}$ 不能取得太大，否则运放漂移电流的影响不可忽略；但也不能太小，否则流过它们的电流将超出运放的输出能力。一般取几千欧姆至几百千欧姆。现取 $RP_{31}=470k\Omega$，$R_{31}=R_{32}=47k\Omega$，则

$$A_{VL}=(RP_{31}+R_{32})/R_{31}=11\ \ (20.8dB)$$

由式（4.7.3）得 $C_{32}=\dfrac{1}{2\pi RP_{31}f_{L1}}=0.008\mu F$，取标称值 0.01μF，即 $C_{31}=C_{32}=0.01\mu F$。

由式（4.7.9）得 $R_{34}=R_{31}=R_{32}=47k\Omega$，则 $R_a=3R_4=141k\Omega$。

由式（4.7.15）得 $R_{33}=R_a/10=14.1k\Omega$，取标称值 13kΩ。

由式（4.7.12）得 $C_{33}=\dfrac{1}{2\pi R_{33}f_{H2}}=490pF$，取标称值 470pF。

取 $RP_{32}=RP_{31}=470k\Omega$，$RP_{33}=10k\Omega$，级间耦合与隔直电容 $C_{34}=C_{35}=10\mu F$。

（3）话音放大器与混合前置放大器设计

图 4.7.17 所示电路由话音放大与混合前置放大两级电路组成。其中 A_1 组成同相放大器，具有很高的输入阻抗，能与高阻话筒配接作为话音放大器电路（实际上，由于采用单电源工作，同相端有直流偏置通路，所以这里的输入阻抗为 10kΩ//10kΩ=5kΩ），其放大倍数

$$A_{VI}=1+R_{12}/R_{11}=8.5(18.5dB)$$

四运放 LM324 的频带虽然很窄（增益为 1 时，带宽为 1MHz），但这里放大倍数不高，故能达到 $f_H=10kHz$ 的频响要求。

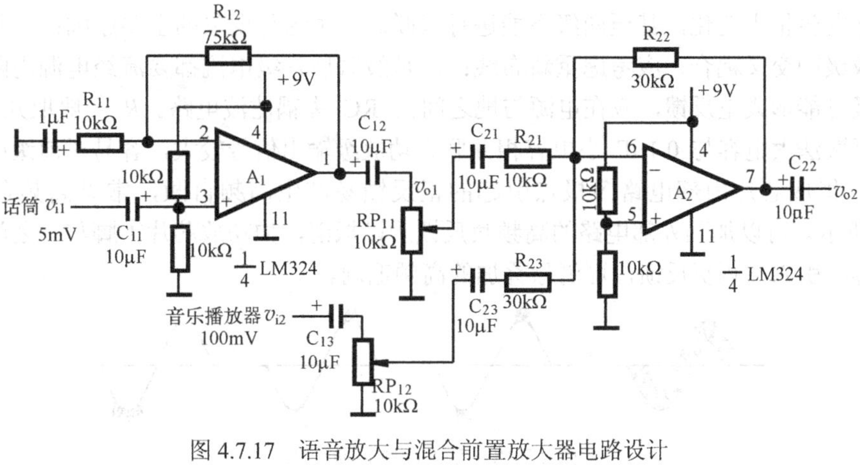

图 4.7.17　语音放大与混合前置放大器电路设计

混合前置放大器的电路由运放 A_2 组成，这是一个反相加法器电路，由式（4.7.1）得输出电压 V_{o2} 的表达式为

$$V_{o2} = -\left[\left(R_{22}/R_{21}\right)V_{o1} + \left(R_{22}/R_{23}\right)V_{i2}\right]$$

根据图 4.7.14 的增益分配，混合级的输出电压 $V_{o2} \geqslant 125\text{mV}$，而话筒放大器的输出 V_{o1} 已经达到了 42mV，放大 3 倍就能满足要求。音乐播放器的输出信号 $V_{i2} = 100\text{mV}$，已基本达到 v_{o2} 的要求，不需要再进行放大，所以取 $R_{23} = R_{22} = 3R_{21} = 30\text{k}\Omega$。如果要进行卡拉 OK 歌唱，可在话放输出端及音乐播放器输出端接两个音量控制电位器 RP_{11}、RP_{12}（见图 4.7.17），分别控制声音和音乐的音量。

以上各单元电路的设计值还需要通过实验调整和修改，特别是在进行整机调试时，由于各级之间的相互影响，有些参数可能要进行较大变动，待整机调试完成后，再画出整机电路图（本题整机电路如图 4.7.19 所示）。需要注意，这里 LM324 采用单电源工作，所以运放的同相端均需要加直流偏置支路（见图 4.7.16、图 4.7.17 和图 4.7.19）。

4.7.6 电路安装与调试技术

1. 合理布局，分级装调

音响放大器是一个小型电路系统，安装前要对整机线路进行合理布局，一般按照电路的顺序一级一级地布线，功放级应远离输入级，每一级的地线尽量接在一起，连线尽可能短，否则很容易产生自激。

安装前应检查元器件的质量，安装时特别要注意功放块、运算放大器、电解电容等主要器件的引脚和极性，不能接错。可以从输入级开始向后逐级安装，也可以从功放级开始向前逐级安装（建议次序）。安装一级调试一级，安装两级要进行级联调试，直到整机安装与调试完成。

2. 电路调试技术

电路的调试过程一般是先分级调试，再级联调试，最后进行整机调试与性能指标测试。

分级调试又分为静态调试与动态调试。静态调试时，将输入端对地短路，用万用表测该级输出端对地的直流电压。话放级、混合级、音调级都是由运算放大器组成的，当运放采用单电源供电时，其静态输出直流电压均为 $V_{CC}/2$；若运放是对称的双电源工作，则静态输出直流电压为 0V。功放级的输出（OTL 电路）也为 $V_{CC}/2$，且输出电容 C_2 两端充电电压也应为 $V_{CC}/2$。

动态调试是指输入端接入一定频率的正弦信号，用示波器观测该级输出波形，并测量各项性能指标是否满足设计要求，如果相差很大，应检查电路是否接错，元器件数值是否合乎要求，否则是不会出现很大偏差的。

单级电路调试时的技术指标较容易达到，但进行级联时，由于级间相互影响，可能使单级的技术指标发生很大变化，甚至两级不能进行级联。产生这种现象的主要原因：一是布线不太合理，形成级间交叉耦合，应考虑重新布线；二是级联后各级电流都要流经电源内阻，内阻压降对某一级可能形成正反馈，应在电源与地之间接 RC 去耦滤波电路。R 一般取几十欧姆，C 一般用几百微法大电容与 0.1μF 小电容相并联。功放级输出信号较大，容易对前级产生影响，引起自激。集成芯片内部电路多极点引起的正反馈易产生高频自激，常见高频自激现象如图 4.7.18 所示。可以加强外部电路的高频负反馈予以抵消，如功放芯片①脚与⑤之间接入几百皮法的电容，引入高频负反馈，可消除叠加的高频毛刺。

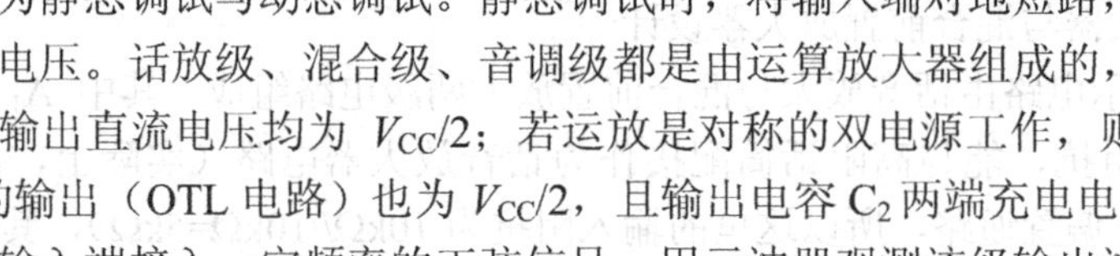

图 4.7.18 常见高频自激现象

常见的低频自激现象是电源电流表有规则地左右摆动，或输出波形上下抖动。其主要原因是输出信号通过电源及地线产生了正反馈。可以在电源和地线间并入电容或接入 RC 去耦滤波电路消除。另外，可以同时考虑采用单点接地方式，即每一级的地线均单独引到同一结点，再由该点接入电源的地。这个点最好选在功放芯片的地，即电源的地首先接到功放芯片的地点。

为满足整机电路指标要求，可以适当修改单元电路的技术指标。图 4.7.19 为设计举例整机实验电路图，与单元电路设计值相比较，有些参数进行了较大的修改。

3．整机功能试听

用 8Ω/4W 的扬声器代替负载电阻 R_L，可进行以下功能试听：

① 话音扩音。将低阻话筒接话音放大器的输入端。应注意，扬声器输出的方向与话筒输入的方向相反，否则扬声器的输出声音经话筒输入后，会产生自激啸叫。讲话时，扬声器传出的声音应清晰，改变音量电位器，可控制声音大小。

② 电子混响效果。将电子混响器模块按图 4.7.19 接入。用手轻拍话筒一次，扬声器发出多次重复的声音，微调时钟频率，可以改变混响延时时间，以改善混响效果。

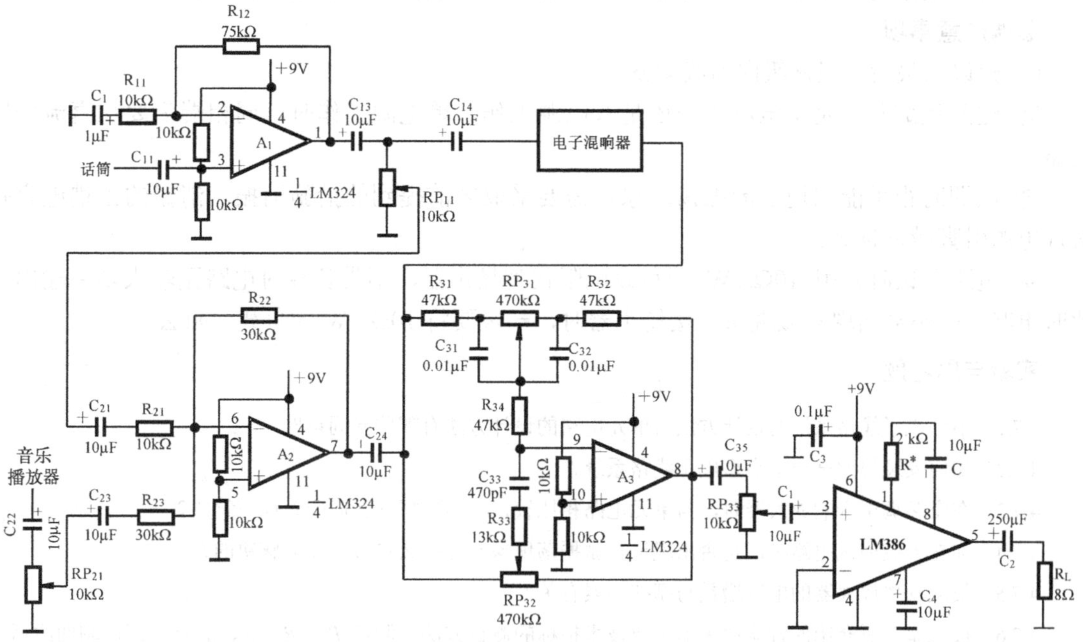

图 4.7.19　音响放大器整机实验电路

③ 音乐欣赏。将音乐播放器输出的音乐信号，接入混合前置放大器，改变音调控制级的高低音调控制电位器，音乐播放器的输出音调发生明显变化。

④ 卡拉 OK 伴唱。音乐播放器输出卡拉 OK 歌曲，手握话筒伴随歌曲歌唱，适当控制话音放大器与音乐播放器输出的音量电位器，可以控制歌唱音量与音乐音量之间的比例，调节混响延时时间可修饰、改善唱歌的声音。

4.7.7　设计任务

设计课题：音响放大器设计

功能要求：具有话筒扩音、音调控制、音量控制、电子混响、卡拉 OK 伴唱等功能。

已知条件：电子混响延时模块 1 个，集成功率放大器 LM386 1 个，20kΩ高阻话筒 1 个，其输出信号为 5mV，NE5532 集成运算放大器 2 片，10Ω/2W 负载电阻 1 只，8Ω/4W 扬声器 1 只，音乐播放器（自备，如有音乐播放功能的手机等）1 台，电源电压$+V_{CC} = +9V$，$-V_{EE} = -9V$。

主要技术指标：额定功率 $P_o \geqslant 0.3W$（$\gamma < 3\%$）；负载阻抗 $R_L = 10\Omega$；频率响应 $f_L = 50Hz$，$f_H = 20kHz$；输入阻抗 $R_i \gg 20k\Omega$；高输入阻抗的话音放大器如图 3.6.5(b)或图 3.6.6(b)所示。音调控制特性 1kHz 处增益为 0dB、125Hz 和 8kHz 处有±12dB 的调节范围，$A_{VL} = A_{VH} \geqslant 20dB$。

实验仪器设备：同 4.2 节。

测量内容与要求：

① 用 pSpice 软件仿真音调控制电路的幅频特性，然后实际测量音调控制特性，将测量数据填入表 4.7.4 中，在坐标纸上绘制音调控制特性曲线；

② 测量频率为 1kHz 时的最大输出功率、电源提供的功率（由稳压电源的电压和电流读数值乘积获得）及整机电压增益 A_V，并计算整机效率。

③ 用示波器观察并记录各级的输入、输出波形，注意这些波形之间的相位关系。

装调注意事项：

① 建议从最后一级逐级向前级调试。

② 注意集成芯片是单电源工作还是双电源工作。单电源工作时，同相端需要加直流偏置支路。

③ 联调时很可能出现自激振荡现象，需要采取之前提到的措施消振。消振的去耦电容距芯片电源引脚越近越好。

④ 电路调试时先用 10Ω/2W 的负载电阻代替扬声器，不带负载时电路无较大功率输出，此时电路可能不会出现自激现象。接扬声器时，一定要将 10Ω/2W 的负载电阻去掉。

实验与思考题

4.7.1 小型电子线路系统的设计方法与单元电路的设计方法有哪些异同点？

4.7.2 如何安装与调试一个小型电子线路系统？

4.7.3 在安装调试音响放大器时，与单元电路相比较，会出现哪些新问题？如何解决？

4.7.4 你在安装调试电路时，是否出现过自激振荡现象？是什么自激？如何解决的？

4.7.5 集成功率放大器的电压增益与哪些因素有关？

4.7.6 按照本节所介绍的音响放大器主要技术指标的测试方法，测量 P_o、R_i、f_L、f_H 及音调控制曲线后，再测量噪声电压 V_N、输入灵敏度 V_S 及整机效率 η。

4.7.7 设计一音响放大器，要求额定输出功率 $P_o \geqslant 10W$，其他主要技术指标与设计任务中的要求相同。

4.8 线性直流稳压电源设计

学习要求 学会选择变压器、整流二极管、滤波电容及集成稳压器来设计直流稳压电源；掌握稳压电源的主要性能参数及其测试方法。

4.8.1 直流稳压电源的基本组成

直流稳压电源一般由电源变压器、整流滤波电路及稳压电路所组成，基本电路如图 4.8.1 所示。各部分电路的作用如下。

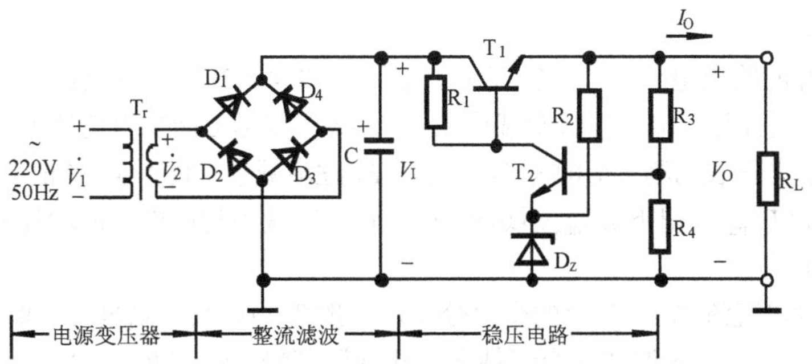

图 4.8.1 直流稳压电源基本电路

1. 电源变压器

电源变压器的作用是将电网 220V 的交流电压 $\dot{V}_1$ 变换成整流滤波电路所需要的交流电压 $\dot{V}_2$。变压器副边与原边的功率比为

$$P_2 / P_1 = \eta \qquad (4.8.1)$$

式中，η为变压器的效率。一般小型变压器的效率如表 4.8.1 所示。

表 4.8.1 小型变压器的效率

副边功率 P_2/VA	<10	10~30	30~80	80~200
效 率η	0.6	0.7	0.8	0.85

2. 整流滤波电路

整流二极管 $D_1 \sim D_4$ 组成单相桥式整流电路，将交流电压 $\dot{V}_2$ 变成脉动的直流电压，再经滤波电容 C 滤除纹波，输出直流电压 V_I。V_I 与交流电压 $\dot{V}_2$ 的有效值 V_2 的关系为

$$V_I = (1.1 \sim 1.2) V_2 \qquad (4.8.2)$$

每只整流二极管承受的最大反向电压

$$V_{RM} = \sqrt{2} V_2 \qquad (4.8.3)$$

通过每只二极管的平均电流

$$I_D = \frac{1}{2} I_R = \frac{0.45 V_2}{R} \qquad (4.8.4)$$

式中，R 为整流滤波电路的负载电阻，它为电容 C 提供放电回路，RC 放电时间常数应满足

$$RC > (3 \sim 5)\, T/2 \qquad (4.8.5)$$

式中，T 为 50Hz 交流电压的周期，即 20ms。

3. 稳压电路

调整管 T_1 与负载电阻 R_L 相串联，组成串联式稳压电路。T_1 管连接成电压跟随器，工作在线性放大状态，因此该电路也被称为线性稳压电源；T_2 与稳压管 D_Z 组成采样比较放大电路，当稳压器的输出负载变化时，输出电压 V_o 应保持不变。稳压过程如下：

设输出负载电阻 R_L 变化，使 $V_O\uparrow$，则 $V_{B2}\uparrow \to V_{C2}\downarrow \to I_{B1}\downarrow \to V_{CE1}\uparrow \to V_O\downarrow$。

4.8.2 稳压电源的性能指标及测试方法

（1）最大输出电流

它指稳压电源正常工作时能输出的最大电流，用 I_{Omax} 表示。一般情况下的工作电流 $I_O < I_{Omax}$。稳压电路内部应有保护电路，以防止 $I_O > I_{O\,max}$ 时损坏稳压器。

（2）输出电压

它指稳压电源的输出电压，用 V_O 表示。采用如图 4.8.2 所示的测试电路，可以同时测量 V_O 与 $I_{O\max}$。测试过程是：输出端接负载电阻 R_L（接入前尽可能将阻值调大），输入端接 220V 的交流电压，数字电压表的测量值即为 V_O。再使 R_L 逐渐减小，直到 V_O 的值下降 5%，此时流经负载 R_L 的电流即为 $I_{O\max}$（记下 $I_{O\max}$ 后迅速增大 R_L，以减小稳压电源的功耗）。

（3）纹波电压

它指叠加在输出直流电压 V_O 上的交流分量，一般为 mV 级。测量时，保持输出电压 V_O 和输出电流 I_O 为额定值，用示波器的交流耦合方式观测其峰-峰值 ΔV_{Opp}。由于纹波电压不是正弦波，所以用有效值衡量存在一定误差。

（4）输出电阻

$$\mathrm{Ro} = \left.\frac{\Delta V_O}{\Delta I_O}\right|_{\substack{\Delta V_I=0 \\ \Delta T=0}} \tag{4.8.6}$$

R_o 反映负载电流 I_O 变化对 V_O 的影响。

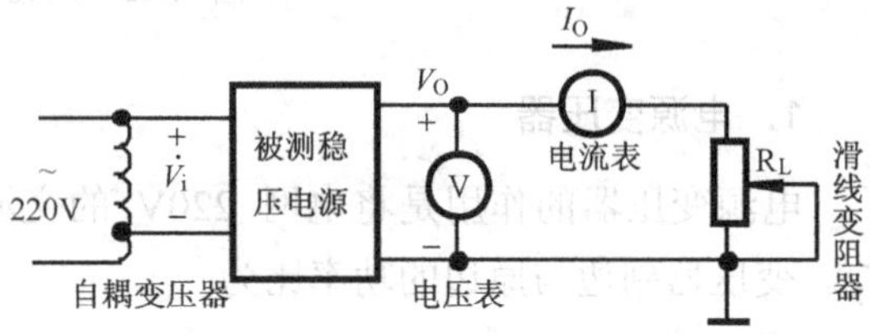

图 4.8.2　稳压电源性能指标测试电路

（5）稳压系数

在负载电流 I_O、环境温度 T 不变的情况下，输入电压的相对变化引起输出电压的相对变化，即稳压系数

$$S_v = \left.\frac{\Delta V_O / V_O}{\Delta V_I / V_I}\right|_{\substack{I_O=常数 \\ T=常数}} \tag{4.8.7}$$

S_v 的测量电路如图 4.8.2 所示。测试过程是：先调节自耦变压器使输入电压增加 10%，即 V_I＝242V，测量此时对应的输出电压 V_{O1}；再调节自耦变压器使输入电压减小 10%，即 V_I＝198V，测量这时的输出电压 V_{O2}；然后再测出 V_I＝220V 时对应的输出电压 V_O。则稳压系数

$$S_v = \frac{\Delta V_O / V_O}{\Delta V_I / V_I} = \frac{220}{242-198} \times \frac{V_{O1}-V_{O2}}{V_O} \tag{4.8.8}$$

4.8.3　集成稳压电源设计

集成稳压电源设计的主要内容是根据性能指标，选择合适的集成稳压器、电源变压器、整流二极管及滤波电容。

1．集成稳压器

常见集成稳压器有固定式三端稳压器与可调式三端稳压器，下面分别介绍其典型应用。

固定式三端稳压器的输出电压是预先调整好的，在使用时不能进行调整，其应用电路如图 4.8.3 所示。其中，CW78××系列的输出电压为 5V、6V、9V、12V、15V、18V 和 24V，共七个档次。它们型号的后两位数字就表示输出电压，如 7805 输出为+5V，其他类推；这个系列产品输出的最大电流可达 1.5A。同类型的产品还有 CW78M××系列，输出电流为 0.5A；CW78L××系列，输出电流为 0.1A。CW79××系列输出固定的负电压，其产品系列与命名规则与 CW78××系列类似。输入端接电容 C_i 可以进一步滤除纹波，输出端接电容 C_o 能改善负载的瞬态影响，使电路稳定工作。C_i、C_o 最好采用漏电流小的钽电容，如果采用电解电容，则电容量要比图中数值增加 10 倍。

可调式三端稳压器能输出连续可调的直流电压。常见产品如图 4.8.4 所示。

CW317 系列稳压器输出连续可调的正电压，CW337 系列稳压器输出连续可调的负电压。稳压器内部含有过流、过热保护电路。R_1 与 RP_1 组成电压输出调节电路，输出电压

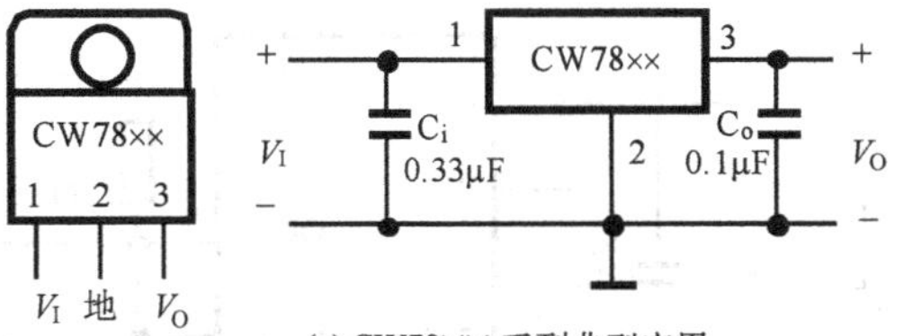

(a) CW78×× 系列典型应用

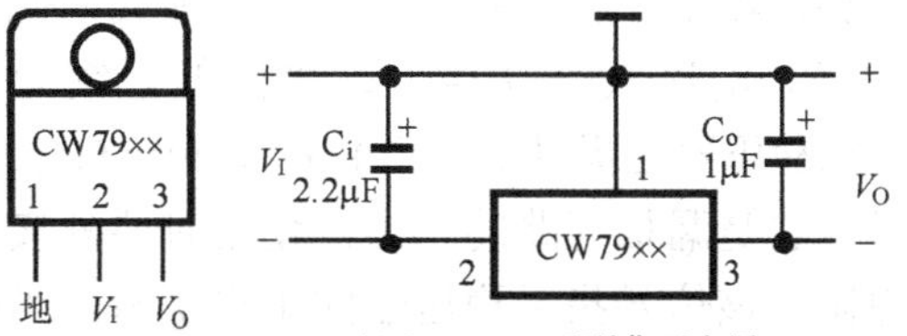

(b) CW79×× 系列典型应用

图 4.8.3 固定式三端稳压器的典型应用

$$V_o \approx 1.25(1 + RP_1/R_1) \tag{4.8.9}$$

R_1 的值为 120 ~ 240Ω，流经 R_1 的泄放电流为 5 ~ 10mA。RP_1 为精密可调电位器。电容 C_2 与 RP_1 并联组成滤波电路，以减小输出的纹波电压。二极管 D 的作用是防止输出端与地短路时，损坏稳压器。

集成稳压器的输出电压 V_O 与稳压电源的输出电压相同。稳压器的最大允许电流 $I_{CM} < I_{Omax}$，输入电压 V_I 的范围为

$$V_{O\max} + (V_I - V_O)_{\min} \leqslant V_I \leqslant V_{O\min} + (V_I - V_O)_{\max} \tag{4.8.10}$$

式中，V_{Omax} 为最大输出电压；$V_{O\min}$ 为最小输出电压；$(V_I - V_O)_{\min}$ 为稳压器的最小输入、输出压差，一般为 2V 以上；$(V_I - V_O)_{\max}$ 为稳压器的最大输入、输出压差。

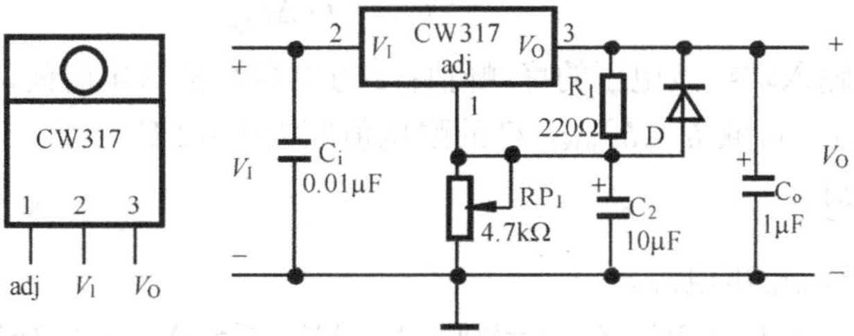

(a) CW317 系列典型应用

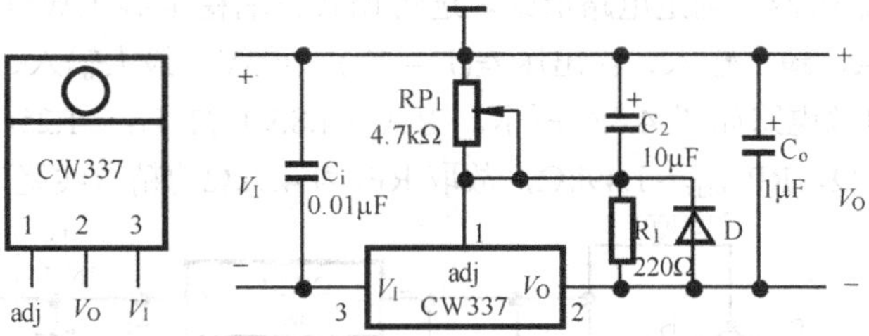

(b) CW337 系列典型应用

图 4.8.4 可调式三端稳压器的典型应用

早期的集成稳压器输入电压与输出电压之间的压差较大，调整管上的损耗大，效率低。近年来一些微功耗低压差的新型线性稳压器相继问世，在输出 100mA 电流时，其压差一般可达到 100mV 左右的水平；某些小电流的低压差线性稳压器其压差仅几十毫伏，调整管的压差较小，效率也有较大的提高。如 AMS 公司的 AMS1117 系列稳压器有 1.5V、1.8V、2.5V、2.85V、3.3V 和 5.0V 等产品；TI 公司的 TPS775××系列稳压器有四个固定输出电压（1.5V、1.8V、2.5V 和 3.3V）和一个输出电压可调的 TPS77501（1.5 ~ 5.5V）产品；TPS776××系列稳压器有五个固定输出电压（1.5V、1.8V、2.5V、2.8V 和 3.3V）和一个输出电压可调的 TPS77601（1.2V ~ 5.5V）产品。图 4.8.5 是 TPS77633 稳压器的典型应用电路，该稳压器有一个控制工作模式的使能端（$\overline{EN}$），当 $\overline{EN} = 0$ 时，稳压器正常工作，输出 3.3V 电压；当 $\overline{EN} = 1$

时，稳压器工作在睡眠（或关断）模式，此时稳压器的静态电流只有 1μA，起到降低系统功耗的作用。该稳压器还提供了一个 PG（Power Good）输出信号，它是漏极开路的输出，使用时要外接一个上拉电阻，该信号指示稳压器的工作状态。当输出电压低于额定电压的 92%时，该信号变为高电平。可以在上电时利用该信号使系统复位或者作为电源变低的监测信号。

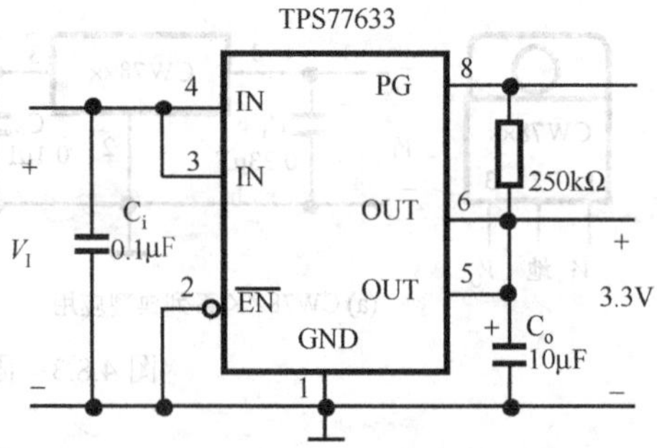

图 4.8.5　TPS77633 稳压器的典型应用

2．电源变压器

通常根据变压器副边输出的功率 P_2 来选购（或自绕）变压器。由式（4.8.2）可得变压器副边的输出电压 V_2 与稳压器输入电压 V_I 的关系。V_2 的值不能取大，V_2 越大，稳压器的压差越大，功耗也就越大。一般取 $V_2 \geqslant V_{I\min}/1.1$，$I_2 > I_{O\max}$。

3．整流二极管及滤波电容

整流二极管 D_2 的反向击穿电压 V_{RM} 应满足：$V_{RM} > \sqrt{2}\,V_2$，其额定工作电流 I_F 应满足：$I_F > I_{O\max}$。

滤波电容 C 可由下式估算：

$$C = I_C t / \Delta V_{Ipp} \tag{4.8.11}$$

式中，$\Delta V_{I\,pp}$ 为稳压器输入端纹波电压的峰-峰值；t 为电容 C 的放电时间，$t = T/2 = 0.01\text{s}$；I_C 为滤波电容 C 的放电电流，可取 $I_C = I_{O\max}$，C 的耐压值应大于 $\sqrt{2}\,V_2$。

4.8.4　设计举例

例　设计一集成直流稳压电源。

性能指标要求：$V_O = +3 \sim +9\text{V}$，$I_{O\max} = 800\text{mA}$，$\Delta V_{opp} \leqslant 5\text{mV}$，$S_v \leqslant 3\times10^{-3}$。

解　（1）选集成稳压器，确定电路形式。选可调式三端稳压器 CW317，其特性参数 $V_O = 1.2 \sim 37\text{V}$，$I_{O\max} = 1.5\text{A}$，最小输入、输出压差 $(V_I - V_O)_{\min} = 3\text{V}$，最大输入、输出压差 $(V_I - V_O)_{\max} = 40\text{V}$。组成的稳压电源电路如图 4.8.6 所示。由式（4.8.9）得 $V_O = 1.25(1 + RP_1/R_1)$，取 $R_1 = 240\Omega$，则 $RP_{1\min} = 336\Omega$，$RP_{1\max} = 1.49\text{k}\Omega$，故取 RP_1 为 4.7kΩ的精密线绕可调电位器。

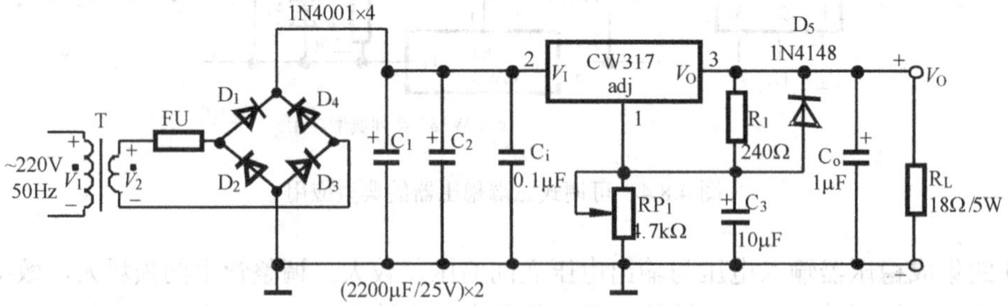

图 4.8.6　直流稳压电源实验电路

（2）选电源变压器。由式（4.8.10）可得输入电压 V_I 的范围为

$$V_{O\max} + (V_I - V_O)_{\min} \leqslant V_I \leqslant V_{O\min} + (V_I - V_O)_{\max}$$

$$9\text{V} + 3\text{V} \leqslant V_I \leqslant 3\text{V} + 40\text{V}$$

$$12\text{V} \leqslant V_I \leqslant 43\text{V}$$

副边电压 $V_2 \geqslant V_{I\min}/1.1 = 12/1.1\text{V}$，取 $V_2 = 11\text{V}$，副边电流 $I_2 > I_{O\max} = 0.8\text{A}$，取 $I_2 = 1\text{A}$，则变压器副边输出功率 $P_2 \geqslant I_2 V_2 = 11\text{W}$。

由表 4.8.1 可得变压器的效率$\eta = 0.7$，则原边输入功率 $P_1 \geqslant P_2/\eta = 15.7\text{W}$。为留有余地，选功率为 20W 的电源变压器。

（3）选整流二极管及滤波电容。整流二极管 D 选 1N4001，其极限参数为 $V_{RM} \geqslant 50\text{V}$，$I_F = 1\text{A}$。满足 $V_{RM} > \sqrt{2}\,V_2$， $I_F = I_{Omax}$ 的条件。

滤波电容 C 可由纹波电压$\Delta V_{O\,pp}$和稳压系数 S_v 来确定。已知，$V_O = 9\text{V}$，$V_I = 12\text{V}$，$\Delta V_{opp} = 5\text{mV}$，$S_v = 3\times 10^{-3}$，则由式（4.8.7）得稳压器的输入电压的变化量

$$\Delta V_I = \frac{\Delta V_{opp} V_I}{V_O S_v} = 2.2\text{V}$$

由式（4.7.11）得滤波电容

$$C = \frac{I_C t}{\Delta V_I} = \frac{I_{O\,max} t}{\Delta V_I} = 3636\mu\text{F}$$

电容 C 的耐压应大于$\sqrt{2}\,V_2 = 15.4\text{V}$。故取 2 只 2200μF/25V 的电容相并联，如图 4.8.6 中 C_1、C_2 所示。

（4）电路安装与测试。首先应在变压器的副边接入保险丝 FU，以防电路短路损坏变压器或其他器件，其额定电流要略大于 I_{Omax}，选 FU 的熔断电流为 1A，CW317 要加适当大小的散热片。先装集成稳压电路，再装整流滤波电路，最后安装变压器。安装一级测试一级。对于稳压电路则主要测试集成稳压器是否能正常工作。其输入端加直流电压 $V_I \leqslant 12\text{V}$，调节 RP_1，输出电压 V_O 随之变化，说明稳压电路正常工作。整流滤波电路主要是检查整流二极管是否接反，安装前用万用表测量其正、反向电阻。接入电源变压器，整流输出电压 V_I 应为正。断开交流电源，将整流滤波电路与稳压电路相连接，再接通电源，输出电压 V_O 为规定值，说明各级电路均正常工作，可以进行各项性能指标的测试。对图 4.8.6 所示稳压电路，测试工作在室温下进行，测试条件是 $I_O = 500\text{mA}$，$R_L = 18\Omega$（滑线变阻器）。

4.8.5 设计任务

设计课题：集成直流稳压电源设计

已知条件：集成稳压器 CW7812、CW7912 及 CW317，其性能参数请查阅集成稳压器手册。

性能指标要求：输出电压 V_O 及最大输出电流 I_{omax}(Ⅰ挡：$V_O = \pm 12\text{V}$ 对称输出，$I_{Omax} = 100\text{mA}$；Ⅱ挡：$V_O = +5\text{V}$，$I_{O\,max} = 300\text{mA}$；Ⅲ挡：$V_O = (+3 \sim +9)\text{V}$ 连续可调，$I_{O\,max} = 200\text{mA}$)；纹波电压$\Delta V_{o\,pp} \leqslant 5\text{mV}$，稳压系数 $S_v \leqslant 5\times 10^{-3}$。

实验仪器设备：双踪示波器 1 台，数字万用表 1 台，自耦变压器 1 台，滑线电阻器 1 台。

测试内容与要求：

① 测量各挡位的输出电压 V_O 及最大输出电流 I_{Omax}；

② 用示波器的交流耦合输入方式，测量各挡位纹波电压的最大值。

实验与思考题

4.8.1 用示波器分别观测变压器的副边输出电压 $\dot{V}_2$、二极管桥式整流电路的输出电压 V_D(断开滤波电容)、整流滤波电路的输出电压 V_I 及稳压器输出电压 V_O 的波形，并测量其电压值，画出它们的波形关系图。

4.8.2 集成稳压器的输入、输出端接电容 C_i 及 C_o 有何作用？实验验证之。

4.8.3 若用 470μF/25V 的电容代替 2200μF/25V 的滤波电容，则稳压器的输入电压 V_I 有何变化？为什么？实验验证之。

4.8.4 适当增大负载电阻 R_L 的值(如增加 2Ω)，测量 S_v 是否发生变化？

4.8.5 画出用 CW317 与 CW337 组成的具有正、负对称输出的电压可调的稳压电路。

4.8.6 图 4.8.6 中的保险丝 FU 有何作用？可否接在变压器的原边？为什么？

第 5 章　数字逻辑电路基础实验

内容提要　本章介绍了集成逻辑门、集成定时器 555 和集成触发器等基本应用电路的原理与实验，还介绍了中小规模逻辑电路的基本功能及其构成应用电路的设计方法。这些内容是数字逻辑电路的基础。

5.1　集成逻辑门的特性测试

学习要求：

（1）掌握 TTL、CMOS 与非门电路主要参数及其测试方法；

（2）掌握 OC 门“线与”使用方法；

（3）熟悉双踪示波器、信号发生器、数字万用表、稳压电源等仪器的使用方法。

5.1.1　TTL 门电路的主要参数及使用规则

生产逻辑门电路的厂家，通常都要为用户提供各种逻辑器件的数据手册。手册中一般都给出门电路的输入和输出高、低电压，噪声容限，传输延迟时间，功耗等参数。下面介绍这些主要参数及使用规则。

1. TTL 与非门电路的主要参数

电源电压+V_{DD}　TTL 有 54 系列和 74 系列两种，54 系列为军用型，工作电压是 5V±10%，工作温度是−55°C～+125°C；74 系列为商业用产品，工作电压是 5V±5%，工作温度是 0°C～+70°C。

静态功耗 P_D　指与非门空载时电源总电流 I_{CC} 与电源电压 V_{CC} 的乘积，即

$$P_D = I_{CC} V_{CC} \tag{5.1.1}$$

式中，I_{CC} 为与非门的所有输入端悬空、输出端空载时，电源提供的电流。一般 $I_{CC} \leqslant 10mA$，$P_D \leqslant 50mW$。

输出高电平 V_{OH}　指有一个以上的输入端接地时的输出电平值。一般 $V_{OH} \geqslant 3.5V$，称为逻辑“1”。

输出低电平 V_{OL}　指全部输入端为高电平时的输出电平值。一般 $V_{OL} \leqslant 0.4V$，称为逻辑“0”。

扇入数 N_I　门电路的扇入数是指输入端的个数，例如一个 3 输入端的与非门，其扇入数 $N_I=3$。

扇出数 N_O　指接在一个逻辑门的输出端而不影响其正常工作的同类逻辑门的最大负载数目。一般逻辑器件的数据手册中，并不给出扇出数，而须计算或用实验的方法求得。

在图 5.1.1 中，与非门输出为高电平时的扇出数可表示为：

$$N_{OH} = I_{OH}(\text{驱动门}) / I_{IH}(\text{负载门}) \tag{5.1.2}$$

与非门输出为低电平时的扇出数可表示为：

$$N_{OL}=I_{OL}(驱动门)/I_{IL}(负载门) \tag{5.1.3}$$

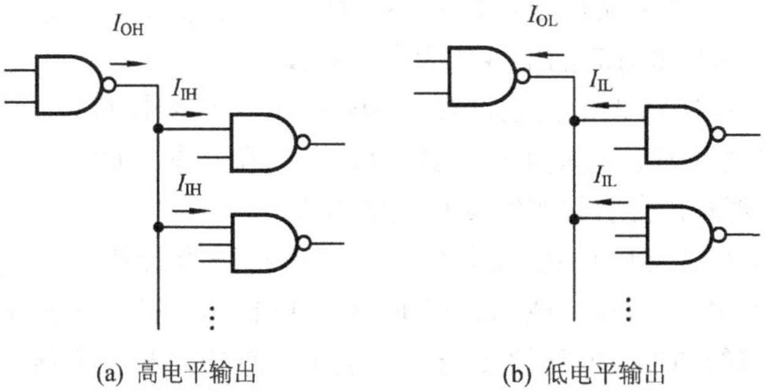

图 5.1.1　扇出数的计算

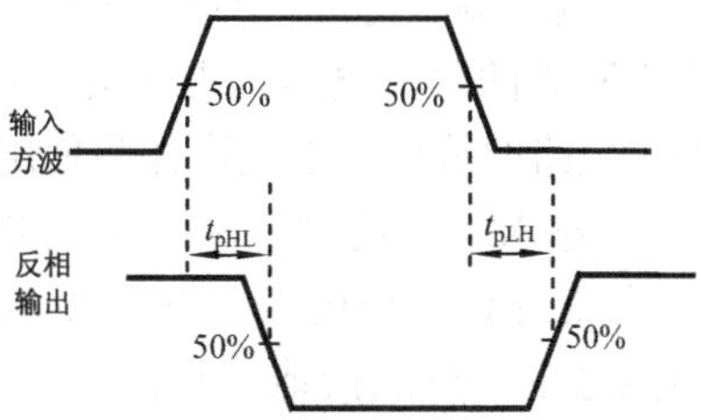

图 5.1.2　传输延迟时间的波形

平均传输延迟时间 t_{pd}　是表征器件开关速度的参数。非门的传输延迟如图 5.1.2 所示，当非门的输入为一方波时，其输出波形的上升沿和下降沿均有一定的延迟时间。设下降沿延迟时间为 t_{PHL}，上升沿延迟时间为 t_{PLH}，则平均传输延迟时间 t_{pd} 可表示为

$$t_{pd}=\frac{1}{2}(t_{PLH}+t_{PHL}) \tag{5.1.4}$$

t_{pd} 的数值很小，一般为几纳秒至几十纳秒。

直流噪声容限 V_{NH} 和 V_{NL}　指前一级的输出端受到噪声干扰后加至下一级输入端，仍可保证正确逻辑电平值其所能允许的最大噪声。即输入端所允许的输入电压变化的极限范围，噪声容限定义的示意图如图 5.1.3 所示。输入端为高电平状态时的噪声容限为

$$V_{NH}=V_{OH(min)}-V_{IH(min)} \tag{5.1.5}$$

输入端为低电平状态时的噪声容限为

$$V_{NL}=V_{IL(max)}-V_{OL(max)} \tag{5.1.6}$$

通常 $V_{OH(min)}=2.4V$，$V_{IH(min)}=2.0V$，$V_{IL(max)}=0.8V$，$V_{OL(max)}=0.4V$，所以 V_{NH} 和 V_{NL} 一般约为 400 mV。

表 5.1.1 列出了 TTL 系列中几种较为常用产品的名称及主要特性参数。

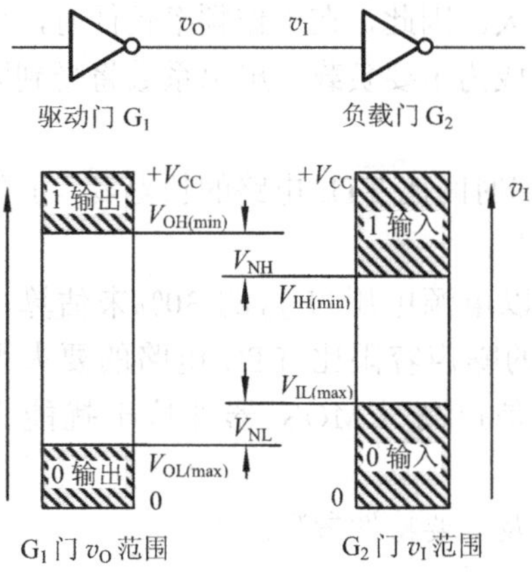

图 5.1.3　输入噪声容限示意图

表 5.1.1　TTL 主要产品系列及特性

系列名称	字　首	静态功耗 /mW	扇出系数	传输延迟时间/ns
标准 TTL	74	10	10	9
低功耗肖特基（Low-power Schottky）	74LS	2	20	10
增强型肖特基（Advanced Schottky）	74AS	10	40	1.5
增强型低功耗肖特基（Advanced low-power Schottky）	74ALS	1	20	4

2．TTL 器件的使用规则

① 电源电压 $+V_{CC}$。要保证 $+V_{CC}$ 在允许的范围内，超过该范围可能会损坏器件或使逻

辑功能混乱。

② 电源滤波。TTL 器件的高速切换，会产生电流跳变，其幅度约 4~5mA。该电流在公共走线上的压降会引起噪声干扰，因此，要尽量缩短地线以减小干扰。可在电源端并接 1 个 100μF 的电容作为低频滤波，以及 1 个 0.01～0.1μF 的电容作为高频滤波。

③ 输出端的连接。不允许输出端直接接+5V 或接地。对于 100pF 以上的容性负载，应串接几百欧姆的限流电阻，否则会导致器件损坏。除集电极开路（OC）门和三态（TS）门外，其他门电路的输出端不允许并联使用，否则，会引起逻辑混乱或损坏器件。

④ 输入端的连接。输入端可以串入 1 只 1~10kΩ电阻与电源连接或直接接电源电压 $+V_{CC}$ 来获得高电平输入。直接接地为低电平输入。或门、或非门等 TTL 电路的多余的输入端不能悬空，只能接地，与门、与非门等 TTL 电路的多余输入端可以悬空（相当于接高电平），但因悬空时对地呈现的阻抗很高，容易受到外界干扰，所以可将它们直接接电源电压 $+V_{CC}$ 或与其他输入端并联使用，以增加电路的可靠性。但与其他输入端并联时，从信号获取的电流将增加。

5.1.2 CMOS 门电路的主要参数及使用规则

1. CMOS 与非门电路的主要参数

电源电压 $+V_{DD}$ CMOS 电路由 PMOS 管和 NMOS 管构成，CMOS 集成电路有 40、74HC、74AC 及 74HCT 等系列，其中 40 系列是最早的 CMOS IC 系列，其电源电压 $+V_{DD}$ 的范围较宽。而后来生产的 74HC、74AC 及 74HCT 系列的电源电压 $+V_{DD}$ 范围则较小。表 5.1.2 列出了 CMOS 主要产品系列的电源电压。

静态功耗 P_D CMOS 的 P_D 与工作电源电压 $+V_{DD}$ 的高低有关，但与 TTL 器件相比，P_D 的大小则显得微不足道（约在微瓦量级）。

输出高电平 V_{OH} $V_{OH} \geq V_{DD} - 0.5V$ 为逻辑“1”。

输出低电平 V_{OL} $V_{OL} \leq V_{SS} + 0.5V$ 为逻辑“0”（$V_{SS} = 0V$）。

扇出系数 N_O CMOS 电路具有极高的输入阻抗，极小的输入短路电流 I_{IS}，一般 $I_{IS} \leq 0.1\mu A$。输出端灌入电流 I_{OL} 比 TTL 电路的小很多，在+5V 电源电压下，一般 $I_{OL} \leq 500\mu A$。但是，如果以这个电流来驱动同类门电路，其扇出系数将非常大。因此，在工作频率较低时，扇出系数不受限制。但在高频工作时，由于后级门的输入电容成为主要负载，扇出系数将受到限制，一般取 $N_O = 10 \sim 20$。

平均传输延迟时间 t_{pd} 早期 CMOS 电路的平均传输延迟时间比 TTL 电路的长得多，但随着技术的进步，现在 74HCT 和 74HC 系列的 t_{pd} 与 TTL 的相当。

直流噪声容限 V_{NH} 和 V_{NL} CMOS 器件的噪声容限通常以电源电压 $+V_{DD}$ 的 30%来估算，当 $+V_{DD} = +5V$ 时，$V_{NH} \approx V_{NL} = 1.5V$，可见 CMOS 器件的噪声容限比 TTL 电路的要大得多，因此，抗干扰能力也强得多。提高电源电压 $+V_{DD}$ 是提高 CMOS 器件抗干扰能力的有效措施。

表 5.1.3 列出了 CMOS 系列中几种较为常用产品的名称及主要特性参数。

2. CMOS 器件的使用规则

（1）电源电压。电源电压不能接反，规定 $+V_{DD}$ 接电源正极，V_{SS} 接电源负极（通常接地）。

（2）输出端的连接。输出端不允许直接接 $+V_{DD}$ 或地，除三态门外，不允许两个器件的输出端并联使用。

表 5.1.2 CMOS 主要产品系列电源电压

系列名称	字 首	最 低	最 高
标准 CMOS	40	3 V	18 V
新的高速 CMOS	74HC	2 V	6 V
新的增强型 CMOS	74AC	2 V	5.5 V
新的高速 CMOS	74HCT	4.5 V	5.5V

表 5.1.3 CMOS 主要产品系列及特性参数（$V_{DD}=5$ V）

系 列	静态功耗 /mW	扇出系数	传输延迟时间/ns
40	10	50	125
74HC/74HCT	10	50	6
74AC/74ACT	10	50	3

（3）输入端的连接。输入端的信号电压 V_i 应为 $V_{SS} \leqslant V_i \leqslant V_{DD}$，超出该范围会损坏器件内部的保护二极管或绝缘栅极，可在输入端串接一只限流电阻（10～100kΩ）。所有多余的输出端不能悬空，应按照逻辑要求直接接+V_{DD}或 V_{SS}(地)。工作速度不高时允许输入端并联使用。

（4）其他。①测试 CMOS 电路时，应先加电源电压+V_{DD}，后加输入信号；关机时应先切断输入信号，后断开电源电压+V_{DD}；所有测试仪器的外壳必须良好接地。②CMOS 电路具有很高的输入阻抗，易受外界干扰、冲击和出现静态击穿，故应存放在导电容器内；焊接时电烙铁外壳必须接地良好，必要时可以拔下烙铁电源，利用余热焊接。

5.1.3 输入电平值的调整

在做逻辑实验时，通常以 V_{CC} 代表逻辑 **1**，接“地”代表逻辑 **0**。对于 TTL IC 而言，输入端悬空代表逻辑 **1**。但对于 CMOS IC 而言，输入端则不能悬空，这是因为 CMOS 输入阻抗很高，如果悬空则容易吸收外界噪声干扰而产生误动作。因此，可以在输入端串接电阻，如图 5.1.4 所示。

对于图 5.1.4（a），电阻 R_1 的选择必须使输入端保持在逻辑 **0** 状态，即

$$I_{IL} \cdot R_1 \leqslant V_{IL}$$

对于 TTL IC 74LS 系列而言，$V_{IL(max)}=0.8$V，$I_{IL(max)}=0.4$ mA，因此

$$R_1 \leqslant V_{IL}/I_{IL}=0.8\text{ V}/0.4\text{ mA}=2\text{ k}\Omega$$

对于 CMOS IC 4000 系列而言，$V_{IL(max)}=0.3V_{DD}=1.5$V，$I_{IL(max)}=1$ μA，因此

$$R_1 \leqslant V_{IL}/I_{IL}=1.5\text{ V}/1\text{ μA}=1.5\text{ M}\Omega$$

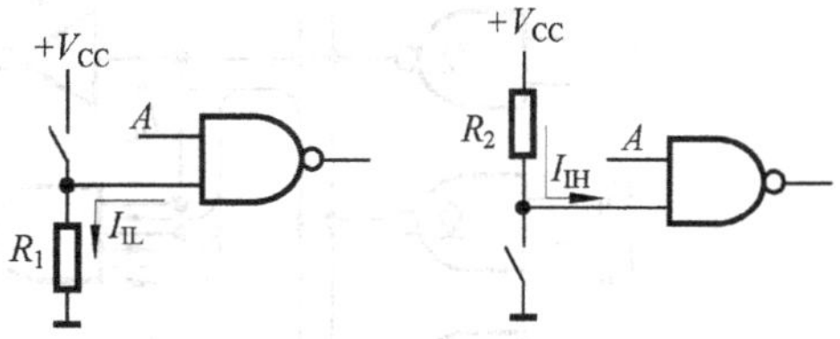

(a) 逻辑 0 输入　　(b) 逻辑 1 输入

图 5.1.4 输入逻辑电平的调整

对于图 5.1.4（b），电阻 R_2 的选择必须使输入端保持在逻辑 **1** 状态，即

$$V_{CC}-I_{IH} \cdot R_2 \geqslant V_{IH}$$

对于 TTL IC 74LS 系列而言，$V_{IH(min)}=2.0$ V，$I_{IH(max)}=20$ μA，因此

$$R_2 \leqslant (V_{CC}-V_{IH})/I_{IH}=(5-2)\text{ V}/20\text{ μA}=150\text{ k}\Omega$$

对于 CMOS IC 4000 系列而言，$V_{IH(min)}=0.7V_{DD}=3.5$V，$I_{IH(max)}=1$ μA，因此

$$R_2 \leqslant (V_{CC}-V_{IH})/I_{IH}=(5-3.5)\text{ V}/1\text{μA}=1.5\text{ M}\Omega$$

5.1.4 集电极开路（OC）门的特性

集电极开路（OC[①]）与非门具有“线与”的功能，即它的输出端可以直接相连。对于

① OC 为 Open Collector 的缩写。

CMOS 电路则是 MOS 管的漏极开路，通常称为漏极开路（OD[①]）门。

对于集电极开路的与非门，其输出端是悬空的，使用时一定要在输出端与电源之间接一电阻 R_P，其值根据应用条件决定。下面利用欧姆定律，分两种情况计算 R_p 最小值 $R_{p(min)}$及最大值 $R_{p(max)}$。

① 当 OC 门输出为低电平时。此时，最不利的情况是并联的 OC 门中只有一个导通且输出为低电平，其他门均截止且输出为高电平，负载电流将全部流向导通的 OC 门（流过截止 OC 门的漏电流 I_{OZ} 可以忽略），如图 5.1.5(a)所示。此时 $V_{OL}=V_{OL(max)}$，R_p 上的压降为 $V_{DD}-V_{OL(max)}$；由于 $I_{OL}=I_{Rp}+I_{IL(total)}$，为保证导通 OC 门的正常工作，必须满足输出电流 $I_{OL}\leqslant I_{OL(max)}$，于是

$$(V_{CC}-V_{OL(max)})/R_p+I_{IL(total)}\leqslant I_{OL(max)}$$

即
$$R_p\geqslant\frac{V_{CC}-V_{OL(max)}}{I_{OL(max)}-I_{IL(total)}}$$

因此 R_p 的最小值 $R_{p(min)}$可按下式来确定：

$$R_{p(min)}=\frac{V_{CC}-V_{OL(max)}}{I_{OL(max)}-I_{IL(total)}} \tag{5.1.7}$$

式中：V_{CC} 为直流电源电压；$V_{OL(max)}$为驱动门 V_{OL} 最大值；$I_{OL(max)}$为驱动门 I_{OL} 最大值；$I_{IL(total)}$为负载门低电平输入电流 I_{IL} 总和，$I_{IL(total)}=nI_{IL}$。这里需要注意 n 的取值，对于负载为 CMOS 门电路或者 TTL 或非门，n 为并联的输入端数目；对于 TTL 与非门负载，n 为负载门的个数，而不是输入端的数目，这是由 TTL 与非门输入端的结构决定的。

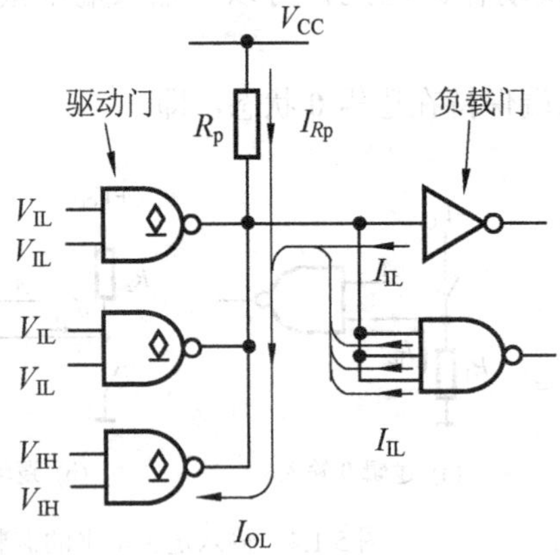

(a) $R_{p(min)}$的工作情况

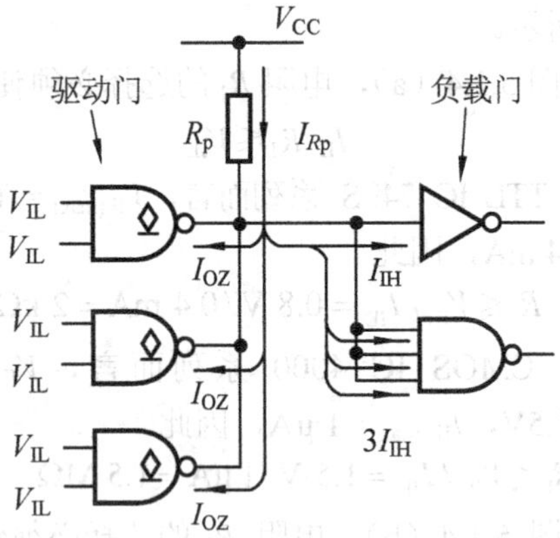

(b) $R_{p(max)}$的工作情况

图 5.1.5 计算 OC 门上拉电阻 R_p 的工作情况

② 当 OC 门输出为高电平时，为保证 OC 门正常工作，必须使输出高电平不低于规定 V_{OH} 的最小值，即 $V_{OH}\geqslant V_{OH(min)}$，如图 5.1.5(b)所示。此时流过 R_p 的电流 $I_{Rp}=(V_{DD}-V_{OH})/R_p$，应满足 $I_{Rp}=I_{OZ(total)}+I_{IH(total)}$，于是 $V_{OH}=V_{DD}-R_p(I_{OZ(total)}+I_{IH(total)})\geqslant V_{OH(min)}$。

因此，R_p 的最大值 $R_{p(max)}$可按下式来确定：

$$R_{p(max)}=\frac{V_{DD}-V_{OH(min)}}{I_{OZ(total)}+I_{IH(total)}} \tag{5.1.8}$$

① OD 为 Open Drain 的缩写。

式中：$V_{OH(min)}$为驱动门 V_{OH} 最小值；$I_{OZ(total)}$为全部驱动门输出高电平时的漏电流总和；$I_{IH(total)}$为负载门高电平输入电流 I_{IH} 总和。$I_{IH(total)}=nI_{IH}$，n 为负载门并联的输入端数目。

实际上，R_p 的值选在 $R_{p(min)}$和 $R_{p(max)}$之间，若要求电路速度快，选用 R_p 的值接近 $R_{p(min)}$的标准值。若要求电路功耗小，选用 R_p 的值接近 $R_{p(max)}$的标准值。

式（5.1.7）和式（5.1.8）中已考虑电流的方向，因此，计算时所有电流参数均取正值。

5.1.5 实验任务

下面是本实验所需的主要元器件，集成电路的引脚图见附录 E。

集成电路：74LS00 2 片，74LS03 1 片，4011 1 片

电阻：100Ω、1 kΩ、2.2 kΩ、100 kΩ 各 1 个

电位器：1 kΩ、50 kΩ 各 1 个

任务 1：TTL 输入特性测量

（1）I_{IL} 测量

① 使用 TTL 芯片 74LS00，组装图 5.1.6 所示电路。其中 A 代表直流电流表，V 代表直流电压表。

② 使用图 5.1.6（a）测量时，电流表的读数 I_{IL}=________。

③ 使用图 5.1.6（b）测量时，V_A=________，V_B=________，则 $I_{IL}=\dfrac{V_B-V_A}{R}=$ ________。

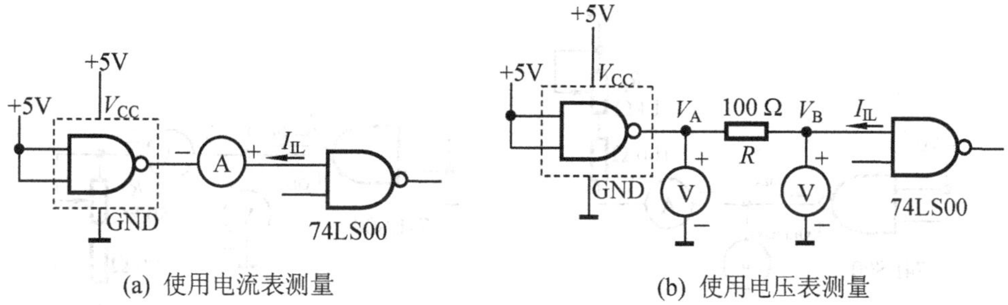

图 5.1.6 TTL IC 电流 I_{IL} 测量

（2）I_{IH} 测量

① 使用 74LS00 组装图 5.1.7 所示电路。

② 电压表的读数，V_A =________，V_B =________，则 $I_{IH}=\dfrac{V_A-V_B}{R}=$ ________。

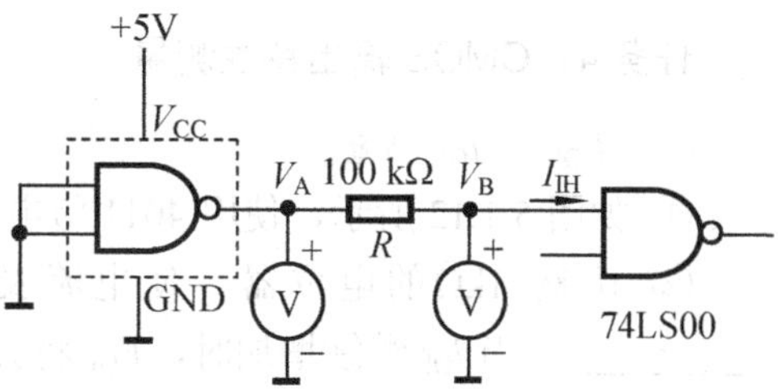

图 5.1.7 TTL IC 电流 I_{IH} 测量

任务 2：CMOS 输入特性测量

（1）I_{IL} 测量

① 使用 CMOS 芯片 4011 组装图 5.1.8 所示电路。

② 电压表的读数，V_A=________，V_B=________，则 $I_{IL}=\dfrac{V_B-V_A}{R}=$ ________。

（2）I_{IH} 测量

① 如图 5.1.9 所示，使用 4011 将电路接好。

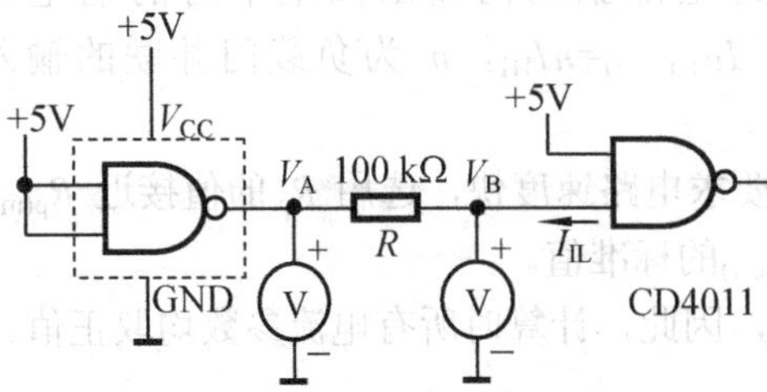

图 5.1.8　CMOS IC 电流 I_{IL} 测量

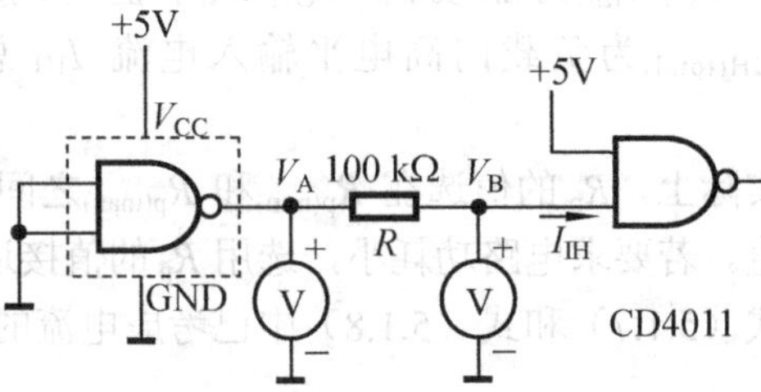

图 5.1.9　CMOS IC 电流 I_{IH} 测量

② 电压表的读数，V_A=______，V_B=______，则 $I_{IH}=\dfrac{V_A-V_B}{R}$=______。

任务 3：TTL 输出特性测量

（1）V_{OL} 和 I_{OL} 测量

① 如图 5.1.10 所示，使用 74LS00 将电路接好。

② 调整 1kΩ的电位器，使电流表的读数 $I_{OL(max)}$=8mA，此时电压表的读数 $V_{OL(max)}$=________。当 I_{OL} 继续增加时，V_{OL} 将会________（增加或减小）。

（2）V_{OH} 和 I_{OH} 测量

① 如图 5.1.11 所示，使用 74LS00 将电路接好。

② 调整 50kΩ的电位器，使电流表的读数 $I_{OH(max)}$=400μA，此时电压表的读数 $V_{OH(min)}$=________。当 I_{OH} 继续增加时，V_{OH} 将会________（增加或减小）。

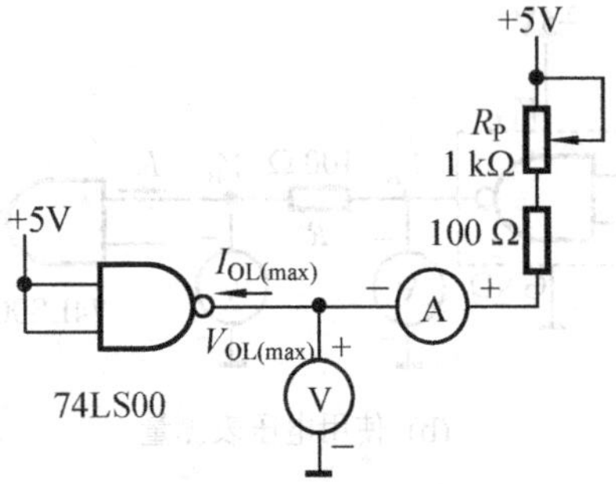

图 5.1.10　TTL IC 电压 $V_{OL(max)}$ 测量

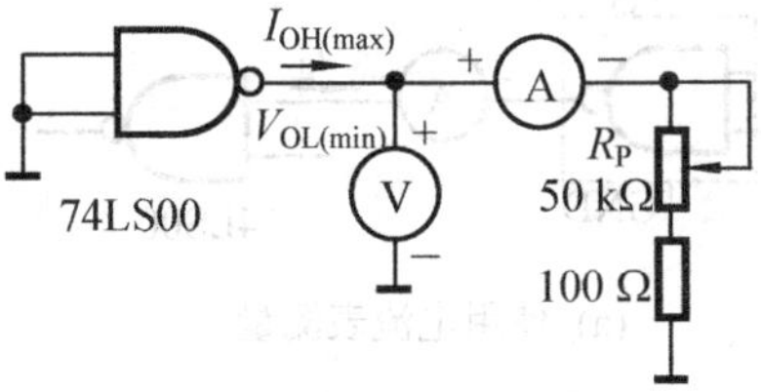

图 5.1.11　TTL IC 电压 $V_{OH(min)}$ 测量

任务 4：CMOS 输出特性测量

（1）V_{OL} 和 I_{OL} 测量

① 如图 5.1.12 所示，使用 4011 将电路接好。

② 调整 1kΩ的电位器，使电流表的读数 $I_{OL(max)}$=8mA，此时电压表的读数 $V_{OL(max)}$=________。当 I_{OL} 继续增加时，V_{OL} 将会________（增加或减小）。

（2）V_{OH} 和 I_{OH} 测量

① 如图 5.1.13 所示，使用 4011 将电路接好。

② 调整 50kΩ的电位器，使电流表的读数 $I_{OH(max)}$=400μA，此时电压表的读数 $V_{OH(min)}$=________。当 I_{OH} 继续增加时，V_{OH} 将会________（增加或减小）。

任务 5：传输延迟 t_{pd} 的测量

① 由于单个门电路的传输延迟时间很小，不易测量，所以将多个相同门电路串联起来测

量总的延时，然后计算每个门的平均延迟时间。测量电路如图 5.1.14 所示。

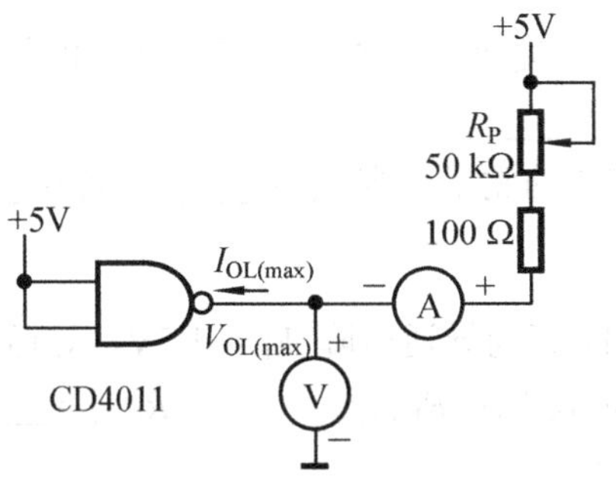

图 5.1.12 CMOS IC 电压 $V_{OL(max)}$测量

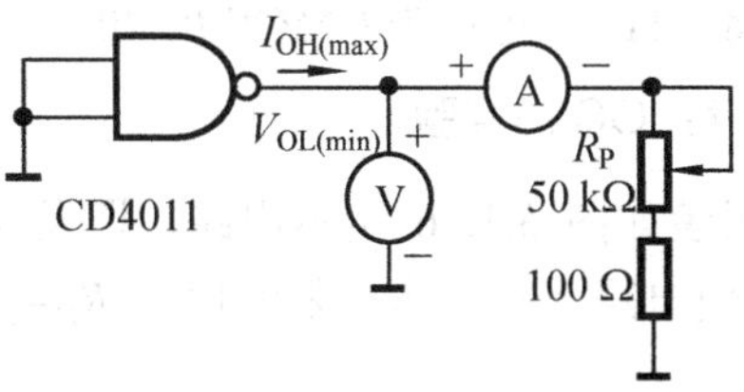

图 5.1.13 CMOS IC 电压 $V_{OH(min)}$测量

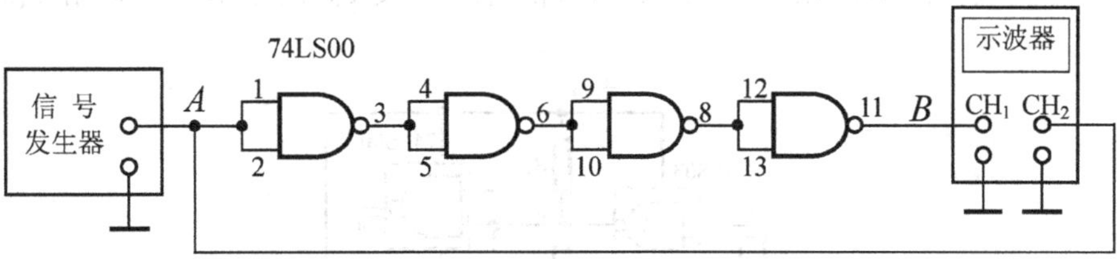

图 5.1.14 t_{pd}的测试电路

② 调整信号源，使其输出 10kHz 正方波，将其连接到 A 点，使用双踪示波器同时观察 A 点和 B 点波形，则 $t_{pLH}=$ ______，$t_{pHL}=$ ______，电路总的 $t_{pd}=\dfrac{t_{pLH}+t_{pHL}}{2}=$ ______，每个与非门的传输延迟为 $t_{pd}/4=$ ______。

③ 将 TTL IC 更换为 CMOS IC 4011，重复步骤②的测量，则 $t_{pLH}=$ ______，$t_{pHL}=$ ______，电路总的 $t_{pd}=\dfrac{t_{pLH}+t_{pHL}}{2}=$ ______，每个与非门的传输延迟为 $\dfrac{t_{pd}}{4}=$ ______。

任务 6：与非门电压传输特性曲线的测量

① 利用电压传输性不仅能检查和判断与非门的好坏，还可以从传输特性上直接读出 V_{OH}、V_{OL} 等参数。传输特性的测试电路如图 5.1.15（a）所示。

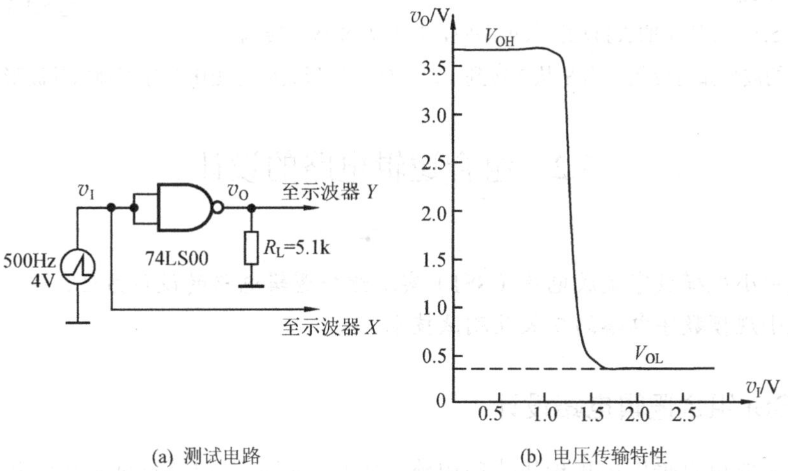

图 5.1.15 与非门电压传输特性及测试电路

② 调整信号源，使其输出 500Hz 4V 的锯齿波，将其连接到 v_I 点，使用双踪示波器同时观察 v_I 点和 v_O 点波形。

③ 将示波器的显示方式切换为 *X-Y* 方式，显示出类似于图 5.1.15（b）所示的与非门电压传输特性曲线，记录波形。此时，V_{OH}=________，V_{OL}=________ 。

④ 将 TTL IC 更换为 CMOS IC 4011，重复步骤③的测量，则 V_{OH}=______，V_{OL}=______ 。

任务 7：OC 门实验

① 组装如图 5.1.16 所示电路，取发光二极管 D 正向导通压降 V_F = 1.5V，导通电流 I_F = 2mA，为使电路正常工作，限流电阻 R_D=______，负载电阻 R_{Lmax}=______，R_{Lmin} =______，最后选取 R_L=______。

② 调整信号源，使其输出 1kHz、4V 正方波，将其连接到 v_I 点，使用示波器“直流耦合”输入方式观测波形，在坐标纸上画出 v_I, v_o, v_{o1} 及 v_{o2} 的波形，并标出 V_{OH}、V_{OL} 的电平值。

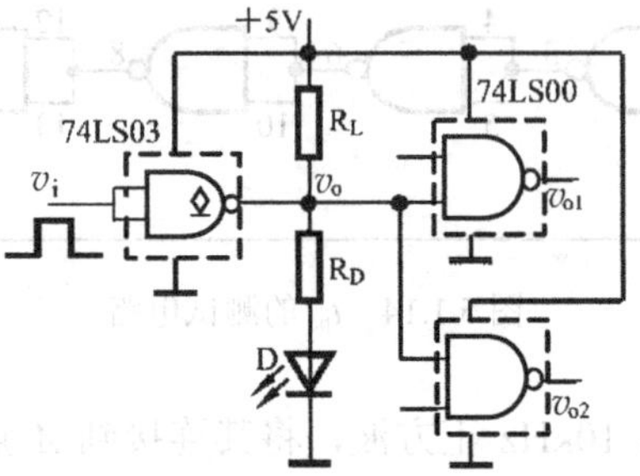

图 5.1.16　OC 门驱动负载的实验电路

实验与思考题

5.1.1　数字 IC 逻辑门，对于未使用的输入引脚应该如何处理?

5.1.2　在某工程上需要用 74LS03 器件中的 1 个逻辑门驱动 1 片 74LS04 中的 6 个非门。已知 74LS03 输出的低电平 V_{OLmax} = 0.4V，I_{OH} = 100μA，I_{OL} = 8mA；74LS04 的 I_{IH} = 50μA，I_{IL} = 0.5mA；要求 74LS03 输出的高电平 V_{OHmin} = 3.5V，试画出该电路的逻辑电路图，并在图上标明电路参数和器件引脚名。

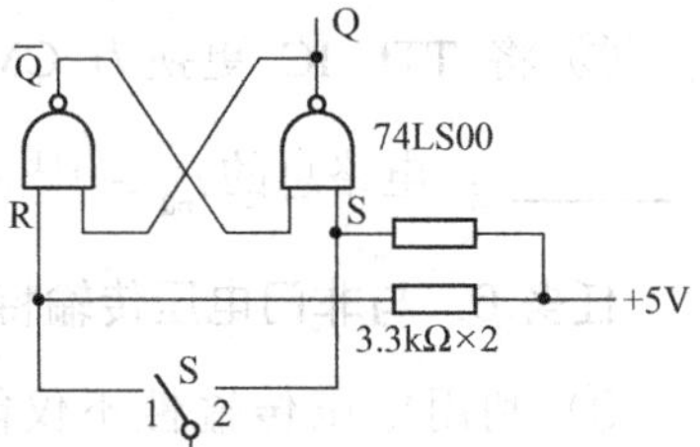

题 5.1.3 图

5.1.3　在题 5.1.3 图所示的去抖动开关电路中，当开关 S 从 1 转到 2 时，输出端 Q 的波形如何变化？当 S 从 2 转到 1 时，Q 的波形又如何变化？分别画出其波形。

5.2　组合逻辑电路的设计

学习要求：

（1）掌握用小规模数字集成电路（SSI）实现组合逻辑电路的设计方法；

（2）掌握小规模数字电路的安装及测试技术。

5.2.1　SSI 组合逻辑电路设计

组合逻辑电路可以采用小规模集成门电路、中规模组合逻辑器件或者可编程逻辑器件等不同方法实现。

SSI 组合逻辑电路的设计原则是：电路所用的门电路个数最少，器件的种类最少，而且器件之间的连线也最少。

SSI 组合逻辑电路的设计步骤如图 5.2.1 所示。通常根据实际的逻辑问题进行逻辑抽象，确定输入、输出变量数及表示符号；接着按照给定事件因果关系列出真值表，再写出逻辑表达式；最后简化和变换逻辑表达式，并用给定的器件实现，从而画出逻辑电路图。

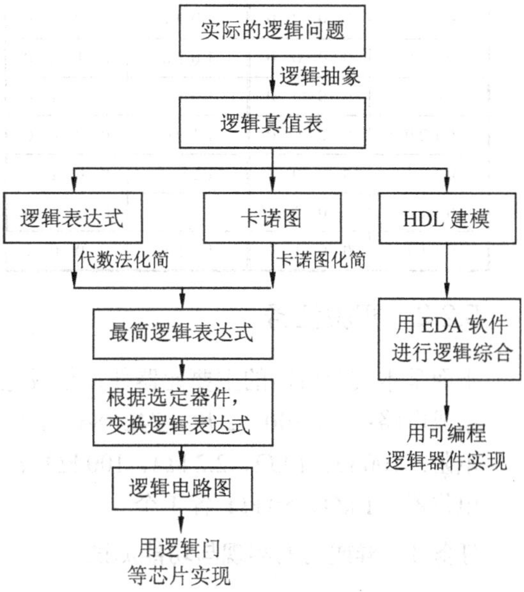

图 5.2.1 用 SSI 构成组合逻辑电路的设计过程

在组合逻辑电路中，由于信号的传输途径不同和门的传输延迟时间不等，以致当一个门的两个输入信号同时向相反方向转换时，可能出现竞争冒险，使输出产生不应有的尖峰干扰脉冲。这是组合逻辑电路工作状态转换过程中，经常会出现的一种现象。如果负载电路对尖峰脉冲不敏感（例如，负载为光电器件），就不必考虑尖峰脉冲的消除问题。如果负载电路是对尖峰脉冲敏感的电路，则必须采取措施防止和消除由于竞争冒险而产生的尖峰脉冲。

消除竞争冒险现象的方法：

① 接入滤波电容。由于竞争冒险而产生的尖峰脉冲一般都很窄（大多在几十纳秒以内），所以只要在输出端并接一个很小的滤波电容 C，其容量通常在几十至几百皮法的范围内，就足以把尖峰脉冲的幅度削弱至门电路的阈值电压以下。这种方法的优点是简单易行，而缺点是增加了输出电压波形的上升时间和下降时间，使波形变坏。

② 引入选通脉冲。在电路中引入选通脉冲 P，因为 P 的高电平（高电平有效）出现在电路到达稳定状态以后，所以输出端不会出现尖峰脉冲。引入选通脉冲的方法也比较简单，而且不需要增加电路元件。但使用这种方法时必须设法得到一个与输入信号同步的选通脉冲，对这个脉冲的宽度和作用的时间均有严格要求。

③ 修改逻辑设计。修改逻辑设计的方法是，增加冗余项来消除竞争冒险，其适用范围是很有限的，若运用得当，有时可以收到令人满意的效果。

例 1 设计一个实现 2 位二进制数相乘的乘法电路。

解（1）逻辑抽象，确定输入、输出变量数。2 位二进制数相乘有 4 个输入变量，应该有 4 个输出变量。设输入为 A、B、C、D，输出为 P_3、P_2、P_1、P_0。

（2）列出逻辑真值表。当 AB 和 CD 相乘时，共有 16 种情况，其真值表如表 5.2.1 所示。

（3）画卡诺图，写出逻辑表达式。根据真值表画出各输出变量的卡诺图(卡诺图省略)，不难写出电路的简化逻辑表达式：

$$\left.\begin{aligned}P_3 &= ABCD\\ P_2 &= A\bar{B}C + AC\bar{D} = AC\overline{BD}\\ P_1 &= A\bar{B}D + A\bar{C}D + BC\bar{D} + \bar{A}BC = AD\overline{BC} + \overline{AD}BC\\ P_0 &= BD\end{aligned}\right\} \tag{5.2.1}$$

（4）根据逻辑表达式，画出逻辑电路图。该电路没有限制门电路的类型，用与门、非门和异或门实现的电路如图 5.4.2 所示。

表 5.2.1　2 位二进制数相乘的真值表

ABCD	$P_3P_2P_1P_0$	ABCD	$P_3P_2P_1P_0$
0000	0 0 0 0	1000	0 0 0 0
0001	0 0 0 0	1001	0 0 1 0
0010	0 0 0 0	1010	0 1 0 0
0011	0 0 0 0	1011	0 1 1 0
0100	0 0 0 0	1100	0 0 0 0
0101	0 0 0 1	1101	0 0 1 1
0110	0 0 1 0	1110	0 1 1 0
0111	0 0 1 1	1111	1 0 0 1

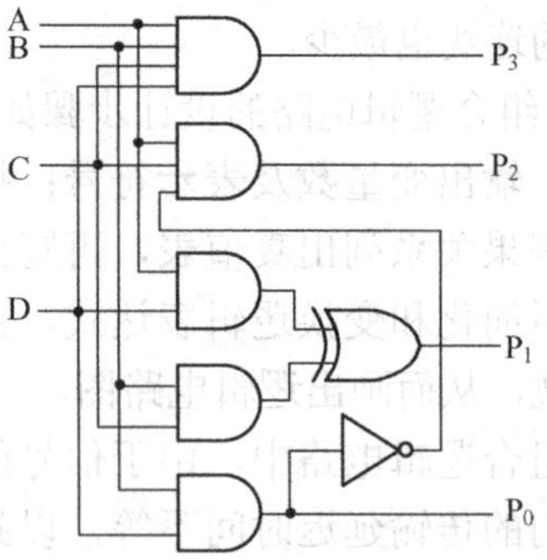

图 5.2.2　2 位二进制数相乘的逻辑电路图

5.2.2　实验任务

下面是本实验所需的主要元器件，集成电路的引脚图见附录 E。

集成电路：74LS00　2 片，74LS86　1 片，74LS283（或 74LS83）1 片

电阻：100 Ω、1 kΩ、2.2 kΩ、100 kΩ 各 1 个

电位器：1 kΩ、50 kΩ 各 1 个

任务 1：异或门的实现与功能测试

① 假设**异或**门的两个输入端为 A 和 B，试列出**异或**门的真值表，然后仅使用一片 74LS00 来实现其功能，并用实验来验证电路的逻辑功能。

② 将 B 端接频率为 1kHz、幅度为 4V 左右的正方波信号，A 端接一个数据开关，用示波器观察并记录 A=1 和 A=0 两种情况下，异或门的输入和输出的波形。

任务 2：全加器/全减器电路设计

① 使用与非门 74LS00 和异或门 74LS86，设计全加器/全减器电路，使之既能实现一位加法运算又能实现一位减法运算。当控制变量 M＝0 时，电路实现加法运算；当 M＝1 时，电路实现减法运算。其框图如图 5.2.3 所示，图中，A_0、B_0 分别为被加（减）数和加（减）数，S_0 为相加（减）的结果，C_{-1} 为低位来的进（借）位，C_0 为向高位的进（借）位。

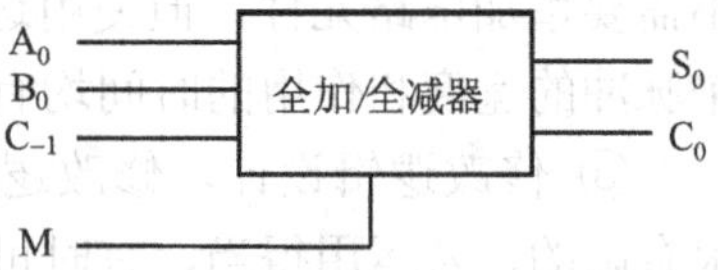

图 5.2.3　全加器/全减器框图

② 安装电路，将输入变量接至数据开关，输出接至发光二极管。当输入不同的数据时，测试并记录实验结果。

*③ 使用 74LS283（或者 74LS83）和 74LS86 来实现一个 4 位全加器/全减器，将 A 的 4 位输入连接到固定的二进制数 1001 上，将 B 的输入连接到数据开关上，将输出接至发光二极管。测试并记录以下几种情况下输出数值和进位 C4 的值：

9+5 =_____，　9−5 = _____；9+9 =_____，　9−9 = _____；9+15 =_____，　9−15 = _____。

任务 3：数据选择器设计

① 使用与非门 74LS00 和 74LS10，设计一个具有表 5.2.2 所示功能的数据选择器。表中，A、B 为数据选择控制端，D_1、D_2、D_3 为数据输入端，L 为输出端，

② 将 A、B 接至数据开关，D_1 接至高电平，D_2、D_3 分别接至 50Hz 正方波和 1kHz 正方波（或其他可区别又便于观测的信号电压），试用手拨动数据开关，改变 A、B 状态，用示波器观测并记录输出端 L 的波形，记录格式如图 5.2.4 所示（注意：图中 D_2、D_3 和 A、B 的时序关系

是随机性的）。

表 5.2.2　数据选择器功能表

地址输入		数据输出
A	B	L
0	0	0
0	1	D_1
1	0	D_2
1	1	D_3

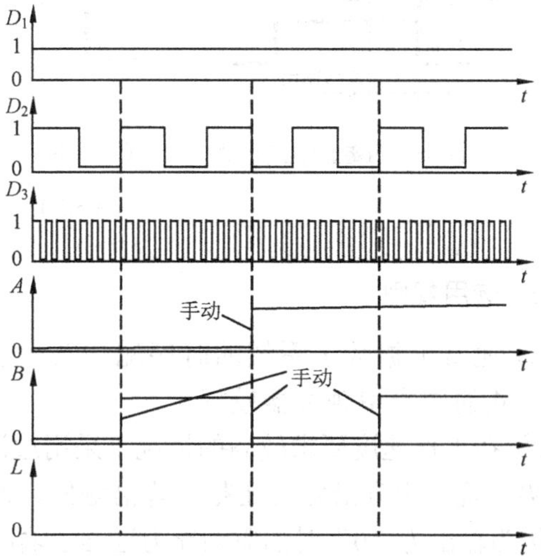

图 5.2.4　数据选择器输出观测记录

实验与思考题

5.2.1　在设计组合逻辑电路时，为什么要进行逻辑化简？化简的依据是什么？

5.2.2　用与非门设计一开关报警控制电路。设计要求如下：

① 某设备有 A、B、C 三只开关，只有在开关 A 接通的条件下，开关 B 才能接通，而开关 C 则只有在开关 B 接通的条件下才能接通。违反这一操作规程，则发出报警信号。

② 写出设计步骤并画出所设计的逻辑电路图。

③ 安装电路并测试电路的逻辑功能。

5.3　集成触发器及其应用

学习要求　掌握 D 触发器、JK 触发器等的触发方式与选用规则；设计与安装测试各类触发器逻辑功能的实验电路，并进行逻辑功能测试；学会运用触发器设计功能电路；学会用状态转换表、状态转换图和时序图来描述时序逻辑电路的逻辑功能；掌握小规模数字电路的安装及测试技术。

5.3.1　集成触发器的触发方式与选用规则

1. 触发方式

常见集成触发器有 D 触发器和 JK 触发器。根据电路结构，触发器受时钟脉冲触发的方式有维持阻塞型和主从型，其中维持阻塞型又称边沿型触发方式，对时钟脉冲的边沿要求较高。因触发器状态的转换发生在时钟脉冲的上升沿或下降沿，故触发器的输出状态仅与转换时的存入数据有关。而主从型触发方式对时钟脉冲的边沿要求不及边沿触发型苛刻。因触发器状态的转换分为两个阶段，即在 CP = 1 期间内完成数据存入，在 CP 从 1 变为 0 时完成状态转换。图 5.3.1 画出了上述触发方式的数据存入与数据输出的时间关系。D 触发器大多采用维持阻塞型触发方式且上升沿触发的较多。JK 触发器有维持阻塞型（但以下降沿触发的较多）和主从型触发方式。

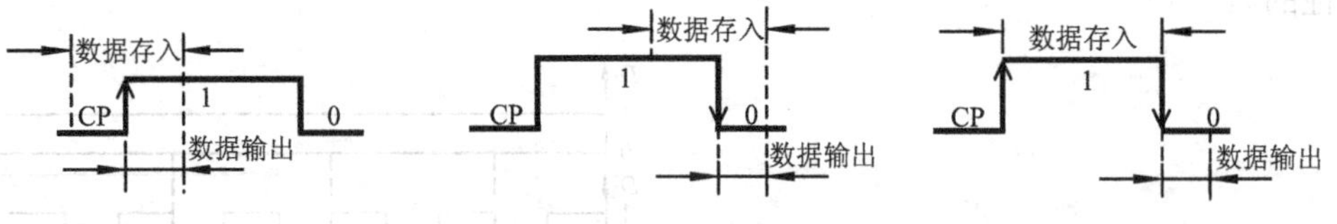

(a) 维持阻塞型（上升沿触发） (b) 维持阻塞型（下降沿触发） (c) 主从型触发

图 5.3.1 三种触发方式

2. 选用规则

① 通常根据数字系统的时序配合关系选用触发器，一般在同一系统中选择具有相同触发方式的同类型触发器较好。

② 在工作速度要求较高的情况下采用边沿触发方式的触发器较好。但速度越高，就越易受外界干扰。上升沿触发还是下降沿触发，原则上没有优劣之分。如果是 TTL 电路的触发器，因为输出为“0”时的驱动能力远强于输出为“1”时的驱动能力，尤其是当集电极开路输出时上升边沿更差，所以选用下降沿触发更好些。

③ 触发器在使用前必须经过全面测试才能保证可靠性。使用时必须注意置“1”和复“0”脉冲的最小宽度及恢复时间。

④ 触发器翻转时的动态功耗远大于静态功耗，为此系统设计者应尽量避免同一封装内的触发器同时翻转。

⑤ CMOS 与 TTL 集成触发器触发方式基本相同，使用时不宜将这两种器件混合使用，因 CMOS 触发器内部电路结构及对触发时钟脉冲的要求与 TTL 有较大差别。

5.3.2 使用触发器设计时序逻辑电路概述

时序逻辑电路的设计原则是：当选用小规模集成电路时，所用的触发器和逻辑门电路的数目应最少，而且触发器和逻辑门电路的输入端数目也应为最少，所设计出的逻辑电路应力求最简，并尽量采用同步电路。其设计步骤如下：

（1）逻辑抽象。① 分析给定的逻辑问题，确定输入变量、输出变量，以及电路的状态数；② 定义输入、输出逻辑状态的含义，并将电路状态顺序编号；③ 按照题意列出状态转换图或状态转换表。这样，就能把给定的逻辑问题抽象为一个时序逻辑函数来描述。

（2）状态化简。状态化简的目的就在于将等价状态尽可能合并，以得出最简的状态转换图。

（3）状态编码。时序逻辑电路的状态是用触发器状态的不同组合来表示的。因此，首先要确定触发器的数目 n，n 个触发器共有 2^n 种状态组合，所以获得 M 个状态组合，必须取

$$2^{n-1} < M \leqslant 2^n \qquad (5.3.1)$$

每组触发器的状态组合都是一组二值代码，称状态编码。为便于记忆和识别，一般选用的状态编码都遵循一定的规律。

（4）选定触发器的类型并求出状态方程、驱动方程和输出方程。不同逻辑功能的触发器驱动方式不同，所以用不同类型触发器设计出的电路也不一样。因此，在设计具体电路前必须根据需要选定触发器的类型。

（5）根据驱动方程和输出方程画出逻辑电路图。

（6）检查设计的电路能否自启动。

5.3.3　触发器的基本应用

D 触发器的特征方程为

$$Q^{n+1} = D \tag{5.3.1}$$

常见的 D 触发器有双 D(74LS74)、4D(74LS175)、8D(74LS273)触发器等。图 5.3.2 为 74LS74 的引脚图，表 5.3.1 为 74LS74 的逻辑功能表。

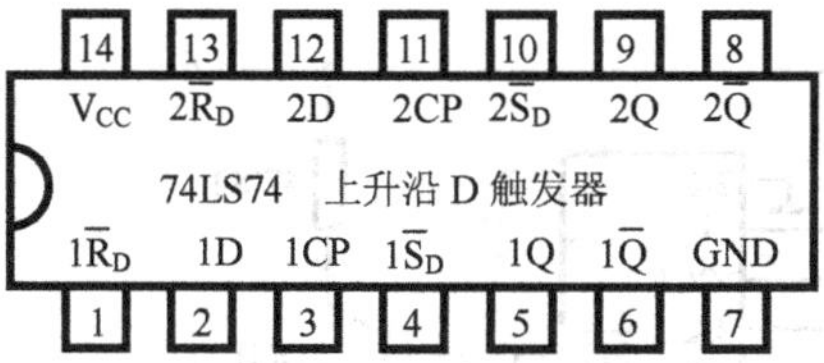

图 5.3.2　74LS74 引脚图

表 5.3.1　74LS74 功能表

输入				输出	
预置 $\overline{S}_D$	清零 $\overline{R}_D$	时钟 CP	D	Q	$\overline{Q}$
0	1	×	×	1	0
1	0	×	×	0	1
0	0	×	×	不定	
1	1	↑	1	1	0
1	1	↑	0	0	1
1	1	0	×	Q_0	$\overline{Q}_0$

用 D 触发器可以组成计数器、锁存器、移位寄存器等，还可用来实现某些特定功能。例如，同步单脉冲产生电路如图 5.3.3(a)所示，触发开关 S 一次（即 S 合上与断开），可获得一个与时钟脉冲同步的单次脉冲。

该电路的工作原理是：开关 S 合上时（假设有抖动），如果时钟脉冲 CP 上升沿不来，则 1Q、2Q 将一直保持为初始状态，设初始状态为 1Q＝2Q＝1，输出 $Y=\overline{1\overline{Q}\cdot 2Q}=1$。这时即使 S 有抖动也不会影响输出，如图(b)所示。当第 n 个时钟脉冲 CP_n 上升沿来到时，触发器 FF_1 翻转，1Q = 0；FF_2 不变，则 Y = 0。在 CP_{n+1} 来到时，由于 S 仍合上，FF_1 的状态不变，FF_2 翻转，2Q = 0，则 Y = 1。在 CP_{n+2} 来到时，触发器 FF_1、FF_2 的状态维持不变。当开关 S 断开时（假设有抖动），1D = 1，如果第 m 个时钟脉冲 CP_m 上升沿来到，1Q = 1，2Q = 0，则 Y = 1。CP_{m+1} 的上升沿来到，1Q = 1，2Q = 1，则 Y = 1。所以，只要 S 断开，即使有时钟脉冲触发，输出 Y 仍保持不变。可见开关 S 触发一次，Y 端将获得一个与时钟脉冲同步的单次脉冲。

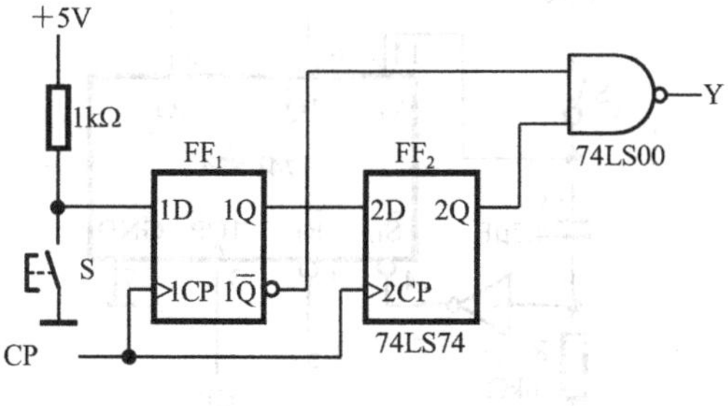

(a) 电路

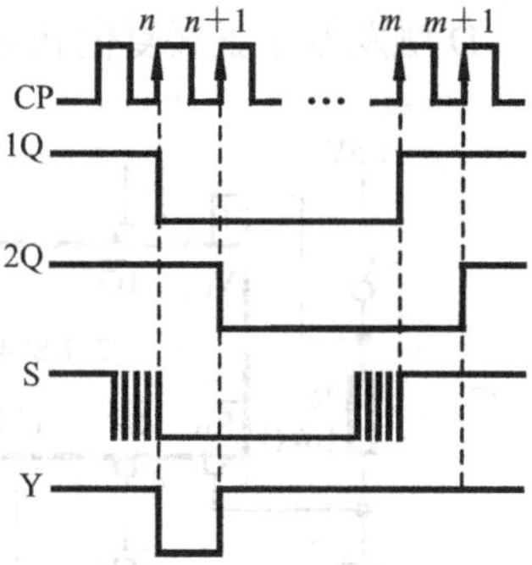

(b) 波形

图 5.3.3　同步单脉冲产生电路

常见的 JK 触发器有 74LS112、74LS107、4027 等。JK 触发器的特征方程为

$$Q^{n+1} = J\overline{Q}^n + \overline{K}Q^n \tag{5.3.2}$$

JK 触发器有 J、K 两个控制端，与其他触发器相比，其逻辑功能更强，使用更灵活。除了广泛

用来组成计数器、移位寄存器等时序逻辑电路外，采用 JK 触发器来实现某些特定功能的电路也十分方便。图 5.3.4 为采用 CMOS 器件构成的八度音产生器电路。其中，反相器 G_1、G_2 组成音频振荡器电路，G_3 用来提高电路的驱动能力。

八度音产生器可以模拟乐器的声音，每经过一次 2 分频则音频频率降低一半，也就是下降一个八度音。CMOS 双 JK 触发器 CC4027 组成一个 4 分频器（或称异步 4 进制计数器），$1\overline{Q}$ 对音频时钟信号 2 分频，$2\overline{Q}$ 对音频时钟信号 4 分频，开关 S 每改变一次则输出的音频声音下降（或上升）八度。三极管 3DG130 用来放大音频信号。

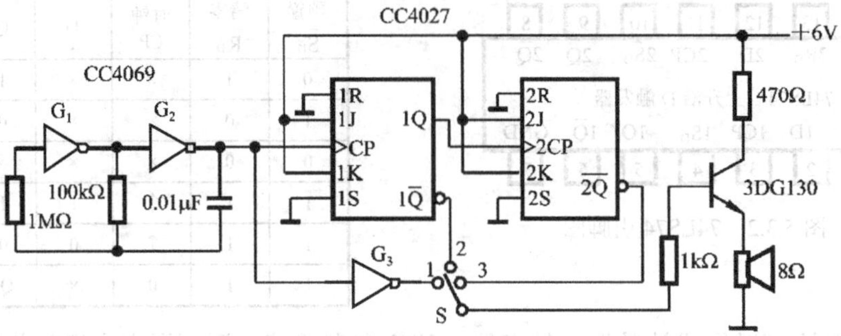

图 5.3.4　八度音产生器

5.3.4　时序逻辑电路初始状态的设置

在进行时序逻辑电路设计时，往往假定初始状态是确定的。而实际上在接通电源时电路的初始状态是随机的，所以应采取措施使电路能够工作在预定的初始状态。通常是，在电源刚接通时由电路自动产生置数脉冲将电路置为预定的初始状态。产生置数脉冲的电路可以是门电路，也可以是很简单的一些功能电路。例如图 5.3.5 就是利用 RC 电路实现置数的。其中图(a)为双 D 触发器 74LS74 的上电清“0”电路。由 74LS74 的功能表可得，当清除端 $\overline{R}_D=0$，置数端 $\overline{S}_D=1$ 时，输出端 $Q=0$；在电源开关 S 接通时，由于电容 C 两端的电压不能突变（仍为零），使 $\overline{R}_D=0$，则 $Q=0$；此后+5V 电源经电阻 R 对 C 充电，C 两端的电压上升；直到使 $\overline{R}_D=1$ 时，D 触发器才脱离复位状态而进入正常工作状态。

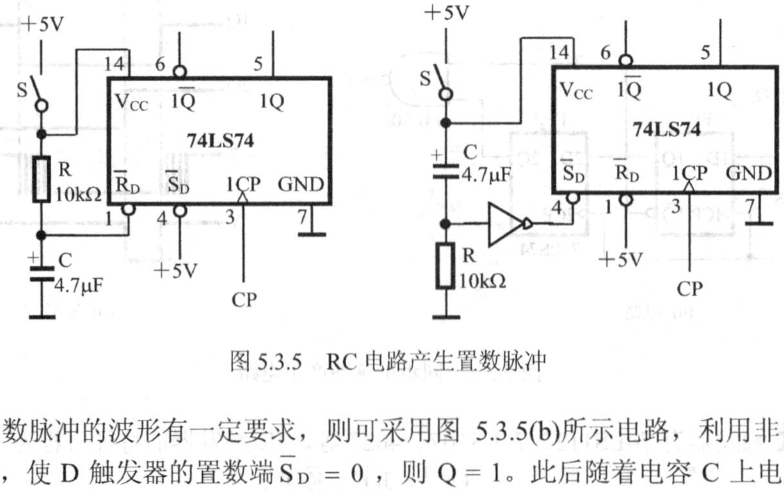

图 5.3.5　RC 电路产生置数脉冲

如果对置数脉冲的波形有一定要求，则可采用图 5.3.5(b)所示电路，利用非门整形后得到的负跳变脉冲，使 D 触发器的置数端 $\overline{S}_D=0$，则 $Q=1$。此后随着电容 C 上电压的上升，非门输入端的电压下降，直到使 $\overline{S}_D=1$ 时，D 触发器才脱离置位状态而进入正常工作状态。

为使置数可靠，应合理选择 RC 时间常数，RC 太小，电路的置数时间可能不够，RC 太大又会使置数脉冲响应太慢。

5.3.5 实验任务

任务 1：触发器功能测试与应用电路实验

① 先自拟实验电路，根据表 5.3.1 验证 D 触发器 74LS74 的逻辑功能；再安装如图 5.3.3 所示电路，验证电路的逻辑功能。

② 上网查找并阅读 JK 触发器 CC4027 的数据手册，熟悉 CC4027 的逻辑功能；再安装如图 5.3.4 所示的八度音产生器，观测并画出图中开关 S 处 1、2、3 点的波形，在图中标明这 3 个波形的周期。

注意，示波器用“直流耦合”输入方式，用周期最长的信号 $2\overline{Q}$ 作为外触发信号，总结观测多个相关信号时序关系的方法。

任务 2：流水灯电路设计

用触发器和逻辑门设计一个流水灯电路。电路框图如图 5.3.6 所示，其中 CLR 为异步清零端，CLR=0 时，计数器清零，CLR=1 时，计数器正常计数。译码器的真值表如表 5.3.2 所示。设计要求为：

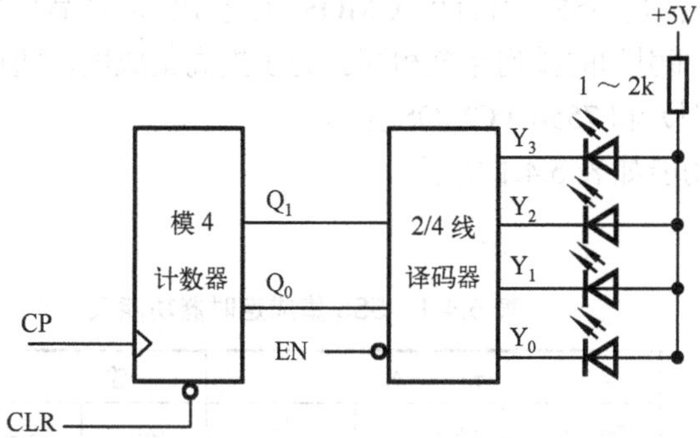

图 5.3.6 流水灯电路框图

表 5.3.2 2/4 线译码器真值表

EN	Q_1	Q_0	Y_3	Y_2	Y_1	Y_0
0	0	0	1	1	1	0
0	0	1	1	1	0	1
0	1	0	1	0	1	1
0	1	1	0	1	1	1
1	×	×	1	1	1	1

① 列出计数器电路的状态转换表，写出状态方程和驱动方程，画出逻辑电路图和时序图；

② 列出译码器的逻辑方程，画出逻辑电路图；

③ 根据图 5.3.6，将计数器模块和译码器模块连接起来，CP 接 1Hz 正方波，对设计结果进行实验测试。

④ 将 CP 改为 1kHz 正方波，示波器用“直流耦合”输入方式，用 Y_3 作为触发源，在坐标纸上画出 EN = 0 时 CP、Q_1、Q_0 及译码器输出 Y_0 ~ Y_3 的波形，并总结观测多个相关信号时序关系的方法。

任务 3：环形计数器设计

用 JK 触发器和逻辑门设计一个环形计数器。电路状态转换图如图 5.3.7 所示。设计要求为：

① 列出电路的状态转换表，写出状态方程，画出逻辑电路图和时序图；

② 安装并测试电路的状态（用发光二极管指示）。

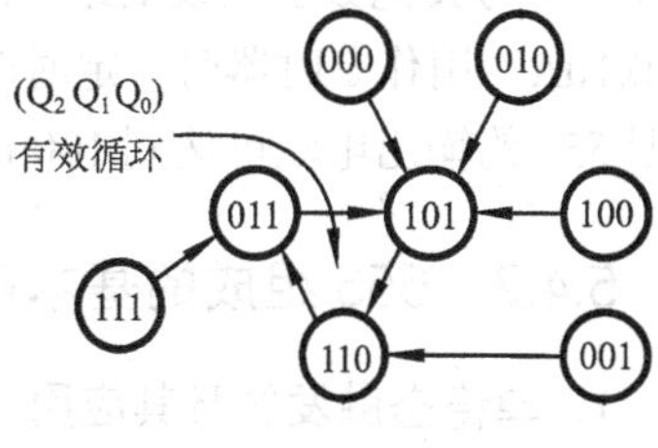

图 5.3.7 环形计数器状态转换图

实验与思考题

5.3.1 如何测试多个相关脉冲信号之间的时序关系？

5.3.2 在设计时序逻辑电路时，如何处理各触发器的置“0”端 R_D 和置“1”端 S_D 。

5.3.3 如果设计的时序逻辑电路不能自启动，该怎么办？

5.3.4 试用 D 触发器和逻辑门设计带有控制变量 X 的计数器。当 X=0 时为三进制计数器，X=1 时为四进制计数器，设置一个进位输出端 CO，当计数值为最大值时，CO=1。

5.4 集成电路定时器 555 及其应用

学习要求 掌握由定时器 555 构成的单稳态触发器、多谐振荡器及施密特触发器的工作原理与应用电路的设计方法。熟练安装与测试各实验电路。

5.4.1 555 的内部结构及性能特点

集成定时器 555 在电路结构上是由模拟电路和数字电路组合而成的，外加电阻、电容可以组成多谐振荡器、单稳态电路、施密特触发器等，应用十分广泛。555 定时器最早由 Signetics 公司于 1972 年推出，随后许多公司都相继生产出各自的 555 定时器产品，产品型号繁多，但所有用双极型工艺制作的产品型号最后的 3 位数字都是 555，所有用 CMOS 工艺制作的产品型号最后 4 位数字都是 7555，而且它们的功能和外部引脚的排列完全相同。为了提高集成度，随后又生产出内部含有两个定时器的产品 556（双极型）和 7556（CMOS 型）。

555 的内部结构如图 5.4.1 所示。其基本功能如表 5.4.1 所示。

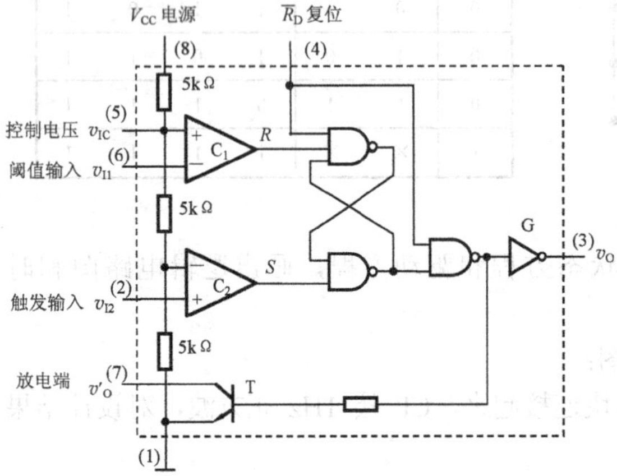

图 5.4.1 555 内部原理框图

表 5.4.1 555 集成定时器功能表

输入			输出	
阈值输入 v_{I1}(⑥)	触发输入 v_{I2}(②)	复位 $\overline{R}_D$(④)	输出 v_o(③)	放电管 T(⑦)
×	×	0	0	导通
$<2V_{CC}/3$	$<V_{CC}/3$	1	1	截止
$>2V_{CC}/3$	$>V_{CC}/3$	1	0	导通
$<2V_{CC}/3$	$>V_{CC}/3$	1	不变	不变

555 的电源在+3～+18V 范围内均能正常工作，其输出电压的低电平 $V_{OL}\approx 0$，高电平 $V_{OH}\approx +V_{CC}$，可与其他数字集成电路（CMOS、TTL 等）兼容，而且 555 的输入阻抗极高，输入电流仅为 0.1μA，用作定时器时，定时时间长而且稳定。555 的静态电流较小，一般为 80μA 左右。双极型 555 的输出电流可达到 100mA，能直接驱动继电器。

5.4.2 555 组成的基本电路及应用

1. 单稳态触发器及其应用

由 555 组成的单稳态触发器如图 5.4.2(a)所示。电路工作原理是，设接通电源时 T 截止，

$+V_{CC}$通过 R 向 C 充电，当 v_C 上升到$\frac{2}{3}V_{CC}$时反相比较器 C_1 翻转，输出低电平，$\bar{R}=0$，RS 触发器复位，输出端 v_o 为“0”，则三极管 T 导通，C 经 T 迅速放电；如果此时 v_i 为高电平（$v_i>\frac{2V_{CC}}{3}$），即没有触发输入信号，则输出端保持稳态不变（$v_o=0$）。

如果由②端输入一个触发脉冲（即 $v_i<V_{CC}/3$），此时同相比较器 C_2 翻转，输出低电平，$\bar{S}=0$，RS 触发器置位，输出端 v_o 为暂稳态“1”，则三极管 T 截止。此后电源$+V_{CC}$经 R 再次向 C 充电，重复上述过程。工作波形如图 5.4.2(b)所示，其中，v_i 为输入触发脉冲，v_C 为电容 C 两端的电压，v_o 为输出脉冲，t_W 为延时脉冲的宽度（或延时时间），分析表明：

$$t_W=RC\ln 3\approx 1.1RC \tag{5.4.1}$$

触发脉冲的周期 T 应大于 t_W 才能保证每个触发脉冲起作用。

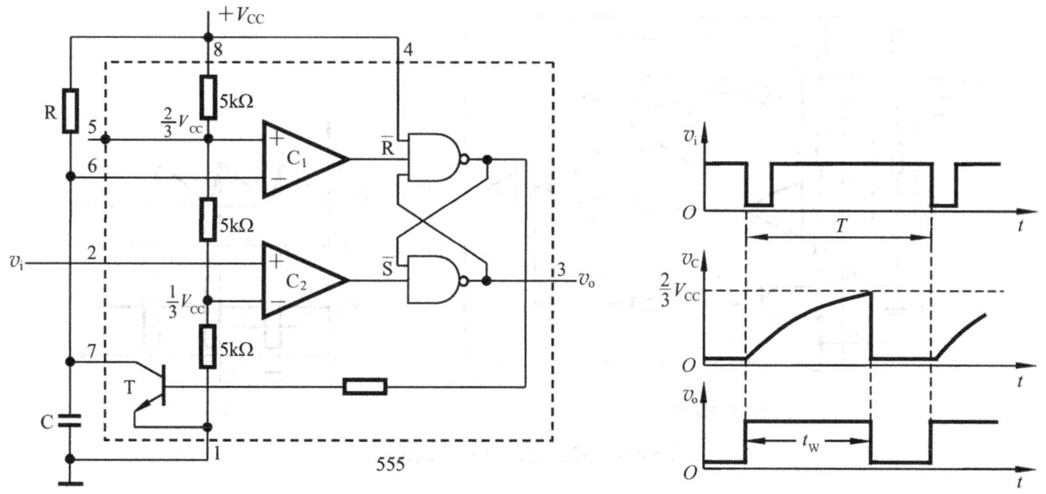

(a) 单稳态触发器　　(b) 工作波形

图 5.4.2　555 组成的单稳态触发器

555 组成的单稳态触发器的应用十分广泛，图 5.4.3 所示是 555 组成触摸开关电路。其中 M 为触摸金属片(或导线)。无触发脉冲输入时，555 的输出 v_o 为“0”，发光二极管 D 不亮。当用手触摸金属片 M 时，相当于②端输入一负脉冲，555 的内部比较器 A_2 翻转，使输出 v_o 变为高电平“1”，发光二极管亮，直至电容 C 上的电压充到 $V_C=2V_{CC}/3$ 为止。由式（5.4.1）可得发光二极管亮的时间 $t_W=1.1RC=1.1\text{s}$。

图 5.4.3 所示触摸开关电路可以用于触摸报警、触摸报时、触摸控制等。电路输出信号的高低电平与数字逻辑电平兼容。图中 C_1 为高频滤波电容，以保持$\frac{2}{3}V_{CC}$ 的基准电压稳定，一般取 0.01μF。C_2 用来滤除电源电流跳变引入的高频干扰，一般取 0.01 ~0.1μF。

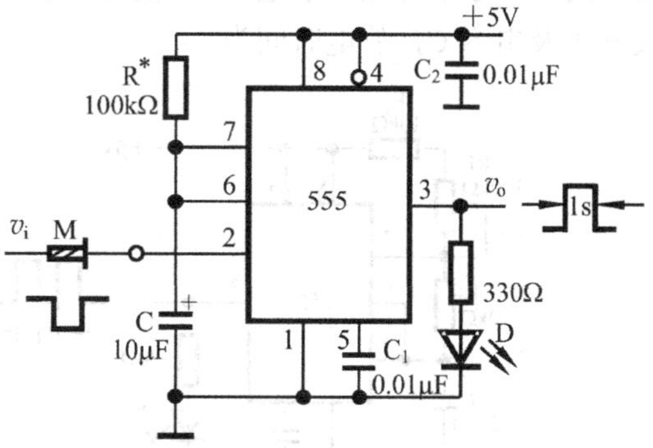

图 5.4.3　触摸开关电路

2. 多谐振荡器及其应用

555 组成的多谐振荡器如图 5.4.4(a)所示。电路的工作原理是，设接通电源三极管 T 截止，$+V_{CC}$ 经外接电阻 R_1、R_2 向电容 C 充电，当 C 上的电压 v_C 上升到 $2V_{CC}/3$ 时，比较器 C_1 翻转输出低电平，$\bar{R}=0$，RS 触发器复位，输出 v_o 为"0"，则三极管 T 导通，C 经 R_2 和 T 放电；当 v_C 下降到 $V_{CC}/3$ 时，比较器 C_2 翻转输出低电平，即 $\bar{S}=0$，RS 触发器置位，输出 v_o 变为"1"，T 又截止，C 又开始充电，如此周而复始，输出端便可获得周期性的矩形脉冲波。电路的工作波形如图 5.4.4(b)所示。分析表明：电容 C 的放电时间 t_1 与充电时间 t_2 分别为

$$t_1 = R_2C\ln2 \approx 0.7R_2C \tag{5.4.2}$$

$$t_2 = (R_1+R_2)C\ln2 \approx 0.7(R_1+R_2)C \tag{5.4.3}$$

由式（5.4.2）、式（5.4.3）可得输出脉冲的频率为

$$f = \frac{1}{t_1+t_2} \approx \frac{1.43}{(R_1+2R_2)C} \tag{5.4.4}$$

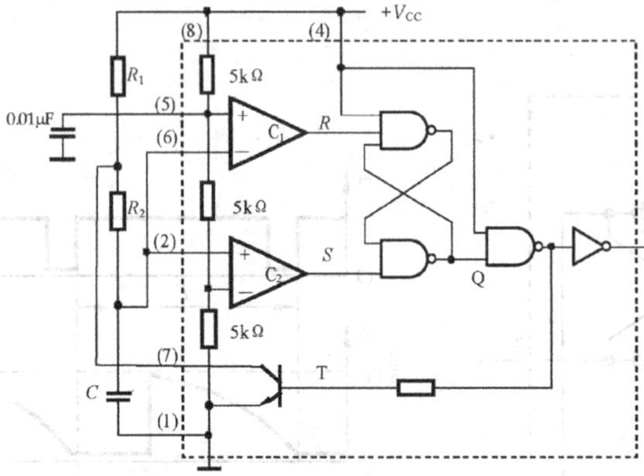

(a) 多谐振荡器

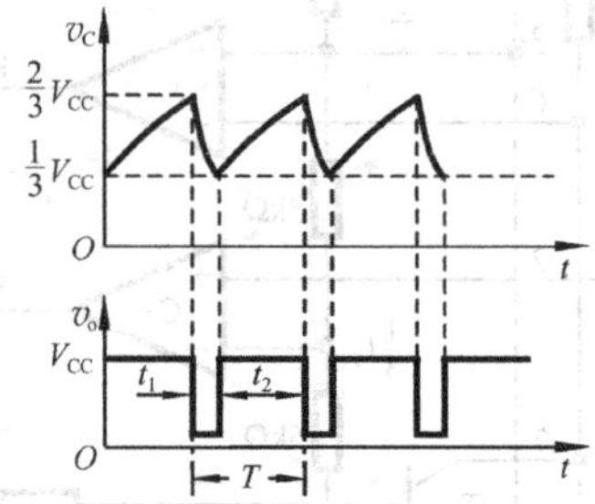

(b) 工作波形

图 5.4.4　555 组成的多谐振荡器

555 组成的多谐振荡器的应用十分广泛，以下为几种典型应用实例。

（1）时钟脉冲发生器

555 组成的多谐振荡器可以用作各种时钟脉冲发生器，如图 5.4.5 所示。其中图(a)为脉冲频率可调的矩形脉冲发生器，改变电容 C 可获得时间较长的低频脉冲，调节电位器 RP 可得到任意频率的脉冲信号，如秒脉冲、1kHz、10kHz 等。由于电容 C 的充放电回路时间常数不相等，所以图(a)所示电路的输出波形为矩形脉冲，矩形脉冲的占空比随频率的变化而变化。

图 5.4.5(b)所示电路为占空比可调的时钟脉冲发生器，接入两只二极管 D_1、D_2 后，由于二极管的单向导电特性，使电容 C 的充电、放电回路分开。图中，放电回路为 D_2、R_B、内部三极管 T 及电容 C，放电时间为

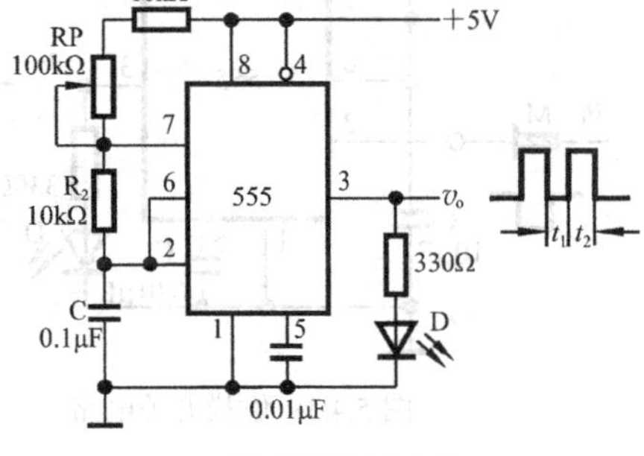

(a) 矩形脉冲发生器

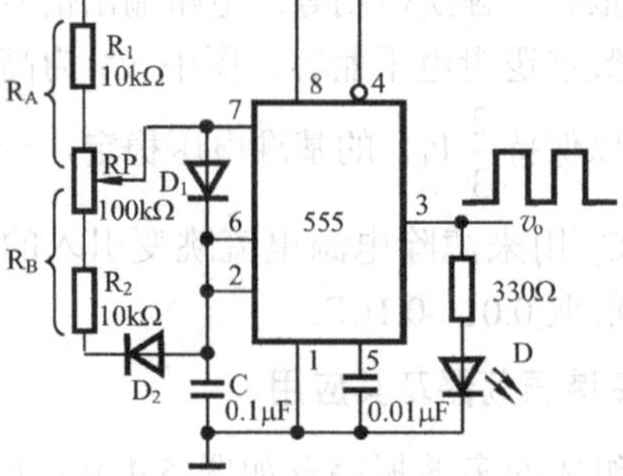

(b) 占空比可调的脉冲发生器

图 5.4.5　时钟脉冲发生器

$$t_1 \approx 0.7R_BC \tag{5.4.5}$$

充电回路为 R_A、D_1、C，充电时间为

$$t_2 \approx 0.7R_AC \tag{5.4.6}$$

输出脉冲的频率为

$$f = \frac{1}{t_1 + t_2} = \frac{1.43}{(R_A + R_B)C} \tag{5.4.7}$$

电路输出波形的占空比为

$$q(\%) = \frac{R_A}{R_A + R_B} \times 100\% \tag{5.4.8}$$

调节电位器 RP 可以改变输出脉冲的占空比, 但频率不变。如果使 $R_A = R_B$, 则可获得对称方波。

（2）通断检测器

通断检测器的电路如图 5.4.6 所示，若探头 A、B 接通，则电路为一多谐振荡器，输出脉冲经扬声器发声。如果 A、B 断开，则电路不产生振荡，扬声器无声。该电路的应用十分广泛，如检测电路的通断、水位报警等。声音的高低由 R_1、R_2、C 决定。由式（5.4.4）可以计算该电路的工作频率。

（3）手控蜂鸣器

手控蜂鸣器的电路如图 5.4.7 所示。电路的振荡是通过控制 555 的复位端④实现的。按下 S，④端接高电平，电路振荡输出音频信号，扬声器发声。松开 S 后，电容 C_3 通过 R_3 放电，直到复位端④变为低电平时电路停振。称 R_3、C_3 为延时电路，改变它们的值可以改变延迟时间。该电路可以用作电子门铃、医院病床用呼叫等。

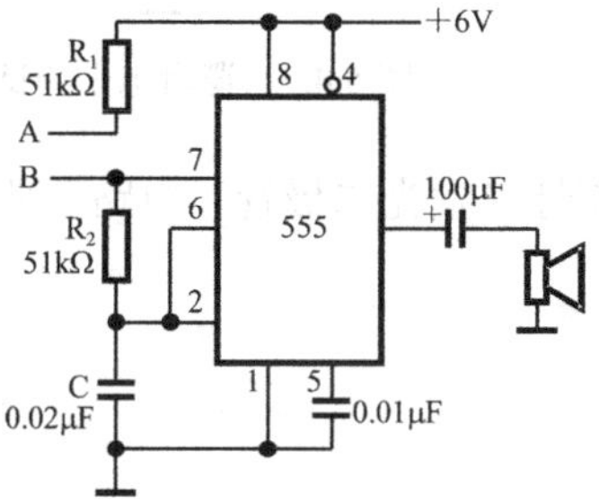

图 5.4.6　通断检测器

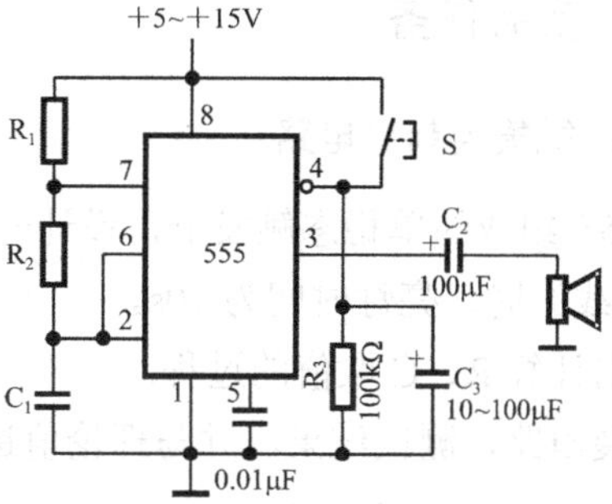

图 5.4.7　手控蜂鸣器

3. 施密特触发器及其应用

将 555 定时器的阈值输入端⑥和触发输入端②相接，即构成施密特触发器，如图 5.4.8(a) 所示。电路的工作原理是，如果 v_i 由 0V 开始逐渐增加，当 $v_i < V_{CC}/3$ 时，输出 v_o 为高电平；v_i 继续增加，如 $V_{CC}/3 < v_i < 2V_{CC}/3$，输出 v_o 维持高电平不变；v_i 再增加，一旦 $v_i > 2V_{CC}/3$，v_o 就由高电平跳变为低电平；之后 v_i 再增加，电路输出保持低电平不变。如果 v_i 由大于 $2V_{CC}/3$ 开始逐渐下降，只要 $V_{CC}/3 < v_i < 2V_{CC}/3$，电路输出状态不变仍为低电平；只有当 $v_i < V_{CC}/3$ 时，电路才再次翻转，v_o 就由低电平跳变为高电平。

如果输入 v_i 的波形是正弦波，电路的工作波形如图 5.4.8(c)所示。$2V_{CC}/3$ 称为施密特触发器的正向阈值电压，$V_{CC}/3$ 称为施密特触发器的负向阈值电压，两者的差值称为回差电压。阈值电压可以通过外加电压进行改变，如果将图 5.4.8(a)中⑤脚所接的电容换成图 5.4.8(b)中可调节的直流电压 V_{CO}，则可改变回差电压大小，从而实现对被测信号的电平检测。

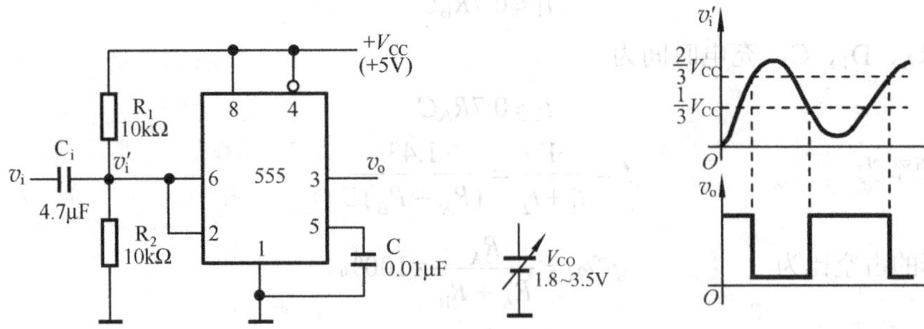

(a) 原理电路　　(b) 可调电源　　(c) 工作波形

图 5.4.8　555 组成的施密特触发器

图 5.4.9 为一逻辑电平测试电路，其工作方式与施密特触发器相同。若调节电位器 RP，使⑤脚电位为逻辑门的标准高电平 2.4V，则⑥脚的触发电平为 2.4V，②脚的触发电平为 1.2V。当 $v_i > 2.4V$ 时，555 复位，红色发光二极管亮；当 $v_i < 1.2V$ 时，555 置位，绿色发光二极管亮。该测试电路可用于 TTL、CMOS 等逻辑电平的测试，被测信号的频率不得超过 25Hz，否则观察效果不明显。

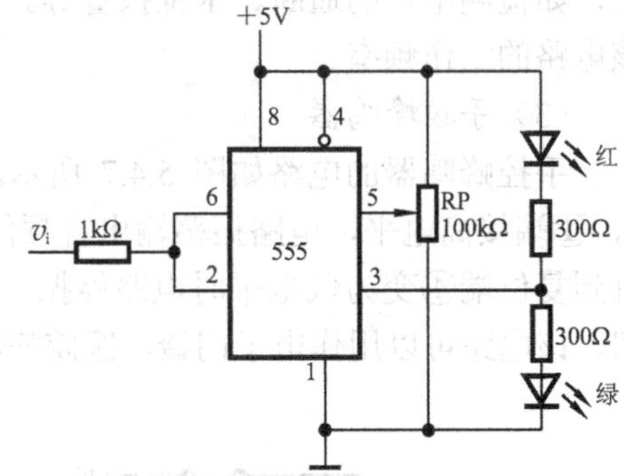

图 5.4.9　逻辑电平测试电路

5.4.3　实验任务

任务 1：触摸控制灯电路

利用 555 组成的单稳态触发器，设计一个触摸控制灯（发光二极管）电路。要求手触摸金属片（或导线）时，亮灯时间为 10s。

① 写出计算 R、C 取值的过程。

② 组装电路，测试结果，并与理论值进行比较。

任务 2：时钟脉冲产生电路

利用 555 组成多谐振荡器电路，产生时钟脉冲波。要求：

① 组装图 5.4.5(a)所示多谐振荡器电路，供电电源 V_{cc} 为+5V。分别调节电位器 RP 到最小值和最大值，用示波器观察并描绘这两种情况下，v_O 和 v_C 波形的峰峰值、周期以及 t_{PH} 和 t_{PL}，标出 v_C 各转折点的电压值。分别说明输出信号的频率和占空比是多少？

② 修改图 5.4.5(a)所示电路中电容和电阻的参数值，使输出信号的频率为 1Hz，并用发光二极管串联电阻 R_D 作为多谐振荡器负载（见图 5.4.10），计算 R_D 的值，以便流过 LED 的电流为 20mA。该信号可以作为后面计数器等实验的时钟脉冲源。

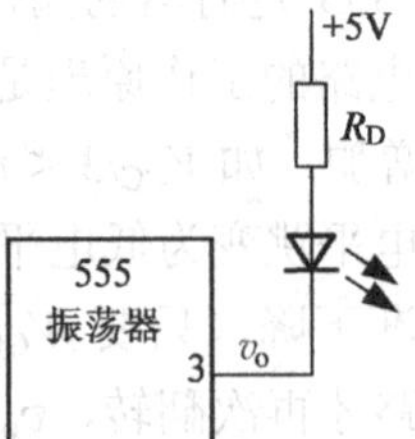

图 5.4.10　多谐振荡器负载连接图

任务 3：三角波转换成矩形波

利用 555 组成的施密特触发器实现波形变换，将频率为 1kHz 的三角波变成矩形波。要求：

① 按照图 5.4.8 组装施密特触发器。输入电压为 V_{iPP}=3V，f =1kHz 的正弦波。用示波器观

察并描绘 v_I、v'_I 和 v_O 波形。注明周期和幅值，并在图 v'_I 上直接标出正、负向阈值电压，计算回差电压。并与理论计算值进行比较。

② 将示波器的显示改为用 X–Y 显示方式，观察 v_o–v_i 电压传输特性曲线，并用坐标纸描绘出特性曲线。

③ 从 555 的引脚⑤接入可调直流电压 V_{CO}，当 V_{CO} 从 1.8V 变化到 3.5V 时，观测输出信号脉冲宽度的变化情况。并画出 $V_{CO}=1.8V$ 和 $V_{CO}=3.5V$ 两种情况下 v'_i 和 v_o 的波形。

5.4.4 注意事项

① 用双极型工艺制作的 555 以及其他一些定时器芯片，当输出信号发生跳变时，会产生非常大（≈150mA）的电源电流毛刺。使用时，一定要从芯片的 V_{CC} 引脚连接一个较大的旁路电容（100μF）到地，并且要尽量靠近芯片。但大多数 CMOS 类型的 555 从电源吸取的电流较小，且输出摆幅接近电源电压，并且 V_{CC} 在 2V 左右时仍能够工作！

② 观察波形时，示波器要使用直流耦合输入方式。

实验与思考题

5.4.1 利用 555 组成的多谐振荡器，设计以下电路，并进行实验。

① 晶体管测试器：插上被测晶体管，发声，说明晶体管是好的。声音越大，β值越高。若无声，说明晶体管已坏。要求能够测试 PNP 型与 NPN 型的晶体三极管。

② 运算放大器测试器：设被测运放为μA741，如果μA741 是好的，则两只发光二极管轮流导通发光；如果发光二极管不亮，说明μA741 已损坏。

③ 时钟信号发生器：要求具有标准秒脉冲输出及 1kHz、20Hz~20kHz 内任意频率的信号，且脉冲信号的占空比可调。

5.4.2 题 5.4.2 图（a）是由 555 构成的施密特电路，输入信号 v_i 为三角波，如图（b）所示。

① 用示波器观测图中 v_i' 和 v_o 点的波形时，应该采用什么耦合方式（直流、交流）？

② 画出 v_i' 和 v_o 点的波形，并标明幅度。

③ 说明正向阈值电压和负向阈值电压是多少？并在 v_i' 中标出。

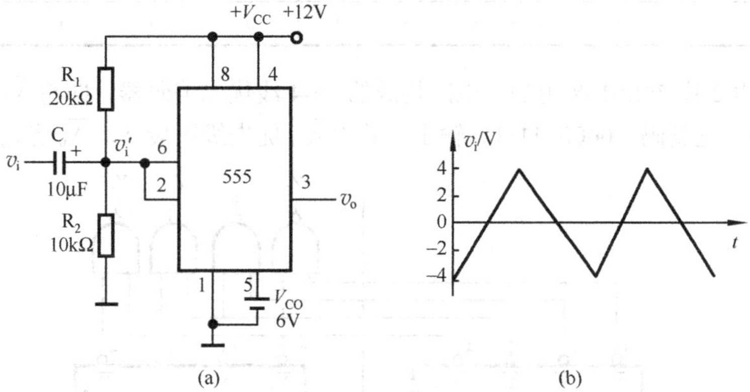

题 5.4.2 图

5.5 中规模组合逻辑电路及其应用

学习要求 熟悉各种常用中规模（MSI）组合逻辑电路的功能与使用方法；掌握多片 MSI 组合逻辑电路的级联、功能扩展及综合应用技术；学会组装和调试组合逻辑电路。

5.5.1 MSI 组合逻辑电路

1. 编码器（74LS148）

优先编码器 74LS148 是 8 线输入 3 线输出的二进制编码器，其作用是将输入 $\overline{I}_0$~$\overline{I}_7$ 这 8 个状态分别编成 8 个二进制码输出。其功能表如表 5.5.1 所示。由表看出 74LS148 的输入为低电平有效。优先级别从 $\overline{I}_7$ 至 $\overline{I}_0$ 递降。另外它有输入使能 ST，输出使能 $\overline{Y}_S$ 和 $\overline{Y}_{EX}$。

① $\overline{ST}=0$ 允许编码，$\overline{ST}=1$ 禁止编码，此时输出 $\overline{Y}_2\overline{Y}_1\overline{Y}_0=111$。

② $\overline{Y}_S$ 主要用于多个编码器的级联控制，即 $\overline{Y}_S$ 总是接在优先级别低的相邻编码器的 $\overline{ST}$ 端。当优先级别高的编码器允许编码，而无输入申请时，$\overline{Y}_S=0$，从而允许优先级别低的相邻编码器工作；反之若优先级别高的编码器有编码时，$\overline{Y}_S=1$，禁止相邻级别低的编码器工作。

③ $\overline{Y}_{EX}$ 为输出标志位，$\overline{Y}_{EX}=0$ 表示 $\overline{Y}_2\overline{Y}_1\overline{Y}_0$ 是编码输出，$\overline{Y}_{EX}=1$ 表示 $\overline{Y}_2\overline{Y}_1\overline{Y}_0$ 不是编码输出。

表 5.5.1 74LS148 功能表

输入									输出				
$\overline{ST}$	$\overline{I}_0$	$\overline{I}_1$	$\overline{I}_2$	$\overline{I}_3$	$\overline{I}_4$	$\overline{I}_5$	$\overline{I}_6$	$\overline{I}_7$	$\overline{Y}_2$	$\overline{Y}_1$	$\overline{Y}_0$	$\overline{Y}_{EX}$	$\overline{Y}_S$
1	×	×	×	×	×	×	×	×	1	1	1	1	1
0	1	1	1	1	1	1	1	1	1	1	1	1	0
0	0	1	1	1	1	1	1	1	1	1	1	0	1
0	×	0	1	1	1	1	1	1	1	1	0	0	1
0	×	×	0	1	1	1	1	1	1	0	1	0	1
0	×	×	×	0	1	1	1	1	1	0	0	0	1
0	×	×	×	×	0	1	1	1	0	1	1	0	1
0	×	×	×	×	×	0	1	1	0	1	0	0	1
0	×	×	×	×	×	×	0	1	0	0	1	0	1
0	×	×	×	×	×	×	×	0	0	0	0	0	1

图 5.5.1 是由 2 片 74LS148 附加门电路构成的 16-4 线优先编码器，即将 $\overline{A}_0$~$\overline{A}_{15}$ 这 16 个输入分别编成 4 位二进制码（0000~1111）输出，其中 $\overline{A}_{15}$ 优先级别最高，$\overline{A}_0$ 优先级别最低。

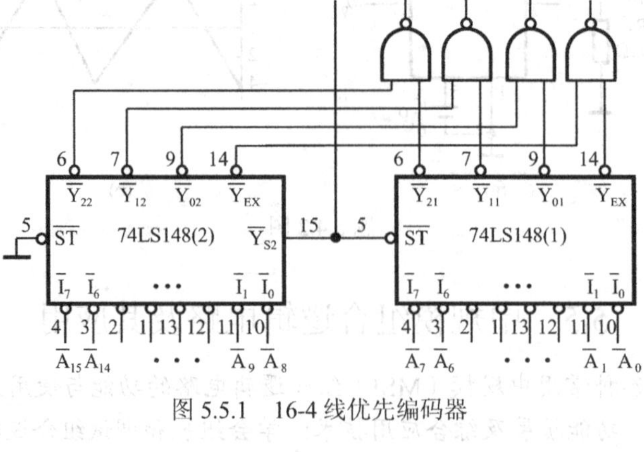

图 5.5.1 16-4 线优先编码器

4 位二进制码输出用 $Z_3Z_2Z_1Z_0$ 表示，若列出 2 片 74LS148 工作情况的状态表，则会发现 Z_2、Z_1、Z_0 分别是 2 片 74LS148 对应输出编码之反码的逻辑加，而 Z_3 状态和优先级别高的 74LS148 输出使能 $\overline{Y_s}$ 相同，表达式为

$$Z_0=\overline{\overline{Y}_{01}}+\overline{\overline{Y}_{02}}=\overline{\overline{Y}_{01}\,\overline{Y}_{02}}\text{，}\ Z_1=\overline{\overline{Y}_{11}}+\overline{\overline{Y}_{12}}=\overline{\overline{Y}_{11}\,\overline{Y}_{12}}\text{，}\ Z_2=\overline{\overline{Y}_{21}}+\overline{\overline{Y}_{22}}=\overline{\overline{Y}_{21}\,\overline{Y}_{22}}\text{，}\ Z_3=\overline{Y}_{S2}\quad(5.5.1)$$

常用的优先编码器还有 10-4 线的优先编码器 74LS147，其输出为 8421BCD 码。CMOS 编码器有 CD4532，它是 8-3 线优先编码器，输入和输出均以高电平作为有效电平。

2．二进制译码器（74LS138）

译码是编码的逆过程，其任务是恢复编码的原意。能完成译码功能的逻辑电路称为译码器。二进制译码器的输入是一组二进制代码（又称地址码），输出则是一组高、低电平信号。

常用二进制译码器有 3-8 线译码器 74LS138 和 4-16 线译码器 74LS154，它们的输出均以低电平作为有效电平；CMOS 译码器有 CC4514/CC4515，两者均为 4-16 线译码器，不同之处是 CC4514 译码输出为高电平有效，而 CC4515 译码输出为低电平有效。

下面着重介绍 74LS138 的逻辑功能及应用。74LS138 的功能表如表 5.5.2 所示。该译码器有 3 位二进制输入 A_2、A_1、A_0，它们共有 8 种状态的组合，即可译出 8 个输出信号 $\overline{Y}_0\sim\overline{Y}_7$，输出为低电平有效。此外，还设置了 3 个输入使能控制端 G_1、$\overline{G_{2A}}$、$\overline{G_{2B}}$，只有 $G_1=1$，$\overline{G_{2A}}=\overline{G_{2B}}=0$ 同时满足时才允许译码，3 个条件中有一个不满足就禁止译码。设置多个使能端的目的在于灵活应用、组成各种电路。

另外，用译码器 74LS138 和门电路还可以设计函数发生器。

例 用一片 74LS138 和与非门实现函数 $F=\overline{A}\,\overline{B}\,\overline{C}+\overline{A}B\overline{C}+A\overline{B}\,\overline{C}+ABC$。

解 在各使能端有效的前提下，将 A、B、C 分别连接到 A_2、A_1、A_0 上，由 74LS138 功能表可以写出输出与输入的逻辑表达式：

$$\overline{Y_0}=\overline{\overline{A}\,\overline{B}\,\overline{C}},\quad \overline{Y_1}=\overline{\overline{A}\,\overline{B}C},\quad \cdots$$

$$F=\overline{\overline{\overline{A}\,\overline{B}\,\overline{C}+\overline{A}B\overline{C}+A\overline{B}\,\overline{C}+ABC}}=\overline{\overline{\overline{A}\,\overline{B}\,\overline{C}}\cdot\overline{\overline{A}B\overline{C}}\cdot\overline{A\overline{B}\,\overline{C}}\cdot\overline{ABC}}=\overline{\overline{Y}_0\cdot\overline{Y}_2\,\overline{Y}_4\,\overline{Y}_7}$$

画出电路如图 5.5.2 所示。

表 5.5.2　74LS138 功能表

输入					输出							
G_1	G_2	A_2	A_1	A_0	$\overline{Y_0}$	$\overline{Y_1}$	$\overline{Y_2}$	$\overline{Y_3}$	$\overline{Y_4}$	$\overline{Y_5}$	$\overline{Y_6}$	$\overline{Y_7}$
×	1	×	×	×	1	1	1	1	1	1	1	1
0	×	×	×	×	1	1	1	1	1	1	1	1
1	0	0	0	0	0	1	1	1	1	1	1	1
1	0	0	0	1	1	0	1	1	1	1	1	1
1	0	0	1	0	1	1	0	1	1	1	1	1
1	0	0	1	1	1	1	1	0	1	1	1	1
1	0	1	0	0	1	1	1	1	0	1	1	1
1	0	1	0	1	1	1	1	1	1	0	1	1
1	0	1	1	0	1	1	1	1	1	1	0	1
1	0	1	1	1	1	1	1	1	1	1	1	0

注：$G_2=\overline{G}_{2A}+\overline{G}_{2B}$

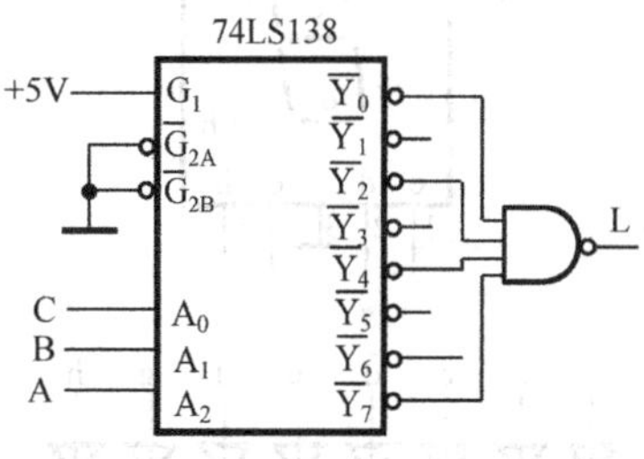

图 5.5.2　用译码器构成函数发生器

3．七段显示译码器（74HC4511）

（1）数码显示器

目前常用的数码显示器有发光二极管（LED）显示器、液晶显示器（LCD）等。由于

这些数码显示器的材料、电路结构及性能参数相差很大，所以在选用数码显示驱动器时一定要注意，不同品种的显示器应配用相应的显示译码驱动器。这里主要介绍 LED 显示器。

LED 数码显示器 BS201/202（共阴极）和 BS211/212（共阳极）的外形及等效电路如图 5.5.3 所示。其中，BS201 和 BS211 每段的最大驱动电流约 10mA，BS202 和 BS212 每段的最大驱动电流约 15mA。

检查共阴极显示器各段好坏时，可以将阴极接地，再将各笔段通过 510Ω（或 1kΩ）电阻接电源正极+V_{DD}，各笔段应亮。也可与下面介绍的译码器 CC4511 连接后，用 $\overline{LT}=0$ 对显示器进行测试。

（2）译码驱动器 CD4511BC

常用的集成七段显示译码器有两类，一类译码器输出高电平有效信号，用来驱动共阴极显示器，如 74LS48、74LS49、CD4511BC；另一类输出低电平有效信号，以驱动共阳极显示器，如 74LS46、74LS47 等。下面介绍常用的 CMOS 七段显示译码器 CD4511BC。

CD4511BC 七段显示译码器的引脚排列如图 5.5.4 所示，功能表如表 5.5.3 所示。当输入 8421BCD 码时，输出高电平有效，用以驱动共阴极显示器。当输入为 1010 ~ 1111 六个状态时，输出全为低电平，显示器无显示。该集成芯片设有三个辅助控制端 LE、$\overline{BL}$、$\overline{LT}$，以增强器件的功能，现分别简要说明如下：

① 灯测试输入 $\overline{LT}$。当 $\overline{LT}=0$ 时，无论其他输入端是什么状态，所有各段输出 a ~ g 均为 **1**，显示字形8。该输入端常用于检查译码器本身及显示器各段的好坏。

② 灭灯输入 $\overline{BL}$。当 $\overline{BL}=0$，并且 $\overline{LT}=1$ 时，无论其他输入端是什么电平，所有各段输出 Ya ~ Yg 均为 0，所以字形熄灭。该输入端用于将不必要显示的零熄灭。例如一个 6 位数字 023.050，将首、尾多余的 0 熄灭，则显示为 23.05，使显示结果更加清楚。

③ 锁存使能输入 LE。在 $\overline{BL}=\overline{LT}=\mathbf{1}$ 的条件下，当 LE=**0** 时，译码器的输出随输入码的变化而变化；当 LE 由 **0** 跳变为 **1** 时，输入码被锁存，输出只取决于锁存器的内容，不再随输入的变化而变化。

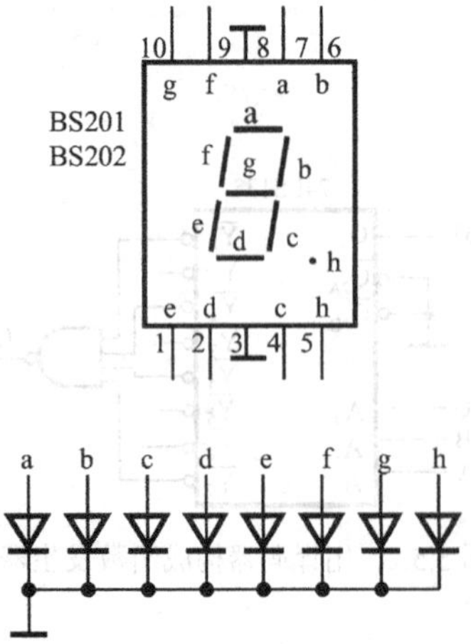

(a) 共阴极 LED

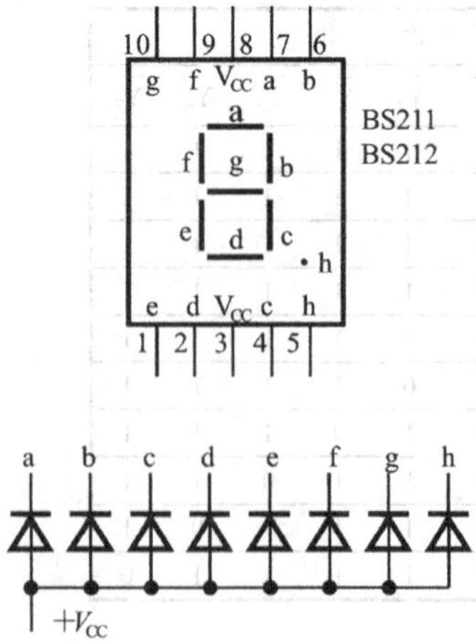

(b) 共阳极 LED

图 5.5.3　发光二极管显示器

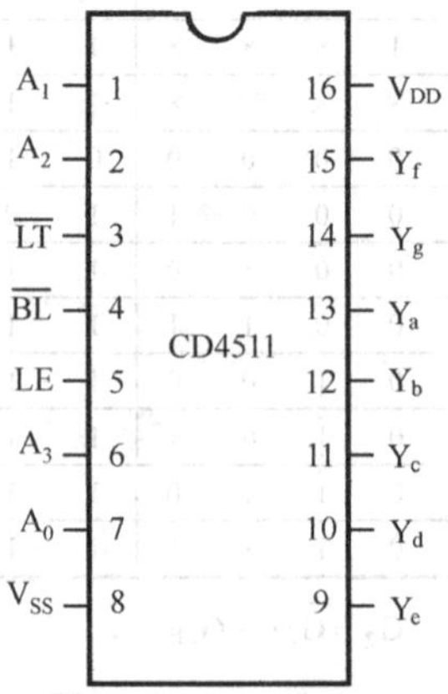

图 5.5.4　CD4511BC 引脚图

表 5.5.3　CD4511BC 功能表

十进制数或功能	输入							输出							字型
	LE	$\overline{BL}$	$\overline{LT}$	A_3	A_2	A_1	A_0	Y_a	Y_b	Y_c	Y_d	Y_e	Y_f	Y_g	
灯测试	×	×	0	×	×	×	×	1	1	1	1	1	1	1	8
消　隐	×	0	1	×	×	×	×	0	0	0	0	0	0	0	不显示
0	0	1	1	0	0	0	0	1	1	1	1	1	1	0	0
1	0	1	1	0	0	0	1	0	1	1	0	0	0	0	1
2	0	1	1	0	0	1	0	1	1	0	1	1	0	1	2
3	0	1	1	0	0	1	1	1	1	1	1	0	0	1	3
4	0	1	1	0	1	0	0	0	1	1	0	0	1	1	4
5	0	1	1	0	1	0	1	1	0	1	1	0	1	1	5
6	0	1	1	0	1	1	0	0	0	1	1	1	1	1	6
7	0	1	1	0	1	1	1	1	1	1	0	0	0	0	7
8	0	1	1	1	0	0	0	1	1	1	1	1	1	1	8
9	0	1	1	1	0	0	1	1	1	1	0	0	1	1	9
10 ⋮ 15	0	1	1	1 1	0 ⋮ 1	1 1	0 1	0	0	0	0	0	0	0	不显示
锁　存	1	1	1	×	×	×	×	输出状态锁定在 LE 由 0 跳变到 1 时 A_3~A_0 的输入							

3．数据选择器

数据选择器又称多路转换器或称多路开关，其功能是从多个输入数据中选择一个送往唯一通道输出。根据数据输入端的个数不同可分为 16 选 1、8 选 1、4 选 1 等数据选择器。

74LS153 及 CC14539 都是双 4 选 1 数据选择器，其内部有两个完全独立的 4 选 1 数据选择器，每个数据选择器有 4 个数据输入端 $D_0 \sim D_3$，2 个地址输入端 A_1、A_0，一个输入使能控制端 $\overline{ST}$ 和一个输出端 Y。其功能表如表 5.5.4 所示。当 $\overline{ST}=1$ 时，禁止数据选择，输出 Y=0；当 $\overline{ST}=0$ 时，允许数据选择，被选中数据从 Y 端原码输出。

74LS151 是 8 选 1 数据选择器，其中，$D_0 \sim D_7$ 是 8 路数据输入端；A_2 A_1 A_0 是 3 位地址输入端，Y 是被选中数据的原码输出端，$\overline{W}$ 是被选中数据的反码输出端。其功能表如表 5.5.5 所示。

表 5.5.4　74LS153 功能表

地址		使能	数据输入				输出
A_1	A_0	$\overline{ST}$	D_3	D_2	D_1	D_0	Y
×	×	1	×	×	×	×	0
0	0	0	×	×	×	0	0
0	0	0	×	×	×	1	1
0	1	0	×	×	0	×	0
0	1	0	×	×	1	×	1
1	0	0	×	0	×	×	0
1	0	0	×	1	×	×	1
1	1	0	0	×	×	×	0
1	1	0	1	×	×	×	1

表 5.5.5　74LS151 功能表

地址			使能	输出	
A_2	A_1	A_0	$\overline{ST}$	Y	$\overline{W}$
×	×	×	1	0	1
0	0	0	0	D_0	$\overline{D_0}$
0	0	1	0	D_1	$\overline{D_1}$
0	1	0	0	D_2	$\overline{D_2}$
0	1	1	0	D_3	$\overline{D_3}$
1	0	0	0	D_4	$\overline{D_4}$
1	0	1	0	D_5	$\overline{D_5}$
1	1	0	0	D_6	$\overline{D_6}$
1	1	1	0	D_7	$\overline{D_7}$

下面通过几个例子说明多片数据选择器的级联扩展。

例 1　用 2 片 74LS151 和门电路构成 16 选 1 数据选择器。

解 16 选 1 数据选择器需要 4 位地址码，用 $A_3A_2A_1A_0$ 表示，用低三位 $A_2A_1A_0$ 作为每片 74LS151 的片内地址码，用高位 A_3 作 2 片 74LS151 的片选信号。当 $A_3 = 0$ 时选中 74LS151(1) 工作；74LS151(2)禁止；当 A_3=1 时，选中 74LS151(2)工作，74LS151(1)禁止。这样就构成了 16 选 1 数据选择器，如图 5.5.5 所示。图中，Z 是原码输出端，$\overline{Z}$ 是反码输出端。

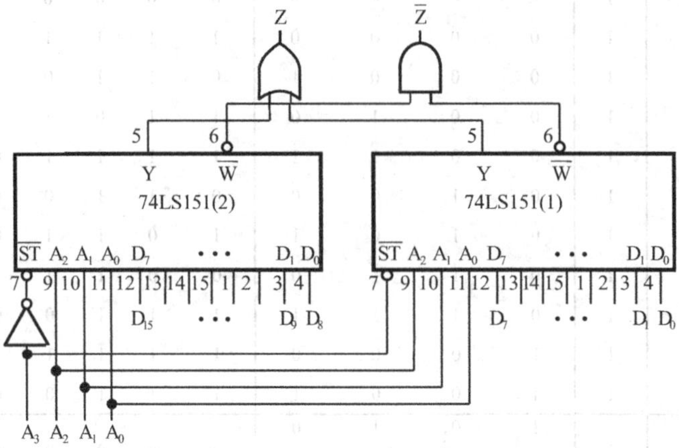

图 5.5.5 由 74LS151 构成的 16 选 1 数据选择器

例 2 74LS157 的内部有四个 2 选 1 数据选择器，用 1 片 74LS157 和 1 片 CD4511BC 驱动两个 7 段显示器，如图 5.5.6 所示，分析电路的工作原理。

解 电路工作原理为：74LS157 输入两组 BCD 码 DCBA 和 D′C′B′A′。在时钟信号 CP=1 期间，选数据 D′C′B′A′ 进入译码器译码，驱动下面显示器工作；在 CP=0 期间，选数据 DCBA 译码，驱动上面显示器工作。因此，在时钟信号高低电平变化时，两个显示器交替显示数码，当 CP 信号的频率较高（例如大于 200Hz）时，看不出显示器有亮灭的交替过程。

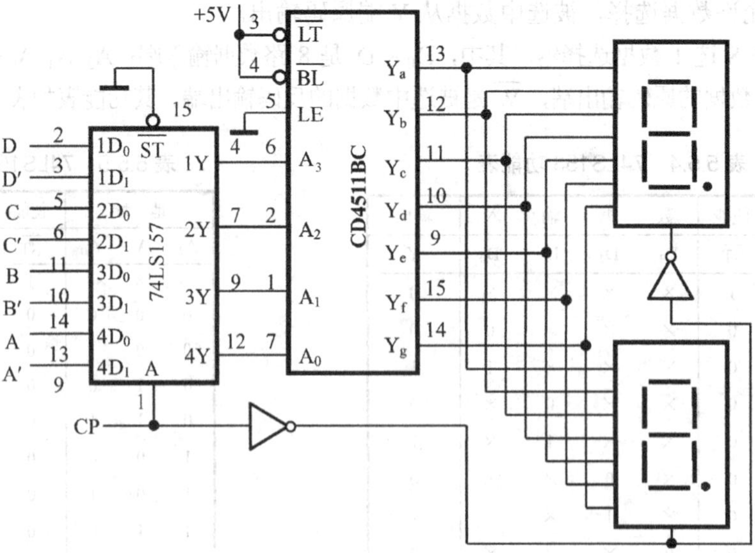

图 5.5.6 数据选择器应用电路——双显示电路

4．模拟开关（CC4066/4051/4052）

模拟开关在电子设备中起着接通信号或断开信号的作用。由于其功耗低、开关速度快、体积小、无机械触点、既可以传递模拟信号又可传递数字信号等优点，因此得到广泛应用。

CC4066 具有 4 组独立的双向模拟开关，引脚图如图 5.5.7 所示，其中，I/O 和对应的 O/I 为一个开关的输入输出端，1C、2C、3C、4C 分别为 4 个开关的控制端。例如，当 1C = 1 时，对应开关接通，导通电阻为几十欧姆；当 1C = 0 时，对应开关断开，断开电阻为几百 kΩ。使用时，要求输入信号正负电压最大值不得超过电源电压范围。

CC4051 是 1 对 8 模拟开关，引脚图如图 5.5.8 所示。在地址码 $A_2A_1A_0$ 作用下，可以将③脚的 O/I 和 I_0/O_0~I_7/O_7 分别接通，其功能表如表 5.5.6 所示。CC4051 既可以用作 8 选 1 数据选择器，也可以用作将 1 路公共数据线上的数据分配到 8 个不同的输出通道上去的数据分配器。前者是 8 路数据分别接在 I_0/O_0~I_7/O_7 端，在地址码作用下，选择其中一路从③脚 O/I 输出；后者是③脚为数据输入端，在地址码作用下，从 I_0/O_0~I_7/O_7 不同端输出。

CC4052 为双 4 路模拟开关，功能和 CC4051 相似。

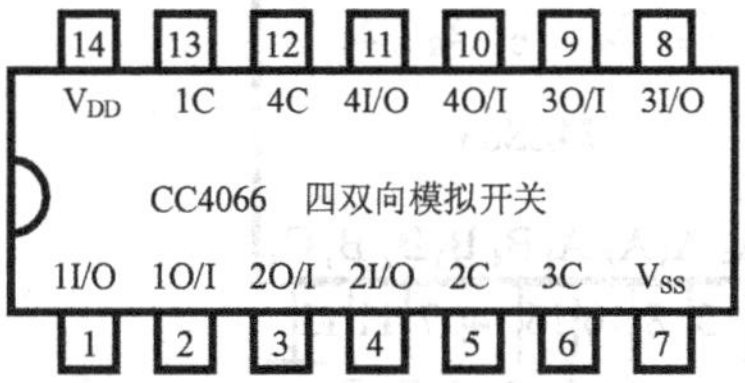

图 5.5.7 CC4066 引脚图

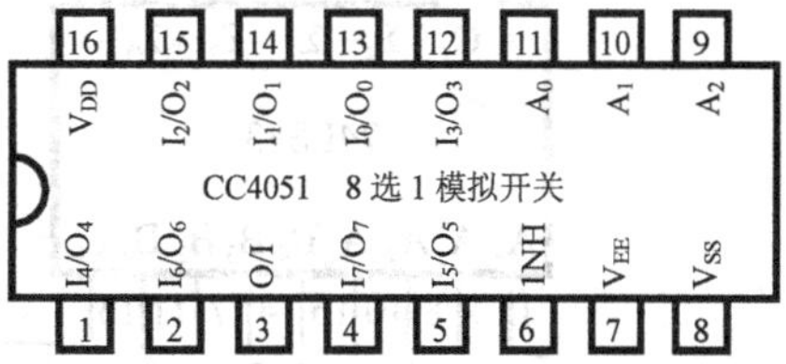

图 5.5.8 CC4051 引脚图

CC4066 典型应用是用作振荡器频率控制电路，如图 5.5.9 所示。这是由 CC4066 构成的非对称式多谐振荡器，其振荡频率 $f = 0.45/(R_tC_t)$，由 74LS148 的 $\overline{I_0}$~$\overline{I_7}$ 这 8 个输入分别控制其编码输出，由编码输出控制 CC4066 中的 3 组开关的接通与断开，从而控制电容器并联个数，即调节电容 C_t 大小，使振荡器有 7 种频率输出。也就是说，74LS148 每个输入开关控制一个频率输出。

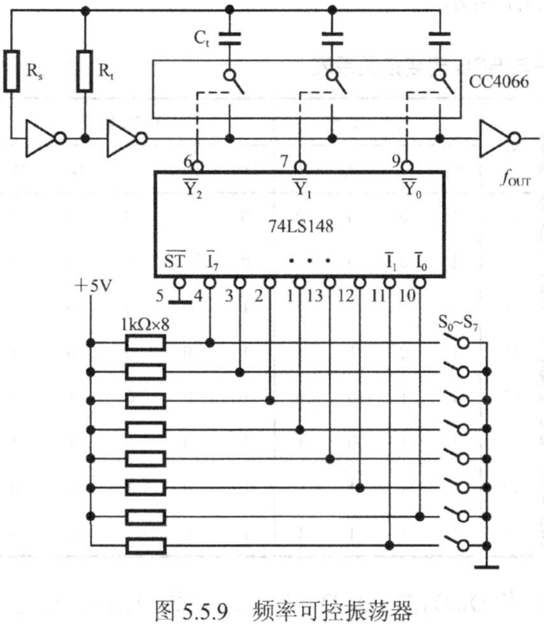

图 5.5.9 频率可控振荡器

表 5.5.6 CC4051 功能表

INH	A_2	A_1	A_0	操 作
0	0	0	0	③脚与 I_0/O_0 接通
0	0	0	1	③脚与 I_1/O_1 接通
0	0	1	0	③脚与 I_2/O_2 接通
0	0	1	1	③脚与 I_3/O_3 接通
0	1	0	0	③脚与 I_4/O_4 接通
0	1	0	1	③脚与 I_5/O_5 接通
0	1	1	0	③脚与 I_6/O_6 接通
0	1	1	1	③脚与 I_7/O_7 接通
1	×	×	×	③脚与所有 I/O 断开

5. 全加器（74LS83）

在电路中，算术运算中的加、减、乘、除运算，往往是分解转化为加法运算，因此，加法器是运算电路的核心。74LS83 是常用的具有超前进位功能的 4 位全加器。其中，$A_4A_3A_2A_1$ 和 $B_4B_3B_2B_1$ 是 2 组 4 位二进制数码的输入端，C_0 是最低位的进位位，4 个输出 $\Sigma_4\Sigma_3\Sigma_2\Sigma_1$ 是本位和，C_4 是最高位的进位输出。它可以完成以下二进制加法运算功能

$$A_4A_3A_2A_1+B_4B_3B_2B_1+C_0=C_4\Sigma_4\Sigma_3\Sigma_2\Sigma_1$$

用两片 74LS83 完成两个 8 位二进制数相加，如图 5.5.10 所示。图中，低位加法器的进位输出 C_4 接高位加法器的进位输入 C_0，电路完成的功能为

$$\begin{array}{rcccccccc} & & A_8 & A_7 & A_6 & A_5 & A_4 & A_3 & A_2 & A_1 \\ + & & B_8 & B_7 & B_6 & B_5 & B_4 & B_3 & B_2 & B_1 \\ \hline & C_8 & S_8 & S_7 & S_6 & S_5 & S_4 & S_3 & S_2 & S_1 \end{array}$$

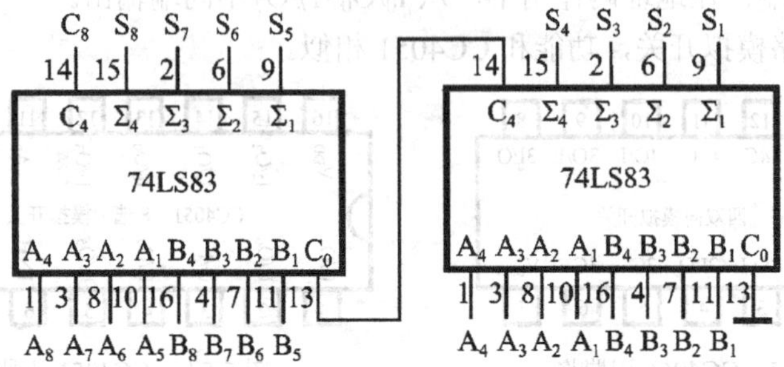

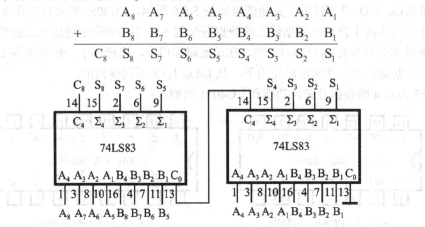

图 5.5.10　2 组 8 位二进制数相加电路

5.5.2　应用电路设计举例

例　用一片全加器 74LS83 和门电路，设计一个 4 位二进制数与 BCD 码的变换电路。

解　（1）列出真值表。4 位二进制数表示的十进制数的范围为 0~15，其 8421BCD 码需用 5 位二进制数表示，它们之间的对应关系如表 5.5.7 所示。

表 5.5.7　4 位二进制码与 BCD 码变换关系表

N_{15}	二进制数				BCD 码					N_{15}	二进制数				BCD 码				
	B_3	B_2	B_1	B_0	D_{10}	D_{03}	D_{02}	D_{01}	D_{00}		B_3	B_2	B_1	B_0	D_{10}	D_{03}	D_{02}	D_{01}	D_{00}
0	0	0	0	0	0	0	0	0	0	8	1	0	0	0	0	1	0	0	0
1	0	0	0	1	0	0	0	0	1	9	1	0	0	1	0	1	0	0	1
2	0	0	1	0	0	0	0	1	0	10	1	0	1	0	1	0	0	0	0
3	0	0	1	1	0	0	0	1	1	11	1	0	1	1	1	0	0	0	1
4	0	1	0	0	0	0	1	0	0	12	1	1	0	0	1	0	0	1	0
5	0	1	0	1	0	0	1	0	1	13	1	1	0	1	1	0	0	1	1
6	0	1	1	0	0	0	1	1	0	14	1	1	1	0	1	0	1	0	0
7	0	1	1	1	0	0	1	1	1	15	1	1	1	1	1	0	1	0	1

（2）写表达式。由表 5.5.7 可见，BCD 码输出 $D_{10}D_{03}D_{02}D_{01}D_{00}$ 与二进制数 $B_3B_2B_1B_0$ 之间的关系如下：

$$D_{00}=B_0;\quad D_{10}D_{03}D_{02}D_{01}=\begin{cases}B_3B_2B_1+0000, & 当B_3(B_2+B_1)=0时\\ B_3B_2B_1+0011, & 当B_3(B_2+B_1)=1时\end{cases}$$

（3）由表达式画出电路，如图 5.5.11 所示。

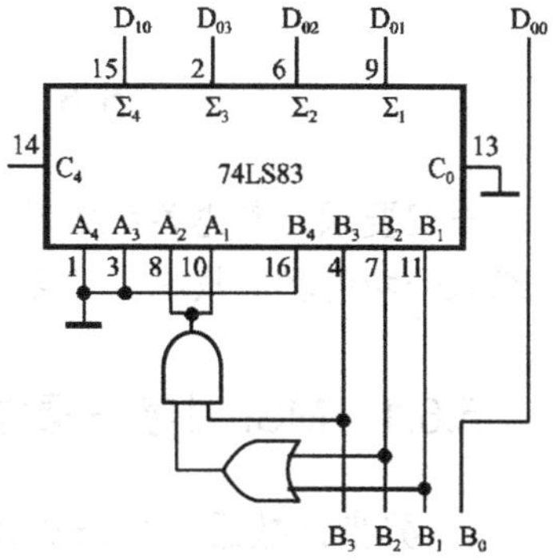

图 5.5.11　4 位二进制数与 8421BCD 码变换电路

5.5.3　设计任务

设计课题 1：设计 4 位码制转换器

用与非门 74LS00 和异或门 74LS86 设计一可逆的 4 位码变换器。

设计要求为：

① 在控制信号 C = 1 时，它将 8421 码转换为格雷码，C =0 时，它将格雷码转换为 8421 码；

② 写出设计步骤，列出码变换关系真值表并画出逻辑电路图；

③ 安装电路并测试逻辑电路的功能（提示：实验的输出码状态可用发光二极管指示）。

设计课题 2：设计一位 8421BCD 码加法器

用 2 片 4 位全加器 74LS83 和门电路设计一位 8421BCD 码加法器。

设计要求为：

① 加法器输出的和数也为 8421BCD 码；

② 写出设计步骤并画出逻辑电路图；

③ 安装电路并测试逻辑电路的功能（提示：加法器相加输出的和数可用 7 段显示器指示）。

设计课题 3：设计一个动态扫描显示电路

用触发器和必要的组合逻辑电路，设计一个满足如图 5.5.12 所示的动态扫描显示电路。

设计要求为：

① 用一个译码驱动器 CD4511BC 驱动 4 个共阴极 LED 显示器，轮流显示 4 位十进制数；

② 分别设计其数据选择电路和控制电路，并画出完整的逻辑电路图；

③ 安装并测试显示控制电路的功能。

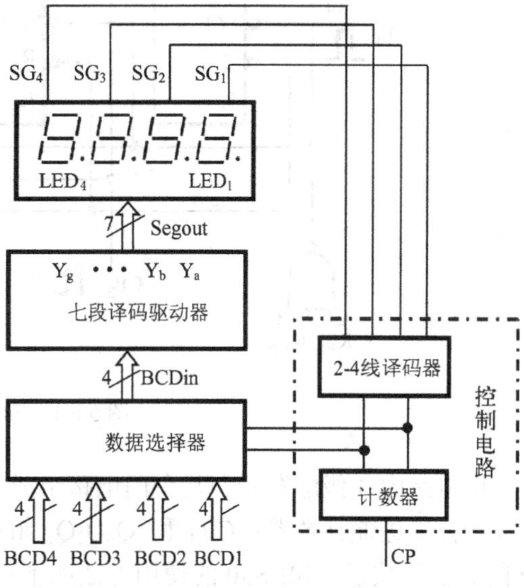

图 5.5.12　4 位十进制数的动态扫描显示电路框图

实验与思考题

5.5.1　用 LED 显示高、低电平时，为什么要串接一个电阻？该电阻的阻值如何选择？

5.5.2　使用 2 片 74LS138 和 74LS20、74LS30 完成两个 2 位二进制数的加、乘及大小比较电路的设计。

5.5.3　用两片双 4 选 1 数据选择器 74LS153 和门电路完成 8421BCD 码至余三循环码的转换。

5.5.4　用两片 74LS83 将 2 位十进制数的 BCD 码转换成 7 位二进制码输出。

5.5.5　用一片 74LS83 和门电路，构成 $A_3A_2A_1 \times B_2B_1$ 的乘法电路。

5.5.6　试用双 4 选 1 数据选择器 74LS153 芯片和门电路设计 1 位全减器电路。

5.6 中规模时序逻辑电路及其应用

学习要求 熟悉各种常用 MSI 时序逻辑电路功能和使用方法；掌握多片 MSI 时序逻辑电路级联和功能扩展技术；学会 MSI 数字电路分析方法、设计方法、组装和测试方法。

5.6.1 MSI 时序逻辑电路

1. 异步计数器（74LS90/93）

所谓异步计数器是指计数器内各触发器的时钟信号不是来自于同一外接输入时钟信号，因而各触发器不是同时翻转的。这种计数器的计数速度慢。

74LS90 是二-五-十进制计数器，其内部结构如图 5.6.1 所示。

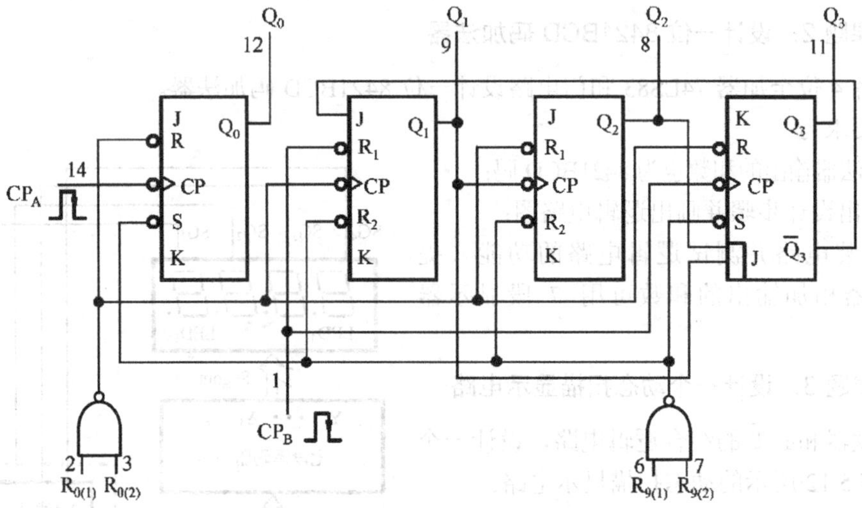

图 5.6.1 74LS90 内部逻辑电路

该电路由 4 级触发器和几个门电路组成，有两个时钟输入端 CP_A 和 CP_B。其中，CP_A 和 Q_0 组成一位二进制计数器；CP_B 和 $Q_3Q_2Q_1$ 组成五进制计数器，将它们级联起来可以构成一个模 10 的异步计数器。74LS90 的使用方法如下：

① 如果计时脉冲加到 CP_A 输入端，由 Q_0 输出，构成模 2 计数器（也称 2 分频电路）；

② 如果计时脉冲加到 CP_B 输入端，由 Q_3、Q_2、Q_1 输出，构成模 5 计数器（Q_3 或 Q_2 作为输出时，是 5 分频电路）。

③ 级联使用有两种情况：一是计时脉冲由 CP_A 输入，将 CP_B 与 Q_0 相连，Q_3～Q_0 作为输出，则构成 8421 码的十进制递增计数器，其计数时序如表 5.6.1 所示（Q_3 作为输出时，是 10 分频电路，占空比为 20%；如将 Q_2 作为输出时，也是 10 分频电路，但占空比为 40%）；二是计时脉冲由 CP_B 输入，将 CP_A 与 Q_3 相连，构成 5421 码的十进制计数器，其计数时序如表 5.6.2 所示（Q_0 作为输出时，是 10 分频电路，输出脉冲的占空比为 50%）。

74LS90 有两个清零端 $R_{0(1)}$、$R_{0(2)}$和两个置 9 端 $R_{9(1)}$、$R_{9(2)}$，其功能如表 5.6.3 所示。

表 5.6.1 BCD 十进制计数时序

CP_A	Q_3	Q_2	Q_1	Q_0
0	0	0	0	0
1	0	0	0	1
2	0	0	1	0
3	0	0	1	1
4	0	1	0	0
5	0	1	0	1
6	0	1	1	0
7	0	1	1	1
8	1	0	0	0
9	1	0	0	1

表 5.6.2 二-五混合进制计数时序

CP_B	Q_0	Q_3	Q_2	Q_1
0	0	0	0	0
1	0	0	0	1
2	0	0	1	0
3	0	0	1	1
4	0	1	0	0
5	1	0	0	0
6	1	0	0	1
7	1	0	1	0
8	1	0	1	1
9	1	1	0	0

用两片 74LS90 构成的 8421BCD 码 100 进制计数器如图 5.6.2 所示。

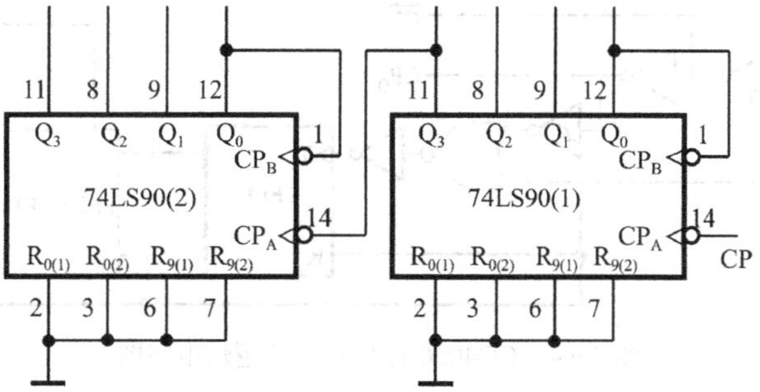

图 5.6.2 用两片 74LS90 构成的 100 进制计数器

74LS93 也是异步计数器，其内部结构与图 5.6.1 相似。74LS93 是二–八–十六进制计数器，即 CP_A 和 Q_0 组成二进制计数器，CP_B 和 $Q_3Q_2Q_1$ 组成八进制计数器。当 CP_B 和 Q_0 相连时，从 CP_A 输入时钟脉冲，则构成十六进制计数器，其计数时序如表 5.6.4 所示。74LS93 有两个清零端，表 5.6.5 是其功能表。74LS93 构成的十进制计数器如图 5.6.3 所示。

表 5.6.3 74LS90 清零端功能表

$R_{0(1)}$	$R_{0(2)}$	$R_{9(1)}$	$R_{9(2)}$	Q_3	Q_2	Q_1	Q_0
1	1	0	×	0	0	0	0
1	1	×	0	0	0	0	0
×	×	1	1	1	0	0	1
×	0	×	0	计数			
0	×	0	×				
0	×	×	0				
×	0	0	×				

表 5.6.4 74LS93 计数时序

CP_A	Q_3	Q_2	Q_1	Q_0	CP_A	Q_3	Q_2	Q_1	Q_0
0	0	0	0	0	8	1	0	0	0
1	0	0	0	1	9	1	0	0	1
2	0	0	1	0	10	1	0	1	0
3	0	0	1	1	11	1	0	1	1
4	0	1	0	0	12	1	1	0	0
5	0	1	0	1	13	1	1	0	1
6	0	1	1	0	14	1	1	1	0
7	0	1	1	1	15	1	1	1	1

表 5.6.5　74LS93 功能表

$R_{0(1)}$	$R_{0(2)}$	Q_3	Q_2	Q_1	Q_0
1	1	0	0	0	0
0	×	计数			
×	0				

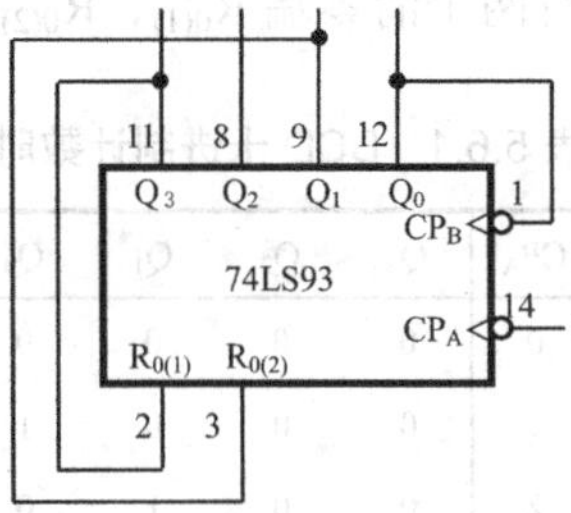

图 5.6.3　74LS93 构成的十进制计数器

2．CMOS 异步计数器（CC4060）

CMOS 集成电路 CC4060 为 14 级异步二进制计数器/振荡器。其内部有复位端 CR 控制的门电路和 14 个串行级联的 T 形触发器，内部逻辑电路框图和引脚图分别如图 5.6.4 和图 5.6.5 所示。在⑨、⑩、⑪ 3 个引脚上外接电阻、电容或晶振可以构成振荡器，振荡器的信号可以通过内部计数器进行分频，得到多种不同频率的输出信号。

表 5.6.6 为 CC4060 的复位/计数功能表。由表可见，CC4060 为时钟脉冲的下降沿来触发内部 T 触发器翻转，若需要外接时钟脉冲信号源，则应从 CP_0 端（即⑨脚）输入。

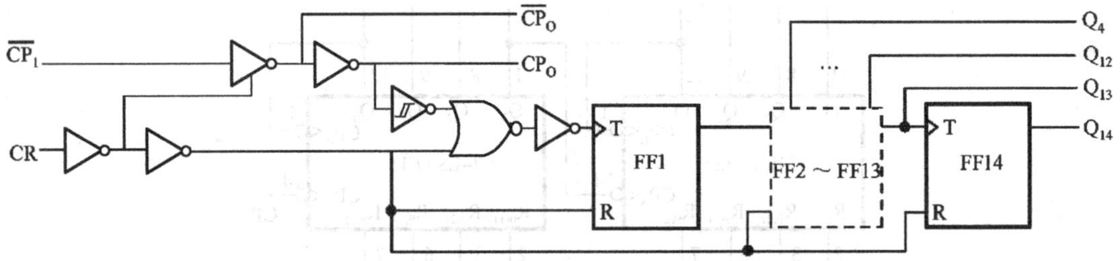

图 5.6.4　CC4060 计数器内部逻辑电路图

图 5.6.5　CC4060 计数器引脚图

表 5.6.6　CC4060 复位/计数功能表

输入		功能
$\overline{CP_I}$	CR	
×	1	清零
↓	0	计数
↑	0	保持

图 5.6.6 为 CC4060 内部提供时钟源的两种基本应用，其中图(a)是由外接电阻与电容构成的时钟脉冲信号源，给 14 位二进制计数器提供计数脉冲。当 $R_s=10R_t$ 时，时钟脉冲的输出频率为

$$f_o=\frac{0.45}{R_tC_t} \tag{5.6.1}$$

当 $R_t>1k\Omega$，$C_t>100pF$ 时易于起振。

图 5.6.6（b）是采用晶振构成的时钟脉冲源电路，时钟脉冲的频率主要由晶振的固有频率所决定。

3．可编程 4 位二进制同步计数器（CC40161/40163）

所谓同步计数器是指计数器内所有触发器都公用一个输入时钟脉冲信号源，在同一时刻翻转。其优点是计数速度快。

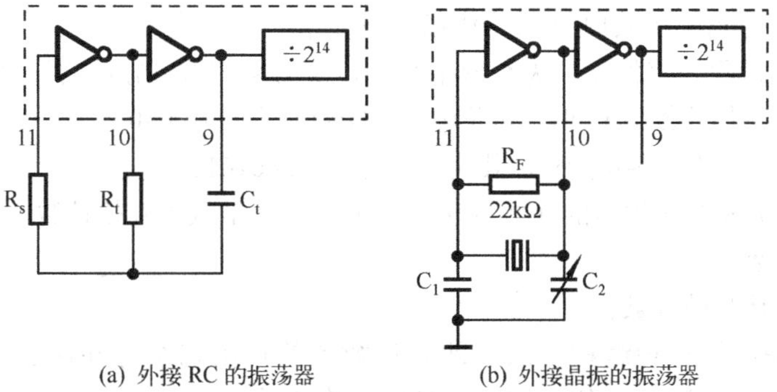

图 5.6.6　CC4060 内部时钟源的两种连接方式

CC40161 和 CC40163 是具有编程功能的 4 位二进制同步加法计数器，其编程方法有两种，一种是将计数器的输出端组合起来控制计数器的模；另一种是通过改变计数器的预置输入数据来改变计数器的模。这两种编程方法也适用于其他可编程计数器。

CC40161（有相同功能的器件还有 74LS161、74HCT161 等）的引脚图如图 5.6.7 所示，功能表如表 5.6.7 所示，其时序波形图如图 5.6.8 所示。它具有异步清零、同步置数、计数及保持四种功能。

图 5.6.7　CC40161/40163 计数器引脚图

表 5.6.7　CC40161 功能表

CP	$\overline{CR}$	$\overline{LD}$	CTT	CT_P	操作
×	0	×	×	×	清零
↑	1	0	×	×	置数
↑	1	1	1	1	计数
×	1	1	0	×	保持
×	1	1	×	0	保持

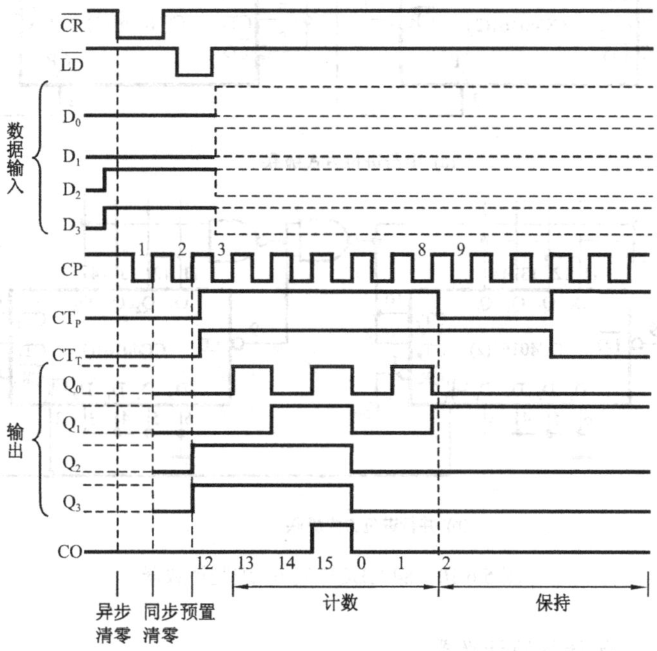

图 5.6.8　CC40161 的时序波形图

所谓异步清零是指不需要时钟脉冲作用，只要清零端为有效电平，就可直接完成清零任务。而同步置数是指除了该使能端为有效电平外，还必须有时钟脉冲的作用，置数功能才可实现。另外 CC40161 在加计数到 15 时，进位输出 CO=1，平时 CO=0。

CC40163 除具有同步清零功能外，其他功能均同 CC40161。

用 CC40161 构成的计数器的计数方法有两种，一种是从零开始计数，另一种是从某一数码（非零）开始计数。

（1）从零开始计数的计数器

这种计数器采用第一种编程方法，即将计数器的输出端组合并通过门电路反馈到清零端或置数使能端，使计数器复位。用 CC40161 构成的 8421BCD 码十进制计数器，如图 5.6.9 所示。它是利用同步置数功能实现 BCD 码计数的，当计数器计数到 1001 时，$\overline{LD}=\overline{Q_3Q_0}=0$，在第 10 个 CP 脉冲作用下计数器置零，之后 $\overline{LD}=1$，计数器又开始计数。

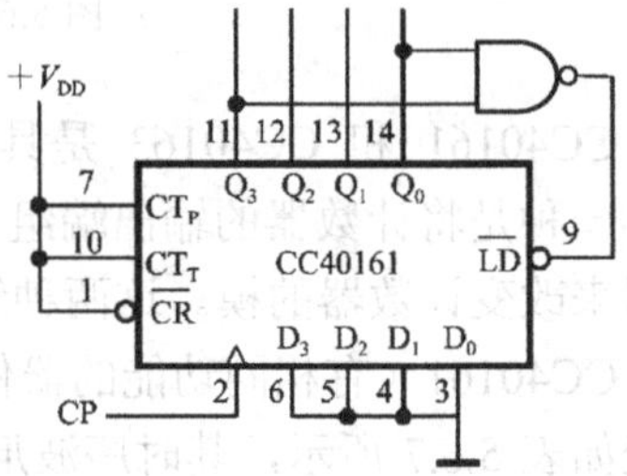

图 5.6.9　CC40161 构成的十进制计数器

若将图 5.6.9 电路中与非门的两输入端改接到 Q_2、Q_0，即 $\overline{LD}=\overline{Q_2Q_0}$，则可构成 8421BCD 码的六进制计数器。将六进制计数器和十进制计数器级联，可构成 8421BCD 码 60 进制计数器，如图 5.6.10 所示，计数器在 $(0\sim59)_D$ 之间循环计数。其中，图(a)采用串行进位方式进行级联，图(b)则采用并行进位方式进行级联。

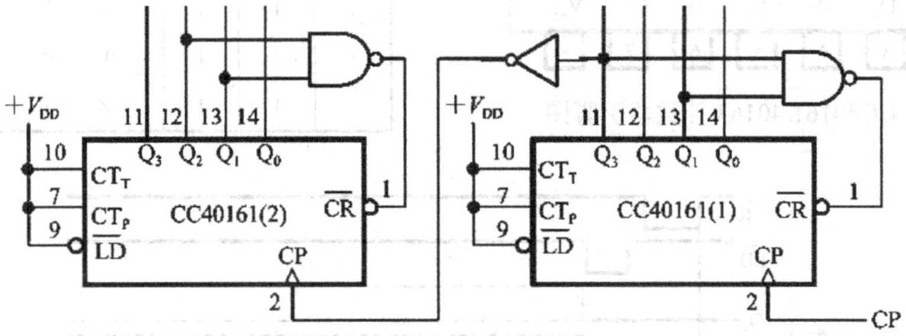

(a) 串行进位方式级联

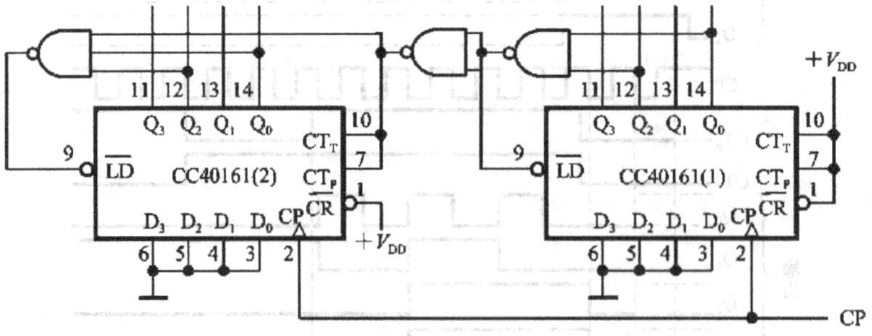

(b) 并行进位方式级联

图 5.6.10　8421BCD 码 60 进制计数器

（2）从非零数码开始计数的计数器

这种计数器采用的是第二种编程方法。它利用进位输出端 CO 产生一个置数控制信号反馈至置数使能端$\overline{LD}$，在下一个CP脉冲上升沿作用后，计数器被置数（$Q_3Q_2Q_1Q_0=D_3D_2D_1D_0$）。置数控制信号消失后，计数器就从被置入的状态开始计数。计数器的模由预置数来决定。预置数N与计数器模数M之间的关系为$N=M_{max}-M$。式中，M_{max}是计数器的最大模数。计数器在N与最大计数值（即计数器输出为全1状态）之间循环计数，共有M个状态。用这种计数器构成分频器最方便，只要改变预置输入数据即可改变分频数，从而构成任意分频器。

用两片CC40161附加门电路构成一个60分频器，计数器的最大模数$M_{max}=16\times16=256$，而$M=60$，预置数

$$N=(256-60)_D=(100000000-00111100)_B=(1100\ 0100)_B$$

其中，1100是高位CC40161的预置数。0100是低位CC40161的预置数。电路如图5.6.11所示。计数器在$(C4\sim FF)_H$之间循环计数，在L端输出一个60分频的脉冲信号。如果改变预置输入数据，在L端将得到不同分频数的脉冲信号。

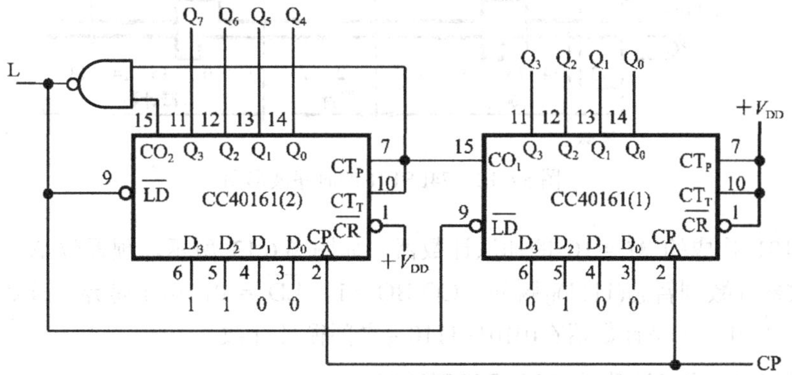

图5.6.11 用CC40161构成60分频器

4．单时钟加/减同步计数器（74LS190/191）

74LS190和74LS191是单时钟4位同步加/减可逆计数器，其中74LS190为8421BCD码十进制计数器，74LS191是BCD码十六进制计数器，两者的引脚图和引脚功能完全一样，其功能如表5.6.8所示。

74LS191的时序波形图如图5.6.12所示。注意，在加计数到最大计数值时或减计数到零时，正脉冲输出端CO/BO及负脉冲输出端$\overline{RC}$，都发出脉冲信号；不同之处是，CO/BO端发出一个与输入时钟周期相等且同步的正脉冲，$\overline{RC}$端发出一个与输入时钟信号低电平时间相等且同步的负脉冲。

74LS190一般用于构成BCD码十进制计数器，而74LS191通过编程可构成任意进制计数器。对于74LS190/191，利用输出端的不同组合通过门电路反馈到$\overline{LD}$端，可以构成从零开始的加法计数器。利用它们的CO/BO端通过反馈置数法也可以构成减法计数器，由于是减法计数，故需要事先预置一数码，预置数N应与希望的模数M相等。计数器在$(M\sim1)_D$之间循环计数。

用74LS191的CO/BO输出端通过门电路反馈到$\overline{LD}$端，改变预置输入数据，就可以改变计数器的模M(分频数)。加法计数器预置数$N=Z_{max}-M$，其中，Z_{max}是计数器的最大计数值(即计数器输出为全1状态)，计数器在N与$(Z_{max}-1)$之间循环计数。

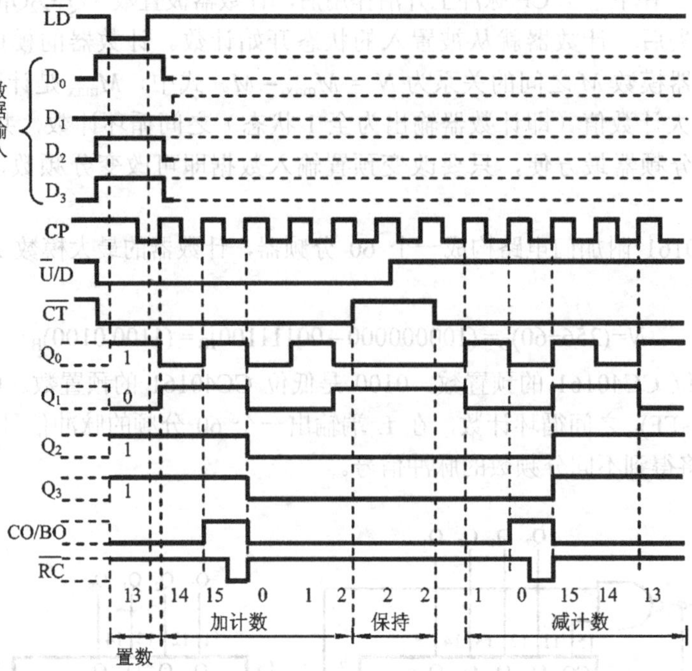

图 5.6.12 74LS191 的时序波形图

用 74LS191 构成的 $M = 10$ 的加法计数器，如图 5.6.13 所示。预置数 $N = 1111 - 1010 = 0101$，当计数器计数到暂态$(1111)_B$瞬间，CO/BO = 1，$\overline{LD} = 0$，由于是异步置数，所以计数器立即再次装入 0101，于是计数器在$(0101\sim1110)_B$之间循环计数。

5. 双时钟加/减同步计数器（74LS192/193）

74LS192 和 74LS193 是双时钟 4 位加/减同步计数器。其中，74LS192 是十进制计数器，其时序波形图如图 5.6.14 所示；74LS193 是二进制计数器。两者的引脚图及各引脚的功能均一样，其功能如表 5.6.9 所示，计数器进行加计数时，其计数脉冲从 CP_U 输入；进行减计数时，计数脉冲从 CP_D 输入。另外图 5.6.14 中的 CR 是异步清零端（高电平有效），$D_3\sim D_0$ 是并行数据输入端，$\overline{LD}$ 是异步

表 5.6.8 74LS190/191 功能表

$\overline{CT}$	$\overline{LD}$	$\overline{U}/D$	CP	操作
0	0	×	×	异步置数
0	1	0	↑	加计数
0	1	1	↑	减计数
1	×	×	×	保持

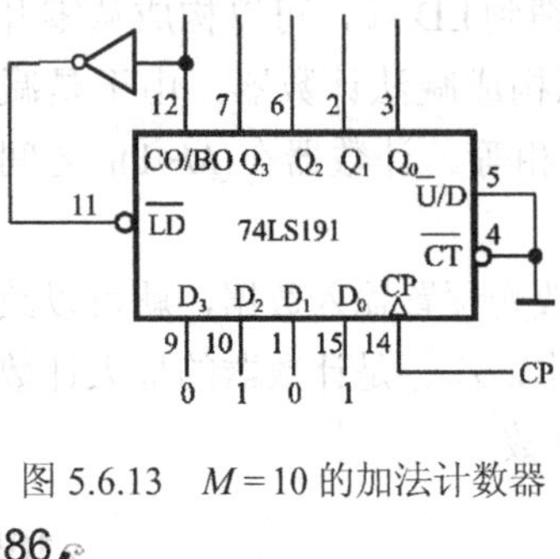

图 5.6.13 $M = 10$ 的加法计数器

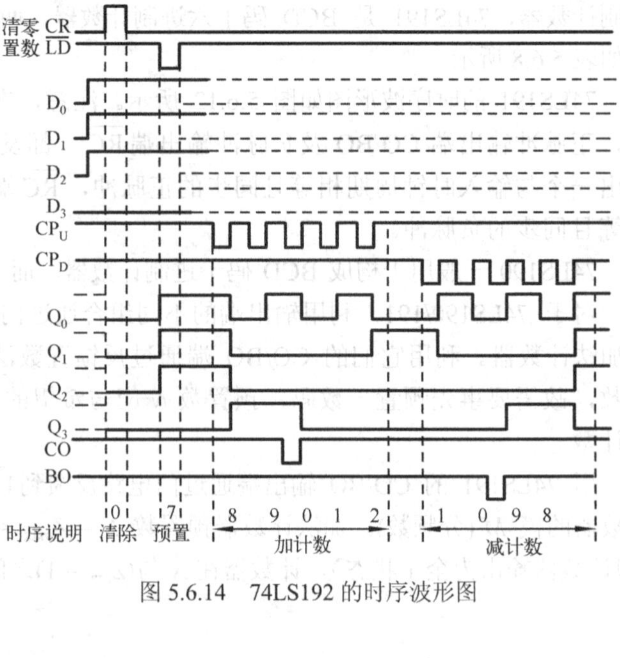

图 5.6.14 74LS192 的时序波形图

并行置数控制端（低电平有效），$\overline{CO}$是加计数进位输出端，当加计数到最大计数值时，$\overline{CO}$发出一个低电平信号（平时为高电平）；$\overline{BO}$为减计数借位输出端，当减计数到零时，$\overline{BO}$发出一个低电平信号（平时为高电平），$\overline{BO}$和$\overline{CO}$负脉冲宽度等于时钟脉冲低电平宽度。

用两片 74LS192 构成 2 位十进制加法计数器，如图 5.6.15 所示。电路采用串行进位方式级联，每当个位计数器由 9 复 0 时，其$\overline{CO}$发出一个负向脉冲，作为十位计数器加计数的时钟信号，使十位计数器加 1 计数。若将图 5.6.15 中个位 74LS192 的 CP_U和 CP_D互换，则构成 2 位十进制减法计数器。

表 5.6.9　74LS192/193 功能表

CP_U	CP_D	$\overline{LD}$	CR	操作
×	×	×	1	清零
×	×	0	0	置数
↑	1	1	0	加计数
1	↑	1	0	减计数
1	1	1	0	保持

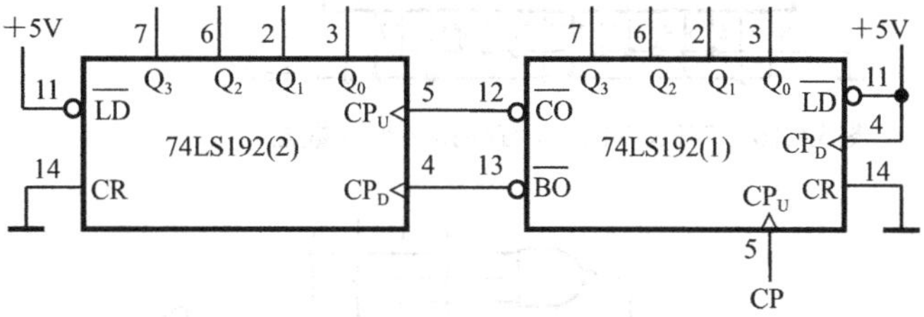

图 5.6.15　2 位十进制加法计数器

6．4 位双向移位寄存器(74LS194)

4 位双向移位寄存器 74LS194 具有并行置数、保持、左移、右移和异步清零功能，其功能如表 5.6.10 所示。其中，M_1、M_0 为模式控制输入端，D_{SR} 和 D_{SL} 分别是右移和左移串行数据输入端。

表 5.6.10　74LS194 功能表

输入										输出				功能
$\overline{CR}$	M_1	M_0	CP	D_{SL}(左移)	D_{SR}(右移)	D_0	D_1	D_2	D_3	Q_0	Q_1	Q_2	Q_3	
L	×	×	×	×	×	×	×	×	×	L	L	L	L	清零
H	×	×	L	×	×	×	×	×	×	Q_{00}	Q_{10}	Q_{20}	Q_{30}	保持
H	H	H	↑	×	×	d_0	d_1	d_2	d_3	d_0	d_1	d_2	d_3	置数
H	L	H	↑	×	H	×	×	×	×	H	Q_{0n}	Q_{1n}	Q_{2n}	右移
H	L	H	↑	×	L	×	×	×	×	L	Q_{0n}	Q_{1n}	Q_{2n}	右移
H	H	L	↑	H	×	×	×	×	×	Q_{1n}	Q_{2n}	Q_{3n}	H	左移
H	H	L	↑	L	×	×	×	×	×	Q_{1n}	Q_{2n}	Q_{3n}	L	左移
H	L	L	×	×	×	×	×	×	×	Q_{00}	Q_{10}	Q_{20}	Q_{30}	保持

用双向移位寄存器组成寄存、移位电路十分简单。下面介绍由 74LS194 移位寄存器和附加门电路构成的具有自启动的扭环形和环形计数器。用 74LS194 构成的模 8 右移扭环形计数器，其电路图和状态表分别如图 5.6.16 和表 5.6.11 所示。电路中加入由 16 选 1 数据选择器 74LS150 构成的函数发生器，其目的是使扭环形计数器具有自启动功能。

用 74LS194 和 74LS150 同样能构成模 8 左移扭环形计数器，请读者自行设计。

另外，利用 74LS194 附加必要的门电路还可构成模 4 环形计数器，如图 5.6.17 所示。其中，图 5.6.17(b)是电路输出端低电平有效的状态转换图。

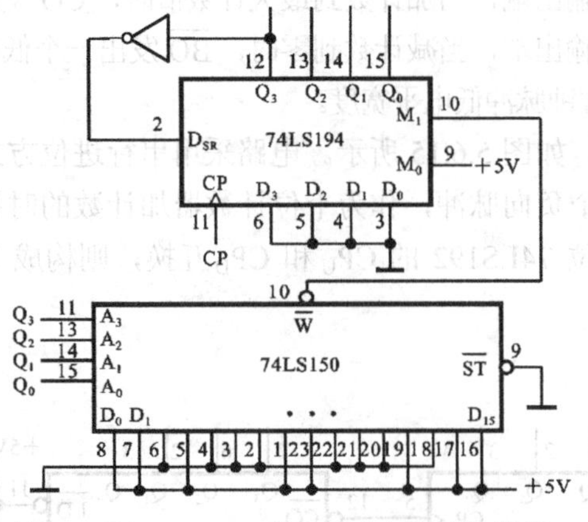

图 5.6.16　74LS194 模 8 右移扭环形计数器

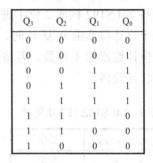

表 5.6.11　模 8 右移扭环形计数器状态转换表

Q_3	Q_2	Q_1	Q_0
0	0	0	0
0	0	0	1
0	0	1	1
0	1	1	1
1	1	1	1
1	1	1	0
1	1	0	0
1	0	0	0

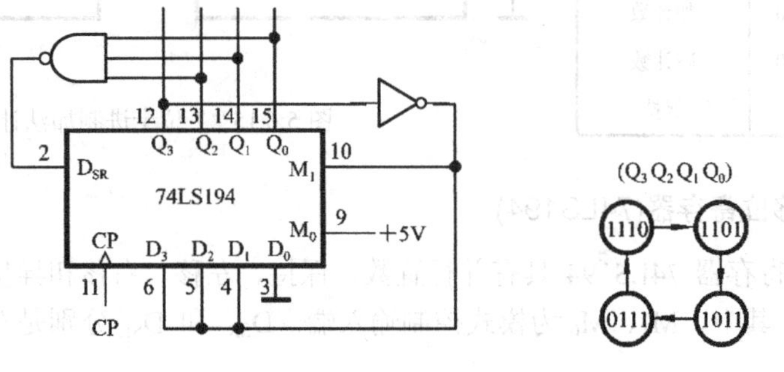

(a) 逻辑电路图　　(b) 状态转换图

图 5.6.17　模 4 环形计数器

5.6.2　应用电路设计

例 1　“12 翻 1”小时计数器设计。

解　（1）列计数器状态转换表或画时序波形图。“12 翻 1”小时计数器是按照“01→02→03→⋯→11→12→01→02→⋯”规律计数的。计数器的计数状态转换表，如表 5.6.12 所示。其中，Q_{10} 为小时计数器十位的最低位。

表 5.6.12　“12 翻 1”小时计数器时序

CP	十位	个位				CP	十位	个位			
	Q_{10}	Q_{03}	Q_{02}	Q_{01}	Q_{00}		Q_{10}	Q_{03}	Q_{02}	Q_{01}	Q_{00}
0	0	0	0	0	0	8	0	1	0	0	0
1	0	0	0	0	1	9	0	1	0	0	1
2	0	0	0	1	0	（暂态）	0	1	0	1	0
3	0	0	0	1	1	10	1	0	0	0	0
4	0	0	1	0	0	11	1	0	0	0	1
5	0	0	1	0	1	12	1	0	0	1	0
6	0	0	1	1	0	（暂态）	1	0	0	1	1
7	0	0	1	1	1	13	0	0	0	0	1

（2）选择触发器和计数器。个位计数器由 4 位二进制同步可逆计数器 74LS191 构成，十位计数器由双 D 触发器 74LS74 构成，将它们级联组成“12 翻 1”小时计数器。

（3）求复位信号和置位信号。由表 5.6.12 可知，计数器的状态要发生两次跳越：一是计数器计数到 9，即个位计数器的状态为 $Q_{03}Q_{02}Q_{01}Q_{00} = 1001$ 后，在下一 CP 脉冲作用下计数器进入暂态 1010，利用暂态的两个 1（即 $Q_{03}Q_{01}$）使个位异步置 0，同时向十位计数器进位使 $Q_{10} = 1$；二是计数器计到 12 后，在第 13 个 CP 脉冲作用下个位计数器的状态应为 $Q_{03}Q_{02}Q_{01}Q_{00} = 0001$，十位计数器的 $Q_{10} = 0$。第二次跳越的十位清“0”和个位置“1”信号可由暂态为“1”的输出端 Q_{10}、Q_{01}、Q_{00} 来产生。由上述分析得 74LS191 的控制方程式：

置数端 $\overline{LD} = \overline{Q_{03}Q_{01}}$ （5.6.1）

加/减控制端 $\overline{U}/D = \overline{\overline{Q_{10}Q_{01}}}$ （5.6.2）

D 触发器 74LS74 的清“0”端 $1\overline{R}_D = Q_{10}Q_{01}Q_{00} = \overline{U}/D \square Q_{00}$ （5.6.3）

其中，式（5.6.1）的作用是完成个位计数器第一次置“0”；式（5.6.2）的作用是在计数器计到 12 时改变 74LS191 的加/减控制模式，使其由原来的加法计数变为减法计数，当第 13 个脉冲来到时，个位计数器减 1；式（5.6.3）使十位计数器清“0”，使计数器的状态变为 $Q_{10} = 0$，$Q_{03}Q_{02}Q_{01}Q_{00} = 0001$。

（4）根据控制方程式画计数器的逻辑电路图。由以上设计得到的“12 翻 1”小时计数器的逻辑图如图 5.6.18 所示。由 CC40161 构成的“12 翻 1”小时计数器电路如图 5.6.19 所示。

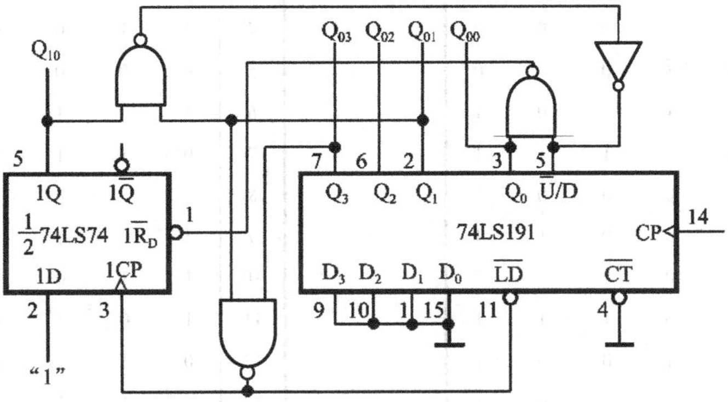

图 5.6.18 “12 翻 1”小时计数器的电路

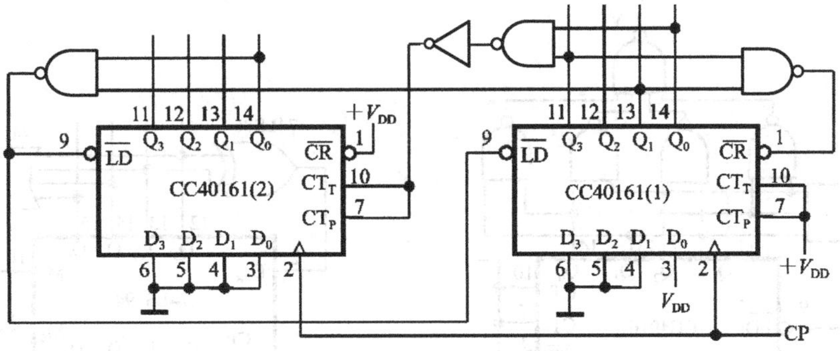

图 5.6.19 由 CC40161 构成的“12 翻 1”小时计数器电路

例 2 *M* 序列脉冲产生器电路设计。

在雷达和数字通信中，常用伪随机信号（又称 *M* 序列信号）作为信号源，来对通信设备进行调试或检修。伪随机信号的特点是，可以预先设置初始状态，且序列信号重复出现。

下面设计一个电路，其输出端 Y 能周期性地输出 0001 0011 0101 111 序列脉冲。

（1）分析功能，列出状态表。

由题意分析，脉冲序列发生器输出的脉冲序列共 15 位，故可考虑用一个十五进制计数器和译码电路组合而成，使 Y 端的状态和计数器的状态一一对应，如表 5.6.13 所示。

（2）设计计数器和译码电路。

十五进制计数器可采用可编程 4 位同步二进制计数器 CC40161 来实现。由状态表 5.6.13 可得逻辑表达式 $Y=\overline{\overline{Q_3Q_2}\;\overline{Q_3Q_0}\;\overline{Q_1Q_0}\;\overline{Q_2Q_1}}$，进而画出逻辑图，如图 5.6.20 所示。

另外，采用双向移位寄存器 74LS194 及附加门电路，也可实现上述 *M* 序列脉冲产生电路，如图 5.6.21 所示。*M* 序列信号状态表如表 5.6.14 所示，其中 74LS194 的每个 Q 端及 D_{SR} 端均可为 *M* 序列信号的输出端。电路中的或非门可保证电路具有自启动功能。

表 5.6.13　*M* 序列信号状态表(一)

CP	Q_3	Q_2	Q_1	Q_0	Y
0	0	0	0	0	0
1	0	0	0	1	0
2	0	0	1	0	0
3	0	0	1	1	1
4	0	1	0	0	0
5	0	1	0	1	0
6	0	1	1	0	1
7	0	1	1	1	1
8	1	0	0	0	0
9	1	0	0	1	1
10	1	0	1	0	0
11	1	0	1	1	1
12	1	1	0	0	1
13	1	1	1	0	1
14	1	1	1	0	1

表 5.6.14　*M* 序列信号状态表(二)

CP	D_{SR}	Q_3	Q_2	Q_1	Q_0
0	1	1	0	0	0
1	0	0	0	0	1
2	0	0	0	1	0
3	1	0	1	0	0
4	1	1	0	0	1
5	0	0	0	1	1
6	1	0	1	1	0
7	0	1	1	0	1
8	1	1	0	1	0
9	1	0	1	0	1
10	1	1	0	1	1
11	1	0	1	1	1
12	0	1	1	1	1
13	0	1	1	1	0
14	0	1	1	0	0

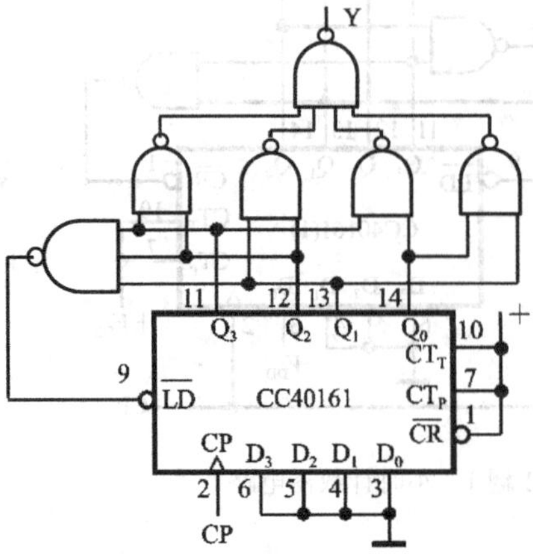

图 5.6.20　计数译码型 *M* 序列脉冲发生器

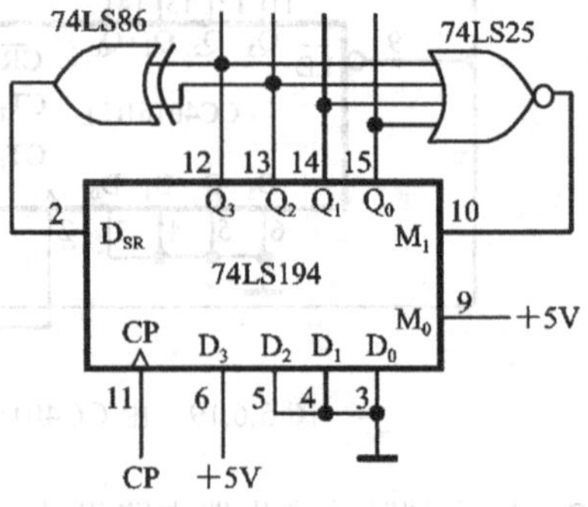

图 5.6.21　移位型 *M* 序列脉冲发生器

5.6.3 设计任务

设计课题 1：设计一个计数、译码、显示电路

给定的主要元器件：74LS00，74LS112（或 74LS74），74LS191，CD4511BC，以及发光二极管数码显示器等。

计数器的功能要求：

① 设置一个置数控制开关 S_1，当 S_1 闭合时，计数器处于置数状态：递增计数时，置数 0；递减计数时，置数 8。当 S_1 断开时，计数器处于计数状态。

② 设置一个加/减计数的控制开关 S_2，当 S_2 断开时，进行循环递增计数，计数规律是 0,1,2,3,4,5,6,7,8,0,1,2,…；当 S_2 闭合时，进行循环递减计数，计数规律是 8,7,6,5,4,3,2,1,0,8,7,…。改变计数方式时，先置数，然后进入计数状态。

（提示：注意控制开关 S_2 与数据预置位的关系）

③ 用数码管显示计数器的值。

④ 扩展功能：去掉开关 S_2，实现自动加减可逆计数，即 0,1,2,3,4,5,6,7,8,7,6,5,4,3,2,1,0,1,2,…。

设计步骤与要求：

① 拟定设计方案，选择功能部件，画出设计的逻辑电路图，标明元器件型号与引脚名称，简述其工作原理；

② 电路安装与调试，检验、修正电路的设计方案，记录实验现象；

③ 画出最后经实验检验且功能正确的逻辑电路；

④ 将 CP 信号改为 1kHz，画出加/减计数两种情况下 CP，Q_0，Q_1，Q_2，Q_3 的波形（注意时序关系）。

设计课题 2：设计彩灯循环显示控制电路。

给定的主要器件：74LS194，74LS161，74LS153，74LS04，555 集成定时器及发光二极管等。

功能要求（假设彩灯用 8 个发光二极管 L_1~L_8（从左到右依次排列）代替）：

① 设置外部操作开关，它具有控制彩灯亮点的右移、左移、全亮及全灭等功能；

② 亮点移动的规律是两个发光二极管同时亮且能循环右移（L_1L_2→ L_2L_3→ …→L_8L_1→ L_8L_1→ …）或循环左移；

③ 彩灯亮点移动时间间隔取 1s 为宜。

设计步骤与要求：

① 拟定设计方案，画出原理框图。

② 设计单元电路，画出总的逻辑电路图。

③ 安装与调试电路，满足功能要求。

实验与思考题

5.6.1 用 74LS90、74LS00、CD4511BC 和七段显示器（共阴极），设计一个电子钟小时计数器，要求：

① 计数状态为 0→1→2→3→…→9→10→11→12→…→23（23 返回 0）；

② 当十位为 0 时，十位显示器灭灯。试画出完整的计数译码显示电路。

5.6.2 题 5.6.2 图是 74LS90 应用电路的一种形式，假设 CP 为 1kHz 的正方波，要求：

① 画出 CP、Q_0、Q_1、Q_2、Q_3 的波形。

② 输出信号 out（Q_0）的占空比是多少？out 信号的频率是 CP 信号频率的几分之一？

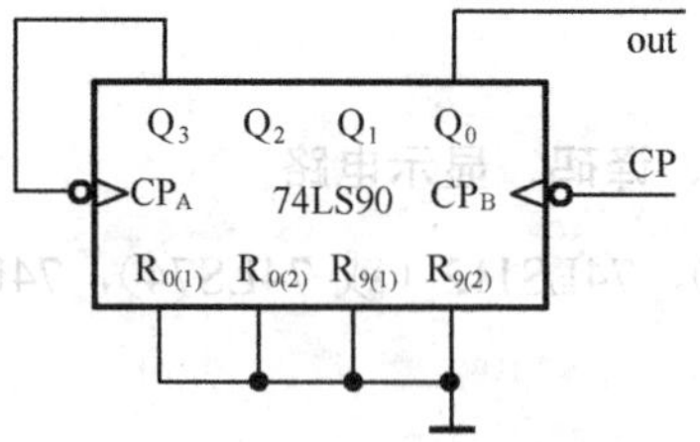

题 5.6.2 图

5.6.3 用异步计数器 74LS93 与 74LS90 设计一个 M=60 的 8421BCD 码计数器电路，要求电路能够自启动。

5.6.4 采用 74LS191 同步可逆计数器，可以有哪些方法设计一个 M=12 的加法计数器？写出各控制端的控制方程式？画出设计的电路图。试比较哪种方案最优？

5.6.5 用一片 CC40161 和门电路设计一个 $M=4$ 的计数器，其状态为十进制数的 0, 1, 13, 14，用发光二极管显示电路状态，要求画出完整的状态转换图和逻辑电路图。

5.6.6 用 74LS194 构成一个具有自启动功能的模 8 左移扭环形计数器。

第 6 章　数字逻辑电路应用设计

内容提要　本章介绍了篮球竞赛 30s 计时器、多路智力竞赛抢答器、汽车尾灯控制电路、多功能数字钟、数字电压表等 5 个应用课题的设计方法与电路调试技术。选用通用集成电路完成设计，以培养学生的实际动手能力和理论联系实际的能力。

6.1　篮球竞赛 30s 定时器设计

学习要求　掌握定时器的工作原理及其设计方法。

6.1.1　定时器的功能要求

① 设计一个定时器，定时时间为 30s，按递减方式计时，每隔 1s，定时器减 1；能以数字形式显示时间。

② 设置两个外部控制开关，控制定时器的直接启动/复位计时、暂停/连续计时；

③ 当定时器递减计时到零（即定时时间到）时，定时器保持零不变，同时发出报警信号。

6.1.2　定时器的组成框图

用计数器对 1Hz 时钟信号进行计数，其计数值即为定时时间。根据设计要求可知，计数器初值为 30，按递减方式计数，减到 0 时，输出报警信号，并能控制计数器暂停/连续计数，所以需要设计一个可预置初值的带使能控制端的递减计数器。于是画出如图 6.1.1 所示的定时器总体方案参考框图。其中计数器和控制电路是系统的主要部分。计数器完成 30s 计时功能，控制电路完成计数器的直接清零、启动计数、暂停/连续计数、定时时间到报警等功能。报警电路在实验中可用发生二极管代替。

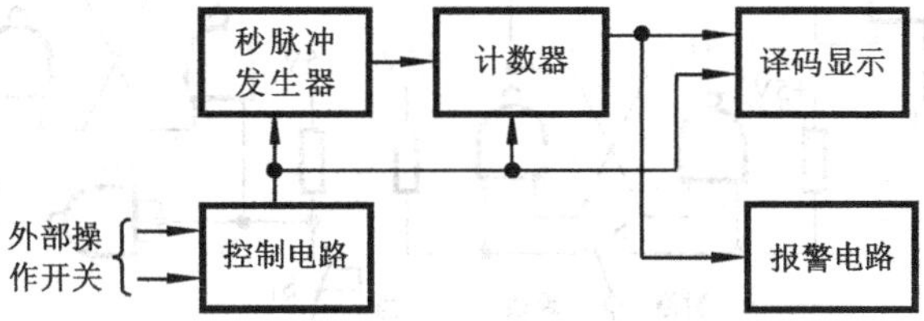

图 6.1.1　30s 定时器的总体方案参考框图

6.1.3　定时器的电路设计

1. 30 进制递减计数器设计

74LS192 是十进制加/减可逆计数器，图 6.1.2 所示电路是选用该芯片设计的可预置计数初值递减计数器。30 进制递减计数器的预置数为 $N=(0011\ 0000)_{8421BCD}=(30)_D$。电路采用串行进位方式级联，其计数原理是，当 $\overline{LD}=1$，CR $=0$，且 $CP_U=1$ 时，在 CP 时钟脉冲上升沿的作用下，计数器在预置数的基础进行递减计数。每当个位计数器减计数到 0 时，其 $\overline{BO_1}$ 发出一个负向脉冲，作为十位计数器减计数的时钟信号，使十位计数器减 1 计数。当高、低位计数器处于全 0，同时在 $CP_D=0$ 期间，高位计数器 $\overline{LD_2} = \overline{BO_2} = 0$，计数器重新进行异步置数，之后高位计数器 $\overline{LD_2} = \overline{BO_2} = 1$，计数器在 CP_D 时钟脉冲作用下，进入下一轮减计数。

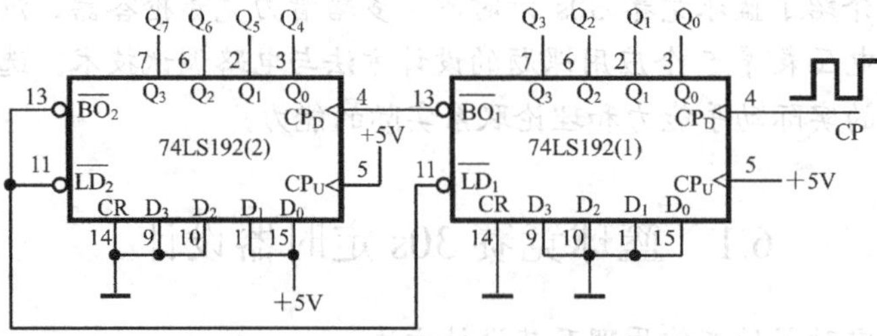

图 6.1.2　8421BCD 码 30 进制递减计数器

2. 时序控制电路设计

为了保证满足系统的设计要求，在设计控制电路时，应正确处理各个信号之间的时序关系，时序控制电路要完成以下三个功能：

① 当启动开关闭合时，控制电路应封锁时钟信号 CP（秒脉冲信号），同时计数器完成置数功能，译码显示电路显示 30s 字样；当启动开关断开时，计数器开始计数。

② 当暂停/连续开关拨在暂停位置上时，计数器停止计数，处于保持状态；当暂停/连续开关拨在连续时，计数器继续累计计数。

③ 外部操作开关都应采取去抖动措施，以防止机械抖动造成电路工作不稳定。

根据上面的功能要求及图 6.1.2，设计的时序控制电路如图 6.1.3 所示。图中，与门 G_3、G_4 的作用是控制时钟信号 CP 的放行与禁止，当 G_4 输出为 0 时，G_3 关闭，封锁 CP 信号；当 G_4 输出为 1 时，G_3 打开，放行 CP 信号，而 G_4 的输出状态又受外部操作开关 S_1、S_2（即启动、暂停/连续开关）的控制。

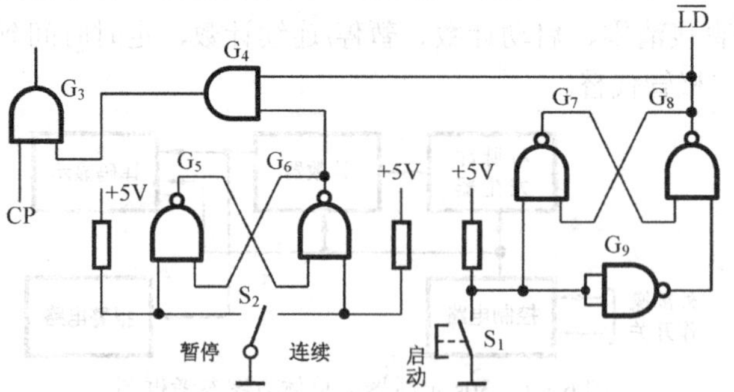

图 6.1.3　时序控制电路

秒脉冲发生器是电路的时钟脉冲和定时标准，但本设计对此信号要求并不太高，电路可采用 555 集成电路或由 TTL 与非门组成的多谐振荡器构成。译码显示电路用 CC4511BC 和共阴极七段 LED 显示器组成。

3. 整机电路设计

在完成各个单元电路设计后，可以得到篮球竞赛 30s 定时器的完整逻辑电路，如图 6.1.4

所示。

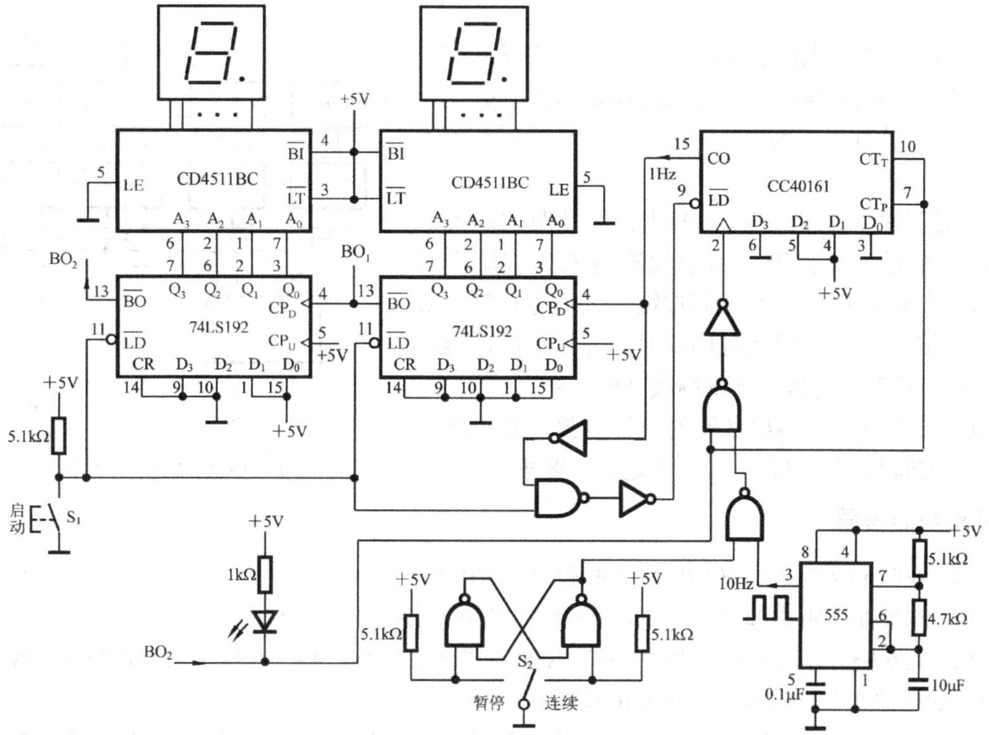

图 6.1.4　篮球竞赛 30s 定时器的逻辑电路

6.1.4　设计任务

设计课题 1：设计一个篮球竞赛 24s 定时器

给定的主要器件：74LS191（2 片）、74LS90（3 片）、74LS00（2 片）、CD4511BC（2 片）、NE555（1 片）、发光二极管（2 只）、共阴极显示器（2 只）、电阻、电容、扬声器等。

功能要求：

① 设计一个定时器，定时时间为 24s，按递减方式计时，每隔 1s，定时器减 1；能以数字形式显示时间。

② 设置两个外部控制开关，控制定时器的直接启动/复位计时、暂停/连续计时；

③ 当定时器递减计时到零（即定时时间到）时，定时器保持零不变，同时发出声响和光亮报警信号。

（提示：用较高频率的矩形波信号（例如 1kHz）驱动扬声器时，扬声器才会发声）。

设计步骤与要求：

① 拟定定时器的组成框图；

② 设计并安装各单元电路，要求布线整齐、美观，便于级联与调试；

③ 测试定时器的逻辑功能，以满足设计功能要求；

④ 画出定时器的整机逻辑电路图；

⑤ 写出设计性实验报告。

设计课题 2：设计一个数字秒表电路

给定的主要器件：74LS191（2 片）、74LS192（1 片）、74LS90（3 片）、CD4511BC（4 片）、74LS00（2 片）、NE555（1 片）、发光二极管（2 只）、共阴极显示器（4 只）、

电阻、电容、扬声器等。

功能要求：

① 设计一个用来记录短跑运动员成绩的秒表电路，能以数字形式显示时间。其参考框图如图 6.1.5 所示。

② 秒表的计时范围为 0.01s ~ 59.99s，计时精度为 10 ms。

③ 通过两个按键（R、S）来控制计时的起点和终点，一个是清零按键，用于设置跑表为初始零状态，另一个则是开始/停止控制按键，在清零按键无效的时候，按一下开始/停止键则计时器开始计时，再按一下则暂停计时，再按一下则继续计时。

拟定设计方案，写出必要的设计步骤，画出逻辑电路图，安装与调试电路，使其满足设计要求。

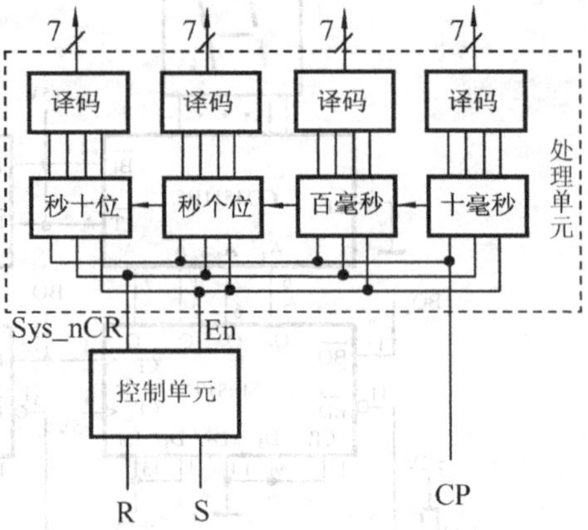

图 6.1.5 秒表电路框图

实验与思考题

6.1.1 在图 6.1.4 中，说明 CC40161 在电路中所起的作用。

6.1.2 试说明用 74LS192 的 BO2 控制报警电路的工作原理。

6.1.3 题 6.1.3 图是某同学设计的声光控制电路，即报警时 LED 发光，同时喇叭发出 1kHz 的声响。

① 试改正图中存在的错误，并指明错误的原因。

② 原理图改正以后，当 A、B、C 三个信号需要满足什么条件时，才能使电路完成声、光同时报警的功能？

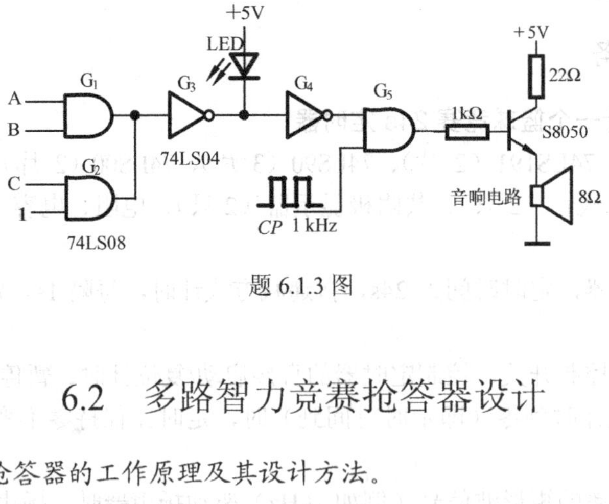

题 6.1.3 图

6.2 多路智力竞赛抢答器设计

学习要求 掌握抢答器的工作原理及其设计方法。

6.2.1 抢答器的功能要求

1. 基本功能

① 设计一个智力竞赛抢答器，可同时供 8 名选手或 8 个代表队参加比赛，他们的编号分别是 0、1、2、3、4、5、6、7，各用一个抢答按钮，按钮的编号与选手的编号相对应，分别是 S_0、S_1、S_2、S_3、S_4、S_5、S_6、S_7。

② 给节目主持人设置一个控制开关，用来控制系统的清零（编号显示数码管灭灯）和抢答的开始。

③ 抢答器具有数据锁存和显示的功能。抢答开始后，若有选手按动抢答按钮，编号立即

锁存，并在 LED 数码管上显示出选手的编号，同时扬声器给出音响提示。此外，要封锁输入电路，禁止其他选手抢答。优先抢答选手的编号一直保持到主持人将系统清零为止。

2. 扩展功能

① 抢答器具有定时抢答的功能，且一次抢答的时间可以由主持人设定（如 20s）。当节目主持人启动“开始”键后，要求定时器立即减计时，并用显示器显示，同时扬声器发出短暂的声响，声响持续时间 0.5s 左右。

② 参赛选手在设定的时间内抢答，抢答有效，定时器停止工作，显示器上显示选手的编号和抢答时刻的时间，并保持到主持人将系统清零为止。

③ 如果定时抢答的时间已到，却没有选手抢答时，本次抢答无效，系统短暂报警，并封锁输入电路，禁止选手超时后抢答，时间显示器上显示 00。

6.2.2 抢答器的组成框图

抢答器的总体框图如图 6.2.1 所示，它由主体电路和扩展电路两部分组成。主体电路完成基本的抢答功能，即开始抢答后，当选手按动抢答键时，能显示选手的编号，同时能封锁输入电路，禁止其他选手抢答。扩展电路完成定时抢答的功能。

图 6.2.1 所示抢答器的工作过程是：接通电源时，节目主持人将开关置于“清除”位置，抢答器处于禁止工作状态，编号显示器灭灯，定时显示器显示设定的时间，当节目主持人宣布抢答题目后，说一声“抢答开始”，同时将控制开关拨到“开始”位置，扬声器给出声响提示，抢答器处于工作状态，定时器倒计时。当定时时间到，却没有选手抢答时，系统报警，并封锁输入电路，禁止选手超时后抢答。当选手在定时时间内按动抢答键时，抢答器要完成以下四项工作：① 优先编码电路立即分辨出抢答者的编号，并由锁存器进行锁存，然后由译码显示电路显示编号；② 扬声器发出短暂声响，提醒节目主持人注意；③ 控制电路要对输入编码电路进行封锁，避免其他选手再次进行抢答；④ 控制电路要使定时器停止工作，时间显示器上显示剩余的抢答时间，并保持到主持人将系统清零为止。当选手将问题回答完毕后，主持人操作控制开关，使系统回复到禁止工作状态，以便进行下一轮抢答。

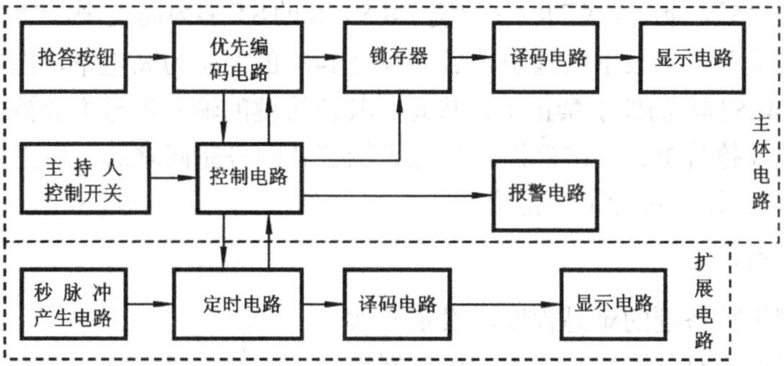

图 6.2.1 抢答器总体框图

6.2.3 电路设计

1. 抢答电路设计

抢答电路的功能有两个：一是能分辨出选手按键的先后，并锁存优先抢答者的编号，供译码显示电路用；二是要使其他选手的按键操作无效。选用优先编码器 74LS148 和 RS 锁存器 74LS279 可以完成上述功能，其电路组成如图 6.2.2 所示。

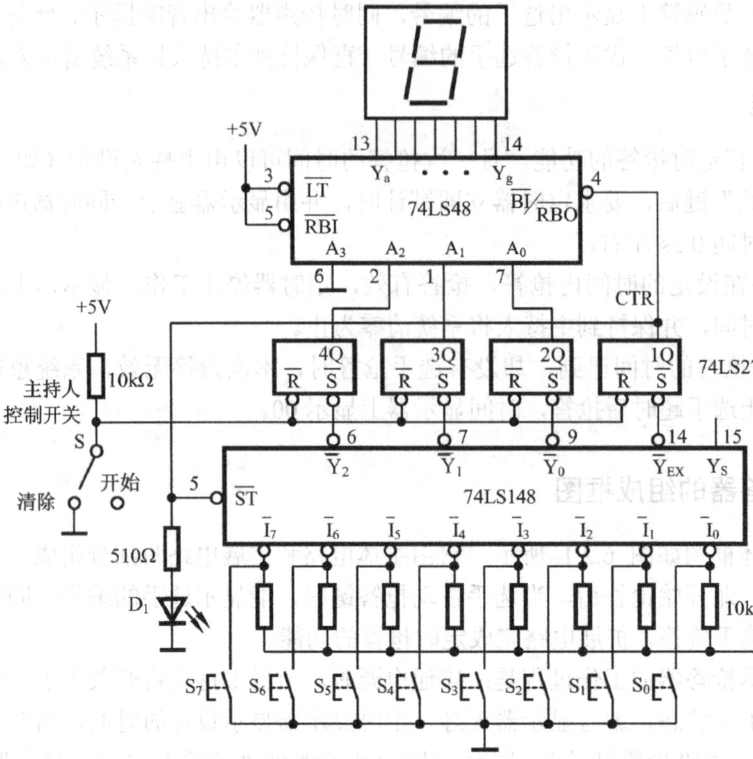

图 6.2.2　抢答电路

其工作原理是：当主持人控制开关处于“清除”位置时，RS 触发器的 $\overline{R}$ 端为低电平，输出端（4Q～1Q）全部为低电平。于是 74LS48 的 $\overline{BI}=0$，显示器灭灯；74LS148 的选通输入端 $\overline{ST}=0$，74LS148 处于工作状态，此时锁存电路不工作。当主持人开关拨到“开始”位置时，优先编码电路和锁存电路同时处于工作状态，即抢答器处于等待工作状态，等待输入端 $\overline{I_7}\sim\overline{I_0}$ 输入信号；当有选手将键按下时（如按下 S_5），74LS148 的输出 $\overline{Y_2}\,\overline{Y_1}\,\overline{Y_0}=010$，$\overline{Y_{EX}}=0$，经 RS 锁存器后，CTR = 1，$\overline{BI}=1$，74LS279 处于工作状态，4Q3Q2Q = 101，经 74LS48 译码后，显示器显示出“5”。此外，CTR = 1，使 74LS148 的 $\overline{ST}$ 端为高电平，禁止 74LS148 工作，封锁了其他按键的输入。当按下的键松开后，74LS148 的 $\overline{Y_{EX}}$ 为高电平，但由于 CTR 维持高电平不变，所以 74LS148 仍处于禁止工作状态，其他按键的输入信号不会被接收。这就保证了抢答者的优先性以及抢答电路的准确性。当优先抢答者回答完问题后，由主持人操作控制开关 S，使抢答电路复位，以便进行下一轮抢答。

2．定时电路设计

节目主持人根据抢答题的难易程度，设定一次抢答的时间，可以选用有预置数功能的十进制同步加/减计数器 74LS192 进行设计，具体电路从略，读者可以参照 5.4 节自行设计。

3．报警电路设计

由 555 定时器和三极管构成的报警电路如图 6.2.3 所示。其中 555 构成多谐振荡器，振荡频率

$$f_o=\frac{1}{(R_1+2R_2)C\ln 2}\approx\frac{1.43}{(R_1+2R_2)C}$$

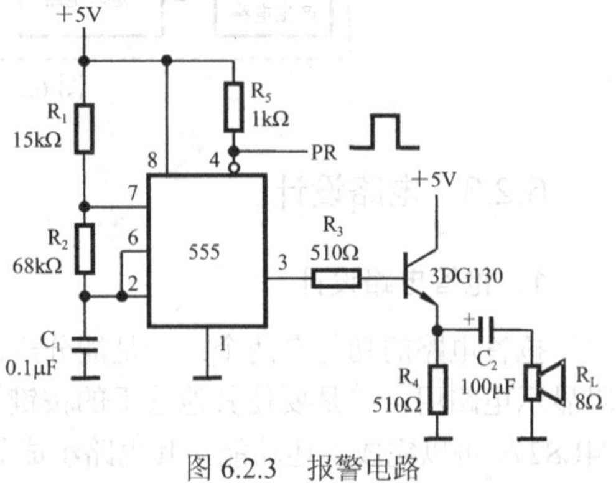

图 6.2.3　报警电路

其输出信号经三极管驱动扬声器。PR 为控制信号，当 PR 为高电平时，多谐振荡器工作，反之，电路停振。

4．时序控制电路设计

时序控制电路是抢答器设计的关键，它要完成以下三项功能：

① 主持人将控制开关拨到“开始”位置时，扬声器发声，抢答电路和定时电路进入正常抢答工作状态。

② 当参赛选手按动抢答键时，扬声器发声，抢答电路和定时电路停止工作。

③ 当设定的抢答时间到，无人抢答时，扬声器发声，同时抢答电路和定时电路停止工作。

根据上面的功能要求及图 6.2.2，设计的时序控制电路如图 6.2.4 所示。图中，门 G_1 的作用是控制时钟信号 CP 的放行与禁止，门 G_2 的作用是控制 74LS148 的输入使能端 $\overline{ST}$。

图 6.2.4(a)的工作原理是：主持人控制开关从“清除”位置拨到“开始”位置时，来自于图 6.2.2 中 74LS279 的输出 CTR=0，经 G_3 反相，A=1，则从 555 输出端来的时钟信号 CP 能够加到 74LS192 的 CP_D 时钟输入端，定时电路进行递减计时。同时，在定时时间未到时，定时到信号 $\overline{BO_2}=1$，门 G_2 的输出 $\overline{ST}=0$，使 74LS148 处于正常工作状态，从而实现功能①的要求。当选手在定时时间内按动抢答键时，CTR=1，经 G_3 反相，A=0，封锁 CP 信号，定时器处于保持工作状态；同时，门 G_2 的输出 $\overline{ST}=1$，禁止 74LS148 工作，从而实现功能②的要求。当定时时间到时，$\overline{BO_2}=0$，$\overline{ST}=1$，74LS148 处于禁止工作状态，禁止选手进行抢答。同时，门 G_1 封锁 CP 信号，使定时电路保持 00 状态不变，从而实现功能③的要求。

图 6.2.4(b)用于控制报警电路及发声的时间，发声时间由时间常数 *RC* 决定。

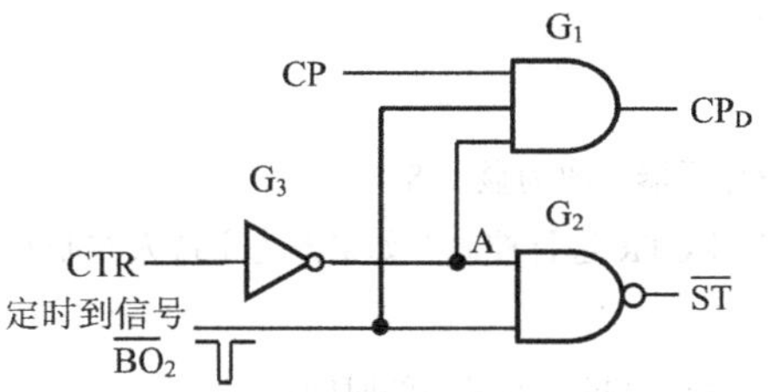

(a) 抢答与定时电路的时序控制电路

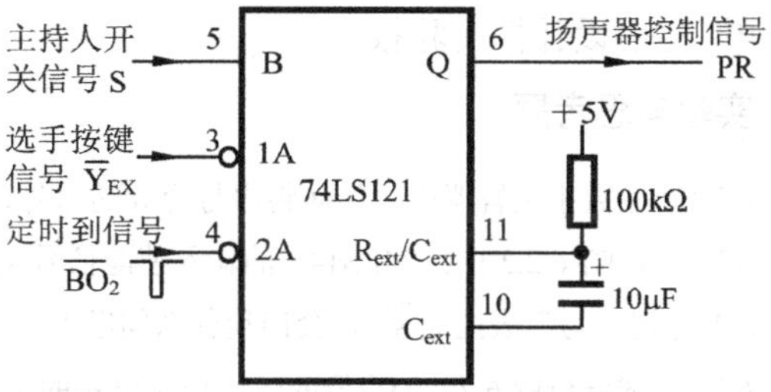

(b) 报警的时序控制电路

图 6.2.4　时序控制电路

5．整机电路设计

经过以上各单元电路的设计，可以得到定时抢答器的整机电路，如图 6.2.5 所示。

6.2.4　设计任务

设计课题：设计一多路智力竞赛抢答器

给定的主要器件：74LS148（2 片）、74LS279（2 片）、74LS48（4 片）、74LS192（2 片）、NE555（2 片）、74LS00（1 片）、发光二极管（2 只）、共阴极显示器（4 只）、74LS121（1 片）。

功能要求：设计一个智力竞赛抢答器，可同时供 15 名选手参加比赛，并具有定时抢答功能。

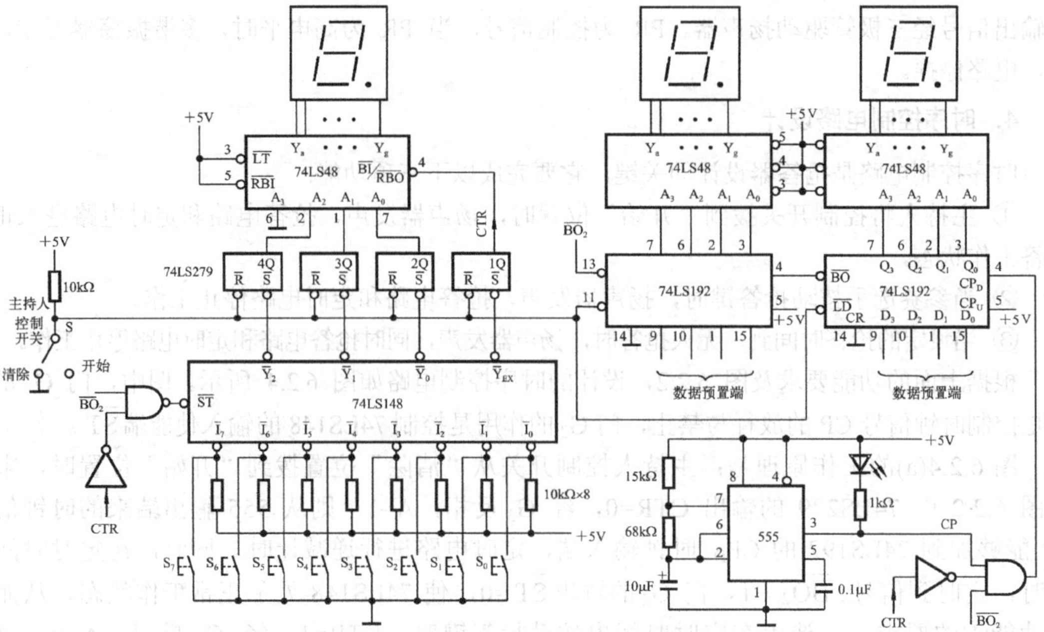

图 6.2.5　定时抢答器的主体逻辑电路图

设计步骤与要求：

① 拟定定时抢答器的组成框图；

② 设计并安装各单元电路，要求布线整齐、美观，便于级联与调试；

③ 测试定时抢答器的逻辑功能，以满足设计功能要求；

④ 画出定时抢答器的整机逻辑电路图；

⑤ 写出设计性实验报告。

实验与思考题

6.2.1　在数字抢答器中，如何将序号为 0 的组号，在七段显示器上改为显示 8？

6.2.2　在图 6.2.2 中，74LS148 的输入使能信号 $\overline{ST}$ 为何要用 CTR 进行控制？如果改为主持人控制开关信号 S 和 $\overline{Y}_{EX}$ 相“与”去控制 $\overline{ST}$，会出现什么问题？

6.2.3　试分析图 6.2.4(b)报警的时序控制电路的工作原理，并计算扬声器发声的时间。

6.2.4　定时抢答器的扩展功能还有哪些？举例说明，并设计电路。

6.3　汽车尾灯控制电路设计

学习要求　掌握汽车尾灯控制电路的设计方法、装调技术。

6.3.1　设计要求

设计一个汽车尾灯控制电路，实现对汽车尾灯显示状态的控制。汽车尾部左、右两侧各有 3 个指示灯（假定用发光二极管模拟），根据汽车运行情况，指示灯有四种不同的状态：

① 汽车正常行驶时，左右两侧的指示灯全部处于熄灭状态；

② 汽车右转弯行驶时，右侧 3 个指示灯按右循环顺序点亮，左侧的指示灯熄灭；

③ 汽车左转弯行驶时，左侧 3 个指示灯按左循环顺序点亮，右侧的指示灯熄灭；

④ 汽车临时刹车时，所有指示灯同时处于闪烁状态。

6.3.2　总体组成框图

由于汽车尾灯有四种不同的状态，故可以用 2 个开关变量进行控制。假定用开关 S_1 和 S_0 进行控制，由此可以列出尾灯显示状态与汽车运行状态的关系表，如表 6.3.1 所示。

表 6.3.1　尾灯显示状态和汽车运行状态的关系表

开关变量 S_1　S_0	运行状态	左侧的 3 个尾灯 D_{L1}　D_{L2}　D_{L3}	右侧的 3 个尾灯 D_{R1}　D_{R2}　D_{R3}
0　0	正常行驶	灯灭	灯灭
0　1	右转弯	灯灭	按 D_{R1} D_{R2} D_{R3} 顺序循环点亮
1　0	左转弯	按 D_{L1} D_{L2} D_{L3} 顺序循环点亮	灯灭
1　1	临时刹车	所有的尾灯随时钟 CP 同时闪烁	

在汽车左、右转弯行驶时，可以用一个三进制计数器的输出去控制译码电路顺序输出低电平，按照要求顺序循环点亮三个指示灯。假定三进制计数器的状态用 Q_1、Q_0 表示，可得出在每种运行状态下，各指示灯与各给定条件（S_1、S_0、CP、Q_1、Q_0）的关系，即汽车尾灯控制逻辑功能表如表 6.3.2 所示（表中指示灯的状态用“1”表示熄灭，用“0”表示点亮）。

根据以上分析和表 6.3.2，可以得出汽车尾灯控制电路的总体组成框图，如图 6.3.1 所示。

表 6.3.2　汽车尾灯控制逻辑功能表

汽车运行状态	开关变量 S_1	S_0	计数器状态 Q_1	Q_0	汽车尾部的六个指示灯 D_{L3}	D_{L2}	D_{L1}	D_{R1}	D_{R2}	D_{R3}
正常行驶	0	0	×	×	1	1	1	1	1	1
右转弯	0	1	0	0	1	1	1	0	1	1
			0	1	1	1	1	1	0	1
			1	0	1	1	1	1	1	0
左转弯	1	0	0	0	1	1	0	1	1	1
			0	1	1	0	1	1	1	1
			1	0	0	1	1	1	1	1
临时刹车	1	1	×	×	CP	CP	CP	CP	CP	CP

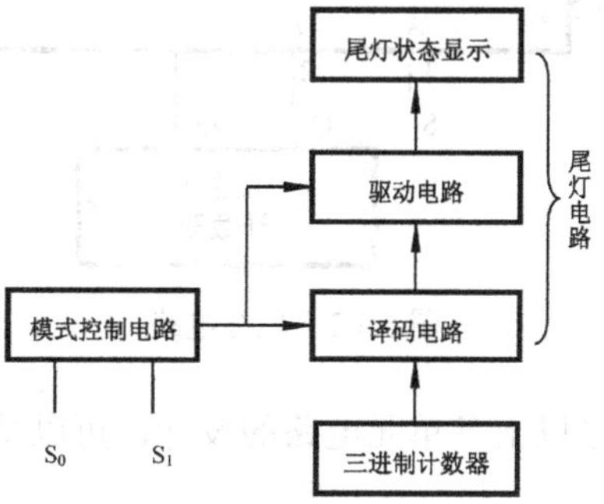

图 6.3.1　汽车尾灯控制电路总体框图

6.3.3　电路设计

1. 汽车尾灯电路设计

三进制计数器用触发器（或者计数器）构成，可根据表 6.3.2 自行设计。

由总体框图可知，汽车尾灯电路包括译码电路、驱动电路和显示电路，可以选用 3-8 线译码器 74LS138 和门电路构成，如图 6.3.2 所示。其中驱动电路和显示电路由 6 个反相器和 6 个发光二极管构成。

电路的工作原理是：74LS138 的三个输入端 A_2、A_1、A_0 分别接 S_1、Q_1、Q_0，当 $S_1 = 0$，使能信号 A = G = 1，三进制计数器的状态为 00、01、10 时，74LS138 对应的输出端 $\overline{Y}_0$,$\overline{Y}_1$,$\overline{Y}_2$ 依次为 0 有效（$\overline{Y}_4$,$\overline{Y}_5$,$\overline{Y}_6$ 信号为“1”无效），即反相器 G_1~G_3 的输出端也依次为 0，故指示灯 D_{R1}→D_{R2}→D_{R3} 按顺序点亮示意汽车右转弯。若上述条件不变，而 $S_1 = 1$，则 74LS138 对应的输出端 $\overline{Y}_4$,$\overline{Y}_5$,$\overline{Y}_6$ 依次为 0 有效，即反相器 G_4~G_6 的输出端依次为 0，故指示灯 D_{L1}→D_{L2}→D_{L3} 按顺序点亮，示意汽车左转弯。当 G = 0，A = 1 时，74LS138 的输出端全为 1，G_6~G_1 的输出端也全为 1，指示灯全灭灯；当 G = 0，A = CP 时，指示灯随 CP 的频率闪烁。

2．模式控制电路设计

74LS138 和显示驱动电路的使能端信号分别为 G 和 A，根据总体逻辑功能表，得到 G、A 与给定条件（S_1、S_0、CP）的真值表，如表 6.3.3 所示。由表 6.3.3 经整理得逻辑表达式为

$$G = S_1 \oplus S_0$$

$$A = \bar{S}_1\bar{S}_0 + \bar{S}_1 S_0 + S_1\bar{S}_0 + S_1 S_0 CP = \overline{S_1 S_0 \cdot \overline{CP}}$$

由上式可以画出模式控制电路，如图 6.3.3 所示。

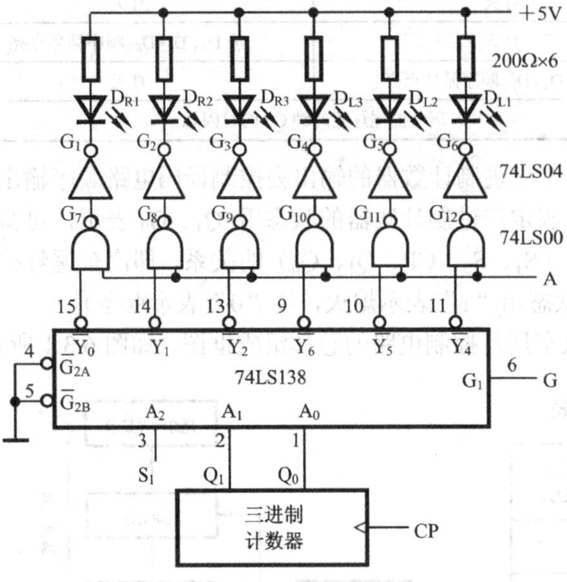

图 6.3.2　尾灯电路

表 6.3.3　S_1、S_0、CP 与 G、A 逻辑功能表

模式控制 S_1	模式控制 S_0	CP	使能信号 G	使能信号 A
0	0	×	0	1
0	1	×	1	1
1	0	×	1	1
1	1	CP	0	CP

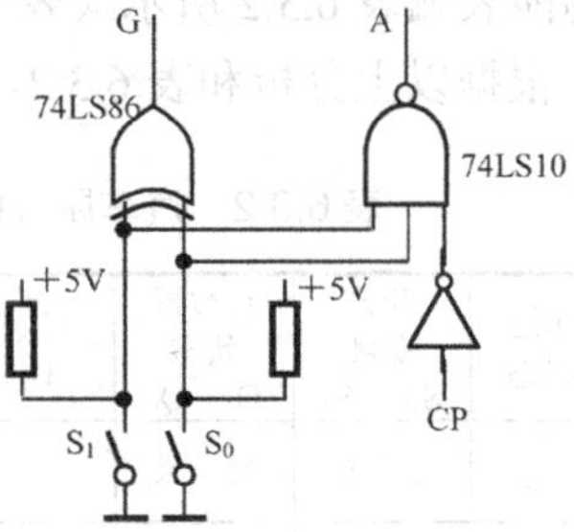

图 6.3.3　模式控制电路

经过以上各单元电路的设计，可以得到汽车尾灯控制总体逻辑电路图，如图 6.3.4 所示。

6.3.4　设计任务

设计课题：设计汽车尾灯显示控制电路

给定的主要器件：74LS138（1 片）、74LS93（1 片）、74LS00（2 片）、555 集成定时器（1 片）及发光二极管等。

功能要求：汽车驾驶室一般有刹车开关、左转弯开关、右转弯开关和倒车开关，司机通过操作这 4 个开关控制着汽车尾灯的显示状态，以表明汽车当前的行驶状态。假设汽车尾部左、右两侧各有 3 个指示灯（用发光二极管模拟），要求设计一个电路能实现如下功能：

① 汽车正常行驶时，尾部两侧的 6 个指示灯全灭灯。

② 刹车时，尾部两侧的指示灯全亮。

③ 右转弯时，右侧 3 个指示灯为右循环顺序点亮，频率为 1Hz，左侧灯全灭。

④ 左转弯时，左侧 3 个指示灯为左循环顺序点亮，频率为 1Hz，右侧灯全灭。

⑤ 右转弯刹车时，右侧的三个尾部灯顺序循环点亮，左侧的灯全亮；左转弯刹车时，左侧的三个尾部灯顺序循环点亮，右侧的灯全亮。

⑥ 倒车时，尾部两侧的 6 个指示灯随 CP 时钟脉冲同步闪烁。

⑦ 用七段数码显示器分别显示汽车的七种工作状态，即正常行驶、刹车、右转弯、左转弯、右转弯刹车、左转弯刹车和倒车等功能。

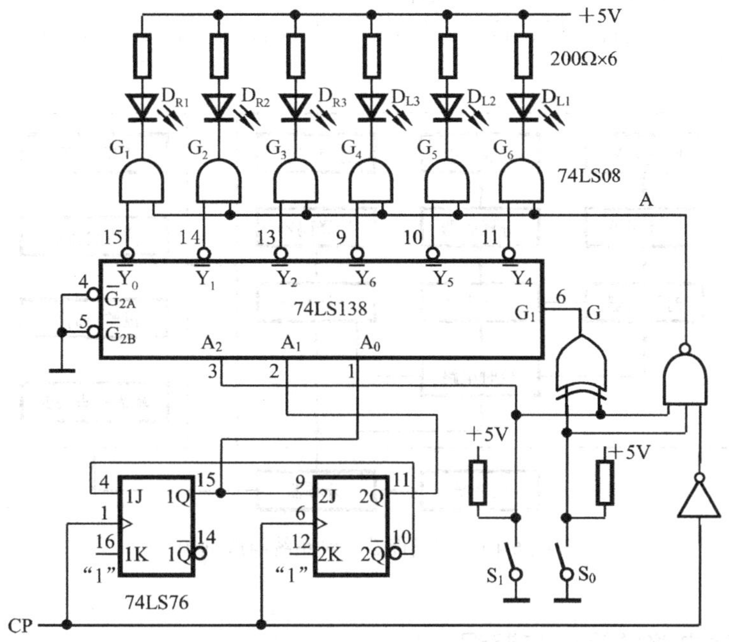

图 6.3.4 汽车尾灯总体电路

设计步骤与要求：

① 拟定设计方案，写出必要的设计步骤，画出逻辑电路图。

② 电路安装与调试，检验、修正电路的设计方案，记录实验现象；

③ 最后画出经实验通过的逻辑电路图，标明元器件型号与引脚名称。

实验与思考题

6.3.1 在汽车尾灯控制电路的调试过程中，会碰到哪些电路故障？你是如何排除故障的？

6.3.2 在图 6.3.4 中，如果用模 3 减法计数器取代模 3 加法计数器，会出现什么现象？用实验进行验证。

6.4 多功能数字钟电路设计

学习要求 掌握数字电路系统的设计方法、装调技术及数字钟的功能扩展电路的设计。

6.4.1 数字钟的功能要求

基本功能为：① 准确计时，以数字形式显示时、分、秒的时间；② 小时的计时要求为“12 翻 1”，分和秒的计时要求为 60 进位；③ 校正时间。

扩展功能为：① 定时控制；② 仿广播电台正点报时；③ 报整点时数；④ 触摸报整点时数。

6.4.2 总体组成框图

如图 6.4.1 所示，数字钟电路系统由主体电路和扩展电路两大部分所组成。其中，主体电路完成数字钟的基本功能，扩展电路完成数字钟的扩展功能。

该系统的工作原理是：由振荡器产生的稳定的高频脉冲信号，作为数字钟的时间基准，再经分频器输出标准秒脉冲。秒计数器计满 60 后向分计数器进位，分计数器计满 60 后向小时计数器进位，小时计数器按照“12 翻 1”规律计数。计数器的输出经译码器送显示器。计时出现误差时可以用校时电路进行校时、校分、校秒。扩展电路必须在主体电路正常运行的情况下才能进行功能扩展。

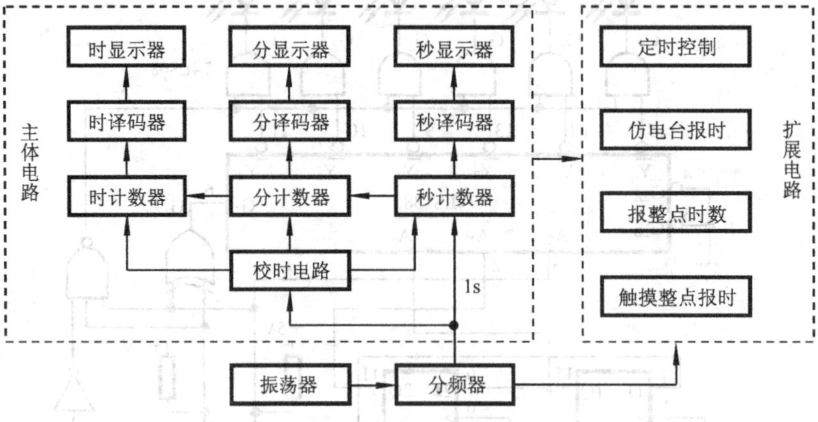

图 6.4.1　多功能数字钟系统组成框图

6.4.3　主体电路的设计与装调

主体电路是由功能部件或单元电路组成的。在设计这些电路或选择部件时，尽量选用同类型的器件，如所有功能部件都采用 TTL 集成电路或都采用 CMOS 集成电路。整个系统所用的器件种类应尽可能少。下面介绍各功能部件与单元电路的设计。

1．振荡器的设计

振荡器是数字钟的核心。振荡器的稳定度及频率的精确度决定了数字钟计时的准确程度，通常选用石英晶体构成振荡器电路。一般来说，振荡器的频率越高，计时精度越高。图 6.4.2 为电子手表集成电路（如 5C702）中的晶体振荡器电路，常取晶振的频率为 32768Hz，因其内部有 15 级 2 分频集成电路，所以输出端正好可得到 1Hz 的标准脉冲。

如果精度要求不高，也可以采用集成逻辑门与 RC 组成的时钟源振荡器，或由集成电路定时器 555 与 RC 组成的多谐振荡器。这里选用 555 构成的多谐振荡器，设振荡频率 $f_o = 10^3$Hz，电路参数如图 6.4.3 所示。

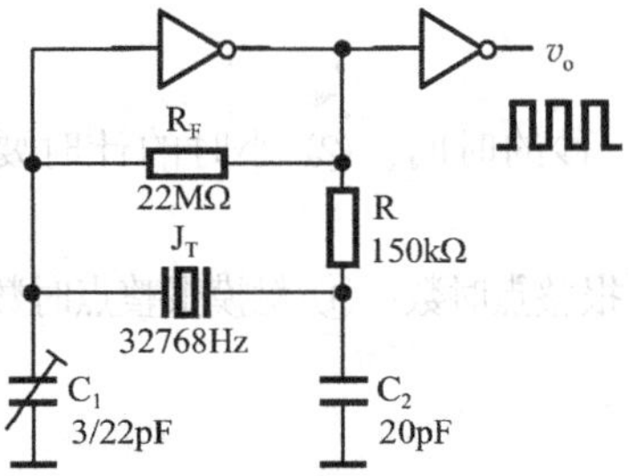

图 6.4.2　晶体振荡器

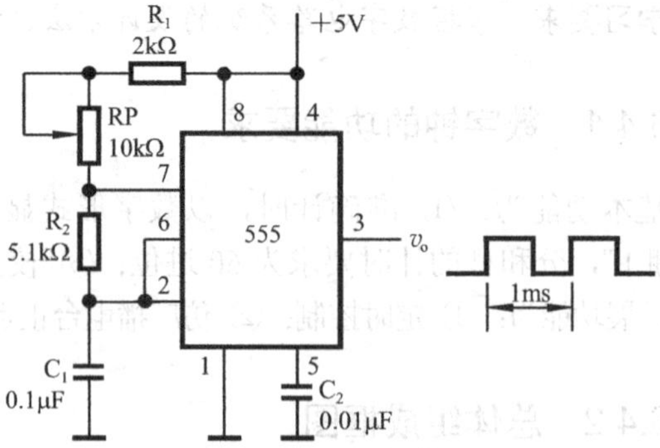

图 6.4.3　555 振荡器

2．分频器的设计

分频器的功能主要有两个：一是产生标准秒脉冲信号；二是提供功能扩展电路所需要的信号，如仿电台报时用的 1kHz 的高音频信号和 500Hz 的低音频信号等。选用 3 片中规模集成电路计数器 74LS90 可以完成上述功能。因每片为 1/10 分频，3 片级联则可获得所需要的频率信号，即第 1 片的 Q_0 端输出频率为 500Hz，第 2 片的 Q_3 端输出为 10Hz，第 3 片的 Q_3 端输出为 1Hz。

3．时分秒计数器的设计

分和秒计数器都是模 $M = 60$ 的计数器，其计数规律为 00→01→…→58→59→00…。选用 74LS92 作为十位计数器，74LS90 作为个位计数器，再将它们级联组成模数 M=60 的计数器。

时计数器是一个“12 翻 1”的特殊进制计数器，即当数字钟运行到 12 时 59 分 59 秒时，秒的个位计数器再输入一个秒脉冲时，数字钟应自动显示为 01 时 00 分 00 秒，实现日常生活中习惯用的计时规律。选用 74LS191 和 74LS74，其电路见 5.6.2 节。

4．校时电路的设计

当数字钟接通电源或者计时出现误差时，需要校正时间（或称校时）。校时是数字钟应具备的基本功能。一般电子手表都具有时、分、秒等校时功能。为使电路简单，这里只进行分和小时的校时。

对校时电路的要求是，在小时校正时不影响分和秒的正常计数；在分校正时不影响秒和小时的正常计数。校时方式有“快校时”和“慢校时”两种：“快校时”通过开关控制，使计数器对 1Hz 的校时脉冲计数。“慢校时”用手动产生单脉冲作为校时脉冲。图 6.4.4 为校“时”、校“分”电路。其中 S_1 为校“分”用的控制开关，S_2 为校“时”用的控制开关，它们的控制功能如表 6.4.1 所示。校时脉冲采用分频器输出的 1Hz 脉冲，当 S_1 或 S_2 分别为“0”时可进行“快校时”。如果校时脉冲由单次脉冲产生器（见 5.3.3 节）提供，则可以进行“慢校时”。

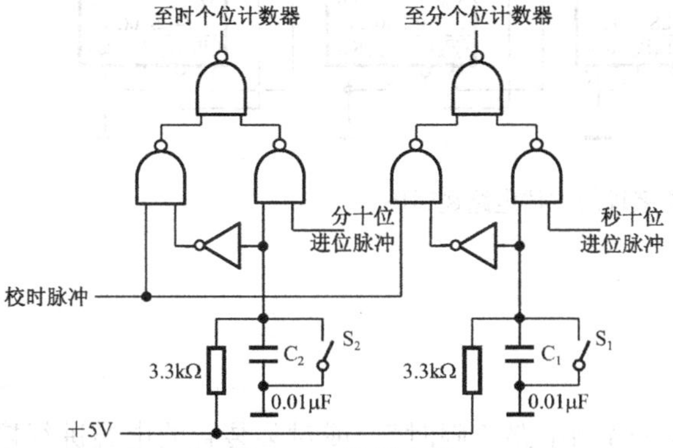

图 6.4.4　校时电路

表 6.4.1　校时开关的功能

S_2	S_1	功 能
1	1	计 数
1	0	校 分
0	1	校 时

注意，校时电路是由与非门构成的组合逻辑电路，开关 S_1 或 S_2 为“0”或“1”时，可能会产生抖动，接电容 C_1、C_2 可以缓解抖动。必要时还应将其改为去抖动开关电路（见 5.1 节的实验与思考题）。

5．主体电路的装调

① 由图 6.4.1 所示的数字钟系统组成框图，按照信号的流向分级安装，逐级级联，这里的每一级是指组成数字钟的各功能电路。

② 级联时如果出现时序配合不同步，或尖峰脉冲干扰，引起逻辑混乱，可以增加多级逻辑门来延时。如果显示字符变化很快，模糊不清，可能是由于电源电流的跳变引起的，可在集成电路器件的电源端 V_{CC} 加退耦滤波电容。通常用几十微法的大电容与 0.01μF 的小电容相并联。

③ 画数字钟的主体逻辑电路图。经过联调并纠正设计方案中的错误和不足之处后，再测试电路的逻辑功能是否满足设计要求。最后画出满足设计要求的总体逻辑电路图，

如图 6.4.5 所示。

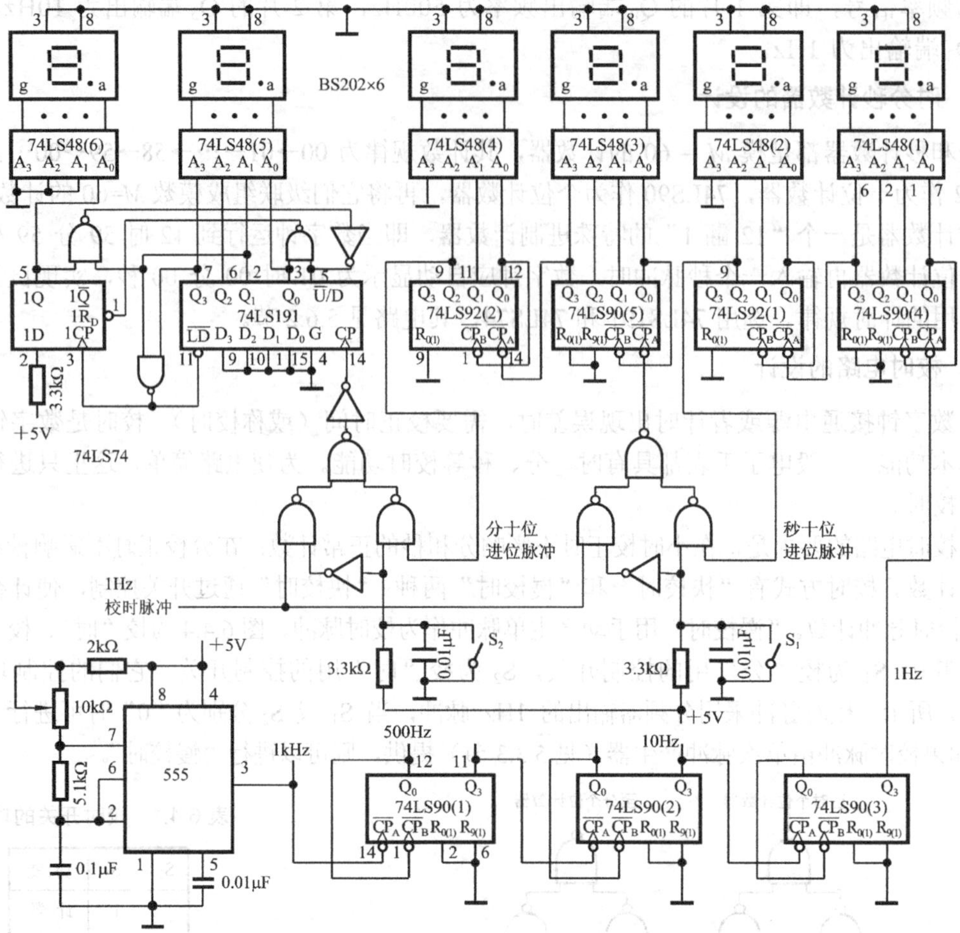

图 6.4.5 数字钟的主体电路逻辑图

6.4.4 功能扩展电路的设计

1. 定时控制电路的设计

数字钟在指定的时刻发出信号，或驱动音响电路“闹时”，或对某装置的电源进行接通或断开“控制”。不管是闹时还是控制，都要求时间准确，即信号的开始时刻与持续时间必须满足规定的要求。

例 要求上午 7 时 59 分发出闹时信号，持续时间为 1 分钟。

解 7 时 59 分对应数字钟的时个位计数器的状态为 $(Q_3Q_2Q_1Q_0)_{H1}=0111$，分十位计数器的状态为 $(Q_3Q_2Q_1Q_0)_{M2}=0101$，分个位计数器的状态为 $(Q_3Q_2Q_1Q_0)_{M1}=1001$。若将上述计数器输出为“1”的所有输出端经过与门电路去控制音响电路，可以使音响电路正好在 7 点 59 分响，持续 1 分钟后（即 8 点时）停响。所以闹时控制信号 Z 的表达式为

$$Z=(Q_2Q_1Q_0)_{H1}\cdot(Q_2Q_0)_{M2}\cdot(Q_3Q_0)_{M1}\cdot M \tag{6.4.1}$$

式中，M 为上午的信号输出，要求 M=1。

如果用与非门实现式（6.4.1）所表示的逻辑功能，则可以将 Z 进行布尔代数变换，即

$$Z=\overline{\overline{(Q_2Q_1Q_0)_{H1}\cdot M}\cdot\overline{(Q_2Q_0)_{M2}\cdot(Q_3Q_0)_{M1}}} \tag{6.4.2}$$

实现上式的逻辑电路如图 6.4.6 所示，其中 74LS20 为 4 输入 2 与非门，74LS03 为集电极开路

（OC 门）的 2 输入 4 与非门，因 OC 门的输出端可以进行“线与”，使用时在它们的输出端与电源+5V 端之间应接一电阻 R_P，R_p 的值可由式（5.1.7）、式（5.1.8）计算，取 R_L=3.3kΩ。如果控制 1kHz 高音和驱动音响电路的两级与非门也采用 OC 门，则 R_P 的值应重新计算。

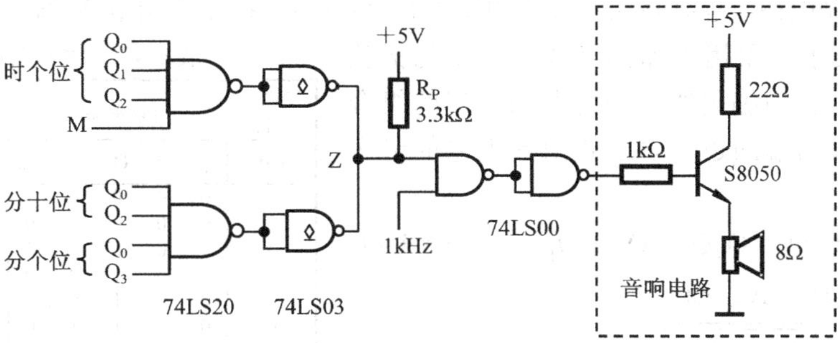

图 6.4.6　闹时电路

由图可见上午 7 点 59 分时，音响电路的晶体管导通，则扬声器发出 1kHz 的声音。持续 1 分钟到 8 点整晶体管因输入端为“0”而截止，电路停闹。

2．仿广播电台正点报时电路的设计

对仿广播电台正点报时电路的功能要求是：每当数字钟计时快要到正点时发出声响，通常按照 4 低音 1 高音的顺序发出间断声响，以最后一声高音结束的时刻为正点时刻。

设 4 声低音（约 500Hz）分别发生在 59 分的 51 秒、53 秒、55 秒及 57 秒，最后一声高音（约 1kHz）发生在 59 分 59 秒，它们的持续时间均为 1 秒。如表 6.4.2 所示。由表可得

$$Q_{3S1}=\begin{cases}\text{“0”时，500Hz 输入音响}\\ \text{“1”时，1kHz 输入音响}\end{cases} \qquad (6.4.3)$$

只有当分十位的 $Q_{2M2}Q_{0M2}=11$，分个位的 $Q_{3M1}Q_{0M1}=11$，秒十位的 $Q_{2S2}Q_{0S2}=11$ 及秒个位的 $Q_{0S1}=1$ 时，音响电路才能工作。仿电台正点报时的电路如图 6.4.7 所示。这里采用的都是 TTL 与非门，如果用其他器件，则报时电路还会简单一些。

表 6.4.2　秒个位计数器的状态

CP(秒)	Q_{3S1}	Q_{2S1}	Q_{1S1}	Q_{0S1}	功 能
50	0	0	0	0	
51	0	0	0	1	鸣低音
52	0	0	1	0	停
53	0	0	1	1	鸣低音
54	0	1	0	0	停
55	0	1	0	1	鸣低音
56	0	1	1	0	停
57	0	1	1	1	鸣低音
58	1	0	0	0	停
59	1	0	0	1	鸣高音
00	0	0	0	0	停

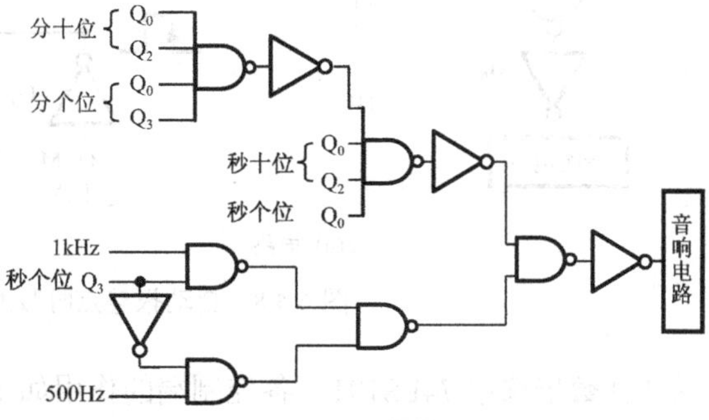

图 6.4.7　仿电台报时电路

3．报整点时数电路的设计

报整点时数电路的功能是：每当数字钟计时到整点时发出音响，且几点响几声。实现这一功能的电路主要由以下几部分组成：

① 减法计数器：完成几点响几声的功能。即从小时计数器的整点开始进行减法计数，直到零为止。

② 编码器：将小时计数器的 5 个输出端 Q_4、Q_3、Q_2、Q_1、Q_0 按照“12 翻 1”的编码要求转换为减法计数器的 4 个输入端 D_3、D_2、D_1、D_0 所需的 BCD 码。编码器的真值表如表 6.4.3 所示。

③ 逻辑控制电路：控制减法计数器的清“0”与置数。控制音响电路的输入信号。

根据以上要求，采用了如图 6.4.8 所示的报整点时数的电路。其中编码器是由与非门实现的组合逻辑电路，其输出端的逻辑表达式由 5 变量的卡诺图可得：

表 6.4.3 编码器真值表

分进位脉冲	小时计数器输出					减法计数器输入			
CP	Q_4	Q_3	Q_2	Q_1	Q_0	D_3	D_2	D_1	D_0
1	0	0	0	0	1	0	0	0	1
2	0	0	0	1	0	0	0	1	0
3	0	0	0	1	1	0	0	1	1
4	0	0	1	0	0	0	1	0	0
5	0	0	1	0	1	0	1	0	1
6	0	0	1	1	0	0	1	1	0
7	0	0	1	1	1	0	1	1	1
8	0	1	0	0	0	1	0	0	0
9	0	1	0	0	1	1	0	0	1
10	1	0	0	0	0	1	0	1	0
11	1	0	0	0	1	1	0	1	1
12	1	0	0	1	0	1	1	0	0

$$D_1 = \overline{Q_4}Q_1 + Q_4\overline{Q_1} = Q_4 \oplus Q_1 \qquad (6.4.4)$$

如果用与非门实现上式，则

$$D_1 = \overline{\overline{\overline{Q_4}Q_1} \cdot \overline{\overline{Q_1}Q_4}} \qquad (6.4.5)$$

$$D_2 = Q_2 + Q_4Q_1 = \overline{\overline{Q_2} \cdot \overline{Q_4Q_1}} \qquad (6.4.6)$$

$$D_0 = Q_0 \qquad (6.4.7)$$

$$D_3 = Q_3 + Q_4 = \overline{\overline{Q_3} \cdot \overline{Q_4}} \qquad (6.4.8)$$

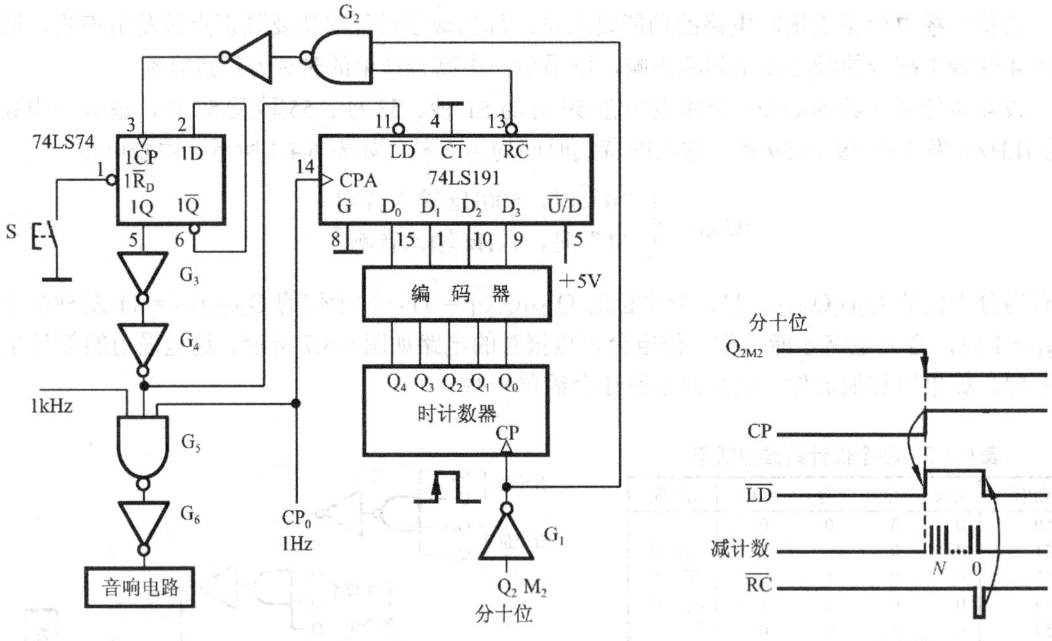

(a) 电路　　(b) 各点的波形

图 6.4.8 自动报整点时数的电路及波形关系

减法计数器选用 74LS191，各控制端的作用如下。

$\overline{LD}$ 为置数端。当 $\overline{LD}=0$ 时将小时计数器的输出经数据输入端 $D_0D_1D_2D_3$ 的数据置入。$\overline{RC}$ 为溢出负脉冲输出端。当减计数到“0”时，$\overline{RC}$ 输出一个负脉冲。$\overline{U}/D$ 为加/减控制器。$\overline{U}/D=1$ 时减法计数。CP_A 为减法计数脉冲，兼作音响电路的控制脉冲。

逻辑控制电路由 D 触发器 74LS74 与多级与非门组成，如图 6.4.8 所示。电路的工作原理是：接通电源后按触发开关 S，使 D 触发器清“0”，即 1Q = 0。该清“0”脉冲有两个作用：其一，使 74LS191 的置数端 $\overline{LD}=0$，即将此时对应的小时计数器输出的整点时数置入 74LS191；其二，封锁 1kHz 的音频信号，使音响电路无输入脉冲。当分十位计数器的

进位脉冲 Q_{2M2} 的下降沿来到时，经 G_1 反相，小时计数器加 1。新的小时数置入 74LS191。Q_{2M2} 的下降沿同时又使 74LS74 的状态翻转，1Q 经 G_3、G_4 延时后使 $\overline{LD}=1$，此时 74LS191 进行减法计数，计数脉冲由 CP_0 提供。$CP_0 = 1$ 时音响电路发出 1kHz 声音，$CP_0 = 0$ 时停响。当减法计数到 0 时，使 D 触发器的 1CP = 0，但触发器状态不变。当 $\overline{RC}=1$时，因 O_{2M2} 仍为 0，CP = 1，使 D 触发器翻转复“0”，74LS191 又回到置数状态，直到下一个 Q_{2M2} 的下降沿来到。实现自动报整点时数的功能。如果出现某些整点数不准确，其主要原因是逻辑控制电路中的与非门延时时间不够，产生了竞争冒险现象，可以适当增加与非门的级数或接入小电容进行滤波。

4. 触摸报整点时数电路的设计

在有些场合（如夜间），不便于直接看显示时间，希望数字钟有触摸报时功能。即触摸数字钟的某端，能够报当时的整点时数。

根据功能要求，不难设想在图 6.4.8 所示电路的基础上，增加一触发脉冲控制电路，或将图 6.4.8 所示的电路的自动报时改为触摸报时电路即可。产生触摸控制脉冲的电路有单次脉冲产生器，555 集成电路定时器，单稳态触发器等，这些电路已在第 5 章中介绍过。请读者自行设计触摸报整点时数电路。

6.4.5 设计任务

设计课题：设计一多功能数字钟电路

给定的主要器件：74LS00（4 片），74LS90（2 片），74LS03（OC）（2 片），74LS92（2 片），74LS04（2 片），74LS93（2 片），74LS20（2 片），74LS191（2 片），74LS48（4 片），发光二极管（4 只），74LS74（2 片），数码显示器 BS202（4 只），555（2 片）。

功能要求：

① 基本功能：以数字形式显示时、分、秒的时间。为节省器件，其中秒的个位和小时的十位均用发光二极管指示，灯亮为“1”，灯灭为“0”。小时计数器的计时要求为“12 翻 1”，要求手动快校时、快校分或慢校时、慢校分。

② 扩展功能（其电路尽可能不与前述电路相同）：定时控制，其时间自定；仿广播电台正点报时，触摸报整点时数或自动报整点时数。

设计步骤与要求：

① 拟定数字钟电路的组成框图，要求电路的基本功能与扩展功能同时实现，使用的器件少，成本低；

② 设计并安装各单元电路，要求布线整齐、美观，便于级联与调试；

③ 测试数字钟系统的逻辑功能，同时满足基本功能与扩展功能的要求；

④ 画出数字钟系统的整机逻辑电路图；

⑤ 写出设计性实验报告。

实验与思考题

6.4.1 你所设计的数字钟电路：

① 标准秒脉冲信号是怎样产生的？振荡器的稳定度为多少？

② 校时电路在校时开关合上或断开时，是否出现过干扰脉冲？若出现应如何清除？

6.4.2 图 6.4.6 所示的闹时电路中，为什么采用 OC 门？驱动音响电路的与非门为什么要用两级？

6.4.3 如果小时计数器为 24 进制计数器，电路应如何设计？画出设计的电路图。

6.5 数字电压表设计

学习要求 了解三位半数字电压表的基本构成；掌握双积分型 A/D 转换器的工作原理，以及通用数字电压表的设计方法与调试技术。

6.5.1 数字电压表的基本组成及主要技术指标

数字电压表的基本组成如图 6.5.1 所示。它由模拟电路与数字电路两大部分组成，模拟部分包括输入放大器 A、A/D 转换器和基准电压源；数字部分包括振荡器、计数器、译码器、显示器和逻辑控制电路。其中，A/D 转换器是数字电压表的核心部件，它将输入的模拟量转换成数字量。由图可见，模拟电路与数字电路是互相联系的，由逻辑控制电路产生控制信号，按规定的时序将 A/D 转换器中各组模拟开关接通或断开，保证 A/D 转换正常进行。A/D 转换结果通过计数译码电路变换成七段显示码，最后驱动显示器显示出相应的数值。

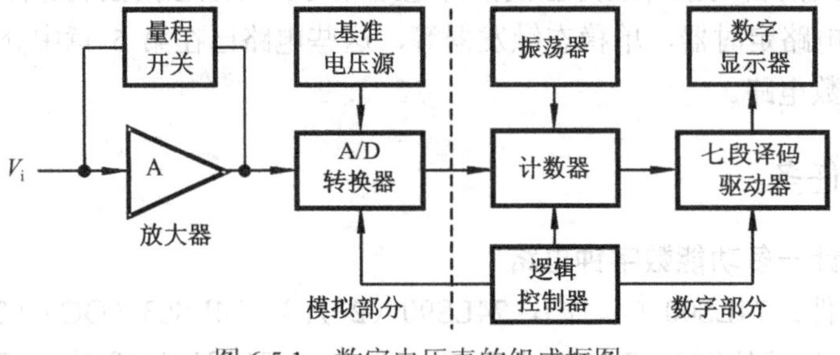

图 6.5.1 数字电压表的组成框图

数字电压表的主要技术指标为：

① 测量范围。数字电压表的测量范围通常以基本量程为基础，借助于衰减器扩展量程。

② 输入阻抗。数字电压表的输入阻抗主要由衰减器的阻抗决定。

③ 显示位数。数字电压表的显示位数一般为 4~8 位。其位数是指完整显示位，即能够显示 0 ~ 9 十个数字的那些位。例如，$3\frac{1}{2}$ 位（读作三位半）的数字电压表，只有 3 位完整显示位；因其最高位不能显示 0~9 的所有数字（通常只能显示 1、-1 和-），故称为半位。

④ 测量速度。测量速度是指每秒钟对被测电压的测量次数，或一次测量全过程所需的时间，它主要取决于 A/D 转换器的转换速率。

⑤ 分辨率。分辨率是数字电压表能够显示被测电压的最小变化值，即显示器末位跳一个字所需的最小输入电压值。例如，最小量程为 199.9mV，末位为 0.1mV，则该表的分辨率为 0.1mV。

6.5.2 ICL7107 构成的 $3\frac{1}{2}$ 位数字电压表设计

A/D 转换器是数字电压表的核心部件。ICL7106 和 ICL7107 是常用的双积分式 A/D 转换器，它们的工作原理相同，只是输出显示部分有差异。ICL7106 一般用在袖珍式数字万用表中，能够驱动液晶显示器 LCD，而 ICL7107 则用于数字式面板表和台式万用表中，它能够驱动共阳极的数码显示器。为了实验的方便，这里选择 ICL7107 进行介绍。

1．双积分式 A/D 转换器 ICL7107

（1）双积分式 A/D 转换器的基本原理

所谓双积分就是在一个测量周期内要进行两次积分：首先，对被测电压 V_x 进行定时积分，然后对基准电压 V_{REF}（与 V_x 极性相反）进行定值积分。第 1 次积分，将 V_x 转换成与之成正比的时间间隔；第 2 次积分，在规定的时间内对固定频率的时钟脉冲计数，计数的结果正比于被测电压的数字量。双积分式 A/D 转换器的组成框图和积分波形如图 6.5.2 所示。

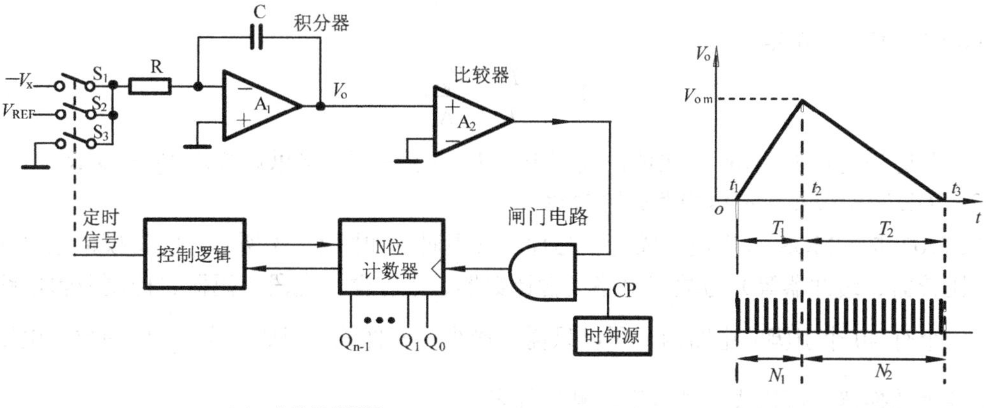

（a） 电路组成框图　　（b） 双积分波形

图 6.5.2　双积分式 A/D 转换

两次积分的工作过程如下。

在开始测量前，控制逻辑使开关 S_3 闭合，计数器清零，积分电容 C 完全放电，此时整个系统处于停止状态。

① 第 1 次积分阶段：对被测电压 $-V_x$ 定时积分。

设 $t = t_1$ 时开始测量，开关 S_3 断开、S_1 接通被测电压 $-V_x$，积分器 A_1 对 $-V_x$ 进行积分，其输出电压 V_o 线性上升，最后在积分电容 C 上获得的电压为 V_{om}，其大小与输入电压的平均值成正比例。与此同时，过零比较器 A_2 的输出一直为高电平，打开闸门，时钟脉冲进入计数器计数，经过预定时间 T_1 或计数器预置的数 N_1 后，在计数器溢出（即 $t = t_2$）时，产生溢出脉冲，该溢出脉冲通过控制逻辑使开关 S_1 断开、S_2 接通基准电压 V_{REF}，则定时积分阶段结束。定时积分结束时积分器的输出电压为

$$V_{om} = \frac{-1}{RC}\int_{t_1}^{t_2} -V_x \mathrm{d}t = \frac{V_x}{RC}T_1 = \frac{V_x}{RC}\cdot\frac{N_1}{f_o} \tag{6.5.1}$$

式中，f_o 为计数脉冲的频率；N_1 为计数器的预置数（即定时时间），$T_1 = N_1 / f_o$。

② 第 2 次积分阶段：对基准电压 V_{REF} 定值积分。

设 $t = t_2$ 时，开关 S_2 接通基准电压 V_{REF}。积分器 A_1 对 V_{REF} 作反向积分，这时，电容 C 开始放电，其输出电压 V_o 线性下降。当 V_o 下降到 **0**（即 $t = t_3$）时，过零比较器 A_2 翻转，输出从高电平跳到低电平，闸门关闭，停止计数，控制逻辑使开关 S_2 断开、S_3 闭合，积分电容 C 快速放电，积分器恢复到零状态，则定值积分阶段结束。定值积分结束时积分器的输出电压为

$$V_o = V_{om} + \left[-\frac{1}{RC}\int_{t_2}^{t_3} V_{REF}\mathrm{d}t\right] = V_{om} - \frac{V_{REF}}{RC}T_2 \tag{6.5.2}$$

式中，T_2 为定值积分的时间，可以通过计数器累计的时钟脉冲 N_2 来计算，即

$$T_2 = N_2 / f_o \tag{6.5.3}$$

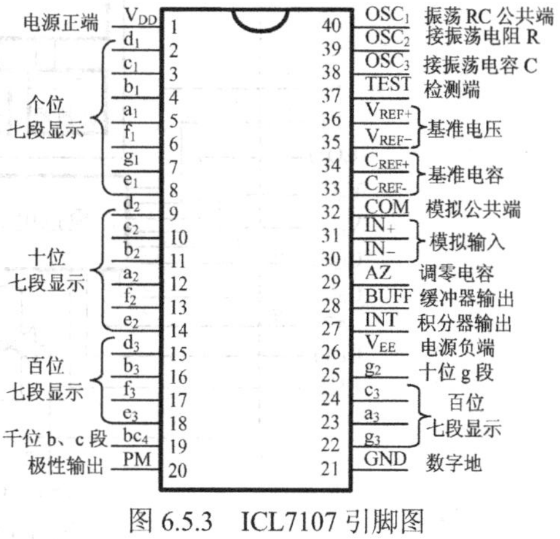

图 6.5.3　ICL7107 引脚图

将其代入式（6.5.2）得 $$0 = V_{om} - \frac{V_{REF}}{RC} T_2$$

$$V_{om} = \frac{V_{REF}}{RC} \cdot \frac{N_2}{f_o} \tag{6.5.4}$$

由式（6.5.1）和式（6.5.4）得

$$V_x = V_{REF} \cdot \frac{T_2}{T_1} = \frac{V_{REF}}{N_1} \cdot N_2 \tag{6.5.5}$$

可见，只要适当选择 V_{REF}/N_1 的比值，被测电压 V_x 的值就可直接以计数值 N_2 来显示。

（2）ICL7107 芯片内部结构及引脚功能

ICL7107 是 CMOS 大规模集成电路芯片，其引脚图如图 6.5.3 所示。它将模拟电路（含积分器、比较器、缓冲器等）与数字电路（含计数器、锁存器、七段译码器、控制逻辑电路等）集成在一个有 40 个引脚的电路内，所以只需外接少量元件就可组成一个 $3\frac{1}{2}$ 位的数字电压表。若接上各种转换器就可构成各种数字式测量仪表。

ICL7107 的原理框图如图 6.5.4 所示。它内部集成了七段译码器，可以直接驱动共阳极七段 LED（每一段需吸收 5~8mA 的灌电流）数码显示器；$a_1 \sim g_1$、$a_2 \sim g_2$、$a_3 \sim g_3$ 分别为个位、十位和百位的七段显示码输出端；bc_4 接千位“1”字的 b、c 段；PM 为负极性指示输出，接千位的“g”段，当 PM 为负值时，显示负号；V_{REF+}、V_{REF-} 为基准电压端；C_{REF+}、C_{REF-} 为基准电容端；COM 为模拟信号公共端；INT 为积分输出端，接积分电容；BUFF 为缓冲器输出端，接积分电阻；AZ 为积分器和比较器的反向输入端，接自校零电容；TEST 为数字逻辑地端，此外，还用来测试显示器的笔段。V_{DD}、V_{EE} 为电源正、负极，通常接±5V。IN_+、IN_- 为模拟信号输入端。$OSC_1 \sim OSC_3$ 为时钟振荡器的引出端，主振频率 f_{OSC} 由外接 R_1，C_1 的值决定，即

$$f_{OSC} = 0.45/R_1C_1 \tag{6.5.6}$$

ICL7107 计数器的时钟脉冲 f_{CP} 是主振频率 f_{OSC} 经÷4 分频后得到的，由式（6.5.6）可得

$$f_{CP} = \frac{1}{4} f_{OSC} = \frac{1}{4} \times \frac{0.45}{R_1C_1} \tag{6.5.7}$$

设 ICL7107 一次 A/D 转换所需时钟脉冲的总数为 N，则一次转换所需时间

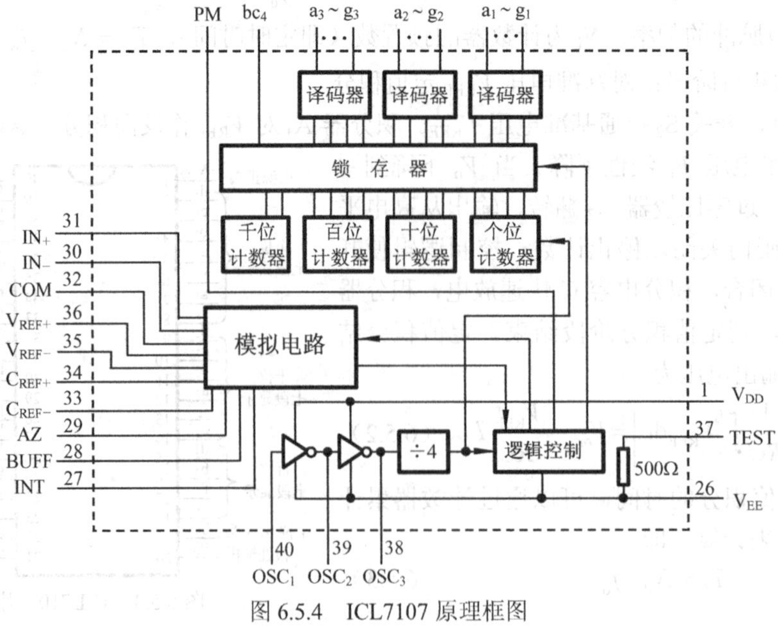

图 6.5.4 ICL7107 原理框图

$$T = N/f_{CP} = 4N/f_{OSC} \tag{6.5.8}$$

2．设计举例

例 用 ICL7107 设计一个数字显示的电压表。主要技术指标要求如下。

测量范围分 5 挡：200mV、2V、20V、200V、1000V。其中，基本量程为 200mV；测量速率 2.5 次/秒；输入阻抗 $R_i = 10M\Omega$；显示位数 $3\frac{1}{2}$ 位。

解 采用共阳极数码显示器设计的 $3\frac{1}{2}$ 位数字电压表电路如图 6.5.5 所示。其中，手动开关 S_2 用来控制小数点；$R_8 \sim R_{12}$ 组成的电阻衰减网络及开关 S_1 实现量程的手动转换，各挡量程分别为 200mV、2V、20V、200V 和 1000V，其中 200mV 为基本量程，该表的输入阻抗 $R_i = R_8 + R_9 + R_{10} + R_{11} + R_{12} = 10M\Omega$。各挡衰减后的电压 V_x 与输入电压 V_i 的关系式为 $V_x = V_i R_x/R_i$，式中，R_x 为开关 S_1 的动端对地电阻，R_6 为限流电阻。熔断丝起过载保护作用。两只二极管与电容 C_3 起过压保护作用。

ICL7107 一次 A/D 转换所需时钟脉冲总数 $N = 4000$，而一次转换所需时间 $T = 1/2.5 = 0.4s$，则由式（6.5.8）可得时钟脉冲频率

$$f_{CP} = N/T \approx 10kHz$$

由式（6.5.7）得主振频率 $$f_{OSC} = 4f_{CP} = 40kHz$$

再由式（6.5.6）可计算出 R_1、C_1 的值。若取 C_1=100pF，则

$$R_1 = 0.45/(C_1 \cdot f_{OSC}) \approx 112.5k\Omega \quad 取标称值 120k\Omega$$

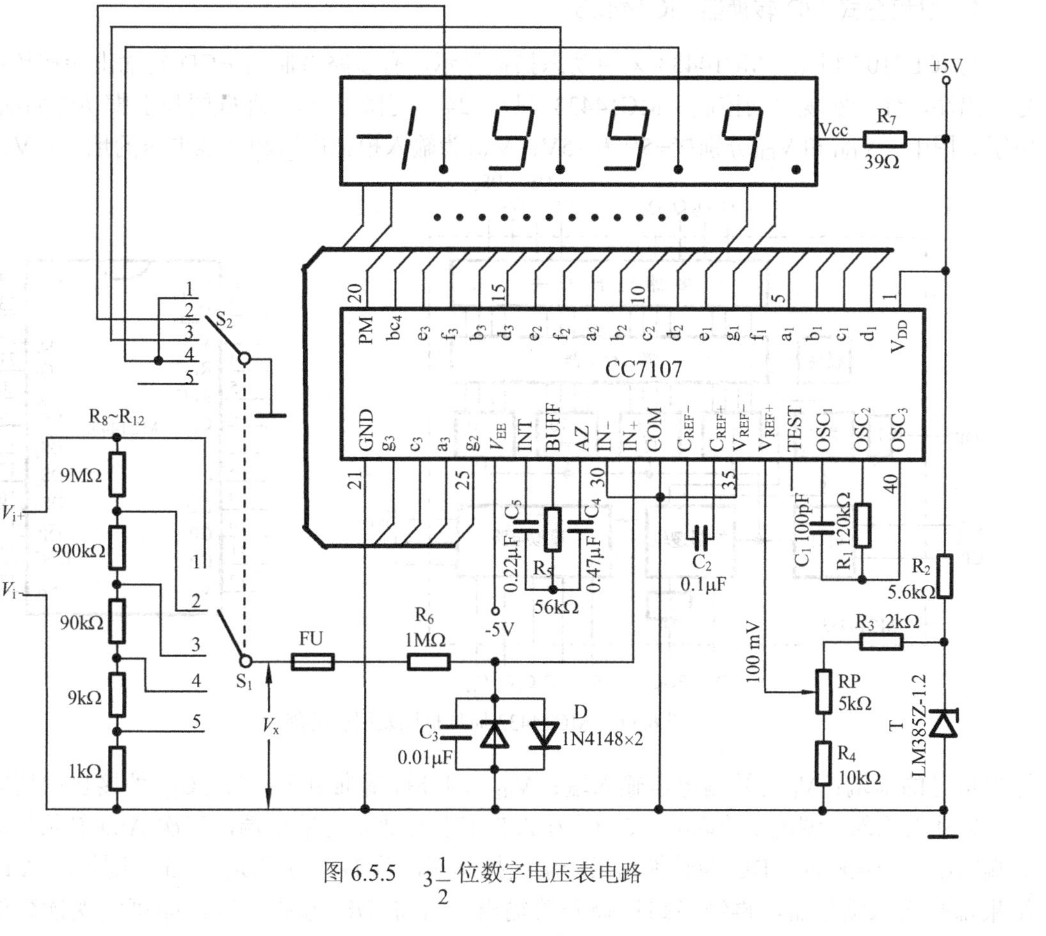

图 6.5.5 $3\frac{1}{2}$ 位数字电压表电路

积分元件 R_5、C_5 及自动调零电容 C_4 的取值分别为 $R_5 = 56\text{k}\Omega$，$C_5 = 0.22\mu\text{F}$，$C_4 = 0.47\mu\text{F}$。$R_2 \sim R_4$、RP 和 T 组成基准电压的分压电路，RP 一般采用精密多圈电位器，稳压管 T 可以选用 LM385Z-1.2 或者 TL431（做实验时，对 A/D 转换器的温度稳定性要求不高，可以直接从电源 +5V 分压得到 100 mV 基准电压）。改变 RP 的值可以调节基准电压 V_{REF} 的值。R_6、C_3 为输入滤波电路。电源电压取±5V、C_2 取 0.1μF。如果需要使用单一电源供电，可以用电源转换集成电路 ICL7660 将+5V 转换成-5V。

3．电路调试

按照图 6.5.5 所示电路安装好以后，接入正、负电源，先调节电位器 RP 使基本量程为 200mV 时的基准电压 $V_{REF} = 100\text{mV}$，然后在电压表输入端 V_x 接入被测直流电压 199.9mV 或 1.999V，这时在显示器上应分别显示 199.9 或 1.999。调试时应注意小数点的定位开关 S_2 与量程开关 S_1 要分别一一对应。电路调试完成后，还应检查电压表的其他功能，其检查步骤如下：

① 零电压测量。将正输入端 V_{i+}与负输入端 V_{i-}短接，仪表读数应显示“000”。

② 基准电压测量。将 V_{i+}与 V_{REF+}短接，读数应为 100.0±1。

③ 显示器笔段全亮的测试。将 TEST 端（第㊲脚）与 V_{DD} 短接，读数应为“1888”。

④ 负号与溢出功能检查。将 V_{i+}与 V_{EE} 短接，应显示“–”号（千位 g 段亮）。当 V_i 超过仪表量程后即溢出，千位应显示“1”（千位的 b、c 段亮），而百位、十位、个位均不亮。

6.5.3 MC14433 构成的 $3\frac{1}{2}$ 位数字电压表设计

1．双积分式 A/D 转换器 MC14433

与 ICL7107 相比，MC14433 采用动态扫描显示，有多路调制的 BCD 码输出端和超量程信号输出端，便于实现自动控制。MC14433 只有 24 个引脚，其原理框图与引脚功能如图 6.5.6 所示。图中，V_{DD} 和 V_{EE} 分别接+5V 和–5V；V_{AG} 为输入模拟电压和基准电压的地端；V_{SS} 为各

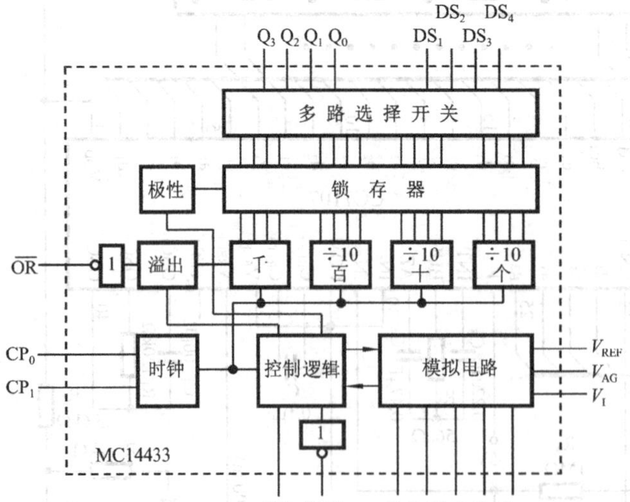

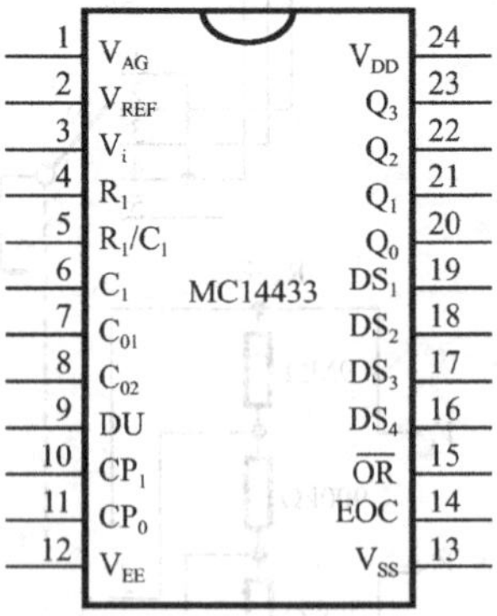

图 6.5.6 MC14433 原理框图及引脚功能

输出信号的地端；V_i 为被测电压输入端；V_{REF} 端外接基准电压；C_{01}、C_{02} 外接自动调零电容 C_0，以补偿输入失调电压的影响。EOC 为 A/D 转换结束信号输出端，每次 A/D 转换结束时，此端输出一个正脉冲；DU 为转换结果的输出控制端，若 DU 与 EOC 相连，则每次 A/D 转换结果都被送入锁存器，再经多路选择开关输出，若将 DU 端接 V_{SS}，即可实现读数保持；

Q_3~Q_0 为转换结果 BCD 码输出端，而输出的数据属于哪一位则由 DS_1~DS_4 输出的位选通信号来选通，当某一位选通信号为高电平时，相应的位即被选通，此时该位的数据从 Q_3~Q_0 输出，其中，DS_1 选通千位，DS_4 选通个位；$\overline{OR}$ 为超量程信号输出端，$\overline{OR}=0$ 表示被测电压超出当前量程；CP_0、CP_1 为时钟脉冲输入、输出端；R_1、R_1/C_1、C_1 为外接积分元件端。

2．设计举例

例 1 用 MC14433 设计一个数字显示的电压表。

解 采用共阴极数码显示器设计的 $3\frac{1}{2}$ 位数字电压表电路如图 6.5.7 所示。其中，MC1413 为集成电路驱动器，它含有 7 个反向驱动单元，各单元采用达林顿晶体管电路。因为 MC14433 的 DS_1~DS_4 为高电平有效，经 MC1413 反相后，正好与 4 只共阴极 LED 的千位、百位、十位及个位的阴极相连。

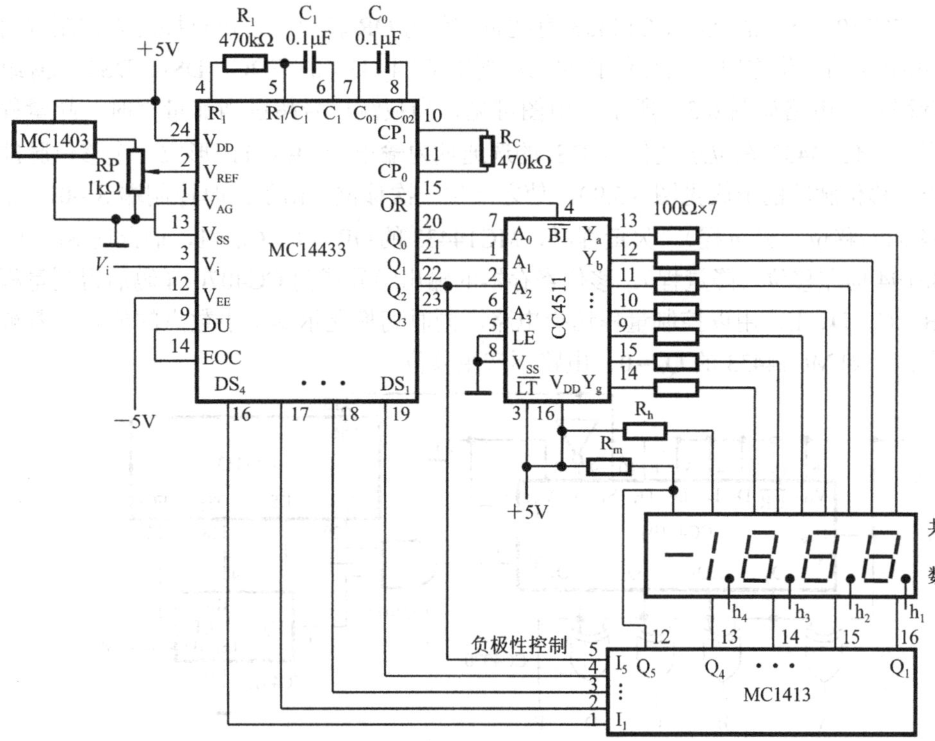

图 6.5.7 发光二极管显示的 $3\frac{1}{2}$ 位数字电压表电路

当 MC14433 在每次 A/D 转换结束时，EOC 端输出一个脉宽为 $T_{CP}/2$ 的正脉冲，该正脉冲过后，就在 $DS_1\sim DS_4$ 端依次输出脉宽为 $18T_{CP}$ 的位选通正脉冲，其中，T_{CP} 为时钟脉冲周期。当 DS_1 输出正脉冲时，Q_3、Q_2 和 Q_0 输出的最高位（半位）数据 0 或 1 用来表示超量程、欠量程和极性标志等。当 $Q_3=1$ 时，最高位显示 0 表示欠量程，$Q_3=0$ 时最高位显示 1 表示超量程；Q_2 表示被测电压极性，即 $Q_2=1$ 极性为正，$Q_2=0$ 极性为负，这时+5V 电压通过电阻 R_m 使“–”号点亮；Q_0 表示量程，即 $Q_0=0$ 说明输入电压在正常范围内，$Q_0=1$ 表示在正常范围外。R_m 和 R_h 分别是负极性和小数点显示的限流电阻。

在 DS_1 输出位选通正脉冲后，DS_2、DS_3 和 DS_4 输出的正脉冲使 $Q_3\sim Q_0$ 端输出相应位的 BCD 码数据。CC4511 为七段译码驱动器，当输入电压超过量程时，$\overline{OR}=0$，控制 CC4511 的灭灯端 $\overline{BI}$，使显示灯熄灭。

MC1403 提供输出可调的基准电压 V_{REF}。当基准电压为 2V 或 200mV 时，满量程分别为 1.999V 或 199.9mV。

MC14433 的时钟频率 f_{CP} 与 CP_0、CP_1 两端所接电阻 R_C 的值有关。当 $R_C = 470\ k\Omega$时，f_{CP} = 66kHz；当 $R_C = 750k\Omega$时，$f_{CP} = 50kHz$。每个 A/D 转换周期约需 16 400 个时钟脉冲，若时钟频率 f_{CP} = 66kHz 时，由式（6.5.8）可得一次 A/D 转换所需时间为 $T=N/f_{CP}=0.25s$，则测量速度为 4 次/秒。

积分元件 R_1，C_1 的取值可由下式估算：

$$R_1 C_1 = \frac{V_{i\,max}}{\Delta V_{C1}} \cdot T_1 \tag{6.5.9}$$

式中，$\Delta V_{C1} = V_{DD} - V_{i\,max} - 0.5V$；$T_1 = 4000/f_{CP}$，4000 为信号积分阶段所需时钟脉冲数。例如，当 $C_1 = 0.1\mu F$，$V_{DD} = 5V$，$f_{CP} = 66kHz$，$V_{i\ max} = 2V$ 时，算得 $R_1 = 480k\Omega$，取标称值 $470k\Omega$。当量程 $V_{i\,max}$ 为 200mV 时，可取 $R_1 = 27k\Omega$。自动调零电容 C_0 取 $0.1\mu F$。

例 2 自动量程转换电路设计。

解 与 CC7107 不同的是，MC14433 有超量程信号 $\overline{OR}$ 输出端，可直接用来控制双向移位寄存器 CC40194 的移位方向。其移位脉冲 CP 则由 CC14433 的 EOC、DS_1、DS2、Q_0 组合而成。自动量程转换电路如图 6.5.8 所示。由图可见，当被测信号超过当前量程时，超量程信号 $\overline{OR} = 0$，并且 MC14433 在位选通信号 DS_1 的选通期内输出端 $Q_0 = 1$，形成一个移位脉冲送到移位寄存器（移位脉冲的形成见图 6.5.9），使之产生一次移位。由于此时控制端 $S_1=0$，$S_0=1$，使 CC40194 向右移位（升量程）。欠量程时，MC14433 的 $\overline{OR} = 1$，$Q_0 = 1$，而此时 $S_1 = 1$，$S_0 = 0$，使 CC40194 向左移位（降量程）。移位寄存器的输出经异或门 CC4070 译码后得到量程控制信号 A、B、C、D、E，用以控制量程切换电路，同时切换显示器上小数点的位置。若被测信号在当前量程，则 MC14433 的 $Q_0=0$，电路不产生移位。

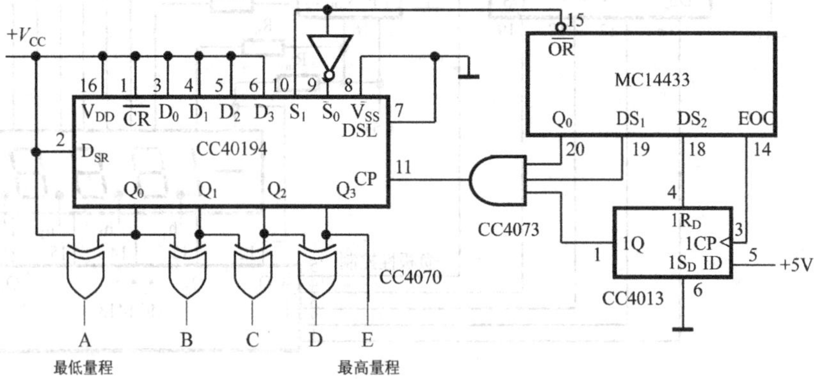

图 6.5.8 自动量程转换电路

图 6.5.8 中 D 触发器 CC4013 是在每次 A/D 转换结束时，利用从 EOC 端发出的正脉冲将触发器的 1Q 端置 1，进行量程切换的。当选通信号 DS_2 来到时，其上升沿又将触发器置 0，关闭量程切换开关，直到下一个 EOC 脉冲来到为止。这样可保证每个测量周期内，只产生一次切换。时序波形如图 6.5.9 所示。

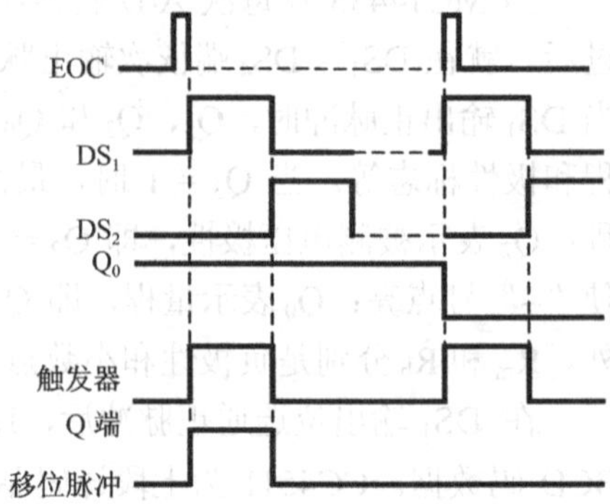

图 6.5.9 产生移位脉冲的时序波形

小数点位置由量程和量程切换电路的输出信号 A~E 决定。设显示器的最低位小数点用 h_1 表示，最高位小数点用 h_4 表示，小数点 h_1~h_4 的逻辑表达式为

$$h_1=E,\quad h_2=A+D,\quad h_3=C,\quad h_4=B$$

当表达式的值为“1”时，相应的小数点亮，否则为灭。

3．电路调试

参见图 6.5.7 所示电路。

① 接通电源，$V_{DD}=+5V$，$V_{EE}=-5V$，V_{SS}接地。

② 测量零电压。使输入电压 V_i 与 V_{AG} 短接，仪表读数应为“0000”。

③ 测量基准电压。调整精密电位器 RP 使 V_{REF}（第②脚）对 V_{AG}（第①脚）的电压为 V_{REF}=2.000V。

④ 用示波器观测 MC14433 第⑪脚的时钟脉冲频率 CP_0 的波形，并根据频率计算出测量速度。

⑤ 稳压电源的输入，V_i = 1.990V，电压表应显示 1.990V。并用示波器观察第⑥脚的输出，应为具有最大摆幅且不失真的锯齿波形，否则应调整积分电阻 R_1 的值。

⑥ 交换输入电压 V_i 的极性（$V_i=-1.990V$），重复步骤⑤，电压表应显示–1.990V。将 V_i 调至稍大于 2V 时，仪表显示超量程。

⑦ 用示波器观测 MC14433 的位选通信号 $DS_1 \sim DS_4$ 的波形，再观测 EOC 端的正脉冲（应为图 6.5.9 所示的波形）。

6.5.4 设计任务

设计课题：$3\frac{1}{2}$位数字电压表设计

已知条件：A/D 转换器为 ICL7107（或 MC14433）。

主要技术指标：直流和交流电压测量范围 0 ~ 200V，共分 4 挡：200mV、2V、20V 和 200V；测量速度 2 ~ 5 次/秒任选；分辨率 0.1mV；测量误差 $\gamma < \pm 0.1\%$。

主要功能要求：具有正、负电压极性显示，小数点显示，超量程显示等功能。

设计步骤与要求：

① 画出$3\frac{1}{2}$位数字电压表的电路原理图；

② 计算各元件参数值；

③ 安装所设计的电路，按照数字电压表的调试步骤，逐步进行测试与功能检查；

④ 测试数字电压表的主要技术指标，在满足要求后，按照表 6.5.1 的格式记录测试结果（每一个量程不少于 5 组测试数据），并进行误差分析。

表 6.5.1 测试结果

量程	直流电压测量值	标准值	相对误差	交流压测量值	标准值	相对误差
200mV						
2V						
20V						
200V						

实验与思考题

6.5.1 采用双积分式 A/D 转换器的数字电压表，其测量精度与哪些因素有关？如何提高其测量精度？

6.5.2 由 ICL7107 和 MC14433 构成的数字电压表各有哪些优缺点？试分别说明。

6.5.3 双积分式 A/D 转换器转换时间 T 的长短（例如 $T > 3s$ 或 $T < 3s$），对电压表测量电压的性能是否有影响？如何调节 ICL7107 或 MC14433 的转换速度？

第 7 章　Verilog HDL 及其应用

内容提要　本章介绍硬件描述语言 Verilog HDL（Hardware Description Language）的基础知识及其程序的基本结构，重点讨论 Verilog HDL 的结构级（包括门级）建模、数据流建模和行为建模方式，并给出了一些设计实例。要求读者通过自学和实践，掌握用 Verilog HDL 对电路建模的方法，学会用 EDA 技术和可编程逻辑器件（CPLD 和 FPGA）实现数字系统。

7.1　Verilog HDL 的基础知识

学习要求　掌握 Verilog HDL 程序的基本结构、基本语法规则和运算符。

7.1.1　Verilog HDL 程序的基本结构

HDL 主要用于对数字逻辑电路建模及其对模型进行模拟（仿真）分析。设计者使用 HDL 语言描述自己的设计，然后利用 EDA 工具进行逻辑综合和仿真，最后变为某种目标文件，用 ASIC 或 FPGA 实现。

逻辑仿真是指用计算机仿真软件对数字逻辑电路的结构和行为进行预测。在电路被实现之前，设计人员根据仿真结果可以初步判断电路的逻辑功能是否正确。在仿真期间，如果发现设计中存在的错误，可以对 HDL 描述进行修改，直至满足设计要求为止。

所谓“逻辑综合”是指从 HDL 描述的数字逻辑电路模型中导出电路基本元件列表，以及元件之间的连接关系（常称为门级网表）的过程。在 HDL 语言中，有一部分语句描述的电路通过逻辑综合，可以得到具体的硬件电路，我们将这样的语句称为可综合的语句。另一部分语句则专门用于仿真分析，不能进行逻辑综合。

下面先介绍用 Verilog HDL 描述 2 选 1 数据选择器的方法，并归纳出 Verilog HDL 程序的基本结构，接着再介绍 Verilog HDL 基本语法规则与运算符等基础知识。

1. 简单 Verilog HDL 程序实例

图 7.1.1 所示为 2 选 1 数据选择器的逻辑图，在 Verilog HDL 语言中，可以用几种不同的方法描述其逻辑功能。将这种描述电路逻辑功能的 Verilog HDL 程序称为 Verilog HDL 模型。

（1）2 选 1 数据选择器的门级模型

```
module mux2to1_GL (a, b, sel, out);
    input a, b, sel;
    output out;
    wire selnot, a1, b1; //定义中间变量
    not U1(selnot, sel);
    and U2(a1, a, selnot);
    and U3(b1, b, sel);
    or U4(out, a1, b1);
endmodule
```

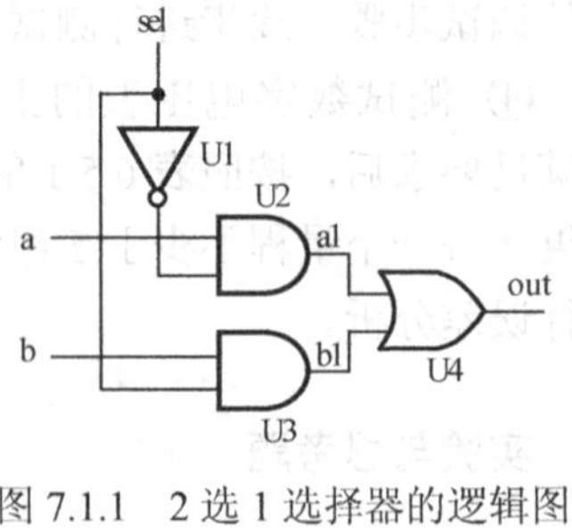

图 7.1.1　2 选 1 选择器的逻辑图

（2）2 选 1 数据选择器的数据流模型

```
module mux2x1_DF (a,b,sel,out);
```

```
    input a,b,sel;
    output out;
    assign out = sel ? a : b;
        //或写成：assign out = (sel & a) | (~sel & b);
endmodule
```

（3）2 选 1 数据选择器的行为级模型

```
module mux2to1_Bh(a, b, sel, out);
    input a, b, sel;
    output out;
    reg out;    //define register variable
    always @(sel or a or b)
        if (sel == 1) out = b;   //也可以写成 if (sel) out=b;
        else out = a;
endmodule
```

从上面的几个例子可以看出：

① Verilog 程序是由模块构成的。每个模块以关键词 **module** 开始，以 **endmodule** 结尾（注意后面没有分号），这两个关键词之间的程序用来描述电路的逻辑功能。

② 描述同一功能的逻辑电路，Verilog 提供了几种不同的方法，有的描述和电路原理图一样，能直接推出逻辑门之间的连接关系，而有些描述风格则比较抽象，看不出逻辑门之间的连接关系。

③ 每个模块在关键词 **module** 后面跟有模块名（如 mux2to1_GL）和端口名（如 a、b、sel、out）列表。端口名列表给出了该模块的输入、输出端口，端口用圆括号括起来，多个端口之间以逗号进行分隔。以关键词 **input** 和 **output** 声明输入端口、输出端口。

④ 除了 **endmodule** 语句外，每一条语句必须以分号结尾。

⑤ 可以用/*……*/ 或 //… 对程序进行注释，以增强程序的可读性和可维护性。

2. Verilog HDL 程序的基本结构

在 Verilog 中使用约 100 个预定义的关键词来定义该语言的结构，Verilog 使用一个或多个模块对数字电路建模，一个模块可以包括整个设计模型或者设计模型的一部分，模块的定义总是以关键词 **module** 开始，以关键词 **endmodule** 来结尾。模块定义的一般语法结构如下：

```
module 模块名（端口名1, 端口名2, 端口名3,…）；
        端口类型说明(input, outout, inout);   ┐
        参数定义(可选);                        ├ 说明部分
        数据类型定义(wire, reg等);              ┘

        实例化低层模块和基本门级元件;           ┐
        连续赋值语句（assign）；                │ 逻辑功能描述部分，
        过程块结构（initial和always）           │ 其顺序是任意的
                行为描述语句;                   ┘
    endmodule
```

其中“模块名”是模块唯一的标识符，圆括号中以逗号分隔列出的端口名是该模块的输入、输出端口。在 Verilog 中，“端口类型说明”为 **input**（输入）、**output**（输出）、**inout**（双向端口）三者之一，凡是在模块名后面圆括号中出现的端口名，都必须明确地说明其端口类型。

“参数定义”是将常量用符号常量代替，以增加程序的可读性和可修改性，它是一个可选择的语句。“数据类型定义”部分用来指定模块内所用的数据对象为寄存器类型还是连线类型。

接着要对该模块完成的逻辑功能进行描述，通常可以使用三种不同风格描述电路的功能：一是使用实例化低层次模块的方法，即调用其他已定义好的低层次模块对整个电路的功能进行描述，或者直接调用 Verilog 内部基本门级元件描述电路的结构（也称为**门级描述**），通常将这种方法称为**结构描述方式**；二是使用连续赋值语句（**assign**）对电路的逻辑功能进行描述，通常称之为**数据流描述方式**，对组合逻辑电路建模使用该方式特别方便；三是使用过程块语句结构（包括 **initial** 语句结构和 **always** 语句结构两种）和比较抽象的高级程序语句对电路的逻辑功能进行描述，通常称之为**行为描述方式**。行为描述侧重于描述模块的逻辑行为（功能），不涉及实现该模块逻辑功能的详细硬件电路结构。行为描述方式是学习的重点，设计人员可以选用这三种方式中的任意一种或混合使用这几种方式来描述电路的逻辑功能，并且在程序中排列的先后顺序是任意的。

7.1.2 Verilog HDL 基本语法规则

1．词法规定

（1）间隔符

间隔符主要起分隔文本的作用，Verilog 的间隔符包括空格符（\b）、TAB 键（\t）、换行符（\n）及换页符。如果间隔符并非出现在字符串中，则该间隔符被忽略。所以编写程序时，可以跨越多行书写，也可以在一行内书写。

（2）标识符和关键词

给对象（如模块名、电路的输入与输出端口、变量等）取名所用的字符串称为**标识符**，标识符通常由英文字母、数字、$符和下划线组成，并且规定标识符必须以英文字母或下划线开始，不能以数字或$符开头。标识符是区分大小写的。例如，clk、counter8、_net、bus_A 等都是合法的标识符，2cp、$latch、a*b 则是非法的标识符；A 和 a 是两个不同的标识符。

关键词是 Verilog 本身规定的特殊字符串，用来定义语言的结构，通常为小写的英文字符串。例如，**module**、**endmodule**、**input**、**output**、**wire**、**reg**、**and** 等都是关键词。关键词不能作为标识符使用。本书为清晰起见，将关键词以黑体字表示，但这不是语言本身所要求的。

（3）注释符

Verilog 支持两种形式的注释符：/*…… */和//……。其中，/*……*/为多行注释符，用于书写多行注释；//……为单行注释符，以双斜线//开始到行尾结束为注释文字。注释只是为了改善程序的可读性，在编译时不起作用。注意，多行注释不能嵌套。

2．逻辑值集合

为了表示数字逻辑电路的逻辑状态，Verilog 语言规定了 4 种基本的逻辑值，如表 7.1.1 所示。

表 7.1.1 4 种逻辑状态的表示

0	逻辑 0、逻辑假
1	逻辑 1、逻辑真
x 或 X	不确定的值（未知状态）
z 或 Z	高阻态

3．常量及其表示

在程序运行过程中，其值不能被改变的量称为常量。Verilog 中有两种类型的常量：整数型常量和实数型常量。

整数型常量有两种不同的表示方法：一是使用简单的十进制数的形式表示常量，如 30、2 都是十进制数表示的常量，用这种方法表示的常量被认为是有符号的常量。二是使用带基数的形式表示常量，其格式为：

<+/ > <size>' <base format> <number>

其中<+/ >表示常量是正整数还是负整数，当常量为正整数时，前面的正号可以省略；<size>用十进制数定义了常量对应的二进制数的宽度；基数符号<base format>定义了后面数值<number>的表示形式，在数值表示中，最左边是最高有效位，最右边为最低有效位。整数型常量可以用二进制数（基数符号为 b 或 B）的形式表示，还可以用十进制数（基数符号为 d 或 D)、十六进制数（基数符号为 h 或 H）和八进制数（基数符号为 o 或 O）的形式表示。

下面是整数型常量实例：

```
3'b101      //位宽为 3 位的二进制数 101
-4'd10      //位宽为 4 位的十进制数-10
4'b1x0x     //位宽为 4 位的二进制数 1x0x
12'h13x     //位宽为 12 位的十六进制数，其中最低 4 位为未知数 x
23456       //位宽为 32 位的十进制数 23456，十进制数的基数符号可以省略
'hc3        //位宽为 32 位的十六进制数 c3
```

在整数的表示中，要注意以下几点：

（1）为了增加数值的可读性，可以在数字之间增加下划线，例如：8'b1001_0011 是位宽为 8 位的二进制数 10010011。

（2）在二进制数表示中，x、z 只代表相应位的逻辑状态；在八进制数表示中，一位 x 或 z 代表 3 个二进制位都处于 x 或 z 状态；在十六进制数表示中，一位 x 或 z 代表 4 个二进制位都处于 x 或 z 状态。

（3）当位宽<size>没有被说明时，整数的位宽为机器的字长（至少为 32 位）。当位宽比数值的实际二进制位数少时，高位部分被舍去；当位宽比数值的实际二进制位数多，且最高位为 0 或 1 时，则高位由 0 填充；当位宽比数值的实际二进制位数多，但最高位为 x 或 z 时，则高位相应由 x 或 z 填充。

实数型常量也有两种表示方法：一是使用简单的十进制数记数法，如 0.1、2.0、5.67 等都是十进制记数法表示的实数型常量。二是使用科学记数法，如 23_5.1e2、3.6E2、5E.4 等都是使用科学记数法表示的实数型常量，它们以十进制记数法表示分别为 23510.0、360.0 和 0.0005。

为了将来修改程序的方便和改善可读性，Verilog 允许用参数定义语句定义一个标识符来代表一个常量，称为符号常量。定义的格式为：

parameter param1＝const_expr1，param2＝const_expr2，…;

下面是符号常量的定义实例：

```
parameter BIT=1, BYTE=8, PI=3.14;
parameter DELAY=(BYTE+BIT)/2;
```

4. 变量的数据类型

在程序运行过程中其值可以改变的量称为变量。在 Verilog 语言中，变量有两大类数据类型：一类是线网类型（英文 net type 的译称），另一类是寄存器类型（英文 register type 的译称）。

（1）线网类型

线网类型是硬件电路中元件之间实际连线的抽象。线网类型变量的值由驱动元件的值决

定。例如，图 7.1.2 线网 L 跟与门 G1 的输出相连，线网 L 的值由与门的驱动信号 a 和 b 所决定，即 L＝a&b。a、b 的值发生变化，线网 L 的值会立即跟着变化。当线网型变量被定义后，没有被驱动元件驱动时，线网的默认值为高阻态 z（线网 **trireg** 除外，它的默认值为 x）。

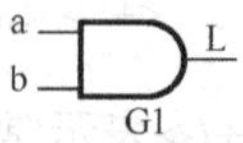

图 7.1.2 线网示意图

常用的线网类型由关键词 **wire**（连线）定义。如果没有明确地说明线网型变量是多位宽的矢量，则线网型变量的位宽为 1 位。在 Verilog 模块中如果没有明确地定义输入、输出变量的数据类型，则默认为是位宽为 1 的 **wire** 型变量。**wire** 型变量的定义格式如下：

wire [m-1:0] 变量名 1，变量名 2，… ，变量名 n;

其中，方括号内以冒号分隔的两个数字定义了变量的位宽，位宽的定义也可以用[m:1]的形式定义。下面是 **wire** 型变量定义的一些例子：

```
wire a, b;                    //为上面的电路定义了两个 wire（连线）类型的变量
wire L;                       //为上面的电路定义了 1 个 wire（连线）类型的变量
wire [7:0] databus;           //定义了 1 组 8-bit 总线
wire [32:1] busA, busB, busC; //定义了 3 组 32-bit 总线
```

除了常用的 **wire** 类型之外，还有一些其他的线网类型，如表 7.1.2 所示。这些类型变量的定义格式与 **wire** 型变量的定义相似。

（2）寄存器类型

寄存器类型表示一个抽象的数据存储单元，它具有状态保持作用。寄存器型变量只能在 **initial** 或 **always** 内部被赋值。寄存器型变量在没有被赋值前，它的默认值是 x。

Verilog 语言中，有 4 种寄存器类型的变量，如表 7.1.3 所示。

表 7.1.2 线网类型变量及其说明

线 网 类 型	功 能 说 明
wire, tri	表示单元（元件）之间的连线
wor, trior	多重驱动时，具有线或特性的线网类型
wand, triand	多重驱动时，具有线与特性的线网类型
trireg	具有电荷保持特性的线网类型，用于开关级建模
tri1	上拉电阻，用于开关级建模
tri0	下拉电阻，用于开关级建模
supply1	电源线，逻辑1，用于开关级建模
supply0	电源地线，逻辑0，用于开关级建模

表 7.1.3 寄存器类型变量及其说明

寄存器类型	功 能 说 明
reg	用于行为描述中对寄存器型变量的说明
integer	32位带符号的整数型变量
real	64位带符号的实数型变量，默认值为0
time	64位无符号的时间型变量

常用的寄存器类型由关键词 **reg** 定义。如果没有明确地说明寄存器型变量是多位宽的矢量，则寄存器变量的位宽为 1 位。**reg** 型变量的定义格式如下：

reg [m-1:0] 变量名 1，变量名 2，… ，变量名 n;

下面是 **reg** 型变量定义的一些例子：

```
reg clock;          //定义 1 个 reg 类型的变量 clock
reg [3:0] counter;  //定义 1 个 4 位 reg 类型的矢量
```

integer、**real** 和 **time** 等 3 种寄存器类型变量都是纯数学的抽象描述，不对应任何具体的硬件电路。**integer** 型变量通常用于对整数型常量进行存储和运算，在算术运算中 **integer** 型数

据被视为有符号的数，用二进制补码的形式存储。而 **reg** 型数据通常被当作无符号数来处理。每个 **integer** 型变量存储一个至少 32 位的整数值。注意 **integer** 型变量不能使用位矢量，如“**integer** [3:0] num;”的定义是错误的。**integer** 型变量的应用举例如下：

```
integer counter;            //用作计数器的通用整数型变量的定义
initial
    counter = –1;           //–1 被存储在整数型变量 counter 中
```

real 型变量由关键词 **real** 定义，它通常用于对实数型常量进行存储和运算，实数不能定义范围，其默认值为 0。当实数值被赋给一个 **integer** 型变量时，只保留整数部分的值，小数点后面的值被截掉。

time 型变量由关键词 **time** 定义，它主要用于存储仿真的时间，它只存储无符号数。每个 **time** 型变量存储一个至少 64 位的时间值。为了得到当前的仿真时间，常调用系统函数**$time**。仿真时间和实际时间之间的关系由用户使用编译指令**`timescale** 进行定义。

（3）存储器的表示

在数字电路的仿真中，人们经常需要对存储器（如 RAM、ROM）进行建模。在 Verilog 中，将存储器看作是由一组寄存器阵列构成的，阵列中的每个元素被称为一个字，每个字可以是 1 位或多位的。存储器定义的格式如下：

```
reg [msb:lsb]   memory1[upper1:lower1],memory2[upper2:lower2],...;
```

其中，memory1、memory2 等为存储器的名称，[upper1:lower1] 定义了存储器 memory1 的地址空间的大小，高位地址写在方括号的左边，低位地址写在方括号的右边；[msb:lsb]定义了存储器中每个单元（字）的位宽。

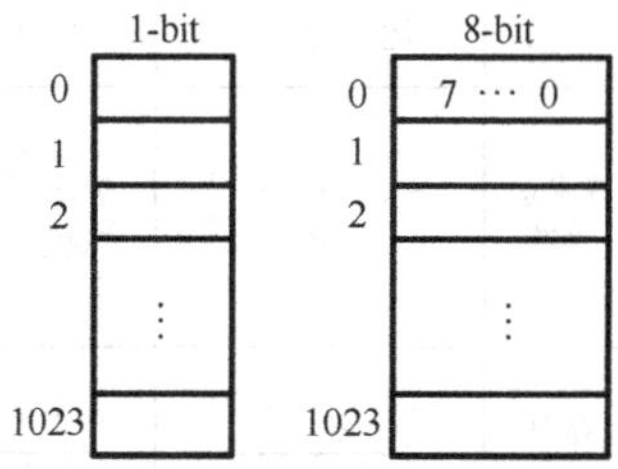

图 7.1.2　存储器定义示意图

下面是存储器定义的一个例子。图 7.1.2 给出了定义的示意图。

```
reg mem1bit[1023:0];          //Memory mem1bit with 1K 1-bit words
reg [7:0] membyte[1023:0];    //Memory membyte with 1K 8-bit words(bytes)
```

注意：Verilog 中定义的存储器只有字寻址的能力，即对存储器赋值时，只能对存储器中的每个单元（字）进行赋值，不能将存储器作为一个整体在一条语句中对它赋值。也不能对存储器一个单元中的某几位进行操作。如果要判断存储器一个单元中某几位的状态，可以先将该单元的内容赋给 **reg** 型变量，然后再对 **reg** 型变量中相应位进行判断。

下面是对存储器赋值错误的一个例子：

```
reg datamem [5:1];            //定义了 5 个 1-bit 存储器 datamem
initial
    datamem = 5'b11001;       //非法，不能将存储器作为一个整体对所有单元同时赋值
```

下面是对存储器中每个单元（字）进行赋值的正确实例：

```
reg [3:0] reg_A;              //定义了 1 个 4-bit 的寄存器变量 reg_A
reg [3:0] romA [4:1];         //定义了 4 个 4-bit 存储器 romA
initial
  begin
```

```
        romA[4] = 4'hA;              //正确，对存储器中的 1 个单元赋值
        romA[3] = 4'h8;
        romA[2] = 4'hF;
        romA[1] = 4'h2;
        reg_A  =  romA[2];           //正确，允许将存储器中某单元的内容赋给寄存器型变量
    end
```

另外需要说明的是，Verilog 中定义的存储器只是对存储器行为的抽象描述，并不涉及存储器的物理实现。如果用 Verilog 中的定义去综合一个存储器，它将全部由触发器实现。考虑到 RAM、ROM 的特殊性，在实际设计存储器时，总是通过直接调用厂家提供的存储器宏单元库的方式实现存储器。这里的定义仅用于行为描述与仿真。

7.1.3 Verilog HDL 运算符

Verilog 定义了许多运算符，可对一个、两个或三个操作数进行运算。表 7.1.4 按类别列出了这些运算符。Verilog 中的运算符有些与 C 语言中的相似，下面对部分运算符进行介绍。

表 7.1.4 Verilog HDL 运算符的类型及符号

<table>
<tr><th>运算符类型</th><th>运 算 符</th><th>功 能 说 明</th><th>操作数个数</th><th>运算符类型</th><th>运 算 符</th><th>功 能 说 明</th><th>操作数个数</th></tr>
<tr><td>算术运算符</td><td>+，−，*，/
%</td><td>算术运算
求模</td><td>2
2</td><td>缩位运算符</td><td>&
~&
|
~|
^~ or ~^</td><td>“与”缩位
“与非”缩位
“或”缩位
“异或”缩位
“异或非（同或）”缩位</td><td>1
1
1
1
1</td></tr>
<tr><td>关系运算符</td><td><，>，<=，>=</td><td>关系运算</td><td>2</td><td>移位运算符</td><td><<
>></td><td>向左移位
向右移位</td><td>2
2</td></tr>
<tr><td>相等运算符</td><td>==
!=
===
!==</td><td>逻辑相等
逻辑不等
全等
不全等</td><td>2
2
2
2</td><td>条件运算符</td><td>?:</td><td>条件运算</td><td>3</td></tr>
<tr><td>逻辑运算符</td><td>!
&&
||</td><td>逻辑非
逻辑与
逻辑或</td><td>1
2
2</td><td>位拼接运算符</td><td>{}</td><td>拼接（或合并）</td><td>≥2</td></tr>
<tr><td>按位运算符</td><td>~
&
|
^
^~ or ~^</td><td>按位“非”
按位“与”
按位“或”
按位“异或”
按位“异或非（同或）”</td><td>1
2
2
2
2</td><td></td><td></td><td></td><td></td></tr>
</table>

（1）算术运算符

它又称为二进制运算符。在进行算术运算时，如果某个操作数的某一位为 x（不确定值）或 z（高阻值），则整个表达式运算结果也为 x。例如，4'b101x+4'b0111，结果为 4'bxxxx。

两个整数进行除法运算时，结果为整数，小数部分被截去。例如，6/4 结果为 1。

两个整数取模运算得到的结果为两数相除后的余数，余数的符号与第一个操作数的符号相同。例如：−7%2 结果为−1，7%−2 结果为+1。

（2）相等与全等运算符

“= =(相等)”和“！ = (不等)”又称为逻辑等式运算符，其运算结果可能是逻辑值 0、1 或 x（不定态）。相等运算符（= =）逐位比较两个操作数相应位的值是否相等，如果相应位的值都相等，则相等关系成立，返回逻辑值 1，否则，返回逻辑值 0。若任何一个操作数中的某一位为未知数 x 或高阻值 z，则结果为 x。当两个参与比较的操作数不相等时，则不等关系成立。

“= =”与“!=”运算规则如表 7.1.5 所示。

“= = =(全等)”和“! = =(不全等)”常用于 **case** 表达式的判别，所以又称为“**case** 等式运算符”，其运算结果是逻辑值 0 和 1。全等运算符允许操作数的某些位为 x 或 z，只要参与比较的两个操作数对应位的值完全相同，则全等关系成立，返回逻辑值 1，否则，返回逻辑值 0。不全等就是两个操作数的对应位不完全一致，则不全等关系成立。“= = =”与“! = =”运算规则如表 7.1.6 所示。

表 7.1.5 “= =”与“!=”运算规则

= =		操作数1			
		0	1	x	z
操作数2	0	1	0	x	x
	1	0	1	x	x
	x	x	x	x	x
	z	x	x	x	x

!=		操作数1			
		0	1	x	z
操作数2	0	0	1	x	x
	1	1	0	x	x
	x	x	x	x	x
	z	x	x	x	x

表 7.1.6 “= = =”与“!= =”运算规则

= = =		操作数1			
		0	1	x	z
操作数2	0	1	0	0	0
	1	0	1	0	0
	x	0	0	1	0
	z	0	0	0	1

!= =		操作数1			
		0	1	x	z
操作数2	0	0	1	1	1
	1	1	0	1	1
	x	1	1	0	1
	z	1	1	1	0

下面是相等与全等运算符的一些运算实例：

假设 A=4'b1010，B=4'b1101，M=4'b1xxz，N=4'b1xxz，P=4'b1xxx，则：

A= =B	A!=B	A= =M	A= = =M	M= = =N	M= = =P	M!= =P
0	1	X	0	1	0	1

（3）逻辑运算符

进行逻辑运算时，其操作数可以是寄存器变量，也可以是表达式。逻辑运算的结果为 1 位：1 代表逻辑真，0 代表逻辑假，x 表示不定态。

如果操作数是 1 位数，则 1 表示逻辑真，0 表示逻辑假。

如果操作数由多位组成，则将操作数作为一个整体看待，对非零的数作为逻辑真处理，对每位均为 0 的数作为逻辑假处理。

如果任一个操作数中含有 x（不定态），则逻辑运算的结果也为 x。

（4）按位运算符

按位运算符完成的功能是将操作数的对应位按位进行指定的运算操作，原来的操作数有几位，则运算的结果仍为几位。如果两个操作数的位宽不一样，则仿真软件会自动将短操作数的左端高位部分以 0 补足（注意，如果短的操作数最高位是 x，则扩展得到的高位也是 x）。表 7.1.7 是位运算符的运算规则。

表 7.1.7 位运算符的运算规则

& (与)		操作数1			
		0	1	x	z
操作数2	0	0	0	0	0
	1	0	1	x	x
	x	0	x	x	x
	z	0	x	x	x

| (或)		操作数1			
		0	1	x	z
操作数2	0	1	1	1	1
	1	1	0	x	x
	x	1	x	x	x
	z	1	x	x	x

^ (异或)		操作数1			
		0	1	x	z
操作数2	0	0	1	x	x
	1	1	1	1	1
	x	x	1	x	x
	z	x	1	x	x

^~ (同或)		操作数1			
		0	1	x	z
操作数2	0	1	0	x	x
	1	0	0	0	0
	x	x	0	x	x
	z	x	0	x	x

~ (非)	操作数			
	0	1	x	z
结果	0	1	x	x

下面是位运算的一些实例：

假设 A=4'b1010，B=4'b1101，C=4'b10x1，则

A & B	A | B	A ^ B	A ^~ B	A & C	~A	~C
4'1000	4'1111	4'0111	4'1000	4'10x0	4'b0101	4'b01x0

（5）缩位运算符

缩位运算仅对一个操作数进行运算，并产生一位的逻辑值。缩位运算的运算规则与

表 7.1.6 所示的位运算相似，所不同的是缩位运算符的操作数只有一个，运算时，按照从右到左的顺序依次对所有位进行运算。假设 A 是 1 个 4 位的寄存器，它的 4 位从左到右分别是 A[3]、A[2]、A[1]、A[0]，则对 A 进行缩位运算时，先对 A[1]和 A[0]进行运算，得到 1 位的结果，再将这个结果与 A[2]进行运算，其结果再接着与 A[3]进行运算，最终得到的结果为 1 位，因此被形象地称为缩位运算。

如果操作数的某一位为 x，则缩位运算的结果为 1 位的不定态 x。

下面是缩位运算的一些实例。假设 A=4'b1010，则：

&A	|A	^A	~&A	~|A	~^A
1'b0	1'b1	1'b0	1'b1	1'b0	1'b0

（6）位拼接运算符

位拼接运算符是 Verilog 语言中一种比较特殊的运算符，其作用是把两个或多个信号中的某些位拼接在一起进行运算。其用法如下：

{信号 1 的某几位，信号 2 的某几位，…，信号 *n* 的某几位}

即把几个信号的某些位详细地列出来，中间用逗号隔开，最后用大括号括起来表示一个整体信号。

对于一些信号的重复连接，可以使用简化的表示方式{*n*{A}}。这里 A 是被连接的对象，*n* 是重复的次数，它表示将信号 A 重复连接 *n* 次。下面是连接运算符的运算实例：

```
reg A; reg [1:0]B, C;
A=1'b1; B=2'b00; C=2'b10;

Y={B,C}                      //结果 Y＝4'b0010
Y={A,B[0],C[1],1'b1}         //结果 Y＝4'b1011。注意，常数的位宽不能默认
Y={4{A}}                     //结果 Y＝4'b1111
Y={2{A}, 2{B}, C}            //结果 Y＝8'b1100_0010
Z={A,B,5}                    //非法，因为常数 5 的位宽不确定
```

7.1.4 实验任务

已知条件：计算机，QuartusⅡ（或 ISE）软件，FPGA 开发板。

任务 1：1 位 2 选 1 数据选择器仿真实验

实验步骤与要求：

使用 Quartus Ⅱ（或者 ISE）软件，对图 7.1.1 所示 1 位 2 选 1 数据选择器进行逻辑功能仿真。实验步骤如下：

① 创建一个子目录 E:\EDA_Lab\Lab1，并新建一个工程项目。

② 建立一个 Verilog HDL 文件，将该文件添加到工程项目中并编译整个项目。

③ 对设计项目进行时序仿真，记录仿真波形图。

④ 根据实验流程和实验结果，写出实验总结报告，并对波形图进行解释。

任务 2：4 位二进制数加法器实验

下面是 4 位二进制数加法器的数据流描述，由于被加数 A 和加数 B 都是 4 位的，而低位来的进位 Cin 为 1 位，所以运算的结果可能为 5 位，用{Cout,Sum}拼接起来表示。

```
//Dataflow description of 4-bit adder
module binary_adder (A,B,Cin,Sum,Cout);
    input [3:0] A,B;
    input Cin;
    output [3:0] Sum;
    output Cout;
    assign {Cout,Sum} = A + B + Cin;
endmodule
```

实验步骤与要求：

① 创建一个子目录 E:\EDA_Lab\Lab2，并新建一个工程项目。

② 建立一个 Verilog HDL 文件，将该文件添加到工程项目中并编译整个项目，查看该电路所占用的逻辑单元（Logic Elements，LE）的数量。

③ 对设计项目进行时序仿真，记录仿真波形图。

④ 根据 FPGA 开发板使用说明书，对设计文件中的输入、输出信号分配引脚。即使用开发板上的拨动开关代表电路的输入，用发光二极管（LED）代表电路的输出。

⑤ 重新编译电路，并下载到 FPGA 器件中。改变拨动开关的位置，并观察 LED 的亮、灭状态，测试电路功能。

⑥ 根据实验流程和实验结果，写出实验总结报告，并对波形图和实验现象进行说明。

⑤ 完成实验后，关闭所有程序，并关闭计算机。

实验与思考题

7.1.1 什么是逻辑仿真？什么是逻辑综合？

7.1.2 用 Verilog HDL 对电路的逻辑功能建模，有哪几种不同的描述风格？

7.1.3 在 Verilog 语言中，下列标识符是否正确？

（1）system1 （2）2reg （3）FourBit_Adder （4）exec$ （5）_2to1mux

7.1.4 请说明数据类型 **wire** 与 **reg** 的不同点。

7.1.5 在 Verilog 程序中，如果没有说明输入、输出变量的数据类型，试问它们的数据类型是什么？

7.1.6 试比较 Verilog HDL 的逻辑运算符、按位运算符和缩位运算符有哪些相同点和不同点？

7.1.7 Verilog HDL 的相等运算符和全等运算符有何区别？

7.1.8 填空题：

（1）问下列运算的二进制值是多少？

reg [3:0] m;

m=4'b1010; //{2{m}}的二进制值是______________;

（2）假设 m=4'b0101，按要求填写下列运算的结果：

&m =_____________，|m =_____________，^m =_____________，~^m =_____________。

7.2 Verilog HDL 建模方式

学习要求 掌握 Verilog HDL 的门级建模方法。学习 Verilog HDL 行为级建模的各种语句，掌握行为级建模方式。

7.2.1 Verilog HDL 门级建模

门级建模就是将逻辑电路图用 HDL 规定的文本语言表示出来，即调用 Verilog 语言中内置的基本门级元件来描述逻辑图中的元件，以及元件之间的连接关系。Verilog 语言中内置了 12 个基本门级元件模型，如表 7.2.1 所示。门级元件的输出、输入必须为线网类型的变量。当使用这些元件进行逻辑仿真时，仿真软件会根据程序的描述给每个元件中的变量分配逻辑 0、逻辑 1、不确定态 x 和高阻态 z 这 4 个值之一。下面介绍这些元件的用法。

表 7.2.1　Verilog 语言内置的 12 个基本门级元件

元件符号	功能说明	元件符号	功能说明
and	多输入端的与门	**nand**	多输入端的与非门
or	多输入端的或门	**nor**	多输入端的或非门
xor	多输入端的异或门	**xnor**	多输入端的异或非门
buf	多输出端的缓冲器	**not**	多输出端的反相器
bufif1	控制信号高电平有效的三态缓冲器	**notif1**	控制信号高电平有效的三态反相器
bufif0	控制信号低电平有效的三态缓冲器	**notif0**	控制信号低电平有效的三态反相器

1．多输入门

and、**nand**、**or**、**nor**、**xor** 和 **xnor** 是具有多个输入的逻辑门，它们的共同特点是：只允许有一个输出，但可以有多个输入。图 7.2.1 给出了 3 输入与门元件模型示意图，一般的调用形式为：

and　A1（out，in1，in2，in3）；

图 7.2.1　3 输入与门元件模型

其中，调用名 A1 可以省略。**nand**、**or**、**nor**、**xor** 和 **xnor** 的调用形式与之类似，不再赘述。注意，调用门级元件时，在圆括号中需要列出输入、输出变量，括号中左边的第一个变量必须是输出变量，即与原理图中的输出端对应。

表 7.2.2～表 7.2.4 是这些元件的逻辑真值表，表中第一行对应于门的一个输入端，表中的第一列对应于门的另一个输入端，行、列输入的运算结果列在表的中间部位。由表可知，只要输入中有一个为 x 或 z，则输出必是 x。注意，多输入门的输出不可能为高阻态 z。

表 7.2.2　and、nand 真值表

and		输入1				**nand**		输入1			
		0	1	x	z			0	1	x	z
输入2	0	0	0	0	0	输入2	0	1	1	1	1
	1	0	1	x	x		1	1	0	x	x
	x	0	x	x	x		x	1	x	x	x
	z	0	x	x	x		z	1	x	x	x

表 7.2.3　or、nor 真值表

or		输入1				**nor**		输入1			
		0	1	x	z			0	1	x	z
输入2	0	0	1	x	x	输入2	0	1	0	x	x
	1	1	1	1	1		1	0	0	0	0
	x	x	1	x	x		x	x	0	x	x
	z	x	1	x	x		z	x	0	x	x

表 7.2.4　xor、xnor 真值表

xor		输入1				**xnor**		输入1			
		0	1	x	z			0	1	x	z
输入2	0	0	1	x	x	输入2	0	1	0	x	x
	1	1	0	x	x		1	0	1	x	x
	x	x	x	x	x		x	x	x	x	x
	z	x	x	x	x		z	x	x	x	x

2．多输出门

buf、**not** 是具有多个输出端的逻辑门，如图 7.2.2 所示。它们的共同特点是：允许有多个输出，但只有一个输入。一般的调用形式为：

buf　B1（out1，out2，…，in）；
not　N1（out1，out2，…，in）；

其中，调用名 B1、N1 可以省略。

buf、**not** 的逻辑真值表如表 7.2.5 所示。

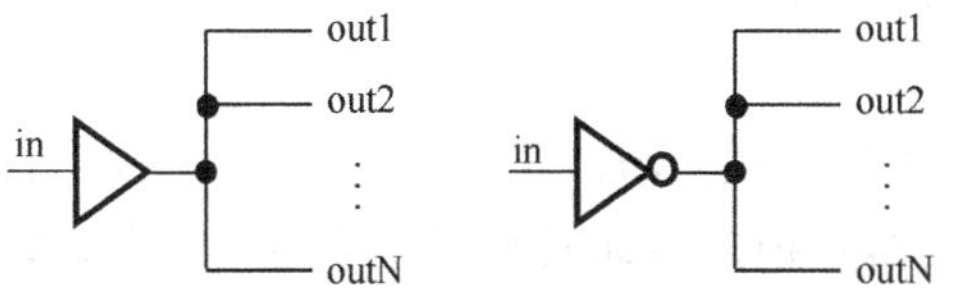

图 7.2.2　有多个输出端的门级元件模型

表7.2.5　buf、not真值表

buf	输入				not	输入			
	0	1	x	z		0	1	x	z
输出	0	1	x	x	输出	1	0	x	x

3. 三态门

bufif1[1]、**bufif0**、**notif1** 和 **notif0** 是三态门元件模型，如图 7.2.3 所示。这些门有一个输出、一个数据输入和一个控制输入。根据控制输入信号是否有效，三态门的输出可能为高阻态 z。

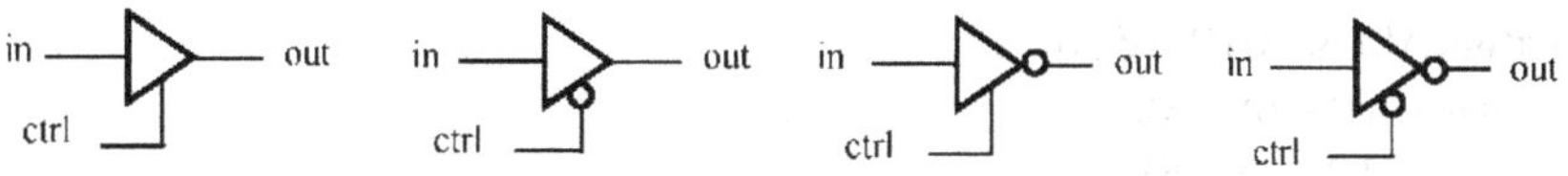

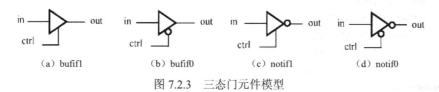

（a）bufif1　（b）bufif0　（c）notif1　（d）notif0

图 7.2.3　三态门元件模型

一般调用形式为：

```
bufif1  B1（out，in，ctrl）；  bufif0  B0（out，in，ctrl）；
notif1  N1（out，in，ctrl）；  notif0  N0（out，in，ctrl）；
```

其中，调用名 B1、B0、N1、N0 可以省略。

表 7.2.6 和表 7.2.7 是这些元件的逻辑真值表，表中，0/z 表明三态门的输出可能是 0，也可能是高阻态 z，主要由输入的数据信号和控制信号的强度决定。有关信号强度的讨论请参考相关文献。

表 7.2.6　bufif1、bufif0 真值表

bufif1		控制输入				bufif0		控制输入			
		0	1	x	z			0	1	x	z
数据输入	0	z	0	0/z	0/z	数据输入	0	0	z	0/z	0/z
	1	z	1	1/z	1/z		1	1	z	1/z	1/z
	x	z	x	x	x		x	x	z	x	x
	z	z	x	x	x		z	x	z	x	x

表 7.2.7　notif1、notif0 真值表

notif1		控制输入				notif0		控制输入			
		0	1	x	z			0	1	x	z
数据输入	0	z	1	1/z	1/z	数据输入	0	1	z	1/z	1/z
	1	z	0	0/z	0/z		1	0	z	0/z	0/z
	x	z	x	x	x		x	x	z	x	x
	z	z	x	x	x		z	x	z	x	x

7.2.2　Verilog HDL 数据流建模

组合电路的逻辑行为最好使用数据流建模方式。数据流建模使用的基本语句是连续赋值语句，它用于对 **wire** 型变量进行赋值，它由关键词 **assign** 开始，后面跟着由操作数和运算符组成的逻辑表达式。一般用法如下：

```
wire [位宽说明] 变量名 1，变量名 2，…，变量名 n;
assign  变量名=表达式;
```

例如，2 选 1 数据选择器的连续赋值描述是：

```
wire a,b,sel,out;    //declare four wires variables
assign out=(a & ~sel)|(b & sel); //a continuous assignment
```

① 该关键词可分两部分理解，buf 是 buffer 的缩写，表示该元件完成缓冲器的功能；后面的 if1 表示完成该功能所需的条件，即控制信号为逻辑 1。其他 3 个关键词的理解类同。

连续赋值语句的执行过程是：只要逻辑表达式右边变量的逻辑值发生变化，则等式右边表达式的值会立即被计算出来并赋给左边的变量。

注意：在 **assign** 语句中，左边变量的数据类型必须是 **wire** 型。

例 试用数据流描述方式对一个 4 位比较器建模。要求比较器有两个 4 位的数据输入（A、B）和 3 个输出（ALTB、AGTB、AEQB）。其逻辑功能是：若 A<B，则 ALTB 输出逻辑 1，其他的输出为 0；若 A>B，则 AGTB＝1；若 A、B 相等，则 AEQB＝1。

解 4 位比较器的 Verilog HDL 程序如下：

```
//Dataflow description of a 4-bit comparator.
module magcomp (A,B,ALTB,AGTB,AEQB);
    input [3:0] A,B;
    output ALTB,AGTB,AEQB;
    assign ALTB = (A < B),
           AGTB = (A > B),
           AEQB = (A == B);
endmodule
```

从上面的例子来看，数据流建模是根据电路的逻辑功能进行描述的，不必考虑电路的组成，以及元件之间的连接，是描述组合逻辑电路常用的一种方法。

7.2.3 Verilog HDL 行为级建模

行为级建模用来描述数字逻辑电路的功能和算法。在 Verilog HDL 中，行为级建模主要使用由关键词 **initial** 或 **always** 定义的两种结构类型的描述语句。一个模块的内部可以包含多个 **initial** 或 **always** 语句，仿真时这些语句同时并行执行，即与它们在模块内部排列的顺序无关，都从仿真的 0 时刻开始执行。**initial** 语句主要是一条面向仿真的过程语句，不能用来描述硬件逻辑电路的功能，这里不介绍它的用法。

在 **always** 结构型语句内部有一系列过程性赋值语句，用来描述电路的行为（功能）。过程性赋值语句包括在结构型语句内部使用的逻辑表达式、条件语句（**if-else**）、多路分支语句（**case-endcase**）和循环语句等。下面对能够综合出硬件电路的常用语句的用法进行介绍。

1. always 结构型说明语句

always 本身是一个无限循环语句，即不停地循环执行其内部的过程赋值语句，直到仿真过程结束。**always** 语句主要用于对硬件电路的行为功能进行描述，也可以在测试模块中对时钟信号进行描述。但用它来描述硬件电路的逻辑功能时，通常在 **always** 后面紧跟循环的控制条件，所以 **always** 语句的一般用法如下：

```
always @(事件控制表达式)
  begin：块名
    块内局部变量的定义；
    一条或多条过程赋值语句；
  end
```

这里，“事件控制表达式”也称为敏感事件表，即等待确定的事件发生或某一特定的条件变为“真”，它是执行后面过程赋值语句的条件。“过程赋值语句”左边的变量必须被定义成寄存器数据类型，右边变量可以是任意数据类型。如果 **always** 语句后面没有“事件控制表达式”，则认为循环条件总为“真”。**begin** 和 **end** 将多条过程赋值语句包围起来，组成一个顺序语句块，块内的语句按照排列顺序依次执行，最后一条语句执行完后，执行挂起，然后 **always** 语句处于等待状态，等待下一个事件的发生。这里，“块名”是给顺序块取的名字，可以使用任何合法的标识符。注意，当 **begin** 和 **end** 之间只有一条语句，且没有定义局部变量时，则关键词 **begin** 和 **end** 可以被省略。

顺序语句块就是由块标识符 **begin**...**end** 包围界定的一组行为描述语句，其作用是，相当于给块中这组行为描述语句进行打包处理，使之在形式上与一条语句相一致。

begin...**end** 是顺序语句块的标识符，位于这个块内部的各条语句按照书写的先后顺序依次执行，块中每条语句给出的延时都是相对于前一条语句执行结束时的相对时间。因而，由 **begin**...**end** 界定的语句块被称为顺序语句块（简称顺序块或串行块）。

顺序块的起始执行时间就是块中第一条语句开始被执行的时间，执行结束的时间就是块中最后一条语句执行完成的时间，即最后一条语句执行完后，程序流程控制就跳出该语句块。

在 Verilog 语言中，可以给每个语句块取一个名字，方法是：在关键词 **begin** 后面加上一个冒号，之后给出名字即可。取了名字的块被称为有名块。

2．事件控制语句

在 Verilog HDL 中，行为级建模主要使用两种结构类型的语句：**initial** 或 **always**。用 **always** 语句描述硬件电路的逻辑功能时，**always** 后面紧跟着“事件控制表达式”。

逻辑电路中的敏感事件通常有两种类型：电平敏感事件和边沿触发事件。在组合逻辑电路和锁存器中，输入信号的变化通常会导致输出信号变化，在 Verilog 语言中，将这种输入信号的电平变化称为电平敏感事件。例如，语句

```
always @(sel or a or b)
```

说明变量 sel、a 或 b 中任一个的电平发生变化（即有电平敏感事件发生），后面的过程赋值语句将会执行一次。

在同步时序逻辑电路中，触发器状态的变化仅仅发生在时钟脉冲的上升沿或下降沿，Verilog 语言中用关键词 **posedge**（上升沿）和 **negedge**（下降沿）进行说明，这就是边沿触发事件。例如，语句

```
always @(posedge clk or negedge clr)
```

说明在时钟信号 clk 的上升沿到来或在清零信号 clr 跳变为低电平时，后面的过程语句就会执行。

在 **always** 语句内部的过程赋值语句有两种类型：阻塞型赋值语句①和非阻塞型赋值语句②。所使用的赋值符分别为“=”和“<=”，通常称“=”为**阻塞赋值符**，称“<=”为**非阻塞赋值符**。在串行语句块中，阻塞赋值语句按照它们在块中排列的顺序依次执行，即前一条语句没有完成赋值之前，后面的语句不可能被执行，换言之，后面语句的执行被前面语句阻塞了。例如，下面两条阻塞赋值语句的执行过程是：首先执行第一条语句，将 A 的值赋给 B，接着执行第二条语句，将 B 的值（即 A）增加 1，并赋给 C，执行完后，C 的值等于 A+1。

```
begin
    B = A;
    C = B+1;
end
```

---

① 系 Blocking Assignment Statement 的译称。

② 系 Non-Blocking Assignment Statement 的译称。

为了改变这种阻塞的状况，Verilog 语言提供了由“<=”符号构成的非阻塞赋值语句。非阻塞语句的执行过程是：首先计算语句块内部所有右边表达式的值，然后完成对左边寄存器变量的赋值操作。例如，下面两条非阻塞赋值语句的执行过程是：首先计算右边表达式的值并存储在一个暂存器中，即 A 的值被保存在一个寄存器中，而 B+1 的值被保存在另一个寄存器中，在 **begin** 和 **end** 之间所有语句的右边表达式都被计算并存储完后，对左边寄存器变量的赋值操作才会进行。这样，C 得到的值等于 B 的原始值（不是现在的 A）加 1。

```
begin
    B <= A;
    C <= B+1;
end
```

综上所述，阻塞型赋值语句和非阻塞型赋值语句的主要区别是，完成赋值操作的时间不同，阻塞型语句的赋值操作是立即执行的，即执行后一句时，前一句的赋值已经完成；而非阻塞型语句的赋值操作到结束顺序语句块时才完成赋值操作，即赋值操作完成后，语句块的执行就结束了，所以顺序块内部的多条非阻塞型赋值语句的执行是同时并行执行的。

注意：在可综合的电路设计中，一个语句块的内部不允许同时出现阻塞型赋值语句和非阻塞型赋值语句。在时序电路的设计中，建议采用非阻塞型赋值语句。

3．条件语句

条件语句就是根据判断条件是否成立，来确定下一步的运算。Verilog 语言中有 3 种形式的 **if** 语句，一般用法如下：

```
if  (condition_expr)  true_statement;
```

或

```
if  (condition_expr)  true_statement;
else fale_ statement;
```

或

```
if  (condition_expr1)  true_statement1;
else if  (condition_expr2)  true_statement2;
else if  (condition_expr3)  true_statement3;
:
else default_statement;
```

if 后面的条件表达式一般为逻辑表达式或关系表达式。执行 if 语句时，首先计算表达式的值，若结果为 0、x 或 z，按“假”处理；若结果为 1，按“真”处理，执行相应的语句。

注意：在第三种形式中，从第一个条件表达式 condition_expr1 开始依次进行判断，直到最后一个条件表达式被判断完毕，如果所有的表达式都不成立，才会执行 **else** 后面的语句。这种判断上的先后次序，本身隐含着一种优先级关系，在使用时应予以注意。

4．多路分支语句

case 语句是一种多分支条件选择语句，一般形式如下：

```
case (case_expr)
    item_expr1: statement1;
    item_expr2: statement2;
```

```
    ⋮
    default: default_statement;        //default 语句可以省略
endcase
```

执行时，首先计算 case_expr 的值，然后依次与各分支项中表达式的值进行比较，如果 case_expr 的值与 item_expr1 的值相等，就执行语句 statement1；如果 case_expr 的值与 tem_expr2 的值相等，就执行语句 statement2；…；如果 case_expr 的值与所有列出来的分支项的值都不相等，就执行语句 default_statement。

注意：（1）每个分支项中的语句可以是单条语句，也可以是多条语句。如果是多条语句，必须在多条语句的最前面写上关键词 **begin**，在这些语句的最后写上关键词 **end**，这样多条语句就成了一个整体，称为顺序语句块。

（2）每个分支项表达式的值必须各不相同，一旦判断到与某分支项的值相同并执行相应语句后，**case** 语句的执行便结束了。

（3）如果某几个连续排列的分支执行同一条语句，则这几个分支项表达式之间可以用逗号分隔，将语句写在这几个分支项表达式的最后一个中。

例 1 试用行为描述方式对 4 选 1 数据选择器进行建模。

```
//Behavioral description of 4-to-1-line multiplexer
module mux4to1_bh(out,in,s1,s0,en);
  input [3:0] in;
  input   s1, s0;
  output out;
  reg out;
  always @(in or s1 or s0 or en)
  begin
    if  (en==1)   out = 0;  //也可以写成 if (en) out = 0;
    else
      case ({s1,s0})
        2'd0: out = in[0];
        2'd1: out = in[1];
        2'd2: out = in[2];
        2'd3: out = in[3];
        default: $display("Invalid control signals");
      endcase
   end
endmodule
```

行为级描述的标识是 **always** 结构，**always** 后面跟着循环执行的条件@(in **or** s1 **or** s0 **or** en)（注意后面没有分号），它表示圆括号内的任一个变量发生变化时，后面的过程赋值语句就会被执行一次，执行完最后一条语句后，执行挂起，**always** 语句等待变量再次发生变化。因此将圆括号内列出的变量称为敏感变量。对组合逻辑电路来说，所有的输入信号都是敏感变量，应该被写在圆括号内。

注意：（1）敏感变量之间使用关键词 **or** 代替了逻辑或运算符（|）。

（2）过程赋值语句只能给寄存器型变量赋值，因此，输出变量 out 被定义成 **reg** 数据类型。

（3）在对 4 选 1 数据选择器的行为模型仿真时，如果输入{s1,s0}出现未知状态 x，则程序会执行 **default** 后面的语句。但在实际的硬件电路中，输入信号 s1、s0 一般不会出现 x 的情况，所以在写可综合的代码时，**default** 语句可以省略不写。

case 语句还有两种变体，即 **casez** 和 **casex**。在 **casez** 语句中，将 z 视为无关值，如果比较的双方（case_expr 的值与 item_expr 的值）有一方的某一位的值是 z，那么该位的比较就不予考虑，即认为这一位的比较结果永远为"真"，因此只需关注其他位的比较结果。在 **casex** 语句中，将 z 和 x 都视为无关值，对比较双方（case_expr 的值与 item_expr 的值）出现 z 或 x 的相应位均不予考虑。注意，对无关值可以用"？"表示。除了用关键词 **casez** 或 **casex** 来代替 **case** 以外，**casez** 和 **casex** 的用法与 **case** 语句的用法相同。

例 2 用行为描述方式对 4-2 线优先级编码器进行建模。

解 4-2 线优先级编码器的 Verilog HDL 程序如下：

```
//Behavioral description of 4-to-2-line Priority Encoder
module Priority_encoder(In, out_coding);
  input [3:0] In;
  output [1:0] out_coding;
  wire [3:0] In;
  reg [1:0] out_coding;
  always @(In)
  begin
    casez(In)   //Logic value z represents a don't care bit.
      4'b1???: out_coding = 2'b11;
      4'b01??: out_coding = 2'b10;
      4'b001?: out_coding = 2'b01;
      4'b0001: out_coding = 2'b00;
      default: out_coding = 2'b00;
    endcase
  end
  endmodule
```

5. 循环语句

Verilog 语言提供了四种类型的循环语句：**forever**、**repeat**、**while** 和 **for**。所有循环语句都只能在 **initial** 或 **always** 内部使用，循环语句内部可以包含延时控制。

（1）**forever** 循环语句

forever 是一种无限循环语句，其用法如下：

```
forever 语句块
```

该语句不停地循环执行后面的过程语句块。一般在语句块内部要使用某种形式的时序控制结构，否则，Verilog 仿真器将会无限循环下去，后面的语句将永远不会被执行。

（2）**repeat** 循环语句

repeat 是一种预先指定循环次数的循环语句。其用法如下：

```
repeat（循环次数表达式）语句块
```

其中，"循环次数表达式"用于指定循环次数，它可以是一个整数、变量或一个数值表达式。如果是变量或数值表达式，其取值只在第一次进入循环时得到计算，即事先确定循环次数。如果循环次数表达式的值不确定，即 x 或 z，则循环次数按 0 处理。

（3）**while** 循环语句

while 是一种有条件的循环语句，其用法如下：

while（条件表达式）语句块

该语句只有在指定的条件表达式取值为“真”时，才会重复执行后面的过程语句，否则，就不执行循环体。如果表达式在开始时为假，则过程语句永远不会被执行。如果条件表达式的值为 x 或 z，则按 0（假）处理。

（4）**for** 循环语句

for 语句是一种条件循环语句，只有在指定的条件表达式成立时才进行循环。其用法如下：

for（表达式 1；条件表达式 2；表达式 3） 语句块

其中，“表达式 1”用来对循环计数变量赋初值，只在第一次循环开始前计算一次。“条件表达式 2”是循环执行时必须满足的条件，在循环开始后，先判断这个条件表达式的值，若为“真”，则执行后面的语句块；接着计算“表达式 3”，修改循环计数变量的值，即增加或减少循环次数。然后再次对“条件表达式 2”进行计算和判断，若“条件表达式 2”的值仍为“真”，则继续执行上述的循环过程；若“条件表达式 2”的值为“假”，则结束循环，退出 **for** 循环语句的执行。

7.2.4 设计举例

下面通过实例介绍二进制同步计数器、非二进制计数器和移位寄存器的 Verilog 建模。

例 1 试用行为级描述方式对一个 4 位二进制同步递增计数器建模。其功能与 74LS161 类似，要求具有异步置零、同步置数、保持输出数据不变和递增计数的功能，并具有进位输出信号 RCO，即计数器计到最大值 15 时，使 RCO=1。其功能表如表 7.2.8 所示。

解 与 74LS161 功能类似的计数器程序如下：

```
//Binary counter with parallel load and enable
module counter74x161 (EP,ET,Load,Din,CP,CR,Q,RCO);
  input EP,ET,Load,CP,CR;
  input [3:0] Din;              //Data input
  output RCO;                   //Output carry
  output [3:0] Q;               //Data output
  reg [3:0] Q;   wire EN;
  assign EN = EP & ET;
  assign RCO = ET &(Q = = 4'b1111);
  always @(posedge CP or negedge CR)
    if (~CR) Q <= 4'b0000;
    else if (~Load)   Q <= Din;
    else if (~EN) Q <= Q;
    else Q <= Q+ 1'b1;
endmodule
```

表 7.2.8 计数器的功能表

CR	Load	EP ET	功　能
0	×	× ×	复位（Q=0）
1	0	× ×	预置数据（Q=Din）
1	1	0 × × 0	输出保持不变
1	1	1 1	递增计数

在该模块中混合使用了 **assign** 语句和 **always** 语句。**assign** 语句描述了由组合逻辑电路产生的中间节点 EN 和进位输出信号 RCO。使能控制信号 EN 是由与门电路产生的中间节点。RCO 是由与门电路产生的进位输出信号，当计数器计数到最大值 15 时，RCO =1。**always** 语句描述了计数器所完成的逻辑功能，当 CR 信号跳变到低电平（由 **negedge** CR 描述）时，计数器的输出被置 0；否则，当 CR=1 时，在 CP 的上升沿作用下，完成其他三种功能：同步置数、增 1 计数和保持原有状态不变。注意，根据对条件表达式判断的先后次序不同，**if-else** 语

句隐含着一定的优先级别。

例 2 设计一个变模计数器，在 S 和 T 的控制下，实现同步模 5、模 8、模 10 和模 12 计数，其模数控制表如表 7.2.9 所示，并要求具有异步清零和暂停计数的功能。

解 变模计数器的程序如下：

表 7.2.9 计数器的模数控制表

控制信号 S T	模 数
0 0	模 5 计数
0 1	模 8 计数
1 0	模 10 计数
1 1	模 12 计数

```
module Var_Counter(CP, CR, EN, S, T, Q);
  input CP, CR, EN, S, T;
  output [3:0] Q;
  reg[3:0] Q;
  always @(posedge CP or negedge CR)
  begin
    if (~CR)   Q <= 4'd0;  //异步清零
    else if (EN)
      begin
        case ({S,T})    //由{S,T}控制模数切换
          2'b00:  if(Q >= 4'd4)   Q <= 4'd0;
                  else Q <= Q + 1'd1;
          2'b01:  if(Q >= 4'd7)   Q <= 4'd0;
                  else Q <= Q + 1'd1;
          2'b10:  if(Q >= 4'd9)   Q <= 4'd0;
                  else Q <= Q + 1'd1;
          2'b11:  if(Q >= 4'd11)   Q <= 4'd0;
                  else Q <= Q + 1'd1;
        endcase
      end
    else   Q <= Q;   //EN=0 时，暂停计数
  end
endmodule
```

该模块混合使用了 **if-else**、**case** 语句，这是非常有用的一种描述风格。本例中，当清零信号 CR 跳变到低电平（由 **negedge** CR 描述）时，计数器的输出被置 0；否则，当 CR=1，且使能信号 EN=1 时，在 CP 的上升沿作用下，计数器按照{S,T}设定的模数进行计数。当 CR=1，但 EN=0 时，计数器保持原来的状态不变。

例 3 试用行为级描述方式对一个 4 位的双向移位寄存器建模，其框图如图 7.2.4 所示。该寄存器有两个控制输入端（S1、S0）、两个串行数据输入端（Dsl、Dsr）、4 个并行数据输入端和 4 个并行输出端，要求有 5 种功能：异步置零、同步置数、左移、右移和保持原状态不变。其功能与集成电路 74LS194 类似。

解 4 位双向移位寄存器的程序如下：

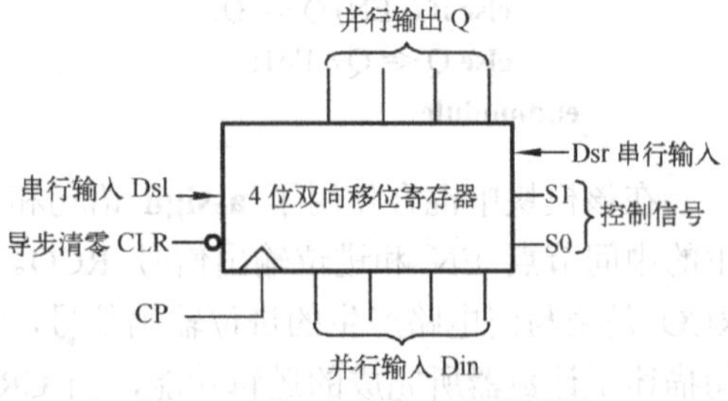

图 7.2.4 双向移位寄存器框图

```
//Behavioral description of Universal shift register
module shift74x194 (S1,S0,Din,Dsl,Dsr,Q,CP,CLR);
  input S1, S0;      //Select inputs
  input Dsl, Dsr;    //Serial Data inputs
  input CP, CLR;     //Clock and Reset
  input [3:0] Din;   //Parallel Data input
  output [3:0] Q;    //Register output
  reg [3:0] Q;
  always @ (posedge CP or negedge CLR)
    if (~CLR) Q <= 4'b0000;     //异步置 0
```

```
        else
            case ({S1,S0})
             2'b00: Q <= Q;                 //No change
             2'b01: Q <= {Dsr,Q[3:1]}; //Shift right
             2'b10: Q <= {Q[2:0],Dsl}; //Shift left
             2'b11: Q <= Din;              //Parallel load input
            endcase
    endmodule
```

程序中跟时钟信号有关的 4 种功能由 case 语句中的两个控制输入信号 S1、S0 决定（在 **case** 后面 S1、S0 被拼接成两位矢量），移位功能由串行输入和 3 个触发器的输出拼接起来进行描述。语句

```
Q <= {Dsr,Q[3:1]} ;
```

为右移操作，即在时钟信号 CP 上升沿作用下，将右移输入端 Dsr 的数据直接传给输出 Q[3]。触发器输出端的当前数据右移 1 位，Q[3:1]传给 Q[2:0]（即 Q[3]→Q[2]，Q[2]→Q[1]，Q[1]→Q[0]），这样，就完成了将数据右移 1 位的操作。

7.2.5 实验任务

已知条件：PC，QuartusⅡ（或 ISE）软件，FPGA 开发板。

任务 1　3 线-8 线译码器实验

功能要求：设计一个带使能端的 3 线-8 线译码器，其功能表 7.2.10 所示。

表 7.2.10　3 线-8 线译码器逻辑功能表

输入				输出							
EN	A2	A1	A0	Y0	Y1	Y2	Y3	Y4	Y5	Y6	Y7
0	x	x	x	0	0	0	0	0	0	0	0
1	0	0	0	1	0	0	0	0	0	0	0
1	0	0	1	0	1	0	0	0	0	0	0
1	0	1	0	0	0	1	0	0	0	0	0
1	0	1	1	0	0	0	1	0	0	0	0
1	1	0	0	0	0	0	0	1	0	0	0
1	1	0	1	0	0	0	0	0	1	0	0
1	1	1	0	0	0	0	0	0	0	1	0
1	1	1	1	0	0	0	0	0	0	0	1

实验步骤与要求：

① 创建一个子目录 E:\EDA_Lab\Lab3，并新建一个工程项目。

② 建立一个 Verilog HDL 文件描述译码器的逻辑功能，将该文件添加到工程项目中并编译整个项目。接着，对设计项目进行时序仿真，记录仿真波形图。

③ 根据 FPGA 开发板使用说明书，对设计文件中的输入、输出信号分配引脚。即使用开发板上的拨动开关代表电路的输入，用发光二极管（LED）代表电路的输出。

④ 编译整个项目，查看该电路所占用的逻辑单元（Logic Elements，LE）的数量。

⑤ 重新编译电路，并下载到 FPGA 器件中。改变拨动开关的位置，并观察 LED 的亮、灭状态，测试电路功能。

⑥ 根据实验流程和实验结果，写出实验总结报告，并对波形图和实验现象进行说明。

任务 2　同步可逆二进制计数器设计

功能要求：

① 计数器循环计数，其计数范围为 0～7；

② 具有异步清零、增或减计数、暂停计数的功能。

实验步骤与要求：

① 创建一个子目录 E:\EDA_Lab\Lab4，并新建一个工程项目。

② 使用 Verilog HDL 描述计数器的逻辑功能，对其进行功能仿真，记录仿真波形图。

③ 根据 FPGA 开发板使用说明书，对设计文件中的输入、输出信号分配引脚。即电路的时钟 CP 输入用按钮开关，其他输入用拨动开关，电路的输出用 LED 或者七段数码显示器。

④ 重新编译电路，并下载到 FPGA 器件中。改变拨动开关的位置，并观察 LED 的亮、灭状态，测试电路功能。

⑤ 根据实验流程和实验结果，写出实验总结报告，并对波形图和实验现象进行说明。

任务 3　流水灯电路设计

功能要求：电路总体框图如图 7.2.5 所示。将上述设计的计数器模块和译码器模块连接起来，实现依次循环点亮 8 个 LED 的功能。

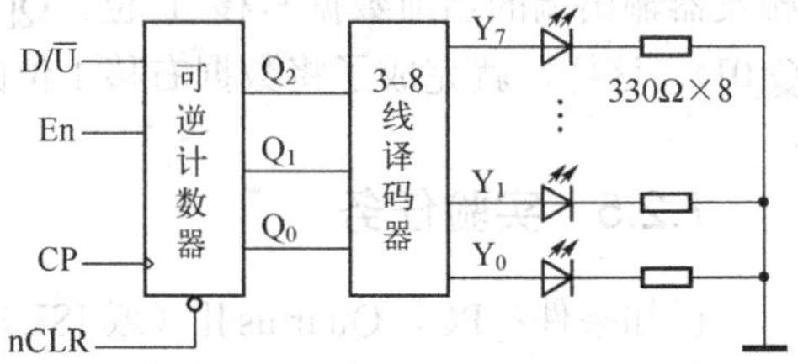

图 7.2.5　电路总体框图

实验步骤与要求：

① 创建一个子目录 E:\EDA_Lab\Lab5，并新建一个工程项目。

② 复制上述两个文件到当前项目子目录中，再建立一个 Verilog HDL 顶层文件，调用可逆计数器和译码器子模块，描述图 7.2.5 所示电路功能（设计方法参见 7.4 节）。并将这 3 个文件都添加到工程项目中，再编译整个项目。接着，对设计项目进行时序仿真，记录仿真波形图。

③ 对设计顶层文件进行引脚分配。

④ 重新编译电路，并下载到 FPGA 器件中。改变拨动开关的位置，并观察 LED 的亮、灭状态，测试电路功能。

⑤ 根据实验流程和实验结果，写出实验总结报告，并对波形图和实验现象进行说明。

⑥ 完成实验后，关闭所有程序，并关闭计算机。

实验与思考题

7.2.1　在 Verilog HDL 中，阻塞型赋值和非阻塞型赋值有何区别？

7.2.2　根据下面的 HDL 描述，画出数字电路的逻辑图，说明它所完成的功能。

```
module circuit(A,B,L);
  input A,B;
  output L;
  wire a1,a2,Anot,Bnot;
  and G1(a1,A,B);
  and G2(a2,Anot,Bnot);
  not (Anot, A);
  not (Bnot, B);
  or (L, a1, a2);
endmodule
```

7.3 有限状态机建模

学习要求 掌握有限状态机的基本概念，掌握用 Verilog HDL 描述有限状态机的方法。

7.3.1 设计举例

有限状态机（FSM，Finite State Machine）是一类很重要的时序逻辑电路，是许多数字电路的核心部件。有限状态机的标准模型如图 7.3.1 所示，主要由三部分组成：一是次态组合逻辑电路，二是由状态触发器构成的现态时序逻辑电路，三是输出组合逻辑电路。根据电路的输出信号是否与电路的输入有关，有限状态机可以分为两种类型：一类是 Mealy 状态机，其输出信号不仅与电路当前的状态有关，还与电路的输入有关（如图中虚线所示）；另一类是 Moore 状态机，其输出仅与电路的当前状态有关，与电路的输入无关。

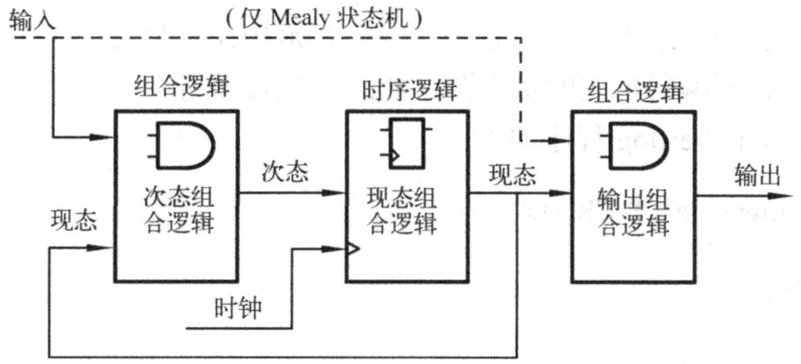

图 7.3.1 有限状态机的标准模型

在 Verilog 中有许多方法来描述有限状态机，最常用的是利用 **always** 语句和 **case** 语句。下面通过一个序列检测器的设计来说明有限状态机的设计方法。

例 设计一个序列检测器电路。其功能是检测出串行输入数据 Sin 中的 4 位二进制序列 0101（自左至右输入），当检测到该序列时，输出 Out=1；没有检测到该序列时，输出 Out=0。

要求：（1）给出电路的状态编码，画出状态图（注意考虑序列重叠的可能性，如 010101，相当于出现两个 0101 序列）。

（2）用 Verilog 的行为描述方式描述该电路。

解 （1）由设计要求可知，该电路有一个输入信号 Sin 和一个输出信号 Out，电路功能是对输入信号进行检测。

因为该电路在连续收到信号 0101 时，输出为 1，其他情况下输出为 0，因此要求该电路能记忆收到的输入数据 0、连续收到前两个数据 01、连续收到前三个数据 010、连续收到 0101 后的状态。可见该电路至少应有四个状态，分别用 S_1、S_2、S_3、S_4 表示。若假设电路的初始状态用 S_0 表示，则可用五个状态来描述该电路。

开始时，假设电路处于初始状态 S_0，当收到第一个数据为 1 时，则电路仍处于 S_0 状态；当收到第一个有效数据 0 时，电路进入 S_1 状态。接着，若电路收到第二个有效数据 1（即连续收到 01），则电路进入 S_2 状态；若电路收到的第二个数据仍为 0，则电路仍处于 S_1 状态。现在电路处于状态 S_2，在此状态下，电路收到的输入数据可能为 Sin = 0 和 Sin = 1 两种情况 Sin = 0，则电路已连续收到 010 三个有效数据，电路应转向 S_3 状态；若 Sin = 1，则电路应返回到初始状态 S_0，重新开始检测。现在以 S_3 为现态，若 Sin = 1，则电路已连续收到四个有效数据 0101，电路应给出输出信号 Out = 1，同时电路应转向 S_4 状态；若 Sin = 0，则输出 Out =

0，且应进入 S_1。现在以 S_4 为现态，若 Sin = 1，则电路应进入 S_0 状态；若 Sin = 0，则电路应进入 S_3 状态。根据上述分析，可以画出该题的原始状态图，如图 7.3.2(a)所示。

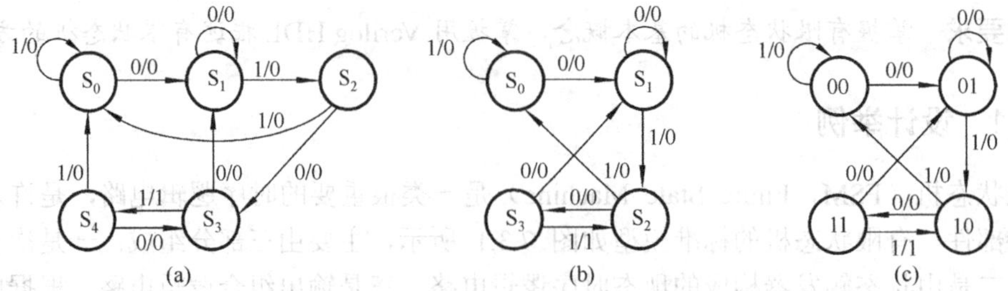

图 7.3.2　序列检测器状态图

观察该图便知，图中 S_2、S_4 为等价状态，可用 S_2 代替 S_4，于是得到简化状态图，如图 7.3.2(b)所示。

该电路有四个状态，可以用两位二进制代码组合(00,01,10,11)表示，即令 S_0= 00，S_1= 01，S_2= 10，S_3= 11。于是得到编码形式的状态图，如图 7.3.2(c)所示。

（2）行为描述方式的 Verilog 程序如下：

```
module   Detector ( Sin, CP, CR, Out) ;
     input Sin, CP, CR;
     output Out ;
     reg Out;
     reg [ 1 : 0 ] current_state, next_state;
     //The state labels and their assignments
     parameter    S0=2'b00, S1=2'b01, S2 = 2'b10, S3 = 2'b11;
always @(posedge CP)                    //The state register
begin
     if (~CR)
          current_state <= S0;          //同步清零
     else
          current_state <= next_state;  //在 CP 上升沿触发器状态翻转
end
//The combinational logic, assign the next state
always @(current_state or Sin)
  begin
     case(current_state)
        S0: begin Out = 0; next_state = (Sin==1)? S0 : S1; end
        S1: begin Out = 0; next_state = (Sin==1)? S2 : S1; end
        S2: begin Out = 0; next_state = (Sin==1)? S0 : S3; end
        S3: if (Sin==1)
           begin Out = 1; next_state = S2; end
             else
                begin Out = 0; next_state = S1; end
        endcase
     end
endmodule
```

本例中用通常的方法定义了电路的输入、输出、时钟及清零信号，用于保存电路状态值的触发器用标识符 current_state、next_state 进行定义，并使用参数定义语句 **parameter** 定义了电路的四种状态，即 S0=2'b00、S1=2'b01、S2=2'b01 和 S3=2'b11。

注意：使用 S3=3 这种形式定义状态也是可行的，但存储 3 这个整数至少要使用 32 位的存储器，而存储 2'b11 只需要 2 位的存储器，所以例题中使用的定义方式更好一些。

电路的功能描述使用了两个并行执行的 **always** 结构型语句，通过公用变量相互进行通信。第一个时序型 **always** 块使用边沿触发事件描述了状态机的触发器部分，第二个组合型 **always** 块使用电平敏感事件描述了组合逻辑部分。

第一个 **always** 语句说明了同步复位到初始状态 S0 和同步时钟完成的操作，语句

```
current_state <= next_state;
```

仅在时钟 CP 的上升沿被执行，这意味着第二个 **always** 语句内部 next_state 值的变化会在时钟 CP 上升沿到来时传送给 current_state。第二个 **always** 语句把现态 current_state 和输入数据 Sin 作为敏感变量，只要其中的任何一个变量发生变化，就会执行顺序语句块内部的 **case** 语句，跟在 **case** 语句后面的各分支项说明了图 7.3.2 中状态的转换及输出信号。

注意：在 Mealy 型状态机中，当电路处于任何给定的状态时，如果输入信号 Sin 发生变化，则输出信号 Out 也会跟着变化，所以输出信号要写在组合的 **always** 块内。

7.3.2 实验任务

已知条件：PC，QuartusⅡ（或 ISE）软件，FPGA 开发板。

任务 1　步进电机脉冲分配器设计

● 功能要求：

步进电机是一种十分重要的自动化执行元件，它和数字系统结合就可以把脉冲数转换成角位移，从而实现生产过程的自动化。三相磁阻式（俗称反应式）转子步进电机在定子上有三相控制绕组，当三相控制绕组轮流接通驱动脉冲信号时，在有绕组的定子上就依次轮流产生磁场，吸引转子转动，转子每次转动的角度称为步距。每给一相绕组通电一次称为一拍。给三相绕组通电的常用方式有：单三拍、双三拍和六拍，三拍方式通电时，步距为 3°，六拍方式通电时，步距为 1.5°。控制三相绕组通电的次序，就能使电机正转或反转。控制通电信号的频率，就能控制电机的转速。

如果用字母 A、B、C 来表示电机的三相绕组，则电机正转和反转时，绕组通电的次序如下：

三相单三拍（步距为 3°）：

三相双三拍（步距为 3°）：

三相六拍（步距为 1.5°）：

试用 Verilog HDL 设计一个能够自启动、具有正反转功能的三相六拍步进电机脉冲分配器电路。此电路的状态转换图如图 7.3.3 所示。图中，M 为控制变量，当 M=0 时，电路按顺时针方向转；当 M=1 时，则按反时针方向转。

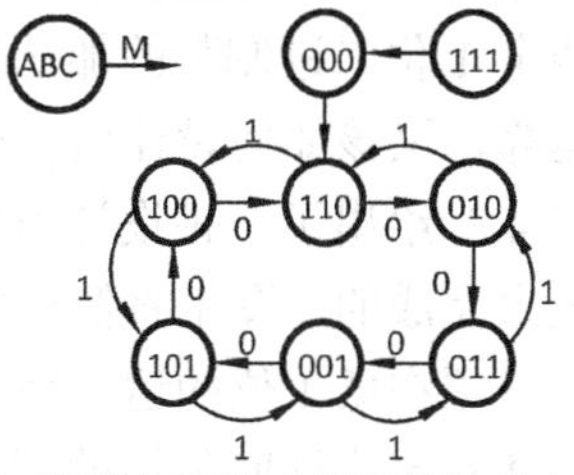

图 7.3.3　步进电机脉冲分配器的状态转换图

● 设计步骤与要求：

① 创建一个子目录 E:\EDA_Lab\Lab6，并新建一个工程项目。

② 使用 Verilog HDL 设计电路，并进行仿真分析。

③ 用 FPGA 开发板实现步进电机脉冲分配器，并实际测试逻辑功能。

④ 根据实验流程和实验结果，写出实验总结报告，并对波形图和实验现象进行说明。

⑤ 完成实验后，关闭所有程序，并关闭计算机。

实验与思考题

7.3.1 状态机有哪两种类型？它们之间有何区别？

7.3.2 试画出 Moore 型和 Mealy 型状态机的结构框图。

7.3.3 简述用 Verilog HDL 描述状态机的步骤。

7.4 数字钟的分层次设计方法

学习要求 掌握分层次电路设计方法；熟练掌握数字钟的设计与调试方法。

7.4.1 分层次设计方法

分层次电路设计就是将一个比较复杂的数字电路划分为多个组成模块，分别对每个模块建模，然后将这些模块组合成一个总模块，完成所需的功能。

分层次的电路设计通常有自顶向下（top-down）和自底向上（bottom-up）两种设计方法。图 7.4.1 是自顶向下设计的层次结构图，在这种设计方法中，先将最终设计目标定义成顶层模块，再按一定方法将顶层模块划分成各个子模块，然后对子模块进行逻辑设计。而在自底向上设计中，由基本元件构成的各个子模块首先被确定下来，然后将这些子模块组合起来构成顶层模块，最后得到所要求的电路。

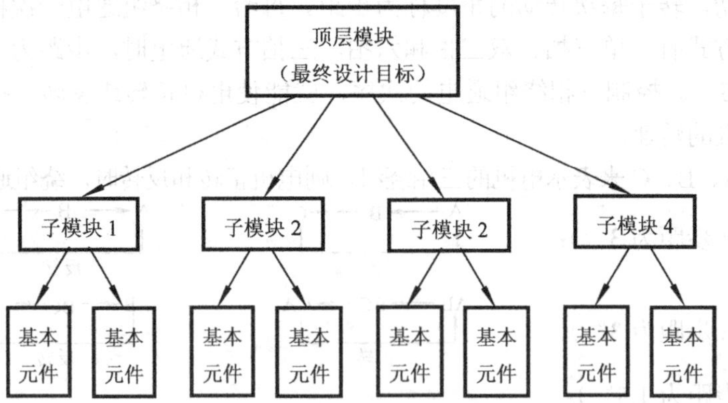

图 7.4.1 自顶向下层次结构图

下面通过一个串行进位加法器的设计来说明分层次的设计方法。1 位全加器的功能是：能够完成两个 1 位二进制数的加法运算。现在，有两个 4 位二进制数 $A_3A_2A_1A_0$ 和 $B_3B_2B_1B_0$ 要进行加法运算，又该如何设计这个电路呢？

图 7.4.2 给出了一种设计方案，右边为最低位，左边为最高位。它是采用并行相加串行进位的方式来完成的，图中将低位的进位输出信号接到高位的进位输入端。为此，任何 1 位的加法运算，必须在低 1 位的运算完成之后才能进行，这种进位方式称为串行进位。

图 7.4.3 是设计时使用的层次结构框图。4 位串行进位全加器可以被认为是一个顶层电路模块，它由 4 个子模块构成，每个子模块为 1 位全加器。如果采用自顶向下的设计方法，则需

要首先定义顶层的 4 位串行进位全加器模块，然后定义子模块（1 位全加器）。如果用自底向上的设计方法，则需要首先定义底层的 1 位全加器子模块，然后再实例引用 4 个子模块组合成顶层的 4 位全加器模块。

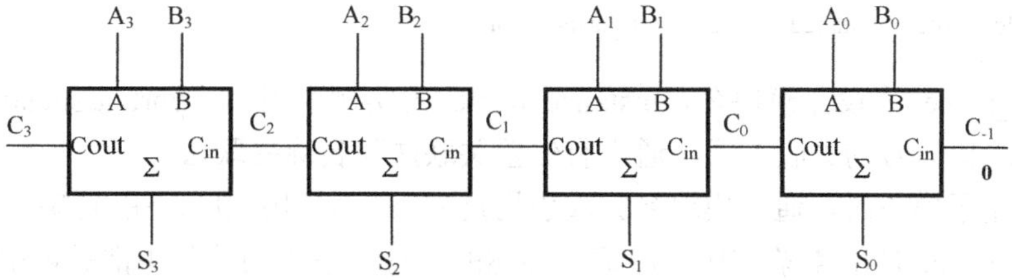

图 7.4.2　四位串行进位全加器

例 1　根据图 7.4.3 所示层次结构框图，使用自底向上的方法描述 4 位全加器的逻辑功能。

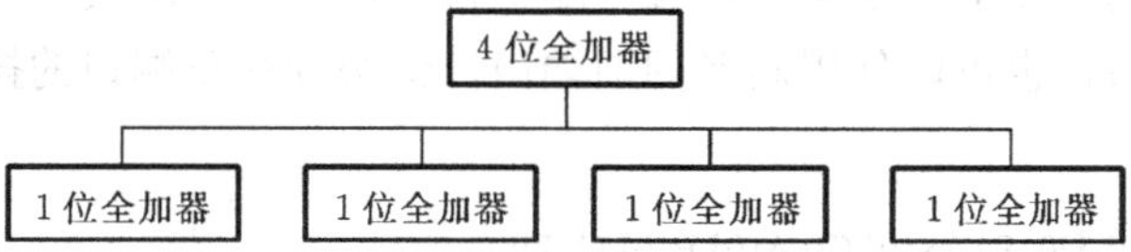

图 7.4.3　4 位全加器的层次结构框图

解　4 位全加器由 3 个模块构成。首先，通过实例引用基本门级元件 **xor**、**and** 定义底层的半加器模块 halfadder，接着实例引用两个半加器模块 halfadder 和一个基本或门元件 **or** 组合成为全加器模块 fulladder，最后实例引用 4 个 1 位的全加器模块 fulladder 构成 4 位全加器的顶层模块。其结构化的描述代码如下：

```
//************ 一位全加器的描述************
module Adder_dataflow1 (Sum, Cout, A, B, Cin);
   input A, B, Cin;                //输入端口声明
   output Sum, Cout;               //输出端口声明
   //电路功能描述
   assign Sum = A ^ B ^ Cin;       //式中的“^”为异或运算符
   assign Cout = (A & B) | (A & Cin) | (B & Cin);
endmodule
//************四位全加器的描述************
module _4bit_adder (S,C3,A,B,C_1);
   input [3:0] A,B;                //输入端口声明
   input C_1;                      //输入进位声明
   output [3:0] S;                 //输出端口声明
   output C3;                      //输出进位声明
   wire C0,C1,C2;                  //声明模块内部的连接线
//实例引用子模块 Adder_dataflow1，端口信号按照位置顺序对应关联
   Adder_dataflow1   U0_FA(S[0],C0,A[0],B[0],C_1);
   Adder_dataflow1   U1_FA(S[1],C1,A[1],B[1],C0);
   Adder_dataflow1   U2_FA(S[2],C2,A[2],B[2],C1);
   Adder_dataflow1   U3_FA(S[3],C3,A[3],B[3],C2);
endmodule
```

可见，当一个模块被其他模块实例引用时，就形成了层次化结构。这种层次表明了引用模块与被引用模块之间的关系，被引用的模块称为子模块，引用模块称为父模块，即包含有子模块的模块是父模块。

7.4.2 模块实例引用语句

模块实例引用语句的格式如下：

```
module_name  instance_name (port_associations);
```

其中，module_name 为设计模块名，instance_name 为实例引用名，port_associations 为父模块与子模块之间端口信号的关联方式，通常有**位置关联法**和**名称关联法**。

父模块引用子模块时，通过模块名完成引用过程，且实例引用名不能省略。在 4 位全加器顶层模块_4bit_adder 是用 4 条实例引用语句描述的，每一条语句的开头都是被引用模块的名字 Adder_dataflow1，后面紧跟着的是实例引用名（例如，U0_FA、U1_FA 等），且实例引用名在父模块中必须是唯一的。

父模块与子模块的端口信号是按照位置（端口排列次序）对应关联的。父模块引用子模块时可以使用一套新端口，也可以使用同名的旧端口，但必须注意端口的排列次序。例如，在下列引用语句中，

```
Adder_dataflow1 U0_FA (S[0],C0,A[0],B[0],C_1);
```

端口信号的对应关系见表 7.4.1。

对于端口较少的 Verilog HDL 模块，使用这种方法比较方便。

当端口较多时，建议使用名称关联的方法。图 7.4.4 是上面这条语句按照名称关联方法引用的情况，带有圆点的名称（如.Sum、.Cout 等）是定义子模块时使用的端口名称，也称为形式名称，类似于 C 语言中子函数的形参，写在圆括号内的名称（如 S[0]、C0 等）是父模块中使用的新名称，也称为实际名称，类似于 C 语言中的实参。用这种方法实例引用子模块时，直接通过名称建立模块端口的连接关系，不需要考虑端口的排列次序。

表 7.4.1

父模块端口		子模块端口
S[0]	←→	Sum
C0	←→	Cout
A[0]	←→	A
B[0]	←→	B
C_1	←→	Cin

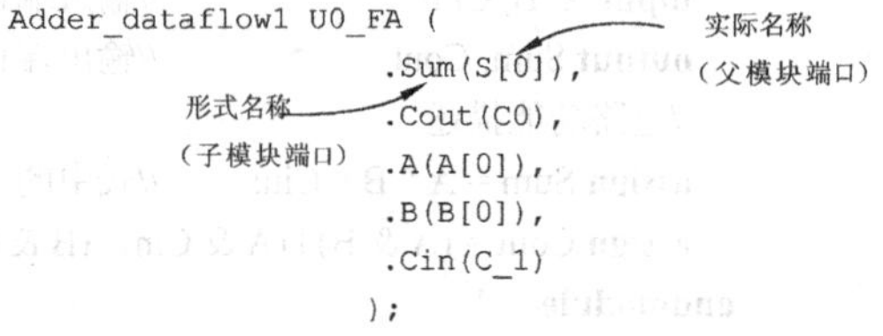

图 7.4.4 模块端口的名称关联的方法

另外，端口关联时允许某些端口不连接，方法是：让不需要连接的端口位置为空白，但端口的逗号分隔符不能省略。在进行逻辑综合时，未连接输入端口的值被设置为高阻态（**z**），未连接的输出端口表示该端口没有被使用。

在顶层模块_4bit_adder 中，每一个 Adder_dataflow1 后面的端口名称隐含地表示了这些子模块是如何相互连接在一起的。例如，子模块 U0_FA 中的进位输出 C0 被连接到子模块 U1_FA 中作为进位输入信号。

关于模块引用的几点注意事项：

① 模块只能以实例引用的方式嵌套在其他模块内，嵌套的层次是没有限制的。但不能在一个模块内部使用关键词 **module** 和 **endmodule** 去定义另一个模块，也不能以循环方式嵌套模块，即不能在 **always** 语句内部引用子模块。

② 实例引用的子模块可以是一个设计好的 Verilog HDL 设计文件（即一个设计模块），也可以是 FPGA 元件库中一个元件或嵌入式元件功能块，或者是用别的 HDL 语言（如 VHDL、AHDL 等）设计的元件，还可以是 IP（Intellectual Property，知识产权）核模块。

③ 在一条实例引用子模块的语句中，不能一部分端口用位置关联，另一部分端口用名称关联，即不能混合使用这两种方式建立端口之间的连接。

关于端口连接时有关变量数据类型的一些规定：在父模块与子模块中，声明端口变量的数据类型时必须要遵守图 7.4.5 中的规定。图中，外面较大的方框代表父模块，里面较小的方框代表子模块。对于输入端口，在子模块中，输入端口的数据类型只能是线网（net）型，父模块的端口由外部连到输入端口的信号则可以是 **reg** 或 **wire** 型。

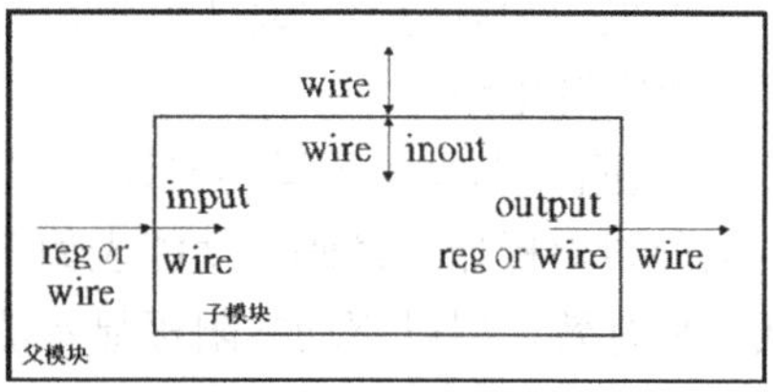

图 7.4.5 父模块与子模块中变量数据类型的规定

对于输出端口，在子模块中，输出端口可以是 **reg** 或 **wire**，而父模块的端口可以是线网（net）型，不能是 **reg** 型。

对于双向端口，不管是子模块、还是父模块，其端口都必须是线网（net）型。另外，在 Verilog HDL 中允许父模块、子模块的端口宽度不同，但仿真器会给出警告信息，以便提醒用户注意。

7.4.3 设计举例

例 2 设计一个具有时、分、秒计时的数字钟电路，按 24 小时制计时。要求：

① 准确计时，以数字形式显示时、分、秒的时间；

② 具有小时、分钟校正功能，校正输入脉冲频率为 1Hz；

③ 用 DE2 开发板实现设计。用板上的 50MHz 晶振源 CLOCK_50 作为时钟，用共阳极数码管 HEX5、HEX4 显示小时，用 HEX3、HEX2 显示分钟，用 HEX1、HEX0 显示秒钟。使用拨动开关或者按键作为控制信号输入。

解：（1）设计分析

数字钟的组成框图如图 7.4.6 所示。它由分频器、24 进制计数器、60 进制计数器、七段译码器和二选一选择器等模块构成。图中两个选择器分别用于选择分计数器和时计数器的使能控制信号。对时间进行校正时，在控制端（Adj_Hour、Adj_Min）的作用下，使能信号接高电平，此时每来一个时钟信号，计数器加 1 计数，从而实现对小时和分钟的校正。正常计时时，使能信号来自于低位计数器的输出，即秒计数器计到 59 秒时，产生输出信号（SCo = 1）使分计数器加 1，分、秒计数器同时计到最大值（59 分 59 秒）时，产生输出信号（MCo = 1）使小时计数器加 1。

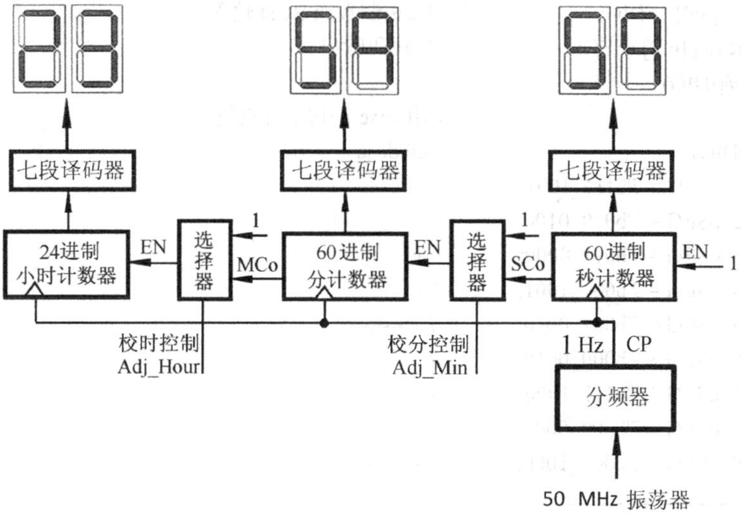

图 7.4.6 数字钟组成框图

（2）逻辑设计

这里采用自底向上的设计方法，首先设计数字钟的各个子模块，再调用这些子模块组合成顶层的数字钟电路。

① 共阳极七段显示译码器设计

七段共阳极显示译码器功能表如表 7.4.2 所示。当输入 $D_3D_2D_1D_0$ 接 4 位二进制数码时，输出低电平有效，用以驱动共阳极显示器。

表 7.4.2　七段共阳极显示译码器功能表

十进制	输入				输出							字形	十六进制输出
	D_3	D_2	D_1	D_0	*g*	*f*	*e*	*d*	*c*	*b*	*a*		
0	0	0	0	0	1	0	0	0	0	0	0	0	40H
1	0	0	0	1	1	1	1	1	0	0	1	1	79H
2	0	0	1	0	0	1	0	0	1	0	0	2	24H
3	0	0	1	1	0	1	1	0	0	0	0	3	30H
4	0	1	0	0	0	0	1	1	0	0	1	4	19H
5	0	1	0	1	0	0	1	0	0	1	0	5	12H
6	0	1	1	0	0	0	0	0	0	1	1	6	03H
7	0	1	1	1	1	1	1	1	0	0	0	7	78H
8	1	0	0	0	0	0	0	0	0	0	0	8	00H
9	1	0	0	1	0	0	1	0	0	0	0	9	10H
10	1	0	1	0	0	0	0	1	0	0	0	A	08H
11	1	0	1	1	0	0	0	0	0	1	1	b	03H
12	1	1	0	0	1	0	0	0	1	1	0	C	46H
13	1	1	0	1	0	1	0	0	0	0	1	d	21H
14	1	1	1	0	0	0	0	0	1	1	0	E	06H
15	1	1	1	1	0	0	0	1	1	1	0	F	0EH

下面是单个共阳极七段显示译码器的 Verilog 程序。在代码[①]中用 4 位向量 iDIG 表示输入的二进制数值，用一个 7 位向量 oSEG 表示译码器的输出值，在 7 位向量中，位于左边的最高位 oSEG[6]驱动 g 段，位于右边的最低位 oSEG[0]驱动 a 段。用 **case** 语句来实现译码器的功能，在每一个分支项中，给向量 oSEG 赋一个 7 位值。

```
//**********文件名：SEG7_LUT.v *************
module SEG7_LUT (oSEG,iDIG);
  input    [3:0]    iDIG;                //二进制数或 BCD 输入
  output reg [6:0] oSEG;                 //7 段码输出
always @(iDIG)
begin                                    //用 case 语句实现真值表
  case(iDIG)                             //gfedcba
    4'h1: oSEG = 7'b111_1001;            // ---a---
    4'h2: oSEG = 7'b010_0100;            // |          |
    4'h3: oSEG = 7'b011_0000;            // f          b
    4'h4: oSEG = 7'b001_1001;            // |          |
    4'h5: oSEG = 7'b001_0010;            //    ---g---
    4'h6: oSEG = 7'b000_0010;            // |          |
    4'h7: oSEG = 7'b111_1000;            // e          c
    4'h8: oSEG = 7'b000_0000;            // |          |
    4'h9: oSEG = 7'b001_1000;            // ---d---
```

① 一个数中增加下划线，可以改善可读性。

```
      4'ha: oSEG = 7'b000_1000;
      4'hb: oSEG = 7'b000_0011;
      4'hc: oSEG = 7'b100_0110;
      4'hd: oSEG = 7'b010_0001;
      4'he: oSEG = 7'b000_0110;
      4'hf: oSEG = 7'b000_1110;
      4'h0: oSEG = 7'b100_0000;
    endcase
  end
  endmodule
```

在 DE2 开发板①上有 8 个共阳极显示器，如果要驱动它们，则需要调用上述模块 8 次，其代码如下。程序中的 HEX0~HEX7 代表 DE2 板上 8 个数码管。

```
  module SEG7_LUT_8(HEX0,HEX1,HEX2,HEX3,HEX4,HEX5,HEX6,HEX7,iDIG);
    input [31:0] iDIG;
    output [6:0] HEX0,HEX1,HEX2,HEX3,HEX4,HEX5,HEX6,HEX7;
    SEG7_LUT u0 (HEX0,iDIG[3:0]);          //实例引用子模块 SEG7_LUT
    SEG7_LUT u1 (HEX1,iDIG[7:4]);
    SEG7_LUT   u2 (HEX2,iDIG[11:8]);
    SEG7_LUT   u3 (HEX3,iDIG[15:12]);
    SEG7_LUT   u4 (HEX4,iDIG[19:16]);
    SEG7_LUT   u5 (HEX5,iDIG[23:20]);
    SEG7_LUT   u6 (HEX6,iDIG[27:24]);
    SEG7_LUT   u7 (HEX7,iDIG[31:28]);
  endmodule
```

② 分频器设计

该模块的任务是对 50MHz 的时钟信号进行分频，产生 1Hz 的秒脉冲信号，其占空比为 50%，作为数字钟的计时基准。

设计一个模数为 25×10^6 的二进制递增计数器，其计数范围是 0~24999999，每当计数器计到最大值时，输出信号翻转一次，即可产生 1Hz 的秒脉冲，且占空比为 50%。其代码如下。

```
  //***********文件名：Divider50MHz.v   ************
  module Divider50MHz(CLK_50M, nCLR, CLK_1HzOut);
      parameter       N = 25;              // 位宽：根据计数器的模来确定
      parameter  CLK_Freq = 50000000;      // 50MHz 时钟输入
      parameter  OUT_Freq = 1;             // 1Hz 时钟输出
      input      nCLR,CLK_50M;             //输入端口声明
      output reg  CLK_1HzOut;              //输出端口及变量的数据类型声明
      reg [N-1:0]   Count_DIV;             //内部节点，存放计数器的输出值
    always@(posedge CLK_50M or negedge nCLR)
    begin
      if(!nCLR)   begin
            CLK_1HzOut <= 0;               //输出信号被异步清零
            Count_DIV <= 0;                //分频器的输出被异步清零
      end
      else   begin
```

① DE2 开发板的介绍见附录 A。

```
        if( Count_DIV < (CLK_Freq/(2*OUT_Freq)-1) )   //计数器模
            Count_DIV <= Count_DIV+1'b1;              //分频计数器增 1 计数
        else begin
            Count_DIV <= 0;                           //分频器的输出被清零
            CLK_1HzOut <= ~CLK_1HzOut;                //输出信号取反
        end
        end
    end
    endmodule
```

对该模块仿真时，由于计数器的模（25000000）非常大，仿真时间会很长，所以在仿真时可以按比例降低计数值。

③ 模 24（小时）计数器设计

小时计数器的计数规律为 00—01—…—09—10—11—…—22—23—00…，即在设计时要求小时计数器的个位和十位均按 8421 BCD 码计数。

```
//**********文件名：counter24.v   (BCD 计数: 0~23)*************
module counter24 (CntH, CntL, nCR, EN, CP);
   input CP, nCR, EN;                       //计时脉冲 CP、清零信号 nCR 和使能信号 EN
   output reg [3:0] CntH, CntL;             //小时的十位和个位输出(8421 BCD 码)
   always @(posedge CP or negedge nCR)
   begin
     if(~nCR)
          {CntH, CntL} <= 8'h00;            //异步清零
     else if(~EN)
          {CntH, CntL} <= {CntH, CntL};     //保持计数值不变
     else if ((CntH>2)||(CntL>9)||((CntH= =2)&&(CntL>=3)))
          {CntH, CntL} <= 8'h00;            //对小时计数器出错的处理
     else if ((CntH= =2)&&(CntL<3))         //进行 20～23 计数
          begin   CntH <= CntH;   CntL <= CntL + 1'b1; end
     else if (CntL= =9)                     //小时十位的计数
          begin   CntH <= CntH + 1'b1;   CntL <= 4'b0000; end
     else                                   //小时个位的计数
          begin   CntH <= CntH;   CntL <= CntL + 1'b1; end
   end
endmodule
```

④ 模 10 和模 6 计数器设计

分和秒计数器的计数规律为 00—01—……—09—10—11—……—58—59—00…，可见个位计数器从 0～9 计数，是一个十进制计数器，十位计数器则从 0～5 计数，是一个六进制计数器。设计时，可以先分别设计一个十进制计数器模块（counter10.v）和一个六进制计数器模块（counter6.v），然后将这两个模块组合起来，构成六十进制计数器。

```
//*****文件名：counter10.v ( BCD: 0~9 ) *****
module counter10(Q, nCR, EN, CP);
  input CP, nCR, EN;
  output reg [3:0]     Q;
  always @(posedge CP or negedge nCR)
  begin
    if(~nCR)     Q <= 4'b0000;   //异步清零
```

```
    else if(~EN) Q <= Q;                //保持计数值不变
    else if(Q = = 4'b1001) Q <= 4'b0000;
    else   Q <= Q + 1'b1;               //计数器增 1 计数
  end
endmodule
//*****文件名：counter6.v (BCD: 0~5)******
module counter6(Q, nCR, EN, CP);
  input CP, nCR, EN;
  output reg [3:0] Q;
  always @(posedge CP or negedge nCR)
  begin
    if(~nCR)   Q <= 4'b0000;            //异步清零
    else if(~EN)   Q <= Q;              //保持计数值不变
    else if(Q = = 4'b0101) Q <= 4'b0000;
    else   Q <= Q + 1'b1;               //计数器增 1 计数
  end
endmodule
```

⑤ 顶层模块设计

将上述各个模块组合起来形成一个顶层模块就可以完成数字钟的功能，下面是完整的程序。需要说明的是，以上的每一个子模块可以用一个文件名进行保存，也可以将各个子模块放在顶层模块中，统一用顶层模块名作为文件名（本例为 top_clock.v）进行保存。所有文件必须位于当前工程项目的子目录中。然后根据 DE2 开发板使用说明，进行引脚分配，对整个项目进行编译，并对 FPGA 进行配置，就能够实现数字钟。

```
//****************文件名：top_clock.v *****************
module top_clock (
      input   CLK_50,                    //50MHz 时钟
      input   nCR, EN,                   //清零、使能
      input   Adj_Min, Adj_Hour,         //调整分钟、小时
      output [6:0] HEX0,HEX1,HEX2,HEX3,HEX4,HEX5
      );
      wire [7:0] Hour, Minute, Second;   //中间变量声明
      supply1 Vdd;
      wire MinL_EN, MinH_EN, Hour_EN;    //中间变量声明
       wire CP_1Hz;
//=============== 分频 ==================
Divider50MHz U0(.CLK_50M(CLK_50),        //实例引用子模块 Divider50MHz
              .nCLR(nCR),                //SW[0]
              .CLK_1HzOut(CP_1Hz));      //1Hz
defparam      U0.N =25,                  //修改参数
              U0.CLK_Freq = 50000000,
              U0.OUT_Freq = 1;
//============= Hour:Minute:Second counter ==============
//****** 60 进制秒计数器：调用 10 进制和 6 进制底层模块构成
counter10    S0(Second[3:0], nCR, EN, CP_1Hz);                    //秒:个位
counter6   S1(Second[7:4],nCR,(Second[3:0] = =4'h9),CP_1Hz);      //秒:十位
//****** 60 进制分钟计数器：调用 10 进制和 6 进制子模块******
counter10 M0 (Minute[3:0], nCR, MinL_EN, CP_1Hz);                 //分:个位
counter6   M1 (Minute[7:4], nCR, MinH_EN, CP_1Hz);                //分:十位
```

```
//产生分钟使能信号: Adj_Min=1，校正分钟；Adj_Min=0，分钟正常计时
 assign MinL_EN = Adj_Min ? Vdd : (Second= =8'h59);
 assign MinH_EN = (Adj_Min && (Minute[3:0] = =4'h9))
                  || (Minute[3:0] = =4'h9)&&(Second= =8'h59);
//****** 24 进制小时计数器：调用 24 进制子模块 ******
counter24 H0(Hour[7:4],Hour[3:0],nCR,Hour_EN,CP_1Hz);   //小时计数器
//产生小时使能信号: Adj_ Hour =1，校正小时；Adj_ Hour =0，小时正常计时
 assign Hour_EN = Adj_Hour ? Vdd:((Minute= =8'h59) && (Second= =8'h59));
//============== 数码显示 ==============
SEG7_LUT u0 (HEX0, Second[3:0]);        //实例引用子模块 SEG7_LUT
SEG7_LUT u1 (HEX1, Second[7:4]);
SEG7_LUT u2 (HEX2, Minute[3:0]);
SEG7_LUT u3 (HEX3, Minute[7:4]);
SEG7_LUT u4 (HEX4, Hour[3:0]);
SEG7_LUT u5 (HEX5, Hour[7:4]);
endmodule
```

7.4.4 设计任务

已知条件：PC，QuartusⅡ（或 ISE）软件，FPGA 开发板。

设计课题 1：多功能数字钟电路设计

功能要求：设计要求与 6.4.5 节的设计任务相同。同时，增加下面的功能：

① 能够任意设定闹铃时间（只设定小时和分钟），即到达设定的时间发出音响，最长持续时间为 1min。并设置一个开关，用来终止闹铃声响。

② 将小时计数器修改成 12 进制，即小时计数器的计数规律为 01—02—03—04—05—06—07—08—09—10—11—12—01…并提供 AM/PM 指示灯，灯不亮为上午，灯亮为下午。并设置一个开关用来控制小时的显示方式，即小时可以按 12 进制显示，也可以按 24 进制显示。

设计步骤与要求：

① 拟定数字钟电路的组成框图，采用分层次、分模块的方法设计电路。

② 使用 Verilog HDL 设计各单元电路并进行仿真分析。

③ 用 FPGA 开发板实现数字钟，并实际测试数字钟系统的逻辑功能。

④ 根据实验流程和实验结果，写出实验总结报告，并对波形图和实验现象进行说明。

⑤ 完成实验后，关闭所有程序，并关闭计算机。

设计课题 2：数字秒表电路的设计

功能要求：与 6.1.4 节设计课题 2 的要求相同。

设计步骤与要求：与设计课题 1 相同。

设计课题 3：洗衣机控制电路的设计

控制功能要求：

① 洗衣机待机 5 秒→正转 60 秒→待机 5 秒→反转 60 秒，并用 3 个 LED 灯和七段显示器分别表示其工作状态和显示相应工作状态下的时间；

② 可自行设定洗衣机的循环次数，这里设最大的循环次数为设置 15 次；

③ 具有紧急情况的处理功能，当发生紧急情况时，立即转入到待机状态，紧急情况解除后继续执行后续步骤；

④ 洗衣机设定循环次数递减到零时，立即报警，以表示洗衣机设定的循环次数已经结束。

设计要求：与设计课题 1 相同。

实验与思考题

7.4.1 什么是分层次的电路设计方法？叙述分层次设计电路的基本过程。

7.4.2 阅读下列程序，说明它所完成的功能。

```
module basketball30 (TimerH, TimerL, alarm, clk, nclr, nload, nstop);
  input     clk, nclr, nload, nstop;
  output [3:0] TimerH, TimerL;
  reg [3:0]    TimerH, TimerL;
  output alarm;
  always @(posedge clk or negedge nclr or negedge nstop or negedge nload)
  begin
      if (!nclr)
          {TimerH, TimerL} <= 8'h00;                  //异步清零
      else if (!nload)
          {TimerH, TimerL} <= 8'h30;                  //预置数据
      else if (!nstop)
          {TimerH, TimerL} <= {TimerH, TimerL};  //暂停计数
      else if ({TimerH, TimerL} = = 8'h00)            //保持 0 不变
          begin {TimerH, TimerL} <= {TimerH, TimerL}; end
      else if (TimerL= =0)
          begin TimerH <= TimerH - 1; TimerL <= 9;    end
      else
          begin TimerH <= TimerH; TimerL <= TimerL - 1;end
   end
  assign alarm = ({TimerH, TimerL} = = 8'h00)    & (nclr = = 1'b1)& (nload = = 1'b1);
endmodule
```

7.5 基于 FPGA 的数字频率计设计

学习要求 了解数字频率计测频的基本原理；熟练掌握数字频率计的设计与调试方法及减小测量误差的方法。

7.5.1 数字频率计的主要技术指标

① **频率准确度**。一般用相对误差来表示，即

$$\frac{\Delta f_x}{f_x}=\pm\left(\frac{1}{Tf_x}+\left|\frac{\Delta f_c}{f_c}\right|\right) \tag{7.5.1}$$

式中，$\frac{1}{Tf_x}=\frac{\Delta N}{N}=\frac{\pm 1}{N}$ 为量化误差（即±1 个字误差），是数字仪器所特有的误差，当闸门时间 T 选定后，f_x 越低，量化误差越大；$\frac{\Delta f_c}{f_c}=\frac{\Delta T}{T}$ 为闸门时间相对误差，主要由时基电路标准频率的准确度决定，$\frac{\Delta f_c}{f_c}<<\frac{1}{Tf_x}$。

② **频率测量范围**。在输入电压符合规定要求值时，能够正常进行测量的频率区间称为频率测量范围。频率测量范围主要由放大整形电路的频率响应决定。

③ **数字显示位数**。频率计的数字显示位数决定了频率计的分辨率。位数越多，分辨率越高。

④ **测量时间**。频率计完成一次测量所需要的时间，包括准备、计数、锁存和复位时间。

7.5.2 数字频率计的工作原理与组成框图

1. 频率计的功能要求

设计一个简易频率计。要求：

① 能够测试 10Hz~9999kHz 脉冲信号（幅度为 3～5V）的频率；

② 以 4 位数字显示被测信号的频率，单位为 kHz。

③ 系统有复位按键和量程选择开关。

④ 用 DE2 开发板实现设计。用板上的 50 MHz 晶振源 CLOCK_50 作为时钟，用共阳极数码管 HEX3~HEX0 显示频率，千位、百位、十位的小数点分别用 LEDR9~LEDR7 表示。使用拨动开关 SW1~SW0 作为量程选择，用按键 KEY3 作为复位输入。

2. 数字频率计测频的基本原理

数字频率计是能够测量和显示信号频率的电路。周期性波形的频率简单地说就是每秒的周期数。频率测量的原理如图 7.5.1 所示。

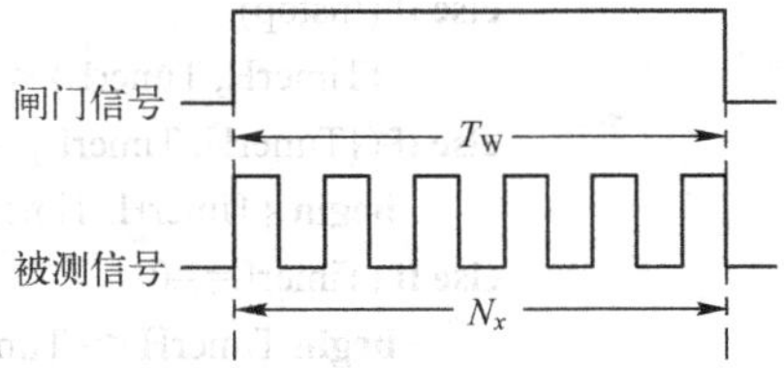

图 7.5.1　频率测量的原理

在确定的闸门时间 T_W 内，记录被测信号的脉冲个数 N_x，则被测信号的频率为：

$$f_x = N_x/T_W \tag{7.5.2}$$

若 T_W=1s，在这段时间内让计数器对被测脉冲信号的周期数进行计数，当 1s 结束时，关闭闸门，计数器停止计数，则计数器的计数值 N_x 就是信号的频率。闸门时间也称为采样时间（采样区间），它的长度决定了被测频率的范围。对于低频信号而言，较长的采样时间有利于提高测量精度，但对于高频信号，计数器则会产生溢出；较短的采样时间，会降低低频信号的测量精度，但能够测量的最大频率值会比较高，且不会超过计数器的上限值。

例如，一个频率计采用了 4 个数字的 BCD 码计数器，若采样时间分别为 1s、0.1s 和 0.01s，那么它能够测量的最大频率分别是多少呢？

当采样时间为 1s 时，4 个 BCD 计数器能够计 9999 个脉冲，这是它的最大值，则其频率为 9999Hz 或者 9.999kHz；当采样时间为 0.1s 时，计数器仍然能够计 9999 个脉冲，把它转换成频率则为 99990Hz 或者 99.99kHz；当采样时间为 0.01s 时，计数器可计 9999 个脉冲，把它转换成频率则为 999900Hz 或者 999.9kHz。可见，计数器的位数一定时，采样时间越短，测量的频率上限值就越大。

现在来讨论测量精度问题。有一个频率为 3792Hz 的信号加到一个能够显示 4 个 BCD 数字的频率计输入端，若采样时间分别为 1s、0.1s 和 0.01s，那么频率计的读数分别是多少呢？

当采样时间为 1s 时，计数器的计数值为 3792，因此所测频率为 3792Hz 或者 3.792kHz；当采样时间为 0.1s 时，计数器所计的脉冲数为 379 或者 380，取决于闸门高电平的开始时间，频率读数为 3.79kHz 或者 3.80kHz；当采样时间为 0.01s 时，计数器所计的脉冲数为 37 或者 38，取决于闸门的开始时间，频率读数为 3.7kHz 或者 3.8kHz。可见，计数器的位数一定且在计数不溢出的情况下，采样时间越长，测量精度越高。因此，在测量频率未知的信号时，为了充分利用计数器的容量，保证测量的准确性，需要选择合理的采样时间。

3. 数字频率计的组成框图

简易频率计的组成框图如图 7.5.2 所示。其主要模块有计数器、寄存器、译码显示器、定时和控制模块。计数器模块由几个级联的 BCD 码计数器组成，要有计数使能端和清零端。将被测信号 f_x 接到计数器模块的时钟输入端，将闸门信号接到使能端，则根据计数值和式（7.5.2）就能得到被测信号的频率，可见闸门的高电平脉冲宽度对于频率的精确测量起着决定性的作用。

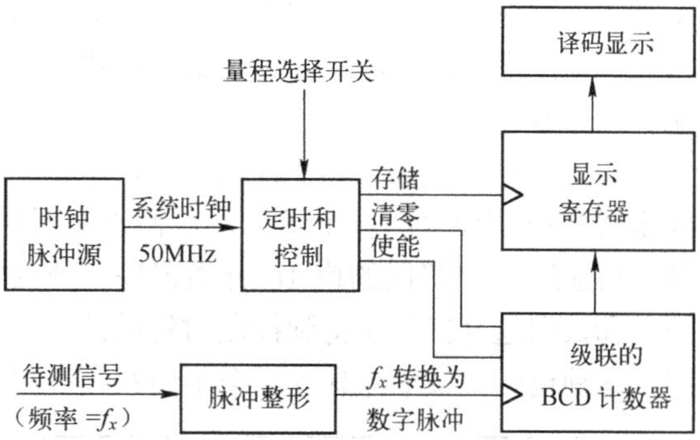

图 7.5.2　简易频率计组成框图

闸门信号由定时和控制模块产生，该模块根据量程选择开关的位置，产生不同时间长度的闸门信号，以方便用户选择频率的测量范围，并确定读出数据中十进制小数点的位置。对于未知信号的频率测量，在使能计数器之前必须先清零、再计数，因此需要有清零信号。另外，在闸门的高电平结束时，禁止计数器继续计数，此时的计数值（即频率值）必须保存到显示寄存器中，显示寄存器的输出作为译码显示模块的输入，译码显示模块将 BCD 码数值转换成显示器上的十进制读数。设置显示寄存器的好处是使显示的数据稳定，因为计数器在闸门为高电平时，其计数值是不断变化的；若不加寄存器，显示器上的数字将随计数器的值而变化，不便于读数。

图中的脉冲整形电路模块用于对未知频率信号进行整形，以确保送到计数器时钟输入端的待测信号与数字系统是兼容的。只要待测信号具有足够的幅度，就可以采用施密特触发器对其进行整形，把非矩形波信号（正弦波、三角波等）转换成数字脉冲信号。如果待测信号的幅度太大或者太小，则应在脉冲整形模块中增加模拟信号调理电路，比如自动增益控制电路。

这种频率计的精度几乎完全依赖于系统时钟频率的精度，系统时钟用来产生计数器使能信号高电平脉冲宽度。图 7.5.2 中采用石英晶体振荡器，以便定时和控制模块能够产生精确的定时信号。

频率计的测量过程如下：首先对计数器（级联的 BCD 码计数器）清零；其次，将适当的闸门信号送到计数器使能端，当闸门信号变为高电平时，计数器对频率为 f_x（与待测信号频率相同）的数字脉冲开始进行计数，当闸门的高电平结束时，计数器停止计数。最后，将这个计数值锁存到显示寄存器中保存，并同时送译码显示电路。然后，再重复这一过程，重新进行测量，更新显示的频率值。可见，电路工作时共有清零、计数和锁存三个状态。

频率计控制电路部分的时序关系如图 7.5.3 所示，控制脉冲由定时和控制模块对 50MHz 系

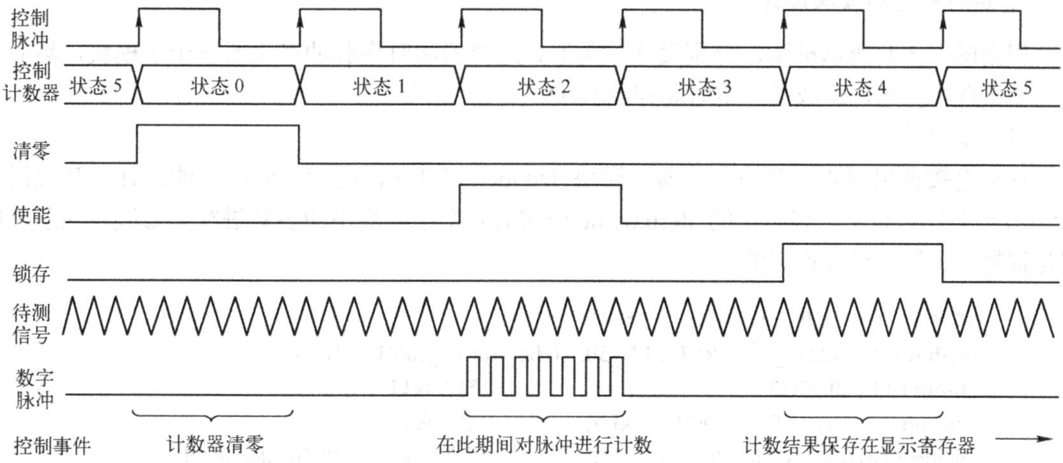

图 7.5.3　控制信号的时序关系

统时钟分频得到。控制脉冲的周期应该等于所要求的使能脉冲高电平的宽度。采用一个计数器对控制脉冲进行计数，再选择计数状态进行译码，就能够得到重复的控制信号序列（清零、使能、存储）。

定时和控制模块是频率计的关键，应该给予充分讨论以便解释其原理。图 7.5.4 给出了组成定时和控制模块的各个子模块。假设对时钟脉冲源分频后，能够得到 1kHz 的时钟脉冲信号，再通过 3 个级联的模 10 计数器进行分频，就能得到 4 种频率不同的信号；利用范围选择开关和数据选择器就能得到控制时钟脉冲。由于控制时钟脉冲的周期与计数器使能脉冲宽度相同，这种设置使频率计具有 4 个不同的频率测量范围。

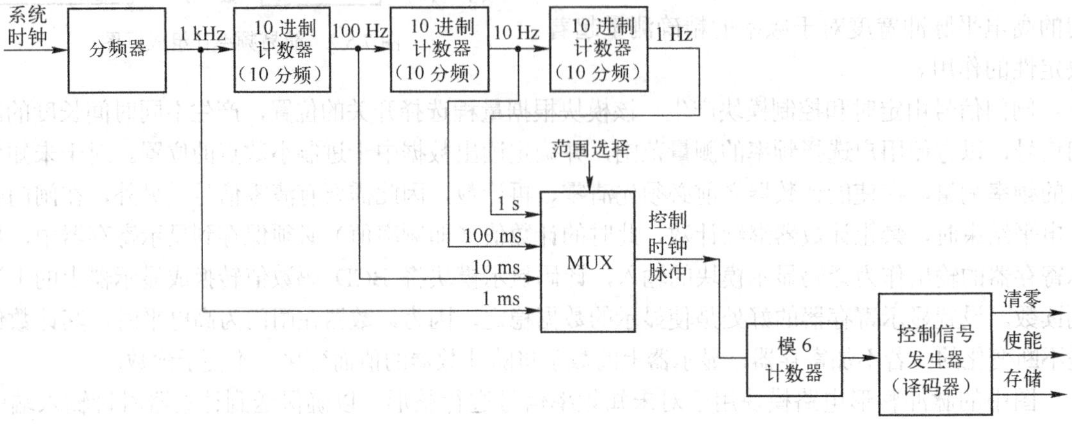

图 7.5.4　定时和控制模块组成框图

控制计数器是一个模 6 计数器，由控制信号发生器选择计数状态进行译码，就能够产生清零、使能和存储的控制信号序列。但这种实现方法完成一次测量，需要经过 6 个状态，如果控制时钟脉冲是 1s，则每次从测量到显示更新要经过 6s 的时间，显然太慢。一种改进思路是减少控制计数器的状态，不同的状态之间进行转换时，减少中间的等待状态。

计数器、显示寄存器、译码/显示等部分比较简单，此处不再讨论。

7.5.3　逻辑设计

采用自底向上的设计方法，首先设计各个子模块，再调用这些子模块组合成顶层电路。

1. 定时和控制模块设计

根据图 7.5.4 所示框图，分别设计分频器、选择器和时序脉冲产生器三个子模块，然后再将它们组合在一起，构成整个定时和控制模块。

（1）分频器

这里直接调用 7.4.3 节的分频器子模块 Divider50MHz.v 进行分频电路的设计，其代码如 CP_1kHz_1Hz.v 所示。代码中的 **defparam** 语句对各个子模块中的参数进行了修改。注意，位宽是根据计数器模进行设定的。

```
//**********    CP_1kHz_1Hz.v    **********
module CP_100kHz_1Hz(nRST, CLK_50, _1Hz, _10Hz, _100Hz, _1kHz);
 input CLK_50, nRST;                                    //输入端口声明
 output    _1Hz, _10Hz, _100Hz, _1kHz;                  //输出端口声明
Divider50MHz U2(.CLK_50M(CLK_50),                       //实例引用子模块 Divider50MHz
                . nCLR(nRST),
```

```
                .CLK_1HzOut(_1kHz));             //1kHz
defparam        U2.N = 15,                       //计数器位宽
                U2.CLK_Freq = 50000000,          //输入频率 50MHz
                U2.OUT_Freq = 1000;              //输出频率 1kHz

Divider50MHz U3(.CLK_50M(CLK_50),               //实例引用子模块
                . nCLR(nRST),
                .CLK_1HzOut(_100Hz));            //100Hz
defparam        U3.N = 18,
                U3.CLK_Freq = 50000000,
                U3.OUT_Freq = 100;

Divider50MHz U4(.CLK_50M(CLK_50),               //实例引用子模块
                . nCLR(nRST),
                .CLK_1HzOut(_10Hz));             //10Hz
defparam        U4.N = 22,
                U4.CLK_Freq = 50000000,
                U4.OUT_Freq = 10;

Divider50MHz U5(.CLK_50M(CLK_50),               //实例引用子模块
                . nCLR(nRST),
                .CLK_1HzOut(_1Hz));              //1Hz
defparam        U5.N =25,                        //22
                U5.CLK_Freq = 50000000,
                U5.OUT_Freq = 1;
endmodule
```

（2）数据选择器

直接使用 **case-endcase** 语句设计 4 选 1 数据选择器，同时，还要点亮代表小数点位置的发光二极管，其代码如下。

```
module Mux4to1 (_1Hz, _10Hz, _100Hz, _1kHz, Sel, Mux_CP, DotLed);
    input _1Hz, _10Hz, _100Hz, _1kHz;
    input [1:0] Sel;  //范围选择
    output reg Mux_CP;  //输出端口
    output reg [2:0]DotLed;//小数点
always @(Sel)
    case (Sel)
        2'b00: begin Mux_CP = _1Hz;    DotLed = 3'b100; end
        2'b01: begin Mux_CP = _10Hz;  DotLed = 3'b010; end
        2'b10: begin Mux_CP = _100Hz;DotLed = 3'b001; end
        2'b11: begin Mux_CP = _1kHz;   DotLed = 1'b000; end
    endcase
endmodule
```

（3）时序脉冲产生器

使用 **if-else** 语句设计一个计数器，再用 **case-endcase** 语句对计数状态进行译码，其代码如下。

```
//============ Timing and Controller ============
module Timing_Control (MuxCP, nRST, C_Clear, C_Enable, C_Store);
    input MuxCP;              //输入
    input nRST;               //复位
```

```
    output reg C_Clear, C_Enable, C_Store;              //清零、使能、存储
    reg [2:0]Q;                                         //存储计数值的中间变量
always @(posedge MuxCP or negedge nRST)
begin
  if (!nRST)      Q <= 3'b000;                          //清零
  else if(Q = = 3'b101)
                  Q <= 3'b000;
     else         Q <= Q + 1'b1;                        //计数
  case(Q)                                               //译码
    3'b000: {C_Clear, C_Enable, C_Store}=3'b100;        //清零
    3'b010: {C_Clear, C_Enable, C_Store}=3'b010;        //使能
    3'b100: {C_Clear, C_Enable, C_Store}=3'b001;        //存储
    default: {C_Clear, C_Enable, C_Store}=3'b000;
  endcase
end
endmodule
```

（4）定时和控制顶层模块

将上述 3 个子模块（含 Divider50MHz.v）组合在一起，就能得到符合时序要求的清零、使能和存储脉冲信号，其代码如下。

```
//====== Frequency Divider and Timing Control top block ========
module Timing_Control_top (CLK_50, nRST, Select,
                   C_Clear, C_Enable, C_Store, DotLed, _1Hz);
    input nRST,CLK_50;                      //输入
    input [1:0] Select;                     //范围选择
    output C_Clear, C_Enable, C_Store;      //清零、使能、存储
    output [2:0] DotLed;                    //驱动小数点
    output _1Hz;                            //将 1Hz 脉冲接到 LED 上，指示工作状态
    wire _10Hz, _100Hz, _1kHz;              //中间变量
    wire   Mux_CP;                          //中间变量
//实例引用上述 3 个子模块
  CP_100kHz_1Hz U0(nRST, CLK_50, _1Hz, _10Hz, _100Hz, _1kHz);
  Mux4to1       U1(_1Hz, _10Hz, _100Hz, _1kHz, Select, Mux_CP, DotLed);
  Timing_Control     U2(Mux_CP, nRST, C_Clear, C_Enable, C_Store);
endmodule
```

2. BCD 计数器模块设计

先设计一个带参数的通用二进制计数器子模块 modulo_counter，再直接调用该子模块 4 次，就能得到 4 位的 BCD 计数器模块。

（1）通用二进制计数器

```
module modulo_counter(CP, nRST, En, Q, Carry_out);
    parameter N = 4;                  //位宽
    parameter MOD = 16;               //计数器的模
    input      CP, nRST, En;          //时钟、清零、使能
    output     Carry_out;             //进位输出
    output reg [N-1:0] Q;             //输出
  always @ (posedge CP or negedge nRST)
  if (~nRST)          Q <= 'd0;       //异步清零
```

```
    else if (En) begin                          //当 En=1 时，计数
      if (Q == MOD-1) Q <= 'd0;
      else            Q <= Q + 1'b1;
    end
    assign Carry_out = (Q == MOD-1);            //产生进位
endmodule
```

（2）4 位 BCD 码计数器

```
//============== 4-digit BCD counter ====================
module BCD_Counter (CPx, nRST, En, BCD3, BCD2, BCD1, BCD0);
      input CPx;                                        //待测数字脉冲
      input nRST, En;                                   //清零、使能
      output [3:0] BCD3, BCD2, BCD1, BCD0;              //输出 8421 BCD
      wire CO_BCD0, CO_BCD1, CO_BCD2, CO_BCD3;          //进位
      //实例引用计数器子模块
  modulo_counter ones( .CP(CPx),
                       .nRST(nRST),
                       .En(En),
                       .Q(BCD0),
                       .Carry_out(CO_BCD0));
      defparam ones.N = 4;
      defparam ones.MOD = 10;

modulo_counter tens( .CP(CPx),
                     .nRST(nRST),
                     .En(En & CO_BCD0),
                     .Q(BCD1),
                     .Carry_out(CO_BCD1));
      defparam tens.N = 4;
      defparam tens.MOD = 10;

modulo_counter hundreds( .CP(CPx),
                         .nRST(nRST),
                         .En(En & CO_BCD0 & CO_BCD1),
                         .Q(BCD2),
                         .Carry_out(CO_BCD2));
      defparam hundreds.N = 4;
      defparam hundreds.MOD = 10;

modulo_counter thousands( .CP(CPx),
                          .nRST(nRST),
                          .En(En & CO_BCD0 & CO_BCD1 & CO_BCD2),
                          .Q(BCD3),
                          .Carry_out(CO_BCD3));
      defparam thousands.N = 4;
      defparam thousands.MOD = 10;
endmodule
```

3. 锁存、译码和显示模块设计

本模块将输入的 4 位 BCD 计数器的值进行寄存后，再送七段译码器进行译码，最后在共

阳极数码管上显示。因 DE2 开发板上数码管引脚直接与 FPGA 引脚相连接，所以采用静态译码。程序中的 HEX0~HEX3 代表 DE2 板上的 4 个数码管。

```
//========== Latch Decoder and Display ==============
module Latch_Display (Store, nRST, BCD0, BCD1, BCD2, BCD3,
                      HEX0, HEX1, HEX2, HEX3);
   input Store, nRST;                                        //锁存时钟、复位
   input [3:0] BCD0, BCD1, BCD2, BCD3;                       //输入 BCD 码
   output [0:6] HEX0, HEX1, HEX2, HEX3;                      //输出端口声明
   wire [3:0] LatchBCD0, LatchBCD1, LatchBCD2, LatchBCD3;    //中间变量
     //Latch 4-digit BCD
     D_FF Latch0(LatchBCD0, BCD0, Store, nRST);              //实例引用 D 触发器
     D_FF Latch1(LatchBCD1, BCD1, Store, nRST);
     D_FF Latch2(LatchBCD2, BCD2, Store, nRST);
     D_FF Latch3(LatchBCD3, BCD3, Store, nRST);
     // Output digits on 7-segment displays
     bcd7seg digit0 (LatchBCD0, HEX0);                       //实例引用七段译码器
     bcd7seg digit1 (LatchBCD1, HEX1);
     bcd7seg digit2 (LatchBCD2, HEX2);
     bcd7seg digit3 (LatchBCD3, HEX3);
endmodule
//==== D 触发器子模块 ====
module D_FF (Q, D, Store, nRST);
   input Store, nRST;                                        //输入端口声明
   input [3:0] D;                                            //输入端口声明
   output reg [3:0] Q;                                       //输出端口声明
always @(posedge Store or negedge nRST)
     if (!nRST) Q <= 4'b0000;
     else       Q <= D;
endmodule
//==== 七段译码器子模块 ====
module bcd7seg (bcd, oSEG);
     input [3:0] bcd;
     output reg [0:6] oSEG;
     always @ (bcd)
          case (bcd)                    //        0
               4'h0: oSEG = 7'b0000001;   //       ---
               4'h1: oSEG = 7'b1001111;   //      |   |
               4'h2: oSEG = 7'b0010010;   //     5|   |1
               4'h3: oSEG = 7'b0000110;   //      | 6 |
               4'h4: oSEG = 7'b1001100;   //       ---
               4'h5: oSEG = 7'b0100100;   //      |   |
               4'h6: oSEG = 7'b0100000;   //     4|   |2
               4'h7: oSEG = 7'b0001111;   //      |   |
               4'h8: oSEG = 7'b0000000;   //       ---
               4'h9: oSEG = 7'b0000100;   //        3
               default: oSEG = 7'b1111111;
          endcase
endmodule
```

4. 顶层电路设计

将以上 3 个模块逐个级联起来，并导入 DE2 的引脚分配文件 DE2_pin_assignments.csv，进行编译、下载和实际测试。

```
module Frequency_Meter (CLOCK_50, GPIO_0, LEDG, LEDR, SW, KEY,
                HEX0, HEX1, HEX2, HEX3 );
    input CLOCK_50;
    wire CLK_50 = CLOCK_50;                          //50MHz 系统时钟
    output [0:6] HEX0, HEX1, HEX2, HEX3;             //7 段数码管显示频率值
    input [0:0]GPIO_0;                               //外部待测信号从 GPIO_0[0]输入
    wire CPx = GPIO_0[0];                            //待测输入信号
    input [2:0] SW;                                  //拨动开关
    wire [1:0] Select = SW[1:0];                     //量程选择开关
    input [3:3] KEY;                                 //按键 KEY3
    wire nRST = KEY[3];                              //系统复位
    wire C_Clear, C_Enable, C_Store;                 //控制信号
    wire [3:0] BCD0, BCD1, BCD2, BCD3;               //保存 BCD 计数值
    output [0:0] LEDG;                               //绿色指示灯
    wire _1Hz;
    assign LEDG[0] = _1Hz;                           //1Hz 输出脉冲
    output [9:7] LEDR;                               //红色 LED
    wire [2:0] DotLed;
    assign LEDR = DotLed;                            //小数点位置
    Timing_Control_top UT0(CLK_50, nRST, Select,
                C_Clear, C_Enable, C_Store, DotLed, _1Hz);
    BCD_Counter        UT1(.CPx(CPx),
                           .nRST(~C_Clear & nRST),  //计数器清零
                           .En(C_Enable),
                           .BCD3(BCD3),
                           .BCD2(BCD2),
                           .BCD1(BCD1),
                           .BCD0(BCD0)    );
    Latch_Display      UT2(.Store(C_Store),
                           .nRST(nRST),              //系统复位
                           .BCD0(BCD0),
                           .BCD1(BCD1),
                           .BCD2(BCD2),
                           .BCD3(BCD3),
                           .HEX0(HEX0),
                           .HEX1(HEX1),
                           .HEX2(HEX2),
                           .HEX3(HEX3));
endmodule
```

7.5.4 设计任务

已知条件：PC，Quartus II（或 ISE）软件，FPGA 开发板。

设计课题：数字频率计设计

功能要求：与 7.5.2 节的要求相同，增加自动切换测量量程的功能。

设计步骤与要求：

① 拟定数字频率计的组成框图，采用分层次、分模块的方法设计电路。

② 使用 Verilog HDL 设计电路并进行仿真分析。

③ 用 FPGA 开发板实现设计，并实际测试系统的逻辑功能。

④ 根据实验流程和实验结果，写出实验总结报告，并对波形图和实验现象进行说明。

实验与思考题

7.5.1 画出频率计的组成框图，说明其工作原理。

7.5.2 一个频率计采用了 6 个数字的 BCD 码计数器，若采样时间分别为 1s 和 0.1s 时，它能够测量的最大频率分别是多少呢？

7.5.3 有一个频率为 6789Hz 的信号加到一个能够显示 4 个 BCD 数字的频率计输入端，若采样时间分别为 1s 和 0.1s 时，那么频率计的读数分别是多少呢？

7.6 DDS 函数信号发生器的设计

学习要求 了解 DDS 信号合成的基本原理；熟练掌握 DDS 函数信号发生器的设计与调试方法。

7.6.1 DDS 产生波形的原理

直接数字频率合成（Direct Digital Frequency Synthesis，简称 DDS 或 DDFS）是一种应用数字技术产生信号波形的方法。它是由美国学者 J.Tierncy、C.M.Rader 和 B.Gold 在 1971 年提出的，他们以数字信号处理理论为基础，从相位概念出发提出了一种新的直接合成所需波形的全数字频率合成方法。本节学习用 DDS 技术产生波形的方法。

下面以正弦信号波形的产生为例，说明 DDS 的工作原理。

虽然正弦波的幅度不是线性的，但是它的相位却是线性增加的，DDS 正是利用了这一特点来产生正弦信号的。因为一个连续的正弦信号，其相位是时间的线性函数，相位对时间的导数为 ω，即

$$\theta(t) = 2\pi f t = \omega t \tag{7.6.1}$$

$$\mathrm{d}\theta(t)/\mathrm{d}t = 2\pi f = \omega \tag{7.6.2}$$

当角频率 ω 为一定值时，其相位斜率 $\mathrm{d}\theta/\mathrm{d}t$ 也是一个确定值。此时，正弦波形信号的相位与时间呈线性关系，即 $\Delta\theta=\omega\times\Delta t$。根据这一基本关系，利用采样定理，通过查表法就能够产生波形。

图 7.6.1 是产生正弦信号的原理框图。图中 CP_i 为系统基准时钟源，其周期为 T_i，在 CP_i 的作用下，地址计数器（从 0～（2^n-1）计数）产生数据存储器所需的地址信号。在时钟作用下，周期性地读出正弦波形存储器中的正弦幅度值，经 D/A 转换器及低通滤波器就可以合成模拟波形。

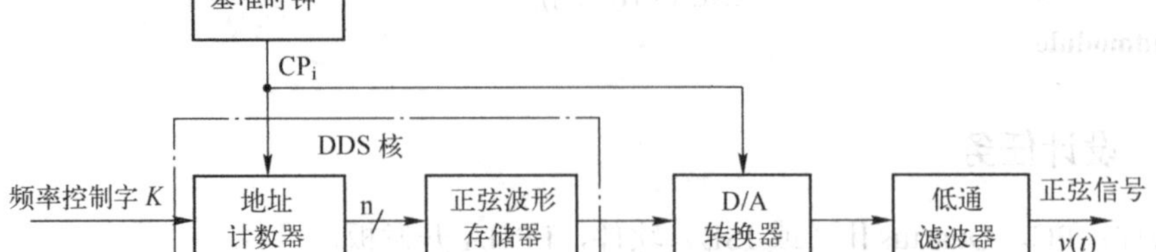

图 7.6.1 DDS 技术产生波形的原理框

如何获取正弦波形存储器中的数据呢？

我们知道，某一个频率的正弦信号可以表示为

$$v(t) = A\sin(\omega t + \theta_0) = A\sin(2\pi ft + \theta_0) \tag{7.6.3}$$

式中，A 为正弦波的振幅，f（或 ω）为正弦信号的频率（或角频率），θ_0 为初始相位。由于 A 和 θ_0 不随时间而变化，可以令 A=1，$\theta_0=0$，得到归一化的正弦信号表达式

$$v(t) = \sin(\omega t) \tag{7.6.4}$$

将上述正弦信号一个周期内的相位 0～2π 的变化用单位圆表示，其相位与幅度一一对应，即单位圆上的每一点均对应输出一个特定的幅度值，如图 7.6.2 所示。例如，在圆上取 16 个相位点就有 16 种幅度值与之对应，如果在圆上取 2N 个相位点，则相位分辨率为 $\Delta=2\pi/2N$。根据奈奎斯特定理，以等量的相位间隔对其进行相位/幅度抽样得到一个周期的正弦信号的离散相位-幅度序列；再根据合成波形的精度要求，对模拟幅值进行量化，量化后的幅值采用相应的二进制数据进行编码，这样就把一个周期的正弦波连续信号转换成为一系列离散的二进制数字量。然后通过一定的手段固化在只读存储器 ROM 中，每个存储单元的地址即是相位取样地址，存储单元的内容是已经量化的正弦波幅值。这样的一个只读存储器就构成了一个与 2π 周期内相位取样相对应的正弦函数表，因它存储的是正弦波形一个周期的幅值，因此称其为正弦波形存储器，又称作查找表。

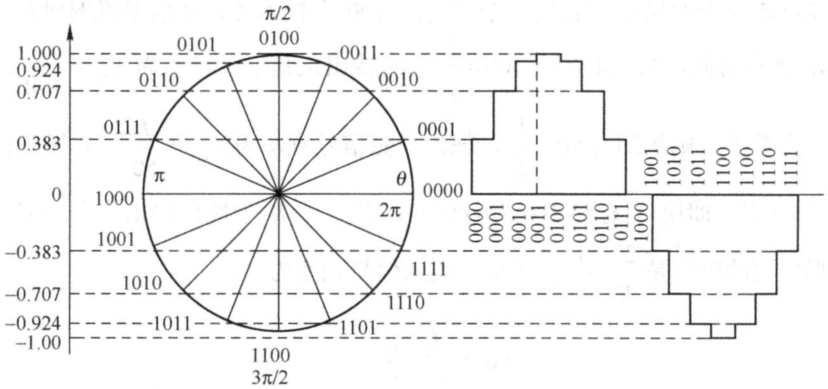

图 7.6.2　正弦信号相位与幅度的对应关系

如何改变输出信号的频率呢？

假设正弦波形一个周期的数据用 ROM 中 2^n 个存储单元来存储，则输出信号的周期、基准时钟周期与读出的数据点之间的关系可以用图 7.6.3 来表示，图中的空心圆点代表从 ROM 中读出的数据点，每来一个基准时钟脉冲（周期为 T_i），地址计数器的值加 1，存储器输出一个数据点，直到存储器最后一个地址（2^n–1）单元中的数据被读出，此时能够得到一个周期的正弦信号。此后，地址计数器在基准时钟的作用下，继续从 0 至（2^n–1）计数，并重复读出 ROM 中的数据，于是得到周期性的正弦波形。因此，输出信号的周期 T_{out} 与基准时钟周期 T_i 存在如下关系：

$$T_{out} = 2^n \cdot T_i \tag{7.6.5}$$

或者

$$f_{out} = f_i / 2^n \tag{7.6.6}$$

式中，f_{out} 为输出正弦信号频率，f_i 为基准时钟信号频率。根据采样定理，输出信号频率不能超过系统基准时钟频率的一半，即 $f_{out} \leqslant f_i / 2$。在实际运用中，为了保证信号的输出质量，输出信号的频率不要高于时钟频率的 1/3，以避免混叠或谐波落入有用输出频带内。

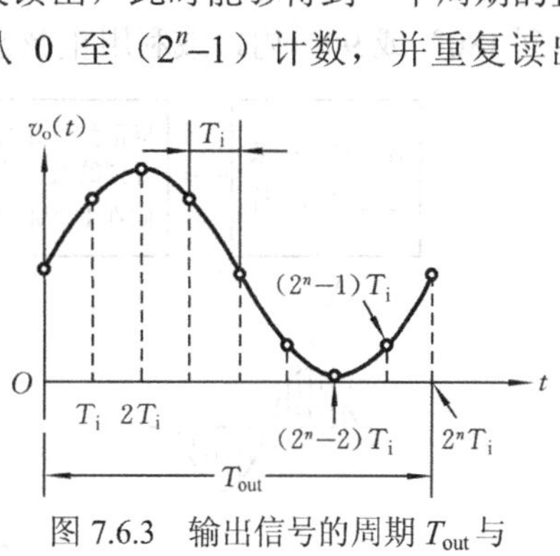

图 7.6.3　输出信号的周期 T_{out} 与基准时钟周期 T_i 的关系

假设对正弦波的一个周期用相等的相位间隔取 100 个样本点，将其幅度信息存到 ROM 中。下面使用不同的方法输出数据，以便寻找改变输出信号频率的具体方法。

① 使用 100Hz 的时钟速度读取每一个点并使用 DAC 复原波形，那么读取一个周期的数据（100 个样本点）需要 1s，也就是每秒复原一个周期的正弦波，输出正弦波的频率为 1Hz。同理，使用 200Hz 的时钟读取一个周期的数据（100 个样本点）需要$100\times\frac{1}{200\text{Hz}}=0.5\text{ s}$，即输出正弦波的频率为 2Hz。

② 仍旧使用 100Hz 时钟，每隔一个点，即每两个点读取一次并输出，则每秒可以产生两个周期的正弦波，输出正弦波的频率为 2Hz。同理，每三个点读一次并输出，则输出正弦波的频率为 3Hz。

于是得到两种改变输出波形频率的方法：(1) 改变读取 ROM 数据的时钟频率；(2) 改变取数间隔。因为获得任意频率的时钟比改变取数间隔要复杂，而且通常使用器件的最高工作频率作为数据输出时钟，时钟频率越高，单位时间内输出的数据就越多。DDS 一般采用第二种方法，即在同一个时钟频率下，通过查表，输出波形数据，通过改变取数间隔（也称为步进）来改变频率。

输出信号的频率与取数间隔 K 之间有什么关系呢？

假设在 ROM 里面存储有正弦波一个周期的 100 个样本点，系统基准时钟频率为 f_i，按此频率对 ROM 进行访问，所用时间为$100\times\frac{1}{f_\text{i}}$，则输出正弦信号频率为 $f_\text{out}=\frac{f_\text{i}}{100}$；假设每隔一个地址输出一个数据，则周期为$50\times\frac{1}{f_\text{i}}$，输出正弦信号频率为 $f_\text{out}=\frac{f_\text{i}}{50}$。如果对正弦波的一个周期取 2^n 个样本点，即用 2^n 存储单元进行保存，若每隔 K 个地址输出一个数据，那么输出一个周期的波形需要的时间是$\frac{2^n}{K}\cdot\frac{1}{f_i}$，即输出正弦信号频率为

$$f_\text{out}=\frac{f_i}{2^n}\cdot K \tag{7.6.7}$$

综上所述，利用 DDS 技术产生正弦波形的过程如图 7.6.4 所示。首先基于奈奎斯特（Nyquist）采样定理对需要产生的波形进行采样和量化，并存入 ROM 中，作为待产生波形的数据表；在需要输出波形时，从数据表中依次读出数据，通过 D/A 转换器和滤波器后就变成了所需的模拟信号波形。如果改变 ROM 中数据表的内容，就可以得到不同的信号波形。ROM 的容量越大，存储的数据就越多，相位量化误差就越小；而 ROM 输出数据的位数则决定了幅度量化误差。在实际的 DDS 中，可利用正弦波的对称性，将 360° 范围内的幅值、相位点减少到 180° 或 90° 内，或利用正弦函数的压缩算法降低 ROM 的存储容量。

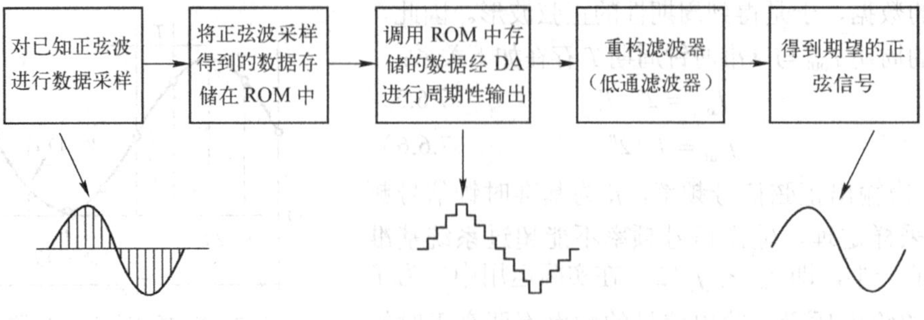

图 7.6.4　产生正弦波形的过程

7.6.2 DDS 函数信号发生器的组成框图

1. 功能要求

设计制作一个正弦信号发生器。要求：

（1）利用 DDS 技术合成正弦波。

（2）输出信号的频率范围为 10Hz~5MHz，频率步进间隔≤10Hz。

2. 组成框图

在 FPGA 中，常用图 7.6.5 所示框图实现 DDS。图中，m 为地址加法器的数据宽度，其大小取决于基准时钟频率和所需步进精度。ROMaddr 为 n 位存储器地址，n 取决于波形样本个数。r 为存储器输出数据的宽度。

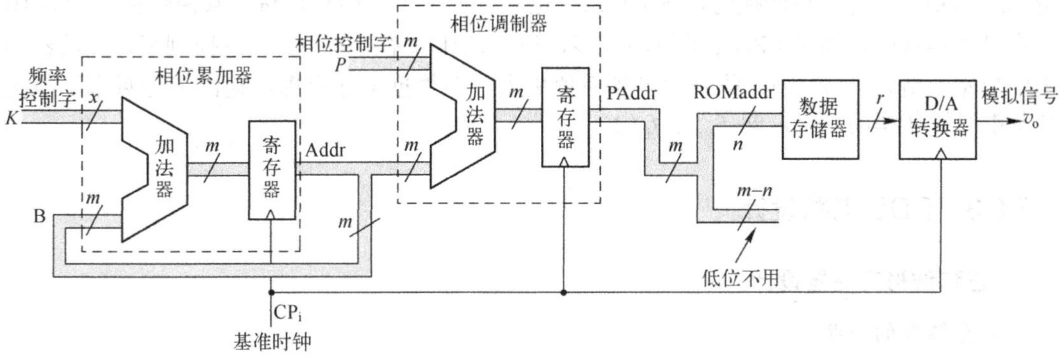

图 7.6.5 DDS 的具体实现框图

地址计数器也称为相位累加器，由地址加法器和地址寄存器组成。加法器有两个数据输入端：输入端 B 与地址寄存器的输出相连；另一个输入端为相位增量 K，因为 K 是决定 DDS 输出频率的参量，因而被称为频率数据或频率控制字（Frequency Control Word，FCW），存放 K 的寄存器被称为频率控制寄存器。K 是一个二进制数据，$K + B$（B 的初值为 0）就是相位累加器的输出 Addr，相位控制字 P 用来调节相对于相位累加器输出相位的一个固定增量，对于一路信号来说没有任何意义，不过对于多路信号则可以通过相位控制字来调节多路信号的相位差。

存储器地址 ROMaddr 截取的是 PAddr 的高 n 位，其变化速度取决于 K 的大小，从而实现了跳跃读数。当相位累加器为最大值时，再来一个时钟脉冲，其输出地址数据出现溢出，自动地从 0 开始重复先前的过程，这样就可以实现波形的连续输出。因此通过改变 K 值来调节输出频率。

根据上面分析，在选定基准时钟频率为 100MHz 的情况下，如果需要最低 1Hz 的步进精度，则相位累加器必须产生 100×10^6 个地址，而表示数值 100×10^6 需要至少 27 位（bit）（$2^{27}>10^8$，$2^{26}<10^8$）二进制数，即地址加法器的宽度 $m = 27$。若需要最低 2Hz 的步进精度，则相位累加器必须产生 50×10^6 个地址，即此时地址加法器的宽度 $m = 26$，…同理，若需要最低 10Hz 的步进精度，则相位累加器必须产生 $100\text{MHz}/10\text{Hz}=10\times10^6$ 个地址，此时地址加法器的宽度 $m = 24$，输出波形的频率为

$$f_{\text{out}} = \frac{f_{\text{i}}}{2^m}\cdot K = \frac{100\times10^6}{2^{24}}\cdot K \quad (\text{Hz}) \tag{7.6.8}$$

可见，相位累加器的位宽 m 是由频率的步进间隔决定的，而频率控制字的位宽 x 则由输出频率的上限值来决定。因为当 K 取最小值 1 时，输出波形的频率最小；而当 K 取最大值时，

输出波形的频率最大。设计要求 $f_{max} \geqslant 5MHz$，则 K 至少应为 838 860.8，该数值需要用 20bit 二进制数据表示，即 $x = 20$。

当 m=24，x=20 时，重新校核一下输出频率范围。当 K 用 20 位二进制数表示时，其最大值为$(FFFFF)_H$，此时输出频率最大值为

$$f_{out} = \frac{100 \times 10^6}{2^{24}} \times 2^{20} = 6.25 \times 10^6 \text{ (Hz)}$$

当 K=1 时，输出频率最小值为

$$f_{out} = \frac{100 \times 10^6}{2^{24}} \times 1 = 5.96 \text{ (Hz)}$$

综上所述，在选定基准时钟频率为 100MHz 的情况下，本设计需要 24bit 地址加法器和 20bit 频率控制字。每个周期的波形使用 1024 个数据点表示，则 $n = \log_2 1024 = 10$。后面如果使用 12 位 DAC 进行数模转换时，则 $r = 12$；也可以使用 10 位 DAC 进行数模转换，则 r=10。

在具体实现时，如果 FPGA 的资源较多，也可以让频率控制字、相位控制字、加法器和寄存器的位宽相等，即 $r = m$，此时输出频率值更大。但根据采样定理，输出信号频率不能超过系统基准时钟频率的一半，即 $f_{out} \leqslant f_i / 2$。

7.6.3 DDS 电路设计

1. 正弦波形存储器设计

（1）存储器的声明

在 Verilog 中，存储器是由 reg 变量组成的数组，下面的语句声明了一个 1K ×12 位的存储器，用于保存正弦波形的样本数据点。

```
parameter TABLE_AW    = 10,                          //存储器地址位宽
parameter DATA_W      = 12,                          //数据的位宽
parameter MEM_FILE    = "SineTable.dat"              //正弦波形数据文件
//声明存储器:1K x 12bits，用于存储正弦数据，    2**N 代表 2^N
reg [DATA_W - 1 : 0] sinTable[2 ** TABLE_AW - 1 : 0];
```

（2）存储器的初始化

假设正弦波形一个周期样本数据点保存在文本文件 SineTable.dat 中，如何将该文件中的数据加载到数据存储器中呢？

系统任务**$readmemh**（加载十六进制值）和**$readmemb**（加载二进制值）就可以从指定的文本文件中读取数据并加载到存储器。当数据文件被读取时，每一个被读取的数据都被存放到地址连续的存储器单元中去。存储器单元的存放地址范围由系统任务声明语句中的起始地址和结束地址来说明，每个数据的存放地址在数据文件中进行说明。

下面是用**$readmemh** 读取数据时要求的文件格式，文件中可以包含空格和注释（以双斜线//开始的行）。字符“@”后跟十六进制数表示地址，空格后面为十六进制数据。

```
// @地址(hex)    数据(hex)
  @0000         7FF
  @0001         80C
  @0002         818
  ……
  @03FE         7E6
```

```
@03FF        7F2

initial begin
    $readmemh(MEM_FILE, sinTable);         //用初始化文件对 ROM 表进行初始化
end
```

（3）数据文件的产生

根据式（7.6.4）和采样定理，对周期为 T 的正弦信号以等间隔时间采样（采样周期为 T_S），可以得到正弦序列

$$v(nT_S)=\sin\left(\frac{2\pi}{T}t\right)\bigg|_{t=nT_S}=\sin\left(\frac{2\pi}{T}\cdot nT_S\right)$$

简记为

$$v(n)=\sin\left(\frac{2\pi}{T/T_S}\cdot n\right) \tag{7.6.9}$$

式中，n 表示各函数值的序列号。如果令 $T/T_S=N$（正整数）为总的抽样点数，当 n 取值为 0,1,2…,$N-1$ 时，就能将时间连续的正弦信号离散为一组序列值的集合。

根据式（7.6.9）编写C语言程序，将正弦波的一个周期离散成 1024 个相位/幅值点，每个点的数据宽度为 12 位。下面是完整的 C 语言程序。

```
#include <stdio.h>
#include <math.h>
#define PI 3.141592
#define DEPTH 1024          /*数据深度，即存储单元的个数*/
#define WIDTH 12            /*存储单元的宽度*/
int main(void)
{   int n,temp;
    float v;
    FILE *fp;
        /*  建立文件名为：SineTable.dat 新文件，允许写入数据*/
    fp = fopen("SineTable.dat","w+");
    if(NULL==fp)
        printf("Can not creat file!\r\n");
    else
    {
        printf("File created successfully!\n");
        for(n=0;n<DEPTH;n++)
        {       /*一个周期的正弦波为 1024 个点*/
            v = sin(2*PI*n/DEPTH);
            /*将-1～1 之间的正弦波的值扩展到 0~4095 之间*/
            temp = (int)((v+1)*4095/2); //v+1 将数值平移到 0~2 之间
            /*以十六进制输出地址和数据*/
            fprintf(fp,"@%03x\t \t%x\n",n,temp);
        }
        fclose(fp);   //关闭文件
    }
}
```

接着，将上述程序输入到 C 编译器中，编译、运行程序后，得到存储器的初始化文件 SineTable.dat。

2. DDS 核心模块设计

根据图 7.6.5，将各个模块用 Verilog 描述出来，就可以得到 DDS 的核心模块。下面是完整的程序。

```
//===== DDS 核心模块：DDS.v  ======
module DDS
#(  parameter K_WIDTH      = 27,              //控制字的位宽
    parameter TABLE_AW     = 10,              //存储器地址位宽
    parameter DATA_W       = 12,              //数据的位宽
    parameter MEM_FILE     = "SineTable.dat"  //正弦波形数据文件
)(
    input Clock,                              //基准时钟
    input ClkEn,                              //时钟使能
    input [K_WIDTH - 1 : 0]FreqWord,          //频率控制字
    input [K_WIDTH - 1 : 0] PhaseShift,       //相位控制字
    output DAC_clk,
    output [DATA_W - 1 : 0] Out               //输出正弦数据：12 位宽
);
    //声明存储器:1K x 12bits，用于存储正弦数据，  2**N 代表 2^N
    reg signed [DATA_W - 1 : 0] sinTable[2 ** TABLE_AW - 1 : 0];
    reg [K_WIDTH - 1 : 0] addr;               //相位累加器的输出
    wire [K_WIDTH - 1 : 0] Paddr;             //相位偏移后的输出
    initial begin
        addr = 0;
        $readmemh(MEM_FILE, sinTable);        //用初始化文件对 ROM 表进行初始化
    end
    // 对相位累加器进行操作
    always@(posedge Clock) begin
        if(ClkEn)
            addr <= addr + FreqWord;
    end
    //对相位调制器进行操作
    assign Paddr = addr + PhaseShift;
    // 查表，送出数据，并同步送出 DAC 的时钟信号
    //sinTable 只取高 10 位地址，即输出 1024 个数据
    assign Out = sinTable[Paddr[K_WIDTH - 1 : K_WIDTH - TABLE_AW]];
    assign DAC_clk = Clock;
endmodule
```

7.6.4 设计仿真

下面编写一个测试模块，使用 MoselSim 软件[①]对上述设计进行仿真，得到如图 7.6.6 所示的仿真波形。

```
//======== DDS 测试模块：DDS_testbench.v    ======
module DDS_testbench;
  reg clk;
```

① ModelSim 是 Mentor 公司推出的最流行的仿真工具之一。

```
reg clkEn = 1'b1;
reg [23:0] freq;
reg [23:0] phaseShift = 24'b0;
wire dac_clk;
wire [11:0] out;

initial
begin
      clk = 1'b1;                    //给时钟 clk 赋初值
      freq = 24'h04_0000;            //频率控制字不同，输出频率不同
      #10000 freq = 24'h08_0000;
      #20000 freq = 24'h0C_0000;
      #30000 freq = 24'h10_0000;
      #40000 freq = 24'h18_0000;
      #50000 freq = 24'h20_0000;
      #60000 freq = 24'h30_0000;
      #70000 $stop();
end
always begin                         //产生时钟信号
      #4 clk = ~clk;
end
//实例引用 DDS 模块，注意带参数的模块调用方式：
//  模块名 #(参数表配置) 实例名(端口连接);
DDS #(
      .K_WIDTH(24), .DATA_W(12), .TABLE_AW(10),
      .MEM_FILE("SineTable.dat"))
dds_inst(
     .FreqWord(freq),
     .PhaseShift(phaseShift),
     .Clock(clk),
     .ClkEn(clkEn),
     .DAC_clk(dac_clk),
     .Out(out)) ;
endmodule
```

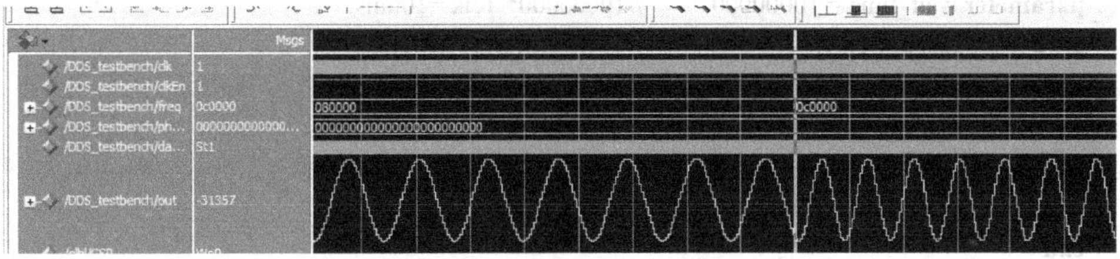

图 7.6.6　DDS 仿真波形图

7.6.5　设计实现

根据式（7.6.8）可知，改变频率控制字 K 就能得到不同的频率。如果制作一个带有数码显示和频率值输入的单片机系统，将频率控制字 K 计算出来后，直接送给 DDS 模块，就能方便地调节输出信号的频率值。

这里，为了用 FPGA 开发板实现上述设计，并能随意调整输出信号频率，需要编写一个顶

层模块。在该模块中直接调用上述 DDS 核心模块，并增加频率控制字的调整算法，用 3 个拨动开关实现频率范围调整，再用两个按钮开关实现频率的增加/减少调节。为了去除机械开关抖动，还需要对按钮采用延时去抖动措施。下面先说明调节频率和延时去抖动的思路，再给出完整程序。

由于输出频率范围为 10Hz~5MHz，为了方便调节频率，这里采用表 7.6.1 所示方法，将频率范围分成 4 挡，不同的频率挡位，用按键调节频率时，频率增加量是不同的。表中的 *K* 是根据式（7.6.8）计算得到的。

表 7.6.1　分挡频率控制字

频率范围	频率控制字 *K*	按键一次，频率改变量
10Hz ~100Hz	1	5.96Hz
100Hz ~1kHz	17	101.3Hz
1kHz ~10kHz	168	1001.4Hz
10kHz ~100kHz	1678	10001.7Hz
100kHz ~1MHz	16778	100004.7Hz
1MHz ~ 10MHz	167773	1000005Hz

假设有一个按钮，按下时为 1，松开后自动回复到 0，每隔 100ms 对机械开关采样一次，如果两次采样结果为先 1 后 0，说明按钮已经松开，且按键信号是有效的，用 btn_valid 表示，它是高电平宽度为 100ms 的单脉冲。接着再用 10ns（即 100MHz）时钟对单脉冲 btn_valid 采样，得到高电平宽度为 10ns 的单脉冲（用 btn_valid_sync 表示），用该信号控制计数器递增/递减计数，其原理图如图 7.6.7 所示。图中 CE 为时钟使能信号，每隔 100ms 让时钟信号 clk 使能一次。如果需要使用多个按钮，可以按类似方法处理。

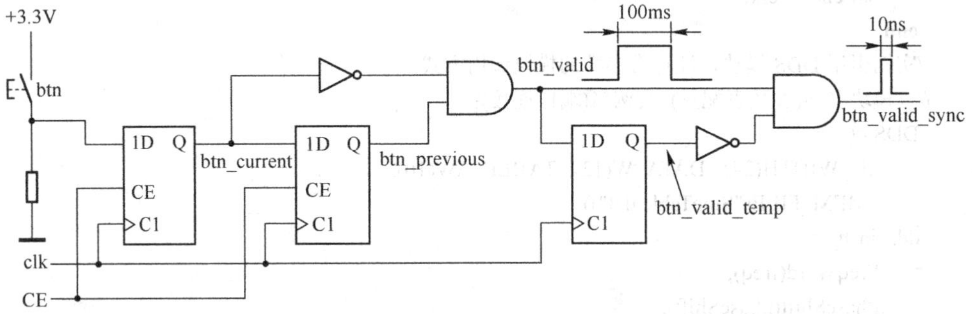

图 7.6.7　按钮开关去抖动原理图

```
//===============计数器：延时 100ms ====================
reg [23:0] btn_count;
initial btn_count =0 ;
parameter wait_time = 10000000;        //10000000* Tclk =100ms.
always @(posedge clk)                  //Tclk = 10ns (100 MHz)
begin
   if(btn_count >=wait_time)           //延时 100ms
        btn_count <= 0;
   else btn_count <= btn_count + 1;
end

//============== 产生 100ms 单脉冲信号 ====================
wire btn;
reg btn_current;
reg btn_previous;
always @(posedge clk)
begin                          //隔 100ms 采样一次 button 的状态，去除按钮抖动
   if(btn_count >= wait_time)  //判断 100ms 是否到？时间到，时钟使能 CE=1
     begin                     //注意此处用的是非阻塞赋值
```

```
            btn_previous <= btn_current;
            btn_current    <= btn;
        end
    end
    assign btn_valid = (btn_current == 0) &&( btn_previous == 1);

//============== 产生同步化单脉冲信号 =====================
wire btn_valid;
reg btn_valid_temp;
wire    btn_valid_sync;
always @(posedge clk)
begin
    btn_valid_temp <= btn_valid;
end
assign btn_valid_sync = (btn_valid_temp == 0) &&( btn_valid == 1);
```

下面是 Verilog 完整程序。由于不同开发板的引脚分配不同，这里没有给出引脚分配文件。

```
module DDS_Top (
    input clk,                          //基准时钟，频率 100MHz
    input [2:0]sw,                      //拨动开关，调节频率范围
    input btnD,                         //按钮，增加频率
    input btnU,                         //按钮，减少频率
    output DAC900_PD,                   //DAC 功耗控制信号
    output DAC900_clk,                  //送给 DAC 的时钟信号
    output [9:0]DAC900_Data             //送给 DAC 的数据：10 位宽
    );
    wire [15:0] out;                    //输出正弦数据：12 位宽
    wire [23:0]freqword;                //频率控制字：24 位宽
//============== 调用 DDS 核心模块 ====================
DDS #(
        .K_WIDTH(24), .DATA_W(12), .TABLE_AW(10),
        .MEM_FILE("SineTable.dat")
    ) inst(
            .FreqWord(freqword),
            .PhaseShift(24'b0),
            .Clock(clk),
            .ClkEn(1'b1),
            .DAC_clk(DAC900_clk),
            .Out(out)
    );
    assign DAC900_Data = out[11:2] ;    //DAC 只用 10-bits
    assign DAC900_PD = 1'b0;
//=============== 设定频率控制字初值 ====================
reg [23:0] freqword_10Hz;
reg [23:0] freqword_100Hz;
reg [23:0] freqword_1kHz;
reg [23:0] freqword_10kHz;
reg [23:0] freqword_100kHz;
reg [23:0] freqword_1MHz;
```

```
initial     begin
    freqword_10Hz =     1 ;     //5.96Hz
    freqword_100Hz = 17;         //101.3 Hz
    freqword_1kHz =    168;    //1001.4 Hz
    freqword_10kHz = 1678;     //10001.7 Hz
    freqword_100kHz =16778;   //100004.7 Hz
    freqword_1MHz =     167773; //1000005 Hz
end
//因为频率控制字与输出信号频率成正比,所以各个位上的控制量线性叠加即可
assign freqword = freqword_10Hz + freqword_100Hz
                + freqword_1kHz + freqword_10kHz
                + freqword_100kHz + freqword_1MHz;
//默认输出信号频率为 1.11112MHz 信号

//================ 调整频率控制字 ======================
  wire Add_En, Sub_En;
  assign Add_En = btn_valid_sync[0];
  assign Sub_En = btn_valid_sync[1];
//=====================================================
    //控制 1Hz 档, 频率步进值约为 100MHz/2^24 = 5.96 Hz,
    //说明步进值不能为 1Hz,因为 24-bit 不够精度
always @(posedge clk)
//switch 的当前值作为各个档位,btn[0]作为加法,btn[1]作为减法
  case (sw)
  3'b000: begin      //频率调节范围为(5.96~101.3)Hz
          if(Add_En && freqword_10Hz < 17 )
               freqword_10Hz <= freqword_10Hz + 1;
          if(Sub_En && freqword_10Hz >= 1    )
               freqword_10Hz <= freqword_10Hz - 1;
          end
  3'b001: begin      //频率调节范围为(101.3~1001.4)Hz
          if(Add_En && freqword_100Hz < 168 )
               freqword_100Hz <= freqword_100Hz + 17;
          if(Sub_En && freqword_100Hz >= 17 )
               freqword_100Hz <= freqword_100Hz - 17;
          end
  3'b010: begin      //频率调节范围为(1001.4~10001.7)Hz
          if(Add_En && freqword_1kHz < 1678 )
               freqword_1kHz <= freqword_1kHz + 168;
          if(Sub_En && freqword_1kHz >= 168 )
               freqword_1kHz <= freqword_1kHz - 168;
          end
  3'b011: begin       //频率调节范围为(10~100)kHz
          if(Add_En && freqword_10kHz < 16778 )
               freqword_10kHz <= freqword_10kHz + 1678;
          if(Sub_En && freqword_10kHz >= 1678 )
               freqword_10kHz <= freqword_10kHz - 1678;
          end
  3'b100: begin         //频率调节范围为(100 ~ 1000) kHz
```

```
            if(Add_En && freqword_100kHz < 167773 )
                freqword_100kHz <= freqword_100kHz + 16778;
            if(Sub_En && freqword_100kHz >= 16778 )
                freqword_100kHz <= freqword_100kHz - 16778;
            end
    3'b101: begin          //频率调节范围为(1 ~ 10) MHz
            if(Add_En && freqword_1MHz < 1677722 )
                freqword_1MHz <= freqword_1MHz + 167773;
            if(Sub_En && freqword_1MHz >= 167773 )
                freqword_1MHz <= freqword_1MHz - 167773;
            end
    default: begin       //频率调节范围为(1001.4~10001.7)Hz
            if(Add_En && freqword_1kHz < 1677 )
                freqword_1kHz <= freqword_1kHz + 168;
            if(Sub_En && freqword_1kHz >= 168 )
                freqword_1kHz <= freqword_1kHz - 168;
            end
    endcase

//==================计数器：延时 100ms ====================
reg [23:0] btn_count;
initial btn_count =0 ;
parameter wait_time = 10000000;      //延时 100ms.
always @(posedge clk)                //Tclk = 10ns (100 MHz)
begin
    if(btn_count >=wait_time)        //延时 100ms
        btn_count <= 0;
    else btn_count <= btn_count + 1;
end

wire [1:0] btn;
assign btn = {btnD,btnU};            //减少/增加频率按钮

reg [1:0]btn_current;                //保存按钮的当前状态
reg [1:0]btn_previous;               //保存按钮的前一时刻状态
wire [1:0] btn_valid;                //100ms 单脉冲信号
//============== 产生 100ms 单脉冲信号 ====================
always @(posedge clk)
begin          //隔 100ms 采样一次 button 的状态,去除按钮抖动
    if(btn_count >= wait_time) //判断 100ms 是否到？
      begin  //注意此处用非阻塞赋值，采样 btn 的状态
        btn_previous <= btn_current;
        btn_current   <= btn;
      end
end
assign btn_valid[0] = (btn_current[0] = = 0) &&( btn_previous[0] = = 1);
assign btn_valid[1] = (btn_current[1] = = 0) &&( btn_previous[1] = = 1);
//============== 产生同步化单脉冲信号 ======================
reg [1:0] btn_valid_temp;
wire [1:0] btn_valid_sync;
```

```
always @(posedge clk)
begin
    btn_valid_temp <= btn_valid;   //用 clk 采样 btn_valid 的状态
end
assign btn_valid_sync[0]=(btn_valid_temp[0] == 0) &&( btn_valid[0] == 1);
assign btn_valid_sync[1]=(btn_valid_temp[1] == 0) &&( btn_valid[1] == 1);

endmodule
```

7.6.6　D/A 转换电路及放大电路设计

为了能够输出模拟波形，需要制作一块电路扩展板，将 D/A 转换、滤波和放大电路做在一块 PCB 板上，其电路如图 7.6.8 所示。

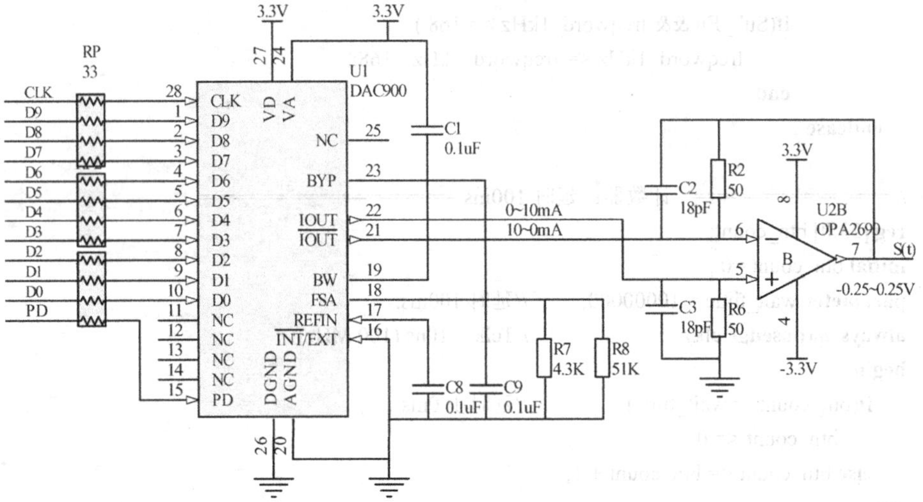

(a) D/A 转换电路

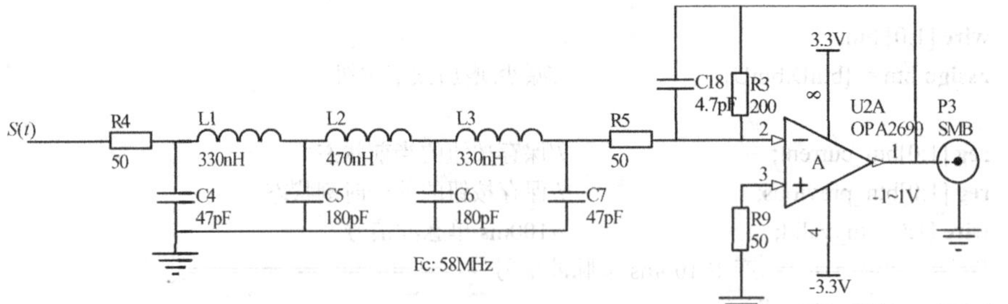

(b) 7 阶巴特沃斯低通滤波器及放大电路

图 7.6.8　D/A 转换、滤波和放大电路

该模块采用了 DAC900 数模转换器[①]，DAC900 是一款并行接口的高速 DAC，分辨率为 10bit，DDS 查找表输出数据为 12bit，使用 DAC900 进行转换时，可以舍弃掉最低的 2bit。运放 U2B 将 DAC900 输出的电流转换成电压信号 $S(t)$（含阶梯的波形），该信号含有丰富的多次谐波分量，因此必须在 D/A 转换器的输出端接频率为 $f_i/3\sim f_i/2$ 的低通滤波器（$f_i = 100$MHz），滤掉信号 $S(t)$中高频杂散部分。这里采用滤波器设计软件 Filter Solutions 进行设计，得到如图 7.6.8(b)所示电路 7 阶无源低通滤波器，按照图中的参数，其上限截止频率约为 32.5MHz。

① 也可以使用 12bit 的 DAC902 进行数模转换。

7.6.7 设计任务

已知条件：PC，QuartusⅡ（或 ISE）软件，FPGA 开发板。

设计课题 1：DDS 信号发生器设计

功能要求：设计制作一个信号波形发生器①，要求：

① 输出波形的频率范围为 1Hz～30MHz（非正弦波频率按 10 次谐波计算）；能够用按键（或开关）调节频率，最低频率步进间隔≤1Hz。

② 能够用 4 位数码管将输出信号的频率显示出来。

*③ 扩展输出信号的种类（如方波、三角波、锯齿波等），频率范围自行设定。

设计步骤与要求：

① 拟定 DDS 的组成框图，采用分层次、分模块的方法设计电路。

② 使用 Verilog HDL 设计各单元电路并进行仿真分析。

③ 用 FPGA 开发板实现设计，增加必要的扩展电路，使用示波器观察输出波形。

④ 根据实验流程和实验结果，写出实验总结报告，并对波形图和实验现象进行说明。

实验与思考题

7.6.1 DDS 产生波形的原理是什么？

7.6.2 如果基准时钟频率为 100MHz，相位累加器中的频率控制字、加法器和寄存器的位宽均使用 32 位，则输出信号频率的最小值是多少？

① 来自于 2007 年全国大学生电子设计竞赛 A 题，这里对题目要求进行了简化。

第 8 章　高频电子线路应用设计

内容提要　本章介绍高频小信号放大器、LC 正弦波振荡器、变容二极管调频电路、高频功率放大器、集成电路模拟乘法器、调频发射机与接收机、调幅发射机与接收机等电路的设计方法、性能指标的测试技术和实验技巧。这些实验在电路原理、电路结构，以及电路的功能上是逐步加深与扩展的。

8.1　高频电路特点与实验基础

学习要求　掌握高频电路的特点、高频电路元器件的选择方法和高频电路的布线及安装方法，了解高频情况下的各种分布参数对电路性能的影响。

1. 高频电路的特征

与低频电路比较，高频电子线路有很多自己的特征和分析方法，很多低频电路的分析方法在高频不再适用。在分析低频电路信号近距离传输时，由于信号的波长较长，一般可以忽略时间因素，也可以忽略器件、实验电路板以及连接导线上存在的电阻、电感和电容，当作集中常数处理，因此电路分析较为简单。而在高频电路中，由于波长较短，不可以忽略时间的要素，而且电路中导线、器件引脚在高频电流下是电感、电阻、电容兼有的传输线，高频电流的趋肤效应使得导线和引脚的表面电阻增加；分布电感、分布电容使得它们具有电抗性，这是在分析高频电路时必须考虑的因素。

（1）趋肤效应：亦称“集肤效应”。交流电通过导体时，由于电磁感应作用引起导体截面上电流分布不均匀，越近导体表面电流密度越大，这种现象称为趋肤效应。趋肤效应使导体的有效电阻增加，损耗增大。频率越高，趋肤效应越明显。在高频电路中，元器件的引脚、电感线圈，电路布线都附带上了串联的电阻。而且频率越高，电阻越大。

（2）介质损耗：绝缘材料在电场作用下，由于介质电导和介质极化的滞后效应，在其内部引起的能量损耗，也叫介质损失，简称介损。电容两个极板之间的介质、电路板、线圈骨架等都可等效为损耗能量的电阻。这个电阻是并联的，频率越高，电阻越小。因此，在选用器件和材料的时候要注意介质的损耗问题。一般介电常数越大的材料，介质损耗率越小。

（3）驻波：当交变电流在传输线中传输，负载与传输线的特性阻抗不相等时，传输线上同时存在前进波和反射波，从而形成稳定的电压或电流波形。这个波形不随时间改变，称为驻波。如图 8.1.1 所示。

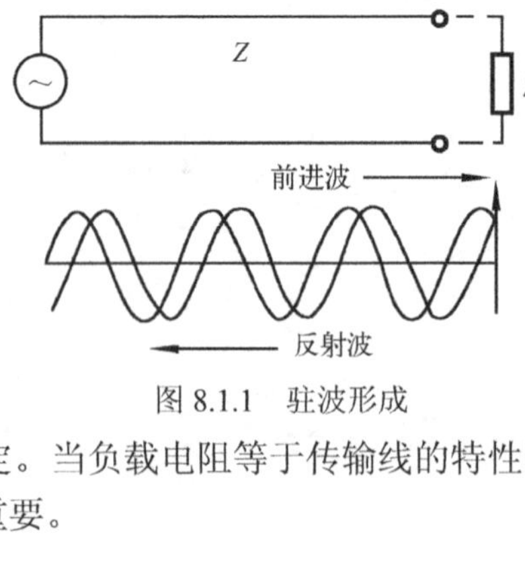

图 8.1.1　驻波形成

驻波的形成不利于能量的传输，也会使得信号源不稳定。当负载电阻等于传输线的特性阻抗时，驻波消失，即达到匹配。因此，高频电路中匹配很重要。

2. 高频电路元器件的选用

高频电路对器件有着特殊的要求，很多在低频电路中可以使用的元器件在高频电路中不一定可以使用。

（1）电阻器

在高频电路中最好使用金属膜电阻，不使用碳膜电阻。这是由于碳膜电阻的热噪声和电阻率均比较大，当频率高的时候，趋肤效应使得电流趋于表面，电阻将急剧上升，趋肤效应明显加重。尽量选用体积小的电阻，这是由于器件体积大，分布电容也就大，电阻的绕线电感、引线电感也大。可变电阻器（电位器）的高频特性较差，通常不宜采用。当频率较高（≥50MHz）时，最好采用贴片的电阻。

（2）电容器

在高频电路中最好使用瓷片电容或云母电容，陶瓷和云母都具有介电常数高和介质损耗率小的特点，而且瓷片电容的极板是叠层的，附加电感也小。而其他金属化纸介、聚乙烯、涤纶、电解等电容的介质损耗均很大，而且极板是卷制而成的，附加电感量较大，不宜在高频电路中使用。

（3）电感器

高频电路中经常要用到电感，当工作频率在 30MHz 以上时，一般不使用带磁心的电感，因为在高频下，磁心的损耗将会变得很明显；在电感量不大的情况下，最好使用空心电感。在绕制电感的时候也要注意，不要用普通的塑料或者橡胶皮的导线，而应使用漆包线，因为塑料或者橡胶皮都会带来大的介质损耗。为了较小趋肤效应，也可以采用多股线绕制的方法。

（4）晶体管

二极管、三极管都有 PN 结，而 PN 结结电容的存在对高频信号是一个很大的影响。因而，在高频电路中要选用结电容小的晶体管。常用的高频二极管有 2AP10、2AP9 等，高频小功率三极管有 9018、2SC3355 等；高频中功率管有 3DG12、2SC2053 等；高频大功率三极管有 2SC1970、2SC1971、2SC1972 等。

（5）石英晶体谐振器（简称晶振）

石英晶体振荡器分为有源和无源两种，要注意的是有源晶振一般输出的是方波，因此在要求正弦波的场合应该选用无源晶振。当然也可以对晶振的方波进行滤波得到正弦波。晶振上标的频率值，如果有效位比较少，则它的频率精度稳定度比较低。例如，某晶振标了 30.000MHz，那么它的频率偏差将达到 1kHz；如果一个晶振上标的是 32.768kHz，那么它的频率偏差小于 1Hz。

石英晶体谐振器的标称频率是在石英晶体谐振器上并接一定负载电容条件下测定的，使用时也必须外加负载电容，并经微调后才能获得标称频率。

另外，石英晶体谐振器的激励电平应在规定范围内，否则会被振坏。

3. 高频电路的安装

高频电路的设计与布局要注意以下几个方面：

（1）按信号的流向走线，低频和高频部分分开，尽量减少信号的空中回馈，特别是放大电路，前级输入和后级输出尽量不要靠在一起，否则容易形成反馈，引起振荡。

（2）要注意线圈的配置方位，避免产生互相结合现象。多个线圈的放置要尽量互相垂直，即使不能都两两相互垂直，至少也要使空间上相近的线圈相互垂直。图 8.1.2 所示的元件排布与装配方法不适当，输出信号的一部分会回授至输入电路。

正确的安装方式如图 8.1.3 所示，将输入回路线圈 L_1 平躺在电路板上安装，而输出回路的线圈 L_2 则为立式装配，以避免线圈间的电磁耦合。另外，还可以使用 0.1mm 的铜片作为隔离板，立在电路板中部，以防患经由电路板分布电容所引起的耦合，如图 8.1.4 所示。

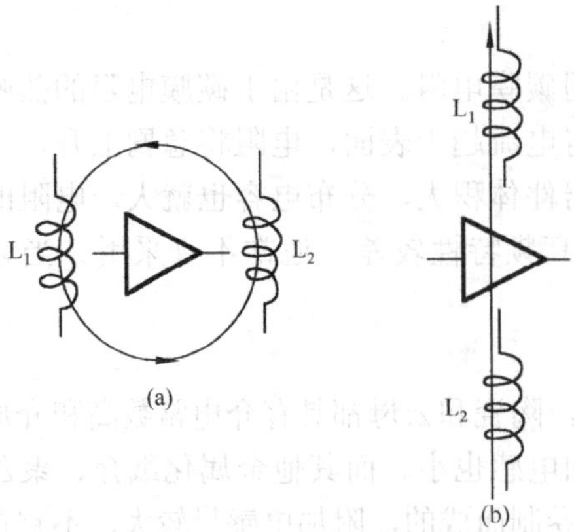

图 8.1.2　不适当的元件安装方法

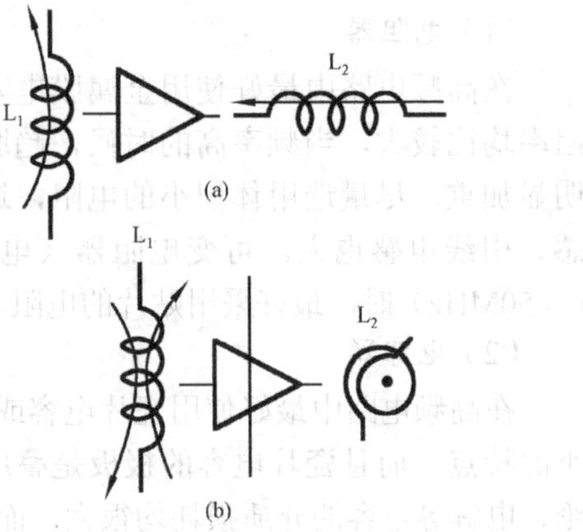

图 8.1.3　防止输入与输出回路信号交叉的安装方式

（3）高频信号的走线要尽量短，避免长线产生的辐射和带来的干扰，或者带来大的寄生电感和分布电容；输入、输出地线应尽量粗；电流较大的走线不要从关键器件，如三极管、集成电路下方穿过。

（4）每一级电路的电源要分别去耦，去耦电路应是先串联一个几欧姆的电阻，再用 100pF 瓷片电容、0.1μF 瓷片电容、10μF 电解电容并联去耦，如图 8.1.5 所示。 高频集成电路的电源去耦电容要接在最靠近器件 V_{CC} 引脚的地方。

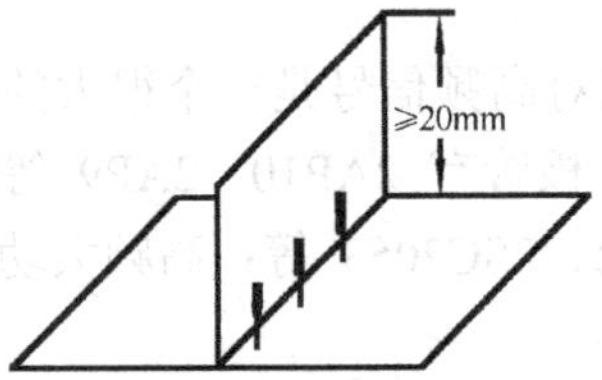

图 8.1.4　防止信号交叉的电路隔离板

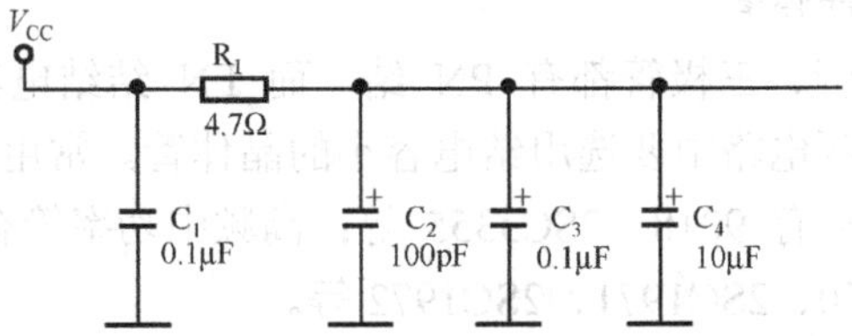

图 8.1.5　电源去耦电路

（5）在频率比较高的场合（50MHz 以上），为了避免电路的各部分相互干扰，最好是把电路分割为多个合适的单元电路，每一个单元电路用金属屏蔽盒子屏蔽起来。比如一个多级放大器，可以把前置放大级、功率激励级、功放级各自屏蔽起来。这样可以有效避免电路的自激振荡。

（6）良好的屏蔽。对滤波器的输入端和输出端进行良好屏蔽，使信号源的能量不能直接耦合到负载端。对甚高频以上的滤波器，则应使滤波器与仪器间的连接尽量符合同轴线原理。滤波器在线路上时应尽可能采用大面积接地，并将输入、输出端隔离，保证滤波器的阻带衰耗。

4．高频电路的测量

高频电路的测量要注意减小测量仪器引入的分布参数，通常可以采取以下方法：

（1）正确选择测试点。正确选择测试点，可以减小仪器对被测电路的影响。在高频情况下，测量仪器的输入阻抗（包含电阻和电容）及连接电缆的分布参数都有可能影响被测电路的谐振频率及谐振回路的 Q 值，为尽量减小这种影响，应正确选择测试点，使仪器的输入阻抗远大于电路测试点的输出阻抗。

（2）示波器用高阻探头。示波器出厂时均配有与之匹配的探头，通常探头设有调节开关，可以选择 10:1（10×）或 1:1（1×）的衰减比。表 8.1.1 列出

表 8.1.1　P2200 探头主要技术指标

特性	10×挡	1×挡
带宽	DC～200MHz	DC～6MHz
衰减比	10:1 ±2%	1:1 ±2%
输入阻抗	10MΩ±2%，直流	1MΩ± 2%，直流
输入电容	14.5～17.5pF	80～110pF
上升时间	<2.2ns	<50.0ns

了 TDS-1002 型示波器探头的主要技术指标，从表中可以看出，当选择 10:1 衰减比时，探头指标明显优于选择 1:1 衰减比的指标。一般当被测信号频率大于 4MHz 时，应将探头置于“10×”挡。

（3）测量点应加接入电容。从表 8.1.1 可知，虽然将探头置于“10×”挡，其输入电容仍有 14.5~17.5pF，这样的电容引入电路，会改变回路的谐振频率。因此，对于选频回路、振荡回路的测量应在探头的输入端串接一个小电容，通常取 2~5pF。

（4）用感应方式获取被测信号。在测量较大的信号并作定性分析时或测量相对值时，可采用感应方式获取被测信号，即将导线绕在被测电路器件的引脚上 5~10 圈，导线的一端接仪器的输入端，另一端接仪器的地，这样就可以对电路的感应信号进行测量。

测试高频电路时，通常用标准信号发生器作为信号源，其输出值常用 dBm 与 dBμ 表示。

用 dBm 表示输出信号的功率时，以 1mW 为基准功率，即 1mW=0dBm = $1P_m$。信号功率 P_m 可以表示为：$P_m=10\lg(P_o/1P_m)$ [dBm] 。例如，0.01mW 可以用−20dBm 表示。

用 dBμ 表示信号的电压值时，以 1μV 为基准电压值，即 1μV = 0dBμ = $1V_\mu$。信号电压 V_μ 可以表示为：$V_\mu=20\lg(V/1V_\mu)$ [dBμ] 。例如，1mV 可以用 60dBμ 表示。

注意 标准信号发生器输出的功率值或电压值均是指标准信号发生器的输出端连接 50Ω 纯阻负载时值。

实验与思考题

8.1.1 为什么高频电路的输入、输出回路线圈在安装时需要相互垂直？用实验说明。

8.1.2 为什么测量高频电路要用探头？不用探头电路会发生什么变化？用实验说明。

8.1.3 高频电路一般不用纸介电容，为什么？

8.2 高频小信号谐振放大器设计

学习要求 掌握高频小信号谐振放大器的工程设计方法，谐振回路的调谐方法，放大器的各项技术指标的测试方法，以及高频情况下的各种分布参数对电路性能的影响。

8.2.1 电路的基本原理

图 8.2.1 所示电路为共发射极接法的晶体管高频小信号单级单调谐回路谐振放大器。它不仅要放大高频信号，而且还要有一定的选频作用，因此，晶体管的集电极负载为 LC 并联谐振回路。在高频情况下，晶体管本身的极间电容及连接导线的分布参数等会影响放大器输出信号的频率或相位。晶体管的静态工作点由电阻 R_{B1}、R_{B2} 及 R_E 决定，其计算方法与低频单管放大器相同。

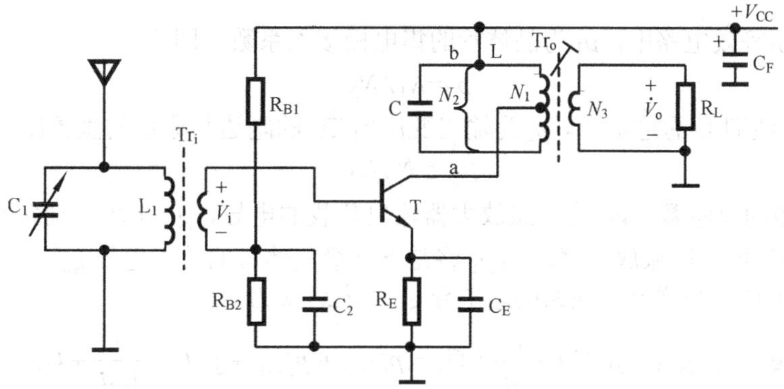

图 8.2.1 高频小信号谐振放大器

放大器在谐振时的等效电路如图 8.2.2 所示，晶体管的 4 个 y 参数分别为

输入导纳
$$y_{ie} \approx \frac{g_{b'e} + j\omega C_{b'e}}{1 + r_{b'b}\left(g_{b'e} + j\omega C_{b'e}\right)} \tag{8.2.1}$$

输出导纳
$$y_{oe} \approx \frac{j\omega C_{b'c} r_{b'b} g_m}{1 + r_{b'b}\left(g_{b'e} + j\omega C_{b'e}\right)} + j\omega C_{b'c} \tag{8.2.2}$$

正向传输导纳
$$y_{fe} \approx \frac{g_m}{1 + r_{b'b}\left(g_{b'e} + j\omega C_{b'e}\right)} \tag{8.2.3}$$

反向传输导纳
$$y_{re} \approx \frac{-j\omega C_{b'c}}{1 + r_{b'b}\left(g_{b'e} + j\omega C_{b'e}\right)} \tag{8.2.4}$$

式中，g_m 为晶体管的跨导，与发射极电流的关系为

$$g_m = \frac{\{I_E\}_{mA}}{26}\ \text{S} \tag{8.2.5}$$

$g_{b'e}$ 为发射结电导，与晶体管的电流放大系数β及 I_E 有关，其关系为

$$g_{b'e} = \frac{1}{r_{b'e}} = \frac{\{I_E\}_{mA}}{26\beta}\ \text{S} \tag{8.2.6}$$

$r_{b'b}$ 为基极体电阻，一般为几十欧姆；$C_{b'c}$ 为集电结电容，一般为几皮法；$C_{b'e}$ 为发射结电容，一般为几十皮法至几百皮法。

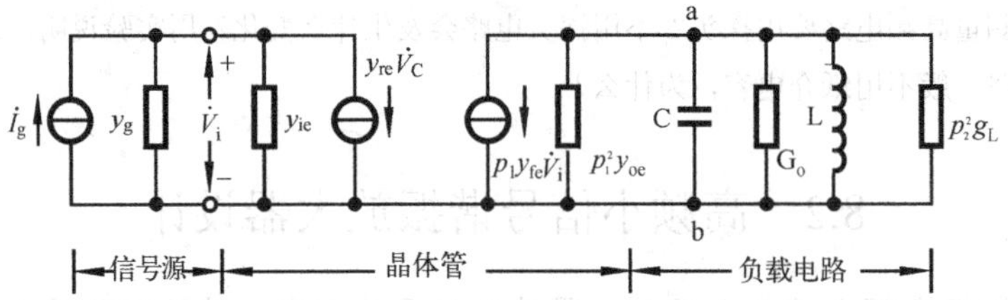

图 8.2.2 谐振放大器的高频等效电路

晶体管在高频情况下的分布参数除了与静态工作电流 I_E、电流放大系数β有关外，还与工作角频率ω有关。晶体管手册中给出的分布参数一般是在测试条件一定的情况下测得的。

例如，在 $f_0 = 30\text{MHz}$，$I_E = 2\text{mA}$，$V_{CE} = 8\text{V}$ 条件下测得 3DG100C 的 y 参数：

$g_{ie} = 1/r_{ie} = 2\text{mS}$，$g_{oe} = 1/r_{oe} = 250\text{mS}$，$|y_{fe}| = 40\text{mS}$；$C_{ie} = 12\text{pF}$，$C_{oe} = 4\text{pF}$，$|y_{re}| = 350\mu\text{S}$

如果工作条件发生变化，则上述参数值仅作为参考。因此，高频电路的设计计算一般采用工程估算方法。

图 8.2.2 所示等效电路中，p_1 为晶体管的集电极接入系数，即

$$p_1 = N_1 / N_2 \tag{8.2.7}$$

式中，N_2 为电感线圈 L 的总匝数。p_2 为输出变压器 Tr_o 的副边与原边的匝数比，即

$$p_2 = N_3 / N_2 \tag{8.2.8}$$

式中，N_3 为副边的总匝数。g_L 为谐振放大器输出负载的电导，$g_L = 1/R_L$。通常小信号谐振放大器的下一级仍为晶体管谐振放大器，则 g_L 将是下一级晶体管的输入电导 g_{ie2}。

由图 8.2.2 可见，并联谐振回路的总电导 g_Σ 的表达式为

$$g_\Sigma = p_1^2 g_{oe} + p_2^2 g_{ie2} + j\omega C + \frac{1}{j\omega L} + G_o = p_1^2 g_{oe} + p_2^2 g_L + j\omega C + \frac{1}{j\omega L} + G_o \tag{8.2.9}$$

式中，G_o 为 LC 回路本身的损耗电导。

8.2.2 主要性能指标及测量方法

表征高频小信号谐振放大器的主要性能指标有谐振频率 f_o、谐振电压放大倍数 A_{VO}、放大器的通频带 BW 及选择性（通常用矩形系数 $K_{r0.1}$ 来表示）等，采用图 8.2.3 所示的测试电路可以粗测各项指标。若要求测量准确，必要时应采用精度较高的高频测量仪器。图 8.2.3 中输入信号 $\dot{V}_s$ 由高频信号发生器提供，高频电压表 V_1、V_2 分别用于测量放大器的输入电压 $\dot{V}_i$ 与输出电压 $\dot{V}_o$ 的值。直流毫安表 mA 用于测量放大器的集电极电流 i_c 的值，示波器监测负载 R_L 两端的输出波形。谐振放大器的各项性能指标及测量方法如下。

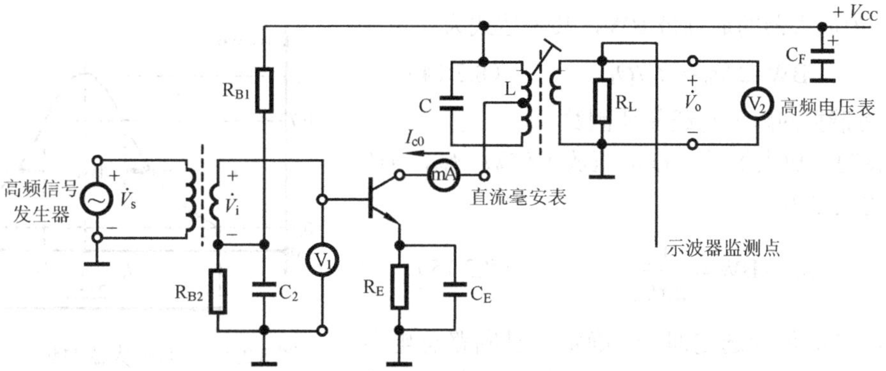

图 8.2.3　高频谐振放大器的测试电路

（1）谐振频率

放大器的谐振回路谐振时所对应的频率 f_o 称为谐振频率。对于图 8.2.1 所示电路（也为分析以下各项指标的电路），有

$$f_o = \frac{1}{2\pi\sqrt{LC_\Sigma}} \tag{8.2.10}$$

式中，L 为谐振回路电感线圈的电感量；C_Σ 为谐振回路的总电容，有

$$C_\Sigma = C + p_1^2 C_{oe} + p_2^2 C_{ie} \tag{8.2.11}$$

式中，C_{oe} 为晶体管的输出电容；C_{ie} 为晶体管的输入电容。

谐振频率 f_o 的测量步骤是，首先使高频信号发生器的输出频率为 f_o，输出电压为几毫伏；然后调谐集电极回路即改变 C 或电感线圈 L 的磁心位置使回路谐振。LC 并联回路谐振时，直流毫安表 mA 的指示值为最小（当放大器工作在丙类状态时），电压表 V_2 的指示值达到最大，且输出波形无明显失真。这时回路的谐振频率就等于信号发生器的输出频率。

由于分布参数的影响，有时谐振回路的输出电流的最小值与输出电压的最大值不一定同时出现，这时视电压表的指示值达到最大值时的状态为谐振回路处于谐振状态。如用扫频仪测量调谐放大器是否谐振，应使电压谐振曲线的峰值出现在规定的谐振频率点 f_o。

（2）电压增益

放大器的谐振回路谐振时所对应的电压放大倍数 A_{VO} 称为谐振放大器的电压增益（放大倍数）。有

$$\dot{A}_{VO} = -\frac{\dot{V}_o}{\dot{V}_i} = \frac{-p_1 p_2 y_{fe}}{g_\Sigma} = \frac{-p_1 p_2 y_{fe}}{p_1^2 g_{oe} + p_2^2 g_{ie2} + G_o} \tag{8.2.12}$$

要注意的是，y_{fe} 本身也是一个复数，所以谐振时输出电压 $\dot{V}_o$ 与输入电压 $\dot{V}_i$ 的相位差为

$180° + \varphi_{fe}$。只有当工作频率较低时，$\varphi_{fe} \approx 0$，$\dot{V}_o$与$\dot{V}_i$的相位差才等于 180°。

$\dot{A}_{VO}$的测量电路如图 8.2.3 所示，测量条件是放大器的谐振回路处于谐振状态。当回路谐振时分别记下输出端电压表 V_2 的读数 V_o 及输入端电压表 V_1 的读数 V_i，则电压放大倍数 $\dot{A}_{VO}$ 由下式计算：

$$A_{VO}=V_o / V_i \quad 或 \quad A_{VO}=20\lg(V_o / V_i)\text{dB} \tag{8.2.13}$$

（3）通频带

由于谐振回路的选频作用，当工作频率偏离谐振频率时，放大器的电压放大倍数下降，习惯上称电压放大倍数 A_V 下降到谐振电压放大倍数 A_{VO} 的 0.707 倍时所对应的频率范围（见图 8.2.4），为放大器的通频带 BW，其表达式为

$$\text{BW}=2\Delta f_{0.7}=f_o / Q_L \tag{8.2.14}$$

式中，Q_L 为谐振回路的有载品质因数。

分析表明，放大器的谐振电压放大倍数 A_{VO} 与通频带 BW 的关系为

$$A_{VO} \cdot \text{BW} = \frac{|y_{fe}|}{2\pi C_\Sigma} \tag{8.2.15}$$

上式说明，当晶体管选定即 y_{fe} 确定，且回路总电容 C_Σ 为定值时，谐振电压放大倍数 A_{VO} 与通频带 BW 的乘积为一常数。这与低频放大器中的增益带宽积为一常数的概念是相同的。

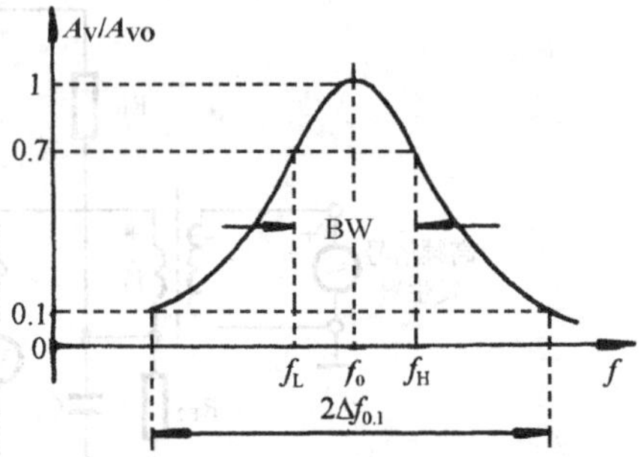

图 8.2.4　谐振放大器的频率特性曲线

通频带 BW 的测量电路如图 8.2.3 所示。可通过测量放大器的频率特性曲线来求通频带。测量方法有扫频法和逐点法。逐点法的测量步骤是：先使调谐放大器的谐振回路产生谐振，记下此时的谐振频率 f_o 及电压放大倍数 A_{VO}；然后改变高频信号发生器的频率（保持其输出电压 V_s 不变），并测出对应的电压放大倍数 A_V。由于回路失谐后电压放大倍数下降，所以放大器的频率特性曲线如图 8.2.4 所示。由式（8.2.14）可得

$$\text{BW}= f_H - f_L = 2\Delta f_{0.7} \tag{8.2.16}$$

通频带越宽放大器的电压放大倍数越小。要想得到一定宽度的通频带，同时又能提高放大器的电压增益，由式（8.2.15）可知，除了选用 y_{fe} 较大的晶体管外，还应尽量减小调谐回路的总电容量 C_Σ。如果放大器只用来放大来自接收天线的某一固定频率的微弱信号，则可减小通频带，尽量提高放大器的增益。

（4）矩形系数

谐振放大器的选择性可用谐振曲线的矩形系数 $K_{r0.1}$ 来表示。如图 8.2.4 所示。矩形系数 $K_{r0.1}$ 为电压放大倍数下降到 $0.1A_{VO}$ 时对应的频率范围与电压放大倍数下降到 $0.707A_{VO}$ 时对应的频率偏移之比，即

$$K_{r0.1} = 2\Delta f_{0.1} / 2\Delta f_{0.7} = 2\Delta f_{0.1} / \text{BW} \tag{8.2.17}$$

上式表明，矩形系数 $K_{r0.1}$ 越接近 1，邻近波道的选择性越好，滤除干扰信号的能力越强。一般单级谐振放大器的选择性较差，因其矩形系数 $K_{r0.1}$ 远大于 1。为提高放大器的选择性，通常采用多级谐振放大器。可以通过测量如图 8.2.4 所示的谐振放大器的频率特性曲线来求得矩形系数 $K_{r0.1}$。

8.2.3　设计举例

例　设计一高频小信号谐振放大器。

已知条件：$+V_{CC}=+9V$，晶体管为3DG100C，$\beta=50$。查手册得$r_{b'b}=70\Omega$，$C_{b'c}=3pF$。当$I_E=1mA$时，$C_{b'e}=25pF$。$L\approx4\mu H$，$N_2=20$匝，$p_1=0.25$，$p_2=0.25$(或直接用10.7MHz中频变压器)，$R_L=1k\Omega$。

主要技术指标：谐振频率$f_o=10.7MHz$，谐振电压放大倍数$A_{VO}\geqslant20dB$，通频带BW=1MHz，矩形系数$K_{r0.1}<10$。

解 （1）确定电路形式（见图8.2.5）

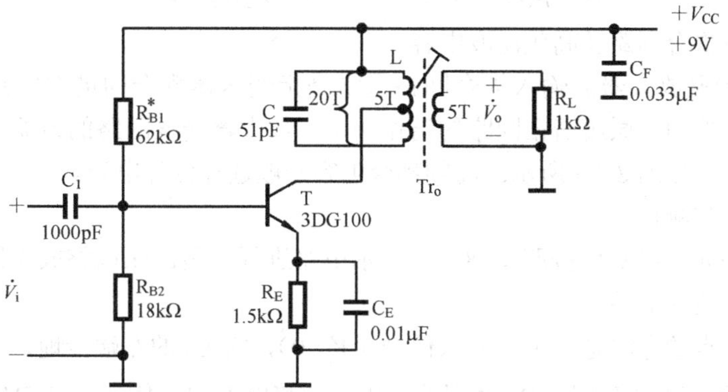

图8.2.5　高频小信号谐振放大器实验电路

（2）设置静态工作点

取$I_{EQ}=1mA$，$V_{EQ}=1.5V$，$V_{CEQ}=7.5V$，则$R_E=V_{EQ}/I_{EQ}=1.5k\Omega$。

$$R_{B2}=V_{BQ}/6I_{BQ}\approx V_{BQ}\cdot\beta/6I_{CQ}=18.3k\Omega \qquad \text{取标称值}18k\Omega$$

$$R_{B1}=\frac{V_{CC}-V_{BQ}}{V_{BQ}}R_{B2}=55.6k\Omega$$

R_{B1}可用30kΩ电阻和100kΩ电位器串联，以便调整静态工作点。

（3）计算谐振回路参数

由式（8.2.6）得 $$g_{b'c}=\frac{\{I_E\}_{mA}}{26\beta}S=0.77mS$$

由式（8.2.5）得 $$g_m=\frac{\{I_E\}_{mA}}{26}S=38mS$$

下面计算4个y参数，由式（8.2.1）～式（8.2.4）得

$$y_{ie}=\frac{g_{b'e}+j\omega C_{b'e}}{1+r_{b'b}\left(g_{b'e}+j\omega C_{b'e}\right)}\approx0.96mS+j1.5mS$$

因为$y_{ie}=g_{ie}+j\omega C_{ie}$，所以

$$g_{ie}=0.96mS \qquad r_{ie}=1/g_{ie}\approx1k\Omega \qquad C_{ie}=1.5mS/\omega=23pF$$

$$y_{oe}=\frac{j\omega C_{b'c}r_{b'b}g_m}{1+r_{b'b}\left(g_{b'e}+j\omega C_{b'e}\right)}+j\omega C_{b'c}\approx0.06mS+j0.5mS$$

因为$y_{oe}=g_{oe}+j\omega C_{oe}$，所以

$$g_{oe}=0.06mS \qquad C_{oe}=\frac{0.5mS}{\omega}=7pF \qquad y_{fe}=\frac{g_m}{1+r_{b'b}\left(g_{b'e}+j\omega C_{b'e}\right)}\approx37mS-j4.1mS$$

故模$|y_{fe}|=\sqrt{37^2+4.1^2}mS\approx37mS$。

先由式(8.2.10)求回路总电容

$$C_\Sigma = \frac{1}{(2\pi f_0)^2 L} = 55.2\text{pF}$$

再由式（8.2.11）计算回路电容

$$C = C_\Sigma - p_1^2 C_{oe} - p_2^2 C_{ie} = 53.3\text{pF} \qquad \text{取标称值 51pF}$$

由式（8.2.7）、式（8.2.8）求输出耦合变压器 Tr_o 的原边抽头匝数 N_1 及副边匝数 N_3，即

$$N_1 = p_1 N_2 = 5\text{匝} \qquad N_3 = p_2 N_2 = 5\text{匝}$$

（4）确定输入耦合回路及高频滤波电容

高频小信号谐振放大器的输入耦合回路通常是指变压器耦合的谐振回路，如图 8.2.1 所示。由于输入变压器 Tr_i 原边谐振回路的谐振频率与放大器谐振回路的谐振频率相等，也可以直接采用电容耦合，如图 8.2.5 所示。高频耦合电容一般选择瓷片电容。

（5）电路装调与测试

将上述设计的元件参数值按照图 8.2.5 所示电路进行安装。先调整放大器的静态工作点，然后再调谐振回路使其谐振。

调整静态工作点的方法是，不加输入信号（$\dot{V}_i$=0），将 C_1 的左端接地，将谐振回路的电容 C 开路，这时用万用表测量电阻 R_E 两端的电压，调整电阻 R_{B1} 使 V_{EQ}=1.5V（I_E=1mA）。记下此时电路的 R_{B1} 值及静态工作点 V_{BQ}、V_{CEQ}、V_{EQ} 及 I_{EQ}。

调谐振回路使其谐振的方法是，按照图 8.2.3 所示的测试电路接入高频电压表 V_1、V_2，直流毫安表 mA 及示波器。再将信号发生器的输出频率置于 $f_i = 10.7\text{MHz}$，输出电压 V_i=5mV。为避免谐振回路失谐引起的高反向电压损坏晶体管，可先将电源电压 $+V_{CC}$ 降低，例如使 $+V_{CC}$=+6V。调输出耦合变压器的磁心使回路谐振，即电压表 V_2 的指示值达到最大，毫安表 mA 的指示值为最小，且输出波形无明显失真。回路处于谐振状态后，再将电源电压恢复至+9V。

在放大器处于谐振状态下测量各项技术指标，如电压放大倍数 A_{VO}、通频带 BW 及矩形系数 $K_{r0.1}$，其测量方法如前面所述。若这些指标的测量值与设计要求值相差较远，则应根据它们的表达式进行分析。如果电压放大倍数 A_{VO} 较小，则可以通过调整静态工作点 Q 或接入系数 p_1 使 A_{VO} 增大或更换 β 较大的晶体管。

由于分布参数的影响，放大器的各项技术指标满足设计要求后的元件参数值与设计计算值有一定偏离。需要反复调整输出耦合变压器的磁心位置才能使谐振回路处于谐振状态。采用图 8.2.3 所示的测量方法判断回路的谐振状态不太准确，易产生测量误差，较好的方法是采用扫频测量仪测量回路的谐振曲线。

由于工作频率较高，高频小信号放大器容易受到外界各种信号的干扰，特别是射频干扰。通常采取的措施是把放大器装入金属屏蔽盒内（屏蔽盒与地线应接触良好）。

8.2.4 设计任务

设计课题：高频小信号谐振放大器设计

已知条件：L=10H，总匝数 N_2 通过 Q 表测量 L 而确定，其他参数与设计举例题相同。

主要技术指标：谐振频率 $f_o = 6.5\,\text{MHz}$，谐振电压放大倍数 $A_{VO} \geqslant 20$，通频带 BW=1MHz。

实验仪器设备：高频信号发生器 HP8640B　1 台；超高频毫伏表 DA-36A　2（或 1）台；高频 Q 表　1 台；双踪示波器 COS5020 或数字存储示波器 TDS210　1 台；晶体管稳压电源　1 台；数字万用表 UT2003　1 台；无感起子　1 把

实验与思考题

8.2.1　如何判断并联谐振回路是否处于谐振状态？回路的谐振频率 f_0 与哪些参数有关？用实验说明。

8.2.2　为什么说提高电压放大倍数 A_{VO} 时，通频带 BW 会减小？可采取哪些措施提高 A_{VO}？实验结果如何？

8.2.3　在调谐振回路时，对放大器的输入信号有何要求？如果输入信号过大会出现什么现象？

8.2.4　影响谐振放大器稳定性的因素有哪些？在调整放大器时，是否出现过自激振荡？其表现形式如何？是采取什么措施解决的？

8.2.5　计算设计举例题的谐振电压放大倍数 A_{VO}。与技术指标要求 $A_{VO} \geqslant 20\text{dB}$ 相比较，为什么理论计算值大很多？

8.2.6　计算你所设计的高频小信号放大器的电压放大倍数 A_{VO}，与测量值相比较有何区别？为什么？

8.3　高频振荡器与变容二极管调频电路设计

学习要求　掌握变容二极管特性曲线的测量方法，高频振荡器与调频电路的设计、装调及主要性能参数的测试；了解高频电路中分布参数的影响及如何正确选择电路的测试点。

8.3.1　LC 正弦波振荡器与变容二极管调频电路

图 8.3.1 为 LC 正弦波振荡器与变容二极管调频电路。其中，晶体管 T 组成电容三点式振荡器的改进型电路即克拉泼电路，它被接成共基组态，C_B 为基极耦合电容，其静态工作点由 R_{B1}、R_{B2}、R_E 及 R_C 所决定，即

$$V_{BQ} = \frac{R_{B2}}{R_{B1} + R_{B2}} V_{CC} \tag{8.3.1}$$

$$V_{EQ} = V_{BQ} - V_{BE} \approx I_{CQ} R_E \tag{8.3.2}$$

$$I_{CQ} = \frac{V_{CC} - V_{CEQ}}{R_E + R_C} \tag{8.3.3}$$

$$I_{BQ} = I_{CQ} / \beta \tag{8.3.4}$$

小功率振荡器的静态工作电流 I_{CQ} 一般为 1~4mA。I_{CQ} 偏大，振荡幅度增加，但波形失真加重，频率稳定性变差。L_1、C_1 与 C_2、C_3 组成并联谐振回路，其中 C_3 两端的电压构成振荡器的

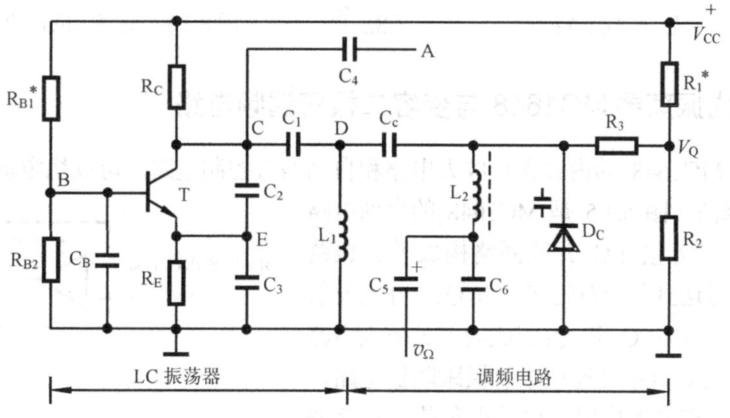

图 8.3.1　LC 高频振荡器与变容二极管调频电路

反馈电压 $\dot{V}_{BE}$，以满足相位平衡条件 $\sum\varphi=2n\pi$。比值 $C_2/C_3=F$ 决定反馈电压的大小。当 $\dot{A}_{VO}\dot{F}=1$ 时，振荡器满足振幅平衡条件，电路的起振条件为 $\dot{A}_{VO}\dot{F}>1$。为减小晶体管的极间电容对回路振荡频率的影响，C_2、C_3 的取值要大。如果选 $C_1\ll C_2$，$C_1\ll C_3$，则回路的谐振频率 f_0 主要由 C_1 决定，即

$$f_o\approx\frac{1}{2\pi\sqrt{L_1C_1}} \tag{8.3.5}$$

如果取 C_1 为几十皮法，则 C_2、C_3 可取几百皮法至几千皮法。反馈系数 F 的取值一般为 1/8~1/2。

调频电路由变容二极管 D_C 及耦合电容 C_c 组成，R_1 与 R_2 为变容二极管提供静态时的反向直流偏置电压 V_Q，即 $V_Q=\left[R_2/\left(R_1+R_2\right)\right]V_{CC}$。电阻 R_3 称为隔离电阻，常取 $R_3\gg R_2$，$R_3\gg R_1$，以减小调制信号 v_Ω 对 V_Q 的影响。C_5 与高频扼流圈 L_2 给 v_Ω 提供通路，C_6 起高频滤波作用。

变容二极管 D_C 通过 C_c 部分接入振荡回路，有利于提高主振频率 f_0 的稳定性，减小调制失真。图 8.3.2 为变容二极管部分接入振荡回路的等效电路，接入系数 p 及回路总电容 C 分别为

$$p=\frac{C_c}{C_c+C_j} \tag{8.3.6}$$

$$C_\Sigma=C_1+\frac{C_cC_j}{C_c+C_j} \tag{8.3.7}$$

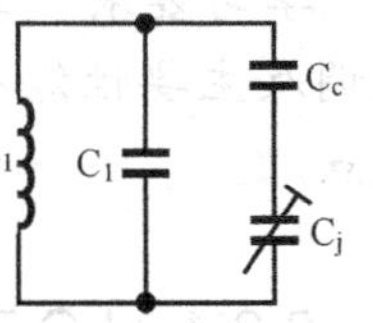

图 8.3.2　变容二极管部分接入的等效电路

式中，C_j 为变容二极管的结电容，它与外加电压的关系为

$$C_j=C_{j0}\bigg/\left(1-\frac{v}{V_D}\right)^\gamma \tag{8.3.8}$$

式中，C_{j0} 为变容管加零偏压时的结电容；V_D 为变容管 PN 结内建电位差（硅管 V_D=0.7V，锗管 V_D=0.3V）；γ为变容二极管的电容变化指数，与频偏的大小有关（在小频偏情况下，选γ =1 的变容二极管可近似实现线性调频；在大频偏情况下，必须选γ =2 的超突变结变容二极管，才能实现较好的线性调频）；v 为变容管两端所加的反向电压，$v=V_Q+v_\Omega=V_Q+V_{\Omega m}\cos\Omega t$。

变容二极管的 C_j-v 特性曲线如图 8.3.3 所示。设电路工作在线性调制状态，在静态工作点 Q 处，曲线的斜率为

$$k_C=\Delta C/\Delta V \tag{8.3.9}$$

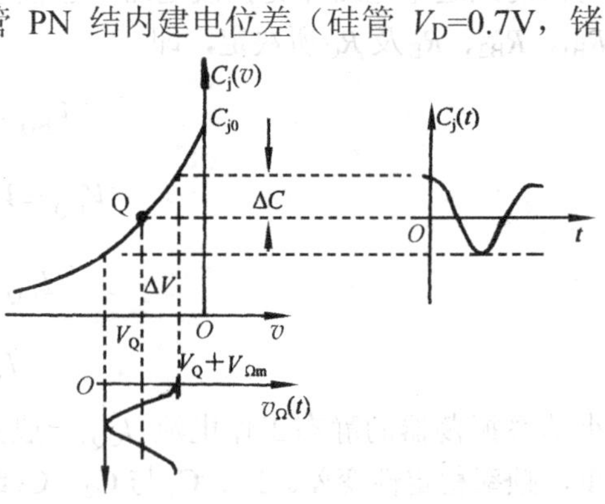

图 8.3.3　变容二极管的 C_j-v 特性曲线

8.3.2　集成振荡器 MC1648 与变容二极管调频电路

集成振荡器 MC1648 的内部含有放大电路和自动增益控制电路，可以稳定输出电压的幅度，图 8.3.4 是其逻辑图。图 8.3.5 是 MC1648 的内部电路图，图中 Q_6~Q_8 及外接 LC 并联回路构成差分振荡器；Q_4 将振荡信号送到差分对管 Q_2 和 Q_3，并在发射极形成 AGC 取样电压；Q_2 和 Q_3 组成的差分放大电路对振荡信号进行放大；Q_1 可连接成射极跟随器电路，用作输出缓冲级，有隔离作用，可减小负载对振荡器工作状态的影响，也可以在 Q_1 的集电极接谐振回路，

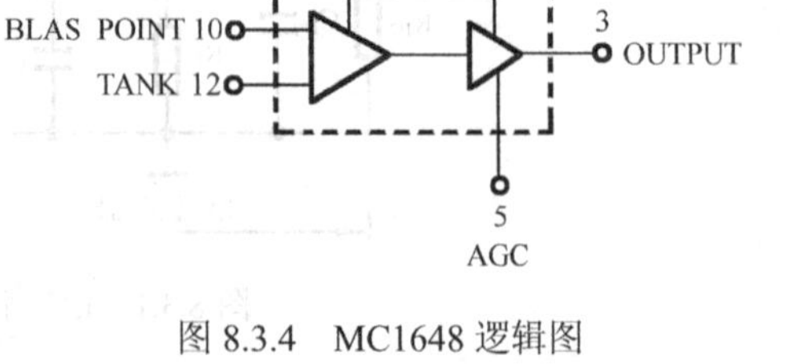

图 8.3.4　MC1648 逻辑图

使输出信号的频谱更纯；Q_5 与 D_1 组成直流负反馈电路，当振荡输出电压增大时，Q_5 集电极直流电压减小，使 Q_8 电流减小，振荡器负反馈增大，进而限制振荡器输出电压增大，提高输出幅度的稳定性；Q_9~Q_{11} 组成直流馈电电路，为振荡器、放大器和输出缓冲器提供偏置驱动。

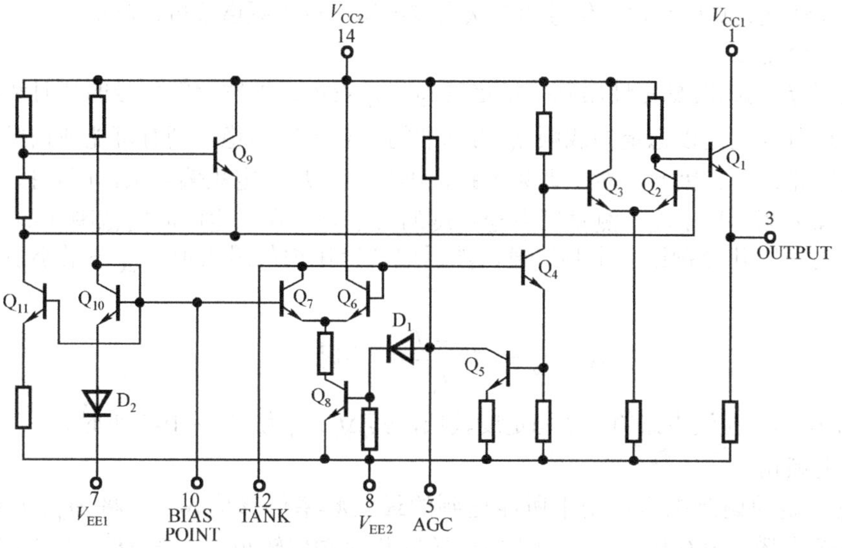

图 8.3.5　MC1648 内部电路图

MC1648 采用单电源供电（+5V 或−5.2V），供电时的引脚连接见表 8.3.1。

由 MC1648 构成的正弦波振荡器与变容二极管调频电路如图 8.3.6 所示。谐振回路从⑩脚和⑫脚接入，连接到 Q_7 集电极和 Q_6 基极形成正反馈，回路的谐振频率 f_o 主要由 C_1 和 L_1 决定，即 $f_o \approx \dfrac{1}{2\pi\sqrt{L_1C_1}}$。$C_2$ 是回路耦合电容，R_4 用于调节振荡器输出电压的大小，C_7 是滤波电容。

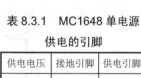

表 8.3.1　MC1648 单电源供电的引脚

供电电压	接地引脚	供电引脚
5V	7,8	1,14
−5.2V	1,14	7,8

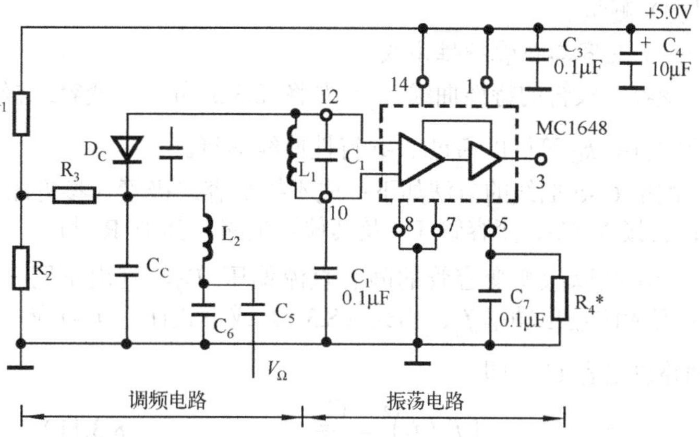

图 8.3.6　集成振荡器 MC1648 与变容二极管调频电路

调频电路由变容二极管 D_C 及耦合电容 C_C 组成，其工作原理以及图中各元件的作用与 8.3.1 节描述的相同。需注意变容二极管 D_C 的反向直流偏置电压 V_Q 的设置，即 $V_Q = \left[R_2/(R_1+R_2)\right]V_{CC} - V_{12}$，$V_{12}$ 是 MC1648 的⑫脚的直流偏置电压。

8.3.3　主要性能参数及其测试方法

（1）主振频率

振荡器的输出频率 f_o 称为主振频率或载波频率，可用数字频率计测量回路的谐振频率。

（2）输出电平

振荡器的输出电压值，可用高频电压表或频谱分析仪测量。

（3）谐波电平

振荡器非线性失真引起输出信号的二次谐波电压，可用频谱分析仪测量。

（4）频率稳定度

主振频率 f_o 的相对稳定性用频率稳定度 $\Delta f_o / f_o$ 表示。虽然调频信号的瞬时频率随调制信号改变，但这种变化是以稳定的载频 f_o 为基准的。若载频不稳，则有可能使调频信号的频谱落到接收机通带之外。因此，对于调频电路，不仅要满足一定频偏要求，而且振荡频率 f_o 必须保持足够高的频率稳定度。测量频率稳定度的方法是，在一定的时间范围（如 1 小时）内或温度范围内每隔几分钟读一个频率值，然后取该范围内的最大值 f_{max} 与最小值 f_{min}，则频率稳定度

$$\Delta f_o / f_o = \frac{f_{max} - f_{min}}{f_o} / \text{小时} \tag{8.3.10}$$

图 8.3.1 所示克拉泼电路的频率稳定度较低，其 $\Delta f_o / f_o$ 为 $10^{-3} \sim 10^{-4}$/小时。

（5）最大频偏

它指在一定的调制电压作用下所能达到的最大频率偏移值 Δf_m。将 $\Delta f_m / f_o$ 称为相对频偏。用于调频广播、电视伴音、移动式电台等的相对频偏较小，一般 $\Delta f_m / f_o < 10^{-3}$，频偏 Δf_m 在 5~75kHz 之内。

对基于晶体管的 LC 振荡器，测试点如图 8.3.1 所示，对于输入阻抗较大且输入电容较小（优于 1MΩ//5pF）的仪器可在 C 点直接测电压、频率和波形；常规仪器的输入电容是较大的，因此宜采用在 A 点测量。电容 C_4 是接入电容，一般取几皮法至几十皮法（取决于回路电容），A 点对地之间应连接负载电阻，电阻的取值应是后一级电路的输入阻抗。对基于集成振荡器芯片 MC1648 的 LC 振荡器，由于其振荡回路与输出是隔离的，可直接在输出端（第 3 引脚）测量。

（6）变容二极管特性曲线

变容二极管的特性曲线 C_j-v 如图 8.3.3 所示。变容二极管的性能参数 V_Q、C_{j0}、ΔC_j 及 Q 点处的斜率 k_C 等可以通过 C_j-v 特性曲线估算。

测量 C_j-v 曲线的方法如下：先不接变容二极管（参见图 8.3.1），用频率计测量 A 点的频率 f_o；再接入 C_C、变容管 D_C 及其偏置电路，其中 R_1 与一电位器串联以改变变容管的静态直流偏压 V_Q，测出不同 V_Q 时对应的输出频率 f_j。由式（8.3.5）或下式计算 f_j 对应的回路总电容 C_Σ，即

$$\left(f_o / f_j\right)^2 = \frac{C_\Sigma}{C_1} \tag{8.3.11}$$

再由式（8.3.7）计算变容管的结电容 C_j。然后将 V_Q 与 C_j 的对应数据列表并绘制 C_j-v 曲线。不同型号的变容管，其 C_j-v 曲线相差较大，性能参数也不相同。使用前一定要测量（或查阅手册）变容管的 C_j-v 曲线。图 8.3.7 是变容二极管 2CC1C 的 C_j-v 曲线。由图可得 V_Q= –4V 时 C_Q=75pF，Q 处的斜率可由式（8.3.9）求得。若取 $\Delta V = V_{\Omega m} = 1V$，$\Delta C_j = 12.5pF$，则斜率 $k_C = \Delta C / \Delta V = 12.5pF/V$。

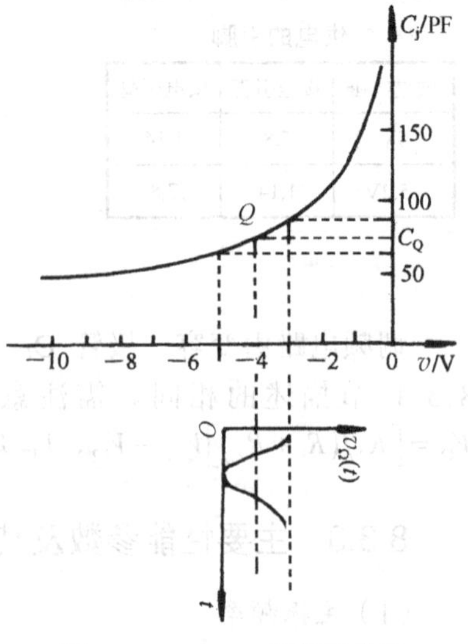

图 8.3.7　2CC1C 的特性曲线

（7）调制灵敏度

单位调制电压所引起的最大频偏称为调制灵敏度，以 S_f 表示，单位为 kHz/V，即

$$S_f = \Delta f_m / V_{\Omega m} \tag{8.3.12}$$

式中，$V_{\Omega m}$ 为调制信号的幅度；Δf_m 为变容管的结电容变化 ΔC_j 时引起的最大频偏，由于变容管部分接入谐振回路，则 ΔC_j 引起回路总电容的变化量为

$$\Delta C_\Sigma = p^2 \Delta C_j \tag{8.3.13}$$

在频偏较小时，Δf_m 与 ΔC_Σ 的关系可采用下面近似公式，即

$$\frac{\Delta f_m}{f_o} \approx -\frac{1}{2} \cdot \frac{\Delta C_\Sigma}{C_{Q\Sigma}} \tag{8.3.14}$$

将式（8.3.14）代入式（8.3.12）得调制灵敏度

$$S_f = \frac{f_o}{2C_{Q\Sigma}} \cdot \frac{\Delta C_\Sigma}{V_{\Omega m}} \tag{8.3.15}$$

式中，ΔC_Σ 为变容二极管结电容的变化引起回路总电容的变化量；$C_{Q\Sigma}$ 为静态时谐振回路的总电容，即

$$C_{Q\Sigma} = C_1 + \frac{C_C C_Q}{C_C + C_Q} \tag{8.3.16}$$

调制灵敏度 S_f 可以由变容二极管 C_j-v 特性曲线上 V_Q 处的斜率 k_C 及式（8.3.15）计算。S_f 越大，说明调制信号的控制作用越强，产生的频偏越大。

8.3.4 设计举例

例 1 设计一 LC 高频振荡器与变容二极管调频电路。

已知条件：$+V_{CC} = +12V$，高频三极管 3DG100，变容二极管 2CC1C。

主要技术指标：主振频率 f_o =5MHz，频率稳定度 $\Delta f_o / f_o \leqslant 5\times10^{-4}$/小时，主振级的输出电压 $V_o \geqslant 1V$，最大频偏 $\Delta f_m = 10kHz$。

解 （1）确定电路形式，设置静态工作点。本题对频率稳定度 $\Delta f_o / f_o$ 要求不是很高，故选用图 8.3.1 所示的 LC 振荡器与变容二极管调频电路。振荡器的静态工作点取 $I_{CQ} = 2mA$，$V_{CEQ} = 6V$，测得三极管的 $\beta = 60$。

由式（8.3.3）得 $$R_E + R_C = \frac{V_{CC} - V_{CEQ}}{I_{CQ}} = 3k\Omega$$

为提高电路的稳定性，R_E 的值可适当增大，取 $R_E = 1k\Omega$，则 $R_C = 2k\Omega$。

由式（8.3.2）得 $$V_{EQ} = I_{CQ} R_E = 2V$$

若取流过 R_{B2} 的电流 $$I_{B2} = 10 I_{BQ} = 10 I_{CQ} / \beta = 0.33mA$$

则 $$R_{B2} = V_{BQ} / I_{B2} \approx 8.2k\Omega$$

由式(8.3.1)得 $$\frac{R_{B2}}{R_{B1} + R_{B2}} = \frac{V_{BQ}}{V_{CC}}$$

即 $$R_{B1} = R_{B2}\left(\frac{V_{CC}}{V_{BQ}} - 1\right) = 28.2k\Omega$$

R_{B1} 用 20kΩ 电阻与 47kΩ 电位器串联，以便调整静态工作点。

（2）计算主振回路元件值。由式（8.3.5）得 $f_o=\frac{1}{2\pi\sqrt{L_1C_1}}$ ，若取 C_1=100pF，则 L_1≈10μH。实验中可适当调整 L_1 的圈数或 C_1 的值。

电容 C_2、C_3 由反馈系数 F 及电路条件 $C_1 \ll C_2$，$C_1 \ll C_3$ 所决定，若取 C_2=510pF，由于 $F=C_2/C_3=1/8\sim1/2$，则取 C_3=3000pF，取耦合电容 C_b=0.01μF。

（3）测变容二极管的 C_j-v 特性曲线，设置变容管的静态工作点 V_Q。

如果变容二极管的特性曲线未给定，则应按照前面介绍的 C_j-v 曲线测量方法进行测量。本题给定变容二极管的型号为 2CC1C，已测量出其 C_j-v 曲线如图 8.3.4 所示。取变容管静态反向偏压 V_Q=4V，由特性曲线可得变容管的静态电容 C_Q=75pF。

（4）计算调频电路元件值。变容管的静态反向偏压 V_Q 由电阻 R_1 与 R_2 分压决定，即

$$V_Q=\frac{R_2}{R_1+R_2}V_{CC}$$

已知 V_Q=4V，若取 R_2=10kΩ，则 $R_1=20\text{k}\Omega$。实验时 R_1 用 10kΩ 电阻与 47kΩ 电位器串联，以便调整静态偏压 V_Q。

隔离电阻 R_3 应远大于 R_1、R_2，取 R_3=150kΩ。

由式（8.3.6）得 $p=C_c/(C_c+C_j)$，一般接入系数 $p<1$，为减小振荡回路输出的高频电压对变容管的影响，p 应取得小一些，但 p 过小又会使频偏达不到指标要求。可以先取 $p=0.2$，然后在实验中调试。由 C_j-v 曲线得到 V_Q=4V 时，对应的 C_Q=75pF，则

$$C_c=\frac{pC_Q}{1-p}\approx 18.8\text{pF} \qquad \text{取标称值 20pF}$$

低频调制信号 v_Ω的耦合支路电容 C_5 及电感 L_2 应对 v_Ω提供通路，一般 v_Ω的频率为几十赫兹至几十千赫兹，故取 C_5=4.7μF，L_2=47μH（固定电感）。高频旁路电容 C_6 应对调制信号 v_Ω呈现高阻，取 C_6=5100pF。

（5）计算调制信号的幅度。为达到最大频偏 Δf_m 的要求，调制信号的幅度 $V_{\Omega m}$，可由下列关系式求出。由式（8.3.14）得

$$\Delta f_m=-\frac{1}{2}f_o\frac{\Delta C_\Sigma}{C_{Q\Sigma}}$$

式中，$C_{Q\Sigma}$ 为静态时谐振回路的总电容，即

$$C_{Q\Sigma}=C_1+\frac{C_cC_Q}{C_c+C_Q}=116\text{ pF}$$

则回路总电容的变化量 $\Delta C_\Sigma=2\Delta f\,C_{Q\Sigma}/f_o\approx 0.46\text{ pF}$

由式（8.3.13）得变容管的结电容的最大变化量

$$\Delta C_j=\Delta C_\Sigma/p^2\approx 11.5\text{ pF}$$

由图 8.3.4 的 C_j-v 曲线得变容管 2CC1C 在 V_Q= −4V 处的斜率 $k_C=\Delta C_j/\Delta V=12.5\text{ pF/V}$，由式（8.3.9）得调制信号的幅度 $V_{\Omega m}=\Delta C_j/k_C$=0.92V。

由式（8.3.12）得调制灵敏度为 $S_f=\Delta f_m/V_{\Omega m}=10.9\text{ kHz/V}$。

例 2 设计集成振荡器 MC1648 与变容二极管调频电路。

已知条件：$+V_{CC}=+5\text{V}$，集成振荡器 MC1648，变容二极管 2CC1C。

主要技术指标：主振频率 f_o=12MHz，频率稳定度 $\Delta f_o/f_o \leqslant 5\times10^{-4}$/小时，主振级的输出电压 $V_o \geqslant$ 150mV，最大频偏 $\Delta f_m=20\text{kHz}$。

解 （1）确定电路形式。本题对频率稳定度 $\Delta f_o/f_o$ 的要求不是很高，可以使用集成芯片

来设计振荡器。此类振荡器节省了许多的外围器件，电路结构紧凑、体积小，调试方便。并且 MC1648 集成振荡器芯片内部自带了 AGC 电路，使得输出幅度稳定，性能更优越。图 8.3.6 是由 MC1648 构成的集成振荡器与变容二极管调频电路。集成振荡器的静态工作点取决于内部直流馈电电路。当选取正电源供电时，MC1648 各引脚静态工作点如下。

引脚	①	③	⑤	⑦	⑧	⑩	⑫	⑭
电压/V	5	3.6	1.3	0	0	1.5	1.5	5

（2）计算主振回路元件值。谐振频率 $f_o = \dfrac{1}{2\pi\sqrt{L_1 C_{Q\Sigma}}}$，$C_{Q\Sigma}$ 是回路静态总电容。加上调频电路后，回路等效电路如图 8.3.2 所示，$C_{Q\Sigma} = C_1 + \dfrac{C_c C_{Qj}}{C_c + C_{Qj}}$，若取 L_1=2.7μH，则 $C_{Q\Sigma}$≈65pF。对于调频电路，在取值时应 $C_1 \gg pC_{QJ}$，取 C_1=56pF。实验中可适当调整 L_1 的圈数或 C_1 的值。取耦合电容 C_2=0.1μF，滤波电容 C_7=0.1μF，增益控制电阻 R_4 可以不接，即增益最大。实验中可根据输出幅度和波形的要求进行调整。

（3）选择变容二极管，设置变容管的静态工作点 V_Q。变容二极管 D_C 通过 C_c 部分接入振荡回路，接入变容二极管 D_C 后的谐振回路如图 8.3.2 所示。对于调频电路所用的变容二极管，在选择时应注意变容二极管 C_j-v 曲线的线性段所对应的电压应小于 V_{CC}。图 8.3.6 中变容二极管的正极与 MC1648 谐振回路相连，其静态工作点为 1.5V，变容二极管负极的静态工作电压取值范围为 1.5V~V_{CC}，即变容二极管两端的静态偏置电压 V_Q 的范围是 0~3.5V。根据此电压范围，变容二极管 C_j-v 曲线为线性变化的变容二极管的型号有 SVC201SPA、1SV310、MV209、2CC1C 等。选 2CC1C，其 C_j-v 曲线如图 8.3.7 所示。取变容管静态反向偏压 V_Q=3V，由特性曲线可得变容管的静态电容 C_Q≈88pF。

（4）计算调频电路元件值。变容管的静态反向偏压 V_Q 由电阻 R_1、R_2 和 V_{12} 决定，即

$$V_Q = \left[R_2/\left(R_1 + R_2\right)\right]V_{CC} - V_{12}$$

已知 V_Q=3V，V_{12}=1.5V，若取 R_1=5.1kΩ，则 $R_2 = 45\text{k}\Omega$。实验时 R_2 用 20kΩ 电阻与 47kΩ电位器串联，以便调整静态偏压 V_Q。

隔离电阻 R_3 应远大于 R_1、R_2，取 R_3=200kΩ。

由式（8.3.6）得 $p = C_c/(C_c + C_j)$，取接入系数 $p = 0.1$，由 C_j-v 曲线得到 V_Q=3V 时，对应 C_Q=88pF，则

$$C_c = \frac{pC_Q}{1-p} \approx 9.8\text{pF} \qquad \text{取标称值 10pF}$$

调频电路的其他元件取值方法与例 1 相同，即取 C_5=4.7μF，L_2=47μH（固定电感），C_6=5100pF。

（5）计算调制信号的幅度。由式（8.3.9）得调制信号的幅度 $V_{\Omega m}=\Delta C_j / k_C$；由图 8.3.7 的 C_j-v 曲线得变容管 2CC1C 在 V_Q= –3V 处的斜率 $k_C = \Delta C_j/\Delta V = 12.5\,\text{pF/V}$；由式（8.3.13）得变容管的结电容的最大变化量 $\Delta C_j = \Delta C_\Sigma/p^2$；由式(8.3.14)得 $\Delta C_\Sigma = 2\Delta f_m C_{Q\Sigma}/f_o$。已取 p=0.1，依次代入计算公式，可得 $\Delta C_\Sigma = 2\Delta f_m C_{Q\Sigma}/f_o \approx 0.217\,\text{pF}$，$\Delta C_j = \Delta C_\Sigma/p^2 \approx 21.7\,\text{pF}$，调制信号的幅度 $V_{\Omega m}=\Delta C_j / k_C$=1.74V。即调制灵敏度 $S_f = \Delta f_m/V_{\Omega m} = 11.54\,\text{kHz/V}$。

8.3.5 振荡器与调频的装调与测试

由于调频振荡器的工作频率较高，晶体管的结电容、引线电感、分布电容及测量仪器对电

路的性能影响均不能忽略。因此，在电路装调及测试时应尽量减小这些分布参数的影响。

（1）安装要点

安装时应合理布局，减小分布参数的影响。电路元件不要排得太松，引线尽量不要平行，否则会在元件或引线之间产生一定的分布参数，引起寄生反馈。多级放大器应排成一条直线，尽量减小末级与前级之间的耦合。地线应尽可能粗，以减小分布电感引起的高频损耗，制作印制电路板时，地线的面积应尽量大。为减小电源内阻形成的寄生反馈，应采用滤波电容 C_φ 及滤波电感 L_φ 组成的π形或Γ形滤波电路，一般 L_φ 为几十微亨至几百微亨，C_φ 为几百皮法至几十千皮法。

（2）测试点选择

正确选择测试点，减小仪器对被测电路的影响。在高频情况下，测量仪器的输入阻抗（包含电阻和电容）及连接电缆的分布参数都有可能影响被测电路的谐振频率及谐振回路的 Q 值，为尽量减小这种影响，应正确选择测试点，使仪器的输入阻抗远大于电路测试点的输出阻抗。对于图 8.3.1 所示电路，高频电压表接于 C 点，示波器接于 E 点，数字频率计接于 A 点，C_4 的值要小，以减小数字频率计的输入阻抗对谐振回路的影响。所有测量仪器如高频电压表、示波器、扫频仪、数字频率计等的地线及输入电缆的地线都要与被测电路的地线连接好，接线尽量短。

（3）调试方法

一般高频电路的实验板应为印制电路板，以保证元器件可靠焊接及连接导线固定，使电路的分布参数基本固定。高频电路的调试方法与低频电路的调试基本相同，也是先调整静态工作点，然后观测动态波形并测量电路的性能参数。所不同的是按照理论公式计算的电路参数与实际参数可能相差较大，电路的调试要复杂一些。

8.3.6 设计任务

设计课题：高频振荡器与变容二极管调频电路设计

- 已知条件：$+V_{CC}$ = +12V，高频三极管 3DG100 或集成振荡器 MC1648，变容二极管 2CC1C，L_1=10μH。
- 主要技术指标：主振频率 $f_o = 6.5\text{MHz}$，频率稳定度 $\Delta f_o / f_o \leqslant 5\times10^{-4}$/小时，输出电压 V_o= 1V，最大频偏 $\Delta f_m = 20\,\text{kHz}$，调制灵敏度 S_f =14kHz/V。
- 实验仪器设备：

函数信号发生器/计数器 EE1641B（1 台）　　调制度测量仪 BD5（1 台）

超高频毫伏表 DA-36A（1 台）　　数字存储示波器 TDS210（1 台）

数字万用表 UT2003（1 台）　　晶体管稳压电源（1 台）

实验与思考题

8.3.1　LC 振荡器的静态工作点 I_{CQ} 在 0.5~4mA 之间变化时，输出频率 f_o、输出电压 V_o 及振荡波形有何变化？为什么？(实验后恢复 I_{CQ} 值)

8.3.2　反馈系数 $F=C_2/C_3$ 过大或过小时，对电路起振有何影响？对振荡器输出电压的幅度有何影响？

8.3.3　影响主振频率 f_o 及输出电压 V_o 的主要因素还有哪些？用实验说明。

8.3.4　变容二极管的接入系数 p 过大或过小，对调频信号的波形有何影响？用实验说明。

8.3.5　为什么说高频电路的测试点选择不当，会影响回路的谐振频率、Q 值，甚至电路不能正常工作？对于图 8.3.1 所示的电路，如果在 D 点观测波形会出现什么现象？

8.3.6　用示波器观测调频波形。调制信号 v_Ω 的频率 f =1kHz，当幅度 $V_{\Omega m}$ 从零逐渐增加时，如果出现寄生调幅波，是什么原因引起的？如何减小寄生调幅的影响？

8.3.7 如何测量频率稳定度$\Delta f_0/f_0$、最大频偏Δf_m及调制灵敏度S_f？

8.3.8 测量某已知变容二极管的特性曲线C_j-v，在曲线上选择静态工作点Q并确定斜率k_C。

8.3.9 影响频偏Δf_m的因素有哪些？如何提高频率偏移？

8.3.10 用调制度测量仪测调频信号的频偏，并画出示波器上观察出的调频波。

① 当调制信号f_Ω = 1kHz，$V_{\Omega m}$从零逐渐增加时，调频波如何变化？

② 当调制信号f_Ω = 300Hz，$V_{\Omega m}$一定时，调频波又如何变化？

8.4 高频功率放大器设计

学习要求 掌握高频宽带功率放大器与高频谐振功率放大器的设计方法、电路调谐及测试技术；负载的变化及激励电压、基极偏置电压、集电极电压的变化对放大器工作状态的影响；了解寄生振荡引起的波形失真及消除寄生振荡的方法。

8.4.1 电路的基本原理

利用宽带变压器作为耦合回路的功率放大器称为宽带功率放大器。常见宽带变压器有用高频磁心绕制的高频变压器和传输线变压器。宽带功率放大器不需要调谐回路，可在很宽的频率范围内获得线性放大。但效率η较低，一般只有 20%左右。它通常作为发射机的中间级，以提供较大的激励功率。

利用选频网络作为负载回路的功率放大器称为谐振功率放大器。根据放大器电流导通角θ的范围，可以分为甲类、乙类、丙类和丁类等功率放大器。电流导通角θ越小，放大器的效率越高。如丙类功放的θ<90°，但效率可达到 80%。丙类功率放大器通常作为发射机的末级，以获得较大的输出功率和较高的效率。

图 8.4.1 为由两级功率放大器组成的高频功率放大器(以下简称功放)电路。其中晶体管 T_1与高频变压器 Tr_1 组成宽带功率放大器，晶体管 T_2 与选频网络 L_2、C_2 组成丙类谐振功率放大器。下面介绍它们的工作原理与基本关系式。

1. 宽带功率放大器

（1）静态工作点

如图 8.4.1 所示，由晶体管 T_1组成的宽带功率放大器工作在甲类状态。其中 R_{B1}、R_{B2}为基极偏置电阻，R_{E1}为直流负反馈电阻，以稳定电路的静态工作点。R_F为交流负反馈电阻，可以提高放大器的输入阻抗，稳定增益。电路的静态工作点由下列关系式确定：

$$V_{EQ} = I_{EQ}(R_F + R_{E1}) \approx I_{CQ}R_{E1} \tag{8.4.1}$$

$$I_{CQ} = \beta I_{BQ} \tag{8.4.2}$$

$$V_{BQ} = V_{EQ} + 0.7\text{V} \tag{8.4.3}$$

$$V_{CEQ} = V_{CC} - I_{CQ}(R_F + R_{E1}) \tag{8.4.4}$$

式中，R_F一般为几欧姆至几十欧姆。

（2）高频变压器

图 8.4.1 所示的高频变压器仍然是应用变压器原理，依靠磁芯中的公共磁通Φ将初级线圈的能量传输到次级线圈的。线圈漏感和分布电容的影响限制了它的高频特性。这种宽带变压器一般用在短波段。

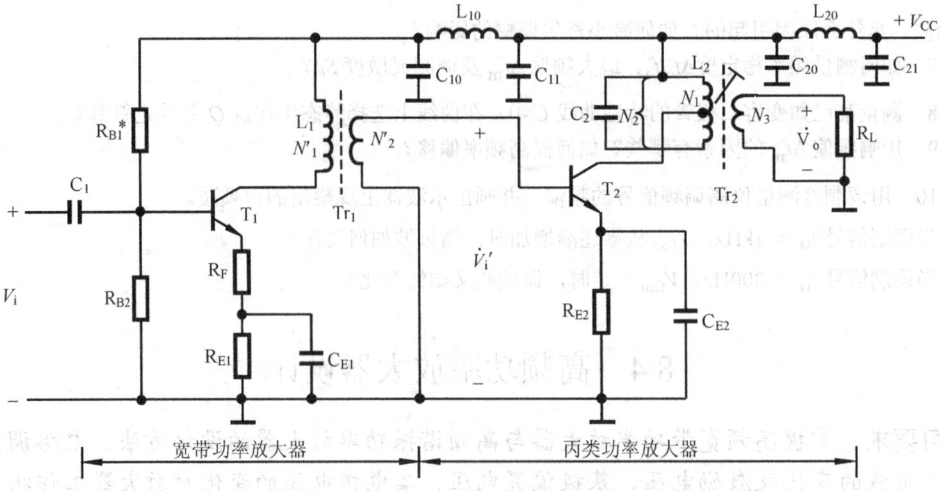

图 8.4.1 高频功率放大器

由变压器原理可得，宽带功率放大器集电极的输出功率为

$$P_C = P_H / \eta_T \tag{8.4.5}$$

式中，P_H 为输出负载上的实际功率；η_T 为变压器的传输效率，一般 $\eta_T = 0.75 \sim 0.85$。

图 8.4.2 是宽带功率放大器的负载特性。为获得最大不失真输出功率，静态工作点 Q 应选在交流负载线 AB 的中点。集电极的输出功率的表达式为

$$P_C = \frac{1}{2} V_{Cm} I_{Cm} = \frac{1}{2} \cdot \frac{V_{Cm}^2}{R'_H} \tag{8.4.6}$$

式中，R'_H 为集电极等效负载电阻；V_{Cm} 为集电极交流电压的振幅，其表达式为

$$V_{Cm} = V_{CC} - I_{CQ} R_{E1} - V_{CES} \tag{8.4.7}$$

式中，V_{CES} 称为饱和压降，约 1V。I_{Cm} 为集电极交流电流的振幅，其表达式为

$$I_{Cm} \approx I_{CQ} \tag{8.4.8}$$

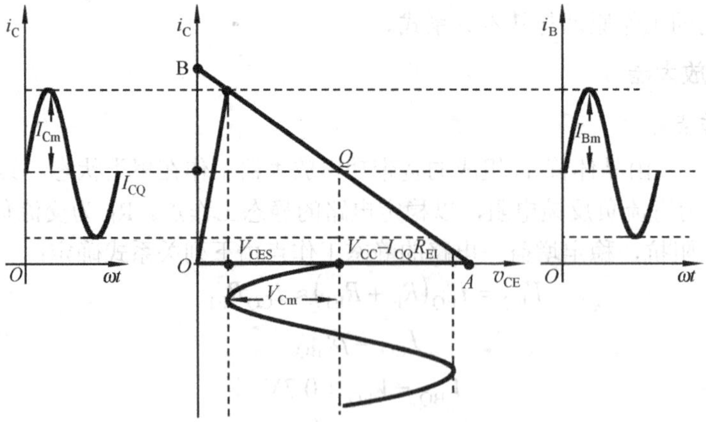

图 8.4.2 甲类功放的负载特性

如果变压器的初级线圈匝数为 N'_1，次级线圈的匝数为 N'_2，则

$$\frac{N'_1}{N'_2} = \sqrt{\frac{\eta_T R'_H}{R_H}} \tag{8.4.9}$$

式中，R_H 为变压器次级接入的负载电阻，即下级丙类功放的输入阻抗 $|Z_i|$。

（3）功率增益

与电压放大器不同的是，功放应有一定的功率增益。对于图 8.4.1 所示电路，宽带功放要为下一级丙类功放提供一定的激励功率，必须将前级输入的信号进行功率放大，功率增益

$$A_P=P_C/P_i \tag{8.4.10}$$

式中，P_i 为功放的输入功率，它与功放的输入电压 V_{im} 及输入电阻 R_i 的关系为

$$V_{im}=\sqrt{2R_iP_i} \tag{8.4.11}$$

式中，R_i 又可以表示为

$$R_i\approx h_{ie}+(1+h_{fe})R_F \tag{8.4.12}$$

式中，h_{ie} 为共发射极接法晶体管的输入电阻，高频工作时，可认为它近似等于晶体管的基极体电阻 $r_{b'b}$；h_{fe} 为晶体管共射电流放大系数，即 β。

2．丙类功率放大器

（1）基本关系式

如图 8.4.1 所示，丙类功放的基极偏置电压 $-V_{BE}$ 是利用发射极电流的直流分量 $I_{E0}(I_{E0}\approx I_{C0})$ 在射极电阻 R_{E2} 上产生的压降来提供的，故称为自给偏压电路。当放大器的输入信号 v_i 为正弦波时，集电极的输出电流 i_C 为余弦脉冲波。利用谐振回路 L_2C_2 的选频作用可输出基波谐振电压 v_{C1}、电流 i_{C1}。

集电极基波电压的振幅

$$V_{C1m}=I_{C1m}R_p \tag{8.4.13}$$

式中，I_{C1m} 为集电极基波电流的振幅；R_p 为集电极负载阻抗。

集电极输出功率

$$P_C=\frac{1}{2}V_{C1m}I_{C1m}=\frac{1}{2}I_{C1m}^2R_p=\frac{1}{2}\cdot\frac{V_{C1m}^2}{R_p} \tag{8.4.14}$$

直流电源 V_{CC} 供给的直流功率

$$P_D=V_{CC}I_{C0} \tag{8.4.15}$$

式中，I_{C0} 为集电极电流脉冲 i_C 的直流分量。电流脉冲 i_C 经傅里叶级数分解，可得峰值 I_{Cm} 与分解系数 $\alpha_n(\theta)$ 的关系式

$$I_{Cm}=I_{C1m}/\alpha_1(\theta)\text{，}\quad I_{C0}=I_{Cm}\alpha_0(\theta) \tag{8.4.16}$$

分解系数 $\alpha_n(\theta)$ 与 θ 的关系如图 8.4.3 所示。

集电极的耗散功率

$$P_C'=P_D-P_C \tag{8.4.17}$$

集电极的效率

$$\eta=\frac{P_C}{P_D}=\frac{1}{2}\cdot\frac{V_{C1m}}{V_{CC}}\cdot\frac{I_{C1m}}{I_{C0}}=\frac{1}{2}\cdot\frac{V_{C1m}}{V_{CC}}\cdot\frac{\alpha_1(\theta)}{\alpha_0(\theta)}=\frac{1}{2}\xi\frac{\alpha_1(\theta)}{\alpha_0(\theta)} \tag{8.4.18}$$

式中，$\xi=V_{C1m}/V_{CC}$ 称为电压利用系数。

图 8.4.4 表示了功放管特性曲线折线化后的输入电压 V_{BE} 与集电极电流脉冲 i_C 的波形关系。由图可得：

$$\cos\theta=\frac{V_j-V_B}{V_{Bm}} \tag{8.4.19}$$

式中，V_j 为晶体管导通电压(硅管约 0.6V，锗管约 0.3V)；V_{Bm} 为输入电压（或激励电压）的振幅；V_B 为基极直流偏压。

$$V_B=-I_{C0}\cdot R_E \tag{8.4.20}$$

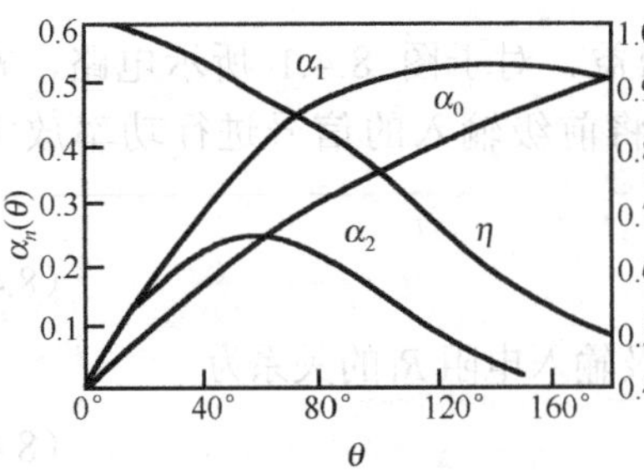

图 8.4.3　电流脉冲的分解系数

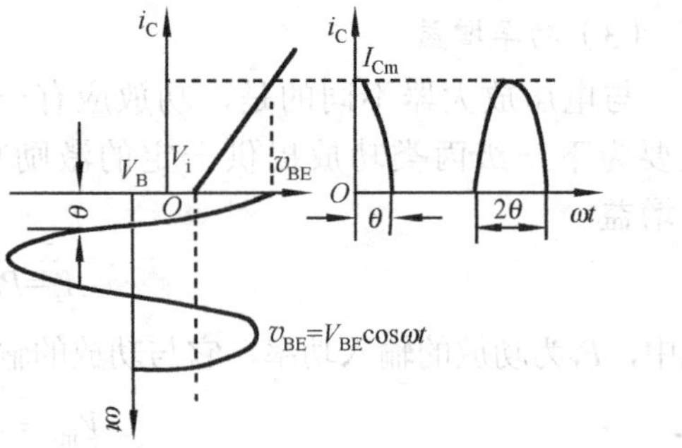

图 8.4.4　输入电压 v_{BE} 与集电极电流 i_C 波形

当输入电压 V_{BE} 大于导通电压 V_j 时，晶体管导通，并工作在放大状态，则基极电流脉冲 I_{Bm} 与集电极电流脉冲 I_{Cm} 成线性关系，即满足

$$I_{Cm} = h_{fe} I_{Bm} \approx \beta I_{Bm} \tag{8.4.21}$$

因此，基极电流脉冲的基波幅度 I_{B1m} 及直流分量 I_{B0} 也可以表示为

$$I_{B1m} = \alpha_1(\theta) I_{Bm}, \quad I_{B0} = \alpha_0(\theta) I_{Bm} \tag{8.4.22}$$

基极基波输入功率

$$P_i = \frac{1}{2} V_{B1m} I_{B1m} \tag{8.4.23}$$

功放的功率增益

$$A_P = \frac{P_o}{P_i} \quad 或 \quad A_P = 10\lg\frac{P_o}{P_i}\,\text{dB} \tag{8.4.24}$$

如图 8.4.1 所示，丙类功放的输出回路采用变压器耦合方式。其作用为：① 实现阻抗匹配，将集电极的输出功率送至负载 R_L；② 与谐振回路配合，滤除谐波分量。

集电极谐振回路为部分接入，谐振频率为

$$\omega_o = \frac{1}{\sqrt{LC}} \quad 或 \quad f_o = \frac{1}{2\pi\sqrt{LC}} \tag{8.4.25}$$

由变压器原理可得

$$\frac{N_3}{N_1} = \frac{\sqrt{2P_C R_L}}{V_{C1m}}, \quad \frac{N_2}{N_3} = \sqrt{\frac{Q_L \omega_{OL}}{R_L}} \tag{8.4.26}$$

式中，N_1 为集电极接入初级的匝数；N_2 为初级线圈总匝数；N_3 为次级线圈总匝数；Q_L 为初级回路有载品质因数，一般取值为 2～10。

丙类功放的输入回路也采用变压器耦合方式，以使输入阻抗与前级输出阻抗匹配。分析表明，这种耦合方式的输入阻抗为

$$|Z_i| = \frac{r_{b'b}}{(1-\cos\theta)\alpha_1(\theta)} \tag{8.4.27}$$

式中，$r_{b'b}$ 为晶体管基极体电阻，$r_{b'b} \leqslant 25\Omega$。

（2）负载特性

当功放的电源电压 $+V_{CC}$、基极偏置电压 V_B、输入电压（或称激励电压）V_{Bm} 确定后，如果电流导通角 θ 选定，则功放的工作状态只取决于集电极的等效负载阻抗 R_q。谐振功放的交流负载特性如图 8.4.5 所示。

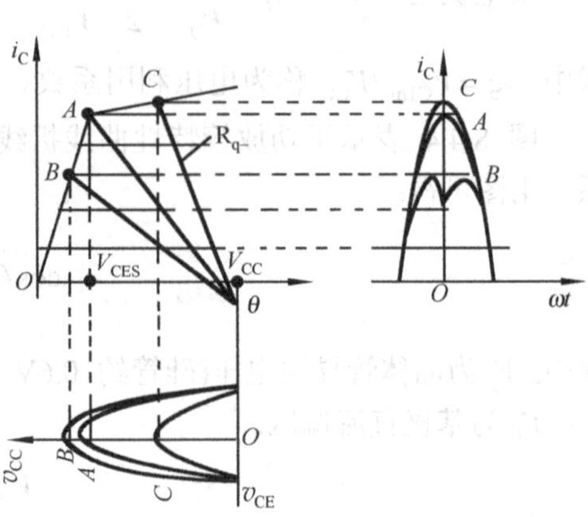

图 8.4.5　谐振功放的交流负载特性

由图可见，当交流负载线正好穿过静态特性曲线的转折点 A 时，管子的集电极电压正好等于管子的饱和压降 V_{CES}，集电极电流脉冲接近最大

值 I_{Cm}。此时集电极输出的功率 P_C 和效率 η 都较高，称此时功放处于临界工作状态。所对应的等效负载电阻

$$R_q = \frac{(V_{CC} - V_{CES})^2}{2P_C} \tag{8.4.28}$$

当 R_q 小于临界值时，功放处于欠压工作状态，如 C 点所示，集电极输出电流虽然较大，但集电极电压较小，因此，输出功率和效率都较小。

当 R_q 大于临界值时，功放处于过压工作状态，如 B 点所示。集电极电压虽然较大，但集电极电流波形凹陷，因此输出功率较低，但效率较高。

为了兼顾输出功率和效率的要求，谐振功率放大器通常选择在临界工作状态，如 A 点所示。判断功放是否为临界工作状态的条件是

$$V_{CC} - V_{Cm} = V_{CES} \tag{8.4.29}$$

式中，V_{Cm} 为集电极输出电压的幅度；V_{CES} 为晶体管饱和压降。

8.4.2 高频变压器的绕制

高频变压器的磁心应采用镍锌（NXO）铁氧体，而不能用硅钢片铁芯，因硅钢片在高频工作时铁损耗过大。NXO-100 环形铁氧体作高频变压器磁心时，工作频率可达十几兆赫。其结构如图 8.4.6 所示，尺寸为：外径×内径×高度，电感量 L 由下式计算：

$$L = 4\pi^2 \mu \frac{A}{l} N^2 \times 10^{-3} \ (\mu\text{H}) \tag{8.4.30}$$

式中，μ 为磁导率（单位 H/m）；N 为线圈匝数；A 为磁心截面积（单位 cm^2）；l 为平均磁路长度(单位 cm)。

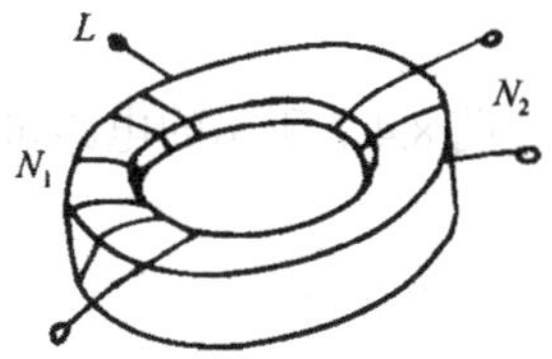

图 8.4.6　环形铁氧体高频变压器磁心

若选尺寸为：10mm×6mm×5mm 的 NXO-100 铁氧体磁心(μ=100H/m)，由图 8.4.6 可求出 A=10mm^2，l=25mm。则电感量 L、线圈匝数 N 的值可由式(8.4.30)确定。

绕制高频变压器的漆包线一般选用线径为 0.31mm 的漆包线。为减小线圈漏感与分布电容的影响，匝数应尽可能少，匝间距离应尽可能大（绕稀一些，并绕得紧一些）。

8.4.3 主要技术指标及实验测试方法

（1）输出功率

高频功放的输出功率是指放大器的负载 R_L 上得到的最大不失真功率。在图 8.4.1 所示电路中，由于负载 R_L 与丙类功放的谐振回路之间采用变压器耦合方式，实现了阻抗匹配，则集电极回路的谐振阻抗 R_0 上的功率等于负载 R_L 上的功率，所以将集电极的输出功率视为高频功放的输出功率，即

$$P_o = \frac{1}{2} V_{C1m} I_{C1m} = \frac{1}{2} I_{C1m}^2 R_0 = \frac{1}{2} \cdot \frac{V_{C1m}^2}{R_0}$$

测量功放主要技术指标的电路如图 8.4.7 所示，其中高频信号发生器提供激励信号电压与谐振频率，示波器监测波形失真，直流毫安表 mA 测量集电极的直流电流，高频电压表 V 测量负载 R_L 的端电压。只有在集电极回路处于谐振状态时才能进行各项技术指标的测量。可以通过高频电压表 V 及直流毫安表 mA 的指针来判断集电极回路是否谐振，即电压表 V 的指标为最大值、毫安表 mA 的指示为最小值时集电极回路处于谐振状态（或用扫频仪测量）。

放大器的输出功率为

$$P_o = V_L^2 / R_L \tag{8.4.31}$$

式中，V_L为高频电压表V的测量值。

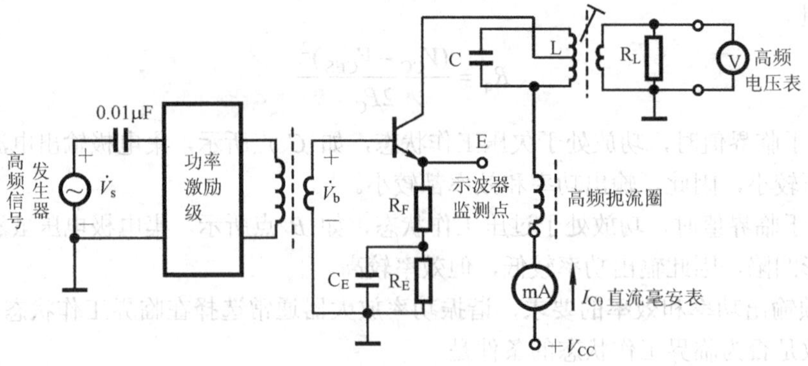

图 8.4.7 高频功放的测试电路

（2）效率

功放的能量转换效率主要由集电极的效率所决定。所以常将集电极的效率视为高频功放的效率，即

$$\eta = P_C / P_D \tag{8.4.32}$$

图 8.4.7 所示的电路可以用来测量功放的效率。集电极回路谐振时，η的值由下式计算：

$$\eta = \frac{P_C}{P_D} = \frac{V_L^2 / R_L}{I_{C0} V_{CC}} \tag{8.4.33}$$

式中，V_L为高频电压表的测量值；I_{C0}为直流毫安表的测量值。

（3）功率增益

功放的输出功率 P_o与输入功率 P_i之比称为功率增益，用 A_P（单位：dB）表示（见式 8.4.10）。

8.4.4 设计举例

例 设计一高频功放。

已知条件：$+V_{CC}$ = +12V，晶体管 3DG130 的主要参数 P_{CM}=700mW，I_{CM} =300mA，$V_{CES} \leqslant 0.6$V，$h_{fe} \geqslant 30$，$f_T \geqslant 150$MHz，$A_P \geqslant 6$dB；晶体管 3DA1 的主要参数 P_{CM}=1W，I_{CM}=750mA，$V_{CES} \geqslant 1.5$V，$h_{fe} \geqslant 10$，f_T = 70MHz，$A_P \geqslant 13$dB。

主要技术指标：输出功率 $P_o \geqslant 500$mW，工作中心频率 $f_0 \approx 5$MHz，效率 $\eta > 50\%$，负载 R_L=51Ω。

解 仅从输出功率 $P_o \geqslant 500$mW 一项指标来看，可以采用宽带功放或乙类、丙类功放。由于还要求总效率η>50%，显然不能只用一级宽带，但可以只用一级丙类功放。为使读者对宽带功放与丙类功放均有所了解，本题采用了如图 8.4.1 所示的电路，其中宽带功放的晶体管选用 3DG130，丙类功放的晶体管选用 3DA1。

（1）丙类功率放大器设计

① 确定放大器的工作状态

为获得较高的效率η及最大输出功率 P_o，将功放的工作状态选为临界状态，取 θ=70°，由式（8.4.28）得此时集电极的等效负载电阻

$$R_q = \frac{(V_{CC} - V_{CES})^2}{2P_C} = \frac{(V_{CC} - V_{CES})^2}{2P_o} = 110\Omega$$

由式（8.4.14）得集电极基波电流振幅

$$I_{\mathrm{C1m}}=\sqrt{2P_{\mathrm{C}}/R_{\mathrm{q}}}=95\mathrm{mA}$$

由式（8.4.16）得集电极电流脉冲的最大值 I_{Cm} 及其直流分量 I_{C0}，即

$$I_{\mathrm{Cm}}=I_{\mathrm{C1m}}/\alpha_1(70^\circ)=95\mathrm{mA}/0.44=216\mathrm{mA}$$

$$I_{\mathrm{C0}}=I_{\mathrm{Cm}}\cdot\alpha_0(70^\circ)=216\mathrm{mA}/0.25=54\mathrm{mA}$$

由式（8.4.15）得电源供给的直流功率 $P_{\mathrm{D}}=V_{\mathrm{CC}}I_{\mathrm{C0}}=0.65\mathrm{W}$。

由式（8.4.17）得集电极的耗散功率 $P_{\mathrm{C}}'=P_{\mathrm{D}}-P_{\mathrm{C}}=0.15\mathrm{W}$（小于 $P_{\mathrm{CM}}=1\mathrm{W}$）。

由式（8.4.18）得集电极的效率 $\eta=P_{\mathrm{C}}/P_{\mathrm{D}}=77\%$。

若设本级功率增益 A_P=13dB（20 倍），则输入功率 $P_{\mathrm{i}}=P_{\mathrm{o}}/A_P=P_{\mathrm{C}}/A_P=25\mathrm{mW}$。

由式（8.4.21）得基极余弦脉冲电流的最大值（设晶体管 3DA1 的 β=10）

$$I_{\mathrm{Bm}}=I_{\mathrm{Cm}}/\beta=21.6\mathrm{mA}$$

由式（8.4.22）得基极基波电流的振幅 $I_{\mathrm{B1m}}=I_{\mathrm{B1m}}\alpha_1(70^\circ)=9.5\mathrm{mA}$。

由式（8.4.23）得输入电压的振幅 $V_{\mathrm{Bm}}=2P_{\mathrm{i}}/I_{\mathrm{B1m}}=5.3\mathrm{V}$。

② 计算谐振回路及耦合回路的参数

丙类功放的输入、输出耦合回路均为高频变压器耦合方式，其输入阻抗 $|Z_{\mathrm{i}}|$ 可由式（8.4.27）计算，即

$$|Z_{\mathrm{i}}|=\frac{r_{\mathrm{b'b}}}{(1-\cos\theta)\alpha_1(\theta)}=\frac{25}{(1-\cos70^\circ)\times0.44}\Omega=86\Omega$$

由式（8.4.26）得输出变压器线圈匝数比为

$$\frac{N_3}{N_1}=\frac{\sqrt{2P_{\mathrm{C}}R_{\mathrm{L}}}}{V_{\mathrm{C1m}}}=\frac{\sqrt{2\times0.5\times51}}{12-1.5}=0.68$$

取 N_3=2，N_1=3。

若取集电极并联谐振回路的电容 C=100pF，由式(8.4.25)得回路电感

$$L=\frac{2.53\times10^4}{(\{f_0\}_{\mathrm{MHz}})^2\{C\}_{\mathrm{pF}}}\ \mu\mathrm{H}\approx10\mu\mathrm{H}$$

若采用 10mm×6mm×5mm 的 NXO-100 铁氧体磁环来绕制输出耦合变压器，由式（8.4.30）可以计算变压器初级线圈的总匝数 N_2，即

$$L=4\pi^2\{\mu\}_{\mathrm{H/m}}\frac{\{A\}_{\mathrm{cm}}{}^2}{\{l\}_{\mathrm{cm}}}N_2^2\times10^{-3}\ \mu\mathrm{H}$$

则 $N_2\approx8$。

需要指出的是，变压器的匝数 N_1、N_2、N_3 的计算值只能作为参考值，由于分布参数的影响，与设计值可能相差较大。为调整方便，通常采用磁心位置可调节的高频变压器。

③ 基极偏置电路参数计算

由式（8.4.19）可得基极直流偏置电压 $V_{\mathrm{B}}=V_{\mathrm{j}}-V_{\mathrm{Bm}}\cos\theta=-1.1\mathrm{V}$。

由式（8.4.20）得射极电阻 $R_{\mathrm{E2}}=|V_{\mathrm{B}}|/I_{\mathrm{C0}}=20\Omega$。

取高频旁路电容 C_{E2}=0.01μF。

（2）宽带功率放大器设计

① 计算电路参数

宽带功放的输出功率 P_H 应等于下级丙类功放的输入功率 P_i，其输出负载 R_H 等于丙类功放的输入阻抗$|Z_i|$，即 $P_H=P_i=25mW$，$R_H=|Z_i|=86\Omega$。

设高频变压器的效率 $\eta_T=0.8$。功放集电极的输出功率可由式（8.4.5）得出，即

$$P_C=P_H/\eta_T\approx 31mW$$

若取功放的静态电流 $I_{CQ}\approx I_{Cm}=7mA$，由式（8.4.6）得集电极电压的振幅 V_{Cm} 及等效负载电阻 R'_H 分别为

$$V_{Cm}=2P_C/I_{Cm}=8.9V,\quad R'_H=\frac{V_{Cm}^2}{2P_C}=1.3k\Omega$$

由式（8.4.7）得射极直流负反馈电阻为

$$R_{E1}=\frac{V_{CC}-V_{Cm}-V_{CES}}{I_{CQ}}=357\Omega\qquad 取标称值 360\Omega$$

由式（8.4.9）得高频变压器匝数比

$$\frac{N'_1}{N'_2}=\sqrt{\frac{\eta_T R'_H}{R_H}}\approx 3$$

若取次级匝数 $N'_2=2$，则初级匝数 $N'_1=6$。

本级功放采用 3DG130 晶体管，设 $\beta=30$，若取功率增益 A_P=13dB（20 倍），则输入功率

$$P_i=P_C/A_P=1.55mW$$

由式（8.4.12）得功放的输入阻抗

$$R_i\approx r_{b'b}+\beta R_3=25\Omega+30\times R_3$$

若取交流负反馈电阻 $R_3=10\Omega$，则 $R_i=325\Omega$，由式（8.4.11)得本级输入电压的振幅

$$V_{im}=\sqrt{2R_iP_i}=1.0V$$

② 计算静态工作点

由上述计算结果得到静态时（$V_i=0$）晶体管的射极电位

$$V_{EQ}=I_{CQ}R_{E1}=2.5V$$

则
$$V_{BQ}=V_{EQ}+0.7V=3.2V,\quad I_{BQ}=I_{CQ}/\beta=0.23mA$$

若取基极偏置电路的电流 $I_1=5I_{BQ}$，则

$$R_2=V_{BQ}/5I_{BQ}=2.8k\Omega\qquad 取标称值 3k\Omega$$

$$R_1=\frac{V_{CC}-V_{BQ}}{V_{BQ}}R_{B2}=8.25k\Omega$$

实验调整时取 $R_1=5.1k\Omega+10k\Omega$ 的电位器。取高频旁路电容 $C_{E1}=0.02\ \mu F$，输入耦合电容 $C_1=0.02\ \mu F$。

高频电路的电源去耦滤波网络通常采用π形 LC 低通滤波器如图 8.4.8 所示，L_{10},L_{20} 可按经验取 $50\mu H\sim 100\mu H$，$C_{10},C_{11},C_{20},C_{21}$ 按经验取 $0.01\mu F$。L_{10},L_{20} 可以采用色码电感，也可以用环形磁心绕制。此外，还可在输出变压器的次级与负载 R_L 之间插入 LC 滤波器，以改善 R_L 上的输出波形。

将上述设计计算的元件参数按照图 8.4.8 所示电路进行安装，然后再逐级进行调整，最好是安装一级调整一级，然后两级进行级联。可先安装第一级宽带功率放大器，调整静态工作点使其基本满足设计要求，如测得 $V_{BQ}=2.8V$，$V_{EQ}=2.2V$，则 $I_{CQ}=6mA$；再安装第二级丙类功率放大器，测得晶体管 3DA1 静态时的基极偏置 $V_{BE}=0$。再分别进行各级的动态调试。

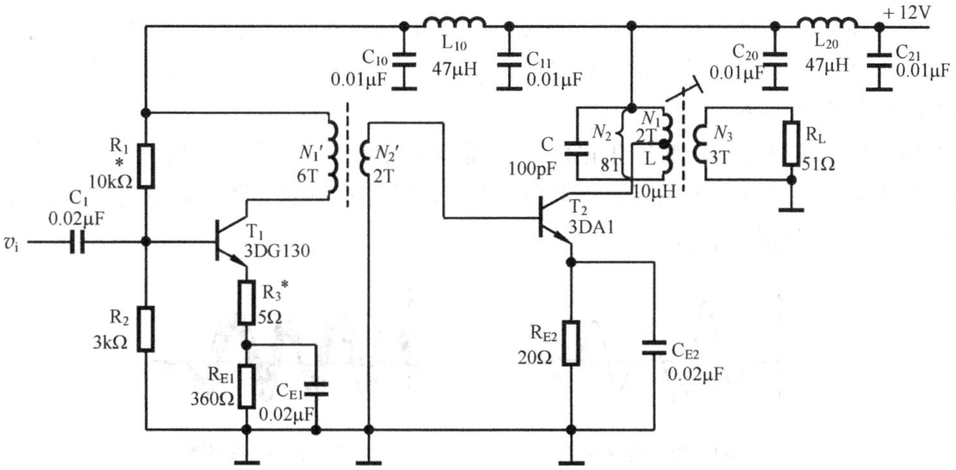

图 8.4.8　高频功率放大器实验电路

8.4.5　高频谐振功率放大器的调整

1．谐振状态的调整

设计计算高频谐振功放的前提是，假定谐振回路已经处于谐振状态，即集电极的负载阻抗为纯电阻。但回路的初始状态或者在调谐过程中，会出现回路失谐状态，即集电极回路的阻抗呈感性或呈容性，将使回路的等效阻抗下降。这时集电极输出电压减小，集电极电流增大，集电极的耗散功率增加，严重时可能损坏晶体管。为保证晶体管安全工作，调谐时，可以先将电源电压 $+V_{CC}$ 降低到规定值的 1/2~1/3，待找到谐振点后，再将 $+V_{CC}$ 升到规定值，然后微调回路参数。如图 8.4.7 所示，在回路谐振时，高频电压表的读数应达到最大值，直流毫安表的读数为最小值，示波器监测的波形为不失真基波。

2．寄生振荡及其消除

寄生振荡是调整高频谐振功率放大器过程中经常遇到的一种现象。常见寄生振荡有以下两种：

（1）参量自激型寄生振荡

当功放的输出电压 V_{Cm} 足够大时，功放的动态工作点可能进入参量状态，这时晶体管的许多参数将随着工作状态而变化，如集电结电容 $C_{b'c}$ 的变化特别明显，将产生许多新的频率分量存在于晶体管的输出和输入端，其中某些频率分量由于相位、幅度合适，而形成自激振荡。对输出波形影响较大的是 1/2 基波频率，图 8.4.9 画出了 1/2 基波和 3 倍频参量自激时，功放输出端的合成波形。

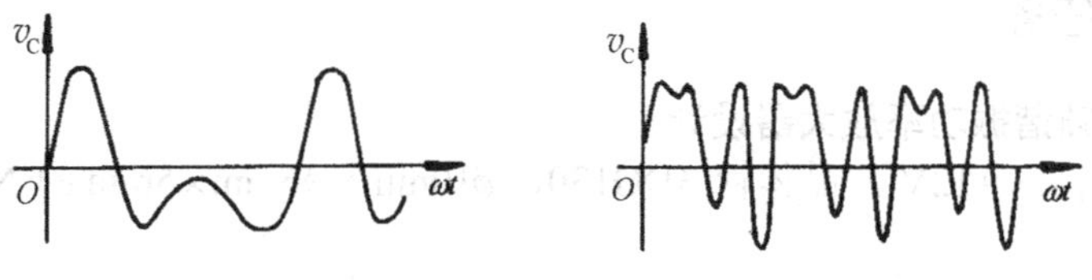

(a) 1/2 基波的影响　　(b) 3 倍频的影响

图 8.4.9　受参量自激型寄生振荡影响的输出波形

参量自激的特点是必须在外加信号激励下才会产生，因此断开激励信号观察振荡是否继续存在，是判断自激型寄生振荡的有效方法。一旦发现有参量寄生振荡，必须立即关电源，因为参量寄生振荡使输出电压的峰值可能显著增加（可能比正常值大 5~6 倍），集电极回路可能处于失谐状态，集电极的耗散功率会很大，有可能导致晶体管损坏。

消除参量寄生振荡的常用办法是，在基极或发射极接入防振电阻（几欧姆至几十欧姆），或引入适当的高频电压负反馈，或降低回路的 Q_L 值，如果可能的话，减小激励信号电平。

（2）反馈型寄生振荡

反馈型寄生振荡又分为低频寄生振荡与高频或超高频寄生振荡。低频寄生振荡的频率低于放大器的工作频率，高频寄生振荡的频率高于放大器的工作频率。图 8.4.10 分别为叠加有低频自激与高频自激信号的输出波形。

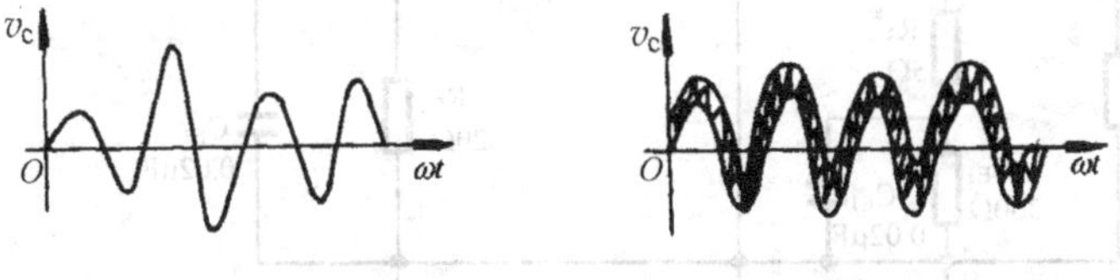

(a) 低频寄生振荡的影响　　(b) 高频寄生振荡的影响

图 8.4.10　受反馈型寄生振荡影响的输出波形

低频寄生振荡一般是由功放输入/输出回路中的分布电容引起的。图 8.4.11 画出了高频功率放大器发生低频寄生振荡时的等效电路，这时晶体管的结电容 $C_{b'c}$ 与基极回路线圈 L_B 及集电极回路线圈 L_C 组成了电感三点式振荡电路。消除低频寄生振荡的办法是，设法破坏它的正反馈支路，例如减少基极回路线圈的电感量或串入电阻 R_F，降低线圈的 Q 值。

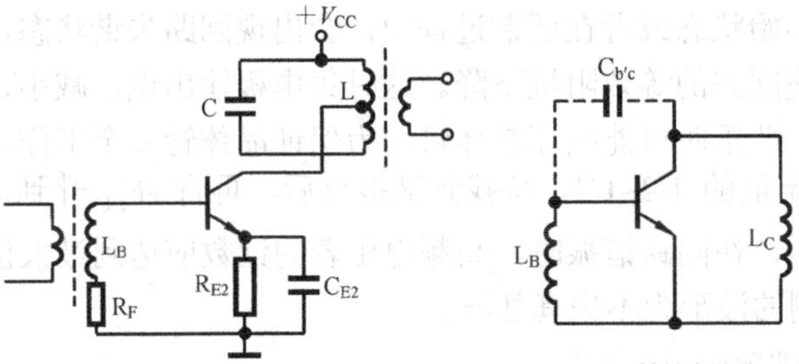

(a) 丙类功率放大器　　(b) 等效电路

图 8.4.11　低频寄生振荡等效电路

高频寄生振荡一般是由电路的分布参数（分布电容、引线电感等）的影响所造成的。例如引线较长时，其产生的分布电感（使放大器原有的电感相当于开路）与电路中的分布电容构成了振荡回路。消除高频寄生振荡的有效办法是，尽量减小引线的长度、合理布局元器件，或基极回路接入防振电阻。

8.4.6　设计任务

设计课题：高频谐振功率放大器设计

已知条件：$+V_{CC}=+12V$，晶体管 3DG130，$\phi 10mm\times\phi 6mm\times 5mm$ 的 NXO-100 环形铁氧体磁心。

主要技术指标：输出功率 $P_o \geqslant 100mW$，负载电阻 $R_L=75\Omega$，效率 $\eta > 60\%$，工作中心频率 $f_0=6MHz$。

实验仪器设备：LC 调频振荡器实验电路板 1 块（利用 8.3 节设计课题完成的电路板）其他仪器与 8.3.6 节相同。

实验与思考题

8.4.1　当所设计的丙类功放为临界工作状态时，负载电阻 R_L 等于多少？当 $R_L=30\Omega$ 和 100Ω时，集电极

电流 I_{C0} 有何变化？输出电压 V_o 有何变化？电路的工作状态是否有改变？为什么？

8.4.2 在图 8.4.1 所示电路中，宽带功率放大器的发射极电阻增大或减小时，对末级丙类功率放大器有何影响？为什么？

8.4.3 丙类功放的工作状态受哪些参数影响？用实验说明放大器为过压区、欠压区及临界状态时所对应的参数值 R_q 和 V_{cm}。

8.4.4 如何判断集电极回路为谐振状态？调谐过程中是否有 I_{C0} 的最小值与负载电阻 R_L 上的电压 V_L 的最大值不同时出现的情况？是什么原因引起的？

8.4.5 为什么在调谐过程中，先将电源电压 $+V_{CC}$ 降低 1/2~1/3，找到谐振点后，再升高电源电压 $+V_{CC}$ 到规定值，最后还要再微调一下谐振回路的参数？

8.4.6 你在调谐功放时，是否出现过寄生振荡？是什么寄生振荡，如何消除？

8.4.7 在图 8.4.7 所示功放测量电路中，为什么观测集电极输出电压的波形要选在 E 点？是否可以将示波器直接接在集电极或负载 R_L 的两端？为什么？

8.4.8 题 8.4.8 图所示的是一个推挽功放电路，它可以用小功率晶体管获得较大的输出功率。试分析该电路的工作原理。试采用此电路设计一个高频功放，替换图 8.4.8 所示的末级功放。

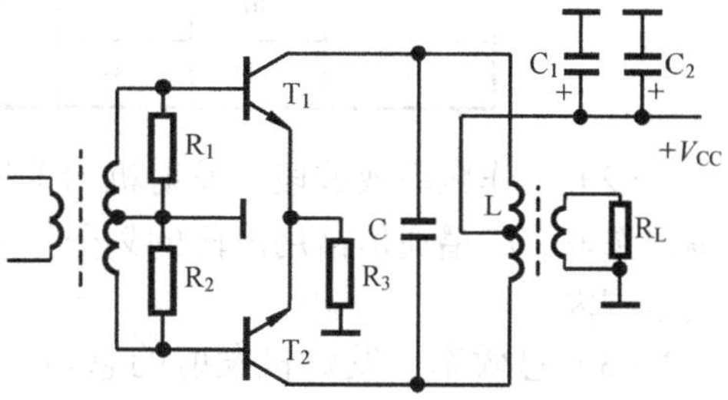

题 8.4.8 图

8.5 小功率调频发射机设计

学习要求 掌握调频发射机整机电路的设计与调试方法，以及高频电路调试中常见故障的分析与排除；学会如何将高频单元电路组合起来实现满足工程实际要求的整机电路的设计与调试技术。

8.5.1 调频发射机及其主要技术指标

与调幅系统相比，调频系统由于高频振荡器输出的振幅不变，因而具有较强的抗干扰能力与较高的效率，所以在无线通信、广播电视、遥控遥测等方面获得广泛应用。图 8.5.1 为调频发射与接收系统的基本组成框图，其中，图(a)为直接调频发射机的组成框图，是本节讨论的主要内容，图(b)为外差式调频接收机的组成框图，将在 8.6 节介绍。调频发射机的主要技术指标如下。

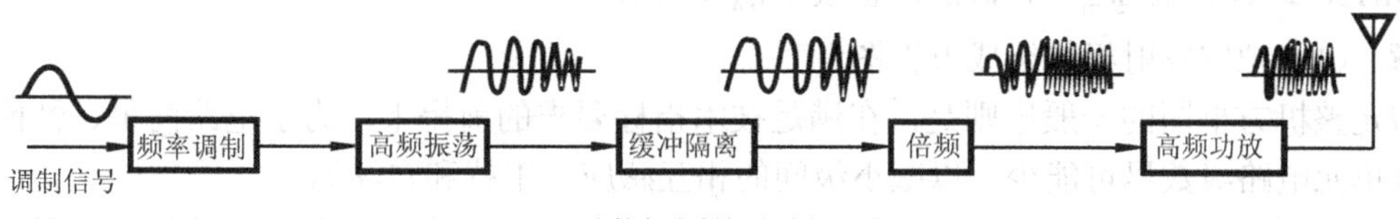

(a) 直接频发射机组成框图

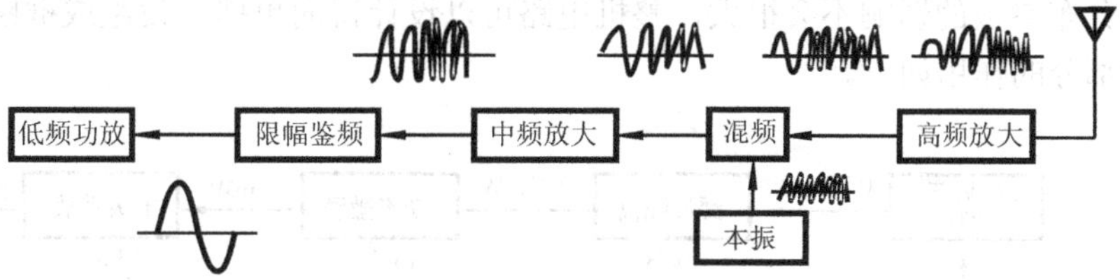

(b) 差式调频接收机组成框图

图 8.5.1 调频发射与接收系统组成框图

（1）发射功率 P_A。一般将发射机输送到天线上的功率，称为发射功率 P_A。只有当天线的长度与发射频率的波长λ可比拟时，天线才能有效地把载波发射出去。波长λ与频率f的关系为

$$\lambda = c / f \tag{8.5.1}$$

式中，c为电磁波传播速度，$c = 3\times10^8\,\mathrm{m/s}$。若接收机的灵敏度$V_A = 2\mu V$，则通信距离$s$与发射功率$P_A$的关系为

$$\{s\}_{km} = 1.07\times\sqrt[4]{\{P_A\}_{mW}} \tag{8.5.2}$$

表 8.5.1 列出了小功率发射机的功率 P_A 与通信距离 s 的关系。

表 8.5.1　发射功率 P_A 与通信距离 s 的关系

P_A / mW	50	100	200	300	400	500	600	700
s / km	2.84	3.38	4.02	4.45	4.82	5.08	5.27	5.50

（2）工作频率或波段。发射机的工作频率应根据调制方式，在国家或有关部门所规定的范围内选取。广播通信常用波段的划分如表 8.5.2 所示，对于调频发射机，工作频率一般在超短波范围内。

（3）总效率。发射机发射的总功率 P_A 与其消耗的总功率 P'_C 之比，称为发射机的总效率 η_A，即

$$\eta_A = P_A / P'_C \tag{8.5.3}$$

（4）非线性失真。当最大频偏 Δf_m 为 75kHz，调制信号的频率为 100～7500Hz 时，要求调频发射机的非线性失真系数γ应小于 1%。

（5）杂音电平。调频发射机的寄生调幅应小于载波电平的 5%～10%，杂音电平应小于−65dB。

表 8.5.2　波段的划分

波段名称	波长范围/m	频率范围	频段名称
超长波	100 000~10 000	3～30kHz	甚低频
长　波	10 000~1000	30～300kHz	低　频
中　波	1000~200	30～1.5MHz	中　频
中短波	200~50	1.5～6MHz	中高频
短　波	50~10	6～30MHz	高　频
超短波	10~1	30～300MHz	甚高频

8.5.2　设计举例

例　设计一小功率调频发射机。

已知条件：$+V_{CC} = +12V$，晶体管 3DG100，β=60。

主要技术指标：发射功率 $P_A = 100mW$，负载电阻（天线）$R_L = 51\Omega$，工作中心频率 f_0=5MHz，最大频偏 $\Delta f_m = 10kHz$，总效率 $\eta_A > 50\%$。

解　（1）拟定发射机的组成方框图

拟定整机方框图的一般原则是，在满足技术指标要求的前提下，力求电路简单、性能稳定可靠（单元电路级数尽可能少，以减小级间的相互感应、干扰和自激）。

由于本题要求的发射功率 P_A 不大，工作中心频率 f_0 也不高，因此，晶体管的参量影响及电路的分布参数的影响不会很大，整机电路可以设计得简单些。设组成框图如图 8.5.2 所示，各组成部分的作用如下。

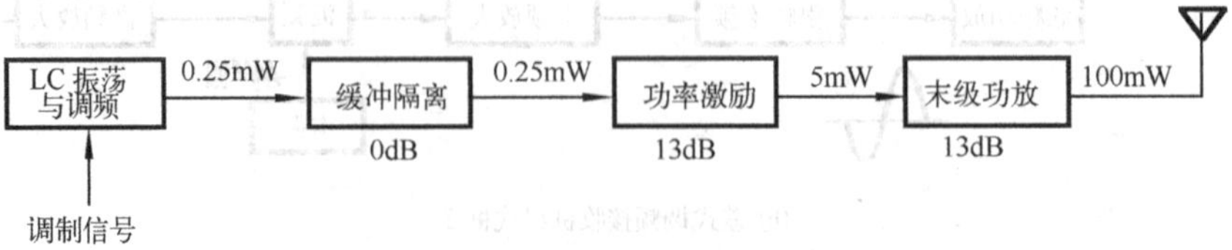

图 8.5.2　小功率调频发射机的组成方框图

① LC 振荡与调频电路

它产生频率 $f_0 = 5\text{MHz}$ 的高频振荡信号。变容二极管线性调频，最大频偏 $\Delta f_m = 10\text{kHz}$。发射机的频率稳定度由该级决定。

② 缓冲隔离级

将振荡级与功放级隔离，以减小功放级对振荡级的影响。因为功放级输出信号较大，工作状态的变化（如谐振阻抗变化）会影响振荡器的频率稳定度，或波形失真或输出电压减小。为减小级间相互影响，通常在中间插入缓冲隔离级。缓冲隔离级常采用射极跟随器电路，如图 8.5.3 所示。调节射极电阻 R_{E2}，可以改变射极跟随器输入阻抗。如果忽略晶体管基极体电阻 $r_{b'b}$ 的影响，则射极输出器的输入电阻

$$R_i = R'_B // \beta R'_L \tag{8.5.4}$$

输出电阻

$$R_o = (R_{E1} + R_{E2}) // r_o \tag{8.5.5}$$

式中，r_o 很小，所以可将射极输出器的输出电路等效为一个恒压源。电压放大倍数

$$A_V = \frac{g_m R'_L}{1 + g_m R'_L} \tag{8.5.6}$$

一般情况下，$g_m R'_L \gg 1$，所以图 8.5.3 所示射极输出器具有输入阻抗高、输出阻抗低、电压放大倍数近似等于 1 的特点。晶体管的静态工作点应位于交流负载线的中点，一般取 $V_{CEQ} = V_{CC}/2$，$I_{CQ} = 3 \sim 10\text{mA}$。对于图 8.5.3 所示电路，若取 V_{CEQ}=6V，I_{CQ}=4mA，则

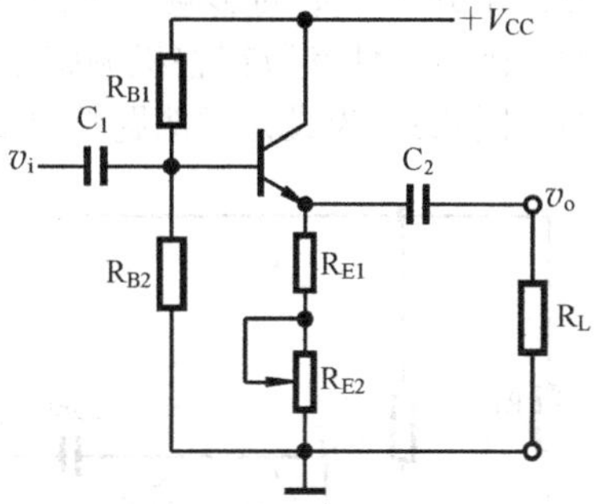

图 8.5.3　缓冲隔离级电路

$$R_{E1} + R_{E2} = V_{EQ} / I_{CQ} = 1.5\text{k}\Omega$$

取 R_{E1} 为 1kΩ 的电阻，R_{E2} 为 1kΩ 的可变电阻。

$$R_{B2} = \frac{V_{BQ}}{10 I_{BQ}} = \frac{\beta(V_{CC} - V_{CEQ} + V_{BE})}{10 I_{CQ}} \approx 10\text{k}\Omega,$$

$$R_{B1} = \frac{V_{CC} - V_{BQ}}{V_{BQ}} R_{B2} = 7.9\text{k}\Omega$$

在 8.4 节的宽带功率放大器设计中已计算出功率激励级的输入阻抗为 325Ω，即射随器的负载电阻 R_L=325Ω，由式（8.5.4）可计算射随器的输入电阻

$$R_i = R'_B // \beta R'_L \approx 3.6\text{k}\Omega$$

输入电压

$$V_i = \sqrt{P_i R_i} \approx 0.95\text{V}$$

为减小射随器对前级振荡器的影响，耦合电容 C_1 不能太大，一般为数十皮法；C_2 为 0.022μF 左右。

③ 功率激励级

它为末级功放提供激励功率。如果发射功率不大，且振荡级的输出功率能够满足末级功放的输入要求，则功率激励级可以省略。

④ 末级功放

将前级送来的信号进行功率放大，使负载（天线）上获得满足要求的发射功率。如果要求整机效率较高，则应采用丙类功率放大器；若整机效率要求不高，如 η_A<50%，波形失真小时，则可以采用甲类功率放大器。但是本题要求 η_A>50%，故选用丙类功率放大器较好。

（2）增益分配与单元电路设计

发射机的输出应具有一定的功率才能将信号发射出去，但是功率增益又不可能集中在末级功放，否则电路性能不稳，容易产生自激。因此要根据发射机各组成部分的作用，适当地、合理地分配功率增益。如果调频振荡器的输出比较稳定，又具有一定的功率，则功率激励级和末

级功放级的功率增益可适当小些，否则功率增益主要集中在这两级。缓冲级可以不分配功率增益。设各级功率增益如图 8.5.2 所示。

LC 调频振荡器的电路可参考图 8.3.1。功率激励级与末级功放的电路可参考图 8.5.8。

（3）电路装调与测试

整机电路的设计计算顺序一般从末级单元电路开始，向前逐级进行。而电路的装调顺序一般从前级单元电路开始，向后逐级进行。电路的调试顺序为先分级调整单元电路的静态工作点，测量其性能参数；然后再逐级进行联调，直到整机调试；最后进行整机技术指标测试。由于功放运用的是折线分析方法，其理论计算为近似值。此外单元电路的设计计算没有考虑实际电路中分布参数的影响，级间的相互影响，所以电路的实际工作状态与理论工作状态相差较大，因而元件参数在整机调整过程中，修改比较大，这是在高频电路整机调试中需要特别注意的。图 8.5.4 为设计举例题整机调试完成后的实验电路。

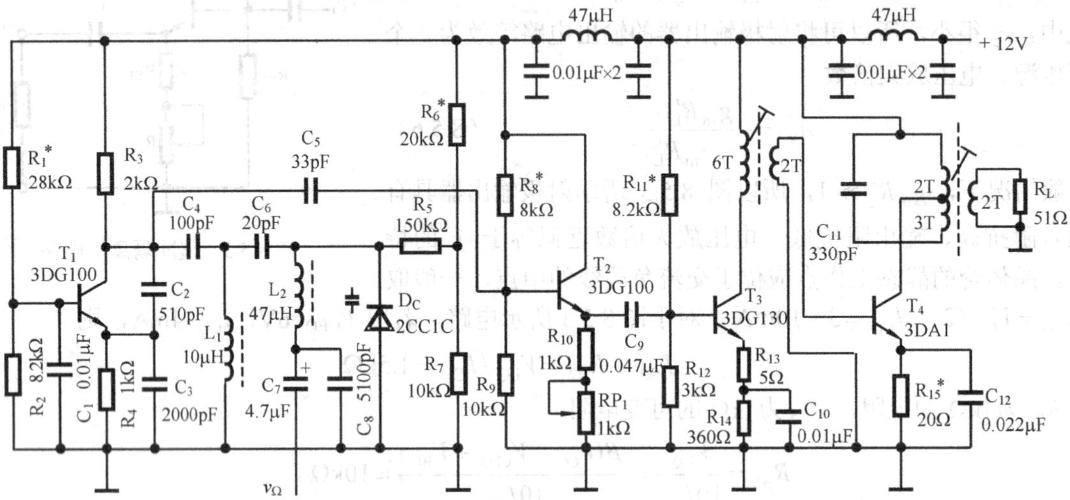

图 8.5.4　调频发射机实验电路

8.5.3　整机联调时常见故障分析

如前所述，高频电路由于受分布参数及各种耦合与干扰的影响，其稳定性比起低频电路来要差些，因此调试工作比较复杂，特别是整机调试，需要细致耐心，经前后级多次反复调整，直到满足技术指标要求。切记不要急躁，更不能盲目地更改参数，否则将事倍功半，达不到预期效果。整机联调时常见故障如下。

调频振荡级与缓冲级相连时的常见故障：可能出现振荡级的输出电压幅度明显减小或波形失真变大。产生的主要原因可能是射随器的输入阻抗不够大，使振荡级的输出负载加重，可通过改变射极电阻 RP_1，提高射随器的输入阻抗（见图 8.5.4）。

功放级与前级级联时的常见故障：①输出功率明显减小，波形失真增大。产生的原因可能是级间相互影响，使末级丙类功放谐振回路的阻抗发生变化，可以重新调谐，使回路谐振。②主振级的振荡频率改变或停振。产生的原因可能是后级功放的输出信号较强，经公共地线、电源线或连接导线耦合至主振级，从而改变了振荡回路的参数或主振级的工作状态。可以加电源去耦滤波网络，修改振荡回路参数，或重新布线，减小级间相互耦合。

8.5.4　设计任务

设计课题：小功率调频发射机设计

已知条件：$+V_{CC}=+12V$，晶体管 3DG100，3DG130，变容二极管 2CC1C，ϕ10mm×

ϕ16mm×5mm 的 NX0-100 环形铁氧体磁心，中频变压器。

主要技术指标要求：发射功率 P_A=50mW，负载电阻 R_L=50Ω，整机效率 η_A> 50%，振荡器的振荡频率 $f_o = 6.5$MHz，发射机工作频率 $f_0 = 13$ MHz，调制信号幅度 $V_{\Omega m} = 1$V 时，最大频偏 $\Delta f_m = 20$ kHz。

实验仪器设备：实验仪器与 8.3.6 节相同。

实验与思考题

8.5.1 在设计调频发射机整机电路时，为什么要有缓冲隔离级？如果不加射极跟随器将调频振荡器与功率放大器级联，会出现什么现象？用实验说明。

8.5.2 缓冲隔离级的常用电路有哪几种？射极跟随器作缓冲隔离级时，输入阻抗是否越大越好？为什么？输入阻抗增大时，对前后级电路的哪些参数有影响？用实验说明。

8.5.3 调频发射机整机设计时，为什么各级分配的是功率增益而不是电压增益？

8.5.4 负载为 50Ω的电阻与负载为 50Ω的发射天线，电路的工作情况有何不同？为什么？

8.5.5 当调制信号为方波时，画出图 8.5.1(a)各级的输出波形，用实验证明。

8.5.6 题 8.5.6 图所示电路为电容式话筒或调频发射机电路，其体积做得很小，可以放在身上，适合于移动场所使用。其中话筒为驻极体电容式话筒。电源电压 V_{CC} 一般取 1.5~3.0V。若用普通调频收录机作接收设备，试计算各元件参数值并制作电容式话筒调频发射机。

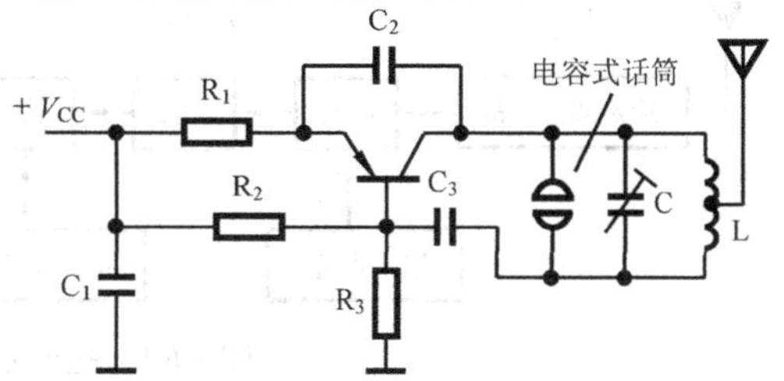

题 8.5.6 图

8.6 调频接收机设计

学习要求 掌握基本的调频（点频）接收机电路的设计与调试方法；了解集成电路单片接收机、调频调谐器的性能及应用。

8.6.1 调频接收机的主要技术指标

其主要技术指标有：

（1）工作频率范围。接收机可以接收到的无线电波的频率范围称为接收机的工作频率范围或波段覆盖。接收机的工作频率必须与发射机的工作频率相对应，如调频广播收音机的频率范围为 88~108MHz，这是因为调频广播发射机的工作频率范围是 88~108MHz。

（2）灵敏度。在标准调制（如调制频率 f_Ω=1kHz 、频偏 Δf_m=5kHz 或 25kHz、50kHz、75kHz）条件下，使接收机输出端为额定音频功率和规定信噪比的输入信号电平，称为灵敏度。接收的输入信号电平越小，灵敏度越高。调频广播收音机的灵敏度一般为 2~30μV。

（3）中频选择性。接收机的 6dB 带宽和带外抑制能力，称为中额选择性。一般调频收音机的中频 6dB 带宽为 ±100kHz ， ±200kHz 处的带外抑制能力应大于 40dB；手机的中频 6dB 带宽为 ±5kHz ， ±10kHz 处带外抑制能力应大于 40dB。

（4）中频抑制比。接收机对输入信号为本机中频信号 f_I 的抑制能力称为中频抑制比（IFR）。$\text{IFR} = 20\lg(V_{IF}/V_S)$，式中，$V_S$ 是输入灵敏度电平，V_{IF} 是使输出功率为额定值的输入中频信号电平，单位用 dB（分贝）表示，dB 数越高，中频抑制能力越强。

（5）镜像抑制比。接收机对输入信号为镜像频率信号（f_j）的抑制能力，称为镜像抑制比（IRR）。$\text{IRR} = 20\lg(V_j/V_S)$，式中，$V_S$ 是输入灵敏度电平，V_j 是使输出功率为额定值的输入镜像信号电平，单位用 dB(分贝)表示，dB 数越高，镜像频率抑制能力越强。镜像频率 f_j 比本振频率高一个中频 f_I，它与本振频率 f_0 之差仍等于中频 f_I，$f_j = f_0 + f_I = f_S + 2f_I$，$f_S$ 是接收机工作频率。

（6）音频响应。接收机在标准调制（如调制频率 $f_\Omega = 1\text{kHz}$，频偏 $\Delta f_m = 5\text{kHz}$ 或 25kHz、50 kHz、75 kHz）和标准输入信号电平（如灵敏度或两倍灵敏度）的条件下音频输出电平与调制频率的函数关系，称为音频响应。

（7）额定输出功率。接收机的负载上获得的规定的（由接收机指标规定）不失真（或非线性失真系数为给定值时）功率，称为额定输出功率。

8.6.2 调频接收机设计

1. 调频接收机的工作原理

一般调频接收机的组成框图如图 8.6.1 所示。

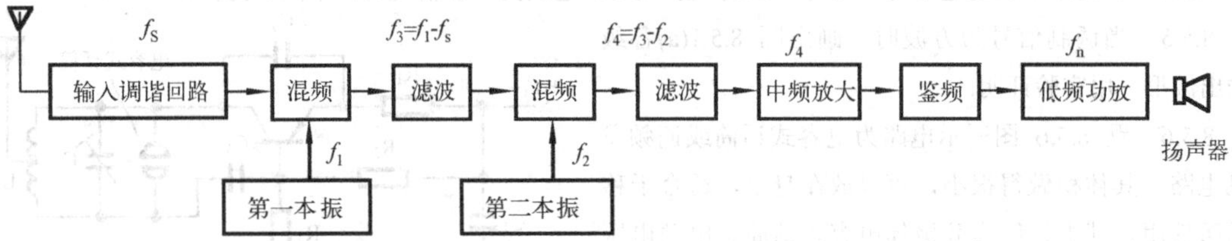

图 8.6.1 超外差式调频接收机组成框图

其工作原理是：天线接收到的高频信号，经输入调谐回路（选频为 f_S）进入混频器；第一本机振荡器输出的高频信号 f_1 亦进入第一混频器，则混频器的输出为含有 f_S、f_1、$f_S + f_1$、$f_S - f_1$ 等频率分量的信号。混频器的输出接有滤波器电路，选出第一中频信号 $f_3 = f_1 - f_S$，f_3 与第二本机振荡器输出的高频信号 f_2 进入第二混频器，第二混频器输出信号的频率成分有 f_3、f_2、$f_2 + f_3$、$f_2 - f_3$，滤波器选出第二中频信号，再经中频放大器放大，获得足够高的增益，然后经鉴频器解调出低频调制信号 f_Ω，再由低频功放级放大，驱动扬声器。

从天线接收到的高频信号 f_S，经过混频、滤波成为固定中频 $f_I = f_1 - f_S$ 的接收机，称为超外差式接收机。这种接收机的灵敏度较高，选择性较好，性能也比较稳定。

2. 集成接收芯片 MC13135

MC13135 是 Motorola 公司生产的窄带二次变频式单片调频接收集成电路芯片，其内部结构如图 8.6.2 所示。它包含两个振荡器、两个低噪声混频器、VCO 变容调谐二极管、高性能限幅放大器、鉴频器、运算放大器。其外接元件主要是 LC 选频回路，第一本地振荡回路，第二本地振荡回路，第一和第二中频滤波器，鉴频谐振回路。

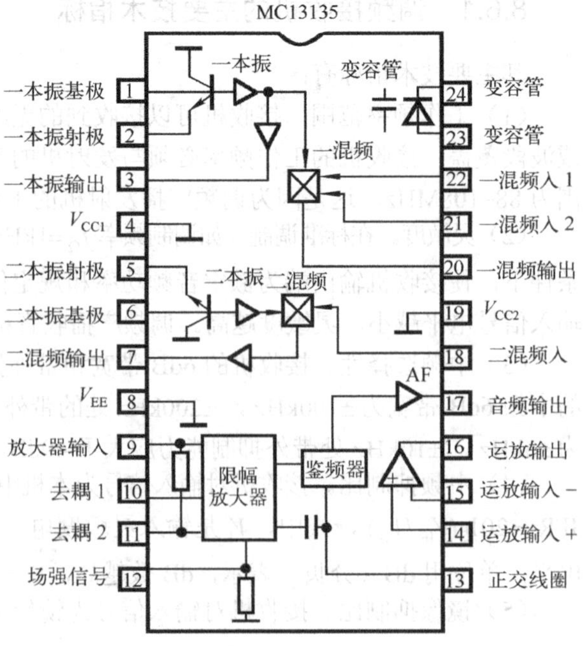

图 8.6.2 MC13135 内部结构

由 MC13135 组成的调频接收机电路如图 8.6.3 所示。

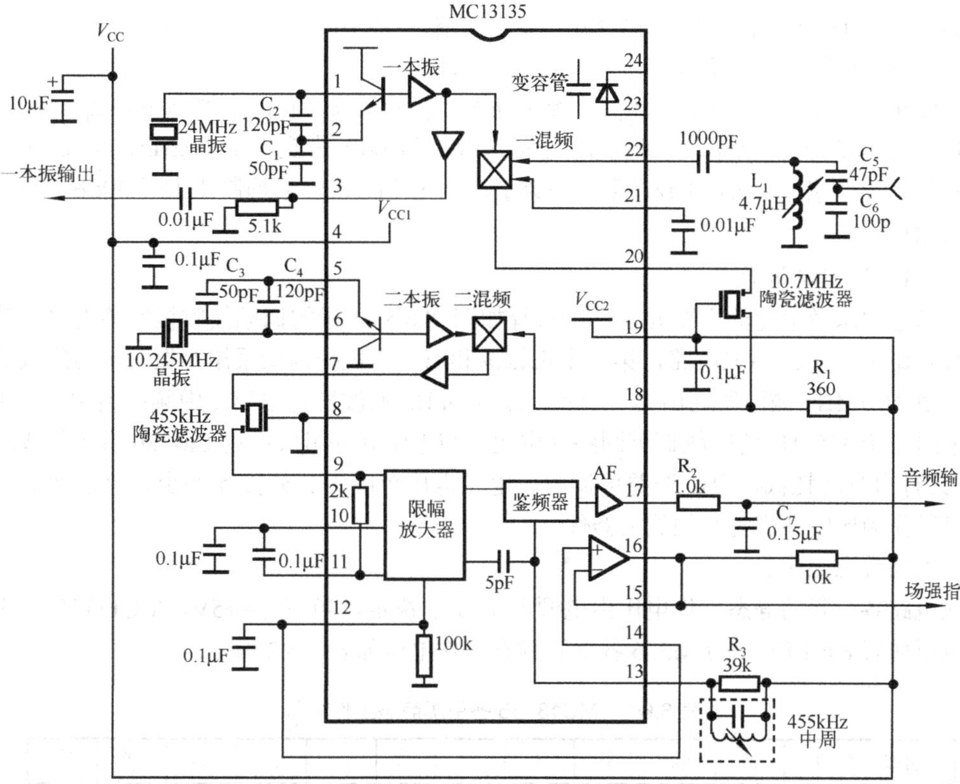

图 8.6.3 用 MC13135 构成的调频接收电路图

MC13135 内部的振荡电路与①脚和②脚的外接元件组成第一本振级，接收信号经 LC 谐振回路选频后，从㉒脚输入，在内部第一混频级与第一本振信号进行混频。第一混频器输出从⑳脚输出，经 10.7MHz 陶瓷滤波器选出其差频，即 10.7MHz 第一中频信号，由⑱脚送至内部的第二混频电路。内部的振荡电路与⑤脚和⑥脚的外接晶体和电容构成第二本机振荡级，选择第二本振频率比第一中频低一个中频（即二中频 455kHz）的 10.245MHz。10.7MHz 第一中频信号与第二本振信号进行混频，由⑦脚输出，送至 455kHz 陶瓷滤波器选出其差频（10.700 –10.245=0.455MHz），即 455kHz 的第二中频信号。第二中频信号再经⑨脚送入 MC13135 的限幅放大器进行高增益放大，限幅放大级是整个电路的主要增益级。

放大了的中频信号分为两路：一路送片内鉴频器；另一路送第⑬脚，⑬脚的外接 LC 元件组成鉴频器的 LC 移相网络，使第二中频信号相移 90°；放大后的第二中频信号与其相移信号在内部鉴频器进行鉴频解调，解调后的音频信号经一级放大器放大后由⑰脚输出。⑫脚为场强信号指示（RSSI）输出端，MC13135 内部电路将场强电流转换为电压从⑫脚输出。MC13135 内部还置有一级运算放大器，⑭、⑮脚为运算放大级的输入端，⑯脚为输出端，可用于放大场强指示信号，也可用于数据振幅选通电路。当用作数据振幅选通电路时，电路连接如图 8.6.4 所示。⑩脚和⑪脚为去耦电容，以保证电路稳定工作。

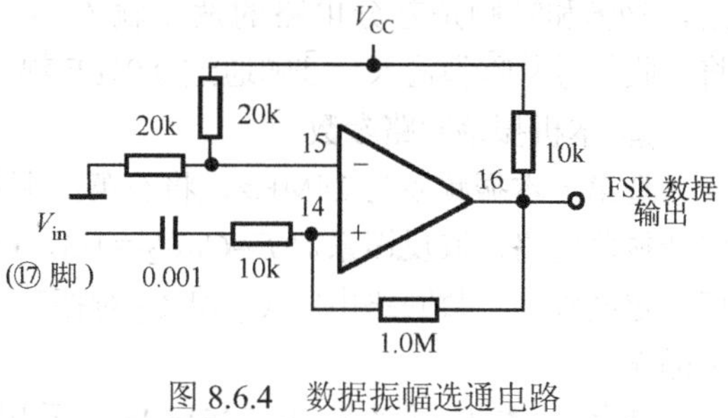

图 8.6.4 数据振幅选通电路

8.6.3 设计举例

例 设计一调频接收机的实验电路。

已知主要元器件：24.0MHz 晶振、10.245MHz 晶振、10.7MHz 陶瓷滤波器、10.7MHz 中

频变压器、455kHz 陶瓷滤波器、455kHz 中频变压器，3DG100 晶体管及 MC13135 集成接收芯片。接收信号工作频率 $f_s = 13.3$MHz，频偏 $\Delta f_m = 25$kHz。

主要技术指标要求：灵敏度 50μV；输出功率 P_o=0.1W(R_L=10Ω)；音频响应为 3dB 带宽大于 3.3kHz($f_{\Omega L} \leqslant 50$Hz， $f_{\Omega H} \geqslant 3.3$kHz)；中频选择性为 6dB 带宽大于 60kHz、40dB 带宽小于 100kHz；第一中频 $f_{IF1} = 10.7$ MHz，第二中频 $f_{IF2} = 455$ kHz，中频抑制比大于 30dB，镜像抑制比大于 30dB。

解 （1）确定电路形式

根据题意要求及给定的主要元器件，选择如图 8.6.5 所示的调频接收机实验电路。其中，输入耦合回路采用 LC 谐振电路，第一本机振荡和第二本机振荡均采用晶振与电容组成的考毕兹电路，用 10.7MHz 滤波器选出第一中频，用 455kHz 滤波器选出第二中频；鉴频器的 LC 移相网络采用一个 455kHz 的中频调谐回路（中周）与电阻并联组成；用 LM386 音频集成功放，LM386 具有自身功耗低、电压增益可调整、电源电压范围大、外接元件少和总谐波失真小等优点，可以作为比较理想的音频放大器件。

（2）电路静态工作点

集成电路各引脚的静态工作电压由电源电压 $+V_{CC}$ 决定，当 $+V_{CC}$=+5V，MC13135 各引脚静态工作电压如表 8.6.1 所示，LM386 各引脚静态工作电压如表 8.6.2 所示。

表 8.6.1 MC13135 各引脚静态工作电压

引脚	①	②	③	④	⑤	⑥	⑦	⑧	⑨	⑩	⑪	⑫
电压/V	4.9	4.3	3.8	5	4.2	4.9	3.6	0	4	4	4	0.3
引脚	⑬	⑭	⑮	⑯	⑰	⑱	⑲	⑳	㉑	㉒	㉓	㉔
电压/V	5	0.25	0.25	0.25	2.2	5	5	3.9	5	5	0	0

表 8.6.2 LM386 各引脚静态工作电压

引脚	①	②	③	④	⑤	⑥	⑦	⑧
电压/V	1.2	0	0	0	2.5	5	2.5	1.2

（3）计算元件参数

① 选频谐振回路参数

选频回路采用 LC 谐振回路，谐振频率为 f_I=13.3MHz。回路电感 L 取标称值 4.7μH，则由公式 $f = \dfrac{1}{2\pi\sqrt{LC}}$，可得 C = 30pF，即 $C=\dfrac{C_5C_6}{C_5+C_6}$，取 C_5=50pF，则 C_6=75pF，C_6 也可用一个 5~25pF 的可变电容和一个 62pF 的电容并联，以方便调试。混频器的输入采用了差分电路，㉒脚和㉑脚是差分电路的两个输入端，拟采用单端输入，因此接 1000pF 的耦合电容将接收信号从㉒脚输入，㉑脚通过 0.01uF 耦合电容连接到地。

② 本机振荡回路参数

选第一本振频率为 24MHz，将石英晶振作为等效电感元件接入电路，与 C_1 和 C_2 连接成皮尔斯振荡电路，取反馈系数 $F=C_1/C_2$=1/3，C_1=50pF，则 C_2=150pF。由于石英晶振的 Q 值及频率稳定度极高，故回路电容 C_1 和 C_2 对振荡频率的影响极微，振荡频率和频率稳定度取决于石英晶振。

选第二本振频率为 10.245MHz，采用晶体振荡器，连接方式与第一本振相同，取 C_3=50pF，C_4=150pF。

③ 中频滤波器匹配参数

10.7MHz 陶瓷滤波器的标准输出阻抗为 330 Ω，为获得最佳滤波效果，滤波器应接330 Ω负载电阻与之匹配。由于第二混频器的输入阻抗为4kΩ，故取 R_1=360Ω。455kHz 陶瓷滤波器的负载电阻由器件内部提供。⑲脚处 0.1μF 电容既是电源滤波电容，又是滤波器交流到地的旁路电容。

④ 鉴频谐振回路参数

MC13135 鉴频器采用的是乘积型相位鉴频器，相移网络由片内电容与⑬脚外接电阻 R_3 和 455KHz 谐振回路组成，为实现频率与相位变换是线性的，要求相移曲线在 $\omega=\omega_0$ 时的相移量为 90°，实际使用相移量约为 85° 即可。当 $\omega=\omega_0$ 时，谐振回路阻抗较高，相移由片内电容 C 和外接 R_2 组成的相移电路完成，选择参数使之满足

$$\arctan\frac{X_C}{R_3}=\arctan\frac{1}{\omega_0 R_3 C}\geqslant 85^\circ \tag{8.6.1}$$

MC13135 的片内电容 $C\approx 5\text{pF}$，则取 $R_3=39\text{k}\Omega$。

⑤ 低通滤波器参数

⑰脚外接 RC 低通滤波器，根据指标要求 $f_{\Omega H}\geqslant 3.3\text{kHz}$ 和 RC 低通滤波器的频率响应特性，$f_{\Omega H}=\dfrac{1}{2\pi R_2 C_7}$，取 $R_7=1\text{k}\Omega$，则 $C_7=0.047\mu\text{F}$。

⑥ LM386 功放级参数

当接收信号为 20μV 时，MC13135 解调输出 U_Ω 约为 25mV，根据指标要求音频输出功率为 0.1W，即在 10 Ω 负载上的电压 $V_o=\sqrt{PR}$=1V，这就要求 LM386 功放的电压增益 $A_V=V_o/V_\Omega$=1000/25=40。

LM386 功放的增益
$$A_V=\frac{2R_6}{R_4+R_5//\text{RP}_1}$$

R6、R5 和 R4 是 LM386 内部电阻，其中 $R_6=15\text{k}\Omega$，$R_5=1.35\text{k}\Omega$，$R_4=150\Omega$。RP_1 是①、⑧脚的外接反馈电阻，调整 RP_1 可调节 LM386 的电压放大倍数，取 $\text{RP}_1=4.7\text{k}\Omega$。⑦脚旁路电容和输入、输出耦合电容的取值为 10μF。为有效地抑制高频信号输出，在输出端⑤脚接高频旁路电路，电容取值 0.047μF,电阻取值 10Ω。

（4）电路调试

① 静态工作点

电路调试应首先测量各引脚上的静态工作点，其值可参考表 8.6.1 和表 8.6.2。

② 本机振荡级

在第③脚和第⑥脚分别测量第一、第二本机振荡器振荡频率及电压，振荡器的振荡频率取决于晶振的频率，在晶振上串接一个 2/7pF 的微调电容可以微调振荡频率，调整振荡电路的反馈系数可调整振荡器的输出电压。振荡器电压不能太大，太大会振坏晶振，也不能太小，太小会影响后一级的混频增益。MC13135 的第一、第二本机振荡器振荡电压宜调整在 100mV 左右。

③ 音频功放

从信号源送 1kHz、50mV 信号至 LM386 的输入（注意，输入端应接 10μF 的隔直电容），调整 RP_2，使 LM386 输出在 10Ω负载上的电压为 2V，即 A_V=40。

④ 整机联调

第一步　用高频信号源送 20mV、13.3MHz 的载频信号至整机的输入回路，调整输入回路的参数使之谐振，即使在⑨脚测得的 455kHz 信号最大；然后改变信号源频率，观察是否在

13.3MHz 时输出最大，如果不是最大，则输入回路没有谐振在接收信号的频率上，需再调整输入回路。

第二步　将信号源幅度改为 20μV 并加调制频率 1kHz、频偏 25kHz，调整 455kHz 中频谐振回路，使在⑰脚上输出的音频输出信号最大。

第三步　调节 RP_2，使在 10Ω 负载上的音频输出电压为 1V，即 0.1W。

（5）整机指标测量

① 接收灵敏度

灵敏度的测量：在满足信噪比的条件下，降低信号源输入（若没有信号幅度小的信号源，可采用电阻分压来实现）至满足输出音频功率时的最小信号输入值。

具体操作如下：从接收机输入端输入工作频率 $f_0 = 13.3\text{MHz}$、$V_S = 20\ \mu\text{V}$ 的信号（载频信号），在 10Ω 负载上测量音频输出电压，调节音量电位器 RP_1 使输出电压为 0.25V，此电压是噪声电压 V_N；加 1kHz 的调制信号并使频偏 $\Delta f_m = 25\text{kHz}$，调节 V_S 使音频输出电压 V_Ω = 1V，即输出功率 0.1W，则 V_S 是信噪比 S_N=12dB 时的整机接收灵敏度。

注：信噪比 $S_N = 20\lg(V_\Omega / V_N)$，式中，$V_\Omega$ 是在 10Ω负载上测得的输出电压，是 1kHz 的解调信号电压与噪声电压 V_N 之和，通常 S_N=12dB。

② 最大音频功率

从接收机输入端输入工作频率 f_0 =13.3MHz、调制频率为 1kHz、频偏 $\Delta f_m = 25\text{kHz}$、$V_S$ = 20μV 的信号，在 10Ω负载上测量音频输出电压，最大音频功率 $P_{\Omega\text{MAX}} = V_\Omega^2 / R_L$。

③ 音频响应

用信号源在接收机输入端输入两倍灵敏度信号电平，即 V_S'=2V_S、调制频率 $f_\Omega = 1\text{kHz}$、频偏 $\Delta f_m = 25\text{kHz}$ 的射频信号，在 10Ω负载上测得频率为 1kHz 的解调电压 $V_{\Omega 0}$，改变高频信号源的调制频率，使调制频率按音频范围变化；保持射频电平 V_S 和频偏 Δf_m 不变，在 10Ω负载上测得的解调电压对调制频率的响应，下降 3dB 的解调电压 $V_{\Omega L}$ 和 $V_{\Omega H}$，所对应的调制频率 $f_{\Omega L}$ 和 $f_{\Omega H}$ 是音频响应的下限频率和上限频率。

④ 中频选择性

从接收机输入端输入工作频率 f_S = 13.3MHz、V_S = 20μV 的信号（载频信号），在 10Ω负载上测量音频输出电压，调节音量电位器 RP_1 使输出电压 V_N=0.25V。

将输入信号提高 6dB，即 V_S = 40 μV，提高信号源频率，使输出电压恢复到 V_N=0.25V，记录信号源的频率与 f_0 的频差 Δf_1，Δf_1 应大于 25kHz；降低信号源频率，使输出电压恢复到 V_N=0.25V，记录信号源的频率与 f_S 的频差 Δf_2，Δf_2 应大于 25kHz；中频 6dB 带宽 $B_{内} = \Delta f_1 + \Delta f_2$，应大于 60kHz。

将输入信号提高 40dB，即 V_S = 200 μV，提高信号源频率，使输出电压恢复到 V_N=0.25V，记录信号源的频率与 f_S 的频差 Δf_3；降低信号源频率，使输出电压恢复到 V_N=0.25V，记录信号源的频率与 f_S 的频差 Δf_4；中频 40dB 带宽 $B_{外} = \Delta f_1 + \Delta f_2$，应小于 100kHz。

⑤ 中频抑制比

测得灵敏度后，将信号源频率调至 10.7MHz（第一中频），频偏仍为 25kHz，增大信号电平 V_{IF1}，直到在 10Ω负载上测量音频输出电压 V_Ω =1V，则第一中频抑制比 $\text{IFR} = 20\lg(V_{IF1} / V_S)$。

将信号源频率调至 455kHz（第二中频），用以上同样的方法测得第二中频抑制比。

⑥ 镜像抑制比

测得灵敏度后，将信号源频率调至镜像频率 34.7MHz，频偏仍为 25kHz，增大信号电平 V_j，直到在 10Ω负载上测量音频输出电压 V_Ω = 1V，则镜像抑制比 $\text{IRR} = 20\lg(V_j / V_S)$。

本例整机调试完成后的实验电路参数如图 8.6.5 所示。

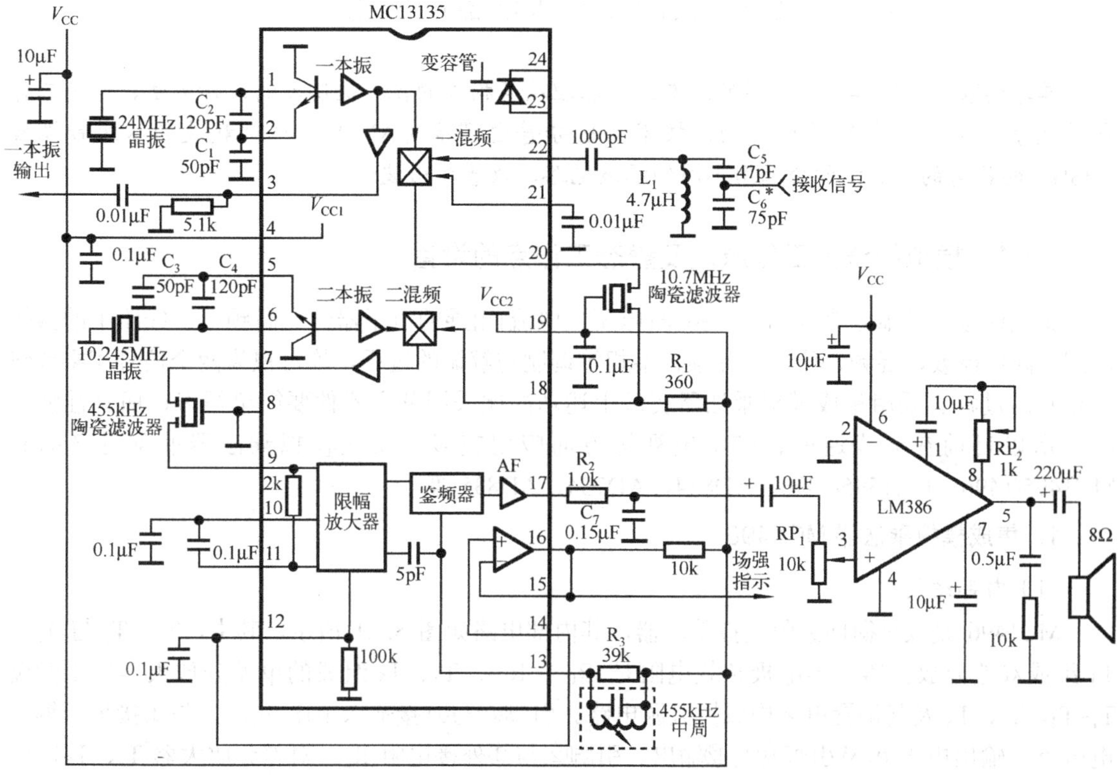

图 8.6.5 调频接收机实验电路图

8.6.4 设计任务

设计课题：6.5MHz 点频接收机设计

已知条件：$+V_{CC}$=5V，主要元器件有 10.245MHz 晶振、10.7MHz 陶瓷滤波器、6.5MHz 中频变压器、10.7MHz 中频变压器、455kHz 陶瓷滤波器、455kHz 中频变压器、3DG100 晶体管及 MC13135 集成接收芯片。

主要技术指标：工作频率 $f_S = 6.5\text{MHz}$，输出功率 P_o=0.25W(R_L=8Ω)，灵敏度 50μV。

设计提示：第一本振采用 LC 振荡回路。

实验仪器设备与 8.3.6 节相同。

实验与思考题

8.6.1 如果接收信号频率是可变的，接收机输入回路和第一本机振荡器应如何设计？为什么？用实验说明。

8.6.2 如果将接收机设计为内差式接收机，接收机的哪些指标会降低？为什么？用实验说明之。

8.6.3 MC13135 内部的中频放大器的电压增益为什么可以做到足够高？当其输入变化时，输出是否可跟随着线性变化？为什么？用实验说明。

8.6.4 MC13135 内部鉴频器需要的相移信号是怎样产生的？外接的 455kHz 中周在电路中起什么作用？不接是否行？用实验说明。

8.6.6 试将图 8.6.5 所示电路改为一遥控接收机，控制一晶体三极管与继电器组成的开关电路，画出设计的电路图，并进行安装与实验。

8.7 集成模拟乘法器的应用

学习要求 掌握模拟乘法器的基本工作原理及其构成的振幅调制器的设计方法、静态工作点的测量、工作状态的调整及测试技术；区分普通调幅（AM）和抑制载波的双边带调幅（DSB）的各自的特点；学会选用不同的滤波电路，改善输出波形。

8.7.1 模拟乘法器工作原理及静态工作点的设置

集成模拟乘法器是完成两个模拟量(电压或电流)相乘的电子器件。高频电子线路中的振幅调制、同步检波、混频、倍频、鉴频、鉴相等调制与解调的过程，均可视为两个信号相乘或包含相乘的过程。采用集成模拟乘法器实现上述功能比采用分立器件要简单得多，而且性能优越。所以目前在无线通信、广播电视等方面应用较多。集成模拟乘法器的常见产品有MC1495/1496、LM1595/1596、AD834、AD734、AD835等。

1. 集成模拟乘法器 MC1496

（1）内部结构

MC1496是双平衡四象限模拟乘法器，其内部电路如图8.7.1所示。其中，T_1、T_2与T_3、T_4组成双差分放大器，集电极负载电阻是R_{C1}、R_{C2}。T_5、T_6组成的单差分放大器用于激励T_1~T_4。T_7、T_8及其偏置电路构成恒流源电路。引脚⑧与⑩接输入电压v_x，①与④接另一输入电压v_y，输出电压v_o从引脚⑥与⑫输出。引脚②与③外接电阻R_E，对差分放大器T_5、T_6产生电流负反馈，可调节乘法器的信号增益，扩展输入电压v_y的线性动态范围。引脚⑭为负电源端（双电源供电时）或接地端（单电源供电时），引脚⑤外接电阻R_5，用来调节偏置电流I_5及镜像电流I_0的值。

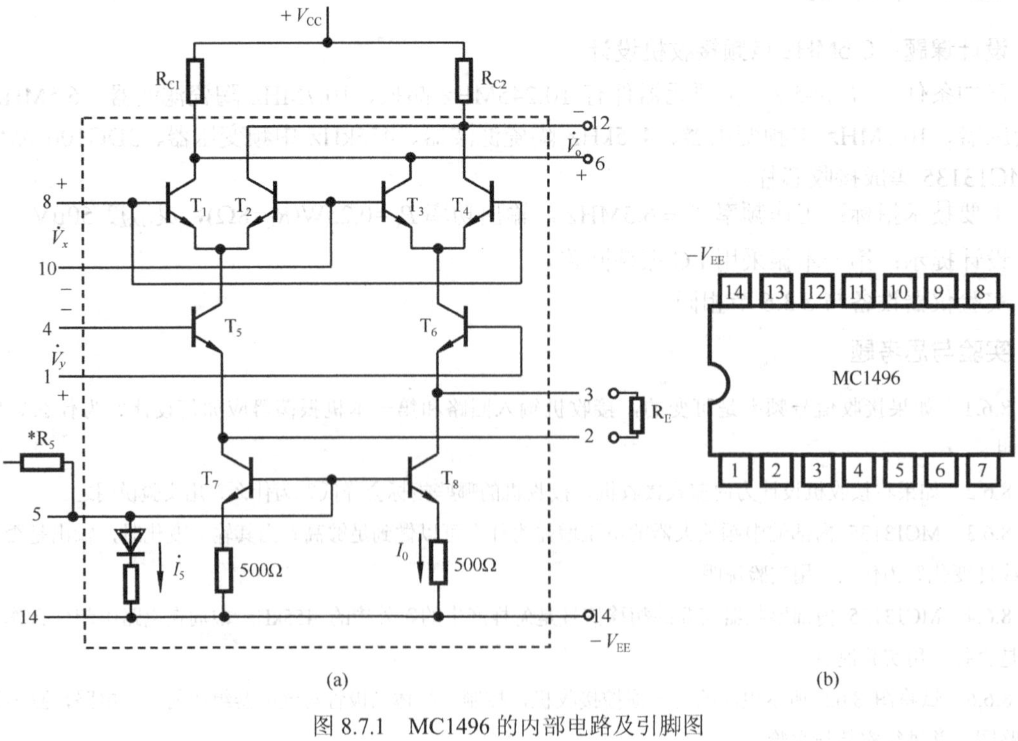

图8.7.1 MC1496的内部电路及引脚图

（2）静态工作点设置

① 静态偏置电压的设置

静态偏置电压的设置应保证各个晶体管工作在放大状态，即晶体管的集基间的电压应大于或等于 2V，小于或等于最大允许工作电压。MC1496 的最大允许工作电压是±15V，对于图 8.7.1 所示的内部电路，在应用时，静态偏置电压应满足下列关系：

$$V_8 = V_{10}, V_1 = V_4, V_6 = V_{12} \tag{8.7.1}$$

$$15\text{V} \geqslant V_6 - V_8 \geqslant 2\text{V} \quad 15\text{V} \geqslant V_8 - V_1 \geqslant 2.7\text{V} \quad 15\text{V} \geqslant V_1 - V_5 \geqslant 2.7\text{V} \tag{8.7.2}$$

② 静态偏置电流的确定

静态偏置电流主要由恒流源 I_0 的值来确定。当器件为单电源工作时，⑭脚接地，⑤脚通过电阻 R_5 接正电源 $+V_{CC}$（$+V_{CC}$ 的典型值为+12V），由于 I_0 是 I_5 的镜像电流，所以改变 R_5 可以调节 I_0 的大小，即

$$I_0 \approx I_5 = \frac{V_{CC} - 0.7\text{V}}{R_5 + 500\Omega} \tag{8.7.3}$$

当器件为双电源工作时，⑭脚接负电源 $-V_{EE}$（一般接−8V），⑤脚通过电阻 R_5 接地，因此，改变 R_5 也可以调节 I_0 的大小，即

$$I_0 \approx I_5 = \frac{|-V_{EE}| - 0.7\text{V}}{R_5 + 500\Omega} \tag{8.7.4}$$

根据 MC1496 的性能参数，器件的静态电流应小于 4mA，一般取 $I_0 = I_5 \approx 1\text{mA}$。

器件的总耗散功率可由下式估算：

$$P_D \approx 2I_5(V_6 - V_{14}) + I_5(V_5 - V_{14}) \tag{8.7.5}$$

2. 集成模拟乘法器 AD835

（1）内部结构

AD835 是四象限模拟乘法器，其内部电路如图 8.7.2 所示。

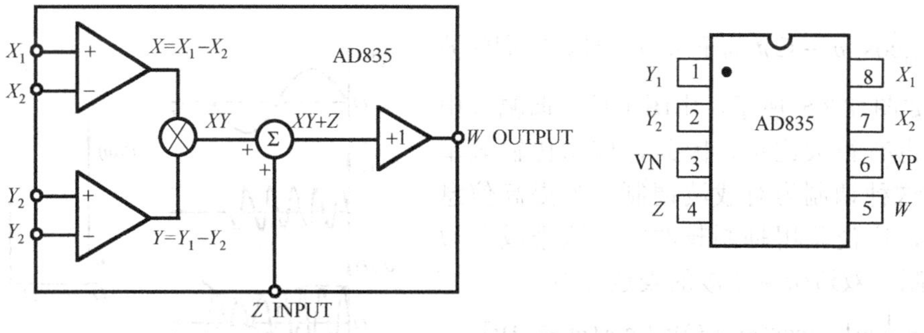

图 8.7.2　AD835 内部电路和引脚图

AD835 由三个（X,Y,Z）线性电压——电流转换器和负载驱动放大器组成。AD835 提供的功能是：

$$W = (X_1 - X_2)(Y_1 - Y_2)/U + Z \tag{8.7.6}$$

其中 W, U, X, Y 和 Z 都是电压，$X = X_1 - X_2$, $Y = Y_1 - Y_2$，U 是乘法器的比例电压，约 1.05V，可外加反馈电阻调整。如果使 $Z = 0$，U=1V，则输出可表示为

$$W = XY \tag{8.7.7}$$

图 8.7.3 是基本乘法器连接，W（⑤脚）和 Z（④脚）之间的反馈电阻用于调节 U，调节范围为 0.95～1.05V。在实际应用中，乘法器的增益往往不是所构成电路的重要特性，在这种情况下，可不连接反馈电阻，将 Z 输入端接地，或将 R_2 固定为 100Ω，如图 8.7.4 所示。

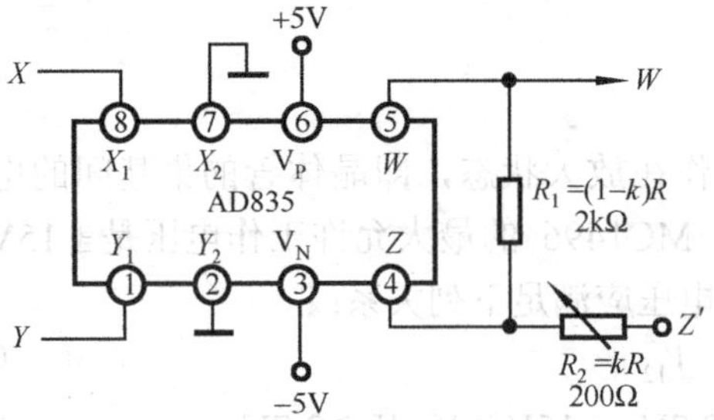

图 8.7.3 比例电压可调整的基本乘法器电路

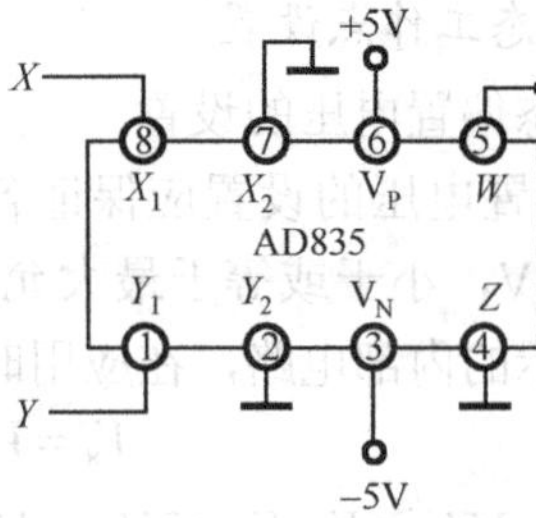

图 8.7.4 实际应用电路

（2）静态工作点设置

AD835 常规工作电压是±5V，极限供电电压为±6V，按图 8.7.4 连接，静态时（v_X=v_Y=0），测量器件各引脚的电压如下：

引脚	①	②	③	④	⑤	⑥	⑦	⑧
电压/V	–2.5	0.0	–5.0	0.0	0.0	5.0	0.0	2.5

8.7.2 集成模拟乘法器应用

1．振幅调制

振幅调制就是使载波信号的振幅随调制信号的变化规律而变化。通常载波信号为高频信号，调制信号为低频信号。设载波信号的表达式为 $v_c(t)=V_{cm}\cos\omega_c t$，调制信号的表达式为 $v_\Omega(t)=V_{\Omega m}\cos\Omega t$，则调幅信号的表达式为

$$v_o(t)=V_{cm}(1+m\cos\Omega t)\cos\omega_c t$$
$$=V_{cm}\cos\omega_c t+\frac{1}{2}mV_{cm}\cos(\omega_c+\Omega)t+\frac{1}{2}mV_{cm}\cos(\omega_c-\Omega)t \quad (8.7.8)$$

式中，m 为调幅系数，$m=V_{\Omega m}/V_{cm}$；$V_{cm}\cos\omega_c t$ 为载波信号；$\frac{1}{2}mV_{cm}\cos(\omega_c+\Omega)t$ 为上边带信号；$\frac{1}{2}mV_{cm}\cos(\omega_c-\Omega)t$ 为下边带信号。它们的波形及频谱如图 8.7.5 所示。由图可见，调幅波中载波分量占有很大比重，因此，信息传输效率较低，称这种调制为有载波调制。为提高信息传输效率，广泛采用抑制载波的双边带或单边带振幅调制。双边带调幅波的表达式为

$$v_o(t)=\frac{1}{2}mV_{cm}[\cos(\omega_c+\Omega)t+\cos(\omega_c-\Omega)t]$$
$$=mV_{cm}\cos\omega_c t\cos\Omega t \quad (8.7.9)$$

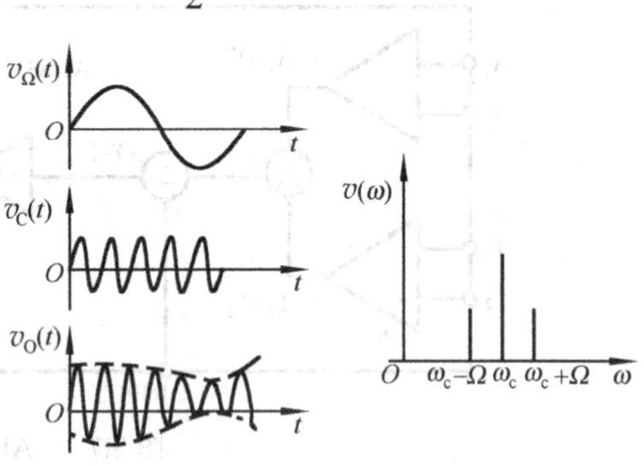

(a) 调幅波波形　(b) 调幅波频谱

图 8.7.5 振幅调制

单边带调幅波的表达式为

$$v_o(t)=\frac{1}{2}mV_{cm}\cos(\omega_c+\Omega)t$$

或

$$v_o(t)=\frac{1}{2}mV_{cm}\cos(\omega_c-\Omega)t \quad (8.7.10)$$

（1）MC1496 构成的振幅调制器电路

MC1496 构成的振幅调制器电路如图 8.7.6 所示。其中，载波信号 v_C 经高频耦合电容 C_2 从⑩脚（v_x 端）输入，C_3 为高频旁路电容，使⑧脚交流接地；调制信号 v_Ω 经低频耦合电容 C_1 从①脚（v_y 端）输入，C_4 为低频旁路电容，使④脚交流接地。调幅信号 v_O 从⑫脚单端输出。采用双电源

供电方式，所以⑤脚的偏置电阻 R_5 接地。由式（8.7.4）可计算静态偏置电流 I_5 或 I_0，即

$$I_5 = I_0 = \frac{|-V_{EE}| - 0.7V}{R_5 + 500\Omega} = 1mA$$

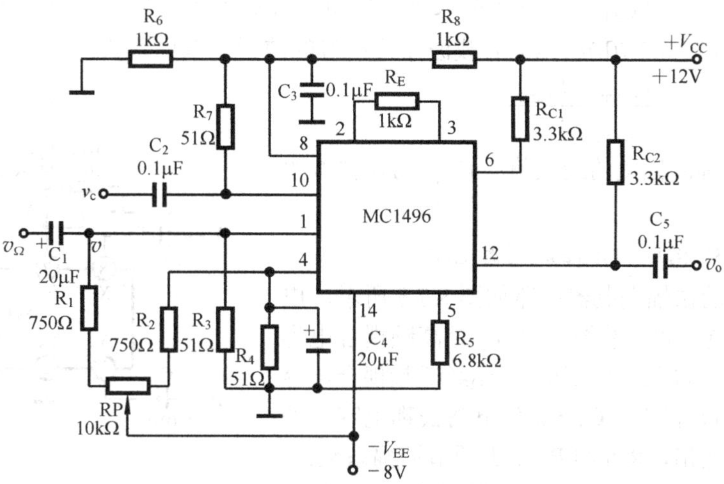

图 8.7.6　MC1496 构成的调幅器

脚②与③间接入负反馈电阻 R_E，以扩展调制信号 v_Ω的线性动态范围；R_E 增大，线性范围增大，但乘法器的增益随之减小。

电阻 R_6、R_7、R_8 及 R_{C1}、R_{C2} 提供静态偏置电压，保证乘法器内部的各个晶体管工作在放大状态，因此阻值的选取应满足式（8.7.1）、式（8.7.2）的要求。对于图 8.7.6 所示电路参数，静态时（v_c=v_Ω=0），测量器件各引脚的电压如下：

引脚	⑧	⑩	①	④	⑥	⑫	②	③	⑤	⑦	⑭
电压/V	6.0	6.0	0.0	0.0	8.6	8.6	−0.7	−0.7	−6.8	0.0	−8.0

R_1、R_2 与电位器 RP 组成平衡调节电路，改变 RP 的值可以使乘法器实现抑制载波的振幅调制或有载波的振幅调制，操作过程如下。

① 抑制载波振幅调制

v_x 端输入载波信号 $v_c(t)$，其频率 f_c=5MHz，峰-峰值 $V_{cp\text{-}p}$=40mV（可以根据器件性能，增大）。v_y 端输入调制信号 $v_\Omega(t)$，其频率 $f_\Omega = 1\text{kHz}$，先使峰-峰值 $V_{\Omega p\text{-}p}$=0。调节 RP，使输出 v_o=0（此时 $V_4 = V_1$）。再逐渐增加 $V_{\Omega p\text{-}p}$，则输出信号 $v_o(t)$的幅度逐渐增大，当 $V_{\Omega p\text{-}p}$ 为几百毫伏时，出现如图 8.7.7(a)所示的抑制载波的调幅信号；此时 $V_{op\text{-}p}$ 约几十毫伏。由于器件内部参数不可能完全对称，致使输出波形出现载波漏信号。脚①和④分别接电阻 R_3 和 R_4，以抑制载波漏信号和改善温度性能。如果 v_o 的波形上、下不对称，则可在 R_3 或 R_4 或⑧脚的支路中串入 100Ω电位器，调节该电位器即可改善波形对称性。

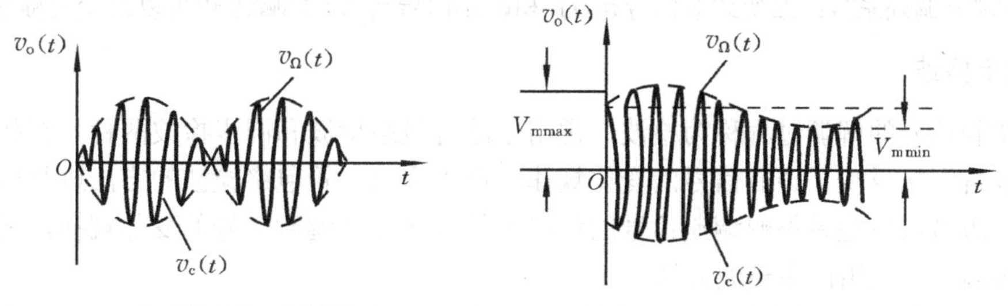

(a) 抑制载波的双边带调幅波　　(b) 有载波调幅波

图 8.7.7　调幅器输出波形

② 有载波振幅调制

v_x 端输入载波信号 $v_c(t)$，$f_c=5\text{MHz}$，$V_{cp\text{-}p}$=40mV。$V_{\Omega p\text{-}p}$=0 时，调节平衡电位器 RP，使输出信号 $v_o(t)$ 中有载波输出，此时，$V_{op\text{-}p}$ 约十几毫伏（此时 $V_1 \neq V_4$）。再从 v_y 端输入调制信号 v_Ω，其 $f_\Omega=1\text{kHz}$，当 $V_{\Omega p\text{-}p}$ 由零逐渐增大时，则输出信号 $v_o(t)$ 的幅度发生变化；当 $V_{\Omega\ p\text{-}p}$ 为几百毫伏时，出现如图 8.7.7(b)所示的有载波调幅信号的波形，调幅系数为

$$m=\frac{V_{\text{mmax}}-V_{\text{mmin}}}{V_{\text{mmax}}+V_{\text{mmin}}}$$

式中，V_{mmax} 为调幅波幅度的最大值；V_{mmin} 为调幅波幅度的最小值。

（2）用 AD835 构成的振幅调制器电路

AD835 构成的振幅调制器电路如图 8.7.8 所示。电路采用双电源供电方式，载波信号 v_c 经高频耦合电容 C_2 从①脚（Y_1 端）输入，调制信号 v_Ω经低频耦合电容 C_1 从⑧脚（X_1 端）输入，C_3~C_6 为电路去耦电容，调幅信号 v_o 从⑤脚输出，RP_1 和 R_1 用于调节调幅系数。

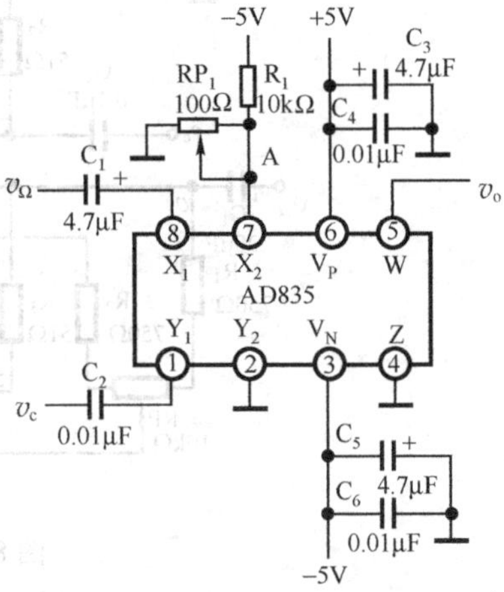

图 8.7.8　AD835 构成的振幅调制器

改变 RP_1 的值可以使乘法器实现抑制载波的振幅调制或有载波的振幅调制，调试过程如下。

① 抑制载波振幅调制

首先，使信号输入端(v_c 和 v_Ω)短路到地，调节 RP_1 使⑦脚（X_2）的静态工作点 v_{X2}=0V，然后在 Y_1 端输入载波信号 $v_c(t)$，其频率 $f_c=13\text{MHz}$，峰-峰值 $V_{cp\text{-}p}$=1V (可以根据器件性能增大或减小)；在 X_1 端输入调制信号 v_Ω (t)，其频率 $f_\Omega=1\text{kHz}$。当 $V_{\Omega p\text{-}p}$=0 时，输出 v_o=0。逐渐增加 $V_{\Omega p\text{-}p}$，则输出信号 $v_o(t)$的幅度逐渐增大。令 $v_c(t)=V_{cm}\cos\omega_c t$，$v_\Omega(t)=V_{\Omega m}\cos\Omega t$，根据式（8.7.7），其输出为

$$\begin{aligned}v_o(t)&=V_c(t)\cdot V_\Omega(t)=\frac{1}{2}V_{cm}V_{\Omega m}\cos\omega_c t\cos\Omega t\\&=\frac{1}{2}V_{cm}V_{\Omega m}\left[\cos(\omega_c+\Omega)t+\cos(\omega_c-\Omega)t\right]\end{aligned}\tag{8.7.11}$$

式 8.7.11 说明，当 $X_2=Y_2=Z=0$ 时，模拟乘法器输出为抑制载波的双边带调幅（DSB）信号，其输出波形如图 8.7.7（a）所示。

② 输出有载波的振幅调制

调节 RP_1，使 $V_{X2}=-a$，其输出

$$\begin{aligned}v_o(t)&=V_c(t)\cdot[V_\Omega(t)+a]=V_{cm}V_{\Omega m}\cos\omega_c t\cos\Omega t+aV_{cm}\cos\omega_c t\\&=\frac{1}{2}V_{cm}V_{\Omega m}\left[\cos(\omega_c+\Omega)t+\cos(\omega_c-\Omega)t\right]+aV_{cm}V_{\Omega m}\cos\omega_c t\end{aligned}\tag{8.7.12}$$

式 8.7.12 说明，当 $Y_2=Z=0$，$X_2=-a$ 时，模拟乘法器输出如图 8.7.7(b)所示的有载波调幅信号，调整 RP_1 可调节调幅系数；改变载波信号 $v_c(t)$ 和调制信号 $v_\Omega(t)$ 的幅度也可以改变调幅系数。

2．同步检波

振幅调制信号的解调过程称为检波。常用方法有包络检波和同步检波两种。有载波振幅调制信号的包络直接反映了调制信号的变化规律，可以用二极管包络检波的方法进行解调。而抑制载波的双边带或单边带振幅调制信号的包络不能直接反映调制信号的变化规律，无法用包络检波进行解调，应采用同步检波方法。

利用模拟乘法器的相乘原理，实现同步检波是很方便的，其工作原理如下：在乘法器的一个输入端输入抑制载波的双边带信号 $v_s(t)=V_{sm}\cos\omega_c t\cos\Omega t$，另一输入端输入同步信号（即载波信号）

$v_c(t)=V_{cm}\cos\omega_c t$，经乘法器相乘，可得输出信号为（条件：$V_x=V_c<26\text{mV}$, $v_y=v_s$ 为大信号）

$$\begin{aligned}v_o(t)&=K_E v_s(t)v_c(t)\\&=\frac{1}{2}K_E v_{sm}V_{cm}\cos\Omega t+\frac{1}{4}K_E V_{sm}V_{cm}\cos(2\omega_c+\Omega)t+\frac{1}{4}K_E V_{sm}V_{cm}\cos(2\omega_c-\Omega)t\end{aligned}\quad(8.7.13)$$

式中，第一项是所需要的低频调制信号分量；后两项为高频分量，可用滤波器滤掉。从而实现了双边带信号的解调。

若输入信号为单边带振幅调制信号，即 $v_s(t)=\frac{1}{2}V_{sm}\cos(\omega_c+\Omega)t$，则乘法器的输出

$$\begin{aligned}v_o(t)&=\frac{1}{2}K_E V_{sm}V_{cm}\cos(\omega_c+\Omega)t\cos\omega_c t\\&=\frac{1}{4}K_E V_{sm}V_{cm}\cos\Omega t+\frac{1}{4}K_E V_{sm}V_{cm}\cos(2\omega_c+\Omega)t\end{aligned}\quad(8.7.14)$$

式中，第一项是所需要的低频调制信号分量；第二项为高频分量，也可以被滤波器滤掉。

如果输入信号 $v_s(t)$ 为有载波振幅调制信号，同步信号为载波信号 $v_c(t)$，利用乘法器的相乘原理，同样也能实现解调。设 $v_s(t)=V_{sm}(1+m\cos\Omega t)\cos\omega_c t$，$v_c(t)=V_{cm}\cos\omega_c t$，则输出电压为（条件：$V_x=V_c<26\text{mV}$, $v_y=v_s$ 为大信号）

$$\begin{aligned}v_o(t)&=K_E v_s(t)v_c(t)\\&=\frac{1}{2}K_E V_{sm}V_{cm}+\frac{1}{2}K_E mV_{sm}V_{cm}\cos\Omega t+\frac{1}{2}K_E V_{sm}V_{cm}\cos 2\omega_c t+\\&\quad\frac{1}{4}K_E mV_{sm}V_{cm}\cos(2\omega_c+\Omega)t+\frac{1}{4}K_E mV_{sm}V_{cm}\cos(2\omega_c-\Omega)t\end{aligned}\quad(8.7.15)$$

式中，第一项为直流分量；第二项是所需要的低频调制信号分量；后面三项为高频分量。利用隔直电容及滤波器可滤掉直流分量及高频分量，从而实现了有载波振幅调制信号的解调。

MC1496 模拟乘法器构成的同步检波器电路如图 8.7.9 所示。其中 v_x 端输入同步信号或载波信号 v_c，v_y 端输入已调波信号 v_s，输出端接有由 R_{11} 与 C_6、C_7 组成的低通滤波器及隔直电容 C_8，所以该电路对有载波调幅信号及抑制载波的调幅信号均可实现解调，但要合理选择滤波器的截止频率。

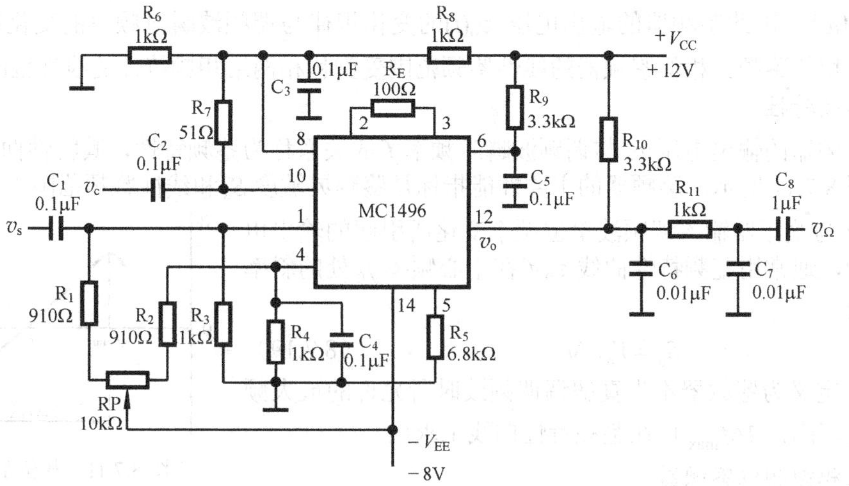

图 8.7.9 MC1496 构成的同步检波器

解调电路调试的操作过程如下：首先测量电路的静态工作点（与图 8.7.6 电路的静态工作点基本相同），再输入载波信号 v_c，其 $f_c=5\text{MHz}$，$V_{cp\text{-}p}=100\text{mV}$。先令 $v_y=0$，调节平衡电位器 RP，使输出 $v_o=0$，即为平衡状态。再输入有载波的调幅信号 v_s，其 $f_c=5\text{MHz}$，$f_\Omega=1\text{kHz}$，$V_{sp\text{-}p}=200\text{mV}$，调制度 m=100%，这时乘法器的输出 $v_o(t)$经低通滤波器后输出 $v'_o(t)$，经隔直电

容 C_8 后的输出为 $v_\Omega(t)$，其波形如图 8.7.10(a)所示。调节电位器 RP 可使输出波形 $v_o(t)$ 的幅度增大，波形失真减小。

若 v_s 为抑制载波的调幅信号，经 MC1496 同步检波后的输出波形 $v_\Omega(t)$ 如图 8.7.10(b)所示。若 v_Ω 的幅度较小，可以增加一级运算放大器电路放大 v_Ω 信号。

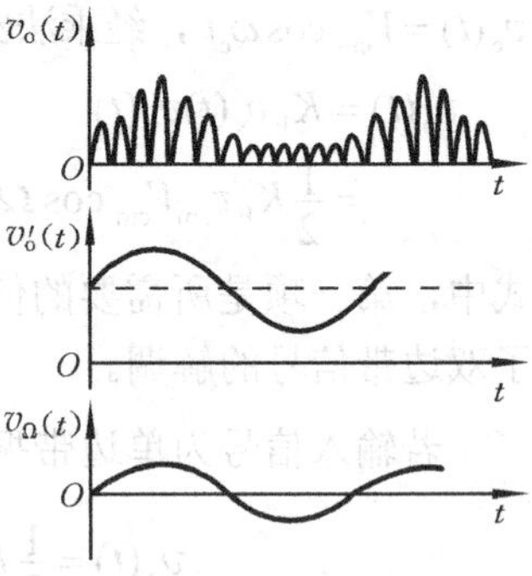

(a) 有载波信号的解调

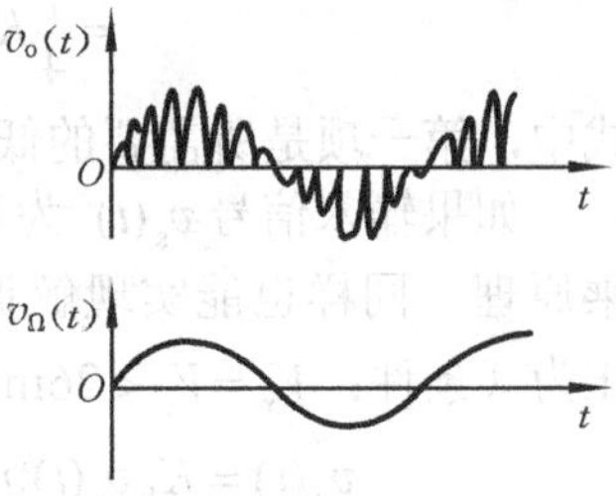

(b) 抑制载波信号的解调

图 8.7.10　解调器输出波形

3. 鉴频器

（1）鉴频原理

鉴频是调频的逆过程，广泛采用的鉴频电路是相位鉴频器。鉴频原理是：先将调频波经过一个线性移相网络变换成调频调相波，然后再与原调频波一起加到一个相位检波器进行鉴频。因此，实现鉴频的核心部件是相位检波器。

相位检波又分为叠加型相位检波和乘积型相位检波。利用模拟乘法器的相乘原理可实现乘积型相位检波，其基本原理是：在乘法器的一个输入端输入调频波 $v_s(t)$，设其表达式为

$$v_s(t) = V_{sm}\cos[\omega_c t + m_f \sin\Omega t] \qquad (8.7.16)$$

式中，m_f 为调频系数，$m_f = \Delta\omega/\Omega$ 或 $m_f = \Delta f/f$，其中 $\Delta\omega$ 为调制信号产生的频偏。另一输入端输入经线性移相网络移相后的调频调相波 $u_s(t)$，设其表达式为

$$v_s'(t) = V_{sm}'\cos\left\{\omega_c t + m_f \sin\Omega t + [\frac{\pi}{2} + \varphi(\omega)]\right\} = V_{sm}'\sin[\omega_c t + m_f\sin\Omega t + \varphi(\omega)] \qquad (8.7.17)$$

式中，$\varphi(\omega)$ 为移相网络的移相角。这时乘法器的输出

$$v_o(t) = K_E v_s(t) v_s'(t) = \frac{1}{2}K_E V_{sm} V_{sm}' \sin[2(\omega_c t + m_f \sin\Omega t) + \varphi(\omega)] + \frac{1}{2}K_E V_{sm} V_{sm}' \sin\varphi(\omega) \qquad (8.7.18)$$

式中，第一项为高频分量，可以被滤波器滤掉。第二项是所需要的频率分量，只要线性移相网络的相频特性 $\varphi(\omega)$ 在调频波的频率变化范围内是线性的，当 $|\varphi(\omega)| \leqslant 0.4\text{rad}$ 时，就有 $\sin\varphi(\omega) \approx \varphi(\omega)$。因此鉴频器的输出电压 $v_o(t)$的变化规律与调频波瞬时频率的变化规律相同，从而实现了相位鉴频。相位鉴频器的线性鉴频范围受到移相网络相频特性的线性范围的限制。

（2）鉴频特性

相位鉴频器的输出电压 v_o 与调频波瞬时频率 f 的关系称为鉴频特性，其特性曲线（或称 S 曲线）如图 8.7.11 所示。鉴频器的主要性能指标是鉴频灵敏度 S_d 和线性鉴频范围 $2\Delta f_{max}$。

S_d 定义为鉴频器输入调频波单位频率变化所引起的输出电压的变化量，通常用鉴频特性曲线 v_o-f 在中心频率 f_0 处的斜率来表示，即

$$S_d = V_o/\Delta f \qquad (8.7.19)$$

$2\Delta f_{max}$ 定义为鉴频器不失真解调调频波时所允许的最大频率线性变化范围，$2\Delta f_{max}$ 可在鉴频特性曲线上求出。

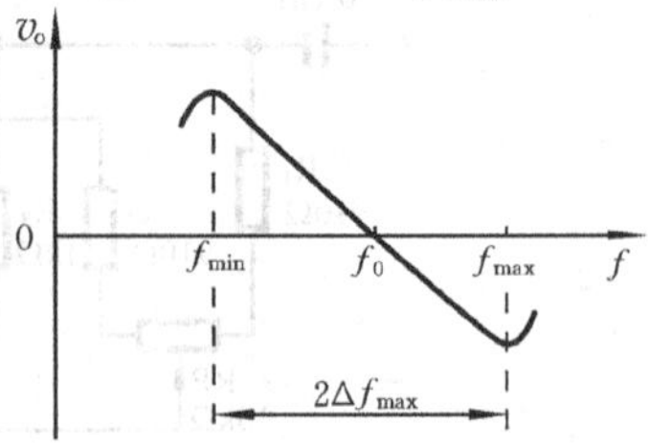

图 8.7.11　相位鉴频特性

（3）乘积型相位鉴频器

用 MC1496 构成的乘积型相位鉴频器实验电路如图 8.7.12 所示（图中参数供参考）。其中 C_1 与并联谐振回路 C_2L 共同组成线性移相网络，将调频波的瞬时频率的变化转变成瞬时相位的变化。分析表明，该网络的传输函数的相频特性 $\varphi(\omega)$ 的表达式为

$$\varphi(\omega) = \frac{\pi}{2} - \arctan\left[Q\left(\frac{\omega^2}{\omega_0^2} - 1\right)\right] \qquad (8.7.20)$$

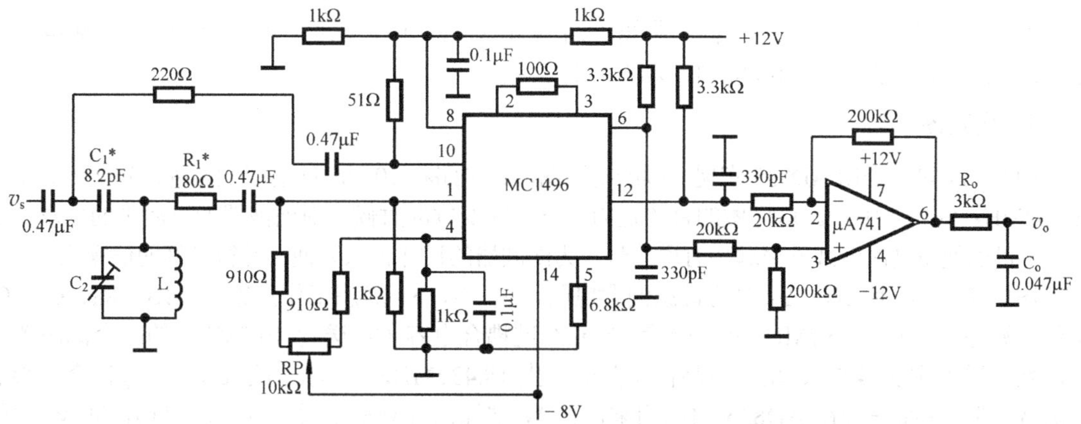

图 8.7.12　MC1496 构成的相位鉴频器实验电路

当 $\frac{\Delta\omega}{\omega_0} \ll 1$ 时，上式可近似表示为

$$\varphi(\Delta\omega)=\frac{\pi}{2}-\arctan\left(Q\frac{2\Delta\omega}{\omega_0}\right)，或\ \varphi(\Delta f)=\frac{\pi}{2}-\arctan\left(Q\frac{2\Delta f}{f_0}\right) \tag{8.7.21}$$

式中，f_0 为回路的谐振频率，与调频波的中心频率相等；Q 为回路的品质因数；Δf 为瞬时频率偏移。

相移φ与频偏 Δf 的特性曲线如图 8.7.13 所示。由图可见，当 $f=f_0$ 时，相位等于$\pi/2$，在 Δf 范围内,相位随频偏呈线性变化,从而实现线性移相。MC1496 的作用是，将调频波与调频调相波相乘（如式 8.7.18），其输出端接集成运放构成的差分放大器，将双端输出变成单端输出，再经 R_0C_0 滤波网络输出。

图 8.7.12 所示鉴频电路的调试操作过程如下：首先测量鉴频器的静态工作点（与图 8.7.6 电路的静态工作点基本相同），再调谐并联谐振回路，使其谐振频率 $f_0=5\text{MHz}$；再从 v_x 端输入 $f_c=5\text{MHz}$，$V_{\text{cp-p}}=40\text{mV}$ 的载波(不接相移网络，$v_y=0$)，调节平衡电位器 RP 使载波抑制最佳($V_o=0$)；然后接入移相网络，输入调频波 v_s，其中心频率 $f_0=5\text{MHz}$，$V_{\text{sp-p}}=40\text{mV}$。调制信号的频率 $f_\Omega=1\text{kHz}$，最大频偏 $\Delta f_{\max}=75\text{kHz}$。调节谐振回路电容 C_2 及电阻 R_1（改变回路品质因数）使输出端获得的低频调制信号 $v_o(t)$ 的波形失真最小，幅度最大。

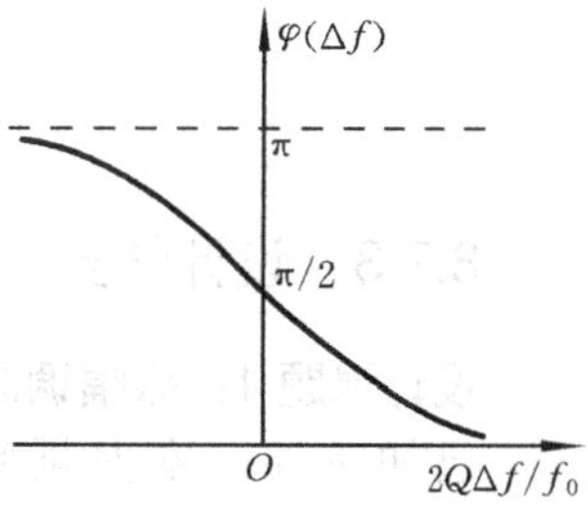

图 8.7.13　移相网络的相频特性

（4）鉴频特性曲线（S 曲线）的测量方法

测量鉴频特性曲线的常用方法有逐点描迹法和扫频测量法。

逐点描迹法的操作是：用高频信号发生器作为鉴频器的输入 v_s（见图 8.7.12），频率为 5MHz，幅度 $V_{\text{sp-p}}=40\text{mV}$；鉴频器的输出端 v_o 接数字万用表（置于“直流电压”档），测量输出电压 V_o 值（调谐并联谐振回路，使其谐振）；改变高频信号发生器的输出频率（维持幅度不变），记下对应的输出电压 V_o 值，并填入下表；最后根据表中测量值描绘 S 曲线。

扫频测量法的操作是：将扫频仪（如 BT-3G 型）的输出信号作为鉴频器的输入信号 v_s，扫频仪的检波探头电缆换成夹子电缆线接到鉴频器的输出端 v_o，先调节 BT-3G 的中心频率使 $f_0=5\text{MHz}$（并联谐振回路谐振），然后调节 BT-3G 的“频率偏移”、“输出衰减”和“Y 轴增益”等旋钮，使 BT-3G 上直接显示出鉴频

表 8.7.1　鉴频特性曲线的测量值

f/MHz	4.5	4.6	4.7	4.8	4.9	5.0	5.1	5.2	5.3	5.4	5.5
V_o/mV											

特性曲线，利用“频标”可绘出 S 曲线。调节图 8.7.12 中谐振回路的电容 C_2、平衡电位器 RP 及电阻 R_1，可改变 S 曲线的斜率和对称性。

4．变频器

图 8.7.14 是一个用 AD835 实现变频的电路图，该电路将 10.7MHz 的中频调频信号变到频率为 29.132MHz 的第二中频。这样做的目的是为了下一级变频的时候，对滤波器的过渡带的要求不会很高，可以使得高次谐波噪声远离有用信号，为滤波器的设计带来方便，并得到好的信噪比。

图中 R_1、R_2 是 X_1、Y_1 端的直流偏置电阻，使 X_1、Y_1 静态工作点置零；R_3、R_4、C_3、C_4 用作电源滤波去耦；10.7MHz 的输入信号 v_1 经过耦合电容 C_{10} 送到 10.7MHz 的陶瓷滤波器滤波，然后送入乘法器的 X_1 端；由晶体振荡器产生 18.432MHz 的本振信号 v_c，从 C_2 耦合到乘法器的 Y_1 端。两路信号在 AD835 内部相乘，在 W 端输出的乘积信号如式（8.7.11），即 W 端的输出信号中包含的频率成分主要是两信号的和频 29.132MHz、差频 7.732MHz、以及由于乘法器的非理想而混杂的 10.7MHz、18.432MHz 以及它们的组合频率。为有效地滤除这些不需要的频率成分，可在输出端接一个 29.1MHz 的带通滤波器，滤波器的通带很窄，只有几百 KHz。

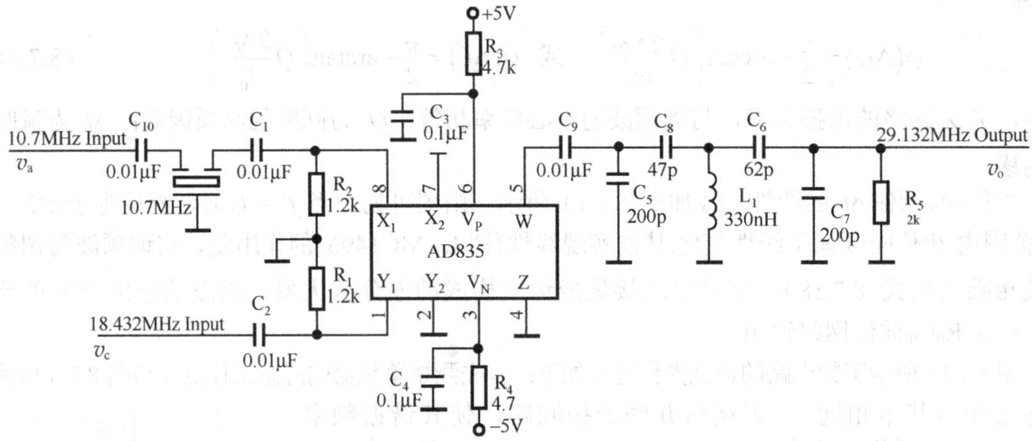

图 8.7.14　模拟乘法器 AD835 构成的上变频电路

8.7.3　设计任务

设计课题 1：振幅调制器设计

已知条件：本振频率 f_c=6.5MHz，调制信号 $f_\Omega = 1\text{kHz}$，实验主要器件为模拟乘法器 MC1496 或 AD835。

主要技术指标：调制度 20%～80%可调，负载 $R_L = 1\text{k}\Omega$，输出 $V_{op\text{-}p}$=400mV。

实验仪器设备：与 8.3.6 节相同。

注：可用 8.3 节设计课题完成的电路板代替高频信号发生器。

设计课题 2：同步检波器设计

已知条件：调幅信号的载波频率 f_c=6.5MHz，调制信号 $f_\Omega = 1\text{kHz}$，调制度 m=30%；实验主要器件为模拟乘法器 MC1496 或 AD835；负载 $R_L = 2\text{k}\Omega$

主要技术指标：解调后 $V_{\Omega PP}$ >0.5V，失真小于 5%。

实验仪器设备：与 8.3.6 节相同。

注：可用本节设计课题 1 完成的振幅调制器实验电路板代替高频信号发生器。

设计课题 3：乘积型相位鉴频器的实验与研究

实验仪器设备：扫频仪 BT-3G，其他仪器与 8.3.6 节的相同。

实验研究内容：

① 参考图 8.7.12 所示电路，设计计算鉴频器的静态偏置电流 I_5 及偏置电压 V_8、V_{10}、V_1、V_4 及 V_6、V_{12}。

② 安装、调整鉴频器的静态工作点，记录测量值并与计算值相比较。

③ 调谐鉴频器的并联谐振回路，使其谐振于调频波的中心频率 f_0。

④ 输入调频波 v_s，用双踪示波器观测鉴频器的输入、输出波形，调整电路参数（如 RP、LC 并联回路及输出端低通滤波的参数等），使输出波形 $v_o(t)$ 的失真最小，幅度最大，并记录上述参数对输出波形的影响程度。

⑤ 用逐点法或扫频法测鉴频特性曲线，将测量数据列表（如表 8.7.1）并绘制 S 曲线。由 S 曲线计算鉴频灵敏度 S_d 和线性鉴频范围 $2\Delta f_{max}$。

⑥ 实验并记录影响 S 曲线的特性（如对称性或非线性失真、S_d 和 $2\Delta f_{max}$ 等）的参数。

⑦ 待 S 曲线及输出波形为最佳时，重新测量鉴频器的静态工作点。

实验与思考题

8.7.1 当 MC1496 模拟乘法器为单电源供电时，图 8.7.6 所示的调幅器电路应如何设计？画出设计电路图。

8.7.2 当调幅器的输出信号为抑制载波的双边带信号时，MC1496 的脚 1、脚 4 的直流电压分别为多少？

8.7.3 如何获得抑制载波的单边带（上边带或下边带）信号？画出实验电路。

8.7.4 MC1496 的输入信号 v_x 的幅度范围受哪些条件限制（接反馈电阻 R_E 时）？为什么？

8.7.5 如何改善图 8.7.12 所示相位鉴频器的输出波形？请用实验证明之。

8.7.6 测量鉴频特性曲线时，鉴频特性参数 S_d、$2\Delta f_{max}$ 及非线性失真与图 8.7.12 中哪些参数有关？为什么？

8.7.7 如何应用 AD835 模拟乘法器实现对输入信号的倍频？画出实验电路。

8.8 调幅发射机设计

学习要求 掌握点频调幅发射机电路的设计与调试方法，以及调试中常见故障的分析与处理；学习合理分解系统指标，用单元电路组合设计来实现整机性能要求的设计方法。

8.8.1 调幅发射机的工作原理及主要技术指标

一般调幅发射机的组成框图如图 8.8.1 所示，其工作原理是：第一本机振荡产生一个固定频率的中频信号，它的输出送至调制器；语音放大电路放大来自话筒的信号，其输出也送至调制器；调制器输出是已调幅了的中频信号，该信号经中频放大后与第二本振信号混频；第二本振是一频率可变的信号源，一般选第二本振频率 f_{o2} 是第一本振频率 f_{o1} 与发射载频 f_c 之和；混频器输出经带通或低通滤波器滤波，使输出载频 $f_c = f_{o2} - f_{o1}$；功放级将载频信号的功率放大到所需发射的功率。

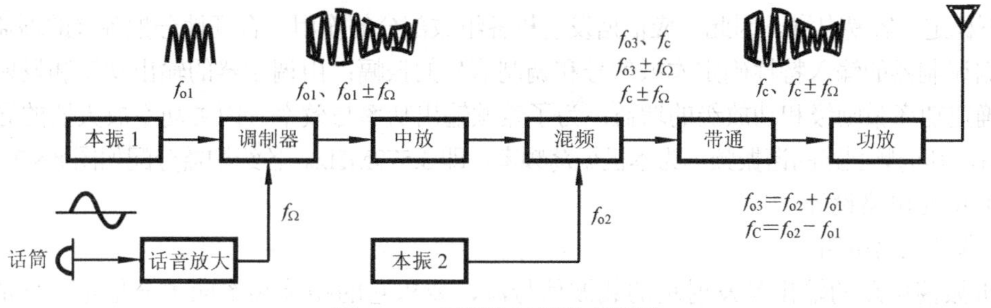

图 8.8.1 调幅发射机组成框图

由于调幅发射机实现调制简便，调制所占的频带窄，并且与之对应的调幅接收设备简单，所以调幅发射机广泛用于广播发射。

调幅发射机的主要指标有：

① 工作频率范围：调幅制一般适用于中、短波广播通信，其工作频率范围为 300kHz~30MHz。

② 发射功率：参见 8.5 节。

③ 调幅度：调幅度 m_a 是调制信号 v 控制载波电压 v_o 振幅变化的系数，m_a 的取值范围为 0~1，通常以百分比来表示，即 0%~100%。

④ 非线性失真（包络失真）：调制器的调制特性不能跟随调制电压线性变化而引起已调波的包络失真，为调幅发射机的非线性失真，一般要求小于 10%。

⑤ 线性失真：保持调制电压振幅不变，改变调制频率引起的调幅度特性变化，称为线性失真。

⑥ 噪声电平：噪声电平是指没有调制信号时，由噪声产生的调幅度与信号最大时的调幅度比。广播发射机的噪声电平要求小于 0.1%，一般通信机的噪声电平要求小于 1%。

⑦ 总效率：参见 8.8 节。

8.8.2 设计举例

例 设计一个小功率点频调幅发射机。

已知条件：$+V_{CC}=+12V$、$-V_{EE}=-12V$，主要器件有 MC1496、A741、3.579MHz 晶振、3DG100、3DG130、NXO-10 磁环，负载 $R_L=75\Omega$，音频调制电压 5mV，调制频率 300Hz~3kHz。

主要技术指标要求：工作频率 3.579MHz，发射功率 P_o≥50mW，调制度 50%，总效率≥40%。

解 （1）拟定调幅发射机组成框图

根据调幅发射机的工作原理和给定的技术指标要求画出组成框图，如图 8.8.2 所示。图中，各组成部分的作用如下：本机振荡产生频率为 3.579MHz 的载波信号。缓冲隔离级将晶体振荡级与调制级隔离，减小调制级对晶体振荡级的影响；将功率激励级与调制级隔离，减少功率激励级对调制级的影响。话音放大级将话筒信号电压放大到调制器所需的调制电压。调制级将语音信号调制到载波上，产生已调波。功率激励级为末级功放提供激励功率。末级功放对前级送来的信号进行功率放大，使负载上获得满足要求的发射功率。

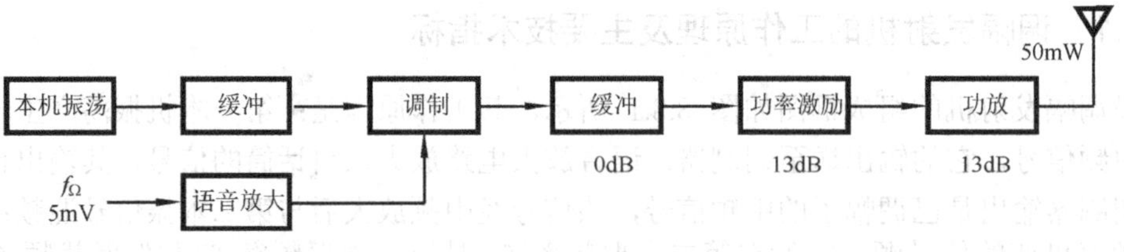

图 8.8.2 点频调幅发射机组成框图

（2）增益分配

发射机级需要有一定的功率才能将信号发射出去，而每一级的功率又不能太大，否则会引起电路工作不稳定，容易自激。因此，应根据发射机各组成部分的作用，合理地分配各级的增益指标。

根据调制器的输入特性确定本振信号和调制信号的振幅；由调制器的输出功率和发射机的输出功率确定功率激励级和功放级的增益；为了兼顾输出功率与效率，丙类功率放大器的导通角取 70°左右，其选频回路的谐振频率为本机振荡频率，即 3.579MHz。各级增益分配如图 8.8.2 所示。

（3）单元电路设计

① 本机振荡电路

本机振荡电路的输出是发射机的载波信号源，要求它的振荡频率应十分稳定。一般的 LC

振荡电路，其日频率稳定度约为 10^{-2}~10^{-3}，晶体振荡电路的 Q 值可达数万，其日频率稳定度可达 10^{-5}~10^{-6}。因此，本机振荡电路采用晶体振荡器。

晶体振荡器的电路如图 8.8.3 所示。晶振、C_1、C_2、C_3 与 T_1 构成改进型电容三点式振荡电路（克拉波电路），振荡频率由晶振的等效电容和等效电感决定。电路中 T_1 的静态工作点由 R_1、R_2、R_3 决定。在设置静态工作点时，应首先设定晶体管的集电极电流 I_{CQ}，一般取 0.5~4mA，I_{CQ} 太大会引起输出波形失真，产生高次谐波。设晶体管 $\beta=60$，$I_{CQ}=2\text{mA}$，$V_{EQ}=(1/2\sim2/3)V_{CC}$，则可算出 R_1、R_2、R_3。按图 8.8.3 所示电路安装调试后测得 $V_{BQ}=8.3\text{V}$，$V_{EQ}=7.7\text{V}$。

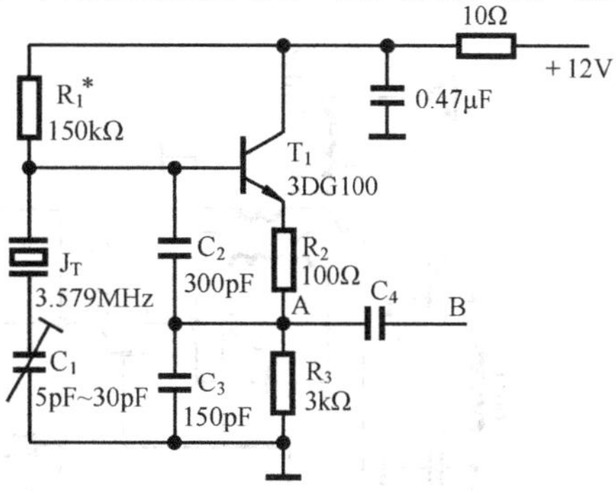

图 8.8.3　晶体振荡电路

② 调制电路

根据给定的主要器件，选定由模拟乘法器 MC1496 构成的调幅电路如图 8.8.4 所示。模拟乘法器的工作原理见 8.7 节。

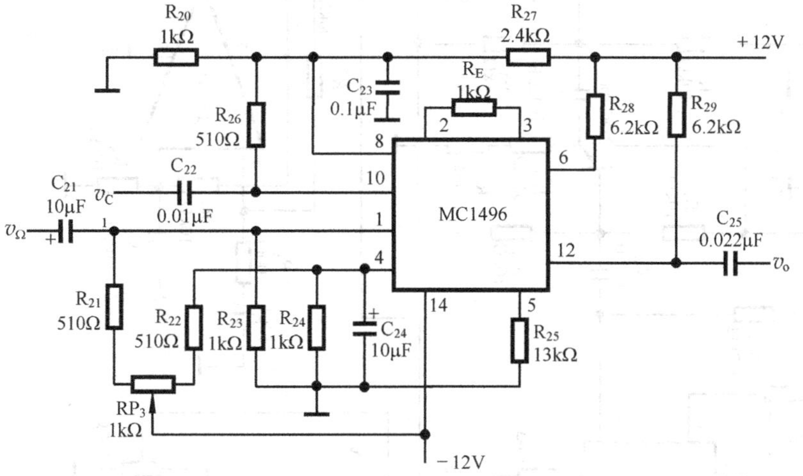

图 8.8.4　调制器电路

根据给定的工作电压及模拟乘法器的工作特性设置静态工作点。乘法器的静态偏置电流主要由内部恒流源 I_0 的值来确定，I_0 是第⑤脚上的电流 I_5 的镜像电流，改变电阻 R_{25} 可调节 I_0 的大小。

在设置乘法器各点的静态偏置电压时，应使乘法器内部的三极管均工作在放大状态，并尽量使静态工作点处于直流负载线的中点。对于图 8.8.4 所示电路，应使内部电路中三极管的 $V_{CE}=4\sim6\text{V}$，即

$$V_6-V_8=V_{12}-V_{10}=4\sim6\text{V}，\ V_8-V_4=V_{10}-V_1=4\sim6\text{V}$$

$$V_2-(-V_{EE})=V_3-(-V_{EE})=4\sim6\text{V}$$

为了使输出上、下调制对称，在设计外部电路时，还应使 $V_{12}=V_6$，$V_8=V_{10}$，而且⑫脚及⑥脚所接的负载电阻应相等，即 $R_{28}=R_{29}$。

按图 8.8.4 所示电路装调后，测各引脚的静态偏置电压为

V_1	V_4	V_2	V_3	V_6	V_{12}	V_8	V_{10}	V_5
–6V	–6V	–6.5V	–6.5V	+6.9V	+6.9V	+0.5V	+0.5V	–10.4V

话音放大器的设计，参考 4.7 节的设计举例。缓冲级、功率激励级、功率放大级的设计可参考 8.4 及 8.5 节，设计完成的整机电路如图 8.8.5 所示。

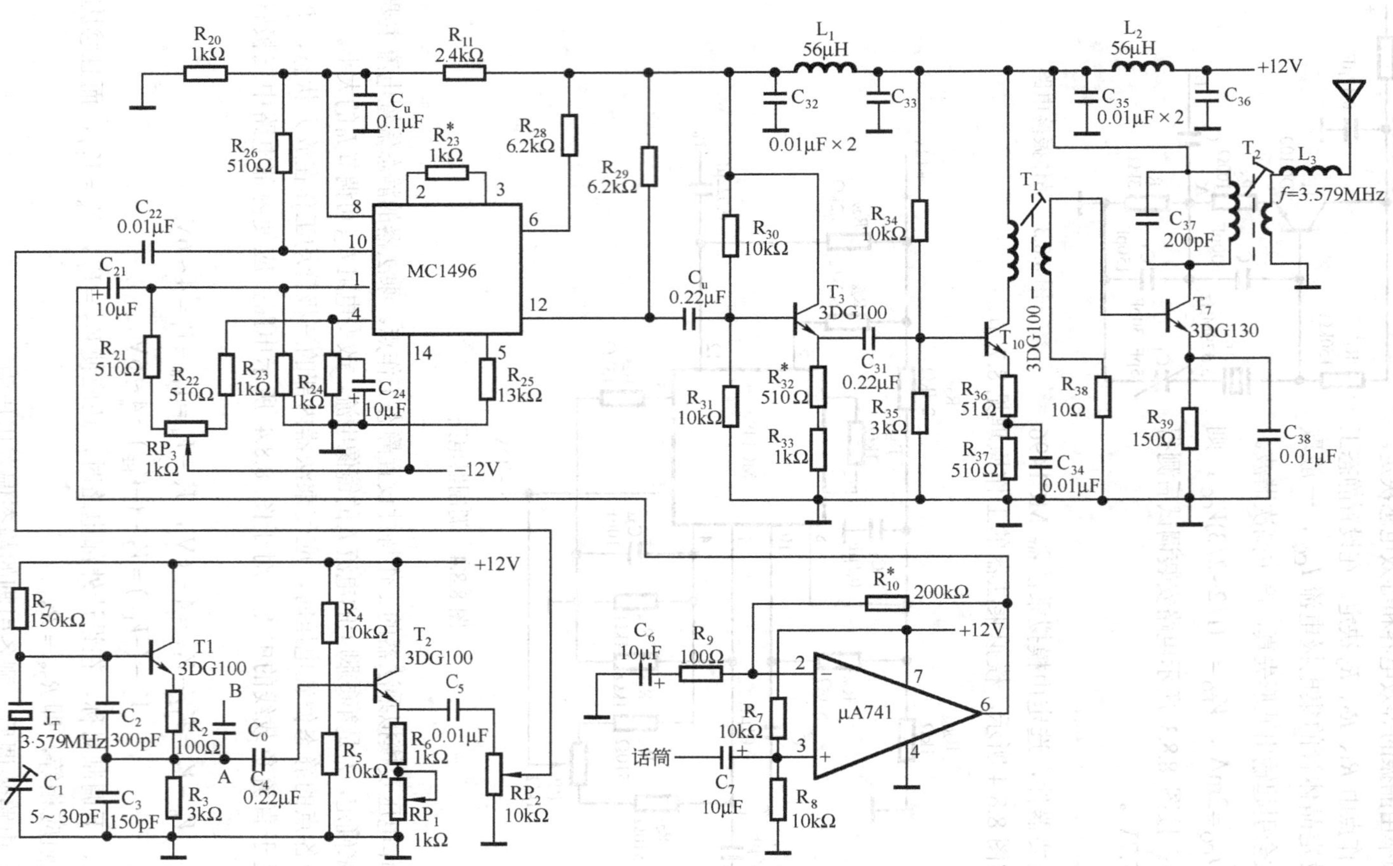

图 8.8.5　点频调幅发射机实验电路

8.8.3 电路装调与测试

电路调试应先分别调整各级静态工作点，然后从前级向后级逐级调整输出信号。

1．晶体振荡器的调试

调晶体振荡器时，应先断开晶振，使振荡器不振荡，再用万用表测三极管的各极电压。V_{EQ}应满足$V_{EQ}/(R_2+R_3)\approx I_{CQ}=2\text{mA}$，若不满足则可调整 R_1 的值。将三极管的静态工作点调试正确后，再接上晶振，测量振荡器的振荡频率和输出电压的幅度。测量时要正确选择测试点，使仪器的输入阻抗远大于电路测试点的输出阻抗。在输出端还应接负载电阻 R_L，R_L 应与下一级电路的等效输入阻抗相等。若仪器的输入阻抗较高则可选择 A 点（见图 8.8.5）测量；若仪器的输入阻抗较低，则应选择 B 点测量，这时耦合电容 C_0 的取值约 20pF。

2．调制器的测试

测调制器电路静态工作点时，应使本振信号 v_o=0，调制信号 v_Ω=0。先测 MC1496 第⑤脚上的电压 V_5，调整 R_5 的值，使$|V_5|/R_5=I_o$；然后测量各点静态工作电压，其值应与设计值大致相同。加本振电压$v_o=100\text{mV}$，使调制电压 v_Ω=0，调节 RP_3 使 MC1496 输出信号为最小值，再使$v_\Omega=100\text{mV}$，这时测得的输出波形应为载波被抑制的双边带信号波形，再调节 RP_3 使输出波形为 m_a=50%的调幅波。

3．整机联调及其常见故障分析

晶振级与缓冲级联调时会出现缓冲级输出电压明显减小或波形失真的情况。产生的主要原因是缓冲级的输入阻抗不够大，使晶振级负载加重。这可通过增大缓冲级的射极电阻 RP_1 来提高缓冲级输入阻抗；也可通过减小 C_4，即减小晶振级与缓冲级的耦合来实现。

本机振荡级、缓冲级、话音放大级及调制级联调时，往往会出现过调幅。产生的原因可能是经射极跟随器输出的本振电压 v_o 偏小或是话音放大级输出的调制电压 v_Ω过大。可调节 RP_2 使$v_o=100\sim150\text{mV}$，并测量调制器输出波形。

在单元电路调试合格的调幅信号与功率放大级联调时，会出现调幅度降低，这是由于丙类放大器的基极与发射极之间的直流偏置是负偏，可以调整话音放大级增益，以满足调幅度 m_a=50%的技术指标要求。

功率激励级与功率放大级联调时，往往会出现低频调制、高频自激、输出功率小、波形失真大等现象。产生的原因可能是级间通过电源产生串扰或是甲类功放与丙类功放的阻抗不匹配，级间相互影响。可以在每一级单元电路的电源上加低、高频去耦电路，以消除来自电源的串扰；也可以重新调整谐振回路，使回路调谐。调整时可通过拨动磁环上线圈间的间距来调整电感量，间距越密电感量越大。由于甲类功放的负载就是丙类功放的输入阻抗，因此，调试时相互之间会有影响。调试时应前、后级反复调，直至两级间为最佳匹配，输出功率最大，失真最小。在与功放级联时，还会出现寄生振荡，其产生原因及消除方法见 10.5 节。本例整机调试完成后的实验电路参数如图 8.8.5 所示。

8.8.4 设计任务

设计课题：小功率调幅发射机设计

已知条件：$+V_{CC}=+10\text{V}$，$-V_{EE}=-10\text{V}$；主要元器件有 MC1496、3DG100、3DG130、4MHz 晶振、NXO-10 磁环；话音放大级输入电压为 5mV；负载电阻 R_L=50Ω。

主要技术指标：工作频率$f=8\text{MHz}$，发射功率 P_o=300mW，调幅度 m_a=50%，整机效率大于 40%。

设计提示：用 4MHz 晶振组成的振荡器，其输出经射随器隔离后，可同时作为本振 1 和本振 2。

实验仪表：与 8.3.6 节所用仪表相同。

实验与思考题

8.8.1 图 8.8.3 中，C_1 的作用是什么？加 C_1 和不加 C_1 的频率偏移是多少？是正偏移还是负偏移？用实验说明之。

8.8.2 调制电路的工作电流 I_0 过小或过大会出现哪些现象？用实验说明 I_0 过小产生的现象，为什么不能用实验来说明 I_0 过大产生的现象。

8.8.3 用实验比较抑制载波的调幅波和调幅度为 100%的调幅波的波形，说明二者的差别。

8.8.4 调制级输出出现过调的原因是什么？怎样才能消除过调？用实验说明之。

8.9 调幅接收机设计

学习要求 掌握点频调幅接收机电路的设计与调试方法，以及调试中常见故障的分析与处理。

8.9.1 调幅接收机的工作原理及主要技术指标

1. 调幅接收机的工作原理

超外差式调幅接收机的组成框图如图 8.9.1 所示。

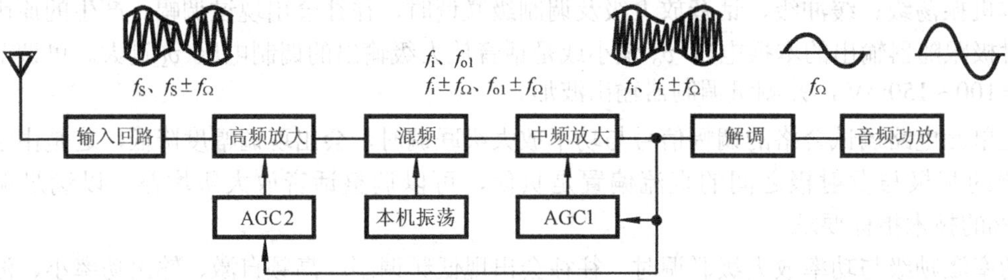

图 8.9.1 超外差式调幅接收机组成框图

其工作原理是：天线接收到的高频信号经输入回路送至高频放大器，输入回路选择接收机工作频率范围内的信号，高频放大电路将输入信号放大后送至混频电路。本振信号是频率可变的信号源，外差式接收机本振信号的频率 f_o 大于接收信号的频率 f_s，$f_o - f_s = f_i$，f_i 为固定中频。内差式接收机本振信号频率 f_o 小于接收信号的频率 f_s，$f_s - f_o = f_i$，f_i 为固定中频。本振输出也送至混频电路，混频输出为含有 f_s、f_o、$f_o \pm f_s$ 频率成分的信号。中频放大器放大频率为中频 f_i 的信号，中频放大器输出送至解调电路。解调器输出为低频信号，低频功放电路将解调后的低频信号进行功率放大，推动扬声器工作或推动控制器工作。自动增益控制电路 AGC1、AGC2，产生控制信号，控制高频放大级及中频放大级的增益。

2. 调幅接收机的主要技术指标

（1）工作频率范围。调幅接收机的工作频率是与调幅发射机的工作频率相对应的。由于调幅制一般适用于广播通信，调幅发射机的工作频率范围是 300kHz~30MHz，所以调幅接收机的工作频率范围也是 300kHz~30MHz。

（2）灵敏度。接收机输出端在满足额定的输出功率、并满足一定输出信噪比时，接收机输入端所需的最小信号电压，称为接收的灵敏度。调幅接收机的灵敏度一般为 5~50mV。

（3）选择性。接收机从作用在接收天线上的许多不同频率的信号（包括干扰信号）中选择有用信号，同时抑制邻近频率信号干扰的能力，称为选择性。通常以接收机接收信号的 3dB 带宽和接收机对邻近频率的衰减能力来表示。通常要求 3dB 带宽不小于 6~9kHz，40dB 带宽不大于 20~30kHz。

（4）中频抑制比。接收机抑制中频干扰的能力称为中频抑制比。通常以输入信号频率为本机中频时的灵敏度 S_{IF} 与接收灵敏度 S 之比表示中频抑制比，一般以 dB 为单位。dB 数越大，说明抗中频干扰能力越强。中频抑制比=$20\lg(S_{IF}/S)$dB。中频抑制比一般应大于 60dB。

（5）镜频抑制比。接收机对于镜频（镜像频率）干扰的抑制能力称为镜频抑制比。镜频为 $f_s \pm 2f_i$。其中，f_s 为信号频率，f_i 为中频频率。对于本振频率高于接收信号频率的接收机，其镜频为 $f_s + 2f_i$；对于本振频率低于接收信号频率的接收机，其镜频为 $f_s - 2f_i$。通常以输入信号频率为镜频时的灵敏度 S_{IM} 与接收灵敏度 S 之比表示镜频抑制比，一般以 dB 为单位，dB 数越大，抗镜频干扰能力越强。镜频抑制比=$20\lg(S_{IM}/S)$dB。通常镜频抑制比应大于 60dB。

对于有 2 个中频的接收机，其中频抑制比和镜频抑制比分为第一中频抑制比、第二中频抑制比和第一镜频抑制比、第二镜频抑制比。

（6）自动增益控制能力。接收机利用接收信号中的载波控制其增益以保证输出信号电平恒定的能力，称为自动增益控制能力。测量时，通常使接收机输入信号从某规定值开始逐步增加，直至接收机输出变化到某规定数值（如 3dB），此时输入信号电平所增加的 dB 数，即为接收机的自动增益控制能力。

（7）输出功率。接收机在输出负载上的最大不失真功率称为输出功率。

8.9.2 设计举例

例 设计一点频调幅接收机。

主要技术指标要求：工作频率 3.579MHz，输出功率 P_o=100mW，灵敏度 10mV。

给定条件：$+V_{CC} = +12V$，$-V_{EE} = -12V$。

主要器件：MC1496，3.579MHz 晶振，LA4102，NXO-100 磁环，8Ω/0.25W 扬声器。

解 （1）拟定点频调幅接收机组成框图

根据调幅接收机工作原理和本例要求，可省去图 8.9.1 中的可变频本振信号。给定的解调器件为模拟乘法器，模拟乘法器用作检波时必须有一与接收信号同频的本振信号。因此，拟定点频调幅接收机框图如图 8.9.2 所示。各单元电路的作用为：

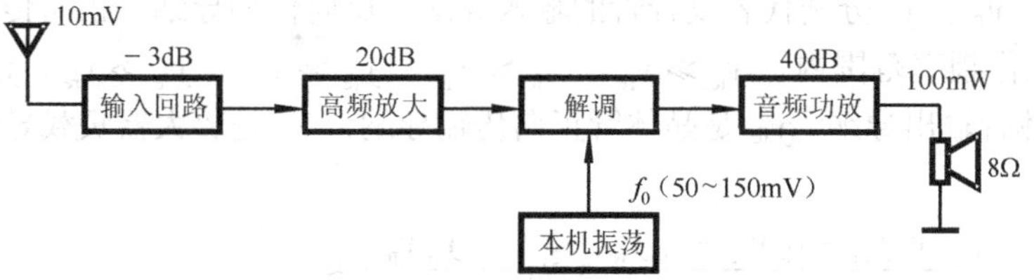

图 8.9.2 点频调幅接收机组成框图

输入回路用于选择接收信号，应将输入回路调谐于接收机的工作频率；高频放大用于将输入信号进行选频放大，其选频回路应调谐于接收机工作频率；解调用于将已调信号还原成低频信号；本机振荡为解调器提供与输入信号载波同频的信号。

（2）各级增益分配

根据题目给定的器件及技术指标要求，设各级增益如图 8.9.2 所示。

（3）单元电路的设计

① 输入回路

输入回路应使在天线上感应到的有用信号在接收机输入端呈最大值。设输入回路初级电感为 L_1，次级回路电感为 L_2，选择 C_1 和 C_2 使初级回路和次级回路均调谐于接收机工作频率。

在设定回路的 LC 参数时，应使 L 值较大。因为 $Q = \omega_{0L}/R$（R 为回路电阻，由回路中电感绕线电阻和电容引线电阻形成），Q 值越大，回路的选择性就越好。但电感值也不能太大，电感值大则电容值就应小，电容值太小则分布电容就会影响回路的稳定性，一般取 $C \gg C_{ie}$，C_{ie} 为高频放大电路中的晶体管的输入电容。

② 高频放大电路

小信号放大器的工作稳定性是一项重要的质量指标。单管共发射极放大电路用作高频放大器时，由于晶体管反向传输导纳 y_{re} 对放大器输入导纳 Y_i 的作用，会引起放大器工作不稳定。

当放大器采用如图 8.9.3 所示的共射-共基级联放大器时，由于共基电路的特点是输入阻抗很低和输出阻抗很高，当它和共射电路连接时相当于放大器的负载导纳 Y_L' 很大，此时放大器的输入导纳

$$Y_i = y_{ie} - y_{fe}y_{re}/(y_{oe} + Y_L') \approx y_{ie}$$

晶体管内部的反馈影响相应地减弱，甚至可以不考虑内部反馈的影响。

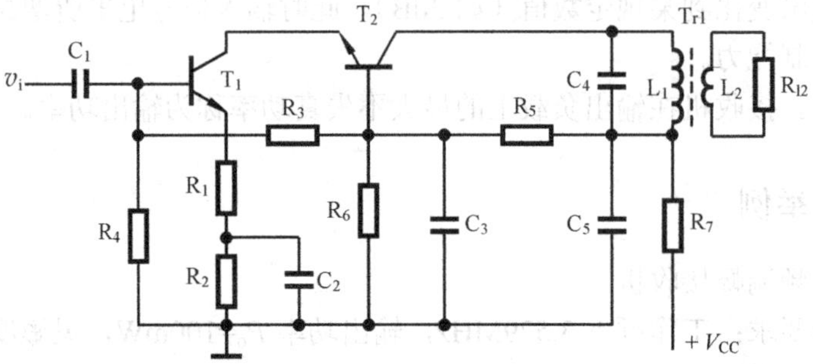

图 8.9.3 共射—共基级联放大器

在对电路进行定量分析时，可把两个级联晶体管看成一个复合管，这个复合管的导纳参数（y 参数）由两个晶体管的电压、电流和导纳参数决定。一般选用同型号的晶体管作为复合管，那么它们的导纳参数可认为是相同的，只要知道这个复合管的等效导纳参数，就可以把这类放大器看成一般的共射极放大器。

用 y_i'、y_r'、y_f'、y_o' 分别代表复合管的输入导纳、反向传输导纳、正向传输导纳和输出导纳，在一般的工作频率范围内，$y_{ie} \gg y_{re}$，$y_{fe} \gg y_{ie}$，$y_{fe} \gg y_{oe}$，$y_{fe} \gg y_{re}$，y_{ie} 是晶体管输入导纳，y_{oe} 是晶体管输出导纳，y_{fe} 是晶体管正向传输导纳，Y_L' 是放大器负载导纳。则复合管的等效 y 参数为

$$y_i' = \frac{y_{ie}y_{fe} + y_{ie}y_{oe} - y_{re}y_{fe}}{y_{fe} + y_{oe}} \approx y_{ie} - \frac{y_{re}y_{fe}}{y_{fe} + y_{oe}} \approx y_{ie} \tag{8.9.1}$$

$$y_r' \approx \frac{y_{re}(y_{re} + y_{oe})}{y_{fe} + y_{oe}} \approx \frac{y_{re}}{y_{fe}}(y_{re} + y_{oe}) \tag{8.9.2}$$

$$y_o' \approx \frac{y_{ie}y_{oe} - y_{re}y_{fe} + y_{oe}^2}{y_{fe} + y_{oe}} \approx \frac{y_{fe}\left[\frac{y_{ie}y_{oe}}{y_{fe}} - y_{re} + \frac{y_{oe}^2}{y_{fe}}\right]}{y_{fe}} \approx -y_{re} \tag{8.9.3}$$

$$y_f' \approx \frac{y_{fe}(y_{fe} + y_{oe})}{y_{fe} + y_{oe}} \approx y_{fe} \tag{8.9.4}$$

由以上几式可见：y_i' 和 y_f' 与单管情况大致相等，这说明级联放大器的增益计算方法和单管共射电路的增益计算方法相同；y_r' 远小于单管情况的 y_{re} ($|y_r'|$ 约为 $|y_{re}|$ 的 1/30)，这说明级联放大器工作稳定性大大提高。

在图 8.9.3 中，R_5、R_6、R_3、R_4 为 T_1 和 T_2 的偏置电阻，R_7、C_5 为去耦电路，用于防止高频信号电流通过公共电源引起不必要的反馈。变压器 Tr_1 和电容 C_4 组成单调谐回路。在设置该电路的静态工作点时，应使两个管子的集射电压 V_{CEQ} 大致相等，这样能充分发挥两个管子的作用，使放大器达到最佳直流工作状态。

设 $I_{C1Q} = 1mA$，$V_{E1Q} = 1V$，$R_7 = 1k\Omega$，则 $V_{C2Q} = V_{CC} - I_{C2Q}R_7 \approx V_{CC} - I_{C1Q}R_7 = 11V$。

设 $V_{CE1Q} = V_{CE2Q} = (V_{C2Q} - V_{E1Q})/2 = 5V$，则 $V_{B2Q} = V_{CE1Q} + 0.7V = 5.7V$；取 $R_5 = 22k\Omega$，$R_4 = 20k\Omega$，则 $R_6 = 24k\Omega$，$R_3 = 68k\Omega$。

设回路电感量 $L = 20\mu H$，则 $C_4 = 1/(\omega_0^2 L) \approx 100pF$。

根据整机增益分配，高频放大器的电压增益应为 10。图 8.9.3 所示电路的高频等效电路如图 8.9.4 所示，其增益

$$\dot{A}_V = \frac{\dot{V}_o}{\dot{V}_i} = \frac{p\dot{V}_c}{\dot{V}_i}, \quad V_i' \approx \frac{\dot{V}_i}{1 + y_f'R_1}$$

当耦合系数 $p = 1/2$ 时 $$\dot{A}_V = \frac{y_f'}{2(y_o' + y_L)(1 + y_f'R_1)}$$

式中，y_o' 是复合管的输出导纳。从式 8.9.3 可知，共射-共基复合管的输出导纳 $y_o' = -y_{re}$；$\dot{Y}_L$ 为集电极负载导纳，$\dot{Y}_L = G_o + j\omega C + \frac{1}{j\omega L} + p^2 y_{i2}'$，$y_{i2}'$ 是下一级放大器的输入导纳，$y_{i2}' \approx y_{ie}$。

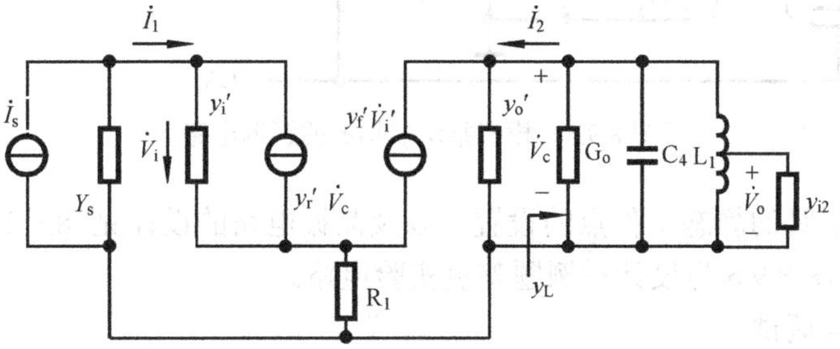

图 8.9.4 共射-共基级联放大器高频等效图

在 $f = 30MHz$，$I_E = 2mA$，$V_{CE} = 8V$ 的条件下，测得 3DG100 的 y 参数为 $g_{ie} = 2mS$，$C_{ie} = 12pF$，$|y_{fe}| = 40mS$，$|y_{re}| = 350uS$，则 $y_{ie} = g_{ie} + j\omega C_{ie}$。

当回路谐振时，$Y_L = G_o + y_{i2}'$，$G_o = \frac{1}{R_P} = \frac{1}{Q_o\omega_o L}$，式中，$Q_o$ 是回路空载品质因数，用 NXO-100 磁环绕制的 Tr_1，$Q_o \geqslant 200$；L 是回路电感。

$$\dot{A}_V = -\frac{-y_f'}{2(y_o' + Y_L)(1 + y_f'R_1)} = \frac{-y_f'}{2(|y_{re}| + G_o + p^2 y_{ie})(1 + y_f'R_1)} \approx -10$$

注意：① 以上放大器的增益计算是以管子工作在 30MHz 频率时的参数计算的，这是晶体管手册中给出的 3DG100 的分布参数。当工作条件变化时，给出的参数只能作为参考。在工程估算时，当工作频率低于测试条件的频率，而其他条件接近时，一般则认为给出的参数是近似相等的。② 高放级采用单调谐回路的优点是电路简单，调试容易，其缺点是选择性差。在选择性要求比较高的电路中，一般采用双调谐回路或集中滤波器。

③ 解调电路

调幅信号常用的解调方法有两种，即包络检波法和同步检波法。根据本例给定的器件，拟定用同步检波法，其电路原理如图 8.9.5 所示。当从模拟乘法器 MC1496 的一个输入端输入调幅信号 $v_s = V_{sm}(1+m\cos\Omega t)\cos\omega t$，从另一个输入端输入本振信号 $v_o=V_{om}\cos\omega t$ 时，则输出为

$$\begin{aligned} v_o(t) &= k_E v_s(t) v_o(t) \\ &= \frac{1}{2}k_E V_{sm} V_{om} + \frac{1}{2}k_E m V_{sm} V_{om}\cos\Omega t + \frac{1}{2}k_E V_{sm} V_{om} 2\omega t + \\ &\quad \frac{1}{4}k_E m V_{sm} V_{om}\cos(2\omega+\Omega)t + \frac{1}{4}k_E m V_{sm} V_{om}\cos(2\omega-\Omega)t \end{aligned}$$

式中，第一项是直流分量，第二项是所需要的解调信号，后面三项是高频分量。在输出端加一低通滤波器可滤除高频分量。图 8.9.5 中 C_{48} 是隔直电容，C_{46}、C_{47}、R_{51} 组成低通滤波器。

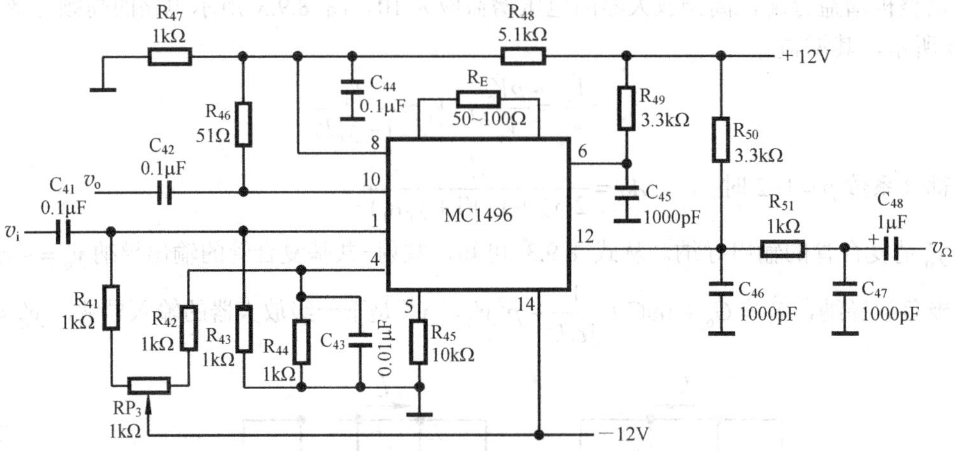

图 8.9.5　模拟乘法器构成的解调电路

模拟乘法器各引脚的静态工作点的设置，以及晶振电路的设计见 8.8.2 节，音频功放电路的设计见 8.6.3 节，图 8.9.6 为设计举例题整机实验电路。

（4）电路安装与调试

① 分级安装与调试

电路的调试应先调整静态工作点，然后进行性能指标的调整。调试顺序是先分级调试，然后从前级单元电路开始，向后逐级联调。

在调输入回路和高频放大器的调谐回路时，要注意测试仪表不能接入被调试级的调谐回路。例如，当信号从 A 点输入（见图 8.9.6）调输入回路的 L_1、L_2 时，测量仪表应接在 B 点或 C 点。调整高频调谐回路时，前后级会相互影响，因此应前后级反复调整。

另外在设计时没有考虑电路安装引起的分布参数，晶体管的分布参数也是工程估算的近似值，因此元器件的参数在调试时会有较大的调整。图 8.9.6 中标出的元器件参数是在面包板上调试完成后的参数。

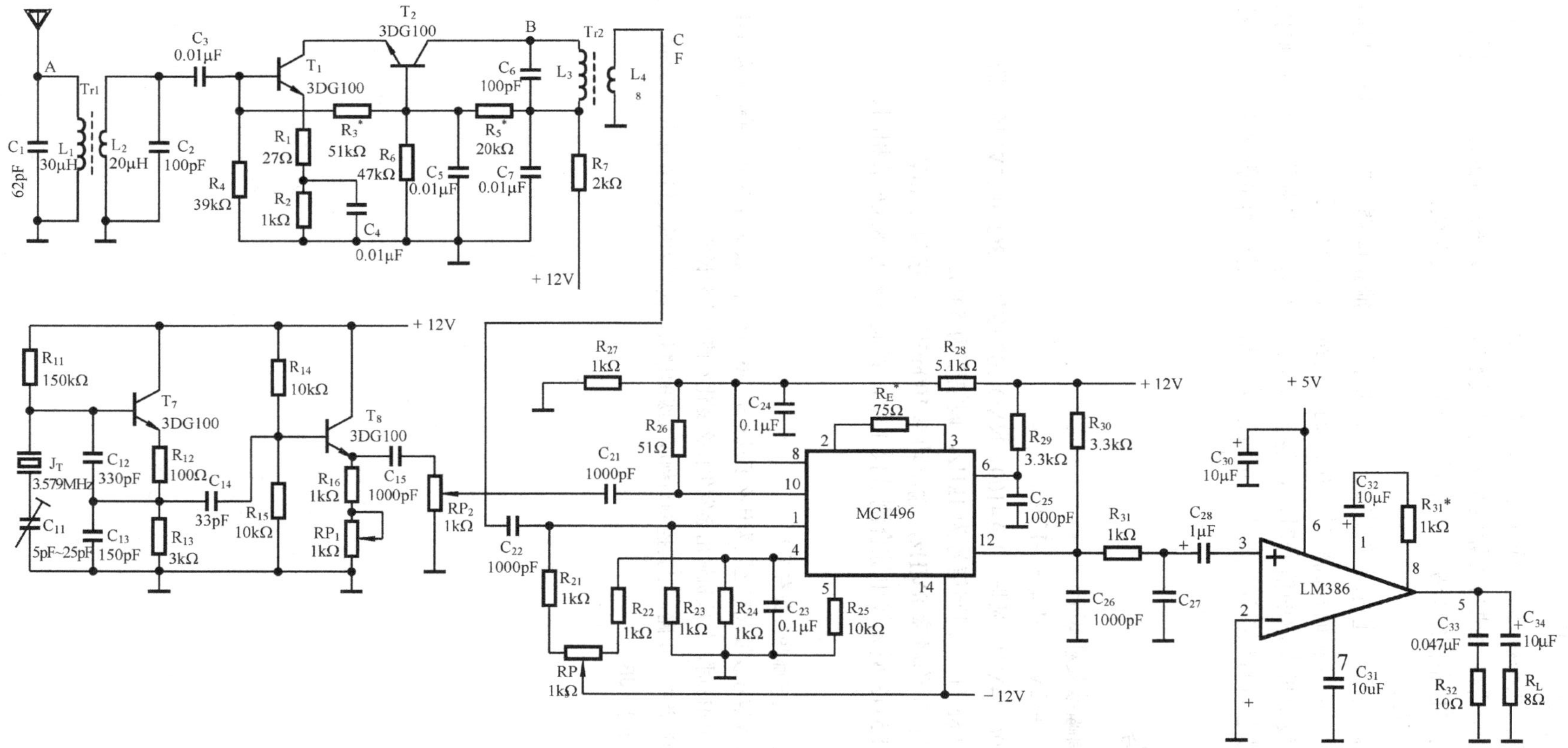

图 8.9.6　点频调幅接收机电路

② 整机联调时常见故障分析

调试合格的单元电路在整机连调时往往会出现达不到指标的现象，产生的原因可能是单级调试时没有接负载，或是所接负载与实际电路中的负载不等效，或是整机的联调又引入了新的分布参数。因此整机调试时需仔细分析故障原因，切不可盲目更改参数。

整机联调常见故障有：

① 高频放大级与解调级相连时增益不够。产生的原因可能是解调器输入阻抗引起高频放大电路的调谐回路失谐。可重新调整高频放大电路调谐回路，使回路调谐。

② 当接收机接收发射机发出的信号时，可能会出现无音频输出的现象。产生的原因可能是本振信号与接收信号之间的频率误差较大。可校准接收机和发射机的本振频率，使二者之间的频差小于 30Hz。

8.9.3 设计任务

设计课题：点频调幅接收机设计

已知条件：$+V_{CC}=+12V$，$-V_{EE}=-12V$。

主要器件：MC1496，4MHz 晶振，LA4100，NXO-100 磁环，8Ω/0.25W 扬声器。

接收信号：载频为 8MHz，调制信号为 1kHz，调幅度为 50%。

主要技术指标要求：工作频率 8MHz，输出功率 100mW，灵敏度 15mV。

实验仪器设备：EE5113 型无线电综合测试仪 1 台，其他仪器与 8.3.6 节相同。

实验与思考题

8.9.1 高频放大级的增益与哪些参数有关？

8.9.2 本振频率与接收信号载波频率之差为什么要求小于 30Hz？当接收信号中的调制频率为 1kHz，本振与接收信号频率之差为 500Hz 时，接收机输出会发生什么变化？请用实验说明。

8.9.3 试设计一自动增益控制电路，用其控制高频放大级的增益，使高频放大级在输入从 30mV 上升到 300mV 时，其输出的变化小于 6dB。

第 9 章　综合性电子线路应用设计

内容提要　本章介绍了 3 个综合性电子线路系统设计课题，这些课题仅给出了电路系统的功能与技术指标的要求，还给出了系统的组成框图，对难度较大的电路设计方法加以说明，要求读者通过自学完成整机电路的设计与装调。

9.1　集成电路锁相环及其应用电路设计

学习要求　了解数字锁相环 CC4046、高频模拟锁相环 NE564、低频锁相环 NE567 等集成电路锁相环的基本原理；学会锁相环的捕捉带、同步带及压控振荡器的控制特性等主要参数的测试方法；掌握用集成电路锁相环构成的锁相倍频、频率合成、FM 调制解调、FSK 调制解调及双音多频译码等现代通信中广泛应用的电路的设计与调试。

9.1.1　锁相环的基本组成

锁相环 PLL（Phase Lock Loop）的基本组成如图 9.1.1 所示。设输入信号 v_i 的相位为零，相位比较器（PC）的输出 $V_e(t)$也为零，则低通滤波器（LF）的输出信号 $V_d(t)=0$，压控振荡器（VCO）处于自由振荡状态，输出一个振荡频率为 f_V、相位为θ_V的信号。当输入信号 v_i 的相位为θ_i时，θ_i与θ_V通过相位比较器进行比较，输出一个与相位差$\Delta\theta=\theta_i-\theta_V$的大小成比例的误差电压 $V_e(t)$；经低通滤波器滤除 $V_e(t)$中的高频成分，输出一个变化缓慢的控制电压 $V_d(t)$。此电压控制压控振荡器的输出相位，使θ_V向θ_i靠近，直到$\Delta\theta\to0$ 或$\Delta\theta$为常数时，环路才稳定下来，即进入锁定状态。环路锁定时，压控振荡器的输出频率 f_V 与输入信号的频率 f_i 相等，如果f_i是一个高稳定的基准信号，则f_V也具有f_i的稳定度。这就是锁相环的基本工作原理。

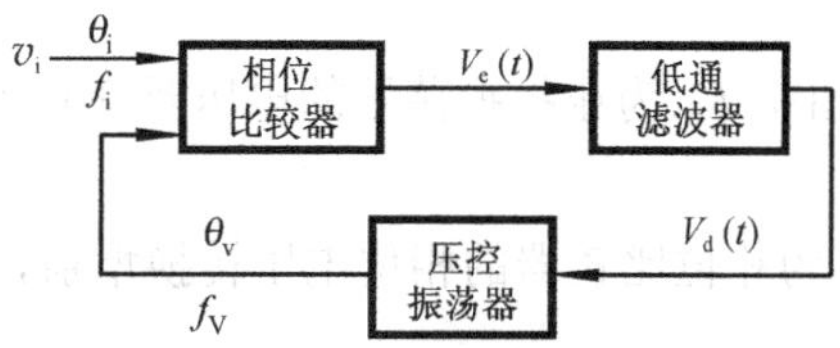

图 9.1.1　锁相环的基本组成

9.1.2　锁相环的主要参数与测试方法

1. 捕捉带Δf_V与同步带Δf_L

当锁相环处于一定的固有振荡频率 f_V，并且当输入信号的频率 f_i 偏离 f_V 上限值 $f_{i\,max}$ 或下限值$f_{i\,min}$时，环路还能进入锁定，则称 $f_{i\,max}-f_{i\,min}=\Delta f_V$ 为捕捉带。

从 PLL 锁定开始，改变输入信号的频率 f_i（向高或向低两个方向变化），直到 PLL 失锁（由锁定到失锁），这段频率范围称为同步带。

捕捉带Δf_V与同步带Δf_L的测量示意图如图 9.1.2 所示。测试步骤如下：

① 将开关 S 置于 0 处，这时频率计应显示 VCO 的固有振荡频率f_V的值。

② 将开关 S 置于 1 处，设信号源的输出电压 V_i=200mV，选择合适的频率 $f_i(f_i>f_V)$，观察 VCO 的输出 f_V 是否变为 f_i，如果 $f_V=f_i$，则说明环路进入锁定状态。再继续增大 f_i，直到环路刚刚失锁时为止，记下此时的频率f_{i1}的值，如图 9.1.3 中的①所示。

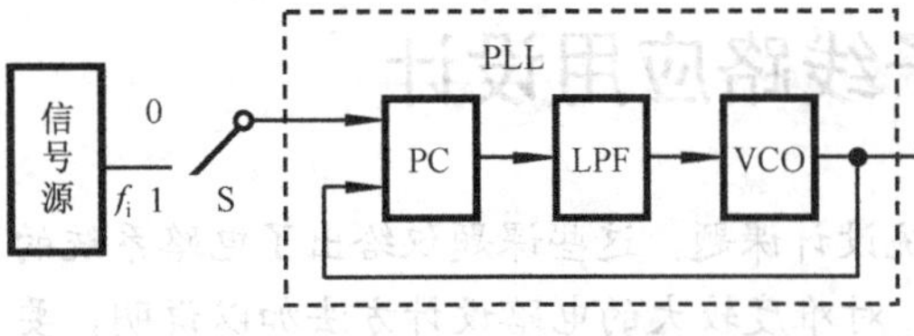

图 9.1.2　捕捉带与同步带的测量示意图

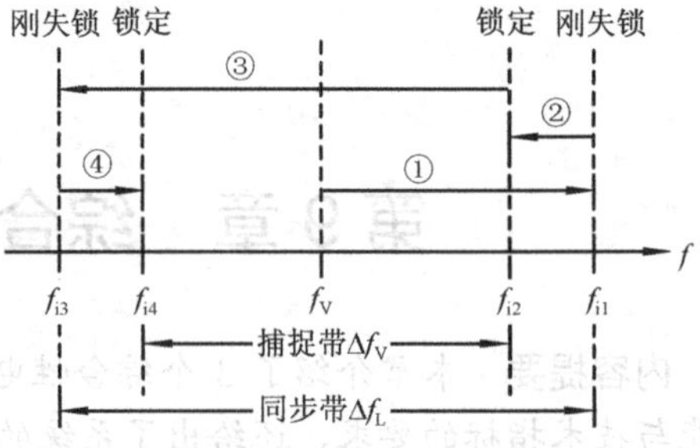

图 9.1.3　捕捉带Δf_V与同步带Δf_L

③ 再减小 f_i 直到环路刚刚锁定为止，记下此时的频率 f_{i2} 的值($f_V = f_{i2}$)，如图 9.1.3 中的②所示。

④ 继续减小 f_i 直到环路再一次刚刚失锁时为止，记下此时的频率 f_{i3} 的值，如图 9.1.3 中的③所示。

⑤ 再增高 f_i 直到环路刚刚进入锁定状态时为止，记下此时的频率 f_{i4} 的值，如图 9.1.3 中的④所示。

由捕捉带Δf_V与同步带Δf_L的定义可得：

$$\Delta f_V = f_{i2} - f_{i4},\quad \Delta f_L = f_{i1} - f_{i3}$$

分析表明，捕捉带$\Delta\omega_V$（或Δf_V）与同步带$\Delta\omega_L$（或Δf_L）的表达式分别为

$$\Delta\omega_V = K_V K_P |F(s)| \tag{9.1.1}$$

$$\Delta\omega_L = K_V K_P \tag{9.1.2}$$

式中，K_V 为压控振荡器的电压频率转换增益，或控制灵敏度，其表达式为

$$K_V = \omega_V(t)/V_d(t) \tag{9.1.3}$$

K_P 为相位比较器的相位电压转换增益，有

$$K_P = V_e(t)/\Delta\theta \tag{9.1.4}$$

$F(s)$为低通滤波器的传递函数，有

$$F(s) = V_d(t)/V_e(t) \tag{9.1.5}$$

通常低通滤波器的$|F(s)|\leqslant 1$，故捕捉带$\Delta\omega_V$通常小于同步带$\Delta\omega_L$，即$\Delta\omega_V \leqslant \Delta\omega_L$。

2. 压控振荡器的控制特性曲线

这是指压控振荡器的瞬时振荡频率$\omega_V(t)$与控制电压 $V_d(t)$的关系曲线，如图 9.1.4 所示。在一定范围内，$\omega_V(t)$与 $V_d(t)$呈线性关系，可表示为

$$\omega_V(t) = \omega_V + K_V V_d(t) \tag{9.1.6}$$

由图可见，式(9.1.6)中的电压频率转换增益 K_V 就是特性曲线的斜率。当 $V_d(t)=0$ 时，压控振荡器的固有振荡频率为ω_V。

压控振荡器特性曲线的测试原理如图 9.1.1 所示。其测量步骤如下：

① 将 VCO 的输入、输出与环路断开。

② 使直流控制电压 $V_d=0$，测量压控振荡器的固有振荡频率ω_V或f_V，这时ω_V或f_V的值由 VCO 的外接定时电阻与电容决定。

③ 使 V_d 由零逐渐增大，直到线性区的临界值（注意更换 VCO 的外接定时电阻与电容）为止，测量与 VCO 对应的

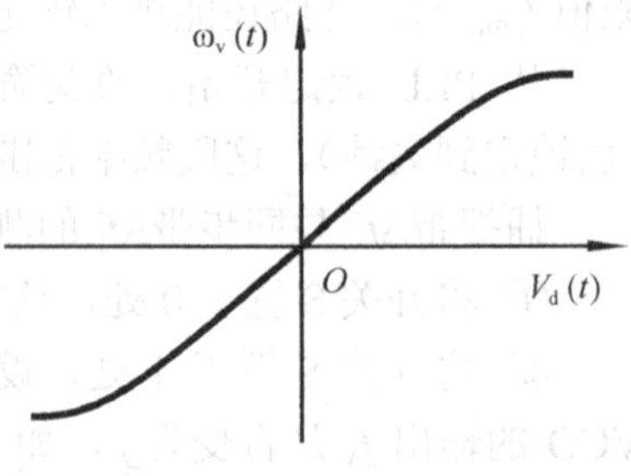

图 9.1.4　VCO 的控制特性曲线

输出频率ω_V或f_V（以表格形式记录V_d与ω_V或f_V的对应值，临界值附近应增加测试点）。

④ 接入负直流控制电压V_d重复步骤③。

⑤ 根据记录的实验数据，绘制 VCO 的控制特性曲线，确定V_d与ω_V或f_V的线性范围并求斜率K_V。

注意 VCO 的固有振荡频率ω_V不同，所对应的控制特性曲线的斜率K_V也不同；VCO 的控制电压V_d不宜超过 PLL 的电源电压。

9.1.3 数字锁相环 CC4046 及其应用电路设计

数字锁相环 CC4046 采用了 CMOS 工艺，其内部结构如图 9.1.5（a）所示。其中，放大器A_1对输入信号v_i进行放大和整形。相位比较器（鉴相器）PC_1仅由异或门构成，它要求两个相比较的输入信号必须各自是占空比为 50%的方波；PC_2是由边沿触发器构成的数字相位比较器，仅在两个相比较的输入信号的上升沿起作用，与输入信号的占空比无关。PC_1具有鉴频/鉴相功能，相位锁定时，②脚输出高电平。VCO 是由一系列门电路和镜像恒流源电路构成的 RC 振荡器，输出占空比为 50%的方波，固有振荡频率f_V由外接定时电阻R_1、R_2及定时电容C_t决定。通常情况下，$R_2=\infty$ (开路)，当电源电压V_{DD}一定时，f_V与R_1、C_t的关系曲线如图 9.1.6 所示。R_3、R_4（通常R_4大于R_3）与C_2组成一阶低通滤波器（比例型），滤除相位比较器输出的杂波。滤波器的截止角频率

$$\omega = \frac{1}{(R_3 + R_4)C_2} \tag{9.1.7}$$

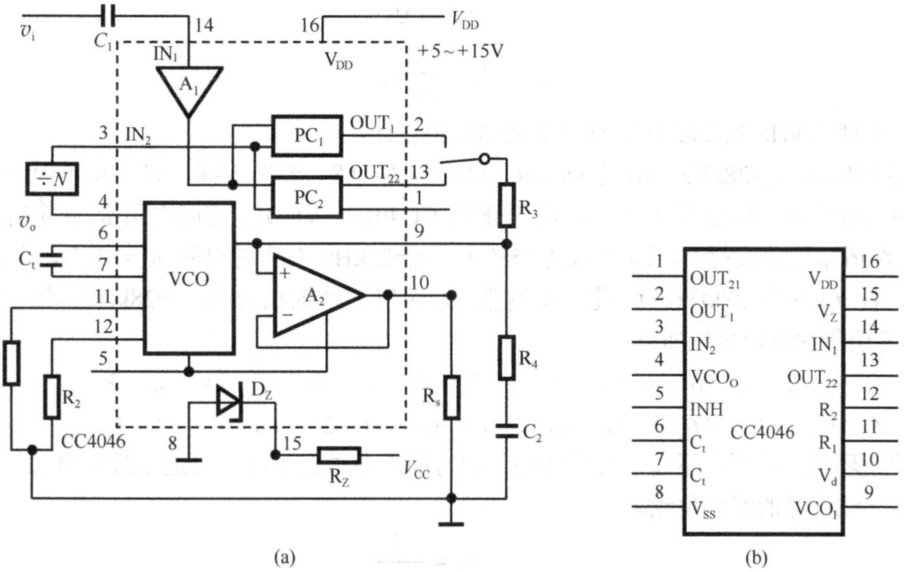

图 9.1.5 CC4046 的内部结构和引脚图

ω的高低对环路的入锁时间、系统的稳定性与频率响应等都有一定影响。通常情况下，ω越低，环路入锁的时间越快，环路带宽越窄，环路总增益越低，消除相位抖动的能力越差。因此，要根据应用时的具体要求选择ω。滤波后产生的直流误差电压V_d控制对电容C_t的充电速率，即控制 VCO 的振荡频率f_V。VCO 的最高工作频率与电源电压V_{DD}有关，当电源电压V_{DD}为+5V 时，CC4046 的最高工作频率小于 0.6MHz。当电源电压V_{DD}为+12V 时，CC4046 的最高工作频率可达到 1MHz。A_2为输出缓冲器，只有当使能端 INH=0 时，VCO 和A_2才有输出，

通常情况下，⑤脚接地。稳压管 D_Z 提供 5V 的稳定电压，可作为 TTL 电路的辅助电源。数字锁相环 CC4046 的基本应用电路设计如下。

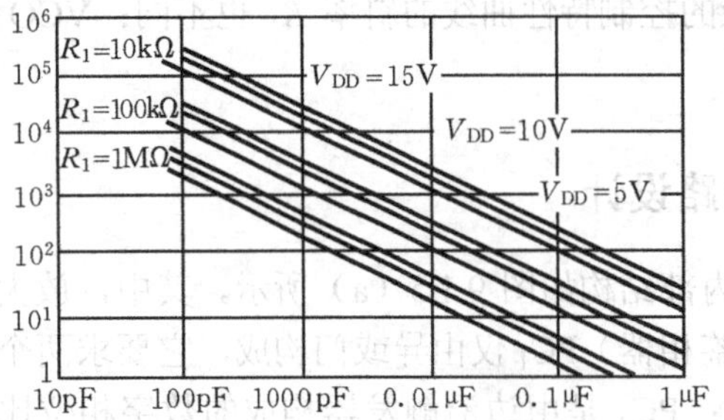

图 9.1.6　$R_2=\infty$，f_V 与 R_1、C_t 的关系曲线

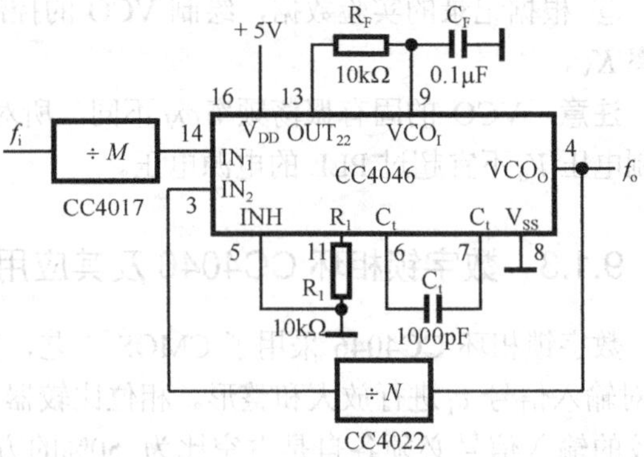

图 9.1.7　锁相倍（分）频电路

1. 锁相倍（分）频

锁相倍（分）频是将一种频率变换为另一种频率，例如，将 35kHz 的频率变换为 28kHz，或者相反。显然，用前面所学的分频或倍频电路，是无法实现的。但用锁相环则很容易实现。图 9.1.7 为用 CC4046 实现任意数字倍频或分频的电路。其中，÷*M* 和÷*N*是两个分频比分别为 *M*和 *N*的分频器。当 CC4046 工作在锁定状态时，则有

$$\frac{f_i}{M}=\frac{f_o}{N} \tag{9.1.8}$$

故

$$f_o=\frac{N}{M}f_i \tag{9.1.9}$$

例　实现 35kHz 到 28kHz 的频率变换的电路设计。

令 f_i=35kHz，f_o=28kHz，由式（9.1.9）可得 N/M=0.8。若选 N=8，M=10，则可分别采用八进制计数/分配器 CC4022 和十进制计数/分配器 CC4017。VCO 的定时电阻 R_1 和定时电容 C_t 可由图 9.1.6 所示的曲线得到，即 V_{DD} 为+5V 时，f_o=28kHz 对应的电阻 R_1=10kΩ，电容 C_t 约为 1000pF。若 f_o 不为 28kHz，可进一步调整 C_t 的值，使输出频率 f_o=28kHz。锁定时，测得 CC4046 各引脚的直流电压如下：

引脚	①	②	③	④	⑤	⑥	⑦	⑧	⑨	⑩	⑪	⑫	⑬	⑭	⑮	⑯
电压/V	4.9	0	1.2	3.6	0	0.8	0.8	0	1.8	0.1	0.6	2.5	1.8	0.1	4.7	5

此锁相环的工作频率不高，对环路的入锁时间的要求也不高，可选用最简单的一阶 RC 低通滤波器，滤波器的截止角频率

$$\omega_c=\frac{1}{R_F C_F} \tag{9.1.10}$$

取 R_F=10kΩ，C_F=0.1μF 时，系统比较稳定，⑨脚的杂波较小。

2. 频率合成

晶体振荡器能产生稳定度很高的固定频率。若要改变频率则需要更换晶振。LC 振荡器改换频率虽很方便，但频率稳定度较低。用锁相环实现的频率合成器，既有频率稳定度高又有改换频率方便的优点。即用一个高稳定的晶振，可产生许多稳定度与晶振相同的频率，在现代通信中获得广泛应用。频率合成器的主要性能指标[3]有：

频率范围　指频率合成器的工作频率范围，该工作频率范围可分为若干个频段，一般视用

途而定。在规定的频率范围内，任何指定的频率点上，频率合成器都能工作，且满足性能指标要求。

频率间隔 频率合成器的输出频谱是不连续的。两个相邻频率之间的最小间隔称为频率间隔。

波道数 指频率合成器所能提供的频率点数。

频率转换时间 指频率转换后达到稳定工作所需要的时间。

频率稳定度与准确度 频率稳定度是指在规定的时间间隔内合成器的频率偏离规定值的数值；频率准确度则是指实际工作频率偏离规定值的数值，即频率误差。

图 9.1.8 为 CC4046 组成的频率合成器电路。其中，晶振 J_T 与 74LS04 组成晶体振荡器，提供 32kHz 的基准频率；74LS90 组成÷M 分频电路，改变开关 S 的位置，即改变分频比 M，同时也改变了频率间隔 f_R/M；74LS191 组成可置数的÷N 分频电路，改变数据输入端 $D_0D_1D_2D_3$ 的状态，即改变分频比 N 或波道数。

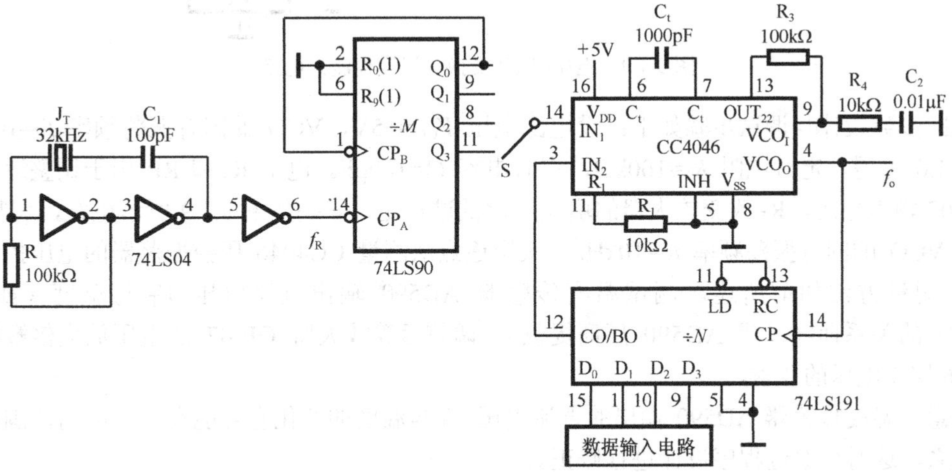

图 9.1.8 CC4046 组成的频率合成器

例 设 M=2，则频率间隔为 f_R/M=16kHz。当

$D_3D_2D_1D_0$=0000 时，N=16，f_o=256kHz；

$D_3D_2D_1D_0$=0001 时，N=15，f_o=240kHz；

⋮

$D_3D_2D_1D_0$=1111 时，N=1，f_o=16kHz。

由此可见，此时合成器输出的频率范围为 16~256kHz，共有 16 种频率，两相邻频率间的间隔为 16kHz。若 M=4，则频率间隔为 8kHz，频率范围为 8~128kHz。如图 9.1.8 所示，合成器能提供 4×16=64 种不同的频率值。如果采用逻辑电路控制开关 S 及数据输入电路，则合成器可以自动输出各种频率。合成器的频率转换时间主要由÷M 和÷N 这两个分频器的速度所决定。合成器的频率范围受锁相环器件的最高工作频率的限制，在实际应用中需要考虑在此频率范围内，任何指定的频率点上合成器都能工作，且满足性能指标要求。显然，在不同频段可能还要改变定时电阻 R_1、定时电容 C_t 及低通滤波器中 R_3、R_4、C_2 的值，以使压控振荡器能够入锁和同步。

3. 电压–频率变换

用锁相环实现电压–频率变换（又称 FM 调频）或频率–电压变换（又称 FM 解调）的方法在信号检测、现代通信中获得广泛应用。根据压控振荡器的原理，在锁相环的输入端或 VCO 的电压控制端加一直流电压，则 VCO 的输出频率会随着输入信号瞬时电压值而变化，从而实现了电压–频率变换，反之亦然。

图 9.1.9 为一温度检测电路。电路工作原理是：温度传感器 AD590（−50°C~125°C）输出线性直流电压 V_T，经精密运算放大器 OP-07 线性放大，从 CC4046 的⑨脚输入，作为 VCO 的控制电压，则④脚输出与该控制电压的大小相对应的频率值。因此，VCO 的输出频率 f_o 与温度传感器的直流电压 V_T 成线性关系。若④脚接单片机接口电路，编写相应的数据采集和控制程序，即可实现温度的自动检测与控制。

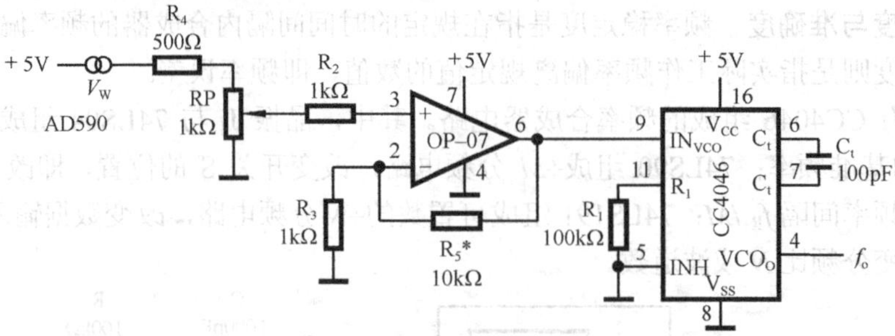

图 9.1.9　电压−频率变换（温度检测）电路

电路参数设计与调试步骤如下：设电源电压 V_{CC}=+5V，VCO 的固有振荡频率 f_V=10kHz。由图 9.1.6 可得，定时电阻 R_1=100kΩ，定时电容 C_t=100pF。电阻 R_4 和 RP 用于调整运算放大器 OP-07 输入电压，R_5 改变放大器的增益。调试过程是，安装如图 9.1.9 所示电路，调整 R_1、C_t，使 VCO 的固有振荡频率 f_V=10kHz。采用逐点法测量 CC4046 压控振荡器的电压控制曲线 V_d–f_V，测量方法如前所述。测试温度传感器 AD590 输出直流电压 V_T 与温度（如 30℃~100℃）的关系曲线（或 AD590 厂商提供）。调整运算放大器 OP-07 的电压放大倍数以满足 CC4046 控制电压的要求。

注意　温度传感器 AD590 输出的直流电压 V_T 与温度的变化有可能在某一应用范围内不呈线性关系，这时可通过程序设计进行修正。

CC4046 在 FM 调制/解调及 FSK 调制/解调中获得广泛应用，请读者参考下面的 9.1.3 节。

9.1.4　高频模拟锁相环 NE564 及其应用电路设计

高频模拟锁相环 NE564 的最高工作频率可达到 50MHz，采用+5V 单电源供电，特别适用于高速数字通信中 FM 调频信号及 FSK 移频键控信号的调制和解调，无须外接复杂的滤波器。NE564 采用双极性工艺，其内部组成框图如图 9.1.10 所示。其中，A_1 为限幅器，可抑制 FM 调频信号的寄生调幅；相位比较器（鉴相器）PC 的内部含有限幅放大器，以提高对 AM 调幅信号的抗干扰能力；外接电容 C_3、C_4 组成低通滤波器，用来滤除比较器输出的直流误差

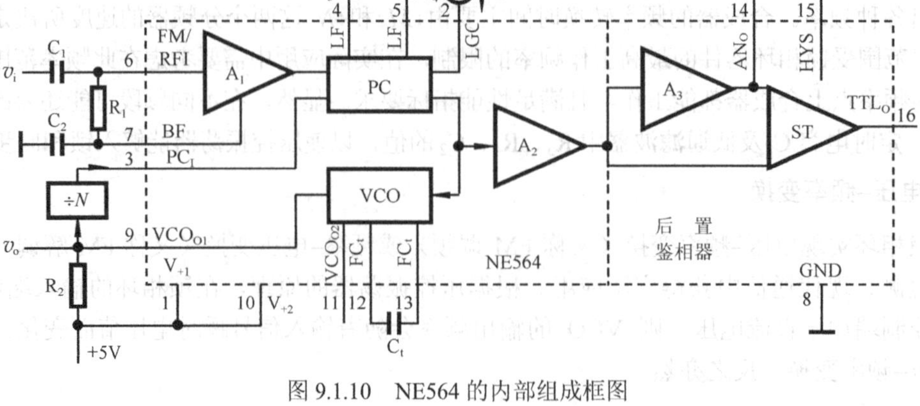

图 9.1.10　NE564 的内部组成框图

电压中的纹波；改变引脚②的输入电流可改变环路增益；VCO 的内部接有固定电阻 R（R=100Ω），只需外接一个定时电容 C_t 就可产生振荡，振荡频率 f_V 与 C_t 的关系曲线如图 9.1.11 所示。VCO 有两个电压输出端，其中，VCO_{O1} 输出 TTL 电平；VCO_{O2} 输出 ECL 电平。后置鉴相器由单位增益跨导放大器 A_3 和施密特触发器 ST 组成。其中，A_3 提供解调 FSK 信号时的补偿直流电平及用作线性解调 FM 信号时的后置鉴相滤波器；ST 的回差电压可通过⑮脚外接直流电压进行调整，以消除输出信号 TTL_O 的相位抖动。NE564 的主要应用电路设计如下。

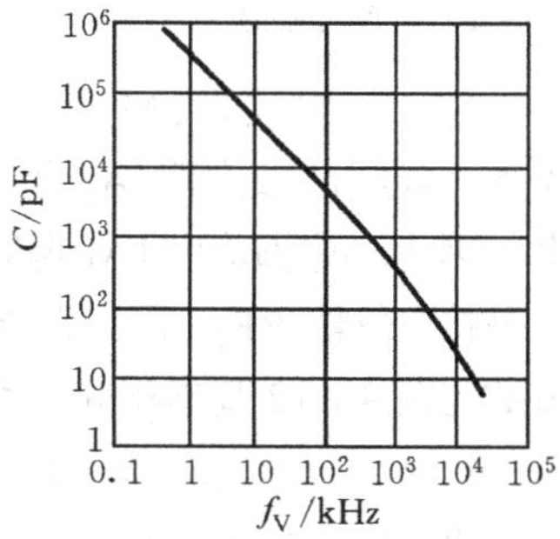

图 9.1.11　f_V 与 C_t 的关系曲线

1. FM 解调

NE564 组成的 FM 解调电路如图 9.1.12 所示。已知输入 FM 调频信号的电压 V_i≥200mV，中心频率 f_0=5MHz，调制信号的频率 f_Ω=1kHz，频率偏移Δf 大于中心频率 f_0 的百分之一。要求 NE564 解调后，⑨脚输出 f_0=5MHz 的载波信号，⑭脚输出 f_Ω=1kHz 的调制信号。元件参数设计如下。

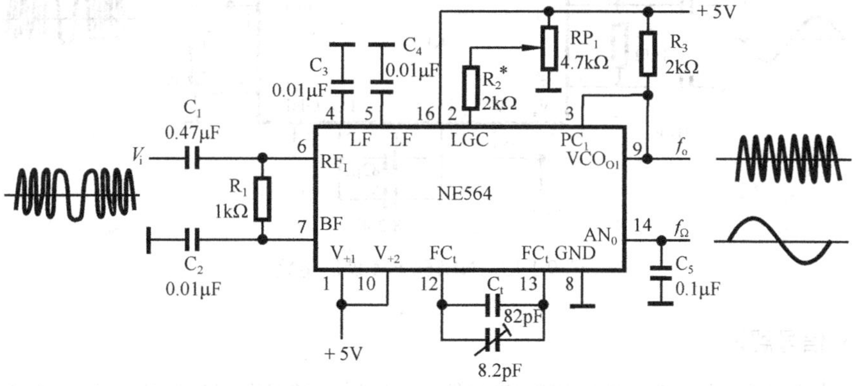

图 9.1.12　采用 NE564 组成的 FM 解调电路

C_1 是输入耦合电容，R_1、C_2 组成差分放大器 A_1 的输入偏置电路滤波器，可滤除 FM 信号中的杂波，其值与中心频率 f_0 及杂波的幅度有关。R_2（包含电位器 RP_1）对引脚②提供输入电流 I_2，可控制环路增益和压控振荡器的锁定范围，R_2 与电流 I_2 的关系[2]可表示为

$$R_2 = \frac{V_{CC} - 1.3V}{I_2} \tag{9.1.11}$$

I_2 一般为几百微安。调整时，可先设 I_2 的初值为 100μA，待环路锁定后再调节电位器 RP_1 使环路增益和压控振荡器的锁定范围达到最佳值。R_3 是压控振荡器输出端必须接的上拉电阻，一般为几千欧姆。C_3、C_4 与内部两个对应电阻（阻值 R=1.3kΩ）分别组成一阶 RC 低通滤波器，其截止角频率

$$\omega_C = \frac{1}{RC_3} \tag{9.1.12}$$

滤波器的性能对环路入锁时间的快慢有一定影响，可根据要求改变 C_3、C_4 的值。压控振荡器的固有振荡频率 f_V 与定时电容 C_t 的关系[2]可表示为

$$C_t \approx \frac{1}{2200 f_V} \tag{9.1.13}$$

已知 f_V=5MHz，则 C_t=90pF（可取标称值 82pF 与 8.2pF 并联）。C_5 用来滤除解调输出信号 1kHz 中的谐波成分，如果谐波的幅度较大，还可采用 RC 组成的π形滤波网络，调整 R 的值，滤波效果比较明显。如果⑨脚输出的载波上叠加有寄生调幅，则可在电源端接入 LC

滤波网络。

2．FM 调制

NE564 组成的 FM 调频电路如图 9.1.13 所示。1kHz 的调制信号（电压 $V_i \geq 200mV$）从⑥脚输入，经缓冲放大器 A_1 及相位比较器 PC 中的放大器放大后，直接控制压控振荡器的输出频率，因此，⑨脚输出 FM 调频信号。需要注意的是，这时相位比较器的输出端不再接滤波电容，而是接电位器 RP_2，用于调整环路增益并可细调压控振荡器的固有频率 f_V。若 f_V=5MHz，其电路参数与图 9.1.12 基本相同。不加调制信号（V_i=0），NE564 锁定时，各引脚的电压如下：

引脚	①	②	③	④	⑤	⑥	⑦	⑧	⑨	⑩	⑪	⑫	⑬	⑭	⑮	⑯
电压/V	5	1.4	0	3.6	3.8	0.8	0.8	0	0.14	5	3.2	1.8	1.8	2.8	2.3	5

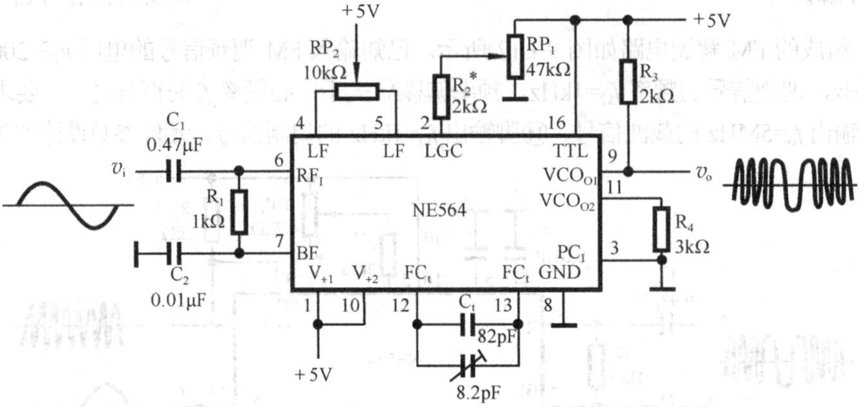

图 9.1.13　NE564 FM 调制电路

3．FSK 信号解调

NE564 特别适用于高速 FSK 移频键控信号的调制与解调，波特率可达到 1Mb/s。NE564 组成的 FSK 解调电路如图 9.1.14 所示。已知输入信号 v_i 的频率 f_i=10.8MHz±1.0MHz，调制方波（或由“0”、“1”组成的矩形波）的频率 f_Ω=500kHz。此时电路内部的工作原理与 FM 解调基本相同，主要区别是解调后的方波 v_o 从⑯脚输出，可提供 TTL 电平。用电阻 R_6 和电位器 RP_2 调整施密特触发器的回差电压，可改善输出方波的波形。R_7 是⑯脚接的上拉电阻，其值增加，也有利于改善输出波形。

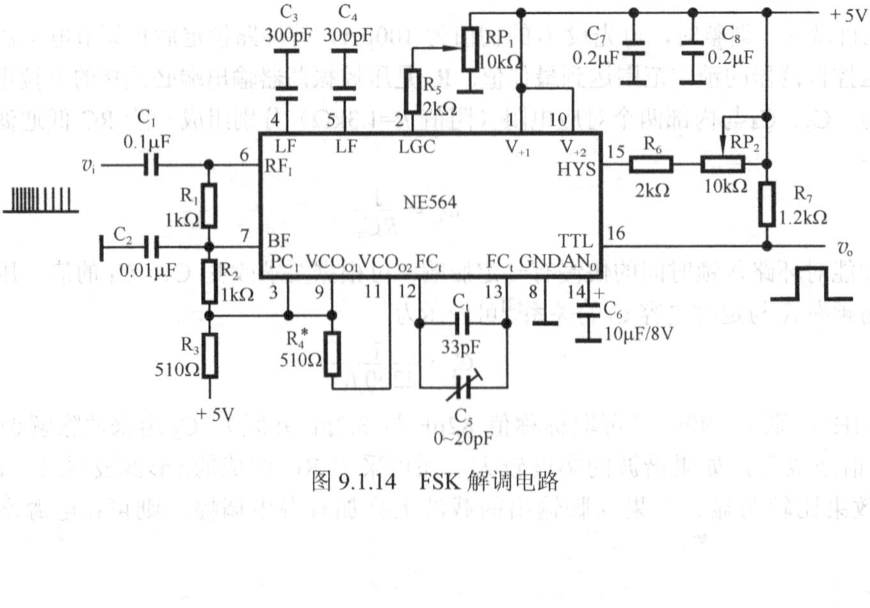

图 9.1.14　FSK 解调电路

该电路设计的关键是：必须使压控振荡器的频率为 9.8~11.8MHz 时，NE564 锁定，这时⑯脚输出才为高电平“1”；超出此范围失锁，则⑯脚输出为低电平“0”。因此，压控振荡器的固有振荡频率 f_V 和捕捉带 Δf_V 必须十分准确。由已知条件可得：压控振荡器的固有振荡频率 f_V=10.8MHz，捕捉带 $\Delta f_V=f_{imax}-f_{imin}$=2.0MHz。由式（9.1.13）得 C_t≈43pF，取 33pF 的固定电容与一可变电容（5~20pF）相并联，以便精确调整固有振荡频率，使 f_V=10.8MHz。由于调制方波的频率较高，因此，低通滤波器的截止角频率 ω_C 也要相应提高，选 C_3 = C_4=300pF。实验中还可通过观测④、⑤脚的输出波形（近似为两个反相的叠加有高频杂波的三角波），调整 C_3、C_4 的值，使波形更为清晰。电容 C_6 的作用是，滤除内部单位增益跨导放大器 A_3 输出的补偿直流电压中的交流成分，因此，对 C_6 的耐压有一定要求，通常取耐压大于电源电压的电解电容，如 C_6=10μF/8V。

在 FSK 调制与解调电路的安装与测试中，因电路工作频率较高，需要注意以下几点：

① 布线要合理，地线尽可能形成环路以屏蔽高频干扰，加强电源滤波。

② 压控振荡器的固有振荡频率必须与载波的中心频率相等，力求测量准确。

③ 精细调节引脚②的输入电流 I_2，以满足捕捉带 Δf_V 的要求。

④ 如果解调输出的波形较差，可增加整形电路，如多级非门，或电压比较器等。

9.1.5 低频锁相环 NE567 及其应用电路设计

NE567 是一个高稳定的低频模拟锁相环，工作频率范围为 0.01Hz~500kHz，特别适合用作低频振荡器和音频译码器。其内部组成如图 9.1.15 所示。其中，电流控制振荡器（CCO）的工作原理与压控振荡器（VCO）没有本质区别，都是受控元件。因 CCO 的集成工艺较 VCO 简单得多，目前在音响设备等专用锁相环集成电路中获得广泛应用。放大器 A_1 的输出电流控制 CCO 的振荡频率。输入信号为零时，CCO 的固有振荡频率 f_V 与定时电阻 R_t、定时电容 C_t 的关系为

$$f_V \approx \frac{1}{1.1R_tC_t} \tag{9.1.14}$$

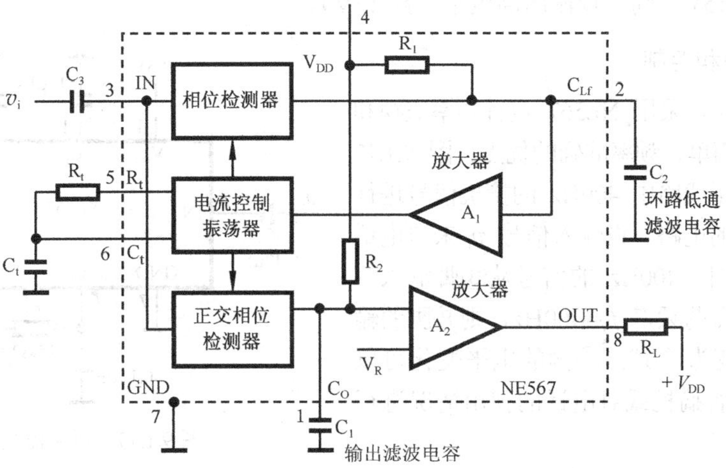

图 9.1.15 NE567 内部组成框图

通常，R_t 的取值在 2~20kΩ范围内较为合适。正交相位检测器用来检测输入信号与 CCO 的输出信号的相位差是否等于 90°，如果是，放大器 A_2 输出为低电平“0”，则说明锁相环已进入锁定状态；否则 A_2 输出为高电平“1”。放大器 A_2 具有功率输出，可通过负载电阻 R_L 提供 100mA 的输出电流。NE567 的电源电压 V_{DD} 的范围为 4.75~9V，输出端电压可达 15V。NE567

的典型应用如下。

1. 精密低频振荡器

精密低频振荡器的电路如图 9.1.16 所示。电路的工作原理是：因③脚不加输入信号，NE564 内部的相位检测器就没有误差电压输出，电流控制振荡器 CCO 则由电源电压 V_{DD} 提供恒定电流对定时电容 C_t 充、放电，从而控制 CCO 内部的电路导通与截止，于是 CCO 工作在自由振荡状态；⑤、⑥脚分别输出方波和三角波，其波形关系如图 9.1.16 所示。振荡频率 f_V 由 R_t、C_t 决定。

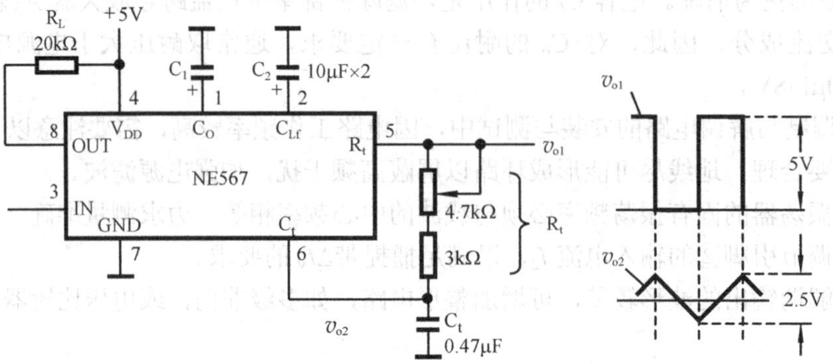

图 9.1.16　精密低频振荡器

例如，要求振荡器的输出频率 f_V=400Hz，由式（9.1.13）可得 $R_tC_t=1/(1.1f_V)$，若取 R_t=5kΩ，则 C_t=0.47μF。在电路调试过程中，将 R_t 用 3kΩ电阻与 4.7kΩ的精密可调电位器相串联，可精确调整输出频率 f_V。此时环路低通滤波器电容 C_2 的作用是对电源进行滤波，一般取电解电容，如 C_2=10μF。

如果将③脚接地，⑧脚经电阻 R_L 接电源电压 V_{DD}，则⑧脚输出的方波与⑤脚相同，但相位差为 90°。因为 CCO 的输出又经过内部的正交相位检测器产生了 90°的相移。此时，①脚应接输出滤波电容 C_1，取 $C_1=2C_2$=10μF 以改善⑧脚的输出波形。R_L 的作用是为⑧脚提供输出电平，若 R_L 接+15V，则⑧脚输出高电平（约 15V）。

2. 频率监视和控制

在通信系统中，采用 NE567 进行频率监视和控制，具有电路简单、频率准确的优点。图 9.1.17 所示的就是对电话线路中 400Hz 的摘机信号进行频率监视和控制的电路。设输入信号 v_i 来自电话线，在电话摘机时，400Hz 的信号从③脚输入，若振荡器的固有振荡频率 f_V=400Hz，则⑧脚的输出电平由“1”变为“0”。⑧脚的电平变化可以用来监视电话是否摘机或对电话的使用情况进行检测。

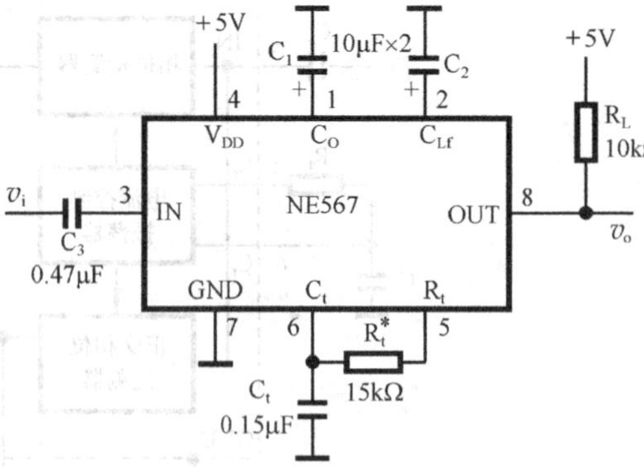

图 9.1.17　频率监视和控制

说明　输入电压 V_i 的有效值大于 20mV 时，环路才能稳定入锁，锁定范围与 V_i、f_V 及滤波电容 C_2 有关。

3. 双音多频译码

目前在通信系统中，双音多频（DTMF）技术获得广泛应用。例如，电话机的音频拨号方式是，当每一个按键按下时，对应着两个不同频率的信号在电话线上传送，如表 9.1.1 所示。

反之，如果要求根据某两个频率确定对应的按键，则需要音频译码电路。

图 9.1.18 所示的电路可对两个频率进行译码，例如，f_1=770Hz，f_2=1336Hz。电路的基本工作原理是：NE567（1）锁定在 f_1 上，NE567（2）锁定在 f_2 上。只有当输入信号中这两个频率同时来到（按键 5 起作用）时，两个 NE567 的输出才均为“0”，经或非门输出为“1”，否则或非门输出为“0”。定时电阻 R_{t1}、R_{t2} 与定时电容 C_{t1}、C_{t2} 的值由式（6.1.14）求出，通常要求输入信号 v_i 的有效值为 100~200mV。目前已经有用于电话的双音多频音调译码器专用集成电路，如 8870 等。

表 12.1.1　双音多频拨号

高音频/Hz 按键 低音频/Hz	1029	1336	1447	1633
697	1	2	3	A
770	4	5	6	B
852	7	8	9	C
941	0	※	#	D

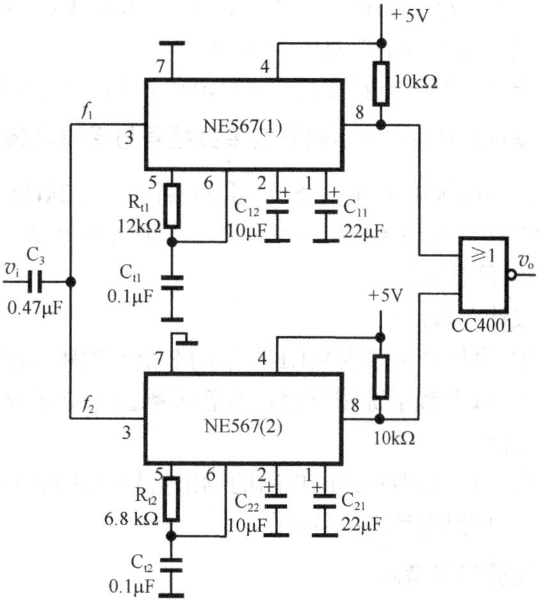

图 9.1.18　双音频译码电路

9.1.6　设计任务

以下 4 个课题可以不受 CC4046、NE564、NE567 的限制。

设计课题 1：频率合成器设计

已知电源电压 V_{DD}=+5V，晶振频率为 1MHz，用 CC4046 设计一频率合成器。

主要技术指标：工作频率范围为 100Hz~100kHz，分为三个频段，即：100Hz~1kHz，频率间隔为 100Hz；1~10kHz，频率间隔为 1kHz；10~100kHz，频率间隔为 10kHz。

测试要求：

① 测量 CC4046 锁定时各引脚的直流电压及 VCO 的控制特性曲线（注明固有振荡频率 f_V 的值），并求特性曲线的斜率 K_V。

② 测量 CC4046 锁相环的捕捉带 Δf_V、同步带 Δf_L。

③ 测量频率合成器的基准频率、工作频率范围、频率间隔及波道数。

④ 频率合成器的功能扩展：实现频率显示，采用逻辑控制电路改变分频系数 M 和 N。

设计课题 2：FM 调频与解调电路设计

已知调制信号的频率 f_Ω=1kHz，用 2 块 NE564 设计一 FM 调制与解调电路。

主要技术指标：载波频率 f_c=6MHz，最大频率偏移 Δf_m=1MHz，调制电路输出的 FM 调频信号的电压 V_o≥200mV：解调电路输出的 FM 解调信号的电压 V_Ω≥1V，载波信号的电压 V_c≥100mV。

设计要求：

① 先设计 FM 调频电路，再用调频电路的输出信号作为 FM 解调电路的输入。

② 测量 NE564 锁相环的捕捉带Δf_V和同步带Δf_L，用频率计和双踪示波器监测环路的锁定与失锁。

③ 测量并观测 NE564 的静态工作点和各引脚的波形。

设计课题 3：FSK 调制与解调电路设计

在 FSK 移频数据传输中，常用多个频率来传送信息。例如，用 f_1=10kHz ± 0.5kHz 表示信息“1”，f_2=20kHz 表示信息“0”。试用 CC4046 设计一 FSK 移频数据传输调制与解调电路，设传送的数字信息码为 0110。

提示 解调电路要用到 CC4046 中的相位比较器 1。

设计课题 4：电话机双音多频拨号与译码电路设计

已知电源电压 V_{DD}=5V，主要器件有：32kHz 晶振、集成电路锁相环（CC4046、NE564、NE567 任选）、3×4 键盘等。设计一个具有 0~9 十个数字按键的电话机双音多频拨号电路和双音多频译码电路。

设计要求：

① 设计产生如表 9.1.1 所示的 8 个音频频率的振荡电路。

② 每个数字键按下时，双音多频拨号电路应输出对应的两个频率的叠加信号，用示波器进行观测。

③ 对双音多频译码电路的输出信号经译码显示电路，显示对应按键的数字。

④ 模拟电话机拨号通信。

实验与思考题

9.1.1 锁相环的捕捉带Δf_V与同步带Δf_L有何区别？实验结果如何？在实验中如何判定锁相环处于锁定和失锁状态？举例说明之。

9.1.2 VCO 的固有振荡频率f_V由哪些参数决定？当f_V改变时，锁相环的捕捉带Δf_V与同步带Δf_L是否也改变？为什么？

9.1.3 电源电压V_{CC}对 VCO 的固有振荡频率f_V有何影响？实验证明之。

9.1.4 数字锁相环 CC4046 的输入信号可否为模拟信号？为什么？在环路锁定时，CC4046 的①脚输出为高电平还是低电平？

9.1.5 CC4046 的定时电阻、定时电容不同时，VCO 的控制灵敏度K_V是否相同？

9.1.6 如何判断与测量 NE564 的锁定与失锁？用实验说明之。

9.1.7 NE564 用于 FM 调频的电路如图 9.1.13 所示，用实验说明 RP_2 的作用。可以将 RP_2 换为图 9.1.12 中的 C_3、C_4 吗？为什么？

9.1.8 观测图 9.1.14 的 FSK 解调电路中，④、⑤及⑯脚的输出波形，改变哪些参数对输出波形有影响？

9.1.9 为什么图 9.1.16 中 NE567 的⑤、⑥脚输出的方波和三角波的幅度和电平不同？

9.1.10 将图 9.1.16 中 NE567 的③脚接地，用示波器观测⑤、⑧脚的波形，有何不同？如果将③脚与⑤脚相连，⑤、⑧脚的波形又有何不同？为什么？

9.2 数字化语音存储与回放系统设计

学习要求 理解语音数字化的基本原理，掌握用中小规模集成电路进行数字化语音采集、存储及回放的设计方法及其调试技术。

9.2.1 系统基本功能及组成框图

数字化语音采集是指将语音声波信号经音频输入接口和音频放大器转换成有一定幅度的模拟信号，然后转换成数字信号的过程（ADC）。通过控制电路，采集到的语音信号就可以存入到存储器。数字化语音回放可以看成是数字化语音采集的逆过程。只要依照原先的采样速率将存储器中的数据经数模转换（DAC）处理，进行功率放大之后就可以使语音重现。

系统的基本功能如下：

- 语音频率范围：人耳能够听到的声音频率范围为 20Hz~20kHz，而一般语音频率位于 300Hz~3.4kHz 之间。
- 语音采样频率：根据奈奎斯特采样准则，采样频率必须大于模拟信号最高频率的两倍。语音频率最高为 3.4kHz，因此语音采样频率可取 8kHz。
- ADC 与 DAC 位宽：均为 8 位。ADC 的位宽决定了信号的采样精度，DAC 的位宽一般与 ADC 的相同。
- 语音存储时间：不少于 4s。语音存储时间的长短取决于存储器的容量，例如存储容量为 32KB 的静态随机存储器（SRAM）可以存储 4.096s（8kHz×8 位×4.096s=32KB）的语音数据。
- 能够回放存储的语音信号，且回放语音质量好。

为了使初学者能够充分了解和掌握数字化语音存储与回放系统的基本原理，系统设计采用中小规模集成电路实现。根据上述功能要求，整个系统由采集部分、回放部分和控制部分组成，其框图如图 9.2.1 所示。

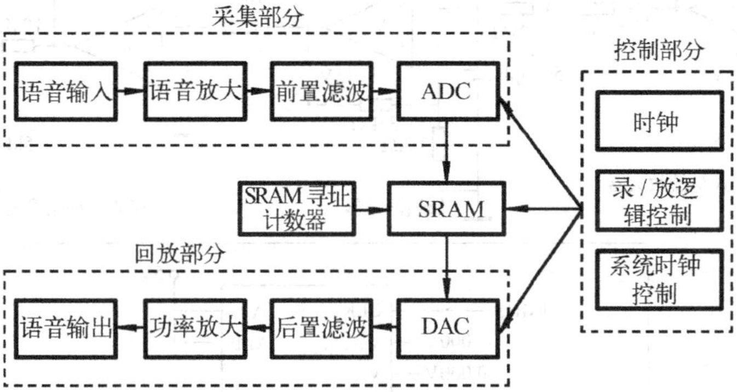

图 9.2.1 数字化语音存储与回放系统组成框图

9.2.2 系统电路设计

依据系统组成框图和功能要求，对系统电路进行设计。

1. 语音采集电路的设计

采集部分包括语音输入、语音放大、前置滤波和 ADC 等电路，其组成框图如图 9.2.2 所示。

图 9.2.2 采集部分 ADC 预处理电路框图

话筒是语音输入的常用设备，它能将人说话的声音转换成微小的电压信号输出，其峰-峰值最大为几十毫伏。话筒的输出阻抗因内部传感器不同而有较大的差异，有的输出阻抗较高

（达 20kΩ），有的较低（如 20Ω、600Ω等）。为了提高整个系统的输入阻抗，用于放大语音的前置放大电路可以采用自举式交流放大器。

在将放大后的语音信号送到 AD 转换电路之前还需要进行低通滤波处理，以便去掉频率高于 3.4kHz 的干扰信号，防止产生采样混叠现象。低通滤波器可采用二阶巴特沃思低通滤波器实现，其上限截止频率可以略高于 3.4kHz，这里取 4kHz。

根据系统功能要求，ADC 采样率为 8kHz，采样位宽为 8 位，可以选用 ADC0809 进行设计。ADC0809 所允许的最大采样速率为 10kHz，转换时间约为 100μs，故能满足设计要求。由于 ADC0809 的模拟输入信号范围为 0~5V，所以语音放大器输出信号的峰-峰值应该不大于 5V，同时还要将该信号的直流电平进行抬升，使之变成能被 ADC 芯片接受的单极性信号。由于滤波器输出信号的直流电平为 0，信号有正有负，故需要将信号的直流电平从 0 抬升至 2.5V，即 ADC0809 的模拟输入信号范围的中点。直流电平抬升可采用一个反相加法器和一个反相放大器级联实现。

ADC0809 可以分时对 8 个模拟输入通道进行采样，这 8 个通道通过 3 根地址线（ADD_A，ADD_B,ADD_C）译码进行选择。ADC0809 的 ALE 是地址锁存允许信号，START 是 AD 开始转换的启动控制信号，EOC 是转换结束的标志信号（高电平有效），OE 是允许输出的信号（高电平有效）。ADC 转换需要有控制电路参与，经过 AD 转换后，模拟的语音信号就变成了数字语音信号。

经过上述分析，可以得到如图 9.2.3 所示采集部分的原理电路图。

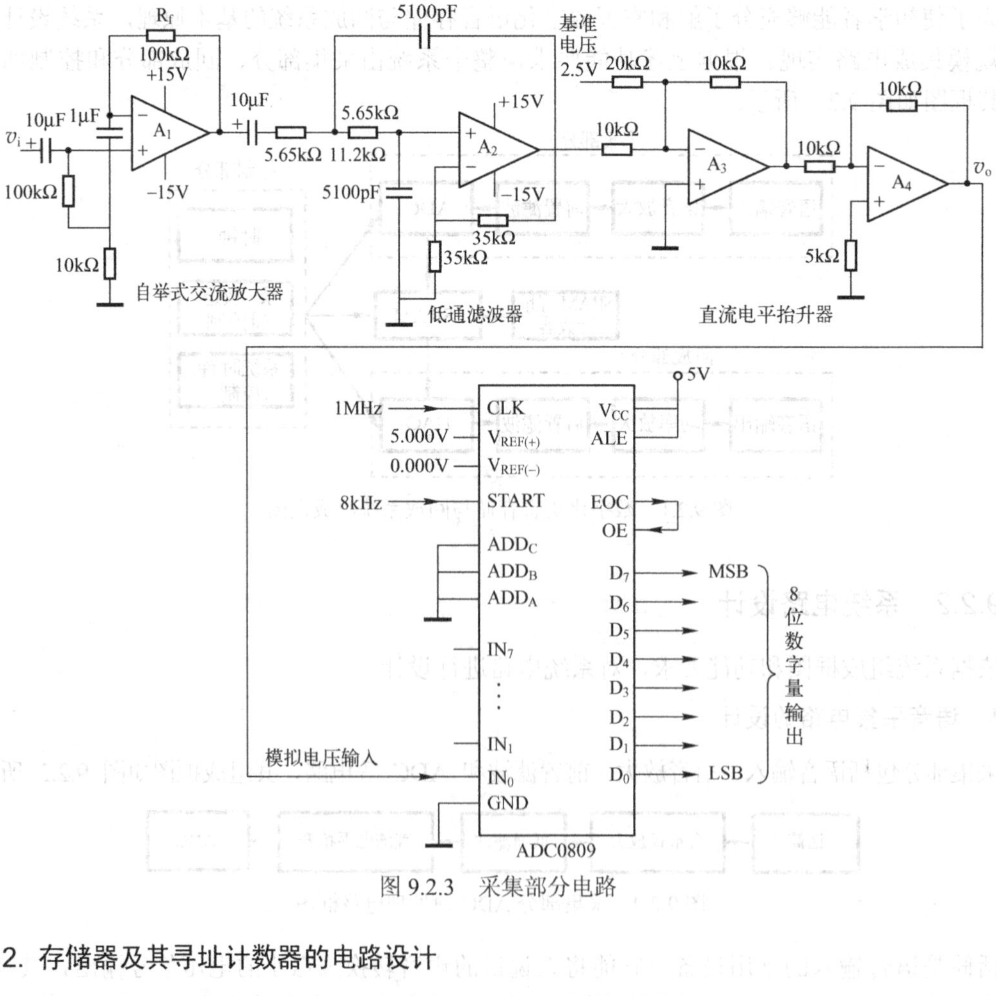

图 9.2.3　采集部分电路

2. 存储器及其寻址计数器的电路设计

采集到的语音数据将写入到 SRAM 中进行保存，对于采样率一定的 AD 转换系统来说，

SRAM 的存储容量与存储时间成正比。用 8 位的并行 AD 转换器，以 8kHz 的采样率对 4.096 秒的连续语音信号进行采样，将获得音频信号的 32768 个（4.096 秒×8kHz×8 位）连续样本数据，需要存储器的最小容量为 32KB。为保持一定的冗余，可以选用存储容量为 128KB 的 HM628128 芯片进行设计。

容量为 128KB 的 HM628128 芯片的地址空间范围为 0~131071，即 131072 个存储单元。要对该 SRAM 芯片进行写入或读出操作，就必须设计一个寻址计数器。图 9.2.4 所示电路是用常见的 74LS193 芯片构成的寻址计数器，该计数器能在 0~131071 之间循环计数，当计数器计数到 131072 时自动异步清零。将计数器的输出端与 SRAM 芯片的 17 根地址线（A_{16}~A_0）连接起来，它就能对每一个存储器单元进行寻址。

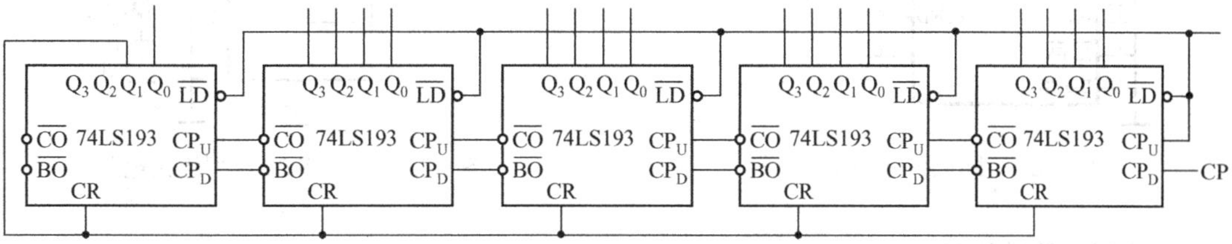

图 9.2.4　SRAM 寻址计数器电路

电路采用串行进位方式级联。图中，$\overline{CO}$ 是加计数器进位输出端，当计数到最大计数值时，$\overline{CO}$ 产生一个低电平信号（平时为高电平）；$\overline{BO}$ 为减计数器借位输出端，当减计数到 0 时，$\overline{BO}$ 产生一个低电平信号（平时为高电平），$\overline{CO}$ 和 $\overline{BO}$ 低电平脉冲宽度等于时钟脉冲低电平宽度。电路的详细工作原理，请读者自行分析。

3. 回放电路的设计

回放部分是采集部分的逆过程，其组成框图如图 9.2.5 所示。它包括 DAC、低通滤波器、功率放大和语音输出等电路。DAC 将存储器输出的数字语音信号转换为一个阶梯状的模拟语音信号输出，由于输出信号中含有高频成分，用低通滤波器对该信号滤波后将会得到比较平滑的模拟语音信号。最后，经过音频功率放大器放大后，能够驱动扬声器。

图 9.2.5　回放部分电路框图

DAC 可以选用 8 位并行的 DAC0832 芯片。DAC0832 内部有两个数据锁存器，在 $\overline{CS}$、ILE、$\overline{WR1}$、$\overline{WR2}$ 和 $\overline{XFER}$ 信号的控制下，可以组成双缓冲、单缓冲（只控制其中一个锁存器锁存数据）和直通三种工作方式。DAC0832 直通工作方式的连接图如图 9.2.6 所示，内部的两个锁存器均处于常通状态，锁存器输出跟随输入的数字量变化，D/A 转换器的输出亦随之变化。由于 DAC0832 是电流输出型器件，在它的后面接入一个由运放 A_1 构成的反相比例运算电路（反馈电阻使用 DAC 芯片内部的电阻），可以将电流信号转换为单极性的电压信号输出，其输出电压的大小由式(9.2.1)决定（N_B 为输入数字量的大小）。

$$v_{O1} = -\frac{V_{REF}}{2^8} N_B \qquad (9.2.1)$$

对于上式，当 $N_B = 0$ 时，$v_{O2} = -V_{REF}$；当 $N_B = 2^7 = 128$ 时，$v_{O2} = 0$；若取 $V_{REF} = 5V$，则 $v_{O1} = (0 \sim -5V)$。

低通滤波器电路可以参见采集部分电路设计。

为了驱动功率比较大的输出设备，采用专用音频功率放大器 TDA2822 对滤波后的信号进行放大，其典型电路连接如图 9.2.7 所示。其中电位器 RP 用于调节音量的大小。

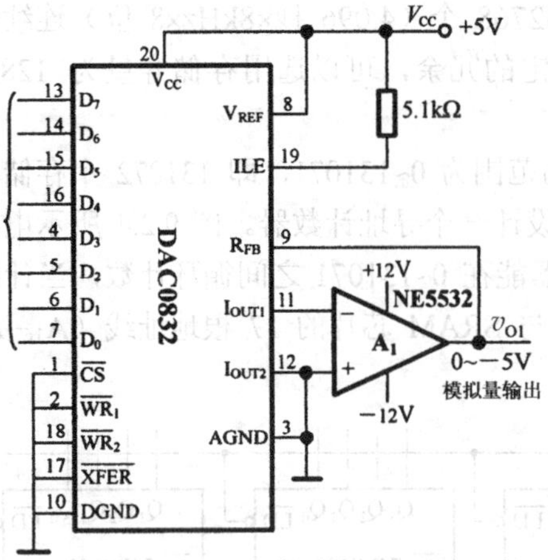

图 9.2.6 回放部分 DAC 电路

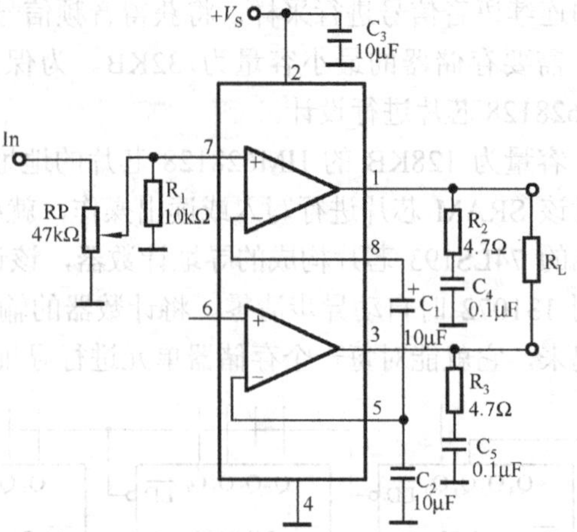

图 9.2.7 TDA2822 典型连接电路

4. 控制电路的设计

在控制电路的作用下，各个独立的功能模块彼此之间能协同工作，从而构成一个完整的系统，因此，控制电路是整个系统的核心。控制电路要完成的主要功能包括录音、放音和暂停，由录/放逻辑控制电路、时钟电路及其控制电路组成。

录/放逻辑控制电路如图 9.2.8 所示。作为电路的控制输入，录音按键和播放按键需要使用 RS 触发器去除按键的抖动，根据后部电路的逻辑需求，录音按键按下时应该产生正脉冲，播放按键按下时应产生负脉冲。计数器进位脉冲为寻址计数器计数到 2^{17} 时产生的进位脉冲，且为正脉冲。

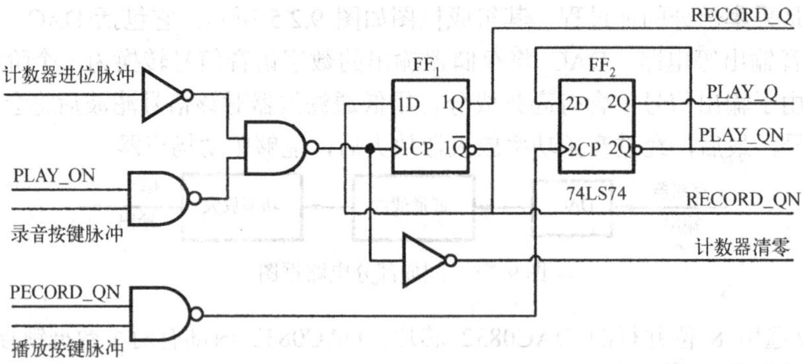

图 9.2.8 录/放控制逻辑电路

输出的四路控制电平信号状态如表 9.2.1 所示。

当处于录音状态时，RECORD_QN 为“0”，播放按键脉冲无效，录音按键脉冲有效；

当处于播放状态时，PLAY_QN 为“0”，录音按键脉冲无效，播放按键脉冲有效；

当处于停止状态时，录音按键脉冲与播放按键脉冲均有效。

表 9.2.1 控制电平信号状态

输出信号	停止状态	录音状态	播放状态
RECORD_Q	0	1	0
RECORD_QN	1	0	1
PLAY_Q	0	0	1
PLAY_QN	1	1	0

时钟电路可以采用 555 组成的多谐振荡器，输出频率为 8kHz 的时钟信号。具体的电路设计过程可以参照本书 5.4 节。

时钟控制电路如图 9.2.9 所示。当电路处于录音或播放状态时，8kHz 时钟信号均能送入寻址计数器。另外，当电路处于录音状态时（即 RECORD_Q＝1，RECORD_QN＝0），需要启动 ADC 电路工作，这里使用 8kHz 的时钟信号作为 ADC0809 的启动（START）信号。为了满足 ADC 芯片的转换时间，即在一个时钟周期内，低电平持续时间必须大于等于 100μs。这里将 8kHz 时钟信号反相后，送入 ADC0809 的 START 端口。

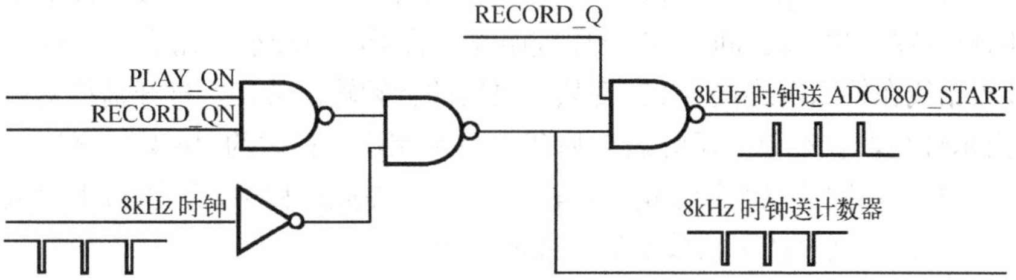

图 9.2.9　时钟控制电路

最后，ADC、SRAM、DAC 控制电路如图 9.2.10 所示。

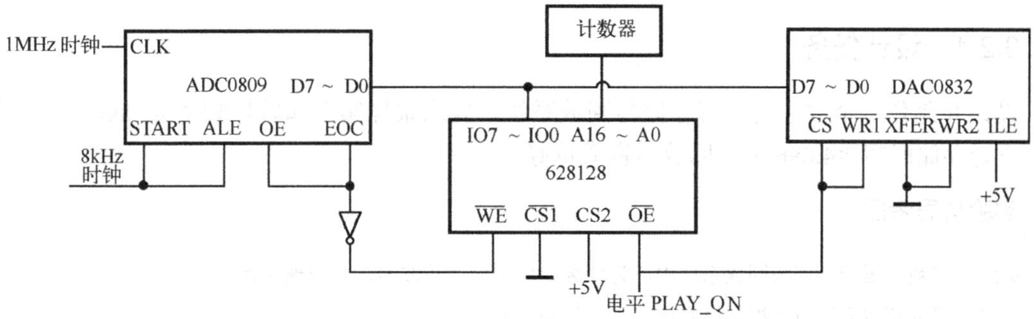

图 9.2.10　ADC、SRAM、DAC 控制电路

其中，ADC0809 的时钟由 1MHz 的有源晶振提供，输入到 CLK 端口，为 AD 转换的时钟。START 和 ALE 端口输入 AD 采样速率所需的 8kHz 信号。当一次采样转换完成后，EOC 由低电平转换为高电平，接到 OE 端口，打开三态输出锁存缓冲器。当系统处于播放状态时，8kHz 时钟停止输入，AD 采样停止。

RAM628128 的 17 根地址线 A_{16}～A_0 接计数器，以控制 RAM 内地址的选择。其写使能 $\overline{WE}$ 接 ADC0809 的 EOC 的反，当一次采样转换完成后，EOC 的反由高电平转换为低电平，写使能 $\overline{WE}$ 有效，RAM 从 IO_7～IO_0 读入八位数据并存入相应地址空间。

当系统处于播放状态时，写使能 $\overline{WE}$ 始终为高，无效。读使能 $\overline{OE}$ 接控制电平 PLAY_QN，为低电平，有效。此时，RAM 根据地址线 A_{16}～A_0 对应的地址读取数据并送到 IO_7～IO_0 端口。读取速率由计数器控制。

当系统处于录音状态时，控制电平 PLAY_QN 为高，CS 和 WR_1 无效，输入缓冲区关闭。

当系统处于播放状态时，控制电平 PLAY_QN 为低，CS 和 WR_1 有效，输入缓冲区导通，从数据线 D_7-D_0 读取八位数据，转换为模拟信号输出。

9.2.3　系统安装与测试技术

1. 单音频信号测试

用信号发生器输入单音频信号，负载端接阻值为 10Ω 的大功率电阻，用示波器观察输出波形，当输入为 1kHz 单音频信号的正弦波时，输出也为正弦波，几乎没有失真。调节音量控制级的可变电位器，可以看到输出正弦波的幅值有明显的变化。

2. 用数据线、耳机（喇叭）进行试音

① 用函数发生器输入频率在 4kHz 以下的单音频信号，可以听到比较纯净的单频音，频率较低时声音比较沉闷；频率较高时，声音比较明亮。背景噪声较小，几乎无影响。

② 通过数据线在输入端连接 MP3 音频播放器的音频输出端口，打开播放器，同时按下录音键，红色指示灯亮，在红色指示灯熄灭后代表录音完毕，计时约 16.4s；再按下播放键，绿色指示灯亮，不断循环回放已经录下的 16.4s 的音频，在此过程中，再次按下播放键，绿色指示灯灭，播放暂停；下次再按下播放键后，播放继续。

以上为系统的状态转换与显示，实际的录音/播放效果的测试为：在输出端可以听到清晰的声音，与输入端差别甚微；当调节音量控制级的可变电位器时，能够在较宽的范围之内调节音量，效果较好。

9.2.4 设计任务

设计并制作一个数字化语音存储与回放系统，要求采样频率和转换频率为 8kHz，字长 8 位，语音存储时间≥4.096 秒，回放语音质量好。

实验与思考题

9.2.1 在数字语音存储与回放系统中，为什么要使用低通滤波器，其原理是什么？

9.2.2 采取哪些方法可以提高语音质量、降低噪声？

9.3 LCD 字符（图形）显示与应用电路设计

学习要求 掌握 LCD 显示模块 TRULY-M12864 的功能、显示方式；学会用软件提取汉字库中的汉字；并使用 TRULY-M12864 模块实现图形、汉字和字符的多种显示方式（上下、左右等），及其应用电路的设计方法。

9.3.1 TRULY-M12864 LCD 显示器

液晶显示器有七段笔划式和点阵式两种类型，前者只能显示数字和少量字符，后者可以显示各种字符（包括汉字）或图形，而且具有可编程能力，与单片机的接口也比较方便。

下面介绍 TRULY-M12864 点阵式液晶显示模块及它与 MCS-51 单片机的两种连接方式，并给出了应用实例。

1. TRULY-M12864 的内部结构

图 9.3.1 是 TRULY-M12864 显示模块的内部结构框图，它由 5 个部分组成：128×64 的点阵液晶显示屏，行显示控制器 KS0107B，列显示驱动器 KS0108B，LED 背景灯电路，电源电路。电源电压 V_{DD} 范围为 4.5~5.5V，典型值 5.0V；背景灯工作电压的典型值为 4.2V。

TRULY-M12864 有 20 个引脚，各引脚功能如表 9.3.1 所示。

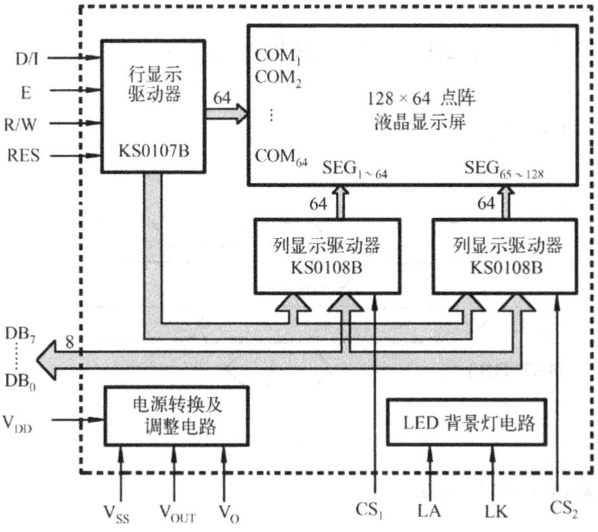

图 9.3.1 TRULY-M12864 的内部结构

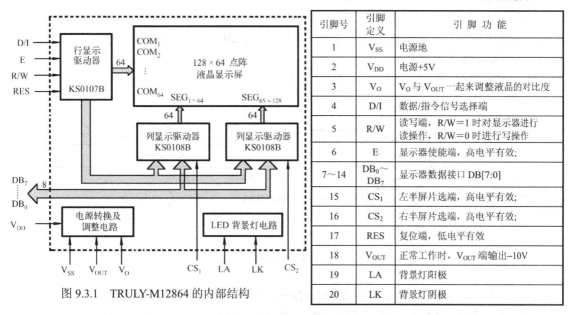

表 9.3.1 TRULY-M12864 引脚功能表

引脚号	引脚定义	引 脚 功 能
1	V_{SS}	电源地
2	V_{DD}	电源+5V
3	V_O	V_O与V_{OUT}一起来调整液晶的对比度
4	D/I	数据/指令信号选择端
5	R/W	读写端，R/W=1 时对显示器进行读操作，R/W=0 时进行写操作
6	E	显示器使能端，高电平有效;
7～14	DB_0～DB_7	显示器数据接口 DB[7:0]
15	CS_1	左半屏片选端，高电平有效;
16	CS_2	右半屏片选端，高电平有效;
17	RES	复位端，低电平有效
18	V_{OUT}	正常工作时，V_{OUT}端输出−10V
19	LA	背景灯阳极
20	LK	背景灯阴极

2. TRULY-M12864 工作原理

液晶显示屏上共有 64（行）×128（列）个显示像素，该显示屏分为左、右两个区域，左边的显示区域称为左半屏，右边的显示区域称为右半屏，每个半屏为 64（行）×64（列）。由 CS_1 和 CS_2 的状态决定显示区域。当片选信号 CS_1、CS_2 的状态为 01 时，选择左半屏；当二者的状态为 10 时，选择右半屏。将每 8 行称为 1 页，左、右半屏各有 8 页（页码编号为 0~7）。TRULY-M12864 显示数据存储器的地址映射如图 9.3.2 所示。显示数据存储器分为 X 寄存器（页寄存器，其地址为 00~07）和 Y 寄存器（列寄存器，其地址为 00~63）。

TRULY-M12864 显示器的控制指令如表 9.3.2 所示，注意显示器在复位期间只有液晶状态的读取指令有效，其他指令均无效。同时液晶模块不显示，并将 X 寄存器、Y 寄存器设置为 00。

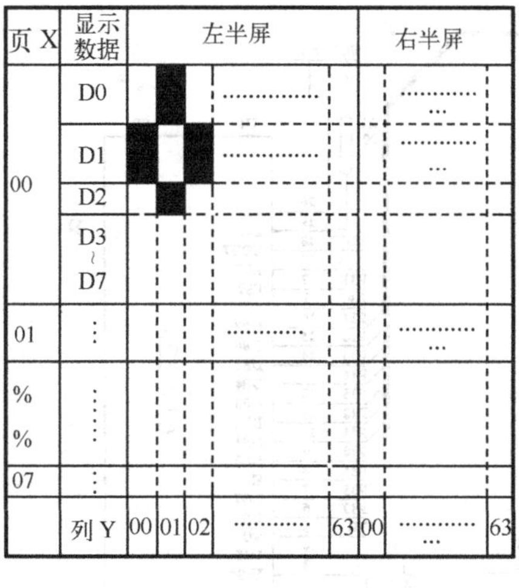

图 9.3.2 地址映射

表 9.3.2 TRULY-M12864 显示器控制指令

管脚 / 命令	RES	R/W	DB7	DB6	DB5	DB4	DB3	DB2	DB1	DB0
开/关液晶显示	0	0	0	0	1	1	1	1	1	开/关
设置列地址 Y	0	0	0	1	Y 地址（0～63）					
设置页地址 X	0	0	1	0	1	1	1	页（0~7）		
显示起始行	0	0	1	1	显示起始行(0~63)					
读显示器状态	0	1	忙/就绪	0	液晶开/关	复位/否	0	0	0	0
写显示数据	1	0	写数据							
读显示数据	1	1	读数据							

表 9.3.2 中的第二行为开/关液晶显示器指令，DB_0 为“1”时，显示，DB_0 为“0”时，不显示。第五行为显示起始行设置指令，也就是设置显示数据存储器（Display Data RAM，简称 DDRAM）的起始地址，即字符显示在液晶屏上的位置。如果用这条指令不断改变显示起始

行，就可以达到滚屏的效果。

第六行为读液晶显示器状态指令，DB_7 表明液晶工作状态，“1”为忙，“0”为就绪；DB_5 表明整个液晶模块的开关状态，“1”为开，“0”为关；DB_4 表明液晶模块是否处于复位状态，“1”表示复位，“0”表示正常工作。

TRULY-M12864 的读、写操作时序如图 9.3.3 所示。

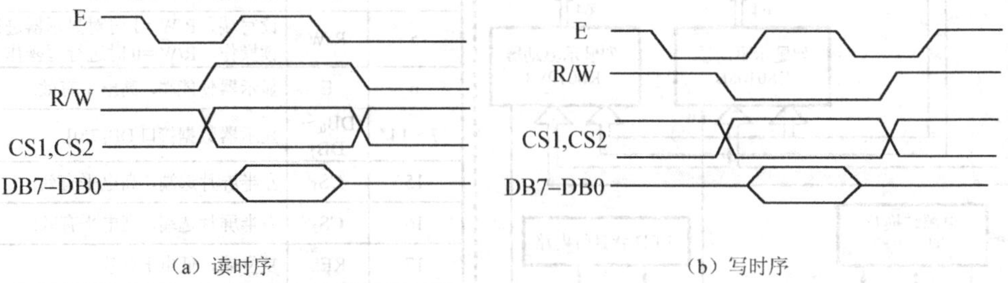

图 9.3.3　TRULY-M12864 的读写操作时序

在驱动液晶屏显示字符时，读时序和写时序分 3 个步骤进行：

（1）首先设置片选信号 CS1 或 CS2 的值，选择显示区域（左半屏或者右半屏）。

（2）设置读写信号 R/W，读时 R/W 为高电平，如图（a），写时 R/W 为低电平如图（b）。

（3）将待显示数据在允许操作信号 E 的下降沿锁存到相应的显存中（显示数据对应该页该列的 8 个像素的状态，1 为点亮，0 为熄灭）。

9.3.2　TRULY-M12864 接口电路设计

TRULY-M12864 显示器与 MCS—51 单片机接口如图 9.3.4 所示。MCS-51 的 P1 口作为液晶显示器并行数据口，P3.0 为液晶显示器左半屏选择信号 CS_1，P3.1 为液晶显示器右半屏选择信号 CS_2，P3.2 为液晶显示器数据/指令选择信号 D/I，P3.3 为液晶显示器读/写信号 R/W 和 P3.4 为液晶显示器选择信号 E。

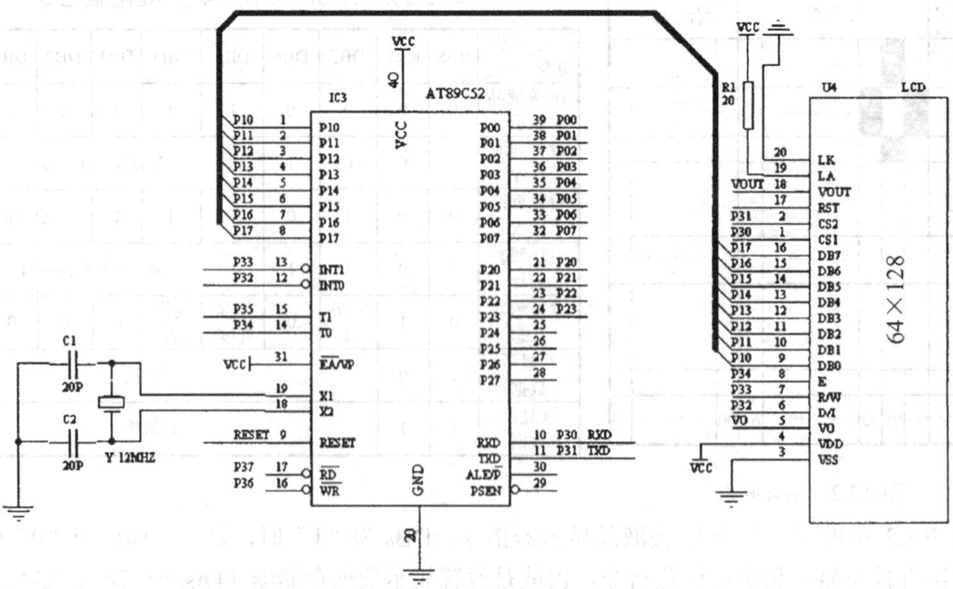

图 9.3.4　TRULY-M12864 间接访问方式电路图

单片机通过自身或系统中的并行接口与液晶显示器连接的这种方式，一般称为间接控制方式。这种方式的特点是电路简单，控制时序由软件实现。

液晶显示模块也可以象存储器或 I/O 设备一样直接挂在单片机总线上，单片机以访问存储器或 I/O 设备的方式控制液晶显示模块工作。这种方式一般称为直接控制方式。

下面首先介绍用软件提取汉字的方法，然后再介绍间接控制方式的软件设计。

9.3.3 用软件提取汉字的方法

1. 液晶汉字点阵编码介绍

字符或者汉字显示在液晶屏幕上，就必须有相应的字库，字体和大小不同，其对应的字库也不相同。字库的编码有多种方式；在液晶上显示的编码就有多种，每一种编码必须和液晶显示相对应。下面就以字符“E”的 16×16 字库的编码为例介绍字符（汉字）编码过程。为了叙述方便，我们将要显示的字符（汉字）描在方格坐标上。如下图我们将显示字符“E”在 16×16 方格纸上描出的图形。其中，画“○”处表示该点“亮”，未画“○”处表示“不亮”。如图 9.3.5 所示，然后根据“亮”与“不亮”的状态，将画“○”定义为“1”，未画“○”定义为“0”。这样就形成了一个字符“E”的字库，根据液晶的数据线的排列方式，字库编码有多种方式，有按照行线方向（水平）编码，也有按照列线方向（垂直）编码；每一种方式中，都是以字节为单位编码，不过字节的高位各不相同。

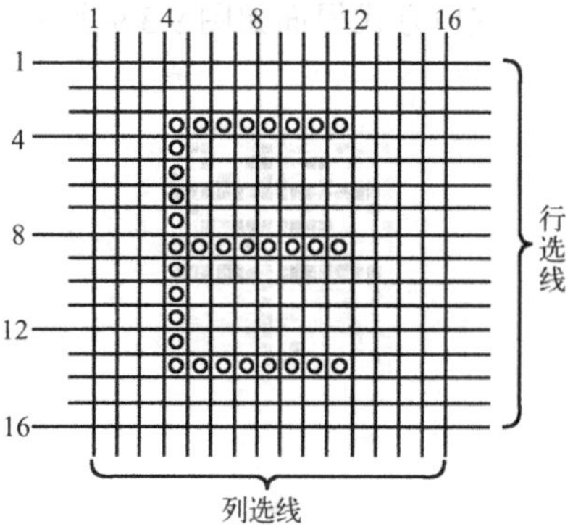

图 9.3.5 E 字符点阵图

下面我们按照行线方向（水平），且将字节的高位设定在左边的方式编码。例如，图 9.3.5 所示的“E”字，第 3 行的二进制码组为 0000111111110000，用十六进制表示则为 0FH 和 F0H；第 4 行的二进制码组为 0000100000000000，用十六进制表示则为 08H 和 00H。可见，对 16×16 点阵字符进行编码时，每一行可用两个字节的编码表示，则 16 行共有 32 个字节。最后将 1~16 行的十六进制代码顺序地写入液晶对应位置的存储单元中。液晶就会在指定的位置显示字符“E”。

如果按照列线方向（垂直），且将字节的高位设定在下边的方式编码。16×16 点阵中每一列的 16 个点可用两个字节的编码表示，则 16 列共有 32 个字节。如图 9.3.5 所示的“E”字，第 4 列的二进制码组为 0001111111111100，用两个字节的十六进制表示则为 1FH 和 FCH。下面所使用的液晶采用的就是这种编码方式。

2. 提取汉字编码方法

TRULY-M12864 的显示数据存储器与显示屏幕的物理位置是一一对应的。当对 DDRAM 中的某一个单元写入一个字符的编码时，该字符就在对应的位置显示出来。所以要显示字符就必须把字符的编码写入 DDRAM 中，也就是写入对应的字符存储器中。

显示汉字时首先根据汉字字形编出字模数据块，一个汉字如用 16×16 点阵，则需 32 个字节数据，汉字字模除手工编写外，也可以使用一些字模提取工具软件创建（如 HZDotReader 软件等）。一般用软件来提取汉字的点阵。

在提取汉字前，必须确认三件事情：

（1）送入液晶显示汉字点阵缓存区的数据的方向。是上下还是左右。如果是上下方向，上面是低位还是高位。如果是左右方向，左面是低位还是高位。

（2）汉字点阵大小的选择。是 16×16（小四号），还是 32×32，等等。

（3）汉字点阵的输出格式。是C语言方式还是汇编语言方式。

下面以软件 HZDotReader 提取汉字点阵为例，介绍“学业有成”四个汉字点阵的提取方法。假设选择16×16点阵、上下取字（下面是高位）、C语言输出方式。

打开 HZDotReader 软件，出现如图9.3.6所示的界面。进入“设置”菜单，进行以下取模字体、取模方式和输出设置三项操作：

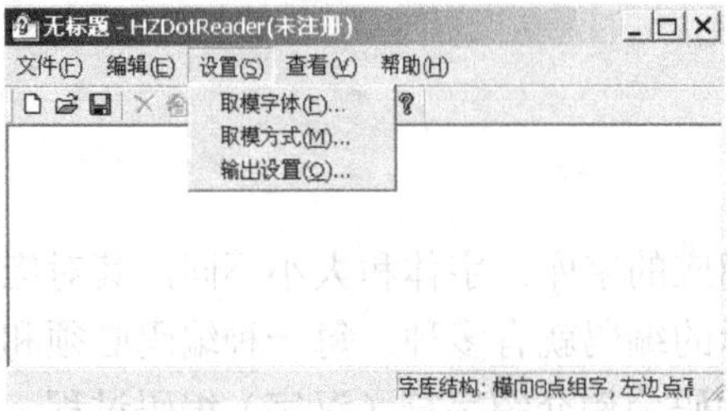

图9.3.6 提取汉字点阵界面

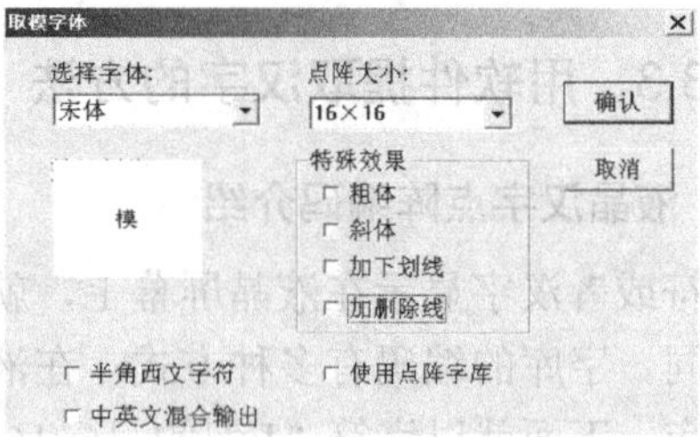

图9.3.7 取模字体界面

（1）取模字体：取模字体界面如图9.3.7所示。用来设置输出的字体、字体点阵大小以及一些字体显示的特殊效果。本程序采用的是宋体、16×16点阵的汉字，无特殊效果。

（2）取模方式：“学”字的取模示意图如图9.3.8所示，它采用纵向8个点编码方式，且字节的高位设定在下边。

取模方式界面如图9.3.9所示。用来设置汉字点阵的取点方向和字节排列方向。

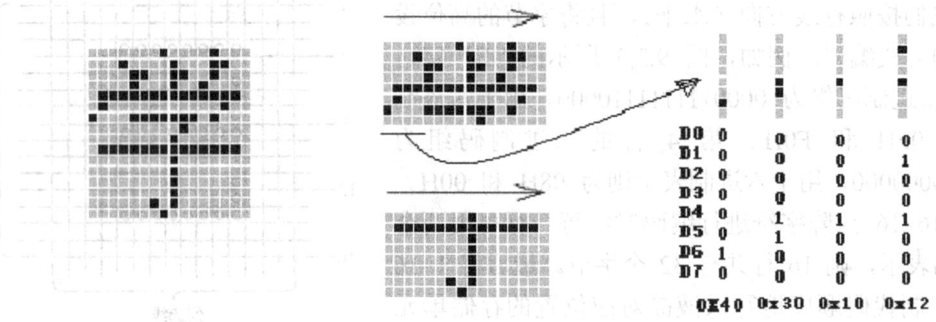

图9.3.8 “学”字的取模示意图

（3）汉字点阵输出设置：汉字点阵输出界面设置如图9.3.10所示。用来设置汉字点阵的输出格式。输出格式有：C格式16列、C格式8列、汇编格式8列和汇编格式16列。如果采用C语言（C51）序编写程就选择C格式；如果采用汇编语言（A51）编写程序就选择汇编格式；本程序采用C语言编程，选择C格式16列。

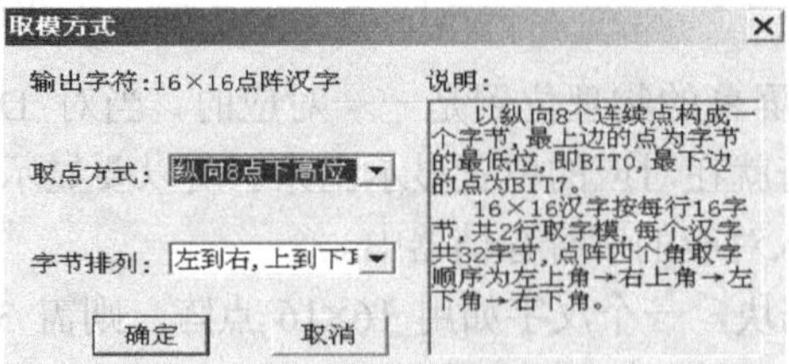

图9.3.9 取模方式界面

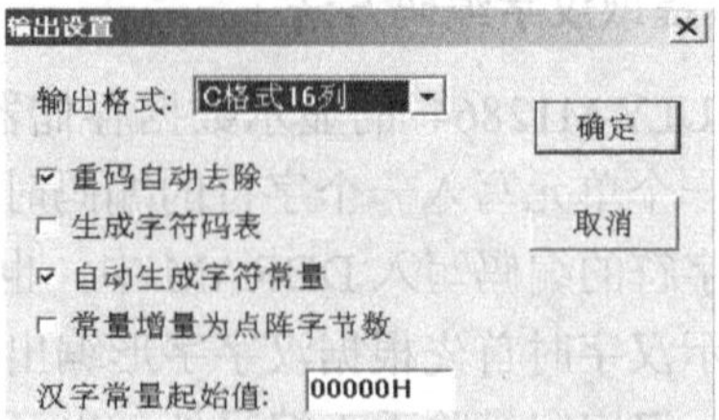

图9.3.10 汉字点阵输出方式设置界面

设置完成后，单击菜单栏下面快捷方式中的“字”图标，在弹出的输入对话框中输入“学业有成”。确认后就出现点阵数据图。如图9.3.11所示，如果右边的汉字点阵有不完整的地方，可以双击右边的汉字点阵图进行编辑校正。然后将文件另外存入一个可以用WORD打开的文件中，用WORD打开后拷贝到源程序中。

HZDotReader 软件需要注册才能使用，否则只能取 16×16 点阵的汉字。如果需要注册请与其公司联系。

图 9.3.11　提取汉字点阵数据界面

9.3.4　显示程序的实现

下面介绍 TRULY-M12864 与 MCS-51 接口采用间接访问方式（如图 9.3.4 所示）显示“学业有成”字样的程序设计方法。

TRULY-M12864 显示器内置的 KS0108 为可编程器件，所有显示功能均由指令控制实现。共有 7 条指令，表 9.3.2 给出了所有指令的编码。

由于 TRULY-M12864 中的显示区共有 64 行（编号为 0~63），每 8 行为一页，分为 8 页（页编号为 0~7），16×16 点阵汉字占 2 页，必须向两页中的对应列送数据。写每个汉字时，先取字模的上 16 个字节，写在一页中，再取字模的下 16 个字节，写在下一页中即可。本液晶是 128×64 点阵，可以显示 16×16 的汉字 32 个。显示分 4 行，每行 8 个字。本液晶分为左、右两个半屏，左右两边都是 64×64 点阵。可以将“学业”显示在左边半屏以 24 行 32 列（3 页 32 列）为起始点的位置上。“有成”显示在右边以 24 行 0 列（3 页 0 列）为起始点的位置上。显示汉字“学业有成”的程序如下：

```
/*------------头文件定义--------------------*/
#include <reg51.h>                //MCS-51 特殊功能寄存器定义
/*-----------显示屏命令寄存器指令定义------------*/
#define Disp_On    0x3f           //开液晶显示器指令
#define Disp_Off 0x3e             //关液晶显示器指令
#define Col_Addr   0x40           //设置液晶显示位置起始列号
#define Page_Addr 0xb8            //设置液晶显示位置起始页号
#define Start_Line 0xc0           //设置液晶显示起始行
/*----------显示屏间接接口方式接线定义-----------*/
#define Lcd_Bus P1                //数据口定义
sbit Mcs=P3^0;                    //左屏选择脚 CS1 定义
sbit Scs=P3^1;                    //右屏选择脚 CS2 定义
sbit Enable=P3^4;                 // 允许脚 Enable 定义
sbit Di=P3^2;                     // 数据指令脚 Di 定义
sbit RW=P3^3;                     // 读写 RW 脚定义
sbit Lcd_Rst=P3^5;                // 显示器复位脚 Reset 定义
/*----------显示所需汉字点阵(16×16 汉字库)-------------*/
char code xue[]={/*--文字: 学  16×16--*/
```

```
0x40,0x30,0x10,0x12,0x5C,0x54,0x50,0x51,0x5E,0xD4,0x50,0x18,0x57,0x32,0x10,0x00,
0x00,0x02,0x02,0x02,0x02,0x02,0x42,0x82,0x7F,0x02,0x02,0x02,0x02,0x02,0x02,0x00};
char code ye[]={/*-- 文字: 业 16×16--*/
0x00,0x10,0x60,0x80,0x00,0xFF,0x00,0x00,0x00,0xFF,0x00,0x80,0x60,0x38,0x10,0x00,
0x20,0x20,0x20,0x23,0x21,0x3F,0x20,0x20,0x20,0x3F,0x22,0x21,0x20,0x30,0x20,0x00};
char code you[]={/*-- 文字: 有 16×16--*/
0x00,0x04,0x84,0x44,0xE4,0x34,0x2C,0x27,0x24,0x24,0x24,0xE4,0x04,0x04,0x04,0x00,
0x02,0x01,0x00,0x00,0xFF,0x09,0x09,0x09,0x29,0x49,0xC9,0x7F,0x00,0x00,0x00,0x00};
char code cheng[]={/*-- 文字: 成 16×16--*/
0x00,0x00,0xF8,0x48,0x48,0x48,0xC8,0x08,0xFF,0x08,0x09,0x0A,0xC8,0x88,0x08,0x00,
0x40,0x30,0x0F,0x00,0x08,0x50,0x4F,0x20,0x10,0x0B,0x0C,0x12,0x21,0x40,0xF0,0x00};
/*------------------延时子程序-----------------------------*/
void delay(unsigned int t)          //延时时间＝指令周期×10×t
{       unsigned int i,j;
        for(i=0;i<t;i++)
        for(j=0;j<10;j++)     ;
}
/*-------------MCS-51 写命令到 LCD 子程序--------*/
void write_com(unsigned char cmdcode)
{
      Di=0;                         //Di＝0 接受指令 Di＝1 接受数据
      RW=0;                         // RW＝1 读操作 RW＝0 写操作
      Lcd_Bus=cmdcode;
      delay(0);
      Enable=1;                     // Enable 产生一个上跳脉冲
      delay(0);
      Enable=0;
}
/*------------ MCS-51 写数据到 LCD 子程序------------*/
void write_data(unsigned char Dispdata)
{
      Di=1;                         //Di＝0 接受指令 Di＝1 接受数据
      RW=0;                         // RW＝1 读操作 RW＝0 写操作
      Lcd_Bus=Dispdata;
      delay(0);
      Enable=1;                     // Enable 产生一个上跳脉冲
      delay(0);
      Enable=0;
}
/*-----------------清除内存子程序--------------*/
void Clr_Scr( )
{
      unsigned char j,k;
      Mcs=0;Scs=0;                              //左右显示屏选择不显示
      write_com(Page_Addr+0);                   //左右显示屏设置为 0 页 0 列
      write_com(Col_Addr+0);
   for(k=0;k<8;k++){                            //左右显示屏缓存区清零
      write_com(Page_Addr+k);
   for(j=0;j<64;j++)write_data(0x00);
   }
}
/*------------指定位置显示汉字 16×16 子程序-------------*/
void hz_disp16(unsigned char pag,unsigned char col, unsigned char code *hzk)
{  //pag—汉字显示的起始页号   col--汉字显示的起始列号   hzk--汉字点阵数组名
unsigned char j=0,i=0;
```

```
for(j=0;j<2;j++){                          //分两排写入，先写上面一排，再写下面一排。
        write_com(Page_Addr+pag+j);
        write_com(Col_Addr+col);
for(i=0;i<16;i++) write_data(hzk[16*j+i]);
}}
/*------------初始化 LCD 屏子程序-------------*/
void init_lcd( )
{    Lcd_Rst=0;                             //显示屏复位一次
     delay(100);
     Lcd_Rst=1;
     delay(100);
     Mcs=1;   Scs=1;                        //左右屏同时选择
     delay(100);
     write_com(Disp_Off);                   //显示屏关闭
     write_com(Page_Addr+0);                //左右显示屏设置为 0 页 0 列
     write_com(Start_Line+0);
     write_com(Col_Addr+0);
     write_com(Disp_On);                    //显示屏打开
}
/*----------在 LCD 屏上显示"学业有成"主程序----------*/
main( )
{      Clr_Scr( );                          //清除内存子程序
       init_lcd( );                         //初始化 LCD 屏子程序
while (1)
{    Mcs=1;Scs=0;                           //选择左屏显示
     hz_disp16(3,32,xue);                   //在 3 页 32 列为起始点显示汉字"学"
     delay(2000);
     hz_disp16(3,48,ye);                    //在 3 页 48 列为起始点显示汉字"业"
     delay(2000);
     Mcs=0;Scs=1;                           //选择右屏显示
     hz_disp16(3,0,you);                    //在 3 页 0 列为起始点显示汉字"有"
     delay(2000);
     hz_disp16(3,16,cheng);                 //在 3 页 16 列为起始点显示汉字"成"
     delay(6000);
}}
```

将以上源程序复制到 MCS-51 的 C 语言程序中，用 Keil 编译并下载到如图 9.3.4 所示 MCS-51 单片机系统中即可运行。液晶显示器的中部位置会显示“学业有成”字样。

9.3.5 LCD 显示的数字温度计电路设计

1. 数字温度传感器 DS18B20

传统的温控系统中，通常将温度传感器（例如热电偶、热电阻或 PN 结）输出的模拟信号放大后，再经过 A / D 或者 V/F 转换器转换成数字量，最后送入微处理器进行处理，完成监控。这种方法电路比较复杂、调试麻烦且精度不高。

DS18B20 是美国 DALLAS 半导体公司推出的一种智能温度传感器，它直接将温度转化成串行数字信号供微处理器接收处理。它的主要特点如下：

① 用户可自设定报警上下限温度值。

② 不需要外部组件，能测量−55℃~+125℃ 范围内的温度。

③ −10℃ ~ +85℃ 范围内的测温准确度为±0.5℃。

④ 通过编程可实现 9~l2 位的数字量输出，测温分辨率可达 0.0625℃。

⑤ 独特的单线接口方式：DS18B20 与微处理器连接时仅需要一条口线即可实现微处理器与 DS18B20 的双向通讯。

DS18B20 采用 3 脚 PR35 封装或 8 脚 SOIC 封装，其内部结构框图如图 9.3.12 所示。其中，GND 为接地线，DQ 为数据输入/输出引线，与单片机一根 I/O 数据线相连，加 5K 左右上拉电阻。V_{DD}为电源正极引线，既可由数据线提供电源，又可由外部提供电源，电源范围为 3.0~5.5 V。

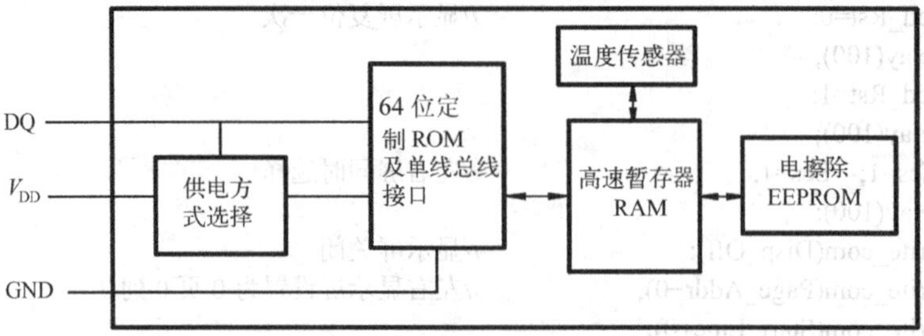

图 9.3.12　DS18B20 内部结构框图

在 DS18B20 器件内部有 4 个主要组成部分：64 位定制 ROM、温度传感器、EEPOM（非易失性的温度报警触发器 TH 和 TL、配置寄存器）和内部存储器（高速暂存器）。

64 位定制 ROM 的数据结构如图 9.3.13 所示。ROM 中的 64 位唯一的编号是出厂前被光刻好的，他可以看作是该 DS18B20 的地址序列码，每个 DS18B20 的 64 位编号均不相同。

8bit 检验　CRC	48bit 序列号	8bit 工厂代码 (10H)
MSB　　LSB	MSB　　LSB	MSB　　LSB

图 9.3.13　64 位定制 ROM

DS18B20 内部存储器包括一个高速暂存器 RAM 和一个非易失性的可电擦除的 EEPROM。

高速暂存器 RAM 用于存放中间结果，它包含连续的 9 个字节（地址为 0~8），其数据结构如图 9.3.14 所示。地址 0 的内容是温度的低 8 位，地址 1 是温度的高 8 位，地址 2 是 TH（温度上限报警），地址 3 是 TL（温度下限报警），地址 4 是配置寄存器，用于确定温度的输出分辨率。第 5、6、7 个字节是预留寄存器，用于内部计算。字节 8 是冗余检验字节，校验前面所有 8 个字节的 CRC 码，可用来保证通信正确。

地址	内　容
0	温度值低位字节
1	温度值高位字节
2	TH/用户使用字节 1
3	TL/用户使用字节 2
4	配置字节（R_1、R_0）
5	保留字节
6	保留字节
7	保留字节
8	CRC 字节

图 9.3.14　RAM 的数据结

DS18B20 中的 EEPROM 数据结构如图 9.3.15 所示。EEPROM 包含三个字节，温度报警触发器 TH 和 TL、配置寄存器。

高速暂存器 RAM 和 EEPROM 都有相同 TH、TL 和配置字节三个字节。CPU 首先将温度报警触发字节 TH 和 TL、配置寄存器三个字节数据写入高速暂存器中，它可以被读出校验，校验无误之后再将高速暂存器三个字节数据写到 EEPROM 中，这一过程确保了修改存储器时数据的完整性。因此高速暂存器 RAM 和 EEPROM 都有相同 TH、TL 和配置字节。

TH/用户使用字节 1
TL/用户使用字节 2
配置字节（R_1、R_0）

图 9.3.15　EEPROM 的数据结构

配置寄存器是一个字节，在这 8 位中 B_0~B_4 固定为“11111”，B_6 和 B_5 就是温度转换的精度配置位 R_1、R_0，R_1R_0 的值决定温度转换的精度位数：R_1R_0 =“00”，为 9 位精度，最大转换时间为 93.75ms；R_1R_0 =“01”，为 10 位精度，最大转换时间为 187.5ms；R_1R_0 =“10”，为 11 位精度，最大转换时间为 375ms；R_1R_0=“11”，为 12 位精度，最大转换时间为 750ms；未编程时默认为 12 位精度。

2．基于 MCS-51 单片机的数字温度计实现

DS18B20 与单片机(MCS-51 系列)的接口电路如图 9.3.16 所示。

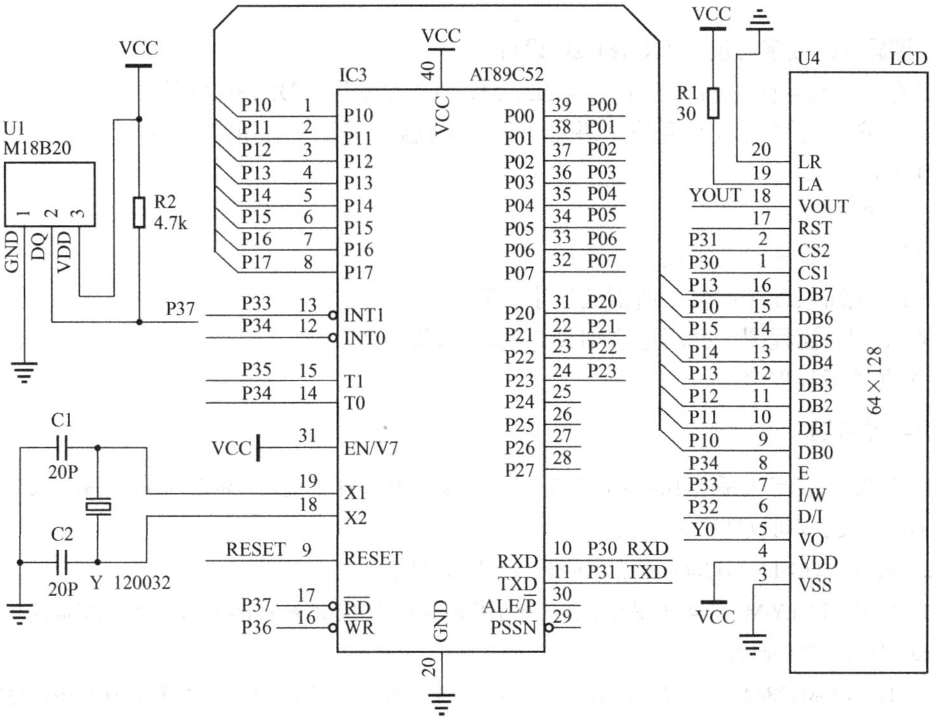

图 9.3.16　DS18B20 与单片机接口原理图

单片机 P37 接 DS18B20 的单数据总线 DQ；采用外部电源供电方式，在数据线上加 1 个 4.7kΩ 上拉电阻，另外 2 个引脚分别接电源和地，这种方式可靠、编程简单。本设计中单片机系统所用的晶振频率为 12MHz。

本系统可以将 DS18B20 采集到的温度值显示在液晶显示器上。程序可以采用循环查询方式来控制温度采集和显示。程序可以分为主程序模块、DS18B20 采集模块和液晶驱动模块进行设计。主程序的流程框图如图 9.3.17 所示。限于篇幅，其余任务由读者自己完成。

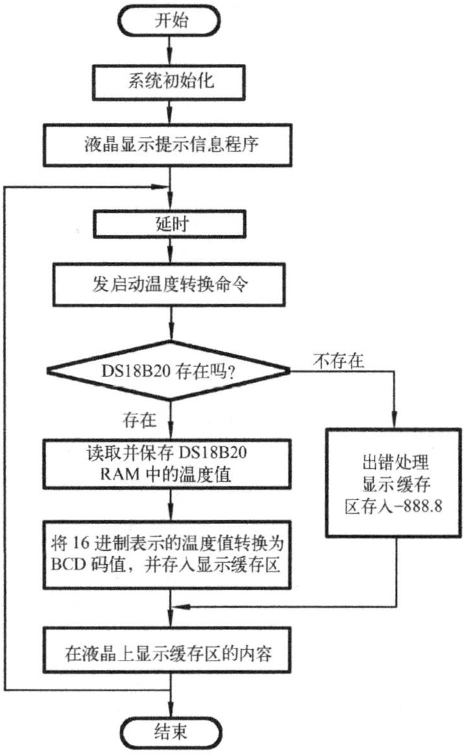

图 9.3.17　主程序流程图

9.3.6　设计任务

设计课题 1：可编程字符（图案）显示器设计

给定的主要元器件：AT89S51，TRULY-M12864 显示屏等。

功能要求：能够显示 16×16 的 4 个以上的字符（如“万事如意”）向下滚动或是向上滚动。

设计步骤与要求：

① 写出设计步骤，画出设计框图；

② 画出电路原理图，取出所需的汉字点阵；

③ 画出程序流程图，并写出详细设计的程序清单；

④ 仿真并下载程序。

设计课题 2：数字温度计 DS18B20 设计

给定的主要元器件：AT89S51、TRULY-M12864 显示屏、DS18B20 等。

功能要求：能够显示温度值，并能在设定的温度的上下限报警提示（温度上下限值在 DS18B20 中设定）。

设计步骤与要求：

① 写出设计步骤，画出设计框图；

② 画出电路原理图；取出所需的汉字点阵。

③ 画出程序流程图，并写出详细设计的程序清单；

④ 仿真并下载程序；

实验与思考题

9.3.1 如果液晶显示器采用 16×16 矩阵汉字显示，此 128×64 的液晶显示器可以显示多少汉字？如果显示 32×32 点阵的汉字又可以显示多少汉字？

9.3.2 如何在 TRULY-M12864 液晶显示器上实现反色显示？

9.3.3 根据 TRULY-M12864 液晶显示器的显示数据存储器的地址映射的特点，在使用提取汉字点阵软件 HZDotReader 应注意哪些问题？

9.3.4 TRULY-M12864 显示屏上显示汉字“万事如意”并且能够左右移动，如何设计程序？写出详细设计过程。

附录 A　Quartus II 9.1 开发软件及实验平台

Quartus II 软件是由 Altera 公司开发的一个 EDA 工具，它完全取代了该公司早期的 MAX＋Plus II 软件。Quartus II 集成了设计输入、逻辑综合、布局布线、仿真验证、时序分析、器件编程等开发 FPGA 和 CPLD 器件所需要的多个软件工具。

为了支持教育事业和培养潜在的用户，Altera 公司设立了大学计划项目，为大学生免费提供 Quartus II 的网络版软件。读者可以登陆公司网站下载该软件，其网址为：http://www.altera.com/或 http://www.altera.com.cn/。网络版软件的功能会受到部分限制，只支持部分器件，但不需要许可证文件就可以免费使用，方便初学者使用该软件。

随着 Altera 公司器件集成度的提高、器件结构和性能的改进，Quartus II 软件也在不断地改进和更新之中，每年都有新版本推出，并将当年年号的后两位数字作为软件的主版本号（例如，2014 年推出的软件为 Quartus II 14.0），软件的次版本号从 0 开始顺序编号。本书使用 2009 年推出的 Quartus II 9.1 版本（安装 SP1 补丁包），并将其安装在运行微软公司的 Windows XP 操作系统的计算机上。由于 Quartus II 软件规模大，功能强，本附录旨在帮助读者迅速入门，不能详细介绍其使用。读者可以查阅该软件的在线帮助（Help）文档进一步获得许多高级功能的使用方法。

A.1　Quartus II 9.1 软件主界面

启动装有 Quartus II 9.1 软件的计算机后，用鼠标左键单击桌面左下角“开始”菜单项目中的“程序|Altera| Quartus II 9.1| Quartus II 9.1(32-Bit)”命令后，Quartus II 开始运行，屏幕上出现图 A.1.1 所示的主界面。该主界面由多个窗口组成，用户可以通过菜单 View | Utility Windows 命令选取 Quartus II 的组成窗口，从而改变主界面的形式。

主界面的顶部是标题栏，标题栏下面有许多菜单，通过这些菜单可以选用 Quartus II 提供的绝大多数命令。许多常用命令以图标形式显示在快捷工具栏上，选择 Tools | Customize | Toolbars 命令可以定制工具栏。当鼠标光标放置到某个图标上，便显示出与该图标关联命令的名字。

通过 Quartus II 主窗口的 Help 菜单可以访问在线帮助文档，该帮助文档能回答用户在使用该软件时可能遇到的大多数问题。

另外，安装 Quartus II 软件时，在安装子目录（例如，C:\altera\91\qdesigns）下面有几个设计项目示例，供用户参考。

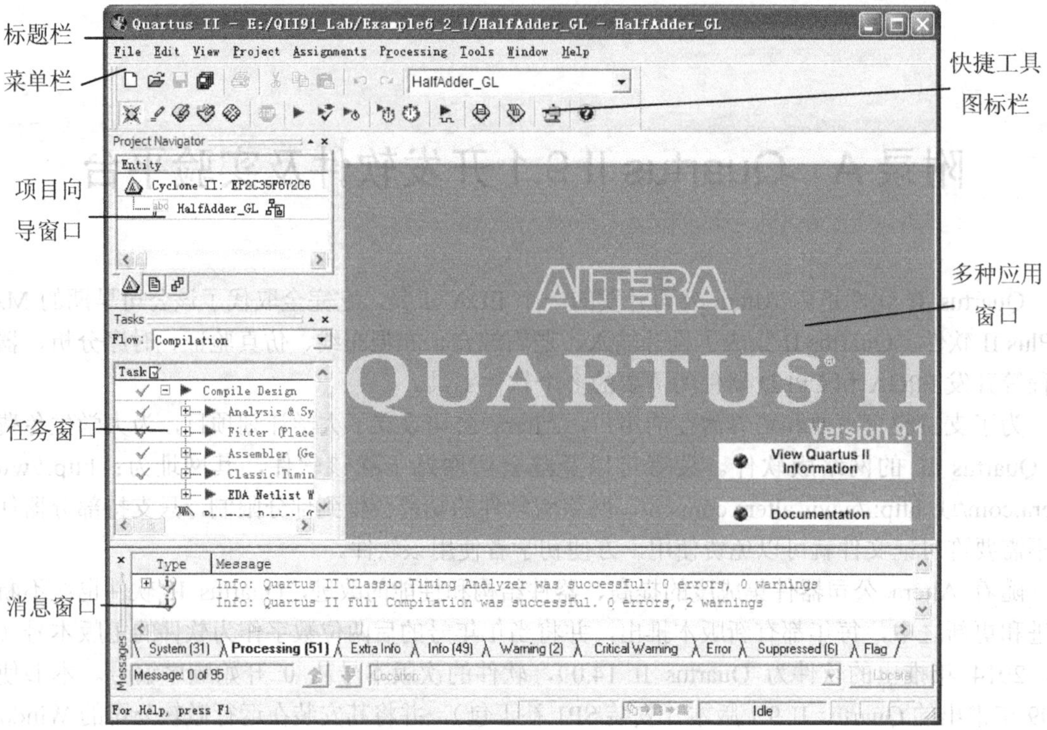

图 A.1.1 Quartus II 主界面

A.2 Quartus II 的设计流程

本节将结合图 A.2.1 来介绍使用 Quartus II 软件的设计流程。大体上可以分为以下 6 个步骤：

（1）创建一个新项目，并为此项目指定一个工作目录，然后指定一个目标器件。

在用 Quartus II 进行设计时，将每个逻辑电路或者子电路称为项目（project）。当软件对项目进行编译处理时，将产生一系列文件（例如，电路网表文件、编程文件、报告文件等）。因此需要创建一个目录用于放置设计文件以及设计过程产生的一些中间文件。建议每个项目使用一个目录。

注意，目录的位置可以任意选择，但不能将设计文件直接放在根目录下，目录或者文件的名字不能使用汉字，最好使用英文字母或下划线开头，后面跟字母或数字。

（2）设计输入。Quartus II 可以使用的设计输入文件有：电路原理图、Verilog HDL，以及其他的硬件描述语言文件，例如 VHDL 和 AHDL（Altera 公司专用的硬件描述语言），也可以选用状态机文件和 EDIF（Electronic Design Interface Format，电子设计接口格式）文件[①]等。

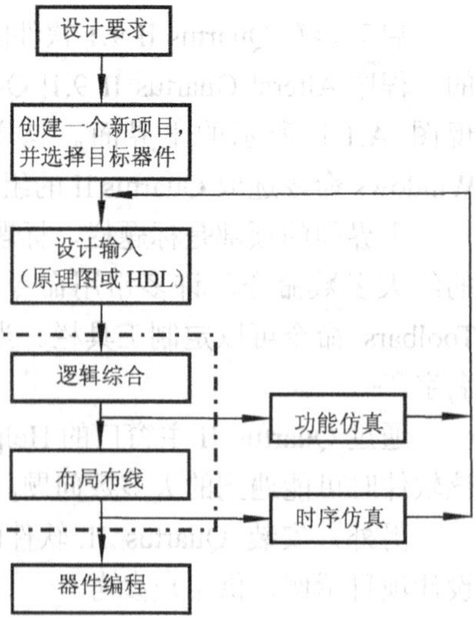

图 A.2.1 Quartus II 设计流程

① EDIF 文件是由第三方综合工具生成的表示电路逻辑结构的标准格式文件。该 EDIF 标准为 EDA 工具之间交换信息提供了一个便利的机制。

（3）逻辑综合。就是把原始描述（原理图或 HDL 代码）转换成面向某个具体的 FPGA 器件的电路网表文件，即用目标芯片中的逻辑元件来实现设计的逻辑，供后面的布局布线软件使用。Quartus II 软件内部的集成综合工具支持 Verilog-1995 和 Verilog-2001 的 IEEE 标准，还支持 VHDL 1987 和 VHDL 1993 标准。

（4）布局布线。根据事先设定的约束条件（例如，器件型号、指定的输入/输出引脚、电路工作频率等），将逻辑综合器生成的网表文件输入到布局布线器，然后用目标芯片中某具体位置的逻辑资源（元件、连线）去实现设计的逻辑，完成逻辑元件、引脚的布局以及连线工作。同时生成一系列中间文件（例如，供时序仿真用的电路网表文件、报告文件等）和编程数据文件（.sof 和.pof）。

在 Quartus II 软件中，将逻辑综合、布局布线等软件集成在一起，称为**编译工具**。在 Quartus II 主界面，使用菜单 Processing | Compiler Tool 命令，弹出图 A.2.2 所示的编译器窗口，该窗口包含了对设计文件进行处理的四个模块。

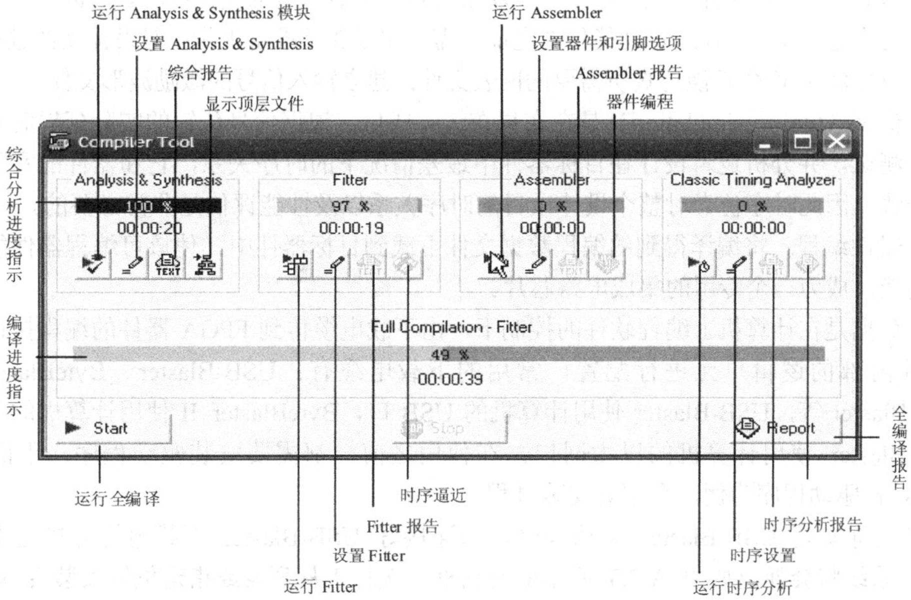

图 A.2.2　Quartus II 的编译器窗口

Analysis & Synthesis（分析和综合）模块对设计文件进行语法检查、设计规则检查和逻辑综合。综合过程分两步：第一步是将 HDL 语言翻译成逻辑表达式。第二步是进行工艺技术映射，即用目标芯片中的逻辑元件来实现每个逻辑表达式。

Fitter（电路适配器）模块的功能是用目标芯片中某具体位置的逻辑资源（元件、连线）去实现设计的逻辑，完成布局布线的工作。

Assembler（装配）模块产生多种形式的编程数据文件（包括.pof、.sof 等）。

Classic Timing Analyzer（经典的时序分析[①]）用于分析逻辑设计的性能，并指导电路适配器工作，以满足设计项目中定时要求。默认情况下，该模块作为全程编译的一部分将会自动运行，并分析和报告器件内部逻辑电路各路径的定时信息。

启动编译器运行的方法多种多样。例如，在图 A.2.2 上，分别单击 4 个模块左下角的按钮，

① 在 Quartus II 10.0 及以后的版本中，去掉了 Classic Timing Analyzer 工具，只有 TimeQuest Timing Analyzer（静态时序分析器）。

将运行相应的模块。如果单击最左下角的 Start 按钮，将按图中顺序运行四个模块（全程编译）。当设计项目较大，全程编译时间很长时，根据设计流程中的某一特定步骤，只运行对应的模块。例如，需要功能仿真时，只运行 Analysis & Synthesis 就可以了，没有必要进行全程编译。

第二种启动编译器运行的方法是：在 Quartus II 主界面，选择 Processing | Start 菜单下面的命令，该菜单下面许多命令的功能与图 A.2.2 中的相同。

第三种启动编译器运行的方法是：在 Quartus II 主界面，选择菜单 Processing | Start Compilation 命令，或单击工具栏上的▶快捷图标，启动全程编译运行，该命令与单击图 A.2.2 中的 Start 按钮等价。

（5）仿真验证。仿真的目的是验证设计的电路能否达到预期的要求。Quartus II 软件支持功能仿真和时序仿真两种方式。

功能仿真（functional simulation）就是假设逻辑单元电路和互相连接的导线是理想的，电路中没有任何信号的传播延迟，从功能上验证设计的电路是否达到预期要求。仿真结果一般为输出波形和文本形式的报告文件，从波形中可以观察到各个节点信号的变化情况。但波形只能反映功能，不能反映定时关系。在进行功能仿真之前，需要完成 3 项准备工作：对设计文件进行部分编译（分析和综合）；产生功能仿真所需要的网表文件；建立输入信号的激励波形文件。

时序仿真（timing simulation）是在布局布线完成后，根据信号传输的实际延迟时间进行的逻辑功能测试，并分析逻辑设计在目标器件中最差情况下的时序关系，它和器件的实际工作情况基本一致，因此时序仿真对整个设计项目的时序关系以及性能评估是非常必要的。

（6）器件编程。将编译得到的编程数据文件下载到目标器件中，使该可编程器件能够完成预定的功能，成为一个专用的集成电路芯片。

编程数据是在计算机上编程软件的控制下，由下载电缆传到 FPGA 器件的编程接口，然后再对器件内部的逻辑单元进行配置。常用的下载电缆有：USB-Blaster、ByteBlaster II 和 Ethernet Blaster 等，USB-Blaster 使用计算机的 USB 口，ByteBlaster II 使用计算机的并行口，Ethernet Blaster 使用计算机的以太网口，在使用之前，都需要安装驱动程序。下面以安装 USB-Blaster 驱动程序为例，介绍其安装过程。

如果没有安装 USB-Blaster 驱动程序，当连接好 USB-Blaster 下载电缆并接通电源时，Windows 系统将会弹出如图 A.2.3 所示的对话框，选择“从列表或指定位置安装”；单击“下一步”按钮，弹出如图 A.2.4 所示的对话框，单击“浏览”按钮，选择驱动程序所在的子目录（位于 Quartus II 软件的安装目录下，例如，C:\altera\91\quartus\drivers\usb-blaster）；再单击“下一步”按钮，即可完成硬件驱动程序的安装。

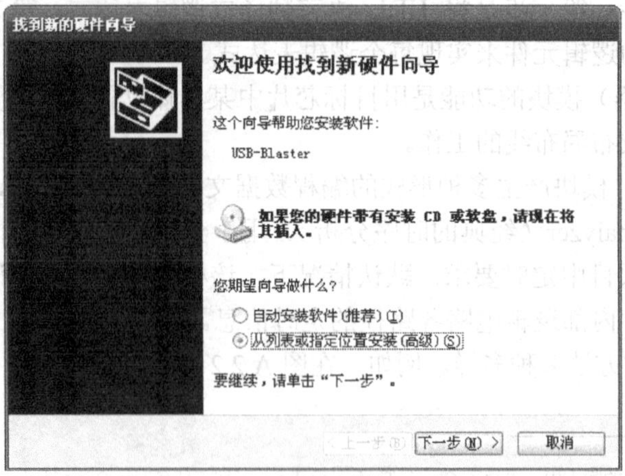

图 A.2.3　安装 USB-Blaster 驱动程序向导

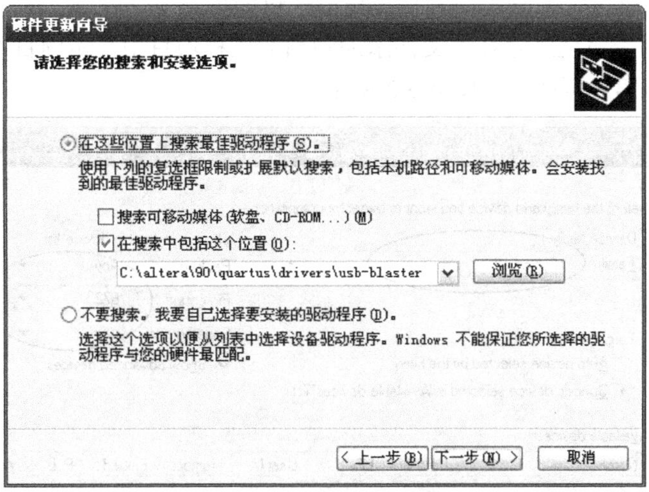

图 A.2.4　指定驱动程序所在的子目录

A.3　设计与仿真的过程

下面以 Verilog HDL 语言设计一个 2 选 1 数据选择器为例，介绍使用 Quartus II 软件进行设计输入与仿真验证的过程。介绍时，首先说明每个步骤所涉及的基本知识，然后给出操作步骤。

A.3.1　建立新的设计项目

在 Quartus II 中，创建一个新设计项目（design project）的方法有两种：（1）利用项目向导（wizard），先创建一个新项目，然后为此项目准备设计输入文件；（2）先准备好设计输入文件，然后将其指定为一个新项目。这里介绍第一种方法。

创建一个新的项目大致要经过设定工作目录（本例为 E:\QII91_Lab\Example）和项目名称、添加文件到本项目、选择器件型号、指定所需的第 3 方工具等步骤，具体操作如下：

① 在 Quartus II 的主界面，选择主菜单 File | New Project Wizard 进入向导启动界面，单击“Next”按钮，出现图 A.3.1 所示的窗口。按照提示输入设计项目的工作目录、项目名称以及顶层文件名称。单击“Next”按钮进入第 2 页面。

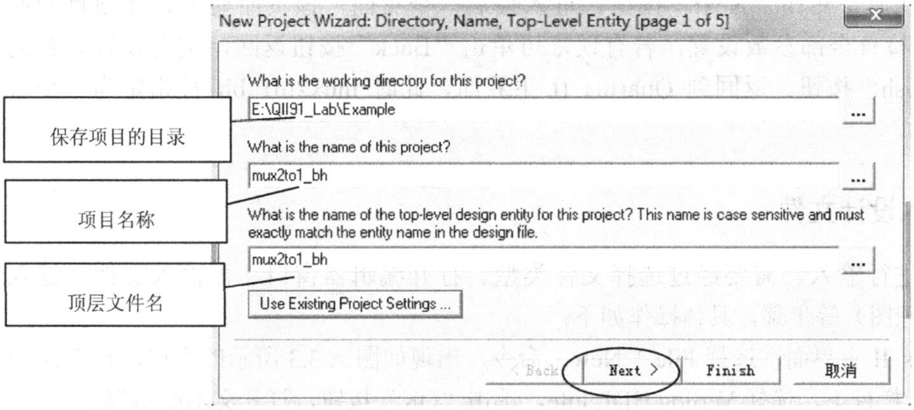

图 A.3.1　指定设计项目的目录和名字

注意，Quartus II 建议将项目名 mux2to1_bh 作为该项目顶层文件的名字。但是用户也可以另外再起一个不同的名字，只要忽略软件提出的建议即可。

② 第 2 页面用于将已经存在的文件添加到当前工程项目中。本项目不添加文件，直接单击“Next”按钮进入第 3 页面，如图 A.3.2 所示。

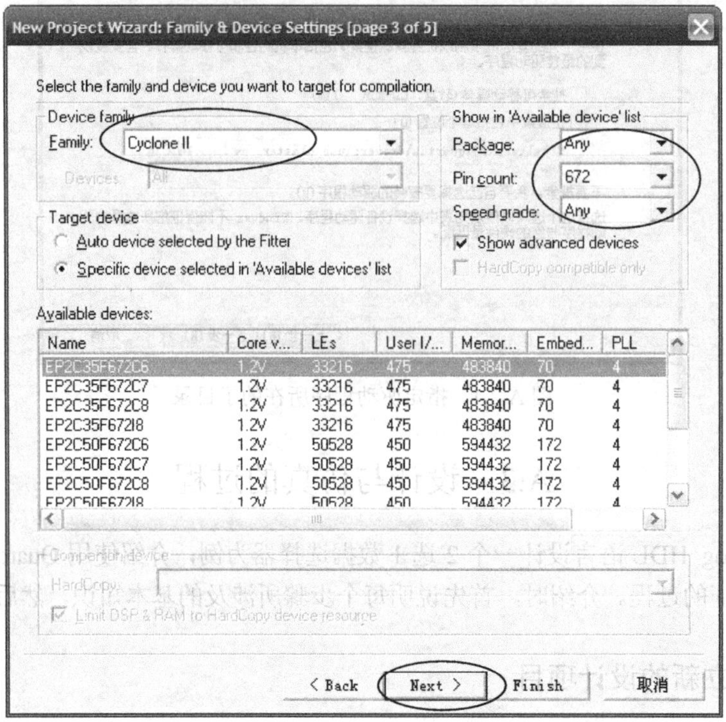

图 A.3.2 指定器件系列及型号

③ 在第 3 页面选择将要使用的目标器件。首先要选择使用的目标器件所属系列，此处选定 Cyclone II 系列的 EP2C35F672C6 器件，然后单击“Next”按钮进入第 4 页面。否则，编译器会自动选择一个芯片。

芯片命名规则如下：EP2C 是指 Cyclone II 系列，35 表明该芯片中逻辑单元的个数，编号 F672 表明其采用细线 672 引脚球格阵列封装，C6 是指芯片的速度等级。

④ 第 4 页面用于选择使用第三方软件工具[①]，此例只使用 Quartus II 软件包集成的工具，不选用其他工具。单击“Next”按钮，进入最后一个页面，该页面显示设计项目的摘要（Summary）。检查全部参数设置，若有误，可单击“Back”按钮返回，重新设置。若无误，则单击“Finish”按钮，返回到 Quartus II 主界面，此时 mux2to1_bh 被指定为一个新项目。

A.3.2 输入设计文件

对设计文件进行输入，需要经过选择文件类型、打开编辑器窗口、再输入文件（键入 HDL 代码或画原理图）等步骤，具体操作如下：

① 在 Quartus II 主界面，选择 File | New…命令，出现如图 A.3.3 所示的窗口，在 Design Files（设计文件）栏目下，选择 Verilog HDL File，单击“OK”按钮，打开文本编辑器。

① Quartus II 10.0 及以后版本的软件，去掉了内嵌的仿真工具，必须使用如 ModelSim 等第三方的仿真工具。

② 保存文件。选择 File | Save As，弹出一个对话框，在“保存类型”下拉列表框内选择 Verilog HDL File，在“文件名”列表框内键入 mux2to1_bh.v，并单击最底下 Add file to current project（添加文件到当前项目）前面的方框使其出现对勾，保存该文件。

③ 键入 HDL 代码。在文本编辑器窗口输入 2 选 1 数据选择器代码，用 File | Save 或者快捷键 Ctrl-s 保存该文件，如图 A.3.4 所示。

④ 选择命令 Processing | Analyze Current File，对编辑好的 HDL 程序进行语法检查。

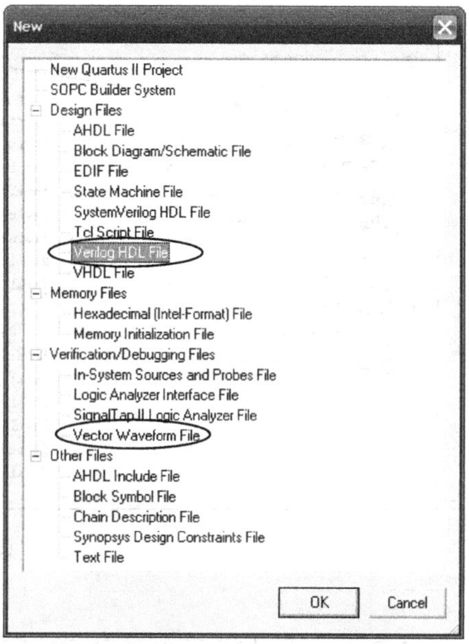

图 A.3.3　选择设计文件的类型

A.3.3　编译设计文件

Quartus II 编译器主要完成设计项目的检查、逻辑综合、布局布线等任务，为项目的时序仿真生成含有延时信息的电路网表文件，并生成最终的编程数据文件。其操作步骤是：在 Quartus II 主界面，选择菜单 Processing | Start Compilation 命令，或单击工具栏上的 ▶ 快捷图标，启动全程编译运行。

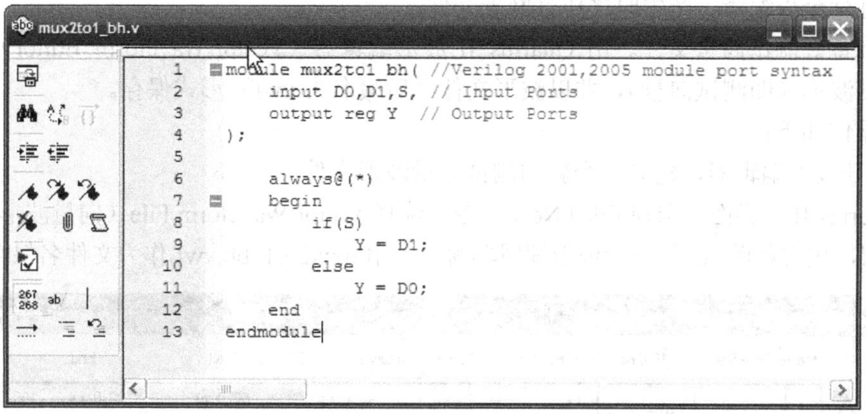

图 A.3.4　在文本编辑器中键入 Verilog 代码

在编译进行过程中，Quartus II 主界面左边的 Task（任务）窗口中将显示整个编译进程、各个模块编译进程的进度以及所用的时间；Messages（消息）窗口将显示编译过程中的消息以及设计中出现的错误等。若输入的 Verilog 代码存在错误，则显示每个错误。双击错误消息，在文本编辑器中高亮显示相应的出错语句。用同样的方法，也可以找到编译过程的警告消息对应的 Verilog 源代码行。选定某信息，按 F1 键，得到关于该错误或者警告消息的更多信息。否则，显示编译成功的消息。

编译完成后，会自动出现图 A.3.5 所示的编译报告窗口，选择左边窗口中要查看的条目，相应的报告内容会在右边窗口显示出来。

若编译报告窗口没有打开，则在编译工具窗口中单击 Report 图标，即可打开编译报告。另外，还可以用 Processing | Compilation Report 打开编译报告。

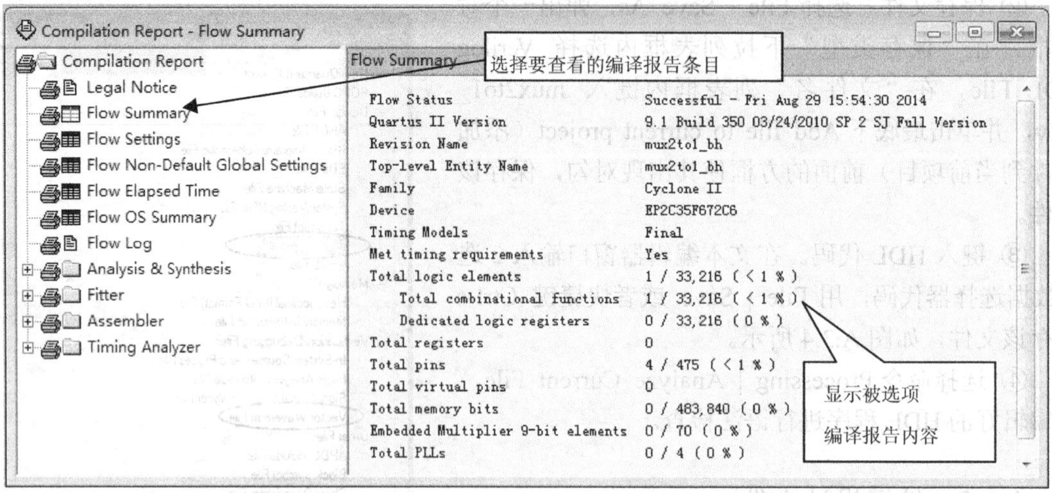

图 A.3.5 编译报告窗口

A.3.4 设计项目的仿真验证

在对电路进行仿真之前，需要做好以下准备工作：

（1）准备好电路网表文件。这里分两种情况：如果进行功能仿真，则使用命令 Processing | Generate Functional Simulation Netlist，产生功能仿真网表文件。如果进行时序仿真，则需要对整个设计进行全程编译，产生时序仿真网表文件。

（2）准备好测试向量文件。用 Quartus II 波形编辑器（Vector/Waveform Editor）建立输入信号的激励波形（即测试向量），并以波形文件（后缀名为.vwf）形式保存。

具体操作如下：

① 打开波形编辑器，建立一个新的测试向量波形文件。

在 Quartus II 主界面，选择 File | New 命令，选择 Vector Waveform File（向量波形文件），单击 OK 按钮，出现如图 A.3.6 所示波形编辑器窗口，用 mux2to1_bh.vwf 作为文件名保存该文件。

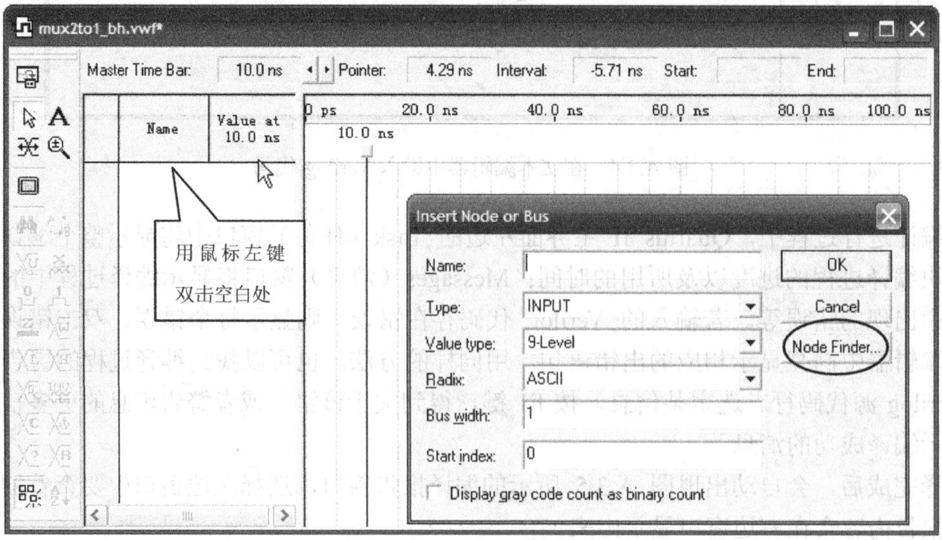

图 A.3.6 波形编辑器窗口

② 设置仿真终止时间和栅格尺寸。

设置仿真时间 0~100ns。选择命令 Edit | End Time，在弹出的对话框中，将默认的仿真时间 1μs 改成 100ns。选择 View | Fit in Window，可在该窗口中显示整个仿真过程。

设置栅格尺寸。栅格就是图中的垂直参照虚线。选择 Edit | Grid Size（栅格尺寸），在弹出的对话框中输入 5.0 ns。

注意，栅格的尺寸必须小于仿真文件记录长度。

③ 在测试向量文件中，添加输入、输出节点（信号）名。

在波形编辑器窗口中，选择 Edit | Insert | Insert Node or Bus…，或者用鼠标左键双击左边 Name 列的空白处，打开如图 A.3.6 所示的 Insert Node or Bus（插入节点或总线）对话框。

单击 Node Finder…（节点寻找）按钮，打开如图 A.3.7 所示的窗口。在 Filter（过滤器）栏目内选择 Pins: all。单击“List”按钮，在窗口的左边显示节点 D0、D1、S 和 Y。选择 D0，接着单击“≥”按钮，将 D0 添加到右边的列表框中。对 D1、S 和 Y，按照同样方法处理。单击“OK”按钮关闭节点寻找实用程序。接着单击图 A.3. 6 中的“OK”按钮，回到波形编辑器窗口。

选择节点的另一种方法是：直接单击“>>”按钮，一次将所有节点添加到右侧 Selected Nodes 框内。

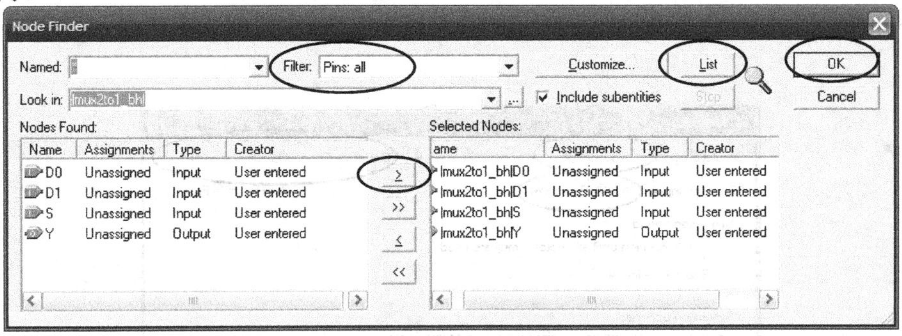

图 A.3.7　节点寻找实用程序

④ 绘制输入信号（节点）波形，即指定输入节点的逻辑电平变化。

波形编辑器提供了绘图工具栏。选择 Tools | Customize Waveform Editor 打开工具栏，然后单击 Waveform Editor 前面的方框使其出现对勾，再单击“确定”按钮，启动工具栏。工具栏各按钮的功能如图 A.3.8 所示，使用这些工具绘制波形。

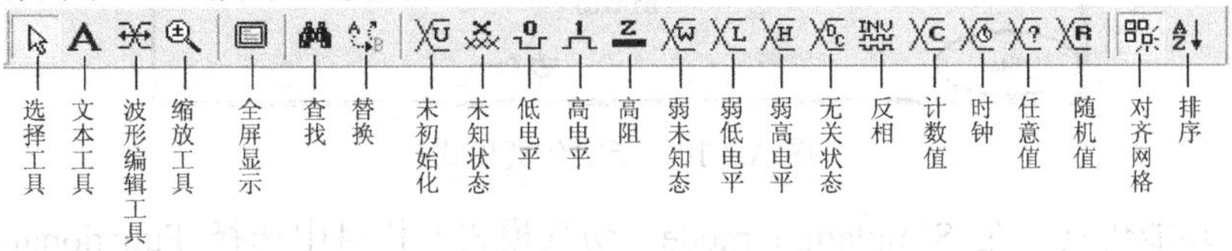

图 A.3.8　绘图快捷工具栏按钮的功能

输入任意信号波形的方法是：在波形的起点按下鼠标左键不放，并拖动到需要编辑的区域末尾，再单击快捷工具栏上相应按钮，即可完成输入波形编辑。

对输入 D0、D1 和 S 施加所有可能的 8 种逻辑值，输出信号的逻辑值将由仿真器自动生成。当电路比较复杂，输入取值数目非常多时，可以选取具有代表性的输入值。

按照图 A.3.9 编辑输入波形。开始时，所有的输入都是 0。D0 的值是每隔 10 ns 变化一次，在 10~20 ns 区域，按下鼠标左键不放并拖动高亮显示该区域，单击左侧高电平 按钮，此时该区域变为 1。

用同样的方法，将 D0、D1 和 S 相应的区域设置为 1。对于周期性信号，先单击信号名称（如 D0），使其变蓝，再单击 按钮，在弹出的对话框中输入信号的周期，可以快速设置输入波形。

最后使用默认的文件名（mux2to1_bh.vwf）保存该文件。

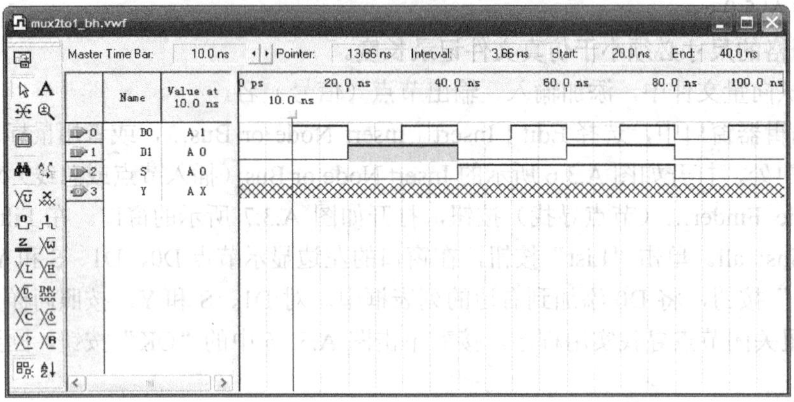

图 A.3.9　完整的测试向量波形

⑤ 执行仿真。选择命令 Processing | Simulator Tool，弹出如图 A.3.10 所示设置仿真模式对话框。

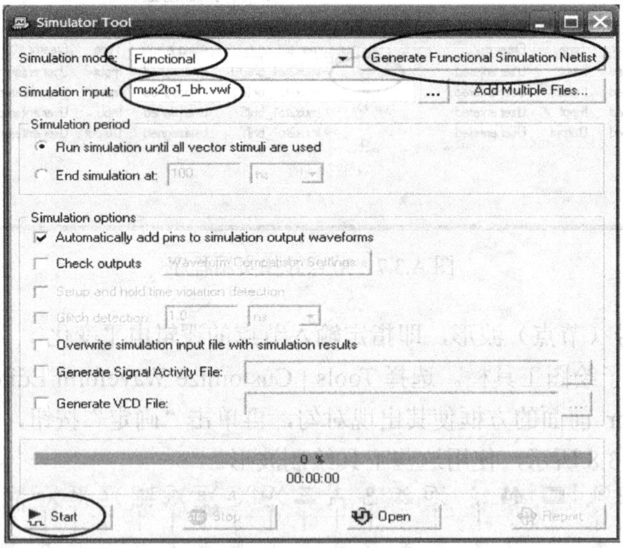

图 A.3.10　指定仿真模式

首先进行功能仿真。在 Simulation mode（仿真模式）栏目中选择 Functional，在 Simulation input 栏目内选择用于仿真的测试向量文件 mux2to1.vwf，再单击右边的 Generate Functional Simulation Netlist 按钮，产生功能仿真网表。最后单击左下角的 Start 按钮，仿真器开始运行。同时，状态窗口显示仿真进度以及所用时间。

注意，如果对一个工程项目创建了多个测试向量文件，则需要在 Simulation input 栏目内，根据需要选择用于仿真的实际文件名，很多人容易在这里犯错误。

仿真结束后，仿真器将根据输入测试向量产生输出节点的波形。单击右下角的 Report 按钮，得到的仿真报告如图 A.3.11 所示。根据波形图可知，当 S=0 时，Y=D0；而 S=1 时，Y=D1，符合选择器的功能设计要求。

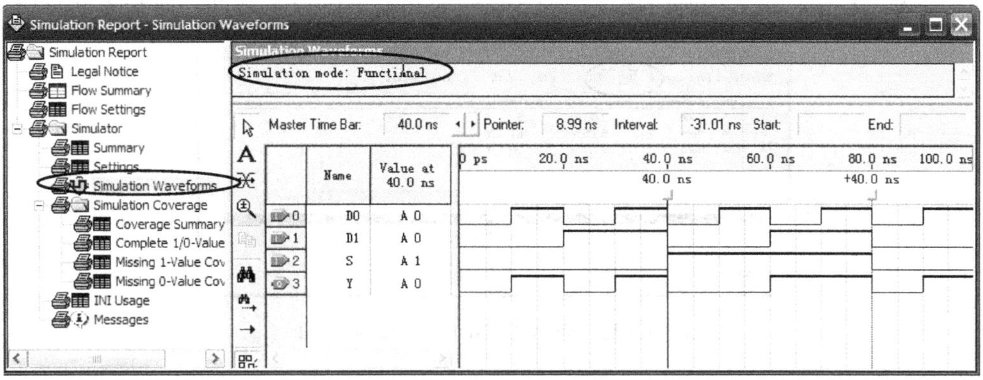

图 A.3.11　功能仿真波形图

接着进行时序仿真。首先对整个设计进行全程编译，产生时序仿真网表文件。接着，在图 A.3.10 中的 Simulation mode（仿真模式）栏目中选择 Timing，其他选项及操作与功能仿真相同，得到如图 A.3.12 所示的仿真报告。与功能仿真波形图进行比较，输出信号 Y 的波形有些不同，即相对于输入有延迟，这是由于芯片内部逻辑元件和连接导线的延迟特性引起的。

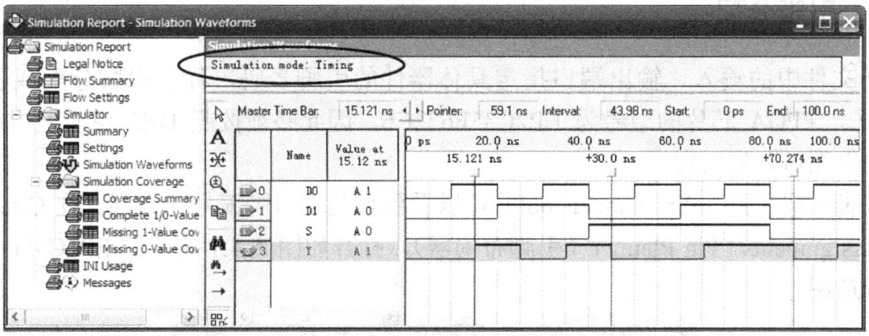

图 A.3.12　时序仿真波形图

在波形窗口中，选择命令 Edit | Time bar（时间游标条），可以插入多根时间游标的垂直线。选择命令 View | Snap to Transition（捕捉到跳变沿），然后用鼠标拖拽游标条就可以准确地对齐任何波形的跳变沿。单击 Master Time Bar（主时间游标条）垂直线顶点并拖拽到 Y 值最初变跳为高电平 1 的跳变沿处，此时游标条顶部显示 15.121ns，表示输入 D0 在 10ns 时刻发生变化，经过 5.121ns 器件延时，输出 Y 值才产生变化。

另一种启动仿真器运行的方法是：完成仿真器的设置后，在 Quartus II 主界面，选择 Processing | Start Simulation 命令，或者单击仿真快捷图标 ，即可运行仿真器。

A.3.5　分析信号的延迟特性

观察图 A.3.12 可知，当 S 从 0 跳变到 1 时，输出信号 Y 的波形相对于输入有明显的延迟，这是由于芯片内部逻辑元件和连接导线的延迟特性引起的。为了得到输入、输出信号之间的准确延时，可以打开时序分析工具进行分析。其操作如下：

（1）选择主菜单 Processing | Classic Timing Analysis Tool，弹出如图 A.3.13 所示的时序分析工具，单击 Start 按钮，时序分析工具立刻开始分析当前项目中每个源节点和目标节点之间的传输延迟。对于时序电路，还可以分析建立时间和保持时间等内容。

（2）用鼠标左键单击 tpd 标签页，查看当前项目中每个输入信号到输出信号之间的传输延迟时间。在本工程中，最大的延时出现在输入信号 S 和输出信号 Y 之间，时长为 9.451ns。

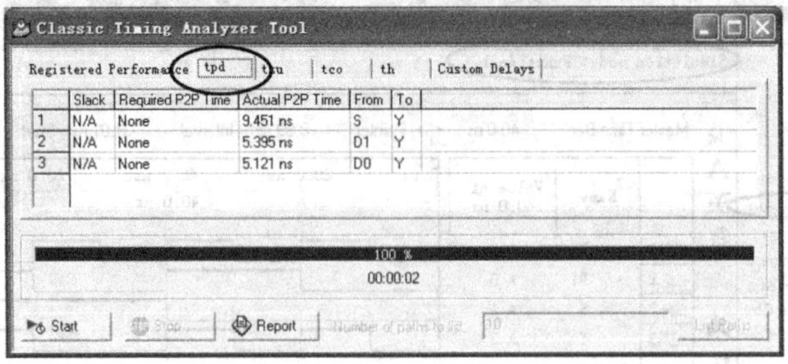

图 A.3.13　输入到输出的传输延迟时间

A.4　引脚分配与器件编程

在选定目标器件，完成设计项目的分析和综合，并得到正确的仿真结果以后，接着要进行引脚分配与器件编程等物理实现方面。这里用 DE2 教学开发板[①]上的开关、发光二极管（LED）或者数码显示器等外围资源验证设计的正确性。

A.4.1　引脚分配

对设计文件中的输入、输出端口指定具体器件的引脚号码，称为**引脚分配**或**引脚锁定**。DE2 开发板上 FPGA 芯片的型号为 EP2C35F672C6。因此必须按照 DE2 说明书给设计文件中的输入、输出端口分配引脚。

使用引脚布局工具（Pin Planner tool）可以看到封装的引脚编号与布局。在 Quartus II 主界面，选择 Assignments | Pin Planner（引脚布局器），打开如图 A.4.1 所示的 EP2C35F672C6 芯片顶视封装示意图。

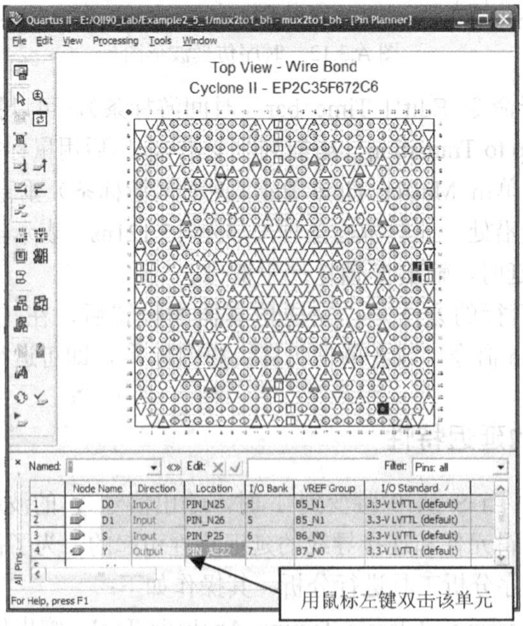

图 A.4.1　芯片布局器上显示的引脚

① DE2 为一种 FPGA 教学开发板，将在 A.5 节介绍。

EP2C35F672C6 芯片有 672 个引脚，用行和列标记，行用字母表示，而列用数字表示。例如，最上面一行第 5 列的引脚称为引脚 A5，最下面一行第 5 列的引脚称为 AF5。

使用 DE2 开发板上 3 只乒乓开关（SW[0]、SW[1]和 SW[2]）和 1 只发光二极管（LEDG[0]）来实际测试我们的设计。电路端口与器件引脚对应关系如表 A.4.1 所示。

表 A.4.1 电路端口与器件引脚的对应关系

电路端口名	器件引脚编号	该引脚与 DE2 板上相连的元件名称
D0	PIN_N25	乒乓开关 SW[0]
D1	PIN_N26	乒乓开关 SW[1]
S	PIN_P25	乒乓开关 SW[2]
Y	PIN_AE22	绿色发光二极管 LEDG[0]

图 A.4.1 下部的表格列出了项目的输入和输出端口，为了连接输入信号 D0，双击该表 Location 列，从显示的清单中选择引脚 PIN_N25。重复该过程完成所有引脚分配。删除已分配引脚的方法是：选择该引脚，按一下键盘上的 Delete 键。

另外，选择菜单 Assignments | Assignments Editor 命令，或选择菜单 Assignments | Pins 命令，也可以分配引脚。

引脚分配完毕后，必须对设计项目再次进行全程编译。适配器（Fitter）将用户指定的引脚分配给相应的端口，而其他未指定引脚的端口，则由软件自动分配引脚。

上述方法适合于电路端口数较少的设计，当电路端口较多时，可以采用下述方法：

（1）用普通文本编辑器（例如记事本）创建一个以逗号分隔的文本文件，如图 A.4.2 所示。

（2）将文件以 mux2to1_bh.csv 名字保存。文件名后缀.csv（comma separated value）的含义是数据之间以逗号分隔。

（3）在 Quartus II 主界面，选择命令 Assignments | Import Assignments，出现图 A.4.3 所示窗口，在该窗口中指定需要输入的文件名（本例是 mux2to1_bh.csv），则完成了引脚分配。

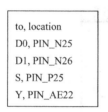

```
to, location
D0, PIN_N25
D1, PIN_N26
S, PIN_P25
Y, PIN_AE22
```

图 A.4.2 引脚分配文本文件

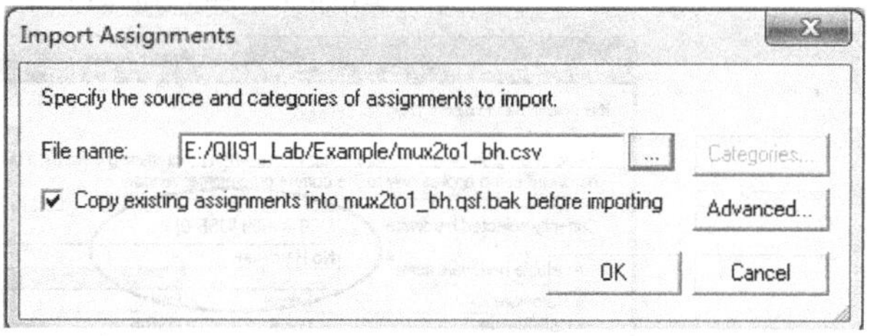

图 A.4.3 输入引脚分配文件

A.4.2 对目标器件编程

Quartus II 软件支持多种编程模式：被动串行模式 PS（Passive Serial mode）、JTAG 模式、主动串行模式 AS（Active Serial mode）和套接字内编程模式（In-Socket Progmming mode）。在调试阶段，一般采用 JTAG 模式编程，将编程数据从计算机上直接下载到 FPGA 芯片的 SRAM 中。这种方法下载速度快，便于调试，只要电源持续供电，FPGA 将一直保留这次的配置信息，但断电后配置信息就会立即丢失。当设计成功后，多采用 AS 模式编程，该模式将编程数据下载到 FPGA 专用串行配置器件（例如，EPCS1、EPCS4、EPCS16）中，断电后配置数据不会丢失，在系统上电时，由配置器件自动地对 FPGA 器件进行配置。

对 DE2 板上的 EP2C35F672C6 芯片进行编程之前，需要完成以下准备工作：

（1）用一条电缆连接 DE2 板最上边靠左的 USB 接口与计算机 USB 接口。

（2）用专用电源适配器给 DE2 板提供直流电源（9V）。

（3）安装 USB-Blaster 驱动程序（参考 A.2 节）。

1．使用 JTAG 编程模式，对 FPGA 器件编程

其操作步骤如下：

① 将 DE2 板上的 RUN/PROG 开关设置在 RUN 上。

② 选择 Tools | Programmer 命令，出现如图 A.4.4 所示编程器窗口。此时，编程数据文件名 mux2to1_bh.sof 及目标器件等信息显示在文件列表中。否则，选择菜单 Edit | Add File...命令，添加该文件，并单击 Program/Configure 下面的小方框，选中编程操作。

③ 指定编程硬件和编程模式。在图 A.4.4 中，在 Mode 下拉列表框中选择 JTAG。单击左边的 Hardware Setup（硬件设置）按钮，在弹出的窗口（如图 A.4.5 所示）中选择 USB-Blaster，单击 Add Hardware 按钮，再单击 Close，返回编程器窗口。

④ 单击图 A.4.4 窗口中的 Start（启动）按钮。开始编程，编程结束时有提示信息出现。若有错误报告，表明编程失败，则需要检查硬件连接及电源等。

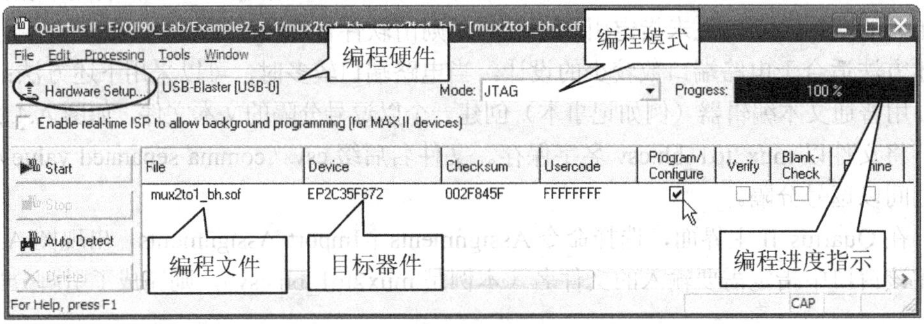

图 A.4.4　编程器窗口

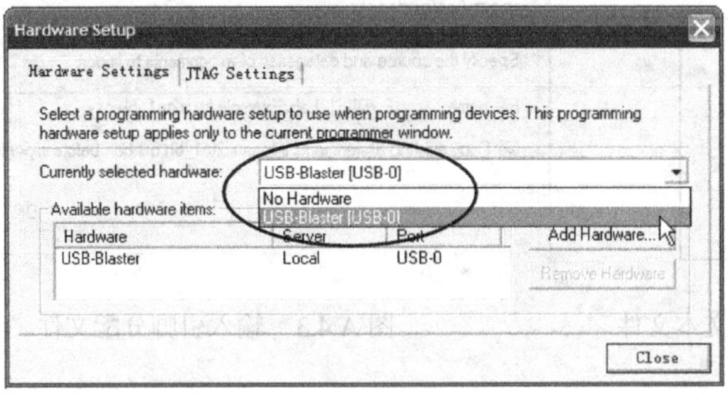

图 A.4.5　编程硬件设置窗口

2．实际测试电路功能

完成配置数据下载后，需要测试电路。将代表电路输入的三个开关 SW[0]、SW[1] 和 SW[2]的状态分别设置成 8 种取值之一，观察代表电路输出的发光二极管 LEDG[0]状态，看是否满足 2 选 1 数据选择器的逻辑功能。

若电路工作不正常，需要确认引脚分配是否正确。若用户想要对设计电路做一些修改，则首先关闭编程器窗口，然后修改 Verilog 文件，重新全程编译，产生新的编程数据文件，对开发板重新编程。

3．使用 AS 编程模式，对配置器件 EPCS16 进行编程

在产品定型后，需要对配置器件进行编程（平时的实验练习可以忽略该步骤），操作步骤

如下：

① 在 Quartus II 主界面，选择命令 Assignments | Settings，在左边 Category（类别）栏中选择 Device，打开设置器件窗口，如图 A.4.6 所示。

② 在 Settings 窗口中，单击 Device & Pin Options…按钮，并切换到 Configuration 页面，如图 A.4.7 所示。在 Configuration Device 框中，选择 EPCS16，单击“确定”按钮，再单击 OK 按钮，返回到 Quartus II 主界面，重新全程编译整个项目。

③ 将 DE2 板上的 RUN/PROG 开关设置在 PROG 上。

④ 选择 Tools | Programmer 命令，出现如图 A.4.4 所示的编程器窗口。在 Mode 下拉列表框中选择 Active Serial Programming，弹出一个是否清除现有器件的提示信息，选择“是”，清除当前器件。

⑤ 选择编程器窗口的菜单 Edit | Add File…命令，添加文件 mux2to1_bh.pof。然后选中 Program/Configure 编程操作。

⑥ 在编程器窗口，单击 Start 按钮进行编程。

编程结束后，断开电源，并将 DE2 板上的 RUN/PROG 开关设置在 RUN 上，重新上电，测试电路的功能。

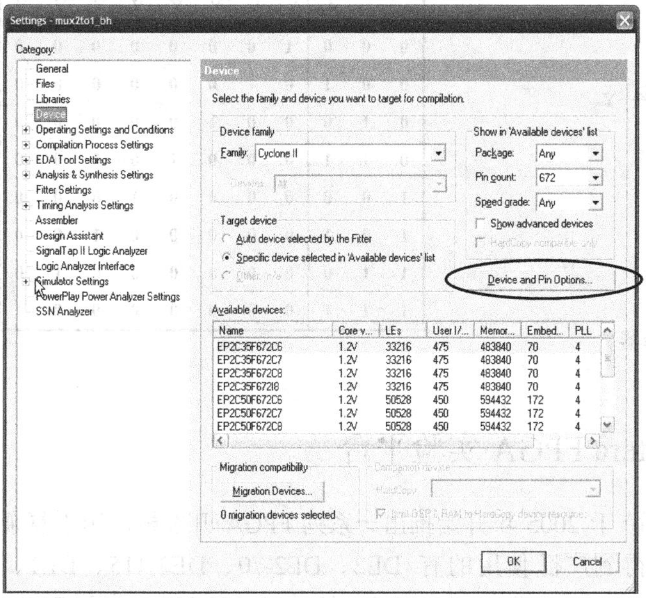

图 A.4.6　设置器件窗口

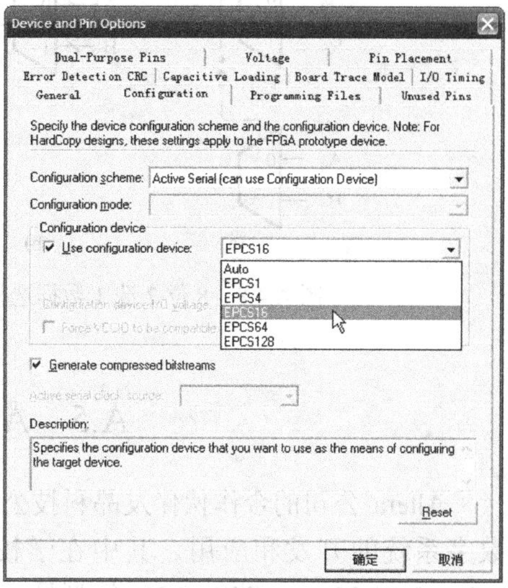

图 A.4.7　配置器件 EPCS16 选择窗口

A.4.3　实验任务

任务一　8 位 2 选 1 数据选择器设计

功能要求：图 A.4.8 是 8 位 2 选 1 数据选择器组成框图和逻辑符号，其输入 A 和 B 均为 8 位宽，输出 Y 也为 8 位宽。电路的功能是：如果 S=0，Y=A；如果 S=1，Y=B。 要求使用 Verilog HDL 对该电路进行建模，并用 FPGA 开发板实现所要求的电路。

设计步骤与要求：

① 创建一个子目录 E:\QII91_Lab\Lab1，并新建一个 Quartus II 工程项目。

② 建立一个 Verilog HDL 文件，用开关 SW[17]代表 S，用 SW[7]~SW[0]代表 A，用

SW[15]~SW[8]代表 B，将拨动开关与红色 LED 连接以显示其状态，用绿色 LED（即 LEDG[7]~LEDG[0]）作为输出 Y，并将该 Verilog HDL 文件添加到工程项目中。

③ 导入 DE2_pin_assignments.csv 中的引脚分配，或者手动完成引脚分配。

④ 编译整个项目，查看该电路所占用的逻辑单元（Logic Elements，LE）的数量。

⑤ 下载电路到 FPGA 中，测试电路功能。改变拨动开关的位置，并观察红色 LED 与绿色 LED 的亮、灭状态。

⑥ 完成实验后，关闭所有文件，退出 Quartus II，并关闭计算机。

⑦ 根据实验流程和实验结果，写出实验总结报告。

任务二　3—8 线译码器设计与实现

功能要求：3-8 译码器的功能表如表 A.4.2 所示，试用 Verilog HDL 对电路建模，然后进行逻辑功能仿真与实现。

设计步骤与要求：与任务一的步骤相似。

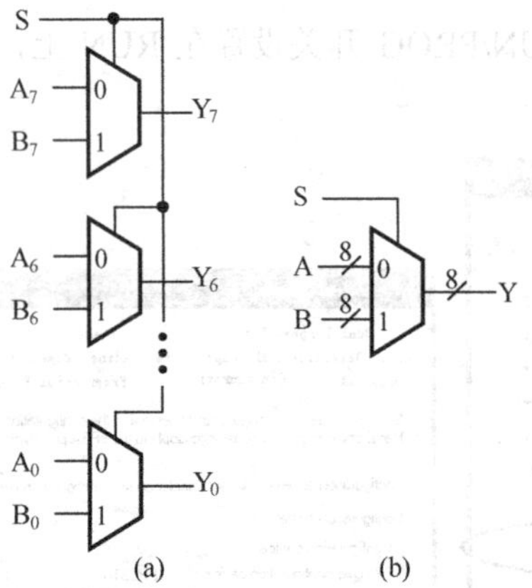

图 A.4.8　8 位 2 选 1 数据选择器

表 A.4.2　3 线-8 线译码器功能表

输入			输出							
A_2	A_1	A_0	Y_0	Y_1	Y_2	Y_3	Y_4	Y_5	Y_6	Y_7
0	0	0	1	0	0	0	0	0	0	0
0	0	1	0	1	0	0	0	0	0	0
0	1	0	0	0	1	0	0	0	0	0
0	1	1	0	0	0	1	0	0	0	0
1	0	0	0	0	0	0	1	0	0	0
1	0	1	0	0	0	0	0	1	0	0
1	1	0	0	0	0	0	0	0	1	0
1	1	1	0	0	0	0	0	0	0	1

A.5　Altera FPGA 实验平台

Altera 公司的合作伙伴友晶科技公司①于 2005 年开始推出一系列 FPGA 开发板，用于复杂数字系统的开发和应用。其中在学校得到广泛使用的有 DE2、DE2-70、DE2-115、DE1、DE0、DE0-Nano、DE1 SOC 等型号。DE 系列开发板包含高性价比的 CYCLONE 系列 FPGA 器件和丰富的外围硬件资源，将设计逻辑的端口与开发板上 FPGA 器件对应引脚进行绑定，就可以利用开发板上的资源快速地验证用户设计的逻辑电路是否正确。

本节将简单介绍 DE0、DE2 和 DE2-115 开发板上一些基础硬件资源，一些不经常使用的外围硬件资源请阅读开发板的用户手册。

A.5.1　开发板提供的基本输入/输出资源

DE0、DE2 开发板上提供的按键、拨动开关、LED、数码管及其对应的引脚如表 A.5.1 所示。开发平台上的按键都使用了施密特逻辑门防止按键的抖动，当按键被按下时，输出低电

---

① 友晶科技公司主页 www.terasic.com.cn.

平，不按时为高电平。拨动开关拨到上面的位置时，输出高电平，拨到下面时为低电平。

发光二极管采用共阴极接法，其阳极通过限流电阻连接到 FPGA 的引脚，当对应引脚输出逻辑 1 时，LED 将被点亮。七段共阳极数码显示器采用静态电路连接方式，数码显示器的每一段都通过一个限流电阻连接到 FPGA 的引脚，但小数点没有被连接。

表 A.5.1　DE0、DE2、DE2-115 基本输入/输出外设引脚约束表

开发板型号		DE0	DE2	DE2-115
按　键	KEY[0]	PIN_H2	PIN_G26	PIN_M23
	KEY[1]	PIN_G3	PIN_N23	PIN_M21
	KEY[2]	PIN_F1	PIN_P23	PIN_N21
	KEY[3]	---①	PIN_W26	PIN_R24
拨动开关	SW[0]	PIN_J6	PIN_N25	PIN_AB28
	SW[1]	PIN_H5	PIN_N26	PIN_AC28
	SW[2]	PIN_H6	PIN_P25	PIN_AC27
	SW[3]	PIN_G4	PIN_AE14	PIN_AD27
	SW[4]	PIN_G5	PIN_AF14	PIN_AB27
	SW[5]	PIN_J7	PIN_AD13	PIN_AC26
	SW[6]	PIN_H7	PIN_AC13	PIN_AD26
	SW[7]	PIN_E3	PIN_C13	PIN_AB26
	SW[8]	PIN_E4	PIN_B13	PIN_AC25
	SW[9]	PIN_D2	PIN_A13	PIN_AB25
	SW[10]	---	PIN_N1	PIN_AC24
	SW[11]	---	PIN_P1	PIN_AB24
	SW[12]	---	PIN_P2	PIN_AB23
	SW[13]	---	PIN_T7	PIN_AA24
	SW[14]	---	PIN_U3	PIN_AA23
	SW[15]	---	PIN_U4	PIN_AA22
	SW[16]	---	PIN_V1	PIN_Y24
	SW[17]	---	PIN_V2	PIN_Y23
绿色 LED	LEDG[0]	PIN_J1	PIN_AE22	PIN_E21
	LEDG[1]	PIN_J2	PIN_AF22	PIN_E22
	LEDG[2]	PIN_J3	PIN_W19	PIN_E25
	LEDG[3]	PIN_H1	PIN_V18	PIN_E24
	LEDG[4]	PIN_F2	PIN_U18	PIN_H21
	LEDG[5]	PIN_E1	PIN_U17	PIN_G20
	LEDG[6]	PIN_C1	PIN_AA20	PIN_G22
	LEDG[7]	PIN_C2	PIN_Y18	PIN_G21
	LEDG[8]	PIN_B2	PIN_Y12	PIN_F17
	LEDG[9]	PIN_B1	---	---

① --- 表示该开发板无此资源。

续表

开发板型号		DE0	DE2	DE2-115
红色 LED	LEDR[0]	---	PIN_AE23	PIN_G19
	LEDR[2]	---	PIN_AF23	PIN_E19
	LEDR[1]	---	PIN_AB21	PIN_F19
	LEDR[3]	---	PIN_AC22	PIN_F21
	LEDR[4]	---	PIN_AD22	PIN_F18
	LEDR[5]	---	PIN_AD23	PIN_E18
	LEDR[6]	---	PIN_AD21	PIN_J19
	LEDR[7]	---	PIN_AC21	PIN_H19
	LEDR[8]	---	PIN_AA14	PIN_J17
	LEDR[9]	---	PIN_Y13	PIN_G17
	LEDR[10]	---	PIN_AA13	PIN_J15
	LEDR[11]	---	PIN_AC14	PIN_H16
	LEDR[12]	---	PIN_AD15	PIN_J16
	LEDR[13]	---	PIN_AE15	PIN_H17
	LEDR[14]	---	PIN_AF13	PIN_F15
	LEDR[15]	---	PIN_AE13	PIN_G15
	LEDR[16]	---	PIN_AE12	PIN_G16
	LEDR[17]	---	PIN_AD12	PIN_H15
七段数码管	HEX0_DP	PIN_D13		
	HEX1_DP	PIN_B15		
	HEX2_DP	PIN_A18		
	HEX3_DP	PIN_G16		
	HEX0[0]	PIN_E11	PIN_AF10	PIN_G18
	HEX0[1]	PIN_F11	PIN_AB12	PIN_F22
	HEX0[2]	PIN_H12	PIN_AC12	PIN_E17
	HEX0[3]	PIN_H13	PIN_AD11	PIN_L26
	HEX0[4]	PIN_G12	PIN_AE11	PIN_L25
	HEX0[5]	PIN_F12	PIN_V14	PIN_J22
	HEX0[6]	PIN_F13	PIN_V13	PIN_H22
	HEX1[0]	PIN_A15	PIN_V20	PIN_M24
	HEX1[1]	PIN_E14	PIN_V21	PIN_Y22
	HEX1[2]	PIN_B14	PIN_W21	PIN_W21
	HEX1[3]	PIN_A14	PIN_Y22	PIN_W22
	HEX1[4]	PIN_C13	PIN_AA24	PIN_W25
	HEX1[5]	PIN_B13	PIN_AA23	PIN_U23
	HEX1[6]	PIN_A13	PIN_AB24	PIN_U24
	HEX2[0]	PIN_F14	PIN_AB23	PIN_AA25
	HEX2[1]	PIN_B17	PIN_V22	PIN_AA26
	HEX2[2]	PIN_A17	PIN_AC25	PIN_Y25
	HEX2[3]	PIN_E15	PIN_AC26	PIN_W26
	HEX2[4]	PIN_B16	PIN_AB26	PIN_Y26
	HEX2[5]	PIN_A16	PIN_AB25	PIN_W27
	HEX2[6]	PIN_D15	PIN_Y24	PIN_W28
	HEX3[0]	PIN_G15	PIN_Y23	PIN_V21
	HEX3[1]	PIN_D19	PIN_AA25	PIN_U21
	HEX3[2]	PIN_C19	PIN_AA26	PIN_AB20
	HEX3[3]	PIN_B19	PIN_Y26	PIN_AA21

续表

开发板型号		DE0	DE2	DE2-115
七段数码管	HEX3[4]	PIN_A19	PIN_Y25	PIN_AD24
	HEX3[5]	PIN_F15	PIN_U22	PIN_AF23
	HEX3[6]	PIN_B18	PIN_W24	PIN_Y19
	HEX4[0]	---	PIN_U9	PIN_AB19
	HEX4[1]	---	PIN_U1	PIN_AA19
	HEX4[2]	---	PIN_U2	PIN_AG21
	HEX4[3]	---	PIN_T4	PIN_AH21
	HEX4[4]	---	PIN_R7	PIN_AE19
	HEX4[5]	---	PIN_R6	PIN_AF19
	HEX4[6]	---	PIN_T3	PIN_AE18
	HEX5[0]	---	PIN_T2	PIN_AD18
	HEX5[1]	---	PIN_P6	PIN_AC18
	HEX5[2]	---	PIN_P7	PIN_AB18
	HEX5[3]	---	PIN_T9	PIN_AH19
	HEX5[4]	---	PIN_R5	PIN_AG19
	HEX5[5]	---	PIN_R4	PIN_AF18
	HEX5[6]	---	PIN_R3	PIN_AH18
	HEX6[0]	---	PIN_R2	PIN_AA17
	HEX6[1]	---	PIN_P4	PIN_AB16
	HEX6[2]	---	PIN_P3	PIN_AA16
	HEX6[3]	---	PIN_M2	PIN_AB17
	HEX6[4]	---	PIN_M3	PIN_AB15
	HEX6[5]	---	PIN_M5	PIN_AA15
	HEX6[6]	---	PIN_M4	PIN_AC17
	HEX7[0]	---	PIN_L3	PIN_AD17
	HEX7[1]	---	PIN_L2	PIN_AE17
	HEX7[2]	---	PIN_L9	PIN_AG17
	HEX7[3]	---	PIN_L6	PIN_AH17
	HEX7[4]	---	PIN_L7	PIN_AF17
	HEX7[5]	---	PIN_P9	PIN_AG18
	HEX7[6]	---	PIN_N9	PIN_AA14

A.5.2 开发板提供的时钟源与扩展槽

1. DE2-115 开发板的时钟源与扩展槽

DE2-115 开发板上的时钟分布框图如图 A.5.1 所示。它包含一个 50MHz 石英晶体振荡器，能够产生 50MHz 时钟信号，这个时钟信号通过一个时钟缓冲器产生 3 路抖动低的 50MHz 时钟信号送到 FPGA 的时钟输入引脚，为用户的逻辑设计提供时钟信号。此外，所有这些时钟输入都与 FPGA 内部锁相环（PLL）的时钟输入引脚相连接，以便用户使用这些时钟作为 PLL 电路的时钟源。

另外，该板还包括两个 SMA 连接器，可以将外部时钟源连接到电路板，或者通过 SMA 连接器送出时钟信号。时钟源与 FPGA I/O 引脚的连接如表 A.5.2 所示。

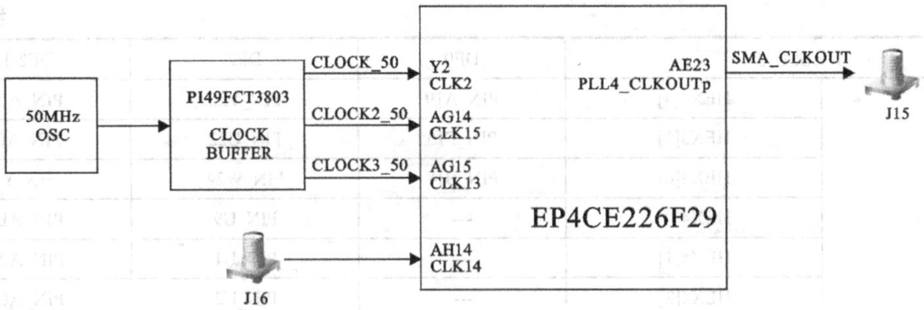

图 A.5.1　DE2-115 的时钟分布框图

表 A.5.2　DE2-115 的时钟信号引脚分配

时钟信号名	FPGA 引脚号	说　明	I/O 电平标准
CLOCK_50	PIN_Y2	50 MHz 时钟输入	3.3V
CLOCK2_50	PIN_AG14	50 MHz 时钟输入	3.3V
CLOCK3_50	PIN_AG15	50 MHz 时钟输入	由 JP6 跳线选择
SMA_CLKOUT	PIN_AE23	外部（SMA）时钟输出	由 JP6 跳线选择
SMA_CLKIN	PIN_AH14	外部（SMA）时钟输入	3.3V

为了方便用户外接扩展电路，DE2-115 开发板提供一个 40 针的扩展槽，如图 A.5.2 所示。图中将 FPGA 的引脚号写在括号内部。扩展槽中信号名称及其与 FPGA 引脚的连接如表 A.5.3 所示。

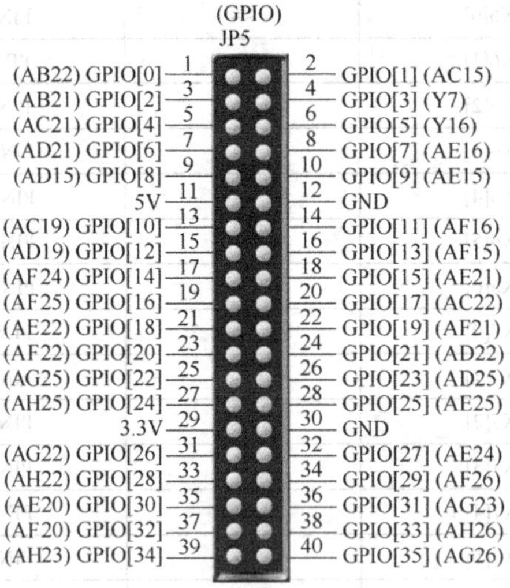

图 A.5.2　DE2-115 扩展槽

表 A.5.3　DE2-115 扩展槽信号名称及 FPGA 引脚号

信号名称	FPGA 引脚号	信号名称	FPGA 引脚号	信号名称	FPGA 引脚号	信号名称	FPGA 引脚号
GPIO[0]	PIN_AB22	GPIO[11]	PIN_AF16	GPIO[20]	PIN_AF22	GPIO[29]	PIN_AF26
GPIO[1]	PIN_AC15	GPIO[12]	PIN_AD19	GPIO[21]	PIN_AD22	GPIO[30]	PIN_AE20
GPIO[2]	PIN_AB21	GPIO[13]	PIN_AF15	GPIO[22]	PIN_AG25	GPIO[31]	PIN_AG23
GPIO[3]	PIN_Y17	GPIO[14]	PIN_AF24	GPIO[23]	PIN_AD25	GPIO[32]	PIN_AF20
GPIO[4]	PIN_AC21	GPIO[15]	PIN_AE21	GPIO[24]	PIN_AH25	GPIO[33]	PIN_AH26
GPIO[5]	PIN_Y16	GPIO[16]	PIN_AF25	GPIO[25]	PIN_AE25	GPIO[34]	PIN_AH23
GPIO[6]	PIN_AD21	GPIO[17]	PIN_AC22	GPIO[26]	PIN_AG22	GPIO[35]	PIN_AG26
GPIO[7]	PIN_AE16	GPIO[18]	PIN_AE22	GPIO[27]	PIN_AE24		
GPIO[10]	PIN_AC19	GPIO[19]	PIN_AF21	GPIO[28]	PIN_AH22		

2．DE2 开发板的时钟源与扩展槽

DE2 开发板上包含 27 MHz 和 50 MHz 两个石英晶体振荡器，能够产生 50 MHz 和 27 MHz 时钟信号。还有一个 SMA 接口用于将外部时钟输入到板子上。此外，这些时钟输入还被连接到 FPGA 内部锁相环（PLL）的时钟输入引脚，以便用户使用这些时钟作为 PLL 电路的时钟源。时钟源与 FPGA I/O 引脚的连接如表 A.5.4 所示。

表 A.5.4　DE0 的时钟输入信号

时钟信号名	FPGA 引脚号	说　明
CLOCK_27	PIN_D13	27 MHz 时钟输入
CLOCK_50	PIN_N2	50 MHz 时钟输入
EXT_CLOCK	PIN_P26	外部（SMA）时钟输入

为了方便用户外接扩展电路，DE2 开发板提供两个 40 针的扩展槽，如图 A.5.3 所示。图中将 FPGA 的引脚号写在括号内部。扩展槽中信号名称及其与 FPGA 引脚的连接如表 A.5.5 所示。

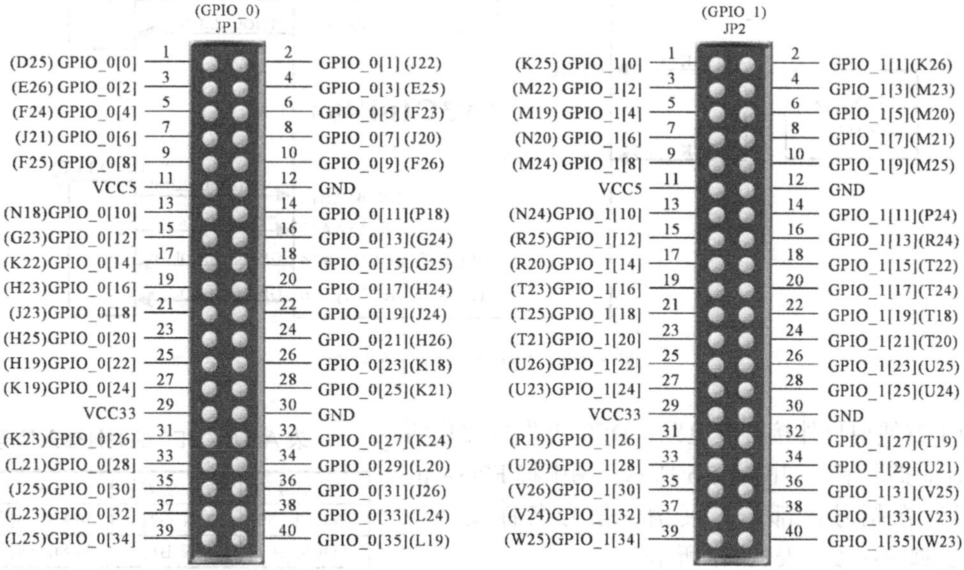

图 A.5.3　DE2 扩展槽

表 A.5.5　DE2 扩展槽信号名称及 FPGA 引脚号

信号名称	FPGA 引脚号	信号名称	FPGA 引脚号	信号名称	FPGA 引脚号	信号名称	FPGA 引脚号
GPIO_0[0]	PIN_D25	GPIO_0[18]	PIN_J23	GPIO_1[0]	PIN_K25	GPIO_1[18]	PIN_T25
GPIO_0[1]	PIN_J22	GPIO_0[19]	PIN_J24	GPIO_1[1]	PIN_K26	GPIO_1[19]	PIN_T18
GPIO_0[2]	PIN_E26	GPIO_0[20]	PIN_H25	GPIO_1[2]	PIN_M22	GPIO_1[20]	PIN_T21
GPIO_0[3]	PIN_E25	GPIO_0[21]	PIN_H26	GPIO_1[3]	PIN_M23	GPIO_1[21]	PIN_T20
GPIO_0[4]	PIN_F24	GPIO_0[22]	PIN_H19	GPIO_1[4]	PIN_M19	GPIO_1[22]	PIN_U26
GPIO_0[5]	PIN_F23	GPIO_0[23]	PIN_K18	GPIO_1[5]	PIN_M20	GPIO_1[23]	PIN_U25
GPIO_0[6]	PIN_J21	GPIO_0[24]	PIN_K19	GPIO_1[6]	PIN_N20	GPIO_1[24]	PIN_U23
GPIO_0[7]	PIN_J20	GPIO_0[25]	PIN_K21	GPIO_1[7]	PIN_M21	GPIO_1[25]	PIN_U24
GPIO_0[8]	PIN_F25	GPIO_0[26]	PIN_K23	GPIO_1[8]	PIN_M24	GPIO_1[26]	PIN_R19
GPIO_0[9]	PIN_F26	GPIO_0[27]	PIN_K24	GPIO_1[9]	PIN_M25	GPIO_1[27]	PIN_T19
GPIO_0[10]	PIN_N18	GPIO_0[28]	PIN_L21	GPIO_1[10]	PIN_N24	GPIO_1[28]	PIN_U20
GPIO_0[11]	PIN_P18	GPIO_0[29]	PIN_L20	GPIO_1[11]	PIN_P24	GPIO_1[29]	PIN_U21
GPIO_0[12]	PIN_G23	GPIO_0[30]	PIN_J25	GPIO_1[12]	PIN_R25	GPIO_1[30]	PIN_V26
GPIO_0[13]	PIN_G24	GPIO_0[31]	PIN_J26	GPIO_1[13]	PIN_R24	GPIO_1[31]	PIN_V25
GPIO_0[14]	PIN_K22	GPIO_0[32]	PIN_L23	GPIO_1[14]	PIN_R20	GPIO_1[32]	PIN_V24
GPIO_0[15]	PIN_G25	GPIO_0[33]	PIN_L24	GPIO_1[15]	PIN_T22	GPIO_1[33]	PIN_V23
GPIO_0[16]	PIN_H23	GPIO_0[34]	PIN_L25	GPIO_1[16]	PIN_T23	GPIO_1[34]	PIN_W25
GPIO_0[17]	PIN_H24	GPIO_0[35]	PIN_L19	GPIO_1[17]	PIN_T24	GPIO_1[35]	PIN_W23

3．DE0 开发板的时钟源与扩展槽

DE0 开发板上的时钟分布如图 A.5.4 所示。它包含一个 50 MHz 石英晶体振荡器，能够产生 50 MHz 时钟信号，这个时钟信号被连接到 FPGA 的引脚 G21 和 B12，以便为用户的逻辑设计提供时钟信号。此外，这些时钟输入还被连接到 FPGA 内部锁相环（PLL）的时钟输入引脚，以便用户使用这些时钟作为 PLL 电路的时钟源。

两个 50MHz 时钟信号与 FPGA I/O 引脚的连接如表 A.5.6 所示。也可以通过扩展槽使用外部时钟信号。

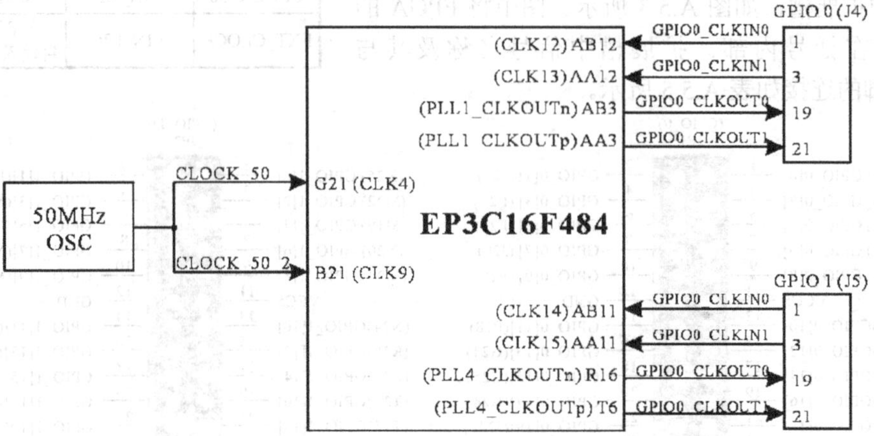

图 A.5.4　DE0 的时钟分布框图

为了方便用户外接扩展电路，DE0 开发板提供两个 40 针的扩展槽，如图 A.5.5 所示。图中将 FPGA 的引脚号写在括号内部。扩展槽中信号名称及其与 FPGA 引脚的连接如表 A.5.7 所示。

表 A.5.6　DE0 的时钟输入信号

时钟信号名	FPGA 引脚号	说　明
CLOCK_50	PIN_G21	50 MHz 时钟输入
CLOCK_50_2	PIN_B12	50 MHz 时钟输入

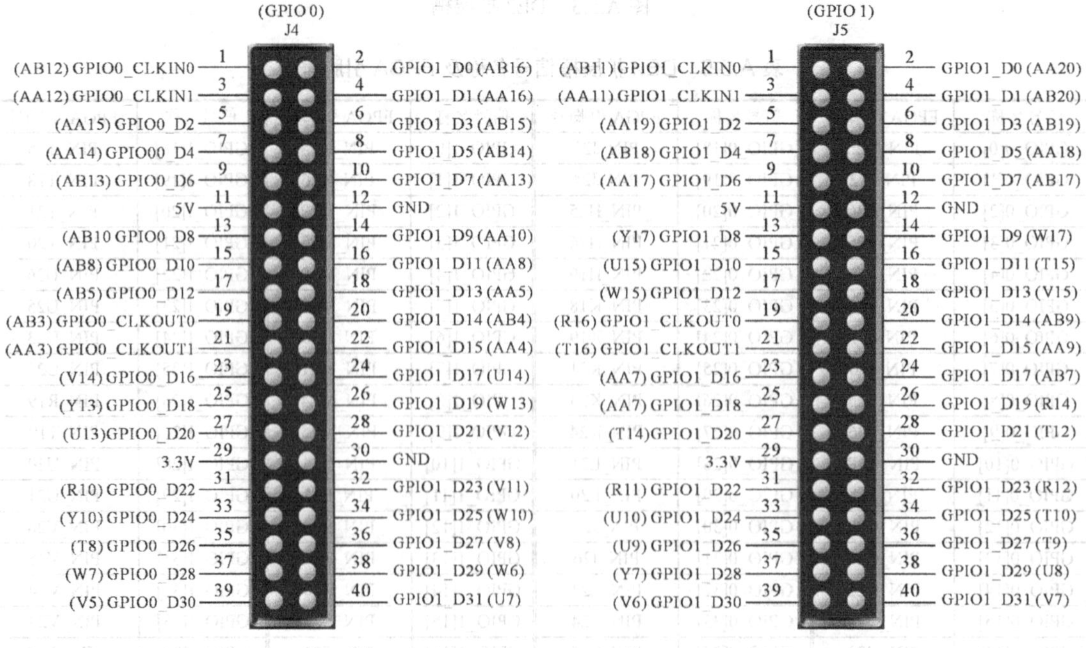

图 A.5.5　DE0 扩展槽

表 A.5.7　DE0 扩展槽信号名称及 FPGA 引脚号

信号名称	FPGA 引脚号	信号名称	FPGA 引脚号	信号名称	FPGA 引脚号	信号名称	FPGA 引脚号
GPIO0_D[31]	PIN_U7	GPIO0_D[13]	PIN_AA5	GPIO1_D[31]	PIN_V7	GPIO1_D[13]	PIN_V15
GPIO0_D[30]	PIN_V5	GPIO0_D[12]	PIN_AB5	GPIO1_D[30]	PIN_V6	GPIO1_D[12]	PIN_W15
GPIO0_D[29]	PIN_W6	GPIO0_D[11]	PIN_AA8	GPIO1_D[29]	PIN_U8	GPIO1_D[11]	PIN_T15
GPIO0_D[28]	PIN_W7	GPIO0_D[10]	PIN_AB8	GPIO1_D[28]	PIN_Y7	GPIO1_D[10]	PIN_U15
GPIO0_D[27]	PIN_V8	GPIO0_D[9]	PIN_AA10	GPIO1_D[27]	PIN_T9	GPIO1_D[9]	PIN_W17
GPIO0_D[26]	PIN_T8	GPIO0_D[8]	PIN_AB10	GPIO1_D[26]	PIN_U9	GPIO1_D[8]	PIN_Y17
GPIO0_D[25]	PIN_W10	GPIO0_D[7]	PIN_AA13	GPIO1_D[25]	PIN_T10	GPIO1_D[7]	PIN_AB17
GPIO0_D[24]	PIN_Y10	GPIO0_D[6]	PIN_AB13	GPIO1_D[24]	PIN_U10	GPIO1_D[6]	PIN_AA17
GPIO0_D[23]	PIN_V11	GPIO0_D[5]	PIN_AB14	GPIO1_D[23]	PIN_R12	GPIO1_D[5]	PIN_AA18
GPIO0_D[22]	PIN_R10	GPIO0_D[4]	PIN_AA14	GPIO1_D[22]	PIN_R11	GPIO1_D[4]	PIN_AB18
GPIO0_D[21]	PIN_V12	GPIO0_D[3]	PIN_AB15	GPIO1_D[21]	PIN_T12	GPIO1_D[3]	PIN_AB19
GPIO0_D[20]	PIN_U13	GPIO0_D[2]	PIN_AA15	GPIO1_D[20]	PIN_U12	GPIO1_D[2]	PIN_AA19
GPIO0_D[19]	PIN_W13	GPIO0_D[1]	PIN_AA16	GPIO1_D[19]	PIN_R14	GPIO1_D[1]	PIN_AB20
GPIO0_D[18]	PIN_Y13	GPIO0_D[0]	PIN_AB16	GPIO1_D[18]	PIN_T14	GPIO1_D[0]	PIN_AA20
GPIO0_D[17]	PIN_U14	GPIO0_CLKIN[0]	PIN_AB12	GPIO1_D[17]	PIN_AB7	GPIO1_CLKIN[1]	PIN_AA11
GPIO0_D[16]	PIN_V14	GPIO0_CLKIN[1]	PIN_AA12	GPIO1_D[16]	PIN_AA7	GPIO1_CLKIN[0]	PIN_AB11
GPIO0_D[15]	PIN_AA4	GPIO0_CLKOUT[0]	PIN_AB3	GPIO1_D[15]	PIN_AA9	GPIO1_CLKOUT[1]	PIN_T16
GPIO0_D[14]	PIN_AB4	GPIO0_CLKOUT[1]	PIN_AA3	GPIO1_D[14]	PIN_AB9	GPIO1_CLKOUT[0]	PIN_R16

附录B　ISE 14.7开发软件及实验平台

B.1　Xilinx ISE 14.7仿真过程

本节以2输入与门的Verilog HDL建模为例，介绍在ISE软件中输入Verilog HDL程序以及仿真的过程。对于用FPGA器件实现2输入与门的过程则留在下一节介绍。介绍的重点是操作步骤，以便初学者能够尽快学会软件的使用。

在EDA软件中，通常以设计项目（design project）的方式对源文件以及设计过程产生的一些中间文件进行管理。在进入设计流程之前，最好利用Windows资源管理器，新建一个子目录，本例为E:\My_xilinx_Lab。

注意：（1）子目录名称不能用中文，也不能有空格。最好使用英文字母或下划线开头，后面跟字母或数字。（2）目录的位置可以任意选择，但不能将设计文件直接放在根目录下。

B.1.1　建立新的设计项目

首先，在Windows系统桌面上，用鼠标左键单击“开始→程序→Xilinx ISE Design Suite 14.7 →ISE Design Tools→64-bit Project Navigator”命令，出现ISE软件的主界面。每次打开ISE都会默认恢复到最近使用过的工程界面。当第一次使用时，因为还没有历史记录，所以工程管理区显示空白。

经过设定工作目录和项目名称、选择器件型号、指定仿真工具等步骤，就可以创建一个新项目。具体操作如下：

（1）单击主菜单File，然后在下拉菜单中选择New Project，出现如图B.1.1所示对话框。

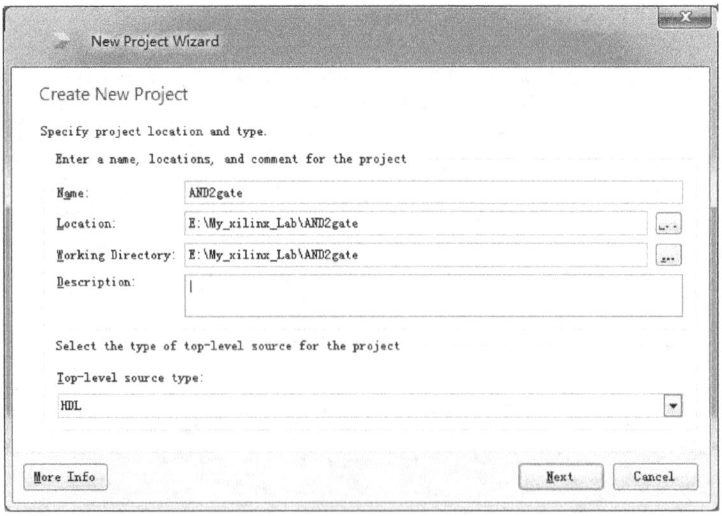

图B.1.1　创建新项目对话框

- 在Name右边的方框中，输入项目名称。本例为“AND2gate”。

- 在 Working Directory 右边的方框中，选择项目保存的位置。本例为“E:\My_xilinx_Lab\AND2gate”。
- 在 Top-Level Source Type 下面的方框中，选择 HDL 作为源文件的类型。
- 单击按钮 Next，出现选择器件的对话框。

（2）根据使用的 BASYS 2 开发板①，为这个项目选择器件及设计流程。

- 对于 Family（器件系列），选择 Spartan3E。
- 对于 Device（器件型号），选择 XC3S100E。
- 对于 Package（器件封装），选择 CP132。
- 对于 Speed（速度等级），选择-4。
- 对于 Simulator（仿真器），选择 ISim（VHDL/Verilog）。
- 单击 Next 按钮，出现项目总结对话框，单击 Finish 按钮。至此出现一个名为“AND2gate”的工程项目就建好了。

（3）接下来，指定这个项目中用于功能（行为）仿真的文件。在图 B.1.2 中，位于左上窗口 Design 下面 View 右侧有两个选项：Implementation（实现）和 Simulation（仿真），单击 Simulation 按钮。

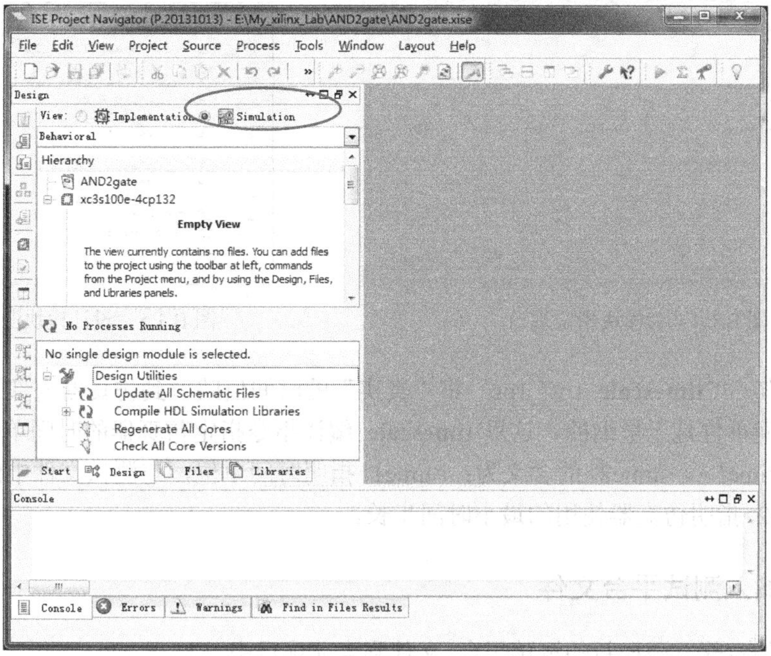

图 B.1.2　新建项目完成后，ISE 主窗口

B.1.2　输入 Verilog HDL 设计文件

接着上面的步骤，添加新的源文件到当前项目中。

（4）单击 ISE 主菜单 Project，选择 New Source，出现图 B.1.3 所示对话框。

（5）选择 Verilog Module 作为文件类型。在 File name 下面的方框中，输入文件名称。本例为“and2gate.v”。单击 Next 按钮，出现图 B.1.4 所示对话框，主要用于声明模块的端口。

---

① 开发板的介绍见 B.3 节。

Port Name 表示端口名称，Direction 表示端口方向（可以选择 input、output 或者 inout），MSB 表示信号最高位，LSB 表示信号最低位。对于单个信号，MSB 和 LSB 不用填写。当然，端口声明可以在源文件中添加，这里可以忽略。单击 Next 按钮，跳过这一步。

（6）出现一个创建源文件的总结窗口，单击 Finish 按钮。至此，一个新的名称为“and2gate.v”的源文件已经添加到当前的项目中。

（7）双击左边 Design 窗口中的 and2gate.v 标签，显示文件内容。ISE 会自动地给出模块代码的框架，并含有注释部分。本例使用“**module** and2gate();”和“**endmodule**”定义框架，端口留待我们自己去声明。

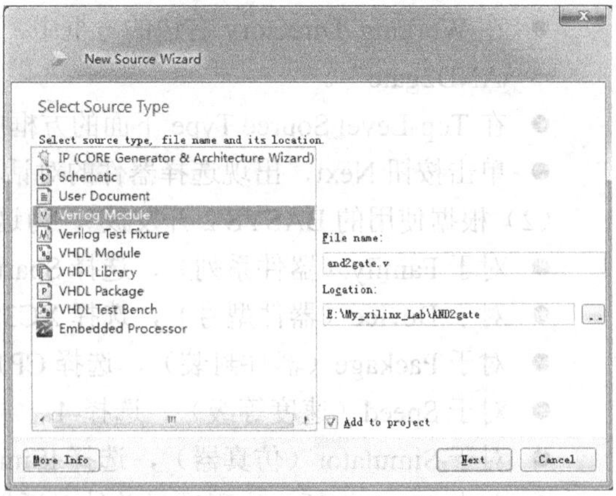

图 B.1.3　选择源文件类型

（8）接着，将 HDL 程序编写完整，其代码如图 B.1.5 所示（为节省篇幅，删除了注释）。

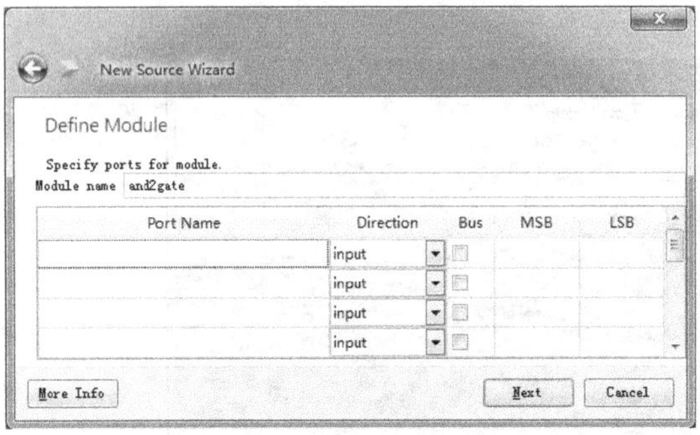

图 B.1.4　为模块指定端口

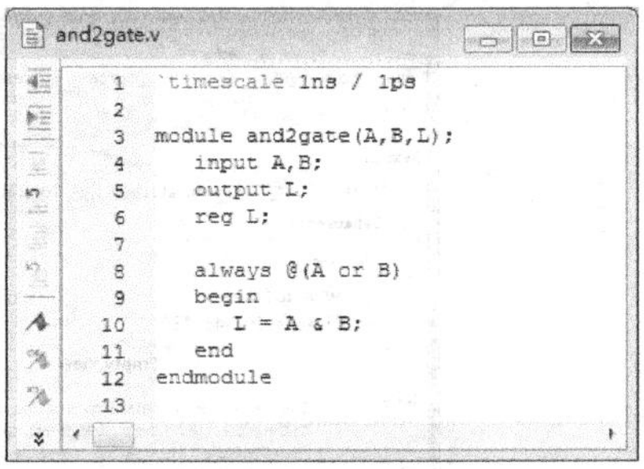

图 B.1.5　设计模块源文件

第 1 行语句[①]“**`timescale** 1ns/ 1ps”将“真实”的时间值映射到仿真器内部。Verilog HDL 本身使用的时间单位是无量纲的，这里**`timescale** 编译指令指定仿真器的时间单位为 1 ns。语句**`timescale** <time1> / <time2>的含义为：<time1>指明时间单位，与测试文件中的“#延迟值”相关联；<time2>指明仿真器使用的最小时间步长。

B.1.3　输入测试平台文件

接着上面的步骤，添加新的测试平台[②]文件到当前项目中。

（9）重复步骤（4）～（8），选择 Verilog Test Fixture（测试平台）作为文件类型。本例的文件名为“and2gate_tb.v”，ISE 已经给出了程序框架，包括基本信号和对被测模块的实例引用。将测试文件补充完整，其代码如图 B.1.6 所示。

B.1.4　编译设计项目，进行功能仿真

保存设计源文件“and2gate.v”和测试源文件“and2gate_tb.v”后，接下来检查这两个文件

① 注意，其中的反撇号`，用键盘上左边与~共用的键输入。

② 有关测试平台的内容在 B.5 节介绍。

的语法是否正确。步骤如下：

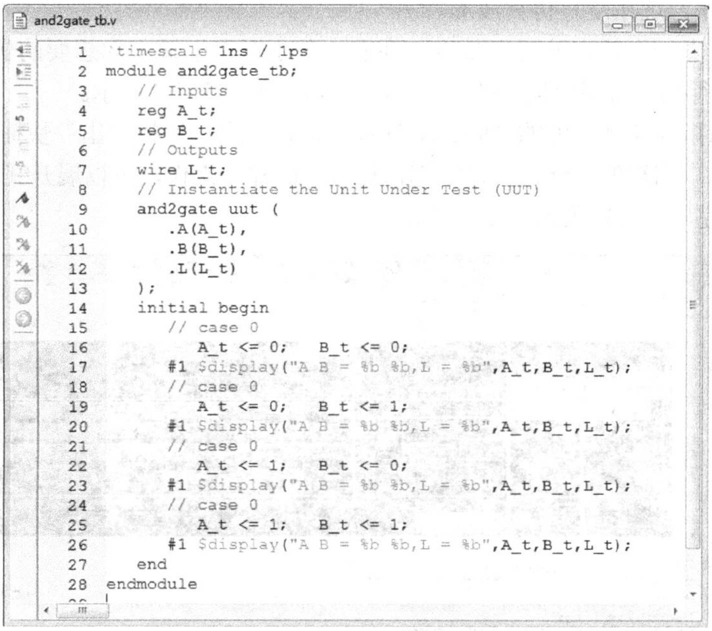


```
`timescale 1ns / 1ps
module and2gate_tb;
   // Inputs
   reg A_t;
   reg B_t;
   // Outputs
   wire L_t;
   // Instantiate the Unit Under Test (UUT)
   and2gate uut (
      .A(A_t),
      .B(B_t),
      .L(L_t)
   );
   initial begin
      // case 0
         A_t <= 0;   B_t <= 0;
      #1 $display("A B = %b %b,L = %b",A_t,B_t,L_t);
      // case 0
         A_t <= 0;   B_t <= 1;
      #1 $display("A B = %b %b,L = %b",A_t,B_t,L_t);
      // case 0
         A_t <= 1;   B_t <= 0;
      #1 $display("A B = %b %b,L = %b",A_t,B_t,L_t);
      // case 0
         A_t <= 1;   B_t <= 1;
      #1 $display("A B = %b %b,L = %b",A_t,B_t,L_t);
   end
endmodule
```

图 B.1.6　测试模块源文件

（10）在主界面左上窗口 Design 中，单击选中 Hierarchy（层次）下面的 and2gate_tb.v 文件。接着在左下窗口 Processes（处理）中，单击 ISim Simulator 左边的“+”号展开菜单，双击 Behavioral Check Syntax（语法行为检查）。

- 如果语法正确，在 Check Syntax 的左边会出现一个检查标记（绿色的钩）。
- 如果语法不正确，在底部的 Console 窗口将逐条列出每一个错误。

（11）在左下窗口 Processes（处理）中，用鼠标右键单击 Simulate Behavioral Model（仿真行为模型）条目，选择 Process Properties...，弹出如图 B.1.7 所示属性对话框，其中 Simulation Run Time 用于设置仿真时间，可以修改为任意值。

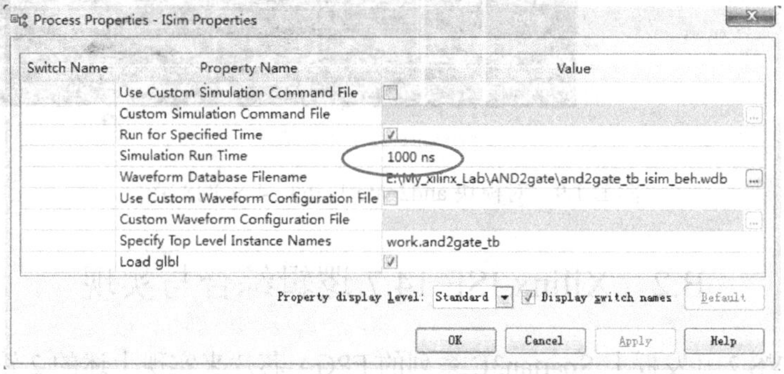

图 B.1.7　Process Properties 对话框

（12）双击 Simulate Behavioral Model（仿真行为模型）条目，对设计进行功能仿真。出现一个新的显示波形的仿真器窗口 ISim，并按默认值运行了 1000 ns。

现在，我们可以根据波形图来检查设计模块 and2gate 的功能是否符合预期。仔细观察发现，在测试平台文件中，语句**$display** 中的内容以文本方式出现在下面的 Console 窗口中。

为了查看仿真波形刚开始的情况，单击波形区域左侧按钮 Go To Time 0 ，再单击缩小按钮 Zoom Out ，可以看见开始时的仿真波形，如图 B.1.8 所示。

（13）重新启动仿真，以便控制仿真时间。单击复位快捷按钮，或者选择菜单 Simulation 中 Restart 命令，现在没有仿真波形。

（14）为了仿真一个特定的时间长度，在右上角小窗口中输入你想要的仿真时间（本例中为 4 ns），单击运行指定时间快捷按钮，得到的波形如图 B.1.9 所示。

（15）将鼠标指针移到左侧的 Objects 标签上，再单击“切换滑出”快捷按钮 ↔，可以将 Objects 标签展开，再次单击 ↔，可以收起该标签。同样的操作，可以展开其他标签页。

至此，仿真完毕，可以关闭 ISim 窗口。

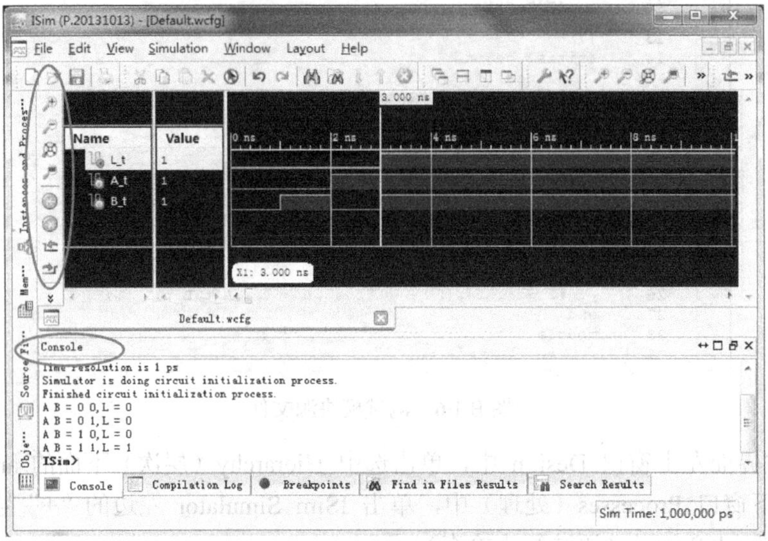

图 B.1.8　模块 and2gate 的仿真波形

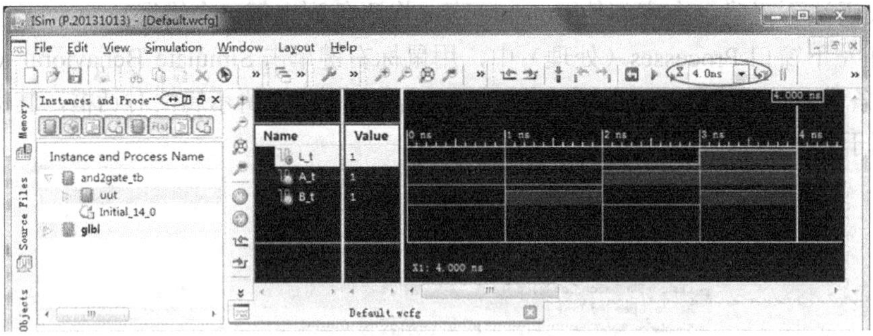

图 B.1.9　对模块 and2gate 只仿真 4 ns 的波形

B.2　Xilinx ISE 14.7 逻辑综合与实现

如何用 BASYS 2 开发板上 Spartan3E 系列的 FPGA 芯片来实现上述的 2 输入与门电路呢？下面介绍具体的操作步骤。

B.2.1　分配引脚

（1）在 ISE 主界面源文件导航 Hierarchy（层次）区域，单击 and2gate_tb (and2gate_tb.v)左面的“+”号展开源文件列表；接着，用鼠标右键单击 uut-and2gate (and2gate.v)，选择 Source Properties，弹出如图 B.2.1 所示对话框。

- 对于 View Association（查看联系），选择 All。单击 OK 按钮，关闭对话框。

- 再次用鼠标右键单击 and2gate_tb（and2gate_tb.v），选择 Source Properties，弹出如图 B.2.1 所示对话框。再次对 View Association，选择 Simulation。单击 OK 按钮，关闭对话框。
- 在 ISE 主界面左上窗口 Design 的 View 右边，单击 Implementation（实现）按钮。
- 双击 and2gate（and2gate.v）条目，打开源文件 and2gate.v。

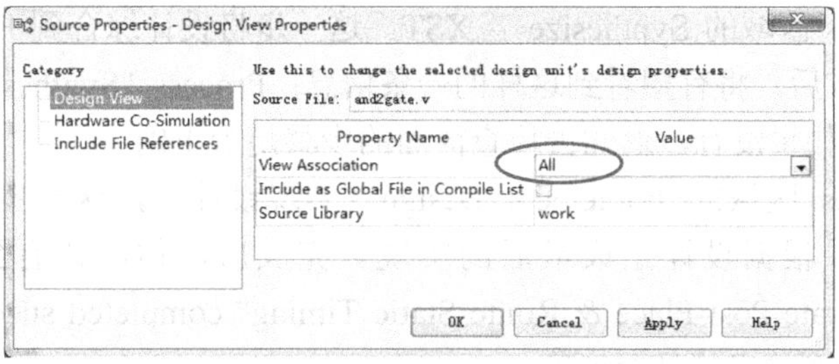

图 B.2.1　源文件属性对话框

（2）对设计文件中的输入、输出端口指定具体 FPGA 器件的引脚号码，称为**引脚分配或引脚锁定**。为了使用开发板上的开关、发光二极管（LED）等外围资源验证设计的正确性，必须依据使用手册来对设计文件中的输入、输出端口做正确的设定。

表 B.2.1　电路端口与器件引脚的对应关系

电路端口名称	XC3S100E 引脚编号	与该引脚相连元件名称
A	P11	拨动开关 SW0
B	L3	拨动开关 SW1
L	M5	发光二极管 LD0

对于本例的电路，我们使用 BASYS 2 开发板上的 2 个拨动开关作为输入(A、B)，使用一个发光二极管作为输出（L），电路端口与器件引脚对应关系如表 B.2.1 所示。

在 ISE 软件中，可以添加用户约束文件，将模块 and2gate 的输入和输出信号分配到 FPGA 的引脚上。建立用户约束文件的步骤如下：

- 单击 ISE 主菜单 Project，选择 New Source；
- 选择 Implementation Constraints File（实现的约束文件）作为文件类型；
- 在 File name 方框中输入文件名，本例的文件取名为“and2gate.ucf”；
- 单击 Next 按钮，出现总结对话框，再单击 Finish 按钮。此时，在 Hierarchy 区域 and2 gate（and2gate.v）条目的下面出现 UCF 文件列表，单击选中 and2gate.ucf 文件。
- 在左下窗口 Processes 中，单击左边的“+”号，展开 User Constraints 选项，双击 Edit Constraints（编辑约束文件），打开文本编辑器。
- 接着按照图 B.2.2 所示的格式，输入 UCF 文件代码，说明设计模块 and2gate 中的输入、输出和 FPGA 引脚之间的连接关系，并保存该文件。

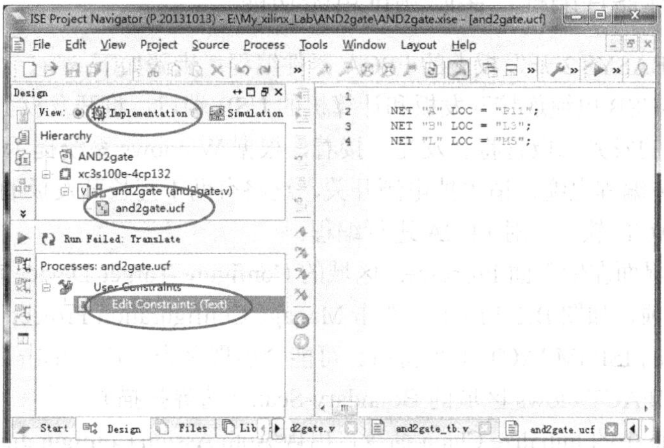

图 B.2.2　UCF 文件代码

B.2.2 逻辑综合与实现

接下来，对设计进行综合和实现。步骤如下：

- 单击源文件导航 Hierarchy（层次）区域的 and2gate (and2gate.v)，选中该条目。
- 双击 Processes 区域的 Synthesize – XST。这一步将设计综合到 FPGA 的基本逻辑结构 LUT 中。完成后，将有望看到这样的一条信息：Process "Synthesize - XST" completed successfully。如果没有，返回去检查前面的步骤是否正确。
- 双击 Processes 区域的 Implement Design（实现设计），这一步将在器件内部完成布局、布线，并根据设计生成最后的实现。完成后，你应该看到这样的一条信息：Process "Generate Post-Place & Route Static Timing" completed successfully。如果没有，返回去检查前面的步骤是否正确。
- 双击 Processes 区域的 Generate Programming File，这一步将生成对 FPGA 器件编程的位流（bitstream）数据文件。完成后，你应该看到这样的一条信息：Process "Generate Programming File" completed successfully。如果没有，返回去检查前面的步骤是否正确。
- Implement Design 完成后，可以得到精确的资源占用报告。选择主菜单 Project 下 Design Summary/Reports 命令，就可以查阅最终的资源占用情况，如图 B.2.3 所示。单击该窗口导航栏中的 Detailed Reports 中的 Map Report（映射报告），将以文本方式显示更详细的报告。

Device Utilization Summary				[-]
Logic Utilization	Used	Available	Utilization	Note(s)
Number of 4 input LUTs	1	1,920	1%	
Number of occupied Slices	1	960	1%	
Number of Slices containing only related logic	1	1	100%	
Number of Slices containing unrelated logic	0	1	0%	
Total Number of 4 input LUTs	1	1,920	1%	
Number of bonded IOBs	3	83	3%	
Average Fanout of Non-Clock Nets	1.00			

图 B.2.3 器件利用率总结报告

本实验使用的器件属于 Spartan 3E 系列，器件 XC3S100E 内部有 240 个 CLB（可配置的逻辑块），每个 CLB 包含 4 个 Slice，每个 Slice 又含有两个 4 输入的 LUT（查找表）。本例使用了 1920 个 LUT 中的 1 个，包含在 1 个 Slices 中。另外，使用了 3 个 IOBs（I/O 块），2 个作为输入引脚，1 个作为输出引脚。

B.2.3 对目标器件编程，实际测试电路功能

现在，准备对 BASYS 2 开发板上的 FPGA 器件编程。步骤如下：

（1）使用 Mini-USB 电缆连接开发板和计算机的 USB 端口，将开发板上的电源开关拨到位置“ON”，插座旁的发光二极管将会发光。接着，根据 Windows 系统提示，安装驱动程序。

如果你需要拔掉编程电缆，请关掉电源开关，这将有助于延长开发板的使用寿命。

（2）运行 iMPACT 软件，对 FPGA 进行编程。

- 单击 ISE 主界面左侧下面 Processes 区域的 Configure Target Device 前面的“+”号，展开下面的选项，如图 B.2.4 所示。双击 Manage Configuration Project（iMPACT），启动另一个单独的 ISE iMPACT 工具窗口。可能会出现警告窗口，单击 OK 按钮。
- 双击左侧 iMPACT Flows 区域的 Boundary-Scan（边界扫描）。
- 单击菜单 File 中的 Initialize Chain 命令，出现 Auto Assign Configuration Files Query（自动指定配置文件查询）提示窗口，单击 Yes 按钮。软件将会检测到 Basys 2 开发板上的两

个可编程器件：一个为 FPGA（XC3S100E），另一个为 FLASH 存储器（XCF02S），即 E^2PROM。由于 FPGA 内部的存储单元为 SRAM，一旦失去电源供电，所存储的数据立即丢失，FPGA 原有的逻辑功能将消失。所以使用 FPGA 时，需要一个外部的 E^2PROM 保存编程数据。上电后，FPGA 首先从外部 E^2PROM 中读入编程数据（通过 Basys 2 板上的 JP3 跳线设置）进行初始化，然后才开始正常工作。

- 首先，提示您指定新的配置文件，该文件是准备用来配置扫描链中左边 FPGA 器件 XC 3S100E 的，在 E:\My_xilinx_Lab\AND2gate 子目录中选择 and2gate.bit 文件，如图 B.2.5 所示，单击 Open 按钮。

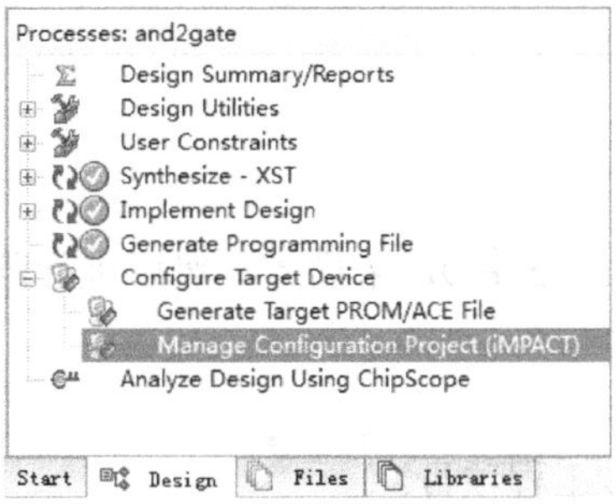

图 B.2.4 Configure Target Device 的启动窗口

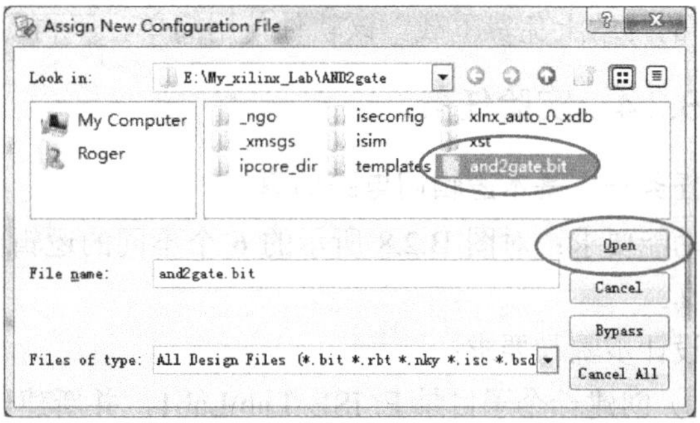

图 B.2.5 选择 FPGA 配置文件窗口

- 接着，系统询问是否附加 SPI 或 BPI PROM 作为 FPGA 外部的配置存储器？这次实验不用它，单击 No 按钮。
- 系统会再次提示为 FLASH 指定新的配置文件，这次不用 FLASH，单击 Bypass 跳过。
- 又弹出一个器件编程属性对话框，如图 B.2.6 所示，单击 OK 按钮。

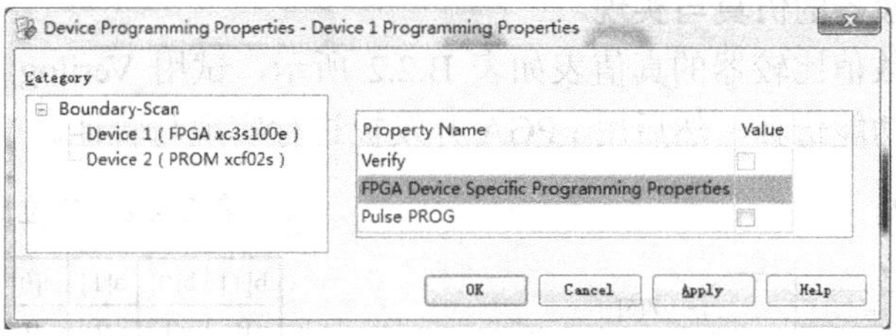

图 B.2.6 器件编程属性对话框

- 接着，双击图 B.2.7 左侧 iMPACT Process 窗口中的 Program（或者用鼠标右键单击器件图标 xc3s100e，选择 Program），开始对 FPGA 进行编程。

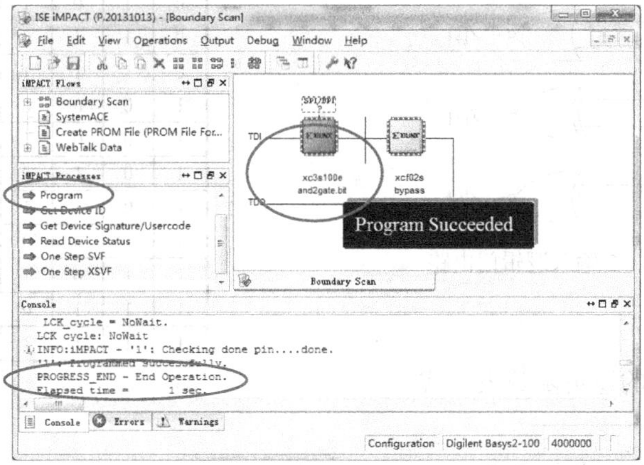

图 B.2.7 器件编程窗口

（3）编程结束后，有望看到 Program Successful（编程成功）的消息。相反，如果你看到一个 Program Failed（编程失败）的消息，请尝试以下步骤来解决问题。

● 小心地断开实验板的电源，等待 30 s 钟后，再给实验板供电。

● 再次对器件进行编程。

（4）现在，已经成功地将 2 输入端的与门进行了综合并在 Basys 2 实验板上得到了实现。接下来，可以改变输入开关的状态并测试与门的逻辑功能。当两个开关都拨到上面的位置（逻辑 1）时，LED 亮，开关处于其他位置时，LED 不亮。

另外，读者也可以使用 Digilent Adept 软件对 FPGA 器件进行编程，该软件可以在 Digilent 公司①的网站上免费下载。该软件使用简单，不再赘述。

B.2.4 实验任务

任务一 基本逻辑门电路仿真

功能要求：对图 B.2.8 所示的 6 个不同的逻辑门用 Verilog HDL 来描述，然后进行逻辑功能仿真。

设计步骤与要求：

① 创建一个子目录 E:\ISE_Lab\Lab1，并新建一个 ISE 工程项目。

② 输入 Verilog HDL 设计文件，并将该文件添加到工程项目中。

③ 输入 Verilog HDL 测试平台文件，并将该文件添加到工程项目中。

④ 接着对项目进行编译，进行功能仿真，记录仿真波形图。

⑤ 根据波形图，列出各个逻辑门的真值表。

⑥ 根据实验流程和实验结果，写出实验总结报告。

任务二 数值比较器的仿真与实现

功能要求：二位数值比较器的真值表如表 B.2.2 所示，试用 Verilog HDL 数据流方式对电路建模，并进行逻辑功能仿真，然后用 FPGA 开发板进行实现与验证。

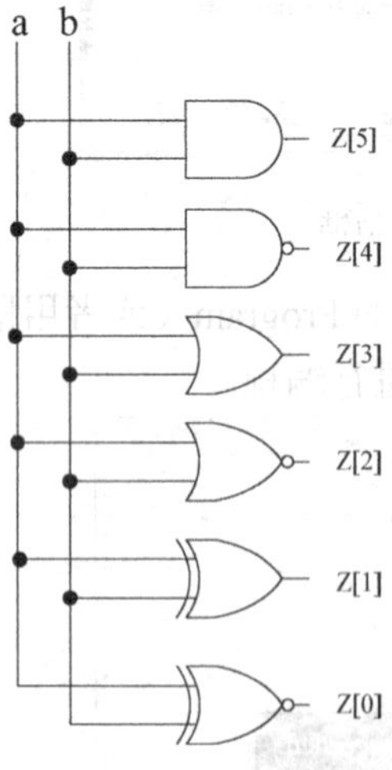

图 B.2.8 2 输入逻辑门电路

表 B.2.2 二位比较器的真值表

b[1]	b[0]	a[1]	a[0]	L_0	L_1	L_2
0	0	0	0	1	0	0
0	0	0	1	0	1	0
0	0	1	0	0	1	0
0	0	1	1	0	1	0
0	1	0	0	0	0	1
0	1	0	1	1	0	0
0	1	1	0	0	1	0
0	1	1	1	0	1	0
1	0	0	0	0	0	1
1	0	0	1	0	0	1
1	0	1	0	1	0	0
1	0	1	1	0	1	0
1	1	0	0	0	0	1
1	1	0	1	0	0	1
1	1	1	0	0	0	1
1	1	1	1	1	0	0

设计步骤与要求：

① 首先写出最简的逻辑函数表达式。

---

① Digilent 公司主页 http://www.digilentinc.com/

② 创建一个子目录 E:\ISE_Lab\Lab2，并新建一个 ISE 工程项目。

③ 输入 Verilog HDL 设计文件和测试平台文件。

④ 对电路进行功能仿真，记录仿真波形图。

⑤ 下载电路到 FPGA 中，改变拨动开关位置，观察 LED 的亮、灭状态，测试电路功能。

⑥ 完成实验后，关闭所有文件，退出 ISE 软件，并关闭计算机。

⑦ 根据实验流程和实验结果，写出实验总结报告。

任务三　数据选择器设计与实现

功能要求：用 FPGA 器件实现一个 4 位的 4 选 1 数据选择器。

设计步骤与要求：

① 1 位的 4 选 1 数据选择器框图如图 B.2.9 所示，其真值表如表 B.2.3 所示。试用 Verilog HDL 对电路建模，然后进行逻辑功能仿真与实现。

② 实例引用上述模块，根据图 B.2.10 所示框图，完成 4 位的 4 选 1 数据选择器设计。然后用 BASYS 2 开发板上的 FPGA 实现电路，并用实验板上提供的外围资源（开关、LED 或者数码显示器）验证设计的正确性。参照任务二的步骤完成该实验。

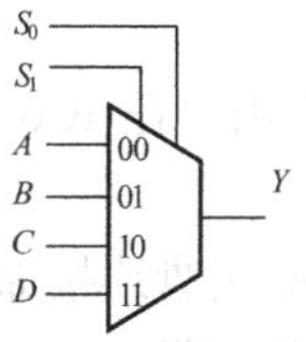

图 B.2.9　4 选 1 数据选择器框图

表 B.2.3　4 选 1 数据选择器真值表

S_1	S_0	Y
0	0	D_0
0	1	D_1
1	0	D_2
1	1	D_3

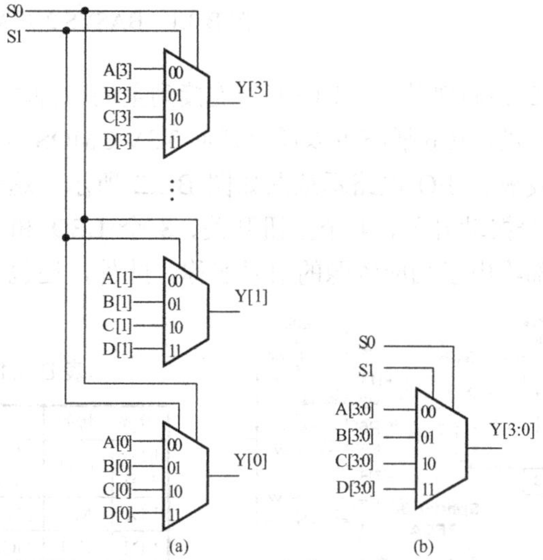

图 B.2.10　4 位 4 选 1 数据选择器框图

B.3　Xilinx FPGA 实验平台

Xilinx 公司的合作伙伴 Digilent 公司[①]推出了一系列 FPGA 开发板，用于数字系统的开发和应用。目前，在学校得到广泛使用的有 BASYS 2、NEXYS 2、NEXYS 4、Zedboard 等型号。

B.3.1　开发板提供的基本资源

本节将简单介绍 BASYS 2 开发板上一些基础硬件资源，一些不经常使用的外围硬件资源请阅读开发板的用户手册。BASYS 2 通常使用 USB 电缆提供电源，也可以通过板上提供的连接器间距为 100 mil 的 2 根针，使用外部的 3.5V~5.5V 电源供电。

① Digilent 公司主页 http://www.digilentinc.com/。

BASYS 2 开发板使用的 FPGA 芯片是 Spartan3E 系列 XC3S100E，采用 CP132 封装。它能够提供两路时钟信号输入，主时钟信号（MCLK）与 XC3S100E 的全局时钟输入引脚 B8 相连接，由硅振荡器芯片 LTC6905 产生，出厂时，MCLK 的频率为 50MHz，其原理电路如图 B.3.1 所示。通过芯片引脚 4 可以设置电路的输出频率，在 JP4 位置用短路块将引脚 4 接 3.3V 电源时，输出 100MHz 时钟信号；将引脚 4 接地时，输出 25MHz 时钟信号；不连接，则输出 50MHz 时钟信号。出厂时，开发板上 JP4 位置的插针没有焊接。LTC6905 产生的主时钟缺乏石英晶体振荡器的频率稳定度。

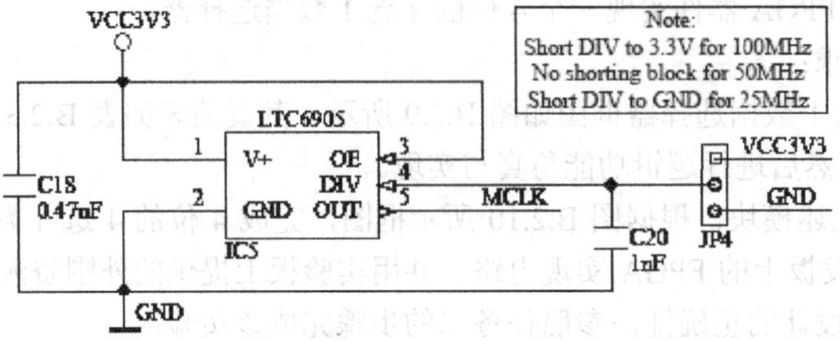

图 B.3.1 BASYS 2 开发板主时钟电路

第 2 路时钟信号（UCLK）连接到全局时钟输入引脚 M6。由用户在 IC6 插座上安装有源晶振来提供，IC6 插座可以插上任何 3.3V CMOS DIP 封装的晶振。

开发板上 I/O 电路示意图如图 B.3.2 所示，这些资源与 FPGA 引脚连接如表 B.3.1 所示。包含 8 个拨动开关、4 个按钮开关、8 个 LED 和 4 个数码显示器。图中，方框内部为引脚编号，外部给出了相应资源的信号名称。此外，还包含一个 VGA 接口和 PS/2 接口。

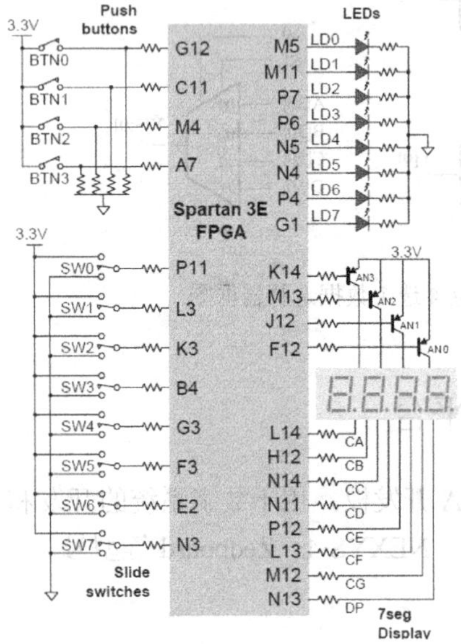

图 B.3.2 BASYS 2 开发板 I/O 电路

表 B.3.1 BASYS 2 常用资源与 FPGA 引脚连接表

发光二极管		时钟		拨动开关		按键		数码管	
信号名称	引脚号	信号名称	引脚号	信号名称	引脚号	信号名称	引脚号	信号名称	引脚号
LD0	M5	MCLK	B8	SW0	P11	BTN0	G12	AN0	F12
LD1	M11	UCLK	M6	SW1	L3	BTN1	C11	AN1	J12
LD2	P7	RCCLK	C8	SW2	K3	BTN2	M4	AN2	M13
LD3	P6			SW3	B4	BTN3	A7	AN3	K14
LD4	N5			SW4	G3			CA	L14
LD5	N4			SW5	F3			CB	H12
LD6	P4			SW6	E2			CC	N14
LD7	G1			SW7	N3			CD	N11
								CE	P12
								CF	L13
								CG	M12
								DP	N13

4 个按钮开关被按下时，输出高电平，不按时为低电平。拨动开关拨到上面的位置时，输出高电平，拨到下面时为低电平。发光二极管采用共阴极接法，其阳极通过限流电阻连接到 FPGA 的引脚，当对应引脚输出逻辑 1 时，LED 将被点亮。

4 个共阳极数码显示器采用动态扫描电路连接方式，每个数码显示器的公共阳极通过一个 PNP 三极管连接到+3.3V 电源上，三极管的基极由 FPGA 的 I/O 引脚控制。当基极的驱动信号为低电平时，三极管饱和导通，显示器的阳极与+3.3V电源连通；当基极为高电平时，三极管截止，显示器的阳极与+3.3V 电源断开。各个数码显示器的阴极（a、b、c、d、e、f、g、p）名称相同的段对应连接在一起，由 FPGA 驱动。即 4 个显示器的 a 段连接在一起，命名为 CA，所有的 b 段连接在一起，命名为 CB，……以此类推，4 个小数点也连接在一起，命名为 DP。当 CA=0 时，如果公共阳极有 3.3V，则显示器的 a 段将会发光，……以此类推。

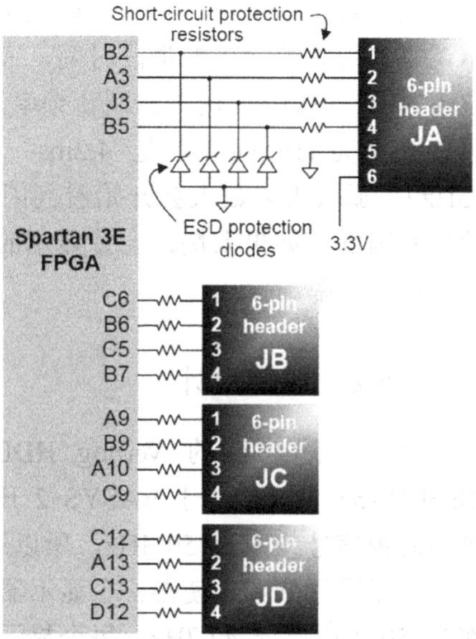

图 B.3.3　BASYS 2 开发板 PMOD 接口

B.3.2　开发板提供的 PMOD 扩展插座

BASYS 2 开发板提供 4 个 6 针的连接器，每个连接器提供正电源、接地和 4 个 FPGA I/O 接口，如图 B.3.3 所示。Digilent 公司提供与之配套 6 针模块子板，包括 A / D 转换器、扬声器放大器、麦克风、H 桥放大器等。

B.4　四位显示器的动态扫描控制电路设计

B.4.1　电路工作原理

当显示器的位数较多时，采用动态扫描多位显示器，会减少电路连线，缩小体积。

图 B.4.1 所示的动态扫描译码显示电路是 4 个七段共阳极显示器共用一个译码驱动电路，由扫描电路控制各位显示器分时进行显示，即每个显示器按不同的时间轮流使用这个译码驱动电路。其工作原理是：4 个待显示的 BCD 码送到数据选择器的输入端，由时钟分频器产生 4 个节拍，每个节拍数据选择器将一个 4 位 BCD 码送到七段译码器进行译码，译码后的七段码同时送 4 个显示器的输入端。由位选择信号（SG_0～SG_3）决定哪个显示器将数码显示出来，当 SG_i=1 时（此处 i=0～3），相应的显示器显示数码；当 SG_i=0 时，则该位显示器熄灭。

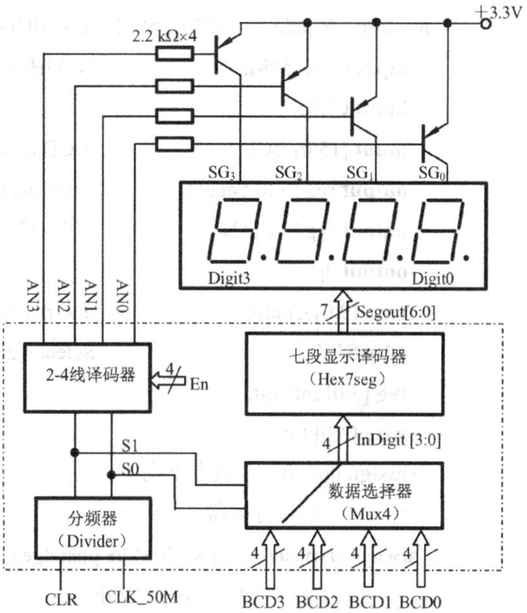

图 B.4.1　动态扫描译码显示电路的框图

4 个位选择信号由 PNP 三极管的基极（AN0~ AN3）来控制，图 B.4.2 是数码显示的时序图。当 AN0=0 时，0 号显示器（Digit 0）显示数码；当 AN1=0 时，1 号显示器（Digit1）显示数码；依此类推，不断循环。假设 4 个显示器刷新一次数据的周期为 T，则每个显示器被点亮的时间只有 1/4 个周期，即每个数码管是间歇性点亮的。如果每个显示器以高于人眼反应速度的频率连续不断地刷新显示，则在数码管变暗的那段时间，人眼是无法区分出来的，通常将整个数码管的刷新频率设定为 60Hz～1kHz。例如在刷新频率为 60Hz 时，4 个数码管每 16.7 毫秒就刷新一次，每个数码管被点亮的时间大约是 4.2ms。如果更新显示或"刷新"的频率降至某一特定点（约 45Hz），那么大多数人会开始看到闪烁。因此，刷新频率直接影响显示效果，如果太慢，会使显示闪烁；如果太快，会使显示的数码产生余辉，结果造成显示不够清晰。因此，要合理选择刷新频率。

B.4.2 逻辑设计

实现上述功能的 Verilog HDL 程序如 RippleDisp.v 所示。由于 BASYS 2 开发板上提供的时钟信号频率为 50MHz，所以用一个 20 位计数器进行分频，使得整个显示器的刷新频率为 $50\times10^6/2^{20}$ = 47.7Hz，每个显示器的显示时间为 5.24ms。另外，为了将有效数字前面的无效 0 消隐（显示器不显示），在设计 2-4 线译码器时，增加了一个灭零信号 En，根据输入数据 BCD[15:0]来设定 En 的值。当 BCD[15:0]的高 4 位为 0 时，每位进行逻辑**或**运算（也可以用 Verilog HDL 中的缩位运算），则 En[3]=0，再设定 AN[3]=1，最高位的 0 将不显示。同理，如果 BCD[15:0]中左边 12 位均为 0 时，则 En[3:1]=3'b000，再设定 AN[3:1]= 3'b111，则左边 3 个 0 均不显示。由于 En[0]=1，每次轮询到最低位时，译码器的 AN[0]=0，从 BCD[3:0]送入的数总会被显示出来。

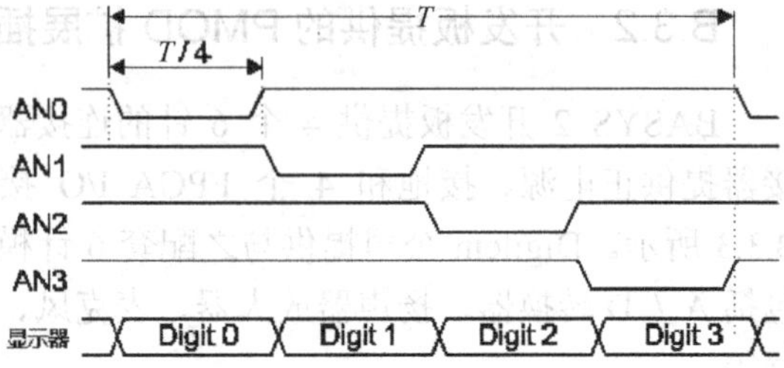

图 B.4.2 数码显示的时序图

```
//***************文件名：RippleDisp.v    *****************
module  RippleDisp (CLK_50M, CLR, BCD, Segout,dp,AN);
  input CLK_50M;              //50 MHz clock
  input CLR;
  input [15:0] BCD;           // BCD code
  output reg [6:0] Segout;    //7-segment code output
  output reg [3:0]AN;         //AN3-AN0 select LED
  output dp;
  reg [19:0] Count;           //internal 20-bit counter
  wire S1, S0;                //Select signal
  reg [3:0] InDigit;
  wire [3:0] En;
  assign dp = 0; //小数点不亮
// ===== 时钟分频器 =====
 always @(posedge CLK_50M or posedge CLR)   begin   //50 MHz clock
     if(CLR==1'b1)   Count <= 0;
     else   Count <= Count + 1;
 end
// =====2-4 线译码器 =====
```

```
assign {S1,S0} = Count[19:18]; //整个刷新周期 T=20.97 ms，T/4=5.24 ms
assign En[3] = BCD[15] | BCD[14] | BCD[13] | BCD[12];//最左边 1 位为 0
assign En[2] = | BCD[15:8];       //最左边 2 位为 0
assign En[1] = | BCD[15:4];       //最左边 3 位为 0
assign En[0] = 1;             //最低位不灭 0
always @( * )  begin
    AN = 4'b1111;             //4 位均不显示
    if(En[{S1,S0}]==1)
        AN[{S1,S0}] = 0;      //某一位显示
end
// ===== 4 位 4 选 1 数据选择器 =====
always @( * )  begin
    case ({S1,S0})
      2'b00: InDigit= BCD[3:0];    //select BCD0 to display
      2'b01: InDigit= BCD[7:4];   //select BCD1 to display
      2'b10: InDigit= BCD[11:8];   //select BCD2 to display

      2'b11: InDigit= BCD[15:12]; //select BCD3 to display
    endcase
end
//=====  BCD code => 7 Segment Code (a~g) =======
always @(InDigit)
    case (InDigit)  // --- gfedcba ----
        0:  Segout=7'b1000000; //display digital 0(40H)
        1:  Segout=7'b1111001; //display digital 1(79H)
        2:  Segout=7'b0100100; //display digital 2(24H)
        3:  Segout=7'b0110000; //display digital 3(30H)
        4:  Segout=7'b0011001; //display digital 4(19H)
        5:  Segout=7'b0010010; //display digital 5(12H)
        6:  Segout=7'b0000010; //display digital 6(02H)
        7:  Segout=7'b1111000; //display digital 7(78H)
        8:  Segout=7'b0000000; //display digital 8(00H)
        9:  Segout=7'b0010000; //display digital 9(10H)
        'hA: Segout=7'b0001000; //display digital A(08H)
        'hB: Segout=7'b0000011; //display digital b(03H)
        'hC: Segout=7'b0100111; //display digital c(27H)
        'hD: Segout=7'b0100001; //display digital d(21H)
        'hE: Segout=7'b0000110; //display digital E(06H)
        'hF: Segout=7'b0001110; //display digital F(0EH)
        default: Segout=7'b0100011; //display digital o(23H )
    endcase
endmodule
```

B.4.3 实际测试

为了测试上述模块，可以运行下面的顶层模块设计 Hex7seg.v，它将在 4 个数码管上显示 BCD[15:0]的值，其中 BCD[15:0]的测试数据来自于开关和预置常数，其定义形式如下：

```
assign BCD[7:0] = {btn[2:0], 5'b01010};        //最低位为 A，次低位为按钮开关和 0 拼接起来
assign BCD[15:8] = sw;        //最左边两位由拨动开关提供
//***************文件名：Hex7seg.v    *****************
module Hex7seg(
    input mclk,          // 50 MHz 时钟信号
    input [3:0] btn,   //  按钮开关
    input [7:0] sw,    //  拨动开个
    output [6:0] Segout,
    output [3:0] AN,
    output dp
    );
    wire [15:0]BCD;          //输入数据
    assign BCD[7:0] = {btn[2:0],5'b01010}; //BCD1=={btn[2:0],1'b0}, BCD0==A
    assign BCD[15:8]= sw;                  //BCD3==SW7~SW4, BCD2==SW3~SW0
    RippleDisp U1( .CLK_50M(mclk),         //实例引用上述模块
                   .CLR(btn[3]),
                   .BCD(BCD),              //测试数据来自于开关和常数
                   .Segout(Segout),
                   .dp(dp),
                   .AN(AN)
                   );
endmodule
```

接着，输入下面的引脚约束文件 Hex7seg.ucf。然后，对设计进行逻辑综合和实现，生成位流数据文件 hex7seg.bit，并对 FPGA 器件进行编程。拨动开关 SW7~SW0 或者按下按钮 btn2~btn0（按下时为 1）改变测试数据，观察显示的数码。

```
#***************文件名：Hex7seg.ucf    *****************
# clock pin for Basys2 Board
NET "mclk" LOC = "B8"; # Bank = 0, Signal name = MCLK
NET "mclk" CLOCK_DEDICATED_ROUTE = FALSE;
# Connected to Basys2 onBoard 7seg display
NET "Segout<0>" LOC = "L14"; # Bank = 1, Signal name = CA
NET "Segout<1>" LOC = "H12"; # Bank = 1, Signal name = CB
NET "Segout<2>" LOC = "N14"; # Bank = 1, Signal name = CC
NET "Segout<3>" LOC = "N11"; # Bank = 2, Signal name = CD
NET "Segout<4>" LOC = "P12"; # Bank = 2, Signal name = CE
NET "Segout<5>" LOC = "L13"; # Bank = 1, Signal name = CF
NET "Segout<6>" LOC = "M12"; # Bank = 1, Signal name = CG
```

```
NET "dp" LOC = "N13"; # Bank = 1, Signal name = DP
NET "AN<3>" LOC = "K14"; # Bank = 1, Signal name = AN3
NET "AN<2>" LOC = "M13"; # Bank = 1, Signal name = AN2
NET "AN<1>" LOC = "J12"; # Bank = 1, Signal name = AN1
NET "AN<0>" LOC = "F12"; # Bank = 1, Signal name = AN0
# Pin assignment for SWs
NET "sw<7>" LOC = "N3";   # Bank = 2, Signal name = SW7
NET "sw<6>" LOC = "E2";   # Bank = 3, Signal name = SW6
NET "sw<5>" LOC = "F3";   # Bank = 3, Signal name = SW5
NET "sw<4>" LOC = "G3";   # Bank = 3, Signal name = SW4
NET "sw<3>" LOC = "B4";   # Bank = 3, Signal name = SW3
NET "sw<2>" LOC = "K3";   # Bank = 3, Signal name = SW2
NET "sw<1>" LOC = "L3";   # Bank = 3, Signal name = SW1
NET "sw<0>" LOC = "P11";  # Bank = 2, Signal name = SW0
NET "btn<3>" LOC = "A7";  # Bank = 1, Signal name = BTN3
NET "btn<2>" LOC = "M4";  # Bank = 0, Signal name = BTN2
NET "btn<1>" LOC = "C11"; # Bank = 2, Signal name = BTN1
NET "btn<0>" LOC = "G12"; # Bank = 0, Signal name = BTN0
```

B.5 TestBench 的编写

B.5.1 TestBench 的基本结构

在对一个设计模块进行功能仿真时，我们需要准备一个供测试用的激励模块，该模块用 Verilog HDL 来描述。通常由三部分组成：第一部分调用被测试的模块，即设计模块；第二部分给输入变量赋各种不同的组合值，即激励信号；第三部分指定测试结果的显示格式，并指定输出文件名。由于测试模块的主要任务是给设计模块提供激励信号，所以也可以称之为**激励块**。

将激励块和设计块分开设计是一种良好的设计风格，激励块一般被称为**测试平台**(Test Bench)。在实际工作中，常常使用不同的测试平台对设计块进行全面的测试。

激励模块通常是顶层模块。它是以 **module** 开始和 **endmodule** 语句作为结尾的，内部包括模块名、线网/寄存器/变量声明、对设计模块的实例引用和行为语句块（**initial** 或者 **always**），但是不需要端口列表和端口声明。基本结构如下：

```
module 测试模块名（）；
    reg  输入信号名；
    …
    wire 输出信号名；
    …
    实例引用设计模块；
    initial begin
    …    //在这里添加激励（可以有多个这样的结构）
```

```
    end
    always begin
    …  //在这里添加时钟信号
    end
    initial begin
    …   //在这里添加输出语句（在屏幕上显示仿真结果）
    end
endmodule
```

例 1 试用 Verilog HDL 对 2 选 1 数据选择器电路进行描述，并写出测试平台。

解：下面是设计模块，其模块名为 Mux2to1_bh2。它能够实现 2 选 1 数据选择器的逻辑功能。

```
module Mux2to1_bh2 (D0, D1, S, Y);    //IEEE 1364—1995 Syntax
  input D0, D1, S;   //输入端口声明

  output reg Y;              //输出端口及数据类型声明
//电路功能描述
    always @(S or D0 or D1) //注意后面没有分号
      case (S)
          1'b0: Y = D0;
          1'b1: Y = D1;
      endcase
endmodule
```

下面为测试平台模块，其模块名为 test_ Mux2to1。用于测试上述设计模块的逻辑功能是否正确。

```
`timescale 1ns/1ns            //时间单位为 1 ns，精确度为 1ns
module test_Mux2to1;          //激励模块（顶层模块）没有端口列表
       reg PD0, PD1, PS;      //声明输入变量
       wire PY;               //声明输出变量
       //实例引用设计模块
       Mux2to1_bh1 t_Mux(PD0, PD1, PS, PY); //按照端口位置进行连接
       initial begin                       //激励信号
                PS = 0; PD1 = 0; PD0 = 0;        //语句 1
          #1    PS = 0; PD1 = 0; PD0 = 1;        //语句 2
          #1    PS = 0; PD1 = 1; PD0 = 0;        //语句 3
          #1    PS = 0; PD1 = 1; PD0 = 1;        //语句 4
          #1    PS = 1; PD1 = 0; PD0 = 0;        //语句 5
          #1    PS = 1; PD1 = 0; PD0 = 1;        //语句 6
          #1    PS = 1; PD1 = 1; PD0 = 0;        //语句 7
```

```
        #1    PS = 1; PD1 = 1; PD0 = 1;          //语句 8
        #1    PS = 0; PD1 = 0; PD0 = 0;          //语句 9
        #1    $stop;                             //语句 10
    end
    initial begin      //输出部分
     $monitor($time, ":\tS = %b\tD1 = %b\tD0 = %b\tY = %b",PS,PD1,PD0,PY);
     $dumpfile("Mux2to1.vcd");
     $dumpvars;
    end
endmodule
```

以`（反撇号）开始的第 1 条语句是编译器指令，该指令将激励块中所有延迟的单位设置成 1ns，时间精度（指延迟值的最小分辨度）设置为 1ns，例如，下面模块中的#1 代表延迟 1ns。

在激励模块中，可以使用一套新的变量名称，也可以与设计模块使用相同的名称。但声明变量时，激励信号的数据类型要求为 **reg**，以便保持激励值不变，输出信号的数据类型要求为 **wire**，以便能随时跟踪激励信号的变化。

接下来是调用（也称为实例化引用）设计模块，按照端口排列顺序一一对应地将激励模块中的信号与被测试模块中的端口相连接。在本例中，将 PD0 连接到设计模块 Mux2to1_bh1 中的端口 D0，PD1 连接到端口 D1，……其余以此类推。

接下来由 **initial** 行为描述语句给出激励信号的输入值。仿真时，刚进入 **initial** 语句的时刻为 0，此时执行语句 1，将 PS、PD1 和 PD0 的值初始化为 0，隔 1ns 后，执行语句 2，将 PD0 的值设置为 1，PS、PD1 的值仍保持 0 不变；再隔 1ns，执行语句 3，将 PD0 的值设置为 0，将 PD1 的值设置为 1，PS 的值仍保持 0 不变；……语句 10 执行后，**initial** 语句永远被挂起。

最后面的 **initial** 语句描述了要监视的输出信号，同时还指定了输出文件名。它和前面的 **initial** 语句是同时并行执行的。代码中的**$monitor**、**$time** 和**$stop** 为 Verilog HDL 的系统任务，**$monitor** 将信息以指定的格式输出到屏幕上（双引号括起来的是要显示的内容，**%b** 代表它后面的信号用二进制格式显示），**$time** 将返回当前的仿真时间，**$stop** 为停止仿真，但不退出仿真环境。

另外，代码中的**$dumpfile** 和**$dumpvars** 用来记录仿真结果，供其他的波形编辑软件（比如 gtkwave）使用，仿真结果的文件名为 Mux2to1.vcd，vcd 是 Value Change Dump 的缩写，它是 ASCII 码文本型文件，用来记录各信号值的变化情况。如果不想用其他的波形编辑软件，这段代码可以删除。

例 2 分析下列代码，说明其功能。

```
（1）initial begin
       clk=0;
       forever #5 clk = ~clk;
     end
（2）initial clk=0;
     always begin
         #3 clk = ~clk;
         #2 clk = ~clk;
     end
```

（3）**initial** clk=0;

epeat(6)#5 clk = ~clk;

解：（1）产生占空比为 50%的方波。clk 初值为 0，隔 5 个时间单位，clk=1；再隔 5 个时间单位，clk=0；如此不断地循环。

（2）产生占空比为 40%的方波。clk 初值为 0，隔 3 个时间单位，clk=1；再隔 2 个时间单位，clk=0；如此不断地循环。

（3）clk 初值为 0，接着，用 **repeat** 语句产生 3 个时钟脉冲。

B.5.2 Verilog HDL 系统任务

Verilog 提供了很多系统任务（System Tasks），用来完成仿真过程中的一些常规操作。所有的系统任务都以“$<关键词>”的形式表示。例如，在屏幕上显示信息、监视线网的值、停止仿真、完成仿真等操作都可以由系统任务来承担。这里仅介绍几种在仿真中经常用到的系统任务。

1．显示任务（Display Task）

$display 是 Verilog 中最有用的任务之一，用于将指定信息（被引用的字符串、变量值或者表达式）以及结束符显示到标准输出设备上。其格式如下：

```
$display（format_specification1，argument_list1，
format_specification2，argument_list2，
……,）;
```

其中，format_specification1 为显示格式说明，它与 C 语言中 printf（）的格式非常类似。argument_list1 为显示内容。默认情况下，**$display** 在信息显示完后会插入新的一行。字符串的显示格式说明如表 B.5.1 所示。

表 B.5.1　字符串的显示格式说明

格 式 符	显 示 说 明	格 式 符	显 示 说 明
%d or %D	用十进制数显示变量	%v or %V	显示强度
%b or %B	用二进制显示变量	%o or %O	用八进制显示变量
%s or %S	显示字符串	%t or %T	显示目前时间格式
%h or %H	用十六进显示变量	%e or %E	用科学记数方式显示实数（例如 3e10）
%c or %C	显示 ASCII 字符	%f or %F	用十进制方式显示实数（例如 2.13）
%m or %M	显示层次名（不需参数）	%g or %G	选择科学记数和十进制方式中较短的来显示实数

下面是几个例子。

```
$display（"Hello Verilog World!"）// 该系统任务将用新的一行显示引用的字符串
/* 显示结果：Hello Verilog World!    */

reg [4:0] Port_id;   //假设 Port_id 的值为 00101
$display（"ID of the port is b%", Port_id）;
/* 显示结果：ID of the port is 00101    */
```

```
reg [3:0] Bus;   //假设 Bus 的值为 10xx
$display（"bus value is b%",Bus）;
/*  显示结果：bus value is 10xx    */
$display（"Simulation time is t%", $time）;//假设系统仿真运行该语句的时间是：230
/*  显示结果：Simulation time is 230 */
```

上面最后一个例子中的**$time**，是一个系统函数，运行该函数时将返回当前的仿真时间。

2. 监视任务（Monitor Task）

Verilog 提供了一种机制去持续监视一个或者多个信号值发生改变的情况，这是由系统任务**$monitor** 完成的。**$monitor** 任务的参数格式与**$display** 的相同。下面举例说明其用法。

```
initial
    $monitor（"At %t， d= %d", $time, d, clk, "and q is %b",q）;
/* 执行该语句时，对信号 d、clk 和 q 的值持续地进行监控。若这些变量中的值任何一个发生变化，则将整个参变量列表打印出来。下面是 d、clk 和 q 发生变化的一些输出样本。*/
At    24，d=x, clk=x and q is 0
At    25，d=x, clk=x and q is 1
At    30，d=0, clk=x and q is 1
At    35，d=0, clk=1 and q is 1
At    37，d=0, clk=0 and q is 1
At    43，d=1, clk=0 and q is 1
```

仿真的任何时候调用**$monitor** 任务，它都会打印指定值，如果某个参数发生变化，仿真器就会打印这些指定值。但是在任意时刻只能有一个监控任务处于活动（active）状态。如果在仿真中有多条**$monitor** 语句，则只有最后一条语句将处于活动状态，前面的**$monitor** 语句将不起作用。

可以通过下面两个系统任务启动和关闭监控任务。

```
$monitoroff; //关闭激活的监控任务
$monitoron; //启动最近关闭的监控任务
```

3. 仿真的中止（Stopping）和完成（Finishing）任务

这两个任务的格式是：

```
$stop; //在仿真期间，停止执行，未退出仿真环境。
$finish; //仿真完成，退出仿真环境，并将控制权返回给操作系统
```

系统任务**$stop** 使得仿真进入交互模式，然后设计者可以进行调试。当设计者希望检查信号的值时，就可以使用**$stop** 使仿真器被挂起。然后可以发送交互命令给仿真器继续仿真。

下面举例说明其用法。

```
initial   //time=0
begin
        Clock = 0;
        Reset = 1;
```

```
#100    $stop;  //在 time=100 时，仿真器被挂起
#900    $finish; //在 time=1000 时，结束仿真，退出仿真器
end
```

B.5.3 Verilog HDL 编译器指令

以`（反撇号）开头的标识符就是编译指令(Compiler Directives)，用来控制代码的整个过程。在 Verilog 代码编译的整个过程中，编译器指令始终有效（编译过程可能跨越多个文件），直至遇到其他不同的编译器指令为止。下面介绍几个常用的编译器指令。

1．`timescale

在 Verilog HDL 模型中，所有延迟都用单位时间表示。使用编译器指令**`timescale** 可以将时间单位与实际时间相关联。该指令用于指定延迟的时间单位和时间精度。该指令的格式为：

```
`timescale time_unit/time_precision
```

其中，time_unit 和 time_precision 由值 1、10、100 以及单位 s、ms、μs、ps、fs 组成。例如，**`timescale** 10ns/100ps 表示延迟的时间单位为 10ns，延迟的时间精度为 100ps。**`timescale** 放在模块声明的外部，它影响其后所有的延迟值。举例说明如下：

```
`timescale 100ns/1ns     //时间单位为 100 ns，精确度为 1ns
module Test;
reg clock;

initial
    clock = 1'b0; //设定 clock 初始值

always   #5     //在该模块中，每 5 个时间单位= 500 ns = 0.5μs
begin
      clock = ~ clock ; //每 5 个时间单位，clock 的值取反一次
      $display("%d, In %m clock = %b ", $time ,clock);
end
endmodule

//显示结果如下：
         5，In Test clock = 1
        10，In Test clock = 0
        15，In Test clock = 1
        20，In Test clock = 0
        ……（循环执行下去）
```

2．`include

编译器指令**`include** 用于在代码中包含其他文件的内容，这与 C 语言中的#include 类似。被包含的文件既可以用相对路径名定义，也可以用全路径名定义，例如：

```
`include "../../header.v"
```

编译时，这一行由文件"../../header.v"的内容替换。

3. `define 和`undef

**`define** 指令用于设置文本替换的宏[①]，这与 C 语言中的#define 类似。在 Verilog 代码中使用时，要在预定义的常数或者文本宏的前面添加`（反撇号）。在编译时，当编译器碰到`<宏名>，使用预定义的宏文本进行替换。举例说明如下：

```
`define   WORD_SIZE   32        //定义文本宏
……
reg [`WORD_SIZE-1:0]   Q;       //在代码中使用时，格式为`WORD_SIZE

`define   S   $stop             // 定义别名，可以用 `S 来代替$stop

`define   WORD_REG   reg [31:0]   //定义经常用的字符串,
                                //可以用`WORD_REG 来代替 reg [31:0]
```

一旦**`define** 指令被编译通过，则由其规定的宏定义在整个编译过程中都保持有效。例如，在某个文件中通过**`define** 指令定义的宏 WORD_SIZE 可以在多个文件中使用[②]。

`undef 指令用来取消前面定义的宏。举例说明如下：

```
`define   WORD_SIZE   16 //定义文本宏
……
reg [`WORD_SIZE-1:0]   Q; //在代码中使用时，格式为`WORD_SIZE
……
`undef    WORD_SIZE   //在该语句以后，宏定义 WORD_SIZE 不再有效
```

4. `ifdef、`ifndef、`else、`elseif 和`endif

这些编译指令用于条件编译。**`ifdef** 用于检查定义的宏是否存在，而**`ifndef** 用于检查定义的宏是否不存在。而**`else** 指令是可选的（可有可无）。举例说明如下：

```
`ifdef   WINDOWS     //检查宏 WINDOWS 是否存在
   parameter WORD_SIZE=16;
`else
   parameter WORD_SIZE=32;
`elseif              // `ifdef 语句结束
```

在编译过程中，如果已定义了名字为 WINDOWS 的宏文本，就选择第一种参数声明，否则选择第二种参数声明。

`ifdef** 和**`ifndef 指令可以出现在设计的任何地方。设计者可以有条件地编译语句、模块、语句块、声明以及其他编译指令。下面的例子说明，使用条件编译指令可以从两个模块中选择一个模块进行编译。

```
`ifdef   TEST    //若设置了 TEST 标志，则编译 test 模块
module test;
……
```

---

① 宏名，通常全部用大写字母表示。

② 建议：将多个**`define** 指令放在一个独立的名为<design>_defines.v 的文件中。用**`include** 指令在设计文件中包含该文件。

```
……
endmodule
`else              //在默认情况下，编译 stimulus 模块
module stimulus;
……
……
endmodule
`endif             // `ifdef 语句结束
```

在 Verilog 文件中，条件编译标志可以用**`define** 语句设置。在上例中，可以通过在编译时用**`define** 语句定义文本宏 TEST 的方式来设置标志。如果没有设置条件编译标志，那么 Verilog 编译器会简单地跳过该部分。**`ifdef** 语句中不允许使用布尔表达式，例如不允许使用 TEST &&ADD_B2 来表示编译条件。

另外，还有 7 个编译器指令（**`default_nettype**、**`resetall**、**`unconnected_drive**、**`nounconnected_drive**、**`celldefine**、**`endcelldefine** 和**`line**），使用较少，这里不进行介绍。

附录C 通用电子仪器及其应用

C.1 函数信号发生器/计数器EE1641C/EE1643C

1. 主要技术指标

（1）函数信号发生器的技术指标

频率范围：EE1641C，0.2Hz~5MHz，共分7挡；EE1643C，0.2Hz~20MHz，共分8挡。每挡均以频率微调电位器实现频率调节。

输出阻抗：函数信号输出为50Ω；同步输出为600Ω。

输出波形：函数输出为对称或非对称正弦波、三角波、方波；同步输出为脉冲波。

输出幅度：函数输出电压峰-峰值≥20V±10%（测试条件：f_o≤15MHz，0dB衰减，空载）；函数输出电压峰-峰值≥14V±10%（测试条件：15MHz≤f_o≤20MHz，0dB衰减，空载）。

同步输出为标准TTL幅度或5～13.5V可调的CMOS电平。

函数输出信号直流电平(offset)调节范围：负载电阻为空载时，调节范围为(–10V～+10V)±10%；负载电阻为50Ω时，调节范围为(–5～+5)V±10%；“关”位置时输出信号所携带的直流电平为：＜(0±0.1)V。

输出信号类型：单频信号、扫频信号、FSK调制信号、调频信号和调幅信号（受外控，即需外加调制信号）。

扫频信号输出内扫描方式分对数扫描和线性扫描两种。内扫描时间为(10ms～5s)±10%，扫描宽度大于1频程。外扫描方式由VCF输入信号决定，外扫描输入信号幅度为0～2V，周期为10ms～5s，输入阻抗约100kΩ。

输出信号特征：

（a）正弦波失真度＜0.8%（测试条件：f_o=1kHz、V_{opp}=10V）

（b）三角波线性度＞90%（输出幅度的10%～90%区域）

（c）脉冲波上升/下降沿（输出幅度的10%～90%）时间≤20ns（测试条件：f_o=2MHz、$V_{op\text{-}p}$=10V）

（2）频率计数器的技术指标

频率测量范围：0.2Hz～100MHz。

输入电压范围：50mV～2V（10Hz～20 000kHz），100mV～2V（0.2Hz～10Hz、20000kHz～100000kHz）（衰减器为0dB）。

输入阻抗：500kΩ/30pF。

计数波形：正弦波、方波。

2. 使用方法与应用举例

（1）主要旋钮的作用及操作

OFFSET输出信号直流电平调节旋钮：调节范围为–5V~+5V（50Ω负载）。该旋钮逆时针旋转到底为锁定位置，此时，输出信号直流电平为0。

SYM：输出波形对称性调节旋钮。调节该旋钮可改变输出波形的对称性和脉冲波的占空比。当选择正弦波信号输出时，该旋钮需调为锁定位置，即逆时针旋转到底。

APML：函数信号输出幅度调节旋钮，调节范围为 20dB。

扫频/计数扫描方式和外测频方式选择开关：INT LOG 为内对数扫描方式；INT LINEAR 为内线性扫描方式；EXT SWEEP 为外扫描方式；EXT COUNT 为外计数方式。

WIDTH：扫描宽度调节旋钮。

RATE：扫描速率调节旋钮。

当“扫描/计数”按钮置内扫描方式时，分别调节 WIDTH 和 RATE 旋钮，可获得所需的内扫频信号输出。

INPUT：外扫描控制信号和外测频信号输入端。当“扫描/计数”按钮置外扫描方式、外部控制信号从 INPUT 端输入时，即可得到相应的受控扫频信号。当“扫描/计数”按钮置外计数方式时，即可测得外部信号的频率。

（2）应用举例

测量低频放大器的幅频特性，测量步骤如下：

① 调节函数发生器，输出频率为 1kHz、幅度为 10mV 的正弦信号，并将其送到被测放大器输入端。

② 在被测放大器输出端接上负载电阻 R_L 后，再接到示波器的 Y 输入端，从示波器上测量出放大器在 1kHz 时的输出电压值。

③ 按被测电路的技术指标，逐点改变信号发生器的频率（注意保持其幅度不变），逐点记录被测放大器的输出电压值，然后，根据记录数据在坐标纸上画出被测放大器的频率特性曲线。

C.2 混合信号示波器 DS2072A

1. 主要技术指标

（1）垂直系统

带宽(−3 dB)：DC～70MHz

垂直灵敏度(V/格)：500 微伏/格～10 伏/格

直流增益精度：±2%

模拟通道最大输入电压(1MΩ)：300 Vrms（有效值）

探头衰减系数：0.01×～1000×，每 10 倍率中 1-2-5 步进（例如：0.01×倍率中，有 0.01×，0.02×，0.05×3 种步进）%，13pF±3pF

标配探头 RP3300A（10×）：DC～350MHz，10MΩ±2

输入阻抗：(1MΩ±1%) || (16 pF±3 pF) 或 50Ω±1.5%

垂直分辨率：模拟通道 8 bit，数字通道 1 bit

带宽限制：20 MHz

上升时间：5 ns

通道隔离度：>40 dB

数字通道阈值范围：±20.0 V，10 mV 步进

（2）水平系统

实时采样率模拟通道：2 GSa/s（单通道）、1 GSa/s（双通道）

数字通道：1 GSa/s（最大）

存储深度模拟通道：

单通道：自动、14k 点、140k 点、1.4M 点、14M 点

双通道：自动、7k 点、70k 点、700k 点、7M 点

数字通道：最大 14M 点，最小 7M 点

输入耦合：直流、交流或接地（DC、AC 或 GND）

时基挡位：5.000 ns/div～1.000 ks/div

时基精度：≤±25 ppm

时基模式：Y-T、X-Y、Roll（滚动显示）。Roll 模式下，波形自右向左滚动刷新显示，水平挡位的调节范围是 200.0 ms～1.000 ks。

波形捕获率：50 000 wfms/s（点显示）

（3）触发系统

触发模式：自动、普通、单次

释抑范围：100ns～10s

触发类型：边沿触发，脉宽触发，欠幅脉冲，斜率触发，码型触发，建立/保持，RS232/UART 触发，I2C 触发，SPI 触发

2. 显示界面介绍

DS2072A 显示界面如图 C.2.1 所示，下面按图中的序号介绍各个图标的功能。

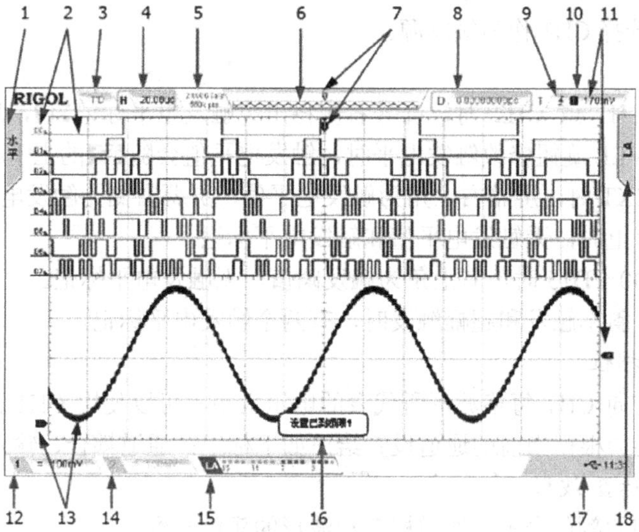

图 C.2.1　DS2072A 显示界面

（1）自动测量选项

提供 16 种水平（HORIZONTAL）参数和 13 种垂直（VERTICAL）参数。按下屏幕左侧的按键，即可打开相应参数的自动测量菜单，连续按下 MENU 键，可切换水平和垂直测量参数。

（2）数字通道标签/波形

对于数字波形，逻辑高电平用蓝色显示，逻辑低电平用绿色显示（与通道标签颜色一致），边沿呈白色。当前选中的数字通道标签和波形均显示为红色。

（3）运行状态

可能的状态包括：RUN（运行）、STOP（停止）、T'D（已触发）、WAIT（等待）和 AUTO（自动）。

（4）水平时基

表示屏幕水平轴上每格所代表的时间长度。使用水平 SCALE 可以修改该参数，可设置范围为 5.000ns～1000s。

（5）采样率/存储深度

显示示波器当前模拟通道的实时采样率和存储深度。该参数会随着水平时基的变化而变化。

示波器存储深度=实时采样率×水平时基×水平格数

（6）波形存储器

提供当前屏幕中的波形在存储器中的位置示意图。

（7）触发位置

显示波形存储器和屏幕中波形的触发位置。

（8）水平位移

使用水平 POSITION 旋钮可以调节该参数。按下旋钮时参数自动设置为 0。

（9）触发类型

显示当前选择的触发类型及触发条件设置。选择不同触发类型时显示不同的标识。例如，表示在“边沿触发”的上升沿处触发。

（10）触发源

显示当前选择的触发源（CH1、CH2、EXT、市电或 D0-D15）。选择不同触发源时，显示不同的标识，并改变触发参数区的颜色。

例如，1表示选择 CH1 作为触发源。

（11）触发电平

触发信源选择 CH1 或 CH2 时，屏幕右侧将出现触发电平标记T，屏幕右上角为触发电平值。使用触发 LEVEL 旋钮修改触发电平时，触发电平值会随T的上下移动而改变。

触发信源选择 EXT 时，屏幕右上角为触发电平值，屏幕右侧无触发电平标记。

触发信源选择市电时，无触发电平值和触发电平标记。

触发信源选择 D0～D15 时，右上角为触发阈值，无触发电平标记。

欠幅脉冲触发、斜率触发和超幅触发时，有两个触发电平标记。

（12）CH1 垂直挡位

显示屏幕垂直方向 CH1 每格波形所代表的电压大小，可以使用 CH1 的垂直 SCALE 旋钮修改该参数。此外还会根据当前的通道设置给出如下标记：通道耦合、输入阻抗、带宽限制。

（13）模拟通道标签/波形

不同通道用不同的颜色表示，通道标签和波形的颜色一致。

（14）CH2 垂直挡位

显示屏幕垂直方向 CH2 每格波形所代表的电压大小，可以使用 CH1 的垂直 SCALE 旋钮修改该参数。此外还会根据当前的通道设置给出如下标记：通道耦合、输入阻抗、带宽限制。

（15）数字通道状态区

显示 16 个数字通道当前的状态（从右至左依次为 D0～D15）。当前打开的数字通道显示为绿色，当前选中的数字通道突出显示为红色，任何已关闭的数字通道均显示为灰色。注意：该功能仅适用于带逻辑通道的示波器。

（16）消息框

显示提示消息。

（17）通知区域

显示系统时间、声音图标和 U 盘图标。

系统时间：以“hh:mm（时:分）”的格式显示。在打印或存储波形时，输出文件将包含该时间信息。按 Utility-系统-系统时间，通过下面格式设置：yyyy-mm-dd hh:mm:ss

声音图标：声音打开时，该区域显示。按 Utility-声音可以打开或关闭声音。

U 盘图标：当示波器检测到 U 盘时，该区域显示。

（18）操作菜单显示区

按下任一软键可激活相应按键对应功能的的子菜单。对菜单显示区中某一功能的设置，通过右侧对应按钮进行操作。

3. 前面板上主要控制钮的名称和作用

（1）垂直控制

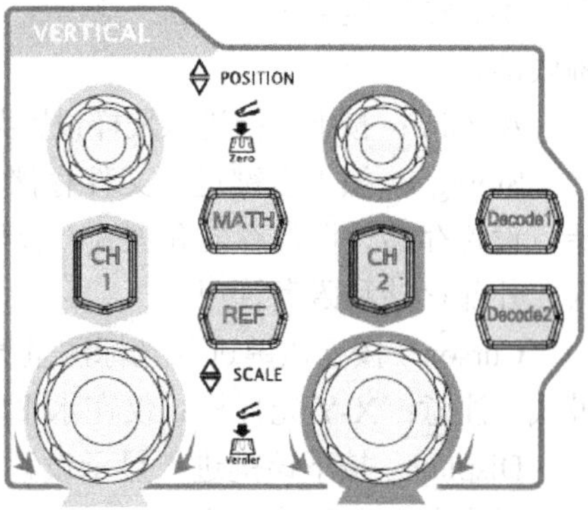

CH1、CH2：2 个模拟输入通道功能按钮。每个通道用不同颜色标识，并且显示屏中的波形和通道输入连接器的颜色也与之对应。按下 CH1 或 CH2 任一按键打开相应通道菜单并在显示屏中显示该通道波形，再次按下关闭通道。

MATH：按下该键打开数学运算菜单。可进行加、减、乘、除、FFT、逻辑、高级运算。

REF：按下该键打开参考波形功能。可将实测波形和参考波形进行比较。

POSITION（垂直）：调整 CH1 或 CH2 通道波形的 0 电平高度。顺时针转动时 0 电平高度上移，逆时针转动时 0 电平高度下降。修改过程中波形会上下移动，同时屏幕左下角弹出的位移信息实时变化。按下该旋钮可快速将 0 电平高度设置到屏幕中央。

SCALE（垂直）：修改 CH1 或 CH2 通道的垂直挡位。顺时针转动减小挡位，逆时针转动增大挡位。修改过程中波形显示幅度会增大或减小，实际电压幅度保持不变，同时屏幕下方的挡位信息实时变化。按下该旋钮可快速切换垂直挡位调节方式为“粗调”或“微调”。

Decode1、Decode2：解码功能按键。按下按键打开 CH1 或 CH2 通道的解码功能菜单，支持并行解码和协议解码。

（2）水平控制

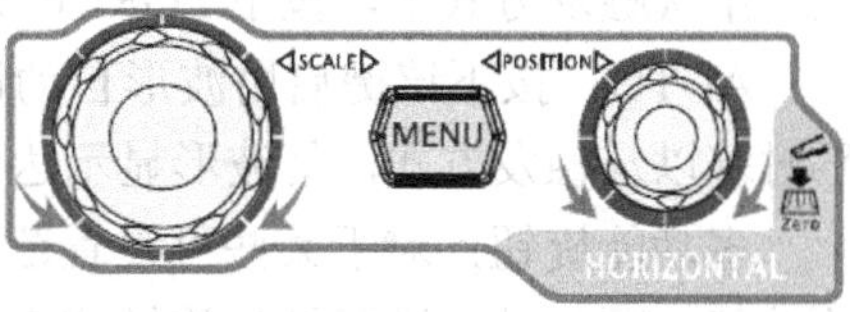

MENU：按下该键打开水平控制菜单。可开关延迟扫描功能，切换不同的时基模式（YT/XY/ROLL），切换水平挡位的微调或粗调，以及修改水平参考设置。

SCALE（水平）：调整水平时基。顺时针转动减小时基，逆时针转动增大时基。旋转过程中，所有通道的波形在水平方向被扩展或压缩显示，同时屏幕上方的时基信息实时变化。按下该旋钮可快速切换至延迟扫描状态。

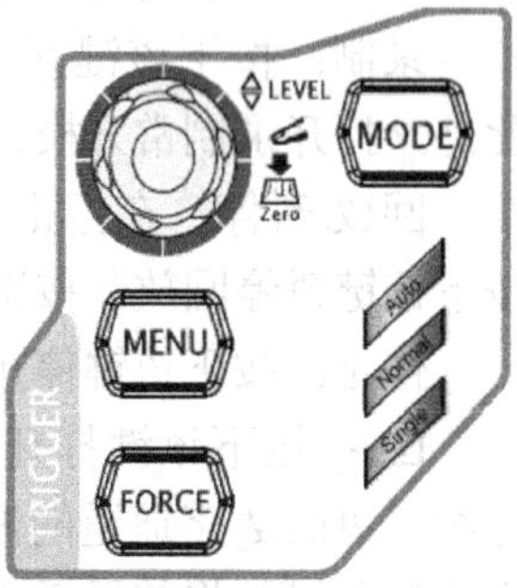

POSITION（水平）：调整水平位移。转动旋钮时触发点相对屏幕中心左右移动。修改过程中，所有通道的波形左右移动，同时屏幕右上角的触发位移信息实时变化。按下该旋钮可快速复位触发位移，使触发点在显示屏中间。

（3）触发控制

MODE：按下该键切换触发方式为 Auto、Normal 或 Single，当前触发方式对应的状态背灯会变亮。

触发 LEVEL：调整触发电平。顺时针转动增大电平，逆时针转动减小电平。旋转过程中，屏幕右侧的触发电平标记上下移动，同时屏幕左下角的触发电平消息框中的值实时变化。按下该旋钮可快速将触发电平恢复至零点。

MENU：按下该键打开触发操作菜单。

FORCE：在 Normal 和 Single 触发方式下，按下该键将强制产生一个触发信号。

（4）功能菜单

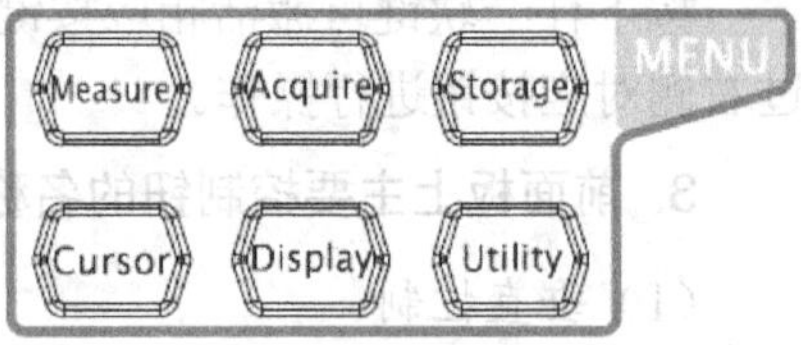

Measure：按下该键进入测量设置菜单。可进行测量设置、全部测量、统计功能等的设置。按下屏幕左侧的MENU，可打开 29 种波形参数测量菜单，然后按下相应的菜单软键快速实现“一键”测量，测量结果将出现在屏幕底部。

Acquire：按下该键进入采样设置菜单。可设置示波器的获取方式、存储深度和抗混叠功能。

Storage：按下该键进入文件存储和调用界面。可存储的文件类型包括：轨迹存储、波形存储、设置存储、图像存储和 CSV 存储，图像可存储为 bmp、png、jpeg、tiff 格式。同时支持内、外部存储和磁盘管理。

Cursor：按下该键进入光标测量菜单。示波器提供手动、追踪、自动测量和 X-Y 四种光标模式。注意：X-Y 光标模式仅在水平时基为 X-Y 模式时可用。

Display：按下该键进入显示设置菜单。设置波形显示类型、余辉时间、波形亮度、屏幕网格、网格亮度和菜单保持时间。

Utility：按下该键进入系统辅助功能设置菜单。设置系统相关功能或参数，例如接口、声音、语言等。此外，还支持一些高级功能，例如通过/失败测试、波形录制和打印设置等。

（5）测量控制

CLEAR：按下该键清除屏幕上所有的波形。如果示波器处于“运行”状态，则继续显示新波形。

RUN/STOP：按下该键将示波器的运行状态设置为“运行”或“停止”。“运行”状态下，该键黄色背灯点亮。“停止”状态下，该键红色背灯点亮。

SINGLE：按下该键将示波器的触发方式设置为单次触发方式“Single”，该键橙色背灯点亮。单次触发方式下，按下 FORCE 键立即产生一个触发信号。

AUTO：按下该键启用波形自动设置功能。示波器将根据输入信号自动调整垂直挡位、水平时基以及触发方式，使波形显示达到最佳状态。

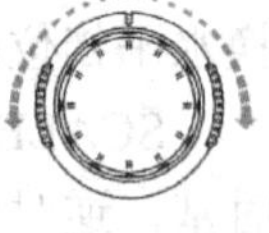

多功能旋钮：对于某些可设置范围较大的数值参数，该旋钮提供了快速调节的功能。顺时针（逆时针）旋转增大（减小）数值；内层旋钮可微调，外层旋钮可粗调。例如，在回放波形时，使用该旋钮可以快速定位需要回放的波形帧。类似的菜单还有：触发释抑、脉宽设置、斜率时间等。

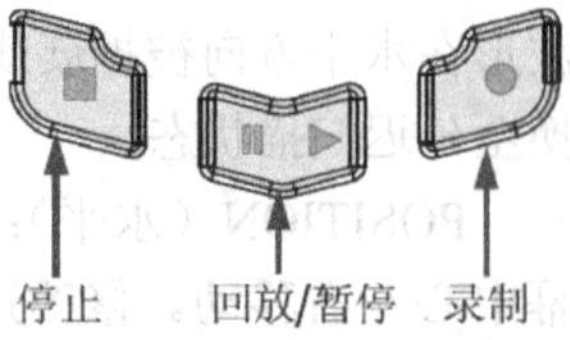

录制：按下该键开始波形录制，同时该键红色背灯开始闪烁。此外，打开录制常开模式时，该键红色背灯也不停闪烁。

回放/暂停：在停止或暂停的状态下，按下该键回放波形，再次按下该键暂停回放，按键背灯为黄色。

停止：按下该键停止正在录制或回放的波形，该键橙色背灯点亮。

LA：按下该键打开逻辑分析仪控制菜单。可以实现打开或关闭任意通道或通道组、更改数字通道的波形显示大小、更改数字通道的逻辑阈值、对 16 个数字通道进行分组并将其显示为总线，还可以为每一个数字通道设置标签。

另外，通过示波器后面的 LAN 接口可以将仪器连接到网络中，远程控制示波器。通过后面的 USB DEVICE 接口可连接 PictBridge 打印机以打印波形数据，或连接 PC，通过上位机软件对示波器进行控制。

4．使用方法与应用举例

（1）测量交流电压的频率、周期、有效值、峰-峰值和平均值

测量步骤如下：

① 将被测信号从 CH1 输入端加入，按下 CH1 键，显示 CH1 通道菜单，通过按钮设定耦合为“交流”，衰减系数为“1×”，按下 AUTO 键，出现如图 C.2.2 所示波形。

② 顺时针调节 CH1 垂直位置旋钮，直到波形完全显示在屏幕上。

③ 按下 ACQUIRE 键，将波形获取方式设定为“平均”。

④ 按下屏幕左侧 MENU 键，分别选取有效值、峰-峰值、平均值、频率和周期。这时就可以从屏幕上波形下方直接读出被测信号的有效值、峰-峰值、平均值和频率、周期。

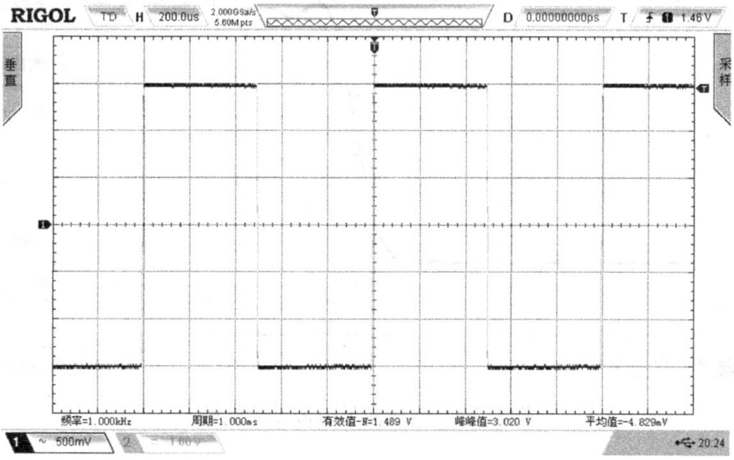

图 C.2.2　波形各物理量测量显示

（2）用光标测量信号的时间

测量某信号上升沿延迟时间的步骤如下：

① 调节时基旋钮到 2μs 左右，使被测波形的上升沿明显，如图 C.2.3 所示。

② 按下“CURSOR”键，选择“手动”。

③ 显示模式，选择“X”。

④ 利用多功能小旋钮调节 CursorA 和 CursorB 位置，使之分别在波形的低电平与高电平处。此时，在屏幕左上角将显示时间增量和以增量为周期所对应的频率。

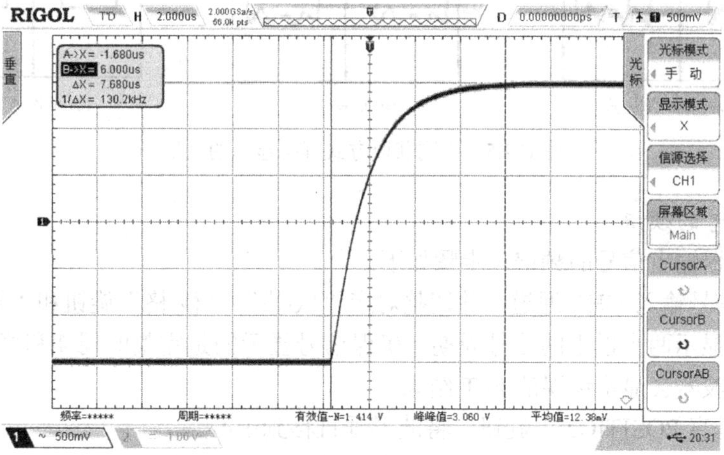

图 C.2.3　光标测量方波上升时间

（3）用光标测量信号的电压波动幅度

测量步骤如下：

① 调节时基旋钮，使被测波形的上升沿明显，如图 C.2.4 所示。

② 按“CURSOR”键，选择“手动”。

③ 显示模式，选择“Y”。

④ 利用多功能小旋钮调节 CursorA 和 CursorB 位置，使之分别在波形的低电平与高电平处。此时，在屏幕左上角将显示电压波动振幅的测量结果。

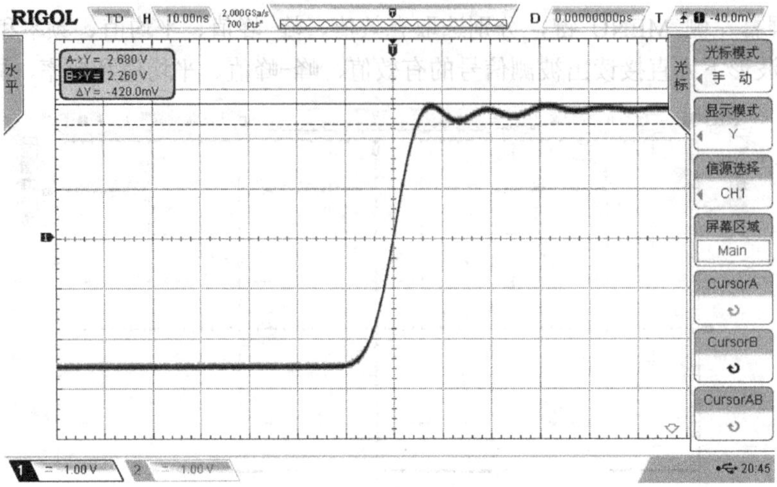

图 C.2.4　光标测量方波波动振幅

（4）测量信号中狭窄的毛刺

测量某包含断续、狭窄毛刺的方波信号，步骤如下：

① 下 ACQUIRE 键，设定获取方式为“峰值检测”。

② 将被测信号输入，并调整“伏/格”、“秒/格”旋钮和“触发”，使波形稳定在屏幕上，测得的波形如图 C.2.5（a）所示。如果设定获取方式为“取样”或者“平均值”，将分别得到图 C.2.5（b）、（c）所示波形。

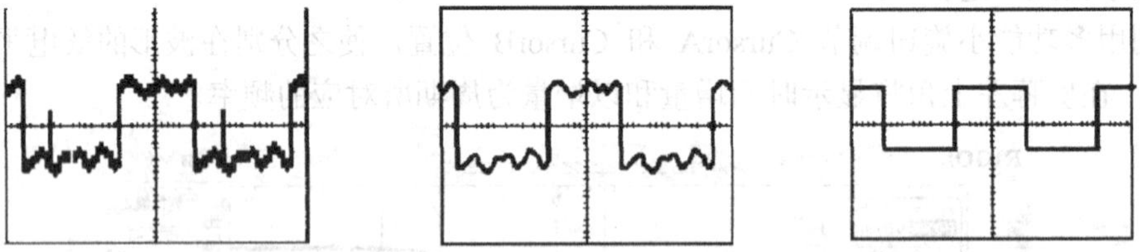

(a) 峰值检测方式　(b) 取样方式　(c) 平均值方式

图 C.2.5　不同获取方式屏幕显示的波形

（5）测量信号的频谱

测量某放大器输出信号的频谱，步骤如下：

① 将被测信号输入 CH1 通道，并调整对应“伏/格”、“秒/格”旋钮和“触发”，使波形稳定在屏幕上，并显示两个以上的信号周期。确保信号显示的是完整的周期和峰峰值范围。如果显示不完整，示波器会显示错误的 FFT 结果。

② 旋转“垂直 POSITION”旋钮，将波形垂直移到中心。

③ 旋转“水平 POSITION”旋钮，将要分析的波形定位在显示屏幕的中心。

④ 按“MATH”按钮，将“操作”选项设置为 FFT，并按分析需要加“FFT”窗口，加“Rectangular”窗口。利用多功能小旋钮调节 FFT 显示的垂直高度与垂直刻度。利用 HORIZONTAL 区域中小旋钮调节 FFT 基波到屏幕中央，此时观察屏幕下方 Center 值，该值即为时域波形的频率值。可添加 CH1 频率测量功能做验证。测得结果如图 C.2.6 所示。

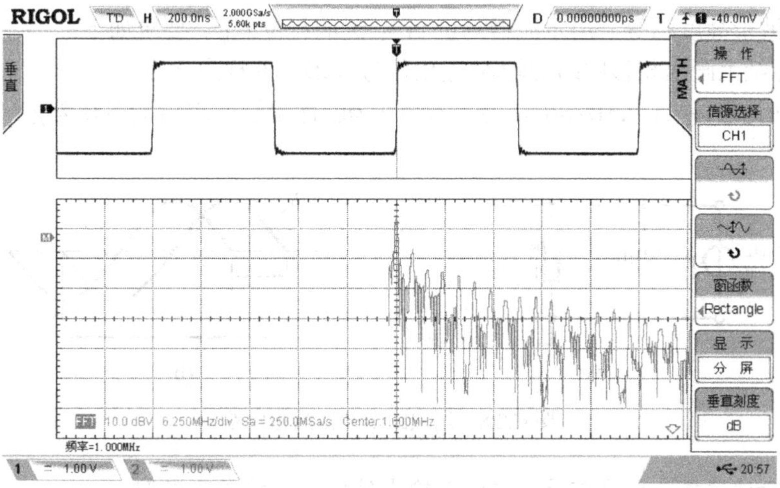

图 C.2.6　FFT 运算结果显示

（6）保存设置并重复使用

① 将被测信号输入 CH1 通道，按 AUTO 键，再按 CH1 键，耦合方式选择“交流耦合”，调节 CH1 垂直 POSITION 旋钮，使波形完整显示在屏幕中间，按压屏幕左侧的 MENU 键，依次添加有效值、峰-峰值、平均值、频率和周期测量项目。

② 按“Storage”键，选择存储类型为“设置存储”，保存，选择 Local Disk，文件名选择 LocalSetup0 到 LocalSetup9 中任意一个，此处保存到 LocalSetup6。如图 C.2.7 所示。

③ 此时为验证保存的设置有效，将仪器恢复初始状态，按 Storage 选择默认设置。

④ 调出保存的设置。按“Storage”键，选择存储类型为“设置存储”，选择“调出”，选择步骤②中保存的文件 LocalSetup6，按“调出”键，即可将保存的设置调出来，然后按屏幕右上的 MENU 关闭菜单。

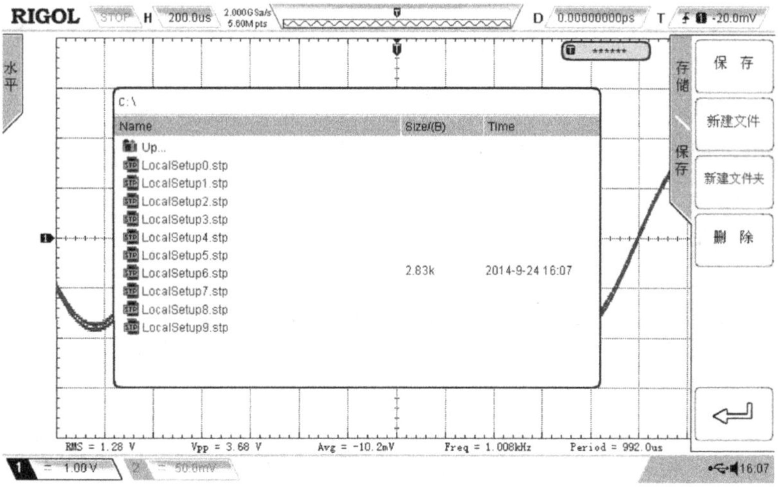

图 C.2.7　设置的保存和调出

5. 实验任务

（1）测量两信号的相位差

按图 C.2.8（a）所示电路安装一 RC 相移网络，将同频率的两信号 v_1、v_2 分别从 CH1 和 CH2 输入，屏幕上同时显示两路信号波形，如图 C.2.8（b）所示。调节“V/div”开关和“微调”旋钮使两波形高度相等，用示波器测量 v_1 与 v_2 的相位差φ。要求如下：

① 在坐标纸上画出相移网络的输入/输出信号波形，并标上参数。

② 计算理论值φ_0=arctan1/ωRC，并与实测值φ进行比较，求出测量误差γ_φ，分析误差产生的原因。

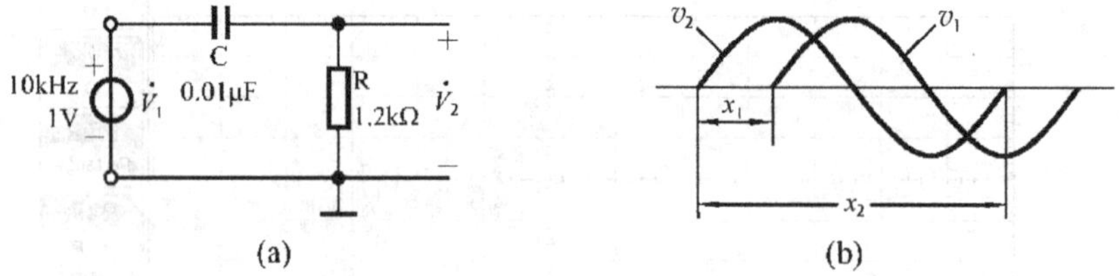

图 C.2.8　用双踪示波器测相位差

（2）测量示波器探头校准信号（方波）输出的幅度、脉宽及周期

要求如下：

① 列表记录被测方波信号的幅度 V_m、脉冲宽度 t_p 及周期 T 的值。并在坐标纸上画出观察到的波形，标上参数。

② 上述两个实验任务完成后，写出实验报告。

附录 D　分立元件的性能简介

1. 电阻器

（1）额定功率

共分 10 个等级，其中常用的有 1/8 W,1/4 W,1/2 W,1W,2W,…

（2）电阻器的容许误差和标称阻值系列

电阻器的标称阻值是产品标注的“名义”阻值。标称阻值的规定与电阻的误差等级直接相关。电阻器常见的容许误差有±5%、±10%、±20%三个误差等级，分别对应 E6、E12、E24 系列，E6 表示对应的系列有 6 个标称值，E12 表示对应的系列有 12 个标称值，其余的类推。高精度的电阻器则有 E48、E96 和 E192 三个标称值系列，分别对应 ±2%、±1%、±0.5%三个误差等级，高于±0.5%的也使用 E192 误差等级。精度越高，标称值的数目越多。电阻器标称值系列如表 D.1 所示，表中未给出 E96 和 E192 系列。

表 D.1　标 称 阻 值

允 许 误 差	标称值系列	标称阻值系列
±20%	E6	10 15 22 33 47 68
±10%	E12	10 12 15 18 22 27 33 39 47 56 68 82
±5%	E24	10 11 12 13 15 16 18 20 22 24 27 30 33 36 39 43 47 51 56 62 68 75 82 91
±2%	E48	100 105 110 115 121 127 133 140 147 154 162 169 178 187 196 205 215 226 237 249 261 274 287 301 316 332 348 365 308 402 422 442 464 487 511 536 562 590 619 649 681 715 750 787 825 866 909 953

一般固定式电阻器产品都按标称阻值生产。它们的阻值应符合上表所列数值或上表所列数值乘以 10^n，其中 n 的取值为−2, −1, 0, 1, 2, 3, ···, 9。单位为Ω。

（3）电阻器的彩色编码

小体积电阻器的阻值和误差经常采用色环表示，不同颜色的色环代表不同的数字，通过色环的颜色我们可以读出电阻阻值的大小和容许误差。由于 E6、E12 和 E24 系列标称值的有效数字只有两位，所以用 3 条色环来标记电阻值，用第 4 条色环表示该电阻的误差，如图 D.1（a）所示。

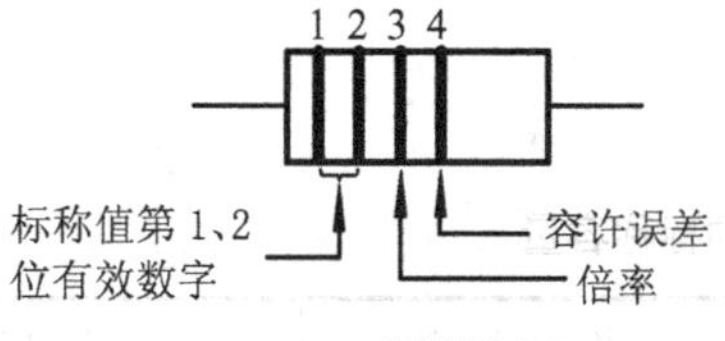

(a) 4 色环标记

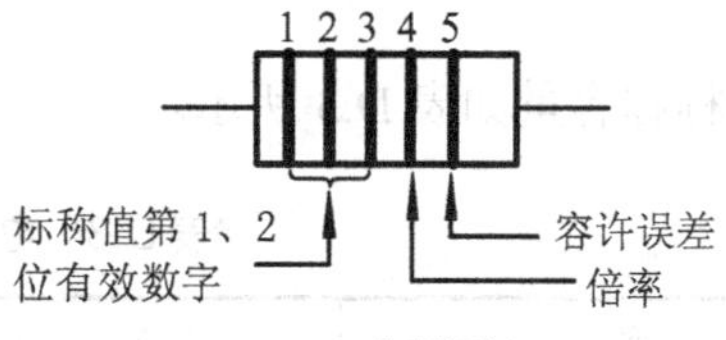

(b) 5 色环标记

图 D.1　电阻的色环标记

而 E48、E96 和 E192 等高精度系列标称值有三位有效数字，所以用 4 条色环来标记电阻值，用第 5 条色环表示该电阻的误差，如图 D.1（b）所示。两者的区别在于：4 色环的用前两位表示电阻的有效数字，而 5 色环电阻用前三位表示该电阻的有效数字，两者的倒数第 2 位表示倍率，即有效数字后零的个数。色环表示的含义见表 D.2。

表 D.2　色环颜色的规定

颜色	黑	棕	红	橙	黄	绿	蓝	紫	灰	白	金	银	无
对应数字	0	1	2	3	4	5	6	7	8	9			
倍率	10^0	10^1	10^2	10^3	10^4	10^5	10^6	10^7	10^8	10^9	10^{-1}	10^{-2}	
容许误差(%)		±1	±2			±0.5	±0.25	±0.1			±5	±10	±20

在某些不好区分的情况下，也可以对比两个起始端的色彩，因为计算的起始部分即第 1 色彩不会是金、银、黑 3 种颜色。如果靠近边缘的是这 3 种色彩，则需要倒过来计算。另外，将色环倒过来辨认时，读出来的阻值一般不是标称系列中的阻值。

例如，某电阻器的 5 道色环依次为“棕、黑、黑、橙、金”，则其阻值为 100kΩ，误差为±5%。另一个电阻器的 4 道色环依次为“棕、灰、金、金”，则其阻值为 1.8Ω，误差为±5%。

2．电容器

（1）电容器的耐压

它是指电容器在规定的温度范围内，能够连续正常工作时所能承受的最高电压，这是电容的重要参数之一。普通无极性电容的标称耐压值有：63V、100V、160V、250V、400V、600V、1000V 等，有极性电容的耐压值相对要比无极性电容的耐压要低，一般的标称耐压值有：4V、6.3V、10V、16V、25V、35V、50V、63V、80V、100V、220V、400V 等。如果工作电压超过电容器的耐压，电容器击穿，会造成不可修复的永久损坏。

（2）固定电容器的标称容量

电容器容量常按下列规则标印在电容器上。

① 小于 10 000pF 的电容，一般只标明数值而省略单位。例如：330 表示 330pF。

② 10 000～1 000 000pF 之间的电容，采用μF 为单位（往往也省略），它以小数标印，或以 10 乘以 10^n 标印。例如：0.01 表示 0.01μF，104 表示 10×10^4pF=0.1μF，3n9 表示 3.9×10^{-9}F 即 3900pF。

③ 电解电容器以μF 为单位标印。

电容量的常用单位是法（F）、微法（μF）、纳法(nF)和皮法（pF），它们之间的关系为：

$$1\text{pF}=10^{-6}\,\mu\text{F}=10^{-9}\text{nF}=10^{-12}\text{F}$$

（3）电解电容器的极性

使用电解电容时，要注意辨别正、负极。通常外壳上面会有一条很粗的白线，白线里面有一行负号，对应的引脚就是负极，另一边就是正极。一般正极接高电位点，负极接低电位点。

电容器的标称容量如表 D.3 所示。

表 D.3　电容器的标称容量

名　称	容许误差	容量范围	标称容量
纸膜复合介质电容器低频（有极性）有机薄膜介质电容器	±5% ± 10% ± 20%	100pF~1μF	1.0，1.5，2.2，3.3．4.7，6.8
		1~100μF	1，2，4，6，8，1015，20，30，50，60，80，100
高频（无极性）有机薄膜介质电容器瓷介电容器	±5% ± 10%		E24，E12
铝、钽、铌电解电容器	±10% ± 20%		1.0，1.5，2.2，3.3，4.7，6.8（容量单位为μF）

标称电容量为表中数值或表中数据再乘以 10^n，其中 n 为正整数或负整数。

3. 中频变压器

型　号	频率/MHz	线圈匝数			线径/mm	电感量/μH±10%	Q值	谐振电容/pF	接线图
		6–4	3–2	2–1					
TP304	10.7	7	14	14	ϕ0.1	11.8	≥30	15	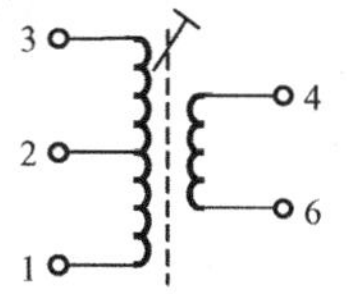
TP306		2	4	4	ϕ0.1	4	≥35	51	
TS22–9	6.5	1	6	7	ϕ0.08	11	≥50	51	
TS22–16		3	5	5	ϕ0.08	11.5	≥50	47	

磁性材料：NXO-40，螺纹磁芯调节式，具有金属屏蔽罩。先绕次级，后绕初级。

4. 变容二极管

型　号	最高反向电压 V_{RM} / V	反向电流 I_B / μA		结电容 C_g / pF	电容变化范围 / pF	零偏压品质因数 Q	电容温度系数 α / C^{-1}
2CC1C	25	≤1	≤20	70~110	240~42	≥250	5×10^{-4}
2CC1D	25	≤1	≤20	30~70	125~20	≥300	5×10^{-4}
测试条件	T=20℃, I_R=1μA	在相应的 V_{RM} 下		反向电压	V_R=0	V_R=4V	V_R=10V
	T=125℃, I_R=20μA	（20±5）℃	（125±5）℃	V_R=4V	V_R= V_{RM}	f=5MHz	f=3.5MHz

附录 E　集成电路的型号与引脚排列图

E.1　模拟集成电路

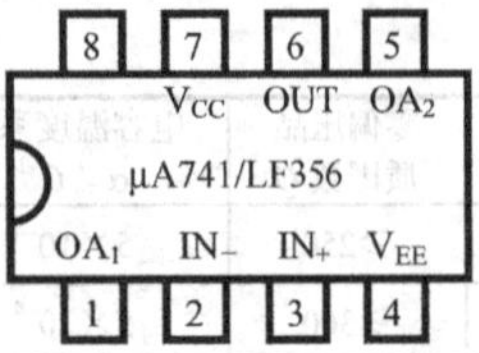

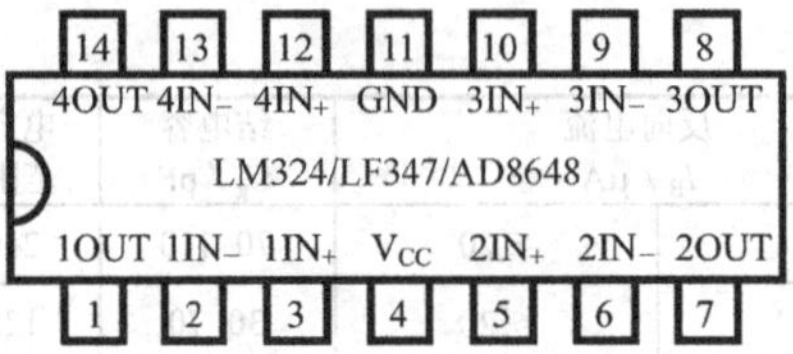

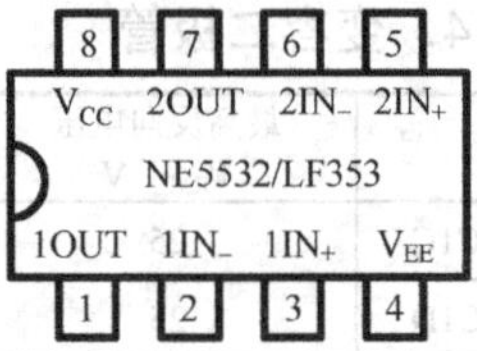

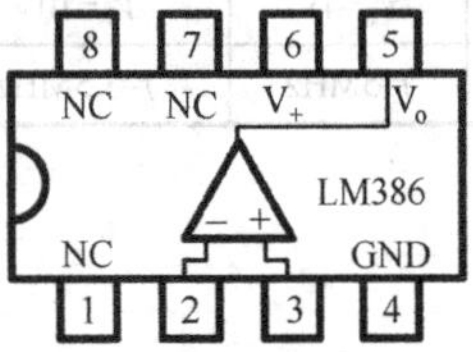

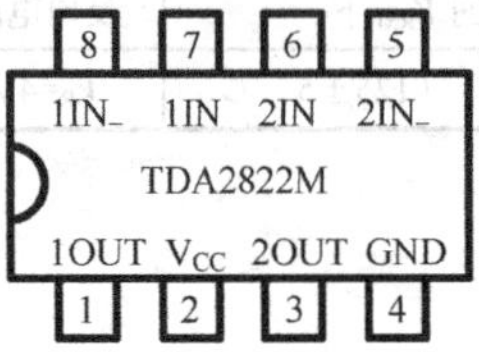

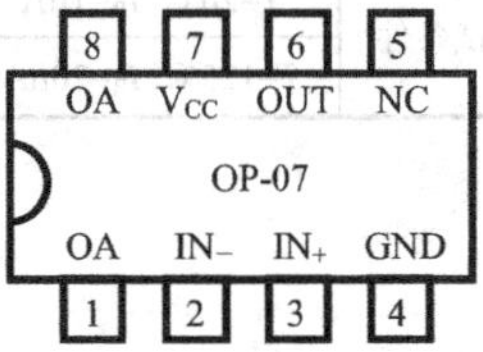

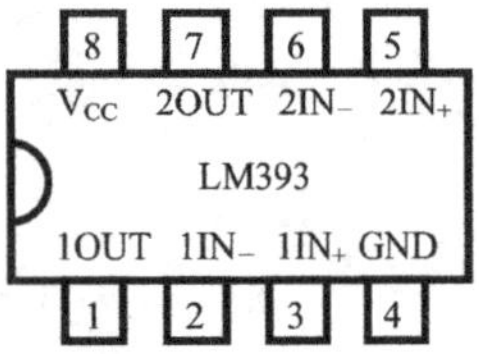

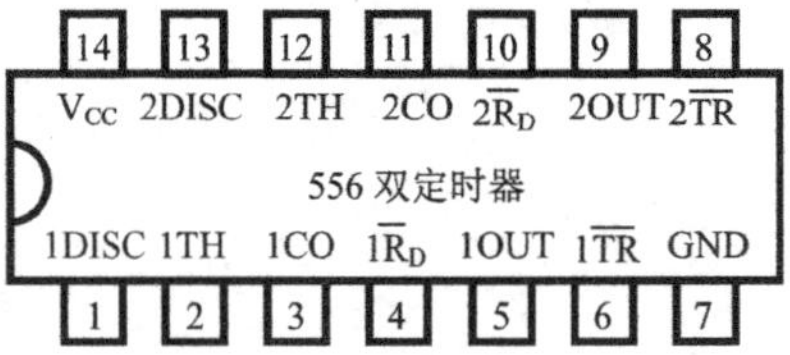

E.2　TTL 数字集成电路

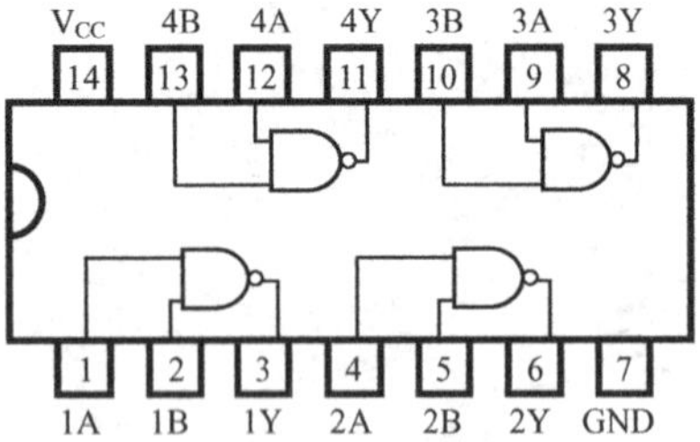

74LS00　四 2 输入与非门

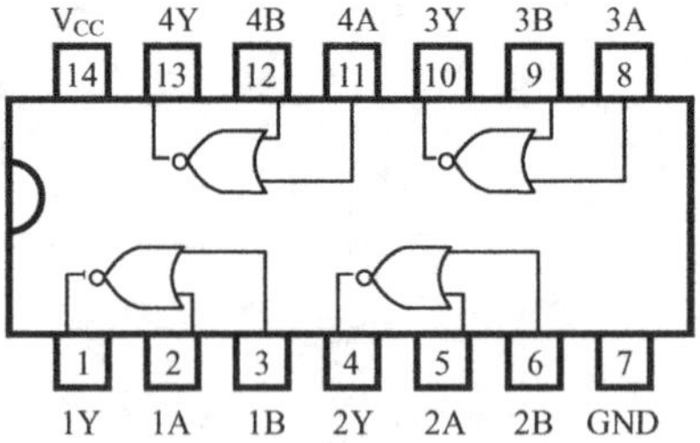

74LS02　四 2 输入或非门

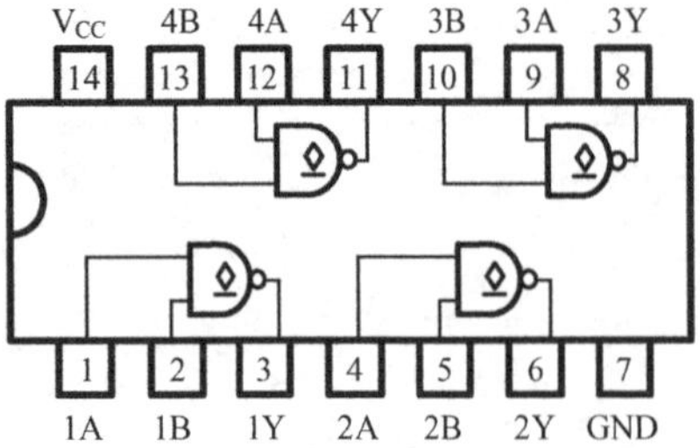

74LS03　四 2 输入与非门(OC)

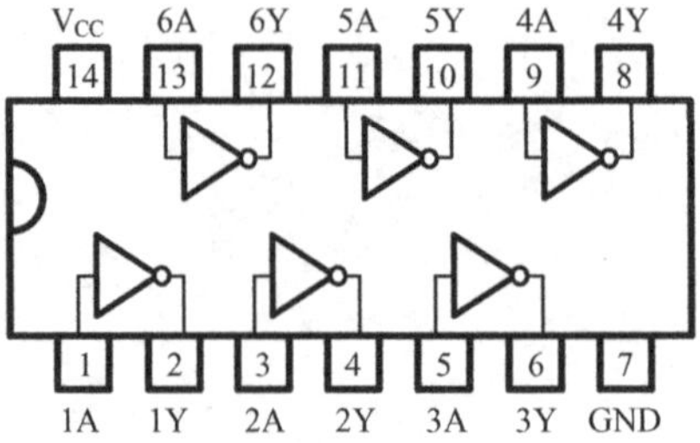

74LS04　六反相器

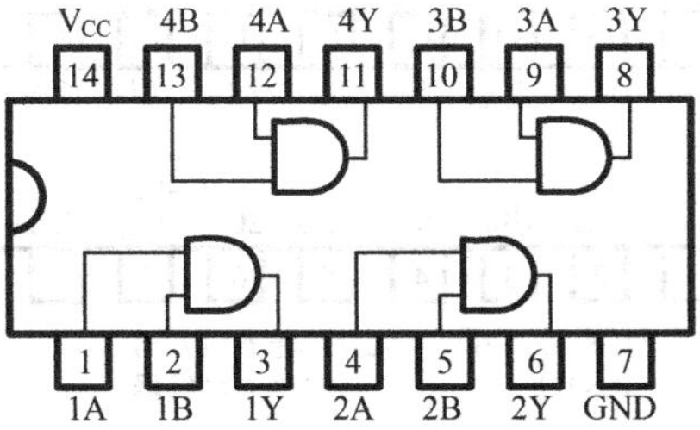

74LS08　四 2 输入与门

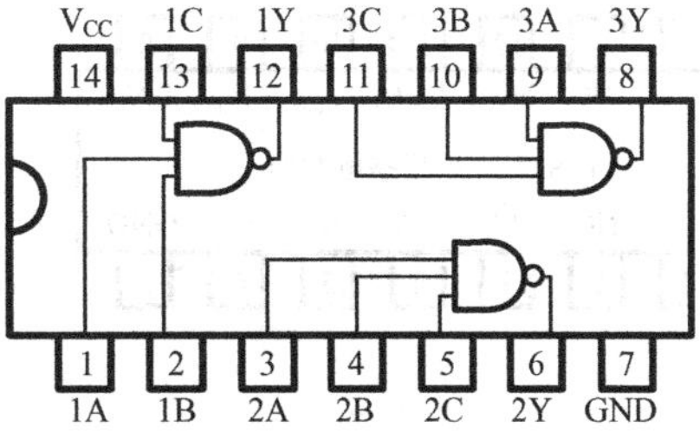

74LS10　三 3 输入与非门

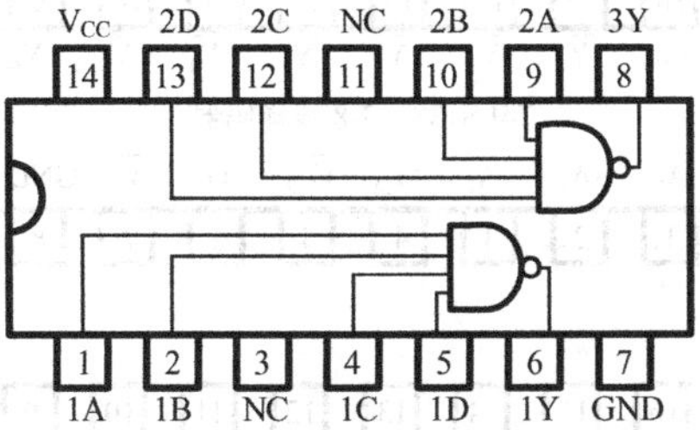

74LS20　双 4 输入与非门

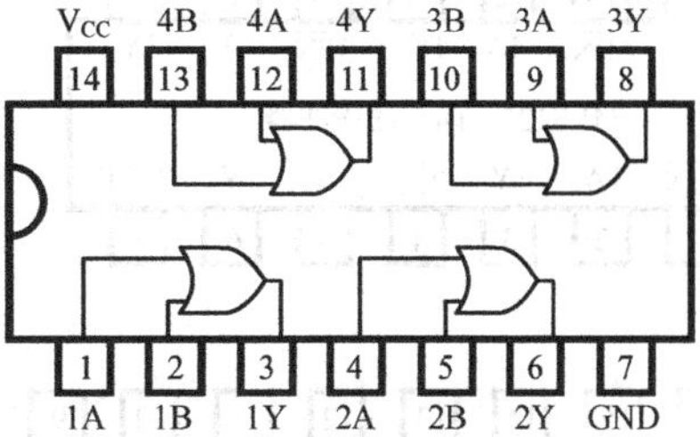

74LS32　四 2 输入或门

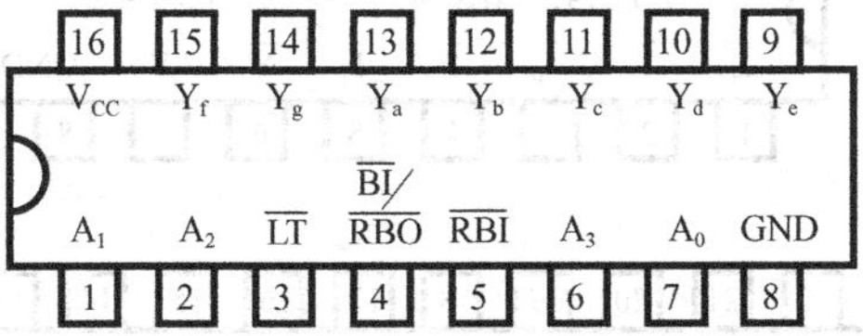

74LS48　4-7 译码器/驱动器

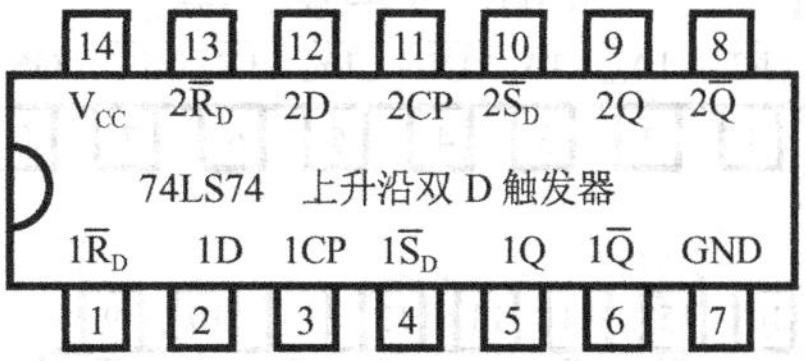

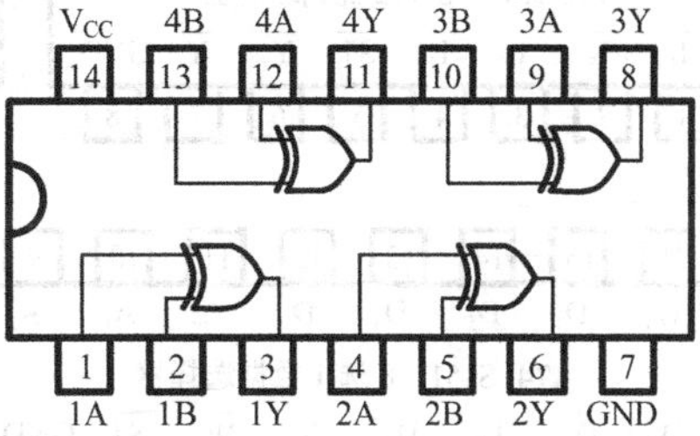

74LS86　四 2 输入异或门

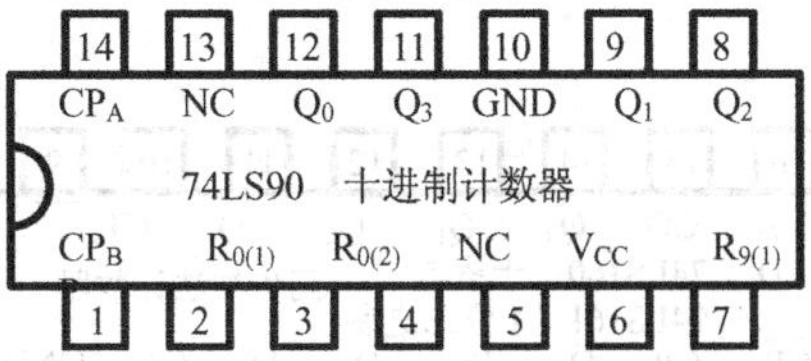

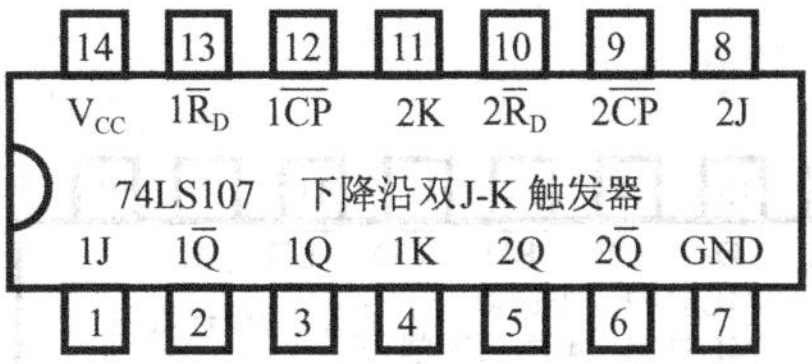

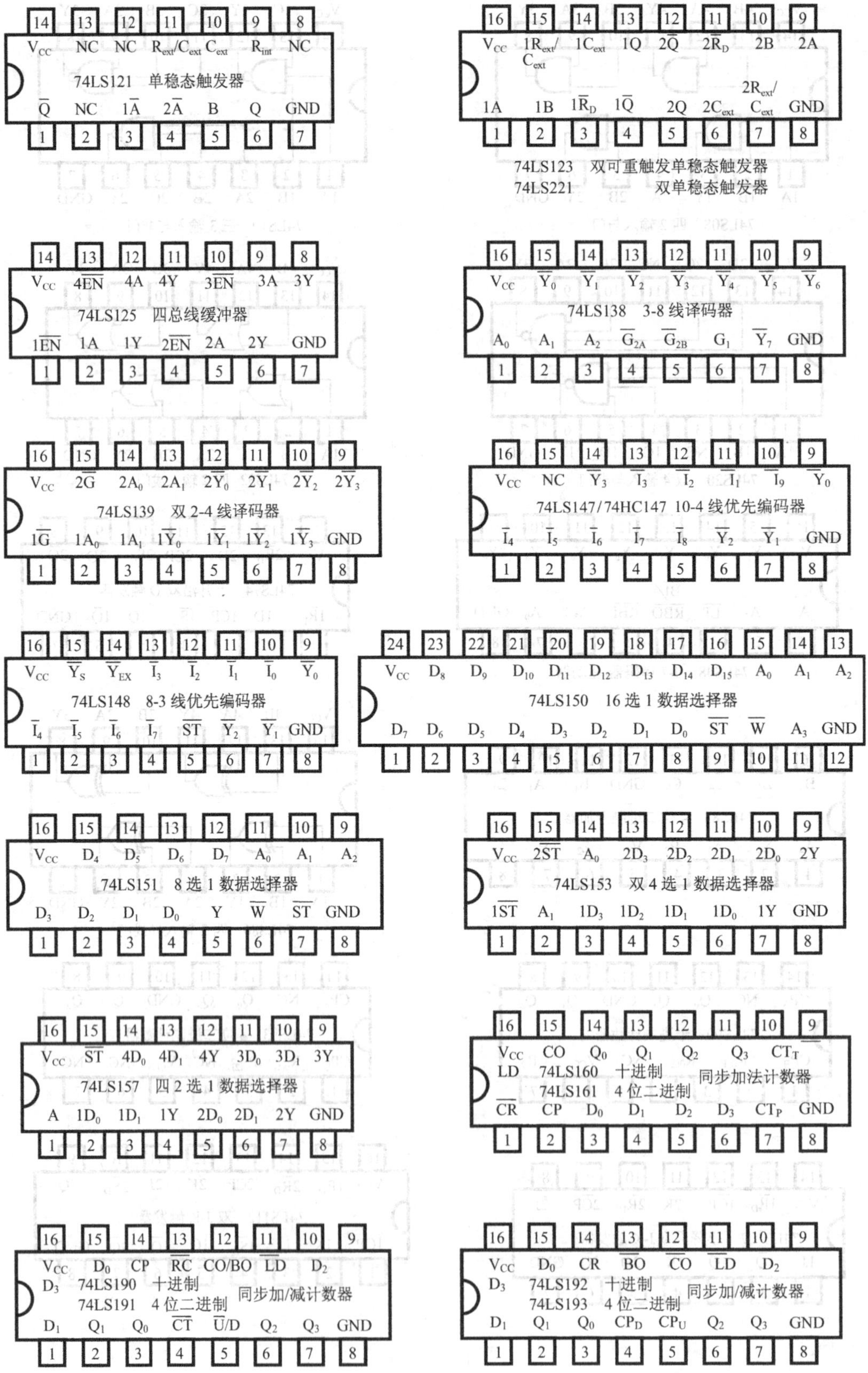
14 13 12 11 10 9 8
VCC NC NC Rext/Cext Cext Rint NC
74LS121 单稳态触发器
Q NC 1A 2A B Q GND
1 2 3 4 5 6 7
16 15 14 13 12 11 10 9
VCC 1Rext/Cext 1Cext 1Q 2Q 2RD 2B 2A
1A 1B 1RD 1Q 2Q 2Cext 2Rext/Cext GND
1 2 3 4 5 6 7 8
74LS123 双可重触发单稳态触发器
74LS221 双单稳态触发器
14 13 12 11 10 9 8
VCC 4EN 4A 4Y 3EN 3A 3Y
74LS125 四总线缓冲器
1EN 1A 1Y 2EN 2A 2Y GND
1 2 3 4 5 6 7
16 15 14 13 12 11 10 9
VCC Y0 Y1 Y2 Y3 Y4 Y5 Y6
74LS138 3-8 线译码器
A0 A1 A2 G2A G2B G1 Y7 GND
1 2 3 4 5 6 7 8
16 15 14 13 12 11 10 9
VCC 2G 2A0 2A1 2Y0 2Y1 2Y2 2Y3
74LS139 双 2-4 线译码器
1G 1A0 1A1 1Y0 1Y1 1Y2 1Y3 GND
1 2 3 4 5 6 7 8
16 15 14 13 12 11 10 9
VCC NC Y3 I3 I2 I1 I9 Y0
74LS147/74HC147 10-4 线优先编码器
I4 I5 I6 I7 I8 Y2 Y1 GND
1 2 3 4 5 6 7 8
16 15 14 13 12 11 10 9
VCC YS YEX I3 I2 I1 I0 Y0
74LS148 8-3 线优先编码器
I4 I5 I6 I7 ST Y2 Y1 GND
1 2 3 4 5 6 7 8
24 23 22 21 20 19 18 17 16 15 14 13
VCC D8 D9 D10 D11 D12 D13 D14 D15 A0 A1 A2
74LS150 16 选 1 数据选择器
D7 D6 D5 D4 D3 D2 D1 D0 ST W A3 GND
1 2 3 4 5 6 7 8 9 10 11 12
16 15 14 13 12 11 10 9
VCC D4 D5 D6 D7 A0 A1 A2
74LS151 8 选 1 数据选择器
D3 D2 D1 D0 Y W ST GND
1 2 3 4 5 6 7 8
16 15 14 13 12 11 10 9
VCC 2ST A0 2D3 2D2 2D1 2D0 2Y
74LS153 双 4 选 1 数据选择器
1ST A1 1D3 1D2 1D1 1D0 1Y GND
1 2 3 4 5 6 7 8
16 15 14 13 12 11 10 9
VCC ST 4D0 4D1 4Y 3D0 3D1 3Y
74LS157 四 2 选 1 数据选择器
A 1D0 1D1 1Y 2D0 2D1 2Y GND
1 2 3 4 5 6 7 8
16 15 14 13 12 11 10 9
VCC CO Q0 Q1 Q2 Q3 CTT
LD 74LS160 十进制
74LS161 4 位二进制
同步加法计数器
CR CP D0 D1 D2 D3 CTP GND
1 2 3 4 5 6 7 8
16 15 14 13 12 11 10 9
VCC D0 CP RC CO/BO LD D2
D3 74LS190 十进制
74LS191 4 位二进制
同步加/减计数器
D1 Q1 Q0 CT U/D Q2 Q3 GND
1 2 3 4 5 6 7 8
16 15 14 13 12 11 10 9
VCC D0 CR BO CO LD D2
D3 74LS192 十进制
74LS193 4 位二进制
同步加/减计数器
D1 Q1 Q0 CPD CPU Q2 Q3 GND
1 2 3 4 5 6 7 8

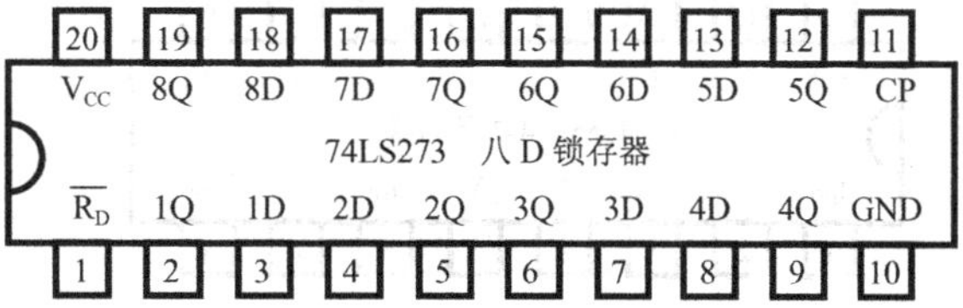

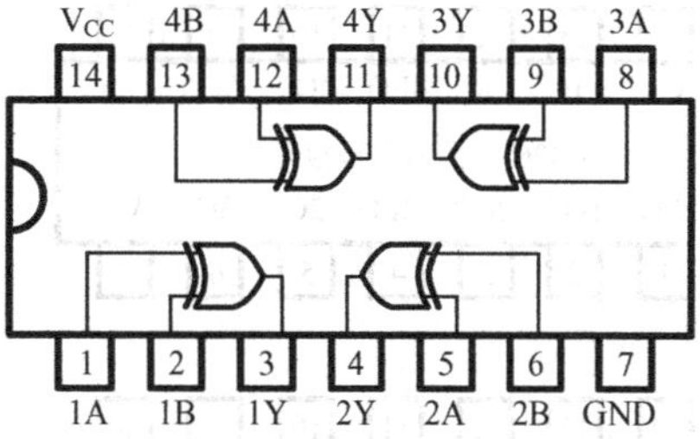

74LS386 四2输入异或门

E.3 CMOS集成电路

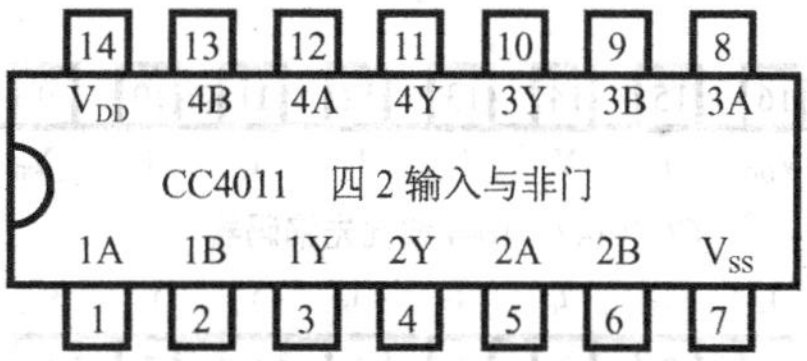

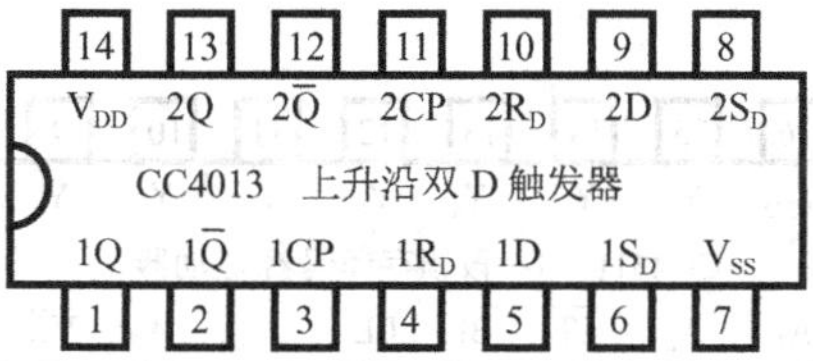

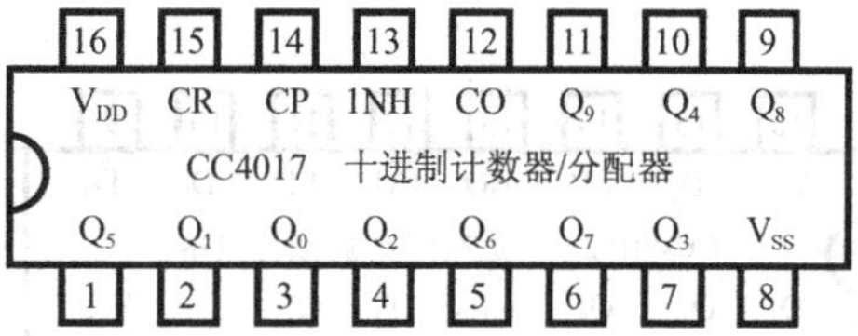

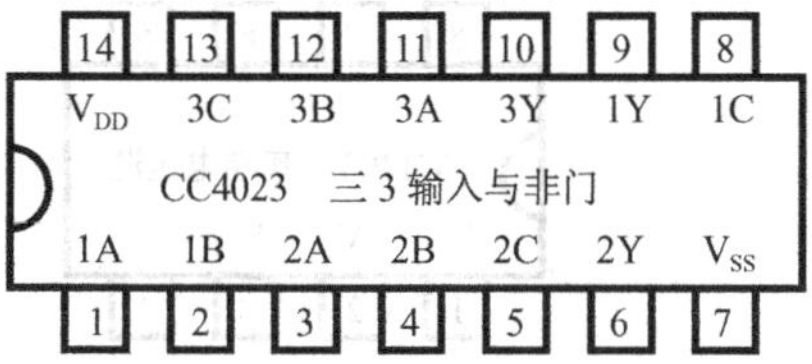

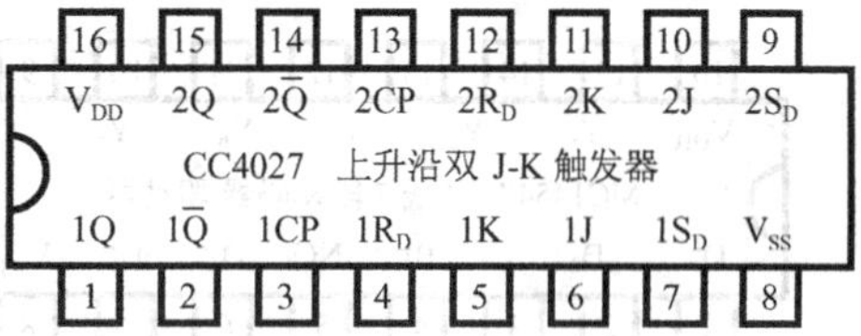

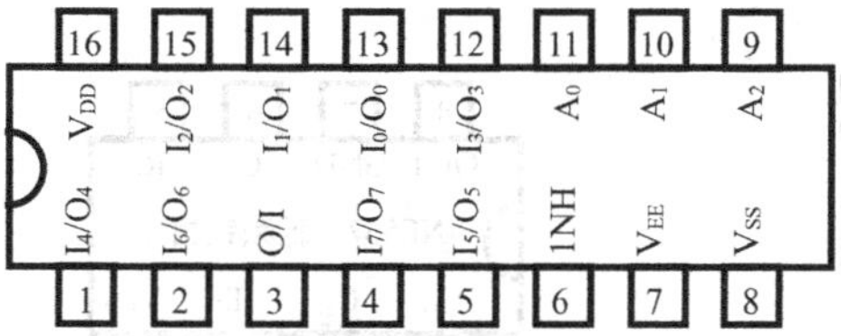

CC4051 8选1模拟开关

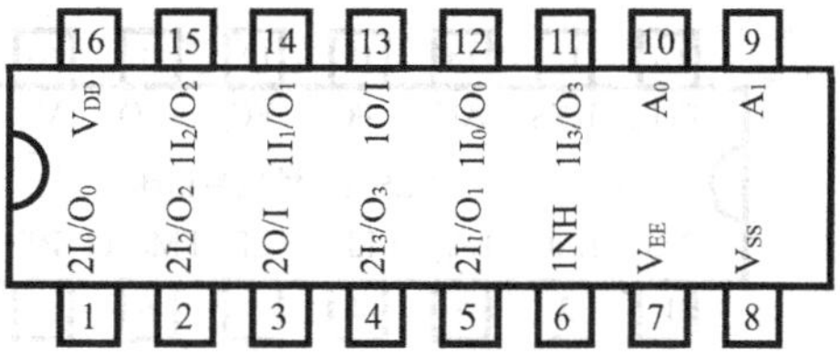

CC4052 双4选1模拟开关

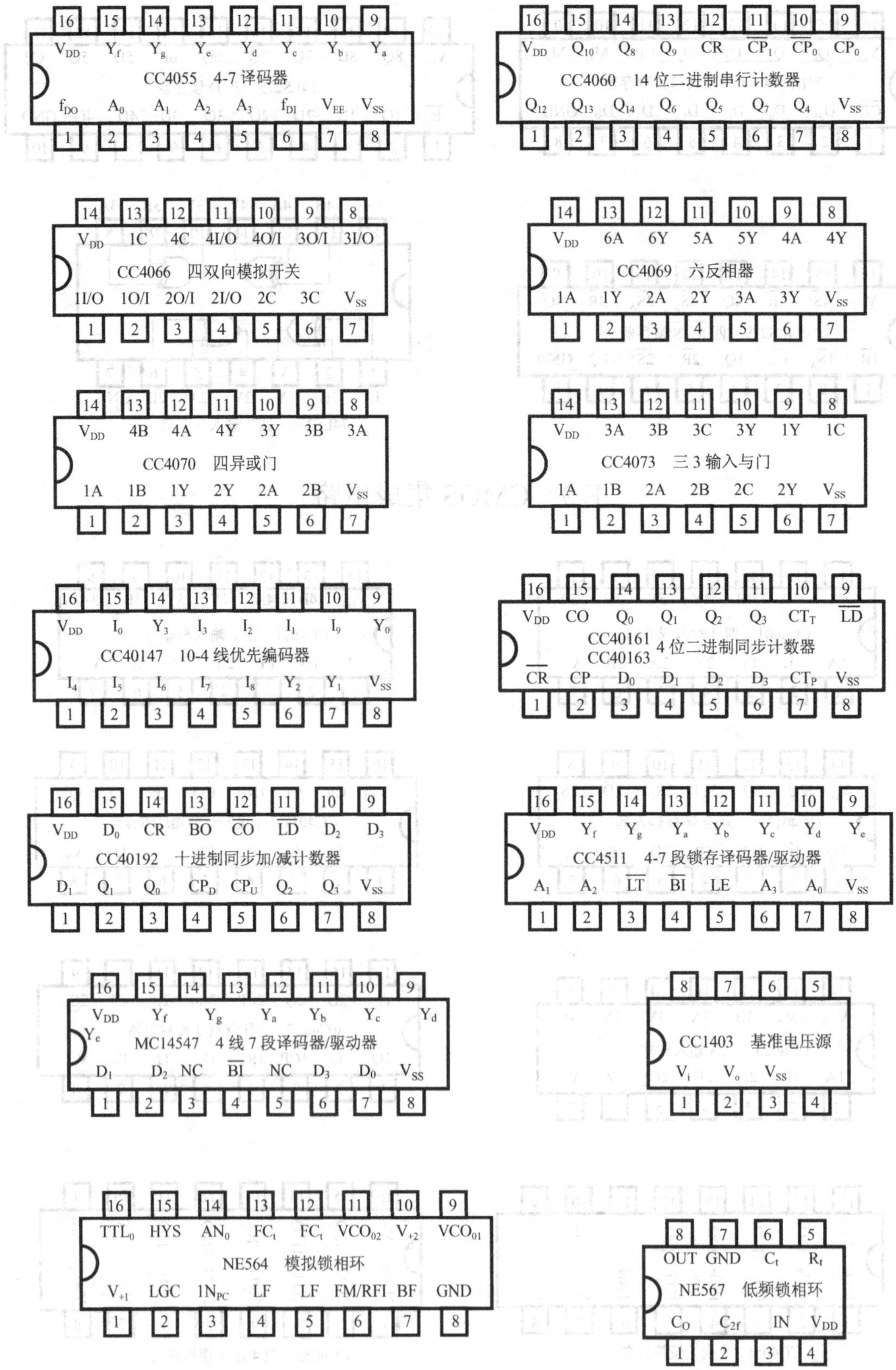
16 15 14 13 12 11 10 9
VDD Yf Yg Ye Yd Yc Yb Ya
CC4055 4-7 译码器
fDO A0 A1 A2 A3 fDI VEE VSS
1 2 3 4 5 6 7 8
16 15 14 13 12 11 10 9
VDD Q10 Q8 Q9 CR CP1 CP0 CP0
CC4060 14 位二进制串行计数器
Q12 Q13 Q14 Q6 Q5 Q7 Q4 VSS
1 2 3 4 5 6 7 8
14 13 12 11 10 9 8
VDD 1C 4C 4I/O 4O/I 3O/I 3I/O
CC4066 四双向模拟开关
1I/O 1O/I 2O/I 2I/O 2C 3C VSS
1 2 3 4 5 6 7
14 13 12 11 10 9 8
VDD 6A 6Y 5A 5Y 4A 4Y
CC4069 六反相器
1A 1Y 2A 2Y 3A 3Y VSS
1 2 3 4 5 6 7
14 13 12 11 10 9 8
VDD 4B 4A 4Y 3Y 3B 3A
CC4070 四异或门
1A 1B 1Y 2Y 2A 2B VSS
1 2 3 4 5 6 7
14 13 12 11 10 9 8
VDD 3A 3B 3C 3Y 1Y 1C
CC4073 三 3 输入与门
1A 1B 2A 2B 2C 2Y VSS
1 2 3 4 5 6 7
16 15 14 13 12 11 10 9
VDD I0 Y3 I3 I2 I1 I9 Y0
CC40147 10-4 线优先编码器
I4 I5 I6 I7 I8 Y2 Y1 VSS
1 2 3 4 5 6 7 8
16 15 14 13 12 11 10 9
VDD CO Q0 Q1 Q2 Q3 CTT LD
CC40161
CC40163 4 位二进制同步计数器
CR CP D0 D1 D2 D3 CTP VSS
1 2 3 4 5 6 7 8
16 15 14 13 12 11 10 9
VDD D0 CR BO CO LD D2 D3
CC40192 十进制同步加/减计数器
D1 Q1 Q0 CPD CPU Q2 Q3 VSS
1 2 3 4 5 6 7 8
16 15 14 13 12 11 10 9
VDD Yf Yg Ya Yb Yc Yd Ye
CC4511 4-7 段锁存译码器/驱动器
A1 A2 LT BI LE A3 A0 VSS
1 2 3 4 5 6 7 8
16 15 14 13 12 11 10 9
VDD Yf Yg Ya Yb Yc Yd
Ye
MC14547 4 线 7 段译码器/驱动器
D1 D2 NC BI NC D3 D0 VSS
1 2 3 4 5 6 7 8
8 7 6 5
CC1403 基准电压源
Vi Vo VSS
1 2 3 4
16 15 14 13 12 11 10 9
TTL0 HYS AN0 FCt FCt VCO02 V+2 VCO01
NE564 模拟锁相环
V+1 LGC 1NPC LF LF FM/RFI BF GND
1 2 3 4 5 6 7 8
8 7 6 5
OUT GND Ct Rt
NE567 低频锁相环
CO C2f IN VDD
1 2 3 4

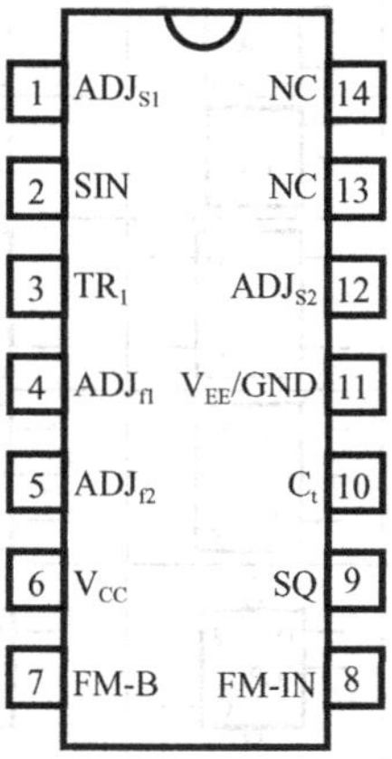

ICL8038　函数发生器

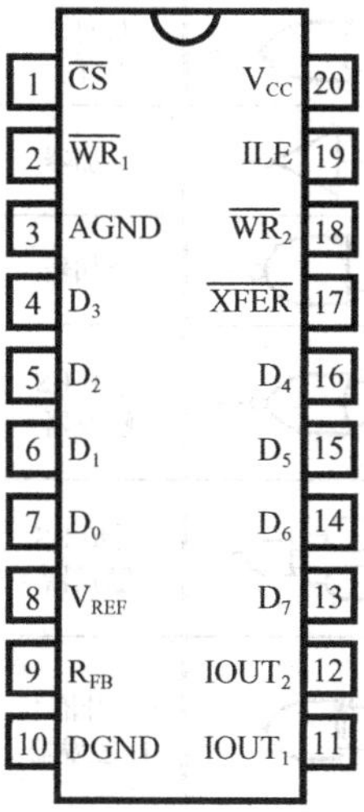

DAC0832　D/A 转换器

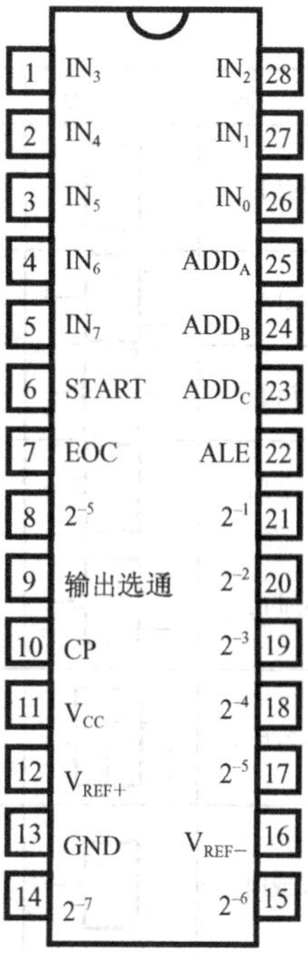

ADC0808/0809　A/D 转换器

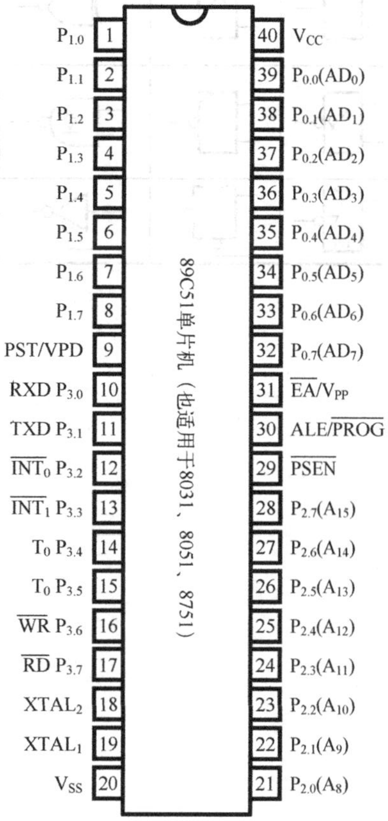

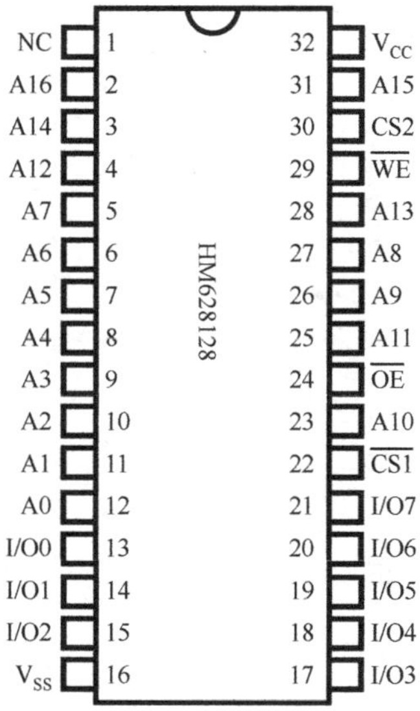

E.4 常用逻辑符号对照表

名 称	国标符号	曾用符号	国外流行符号	名 称	国标符号	曾用符号	国外流行符号
与门	&			传输门	TG	TG	
或门	≥1	+		双向模拟开关	SW	SW	
非门	1			半加器	Σ CO	HA	HA
与非门	&			全加器	Σ CI CO	FA	FA
或非门	≥1	+		基本 RS 触发器	S Q R $\bar{Q}$	S Q R $\bar{Q}$	S Q R $\bar{Q}$
与或非门	& ≥1	+		同步 RS 触发器	1S Q C1 1R $\bar{Q}$	1S Q CP 1R $\bar{Q}$	1S Q CK 1R $\bar{Q}$
异或门	=1	⊕		（上升沿）D 触发器	$\bar{S}$ Q 1D C1 $\bar{R}$ $\bar{Q}$	D Q CP $\bar{Q}$	D $\bar{S}_D$ Q CK $\bar{R}_D$ $\bar{Q}$
同或门	=	⊙		（下降沿）JK 触发器	$\bar{S}$ 1J $\bar{C1}$ 1K $\bar{R}$ Q $\bar{Q}$	J Q $\bar{CP}$ K $\bar{Q}$	J $\bar{S}_D$ Q $\bar{CK}$ K $\bar{R}_D$ $\bar{Q}$
集电极开路的与非门	& ◇		◇	脉冲触发（主从）JK 触发器	$\bar{S}$ 1J $\bar{C1}$ 1K $\bar{R}$ Q $\bar{Q}$	J Q $\bar{CP}$ K $\bar{Q}$	J $\bar{S}_D$ Q $\bar{CK}$ K $\bar{R}_D$ $\bar{Q}$
三态输出的非门	1 ▽ EN			带施密特触发特性的与门	& ⎍	⎍	⎍

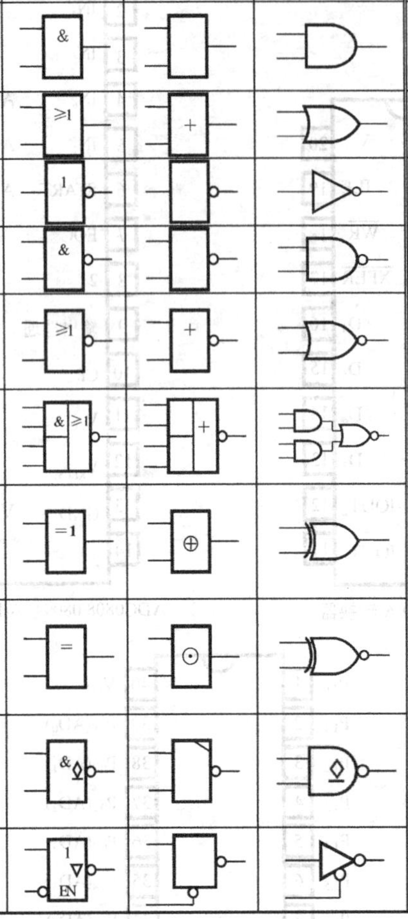

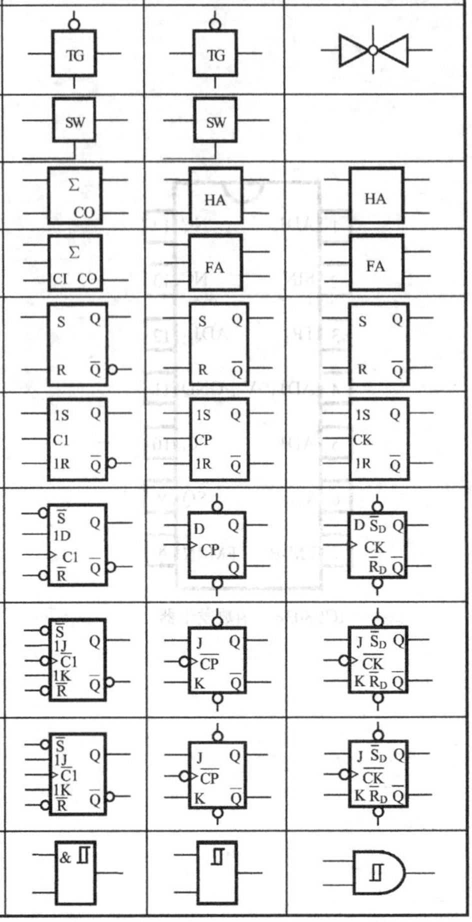

附录 F　设计性实验报告与复习题

F.1　设计性实验及其范例

设计性实验要求为：在实验前，必须认真阅读教材；复习有关理论知识；查阅有关元器件手册及仪器的性能与使用方法；明确本次实验的目的、任务及要求，认真写出预习报告；并在面包板上组装好实验电路。

预习报告的内容包括：实验步骤，原理电路图，并算出电路图中各元件的数值，主要参数的测量电路图；然后，将理论计算值和待测参数列成表格，以便实验时填写。实践证明，凡是预习做得好的同学，做起实验来就得心应手，能收到事半功倍的效果。

设计性实验报告应包括以下内容：

① 课题名称；

② 已知条件；

③ 主要技术指标；

④ 实验用仪器；

⑤ 电路工作原理，电路设计与调试；

⑥ 技术指标测试，实验数据整理；

⑦ 整机电路原理图，并标明调试测试完成后的各元件参数；

⑧ 故障分析及解决的办法；

⑨ 实验结果讨论与误差分析；

⑩ 思考题解答与实验研究等。

最后，对本次实验进行总结，写出本次实验中的收获、体会，如创新设计思想、对电路的改进方案、成功的经验、失败的教训等。报告应文理通顺，字迹端正，图形美观，页面整洁。

设计性实验报告范例

专业______________班级______________日期______________　　第_____次实验

姓名______________组别______________指导教师____________成绩__________

实验课题　单级晶体管阻容耦合放大器的设计

1. 已知条件

$+V_{CC}=+9V$，$R_L=2k\Omega$，晶体管 3DG100，$V_i=10mV$（有效值），$R_S=600\Omega$。

2. 主要技术指标

$A_V \geqslant 40$，$R_I>1k\Omega$，$R_o<2k\Omega$，BW=30Hz～600kHz，电路工作稳定。

3. 实验用仪器

DS2072A 示波器 1 台，EE1641C 信号源 1 台，DF1731SD 直流电源 1 台，万用表 1 只。

4. **电路工作原理**

图 F.1 所示电路为一典型的工作点稳定阻容耦合放大器。RP、R_{B1}、R_{B2}、R_E 组成电流负反馈偏置电路，R_C 为晶体管直流负载，R_L 为负载电阻。C_B、C_C 用来隔直和交流耦合。

5. **电路的设计与调试**

（1）电路设计

根据 3DG100 的输出特性曲线，测得β=60。

要求　$R_i \approx r_{be}=200+(1+\beta)\dfrac{26(\text{mV})}{I_{EQ}\cdot(\text{mA})} > 1\text{k}\Omega$

所以　$I_{CQ} < \dfrac{26\beta}{1000-200}\text{mA}=1.95\text{mA}$　取 I_{CQ}=1.5mA

则　$I_{BQ}=I_{CQ}/\beta=25\mu\text{A}$　$I_1=(5\text{–}10)\,I_{BQ}=200\mu\text{A}$

若取 $V_{EQ}=0.2\,V_{CC}=1.8\text{V}$，则

$R_E=V_{EQ}/I_{CQ}=1.2\text{k}\Omega$

$R_{B2}=V_{BQ}/I_1=(V_{EQ}+V_{BE})/I_1=12.5\text{k}\Omega$ 取 12kΩ

$R_{B1}=(V_{CC}-V_{BQ})/I_1=32.5\text{k}\Omega$

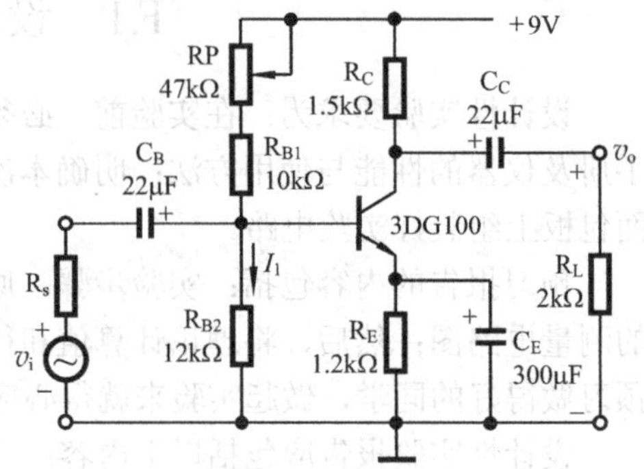

图 F.1　晶体管放大器

R_{B1} 用 10kΩ电阻与 47kΩ电位器串联（实验结束时，应测量电位器的具体阻值）。

要求 A_V＞40，根据 $A_V=-\beta R'_L/r_{be}$，求得 R'_L=0.9kΩ，则 R_C=1.6kΩ，取 R_C=1.5kΩ。

$C_B=C_C \geqslant \dfrac{10}{2\pi f_L(R_C+R_L)}=22\mu\text{F}$；　　$C_E \geqslant \dfrac{1}{2\pi f_L\left(R_E\,//\,\dfrac{R_s+r_{be}}{1+\beta}\right)}=255\mu\text{F}$，取 C_E=300μF

（2）电路的装调

按照设计参数安装电路，接通电源，调整电路，用万用表测得静态工作点：

V_{BQ}	V_{EQ}	V_{CEQ}	V_{BEQ}	I_{CQ}
2.5V	1.81V	5.0V	0.69V	1.5mA

6. **主要技术指标的测量**

（1）测量电压增益 A_V

在放大器输入端加上 f = 1kHz，V_{ipp}= 28mV 的正弦波，在输出波形不失真时，测得 v_i 和 v_o 的波形如图 F.2 所示。由图可知

$$A_V=V_{opp}/V_{ipp}=1.12\text{V}/28\text{mV}=40$$

（2）测量通频带 BW

将测量结果画在半对数坐标纸上，并连接成曲线，如图 F.3 所示。由图可得，当放大器增益下降到中频增益的 0.707 倍时所对应的 f_L 和 f_H，故得通频带 BW 为 30Hz~900kHz。

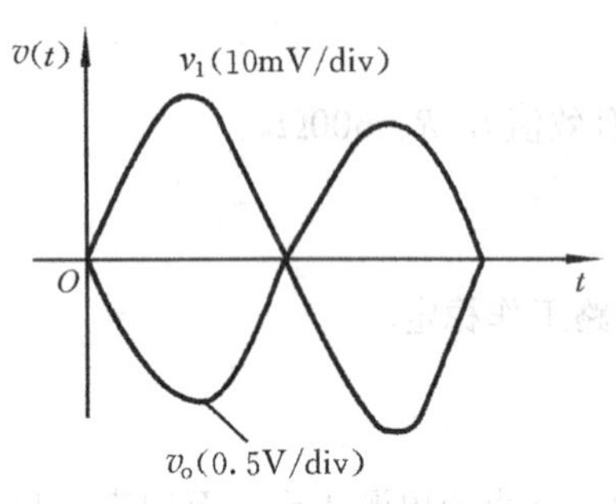

图 F.2　输入输出波形

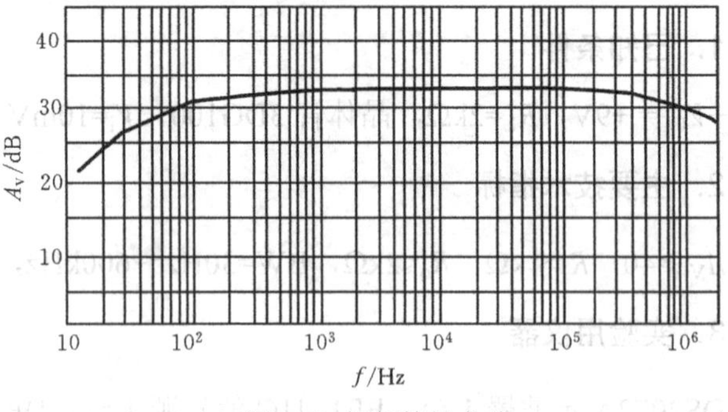

图 F.3　幅频特性曲线

(3) 测量输入电阻 R_i

测量电路见图 3.2.10。取 R=1.15kΩ，分别测得 R 两端对地电压 V_{spp}=35mV，V_{ipp}=17mV，则

$$R_i = R\,V_i / (V_s - V_i) = 1.09\text{k}\Omega$$

(4) 测量输出电阻 R_o

输入一固定信号电压，分别测得 R_L 断开和接上时的输出电压 V_o=2V，V_{oL}=1.12V，则

$$R_o = (V_o / V_{oL} - 1)\,R_L = 1.57\text{k}\Omega$$

7．误差分析

(1) 电压增益 A_V

理论计算值 A_V=40，实测值 A_V= 40，相对误差 γ_{AV}= (40 – 40)÷40×100%=0%。

(2) 输入电阻 R_i

理论值 $R_i \approx r_{be}$=1.35kΩ，实测值 R_i=1.09kΩ，相对误差 γ_{Ri}= (1.09 – 1.35) ÷ 1.09= –23%。

(3) 输出电阻 R_o

理论值 $R_o \approx R_c$=1.5kΩ，实测值 R_o=1.57kΩ，相对误差 γ_{Ro}= (1.57 – 1.5)÷1.5×100%= 4.6%。

误差产生的原因：① 各计算公式为近似公式；② 元件的实际值与标称值不尽相同；③ 在频率不太高时，C_E、C_B 的容抗不能忽视；④ 测量仪器仪表的读数误差。

8．实验分析与研究

(1) 影响放大器电压增益的因素

从求 A_V 的公式可知：

① 晶体管的 $\beta\uparrow \to A_V\uparrow$，$R_C\uparrow \to A_V\uparrow$，而 $R_o \approx R_c$，故 R_c 不可太大。

② $r_{be}=200+(1+\beta)\,26\text{mV}/\{I_{EQ}\}_{\text{mA}}$，则 $I_{EQ}\uparrow \to A_V\uparrow \to r_{be}\downarrow$，$r_{be}\downarrow$ 会使 $R_i\downarrow$。

(2) 影响放大器通频带的因素

从求 f_L 的公式可知：

① $C_E\uparrow \to f_L\downarrow$，但 C_E 增大后，电容的体积和价格也增大，设计时应综合考虑。

② 在晶体管发射极增加负反馈电阻 R_F（约几十欧姆），可使 $f_L\downarrow$，但 $A_V\downarrow$。

(3) 波形失真的研究

当静态工作点过低时，会产生截止失真，过高时会产生饱和失真。改进办法：调整偏置电阻。截止失真时减小 R_{B1}，提高 V_{BQ}，以增大 I_{EQ}，饱和失真时增大 R_{B1}，以减小 I_{EQ}。

9．实验总结

① 通过本实验掌握了单级阻容耦合放大器的工程设计估算方法和如何调整放大器的静态工作点，掌握了放大器的主要性能指标及其测量方法。尤其是对如何提高放大器的电压增益和扩展通频带的体会较深。

② 熟悉了示波器、信号发生器和万用表的使用方法，以及如何检查晶体管的好坏。

③ 在实验时应保持冷静，测试有条理。遇到问题要联系书本知识积极思考，同时一定要做好实验前的预习和实验中的数据记录，这样才能够在实验后有数据进行分析和总结，写出合格的实验报告。

F.2 实验测试复习题

实验课程分两学期完成，每学期的计划学时为 32，另外再安排不少于 16 学时的课外学时，每学期实验结束时，有实验笔试（1.5 小时）和实验操作考试（3 小时，开卷），考试成绩占总成

绩的 60%。为了帮助大家更好地复习，这里分模拟和数字两部分给出一些复习题，供参考。

F.2.1 模拟电子线路实验测试复习题

“电子线路设计与测试”实验复习题（一）
（模拟电子线路，笔试部分）

一、问答题

1. 有一个五环电阻，色环排列是白棕黑棕棕，该电阻阻值为多少？

2. 试说明电解电容使用中需要注意的事项。

3. 试正确绘制一个峰峰值电压 1V、频率 500Hz 的正方波（波形中标注相关参数），并说明用示波器观察该波形时，输入通道应该使用哪种耦合方式？

4. 在音响放大器实验中，设计前置话音放大电路时，对其频率范围和输入阻抗有何要求？为什么？

5. 运放的转换速率参数可通过图 F.4 的电路测得。输入±10 V 的方波信号，频率为 1kHz。用示波器测得输出波形的ΔV 和Δt，便可求出转换速率：$S_R = \dfrac{\Delta V_O}{\Delta t}$ （V/μs）。试描述用示波器测试ΔV 和Δt 的方法。

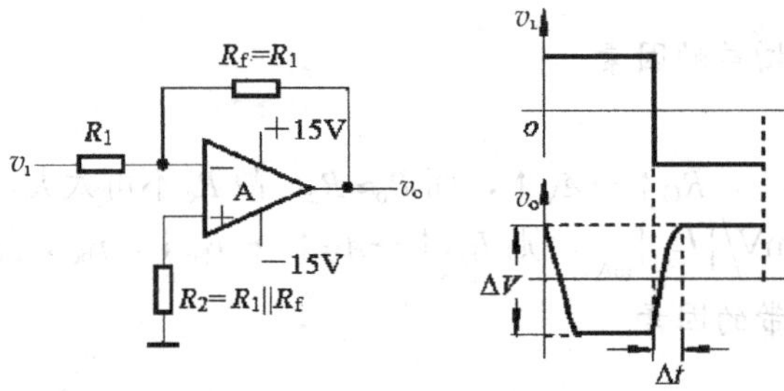

图 F.4 运放的转换速率测试图

二、填空题

图 F.5 为示波器显示界面，试分别说明以下 6 个箭头所示内容的意义。

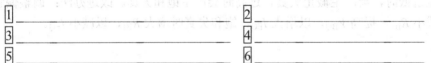

1 ______________________ 2 ______________________

3 ______________________ 4 ______________________

5 ______________________ 6 ______________________

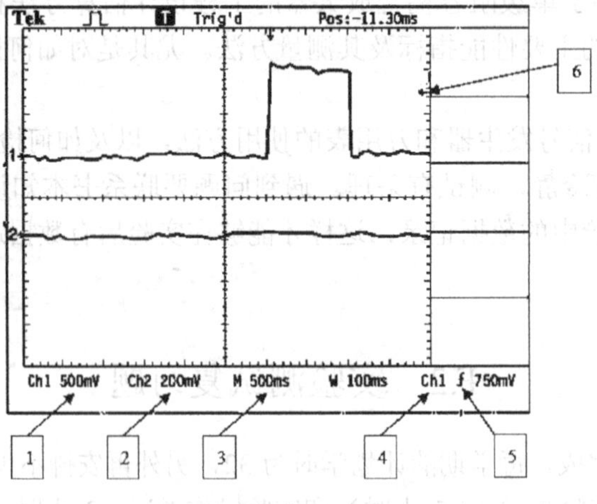

图 F.5 示波器显示界面

三、电路调试题

1．反相比例放大实验电路如图 F.6 所示，要求：

（1）在图 F.6 中补充画出运算放大器与供电电源的连接线（假设稳压源的输出为±12V）。

（2）实验时，发现 $R_F = 51k\Omega$ 时，输入的正弦信号能够得到不失真的放大；在其他条件不变时，将 R_F 更换为 200kΩ后，电路的输出波形 v_o 变成了方波，试分析产生该现象的可能原因，并说明消除输出波形 v_o 失真的方法。

2. 如何测量反相比例放大电路的通频带？试设计测试数据记录表格，简述测试方法。

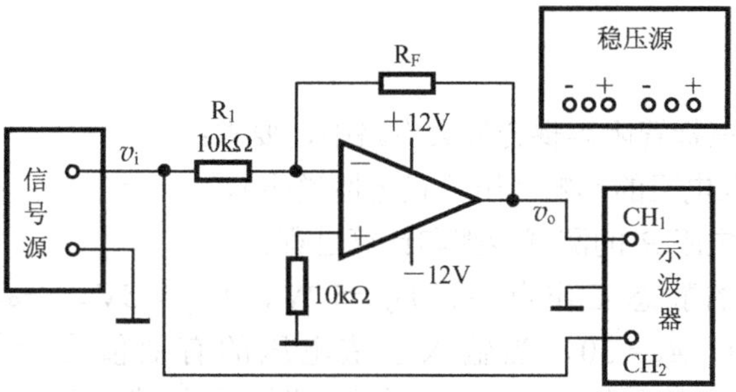

图 F.6　增益测试电路

3. 在图 F.7 所示的三角波-方波函数发生器中，试问：

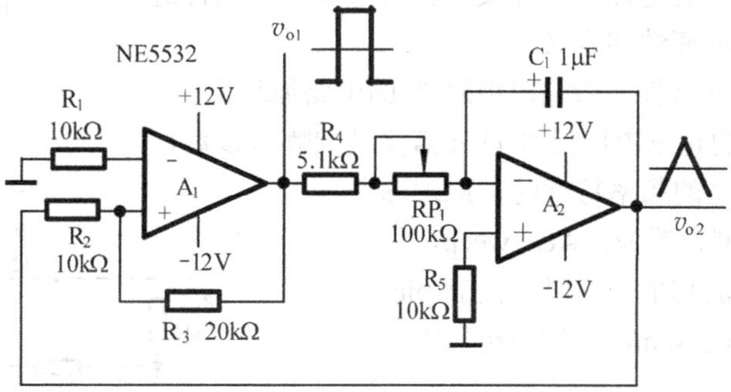

图 F.7　三角波-方波函数发生器

（1）RP_1 在电路中起何作用？

（2）电路输出信号频率的最小值是__________，最大值是__________。

（3）按照图中所给参数，输出三角波的幅度为多少？三角波的幅度是否可以超过方波的幅度？

（4）如果提高电路的电源电压（例如从±12V 改为±15V），会使电路的哪些参数发生变化？变化趋势如何（增加、减小）？

（5）产生的三角波信号频率满足指标而幅度偏小时，应该如何调整器件参数？

四、误差分析题

对于图 F.8 所示反相比例加法电路的测试实验，图中的电阻值均为标称值。某同学输入不同的直流电压进行了多次测量，测试结果如表 F.1 所示。试计算每一种情况电路输出电压的理论值，并计算每次测量的绝对误差（$\varDelta$）与相对误差（γ），分析误差产生的原因。

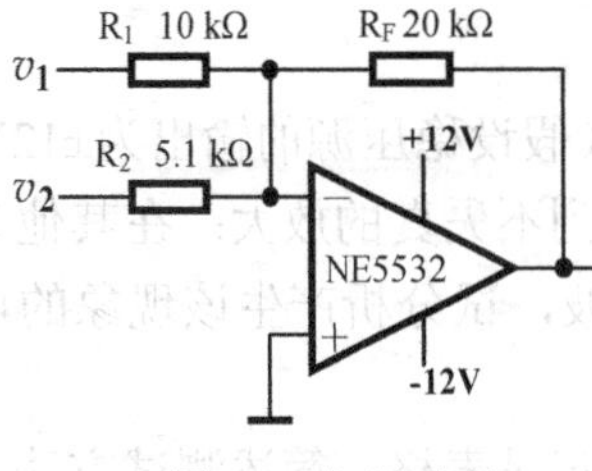

图 F.8　加法电路

表 F.1　测试数据表

V_1（V）	V_2（V）	$V_{o实测}$（V）	$V_{o理论}$（V）	Δ	γ(%)
0.51	0.20	−1.84			
0.30	0.15	−1.25			
1.00	0.82	−5.23			
0.12	0.05	−0.54			

五、综合题

1. 在图 F.9 所示的三极管阻容耦合放大电路中，要求：

（1）说明 R_{e1} 对输入电阻的影响（用公式定性说明）。

（2）说明电路输入电阻 R_i 的测试步骤和计算过程。

（3）某同学测量的静态工作点为：V_{BQ}=5.2V，V_{EQ}=4.5V，V_{CQ}=6.0V。假设电路的 A_V= 30，当输入正弦电压的有效值为 100mV 时，电路在放大该输入信号时会出现什么问题？如何消除出现的问题？

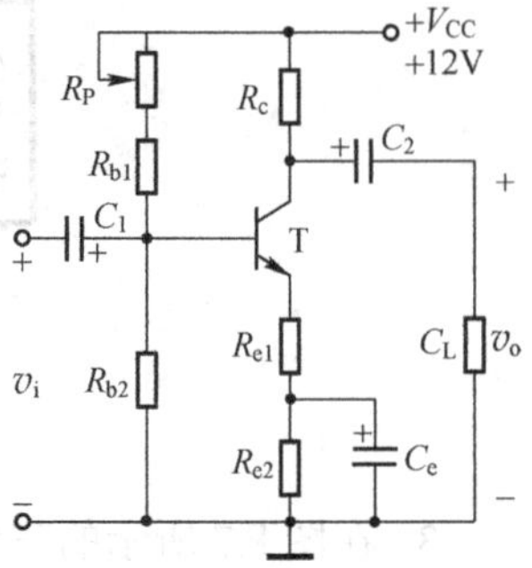

图 F.9　共射放大电路

2. 使用 pSpice 对上述电路进行仿真时，试问：

（1）对于电路图中的电位器，需要对元件 POT 的属性进行修改，试说明 set 和 value 属性的含义。

（2）画出用 PSpice 软件分析输出电阻 R_o 的电路原理图。

（3）电路中输入的正弦电压信号 Vsin 需要设置哪些参数？

（4）仿真分析电路的频率特性时，原理图编辑无误，将分析类型设置为：AC sweep，但单击 Run 按钮开始交流扫描分析时，在 PSpice 的输出窗口提示 No AC source，试分析原因并说明解决办法。

3. 已知差分放大器的实验电路如图 F.10 所示。要求：

（1）说明 RP_1、RP_2 的作用。

（2）设各三极管 V_{BE}=0.7V，按图中所示参数，请问 I_0 最大值和最小值各为多少？

（3）在使用 PSpice 软件对该电路进行仿真分析时，为了得到其传输特性曲线，分析类型应该设置为何种类型？

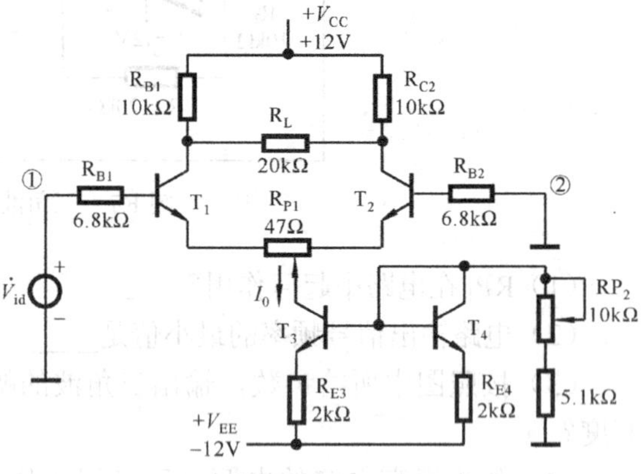

图 F.10　差分放大器

"电子线路设计与测试"实验考试复习题（二）

（模拟电子线路，操作部分）

一、电路设计与装调 1

1. 设计任务：设计一个多级交流电压放大器。已知输入信号为 1kHz 正弦波，其幅度 V_{im}=10mV，放大器的负载电阻 R_L=2kΩ。要求放大器的电压放大倍数 A_V>500，且输出信号与输入信号的相位相同。

2. 设计要求：

（1）说明设计时，电路直流供电电源的电压至少应该多大？为什么？

（2）写出电路设计过程与计算式；

（3）画出完整的原理图，在图上标明元器件型号及参数值。

3. 安装调试电路，测量电路的性能指标。将测量数据填入表 F.2，然后计算 A_v 和 R_O，要求有计算过程。

表 F.2　测量数据表

输入电压 Vip-p(mV)	输出电压 Vop-p(V)	电压增益 A_v	输入/输出相位	放大器级数	负载电阻 (kΩ)

4. 用示波器观察输入及各级输出的电压波形及其波形相位关系，在坐标纸上画出这些波形并标明电压值。

（以上技术指标测量完成后，举手请老师检查验收）

二、电路的设计与装调 2

1. 设计任务：设计一个多级交流反相电压放大电路。已知正弦输入信号 $V_i = 40$mV（有效值），负载阻抗 $R_L = 1$kΩ。要求电路的带宽 BW＞200kHz，电压增益 A_v=100，输出阻抗 R_o＜2kΩ，输入阻抗 R_i＞100kΩ。

2. 设计要求：与第一题相同。

3. 安装调试电路，测量电路的性能指标。

（1）测试电路 A_v、R_O、f_L、f_H，要求有测试数据和计算过程。

（2）将原始测量数据填入自拟的表格中，然后计算 A_v、R_O 的误差。

4. 用示波器观察输入电压、各级输出的电压波形及各波形相位关系，在坐标纸上画出这些波形并标明电压值。

三、电路的设计与装调 3

1. 设计任务：已知电路的供电电压为±15V，负载电阻 R_L=1kΩ，有 1 个频率为 5 kHz 的正弦输入信号，其电压值为 v_{ipp}=0.2V（峰峰值）。试设计一个放大电路，将 v_{ipp} 反相放大 10 倍，然后再加上 5V 的直流偏置电压，即实现如下运算：$V_O = -10V_i + 5$ V，式中，信号 v_i 由信号发生器提供，自己设计一个分压电路，从供电电压得到 5V。要求，从交流信号源看进去的输入电阻为 10kΩ。

2. 设计要求：与第一题相同。

3. 安装、调试电路，测试电路的输出电压值 v_{opp} 和输入电阻 R_i。

首先将原始的测量数据填入自拟的表格中，然后计算 v_{opp} 和 R_i 的误差。同时测量并记录电路输出电压最大不失真时，电路 v_{ipp} 和 v_{opp} 的最大值。

4. 用示波器观察输入电压、各级输出的电压波形及各波形相位关系，在坐标纸上画出这些波形并标明电压值。

四、电路的设计与装调 4

1. 设计任务：设计一个多级放大电路（示意图如图 F.11 所示），对某传感器输出的小信号电压进行放大。

该传感器输出阻抗为 600Ω，输出正弦信号的峰-峰值电压为 30mV，要求将此信号放大后驱动一个 20Ω的负载，负载上信号的峰-峰值不小于 6V，要求：电路的频带宽度为 300Hz～

4000 Hz。

2. 设计要求：与第一题相同。

说明设计时，对输出电路有何要求？

3. 安装调试电路，测量电路的性能指标。

（1）测试电路的 A_v、R_i、f_L、f_H，要求有测试数据和计算过程。

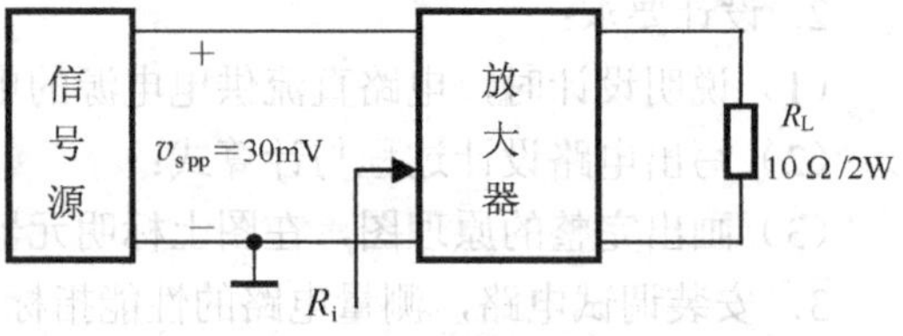

图 F.11

（2）将原始的测量数据填入自拟的表格中，然后计算 A_v、R_i 的误差，并计算电路的输出功率 P_O。

4. 用示波器观察输入电压、各级输出的电压波形及各波形相位关系，在坐标纸上画出这些波形并标明电压值。

F.2.2 数字电路与逻辑设计实验测试复习题

“电子线路设计与测试”实验复习题（三）
（数字电路与逻辑设计，笔试部分）

一、回答问题

1. 如何测量集成逻辑门电路输出的高、低电平值？

2. 某同学用 74LS00 实现了一个功能电路，由于不小心将此芯片损坏，该同学手上还有一片 74LS03，他查阅器件手册发现 74LS00 与 74LS03 都是 2 输入与非门，且这两种芯片的引脚排列完全一样，于是用 74LS03 直接替代 74LS00 接入电路，但是发现电路不能正常工作。试分析其原因，并说明使用 74LS03 完成电路功能该如何修改电路。

3. 试说明同步计数器和异步计数器之间的区别，并各给出一个芯片的型号。

4. 试说明计数器的同步复位与异步复位之间的区别。

5. 图 F.12（a）是由 555 构成的施密特电路，输入信号 v_i 为三角波。

（1）用示波器观测图中 v_i'和 v_o 点的波形时，应该采用什么耦合方式（直流、交流）？

（2）在 v_i 波形的正下方，画出 v_i'和 v_o 点的波形，并标明幅度。

（3）说明正向阈值电压和负向阈值电压是多少？并在 v_i'坐标上标出。

（4）用示波器显示波形时，显示屏下方显示“M 500ms”表示什么含义？

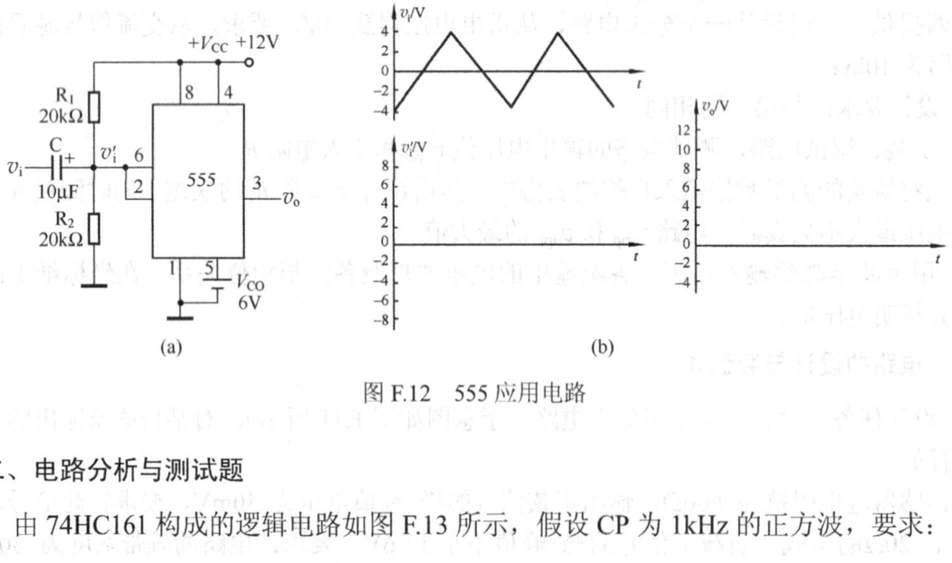

图 F.12 555 应用电路

二、电路分析与测试题

1. 由 74HC161 构成的逻辑电路如图 F.13 所示，假设 CP 为 1kHz 的正方波，要求：

（1）画出输出 Q_3、Q_2、Q_1、Q_0 的波形。

（2）用双踪示波器观测 Q_3～Q_0 和 CP 的波形时，若想正确地观测到波形的相位关系，应该选哪一个信号作为触发信号？并简述测试步骤（包括输入耦合方式，分几次测量。每次测量哪些信号，各信号接哪个通道，触发源是哪个等）。

（3）使用 Quartus II 软件对该电路进行仿真时，若要求 CP 为 1ms，在波形编辑器中设置仿真文件时间长度（End Time）和栅格尺寸（Grid Size）分别为多少时，才能得到完整的仿真波形？

（4）输出信号 Q_3 的占空比是多少？其频率是 CP 信号频率的几分之一？

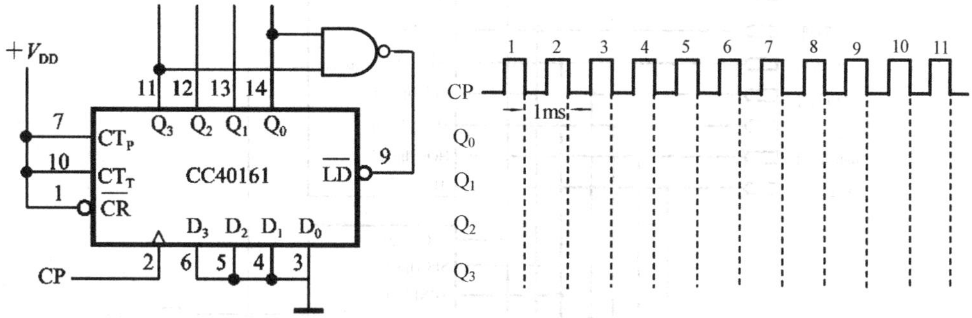

图 F.13　计数器电路

2. 在设计和实现篮球竞赛 24 秒定时电路的过程中，有些同学所设计的电路经仿真验证正确，但调试时出现下列问题。试针对每一种情况，给出排查故障与调试的具体步骤和建议：

（1）数码管个位与十位显示全为 8。

（2）复位后数码管显示 24，但并不随输入时钟发生变化。

3. 图 F.14 是某同学设计的同步计数器电路（译码显示部分原理图略），其中左侧 40161(2) 为计数器十位，右侧 40161(1)为计数器个位，试问：

（1）按图连接电路后，实际观察到的计数结果始终为 00，为什么？

（2）图中的连线有两处存在错误，试改正错误的连接方式（直接在图中修改），使计数器能开始计数。

（3）分析该电路实际实现的计数规律，并列出一个完整的计数周期内将出现的所有计数状态（用十进制数表示）。

（4）若要实现十进制 00～59 的计数规律，试参考图 F.14 画出新的原理图。

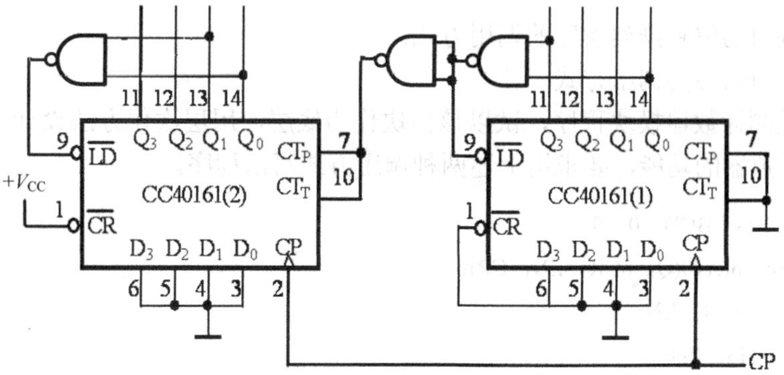

图 F.14　计数器电路

4. 在用 FPGA 实现数字钟时，仿广播电台报时、定时闹钟和自动报整点小时数这三个电路模块都需要使用扬声器，为了公用一个扬声器，某同学将这三个电路模块连接成如图 F.15 所示的电路（假设这三个电路模块单独工作时，功能都正常；并且它们在不需要扬声器发声时，输出均为低电平）。试问：

（1）电路连接是否正确？如果不正确，试指出错误之处并更正。

（2）在对数字钟的主体电路进行功能仿真时，假设 1Hz 输入时钟信号用周期为 1μs 的正方波信号代替，在仿真时提示仿真的时间覆盖率为 57.87%，试计算此时仿真的终止时间（End Time）设定值是多少？

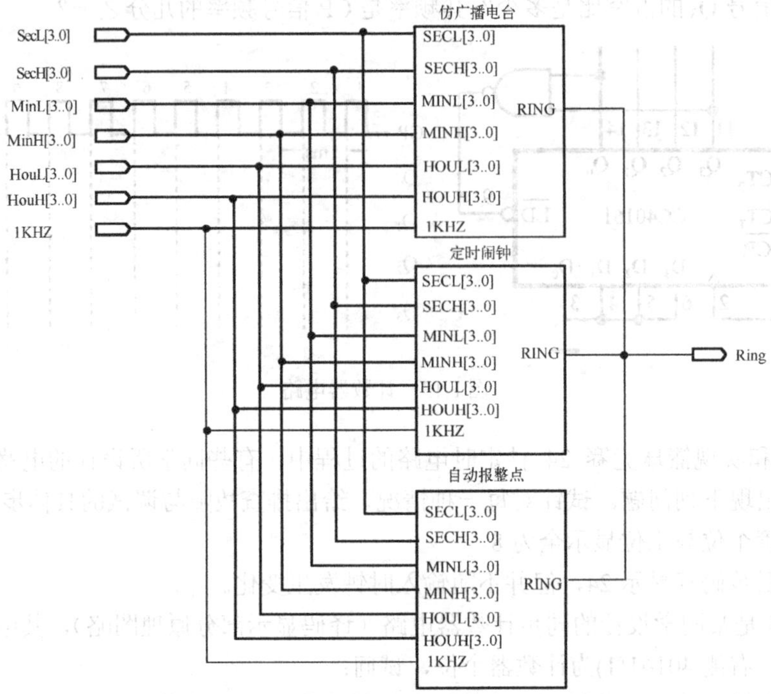

图 F.15　扬声器的控制电路

三、EDA 技术应用题（11 分）

1. 在使用 Verilog HDL 来描述复杂电路的逻辑功能时，通常会采用分模块、分层次的方法进行设计，在上层模块调用下层模块时，通过模块名来完成调用过程，模块的端口参数传递有两种方法：

（1）采用端口的位置排列次序的调用方式；

（2）采用端口名称的调用方式。

下面是十进制计数器模块程序，试以该模块作为底层，用层次化方法设计一个顶层模块，实现 100 进制计数器的功能，要求用上述两种调用方式写出程序。

```
//counter10.v ( BCD：0～9 )
module counter10(Q，nCR，EN，CP);
input CP，nCR，EN;
output reg [3：0] Q;
always @(posedge CP or negedge nCR)
begin
    if(～nCR)                    Q<=4'b0000;
```

```
        else if(~EN)            Q<=Q;
        else if(Q==4'b1001)     Q<=4'b0000;
        else                    Q<=Q+1'b1;
    end
    endmodule
```

2. 下面的 Verilog 代码描述了一个数字逻辑电路的功能模块，试在注释栏的横线上说明该行程序的作用，并简要分析电路完成的逻辑功能。

```
    module   UD   (State, CP, nCR);              //________________________
    input CP, nCR;
    output [1:0] State;
    reg [1:0] State;
    always @(posedge CP or negedge nCR)          //________________________
    if (!nCR) State <= 2'b00;                  //________________________
    else
        case (State)                           //________________________
        2'b00:State <= 2'b01;
        2'b01:State <= 2'b11;
        2'b11:State <= 2'b00;
        default:State <= 2'b00;
        endcase
    endmodule
```

说明逻辑功能：____

____

3. 在用 QuartusII 软件对电路进行仿真时，仿真的覆盖率（Coverge）是一个很重要的概念，其中我们最为关心的是时间覆盖率。假设 Quartus II 软件的仿真选项中 Grid Size 设置为 10ns，而 End Time 设置为 250μs。仿真数字钟系统时，若将秒计数的 CP 脉冲周期（Period）设置为 20ns，试计算：

（1）进行整个数字钟的逻辑仿真时，这种设置条件下的时间覆盖率为多少（百分率表示，四位有效数）？（提示：时间覆盖率=实际仿真时间长度/整个电路工作周期）

（2）假如要在此设置条件下达到 100%的时间覆盖率，问 End Time 的时间至少应该设置为多少？

“电子线路设计与测试”实验考试复习题（四）
（数字电路与逻辑设计，操作部分）

一、电路的设计与装调

选用实验课程中发放的元器件，设计、装调一个计数、译码、显示电路，计数规律 9-8-7-6-5-4-9-8-7-6-5-4-9- 8-7-…，每秒钟显示数字减 1。具体要求如下：

（1）设计一个启动按键 S_1，当 S_1 接通时，固定显示数字 9；当 S_1 断开时，正常计数；显示 4 的同时发光二极管亮。

（2）要求有一个暂停/连续的控制按键 S_2。S_2 接通时，暂停计数；S_2 断开时，继续计数（此时，S_1 键处于断开状态）。

（3）自己设计频率为 1Hz 时钟脉冲信号产生电路。

（4）用数码显示器显示计数规律，要求电路工作稳定可靠，显示数字清晰稳定。

（5）写出设计过程，画出电路原理图，标明元器件型号、参数、引脚名称和引脚号，简述电路的工作原理。

（6）安装调试电路，测试逻辑功能，观察并记录显示结果。

（7）计数器 CP 端改用信号发生器提供的 500Hz 脉冲信号，利用示波器观察 CP 信号和计数器输出信号的时序关系，并记录 CP、Q_0、Q_1、Q_2、Q_3 信号的波形。

（8）写出观察波形的操作步骤（包括信号先后所接的通道号、通道耦合方式、触发信号源等设置）。

（以上各项完成后，举手请老师检查登记）

二、电路的设计与装调

利用计数器和门电路设计、装调一个具有如图 F.16 所示输入、输出波形的时序脉冲产生电路。图中 OUT 为电路的输出端，CP 为时钟脉冲输入端。具体要求如下：

（1）每 8 个时钟周期，OUT 输出一个高电平脉冲，高电平的持续时间为 2 个时钟周期。试问：OUT 信号的频率为 CP 信号的频率的几分之一？

（2）写出设计过程，画出逻辑电路图，标明器件型号及元件参数。

（3）安装调试电路，测试逻辑功能，由信号发生器提供 2kHz 的时钟脉冲信号 CP。

（4）利用示波器观察 CP、OUT 及计数器各输出端的波形，并画出这些时序波形图。

（5）写出观察波形的操作步骤（包括信号先后所接的通道号、通道耦合方式、触发信号源等设置）。

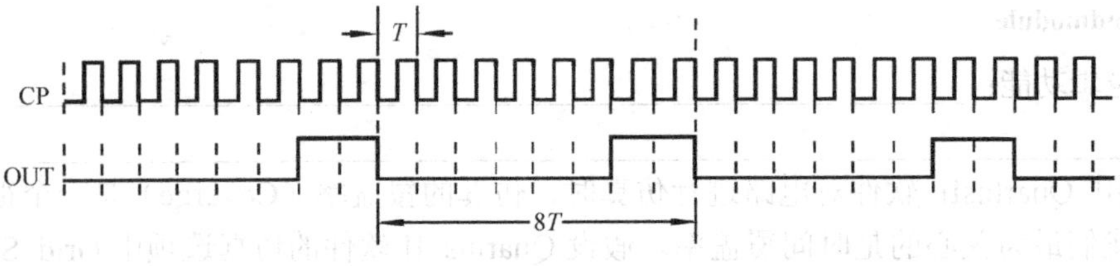

图 F.16

三、电路的设计与装调

选用实验课程中发放的元器件，设计、装调一个计数范围为 0～3 的多功能计数器电路。具体要求如下：

（1）具有数码显示功能，要求电路工作可靠，显示数字清晰稳定。

（2）具有清零、保持、加计数、减计数的功能。计数器状态与控制开关的关系如表 F.3 所示。当计数器进行减计数时，发光二极管发光；当计数器进行加计数时，发光二极管不发光。

表 F.3 计数器功能表

S_1	S_2	计数器状态
0	0	清零
0	1	加计数
1	0	减计数
1	1	保持

（3）写出设计过程，画出电路原理图，标明元器件型号、引脚名称和引脚号，简述电路的工作原理。

（4）安装调试电路，测试逻辑功能。由信号发生器提供 1Hz 的 TTL 正方波脉冲，观察并记录显示结果。

（5）令控制开关 S_1=1，S_2=0。由信号发生器提供 500Hz 的时钟脉冲信号 CP，利用示波器观察 CP 信号和计数器输出信号的时序关系，并上、下对应画出这些时序波形。

（6）试写出上述观察波形时的操作步骤（包括信号所接的通道号、通道耦合方式、触发信号源等设置）。

四、电路的设计与装调

选用实验课程中发放的元器件，设计并实现一个变模计数器。具体要求如下：

（1）在两个手动控制开关 S 和 T 的控制下，实现模 4(0-1-2-3-0-1-2-…)和模 8(0-1-2-…-7-0-1-2…)的计数，并要求具有异步清零和暂停计数的功能，控制表如表 F.4 所示。

表 F.4　计数器控制表

控制信号		实现功能
S	T	
0	0	异步清零
0	1	模 3
1	0	模 8
1	1	暂停计数

（2）用数码管显示计数值，要求电路工作可靠，显示数字清晰稳定。

（3）写出设计过程，画出电路原理图，标明器件型号，针对四种控制情况简要说明其工作原理。

（4）安装调试电路，测试逻辑功能。由信号发生器提供 1Hz 的 TTL 正方波脉冲，并记录显示结果。

（5）由信号发生器提供 500Hz 的 TTL 时钟脉冲信号 CP，利用示波器观察模 8 计数器中 CP 信号和电路输出信号（Q_0、Q_1、Q_2、Q_3）的时序波形，并画出这些时序波形。

（6）试写出上述观察波形时的操作步骤（包括信号所接的通道号、通道耦合方式、触发信号源等设置）。

参 考 文 献

1 谢自美主编．电子线路设计·实验·测试（第四版）．武汉：华中科技大学出版社，2006

2 谢自美主编．电子线路综合设计．武汉：华中科技大学出版社，2006

3 陈大钦，罗杰主编．电子技术基础实验——电子电路实验·设计·仿真（第三版）.北京：高等教育出版社，2008

4 华中科技大学电子技术课程组编．康华光主编．电子技术基础 模拟部分（第六版）．北京：高等教育出版社，2013

5 华中科技大学电子技术课程组编．康华光主编．电子技术基础 数字部分（第五版）．北京：高等教育出版社，2014

6 华中科技大学电子技术课程组编．罗杰，彭容修主编．数字电子技术基础（第三版）．北京：高等教育出版社，2014.

7 华中科技大学电子技术课程组编．张林，陈大钦主编．模拟电子技术基础（第三版）．北京：高等教育出版社，2014.

8 瞿安连编著．电子电路——分析与设计．武汉：华中科技大学出版社，2010

9 清华大学电子学教研组编．阎石主编．数字电子技术基础（第四版）．北京：高等教育出版社，2001

10 清华大学电子学教研组编．童诗白，华成英主编．模拟电子技术基础（第三版）．北京：高等教育出版社，2001

11 孙肖子主编．现代电子线路和技术实验简明教程（第二版）．北京：高等教育出版社，2009

12 高文焕，张尊桥，徐振英，金平，许忠信编著．电子电路实验．北京：清华大学出版社，2008

13 集成电路手册编委会编．标准集成电路数据手册 CMOS 4000 系列电路．北京：电子工业出版社，1995

14 梁衡山．高频传输线的趋肤效应[J]．电视技术，1996（6）

15 蒋焕文．孙续．电子测量．北京：计量出版社，1988

16 [加]Stephen Brown, Zvonko Vranesic 著．夏宇闻等译．数字逻辑基础与 Verilog 设计．北京：机械工业出版社，2008

17 [美] Michael D. Ciletti 著．张雅绮，李锵等译．Verilog HDL 高级数字设计．北京：电子工业出版社，2005

18 Palnitakar, S. Verilog HDL: A Guide to Digital Design and Synthesis. SunSoft Press (A Prentice Hall Title),1996

19 Davide Johnson Johnl Hilburn．Rapid Practical Designs of Active Filters．JOHN WILEY & SONS，1975

20 Susan A.R. Garrod, Robort J.Borns. Digital Logic—Analysis, Application & Design. Holt Rinehart and winston, Inc., 1991

21 M. Morris Mano. Digital Design, 3rd Ed. Prentice Hall USA, 2002

22 John F. Wakerly. Digital Design: Principles and Practices, 3rd Ed.. Published by arrangement with Prentice Hall, Inc., a Pearson Education Company, 2000

反侵权盗版声明

举报电话：（010）88254396；（010）88258888
传　　真：（010）88254397
E-mail：　dbqq@phei.com.cn
通信地址：北京市万寿路 173 信箱
　　　　　电子工业出版社总编办公室
邮　　编：100036